建筑施工五大员岗位培训丛书

# 质量员必读

（第三版）

潘延平　主编

中国建筑工业出版社

**图书在版编目（CIP）数据**

质量员必读/潘延平主编. —3 版. —北京：中国建
筑工业出版社，2012.1
（建筑施工五大员岗位培训丛书）
ISBN 978-7-112-13982-8

Ⅰ.①质…　Ⅱ.①潘…　Ⅲ.①建筑材料-基本知识
Ⅳ.①TU5

中国版本图书馆 CIP 数据核字（2012）第 012628 号

　　本书介绍了施工企业质量员必须掌握的基础知识、专业知识、质量控
制的技术和管理知识。基础知识包括建筑材料、力学基础、建筑识图、房
屋构造、工程质量管理等；专业知识包括土建及安装各分部工程的施工控
制要点和质量验收要点。

　　这次修订再版，增加了建筑节能工程和智能建筑工程两章。作者并以
建筑业新颁布的法规文件、新规范及新标准为依据，对施工各分部工程的
质量控制和质量验收工作做了详尽的补充，并对上一版的内容进行了更新
和删节。

　　本书内容丰富，有完整的知识架构，可作为从事工程建设的施工企业
质量员培训用教材或工具书使用，也可供工程质量监督机构、建设单位、
勘察设计单位、工程监理单位等工程技术人员参阅。

＊　　＊　　＊

责任编辑：袁孝敏
责任设计：李志立
责任校对：陈晶晶　刘　钰

建筑施工五大员岗位培训丛书
# 质 量 员 必 读
（第三版）
潘延平　主编

＊

中国建筑工业出版社出版、发行（北京西郊百万庄）
各地新华书店、建筑书店经销
霸州市顺浩图文科技发展有限公司制版
北京建筑工业印刷厂印刷

＊

开本：787×1092毫米　1/16　印张：40½　字数：985千字
2012年6月第三版　　2015年4月第二十七次印刷

定价：85.00元
ISBN 978-7-112-13982-8
（21977）

# 《质量员必读》（第三版）
## 编写人员名单

顾　问：蒋曙杰　曾　明　黄忠辉　张国琮

主　编：潘延平

副主编：辛达帆　鲁智明

编　委：叶伯铭　邱　震　余洪川　张健民　钱　洁

　　　　鲍　逸　翁益民　刘继华　陈建平　韩志和

　　　　孙玉明　沈　飚　季　晖　顾正荣　王国庆

　　　　周　磊　黄建中　胡　宽　于　刚　朱元勋

# 第三版出版说明

建筑施工企业现场五大员（施工员、预算员、质量员、安全员和材料员）是建筑施工企业关键岗位的基层管理人员，他们的个人素质和职业技能直接关系着建设项目的成败。

2001年初，我社根据建设部对现场技术管理人员的要求，编辑出版了"建筑施工五大员岗位培训丛书"共五册，着重对五大员的基础知识和专业知识作了介绍。其中基础知识部分浓缩了建筑业几大科目的知识要点，便于各地施工企业短期、集中培训用。

2005年夏，我社根据建筑业新的发展形势，结合一系列法规文件的出台及专业规范的更新对这套丛书进行了修订，出版了该套"必读丛书"的第二版。原书第一版及修订后第二版的出版满足了图书市场的需求，前后共印刷了40多万册，读者反映良好。

近5、6年来，我国建筑业的发展迅猛，建筑施工的政策法规进一步健全，新的标准规范陆续出版，管理经验不断完善。为了适应这一形势的发展，我们及时组织了对这套"丛书"的修订。不仅按照新的法规、规范及标准对施工现场五大员的专业技术做了大量的调整和及时的更新，而且在基础知识的整体架构、施工企业管理的控制和方法等方面也做了详尽的论述，并且对近年来的建筑行业涌现的新技术、新工艺、新材料、新方法等方面也做了介绍和归纳。

希望丛书第三版的出版，对建筑施工现场的基层管理人员起进一步的促进作用，通过对这套"必读丛书"的学习，能具备扎实的基础知识和丰富的专业知识，在建筑业新的发展形势下，从容应对施工现场的技术工作，在各自的岗位上作出应有的贡献。

中国建筑工业出版社

2011年12月

# 第二版出版说明

建筑施工现场五大员（施工员、预算员、质量员、安全员和材料员），担负着繁重的技术管理任务，他们个人素质的高低、工作质量的好坏，直接影响到建设项目的成败。

2001年初，我社根据建设部对现场技术管理人员的要求，编辑出版了"建筑施工五大员岗位培训丛书"共五册，着重对五大员的基础知识和专业知识作了介绍。其中基础知识部分浓缩了建筑业几大科目的知识要点，便于各地施工企业短期、集中培训用。这套书出版后反映良好，共陆续印刷了近10万册。

近4、5年来，我国建筑业形势有了新的发展，《建设工程质量管理条例》、《建设工程安全生产管理条例》、《建设工程工程量清单计价规范》等一系列法规文件相继出台；由建设部负责编制的《建筑工程施工质量验收统一标准》及相关的十几个专业的施工质量验收规范也已出齐；施工技术管理现场的新做法、新工艺、新技术不断涌现；建筑材料新标准及有关的营销管理办法也陆续颁发。建筑业的这些新的举措和大好发展形势，不啻为我国施工现场的技术管理工作规划了新的愿景，指明了改革创新的方向。

有鉴于此，我们及时组织了对这套"丛书"的修订。修订工作不仅在专业层面上，按照新的法规和标准规范做了大量调整和更新；而且在基础知识方面，对以人为本的施工安全、环保措施等内容以及新的科学知识结构方面也加强了论述。希望施工现场的五大员，通过对这套"丛书"的学习和培训，能具备较全面的基础知识和专业知识，在建筑业发展新的形势和要求下，从容应对施工现场的技术管理工作，在各自的岗位上作出应有的贡献。

中国建筑工业出版社

2005年6月

# 目　录

## 第一篇　基础知识

# 第一篇

基础知识

# 第一章 建筑材料

## 第一节 概 述

建筑材料指建筑工程结构物中使用的各种材料和制品，它是一切建筑工程的物质基础。建筑材料的费用，一般占工程土建总造价的 50％以上。

建筑材料的品种、性能和质量，直接影响着建筑工程的坚固、适用和美观，影响着结构形式和施工进度。各种建筑工程的质量和造价在很大程度上取决于正确地选择和合理地使用建筑材料。

一般来说，优良的建筑材料必须具备足够的强度，能够安全地承受设计荷载；自身的重量（表观密度）以轻为宜，以减少下部结构和地基的负荷；要求与使用环境相适应的耐久性，以便减少维修费用；用于装饰的材料，应能美化房屋并产生一定的艺术效果；用于特殊部位的材料，应具有相应的特殊功能，例如屋面材料要能隔热、防水；楼板和内墙材料要能隔声等。

### 一、建筑材料的分类

建筑材料可按不同原则进行分类。根据材料来源，可分为天然材料及人造材料；根据使用部位，可分为承重材料、屋面材料、墙体材料和地面材料等；根据建筑功能，可分为结构材料、装饰材料、防水材料、绝热材料等。目前，通常根据组成物质的种类及化学成分，将建筑材料分为无机材料、有机材料和复合材料三大类，各大类中又可进行更细的分类，如图 1-1 所示。

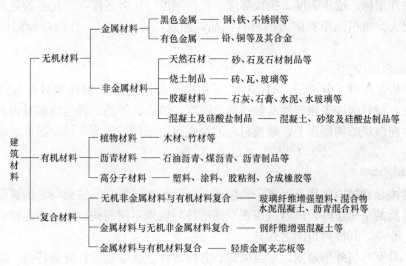

图 1-1　建筑材料的分类

### 二、材料的结构

材料的结构可分为宏观、细观和微观三个层次。

**(一) 宏观结构**

建筑材料的宏观结构是指用肉眼或放大镜能够分辨的粗大组织。按其孔隙特征分为：

1. 致密结构：可以看作无宏观层次的孔隙存在。例如钢铁、有色金属、致密天然石材、玻璃、玻璃钢、塑料等。

2. 多孔结构：指具有粗大孔隙的结构。如加气混凝土、泡沫混凝土、泡沫塑料及人造轻质多孔材料。

3. 微孔结构：是指具有微细孔隙的结构。如石膏制品、烧黏土制品等。

按存在状态或构造特征分为：

1. 堆聚结构：由骨料与胶凝材料胶结成的结构。具有这种结构的材料种类繁多，如水泥混凝土、砂浆、沥青混合料等均可属此类结构的材料。

2. 纤维结构：由纤维状物质构成的材料结构。如木材、玻璃钢、岩棉、钢纤维增强水泥混凝土、GRC 制品等。

3. 层状结构：天然形成或人工采用粘结等方法将材料叠合而成层状的材料结构。如胶合板、纸面石膏板、蜂窝夹芯板、各种新型节能复合墙板等。

4. 散粒结构：指松散颗粒状结构。如混凝土骨料、膨胀珍珠岩等。

**(二) 细观结构**

细观结构（原称亚微观结构）是指用光学显微镜所能观察到的材料结构。建筑材料的细观结构，只能针对某种具体材料来进行分类研究。对混凝土可分为基相、集料相、界面；对天然岩石可分为矿物、晶体颗粒、非晶体组织；对钢铁可分为铁素体、渗碳体、珠光体；对木材可分为木纤维、导管髓线、树脂道。材料细观结构层次上的各种组织性质各不相同，这些组织的特征、数量、分布和界面性质对材料性能有重要影响。

材料内部的毛细孔、微裂缝等缺陷大都属于细观结构的范畴。细观结构对材料的抗渗性、抗冻性、抗腐蚀性等耐久性指标；含水率、吸水率、湿胀干缩变形性、隔热保温、吸声隔声等物理指标；抗压强度、抗拉强度、抗折强度、抗剪强度、软化系数等力学性能指标的影响很大。由相同原料制成的材料制品，细观结构不同时，性能指标测试结果差异很大。

**(三) 微观结构**

微观结构是指原子分子层次的结构。可用电子显微镜或 X 射线来分析研究该层次上的结构特征。材料的许多物理性质如强度、硬度、熔点、导热、导电性都是由其微观结构所决定的。在微观结构层次上，建筑材料的微观组织结构可分为三种：晶体、玻璃体和胶体结构。

**1. 晶体结构**

晶体结构是材料内部质点（离子、原子、分子）在三维空间按照特定的规则排列形成的呈周期重复的空间点阵。质点按照在空间的排列规则不同而构成不同的晶格形式。材料的晶格发生改变，其性质也随之而异。

单晶体具有几何外形规则、熔点固定、各向异性、化学稳定性好等特点。质点密集程度较高的材料密度较大，强度较高，硬度也较高。钢材由于晶格的质点密集程度很高，质点间以金属键连接，因而具有很大的塑性变形能力以及良好的导热性和导电性。

多数晶体材料是由很多的微小晶粒杂乱堆积而成的多晶体，因而其性能特点是大致各向同性，且具有固定的熔点和稳定的化学性质。材料结构中微小晶粒之间的接触面称为晶界面，晶界面的界面性质及界面面积在很大程度上影响着材料的宏观性质。晶体尺寸越小，单位体积晶界面积就越大，通常情况下，材料的内聚力也就越大，从而具有较好的宏观力学性质。

2. 玻璃体（非晶体）结构

玻璃体结构是材料内部质点无规则排列而形成的紊乱的空间点阵。玻璃体材料为各向同性，无固定熔点，只出现软化现象，具有化学不稳定性。其性能特点与结构内部质点种类及质点在空间无规则排列的紊乱程度有关。

3. 胶体结构

胶体结构是指大量微小的固体粒子（直径为 $1 \sim 100 \mu m$）均匀稳定地分散在介质中所形成的结构。随分散介质的形态不同，胶体材料在常温下可呈固态、膏状态、液态等。胶体材料在结构上分子比例不固定，例如水泥水化产物中的水化硅酸钙，其中的氧化钙、二氧化硅和水的比例是不确定的。

三、材料的基本性质

（一）物理性质

1. 材料的密度

（1）密度：

材料在绝对密实状态下单位体积的质量，称为密度。密度用下式表示：

$$\rho = \frac{m}{V}$$

式中　$\rho$——密度（$g/cm^3$）；

　　$m$——材料干燥时的质量（g）；

　　$V$——材料的绝对密实体积（$cm^3$）。

（2）表观密度：

材料在自然状态下单位体积的质量，称为表观密度。表观密度用下式表示：

$$\rho_0 = \frac{m}{V_0}$$

式中　$\rho_0$——表观密度（$g/cm^3$ 或 $kg/m^3$）；

　　$m$——材料的质量（g 或 kg）；

　　$V_0$——材料自然状态下的体积（$cm^3$ 或 $m^3$）

表观密度值通常取气干状态下的数据，否则应当注明是何种含水状态。

（3）堆积密度：

散粒状材料在一定的疏松堆放状态下，单位体积的质量，称为堆积密度。堆积密度用下式表示：

$$\rho_0' = \frac{m}{V_0'}$$

式中　$\rho_0'$——堆积密度（$kg/m^3$）；

　　$m$——材料的质量（kg）；

$V_0'$——粒状材料的堆积体积（$m^3$）。

散粒材料的堆积体积，会因堆放的疏松状态不同而异，必须在规定的装填方法下取值。因此，堆积密度又有松堆密度和紧堆密度之分。

2. 孔隙率和密实度

材料中孔隙的体积占材料总体积的百分率，称孔隙率。仍用前述的代表符号，孔隙率$P$，可写作下式：

$$P = \frac{V_0 - V}{V_0} \times 100\%$$

即

$$P = \left(1 - \frac{V}{V_0}\right) \times 100\%$$

对于绝对密实体积与自然状态体积的比率，即式中的$V/V_0$，定义为材料的密实度。密实度表征了在材料体积中，被固体物质所充实的程度。同一材料的密实度和孔隙率之和为1。

将$V = m/\rho$，$V_0 = m/\rho_0$代入并简化，孔隙率可由下式表示：

$$P = \left(1 - \frac{\rho_0}{\rho}\right) \times 100\%$$

材料孔隙率的大小、孔的粗细和形态等，是材料构造的重要特征，它关系到材料的一系列性质，如强度、吸水性、保温性、吸声性等等。

3. 吸水性、吸湿性、耐水性、抗渗性和抗冻性

（1）吸水性

吸水性是指材料在水中能吸收水分的性质。吸水性的大小用吸水率表示。吸水率常用质量吸水率（或体积吸水率）表示，是材料浸水后在规定时间内吸入水的质量（或吸入水的体积）占材料干燥质量（或干燥时体积）的百分比。材料吸水率的大小与材料的孔隙率和孔隙构造特征有关。一般来说，当材料孔隙是连通的、尺寸较小时，其孔隙率越大则吸水率也越高。对于封闭的孔隙，水分不易渗入；而粗大的孔隙，水分又不易存留。

软木等质轻、孔隙率大的材料，其质量吸水率往往超过100%。这种情况最好用体积吸水率表示其吸水特性。

（2）吸湿性

材料在潮湿的空气中吸收空气中水分的性质称为吸湿性。吸湿性的大小用含水率来表示。含水率为材料所含水的质量占材料干燥质量的百分比。

材料含水率的大小，除了与本身性质有关外，还与周围空气的湿度有关，它随着空气湿度的大小而变化。当材料中所含水分与空气湿度相平衡时的含水率称为平衡含水率。

（3）耐水性

材料长期受饱和水作用，能维持原有强度的能力，称为耐水性。耐水性常以软化系数表示：

$$K = \frac{f_1}{f}$$

式中　$K$——软化系数；

　　　$f_1$——材料在饱水状态下的抗压强度（MPa）；

　　　$f$——材料在干燥状态下的抗压强度（MPa）。

材料的软化系数在 0～1 的范围内。材料吸水后由于水的作用，减弱了内部质点的联结力，使强度有所降低。钢材、玻璃等材料的软化系数基本为 1。花岗石等密实石材的软化系数接近于 1。未经处理的生土软化系数为 0。对于长期受水浸泡或处于潮湿环境的重要建筑物，须选用软化系数不低于 0.85 的材料建造；受潮较轻或次要结构的材料，其软化系数不宜小于 0.70。

（4）抗渗性

材料抵抗有压力水的渗透能力，称为抗渗性。材料抗渗性的指标，通常用抗渗等级提出，如 P6、P8、P12……。抗渗等级中的数字，系在特定的条件下，对试件施以水压，并逐级升高，待达到最高水压规定时，材料才开始渗水，该水压的 MPa 值乘 10，便是它的抗渗等级。另外，抗渗性也常用渗透系数表示，其值越小，材料的抗渗性越好。

地下建筑、水工建筑和防水工程所用的材料，均要求有足够的抗渗性。根据所处环境的最大水头差，提出不同的抗渗指标。

材料抗渗性的好坏，与材料的孔隙率和孔隙构造特征有关。孔隙率小而且是封闭孔隙的材料其抗渗性好。对于建造地下建筑及水工构筑物的材料应具有一定的抗渗性，对于防水材料，则要求具有更高的抗渗性。材料抵抗其他液体渗透的性质，也属于抗渗性。

（5）抗冻性

材料饱水后，经受多次冻融循环，保持原有重量和强度性能的能力，称为抗冻性。将饱水的试件所能抵抗的冻融循环数，作为评价抗冻性的指标，通称抗冻等级。如 F15、F50、F100……，分别表示抵抗 15 个、50 个、100 个冻融循环，而未超过规定的强度和重量数值。

对于冻、融的温度和时间，循环次数，冻后损失的项目和程度，不同的材料均有各自的具体规定。

材料遭受冻结破坏，主要因浸入其孔隙的水，结冰后体胀，对孔壁产生的应力所致。另外，冻融时的温差应力，亦产生破坏作用。抗冻性良好的材料，其耐水性、抗温度或干湿交替变化能力、抗风化能力等亦强，因此抗冻性也是评价材料耐久性的综合指标。

对于水工建筑或处于水位变化的结构。尤其是冬季气温达 $-15$℃以下地区使用的建筑材料，应有抗冻性的要求。除此之外，抗冻性还常作为无机非金属材料抵抗大气物理作用的一种耐久性指标。对处于温暖地区的建筑物，虽无冰冻作用，为抵抗大气的风化作用，保证建筑物的耐久性，对某些材料的抗冻性往往也有一定的要求。

（二）力学性质

1. 强度

材料因承受外力（荷载），所具有抵抗变形不致破坏的能力，称作强度。破坏时的最大应力，为材料的极限强度。

外力（荷载）作用的主要形式，有压、拉、弯曲和剪切等，因而所对应的强度有抗压强度、抗拉强度、抗弯（折）强度和抗剪强度。图 1-2 中列举了几种强度试验时的受力装置，对于识别外力的作用形式和所测强度的类别，是相当直观的。

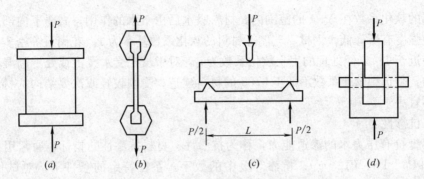

图 1-2　几种强度试验装置

(a) 抗压；(b) 抗拉；(c) 抗弯；(d) 抗剪

材料的抗拉、抗压和抗剪强度，可用下式计算：

$$f=\frac{P}{A}$$

式中　$f$——抗拉、抗压或抗剪强度（MPa）；

　　　$P$——拉、压或剪切的破坏荷载（N）；

　　　$A$——被该荷载作用的面积（mm²）。

抗弯（折）强度的计算，则按受力情况、截面形状等不同，方法各异。如当跨中受一集中荷载的矩形截面的试件，其抗弯强度按下式计算：

$$f_{f}=\frac{3PL}{2bh^{2}}$$

式中　$f_{f}$——抗弯（折）强度（MPa）；

　　　$P$——破坏荷载（N）；

　　　$L$——两支点间距离即跨度（mm）；

　　　$b$——试件截面的宽度（mm）；

　　　$h$——试件截面的高度（mm）。

在工程应用中，许多材料按其具有的强度值，划分档次，确定为若干强度级别，作为合理选用及质量评定的依据。为此，强度的计算和单位，必须十分熟练掌握。

材料的成分、结构和构造，决定了它所具备的强度性质。不同的材料，或同一种材料所表现的各项强度性能，都会有很大差异，必须研究和掌握这些规律，才能充分发挥材料的强度效能。

在检测材料的强度时，试件的尺寸、施力速度、含水状态和环境温度等的影响，使测值产生误差。因此必须严格按检验方法的统一规定进行，强度的测值才能准确可靠。

几种常用材料的强度约值如表 1-1 所列：

几种常用材料的强度约值　　　　　　　　　　　　　　　　　表 1-1

| 材 料 名 称 | 抗压强度(MPa) | 抗拉强度(MPa) | 抗弯强度(MPa) |
|---|---|---|---|
| 花岗石 | 100～250 | 5～8 | 10～14 |
| 普通黏土砖 | 7.5～20 | — | 2～4 |
| 普通混凝土 | 7.5～60 | 0.4～5 | 0.7～9 |
| 松木 | 30～50 | 80～120 | 60～100 |
| 低碳钢 | 240～1500 | 240～1500 | — |

2. 变形性质

材料在外力作用下产生变形，当解除外力后，变形能完全消失，这种变形称为弹性变形；如不能恢复原有形状，仍保留的变形，称为塑性变形。

材料的变形性能，同样取决于它们的成分、结构和构造。同一种材料，在不同的受力阶段，多表现出兼有弹性和塑性变形。如低碳钢，从加载初始到某一限度前，即发生弹性变形，继后又表现出塑性变形。而混凝土受力后，则弹性变形和塑性变形同时产生。

材料处于弹性变形阶段时，其变形与外力成正比。工程上常用弹性模量表示材料的弹性性能，用作衡量材料抵抗变形性能的指标。弹性模量是应力与应变的比值，其值越大，说明材料越不易变形。

3. 脆性、韧性与展性

（1）脆性

材料在外力作用下无明显塑性变形而突然破坏的性质称为脆性。具有脆性的材料称为脆性材料。脆性材料的特点是：破坏时的变形值非常小，材料的抗拉强度很低，仅为抗压强度的几分之一或几十分之一，在振动或冲击荷载作用下极易破坏。例如：砖、石材、陶瓷、玻璃、混凝土、铸铁等均属于脆性材料。

（2）韧性

材料在冲击或振动荷载作用下，能吸收较大的能量，产生一定的变形而不破坏的性质，称为韧性或冲击韧性。材料韧性的测试采用冲击摆锤法，根据材料受冲击达破坏时所吸收的能量来表示。韧性好的材料（如建筑钢材软钢）可用于桥梁、吊车梁、塔吊等承受冲击或振动荷载的结构。

材料的塑性好通常韧性也好，但塑性强调的是材料在破坏时变形的程度（伸长率），而韧性强调的是材料在破坏时吸收能量的大小。

（3）展性

材料能够被碾压成薄片的性质称为展性。金属及沥青等材料展性较好。材料的展性与塑性有一定的关系，展性好的材料在受拉破坏时产生明显的伸长及颈缩现象。

4. 硬度

硬度是材料抵抗较硬物质刻画或压入的能力。硬度的测试方法通常有以下6种：

（1）莫氏硬度（分级法硬度）

将天然岩石从最软到最硬将硬度分为10级，待测定硬度的材料用已知硬度的岩石分别刻画从而确定其硬度。

（2）肖氏硬度

将钢球击落于试件表面上，根据测得钢球回弹的高度来表示硬度。

（3）布氏硬度

以定值荷载和淬硬钢球压入钢材表面，然后以荷载除以试样表面上的凹坑表面积所得的商表示布氏硬度。

（4）维氏硬度

用一个不大的荷载将四棱锥形金刚石压头压入材料的表面，用显微镜测出印痕对角线的长度，据此计算出凹痕单位面积上压力值的大小即维氏硬度，又称显微硬度。

（5）洛氏硬度

以一定荷载将淬硬的钢球压入试样表面，以凹坑深度确定硬度。

（6）里氏硬度

用规定质量（根据材料不同，有4种不同质量）的冲击体（钢球），施加一定的能量，测得距待撞击物体的1mm处冲击体的回弹速度$V_R$，冲击速度$V_A$，则里氏硬度 HL＝$1000V_R/V_A$。

5. 耐磨性

耐磨性是材料抵抗磨损的能力，用磨耗率表示。对于大多数的材料，硬度与耐磨性是一致的，即硬度越高，则耐磨性越好。但也有个别材料例外，例如，作轮胎使用的橡胶制品材料，耐磨性很好，但硬度不高。

# 第二节　水　　泥

## 一、水泥的作用和分类

水泥呈粉末状，属于无机水硬性胶凝材料，它与水拌合后所形成的浆体，既能在空气中硬化，又能更好地在水中硬化，并保持其强度发展。

水泥是最重要的建筑材料之一，它大量用于建筑工程之中，可制造成各种形式的混凝土、钢筋混凝土及预应力混凝土构件和构筑物。

我国建筑工程中目前常用的水泥主要有以硅酸钙为主要成分的硅酸盐水泥、普通硅酸盐水泥、矿渣硅酸盐水泥、火山灰质硅酸盐水泥、粉煤灰硅酸盐水泥和复合硅酸盐水泥六种。在一些特殊工种中，还使用高铝水泥、膨胀水泥、快硬水泥、低热水泥和耐酸水泥等特性水泥和专用水泥。水泥品种虽然很多，但硅酸盐类水泥是最基本的。

## 二、硅酸盐水泥

将石灰质原料、黏土质原料和校正原料按一定比例配合后在磨机中磨细成生料，然后将制得的生料入窑（立窑或回转窑）进行煅烧，再把煅烧好的熟料配以适当的石膏和混合材料在磨机中磨成细粉，即得到硅酸盐水泥（波特兰水泥、纯硅酸盐水泥）。

硅酸盐水泥根据掺加混合料的情况可分为两种类型：

Ⅰ型硅酸盐水泥，是不掺混合材料的水泥，代号为 P·Ⅰ。

Ⅱ型硅酸盐水泥，掺加不超过水泥重量5％的石灰石或粒化高炉矿渣混合材料的水泥，代号为 P·Ⅱ。

根据《通用硅酸盐水泥》GB 175—2007 的规定，它的强度等级分为 42.5，42.5R，52.5，52.5R，62.5，62.5R 六个。

（一）硅酸盐类水泥的凝结与硬化

水泥加水拌合后，成为可塑的水泥浆，水泥浆逐渐变稠失去塑性，但尚不具有强度的过程，称为水泥的"凝结"。随后产生明显的强度并逐渐发展而成为坚强的人造石—水泥石，这一过程称为水泥的"硬化"。凝结和硬化是人为地划分的。实际上是一个连续的复杂的物理化学变化过程。

影响水泥凝结硬化的主要因素：

（1）矿物组成。矿物成分影响水泥的凝结硬化，组成的矿物不同，使水泥具有不同的水化特性，其强度的发展规律也必然不同。

（2）水泥细度。水泥颗粒的粗细影响着水化的快慢。同样质量的水泥，其颗粒越细，总表面积越大，越容易水化，凝结硬化越快；其颗粒越粗时，表现则相反。

（3）用水量。拌合水的用量，影响着水泥的凝结硬化。加水太多，水化固然进行得充分，但水化物间加大了距离，减弱了彼此间的作用力，延缓了凝结硬化；再者，硬化后多余的水蒸发，会留下较多的孔隙而降低水泥石的强度。因此，适宜的加水量，可使水泥充分水化，加快凝结硬化，并能减少多余水分蒸发所留下的孔隙。同时，由于水化物结合水减少，结晶过程受到抑制而形成更紧密的结构。所以在工程中，减小水灰比，是提高水泥制品强度的一项有力措施。

（4）温湿度。温度和湿度，是保障水泥水化和凝结硬化的重要外界条件。必须在较高湿度的环境下，才能维持水泥的水化用水，如果处于干燥环境下，强度会过早停滞，并不再增长。因此，水泥制品成型凝结后，要保持环境的温度和湿度，称为养护。特别是早期的养护。一般地说，温度越高，水泥的水化反应越快。当温度处于 0℃ 以下的环境，凝结硬化会完全停止。因此在保障湿度的同时，又要有适宜的温度，水泥石的强度才能不断增长。因此，水泥制品通常采用蒸汽养护的措施。

（5）石膏掺量。水泥中掺入适量石膏，主要是延缓凝结时间。若石膏加入量过多，会导致水泥石的膨胀性破坏；过少则达不到缓凝的目的。一般石膏的掺入量，占水泥成品重量的 3%～5%。

（二）硅酸盐水泥的主要技术性质

1. 凝结时间

水泥从加水开始到失去流动性，即从可塑状态发展到固体状态所需的时间叫凝结时间。水泥凝结时间分初凝时间和终凝时间。

初凝时间是从水泥加水拌合起至水泥浆开始失去可塑性所需的时间；从加水拌合至水泥浆完全失去塑性的时间为水泥的终凝时间。水泥的初凝不宜过早，以便施工时有足够的时间来完成混凝土或砂浆的搅拌、运输、浇捣和砌筑等操作；水泥终凝不宜过迟，使混凝土能尽快地硬化，达到一定的强度，以利于下道工序的进行。国家标准规定，纯硅酸盐水泥的初凝时间不早于 45min，终凝不迟于 6.5h。

2. 体积安定性

如果在水泥已经硬化后，产生不均匀的体积变化，即所谓体积安定性不良，就会使构件产生膨胀性裂缝，降低建筑物质量，甚至引起严重事故。

国家标准规定，用沸煮法检验水泥的体积安定性。体积安定性不良的水泥应作废品处理，不能用于工程中。

3. 水化热

水泥和水之间化学反应放出的热量称为水化热，通常以"J/kg"表示。水泥的水化热，大部分在水化初期（7 天）内放出，以后逐渐减少。其量的大小和发热速度因水泥的种类、矿物组成、水灰比、细度、养护条件等而有所不同。水泥的水化热，对于大体积混凝土工程是不利的。因为水化热积聚在内部不易发散，致使内外产生很大的温度差，引起内应力，使混凝土产生裂缝。对于大体积混凝土工程，应采用低热水泥，若使用水化热较高的水泥施工时，应采取必要的降温措施。

### 三、掺混合材料的硅酸盐水泥

在生产水泥时，为改善水泥性能、调节水泥强度等级、提高水泥产量，在粉磨水泥熟料时加入定量的人工或天然的矿物材料，称为混合材料，通常分为活性和非活性两大类。

（一）常用掺混合材料的硅酸盐水泥特性

（1）普通硅酸盐水泥。这种水泥是在硅酸盐水泥熟料中加入 6％～20％的混合材料及适量石膏磨细而成，其代号为 P·O，它的强度等级为 42.5，42.5R，52.5，52.5R 四个。

普通硅酸盐水泥同硅酸盐水泥相比，早期强度增进率稍有减少；抗冻、耐磨性稍差；低温凝结时间稍有延长；抗硫酸盐侵蚀能力有所增强。

（2）矿渣硅酸盐水泥。由硅酸盐水泥熟料和粒化高炉矿渣及适量石膏磨细而成。所掺入的粒化高炉矿渣，按重量计为 20％～70％，它的代号为 P·S。

这种水泥凝结时间长，早期强度低，后期强度增长高；水化热低；抗硫酸盐侵蚀性好；但其保水性、抗冻性差。

（3）火山灰质硅酸盐水泥。这种水泥是在硅酸盐水泥熟料和少量石膏中掺入适量火山灰质混合材料磨细而成的，其代号为 P·P。水泥中火山灰质混合材料掺量按重量百分比计为 20％～50％。

该水泥具有较强的抗硫酸盐侵蚀能力和保水性及水化热低等优点；但需水量大、低温凝结慢、干缩性大、抗冻性差。

（4）粉煤灰硅酸盐水泥。在硅酸盐熟料中掺入 20％～40％粉煤灰及适量石膏磨细而成的水硬性胶凝材料，代号为 P·F。

此种水泥性能与火山灰水泥基本接近，但粉煤灰水泥的早期强度发展较慢、需水性小。

（5）凡由两种或两种以上规定的混合材料、适量石膏和硅酸盐熟料磨细而成的胶凝材料，称复合水泥，代号 P·C。

上述几种掺混合材水泥的强度等级为分 32.5，32.5R，42.5，42.5R，52.5，52.5R 六个。

（二）水泥的技术指标

硅酸盐水泥、普通硅酸盐水泥、矿渣硅酸盐水泥、火山灰质硅酸盐水泥、粉煤灰硅酸盐水泥和复合硅酸盐水泥（统称通用水泥）的技术指标见表 1-2。

（三）通用水泥的强度指标（表 1-3）

通用水泥的技术指标　　　　　　　　　　　　　　表 1-2

| 各水泥技术指标 项目 | | P·I | P·II | P·O | P·S | P·P | P·F |
|---|---|---|---|---|---|---|---|
| 细度 | 比表面积(m²/kg) | >300 | | — | — | — | — |
| | 80μm 筛余(%) | — | | | ≤10 | | |
| 凝结时间 | 初凝时间 | 不得早于 45min | | | | | |
| | 终凝时间 | ≤390min(6.5h) | | | ≤600min(10h) | | |
| 安定性 | | 用沸煮法检验必须合格 | | | | | |
| 氧化镁 | | 水泥中≤5.0% 安定性合格后放宽至 6.0% | | | 熟料中≤5.0% 安定性合格后放宽至 6.0% | | |
| 水泥中三氧化硫含量 | | ≤3.5% | | | ≤4% | ≤3.5% | |
| 不溶物 | | ≤0.75 | ≤1.5 | — | — | — | — |
| 烧失量 | | ≤3.0 | ≤3.5 | ≤5.0 | — | — | — |

| 品　　种 | 强度等级 | 抗 压 强 度 | | 抗 折 强 度 | |
|---|---|---|---|---|---|
| | | 3d | 28d | 3d | 28d |
| 硅酸盐水泥 | 42.5 | ≥17.0 | ≥42.5 | ≥3.5 | ≥6.5 |
| | 42.5R | ≥22.0 | | ≥4.0 | |
| | 52.5 | ≥23.0 | ≥52.5 | ≥4.0 | ≥7.0 |
| | 52.5R | ≥27.0 | | ≥5.0 | |
| | 62.5 | ≥28.0 | ≥62.5 | ≥5.0 | ≥8.0 |
| | 62.5R | ≥32.0 | | ≥5.5 | |
| 普通硅酸盐水泥② | 42.5 | ≥17.0 | ≥42.5 | ≥3.5 | ≥6.5 |
| | 42.5R | ≥22.0 | | ≥4.0 | |
| | 52.5 | ≥23.0 | ≥52.5 | ≥4.0 | ≥7.0 |
| | 52.5R | ≥27.0 | | ≥5.0 | |
| 矿渣硅酸盐水泥<br>火山灰质硅酸盐水泥<br>粉煤灰硅酸盐水泥<br>复合硅酸盐水泥 | 32.5 | ≥10.0 | ≥32.5 | ≥2.5 | ≥5.5 |
| | 32.5R | ≥15.0 | | ≥3.5 | |
| | 42.5 | ≥15.0 | ≥42.5 | ≥3.5 | ≥6.5 |
| | 42.5R | ≥19.0 | | ≥4.0 | |
| | 52.5 | ≥21.0 | ≥52.5 | ≥4.0 | ≥7.0 |
| | 52.5R | ≥23.0 | | ≥4.5 | |

① 此表引自《通用硅胶盐水泥》GB 175—2007；
② 按此新的标准，普通硅酸盐水泥已经没有 32.5 级了——编者注。

**四、GB 175—2007 标准的特点**

2001 年 4 月起，我国水泥标准（GB 175—1999）取代了原水泥国家标准（GB 175—1992）。那么 GB 175—2007 标准又有什么特点呢？

GB 175—2007 水泥标准采用与国际接轨的 ISO 法，与原有的国际的软练法（或称GB 法）相比有以下主要区别：

（1）水泥强度检验用的标准砂由单级改为（0.08～2.0)mm 多级级配。

（2）胶砂组成中的灰砂比由 1：2.5 改为 1：3.0；水灰比由 0.44 改为 0.50

（3）试件受压面积由 GB 法的 40mm×62.5mm 改为 ISO 法的 40mm×40mm。

由于以上原因，我国水泥试验方法由原 GB 法过渡到新标准的 ISO 法，试验测出的水泥强度等级大体降低了一个等级。即 2007 年水泥新标准（ISO 法）测定的 42.5 级水泥，大体相当于 1999 年标准（GB 法）的 52.5 级水泥。其对应关系式大体为：

1999 年标准，GB 水泥等级：32.5，42.5，52.5，62.5

2007 年标准，ISO 水泥等级：—，　32.5，42.5，52.5

GB 175 新标准于 2007 年正式实施。新标准的实施有利于我国水泥质量的提高，并逐步与国际接轨；由于新标准中普通硅酸盐水泥产品的最低强度等级为 42.5 级，因而也有助于淘汰或转产质量低下的立窑水泥。

## 第三节　普通混凝土

### 一、普通混凝土的概念和特点

混凝土是以胶凝材料、水、细骨料、粗骨料，必要时掺入外加剂和掺合料，按适当比例均匀拌制、密实成型及养护硬化而成的人工石材。

建筑工程中用量最大、用途最广的是以水泥为胶凝材料配制而成的水泥混凝土，其表观密度为 $1950\sim2500\text{kg/m}^3$。用天然的砂、石作为骨料配制而成的，称为普通混凝土，可在施工现场用人工或机械拌制，近年来集中搅拌、供应现场使用的商品混凝土在我国得到迅速发展。

普通混凝土具有许多优点，可根据不同要求配制各种不同性质的混凝土；在凝结前具有良好的塑性，因此可以浇制成各种形状和大小的构件或结构物；它与钢筋有牢固的粘结力，能制作钢筋混凝土结构和构件；经硬化后有抗压强度高与耐久性良好的特性；其组成材料中砂、石等地方材料占80％以上，符合就地取材和经济的原则。但事物总是一分为二的，混凝土也存在着抗拉强度低，受拉时变形能力小，容易开裂，自重大等缺点。

由于普通混凝土具有上述各种优点，因此它是一种主要的建筑材料，无论是工业与民用建筑、道路、桥梁及给水与排水工程、水利工程以及地下工程、国防建设等都广泛地应用。因此，它在国家基本建设中占有重要地位。

### 二、普通混凝土的组成材料

普通混凝土以下简称混凝土由水泥、砂、石和水组成，为改善其某些性能还常加入适量的外加剂和掺合料。

（一）混凝土中各组成材料的作用

混凝土的结构及各组成材料的比例见图1-3、图1-4，图中可见，骨料约占混凝土体积的70％，其余是水泥和水组成的水泥浆和少量残留的空气。

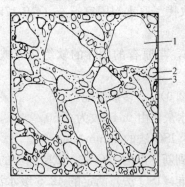

图1-3　普通混凝土结构示意图

1—粗骨料；2—细骨料；3—水泥浆

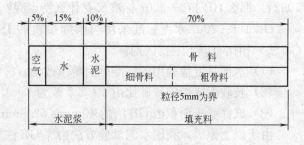

图1-4　混凝土组成的体积比

在混凝土中，水泥浆的作用是包裹在骨料表面并填满骨料间的空隙，作为骨料之间的润滑材料，使尚未凝固的混凝土拌合物具有流动性，并通过水泥浆的凝结硬化将骨料胶结成整体。石子和砂起骨架作用，称"骨料"。石子为"粗骨料"，砂为"细骨料"。砂子填充石子的空隙，砂石构成的坚硬骨架可抑制由于水泥浆硬化和水泥石干燥而产生的收缩。

（二）混凝土组成材料的选择

1. 水泥

（1）水泥品种选择：

一般可采用硅酸盐系水泥，必要时采用其他水泥，具体可根据混凝土工程特点和所处环境、温度及施工条件参照表 1-4 选择。

常用水泥的选用 表 1-4

| 序号 | 混凝土工程特点或所处环境条件 | 优先选用 | 可以使用 | 不宜使用 |
|---|---|---|---|---|
| 1 | 在普通气候环境中的混凝土 | 普通硅酸盐水泥 | 矿渣硅酸盐水泥、火山灰质硅酸盐水泥、粉煤灰硅酸盐水泥、复合硅酸盐水泥 | |
| 2 | 在干燥环境中的混凝土 | 普通硅酸盐水泥 | 矿渣硅酸盐水泥 | 火山灰质硅酸盐水泥、粉煤灰硅酸盐水泥 |
| 3 | 在高湿度环境中或永远处在水下的混凝土 | 矿渣硅酸盐水泥 | 普通硅酸盐水泥、火山灰质硅酸盐水泥、粉煤灰硅酸盐水泥、复合硅酸盐水泥 | |
| 4 | 厚大体积的混凝土 | 粉煤灰硅酸盐水泥、矿渣硅酸盐水泥、火山灰质硅酸盐水泥、复合硅酸盐水泥 | 普通硅酸盐水泥 | 硅酸盐水泥、快硬硅酸盐水泥 |
| 5 | 要求快硬的混凝土 | 快硬硅酸盐水泥、硅酸盐水泥 | 普通硅酸盐水泥 | 矿渣硅酸盐水泥、火山灰质硅酸盐水泥、粉煤灰硅酸盐水泥、复合硅酸盐水泥 |
| 6 | 高强（大于 C40 级）的混凝土 | 硅酸盐水泥 | 普通硅酸盐水泥、矿渣硅酸盐水泥 | 火山灰质硅酸盐水泥、粉煤灰硅酸盐水泥 |
| 7 | 严寒地区的露天混凝土，寒冷地区的处在水位升降范围内的混凝土 | 普通硅酸盐水泥 | 矿渣硅酸盐水泥 | 火山灰质硅酸盐水泥、粉煤灰硅酸盐水泥 |
| 8 | 严寒地区处在水位升降范围内的混凝土 | 普通硅酸盐水泥 | | 火山灰质硅酸盐水泥、矿渣硅酸盐水泥、粉煤灰硅酸盐水泥、复合硅酸盐水泥 |
| 9 | 有抗渗性要求的混凝土 | 普通硅酸盐水泥、火山灰质硅酸盐水泥 | | 矿渣硅酸盐水泥 |
| 10 | 有耐磨性要求的混凝土 | 硅酸盐水泥、普通硅酸盐水泥 | 矿渣硅酸盐水泥 | 火山灰质硅酸盐水泥、粉煤灰硅酸盐水泥 |

注：蒸汽养护时用的水泥品种，宜根据具体条件通过试验确定。

（2）水泥强度等级选择：

水泥强度等级的选择，应与混凝土的设计强度等级相适应。应充分利用水泥活性，根据生产实践经验得出：

1）一般情况下，水泥强度等级为混凝土强度等级的 1.5～2.0 倍为宜。

2）配置高强度等级混凝土时，水泥强度等级应是混凝土强度的 0.9～1.5 倍。

3）用高强度等级水泥配制低强度等级混凝土时，每立方米混凝土的水泥用量偏少，会影响和易性和密实度，所以，混凝土中应掺一定数量的外掺料，如粉煤灰等。

## 2. 砂

### (1) 砂的分类

粒径在 0.160～5mm 之间的骨料称为细骨料（砂）。可分为天然砂、人工砂、混合砂，一般采用天然砂。天然砂由岩石风化而成，按产源分为河砂、海砂与山砂等。河砂、海砂颗粒圆滑、质地坚固，但海砂中常夹有贝壳碎片及可溶性盐类，会影响混凝土强度。山砂系岩石风化后在原地沉积而成，颗粒多棱角，并含有黏土及有机杂质等，坚固性差。河砂比较洁净，所以配制混凝土宜采用河砂。

### (2) 砂的选择

用于施工现场的砂的技术性能应符合《普通混凝土用砂、石质量及检验方法标准》JGJ 52—2006。

选择砂的依据可归结为以下三个方面。

1) 颗粒级配和粗细程度

砂的颗粒级配，表示砂大小颗粒的搭配情况。它决定了砂的空隙率的大小。砂的空隙率小，混凝土骨架密实，填充砂子空隙的水泥浆则少。

砂的粗细程度，表示不同粒径的砂混合后总体的粗细程度，通常有粗砂、中砂和细砂之分。它决定了砂的总表面积。砂的总表面积小，包裹砂子表面的水泥浆用量则少。

2) 砂中含泥量及泥块含量

含泥量是指砂中粒径小于 0.08mm 颗粒的含量；泥块含量是指砂中粒径大于 1.25mm，经水洗、手捏后变成小于 0.63mm 颗粒的含量。

砂中含泥量多会影响混凝土强度。砂中的泥块对混凝土的抗压、抗渗、抗冻及收缩等性能均有不同程度的影响，尤其是包裹型的泥更为严重。

3) 有害物质含量

砂中有害物质包括黏土、淤泥、云母、轻物质（砂中表观密度小于 2000kg/m³ 的物质）、硫化物和硫酸盐及有机物质。

砂中黏土、淤泥、云母及轻物质含量过多，会使混凝土表面形成薄弱层，若粘附在骨料表面，又会妨碍骨料与水泥的粘结。

硫化物与硫酸盐的存在会腐蚀混凝土，引起钢筋锈蚀，降低混凝土强度和耐久性。

有机质含量多，会延迟混凝土的硬化，影响强度的增长。所以，砂中各有害物质的含量应严格控制在表 1-5 的范围内。

<table>
<tr><td colspan="2" style="text-align:center">砂中有害物质限值　　　　　　　　　　　　　　　表 1-5</td></tr>
<tr><td style="text-align:center">项　　目</td><td style="text-align:center">质 量 指 标</td></tr>
<tr><td>云母含量（按质量计，%）</td><td>≤2.0</td></tr>
<tr><td>轻物质含量（按质量计，%）</td><td>≤1.0</td></tr>
<tr><td>硫化物及硫酸盐含量（折算成 SO₃ 按质量计，%）</td><td>≤1.0</td></tr>
<tr><td>有机物含量（用比色法试验）</td><td>颜色不应深于标准色。如深于标准色，则应按水泥胶砂强度试验方法进行强度对比试验，抗压强度比不应低于 0.95</td></tr>
</table>

## 3. 石子

### (1) 石子的分类：

由天然岩石或卵石经破碎、筛分而得的公称粒径大于 5mm 的岩石颗粒称为碎石；岩石由自然条件作用而形成的，公称粒径大于 5mm 的颗粒称为卵石。

天然卵石有河卵石、海卵石和山卵石等。河卵石表面光滑，少棱角，比较洁净，有的具有天然级配。而山卵石含黏土杂质较多，使用前必须加以冲洗，因此河卵石为最常用。碎石比卵石干净，而且表面粗糙，颗粒富有棱角，与水泥石粘结较牢。

（2）石子的选择

用于施工现场的石子重量应符合《普通混凝土用砂、石质量及检验方法标准》JGJ 52—2006。

石子的选择依据归结为以下五个方面。

1）颗粒级配及最大粒径

石子的颗粒级配原理与砂基本相同，石子级配好坏对节约水泥和保证混凝土具有良好和易性有很大关系，特别是拌制高强度混凝土，尤为重要。

2）颗粒形状及表面特征

粗骨料的颗粒形状及表面特征同样会影响其与水泥的粘结及混凝土拌合物的流动性。碎石具有棱角，表面粗糙，与水泥粘结较好，而卵石多为圆形，表面光滑，与水泥的粘结较差，在水泥用量和水用量相同的情况下，碎石拌制的混凝土流动性较差，但强度较高，而卵石拌制的混凝土则流动性较好，但强度较低。如要求流动性相同，用卵石时用水量可少些，结果强度不一定低。

粗骨料的颗粒形状还有属于针状（颗粒长度大于该颗粒所属粒级的平均粒径的 2.4 倍）和片状（厚度小于平均粒径的 0.4 倍）的，这种针、片状颗粒过多，会使混凝土强度降低，其含量应符合表 1-6 规定。

等于及小于 C10 级的混凝土，其针、片状颗粒含量可放宽到 40％。

碎石或卵石中针、片状颗粒含量　　　　　　　　　表 1-6

| 混凝土强度等级 | ≥C60 | C30~C55 | ≤C25 |
|---|---|---|---|
| 针、片状颗粒含量（按质量计，％） | ≤8 | ≤15 | ≤25 |

3）强度

为保证混凝土的强度要求，石子都必须是质地致密、具有足够的强度。碎石或卵石的强度可用岩石立方体强度和压碎指标两种方法表示。当混凝土强度等级为 C60 及以上时，应进行岩石抗压强度检验。在选择采石场或对石子强度有严格要求或对质量有争议时，也宜用岩石立方体强度作检验。对经常性的生产质量控制则可用压碎指标值检验。

4）含泥量及泥块含量

含泥量是指碎石或卵石中粒径小于 0.08mm 颗粒的含量；泥块含量是指碎石或卵石中粒径大于 5mm，经水洗、手捏后变成小于 2.5mm 的颗粒含量。

含泥量将会严重影响骨料与水泥石的粘结力、降低和易性、增加用水量，影响混凝土的干缩和抗冻性。泥块含量对混凝土性能的影响较含泥量大，特别对抗拉、抗渗、收缩的影响更为显著。一般对高强度等级混凝土的影响比低强度等级混凝土影响为大，所以根据混凝土强度等级的高低规定骨料中含泥量及泥块含量的控制指标，详见表 1-7。石中含泥量及泥块含量超过表中限值时，应过筛冲洗后方能使用。

碎石或卵石中含泥量及泥块含量    表1-7

碎石或卵石中含泥量及泥块含量    表1-7

| 混凝土强度等级 | ≥C60 | C30~C55 | ≤C25 |
|---|---|---|---|
| 含泥量(按质量计,%) | ≤0.5 | ≤1.0 | ≤2.0 |
| 泥块含量(按质量计,%) | ≤0.2 | ≤0.5 | ≤0.7 |

注：1. 对有抗冻、抗渗或其他特殊要求的混凝土，其所用碎石或卵石的含泥量不大于1.0%，泥块含量不大于0.5%；

2. 对于等于或小于C10级的混凝土用碎石或卵石的含泥量可放宽到2.5%，泥块含量可放宽到1.0%。

5) 有害物质含量

碎石或卵石中的硫化物和硫酸盐，以及卵石中的有机杂质等均属有害物质，其含量应不超过表1-8的规定。

碎石或卵石中的有害物质含量    表1-8

| 项　　目 | 质　量　要　求 |
|---|---|
| 硫化物及硫酸盐含量(折算成SO₃,按质量计%) | ≤1.0 |
| 卵石中有机质含量(用比色法试验) | 颜色应不深于标准色。如深于标准色,则应配制成混凝土进行强度对比试验,抗压强度比应不低于0.95 |

**4. 拌合用水**

混凝土拌合用水按水源可分为饮用水、地表水、地下水、海水以及经适当处理或处置后的工业废水五大类。其中地表水包括江、河、淡水湖的水；地下水中包括井水；工业废水包括工厂排放的废水，混凝土生产厂的冲刷水等。

拌制各种混凝土所用的水应符合《混凝土用水标准》JGJ 63—2006，符合国家标准的生活饮用水完全可以采用。地表水和地下水情况很复杂，若总含盐量及有害离子的含量大大超过规定值时，必须进行适用性检验合格后，方能使用。

混凝土拌合用水不应有漂浮明显的油脂和泡沫，不应有明显的颜色和异味。

混凝土企业的冲刷水不宜用于预应力混凝土、装饰混凝土、加气混凝土和暴露于腐蚀环境的混凝土。

未经处理的海水严禁用于钢筋混凝土和预应力混凝土。

**三、普通混凝土的主要技术性质**

混凝土在未凝结硬化以前，称为混凝土拌合物。它必须具有良好的和易性，便于施工，以保证能获得良好的浇灌质量；混凝土拌合物凝结硬化以后，应具有足够的强度，以保证建筑物能安全地承受设计荷载；并应具有必要的耐久性。

**(一) 和易性**

新拌的混凝土，要具有施工所需要的和易性，以保证搅拌、运输、浇筑、振捣等所有工序顺利进行，而得到均匀密实，质量优良的制品。

**1. 和易性的概念和指标**

混凝土和易性是一个十分综合的性能，甚至难以把它所包括的方面描述完全。一般认为，和易性包括流动性、黏聚性及保水性三个方面的涵义。流动性是指拌合物在自身及外力作用下具有的流动能力；黏聚性是指拌合物所表现的黏聚力，而不致受作用后离析；保水性则是拌合物保全拌合水不泌出的能力。

混凝土和易性的指标，当前塑性混凝土多以坍落度表示。在特制的坍落度测定筒内，按规定方法装入拌合物捣实抹平，把筒垂直提起，量出筒高与坍落后混凝土试体最高点之间的高度差，即为该混凝土拌合物的坍落度值（如图1-5所示）。

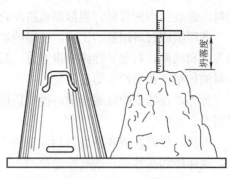

图1-5　坍落度测定图

当混凝土拌合物的坍落度大于220mm时，用钢尺测量混凝土扩展后的最终的最大直径最小直径，在这两个直径之差小于50mm的条件下用其算术平均值作为坍落扩展度值；否则，此次试验无效。

坍落度小于10mm的拌合物，多用维勃稠度作为指标。其装置如图1-6所示。把试料按规定方法装入维勃稠度仪的截锥桶内，提走桶器后，施以配重盘，在规定的频率和振幅下振动，自开始振动到试料顶面振平时，所用的秒数，即维勃稠度。

2. 坍落度的选择

混凝土拌合物的坍落度，要根据施工条件，如搅拌、运输、振捣方式，也要根据结构物的类型，如截面尺寸、配筋疏密等，选用最宜值参见表1-9。

混凝土浇筑时的坍落度（mm）　　　　　　　　　　　　　表1-9

| 结 构 种 类 | 坍落度 |
| --- | --- |
| 基础或地面等的垫层、无配筋的大体积结构(挡土墙、基础等)或配筋稀疏的结构 | 10～30 |
| 板、梁和大型及中型截面的柱子等 | 30～50 |
| 配筋密列的结构(薄壁、斗仓、筒仓、细柱等) | 50～70 |
| 配筋特密的结构 | 70～90 |

注：1. 本表系采用机械振捣混凝土时的坍落度，当采用人工捣实混凝土时其值可适当增大；
　　2. 当需要配制大坍落度混凝土时，应掺用外加剂；
　　3. 曲面或斜面结构混凝土的坍落度应根据实际需要另行选定；
　　4. 轻骨料混凝土的坍落度，宜比表中数值减少10～20mm；
　　5. 预拌混凝土的坍落度不受上表的限制，由预拌厂另行设计，为保证泵送性，一般需增大坍落度。

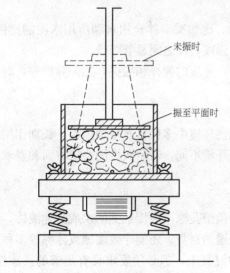

图1-6　维勃稠度测定图

无配筋的浇筑物比配筋很密的坍落度应该小；人工捣实的拌合物比振捣器振捣的坍落度应该大；截面窄狭的结构，泵送的混凝土，其坍落度都应大等。总之，要根据具体情况，综合考虑确定。坍落度的具体数值，以合宜为度，不能无原则地加大。坍落度越大，水泥浆用得越多，不仅多用了水泥，提高了造价，还会带来不少副作用。靠单纯增加拌合水去加大坍落度，能使硬后的混凝土强度严重降低，也削弱了混凝土的耐久性，应坚决禁止。

3. 影响和易性的因素

材料的品种影响和易性。各种组成材料用量都相同的两种拌合物，采用泌水严重、黏聚性低的水泥，都会显得和易性差；粒型圆滑的骨料，总表面小的骨料，粗细颗粒搭配合理的骨料，都会显得和易性好。

各项组成材料用量的比例，是影响和易性的重要因素。当骨料的用量已定时，水泥浆的多少和稀稠，对和易性影响很显著；当水泥浆用量和骨料的总用量已定时，改变砂子占骨料的比率，和易性会明显改变。

另外，在施工中称料准确，搅拌适度，运输浇筑不造成离析等，都是确保和易性的重要因素。

可见，尽管影响和易性的因素很多，但总的来讲，确保材料的品种、用量和精心施工，是保障和易性的三条有效途径。

（二）强度

硬结后的混凝土，必须达到设计要求的强度，结构物才能安全可靠。混凝土的强度包括抗压强度、抗拉强度、抗折强度和抗剪强度等。混凝土抗压强度最大，主要用来承受压力。由于它的抗压强度和其他强度间存在着一定的关系，所以一般情况下，只要求抗压强度。习惯上泛指混凝土的强度，就是它的极限抗压强度。

1. 立方体抗压强度

混凝土的抗压强度，通常以规定的正立方体试件测定结果评定，称为立方体抗压强度。用立方体试件试验，当加压时，试件的两个端面与试验机的压板间，产生的摩擦力阻碍着试件的横向扩展，因而立方体强度比实际的抗压强度偏高。

2. 混凝土的强度等级

按立方体强度标准值的大小，混凝土强度等级划分为：C15，C20，C25，C30，C35，C40，C45，C50，C55，C60，C65，C70，C75，C80 等。混凝土垫层可用 C10～C15 级混凝土。

例如 C20 混凝土，为强度等级是 20 级的混凝土，即强度标准值，$f_{cu,k}$ 为 20MPa 的混凝土（可略大于 20MPa，但不能小于 20MPa）。

3. 影响混凝土强度的因素

材料的品种和质量，影响混凝土的强度。同等水泥用量的拌合物，水泥强度等级高的，混凝土的强度必然高；骨料的颗粒组成不好，搭配的不密实，含有泥土、杂质等过多，都能降低混凝土的强度。

组成材料的配合比，是影响强度的重要因素。比如减少拌合用水和所用水泥的比例，适当增多水泥浆的含量，都能显著提高混凝土的强度，反之则显著降低。

在施工中混凝土作业的各个环节，准确称料，适度的搅拌和振捣，加强养护等，对混凝土强度的影响也很大。

（三）耐久性

在混凝土建（构）筑物投入使用后，具有抵抗环境中多种自然侵蚀因素，长期作用不致破坏的能力，称为耐久性。混凝土工程的所处环境不同，对耐久性的要求方面和要求的程度都不相同。多见的耐久性要求，有以下几种。

1. 抗渗性

硬结后的混凝土内部，布有许多大小不同的微细孔隙，所接触到的水或其他液体，尤其是具有压力时，极易浸透。其危害性不仅是浸透的自身，还能导致腐蚀或冰冻等多种不利作用。因此，如水塔、蓄水设施和地下建筑的混凝土，都必须要求具有足够的抗渗性。混凝土抗渗性指标，用抗渗等级表示，如 P6，P8，P12，……。

影响混凝土抗渗性的因素很多，如选用水泥的品种、骨料的颗粒大小及搭配状况。减少水和水泥的比例，可提高混凝土的抗渗性。施工中适度的振捣，加强养护等，都能提高混凝土的密实度、改善混凝土的抗渗性。

2. 抗冻性

混凝土在水饱和状态下，能经受多次冻融循环作用而不被破坏，同时也不严重降低强度的性能，叫抗冻性。抗冻性好的混凝土，对于抵抗温度变化、干湿变化等风化作用的能力也强。因此，抗冻性可以作为耐久性的综合指标。

混凝土抗冻性，以抗冻等级作为指标。在规定的冻、融制度下试验，经受某一循环次数后，检验其强度的降低，当不超过 25％ 时的循环数，即为所检验混凝土的抗冻等级。混凝土的抗冻等级有：F50，F100，F150，F200，F250，F300，F350，F400，>F400，字母后的数值，即所能抵抗的循环次数。

在混凝土硬结过程中，由于析水而布有的细微孔道，不仅使渗透性变差，还会使吸水性增大，导致抗冻性降低。因此，提高抗冻性的措施，也在于减少和排除细微孔道，使混凝土更加密实。

3. 混凝土的碳化

空气中的二氧化碳和水泥水化物相作用，生成碳酸盐，而降低混凝土的原始碱度，简称碳化。由于碳化后碱度降低，减弱了对钢筋的保护作用，会导致钢筋的锈蚀。碳化还会引起混凝土的收缩，而导致表面形成细微裂缝。碳化对强度的影响，因所用水泥的品种而异。

混凝土耐久性的主要方面，还应该包括抗硫酸盐侵蚀性，抗氯离子渗透性能和早期抗裂性能。

**四、普通混凝土外加剂和掺合料**

（一）普通混凝土外加剂

混凝土外加剂是一种在混凝土搅拌之前或拌合过程中掺入的，用于改善新拌混凝土和（或）硬化混凝土性能的材料。

混凝土外加剂按其主要使用功能分为四类：

1）改善混凝土拌合物流变性能的外加剂，包括各种减水剂和泵送剂等；

2）调节混凝土凝结时间、硬化性能的外加剂，包括缓凝剂、促凝剂和速凝剂等；

3）改善混凝土耐久性的外加剂，包括引气剂、防水剂、阻锈剂和矿物外加剂等；

4）改善混凝土其他性能的外加剂，包括膨胀剂、防冻剂、着色剂等。

1. 外加剂的种类

（1）普通减水剂

普通减水剂是指在保持混凝土坍落度基本相同的条件下，能减少拌合用水的外加剂。普通减水剂的主要成分为木质素磺酸盐，通常由亚硫酸法生产纸浆的副产品制得。常用的有木钙、木钠、木镁。其具有一定的缓凝、减水和引气作用。以其为原料，加入不同类型的调凝剂，可制得不同类型的减水剂，如早强型、标准型和缓凝型的减水剂。

（2）高效减水剂

高效减水剂是指在混凝土坍落度基本相同的条件下，能大幅度减少拌合用水的外加剂。高效减水剂不同于普通减水剂，具有较高的减水率，较低引气量，是我国使用量大、面积广的外加剂品种。目前，我国使用的高效减水剂品种较多，主要有以下几种：萘系减水剂；氨基磺酸盐系减水剂；脂肪族（醛酮缩合物）减水剂；蜜胺系及改性蜜胺系减水剂；蒽系减水剂；洗油系减水剂。

（3）高性能减水剂

高性能减水剂是国内外近年来开发的新型外加剂品种，目前主要为聚羧酸盐类产品。高性能减水剂具有一定的引气性，较高的减水率和良好的坍落度保持性能。其主要特点为：掺量低（按照固体含量计算，一般为胶凝材料的 0.15%～0.25%）；混凝土拌合物工作性保持良好；外加剂中氯离子和碱含量较低；用其配置的混凝土收缩率较小，可改善混凝土的体积稳定性和耐久性；对水泥的适应性较好；生产和使用过程中不污染环境，是环保型的外加剂。

（4）引气减水剂

引气减水剂是兼有引气和减水功能的外加剂。它是由引气剂与减水剂复合组成，根据工程要求不同，性能也有一定的差异。

（5）泵送剂

泵送剂是能改善混凝土泵送性能的外加剂。它由减水剂、调凝剂、引气剂、润滑剂等多种成分复合而成。根据工程要求不同，其产品性能也有所差异。

（6）早强剂

早强剂是能加速水泥水化和硬化，促进混凝土早期强度增长的外加剂，可缩短混凝土养护龄期，加快施工进度，提高模板和场地周转率。早强剂主要有无机盐类、有机物等，但现在越来越多的使用各种复合型早强剂。

（7）缓凝剂

指可在较长时间内保持混凝土的工作性，延缓混凝土凝结和硬化时间的外加剂。常见缓凝剂主要有以下四类：

1）羟基羧酸及盐类。如酒石酸、柠檬酸、水杨酸等。

2）含糖碳水化合物类。如糖蜜、葡萄糖、蔗糖等。

3）无机盐类。如硼酸盐、磷酸盐、锌盐等。

4）木质素磺酸盐类。如木钙、木钠等。

（8）引气剂

在混凝土搅拌过程中，能引入大量分布均匀的微小气泡，以减少混凝土拌合物泌水离析，改善和易性，并能显著提高硬化混凝土抗冻融耐久性的外加剂。常见的主要有：

1）可溶性树脂酸盐（松香酸）；

2）十二烷基苯磺酸盐类。如烷基苯磺酸钠、烷基磺酸钠等；

3）文沙尔树脂；

4）十二烷基磺酸钠；

5）磺化石油羟类的可溶性盐等；

6）皂化的吐尔油。

（9）防冻剂

在规定温度下，能显著降低混凝土的冰点，使混凝土液相不冻结或仅部分冻结，以保证水泥的水化作用，并能在一定的时间内获得预期强度的外加剂。混凝土工程中可采用下列防冻剂：

1）强电解质无机盐类。

2）水溶性有机化合物类。

3）有机化合物与无机盐复合类。

4）复合型防冻剂。

（10）膨胀剂

指在混凝土硬化过程中因发生化学变化能使混凝土产生一定体积膨胀的外加剂。常见有以下三类：

1）硫铝酸钙类。如明矾膨胀剂、CSA 膨胀剂、U 型膨胀剂等。

2）氧化钙类。如用一定温度下煅烧的石膏加入适量石膏与水淬矿渣制成、生石灰与硬脂酸混磨而成等。

3）金属类。如铁屑膨胀剂等。

2. 外加剂的正确使用

在试验和实践中人们发现，尽管在混凝土中掺外加剂，可以改善混凝土的技术性能，取得显著的技术经济效果。但是，正确和合理的使用，对外加剂的技术经济效果有重要影响。如使用不当，会酿成事故。因此，在使用外加剂时，应注意以下几点：

（1）外加剂品种的选择：外加剂品种很多，效果各异，特别是对不同品种水泥效果不同。在选择外加剂时，应根据工程需要，现场的材料条件，参照有关资料，通过试验确定。

（2）外加剂掺量的确定：混凝土的外加剂均有适宜掺量，掺量过小，往往达不到预期的效果；掺量过大，则会造成浪费，有时会影响混凝土质量，甚至造成质量事故。因此，应通过试验确定最佳掺量。

（3）外加剂的掺加方法：外加剂掺入混凝土拌合物中的方法不同，其效果也不同。例如减水剂采用后掺法比先掺法和同掺法效果好，其掺量只需先掺法和同掺法的一半。所谓先掺法是将减水剂先与水泥混合然后再与骨料和水一起搅拌；同掺法是将减水剂先溶于水形成溶液后再加入拌合物中一起搅拌；后掺法是指在混凝土拌合物送到浇筑地点后，才加入减水剂并再次搅拌均匀进行浇筑。

（4）几种外加剂复合使用时，应注意不同品种外加剂之间的相容性及对混凝土性能的影响。使用前应进行试验，满足要求后，方可使用。如：聚羧酸系高性能减水剂与萘系减水剂不宜复合使用。

（5）严禁使用对人体产生危害，对环境产生污染的外加剂。

（6）对钢筋混凝土和有耐久性要求的混凝土，应按有关标准规定严格控制混凝土中的氯离子和碱含量。

（7）由于聚羧酸系高性能减水剂的掺量对其性能影响很大，应注意按照准确计量。

因此，使用外加剂时要根据工程特点、材料情况和施工条件通过试验确定。

（二）普通混凝土掺合料

在混凝土拌合物制备时，为了节约水泥、改善混凝土性能、调节混凝土强度等级而加入的天然的或者人造的矿物材料，统称为混凝土掺合料。

粉煤灰是由燃烧煤粉的锅炉烟气中收集到的油粉末，是当前国内外用量最大、使用范围最广的混凝土掺合料。用作掺合料有两方面的效果：

1. 节约水泥

一般可节约水泥 10％～15％，有显著的经济效益。

2. 改善和提高混凝土的下述技术性能

(1) 改善混凝土拌合物的和易性、可泵性和抹面性。

(2) 降低了混凝土水化热，减少混凝土裂缝，是大体积混凝土的主要掺合料。

(3) 混凝土的后期强度缓慢增长，提高混凝土的长期耐久性。

(4) 提高混凝土抗渗性。

(5) 抑制碱骨料等不良反应。

其他混凝土矿物掺合料还有硅灰、沸石粉、火山灰质掺合料和超细微粒矿物质掺合料等多种类型。

## 第四节　建筑砂浆

### 一、建筑砂浆的作用和分类

建筑砂浆是由无机胶凝材料、细骨料和水，有时加入某些掺合料，按一定比例配合调制而成，砂浆可以看成无粗骨料的混凝土，或砂率为 100％ 的混凝土，因此有关混凝土的许多规律，也基本适用于砂浆。但由于砂浆多以薄层使用，且又多是铺抹在多孔、吸水及不平的基底上，因此对砂浆的要求，也有它的特殊性。

建筑砂浆在建筑工程中，是一项用量大、用途广泛的建筑材料。它在砖石结构中起胶结作用，把块体材料胶结成整体结构。在墙面、地板及梁柱结构的表面用砂浆抹面可以起到防护、垫层和装饰作用。除此之外，砂浆还可以用于大型墙、板的接缝和镶贴瓷砖、大理石、水磨石等。经过特殊配置，砂浆还可以用于防水、防腐、保温、吸声、和加固维修等。

综上所述，建筑砂浆按胶凝材料不同可分为水泥砂浆、石灰砂浆、石膏砂浆、水泥石灰混合砂浆和聚合砂浆等。混合砂浆有水泥石灰砂浆、水泥黏土砂浆和石灰黏土砂浆等。

按建筑砂浆的用途又可分为砌筑砂浆、抹面砂浆、特种砂浆。特种砂浆主要用于防水、绝热、吸声、防腐等方面的砂浆。

### 二、砌筑砂浆

用于砌筑砖、石等各种砌块的砂浆称为砌筑砂浆。它起着粘结砌块、构筑砌体、传递荷载的作用，因此是砌体的重要组成部分。

(一) 砌筑砂浆的组成材料

1. 水泥

普通硅酸盐水泥、矿渣水泥、火山灰水泥、粉煤灰水泥和复合水泥等常用品种的水泥都可以用来配制砌筑砂浆。实际使用中，主要根据工程的要求和所处的环境。为了合理利用资源、节约原材料，在配制砂浆时要尽量采用低强度等级水泥和砌筑水泥。严禁使用废品。对于特殊用途的砂浆可采用特种水泥，如：配制构件的接头、接缝或用于结构加固、修补裂缝，应采用膨胀或微膨胀水泥；使用高铝水泥掺入适量氧化镁和细集料，用复合酚醛树脂拌合，蒸养成的耐铵盐砂浆；用水玻璃和磨细矿渣配制水玻璃矿渣砂浆；以硫磺作为胶结材料配制成硫磺耐酸砂浆，能耐大多数无机酸、中性盐和酸性盐的侵蚀，可用来粘结块材和灌注管道接口；以合成树脂为胶凝材料配制树脂砂浆，具有耐腐蚀、抗水、绝缘性好、粘结力强的特点，可用作防腐蚀抹面。

2. 砂

砌筑砂浆用砂应符合混凝土用砂的技术性质要求。由于砂浆层较薄，对砂子最大粒径应有所限制。对于毛石砌体所用的砂，最大粒径应小于砂浆层厚度的 1/5～1/4。对于砖砌体以使用中砂为宜，粒径不得大于 2.5mm。对于光滑的抹面及勾缝的砂浆则应采用细砂。

砂浆用砂不得含有有害杂物。砂的含泥量对砂浆的强度、变形性、稠度及耐久性影响较大，应满足以下要求：

对水泥砂浆强度等级不小于 M5 的砂浆，砂中含泥量不应超过 5%；

对强度等级小于 M5 的砂浆，不应超过 10%；

若采用人工砂、山砂、炉渣和特细砂等作为骨料配制砂浆，应根据经验或经试配而确定其技术指标，经试配应能满足砌筑砂浆技术条件要求。

3. 水

砂浆拌合水的技术要求与混凝土拌合水相同。应选用无杂质的洁净水来拌制砂浆。

4. 掺合料和外加剂

有时为了改善砂浆的和易性和节约水泥还常在砂浆中掺入适量的石灰或黏土膏浆而制成混合砂浆。

为了保证砂浆的质量，需将石灰预先充分"陈伏"熟化制成石灰膏，然后再掺入砂浆中搅拌均匀。配制水泥石灰砂浆时，不得采用脱水硬化的石灰膏。消石灰不得直接使用于砌筑砂浆中。施工中当采用水泥砂浆代替水泥混合浆时，应重新确定砂浆强度等级。

凡在砂浆中掺入有机塑化剂、早强剂、缓凝剂、防冻剂等，应经检验和试配符合要求后，方可使用。有机塑化剂应有砌体强度的型式检验报告。

有时还利用一些其他工业废料或电石灰等作为代用材料，但必须经过砂浆的技术性质检验合格，保证不影响砂浆质量，才能够采用。

（二）砌筑砂浆的主要技术性能

对新拌砂浆主要要求其具有良好的和易性。和易性良好的砂浆容易在粗糙的砖石底面上铺抹成均匀的薄层，而且能够和底面紧密粘结。使用和易性良好的砂浆，既便于施工操作，提高劳动生产率，又能保证工程质量。砂浆和易性包括流动性和保水性两个方面。

硬化后的砂浆则应具有所需的强度和对底面的粘结力，并应有适宜的变形性。

1. 流动性

砂浆的流动性也叫做稠度。是指在自重或外力作用下流动的性能。

施工时，砂浆铺设在粗糙不平的砖石表面上，要能很好地铺成均匀密实的砂浆层，抹面砂浆要能很好地抹成均匀薄层，采用喷涂施工需要泵送砂浆，都要求砂浆具有一定的流动性。

砂浆的流动性和许多因素有关，胶凝材料的用量、用水量、砂粒粗细、形状、级配，以及砂浆搅拌时间都会影响砂浆的流动性，除此之外，也与掺入的混合材料及外加剂的品种、用量有关。

砂浆的流动性通常用砂浆稠度仪测定其稠度值（即沉入量），即标准圆锥体在砂浆中贯入的深度，来表示砂浆流动性的大小。深度越大，说明砂浆流动性越大，即砂浆越稀。

砂浆流动性的选择与砌体材料及施工天气情况有关。对于多孔吸水的砌体材料和干热的天气，则要求砂浆的流动性要大些。相反对于密实不吸水的材料和湿冷的天气，可要求流动性小些，一般情况可参考表 1-10 选择：

建筑砂浆流动性（沉入量：mm）                                    表 1-10

| 砌块种类 | 干燥气候 | 寒冷气候 | 抹灰工程 | 机械施工 | 手工操作 |
|---|---|---|---|---|---|
| 砖砌体 | 80～100 | 60～80 | 准备层 | 80～90 | 110～120 |
| 普通毛石砌体 | 60～70 | 40～50 | 底层 | 70～80 | 70～80 |
| 振捣毛石砌体 | 20～30 | 10～20 | 面层 | 70～80 | 90～100 |
| 矿渣混凝土砌体 | 70～90 | 50～70 | 石膏浆面层 | — | 90～120 |

2. 保水性

指砂浆保存水分的能力，也表示砂浆中各项组成材料不易分离（泌水、离析）的性能。保水性不好的砂浆，在存放、运输和使用过程中水分很快丧失，或为砖石基体所吸干，使砂浆在很短的时间内就变得干涩、难于铺摊成均匀而薄的灰浆层，致使块体之间砂浆不饱满，形成很多空洞，同时灰缝过厚也浪费了砂浆，降低了砌体强度。

影响砂浆保水性的主要因素是胶凝材料种类和用量，砂的品种、细度和用水量。在砂浆中掺入石灰膏、粉煤灰等粉状混合材料，可提高砂浆的保水性。砂浆的保水性用分层度表示。分层度愈小，砂浆保水性愈好。

3. 强度

建筑砂浆在砌体或建筑物中主要起承递荷载作用，应具有一定的抗压强度，对抗震设防地区，还须注意砌体的抗拉、抗剪强度。

砂浆强度等级是以边长为 70.7mm×70.7mm×70.7mm 的一组六块立方体试块，按标准条件养护至 28 天的抗压强度的平均值并考虑具有 95% 强度保证率而确定的。砂浆的强度等级共有 M2.5，M5，M7.5，M10，M15，M20 六个等级。对特别重要的砌体，对有较高耐久性要求的工程，宜采用 M10 以上的砂浆。M 后的数字代表抗压强度平均值，单位 MPa。

影响砂浆抗压强度的因素较多。其组成材料的种类也较多，因此很难用简单的公式准确地计算出其抗压强度。在不吸水的基底上进行砌筑时，砂浆的强度主要取决于水泥的强度及水灰比；砌筑多孔的吸水底面时，其强度主要取决于水泥的强度和用量。在实际工作中，多根据具体的组成材料，采用试配的办法经过试验来确定其抗压强度。

总的来说，砂浆抗压强度的影响因素主要有如下几个：

（1）水泥的强度等级与用量；

（2）水灰比；

（3）骨料状况；

（4）外加剂的品种与数量；

（5）掺加料的状况；

（6）施工及硬化时的条件。

## 4. 粘结力

砖石砌体是靠砂浆把许多块状的砖石材料粘结成为一坚固整体的。因此要求砂浆对于砖石必须有一定的粘结力。一般情况下，砂浆的抗压强度越高其粘结力也越大。此外，砂浆的粘结力与砖石表面状态、清洁程度、湿润情况以及施工养护条件等都有相当关系。如砌砖要事先浇水湿润，表面不沾泥土，就可以提高砂浆与砖之间的粘结力，保证墙体的质量。

## 5. 变形

砂浆在荷载或者温度、湿度条件发生变化时，容易变形。如果变形过大或者变形不均匀，就会降低砌体的质量，引起沉降或者开裂。在拌制轻骨料砂浆或者加入料量过多的砂浆时，要注意配合比控制，防止收缩变形过大。应采取措施防止砂浆开裂，如在抹面砂浆中，为防止产生干裂可掺入一定量的麻刀、纸筋等纤维材料。

## 6. 抗冻性

严寒地区的砌体结构对砂浆抗冻性有一定的要求。按照对砂浆经受冻融循环次数的要求进行抗冻试验。试验后重量损失数不大于5%，抗压强度损失率不大于25%，则砂浆抗冻性合格。

### 三、抹面砂浆

抹面砂浆，是抹在建筑物及构筑物的表面，以使外表平整美观，并有抵御周围环境侵蚀的作用。

抹面砂浆对强度的要求不高，但应具有更好的和易性及更高的粘结力，因此胶结材料用量都较多。抹面砂浆采用体积比，多为经验配合比。抹面砂浆可分为普通抹面砂浆、防水抹面砂浆、装饰抹面砂浆和具有特殊功能的抹面砂浆等。

#### （一）普通抹面砂浆

一般抹面砂浆，有外用和内用两类。为保证抹灰层表面平整，避免开裂脱落，抹面砂浆通常以底层、中层、面层三个层次分层涂抹。

底层砂浆主要起与基底材料的粘结作用，依所用基底材料的不同，选用不同种类的砂浆。如砖墙常用白灰砂浆，当有防潮、防水要求时则选用水泥砂浆。对于混凝土基底，宜采用混合砂浆或水泥砂浆。板条、苇箔上的抹灰，多用掺麻刀或玻璃丝的砂浆。

中层砂浆主要起找平作用，所使用的砂浆基本上与底层相同，多用混合砂浆或石灰砂浆。

面层砂浆主要起装饰、保护作用，通常要求使用较细的砂子，且要求涂抹平整，色泽均匀，施工时也常根据需要掺用麻刀或纸筋，以代替砂子。

#### （二）装饰抹面砂浆

装饰抹面砂浆是用于室内外装饰，以增加建筑物美感为主要目的的砂浆，应具有特殊的表面形式及不同的色彩和质感。

装饰抹面砂浆常以白水泥、石灰、石膏、普通水泥等为胶凝材料，以白色、浅色或彩色的天然砂、大理石及花岗石的石屑或特制的塑料色粒为骨料。为进一步满足人们对建筑艺术的需求，还可利用矿物颜料调制成多种彩色，但所加入的颜料应具有耐碱、耐光、不溶等性质。

装饰砂浆的表面可进行各种艺术处理，以形成不同形式的风格，达到不同的建筑艺效果，如制成水磨石、水刷石、斩假石、麻点、干粘石、粘花、拉毛、拉条及人造大理石等。

（三）防水抹面砂浆

防水砂浆是在水泥砂浆中掺入防水剂配制而成的特种砂浆。防水砂浆常用来制作刚性防水层，这种刚性防水层仅适用于不受振动和具有一定刚度的混凝土或砖石砌体工程，而变形较大或可能发生不均匀沉陷的建筑物不宜采用。

常用的防水剂有氯化物金属盐类，硅酸钠（水玻璃）类及金属皂类。

（1）氯化物金属盐类防水剂

氯化物金属盐类防水剂，主要有氯化钙、氯化铝和水按一定比例配制而成的有色液体，防水砂浆常用的配合比大致为氯化铝：氯化钙：水＝1：10：11，掺加量一般为水泥重量的3％～5％。这种防水剂掺入水泥砂浆中，能在凝结硬化过程中生成不透水的复盐，起到促进结构密实作用，从而提高砂浆的抗渗性能，一般常用于地下建筑物。

（2）硅酸钠（水玻璃）类防水剂

水玻璃防水剂的主要成分为硅酸钠，另外再掺入适量的"四矾"，被称为四矾水玻璃防水剂。掺加的"四矾"是：蓝矾（硫酸钠）、明矾（钾铝矾）、紫矾（铬矾）和红矾（重铬酸钾）。将以上"四矾"各取1份溶于60份100℃的水中，再降至50℃，投入400份水玻璃中搅拌均匀而制成水玻璃防水剂。这种防水剂加入水泥浆后形成许多胶体，堵塞了毛细管道和孔隙，从而提高了砂浆的防水性能。但是红矾（重铬酸钾）有剧毒，使用时要特别注意安全。

（3）金属皂类防水剂

金属皂类防水剂是由硬脂酸、氨水、氢氧化钾（或碳酸钠）和水按一定比例混合加热皂化而制成。这种防水剂主要起填充微细孔隙和堵塞毛细管的作用，掺加量一般为水泥重量的3％左右。

防水砂浆对施工操作的要求较高，在搅拌、抹平及养护等过程中均应严格，否则难以达到建筑物的防水要求。

**四、特种砂浆**

特种砂浆的种类很多，如耐热砂浆、吸声砂浆、防辐射砂浆、耐腐蚀砂浆和聚合物砂浆等。

# 第五节　建筑钢材

**一、建筑钢材的作用和分类**

钢材是应用最广泛的一种金属材料，建筑钢材是指用于钢结构的各种型材（如圆钢、角钢、工字钢）、钢板、钢管、用于钢筋混凝土中的各种钢筋、钢丝等。

钢材具有强度高，有一定塑性和韧性，有承受冲击和振动荷载的能力，可以焊接或铆接，便于装配等特点，因此，在建筑工程中大量使用钢材作为结构材料。用型钢制作钢结构，安全性大，自重较轻，适用于大跨度及多层结构。用钢筋制作的钢筋混凝土结构，自重较大，但用钢量较少，还克服了钢结构因易锈蚀而维护费用大的缺点，因而钢筋混凝土结构在建筑工程中采用尤为广泛，钢筋是最重要的建筑材料之一。

钢的主要成分是铁和碳，它的含碳量在2%以下，含碳量大于2%的铁碳合金叫生铁。

钢按化学成分可分为碳素钢和合金钢两大类：

碳素钢中除铁和碳以外，还含有在冶炼中难以除净的少量硅、锰、磷、硫、氧和氮等。

其中磷、硫、氧、氮等对钢材性能产生不利影响，为有害杂质。碳素钢根据含碳量可分为：低碳钢（含碳小于0.25%）、中碳钢（含碳0.25%～0.6%）和高碳钢（含碳大于0.6%）。

合金钢中含有一种或多种特意加入或超过碳素钢限量的化学元素如锰、硅、钒、钛等。这些元素称为合金元素。合金元素的作用是改善钢的性能，或者使其获得某些特殊性能。合金钢按合金元素的总含量可分为低合金钢（合金元素总含量小于5%）、中合金钢（合金元素总含量为5%～10%）和高合金钢（合金元素总含量大于10%）。

根据钢中有害杂质的多少，工业用钢可分为普通钢、优质钢和高级优质钢。

根据用途的不同，工业用钢常分为结构钢、工具钢和特殊性能钢。

建筑上所用的主要是属碳素结构钢的低碳钢、碳素结构钢和优质碳素结构钢和属普通钢的低合金结构钢。

## 二、建筑钢材的力学性能

建筑钢材的力学性能主要有抗拉强度、伸长率、冲击韧性、冷弯性能等。

### （一）抗拉强度

抗拉性能是建筑钢材的重要性能。通过试件的拉力试验测定的屈服点、抗拉强度和伸长率是钢材的重要技术指标：

(1) 屈服点指钢材出现不能恢复原状的塑性变形时的应力值 $\sigma_s$。

(2) 抗拉强度指钢材被拉断时的最大应力 $\sigma_b$。

(3) 伸长率指钢材拉断后，标距的伸长 $L_u$ 与原始标距 $L_0$ 的百分比 $A$，表明钢材塑性变形能力。

### （二）断后伸长率

在拉伸试验之前，把试件的受拉区内，量规定的长度做好记号，称为原始标距。试件拉断后，将断口对严，再量拉伸后的标距称为断后标距，按下式计算断后伸长率：

$$A = \frac{L_u - L_0}{L_0} \times 100$$

式中　$A$——断后伸长率（%）；

　　$L_0$—原始标距（mm）；

　　$L_u$—断后标距（mm）。

断后伸长率是评价钢材塑性的指标，其值越高，说明钢材越软。对于比例试样，若原始标距不为 $5.65\sqrt{S_0}$（$S_0$ 为平行长度的原始横截面积），符号 A 应附以下脚注说明所使用的比例系数，A11.3 表示原始标距（$L_0$）为 $11.3\sqrt{S_0}$ 的断后伸长率。对于非比例试样，符号 A 应附以下脚注明所使用的原始标距，以毫米（mm）表示，例如 A80mm 表示原始标距（$L_0$）为 80mm 的断后伸长率。

### （三）冲击韧性

钢材的冲击韧性，是指抵抗冲击荷载的能力。用于重要结构的钢材，特别是承受冲击荷载结构的钢材，必须保证冲击韧性。

钢材的冲击韧性，是以标准试件在弯曲冲击试验时，每平方厘米所吸收的冲击断裂功表示。该值越大，冲击韧性越好。

钢材的冲击韧性，会随温度的降低而明显减小，当降低至一定负温范围时，能呈现脆性，即所谓冷脆性。在负温下使用的钢材，不仅要保证常温下的冲击韧性，通常还规定测-20℃的冲击韧性。

（四）冷弯性能

冷弯是一种工艺性能，指常温下对钢材试件按规定弯曲后，检验是否存在对弯曲加工时的种种危害。

冷弯试验的主要规定，是试样所绕的弯心直径和弯曲角度，因钢种不同而异。软钢的弯心直径相对要小、弯曲角相对要大；硬钢则相反。

**三、建筑钢材的主要钢种**

目前我国建筑钢材主要采用碳素结构钢和低合金高强度结构钢。

（一）碳素结构钢

1. 碳素结构钢的牌号

碳素结构钢的牌号由代表屈服点的字母 Q、屈服强度数值、质量等级符号、脱氧方法符号四个部分按顺序组成。

碳素结构钢牌号中的符号　　　　　　　　　　　　　　　表 1-11

| 代表屈服点的字母 | 屈服点数值 | 质量等级符号 | 脱氧方法符号 |
|---|---|---|---|
| Q<br>"屈"字汉语拼音首位字母 | 195,215,235,255,275<br>取自≤16mm 厚度（直径）的<br>钢材屈服点低限值(MPa) | A<br>B<br>C<br>D | F—沸腾钢<br>b—半镇静钢<br>Z—镇静钢<br>TZ—特殊镇静钢 |

2. 碳素结构钢的力学性能

碳素结构钢的力学性能包括屈服强度、抗拉强度、断后伸长率和冲击试验四个指标，该钢种的四个牌号的力学性能见表 1-12。

（二）低合金高强度结构钢

为了改善钢的组织结构，提高钢的各项技术性能，而向钢中有意加入某些合金元素，称为合金化。含有合金元素的钢就是合金钢。合金化是强化建筑钢材的重要途径之一。

我国低合金高强度结构钢的生产特点是：在普通碳素钢的基础上，加入少量我国富有的合金元素，如硅、钒、钛、稀土等，以使钢材获得强度与综合性能的明显改善，或使其成为具有某些特殊性能的钢种。

1. 低合金高强度结构钢的牌号

低合金高强度结构钢的牌号，由代表屈服强度的汉语拼音字母（Q）、屈服强度数值、质量等级符号三个部分依次组成。如 Q345D。

2. 低合金高强度结构钢的力学性能

低合金高强度结构钢的力学性能也包括屈服强度、抗拉强度、断后伸长率、冲击试验四个指标。

| 牌号 | 等级 | 屈服强度 $R_{eH}$(N/mm²),不小于 | | | | | | 抗拉强度 $R_m$ (N/mm²) | 断后伸长率 $A$(%)不小于 | | | | | 冲击试验(V形缺口) | |
| --- | --- | --- | --- | --- | --- | --- | --- | --- | --- | --- | --- | --- | --- | --- | --- |
| | | 厚度(或直径)(mm) | | | | | | | 厚度(或直径)(mm) | | | | | 温度(℃) | 冲击吸收功(纵向)(J)不小于 |
| | | ≤16 | >16~40 | >40~60 | >60~100 | >100~150 | >150~200 | | ≤40 | >40~60 | >60~100 | >100~150 | >150~200 | | |
| Q195 | — | 195 | 185 | — | — | — | — | 315~430 | 33 | — | — | — | — | | |
| Q215 | A | 215 | 205 | 195 | 185 | 175 | 165 | 335~450 | 31 | 30 | 29 | 27 | 26 | — | — |
| | B | | | | | | | | | | | | | +20 | 27 |
| Q235 | A | 235 | 225 | 215 | 215 | 195 | 185 | 370~500 | 26 | 25 | 24 | 22 | 21 | — | — |
| | B | | | | | | | | | | | | | +20 | 27 |
| | C | | | | | | | | | | | | | 0 | |
| | D | | | | | | | | | | | | | −20 | |
| Q275 | A | 275 | 265 | 255 | 245 | 225 | 215 | 410~540 | 22 | 21 | 20 | 18 | 17 | — | — |
| | B | | | | | | | | | | | | | +20 | 27 |
| | C | | | | | | | | | | | | | 0 | |
| | D | | | | | | | | | | | | | −20 | |

注：牌号 Q195 的屈服点仅供参考，不作为交货条件。

**四、钢筋**

钢筋是建筑工程中用量最大的钢材品种。按所用的钢种，可分为碳素结构钢钢筋和低合金结构钢钢筋；按生产工艺可分为热轧钢筋、冷加工钢筋、热处理钢筋、钢丝及钢绞线等。

（一）热轧钢筋

经热轧成型并自然冷却的成品钢筋，称为热轧钢筋。从表面形状来分，热轧钢筋有光圆和带肋两大类。

1. 热轧光圆钢筋

热轧光圆钢筋，横截面为圆形，表面光滑，分盘卷光圆和直条两种类型。光圆钢筋牌号分为 HPB235 和 HPB300 两种，牌号中的 H，P，B，分别为热轧、光圆、钢筋三个词的英文首位字母，牌号中的数字，为其屈服强度最小值（MPa）。

2. 热轧带肋钢筋

热轧带肋钢筋，指横截面通常为圆形，且表面通常带有两条纵肋和沿长度方向均匀分布着横肋的钢筋。热轧带肋钢筋分为 HRB335，HRB400，HRB500 三个牌号。牌号中的 H，R，B，分别为热轧、带肋、钢筋三个词的英文首位字母，牌号中的数字，为该牌号钢筋中屈服强度最小值（MPa）。

钢筋混凝土用热轧带肋钢筋的力学性能特征值应符合表 1-13 的规定，表中所列各力学性能特征值，可作为交货检验的最小保证值。

直径 28~40mm 各牌号钢筋的断后伸长率 $A$ 可降低 1%；直径大于 40mm 各牌号钢筋的断后伸长率 $A$ 可降低 2%。

有较高要求的抗震结构适用牌号为：在已有的牌号后加 E（例如：HRB400E）的钢筋。该类钢筋除应满足以下（1）、（2）、（3）的要求外，其他要求与相对应的已有牌号钢筋相同。

钢筋混凝土用热轧带肋钢筋的力学性能

表 1-13

| 牌 号 | $R_{eL}$ (MPa) | $R_m$ (MPa) | $A$ (%) | $A_{gt}$ (%) |
|---|---|---|---|---|
| | 不小于 | | | |
| HRB335 | 335 | 455 | 17 | |
| HRB400 | 400 | 540 | 16 | 7.5 |
| HRB500 | 500 | 630 | 15 | |

（1）钢筋实测抗拉强度与实测屈服强度之比不小于 1.25。

（2）钢筋实测屈服点与规定的最小屈服点之比不大于 1.30。

（3）钢筋的最大力总伸长率不小于 9%。

（二）冷加工钢筋

在常温下，将热轧钢筋，在规定的条件下，进行拉、拔、轧等作用，以提高屈服强度，称为冷加工。目前，冷加工钢筋主要有下列三种。

1. 冷拉钢筋

冷拉钢筋是在常温条件下，以超过原来钢筋屈服点强度的拉应力，强行拉伸钢筋，使钢筋产生塑性变形以达到提高钢筋屈服点强度和节约钢材为目的。

2. 冷拔低碳钢丝

经过拔制产生冷加工硬化的低碳钢丝。采用直径 6.5mm 或 8mm 的普通碳素钢热轧盘条，在常温下通过拔丝模引拔而制成的直径 3mm、4mm 或 5mm 的圆钢丝。

冷拔低碳钢丝分为甲、乙两级。甲级钢丝适用于作预应力筋；乙级钢丝适用于作焊接网、焊接骨架、箍筋和构造钢筋。

3. 冷轧带肋钢筋

冷轧带肋钢筋是用热轧盘条经多道冷轧减径，一道压肋并经消除内应力后形成的一种带有二面或三面月牙形的钢筋。冷轧带肋钢筋在预应力混凝土构件中，是冷拔低碳钢丝的更新换代产品，在现浇混凝土结构中，则可代换 HPB 235 级钢筋，以节约钢材，是同类冷加工钢材中较好的一种。

（三）预应力钢丝和钢绞线

1. 预应力钢丝

预应力混凝土用钢丝，是以优质碳素钢盘条，经等温淬火并拔制而成的专用线材。

按加工状态，预应力钢丝分为冷拉钢丝和消除应力钢丝两种；按外形分为光圆、刻痕和螺旋肋三种，其直径符号分别为 P，I 和 H；按松弛性分为低松弛级钢丝和普通松弛级钢丝两级。

2. 钢绞线

钢绞线是按严格的技术条件，绞捻起来的钢丝束。一般以七根碳素钢丝，于绞捻机上，绕中心的一根旋紧，保持规定的捻距为钢丝直径的 12～16 倍，不得松散，然后再经低温回火和消除应力等工序制成。

钢绞线按结构分为五类。其代号为：

用两根钢丝捻制的钢绞线                  1×2

用三根钢丝捻制的钢绞线                  1×3

| 用三根刻痕钢丝捻制的钢绞线 | 1×3 Ⅰ |
| 用七根钢丝捻制的标准型钢绞线 | 1×7 |
| 用七根钢丝捻制又经模拔的钢绞线 | (1×7)C |

钢绞线具有强度高、柔性好、质量稳定，与混凝土粘合力强，易于锚固，成盘供应不需接头等诸多优点，适用于大跨度、重荷载、后张法的预应力混凝土。

**五、型钢和钢板**

按厚度来分，热轧钢板分为薄钢板（厚度＜4mm，最薄0.2mm）、厚钢板（4～60mm）、特厚钢板（60～115mm）；冷轧钢板只有薄板（厚度为0.2～4mm）一种。厚板可用于焊接结构；薄板可用作屋面或墙面等围护结构，或作为涂层钢板的原料，如制作压型钢板等；钢板可用来弯曲型钢。

薄钢板经冷压或冷轧成波形、双曲形、V形等形状，称为压型钢板。制作压型钢板的板材采用有机涂层薄钢板（或称彩色钢板）、镀锌薄钢板、防腐薄钢板或其他薄钢板。

压型钢板具有单位质量轻、强度高、抗振性能好、施工快、外形美观等特点。主要用于围护结构、楼板、屋面等。

钢结构构件一般应直接选用各种型钢。构件之间可直接连接或附以连接钢板进行连接。连接方式可铆接、螺栓连接或焊接。所以钢结构所用钢材主要是型钢和钢板。型钢有热轧及冷轧成型两种，钢板也有热轧（厚度为0.35～200mm）和冷轧（厚度为0.2～5mm）两种。

（一）热轧型钢

常用的热轧型钢有角钢（等边和不等边）、工字钢、槽钢、T形钢、H形钢、Z形钢等。

钢结构用钢的钢种和钢号，主要根据结构与构件的重要性、荷载性质（静载或动载）、连接方法（焊接、铆接或螺栓连接）、工作条件（环境温度及介质）等因素予以选择。

我国建筑用热轧型钢主要采用普通碳素钢甲级3号钢（含碳量约为0.14％～0.22％），强度适中，塑性和可焊性较好，而且冶炼容易，成本低廉，适合建筑工程使用。低合金钢热轧型钢多半为热轧螺纹钢筋和以16Mn轧成的型钢，异形断面型钢用得较少。与普通工字钢相比，H形钢具有截面模数大、重量轻、钢材省、便于同其他构件组合和连接等优点。可用于大跨度、承受动载的钢结构中。

（二）冷弯薄壁型钢

冷弯薄壁型钢指用钢板或带钢在冷状态下弯曲成的各种断面形状的成品钢材。冷弯型钢是一种经济的截面轻型薄壁钢材，也称为钢质冷弯型材或冷弯型材。通常是用2～6mm薄钢板冷弯或模压而成，有角钢、槽钢等开口薄壁型钢及方形、矩形等空心薄壁型钢，可用于轻型钢结构。

（三）钢板和压型钢板

用光面轧辊轧制而成的扁平钢材，以平板状态供货的称钢板，以卷状供货的称钢带。按轧制温度不同，又可分为热轧和冷轧两种。建筑用钢板及钢带的钢种主要是碳素结构钢，一些重型结构、大跨度桥梁、高压容器等也采用低合金钢钢板。

# 第六节 墙体材料

## 一、墙体材料的作用和分类

墙体在建筑中起承重或围护或分隔作用。墙体材料是地方性很强的材料，品种较多，归纳起来为三类：砖、砌块和墙板。

我国传统的墙体材料为烧结黏土砖，然而随着现代化建设发展，这些传统材料已无法满足要求，加之黏土砖自重大、生产能耗高、又需耗用大量耕地黏土，继续大量使用黏土砖已不适合我国国情。因此大力开发和使用轻质、高强、大尺寸、耐久、多功能、节土、节能和可工业化生产的新型墙体材料（如混凝土多孔砖、普通混凝土小型空心砌块、蒸压加气混凝土砌块等）就显得十分重要。

## 二、砌墙砖

凡是由黏土、工业废料或其他地方资源为主要原料，以不同工艺制成的在建筑工程中用于砌筑墙体的砖统称砌墙砖。砌墙砖是房屋建筑工程的主要墙体材料，具有一定的抗压强度，外形多为直角六面体。

砌墙砖种类颇多，常用的分类方法有：

1. 按生产方法分类如烧结砖、蒸养砖、蒸压砖、碳化砖等。

2. 按原材料分类如黏土砖、页岩砖、粉煤灰砖、混凝土砖、煤矸石砖、灰砂砖、煤渣砖等。

3. 按孔洞率分类如实心砖、微孔砖、多孔砖、空心砖等。

实际工程中常用两种或两种以上分类方法复合命名。如：蒸养粉煤灰砖、烧结多孔砖、蒸压灰砂空心砖等。

常用砌墙砖产品有烧结普通砖、烧结多孔砖、烧结空心砖、混凝土多孔砖、蒸压灰砂砖、粉煤灰砖等。

### （一）烧结普通砖

烧结普通砖，是指尺寸为 240mm×115mm×53mm、无孔洞或孔洞率小于 15%、经焙烧而成的实心砖。常结合主要原料命名，如烧结黏土砖、烧结粉煤灰砖、烧结页岩砖等。

烧结普通砖，根据抗压强度分为 MU30，MU25，MU20，MU15，MU10 五个强度等级。MU 后的数字为抗压强度平均值，单位为 MPa。

尺寸偏差和抗风化性能合格的烧结普通砖，根据尺寸偏差、外观质量、泛霜和石灰爆裂，分为优等品、一等品、合格品三个质量等级。

泛霜是指可溶性盐类在砖表面的盐析现象。

烧结砖的原料或内燃物质中夹杂着石灰质，焙烧时被烧成生石灰，砖吸水后，体积膨胀而发生的爆裂现象，称为石灰爆裂。

### （二）烧结多孔砖

烧结多孔砖，是以黏土、页岩、煤矸石为主要原料，经焙烧制成的孔洞率≥15%、孔的尺寸小而数量多的砖。烧结多孔砖，旧称承重空心砖，主要以竖孔方向使用，砌成承重或非承重的墙、柱、沟道等。

烧结多孔砖为直角六面体，定型的规格尺寸有两种：190mm×90mm×90mm，240mm×115mm×90mm。

根据砖的抗压强度，分为 MU30，MU25，MU20，MUl5，MU10 五个强度等级。

烧结多孔砖，根据尺寸偏差、外观质量、强度等级和物理性能（冻融、泛霜、石灰爆裂、吸水率），分为优等品、一等品及合格品三个质量等级。

（三）烧结空心砖

以黏土、页岩、煤矸石为主要原料，经焙烧而成的，孔洞率≥40%、孔的尺寸大而数量少的砖，称为烧结空心砖。

烧结空心砖主要用于非承重墙、框架结构的填充墙，以横孔方向砌筑用，在与砌（抹）砂浆接触的表面上，应设有足够的凹线槽，其深度应大于 1 mm，以增加结合力。空心砖多采用矩形条孔或其他形条孔。

烧结空心砖的长度、宽度、高度的尺寸有以下两个系列：

（1）290、190（140）、90mm；

（2）240、180（175）、115mm。

按长度不超过 365mm、宽度不超过 240mm、高度不超过 115mm 的规定选用。否则就属于烧结空心砌块。

按砖的抗压强度，分为 MU10，MU7.5. MU5，MU3.5，MU2.5 五个等级。

根据尺寸偏差、外观质量、强度等级和物理性能分为优等品、一等品和合格品三个质量等级。

（四）混凝土多孔砖

混凝土多孔砖是以水泥为胶结材料，以砂、石等为骨料，加水搅拌、成型、养护制成的一种多排小孔的混凝土砖，近几年发展很快。其外型为直角六面体，长度、宽度、高度应符合下列要求（mm）：290，240，190，180；240，190，115，90；115，90。最小外壁厚不应小于 15mm，最小肋厚不应小于 10mm。根据抗压强度分为 MU30、MU25、MU20、MU15、MU10 五个强度等级。按其尺寸偏差、外观质量分为：一等品（B）及合格品（C）两个质量等级。混凝土多孔砖的放射性应符合《建筑材料放射性核素限量》GB 6566 的规定。

（五）蒸压灰砂砖

蒸压灰砂砖是以砂和石灰为主要原料，经坯料制备、压制成型、蒸压养护而成。其外型为直角六面体，标准尺寸为 240mm×115mm×53mm。根据抗压强度和抗折强度分为MU25、MU20、MU15、MU10 四个等级。按其尺寸偏差、外观质量分为：优等品（A）、一等品（B）及合格品（C）三个质量等级。考虑到蒸压灰砂砖的收缩变形较大，故新生产的蒸压灰砂砖宜存放一段时间再使用，该砖不得用于长期受热 200℃以上、受急冷急热和有酸性介质侵蚀的建筑部位。

（六）粉煤灰砖

粉煤灰砖是以火力发电厂排出的粉煤灰为主要原料，掺入适量的石灰或水泥，经坯料制备、成型、高压或常压蒸汽养护而成的实心砖。其外型为直角六面体，标准尺寸为240mm×115mm×53mm。根据抗压强度分为 MU30、MU25、MU20、MU15、MU10五个等级。按其尺寸偏差、外观质量分为：优等品（A）、一等品（B）及合格品（C）三个质量等级。可用于工业和民用建筑的基础。但由于同一尺寸粉煤灰砖的收缩率远大于混凝土砖，故新生产的粉煤灰砖宜存放一段时间再使用，该砖不得用于长期受热 200℃ 以上、受急冷急热和有酸性介质侵蚀的建筑部位。

### 三、砌块

砌块为建筑用人造块材，外形多为直角六面体，也有各种异形的。按照砌块系列中主规格高度的大小，砌块可分为小型砌块、中型砌块和大型砌块。按砌块有无孔洞或空心率大小可分为实心砌块和空心砌块。无孔洞或空心率小于 25% 的砌块称为实心砌块，如蒸压加气混凝土砌块等。空心率大于或等于 25% 的砌块称为空心砌块，如普通混凝土小型空心砌块、粉煤灰小型空心砌块等。

用轻骨料混凝土制成的砌块称为轻骨料混凝土砌块。常结合骨料名称命名，如陶粒混凝土砌块、煤渣混凝土砌块等。

砌块产品具有保护耕地、节约能源，充分利用地方资源和工业废渣，制作工艺不复杂，劳动生产率高，建筑综合功能和效益好等优点，符合可持续发展的要求。砌块的尺寸较大，施工方便，能有效提高劳动生产率，已成为我国增长速度最快、应用范围最广的新型墙体材料。

#### （一）普通混凝土小型空心砌块

普通混凝土小型空心砌块是混凝土小型空心砌块中的主要品种之一，是替代传统的黏土砖，节省土地、利于墙体改革的主要品种之一。它是由水泥、粗细骨料加水搅拌，经装模、振动（或加压振动或冲压）成型，并经养护而成。其粗、细骨料可用普通碎石或卵石、砂子，也可用轻骨料（如陶粒、煤渣、煤矸石、火山渣、浮石等）及轻砂。

混凝土小型空心砌块分为承重砌块和非承重砌块两类。按其外观质量分为优等品（A）、一等品（B）和合格品（C）。

砌块的抗压强度是用砌块受压面的毛面积除破坏荷载求得的。按砌块的抗压强度分为 MU20，MU15，MU10，MU7.5，MU5，MU3.5 六个强度级别。

产品具有强度高、自重轻、耐久性好、外形尺寸规整，部分类型的混凝土砌块还具有美观的饰面以及良好的保温隔热性能等特点，应用范围十分广泛。

普通混凝土小型空心砌块的技术指标包括：尺寸偏差、外观质量、强度等级、相对含水率、抗渗性等。

普通混凝土小型空心砌块的主规格尺寸为 390mm×190mm×190mm，其他规格尺寸可由供需双方协商。

#### （二）粉煤灰混凝土小型空心砌块

粉煤灰混凝土小型空心砌块是指以粉煤灰、水泥、各种轻重骨料、水为主要组分，经拌合、成型、养护而制成的小型空心砌块。按其强度等级分为 MU3.5、MU5、MU7.5、MU10、MU15、MU20 六个等级，具有质轻、高强、热工性能好、利废等特点。粉煤灰混凝土小型空心砌块的技术性能指标包括：尺寸偏差、外观质量、抗压强度、碳化系数、干燥收缩率、相对含水率、抗冻性、软化系数、放射性等。

粉煤灰混凝土小型空心砌块的主规格尺寸为 390mm×190mm×190mm，其他规格尺寸可由供需双方商定。用于承重墙体，其最小外壁厚应不小于 30mm，最小肋厚应不小于 25mm。用于非承重墙体，其最小外壁厚应不小于 20mm，最小肋厚应不小于 15mm。

（三）轻骨料混凝土小型空心砌块

轻骨料混凝土小型空心砌块是以水泥、轻骨料、水为主要原材料，按一定比例（质量比）计量配料、搅拌、成型、养护而成的一种轻质墙体材料。分为10、7.5、5、3.5、2.5、1.5共六个强度等级，轻骨料混凝土小型空心砌块通常具有质轻、高强、热工性能好、抗震性能好、利废等特点，被广泛应用于建筑结构的内外墙体材料，尤其是热工性能要求较高的围护结构上。

轻骨料混凝土小型空心砌块的主规格尺寸为390mm×190mm×190mm，其他规格尺寸可由供需双方协商。轻骨料混凝土小型空心砌块按尺寸偏差分为一等品（B）和合格品（C）两个等级。

（四）蒸压加气混凝土砌块

蒸压加气混凝土砌块是以水泥、石灰、砂、粉煤灰、发气剂、气泡稳定剂和调节剂等为主要原料，经磨细、计量配料、搅拌、浇注、发气膨胀、静停、切割、蒸压养护、成品加工和包装等工序制成的多孔混凝土制品。产品分为（粉煤灰）蒸压加气混凝土砌块和（砂）蒸压加气混凝土砌块两种。具有质轻、高强、保温、隔热、吸声、防火、可锯、可刨等特点。蒸压加气混凝土砌块有A1.0、A2.0、A2.5、A3.5、A5.0、A7.5、A10.0共七个强度级别。

蒸压加气混凝土砌块主要用于框架结构、现浇混凝土结构建筑的外墙填充、内墙隔断，也可用于抗震圈梁构造多层建筑的外墙或保温隔热复合墙体，有时也用于建筑物屋面的保温和隔热。同样，由于收缩大，因此在建筑物的以下部位不得使用蒸压加气混凝土砌块：建筑物正负零零线以下（地下室的非承重内隔墙除外）；长期浸水或经常干湿交替的部位；受化学侵蚀的环境，如强酸、强碱或高浓度二氧化碳等；砌块表面经常处于80℃以上的高温环境。

**四、建筑板材**

建筑板材作为新型墙体材料，主要分为内墙板和外墙板，内墙板包括：实腹平板、空心板、方格密肋板、框壁板、夹层板；外墙板按型号分包括：一间一块板、大块墙板、条板、山墙板；按制作材料分为：单一材料板和复合材料板，单一材料板有实心板、空心板、框肋板、加气混凝土板；复合材料板有结构层在内的夹芯板、结构层在外的夹芯板、振动砖外墙板、夹层外墙板、轻型外墙挂板。常用的板材产品有：混凝土空心隔墙板、玻璃纤维增强水泥轻质多孔隔墙条板、建筑用金属面绝热夹芯板、蒸压加气混凝土板等。

（一）混凝土空心隔墙板

混凝土空心隔墙板是一种新型节能墙体材料，它是一种外形像空心楼板一样的墙材，但是它两边有公母榫槽，安装时只需将板材立起，公、母榫涂上少量嵌缝砂浆后对拼装起来即可。它是由无害化磷石膏、钢渣、粉煤灰、水泥等组成，经加压养护而成。隔墙板具有质量轻、强度高、保温隔热、隔声、防火、快速施工、降低墙体成本等优点；它的重量只有实心砖墙的1/8、热传导率只有实心砖墙的1/3、声波传导率只有实心砖墙的1/4、节约工业废渣所侵占的土地、节约墙体成本的15%～20%、提高施工工效2倍左右。

混凝土空心隔墙板的生产工艺普遍采用螺杆挤压式行机生产，生产流程线由挤压机、搅拌机、机动喂料机、切割机、吊装机等设备组成。

混凝土空心隔墙板的型号按板的厚度分为90型、120型、150型。

（二）玻璃纤维增强水泥轻质多孔隔墙条板（俗称 GRC 条板）

GRC 复合墙板是一种以低碱水泥为胶凝材料，以耐碱玻璃纤维为增强材料，再掺入部分膨胀珍珠岩或其他轻质填料复合，经过不同生产工艺而形成的一种具有若干个圆孔的条形扳，具有轻质、高强、隔热、可锯、可钉、施工方便等优点。主要用作工业或民用建筑物的非承重内隔墙。这类产品生产机械化程度低，基本以人工浇注成型，生产工艺简单，技术容易掌握，产品性能也较稳定。

GRC 轻质多孔隔墙条板的型号按板的厚度分为 90 型、120 型，按板型分为普通板、门框板、窗框板、过梁板。

（三）建筑用金属面绝热夹芯板

建筑用金属面绝热夹芯板是以绝热材料为芯材，以彩色涂层钢板为面材，用胶粘剂复合而成的金属夹芯板（简称夹芯板）。具有保温隔热性能好、重量轻、机械性能好、外观美观、安装方便等特点。适合于大型公共建筑如车库、大型厂房、简易房等，所用部位主要是建筑物的绝热屋顶和墙壁。

按芯材材料的不同，一般分为金属面聚苯乙烯夹芯板、金属面硬质聚氨酯夹芯板、金属面岩棉矿渣棉夹芯板、金属面玻璃棉夹芯板。

（四）蒸压加气混凝土板

蒸压加气混凝土板是由石英砂、石膏、铝粉、水泥和钢筋等制成的轻质板材。板中含有大量微小的、非连通的气孔，孔隙率达 70％～80％，因而具有自重轻、绝热性好、隔声吸声等特性。该板材还具有较好的耐火性与一定的承载能力。石英砂和水泥是生产蒸压加气混凝土板的主要原料，对制品的物理力学性能起关键作用；石膏作为掺合料可改善料浆的流动性与制品的物理性能。铝粉是发气剂，与 $Ca(OH)_2$ 反应起发泡作用；钢筋起增强作用，以提高板材的抗弯强度。在工业和民用建筑中被广泛用于屋面板和隔墙板。

蒸压加气混凝土板按使用功能分为屋面板（JWB），楼板（JLB）外墙板（JQB），隔墙板（JGB）。

蒸压加气混凝土板的规格：长度——1800～6000mm（300 模数进位）；宽度——600mm；厚度——（mm：）75、100、125、150、175、200、250、300。

蒸压加气混凝土板按蒸压加气混凝土强度分为 A2.5、A3.5、A5.0、A7.5 四个强度级别。

蒸压加气混凝土板按蒸压加气混凝土干密度分为 B04、B05、B06、B07 四个干密度级别。

# 第七节 木 材

## 一、木材的作用和分类

木材具有许多优良性质：轻质高强、易加工、导电、导热性低，有很好的弹性和塑性、能承受冲击和振动等作用，在干燥环境或长期置于水中均有很好的耐久性。因而木材历来与水泥、钢材并列为建筑工程中的三大材料。目前，木材用于结构相应减少，但由于木材具有美丽的天然花纹，给人以淳朴、古雅、亲切的质感，因此木材作为装饰与装修材料，仍有其独特的功能和价值，因而被广泛应用。木材也有使其应用受到限制的缺点，如构造不均匀性，各向异性，易吸湿吸水从而导致形状、尺寸、强度等物理、力学性能变化；长期处于干湿交替环境中，其耐久性变差；易燃、易腐、天然疵病较多等。

建筑工程中所用木材主要来自某些树木的树干部分。然而，树木的生长缓慢，而木材的使用范围广、需求量大，因此对木材的节约使用与综合利用显得尤为重要。

木材的树种很多，从树叶的外观形状可将木材分为针叶树木和阔叶树木两大类。

针叶树树干通直而高大，易得大材，纹理平顺，材质均匀，木质较软而易于加工，故又称软木材。表观密度和胀缩变形较小，耐腐性较强。为建筑工程中主要用材，多用作承重构件。常用树种有松、杉、柏等。

阔叶树树干通直部分一般较短，材质较硬，较难加工，故又名硬木材。一般较重，强度较大，胀缩、翘曲变形较大，较易开裂。建筑上常用作尺寸较小的构件。有些树种具有美丽的纹理，适于作内部装修、家具及胶合板等。常用树种有榆木、水曲柳、柞木等。

**二、木材的主要性质**

树木的生长方向为高、粗向，以纵向管状细胞为主的构造，组成管状细胞壁的纤维，属链状联结的胶粒，纵向比横向联结要牢固得多。再加木材本身的构造是很不均匀的，所以各个方向的各种性能，都相差甚巨，即所谓各向异性。

（一）强度

1. 抗压强度

木材的顺纹抗压强度很高。因此，多用于桩、柱和木桁架的受压杆件。但木材的横纹抗压强度很低，所以在发生横纹受压的部位，需认真核算局部承压力，采取补强措施。

2. 抗拉强度

木材的顺纹抗拉强度比顺纹抗压强度还高，横纹抗拉强度甚低。木材的顺纹抗拉强度虽然很高，但受拉杆件的两端节点难以处理妥善，因此却难以发挥。木材横纹抗拉强度过弱，在木结构和木制品中，必须避免承受横纹拉力。

3. 抗弯强度

木材承受弯曲，是同时承受拉伸和压缩的主要作用力，在受压区首先达到强度极限后，最终为受拉破坏所支配。因此，木材的抗弯强度值，居顺纹抗拉强度和顺纹抗压强度值之间。由于木材的抗弯强度很高，故多用于梁、檩等抗弯构件。

4. 抗剪强度

木材的横纹抗剪强度尚高，顺纹抗剪强度极弱。从结构应用角度讲，主要是克服顺纹抗剪的薄弱环节，在发生顺纹剪力的部位，采取有效措施。

（二）吸水性和吸湿性

由于木材的化学组成和组织构造所致，所有木材都是吸水的。长期浸入水中的木材，可接近或达到水饱和状态。处于空气中的木材，随环境中的湿度增、减，在不停地进行着吸水或失水，直到自身的含水率与环境中的湿度平衡为止，此时的含水率，称平衡含水率。平衡含水率不是恒定的，它会随环境的温、湿度变化而变化。自然干燥达到或接近平衡含水率的气干材，含水率约为 $12\%\sim18\%$，因树种、地区不同而异。

木材的含水率，首先影响各向强度。当含水率低于纤维饱和点时，含水率越大，强度越低；超过纤维饱和点，就不再有这种规律。对于不同强度，含水率所影响的程度，并不是一致的。含水率对顺纹抗压和抗弯强度的影响较大，对顺纹抗剪强度影响则小，对顺纹抗拉强度几乎无影响。

木材中含水率的变化，会引起木材的湿胀与干缩。干燥的木材被水润湿，其体积及各向尺寸，均随含水率的提高而增大，即湿胀的过程。反之，将含水率为纤维饱和点的木材进行干燥，其体积及各向尺寸随含水率的降低而减小，即产生干缩过程。木材的湿胀和干缩，会造成开裂、翘曲、胶结处脱离等危害。

### 三、人造板

人造板包括胶合板、纤维板和刨花板等以木材为主要原料的加工品。生产人造板，是节约木材、开展木材综合利用的有效途径。

#### （一）胶合板

胶合板是将原木旋切成单板，或者将木方刨切成薄板，再经多层胶合一起的人造板。由于胶合板相邻层的木纹是垂直交错的，且按对称的原则组成，使木材的各向异性得到改善。按胶合板的面板采用的树种不同，分为针叶树胶合板和阔叶树胶合板两类。

特等胶合板，适用于高级建筑装饰、高级家具及其他特殊需要的制品。一等胶合板适用于较高级建筑装饰、高中级家具、各种电器外壳等制品。二等胶合板适用作家具、普通建筑、车辆、船舶等装修。三等胶合板适用于低级建筑装修及包装材料等。

胶合板经过进一步加工，可生产预饰面胶合板、直接印刷胶合板、浮雕胶合板和改形胶合板等。也可在制造中或制造后，利用化学药品处理，得到防腐胶合板、阻燃胶合板和树脂处理胶合板等。以普通胶合板作面板，改变芯材，又可制成各种结构胶合板，如星形组合胶合板、夹芯胶合板、细木工板和蜂窝板等。

#### （二）纤维板

以木质或其他植物纤维为原料，经过纤维分离、成型、干燥和热压等工艺，制成的人造板，称为纤维板。

硬质纤维板，按原料分为木质和非木质两类；按物理性能和外观质量分为特级、一级、二级和三级，按密度分为硬质纤维板（又称高密度纤维板）、半硬质纤维板（又称中密度纤维板）、软质纤维板（又称低密度纤维板）。按光滑面分为一面光和两面光纤维板。

硬质纤维板，经特殊加工处理，可制成多种进一步加工的产品，如防火、防腐、防霉、浮雕、异形及表面装饰等。可用作室内墙壁、地板、家具和装饰等。

#### （三）刨花板

刨花板是利用施加或未施加胶料的木质刨花，或木质纤维材料（如木片、锯屑和亚麻等）压制的板材。根据制造方法，可分为平压刨花板和挤压刨花板；根据表面状况，分为未砂光板、砂光板、涂饰板和抛光刨花板、饰面刨花板和单板贴面刨花板以及装饰材料饰面板等。

刨花板通常用于吊顶材料、隔断、隔热板和吸声板等。

# 第八节　防　水　材　料

### 一、防水材料的作用和分类

防水材料是防止雨水、地下水和其他水分渗透的主要建筑材料之一，它的质量优劣与建筑物的使用寿命紧密相关，直接影响着人们居住生活环境。随着我国新型建筑防水材料的迅速发展，各类防水材料品种逐渐增多。用于屋面、地下工程及其他工程的防水材料，除常用的沥青类防水材料外，已向高聚物改性沥青、橡胶、合成高分子防水材料发展，并在工程应用中取得较好的防水效果。

随着现代科学技术的发展，建筑防水材料的品种、数量越来越多，性能各异。

防水材料有几种分类，按形态划分：柔性防水材料、刚性防水材料、堵漏防水材料、瓦类防水材料等。按防水材料品种可分为防水卷材、防水涂料、刚性防水材料、防水密封材料、瓦类防水材料等五大类，其分类情况参见表 1-14。

建筑防水材料分类　　　　　　表 1-14

| | | |
|---|---|---|
| 建筑防水材料 | 防水卷材 | 沥青类防水卷材 |
| | | 高聚物改性沥青防水卷材 |
| | | 合成高分子防水卷材 |
| | 防水涂料 | 沥青类防水涂料 |
| | | 高聚物改性沥青防水涂料 |
| | | 合成高分子防水涂料 |
| | | 有机无机复合防水涂料 |
| | | 无机水泥类防水涂料 |
| | 刚性防水材料 | 防水混凝土 |
| | | 防水砂浆 |
| | | 防水剂堵漏止水材料 |
| | 防水密封材料 | 合成高分子密封材料 |
| | | 高聚物改性沥青密封材料 |
| | 瓦类防水材料 | 黏土瓦 |
| | | 有机瓦 |
| | | 波形瓦 |
| | | 水泥瓦 |
| | | 金属瓦 |

**二、防水材料的基本成分**

高分子合成树脂、橡胶、高聚物改性沥青、石油沥青等定为防水材料的基本成分。

1. 合成树脂

合成树脂主要是由碳、氢和少量氧、氮、硫等原子以某种化学键结合而成的高分子化合物。大致可分为加聚树脂和缩聚树脂两类。

2. 橡胶

橡胶是一种弹性体。可分为天然橡胶和合成橡胶两类。建筑工程中常用的合成橡胶有氯丁橡胶、丁基橡胶、乙丙橡胶、三元乙丙橡胶、丁腈橡胶、再生橡胶等。

3. 石油沥青

石油沥青是石油原油经蒸馏等提炼出各种轻质油（如汽油、柴油等）及润滑油以后的残留物，或再经加工而得的产品。它是一种有机胶凝材料，在常温下呈固体、半固体或黏性液体，颜色为褐色或黑褐色。

通常石油沥青又分成建筑石油沥青、道路石油沥青和普通石油沥青三种。

建筑上主要使用建筑石油沥青制成各种防水材料制品或现场直接使用。

石油沥青的主要技术性质有黏滞性、塑性、温度稳定性，相应的技术质量指标有针入度、延度、软化点，除上述沥青三大指标外，还有溶解度、蒸发损失、蒸发后针入度比、闪点和水分等，这些都是评价石油沥青性能的依据。

4. 改性沥青（改性石油沥青）

建筑上使用的沥青必须具有一定的物理性质和黏附性。在低温条件下应有弹性和塑性；在高温条件下要有足够的强度和稳定性；在加工和使用条件下具有抗"老化"能力；还应与各种矿料和结构表面有较强的黏附力；以及对构件变形的适应性和耐疲劳性。通常，石油加工厂制备的沥青不一定能全面满足这些要求，如只控制了耐热性（软化点），其他方面就很难达到要求，致使目前沥青防水屋面渗漏现象严重，使用寿命短。为此，常用橡胶、树脂等改性。橡胶、树脂等通称为石油沥青的改性材料。

### 三、防水卷材

（一）防水卷材的分类

防水卷材是建筑工程防水材料的重要品种之一。它主要包括沥青防水卷材、高聚物改性沥青防水卷材和合成高分子防水卷材三大类。其中，沥青防水卷材是传统的防水卷材，虽然其价格较低，但性能也低，所以在大中城市建筑防水工程中受到限制使用；而后两类防水卷材由于其优异的性能，应用日益广泛，是目前建筑防水工程中的主打产品。其分类详见表1-15。

防水卷材分类　　　　　　　　　　　　　　　　　　　　表1-15

| | | | |
|---|---|---|---|
| 防水卷材 | 高聚物改性沥青防水卷材 | 弹性体改性沥青防水卷材 | SBS改性沥青防水卷材 | 聚酯胎 |
| | | | | 玻纤胎 |
| | | 塑性体改性沥青防水卷材 | APP改性沥青防水卷材 | 聚酯胎 |
| | | | | 玻纤胎 |
| | | 自粘聚合物改性沥青防水卷材 | | 无胎 |
| | | | | 聚酯胎 |
| | | 自粘高分子防水卷材 | | |
| | 合成高分子防水卷材 | 橡胶型 | 硫化型 | 三元乙丙橡胶防水卷材 |
| | | | | 丁基橡胶防水卷材 |
| | | | | 氯化聚乙烯橡胶共混防水卷材 |
| | | | | 氯磺化聚乙烯防水卷材 |
| | | | 非硫化型 | 三元乙丙橡胶防水卷材 |
| | | | | 增强型氯化聚乙烯防水卷材 |
| | | 橡塑型 | | 氯化聚乙烯—橡胶共混防水卷材 |
| | | | | 三元乙丙橡胶防水卷材 |
| | | 树脂型 | | 聚氯乙烯防水卷材 |
| | | | | 热塑性防水卷材(TPO、TPE) |
| | | | | 高、低密度聚乙烯防水卷材 |
| | | | | 聚乙烯-丙纶复合防水卷材 |

| 防水卷材 | 沥青防水卷材 | 石油沥青防水卷材 | 普通沥青 | 纸胎沥青防水油毡 |
| | | | | 玻纤胎沥青防水油毡 |
| | | | | 铝箔胎沥青防水油毡 |
| | | | 氧化沥青防水卷材 | 彩色沥青油毡瓦 |

（二）防水卷材的性能要求

防水卷材的品种较多，性能各异；但无论何种防水卷材，要满足建筑防水工程的要求，均必须具备以下性能：

1. 耐水性

指在水的作用和被水浸润后其性能基本不变，在水的压力作用下具有不透水性。常用不透水性、吸水性等指标表示。

2. 温度稳定性

指在高温下不流淌、不起泡、不滑动，即在一定温度变化下保持原有性能的能力。常用耐热度，耐热性等指标表示。

3. 机械强度、延伸性和抗断裂性

指防水卷材承受一定荷载、应力或在一定变形的条件下不断裂的性能。常用拉力、拉伸强度和断裂伸长率等指标表示。

4. 柔韧性

指在低温条件下不脆裂保持柔韧的性能。它对保证易于施工，不脆裂十分重要。常用柔度、低温弯折性等指标表示。

5. 大气稳定性

指在阳光、热、臭氧及其他化学侵蚀介质等因素的长期综合作用下抵抗侵蚀的能力。常用耐人工气候老化性、热老化、紫外老化保持率等指标表示。

（三）各类防水卷材的特点及应用

各类防水卷材的选用应充分考虑建筑的特点、地区环境条件、使用条件等多种因素，结合材料的特性和性能指标来选择。

1. 高聚物改性沥青防水卷材的特点及应用

高聚物改性沥青卷材是以高分子聚合物改性沥青为涂盖层，聚酯毡或玻纤毡为胎体，粉状、粒状、片状或薄膜材料为覆面材料制成的可卷曲片状防水材料。其特点及应用见表1-16。

常见高聚物改性沥青防水卷材的特点和适用范围　　　　表1-16

| 卷材名称 | 特点 | 适用范围 | 施工工艺 |
| --- | --- | --- | --- |
| SBS改性沥青防水卷材 | 有良好的耐高低温性，聚酯胎基有较高的延伸率、拉力，能适应建筑物因变形等产生的应力，抵抗防水层断裂，耐老化性较好 | 工业与民用建筑的屋面、地下室等建筑工程，尤其适用于较低气温环境下使用 | 热熔法 |
| APP改性沥青防水卷材 | 有良好的强度、延伸性、耐热性，耐老化性较好，耐低温性稍低于SBS改性沥青防水卷材 | 工业与民用建筑的屋面、地下室等建筑工程，尤其适用于较高气温环境下使用 | 热熔法 |

| 卷材名称 | 特点 | 适用范围 | 施工工艺 |
|---|---|---|---|
| 自粘防水卷材 | 有较好的延伸性和低温性 | 工业与民用建筑的屋面、地下室等建筑工程 | 冷粘法 |

2. 合成高分子防水卷材的特点及应用

合成高分子防水卷材是以合成橡胶、合成树脂或它们的共混体为基料，加入适量的化学助剂和填充料等，经不同工序加工如塑练、混炼、挤出成型、硫化、定型等而成可卷曲的片状防水材料，或把上述材料与合成纤维等复合形成两层或两层以上可卷曲的片状防水材料。其特点及应用见表 1-17。

常见合成高分子防水卷材的特点和适用范围　　　　　　　　表 1-17

| 卷材名称 | 特点 | 适用范围 | 施工工艺 |
|---|---|---|---|
| 三元乙丙橡胶防水卷材 | 有优异的强度和延伸率和耐低温性，耐候性、耐臭氧性、耐化学腐蚀性，对基层变形开裂的适应性强，质量轻，使用温度范围宽，寿命长，但价格高，需胶粘剂配套使用 | 防水要求较高使用年限较长的民用建筑的屋面建筑工程，尤其适用于较低气温环境下使用 | 胶粘剂配套冷粘 |
| 聚氯乙烯防水卷材 | 具有较高的拉伸和撕裂强度、延伸性，耐老化性较好 | 工业与民用建筑的屋面 | 机械固定或冷施工 |
| 氯磺化聚乙烯防水卷材 | 有较好的强度和延伸性和高低温性，耐化学腐蚀性优良 | 有腐蚀介质影响的建筑工程 | 胶粘剂配套冷粘 |

3. 沥青防水卷材的特点及应用

沥青防水卷材是用原纸、纤维织物、纤维毡等胎体浸涂沥青，表面撒布粉状、粒状或片状材料制成可卷曲的片状防水材料。其特点及应用见表 1-18。

沥青防水卷材的特点及适用范围表　　　　　　　　表 1-18

| 卷材名称 | 特点 | 适用范围 | 施工工艺 |
|---|---|---|---|
| 纸胎沥青防水油毡 | 拉力和低温、耐热均性能较低，使用年限短，价格便宜 | 防水要求较低或临时屋面时用 | 热玛琋脂粘贴 |
| 彩色沥青油毡瓦 | 色彩丰富，富有立体感，拉力较高，有一定的使用年限 | 工业与民用建筑的屋面 | 钉子固定与冷施工 |

**四、防水涂料**

（一）防水涂料的特点和分类

防水涂料一般是由合成高分子聚合物、高聚物改性沥青与水泥等为主要成膜物质，加入适当的颜填料、助剂等加工制成的。在常温下呈无固定形状的黏稠状液态或可液化之固体粉末状态的高分子合成材料，涂布在基层表面，经溶剂或水分挥发或各组分间的化学反应，形成有一定弹性和一定厚度的连续薄膜，使基层表面与水隔绝，起到防水、防潮作用。

防水涂料固化成膜后的防水涂膜具有良好的防水性能，特别适合于各种复杂、不规则部位的防水，能形成无接缝的完整防水膜。它大多采用冷施工，不必加热熬制，既减少了环境污染，改善了劳动条件，又便于施工操作，加快了施工进度。此外，涂布的防水涂料既是防水层的主体，又是胶粘剂，因而施工质量容易保证，维修也较简单。但是，防水涂料须采用刷子或刮板等逐层涂刷（刮），故防水膜的厚度较难保持均匀一致。因此，防水涂料广泛适用于工业与民用建筑的屋面防水工程、地下室防水工程和地面防潮、防渗等。

防水涂料按状态类型可分为溶剂型、乳液型和反应型三种；按成膜物质的主要成分可分为沥青类、高聚物改性沥青类和合成高分子类、有机无机复合类等，其分类详见表1-19。

**防水涂料分类** 表 1-19

| | | | | |
|---|---|---|---|---|
| 防水涂料 | 高聚物改性沥青防水涂料 | 溶剂型 | | 氯丁胶改性沥青防水涂料 |
| | | | | SBS 改性沥青防水涂料 |
| | | | | 丁基橡胶改性沥青防水涂料 |
| | | 水乳型 | | 氯丁胶乳化沥青防水涂料 |
| | | | | 丁苯橡胶乳化沥青防水涂料 |
| | | | | SBS 乳化沥青防水涂料 |
| | 合成高分子防水涂料 | 合成树脂型 | 单组分 | 溶剂型 | 聚氨酯防水涂料 |
| | | | | 水乳型 | 丙烯酸酯防水涂料 |
| | | | 双组分 | 反应型 | 聚氨酯防水涂料 |
| | | 合成橡塑类 | 单组分 | 溶剂型 | 氯磺化聚乙烯防水涂料 |
| | | | | 水乳型 | 硅橡胶防水涂料 |
| | | | | 湿固化型 | 聚氨酯防水涂料 |
| | | | 双组分 | 反应型 | 聚硫橡胶防水涂料 |
| | | | | | 喷涂聚脲防水涂料 |
| | 沥青基防水涂料 | 溶剂型 | | 沥青涂料 |
| | | 水乳型 | | 膨润土乳化沥青防水涂料 |
| | 有机无机复合型防水涂料 | 聚合物水泥类防水涂料 | | |
| | 无机水泥类防水涂料 | 水泥基渗透结晶型防水材料 | | 水泥基渗透结晶型防水涂料 |
| | | | | 水泥基渗透结晶型防水剂 |

（二）防水涂料的性能要求

涂料物酯防水涂料的品种很多，各品种之间的性能差异很大，但无论何种防水涂料，要满足防水工程的要求，必须具备以下性能：

1. 固体含量

指防水涂料中所含固体比例。由于涂料涂刷后靠其中的固体成分形成涂膜，因此，固体含量多少与成膜厚度及涂膜质量密切相关。

2. 耐热度

指防水涂料成膜后的防水薄膜在高温下不发生软化变形、不流淌的性能。它反映防水涂膜的耐高温性能。

3. 柔性

指防水涂料成膜后的膜层在低温下保持柔韧的性能。它反映防水涂料在低温下的施工和使用性能。

4. 不透水性

指防水涂膜在一定水压（静水压或动水压）和一定时间内不出现渗漏的性能；是防水涂料满足防水功能要求的主要质量指标。

5. 延伸性

指防水涂膜适应基层变形的能力。防水涂料成膜后必须具有一定的延伸性，以适应由于温差、干湿等因素造成的基层变形，保证防水效果。

6. 拉伸强度

指防水涂膜结构致密的程度，表示能承受一定荷载、应力或在一定变形的条件下不断裂的性能。

（三）各类防水涂料的特点及应用

防水涂料的使用应考虑建筑的特点、环境条件和使用条件等因素，结合防水涂料的特点和性能指标选择。

1. 高聚物改性沥青防水涂料（表 1-20）

高聚物改性沥青防水涂料指以沥青为基料，用高分子聚合物进行改性，制成的水乳型或溶剂型防水涂料。这类涂料在柔韧性、抗裂性、拉伸强度、耐高低温性能、使用寿命等方面比沥青基涂料有很大改善。

常见高聚物改性沥青防水涂料的特点和适用范围　　　　　　　　　　　　　　　表 1-20

| 涂料名称 | 特　点 | 适用范围 | 施工工艺 |
|---|---|---|---|
| SBS 改性乳化沥青防水涂料 | 涂膜有良好的耐高低温性，延伸率较大，能适应建筑物因变形等产生的应力，抵抗防水层断裂，耐老化性较好 | 工业与民用建筑的屋面、地下室等建筑工程，尤其适用于结构较为复杂的场合 | 冷施工 |
| 水乳型氯丁胶改性沥青防水涂料 | 水性涂膜，延伸性好，耐酸、碱性好 | 工业与民用建筑的屋面、地下室等建筑工程，尤其适用于在较为复杂的结构中使用 | 冷施工 |

2. 合成高分子防水涂料（表 1-21）

指以合成橡胶或合成树脂为主要成膜物质制成的单组分或多组分的防水涂料。这类涂料具有高弹性、高耐久性及优良的耐高低温性能，适用于一、二、三级防水等级的屋面、地下室、水池及卫生间等的防水工程。

3. 沥青基防水涂料

指以沥青为基料配制而成的水乳型或溶剂型防水涂料。主要适用于防水等级要求较低的工业与民用建筑屋面、混凝土地下室等。目前此类产品较少。

4. 聚合物水泥基防水涂料（表 1-22）

是指由有机乳液（如丙烯酸酯乳液）和无机粉料（水泥、石英粉）及关注助剂复合而

常见合成高分子防水涂料的特点和适用范围 　　表 1-21

| 涂料名称 | 特 点 | 适用范围 | 施工工艺 |
|---|---|---|---|
| 聚氨酯防水涂料 | 涂膜有橡胶弹性、拉伸、撕裂强度及延伸性好，耐酸、碱性好，对在一定范围内的基层裂缝有较强的适应性，价格较高 | 工业与民用建筑的屋面、地下室等建筑工程，尤其适用于在较为复杂的结构中使用 | 冷施工，双组分需称量准确，搅拌均匀 |
| 水性丙烯酸酯防水涂料 | 有较好的延伸性和低温性以水为介质，无毒、不燃，有一定的强度和较好的延伸率，但固体含量较聚氨酯防水涂料低 | 工业与民用建筑的屋面、地下室等建筑工程 | 冷施工，可在稍潮湿而无积水的表面施工，气温低于 5℃时不宜施工 |
| 喷涂聚脲防水涂料 | 双组分快速固化，无溶剂，优异的物理性能，抗拉强度、延伸率、撕裂强度均很高，耐磨性、柔韧性佳，耐候性、耐腐蚀性好 | 工业与民用建筑的屋面、地下室等建筑工程，其他防腐、防护衬里、人文景观等 | 喷涂施工 |

常见聚合物水泥基防水涂料的特点和适用范围 　　表 1-22

| 涂料名称 | 特 点 | 适用范围 | 施工工艺 |
|---|---|---|---|
| 聚合物水泥基防水涂料 | 涂层强度较高，又有一定的延伸率，耐紫外线性好 | 工业与民用建筑的屋面、混凝土地下室和卫生间防水等建筑工程 | 可在潮湿基层上施工，双组分需称量准确，搅拌均匀 |

成的双组分防水涂料，是一种具有有机材料的弹性又有无机材料的耐久性好等优点的新型防水涂料，涂覆后可形成高强坚韧的涂膜，并可根据需要配制成各种彩色涂层。

5. 无机水泥类防水材料（表 1-23）

即水泥基渗透结晶型防水材料，简称 CCCW，是由硅酸盐水泥、石英砂、特殊的活性化学物质及各种添加剂组成的无机粉末状防水材料。经水搅拌后涂刮在混凝土表面，遇水后借助强有力的渗透性，在混凝土微孔及毛细孔中传输、充盈，发生物化反应，形成不溶于水的植蔓状结晶体，达到能堵截水流防水的目的。

水泥基渗透结晶型防水材料的特点和适用范围 　　表 1-23

| 涂料名称 | 特 点 | 适用范围 | 施工工艺 |
|---|---|---|---|
| 水泥基渗透结晶型防水材料 | 渗透深度较大，具有独特的自修复能力 | 工业与民用建筑的屋面、混凝土地下室和卫生间防水等建筑工程 | 用手提搅拌器或人工拌和均匀，刮涂在基层上，可在潮湿基层上施工 |

# 第九节　装饰材料

## 一、装饰材料的作用、分类和要求

装饰材料是指对建筑物室内外进行装潢和修饰的材料。装修目的在于满足房屋建筑的使用和美观要求，保护主体结构在室内外各种环境因素作用下的稳定性和耐久性，是建筑物不可缺少的组成部分。

装饰材料按材质可分为：石材、陶瓷、玻璃、塑料、涂料、木材、金属和复合材料等。

装饰材料按建筑部位可分为：屋面（顶）装饰材料、吊顶装饰材料、外墙装饰材料、内墙装饰材料、地面装饰材料、卫浴装饰材料等。

装饰材料外观方面应满足颜色、光泽、透明性、表面组织等要求；力学和理化性能方面应满足一定的强度、耐水性、抗火性、耐腐蚀性等要求。

## 二、石材

### （一）天然石材

天然石材是指从天然岩体中开采出来的毛料，或经过加工成为板状或块状的饰面材料。用于建筑装饰用的主要有大理石和花岗石两大类。

1. 花岗石板

花岗石是一种火成岩，属硬石材，其主要矿物成分是长石、石英，并含有少量云母和暗色矿物。花岗石常呈现出一种整体均粒状结构，正是这种结构使花岗石具有独特的装饰效果，其耐磨性和耐久性优于大理石，既适用于室外也适用于室内装饰。

2. 大理石板

大理石因盛产于云南大理而得名。它是由石灰岩、白云岩、方解石、蛇纹石等经过地壳内高温高压作用而形成的变质岩，其主要矿物成分是方解石和白云石，属于中硬石材，比花岗石易于雕琢、磨光、加工。由于其主要化学成分为碳酸钙，易被酸侵蚀，所以除个别品种外（如汉白玉），一般不宜用作室外装饰。

### （二）人造石材

人造石材一般是以聚甲基丙烯酸甲酯或不饱和树脂为基体，由天然矿石粉为填料，加入颜料及其他辅助剂，经浇铸或模塑成型的复合材料。其色彩和花纹均可根据要求设计制作，如仿大理石、仿花岗石、仿玛瑙石等，还可以制作成弧形、曲面等天然石材难以加工的复杂形状。

人造石材具有天然石材的质感，但重量轻、强度高、耐腐、耐污染，可锯切、钻孔，施工方便。适用于墙面、门套或柱面装饰，也可用作厨房料理台台面和工厂、学校等的工作台面及各种卫生洁具，还可加工成浮雕、工艺品等。与天然石材相比，人造石材是一种比较经济的饰面材料。

## 三、建筑陶瓷

建筑陶瓷包括陶瓷砖、建筑琉璃制品、卫生陶瓷等。广泛用作建筑物内外墙、地面和屋面的装饰和保护，已成为房屋装修的一类极为重要的装饰材料。

### （一）陶瓷砖

陶瓷砖是由黏土或其他无机非金属原料，经成型、烧结等工艺处理，用于装饰与保护建筑物、构筑物墙面及地面的板状陶瓷制品，也可称为陶瓷饰面砖。

陶瓷砖按成型工艺可分为干压砖和挤压砖等。

陶瓷砖按产品的吸水率分为为五类：瓷质砖（吸水率不超过 0.5%）、炻瓷砖（吸水率大于 0.5%，不超过 3%）、细炻砖（吸水率大于 3%，不超过 6%）、炻质砖（吸水率大于 6%，不超过 10%）和陶质砖（吸水率大于 10%）。其中，目前国家对瓷质砖实行 3C 强制认证。

陶瓷砖按使用部位又可分为内墙砖、外墙砖、室内地砖、室外地砖等。室外和地面。一般不宜使用陶质砖。

陶瓷砖按表面是否施釉，还可分为有釉砖和无釉砖。

（二）建筑琉璃制品

建筑琉璃制品是我国陶瓷宝库中的古老珍品之一。是用黏土制坯，经干燥、上釉后焙烧而成。颜色有绿、黄、蓝、青等。品种可分为三类：瓦类（板瓦、滴水瓦、筒瓦、沟头）、脊类和饰件类（吻、博古、兽）。

琉璃制品色彩绚丽、造型古朴、质坚耐久，用它装饰的建筑物富有我国传统的民族特色。

（三）卫生陶瓷

卫生陶瓷为用于浴室、盥洗室、厕所等处的用做卫生设施的有釉陶瓷制品，包括蹲便器、坐便器、洗面器、浴盆、净身器、洗手盆等。

卫生陶瓷多用耐火黏土或难熔黏土经配制料浆、灌浆成型、上釉焙烧而成。卫生陶瓷结构型式多样，颜色分为白色和彩色，表面光洁、不透水，易于清洗，并耐化学腐蚀。

**四、建筑玻璃**

传统的建筑玻璃主要用于封闭、采光和装饰，主要为平板玻璃和装饰玻璃（包括磨砂玻璃、有色玻璃、玻璃锦砖等）。随着建筑节能的要求日益提高，中空玻璃、热反射玻璃、Low-E 玻璃等应用越来越广泛。由于玻璃易碎的特性，建筑中某些特定部位还必须使用安全玻璃（包括钢化玻璃、夹层玻璃等）。

（一）中空玻璃

中空玻璃是将两片或多片玻璃组合起来，中间间隔干燥的空气或充入惰性气体，四周用密封材料包裹封闭制成。由于空气隔层的作用，中空玻璃不但有良好的隔热性能，还有很好的隔声作用。

（二）Low-E 玻璃

Low-E 玻璃又称低辐射玻璃，是在玻璃表面镀上多层金属或其他化合物组成的膜系产品。其镀膜层具有对可见光高透过及对中远红外线高反射的特性，使其与普通玻璃及传统的建筑用镀膜玻璃相比，具有优异的隔热效果和良好的透光性。采用 Low-E 玻璃的门窗，可大大降低因辐射而造成的热能向损失，从而达到节能效果。

（三）安全玻璃

安全玻璃指经剧烈振动或撞击不破碎，即使破碎也不易伤人的玻璃。安全玻璃包括钢化玻璃、夹层玻璃及由钢化玻璃或夹层玻璃组合加工而成的其他玻璃制品，如安全中空玻璃等。钢化玻璃具有较高的强度，而且破碎后碎片边缘无锋利快口，可保障对人体安全。夹层玻璃破碎后碎片仍粘附在夹层上不脱落，也可保障对人体安全。单片半钢化玻璃（热增强玻璃）、单片夹丝玻璃不属于安全玻璃。国家对安全玻璃实施 3C 强制认证制度。

建筑物需要以玻璃作为建筑材料的下列部位必须使用安全玻璃。

（1）7 层及 7 层以上建筑物外开窗；

（2）面积大于 1.5m² 的窗玻璃或玻璃底边离最终装修面小于 500mm 的落地窗；

（3）幕墙（全玻幕除外）；

（4）倾斜装配窗、各类天棚（含天窗、采光顶）、吊顶；

（5）观光电梯及其外护围；

（6）室内隔断、浴室围护和屏风；

（7）楼梯、阳台、平台走廊的栏板和中庭内护栏板；

（8）用于承受行人行走的地面板；

（9）水族馆和游泳池的观察窗、观察孔；

（10）公共建筑物的出入口、门厅等部位；

（11）易遭受撞击、冲击而造成人体伤害的其他部位。

**五、塑料建筑装饰材料**

塑料由于其轻质高强、可加工性好、耐腐蚀、装饰性强等优点，在建筑中应用十分广泛，已与水泥、钢铁、木材并称为四大建筑材料。常用的塑料装饰材料主要有塑料门窗、塑料管道、塑料壁纸、塑料地板、塑料地毯、塑料装饰板、瓦等品种。

塑料分为热塑性塑料及热固性塑料。在特定的温度范围内，可以加热软化，遇冷硬化，能反复进行加工的塑料，统称为热塑性塑料，如聚氯乙烯、聚乙烯、聚丙烯、聚苯乙烯等。受热或因某种条件固化后不能再软化者，统称为热固性塑料，如酚醛塑料、氨基塑料等。

**六、其他**

（一）建筑装饰涂料

建筑装饰涂料简称涂料，与油漆是同一概念。是涂敷于物体表面能与基体材料很好粘结并形成完整而坚韧保护膜的物料。

涂料的种类繁多，按主要成膜物质的性质可分为有机涂料、无机涂料和有机无机复合涂料三大类；按使用部位分有外墙涂料、内墙涂料和地面涂料等；按分散介质种类分有溶剂型和水性两种。涂料是一种易燃物，且含有对人体的有害物质，使用过程中应注意防火和控制有害物质含量。

（二）木材与竹材

装饰用木材的树种包括杉木、红松、水曲柳、柞木、栋木、色木、楠木、黄杨木等。凡木纹美丽的可作室内装饰之用，木纹细致、材质耐磨的可供铺设拼花地板。

竹材也可用于某些特色装修，竹地板采用天然原竹，经锯片、干燥、四面修平、上胶、油压拼板、开槽、砂光、涂漆等工艺，同时经过防霉、防蛀、防水处理而制得。

（三）装饰金属

装饰金属主要有铝合金及其制品（如铝合金门窗、铝合金花纹板、镁铝合金装饰板等）、不锈钢及其制品（如板材、管材、型材及各种连接件等）、彩色压型钢板和金属搪瓷板等。

# 第十节　室内装饰装修材料有害物质限量

各类民用建筑室内环境污染危及健康的问题日益突出，而污染的来源主要是建筑装饰装修材料，控制建筑装饰装修材料的污染物含量是实现建筑工程室内环境污染控制的主要手段。为此国家质量监督检验检疫总局在 2002 年 12 月 10 日首次发布了室内装饰装修材料有害物质限量的十个国家强制性标准，并于 2002 年 7 月 1 日起施行，之后又陆续对部分标准进行了修订。

## 一、人造板及其制品中甲醛释放限量（GB 18580—2001）

人造板及其制品（包括地板、墙板等）中甲醛释放量试验方法及限量值　　　表 1-24

| 产品名称 | 试验方法 | 限量值 | 使用范围 | 限量标志 |
|---|---|---|---|---|
| 中密度纤维板、高密度纤维板、刨花板、定向刨花板等 | 穿孔萃取法 | ≤9mg/100g | 可直接用于室内 | E1 |
| | | ≤30mg/100g | 必须饰面处理后可允许用于室内 | E2 |
| 胶合板、装饰单板贴面胶合板、细木工板等 | 干燥器法 | ≤1.5mg/L | 可直接用于室内 | E1 |
| | | ≤5.0mg/L | 必须饰面处理后可允许用于室内 | E2 |
| 饰面人造板（包括浸渍纸层压木质地板、实木复合地板、竹地板、浸渍胶膜纸饰面人造板等） | 气候箱法 | ≤0.12mg/m³ | 可直接用于室内 | E2 |
| | 干燥器法 | ≤1.5mg/L | | |

注：1. 仲裁时采用气候箱法。

　　2. E1 为可直接用于室内的人造板，E2 为必须饰面处理后允许用于室内的人造板。

## 二、溶剂型木器涂料中有害物质限量（GB 18581—2009）

溶剂型木器涂料中有害物质限量　　　表 1-25

| 项　　目 | | 限　量　值 | | | | |
|---|---|---|---|---|---|---|
| | | 聚氨酯类涂料 | | 硝基类涂料 | 醇酸类涂料 | 腻子 |
| | | 面漆 | 底漆 | | | |
| 挥发性有机化合物（VOC）含量[a]（g/L）　≤ | | 光泽(60°)≥80,580<br>光泽(60°)<80,670 | 670 | 720 | 500 | 550 |
| 苯含量[a]（%）　≤ | | 0.3 | | | | |
| 甲苯、二甲苯、乙苯含量总和[a]（%）　≤ | | 30 | | 30 | 5 | 30 |
| 游离二异氰酸酯（TDI、HDI）含量总和[b]（%）　≤ | | 0.4 | | — | | 0.4（限聚氨酯类腻子） |
| 甲醇含量[a]（%）　≤ | | — | | 0.3 | — | 0.3（限硝基类腻子） |
| 卤代烃含量[a,c]（%）　≤ | | 0.1 | | | | |
| 可溶性重金属含量（限色漆、腻子和醇酸清漆）/（mg/kg）　≤ | 铅 Pb | 90 | | | | |
| | 镉 Cd | 75 | | | | |
| | 铬 Cr | 60 | | | | |
| | 汞 Hg | 60 | | | | |

[a] 按产品明示的施工配比混合后测定。如稀释剂的使用量为某一范围时，应按照产品施工配比规定的最大稀释比例混合后进行测定。

[b] 如聚氨酯类涂料和腻子规定了稀释比例或由双组分或多组分组成时，应先测定固化剂（含游离二异氰酸酯预聚物）中的含量，再按产品明示的施工配比计算混合后涂料中的含量。如稀释剂的使用量为某一范围内，应按照产品施工配比规定的最小稀释比例进行计算。

[c] 包括二氯甲烷、1,1-二氯乙烷、1,2-二氯乙烷、二氯甲烷、1,1,1-三氯乙烷、1,1,2-三氯乙烷、四氯化碳。

　　该标准适用于室内装饰装修和工厂化涂装用聚氨酯类、硝基类溶剂型木器涂料及木器用溶剂型腻子，但不适用于辐射固化涂料和不饱和聚酯腻子。

### 三、内墙涂料中有害物质限量（GB 18582—2008）

内墙涂料中有害物质限量                       表 1-26

| 项　　目 | | 限　量　值 | |
|---|---|---|---|
| | | 水性墙面涂料 | 水性墙面腻子 |
| 挥发性有机化合物含量(VOC) | ≤ | 120g/L | 15g/kg |
| 苯、甲苯、乙苯、二甲苯总和(mg/kg) | ≤ | 300 | |
| 游离甲醛(mg/kg) | ≤ | 100 | |
| 可溶性重金属(mg/kg) | ≤ | 铅 Pb | 90 |
| | | 镉 Cd | 75 |
| | | 铬 Cr | 60 |
| | | 汞 Hg | 60 |

该标准适用于水性墙面涂料和腻子，不适用于有机物作为溶剂的内墙涂料。

### 四、胶粘剂中有害物质限量（GB 18583—2008）

见表 1-27～表 1-29。

溶剂型胶粘剂中有害物质限量值                       表 1-27

| 项　　目 | 指　　标 | | | |
|---|---|---|---|---|
| | 氯丁橡胶胶粘剂 | SBS 胶粘剂 | 聚氨酯类胶粘剂 | 其他胶粘剂 |
| 游离甲醛(g/kg) | ≤0.50 | | — | — |
| 苯(g/kg) | ≤5.0 | | | |
| 甲苯十二甲苯(g/kg) | ≤200 | ≤150 | ≤150 | ≤150 |
| 甲苯二异氰酸酯(g/kg) | — | | ≤10 | — |
| 二氯甲烷(g/kg) | | ≤50 | | |
| 1,2-二氯乙烷(g/kg) | 总量≤5.0 | | — | ≤50 |
| 1,1,2-三氯乙烷(g/kg) | | 总量≤5.0 | | |
| 三氯乙烯(g/kg) | | | | |
| 总挥发性有机物(g/L) | ≤700 | ≤650 | ≤700 | ≤700 |

注：如产品规定了稀释比例或产品有双组分或多组分组成时，应分别测定稀释剂和各组分中的含量，再按产品规定的配比计算混合后的总量。如稀释剂的使用量为某一范围时，应按照推荐的最大稀释量进行计算。

水基型胶粘剂中有害物质限量值                       表 1-28

| 项　　目 | 指　　标 | | | | |
|---|---|---|---|---|---|
| | 缩甲醛类胶粘剂 | 聚乙酸乙烯酯胶粘剂 | 橡胶类胶粘剂 | 聚氨酯类胶粘剂 | 其他胶粘剂 |
| 游离甲醛(g/kg) | ≤1.0 | ≤1.0 | ≤1.0 | | ≤1.0 |
| 苯(g/kg) | ≤0.20 | | | | |
| 甲苯十二甲苯(g/kg) | ≤10 | | | | |
| 总挥发性有机物(g/L) | ≤350 | ≤110 | ≤250 | ≤100 | ≤350 |

本体型胶粘剂中有害物质限量值                       表 1-29

| 项　　目 | 指　　标 |
|---|---|
| 总挥发性有机物(g/L) | ≤100 |

## 五、木家具中有害物质限量（GB 18584—2001）

木家具中有害物质限量 表 1-30

| 项　目 | | 限量值(mg/kg) |
|---|---|---|
| 家具的人造板甲醛释放量(mg/L) | | ≤1.5 |
| 家具表面色漆涂层可溶性重金属含量(mg/kg) | 可溶性铅 | ≤90 |
| | 可溶性镉 | ≤75 |
| | 可溶性铬 | ≤60 |
| | 可溶性汞 | ≤60 |

## 六、壁纸中有害物质限量（GB 18585—2001）

壁纸中有害物质限量 表 1-31

| 有害物质名称 | | 限量值(mg/kg) |
|---|---|---|
| 重金属(或其他)元素 | 钡 | ≤1000 |
| | 镉 | ≤25 |
| | 铬 | ≤60 |
| | 铅 | ≤90 |
| | 砷 | ≤8 |
| | 汞 | ≤20 |
| | 硒 | ≤165 |
| | 锑 | ≤20 |
| 氯乙烯单体 | | ≤1.0 |
| 甲醛 | | ≤120 |

适用于以纸为基材，通过胶粘剂贴于墙面或顶棚上的壁纸，不包括墙毡及其他类似的墙挂。

## 七、聚氯乙烯卷材地板中有害物质限量（GB 18586—2001）

1. 氯乙烯单体限量

卷材地板聚氯乙烯层中氯乙烯单体含量≤5mg/kg。

2. 可溶性重金属限量

卷材地板中不得使用铅盐助剂；作为杂质，卷材地板中可溶性铅含量应≤20mg/m²，可溶性镉含量应≤20mg/m²。

3. 挥发物限量（见表 1-32）

挥发物限量 表 1-32

| 发泡类卷材地板中挥发物的限量(g/m²) | | 非发泡类卷材地板中挥发物的限量(g/m²) | |
|---|---|---|---|
| 玻璃纤维基材 | 其他基材 | 玻璃纤维基材 | 其他基材 |
| ≤75 | ≤35 | ≤40 | ≤10 |

适用于以聚氯乙烯树脂为主要原料并加入适当助剂，用涂敷、压延、复合工艺生产的发泡或不发泡的、有基材或无基材的卷材地板。

## 八、地毯、地毯衬垫及胶粘剂中有害物质限量（GB 18587—2001）

见表 1-33～表 1-35。

地毯中有害物质释放限量                                          表 1-33

| 序号 | 有害物质测试项目 | 限　量(mg/m² · h) | |
| --- | --- | --- | --- |
| | | A 级 | B 级 |
| 1 | 总挥发性有机化合物(TVOC) | ≤0.500 | ≤0.600 |
| 2 | 甲醛(Formaldehyde) | ≤0.050 | ≤0.050 |
| 3 | 苯乙烯(Styrene) | ≤0.400 | ≤0.500 |
| 4 | 4-苯基环己烯(4-Phenylcyclohexene) | ≤0.050 | ≤0.050 |

地毯衬垫有害物质释放限量                                        表 1-34

| 序号 | 有害物质测试项目 | 限　量(mg/m² · h) | |
| --- | --- | --- | --- |
| | | A 级 | B 级 |
| 1 | 总挥发性有机化合物(TVOC) | ≤1.000 | ≤1.200 |
| 2 | 甲醛(Formaldehyde) | ≤0.050 | ≤0.050 |
| 3 | 丁基羟基甲苯(BHT-Butylated hydroxytoluene) | ≤0.030 | ≤0.030 |
| 4 | 4-苯基环己烯(4-Phenylcyclohexene) | ≤0.050 | ≤0.050 |

地毯胶粘剂有限物质释放限量                                      表 1-35

| 序号 | 有害物质测试项目 | 限　量(mg/m² · h) | |
| --- | --- | --- | --- |
| | | A 级 | B 级 |
| 1 | 总挥发性有机化合物(TVOC) | ≤10.000 | ≤12.000 |
| 2 | 甲醛(Formaldehyde) | ≤0.050 | ≤0.050 |
| 3 | 2-乙基己醇(2-ethyl-1-hexanol) | ≤3.000 | ≤3.500 |

以上各表中 A 级为环保型产品，B 级为有害物质释放限量合格产品。

## 九、混凝土外加剂中释放氨的限量（GB 18588—2001）

混凝土外加剂中释放氨的量≤0.10％（质量分数）。

适用于各类具有室内使用功能的建筑用、能释放氨的混凝土外加剂，不适用于桥梁、公路及其他室外工程用混凝土外加剂。

## 十、建筑材料放射性核素限量（GB 6566—2010）

适用于建造各类建筑物所使用的无机非金属类材料，包括掺工业废渣的建筑材料。放射性核素限量指标为内照射指数 $I_{Ra}$ 和外照射指数 $I_r$。

（一）建筑主体材料放射性核素限量

包括水泥与水泥制品、砖、瓦、混凝土、混凝土预制构件、砌块、墙体保温材料、工业废渣、掺工业废渣的建筑材料及各种新型墙体材料等。

建筑主体材料中天然放射性核素镭-226，钍-232、钾-40 的放射性比活度同时满足 $I_{Ra} \leq 1.0$ 和 $I_r \leq 1.0$。

空心率大于 25％的建筑主体材料，其天然放射性核素镭-226，钍-232、钾-40 的放射性比活度同时满足 $I_{Ra} \leq 1.0$ 和 $I_r \leq 1.3$。

（二）装饰装修材料

包括花岗石、建筑陶瓷、石膏制品、吊顶材料、粉刷材料及其他新型饰面材料等。

根据装饰材料放射性水平大小划分为以下三类：

1. A 类装饰装修材料

装修材料中天然放射性核素镭-226，钍-232、钾-40 的放射性比活度同时满足 $I_{Ra}\leqslant$ 1.0 和 $I_r\leqslant1.3$ 要求的为 A 类装修材料，使用范围不受限制。

2. B 类装饰装修材料

不满足 A 类装修材料要求，但同时满足 $I_{Ra}\leqslant1.3$ 和 $I_r\leqslant1.9$ 要求的为 B 类装修材料。B 类装修材料不可用于Ⅰ类民用建筑的内饰面，但可用于Ⅱ类民用建筑的外饰面及其他一切建筑物的内、外饰面。Ⅰ类民用建筑为住宅、老年建筑、幼儿园、学校、医院等需特别关注的地方，其余为Ⅱ类民用建筑。

3. C 类装饰装修材料

不满足 A，B 类装修材料要求，但满足 $I_r\leqslant2.8$ 要求的为 C 类装修材料。C 类装修材料只可用于建筑物的外饰面及室外其他用途。

# 第十一节　管　　道

管道是用管材、管件和阀门等连接成的用于输送气体、液体或带固体颗粒的流体的系统，主要用在给水、排水、供热、供气等工程中。管道按材质可分为金属管道、水泥管道、塑料管道、复合材料管道等。近年来，国家一直大力推广塑料管道，各种塑料管道由于其耐腐蚀、流体阻力小等优点已逐步取代传统的金属和水泥管道。本节着重介绍工程建设领域中，常用的建筑排水管道、建筑给水管道和埋地排污、废水用管道。

**一、建筑排水管道**

**（一）硬质聚氯乙烯（PVC-U）排水管道**

硬质聚氯乙烯排水管道又可分为实壁排水管道、芯层发泡排水管道、螺旋排水管道、雨水管道。

**1. 硬质聚氯乙烯实壁排水管道**

硬质聚氯乙烯排水管道是目前建筑排水管道的最主要品种，是以聚氯乙烯为主要原料，加入必要的加工助剂、填料等，管材经挤出成型、管件经注射成型。管材和管件一般采用承插粘结的方式连接，也有少量采用弹性密封圈连接的方式。为区别于其他聚氯乙烯管道，一般称为实壁管道。常用规格见表 1-36，管件主体壁厚不应小于同规格管材壁厚。聚氯乙烯排水管材的密度应在 $1350\sim1550kg/m^3$，拉伸不应小于 40MPa。

硬质聚氯乙烯实壁排水管道（mm）　　　　　　　　　　　　表 1-36

| 公称外径 | 最小壁厚 | 最大壁厚 |
| --- | --- | --- |
| 50 | 2.0 | 2.4 |
| 75 | 2.3 | 2.7 |
| 110 | 3.2 | 3.8 |
| 160 | 4.0 | 4.6 |

**2. 硬质聚氯乙烯芯层发泡排水管道**

管材以聚氯乙烯为主要原料，加入必要的加工助剂、填料等，采用共挤方式生产，形成中间为发泡层的三层复合结构管材。由于中间为发泡层，管材密度一般为 $0.9～1.2kg/m^3$ 比实壁管可减少 15％～20％的 PVC 树脂用量。同时中间发泡层还能吸收一些因管材本身振动而产生的噪声，比普通实壁管道的噪声要小。管件仍采用普通实壁聚氯乙烯管件。

3. 硬质聚氯乙烯螺旋排水管道

和硬质聚氯乙烯实壁排水管道相比，管材在内壁有数条凸出的三角形螺旋肋，这些三角形螺旋肋有引导水流沿管壁螺旋下落的作用。螺旋管材一般专用于室内排水管道系统上的立管。在横管接入螺旋管立管时，要使用配套专用螺旋管件，一般为接入支管与立管但中线不在同一平面上的三通和四通。其余管件使用普通实壁管件。使用螺旋管系统，使正常排水时水流自上而下沿管壁螺旋而下，在一定流量条件会在管材内部中间形成空隙，以平衡立管压力，因此可采用单立管系统。

4. 硬质聚氯乙烯雨水管道

与普通实壁管材相比，雨水管材由于会使用在室外，配方中需加入抗老化剂，以提高耐候性；产品形状也分为矩形和圆形。需要注意的是，高层建筑的屋面雨落水管道，在遇暴雨时立管部分易发生抽泄真空，宜采用不加胶粘剂的松配合连接。

（二）柔性铸铁排水管道

生产技术落后、靠手工翻砂的铸铁管由于存在诸多的质量问题，已经被淘汰。而使用高速离心铸造技术机制的柔性铸铁管道，由于其强度高、寿命长、噪声低、阻燃防火性强、柔性抗震等优点，被广泛用于高层、超高层建筑领域。

柔性接口铸铁排水管材按连接形式可分为无承口 W 型（俗称卡箍式）、法兰机械式 A 型、（双）法兰机械式 B 型、柔性承插式等四种。目前国内比较常用的是 W 型、A 型、B 型三种。

W 型管材具有径向尺寸小（无法兰盘）、便于布置、节省空间、长度可以在现场按需套裁节省管材、拆装方便、便于维修更换等优点。W 型管材宜做排水立管，特别在作为卫浴间内排水横支管的安装施工时，可以利用其接口的良好可曲挠性和严密性，对排水管道的坡度进行良好控制。同时由于 W 型管连接件的特性，在进行立管隐蔽装修时，便于装修布置，可以节约空间，增大实际使用面积。

A 型管材具有接口强度高、密封性好、抗震性能强的优点。而 B 型双法兰管材结合了 W 型直管长度可以按需套裁、A 型接口强度高的优点。A 型和 B 型管由于法兰压盖连接的机械性能较好，在做排水横干管时，可以保证使用寿命和使用功能。同时，由于自身良好的机械强度，特别适用于高层排水出户横管，可以承受上层来水的冲击力。

**二、建筑给水管道**

给水管道对卫生性能有严格要求，目前我国由各省市对饮用水管道实施卫生许可批件管理。由于优良的卫生性能，目前塑料管道中的聚烯烃类（聚乙烯、聚丙烯等）管道已成为给水管道的主要品种。

（一）聚乙烯（PE）给水管道

以聚乙烯为主要原料，管材经挤出成型，管件一般经注射成型，大型管件也有采用管材焊接制作的。聚乙烯管材根据原料的最小要求强度（MRS）的分类和命名，分为PE63、PE80、PE100 等数个等级。目前给水管道使用的主要为 PE100 和 PE80，PE63 正逐渐淘汰。聚乙烯管道只适用于冷水系统。聚乙烯管材由于本身材质抗紫外性能较差，在运输、存储的工程中应避免长时间阳光照射，不宜作明管，实在需要时应加套管或其他遮光保护措施。聚乙烯树脂本身无色，但为防止管道内滋生藻类生物，管材、管件必须使用加入色母料的混配专用料生产，以使管道不透光并具有较好的耐候性。管材一般为加入炭黑的黑色管材，并在外表面上用共挤的蓝色线条表示用于给水管道，也有蓝色管材，但蓝色管材的耐候性不及黑色管材。管道的连接一般采用热熔连接、电熔连接、法兰连接、钢塑过渡连接等方式，也有采用承插式连接的。

（二）聚丙烯（PP）给水管道

聚丙烯给水管道，目前有四种材料。

PP-H：均聚聚丙烯，俗称为一型聚丙烯。

PP-B：耐冲击共聚聚丙烯（曾称为嵌段共聚聚丙烯），俗称为二型聚丙烯。

PP-R：无规共聚聚丙烯，俗称为三型聚丙烯。

PP-RCT：具有高耐热、耐压、韧性等特性的无规共聚聚丙烯，俗称为四型聚丙烯。代号中 C 为六方 β 晶型，T 为被赋予高耐热耐压与高韧性的特殊属性。

PP-H 的主要缺点是低温易脆，长期热稳定性差，故在建筑上的使用受很大限制。目前国内使用较多的主要是 PP-B 和 PP-R 管道。PP-B 和 PP-R 两种材料各有优缺点，一般来说 PP-B 有更好的耐低温、抗冲击特性；而 PP-R 有更好的耐高温、抗蠕变能力。因此在实际应用中，要根据它们不同的特性和具体的使用条件，加以区别地选择应用。PP-R 适用于室内冷热水管道系统，长期使用温度在 70℃ 以下，短时使用温度可达 95℃，口径一般在 160mm 以下。而 PP-B 更适用于室内冷水管道和温度较低的热水管道。目前市场上普遍存在两种材料混淆使用的情况，会带来质量隐患，应予以注意。

PP-RCT 是近年开发的在 PP-R 基础上改进的新材料，目前国内还未大范围使用。PP-RCT 是一种带有 β 晶型结构的无规共聚 PP-R。它的晶型更精细，更致密，从而大幅提高了它的抗冲击性能和耐压性能，PP-RCT 比 PP-R 使用温度可高出 20℃。

各类聚丙烯管道一般都采用热熔焊接，连接牢固、不易渗漏。值得注意的是，聚丙烯的热膨胀系数较大，在用于热水系统时，由于冷热水温差较大，管材易产生明显的轴向变形，施工安装应严格按照施工规范进行。同样为防止管道内滋生藻类生物，明装管材、管件不宜为白色，必须使用加入色母料的混配专用料生产以使管道不透光并具有较好的耐候性。

（三）硬质聚氯乙烯（PVC-U）给水管道

以聚氯乙烯为主要原料，加入必要的助剂，管材经挤出成型，管件经注射成型。聚氯乙烯给水管道适用于建筑物内外的冷水管道，一般采用承插粘结和弹性密封圈连接的方式。PVC 管道较聚烯烃类管道（PE、PP 等）有较高的刚度，但 PVC 加工时必须使用热稳定剂。铅盐热稳定剂是一种价格低廉、热稳定效果好的稳定剂，但铅是一种累计性有毒物质，我国已明确规定用作饮用水管的聚氯乙烯管道不得使用铅盐稳定剂。

（四）钢塑复合管

钢塑复合管分为衬塑钢管和涂塑钢管。衬塑钢管是采用复合工艺在钢管内衬各种塑料（PE、PP、PVC 等）管道的产品。涂塑钢管是采用直接在钢管内壁涂装聚乙烯粉末或环氧树脂涂料而成的复合钢管。钢塑复合管结合了钢管强度高，塑料管卫生性能好、耐腐蚀的优点，可用于建筑物内外的冷热水管道系统，可明装暗敷。需注意的是，钢管内衬或内涂的塑料材质决定了钢塑复合管是否能用于热水系统，热水管道只能使用 PP-R、PE-X、PE-RT 等耐热塑料。钢塑复合管主要有丝接、卡扣连接、卡箍连接等几种方式。

（五）铜管

采用拉制工艺生产的无缝铜管，采用 T2 或 TP2 铜合金，状态分为硬态、半硬态、软态。主要采用焊接、扩口或压紧的方式连接。

### 三、埋地排污、废水用管道

近年来，随着我国不断加大对市政基础设施建设的投入，市政工程管网建设得到了前所未有的重视和发展。塑料管道具有重量轻、施工方便、连接密封性好、不易渗漏、水力特性好等优点，已逐步取代水泥管、金属管等传统的埋地排水管道。塑料埋地排水管道的材料主要为 PVC-U、PE、PP 等。

埋地排污、废水用管道系统一般为重力流系统，对耐内压能力要求不高，但对承受外荷载能力（环刚度）要求较高。因此，为满足大口径埋地排水管环刚度要求，同时又要降低原料消耗，大口径埋地排水塑料管普遍采用结构壁形式。目前应用中的塑料结构壁排水管主要有：双壁波纹管、加筋管和缠绕管。实际使用中，应根据管道承受的外压荷载条件选用不同环刚度等级的管材。位于道路及车行道下的管材，环刚度不宜小于 $8kN/m^2$；住宅小区内非车行道及其他地段，管材环刚度不宜小于 $4kN/m^2$。需要注意的是，塑料埋地管道，同时存在外径系列和内径系列两种规格。

（一）双壁波纹管

内壁光滑、外壁呈波纹状的管材，中间为不连通的空隙薄型壳体结构。材质主要为 PVC-U 和 PE，前者受其加工性限制，最大规格一般在公称直径 $DN630mm$ 以下，后者最大规格可达 $DN1200mm$。由于在同样管径和环刚度下，PE 双壁波纹管比 PVC-U 成本要高，因此两者往往错开口径范围，$DN630mm$ 以下使用 PVC-U 波纹管，$DN630mm$ 以上使用 PE 波纹管。连接方式为橡胶密封圈承插连接。

（二）加筋管

内壁光滑，外壁带有等距离排列垂直环形肋的管材。管材结构合理、刚性好。材质主要为 PVC-U，连接方式为橡胶密封圈承插连接。同样受 PVC 的加工性限制，最大规格一般在公称直径 $DN600mm$ 以下。

（三）缠绕管

国内目前主要为高密度聚乙烯缠绕管，是以高密度聚乙烯为主要原料，以相同或不相同材料作为辅助支撑结构，采用缠绕工艺加工焊接制成的机构壁管材。国内已可生产口径达 2m 的缠绕管。由于外壁光滑，缠绕管是目前唯一可在非开挖工程中使用的结构壁管材。

（四）玻璃纤维增强塑料夹砂管

以玻璃纤维及其制品为增强材料，以不饱和聚酯树脂、环氧树脂等为基体材料，以石英砂及碳酸钙等无机非金属材料为填料作为主要原料，采用定长缠绕、离心浇铸和连续缠绕工艺制成的管材，俗称玻璃钢夹砂管。管材口径可达 3m 以上，可采用承插连接。

# 第十二节　建筑涂料

## 一、建筑涂料的含义及其组成

### 1. 建筑涂料的含义

在我国，一般将用于建筑物内墙、外墙、顶棚、地面和卫生间的涂料称为建筑涂料。实际上，建筑涂料的范围很广，除上述内容外，还包括防火涂料、防水涂料及其他功能性涂料。国外（如日本）将建筑物所有部位（除上述外，还包括门、窗、屋面、配电柜等）及所有金属构件或木质构件上使用的涂料都列入建筑涂料。

### 2. 建筑涂料的组成

建筑涂料是由多种不同物质经混合、溶解、分散而组成。按涂料中各组分所起的作用，可分为基料、颜填料、助剂和稀释剂，各组分的作用由表 1-37 说明。

建筑涂料的各组分及作用　　　　　　　　　　　　表 1-37

| 组分 | 作　用 | 举　例 |
|---|---|---|
| 基料（成膜物质） | 是涂料的主要成分。它的作用是将涂料中的其他组分粘结成一个整体，附着在被涂基层表面，易于干燥固化形成均匀连续而坚韧的保护膜，对涂料和涂膜的性能起着决定性的作用 | 1. 有机类<br>①水溶性树脂：聚乙烯醇类等<br>②聚合物乳液：苯丙乳液、纯丙乳液、醋酸乙烯类乳液、硅丙乳液等<br>③溶剂型树脂：丙烯酸类、聚氨酯类、有机硅类、环氧树脂类等<br>2. 无机类<br>①硅溶胶<br>②钾、钠水玻璃<br>3. 有机、无机复合类<br>①硅溶胶-苯丙<br>②硅溶胶-乙丙<br>③聚乙烯醇-水玻璃 |
| 颜料 | 是涂膜的组成部分，呈微细的粉状或片状物，使涂膜具有所需要的各种色彩和一定的遮盖能力，对涂层性能有一定的影响 | 1. 白色颜料：二氧化钛、氧化锌、立德粉<br>2. 彩色颜料：氧化铁类（氧化铁红、氧化铁黄等）、有机类（酞青绿、酞菁蓝等）<br>3. 黑色颜料：炭黑、氧化铁黑<br>4. 涂料用色浆：颜料经研磨分散后的加工产品 |
| 填料（体质颜料） | 在涂料中只有很小或甚至没有遮盖力。它只是做颜料的载体，保持颜料的悬浮，提高涂膜硬度、耐久性及降低涂膜的收缩率和涂料成本 | 碳酸钙、滑石粉、硫酸钡、陶土、高岭土等 |
| 防锈颜料 | 能提高抗化学药品性、防锈性和增加耐久性 | 红丹（氧化铅）、铬酸锌、磷酸锌等 |
| 助剂 | 是一些很关键的成分，虽然加入涂料中的量很小，但对涂料的物理及化学性能影响很大。助剂能帮助涂料分散，改善施工性能，防止出现涂料病变，保证涂料的耐久性和储存稳定性 | 催干剂、固化剂、增塑剂、润湿剂和分散剂、增稠剂、成膜助剂、消泡剂、防霉剂等 |
| 稀释剂 | 指一切能稀释涂料的液体，它能帮助涂料的流动和调节涂料的黏度，使制造和施工应用上更方便。稀释剂在涂料干燥过程中逐步挥发 | 1. 水<br>2. 烃类：二甲苯和200号溶剂汽油等<br>3. 醇、醇醚类：丁醇、乙醇、丙二醇醚等<br>4. 酯类：乙酸丁酯、乙酸乙酯<br>5. 酮类：丙酮、甲乙酮、环己酮<br>6. 醇醚乙酸酯类：丙二醇甲醚乙酸酯类 |

## 二、建筑涂料的功能

一般来讲，建筑涂料具有保护功能、装饰功能和特殊功能。各种功能所占的比重因使用目的的不同而不尽相同。

### 1. 保护功能

所谓保护功能，就是保护建筑物不受环境影响或将其影响减至最小的功能。建筑物暴露在大气中，受到阳光、雨水、冷热温度和各种介质的作用，表面会产生风化、腐蚀等破坏现象，金属易生锈，木材会腐烂，混凝土墙面或屋面上的砂浆层会产生碳化、裂缝，甚至脱落等破坏现象。建筑涂料通过刷涂、辊涂或喷涂等施工工法，涂敷在建筑物的表面上，形成连续的薄膜，厚度适中，有一定的硬度和韧性，并具有耐磨、耐候、耐化学侵蚀以及耐污染等功能，能够阻止或延迟这些破坏现象的发生和发展，起到保护建筑物的功能，延长其使用寿命。据国外研究，混凝土、砂浆基面使用涂料后，寿命将会延长一倍。

### 2. 装饰功能

装饰功能是指建筑涂料对建筑物的美化作用及提高建筑物的外观价值（即艺术观感）的功能。涂装后的建筑物不但色彩丰富，还具有不同的光泽和平滑度。再加上各种立体图案和标志，与周围环境协调配合，会使人在视觉上产生美观、舒畅之感。室内若用内墙涂料及地面涂料装饰后，可使居住在室内的人们产生愉悦感。若在涂料中掺加粗、细骨料，再采用拉毛、喷涂或滚花等方法进行施工，可以获得各种纹理、图案及质感的涂层，使建筑物产生不同凡响的艺术效果，以达到装饰建筑、美化环境的目的。

### 3. 特种功能

建筑涂料除了固有的装饰和一般性保护功能以外，近年来世界各国都十分重视研究特种功能的建筑涂料，这类涂料又称为功能性建筑涂料，都各有其特殊的功能。例如：防水涂料、防火涂料、防霉涂料、杀虫涂料、吸声或隔声涂料、隔热保温涂料、防辐射涂料、防结露涂料、伪装涂料等。

## 三、建筑涂料的分类

目前，我国对建筑涂料的分类尚无统一的划分方法，通常采用习惯分类方法，主要有以下几种：

### （一）按建筑物的使用部位分类

建筑涂料按其在建筑物的不同部位使用可分为外墙涂料、内墙涂料、地面涂料、顶棚涂料、屋面涂料等。

### （二）按使用功能分类

建筑涂料按其使用功能可分为装饰性涂料与特种功能性涂料（防火涂料、防水涂料、防霉涂料、弹性涂料等）。

### （三）按主要成膜物质性质分类

建筑涂料按其主要成膜物质性质可分为有机系涂料（如丙烯酸酯外墙涂料）、无机系涂料（如硅酸钾水玻璃外墙涂料）、有机无机复合系涂料（如硅溶胶—苯丙外墙涂料），有机涂料又可根据使用溶剂的不同，分为溶剂型、水乳型及水溶性等。

### （四）按涂膜层状态分类

建筑涂料可分为表面平整、光滑的平面涂料；表面呈砂粒状装饰效果的砂壁状涂料；形成凹凸花纹立体装饰效果的复层涂料；彩色复层凹凸花纹外墙涂料等。

## 四、建筑涂料的用途

### （一）外墙涂料

外墙涂料主要功能是装饰和保护建筑物的外墙面，使建筑物外貌整洁美观，从而达到美化城市环境的目的。同时能够起到保护建筑物外墙的作用，延长其使用时间。为了获得良好的装饰与保护效果，外墙涂料一般应具有以下特点：

1. 装饰性好

要求外墙涂料色彩丰富多样，保色性好，能较长时间保持良好的装饰性能。

2. 耐水性好

外墙面暴露在大气中，要经常受到雨水的冲刷，因而作为外墙涂料应具有很好的耐水性能。某些防水型外墙涂料其抗水性能更佳，当基层墙面发生小裂缝时，涂层仍有防水的功能。

3. 耐沾污性能好

大气中的灰尘及其他物质沾污涂层后，涂层会失去装饰效能，因而要求外墙装饰层不易被这些物质沾污或沾污后容易清除。

4. 耐候性好

暴露在大气中的涂层，要经受日光、雨水、风沙、冷热变化等作用。在这些因素反复作用下，一般的涂层会发生开裂、剥落、脱粉、变色等现象，使涂层失去原有的装饰和保护功能。因此作为外墙装饰的涂层要求在规定的年限内不发生上述破坏现象，即有良好的耐候性。

此外，外墙涂料还应有施工及维修方便、价格合理等特点。

外墙涂料的主要品种：合成树脂乳液外墙涂料、复层建筑涂料、合成树脂乳液砂壁状建筑涂料、溶剂型建筑涂料、无机建筑涂料、弹性建筑涂料等。

### （二）内墙涂料

内墙涂料的主要功能是装饰及保护室内墙面，使其美观整洁，让人们处于舒适的居住环境中。为了获得良好的装饰效果，内墙涂料应具有以下特点：

1. 色彩丰富，细腻，柔和。

2. 耐碱性、耐水性、耐粉化性良好，又具有一定的透气性。

### （三）地面涂料

地面涂料的主要功能是装饰与保护室内地面，使地面清洁美观，与其他装饰材料一同创造优雅的室内环境。为了获得良好的装饰效果，地面涂料应具有以下特点：耐碱性好、粘结力强、耐水性好、耐磨性好、抗冲击力强、涂刷施工方便及价格合理等。地面涂料的主要品种环氧树脂地面涂料、聚氨酯地面涂料、氯化橡胶地面涂料等。

### （四）特种建筑涂料

这种涂料对被涂建筑物不仅具有装饰功能，而且还具有某些特殊功能，如防水功能、防火功能、防霉功能、防腐功能、杀菌功能、隔热功能、隔声功能等。因而将这一类涂料常称为特种建筑涂料。

1. 对特种建筑涂料的要求

特种建筑涂料又可称为功能性建筑涂料，这类涂料其涂刷对象仍然是建筑物，即主要仍是涂刷在建筑物内外墙面、地面或屋面上，因而首先要求这类涂料应具有一般建筑涂料的性质，同时必须具备各自独特的某一功能。

2. 特种涂料类型

常见特种建筑涂料主要有防水涂料、防火涂料、防霉涂料、防结露涂料、弹性涂料、抗菌涂料、隔热反射涂料、负离子涂料、防腐涂料等。

（1）防火涂料

防火涂料涂刷在建筑物上某些易燃材料表面（如木结构件）或遇火软化变形的材料表面（如钢结构件）能提高其耐火能力，或能减缓火焰蔓延传播速度，在一定时间内能阻止燃烧，为人们灭火赢得时间。

防火涂料在常温下对于所涂物体应具有一定的装饰和保护作用，而在发生火灾时应具有不燃性和难燃性，不会被点燃或具有自熄性，它们应具有阻止燃烧发生和扩展的能力，可以在一定时间内阻燃或延迟燃烧时间，从而为人们灭火提供时间。

根据防火原理、涂层使用条件和保护对象材料的不同，防火涂料通常按其组成材料不同和遇火后的性状不同，可分为非膨胀型防火涂料和膨胀型防火涂料两大类。

① 非膨胀型防火涂料

非膨胀型防火涂料是由难燃性或不燃性的树脂及难燃剂、防火填料等组成。其涂层具有较好的难燃性，能阻止火焰蔓延。

② 膨胀型防火涂料

膨胀型防火涂料是由难燃树脂、难燃剂及成碳剂；脱水成碳催化剂、发泡剂等组成，涂层在火焰或高温作用下会发生膨胀，形成比原来涂层厚度大几十倍的泡沫碳质层，能有效地阻挡外部热源对底材的作用，从而能阻止燃烧的发生。其阻止燃烧的效力大于非膨胀型防火涂料。

（2）防霉涂料

通常霉菌最适宜繁殖生长的自然条件为温度 23～38℃，相对湿度为 85％～100％，因此在温湿地区的建筑物内外墙面，以及其他地区恒温恒湿车间的墙面、顶棚、地面、地下工程等适合霉菌的生长。如采用普通装饰涂料，亦会受到霉菌不同程度的侵蚀，霉菌对于有机类涂料涂层侵蚀更为严重，受霉菌腐蚀以后的涂层会退色、沾污，以至脱落。这是因霉菌侵蚀漆膜以后，会分泌出酶，这些分泌物会进一步分解涂料中有机成膜物质，成为霉菌生长的营养物质，从而破坏整个涂层。

防霉涂料通常是通过在涂料中添加某种抑菌剂而达到能够抑制霉菌生长的功能涂料。传统的油漆或其他装饰涂料在贮存过程中，为了防止液态涂料因细菌作用而引起霉变，常加入一定量的防腐剂，但这类涂料防腐剂的加入量远低于防霉涂料中抑菌剂的加入量，因而仅有涂料的防腐作用，而无涂层的防霉效果。这类涂料不包括在防霉涂料的范围内。

建筑防霉涂料的主要特点是在容易使霉菌滋生的环境中的建筑物表面涂刷上防霉涂料以后，建筑物的表面便不易发霉。又因为建筑防霉涂料是用于建筑物的内、外墙面、顶棚或地面的，所以还必须具有较好的装饰作用。

防霉涂料按成膜物质及分散介质不同，可以分成溶剂型与水乳型两大类；亦可以按用途分成外用、内用及特种用途的防霉涂料。

（3）弹性建筑涂料

它是以弹性合成树脂乳液为基料与颜料、填料及助剂配制而成，施涂一定的厚度（干

膜厚度大于 $150\mu m$）后，除具有普通漆膜的性能外，还具有弥盖因墙体伸缩产生细小裂纹的弹性功能。该产品可用于内墙装饰和外墙装饰。在使用时必须注意基材的处理以及底漆的配套，同时还应通过改善涂料自身性能，来控制漆膜的伸长率及拉伸强度，使其在一定的温度范围以及一定的时间内保持较高的回弹性和韧性，从而实现综合的装饰和防护效果。

（4）抗菌涂料

抗菌涂料是具有抗菌作用的墙面乳胶涂料或木器涂料，它由抗菌剂、基料、颜料和填料、助剂以及水组成。主要用于医院等特殊场合的内墙。

（5）建筑隔热反射涂料

是指以合成树脂为基料，与多功能颜填料（如红外颜料、空心微珠、金属微粒等）及助剂配制而成，施涂于建筑物表面，具有较高太阳反射比和较高半球发射率的涂料。适用于建筑物或构筑物的外表面。

（6）负离子涂料

主要是在涂料中添加一定比例的纳米锐钛型二氧化钛，利用其光催化作用达到降低甲醛、$NH_3$、苯、TDI 及抗菌抑菌的目的。该产品具有持续释放负离子、去除有害气体和室内异味、抗菌抑菌等特点，起到净化空气的作用。

（7）防结露涂料

属厚膜型轻质涂料，它的最大特点是当空气中的水蒸气因为温差而在漆膜表面凝结时，凝结产生的水分就会被吸附在漆膜中，从而防止了表面露珠的出现而达到防结露的目的。

（8）防腐蚀涂料

对于建筑物的侵蚀作用一般来自两个方面：一是由自然条件形成的，如空气、水汽、日光、海水等；另一是由现代工业生产中产生的腐蚀性介质，如酸、碱、盐及各种有机物质。前者一般的建筑装饰涂料都能够承受，如外墙装饰涂料具有较好的耐水、耐大气、耐日光等性能。后者往往是用一般的装饰涂料不能解决问题，而必须采用特殊的涂料，如在碱性环境中应该使用耐碱性优良的耐碱涂料。这一类能够保护建筑物避免酸、碱、盐及各种有机物质侵蚀的涂料，常称为建筑物防腐蚀涂料。

建筑物一般由混凝土、砖石等组成，因腐蚀性化学物质的侵入和渗透会发生化学和物理变化，最后引起材料的破坏。例如制药厂、化工厂的厂房与地坪被腐蚀的现象往往十分严重。因而国内外在发展传统金属防腐蚀涂料的同时，对于建筑物防腐蚀涂料的研究和应用亦越来越受到重视。这里主要论述混凝土、砖石等材料的防腐蚀涂料。

建筑物的防腐蚀涂料，主要作用是把腐蚀介质与建筑材料隔离开来，使腐蚀性介质不能渗透入建筑材料，从而防止了建筑材料的腐蚀。

目前用于建筑物防腐蚀的涂料有以下几种类型：环氧树脂防腐蚀涂料、聚氨酯防腐蚀涂料、乙烯树脂类防腐蚀涂料、橡胶树脂防腐蚀涂料、呋喃树脂类防腐蚀涂料等。

# 第二章　建筑力学基础知识

## 第一节　静力学基础知识

### 一、静力学的基本概念

#### （一）力

力是物体与物体之间的相互机械作用，这种作用的效果会使物体的运动状态发生变化（力的运动效应或外效应），或者使物体的形状发生变化（力的变形效应或内效应）。如图2-1所示。

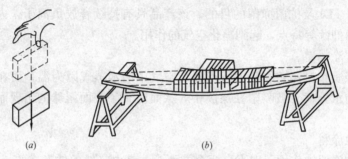

图 2-1　力的作用效果

(a) 砖在重力作用下坠落；(b) 脚手板在砖块作用下弯曲

力不能脱离物体而单独存在，有受力物体，必定有施力物体。两物体之间力的作用方式有两种。一种是直接的、互相接触的，称为接触力，如塔吊吊装构件时，钢丝绳对构件的拉力使其上升；另一种是间接的、互相不接触的，称为非接触力，如建筑物所受的地心引力（也称重力）。

力对物体的作用效果取决于力的大小、方向和作用点三个要素，三个要素中的任何一个要素发生了改变，力的作用效果也会随之改变。要表达一个力，就要把力的三要素都表示出来。

1. 力的大小

它反映物体间相互作用的强弱程度。通常用数量表示，力的度量单位，在国际单位制中为牛顿（N，简称牛）或千牛顿（kN，简称千牛）；在工程实际中有时为千克力（kgf）或吨力（tf），它们的换算关系为：

1kN=1000N，1tf=1000kgf；

lkgf=9.80665N≈10N，1tf=9.80665kN≈10kN。

2. 力的方向

包括方位和指向两个含义。如说重力的方向是"铅垂向下"，"铅垂"是力的方位，

"向下"则是力的指向。

3. 力的作用点

指物体受力的地方。实际上，作用点并非一个点，而是一个面积。当作用面积很小时，可以近似看成一个点。通过力的作用点，沿力的方向的直线，称为力的作用线。

力是既有大小，又有方向的物理量，我们把这种既有大小，又有方向的量称为矢量。它可以用一个带有箭头的直线线段（即有向线段）表示，如图 2-2 所示。其中线段的长短按一定的比例尺表示力的大小，线段的方位和箭头的指向表示力的方向，而线段的起点或终点就表示力的作用点，通过力的作用点，沿力的矢量方位画出的直线就表示力的作用线，这就是力的图示法。

本书凡是矢量都以黑体英文字母表示，通过力 $F$；而以白体的同一字母表示其大小，如 $F$。

（二）平衡

图 2-2　力的图示法

所谓平衡，就是指物体相对于地面处于静止状态或保持匀速直线运动状态。例如：我们不仅说静止在地面上的房屋、桥梁和水坝是处于平衡状态的，而且也说在直线轨道上作匀速运动的塔吊以及匀速上升或者下降的升降台等也是处于平衡状态的，但是，在书本中没有特殊说明时所说的平衡，系单指物体相对于地面处于静止状态。

（三）力系和合力

一群力同时作用在一物体上，这一群力就称为力系。作用在物体上的力或力系统称为外力。

如果有一力系可以代替另一力系作用在物体上而产生同样的机械运动效果，则两力系互相等效，可称为等效力系见图 2-3。

我们记为　$F_1 + F_2 + F_3 = R_1 + R_2$

如用一个力来代替一力系作用在物体上而产生同样效果，则这个力称为该力系的合力，而原力系中的各力称为合力的分力，见图 2-4.

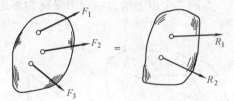

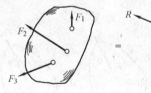

图 2-3　等效力系　　　　　　　　图 2-4　力系的合力

我们记为　$R = F_1 + F_2 + F_3 = \sum F_i$

物体会沿着合力的指向作机械运动。所以有合力作用在物体上，该物体一定会作机械运动。如果要物体保持静止（或作匀速直线运动），则合力应该等于零，换言之，要使物体处于平衡状态，则作用在物体上的力系应是一组平衡力系，即合力为零的力系。合力为零称为力系的平衡条件。

（四）刚体

在外力作用下，形状、大小均保持不变的物体称为刚体。在静力学中，所研究的物体都是指刚体。显然，在自然界中刚体是不存在的，任何物体在力作用下，都将发生变形。但是工程实际中许多物体的变形都很微小，对物体平衡问题的研究影响不大，在本节讨论中可以忽略不计。

必须注意："刚体"的概念在以后各节中将不再适用，因为在计算结构的内力、应力、变形时，结构的变形在所研究的问题中处于主要地位，不能忽略不计了。

**二、静力学的基本公理**

静力学基本公理是人们在长期的生产活动和生活实践中，经过反复观察和实践总结出来的客观规律，它正确地反映了作用在物体上的力的基本性质。

（一）二力平衡公理

作用于同一刚体上的两个力，使刚体平衡的必要与充分条件是：这两个力的大小相等，方向相反，且在同一直线上。如图 2-5 所示。

图 2-5　二力平衡原理

（二）加减平衡力系公理

可以在作用于刚体上的任一力系上，加上或减去任意的平衡力系，而不改变原力系对刚体的作用效果。

应用这个公理可以推导出静力学中一个重要的定理——力的可传性原理，即作用在刚体上的力，可沿其作用线移动，而不改变该力对刚体的作用效果。如图 2-6 所示。

（三）力的平行四边形法则

作用于刚体上一点的两个力的合力亦作用于同一点，且合力可用以这两个力为邻边所构成的平行四边形的对角线来表示。

利用力的平行四边形法则可以简化为力的三角形法则，即用力的平行四边形的一半来表示。如图 2-7 所示。据此可以进一步将作用于同一点的二个以上的力的合力简化为多边形法则。

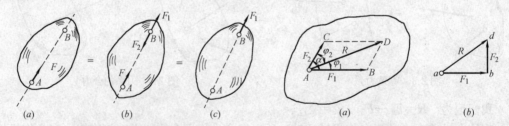

图 2-6　力的可传性原理　　　　　　图 2-7　力的平行四边形法则和三角形法则
$F_1$、$F_2$ 为大小与 $F$ 相等的一平衡力系

利用力的平行四边形法则，可以将作用于刚体上同一点的两个力合成为一个合力；反过来利用平行四边形法则也可以将作用于刚体上的一个力分解为作用于同一点的两个相交的分力。

（四）作用力与反作用力公理

当一个物体给另一个物体一个作用力时，另一物体也同时给该物体以反作用力。作用力与反作用力大小相等，方向相反，且沿着同一直线。此公理概括了自然界中物体间相互作用的关系，普遍适用于任何相互作用的物体。即作用力与反作用力同时出现，同时消失，说明了力总是成对出现的。如图 2-8 所示。

值得注意的是，不能将作用力与反作用力公理和二力平衡公理混淆起来，作用力与反作用力虽然也是大小相等，方向相反，且沿着同一直线，但此两力分别作用在两个不同的物体上，而不是同时作用在同一物体上，故不能构成力系或平衡力系。而二力平衡公理中的两个力是作用在同一物体上的，这就是它们的区别。

应用上述静力学基本公理和力的可传性原理可以证明静力学的一个基本定理——三力汇交定理：

在刚体上作用着三个相互平衡的力 $F_1$、$F_2$ 和 $F_3$，如其中两个力 $F_1$ 和 $F_2$ 的作用线相交于点 $A$，则第三个力 $F_3$ 的作用线一定通过汇交点 $A$，如图 2-9 所示。

图 2-8　作用力与反作用力

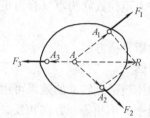

图 2-9　三力汇交定理

## 三、力矩

### （一）力矩的概念

力对物体的作用可以使物体的运动状态发生两种改变，既能产生平动效应，又能产生转动效应。一个力作用在具有固定转动轴的刚体上，如果力的作用线不通过该固定轴，那么刚体将会发生转动，例如用手推门、用扳手转动螺母等。

力使刚体绕某点（轴）旋转的效果的大小，不仅与力的大小有关，而且与该点到力的作用线的垂直距离有关，见图 2-10。

我们称力 $F$ 对某点 $O$ 的转动效应为力 $F$ 对 $O$ 点的矩，简称力矩，点 $O$ 称为矩心，点 $O$ 到力 $F$ 作用线的距离称为力臂，以字母 $d$ 表示。力 $F$ 对点 $O$ 的力矩可以表示成 $M_O(F)$ 则

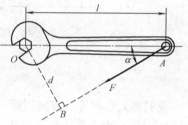

图 2-10　力矩的概念

$$M_O(F) = \pm F \cdot d$$

力使物体绕矩心转动的方向就是力矩的转向，转向为逆时针方向时力矩为正，反之为负。力矩是一个代数量。

力矩的单位是牛顿米（N·m）或千牛顿米（kN·m）。

由力矩的定义可知：

当力的大小为零或者力的作用线通过矩心时，力矩为零。当力沿作用线移动时，它对某一点的矩不变。

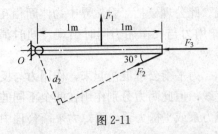

图 2-11

【例】 已知 $F_1=2\mathrm{kN}$，$F_2=10\mathrm{kN}$，$F_3=5\mathrm{kN}$，作用方向如图 2-11，求各力对 $O$ 点的矩。

【解】 由力矩的定义可知：

$$M_\mathrm{o}(F_1)=F_1 \cdot d_1=2\times 1=2\mathrm{kN} \cdot \mathrm{m}$$
$$M_\mathrm{o}(F_2)=F_2 \cdot d_2=-10\times 2 \cdot \sin 30=-10\mathrm{kN} \cdot \mathrm{m}$$
$$M_\mathrm{o}(F_3)=F_3 \cdot d_3=5\times 0=0$$

### （二）合力矩定理

合力对平面内任意一点的力矩，等于各分力对该点力矩的代数和。即：

如果　$R=F_1+F_2+F_3+\cdots+F_n$，

则　$M_\mathrm{o}(R)=M_\mathrm{o}(F_1)+M_\mathrm{o}(F_2)+M_\mathrm{o}(F_3)+\cdots+M_\mathrm{o}(F_n)=\sum M_\mathrm{o}(F_i)$

于同一平面内的各力作用于某一物体上，该力系使刚体绕某点不能转动的条件是，各力对该点的力矩代数和为零（合力矩为零）。

即：
$$\sum M_\mathrm{o}(F_i)=0$$

称为力矩平衡方程。

### 四、力偶

力使物体绕某点转动的效果可用力矩来度量，然而在生产实践和日常生活中，还经常通过施加两个大小相等、方向相反，作用线平行的力组成的力系使物体发生转动。例如司机操纵汽车的方向盘时，两手加在方向盘上的一对力使方向盘绕轴杆转动；木工师傅用麻花钻钻孔时，加在钻柄上的一对力，如图 2-12 所示。

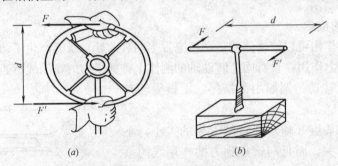

图 2-12　力偶的概念

我们将大小相等、方向相反，作用线互相平行而不共线的力 $F$ 和 $F'$，称为力偶，记为 $(F、F')$，两力作用线的距离，称为力偶臂，记为 $d$，力偶所在的平面，称为力偶的作用面。

力偶不可能用更简单的一个力来代替它对物体的作用效果，所以力偶和力都是构成力系的基本元素。

力偶使物体发生转动的效果的大小，不仅与力的大小有关，而且与力偶臂的大小有关。

我们称力偶 $(F、F')$ 的转动效应为力偶矩，可以表示为 $m(F、F')=m=\pm F \cdot d$。

力偶使物体转动的方向就是力偶矩的方向，转向为逆时针时力偶矩为正，反之为负。力偶是一个代数量。

力偶矩的单位也是牛顿米（N·m）或千牛顿米（kN·m）。

根据力偶的性质和特点，今后我们在研究一个平面内的力偶时，只考虑力偶矩，而不必论及力偶中力的大小和力偶臂的长短，今后一般用一带箭头的弧线表示力偶，并在其附近标记 $m$、$m'$ 等字样，其中 $m$、$m'$ 表示力偶矩的大小，箭头表示力偶的转向，如下图所示。

$$m\curvearrowright \qquad m'\curvearrowleft$$

### 五、荷载及其简化

（一）荷载的概念

作用在建筑结构上的外力称为荷载。它是主动作用在结构上的外力，能使结构或构件产生内力和变形。

确定作用在结构上的荷载，是一项细致而复杂的工作，在进行结构或构件受力分析时，必须根据具体情况对荷载进行简化，略去次要和影响不大的因素，突出本质因素。在结构设计时，需采用现行《建筑结构荷载规范》的标准荷载，它是指在正常使用情况下，建筑物等可能出现的最大荷载，通常略高于其使用期间实际所受荷载的平均值。

（二）荷载的概念

1. 按作用时间分类

（1）恒载：

指长期作用在结构上的不变荷载，如结构自重、土的压力等。结构的自重，可根据其外形尺寸和材料密度计算确定。

（2）活载：

指作用在结构上的可变荷载。如楼面活动荷载、屋面施工和检修荷载、雪荷载、风荷载、吊车荷载等。在规范中，对各种活载的标准值都作了规定。

2. 按分布情况分类

（1）集中荷载：

在荷载作用面积相对于结构或构件的尺寸较小时，可将其简化为集中地作用在某一点上，称为集中荷载。如屋架传给柱子的压力，吊车轮传给吊车梁的压力，人站在脚手板上对板的压力等。单位是牛（N）或千牛（kN）。

（2）分布荷载：

连续地分布在一块面积上的荷载称为面荷载，用 $P$ 表示，其单位是牛顿每平方米（$N/m^2$）或千牛每平方米（$kN/m^2$）；当作用面积的宽度相对于其长度较小时，就可将面荷载简化为连续分布在一段长度上的荷载，称为线荷载，用 $q$ 表示，其单位是牛顿每米（$N/m$）或千牛每米（$kN/m$）。

根据荷载分布是否均匀，分布荷载又分为均布荷载和非均布荷载。

1）均布荷载：

在荷载的作用面或作用线段上，每个单位面积或单位长度上的作用力都相等。如等截面混凝土梁的自重就是均布线荷载，等截面混凝土预制楼板的自重就是均布面荷载，如图2-13所示。

2）非均布荷载：

在荷载的作用面上或作用线段上，每单位面积或单位长度上都有荷载作用，但不是平

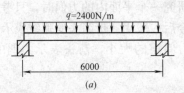
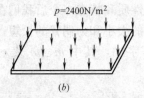

图 2-13　均布荷载示意

(a) 均布线荷载；(b) 均布面荷载

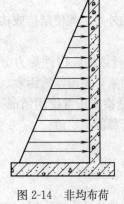

图 2-14　非均布荷
载示意图

均分布而是按一定规律变化的。例如挡土墙、水池壁都是承受这类荷载，如图 2-14 所示。

此外根据荷载随时间的变化，还可将荷载分为静力荷载和动力荷载两种。前者指缓慢施加的荷载，后者指大小、方向、位置急骤变化的荷载（如地震、机器振动、风荷载等）。

### 六、约束和约束反力

（一）约束和约束反力的概念

在工程实践中，如塔吊，房屋结构中的梁、板，吊车钢索上的预制构件等物体的运动大都受到某些限制而不能任意运动，阻碍这些物体运动的限制物就称为该物体的约束，如墙对梁、轨道对塔吊等，都是约束。

物体沿着约束所能限制的方向运动或有运动趋势时，约束对该物体必然有力的作用，这种力称为约束反力，它是一种被动产生的力，不同于主动作用于物体上的荷载等主动力。

工程上的物体，一般都同时受荷载等主动力和约束反力等被动力的作用。主动力通常是已知的，约束反力是未知的，它的大小和方向随物体所受主动力的情况而定。

（二）工程中常见约束及约束反力的特征

约束反力的确定，与约束的类型及主动力有关，以下是常见的几种典型的约束。

1. 柔体约束

钢丝绳、皮带、链条等柔性物体用于限制物体的运动时都是柔体约束。由于柔体约束只能限制物体沿柔体中心线伸长的方向运动，故其约束反力的方向一定沿着柔体中心线，背离被约束物体。即柔体约束的反力恒为拉力，通常用 $T$ 表示，如图 2-15 所示。

2. 光滑接触面约束

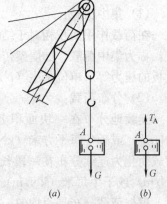

图 2-15　柔性约束

物体与光滑支承面（不计摩擦）接触时，不论支承面形状如何，这种约束只能限制物体沿接触面公法线指向光滑面方向的运动。故其约束反力方向必定沿着接触面公法线指向被约束物体，即为压力。如图 2-16 所示。

3. 固定铰支座

在工程实际中，常将一支座用螺栓与基础或静止的结构物固定起来，再将构件用销钉与该支座相连接，构成固定铰支座，用来限制构件某些方向的位移。其简图及约束反力如图 2-17 所示。

支座约束的反力称为支座反力，简称支反力。以后我们将会经常用到支座反力这个概念。

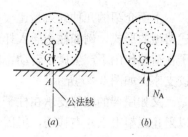

图 2-16　光滑接触面约束

### 4. 可动铰支座

在固定铰支座下面用几个滚轴支承于平面上构成的支座。这种支座只能限制构件垂直于支承面方向的移动，而不能限制物体绕销钉轴线的转动和沿支承面方向的移动。故其支座反力通过销钉中心，垂直于支承面，指向未定。其简图及支反力如图 2-18 所示。

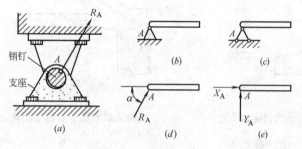

图 2-17　固定铰支座

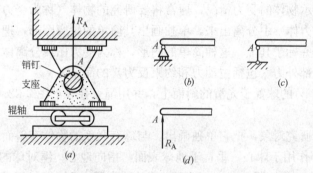

图 2-18　可动铰支座

### 5. 固定端支座

构件的一端被牢固地嵌在墙体内或基础上，这种支座称为固定端支座。它不仅限制了被约束物体任何方向的移动，而且限制了物体的转动。所以，它除了产生水平和竖向的支座反力外，还有一个阻止转动的支座反力偶 $m_A$，其简图及支座反力如图 2-19 所示。

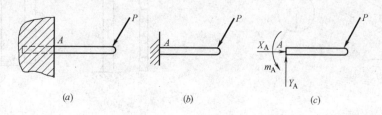

图 2-19　固定端支座

上面介绍的几种约束是比较典型的约束。工程实际中，结构物的约束不一定都做成上述典型的形式。例如柱子插入杯形基础后，在杯口周围用沥青麻丝作填料时，基础允许柱子在荷载作用下产生微小转动，但不允许柱子上下左右移动。因此这种基础可简化为固定铰支座。如图 2-20 所示。

又如屋架的端部支承在柱子上，并将预埋在屋架和柱子上的两块钢板焊接起来。它可以阻止屋架上下左右移动，但因焊缝长度有限，不能限制屋架的微小转动。因此，柱子对屋架的约束可简化为固定铰支座。如图 2-21 所示。

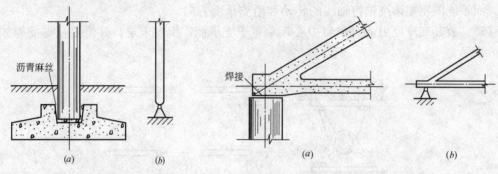

图 2-20　基础柱可简化为固定铰支座　　　图 2-21　柱子对屋架简化为固定铰支座

### 七、受力图和结构计算简图

（一）受力图

为能清晰地表示物体的受力情况，通常将要研究的物体（称为受力体）从与其联系的周围物体（称为施力体）中分离出来，单独画出其简单的轮廓图形，把施力物体对它的作用分别用力表示，并标于其上。这种简单的图形，称为受力图或分离体图。物体的受力图是表示物体所受全部外力（包括主动力和约束反力）的简图。

【例】　重量为 $W$ 的球置于光滑的斜面上，并用绳系住，如图 2-22（a）所示。试画出圆球的受力图。

【解】　取球为研究对象，把它单独画出。与球有联系的物体有斜面、绳和地球。球受到地球的引力 $W$，作用于球心，垂直于地球表面，指向地心；绳对球的约束反力 $T_A$ 通过接触点 $A$ 沿绳作用，方向背离球心；斜面对球的约束反力 $N_B$ 通过切点 $B$，垂直于斜面指向球心。于是便画出了球的受力图，如图 2-22（b）所示。

【例】　图 2-23（a）所示为一支管道支架，其自重为 $W$，迎风面所受的风力简化成沿

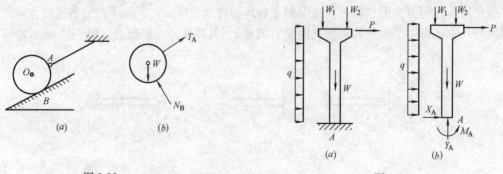

图 2-22　　　　　　　　　　　　　　　　　图 2-23

72

架高均匀分布的线荷载为 $q$，支架上还受有由于管道受到风压而传来的集中荷载 $p$，以及由于管道重量而造成的铅垂压力 $W_1$ 和 $W_2$。试画出支架的受力图。

【解】 取管道支架为研究对象。

（1）单独画出管道支架的轮廓。

（2）管道支架受到荷载或主动力有自重 $W$，风压 $q$，管道重量压力 $W_1$ 和 $W_2$，以及管道传给支架的风压力 $p$，将这些力按规定的作用位置和方向标出。

（3）管道支架在其根部 $A$ 受固定端支座的约束，有一对正交垂直的反力 $X_A$、$Y_A$，以及一个反力偶 $M_A$，于是画出管道支架的受力图如图 2-23（$b$）所示。

通过上面两个例子不难看出，画物体的受力图可分为以下三个步骤：

（1）画出受力物体的轮廓。

（2）将作用在受力物体上的荷载或主动力照抄。

（3）根据约束的性质，画出受力物体所有约束的反力。

（二）结构计算简图

实际的建筑结构比较复杂，不便于力学分析和计算。因此，在对建筑结构进行分析和计算时，需要略去次要因素，抓住主要矛盾，对其进行简化，以便得到一个既能反映结构受力情况，又便于分析和计算的简图。根据力学分析和计算的需要，从实际结构简化而来的图形，称为结构计算简图。

确定结构计算简图的原则是：

（1）能基本反映结构的实际受力情况。

（2）能使计算工作简便可行。

简化过程一般包括三个方面：

（1）构件简化：将细长构件用其轴线表示。

（2）荷载简化：将实际作用在结构上的荷载以集中荷载或分布荷载表示。

（3）支座简化：根据支座和结点的实际构造，用典型的约束加以表示。

【例】 图 2-24（$a$）所示为钢筋混凝土楼盖，它由预制钢筋混凝土空心板和梁组成，试选取梁的计算简图。

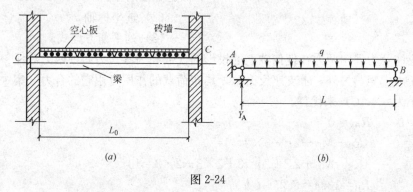

图 2-24

【解】 （1）构件的简化。梁的纵轴线为 $C—C$，在计算简图中，以此线表示梁 $AB$，由板传来的楼面荷载，以及梁的自重均简化为作用在通过 $C—C$ 轴线上的铅直平面内。

（2）支座的简化。由于梁端嵌入墙内的实际长度较短，而砂浆砌筑的墙体本身坚实性差，所以在受力后，梁端有产生微小松动的可能，即由于梁受力变弯，梁端可能产生微小转动，所以起不到固定端支座的作用，只能将梁端简化成为铰支座。另外，考虑到作为整体，虽然梁不能水平移动，但又存在着由于梁的变形而引起其端部有微小伸缩的可能性。因此，可把梁两端支座简化为一端固定铰支座，另一端为可动铰支座。这种形式的梁称为简支梁。

（3）荷载的简化。将楼板传来的荷载和梁的自重简化为作用在梁的纵向对称平面内的均布线荷载。

经过以上简化，即可得图 2-24（b）所示的计算简图。

上例简单地说明了建立结构计算简图的过程。实际上，作出一个合理的结构计算简图是一件极其复杂而重要的工作。需要深入学习，掌握各种构造知识和施工经验，才能提高确定计算简图的能力。

**八、平面力系的平衡条件**

1. 平面一般力系的平衡条件

平面一般力系处于平衡的必要和充分条件是：向任一简化中心简化后，主矢量合理 $R'=0$，主矩合力矩 $M_D=0$，即力多边形闭合，各力对任一点的合力矩为零。

如果力系中的各个力或它们的分力分别平行于水平轴 $x$ 或垂直轴 $y$ 的话，则平面一般力系的平衡条件也可以为：平行于 $x$ 轴各力的代数和 $\sum F_x=0$，平行于 $y$ 轴的各力的代数和 $\sum F_y=0$，各力对任一点 $A$ 的合力矩 $\sum M_A=0$，我们称之为平面一般力系的平衡方程式。

**【例】** 已知简支梁 AB 承受荷载如图 2-25 所示。均布荷载 $q=2\mathrm{t/m}$，集中力 $P=3\mathrm{t}$，力偶矩 $M_D=3\mathrm{t\cdot m}$。试求 A、B 处的支座反力。

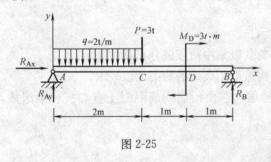

图 2-25

**【解】** （1）考虑梁 AB 为平衡对象，绘梁的受力图。支座 A 是固定铰支座，反力 $R_A$ 的方向未知，可分解为一个水平分力 $R_{Ax}$ 和一个垂直分力 $R_{Ay}$。支座 B 是滚动铰支座。反力 $R_B$ 垂直地面，指向可以假定如图所示。

（2）选坐标轴 $x$、$y$。

（3）列平衡方程式。

这里应注意力偶中两力在任何轴上的投影的代数和为零；力偶中两力对任一点的力矩代数和等于力偶矩。另外，求支座反力时，均布荷载的作用可用它的合力（集中于 $AC$ 的中点，大小为 $q\times AC$）来代替。

$$\sum F_x=0 \qquad R_{Ax}=0$$

$$\sum M_A=0 \qquad 4R_B-M_D-2P-q\times2\times1=0$$

$$4R_B=M_D+2P+2q=3+2\times3+2\times2=13$$

$$R_B=13/4=3.25\mathrm{t}\ (\uparrow);$$

$$\sum F_y=0 \qquad R_{Ax}+R_B-P-2q=0$$

$$R_{Ay}=P+2q-R_B=3+2\times2-13/4=15/4=3.75\mathrm{t}\ (\uparrow).$$

所以 $\qquad R_{Ax}=0$。

$\qquad R_{Ay}=3.75\mathrm{t}\ (\uparrow)$。

$$R_B = 3.25t \; (\uparrow).$$

从本例可以看出，水平梁在竖向荷载作用下铰支座只产生竖向反力，而水平反力等于零。今后画受力图时，可以不画实际上等于零的水平反力。

2. 平面平行力系的平衡条件

平面平行力系是平面一般力系的一个特例。设物体受平面平行力系 $F_1$、$F_2 \cdots \cdots F_n$ 的作用（图 2-26），如果：$x$ 轴与各力垂直，$y$ 轴与各力平行，由平面一般力系的平衡条件可推出：

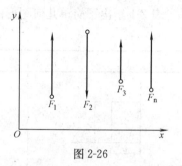

图 2-26

平面平行力系平衡的必要和充分条件是力系中各力的代数和 $\sum F_y = 0$。各力对于平面内任一点的力矩的代数和 $\sum M_A = 0$。

【例】 某雨篷（当作悬臂梁考虑）如图 2-27 所示。挑出长度 $l = 0.8\text{m}$，雨篷自重 $q = 4000\text{N/m}$，施工时的集中荷载 $P = 1000\text{N}$。试求固定端的支座反力。

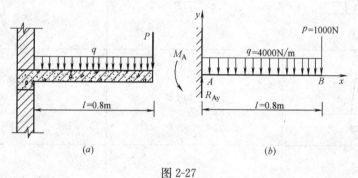

图 2-27

【解】 （1）以雨篷板（悬臂梁）AB 为平衡对象，并画受力图。

在竖向荷载 $q$ 和 $P$ 的作用下，固定端 A 不产生水平反力，只有竖向反力 $R_{Ay}$ 和反力偶矩 $M_A$。

（2）选定坐标轴 $x$ 和 $y$。

（3）列平衡方程式：

$$\sum F_y = 0 \quad R_{Ay} - P - ql = 0$$
$$R_{Ay} = P + ql = 1000 + 4000 \times 0.8 = 4200\text{N} \; (\uparrow)$$
$$\sum M_A = 0 \quad M_A - Pl - 1/2 ql^2 = 0$$
$$M_A = Pl + 1/2 ql^2 = 1000 \times 0.8 + 1/2 \times 4000 \times 0.8^2 = 2080\text{N} \cdot \text{m} \, (\curvearrowleft)$$

$R_{Ay}$ 和 $M_A$ 的计算结果均为正值，表明实际方向与假定的方向相同。

3. 重心和形心的概念

物体的重力就是地球对物体的引力，设想把物体分割成无数微小部分，则物体上每个微小部分都受着地球引力的作用，这些引力可认为是一空间平行力系，此力系的合力 $R$，称为物体的总重量。通过实验我们知道，无论物体怎样放置，合力 $R$ 总是通过物体内的一个确定点 $C$，这个点就叫物体的重心，当该物体由均质材料组成时，这个点又称为该物体所代表几何体的形心。

当物体为一厚度一致的平面薄板，并且由均质材料组成时，其重心在其平面图形中投影位置就称为该平面图形的形心。

在工程实践中，经常遇到具有对称轴、对称平面或对称中心的均质物体，这种物体的重心一定在对称轴、对称面或对称中心上，并且其重心与形心相重合。

表 2-1 给出了简单几何图形的形心位置。

几何图形的形心位置

表 2-1

| 图　形 | 面　积 | 形　心 |
|---|---|---|
| | $F=ab$ | $x_C=\dfrac{1}{2}a$<br>$y_C=\dfrac{1}{2}b$ |
| | $F=\dfrac{1}{2}bh$ | $x_C=\dfrac{1}{3}(a+b)$<br>$y_C=\dfrac{1}{3}h$ |
| | $F=\dfrac{h}{2}(a+b)$ | 在上下底边的中点连线上<br>$y_C=\dfrac{1}{3}\cdot\dfrac{h(2a+b)}{a+b}$ |
| | $F=\dfrac{1}{2}\pi r^2$ | $x_C=0$<br>$y_C=\dfrac{4r}{3\pi}$ |
| | $F_1=\dfrac{2}{3}ab$<br><br>$F_2=\dfrac{1}{3}ab$ | 对于面积 $AOC$<br>$x_1=\dfrac{5}{8}a$<br>$y_1=\dfrac{2}{5}b$<br>对于面积 $BOC$<br>$x_2=\dfrac{1}{4}a$<br>$y_2=\dfrac{7}{10}b$ |

# 第二节　轴向拉伸和压缩

## 一、强度问题和构件的基本变形

（一）强度问题

建筑结构要正常安全地使用，不仅要做到在外力（荷载和支座反力）作用下满足平衡

76

条件，即不能倒，还要做到结构中的构件，如梁、板、柱等在外力作用下不发生破坏，即不能塌。上一节我们主要讨论的是物体的受力分析和平衡问题，以下几节所要讨论的是物体的破坏问题，也就是强度问题，主要是构件抵抗破坏的能力和承载能力，同时涉及抵抗变形的能力（刚度）和保持平衡的能力（稳定性）问题。

在研究强度问题时，构件不再是刚体，而是变形体，静力学中的某些基本公理，如力的可传性原理、力的平移定理、加减平行力系公理以及等效力系的代换均不再适用。

（二）构件的基本变形

变形是强度问题不可回避的主要问题，构件的变形可分为基本变形和组合变形。基本变形有以下四种：

（1）轴向拉伸与压缩。

（2）剪切。

（3）弯曲。

（4）扭转。

我们重点介绍前三种变形的强度问题。

**二、轴向拉伸与压缩的内力和应力**

（一）轴向拉伸与压缩的内力——轴力

当作用于杆件上的外力作用线与杆的轴线重合时，杆件将产生轴向伸长或缩短变形，这种变形形式就称为轴向拉伸或压缩。产生轴向拉伸或压缩变形的杆就称为拉杆或压杆。也可以说受拉构件或受压构件。

在建筑结构中，拉杆和压杆是最常见的结构构件之一，例如桁架中的各杆均是拉杆或压杆，还有门厅的柱子是压杆等。

1. 内力的概念

工程结构在工作时，组成结构的杆件将受到外力作用，由于制作杆件的材料是由许多分子组成的，分子间的距离便发生改变，因此杆件产生变形，而分子之间为了维持它们原来的距离，就产生一种相互作用的力，力图阻止距离变化。这种相互作用的力叫内力。杆件受的外力越大，则变形越大，内力也越大。当内力达到一定限度时，分子就不能再维持它们间的相互联系了，于是杆件就发生破坏。因此内力是直接与构件的强度相联系的，为了解决强度问题，必须算出杆件在外力作用下的内力数值。

2. 轴向拉伸和压缩的内力

现在来讨论杆件在轴向拉伸或压缩时产生的内力。为了便于观察它的变形现象，以图2-28所示橡皮受拉为例。

当橡皮两端沿轴线加上拉力 $P$ 后，可以看到所有的小方格都变成了矩形格子，即橡皮伸长了，也就是说产生了伸长变形。同时，在橡皮内部产生了内力。为了研究内力的大小，假设用 $M$—$M$ 截面将杆件分成两部分（这种方法称为截面法），它的左段受到右段给它的作用力 $N$，而右段受到左段给它的反作用力 $N$。由于构件在外力作用下是平衡的，所以左段和右段也各自保持平衡，即必须满足平衡条件，由

$$\sum F_x = 0$$

得 $\qquad\qquad N - P = 0 \qquad N = P$

这种通过杆件轴线的内力称为轴力。一般规定：拉力为正，压力为负。内力的单位通

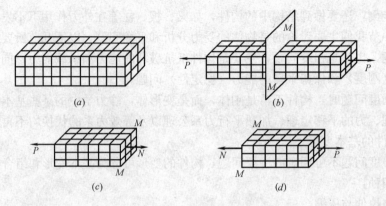

图 2-28　轴向内力示意

常用牛顿（N）或千牛顿（kN）表示。

（二）轴向拉伸和压缩的应力

由实践而知，两根由同一材料制成的不同截面的杆件，在受相等的轴向拉力时，截面小的杆件容易破坏。因此，杆件的破坏与否，不但与轴力的大小有关，还与截面的大小有关。所以我们必须进一步研究单位截面面积上的内力，即应力。

从橡皮拉伸试验中可以看到，如果外力通过橡皮的轴线，则所有的格子变形都大致相同，即基本上是均匀拉伸，这说明横截面上的应力是均匀的。这种垂直于横截面的应力称为正应力（或称法向应力），以 $\sigma$ 表示。如图 2-29 所示。

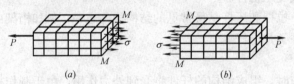

图 2-29　轴向内应力示意

若用 $F$ 代表横截面面积，正应力公式可表达为：

$$\sigma = N/F$$

当轴力为拉力时，$\sigma$ 为拉应力，用正号表示；当轴力为压力时，$\sigma$ 为压应力，用负号表示。

正应力常用的单位是帕斯卡，中文代号是帕，国际代号是 Pa，$1Pa = 1N/m^2$。在工程实际中，应力的数值较大，常用兆帕（MPa）或吉帕（GPa）表示，$1MPa = 10^6 Pa$，$1GPa = 10^9 Pa$。

### 三、轴向拉伸与压缩的变形

（一）弹性变形与塑性变形

杆件在外力作用下发生的变形分为弹性变形与塑性变形两种。

外力卸除后杆件变形能完全消除的叫弹性变形。材料的这种能消除由外力引起的变形的性能，称为弹性。常用的钢材、木材等建筑材料可以看成是完全弹性体，材料保持弹性的限度称为弹性范围。

如果外力超过弹性范围后再卸除外力，杆件的变形就不能完全消除，而残留一部分。这部分不能消除的变形，称为塑性变形或残余变形。材料的这种能产生塑性变形的性能称为塑性。利用塑性人们可将材料加工成各种形状的物品。

材料发生塑性变形时，常使构件不能正常工作。所以，工程中一般都把构件的变形限定在弹性范围内。这里介绍的也就是弹性范围内的变形情况。

（二）绝对变形与相对变形

取一根矩形截面的橡皮棒。如在它的两端加一轴向拉力 $P$，可以看到，棒的纵向尺寸沿轴线方向伸长，而横向尺寸缩短；纵向尺寸由原来的长度 $l$，伸长为 $l_1$，横向尺寸 $a$ 缩短为 $a_1$，$b$ 缩短为 $b_1$。如在棒的两端加轴向压力，则情况相反，纵向尺寸缩短，横向尺寸增大。如图 2-30 所示。

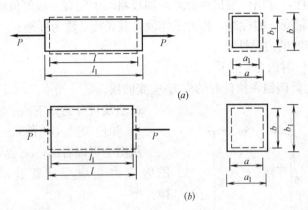

图 2-30　拉伸和压缩变形

拉伸时纵向的总伸长 $\Delta l = l_1 - l$，称为绝对伸长；压缩时纵向的总缩短称为绝对缩短。绝对伸长和绝对缩短与杆的原来长度有关。在其他条件相同的情况下，直杆的原来长度 $l$ 越大，则绝对伸长（或缩短）$\Delta l$ 越大。为了消除原来长度对变形的影响，改用单位长度的伸长或缩短来量度杆件的变形，用 $\varepsilon$ 来表示。实验证明，等截面直杆的纵向变形沿杆长几乎是均匀的，故有：

$$\varepsilon = \Delta l / l$$

比值 $\varepsilon$ 称为相对伸长或相对缩短，也叫纵向应变，它在拉伸时为正，压缩时为负。

横向应变用 $\varepsilon'$ 表示，同样

$$\varepsilon' = \Delta b / b \text{ 或 } \varepsilon' = \Delta a / a$$

式中：$\Delta b = b - b_1$，$\Delta a = a - a_1$；

应变 $\varepsilon$ 和 $\varepsilon'$ 都是比值，是无量纲的量。

（三）弹性定律

实验证明材料在弹性范围内应力 $\sigma$ 与应变 $\varepsilon$ 之比是一常数，通常用 $E$ 表示：

$$E = \sigma / \varepsilon$$

称为弹性定律，又称虎克定律。上述公式也可表示为：

$$\Delta l = Nl / EF$$

$E$ 称为材料的拉压弹性模量。如果应力不变，$E$ 越大，则应变 $\varepsilon$ 越小。所以，$E$ 表示了材料抵抗弹性变形的能力。由于 $\varepsilon$ 是一个比值，无量纲，故弹性模量 $E$ 的单位与应力的单位相同。$E$ 的数值随材料而异，是通过试验测定的，可查有关的手册得到。

#### 四、材料在拉伸和压缩时的力学性质

##### (一) 材料的力学性质

材料的力学性质是指材料受力时在强度和变形方面表现出来的各种特性。在对构件进行强度、刚度和稳定性计算时，都要涉及材料在拉伸和压缩时的一些力学性质。这些力学性质都要通过力学实验来测定。

工程上所使用的材料根据破坏前塑性变形的大小可分为两类：塑性材料和脆性材料。这两类材料的力学性质有明显的差别。低碳钢和铸铁分别是工程中使用最广泛的塑性材料和脆性材料的代表。下面主要介绍这两种材料在拉伸和压缩时的力学性质。拉伸试验一般将材料做成标准试件，常用标准试件都是两端较粗而中间有一段等值的部分，将此等值部分规定一段作为测量变形的标准，称为工作段，其长度 $l$ 称为标距。

1. 材料在拉伸时的力学性质

(1) 低碳钢拉伸时的力学性质：

图 2-31 所示为低碳钢在拉伸时的应力-应变曲线。

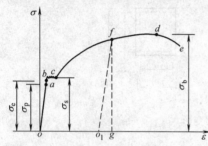

图 2-31　低碳钢拉伸应力-应变曲线

该曲线可分为以下四个阶段：

1) 弹性阶段（$ob$ 段）

从图中可以看出，$oa$ 是直线，说明在 $oa$ 范围内应力与应变成正比，材料服从虎克定律。即

$$\sigma = E \times \varepsilon$$

与 $a$ 点所对应的应力值，称为材料的比例极限，用 $\sigma_p$ 表示。

应力超过比例极限后，应力与应变已不再是直线关系。但只要应力不超过 $b$ 点，材料的变形仍然是弹性的。$b$ 点对应的应力称为弹性极限，用 $\sigma_e$ 表示。由于 $a$、$b$ 两点非常接近，工程上对弹性极限和比例极限不加严格区分，常认为在弹性范围内应力和应变成正比。

2) 屈服阶段（$bc$ 段）：

当应力超过 $b$ 点所对应的应力后，应变增加很快，应力仅在很小范围内波动。在应力-应变图上呈现出接近水平的锯齿形线段，说明材料暂时失去了抵抗变形的能力。这种现象称为屈服（或流动）现象。此阶段的应力最低值称为屈服极限，用 $\sigma_s$ 表示。

应力达到屈服极限时，由于材料出现了显著的塑性变形，就会影响构件的正常使用。

3) 强化阶段（$cd$ 段）：

这一阶段，曲线在缓慢地上升，表示材料抵抗变形的能力在逐渐加强。强化阶段最高点 $d$ 所对应的应力是材料所能承受的最大应力，称为强度极限，用 $\sigma_b$ 表示。应力达到强度极限时，构件将被破坏。

若在强化阶段内任一点 $f$ 卸去荷载，应力-应变曲线将沿着与 $oa$ 近似平行的直线回到 $o_1$ 点。图中 $o_1g$ 代表消失的弹性变形，$oo_1$ 代表残留的塑性变形。如果卸载后立即重新加载，应力-应变关系将大致沿 $o_1f$ 直线变化。到达 $f$ 点后；又沿着 $fde$ 变化。这表明经过加载、卸载处理的材料，其比例极限和屈服极限都有所提高，这种现象称为冷作硬化。

工程中常利用冷作硬化来提高材料的承载能力。如冷拉钢筋、冷拔钢丝等。但另一方

面，这样做降低了材料的塑性。

4）颈缩阶段（*de* 段）：

应力达到强度极限后，试件局部显著变细，出现"颈缩"现象，如图 2-32 所示。因此，试件继续变形所需的拉力反而下降。到达 *e* 点，试件被拉断。

试件拉断后，弹性变形消失，只剩下塑性变形。工程上用塑性变形的大小来衡量材料的塑性性能。常用的塑性指标有两个，一个是延伸率，用 δ 表示

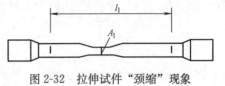

图 2-32　拉伸试件"颈缩"现象

$$\delta=(l_1-l)/l\times100\%$$

式中 *l* 是试件标距原长，$l_1$ 是拉断后的长度。δ>5% 的材料，工程上称为塑性材料；δ<5% 的材料，称为脆性材料。低碳钢的 δ=20%～30%。

另一个塑性指标是截面收缩率，用 ψ 表示

$$\psi=(A-A_1)/A\times100\%$$

式中 *A* 为试件原横截面积，$A_1$ 为试件拉断后颈缩处的最小横截面积。

低碳钢的 ψ=60%

（2）铸铁拉伸时的力学性质：

铸铁是典型的脆性材料，其 δ=0.4%。铸铁拉伸时的应力-应变图如图 2-33 所示。图中没有明显的直线部分，但应力较小时接近于直线，可近似认为服从虎克定律，以割线的斜率 tana 为近似的弹性模量正值。铸铁拉伸时没有屈服和颈缩现象，断裂是突然的。强度极限是衡量铸铁强度的唯一指标。

2．材料在压缩时的力学性质

（1）低碳钢压缩时的力学性质：

低碳钢压缩时的应力-应变曲线如图 2-34 所示。图中虚线为低碳钢拉伸时的应力-应变曲线，两条曲线的主要部分基本重合。低碳钢压缩时的比例极限 $\sigma_p$、屈服极限 $\sigma_s$、弹性模量 $E$ 都与拉伸时相同。故在实用上可以认为低碳钢是拉压等强度材料。

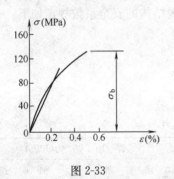

图 2-33

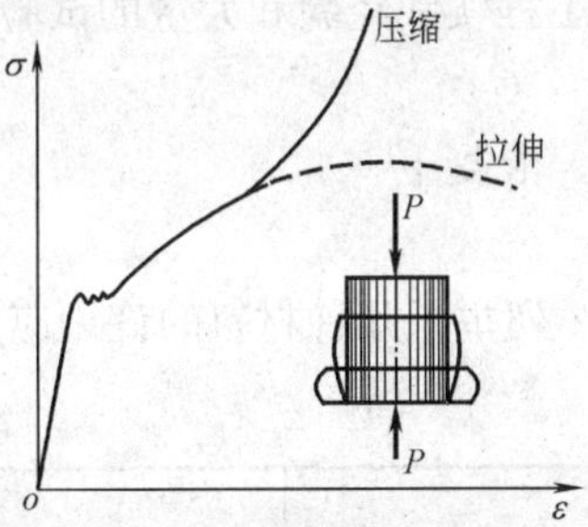

图 2-34　低碳钢压缩应力-应变曲线

当应力到达屈服极限后，试件越压越扁；横截面积逐渐增大，因此试件不可能被压断，故得不到压缩时的强度极限。

（2）铸铁压缩时的力学性质：

脆性材料在拉伸和压缩时的力学性能有较大差别。图 2-35 所示为铸铁压缩时的应力-应变曲线。其压缩时的图形与拉伸时相似，但压缩时的强度极限约为拉伸时的 4～5 倍。

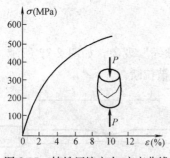

图 2-35　铸铁压缩应力-应变曲线

一般脆性材料的抗压能力显著高于其抗拉能力。

3. 两类材料力学性质比较

塑性材料抗拉强度和抗压强度基本相同，有屈服现象，破坏前有较大塑性变形，材料可塑性好；脆性材料抗拉强度远低于抗压强度，不宜用作受拉杆件，无屈服现象，构件破坏前无先兆，材料可塑性差。总的来说，塑性材料优于脆性材料。但脆性材料最大的优点是价廉，故受压构件宜采用脆性材料。这样，既发挥了脆性材料抗压性能好的特长，又发挥了它价廉的优势。

### 五、许用应力和安全系数

构件正常工作时应力所能达到的极限值称为极限应力，用 $\sigma^o$ 表示。其值可由实验测定。

塑性材料达到屈服极限时，将出现显著的塑性变形；脆性材料达到强度极限时会引起断裂。构件工作时发生断裂或出现显著的塑性变形都是不允许的，所以

对塑性材料　　　　　　　　　　$\sigma^o = \sigma_s$

对脆性材料　　　　　　　　　　$\sigma^o = \sigma_b$

由于在设计计算构件时，有许多实际不利因素无法预计，为保证构件的安全和延长使用寿命，杆内的最大工作应力不仅应小于材料的极限应力，而且还应留有必要的安全度。因此，规定将极限应力 $\sigma_0$ 缩小 $K$ 倍作为衡量材料承载能力的依据，称为许用应力，用 $[\sigma]$ 表示。

$$[\sigma] = \sigma^o / K$$

$K$ 为大于 1 的数，称为安全系数。一般工程中

脆性材料　　　　　　　　　　$[\sigma] = \sigma_b / K_b$

塑性材料　　　　　　　　　　$[\sigma] = \sigma_s / K_s$

根据工程实践经验和大量的试验结果，对于一般结构的安全系数规定如下：

钢材　　　　　　　　　　　　$K_s = 1.5 \sim 2.0$

铸铁、混凝土　　　　　　　　$K_b = 2.0 \sim 5.0$

木材　　　　　　　　　　　　$K_b = 4.0 \sim 6.0$

表 2-2 列举了几种材料的许用应力，供大家参考。

常用材料的许用应力　　　　　　　　　　　　　表 2-2

| 材 料 名 称 | 牌　号 | 许 用 应 力(MPa) | |
|---|---|---|---|
| | | 轴 向 拉 伸 | 轴 向 压 缩 |
| 低碳钢 | Q235 | 170 | 170 |
| 低合金钢 | 16Mn | 230 | 230 |
| 灰口铸铁 | | 34～54 | 160～200 |
| 混凝土 | C20 | 0.44 | 7 |
| 混凝土 | C30 | 0.6 | 10.3 |
| 红松(顺纹) | | 6.4 | 10 |

注：适用于常温、静荷载和一般工作条件下的拉杆和压杆。

### 六、拉伸和压缩时的强度计算

**（一）拉（压）杆的强度条件**

拉（压）杆横截面上的正应力 $\sigma = N/A$，是拉（压）杆工作时由荷载引起的应力，称为工作应力。

为保证构件安全正常工作，杆内最大工作应力 $\sigma_{max}$ 不得超过材料的许用应力。即

$$\sigma_{max} = N/A \leqslant [\sigma]$$

上式称为轴向拉压杆的强度条件。

对于作用有几个外力的等截面直杆，最大应力 $\sigma_{max}$ 在最大轴力所在的截面上；对于轴力不变而截面面积变化的杆，最大应力 $\sigma_{max}$ 在截面面积最小处。这些发生最大正应力的截面，称为危险截面。

**（二）拉（压）杆强度条件的应用**

利用拉压杆强度条件，可以解决工程实际中有关构件强度的三类问题。

**1. 校核强度**

已知构件的横截面面积 $A$，材料的许用应力 $[\sigma]$ 及所受荷载，可检查构件的强度是否满足要求。

**【例】** 已知 Q235 钢拉杆受轴向拉力 $P = 21.9$kN 作用，杆由直径 $d = 14$mm 的圆钢制成，许用应力 $[\sigma] = 170$MPa，试校核拉杆强度。

**【解】** （1）计算轴力

$$N = P = 21.9\text{kN}$$

（2）校核拉杆强度

由强度条件

$$\sigma_{max} = N/A \leqslant [\sigma]$$

代入已知数据得

$$\sigma_{max} = N/A = 21.9 \times 10^3 \times 10^6 / (1/4 \times \pi \times 14^2) = 142.3 \times 10^6 \text{N/m}^2$$
$$= 142.3\text{MPa} < [\sigma] = 170\text{MPa}$$

故满足强度要求。

**2. 设计截面尺寸**

已知构件所受的荷载及材料的许用应力 $[\sigma]$，则构件所需的横截面面积可按下式计算

$$A \geqslant N/[\sigma]$$

**【例】** 已知钢拉杆用圆钢制成，其许用应力 $[\sigma] = 120$MPa，受轴向拉力为 $P = 8$kN，试确定钢拉杆的直径。

**【解】** （1）计算轴力 $N = P = 8$kN。

（2）确定截面面积

由强度条件得

$$A \geqslant N/[\sigma] = 8 \times 10^3 / (120 \times 10^6) = 0.667 \times 10^{-4} \text{m}^2$$

（3）确定钢拉杆直径

$$d \geqslant (4A/\pi)^{0.5} = (4 \times 0.667 \times 10^{-4}/\pi)^{0.5}$$
$$= 0.92 \times 10^{-2} \text{m} = 9.2\text{mm}$$

鉴于安全，取 $d = 10$mm 即可。

**3. 设计许可荷载**

已知构件的横截面面积 $A$ 及材料的许用应力 $[\sigma]$，则构件所能承受的许可轴力为

$$N \leqslant [\sigma] \cdot A$$

然后根据轴力与荷载的关系，即可确定许可荷载的大小。

【例】 已知钢拉杆用圆钢制成，其直径为 $d = 20\text{mm}$，其许用应力 $[\sigma] = 160\text{MPa}$，求该拉杆的许可荷载。

【解】 由强度条件得

$$N \leqslant [\sigma] \cdot A = 160 \times 10^6 \times (\pi/4) \times (20 \times 10^{-3})^2$$
$$= 50240\text{N} \quad N = 50.24\text{kN}$$

该圆钢拉杆能承受的最大荷载为 $P_{\max} = 50.24\text{kN}$

# 第三节 剪 切

## 一、剪切的概念

杆件承受垂直于轴线的一对大小相等、方向相反而相距极近的平行力作用，使两相邻横截面沿外力作用方向发生相对错动的现象，称为剪切。垂直于轴线的外力称为横向力。图 2-36 为用切断机切割钢筋的示意图。

用切断机切割钢筋，两个刀口一上一下，一左一右，相距极近，在这一对 $P$ 力作用下，钢筋在沿刀口的两个相邻横截面 $ab$ 和 $cd$ 上受到力的作用，这种力就是剪力。

由于剪力使 $ab$ 和 $cd$ 两横截面产生相对错动，原来的矩形 $abcd$ 变成了平行四边形，这种变形称为剪切变形。当 $P$ 力足够大时，就会切断钢筋，使钢筋的左面部分沿 $ab$ 面与右面部分分开，分开后还可以看到剪切的残余变形。

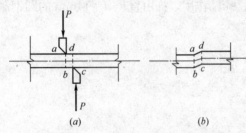

图 2-36 切断钢筋示意图

在工程上剪切变形多数发生在结构构件和机械零件的某一局部位置及其连接件上，例如图 2-37 (a) 所示的插于钢耳片内的轴销，图 2-37 (b) 所示的连接钢板的铆钉等。

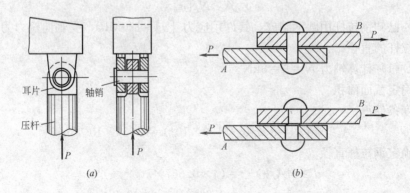

图 2-37 工程中常见剪切变形实例

### 二、剪切的应力-应变关系

（一）剪切变形

杆件受到一对横向力作用后，截面上产生剪力，同时两截面 *ab* 和 *cd* 开始相对错动，使原来的矩形 *abcd* 变成平行四边形 *abc'd'* 即剪切变形，如图 2-38 所示。

与简单拉伸中的相对伸长 $\varepsilon$ 相比较，$\gamma$ 又可称为剪应变或相对剪切。剪切变形 $\gamma$ 是角变形，而简单拉伸变形 $\varepsilon$ 是线变形。

（二）剪力与剪应力

如果把受剪的物体在两力之间截开，取其中一部分，用内力代替去掉的那部分对留下部分的作用，这些内力作用在截面上如图 2-39 所示。因分布在截面上的内力 $Q$ 需与外力 $P$ 保持平衡，故 $Q$ 必须在数量上等于 $P$，方向相反。称 $Q$ 为该截面的剪力，其单位与力的单位一样。

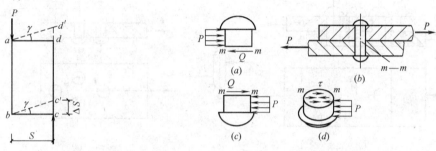

图 2-38　剪切变形　　　　　　　图 2-39　剪力和剪应力示意图

由于剪力是平行于截面的，其分布规律相当复杂，应用时假定内力是均匀分布在截面上的，所以平行于截面的应力称剪切应力（或剪应力），可按下式求得：

$$\tau = P/A = Q/A$$

其单位与正应力的单位一样。

（三）剪切虎克定律

实验证明，剪应力 $\tau$ 不超过材料剪切比例极限 $\tau p$ 时，剪应力与剪应变 $\gamma$ 成正比关系：

$$\gamma = \tau/G \ \text{或} \ \tau = G \cdot \gamma$$

比例常数就是剪变模量 $G$。此关系为剪切弹性定律，也就是剪切虎克定律。表 2-3 是常见材料的剪变模量的值。

常用材料的剪变模量 $G$　　　　　　　　　　　　　　表 2-3

| 材　料 | $G$ | | 材　料 | $G$ | |
|---|---|---|---|---|---|
| | (MPa) | kgf/cm² | | (MPa) | kgf/cm² |
| 钢 | $(8\sim8.1)\times10^4$ | $(8\sim8.1)\times10^5$ | 铝 | $(2.6\sim2.7)\times10^4$ | $(2.6\sim2.7)\times10^5$ |
| 铸铁 | $4.5\times10^4$ | $4.5\times10^5$ | 木材 | $5.5\times10^2$ | $0.055\times10^5$ |
| 铜 | $(4\sim4.6)\times10^4$ | $(4\sim4.6)\times10^5$ | | | |

剪切虎克定律与拉、压虎克定律是完全相似的。在建筑力学中，无论进行实验分析，还是进行理论研究，经常用到这两个定律。

### 三、剪切的强度计算

根据强度要求，剪切时，截面上的剪应力不应超过材料的许用剪应力：

$$\tau = Q/A \leqslant [\tau]$$

式中 $[\tau]$ 称为材料的许用剪应力，它由实验测定的极限剪应力 $\tau$ 除以安全系数得到，材料的具体数值可在设计手册或技术规范中查到。

通常同种材料的许用剪应力 $[\tau]$ 和许用拉应力 $[\sigma]$ 之间存在着一定的近似关系。因此，也可以根据其关系式由许用拉应力 $[\sigma]$ 的值得出许用剪应力 $[\tau]$ 的值。

对于塑性材料 $\qquad\qquad [\tau] = (0.6 \sim 0.8)[\sigma]$

对于脆性材料 $\qquad\qquad [\tau] = (0.8 \sim 1.0)[\sigma]$

【例】 对图 2-40（$a$）所示的铆接构件，已知钢板和铆钉材料相同，许用应力 $[\sigma] = 160\mathrm{MPa}$，$[\tau] = 140\mathrm{MPa}$，$[\sigma_j] = 320\mathrm{MPa}$，铆钉直径 $d = 16\mathrm{mm}$，$P = 110\mathrm{kN}$。试校核该铆接连接件的强度。

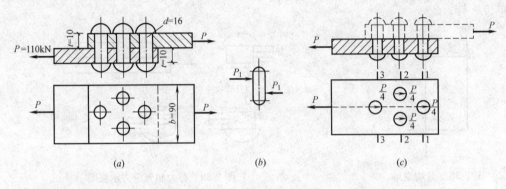

图 2-40

【解】 详细分析，可得知铆接接头的破坏可能有下列两种形式：

（1）铆钉直径不够大的时候铆钉将被剪断。

（2）如果钢板的厚度不足或铆钉布置不当致使钢板截面削弱过大时，钢板会沿削弱的截面被拉断。

因此，为了保证一个铆接接头的正常工作，就必须避免上述两种可能破坏形式中的任何一种形式的发生，这样就要求对上述两种情况都作出相应的强度校核。

（1）铆钉的剪切强度校核

以铆钉作为研究对象，画出铆钉的受力图，图 2-40（$b$）。当连接件上有几个铆钉时，可假定各铆钉剪切变形相同，所受的剪力也相同，拉力 $P$ 将平均地分布在每个铆钉上，即可求得每个铆钉受到的作用力为：

$$P_1 = P/n = P/4$$

而每个铆钉受剪面积为：

$$A = \pi d^2 / 4$$

由剪切强度条件式

$$\begin{aligned}
\tau &= Q/A = P_1/A = P/(n \times \pi \times d^2/4) \\
&= (110 \times 10^3)/[4 \times \pi \times (16 \times 10^{-3})^2/4] \\
&= 136.8 \times 10^6 \, \mathrm{N/m^2} \\
&= 136.8 \mathrm{MPa} < [\tau] = 140 \mathrm{MPa}
\end{aligned}$$

所以铆钉的剪切强度条件满足。

（2）校核钢板的拉伸强度

因两块钢板受力和开孔情况相同，只需校核其中一块即可如图 2-40（c）所示。现以下面一块钢板为例。钢板相当于一根受多个力作用的拉杆。

1—1 截面与 3—3 截面受铆钉孔削弱后的净面积相同，而 1—1 截面上的轴力大小为 $P/4$，比 3—3 截面上的轴力（大小为 $P$）小，所以，3—3 截面比 1—1 截面更危险，不再校核 1—1 截面。而 2—2 截面与 3—3 截面相比较，前者净面积小，轴力 $N_2$ 也较小，大小为 $3P/4$；后者净面积大而轴力 $N_3$ 也大，大小为 $P$。因此，两个截面都有可能发生破坏，到底谁最危险，难于一眼看出，都需计算并校核其强度。

2—2 截面：$\quad \sigma_{2\text{-}2}=N_2/[(b-2d)t]=(3\times P/4)/[(b-2d)t]$

$\qquad\qquad\qquad =(3/4\times110\times10^3)/[(90-2\times16)\times10\times10^{-6}]$

$\qquad\qquad\qquad =142\times10^6\,\text{N/m}^2$

$\qquad\qquad\qquad =142\text{MPa}<[\sigma]=160\text{MPa}$

3—3 截面：$\quad \sigma_{3\text{-}3}=N_3/[(b-2d)t]=(3\times P/4)/[(b-2d)t]$

$\qquad\qquad\qquad =(3/4\times110\times10^3)/[(90-2\times16)\times10\times10^{-6}]$

$\qquad\qquad\qquad =142\times10^6\,\text{N/m}^2$

$\qquad\qquad\qquad =142\text{MPa}<[\sigma]=160\text{MPa}$

所以，钢板的拉伸强度条件也是满足的。因此，图 2-40（a）所示的整个连接件的强度都是满足的。

# 第四节  梁 的 弯 曲

## 一、梁的弯曲内力

（一）梁的概念

杆件或构件在垂直于其纵轴线的横向荷载作用下，其轴线由直线变成曲线，这就是弯曲变形的特征。

凡是发生弯曲变形或以弯曲变形为主的杆件和构件，通常叫梁。

梁是一种十分重要的构件，它的功能是通过弯曲变形将承受的荷载传向两端支承，从而形成较大的空间供人们活动，因此，梁在建筑工程中占有十分重要的地位，如在吊车轮的作用下，工业厂房中的吊车梁发生弯曲变形；在荷载作用下，阳台的两根挑梁也发生弯曲变形，见图 2-41。

在工程中常见的梁的横截面多为矩形、圆形、工字形等，这些梁的横截面通常至少有一个对称轴，可以想到，梁的各横截面的对称轴将组成一个纵向对称面，显然纵向对称平面是与横截面垂直的。见图 2-42 所示。

如梁上荷载及支座反力均作用在这个对称面内，则弯曲后的梁轴线将仍在这个平面内而成为一条平面曲线，这种弯曲一般称为平面弯曲。平面弯曲是梁弯曲中最简单的一种，实际上，这也是最常见的梁。本节只研究梁的平面弯曲问题。

依靠静力学平衡条件，能求出在已知荷载下的支座反力的梁叫静定梁，否则叫超静定梁，本节只讨论静定梁。

静定梁的基本形式有以下三种：

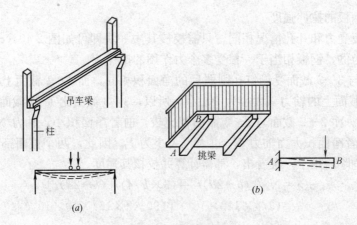

图 2-41　梁及其弯曲变形

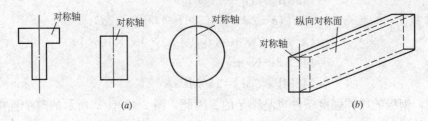

图 2-42　梁的横截面与纵向对称面

（1）悬臂梁：一端固定、一端自由的梁。

（2）简支梁：一端是固定铰支座，另一端为滚动铰支座的梁。

（3）外伸梁：具有外伸部分的简支梁。

梁的支座间的距离叫做梁的跨度。

（二）梁弯曲时的内力-剪力和弯矩

1. 梁截面的内力分析

梁受外力作用后，在各个横截面上会引起与外力相当的内力，内力的确定是解决强度问题的基础和选择横截面尺寸的依据。

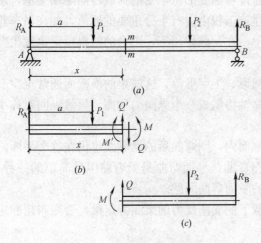

图 2-43　梁截面的内力

考虑一简支梁 $AB$，在外力作用下处于平衡状态。如图 2-43 所示。

现在研究梁上任一横截面 $m\text{-}m$ 上的内力，截面 $m\text{-}m$ 离左端支座的距离为 $x$。

首先，利用截面法，在截面 $m\text{-}m$ 处将梁切成左、右两段，并任取一段（如左段）为研究对象。在左端梁上，作用有已知外力 $R_A$ 和 $P_1$，则在截面 $m\text{-}m$ 上，一定作用有某些内力来维持这段梁的平衡。

现在，如果将左段梁上的所有外力向截面 $m\text{-}m$ 的形心 $C$ 简化，可以得一垂直于梁轴的主矢 $Q'$ 和一主矩 $M'$。

为了维持左段梁的平衡，横截面 $m\text{-}m$ 上必然同时存在两个内力：与主矢 $Q'$ 平衡的内力 $Q$；与主矩 $M'$ 平衡的内力偶矩 $M$。内力 $Q$ 应位于所切开横截面 $m\text{-}m$ 上，是剪力；内力偶矩 $M$ 称为弯矩。所以，当梁弯曲时，横截面上一般将同时存在剪力和弯矩两个内力。

如果以右端梁为研究对象，可以得出同样的结论，并且根据作用力和反作用力公理，右端梁 $m\text{-}m$ 截面上的剪力和弯矩分别与左端梁 $m\text{-}m$ 截面上的剪力和弯矩大小相等而方向相反。

剪力的常用单位为牛顿（N）或千牛顿（kN），弯矩的常用单位为牛顿米（N·m）或千牛顿米（kN·m）。

2. 剪力 $Q$ 与弯矩 $M$ 的符号

为了使由左段或右段梁作为研究对象求得的同一截面上的弯矩和剪力，不但数值相同而且符号也一致，把剪力和弯矩的符号规则与梁的变形联系起来，规定：在横截面 $m\text{-}m$ 处，从梁中取出一微段，若剪力 $Q$ 使微段绕对面一端作顺时针转动，见图 2-44（a），则横截面上的剪力 $Q$ 的符号为正；反之如图 2-44（b）所示剪力的符号为负。若弯矩 $M$ 使微段产生向下凸的变形（上部受压，下部受拉）见图 2-44（c），则截面上的弯矩 $M$ 的符号为正；反之如图 2-44（d）所示弯矩的符号为负。

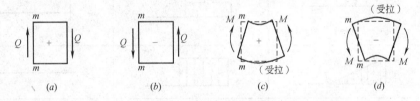

图 2-44　梁截面的剪力和弯矩

按上述规定，一个截面上的剪力和弯矩无论用这个截面左侧的外力或右侧的外力来计算，所得数值与符号都是一样的，此外，根据上述规则可知，对某一指定的截面来说，在它左侧的指向向上的外力，或在它右侧的指向向下外力将产生正值剪力；反之，则产生负值剪力。至于弯矩，则无论力在指定截面的左侧还是右侧，向上的外力总是产生正值弯矩，而向下的外力总是产生负值弯矩。

3. 梁的内力方程和内力图

在一般情况下，梁横截面上的剪力和弯矩都是随截面位置不同而变化。若以横坐标 $x$ 表示横截面沿梁轴线的位置，则梁内各横截面上的剪力和弯矩可以写成坐标 $x$ 的函数，即：

$$Q=Q(x)$$
$$M=M(x)$$

上面的函数表达式分别称为梁的剪力方程和弯矩方程，它表明剪力、弯矩沿梁轴线变化的情况。求内力函数需要一定的数学基础，在实用上，表示剪力、弯矩沿梁轴线变化情况的另一种方法是绘制剪力图和弯矩图，其绘制方法为：先用平行于梁轴线的横坐标 $x$ 为基线表示该梁的横坐标位置，用垂直于梁的纵坐标的端点表示相应截面的剪力或弯矩。把各纵坐标的端点连接起来，得到的图形就称为内力图。如内力是剪力即剪力图，如内力是弯矩即弯矩图。习惯将正剪力画在 $x$ 轴上方，负剪力画在 $x$ 轴下方，而弯矩则规定画在梁受拉的一侧，即正弯矩画在 $x$ 轴的下方，负弯矩画在 $x$ 轴的上方，及弯矩图在哪测，受力钢筋就应配在哪侧。

表 2-4 给出了简支梁、悬臂梁在单一荷载作用下的内力图。

简支梁、悬臂梁在单一荷载作用下的内力图　　　　　　　　　　　表 2-4

| | 均布荷载 | 集中荷载 | 力偶荷载 |
|---|---|---|---|
| $q$ 图 | $q$，$l$ | $P$，$a$，$b$，$l$ | $a$，$m$，$b$，$l$ |
| $Q$ 图 | $\dfrac{ql}{2}$，$\dfrac{ql}{2}$ | $\dfrac{Pb}{l}$，$\dfrac{Pa}{l}$ | $\ominus$，$\dfrac{m}{l}$ |
| $M$ 图 | $\dfrac{ql^2}{8}$ | $\dfrac{Pab}{l}$ | $\dfrac{ma}{l}$，$\dfrac{mb}{l}$ |
| $q$ 图 | $q$，$a$ | $a$，$P$ | $a$，$m$ |
| $Q$ 图 | $qa$ | $P$ | |
| $M$ 图 | $\dfrac{qa^2}{2}$ | $Pa$ | $m$ |

在工程中，梁的结构形式与荷载组合往往比以上情况要复杂得多，这时梁的内力方程和内力图可以用叠加法或通过有关结构计算手册查找到。

4. 叠加法绘制剪弯内力图

当梁上荷载比较复杂，即梁上同时作用着几种不同类型的荷载时，我们可以先分别画出各个荷载单独作用下的剪力图和弯矩图，然后将他们的纵坐标叠加起来，从而得到在所有荷载共同作用下的剪力图和弯矩图。这种绘制剪力和弯矩图的方法，称为叠加法。

【例】　试用叠加法绘制图 2-45（$a$）所示的悬臂梁 $AB$ 的剪力图和弯矩图。

【解】　悬臂梁 $AB$ 上原有荷载较复杂，可看成是均布荷载 $q$ 和 $A$ 端的集中荷载 $p$ 的组合图。

由悬臂梁在单一荷载下的内力图表中，可得在简单荷载 $q$ 和 $p$ 的单独作用下的剪力图、弯矩图，然后将它们的纵坐标叠加起来，便可得到在 $q$ 和 $p$ 的共同作用下悬臂梁的剪力图和弯矩图。

**二、梁的弯曲应力和强度计算**

作出梁的内力图，确定最大内力值及其所在的截面——危险截面后，还必须研究梁横截面上应力分布规律和计算公式，进而建立强度条件，才能解决强度问题。

由直杆的拉伸、压缩、剪切可知，应力与内力是相联系的，应力为横截面上单位面积

90

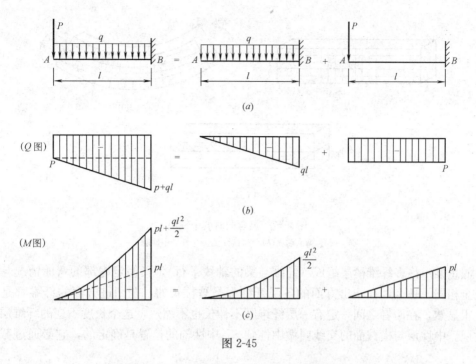

(a)

(b)

(c)

图 2-45

上的分布内力，而内力则是由应力合成的。梁弯曲时，横截面上一般产生两种内力，即剪力 $Q$ 和弯矩 $M$。剪力是与横截面相切的内力，它只能是横截面上剪应力的合力。而弯矩是在纵向对称平面内作用着的力偶矩，显然，它只能是横截面上沿法线方向作用的正应力组成的。由此说明，梁弯曲时，横截面上存在两种应力，即剪应力 $\tau$ 和正应力 $\sigma$，它们是互相垂直的，又是互相独立的，之间没有什么直接的关系。这样，在研究梁的强度时，可以把正应力与剪应力分别进行讨论。一般情况下，梁很少发生剪切破坏，下面我们主要讨论梁的正应力问题。

（一）纯弯曲时的正应力

纯弯曲是平面弯曲的特殊情况，所谓纯弯曲就是梁弯曲时横截面上的内力只有弯矩 $M$，而没有剪力 $Q$。例如图 2-46 所示的简支梁在 $CD$ 段内就是纯弯曲。在这段梁内，任一截面的剪力 $Q=0$，弯矩 $M=Pa$。纯弯曲时，梁的横截面上没有剪应力 $\tau$，只有正应力 $\sigma$ 存在。

为了回答这个问题。我们做一个橡皮模型梁的纯弯曲实验。取一块矩形截面的橡皮，并在它的侧面画许多方格，然后用双手使橡皮梁的两端各受到一集中力偶 $M$，使它发生纯弯曲，见图 2-47。

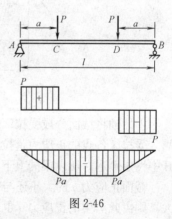

图 2-46

橡皮梁弯曲时我们可以看到：

（1）侧面上的纵线（和梁轴线平行的直线）都变成了曲线，而且在向外凸出的一面伸长了，凹进的一面缩短了。

（2）侧面上的横线（和梁轴线垂直的线）仍旧是直线，但倾斜了一个角度。这说明梁受弯曲时，由这些横线所代表的横截面仍然保持平面状态，只不过转动了一个角度。

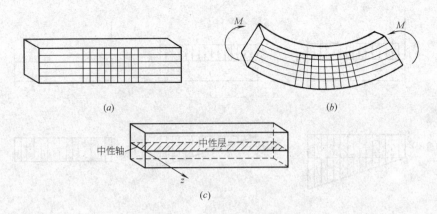

图 2-47　梁弯曲时的中性层
(a) 弯曲前；(b) 弯曲后；(c) 中性轴中性层

假想梁由许多纤维薄层组成（纤维与梁的轴线平行），又假定内部的弯曲情况与外部的完全相同。那么，在凸出方面的各层纤维都是被拉长的，在凹进方面的纤维都是缩短的。很显然，在两者之间一定有一层纤维既不伸长也不缩短，这个长度不变的纤维层叫做中性层。中性层与横截面的交线叫做中性轴 $z$。中性轴的位置是确定的，它必通过截面的形心。

离开中性层越远的纤维变形（伸长或缩短）越大，而且与中性层平行的任何纤维层上各根纤维都具有相同的变形。换句话说，纤维的变形是与距中性层的距离成正比的。

由此可知，梁弯曲时横截面上的正应力 $\sigma$ 的大小与距中性轴的距离成正比。也就是说，正应力在梁截面上是依照高低位置按直线规律分布的，如图 2-48 所示。

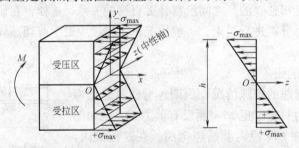

图 2-48　梁弯曲时截面正应力分布图

中性轴将截面分成受拉区和受压区两部分，前者位于凸出的一侧，后者位于凹进的一侧。受拉区各点的正应力是拉应力，受压区各点的正应力为压应力。因为梁的上下边缘离开中性层最远，所以梁的上下边缘处的正应力最大。

截面正应力 $\sigma$ 的大小还与作用在该截面上的弯矩 $M$ 的大小有密切的关系。弯矩 $M$ 越大，则由此产生的正应力 $\sigma$ 也就越大。

截面正应力 $\sigma$ 的大小还与梁截面的几何形状和尺寸大小有关。

综合上述，可得截面上某一点的正应力的计算公式为：

$$\sigma = M \times y / J_z$$

式中　$\sigma$——所求点处的正应力；

　　　$M$——作用在该截面上的弯矩；

$y$———该点与中性轴的距离;

$J_z$———横截面对中性轴的惯性矩,由梁截面的几何形状和尺寸大小决定的截面参数,对于高为 $h$,宽为 $b$ 的矩形截面,$J_z=bh^3/12$;对于直径为 $d$ 的圆形截面,$J_z=\pi d^4/64$;各种型钢的 $J_z$ 可以查表求得。

(二) 梁的正应力强度条件

对于某一横截面来说,它的最大正应力发生在梁的上下边缘处;对于整个梁来说,如果梁是等截面的,那么最大正应力必在弯矩最大的截面(危险截面),梁的破坏正是从危险截面开始的。因此,梁内最大正应力应该发生在危险截面的上下边缘上。只要最危险截面的工作应力不超过材料的许用应力,梁就不会破坏,其条件为:

$$\sigma_{max}=M_{max}/W_z\leqslant[\sigma]$$

式中　$\sigma_{max}$———危险截面的最大正应力;

$M_{max}$———危险截面的弯矩;

$W_z$———危险截面的抗弯截面模量,$W_z=I_z/y_{max}$,由梁横截面的几何形状和尺寸大小决定的截面参数;

$[\sigma]$———材料弯曲时的许用正应力。对于塑性材料许用弯曲拉应力和许用弯曲压应力相同。对于脆性材料,其许用弯曲压应力要远大于许用弯曲拉应力。

以下为常见截面的抗弯截面模量公式:

1. 矩形截面 (图 2-49)

2. 圆形截面 (图 2-50)

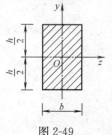

$$W_z=bh^3/6$$

图 2-49

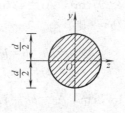

$$W_z=\pi d^3/32=\pi r^3/4$$

图 2-50

3. T 形截面和其他异型截面

可以通过查表求得。

运用梁的正应力强度条件,可以进行以下三方面的强度计算:

(1) 强度校核:

当已知梁的材料(即已知许用应力 $[\sigma]$)、截面尺寸及形状(由此可求出抗弯截面模量 $W_z$)及其荷载情况(可求出最大弯矩 $M_{max}$)时,可校核梁是否满足强度条件。即

$$\sigma_{max}=M_{max}/W_z\leqslant[\sigma]$$

(2) 设计截面:

当已知梁的材料(即已知许用应力 $[\sigma]$)和荷载情况(可求出最大弯矩 $M_{max}$)时,可确定抗弯截面模量。即:

$$W_z\geqslant M_{max}/[\sigma]$$

在确定了 $W_z$ 后,即可按所选择的截面形状,进一步确定截面尺寸。当选用型钢时,

可按有关材料手册确定型钢型号等。

（3）确定许用荷载：

当已知梁的材料（即已知许用应力 $[\sigma]$）及截面尺寸（可计算出 $W_z$）时，可计算梁所能承受的最大弯矩 $M_{max}$。即：

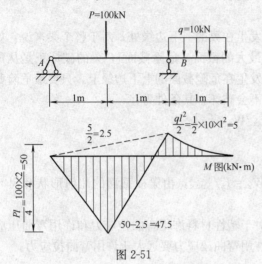

图 2-51

$$M_{max} \leqslant [\sigma] W_z$$

然后根据最大弯矩与荷载的关系，计算出许用荷载值。

【例】 一外伸钢梁，荷载及尺寸如图 2-51 所示，若弯曲许用正应力 $[\sigma]=160\text{MPa}$，试分别选择工字钢、矩形（$h/b=2$）、圆形三种截面，并比较截面积的大小。

【解】 （1）绘制弯矩图，可采用叠加法，因此可不必求出支座反力。

由 $M$ 图可以看出，最大弯矩值为：

$$M_{max} = 47.5\text{kN} \cdot \text{m}$$

（2）选择截面

$$W_{z1} \geqslant M_{max}/[\sigma] = 47.5 \times 10^3/(160 \times 10^6) = 297\text{cm}^3$$

采用工字钢：查型钢手册，选择工字钢型号，使 $W_z$ 值接近且略大于 $297\text{cm}^3$，故选用 No. 22a，$W_{z1} = 30\text{cm}^3 \geqslant 297\text{cm}^3$，$A_1 = 42\text{cm}^2$。

采用矩形截面：取 $h/b = 2$ 则：

$$W_{z2} = bh^2/6 = h^3/12 \geqslant 297\text{cm}^3$$

$$h \geqslant \sqrt[3]{12 \times 297} = 15.3\text{cm}$$

取：$b = 7.7\text{cm}$，$h = 15.3\text{cm}$，$A_2 = bh = 117.8\text{cm}^2$

采用圆形截面：

$$W_{z3} = \pi D^3/32 \geqslant 297\text{cm}^3$$

$$D \geqslant \sqrt[3]{\frac{32 \times 297}{3.14}} = 14.46\text{cm}$$

取 $D = 14.5\text{cm}$，$A_3 = \pi D^2/4 = 165\text{cm}^2$

三种截面面积之比为：

$$A_1 : A_2 : A_3 = 42 : 117.8 : 165 = 1 : 2.8 : 3.93$$

由上例可知：工字形截面最节约材料，其次为矩形截面，圆形截面用料最多。因此，工字形截面是梁的理想截面。

【例】 简支梁受荷载作用如图 2-52 所示，截面为 No. 40a 工字钢，已知 $[\sigma] = 140\text{MPa}$，试在考虑梁的自重时，求跨中的许用荷载 $[P]$。

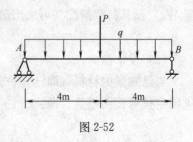

图 2-52

【解】 由型钢手册查得：$W_z = 1090\text{cm}^3$，$q =$

676N/m。

由叠加法可知，最大弯矩为：

$$M_{max}=Pl/4+ql^2/8$$
$$=P\times8/4+0.676\times8^2/8$$
$$=2P+5408\ (\text{N}\cdot\text{m})$$

再由强度条件得：

$$M_{max}\leqslant W_z[\sigma]$$
$$=1090\times10^{-6}\times140\times10^6$$
$$=152.6\times10^3\ (\text{N}\cdot\text{m})$$

则

$$2P+5408\leqslant152.6\times10^3$$
$$P\leqslant1/2\times(152.6\times10^3-5408)$$
$$=73600\text{N}=73.6\text{kN}$$
$$[P]=73.6\text{kN}$$

（三）提高梁抗弯强度的途径

设计梁时，一方面要保证梁具有足够的强度，使梁在荷载作用下能安全地工作，也就是不至于弯曲折断；另一方面还要使梁能充分发挥材料的潜力，减少材料用量，以降低造价。

设计梁的主要依据是弯曲正应力强度条件，从正应力强度条件 $\sigma=M_{max}/W_z\leqslant[\sigma]$ 来看，梁的弯曲与其所用材料，横截面的形状和尺寸，以及外力引起的弯矩有关。因此，为了提高梁的强度也应该围绕这三个因素从以下三个面来考虑。

1. 选择合理的截面形状

（1）从弯曲强度方面考虑，梁内最大工作应力与抗弯截面模量 $W_z$ 成反比，$W_z$ 值愈大，梁能够抵抗的弯矩也愈大。因此，经济合理的截面形状应该是在截面面积相同的情况下，取得最大抗弯截面模量的截面。如在截面面积相同时，正方形的抗弯截面模量比圆形截面要大；高为 $h$、宽为 $b$ 的矩形截面，当面积不变时，高度 $h$ 愈大则其抗弯截面模量愈大。

（2）根据正应力在截面上的分布规律（沿截面高度呈直线规律分布），离中性轴愈远正应力就愈大，当离中性轴最远处的正应力到达许用应力时，中性轴附近各点处的正应力仍很小，而且，由于它们离中性轴近，力臂小，所承担的弯矩也很小。所以，如果设法将较多的材料放置在远离中性轴的部位，必然会提高材料的利用率。因此，人们把矩形截面中性轴附近的一部分材料移到应力较大的上下边缘，就形成工字形和槽形截面，在工程中常见的空心板，有孔薄腹梁等都是通过在中性轴附近挖去部分材料而收到良好的经济效果的例子。

（3）在研究截面合理形状时。除应注意使材料远离中性轴外。还应考虑到材料的特性，最好使截面上最大的拉应力和最大压应力同时达到各自的许用值，因此，对于抗拉、抗压强度相同的塑性材料（如钢材）应优先使用对称于中性轴的截面形状，对于抗拉，抗压强度不相同的脆性材料（如铸铁），其截面形状最好使中性轴偏于强度较弱一侧，比如采用 T 形截面等。

以上所讲的合理截面是从强度这一方面考虑的。这是通常用以确定合理截面形状的主要因素。此外，还应综合考虑梁的刚度、稳定性，以及制造、使用等诸方面的因素，才能真正保证所选截面的合理性。

2. 采用变截面梁和等强度梁

(1) 在一般情况下，梁内不同截面处的弯矩是不同的，因此，在按最大弯矩所设计的等截面梁中，除最大弯矩所在截面外，其余截面的材料强度均不能得到充分利用。根据上述情况，为了减轻构件重量和节省材料，在工程实际中，常根据弯矩沿梁轴的变化情况，使梁也相应的设计成变截面的。在弯矩较大处，宜采用大截面。在弯矩较小处，宜选用小截面。这种截面沿梁轴变化的梁称为变截面梁。

(2) 从弯曲强度来考虑，理想的变截面应该使所有横截面上的最大弯曲正应力均相同，并等于许用应力，即：

$$\sigma_{max} = M(x)/W(x) = [\sigma]$$

这种梁称为等强度梁。由式中可看出，在等强度梁中 $W(x)$ 应当按照 $M(x)$ 成比例地变化。在设计变截面梁时，由于要综合考虑其他因素，通常只要求 $W(x)$ 的变化规律大体上与 $M(x)$ 的变化规律相接近。

建筑工程中阳台或雨篷等悬臂梁，跨中弯矩大，两边弯矩小；从跨中到支座，截面逐渐减小的简支梁，是变截面梁的例子。屋盖上的薄腹大梁、工业厂房中的鱼腹式吊车梁是等强度梁的例子。见图 2-53。

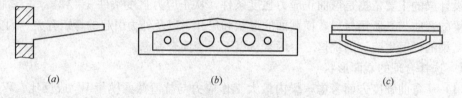

(a)　　　　　　　　(b)　　　　　　　　(c)

图 2-53　变截面梁和等强度梁示例

3. 改善梁的受力情况

合理安排梁的约束和加载方式，可达到提高梁的承载能力的目的。

例如图 2-54 所示简支梁，受均布荷载 $q$ 作用，如果把梁的两端铰支座各向内移动 $0.2l$，则其梁中最大弯矩仅为简支梁的 $1/5$。

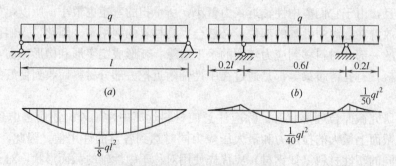

图 2-54　梁的支座位置对内力的影响

又如，一简支梁，跨度中点受几种荷载 $P$ 作用，如将该荷载分解为两个大小相等、方向相同的力，分别作用在离梁端 $1/4$ 处，则其梁中最大弯矩仅为前者的一半。

### 三、梁的弯曲变形及刚度校核

#### （一）梁的弯曲变形

梁发生弯曲时，由受力前的直线变成了曲线，这条弯曲后的曲线就称为弹性曲线或挠曲线。在平面弯曲的情况下，梁的挠曲线是一条位于外力作用面内的连续而光滑的平面曲线，如图 2-55 所示。由此可见，梁变形时，各横截面均发生了位移。因此，梁的变形可由受力前与受力后的相对位移来度量。梁的位移可分为两种，一种是线位移，一种是角位移，它们是表示梁变形大小的主要指标。

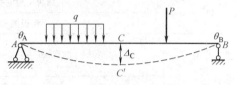

图 2-55　梁的线位移和角位移

例如：图 2-55 所示的梁在荷载作用下，截面 $C$ 的形心从 $C$ 点移到了 $C'$ 点，则 $\Delta_c$ 就是截面 $C$ 的线位移，也称为梁在该截面的挠度。而截面 $A$ 虽然没有线位移，但此截面绕中性轴转了一个角度 $\theta_A$，这个转角 $\theta_A$ 就是截面 $A$ 的角位移，同理，转角 $\theta_B$ 就是截面 $B$ 的角位移，而其他各截面既有线位移又有角位移。

实际上线位移既有水平方向的，又有垂直方向的，但由于变形极其微小，水平方向的线位移与垂直方向的线位移相比也极其微小，因此，水平线位移在计算中忽略不计，而只考虑垂直线位移。

一般说来，作用在梁上的荷载越大，弯曲变形也就越大。所以挠度和转角与荷载大小之间存在着一定的比例关系。另外，挠度和转角与梁的跨度、截面材料和形状都有密切的关系。在此不作详细讨论。

#### （二）梁的刚度校核

为了保证梁的正常工作，对梁的变形必须加以控制，这就是梁的刚度问题。校核梁的刚度，就是检查梁在荷载作用下所产生的变形，是否超过允许的数值。梁的变形超过了允许的数值，梁就不能正常地工作了。例如厂房的吊车梁如变形过大，会影响吊车的正常行驶；顶棚的龙骨如弯曲得太厉害，就会引起平顶开裂、抹灰脱落，不但影响美观，而且给人以不安全的感觉。

通常校核梁的刚度是计算梁在荷载作用下的最大相对线位移 $\Delta/l$，使其不得大于许用的相对线位移 $[\Delta/l]$，即：

$$\Delta/l \leqslant [\Delta/l]$$

在工程设计中，根据杆件的不同用途，对于弯曲变形的允许值，在有关规范中都作出了具体规定。表 2-5 中列出了土建工程中一般受弯构件的许用相对挠度值，可供参考。

在机械制造方面当设计传动轴时，除了对相对挠度值需要作必要的限制外，还要求转角的绝对值应限制在允许范围之内，即：

$$\theta \leqslant [\theta]$$

应当指出：对于一般土建工程中的构件，强度要求如果能够满足，刚度条件一般也能满足。因此，在设计工作中，刚度要求比起强度要求来，常常处于从属地位。一般都是先按强度要求设计出杆件的截面尺寸，然后将这个尺寸按刚度条件进行校核，通常都会得到满足。只有当正常工作条件对构件的变形限制得很严的情况下，或按强度条件所选用的构件截面过于单薄时，刚度条件才有可能不满足，这时，就要设法提高受弯构件的刚度。

一般受弯构件的许用相对线位移挠度值

表 2-5

| 结构类别 | 构件类别 | | 许用相对挠度值 |
|---|---|---|---|
| 木结构 | 檩条 | | 1/200 |
| | 椽条 | | 1/150 |
| | 抹灰吊顶的受弯构件 | | 1/250 |
| | 楼板梁和搁栅 | | 1/250 |
| 钢结构 | 吊车梁 | 手动吊车 | 1/500 |
| | | 电动吊车 | 1/600～1/750 |
| | 屋盖檩条 | | 1/150～1/200 |
| | 楼盖梁和工作平台 | 主梁 | 1/400 |
| | | 其他梁 | 1/250 |
| 钢筋混凝土结构 | 吊车梁 | 手动吊车 | 1/500 |
| | | 电动吊车 | 1/600 |
| | 屋盖、楼盖及楼梯构件 | 当 $L<7m$ 时 | 1/200 |
| | | 当 $7 \leqslant L \leqslant 9m$ 时 | 1/250 |
| | | 当 $L>9m$ 时 | 1/300 |

（三）提高弯曲刚度的措施

梁的弯曲变形与弯矩大小、支承情况、梁截面形状和尺寸、材料的力学性能及梁的跨度有关。所以提高梁的弯曲刚度，应从以下各因素入手：

（1）在截面面积不变的情况下，采用适当形状的截面使其面积尽可能分布在距中性轴较远的地方，如工字形、箱形截面。

（2）缩小梁的跨度或增加支承。

（3）调整加载方式以减小弯矩的数值。

# 第三章 建筑识图

## 第一节 建筑工程图的概念

### 一、什么是建筑工程图

（一）建筑工程图的概念

建筑工程图就是在建筑工程上所用的，一种能够十分准确地表达出建筑物的外形轮廓，大小尺寸、结构构造和材料做法的图详。

建筑工程图是房屋建筑施工时的依据，施工人员必须按图施工，不得任意变更图纸或无规则施工。看懂图纸，记住图纸内容和要求，是搞好施工必须具备的先决条件，同时学好图纸，审核图纸也是施工准备阶段的一项重要工作。

（二）建筑工程图的作用

建筑工程图是审批建筑工程项目的依据；在工程施工中，它是备料和施工的依据；当工程竣工时，要按照工程图的设计要求进行质量检查和验收，并以此评价工程质量优劣；建筑工程图还是编制工程概算、预算和决算及审核工程造价的依据；建筑工程图是具有法律效力的技术文件。

### 二、图纸的形成

建筑工程图是按照国家工程建设标准有关规定、用投影的方法来表达工程物体的建筑、结构和设备等设计的内容和技术要求的一套图纸。

（一）投影图

1. 投影的概念

在日常生活中我们常常看到影子这种自然现象，如在阳光照射下的人影、树影、房屋或景物的影子，见图 3-1。

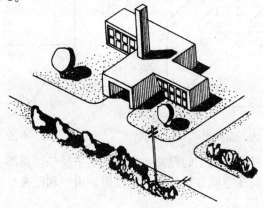

图 3-1 房屋、树、电线杆在阳光下的影子

物体产生影子需要两个条件，一要有光线，二要有承受影子的平面，缺一不行。

影子一般只能大致反映出物体的形状和轮廓，而表达不出空间形体的真面目，如果要准确地反映出物体的形状和大小，就要使光线对物体的照射按一定的规律进行，并假设光线能够透过形体而将形体的各个顶点和棱线都在承影面上投下影子，从而使点、线的影子组成能反映空间形体形状的图形，这样形成的影子称为投影，同时把光线称为投影线，把承受影子的平面称为投影面，把影子称为物体这一面的投影。

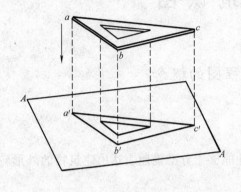

图 3-2　三角板的正投影

使光线互相平行，并且垂直照射物体和投影面的投影方法称为正投影，正投影是建筑工程图中常用的投影方法，本章主要介绍这种方法。通常我们用箭头表示投影方向，虚线表示投影线。见图 3-2。

一个物体一般都可以在空间六个相垂直的投影面上投影，如一块砖可以向上、下、左、右、前、后的六个面上投影，反映出它的大小和形状，由于砖是一个平行六面体，它各有两个面是相同的，所以只要取它向下、后、右三个平面的投影图形，就可以知道这块砖的形状和大小了，我们称之为三面投影。三个投影面，一个是水平投影面（$H$ 面），一个是正立投影面（$V$ 面），再一个是侧力投影面（$W$ 面），三个投影面相互垂直又都相交，交线成为投影轴，分别用 $OX$、$OY$、$OZ$ 标注，三投影轴的焦点 $O$，称为原点，物体的三个投影分别叫水平投影（$H$ 投影）、正面投影（$V$ 投影）、侧面投影（$W$ 投影）。见图 3-3。

建筑工程图设计图纸的绘制，就是按照这种方法绘成的，我们只要学会看懂这种图形，就可以在头脑中想象出一个物体的立体形象。

2. 点、线、面的正三面投影

（1）一个点在空间各投影面上的投影，总是一个点，见图 3-4。

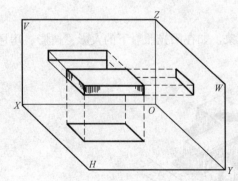

图 3-3　一块砖的三面投影

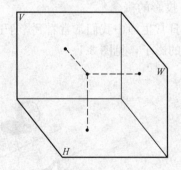

图 3-4　点的三面正投影示例

（2）一条线在空间各投影面上的投影，由线和点来反映，见图 3-5。

（3）一个几何体的面在空间各投影面上的投影，由线和面来反映，见图 3-6。

3. 物体的正三面投影

物体的投影比较复杂，它在空间各投影面上的投影，都是以面的形式反映出来，见图 3-7。

100

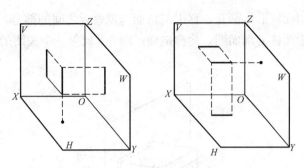

图 3-5 竖直向下和水平线的三面正投影

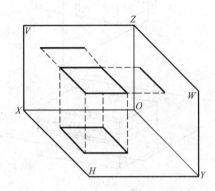

图 3-6 平行于水平投影面的平行四边形的三面正投影

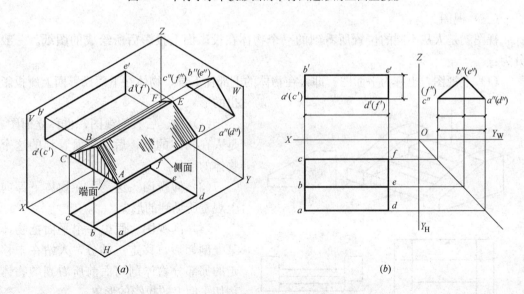

图 3-7 三棱柱的投影

（a）直观图；（b）投影图

## （二）剖面图

一个物体用三面投影画出的投影图，只能表明形体的外部形状，对于内部构造复杂的形体，仅用外形投影是无法表达清楚的，例如一幢房子的内部构造。为了能清晰地表达出形体内部构造形状，比较理想的图示方法就是形体的剖面图。

101

假想用一个剖切面将形体剖开，移去剖切面与观察者之间的部分，作出剩下那部分形体的投影，所得投影图称为剖面图，简称剖面。图 3-8 就是一个关闭的木箱剖切后的内部投影图。

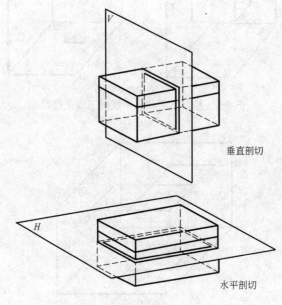

图 3-8　木箱的垂直、水平剖切

（三）视图

视图就是人从不同的位置所看到的一个物体在投影面上投影后所绘成的图纸。一般分为：

（1）上视图，也称为平面图。即人在物体的上部往下看，物体在下面投影面上所投影出的形象。

（2）前、后、侧视图，也称立面图。是人在物体的前、后、侧面看到的这个物体的形象。

（3）仰视图。这是人在物体下部向上观看所见到的形象。

（4）剖视图。假想一个平面把物体某处剖切后，移走一部分，人站在未移走的那部分物体剖切面前所看到的物体剖切平面上的投影的形象。

图 3-9 就是一个台阶的视图。

图 3-10 为一个建筑物的视图和剖面图。

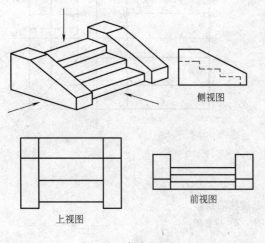

图 3-9　台阶的视图

从视图的形成说明物体都可以通过投影用面的形式来表达。这些平面图形又都代表了物体的某个部分。施工图纸就是采用这个办法，把想建造的房屋利用投影和视图的原理，绘制成立面图、平面图、剖面图等，使人们想象出该房屋的形象，并按照它进行施工变成实物。

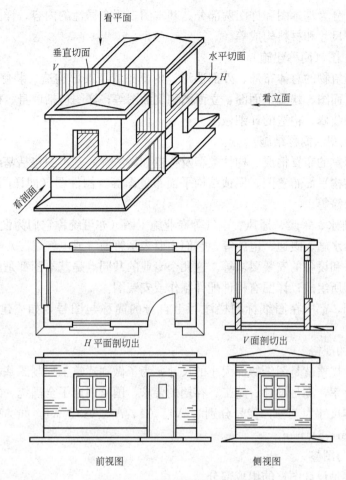

图 3-10　建筑物的视图和剖面图

### 三、建筑工程图的内容

（一）建筑工程图设计程序

建造房屋要先进行设计，房屋设计一般可概括为两个阶段，即初步设计阶段和施工图设计阶段。

1. 初步设计阶段

设计人员接受设计任务后，根据使用单位的设计要求，收集资料，调查研究，综合分析，合理构想，提出几种设计方案草图供选用。

在设计方案确定后，就着手用制图工具按比例绘出初步设计图，即房屋的总平面布置、房屋外形、基本构件选型、房屋的主要尺寸和经济指标等，供送有关部门审批用。

2. 施工图设计阶段

首先根据审批的初步设计图，进一步解决各种技术问题，取得各工种的协调与统一，进行具体的构造设计和结构计算。最后，从满足施工要求的角度绘制出一套能反映房屋整体和细部全部内容的图样，这套图样称施工图，它是房屋施工的主要依据。

（二）建筑工程图的种类

房屋施工图由于专业分工不同，一般分为建筑施工图、结构施工图和水暖电施工图。

各专业图纸中又分为基本图和详图两部分。基本图表明全局性的内容，详图表明某些构件或某些局部详细尺寸和材料构成等。

1. 建筑施工图（简称建施）

主要表示建筑物的总体布局、外部造形、内部布置、细部构造、装修和施工要求等。基本图包括总平面图、建筑平面图、立面图和剖面图等；详图包括墙身、楼梯、门窗、厕所、屋檐及各种装修、构造的详细做法。

2. 结构施工图（简称结施）

主要表示承重的布置情况、构件类型及构造和做法等。基本图包括基础图、柱网平面布置图、楼层结构平面布置图、屋顶结构平面布置图等。构件图（即详图）包括柱、梁、楼板、楼梯、雨篷等。

3. 给水、排水、采暖、通风、电气等专业施工图（亦可统称它们为设备施工图）

简称分别为水施、暖通、电施等，它们主要表示管通（或电气线路）与设备的布置和走向、构件做法和设备的安装要求等。这几个专业的共同点是基本图都是由平面图、轴测系统图或系统图所组成；详图有构件配件制作或安装图。

上述施工图，都应在图纸标题栏注写上自身的简称与图号，如"建施1"、"结施1"等。

（三）图纸的规格

所谓图纸的规格就是图纸幅面大小的尺寸，为了做到建筑工程制图基本统一，清晰简明，提高制图效率，满足设计、施工、存档的要求，国家制定了全国统一的标准，规定了图纸幅面的基本尺寸为五种，代号分别为 A0、A1、A2、A3、A4，如 A1 号图纸的基本幅尺寸为 594mm×841mm。

（四）图标与图签

图标与图签是设计图框的组成部分。

图标是说明设计单位、图名、编号的表格，一般在图纸的右下角。图签是供需要会签的图纸用的，一般位于图纸的左上角。见图 3-11。

（五）施工图的编排顺序

一套建筑施工图可有几张，甚至几百张之多，应按图纸内容的主次关系，系统地编排顺序。

一般一套建筑施工图的排列顺序是：图纸目录、设计总说明、建筑总平面图、建筑施工图、结构施工图、给水排水施工图、采暖通风施工图、电气工程施工图、煤气管道施工图等。

图纸目录便于查阅图纸，通常放在全套图纸的最前面。图纸目录上图号的编排顺序应与图纸一致。一般单张图纸在图标中图号用"建施 3/12"或"结施 4/10"的办法来表示，分子代表建施或结施的第几张图，分母代表建施或结施图纸的总张数。

**四、建筑工程图的常用图形和符号**

（一）图线

1. 线形和线宽

为了在工程图上表示出图中的不同内容，并且能分清主次，绘图时，必须选用不同的线形和不同线宽，详见表 3-1。

| ××× 设计院 | | 工程名称 | | ××× 住宅 | |
|---|---|---|---|---|---|
| 室主任 | 建筑设计 | | | 设计编号 | |
| 建筑负责人 | 结构设计 | | 首层平面图 | 设计日期 | |
| 结构负责人 | 制 图 | | | 比 例 | |
| 工程主持人 | | | | 图 号 | |

图 标

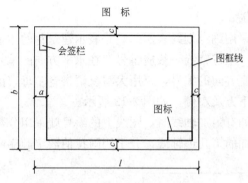

图 3-11  图纸中图标和图签的位置

图线 表 3-1

| 名称 | | 线型 | 线宽 | 用 途 |
|---|---|---|---|---|
| 实线 | 粗 | | $b$ | 1. 平、剖面图中被剖切的主要建筑构造(包括构配件)的轮廓线<br>2. 建筑立面图或室内立面图的外轮廓线<br>3. 建筑构造详图中被剖切的主要部分的轮廓线<br>4. 建筑构配件详图中的外轮廓线<br>5. 平、立、剖面的剖切符号 |
| | 中粗 | | $0.7b$ | 1. 平、剖面图中被剖切的次要建筑构造(包括构配件)的轮廓线<br>2. 建筑平、立、剖面图中建筑构配件的轮廓线<br>3. 建筑构造详图及建筑构配件详图中的一般轮廓线 |
| | 中 | | $0.5b$ | 小于 $0.7b$ 的图形线、尺寸线、尺寸界限、索引符号、标高符号、详图材料做法引出线、粉刷线、保温层线、地面、墙面的高差分界线等 |
| | 细 | | $0.25b$ | 图例填充线、家具线、纹样线等 |
| 虚线 | 中粗 | | $0.7b$ | 1. 建筑构造详图及建筑构配件不可见的轮廓线<br>2. 平面图中的起重机(吊车)轮廓线<br>3. 拟建、扩建建筑物轮廓线 |
| | 中 | | $0.5b$ | 投影线、小于 $0.5b$ 的不可见轮廓线 |
| | 细 | | $0.25b$ | 图例填充线、家具线等 |
| 单点长划线 | 粗 | | $b$ | 起重机(吊车)轨道线 |
| | 细 | | $0.25b$ | 中心线、对称线、定位轴线 |

105

| 名称 | | 线型 | 线宽 | 用　　途 |
|---|---|---|---|---|
| 折断线 | 细 | ─────∿───── | 0.25b | 部分省略表示时的断开界线 |
| 波浪线 | 细 | ∽∽∽∽∽∽ | 0.25b | 部分省略表示时的断开界线,曲线形构间断开界限构造层次的断开界限 |

注：地平线宽可用1.4b。

2. 线条种类和用途

(1) 定位轴线，采用细点划线表示。它是表示建筑物的主要结构或墙体的位置，亦可作为标志尺寸的基线。定位轴线一般应编号。在水平方向的编号，采用阿拉伯数字，由左向右依次注写；在竖直方向的编号，采用大写汉语拼音字母，由下而上顺序注写。轴线编号一般标注在图面的下方及左侧，如图 3-12 所示。

两个轴线之间，如有附加轴线时，图线上的编号就采用分数表示，分母表示前一轴线的编号，分子表示附加的第几道轴线，分子用阿拉伯数字顺序注写。表示方法见图 3-13。

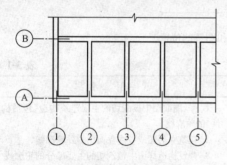

图 3-12　定位轴线

表示 3 号轴线以后附加的第二根轴线

表示 D 号轴线以后附加的第二根轴线

图 3-13　附加轴线编号表示法

(2) 剖面的剖切线，一般采用粗实线。图线上的剖切线是表示剖面的剖切位置和剖视方向。编号是根据剖视方向注写于剖切线的一侧，如图 3-14，其中"2-2"剖切线就是表示人站在图右面向左方向（即向标志 2 的方向）视图。

剖面编号采用阿拉伯数字，按顺序连续编排。此外转折的剖切线的转折次数一般以一次为限。当我们看图时，被剖切的图面与剖面图不在同一张图纸上时，在剖切线下会有注明剖面图所在图纸的图号。

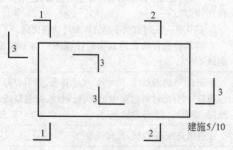

图 3-14　剖面切线表示法

再有，如构件的截面采用剖切线时，编号亦用阿拉伯数字，编号应根据剖视方向注写于剖切线的一侧，例如向左剖视的数字就写在左侧，向下剖视的，就写在剖切线下方，见图 3-15。

(3) 尺寸线，尺寸线多数用细实线绘出。尺寸线在图上表示各部位的实际尺寸。它由尺寸界线、起止点的短斜线（或圆黑点）和尺寸线所组成。尺寸界线有时与房屋的轴线重

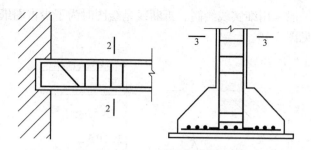

图 3-15 剖切线编号表示法

合，它用短竖线表示，起止点的斜线一般与尺寸线成 45°角，尺寸线与界线相交，相交处应适当延长一些，便于绘短斜线后使人看时清晰，尺寸大小的数字应填写在尺寸线上方的中间位置（图 3-16）。

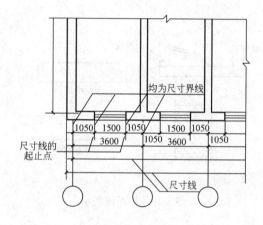

图 3-16 尺寸线表示法

此外桁架结构类的单线图，其尺寸在图上都标在构件的一侧，单线一般用粗实线绘制，见图 3-17 (a)。标志半径，直径及坡度的尺寸，其标注方法见图 3-17 (b)。半径以 R 表示，直径以 $\phi$ 表示，坡度用三角形或百分比表示。

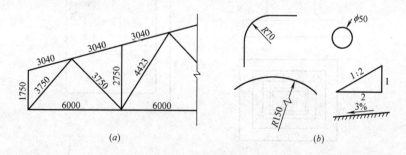

图 3-17 桁架等结构表示法

（4）引出线，引出线用细实线绘制。引出线是为了注释图纸上某一部分的标高、尺寸、做法等文字说明时，因为图面上书写部位尺寸有限，而用引出线将文字引到适当部位加以注解。引出线的形式如图 3-18 所示。

（5）折断线，一般采用细实线绘制。折断线是绘图时为了少占图纸而把不必要的部分省略不画的表示。见图 3-19。

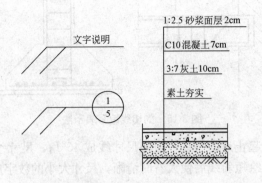

图 3-18　引出线表示法

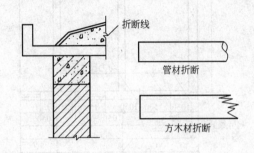

图 3-19　折断线表示

（6）虚线，虚线是线段及间距应保持长短一致的断续短线。它在图上有中粗、细线两类。它表示：建筑物看不见的背面和内部的轮廓或界线；设备所在位置的轮廓。如图 3-20，表示一个基础杯口的位置和一个房屋内锅炉安放的位置。

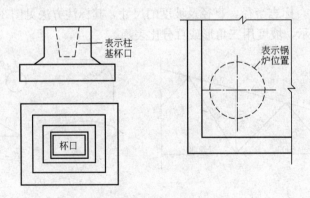

图 3-20　虚线表示法

（二）尺寸和比例

1. 图纸的尺寸

一栋建筑物，一个建筑构件，都有长度、宽度、高度，它们需要用尺寸来表明它们的大小。平面图上的尺寸线所示的数字即为图面某处的长、宽尺寸。按照国家标准规定，图纸上除标高的高度及总平面图上尺寸用米（m）为单位标注外，其他尺寸一律用毫米（mm）为单位。为了统一起见所有以毫米（mm）为单位的尺寸在图纸上就只写数字不再注单位了。如果数字的单位不是毫米，那么必须写清楚。

2. 图纸的比例

图纸上标出的尺寸，实际上并非在图上就真是那么长，如果真要按实足的尺寸绘图，几十米长的房子是不可能用桌面大小的图纸绘出来的。而是通过把所要绘的建筑物缩小几十倍、几百倍甚至上千倍才能绘成图纸。我们把这种缩小的倍数叫做"比例"。如在图纸上用图面尺寸为 1cm 的长度代表实物长度 1m（也就是代表实物长度 100cm）的话，那么我们就称用这种缩小的尺寸绘成的图的比例叫做 1：100。反之一栋 60m 长的房屋用 1：100 的比例描绘下来，在图纸上就只有 60cm 长了，这样在图纸上也就可以画得下了。所以我们知道了图纸的比例之后，只要量得图上的实际长度再乘上比例倍数，就可以知道该建筑物的实际大小了。

（三）标高及其他

1. 标高

标高是表示建筑物的地面或某一部位的高度。在图纸上标高尺寸的注法都是以米（m）为单位的，一般注写到小数点后三位，在总平面图上只要注写到小数点后二位就可以了。

在建筑施工图纸上用绝对标高和建筑标高两种方法表示不同的相对高度。

绝对标高，它是以海平面高度 0 点（我国是以青岛黄海海平面为基准），图纸上某处所注的绝对标高高度，就是说明该图面上某处的高度比海平面高出多少。绝对标高一般只用在总平面图上，以标志新建筑处地的高度。有时在建筑施工图的首层平面上也有注写，它的标注方法是如 ±0.000＝▼ 50.00，表示该建筑的首层地面比黄海海面高出 50m，绝对标高的图式是黑色三角形。

建筑标高，除总平面图外，其他施工图上用来表示建筑物各部位的高度，都是以该建筑物的首层（即底层）室内地面高度作为 0 点（写作 ±0.000）来计算的。比 0 点高的部位我们称为正标高，如比 0 点高出 3m 的地方，我们标成 ▽ 3.000，而数字前面不加（＋）号。反之比 0 点低的地方，如室外散水低 45cm，我们标成 ▽－0.450，在数字前面加上（－）号。

2. 指北针与风玫瑰

在总平面图及首层的建筑平面图上，一般都绘有指北针，表示该建筑物的朝向。

风玫瑰是总平面图上用来表示该地区每年风向频率的标志。它是以十字坐标定出东、南、西、北、东南、东北、西南、西北等十六个方向后，根据该地区多年平均统计的各个方向吹风次数的百分数值，绘成的折线图形，我们叫它风频率玫瑰图，简称风玫瑰图。见图 3-21。

3. 索引标志

索引标志是表示图上该部分另有详图的意思。它用圆圈表示，索引标志的不同表示方法有以下几种：

（1）所索引的详图在本图纸上（图 3-22，a）。

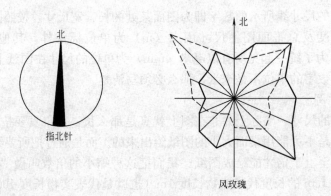

图 3-21　指北针与风玫瑰

（2）所索引的详图不在本张图纸上（图 3-22，b）。

（3）所索引的详图，采用标准详图（图 3-22，c）。

（4）局部剖面详图的表示：详图表示在索引线边上有一根短粗直线，表示剖视方向（图 3-22，d）。

（5）金属零件、钢筋、构件等编号也用圆圈表示（图 3-22，e）。

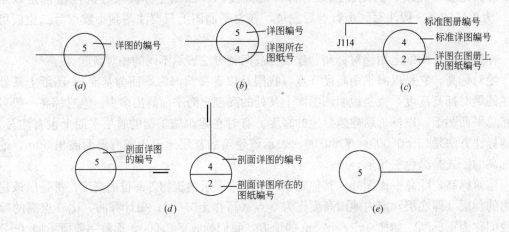

图 3-22　索引标志的表示法

4. 符号

（1）对称符号。这个符号的含义是当绘制一个完全对称的图形时，为了节省图纸篇幅，在对称中心线上，绘上对称符号，则其对称中心的另一边可以省略不画。中心线用细点划线绘制，在中心线上下划两条平行线，这便是对称符号，另一边的图就不必画了（见图 3-23）。

（2）连接符号。它是用在连接切断的结构构件图形上的符号。如当一个构件的这一部分和需要相接的另一部连接时就采用这个符号来表示。它有两种情形：第一，所绘制的构件图形与另一个构件的图形仅部分不相同时，可只画另一构件不同的部分，并用连接符号表示相连，两个连接符号应对准在同一线上。第二，当同一个构件在绘制时图纸有限制，那时在图纸上就将它分为两部分绘制，在相连的地方再用连接符号表示。有了这个符号就便于我们在看图时找到两个相连部分，从而了解该构件的全貌。见图 3-24。

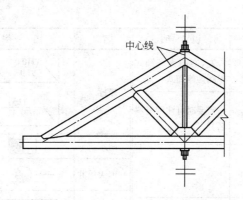

图 3-23 中心线和对称符号的表示法

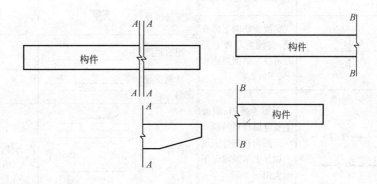

图 3-24

5. 图例

图例是建筑工程图纸上用图形来表示一定含义的一种符号,具有一定的形象性,使人看了能体会到它代表的东西。以下常用图例选自现行国家标准《建筑制图标准》、《房屋建筑制图统一标准》。

(1) 建筑总平面图上常用的图例 (表 3-2)

总平面图上常用的图例                             表 3-2

| 名称 | 图 例 | 说 明 | 名称 | 图 例 | 说 明 |
|------|-------|-------|------|-------|-------|
| 新建的建筑物 | 8 ▲ | 1. 用▲表示出入口图例 2. 需要时,可在图形内右上角以点数或数字(高层宜用数字)表示层数 3. 用粗实线表示 | 计划扩建的预留地或建筑物 | | 用中粗虚线表示 |
| | | | 拆除的建筑物 | | 用细实线表示 |
| 原有的建筑物 | | 1. 应注明拟利用者 2. 用细实线表示 | 新建的地下建筑物或构筑物 | | 用粗虚线表示 |

111

| 名称 | 图 例 | 说 明 | 名称 | 图 例 | 说 明 |
|---|---|---|---|---|---|
| 漏斗式贮仓 | ⊠ ⧄ ⊗ | 左、右图为底卸式 中图为侧卸式 | 坐标 | X110.00 Y85.00 / A132.51 B271.42 | 上图表示测量坐标 下图表示建筑坐标 |
| 散状材料露天堆场 | | 需要时可注明材料名称 | 雨水口 | | |
| 铺砌场地 | | | 消火栓井 | | |
| 水塔、贮藏 | | 左图为水塔或立式贮罐右图为卧式贮藏 | 室内标高 | 15.00 | |
| | | | 室外标高 | ▼80.00 | |
| 烟囱 | | 实线为烟囱下部直径,虚线为基础必要时可注写烟囱高度和上、下口直径 | 原有道路 | | |
| | | | 计划扩建道路 | --- --- --- | |
| 围墙及大门 | | 上图为砖石、混凝土或金属材料的围墙 下图为通透性围墙 如仅表示围墙时不画大门 | 桥梁 | | 1. 上图为公路桥,下图为铁路桥 2. 用于旱桥时应说明 |

## (2) 常用建筑材料的图例（表 3-3）

**常用建筑材料图例**　　　　　　　　　　　　　　　　　　　　　　　表 3-3

| 名称 | 图 例 | 说 明 | 名称 | 图 例 | 说 明 |
|---|---|---|---|---|---|
| 自然土壤 | | 包括各种自然土壤 | 多孔材料 | | 包括水泥珍珠岩、沥青珍珠岩、泡沫混凝土、非承重加气混凝土、泡沫塑料、软木等 |
| 夯实土壤 | | | 石膏板 | | |
| 砂、灰土 | | 靠近轮廓线点较密的点 | 金属 | | 1. 包括各种金属 2. 图形小时,可涂黑 |
| 天然石材 | | 包括岩层、砌体、铺地、贴面等材料 | | | |
| 混凝土 | | 1. 本图例仅适用于能承重的混凝土及钢筋混凝土 2. 包括各种强度等级、骨料、添加剂的混凝土 3. 在剖面图上画出钢筋时,不画图例线 4. 断面较窄,不易画出图例线时,可涂黑 | 玻璃 | | 包括平板玻璃、磨砂玻璃、夹丝玻璃、钢化玻璃等 |
| | | | 防水材料 | | 构造层次多或比例较大时,采用上面图例 |
| 钢筋混凝土 | | | 粉刷 | | 本图例点以较稀的点 |
| | | | 毛石 | | |

| 名称 | 图例 | 说明 | 名称 | 图例 | 说明 |
|---|---|---|---|---|---|
| 普通砖 | 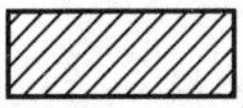  | 1. 包括砌体、砌块<br>2. 断面较窄,不易画出图例线时,可涂红 | 空心砖 |   | 包括各种多孔砖 |
| 耐火砖 |   | 包括耐酸砖等 | 饰面砖 |   | 包括铺地砖、陶瓷锦砖(马赛克)、人造大理石等 |

（3）常用建筑构造及配件的图例（表 3-4）

**常用建筑构造及配件图例**　　　　　　　　表 3-4

| 名　　称 | 图　　例 | 备　　注 |
|---|---|---|
| 墙体 | 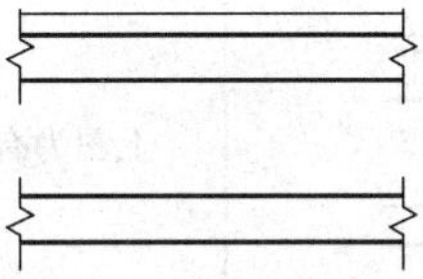  | 1. 上图为外墙,下图为内墙<br>2. 外墙细线表示有保温层或有幕墙<br>3. 应加注文字或涂色或图案填充表示各种材料的墙体<br>4. 在各层平面图中防火墙宜着重以特殊图案填充表示 |
| 隔断 | 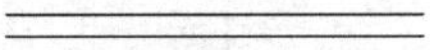  | 1. 加注文字或涂色或图案填充表示各种材料的轻质隔断<br>2. 适用于到顶与不到顶隔断 |
| 玻璃幕墙 | 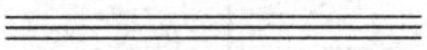  | 幕墙龙骨是否表示由项目设计决定 |
| 栏杆 |   | — |
| 楼梯 | 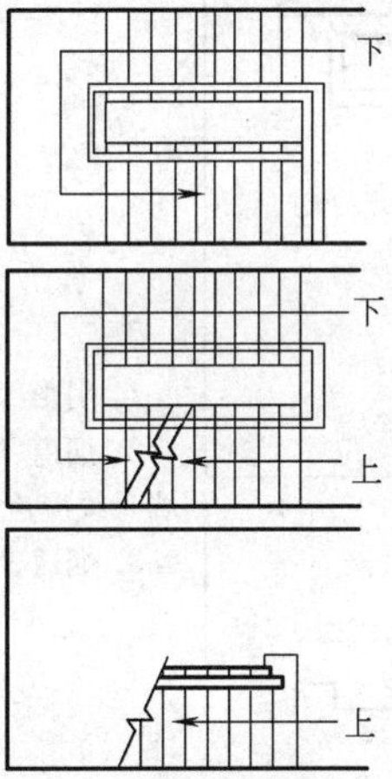  | 1. 上图为顶层楼梯平面,中图为中间层楼梯平面,下图为底层楼梯平面<br>2. 需设置靠墙扶手或中间扶手时,应在图中表示 |
| 检查口 |  | 左图为可见检查口,右图为不可见检查口 |
| 孔洞 |  | 阴影部分亦可填充灰度或涂色代替 |
| 坑槽 |  | — |

| 名　称 | 图　例 | 备　注 |
|---|---|---|
| 墙预留洞、槽 | 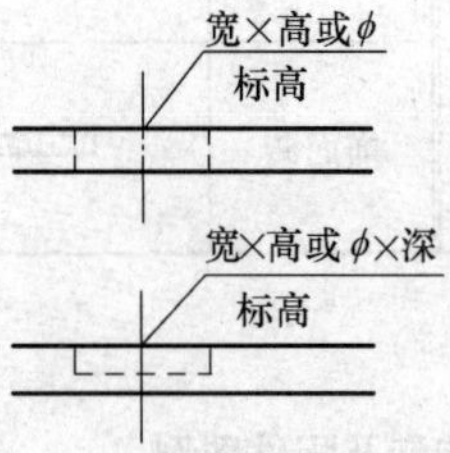 宽×高或φ 标高<br><br>宽×高或φ×深 标高 | 1. 上图为预留洞，下图为预留槽<br>2. 平面以洞（槽）中心定位<br>3. 标高以洞（槽）底或中心定位<br>4. 宜以涂色区别墙体和预留洞（槽） |
| 地沟 | 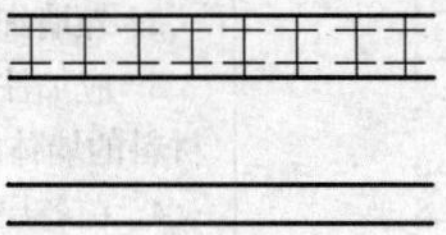 | 上图为有盖板地沟，下图为无盖板明沟 |
| 烟道 | 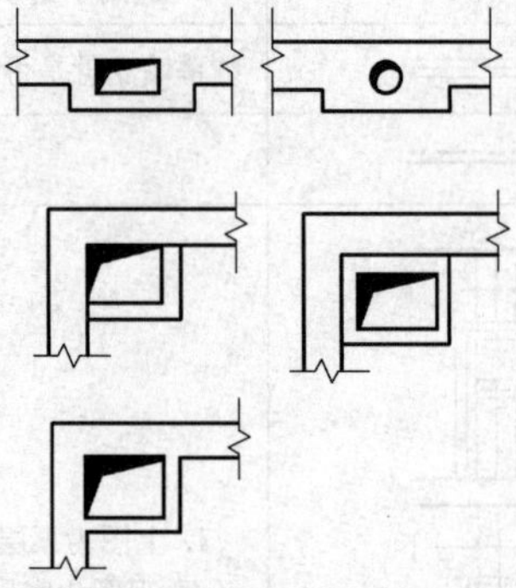 | 1. 阴影部分亦可填充灰度或涂色代替<br>2. 烟道、风道与墙体为相同材料。其相接处墙身线应连通<br>3. 烟道、风道根据需要增加不同材料的内衬 |
| 风道 | 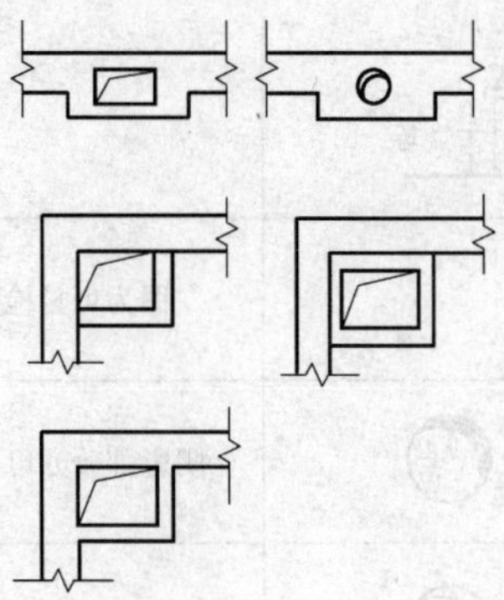 | |

| 名　称 | 图　例 | 备　注 |
|---|---|---|
| 空门洞 | 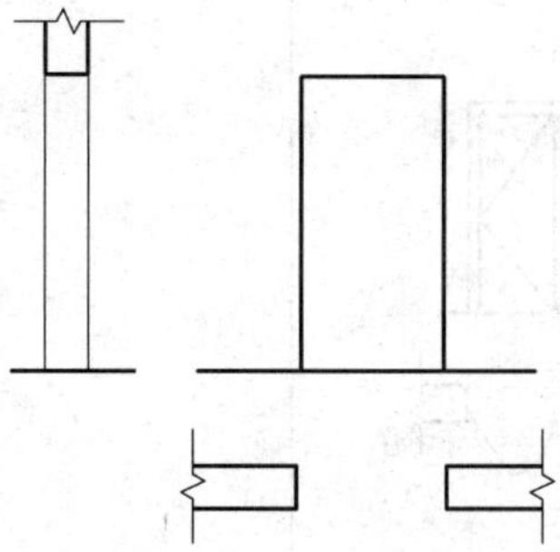 | $h$ 为门洞高度 |
| 单面开启单扇门（包括平开或单面弹簧） | 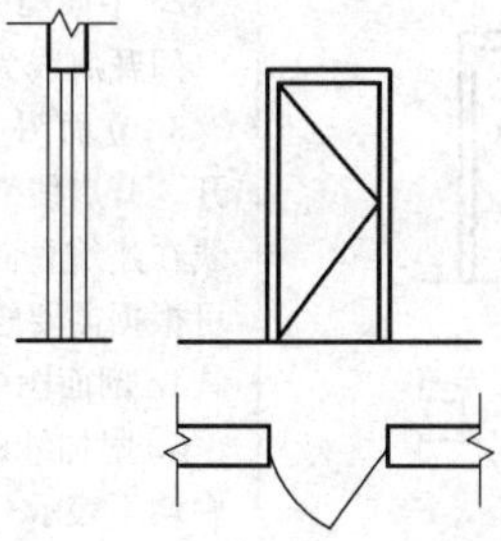 | 1. 门的名称代号用 M 表示<br>2. 平面图中，下为外，上为内<br>门开启线为 90°、60° 或 45°，开启弧线宜绘出<br>3. 立面图中，开启线实线为外开，虚线为内开。开启线交角的一侧为安装合页一侧。开启线在建筑立面图中可不表示，在立面大样图中可根据需要绘出<br>4. 剖面图中，左为外，右为内<br>5. 附加纱扇应以文字说明，在平、立、剖面图中均不表示<br>6. 立面形式应按实际情况绘制 |
| 双面开启单扇门（包括双面平开或双面弹簧） | 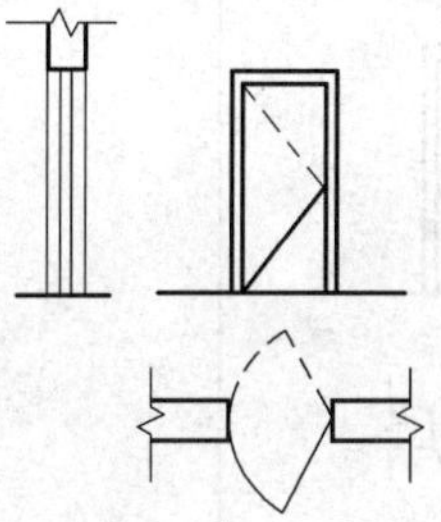 | |
| 双层单扇平开门 | 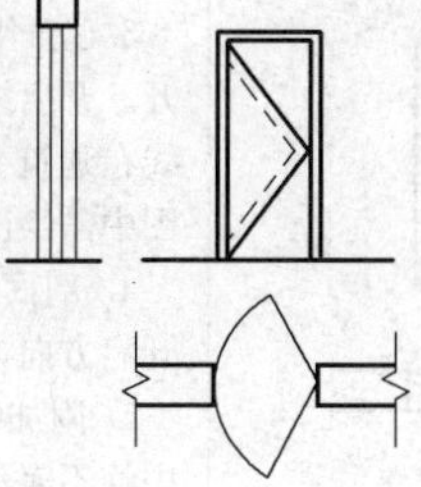 | |

| 名　称 | 图　例 | 备　注 |
|---|---|---|
| 单面开启双扇门（包括平开或单面弹簧） | | |
| 双面开启双扇门（包括双面平开或双面弹簧） | 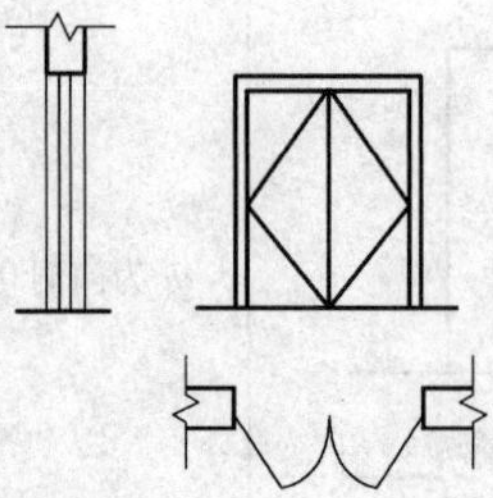 | 1. 门的名称代号用 M 表示<br>2. 平面图中，下为外，上为内<br>门开启线为 90°、60°或 45°，开启弧线宜绘出<br>3. 立面图中，开启线实线为外开，虚线为内开。开启线交角的一侧为安装合页一侧。开启线在建筑立面图中可不表示，在立面大样图中可根据需要绘出<br>4. 剖面图中，左为外，右为内<br>5. 附加纱扇应以文字说明，在平、立、剖面图中均不表示<br>6. 立面形式应按实际情况绘制 |
| 双层双扇平开门 | | |
| 立转窗 | 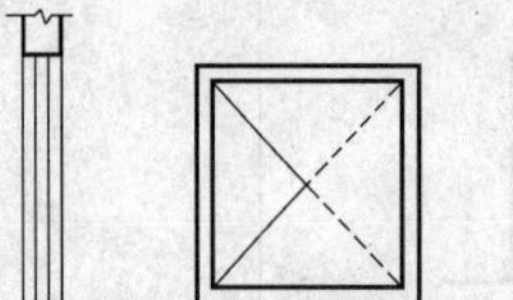 | 1. 窗的名称代号用 C 表示<br>2. 平面图中，下为外，上为内<br>3. 立面图中，开启线实线为外开，虚线为内开。开启线交角的一侧为安装合页一侧。开启线在建筑立面图中可不表示，在门窗立面大样图中需绘出<br>4. 剖面图中，左为外，右为内。虚线仅展示开启方向，项目设计不展示<br>5. 附加纱窗应以文字说明，在平、立、剖面图中均不表示<br>6. 立面形式应按实际情况绘制 |

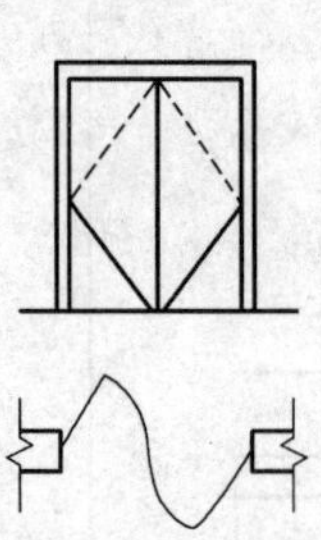

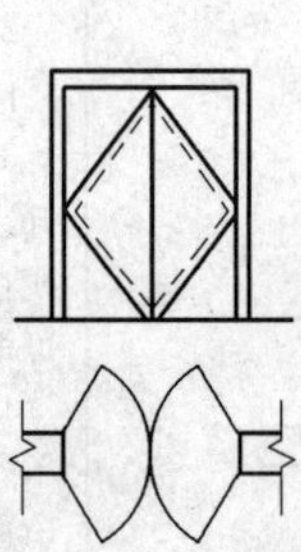

| 名　称 | 图　例 | 备　注 |
|---|---|---|
| 内开平开内倾窗 | | |
| 单层外开平开窗 | 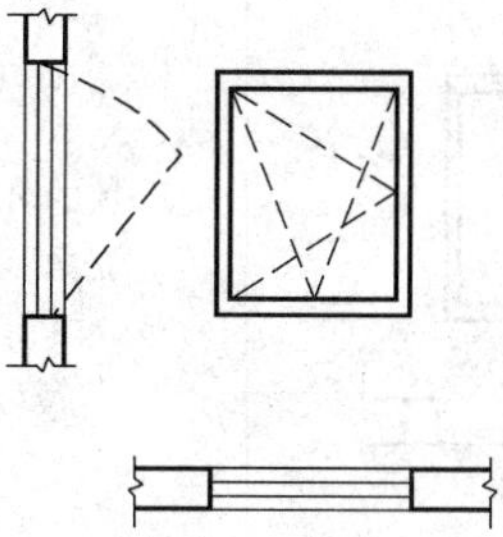 | 1. 窗的名称代号用 C 表示<br>2. 平面图中,下为外,上为内<br>3. 立面图中,开启线实线为外开,虚线为内开。开启线交角的一侧为安装合页一侧。开启线在建筑立面图中可不表示,在门窗立面大样图中需绘出<br>4. 剖面图中,左为外,右为内。虚线仅展示开启方向,项目设计不展示<br>5. 附加纱窗应以文字说明,在平、立、剖面图中均不表示<br>6. 立面形式应按实际情况绘制 |
| 单层内开平开窗 | | |
| 双层内外开平开窗 | | |

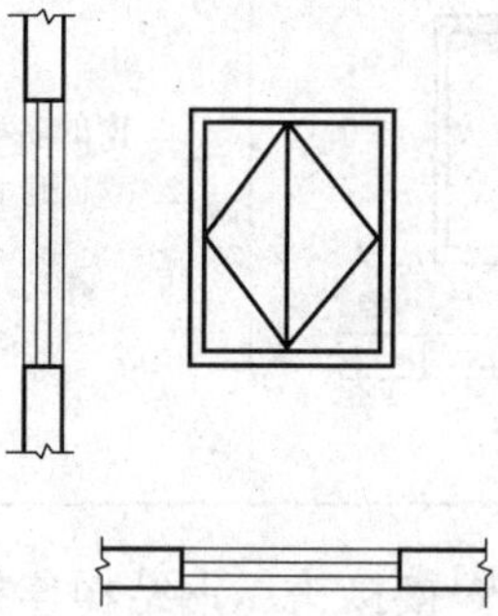

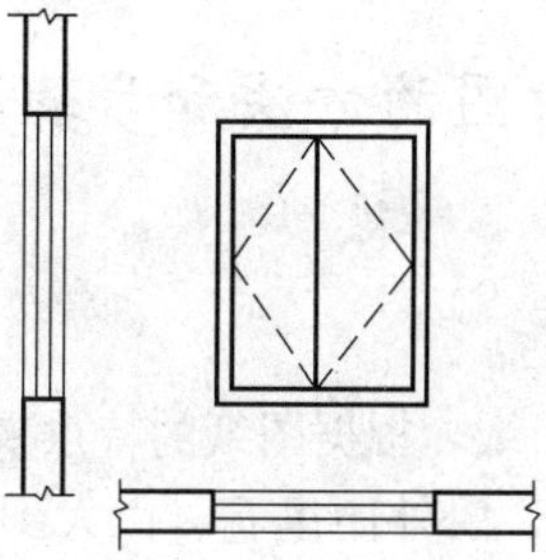

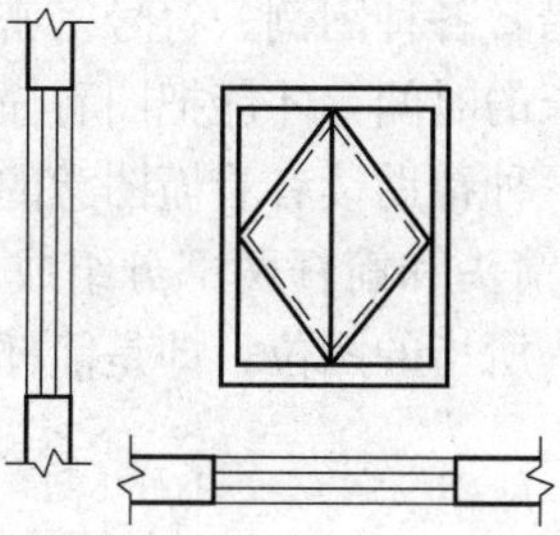

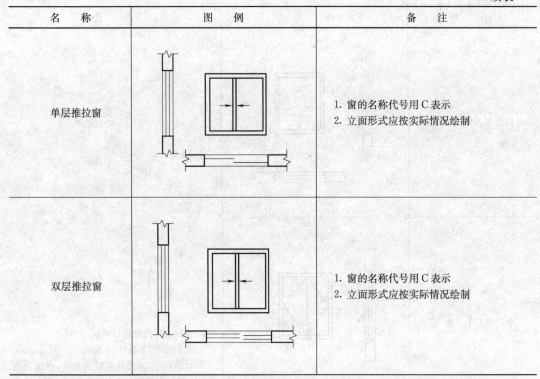

| 名　称 | 图　例 | 备　注 |
|---|---|---|
| 单层推拉窗 | | 1. 窗的名称代号用 C 表示<br>2. 立面形式应按实际情况绘制 |
| 双层推拉窗 | | 1. 窗的名称代号用 C 表示<br>2. 立面形式应按实际情况绘制 |

其他还有表示卫生器具、水暖、钢筋焊接接头、钢结构连接等图例，就不一一列举，可以从现行国家标准《建筑制图标准》GB/T 50104、《房屋建筑制图统一标准》GB/T 50001 等中查到。

## 第二节　看图的方法和步骤

### 一、一般方法和步骤

（一）看图的方法

看图的方法一般是先要弄清是什么图纸，根据图纸的特点来看。从看图经验的顺口溜说，看图应："从上往下看、从左向右看、由外向里看、由大到小看、由粗到细看，图样与说明对照看，建施与结施结合看"。必要时还要把设备图拿来参照看，这样看图才能收到较好的效果。

但是由于图面上的各种线条纵横交错，各种图例、符号密密麻麻，对初学的看图者来说，开始时必须仔细认真，并要花费较长的时间，才能把图看懂。为了使读者能较快获得看懂图纸的效果，在举例的图上绘制成一种帮助读者看懂图意的工具符号，我们给这个工具符号起个名字，叫做"识图箭"，它由箭头和箭杆两部分组成，箭头是涂黑的带鱼尾状的等腰三角形，箭杆是由直线组成，箭头所指的图位，即是箭杆上文字说明所要解释的部位，起到说明图意内容的作用。

（二）看图的步骤

（1）图纸拿来之后，应先把目录看一遍。了解是什么类型的建筑，是工业厂房还是民用建筑，建筑面积多大，是单层、多层还是高层，是哪个建设单位，哪个设计单位，图纸共有多少张等。这样对这份图纸的建筑类型有了初步的了解。

（2）按照图纸目录检查各类图纸是否齐全，图纸编号与图名是否符合；如采用相配的标准图则要了解标准图是哪一类的，图集的编号和编制的单位，要把它们准备存放在手边以便到时可以查看。图纸齐全后就可以按图纸顺序看图了。

（3）看图程序是先看设计总说明，了解建筑概况，技术要求等，然后看图。一般按目录的排列往下逐张看图，如先看建筑总平面图，了解建筑物的地理位置、高程、坐标、朝向，以及与建筑有关的一些情况。如果是一个施工技术人员，那么他看了建筑总平面图之后，就得进一步考虑施工时如何进行平面布置等设想。

（4）看完建筑总平面图之后，则先看建筑施工图中的建筑平面图，了解房屋的长度、宽度、轴线尺寸、开间大小、一般布局等。再看立面图和剖面图，从而达到对这栋建筑物有一个总体的了解。最好是通过看这三种图之后，能在脑子中形成这栋房屋的立体形象，能想象出它的规模和轮廓。这就需要运用自己的生产实践经历和想象能力了。

（5）在对建筑图有了总体了解之后，我们可以从基础图一步步地深入看图了。从基础的类型、挖土的深度、基础尺寸、构造、轴线位置等开始仔细地阅读。按基础——结构——建筑（包括详图）这个施工顺序看图，遇到问题还要记下来，以便在继续看图中得到解决，或到设计交底时提出。在看基础图时，还可以结合看地质勘探图，了解土质情况以便施工时核对土质构造。

（6）在图纸全部看完之后，可按不同工种有关的施工部分，将图纸再细读，如砌砖工序要了解墙厚度、高度、门、窗口大小，清水墙还是混水墙，窗口有没有出檐，用什么过梁等。木工工序就关心哪儿要支模板，如现浇钢筋混凝土梁、柱就要了解梁、柱断面尺寸、标高、长度、高度等；除结构之外木工工序还要了解门窗的编号、数量、类型和建筑上有关的木装修图纸。钢筋工序则凡是有钢筋的地方，都要看细，经过翻样才能配料和绑扎。其他工序都可以从图纸中看到施工需要的部分。除了会看图之外，有经验的人还要考虑按图纸的技术要求，如何保证各工序的衔接以及工程质量和安全作业等。

（7）随着生产实践经验的增长和看图知识的积累，在看图中间还应该对照建筑图与结构图看看有无矛盾，构造上能否施工，支模时标高与砌砖高度能不能对口（俗称能不能交圈）等等。

**二、建筑总平面图**

（一）什么是建筑总平面图

在地形图上画上新建房屋和原有房屋的外轮廓的水平投影及场地，道路、绿化的布置的图形即为建筑总平面图。

建筑群的总平面图的绘制，建筑群位置的确定，是由城市规划部门先把用地范围规定下来后，设计部门才能在他们规定的区域内布置建筑总平面。当在城市中布置需建房屋的总平面图时，一般以城市道路中心线为基准，再由它向需建设房屋的一面定出一条该建筑物或建筑群的"红线"（所谓"红线"就是限制建筑物的界限线），从而确定建筑物的边界位置，然后设计人员再以它为基准，设计布置这群建筑的相对位置，绘制出建筑总平面布置图。

（二）建筑总平面图的内容及看图方法

我们以图 3-25 为例进行说明。

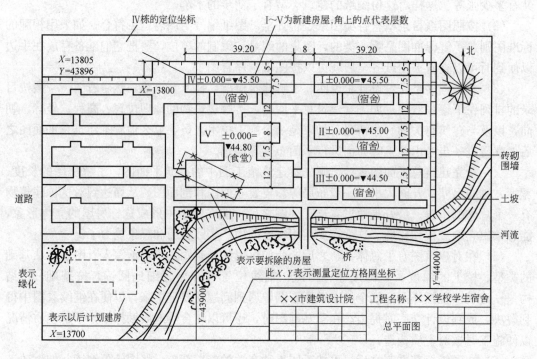

图 3-25　建筑总平面图

1. 总平面图的内容

从图中我们可以看到总平面图的基本组成有房屋的方位，河流、道路、桥梁、绿化、风玫瑰和指北针，原有建筑，围墙等。

2. 怎样看图

（1）先看新建的房屋的具体位置，外围尺寸，从图中可看到共有五栋房屋是用粗实线画的，表示这五栋房屋是新设计的建筑物，其中四栋宿舍，一栋食堂，房屋长度均为39.20m（国家标准规定总平面图上的尺寸单位为"m"），相隔间距 8m，前后相隔12.00m，住宅宽度 7.50m，食堂是工字形，一宽 8m，一宽 12.00m。因此得出全部需占地范围为 86.40m 长，46.5m 宽，如果包括围墙道路及考虑施工等因素占地范围还要大，可以估计出约为 120.00m 长，80.00m 宽。

（2）再看这些房屋首层室内地面的 ±0.000 标高是相当于多少绝对标高。从图上可看出北面高，南面低，北面两栋，±0.000 ＝ ▼ 45.50m，东面两栋住宅分别为：▼ 45.00m和▼ 44.50m，食堂为 ▼ 44.80m 等。这就给我们测量水平标高，引进水准点时有了具体数值。

（3）看房屋的坐向，从图上可以看出新建房屋均为坐北朝南的方位。并从风玫瑰图上看得知该地区全年风量以西北风最多，这样可以给我们施工人员在安排施工时考虑到这一因素。

（4）看房屋的具体定位，从图上可以看出，规划上已根据坐标方格网，将北边Ⅳ号房的西北角纵横轴线交点中心位置用 $x$＝13805，$y$＝43896 定了下来。这样使我们施工放线

120

定位有了依据。

（5）看与房屋建筑有关的事项。如建成后房屋周围的道路，现有市内水源干线，下水管道干线，电源可引入的电杆位置等（该图上除道路外均没有标出，这里是泛指）。如现在图上还有河流、桥梁、绿化需拆除的房屋等的标志，因此这些都是在看总平面图后应有所了解的内容。

（6）最后如果从施工安排角度出发，还应看旧建筑相距是否太近，在施工时对居民的安全是否有保证，河流是否太近，土方坡度牢固否等。如何划出施工区域等作为施工技术人员应该构思出的一张施工总平面布置图的轮廓。

**三、建筑施工图**

**（一）什么是建筑施工图**

建筑施工图是工程图纸中关于建筑构造的那部分图，主要用来表明建筑物内部布置和外部的装饰，以及施工需用的材料和施工要求的图样。它只表示建筑上的构造，而不表示结构性承重需要的构造，主要用于放线和装饰。通常分为建筑平面图、立面图、剖面图和详图（包括标准图）。

1. 建筑平面图

建筑平面图就是将房屋用一个假想的水平面，沿窗口（位于窗台稍高一点）的地方水平切开，这个切口下部的图形投影至所切的水平面上，从上往下看到的图形即为该房屋的平面图。而设计时，则是设计人员根据业主提出的使用功能，按照规范和设计经验构思绘制出房屋建筑的平面图。

建筑平面图包含的内容为：

（1）由外围看可以知道它的外形、总长、总宽以及建筑的面积，像首层的平面图上还绘有散水、台阶、外门、外窗的位置，外墙的厚度，轴线标注，有的还可能有变形缝、外用铁爬梯等图示。

（2）往内看可以看到图上绘有内墙位置、房间名称、楼梯间、卫生间等布置。

（3）从平面图上还可以了解到开间尺寸，内门窗位置，室内地面标高，门窗型号尺寸以及表明所用详图等符号。

平面图根据房屋的层数不同分为首层平画图、二层平面图、三层平面图等。如果楼层仅与首层不同，那么二层以上的平面图又称为标准层平面图。最后还有屋顶平面图，屋顶平面图是说明屋顶上建筑构造的平面布置和雨水泛水坡度情况的图。

2. 建筑立面图

建筑立面图是建筑物的各个侧面，向它平行的竖直平面所作的正投影，这种投影得到的侧视图，我们称为立面图。它分为正立面，背立面和侧立面；有时又按朝向分为南立面，北立面，东立面，西立面等。立面图的内容为：

（1）立面图反映了建筑物的外貌，如外墙上的檐口、门窗套、出檐、阳台、腰线，门窗外形、雨篷、花台、水落管、附墙柱、勒脚、台阶等等构造形状；同时还表明外墙的装修做法，是清水墙还是抹灰，抹灰是水泥还是干粘石，还是水刷石，还是贴面砖等。

（2）立面图还标明各层建筑标高、层数、房屋的总高度或突出部分最高点的标高尺寸。

有的立面图也在侧边采用竖向尺寸，标注出窗口的高度，层高尺寸等。

3. 建筑剖面图

为了了解房屋竖向的内部构造，我们假想一个垂直的平面把房屋切开，移去一部分，对余下部分向垂直平面作正投影，从而得到的剖视图即为该建筑在某一所切开处的剖面图。剖面图的内容为：

(1) 从剖面图可以了解各层楼面的标高，窗台、窗上口、顶棚的高度，以及室内净空尺寸。

(2) 剖面图还画出房屋从屋面至地面的内部构造特征。如屋盖是什么形式的，楼板是什么构造的，隔墙是什么构造的，内门的高度等。

(3) 剖面图上还注明一些装修做法，楼、地面做法，对其所用材料等加以说明。

(4) 剖面图上有时也可以标明屋面做法及构造，屋面坡度以及屋顶上女儿墙、烟囱等构造物的情形等。

4. 建筑详图（亦称大样图）

我们从建筑的平、立、剖面图上虽然可以看到房屋的外形，平面布置和内部构造情况，及主要的造型尺寸，但是由于图幅有限，局部细节的构造在这些图上不能够明确表示出来，为了清楚地表达这些构造，我们把它们放大比例绘制成（如 1：20，1：10，1：5 等）较详细的图纸，我们称这些放大的图为详图或大样图。

详图一般包括：房屋的屋檐及外墙身构造大样，楼梯间、厨房、厕所、阳台、门窗、建筑装饰、雨篷、台阶等等的具体尺寸、构造和材料做法。

详图是各建筑部位具体构造的施工依据，所有平、立、剖面图上的具体做法和尺寸均以详图为准，因此详图是建筑图纸中不可缺少的一部分。

(二) 民用建筑建筑施工图

1. 建筑平面图

(1) 看图的顺序：

1) 先看图纸右下角的图标，了解图名、设计人员、图号、设计日期、比例等。

2) 看房屋的朝向、外围尺寸，轴线有几道，轴线间距离尺寸，外门、窗的尺寸和编号，窗间墙宽度，有无砖垛，外墙厚度，散水宽度，台阶大小，雨水管位置等。

3) 看房屋内部，房间的用途，地坪标高，内墙位置、厚度，内门、窗的位置，尺寸和编号，有关详图的编号、内容等。

4) 看剖切线的位置，以便结合剖面图时看图用。

5) 看与安装工程有关的部位、内容，如暖气沟的位置等

(2) 看图实例：

我们以图 3-26 这张小学教学楼的建筑平面图为例进行介绍。

1) 我们从图标中可以看到这张图是××市建筑设计院设计的，是一座小学教学楼，这张图是该楼的首层平面图，比例为 1：100，图中尺寸凡不标注的都为毫米（mm）。

2) 我们看到该栋楼是朝南的房屋。纵向长度从外墙边到边为 40100（即 40m 零 10cm），由横向 9 道轴线组成，轴线间距离①—④轴是 9000（即 9m，注以后从略），⑤—⑥轴线是 3600，而①—②，②—③，③—④各轴线间距离均为 3000，其他从图上都可以读得各轴间尺寸。横向房屋的总宽度为 14900，纵向轴线由Ⓐ Ⓑ Ⓒ Ⓓ四道组成，其中Ⓐ～Ⓑ及Ⓒ～Ⓓ轴间距离均为 6000，Ⓑ～Ⓒ轴为 2400。我们还可以从外墙看出墙厚均为 370，而且①、⑨、Ⓐ、Ⓓ这些轴线均为墙的偏中位置，外侧为 250，内侧为 120。

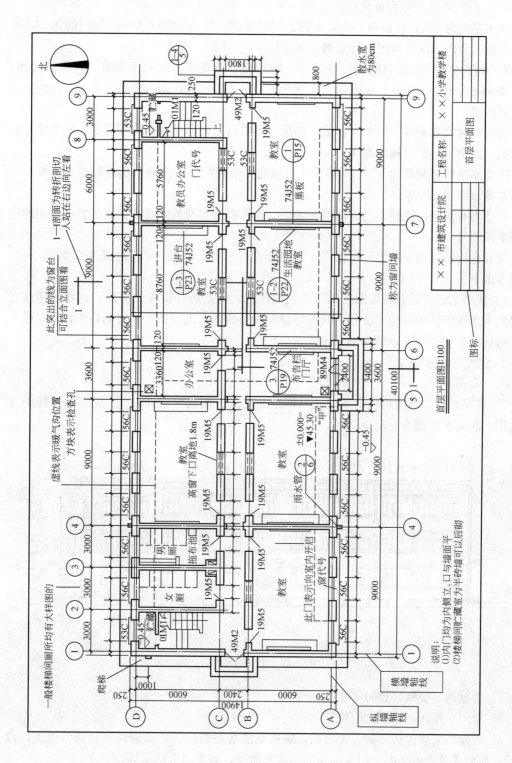

图 3-26　建筑平面图

说明：
(1)内门均为内侧立，口与墙面平。
(2)楼梯间同贮藏室为半砖墙可以后砌。

我们还看到共有三个大门，正中正门一樘，两山墙处各有一樘侧门。所有外窗宽度均为1500，窗间墙尺寸也均有注写。

散水宽度为800，台阶有三个，大的正门的外围尺寸为1800×4800，侧门的为1400×3200，侧门台阶标注有详图图号是第5张图纸1～4节点。

3）从图内看，进大门即是一个门厅，中间有一道走廊，共六个教室，两个办公室，两上楼梯间带地下贮藏室，还有男、女厕所各一间。楼梯间、厕所间图纸都另有详细的平面及剖面图。

内门、窗均有编号、尺寸、位置，从图上可看出门大多是向室内开启的，仅贮藏室向外开的。高窗下口距离地面为1.80m。

内墙厚度纵向两道为370，从经验上可以想得出它将是承重墙，横墙都为240厚。楼梯间贮藏室墙为120厚。

教室内有讲台，黑板，门厅内有布告栏，这些都用圆圈的标志方法标明它们所用的详图图册或图号。

所有室内标高均为±0.000相当于绝对标高45.30m，仅贮藏室地面为-0.450，有三步踏步走下去。

4）从图上还可以看出虚线所示为暖气沟位置，沟上还有检查孔位置，这在土建施工时必须为水暖安装做好施工准备。同时可以看到平面图上正门处有一道剖切线，在过道外拐一弯到后墙切开，可以结合剖面图看图。

2. 建筑立面图

（1）看图顺序：

1）看图标，先辨明是什么立面图（南或北立面、东或西立面）。图3-27是该楼的正立面图，相对平面图看是南立面图。

图3-27 正立面图

2）看标高、层数、竖向尺寸。

3）看门、窗在立面图上的位置。

4）看外墙装修做法，如有无出檐，墙面是清水还是抹灰，勒脚高度和装修做法，台阶的立面形式及所示详图，门头雨篷的标高和做法，有无门头详图等。

5）在立面图上还可以看到雨水管位置，外墙爬梯位置，如超过60m长的砖砌房屋还

124

有伸缩缝位置等。

（2）看图实例：

我们仍以上述小学教学楼的这张南立面图为例进行介绍。

1）该教学楼为三层楼房，每层标高分别为：3.30m、6.60m、9.90m。女儿墙顶为10.50m，是最高点。竖向尺寸，从室外地坪计起，于图的一侧标出，图右侧高度尺寸均为毫米（mm），图左侧，标高的单位均为米（m）。

2）外门为玻璃大门。外窗为三扇式大窗（两扇开，一扇固定），窗上部为气窗。首层窗台标高为0.90m，每层窗身高度为1.80m。

3）可以看到外墙大部分是清水墙，用1：1水泥砂浆勾缝，窗上下出砖檐并用1：3水泥砂浆抹面；女儿墙为混水墙，外装修为干粘分格饰面，勒脚为45cm高，采用水刷石分格饰面。门头及台阶做法都有详图可以查看。

4）可以看到立面图上有两条雨水管，位置可以结合平面图看出是在④轴和⑦轴线处，立面图上还有"甲"节点以示外墙构造大样详图。立面上没有伸缩缝，在山墙上可以看到铁爬梯的侧面。

3. 建筑剖面图

（1）看图顺序：

1）看平面图上的剖切位置和剖面编号，对照剖面图上的编号是否与平面图上的剖面编号相同。

2）看楼层标高及竖向尺寸，楼板构造形式，外墙及内墙门，窗的标高及竖向尺寸，最高处标高，屋顶的坡度等。

3）看在外墙突出构造部分的标高，如阳台、雨篷、檐子；墙内构造物如圈梁、过梁的标高或竖向尺寸。

4）看地面、楼面、墙面、屋面的做法：剖切处可看出室内的构造物如教室的黑板、讲台等。

5）在剖面图上用圆圈划出的，需用大样图表示的地方，以便可以查对大样图。

（2）看图实例：

我们仍以上述小学教学楼的一张剖面图（图3-28）为例进行介绍。

1）该教学楼的各层标高为3.30m、6.60m、9.90m、檐头女儿墙标高为10.50m。

2）我们结合立面图可以看到门、窗的竖向尺寸为1800，上层窗和下层窗之间的墙高为1500，窗上口为钢筋混凝土过梁，内门的竖向尺寸为2700，内高窗为离地1800，窗口竖向尺寸为900，内门内窗口上亦为钢筋混凝土过梁。

3）看到屋顶的屋面做法，用引出线作了注明为屋6；看到楼面的做法，写明楼面为楼1，地面为地5等；这些均可以看材料做法表。从室内可见的墙面也注写了墙3做法，墙裙注了裙2的做法等。

4）可看出屋面的坡度为2%，还有雨篷下沿标高为3.00m。

5）还可以看出每层楼板下均有圈梁。

4. 屋顶平面图

（1）看图程序：

有的屋顶平面图比较简单，往往就绘在顶屋平面图的图纸某一角处，单独占用一张图

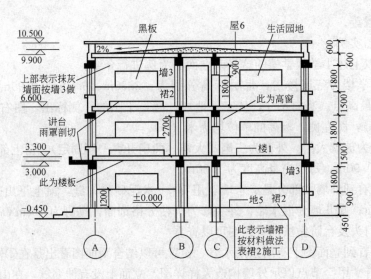

图 3-28　剖面图

纸的比较少。所以要看屋顶平面图时，需先找一找目录，看它安排在哪张建施图上。

拿到屋顶平面图后，先看它的外围有无女儿墙或天沟，再看流水坡向，雨水出口及型号，再看出入孔位置，附墙的上层顶铁梯的位置及型号，基本上屋顶平面图就是这些内容，总之是比较简单的。

（2）看图实例：

我们以图 3-29 这张屋顶平面图为例进行介绍。

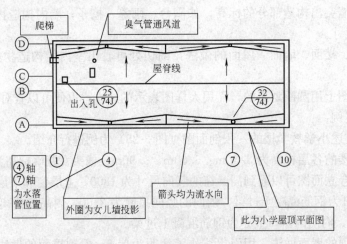

图 3-29

1) 我们看出这是有女儿墙的长方形的屋顶。正中是一条屋脊线，雨水向两檐墙流，在女儿墙下有四个雨水入口，并沿女儿墙有泛水坡流向雨水入口。

2) 看出屋面有一出入孔，位于①～②轴线之间。有一上屋顶的铁梯，位于西山墙靠近北面大角，从侧立面知道梯中心离①轴线尺寸为 1m。

3) 可看到标注那些构造物的详图的标志，如出入孔的做法，雨水出口型号，铁梯型号等。

126

（三）工业厂房建筑施工图

工业厂房建筑施工图的看图方法和步骤与民用建筑施工图的看图方法和步骤基本相似，但因建筑功能不同，引起构造上产生一些变化，以下仅就看图的顺序作简单介绍。

1. 建筑平面图看图顺序

（1）工业建筑图开始也先看该图纸的图标，从而了解图名、图号、设计单位、设计日期、比例等。

（2）看车间朝向，外围尺寸，轴线的位置，跨度尺寸，围护墙的材质、厚度、外门、窗的尺寸、编号，散水宽度，门外斜坡、台阶的尺寸，有无相联的露天跨的柱及吊车梁等。

（3）看车间内部，有关土建的设施布置和位置，桥式吊车（俗称天车）的台数和吨位，有无室内电平车道，以及车间内的附属小间，如工具室、车间小仓库等。

（4）看剖切线位置，和有关详图的编号标志等，以便结合看其他的图。

2. 建筑立面图看图顺序

看图顺序同民用建筑。

3. 建筑剖面图看图顺序

（1）平面图的剖切线位置，与剖切图两者结合起来看就可以了解到剖面图的所在位置的构造情况。

（2）看横剖面图，包括看地坪标高，牛腿顶面及吊车梁轨顶标高，屋架下弦底标高，女儿墙檐口标高，天窗架上屋顶最高标高，看外墙处的竖向尺寸（包括窗口竖向尺寸，门口竖向尺寸，圈梁高度），这些项目还可以对照立面图一起看。

（3）看纵剖面图，看吊车梁的形式，柱间支撑的位置，以及有不同柱距时的构造等。还可以从纵剖面图上看到室内窗台高度，上天车的钢梯构造等。

（4）在剖面图上还可以看出围护墙的构造，采用什么墙体，多少厚度，大门有无雨篷，散水宽度，台阶坡度，屋架形式和屋顶坡度等有关内容。

4. 屋顶平面图看图顺序

在找到厂房屋顶平面图之后，其看图顺序基本同看学校屋顶平面图相似。首先看外围尺寸及有无女儿墙，流水走向，上人铁梯，水落口位置，天窗的平面位置等。

（四）建筑施工详图

1. 民用建筑施工详图

（1）详图的类型：

一般民用建筑除了平、立、剖面图之外，为了详细说明建筑物各部分的构造，常常把这些部位绘制成施工详图。建筑施工图中的详图有：外墙大样图，楼梯间大样图，门头、台阶大样图，厨房、浴室、卫生间大样图等。同时为了说明这些部位的具体构造，如门、窗的构造，楼梯扶手的构造，浴室的澡盆，厕所的蹲台，卫生间的水池等做法，而采用设计好的标准图册来说明这些详图的构造，从而按这些图进行施工。像门、窗的详图。北京市建筑设计院曾设计了一套《常用木门窗配件图集》作为木门窗构造的施工详图，北京钢窗厂也设计了一套《空腹钢门窗图集》。以及诸如此类的各种图集应用于施工中间。

（2）看图实例：

我们以图 3-30 外墙大样图为例进行介绍。

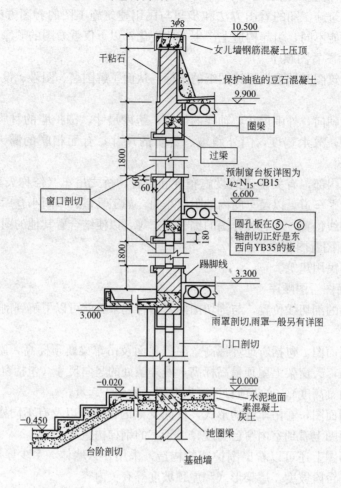

图 3-30 外墙大样

我们可以看到：

到各层楼面的标高和女儿墙压顶的标高，窗上共需两根过梁，一根矩形，一根带檐子的，窗台挑出尺寸为 60，厚度为 60，内窗台板采用 $J_{42}$-$N_{15}$-CB15 的型号，这就又得去查这标准图集，从图集中找到这类窗台板。还可以从大样图上看到圈梁的断面，女儿墙的压顶钢筋混凝土断面，还可以看到雨篷、台阶、地面、楼面等的剖切情形。

2. 工业厂房建筑施工详图

工业厂房在建筑构造的详图方面，和民用建筑没有多少差别。但也有些属于工业厂房的专门构造，在民用建筑上是没有的。如天窗节点构造详图，上吊车钢梯详图，电平车、吊车轨道安装详图等这些都属于工业性的，在民用建筑上很少遇到。

**四、结构施工图**

（一）什么是结构施工图

结构施工图是工程图纸中关于结构构造的那部分图，主要用来反映建筑骨架构造。

在结构施工图的首页，一般有结构要求的总说明，主要说明结构构造要求，所用材料要求，钢材和混凝土强度等级，砌体的砂浆强度等级和块体的强度要求，基础施工图要说明采

128

用的地基承载力和埋深要求。如有预应力混凝土结构，还要对这方面的技术要求作出说明。

结构施工图是房屋承受外力的结构部分的构造的图纸。因此阅读时必须细心，因为骨架的质量好坏，将影响房屋的使用寿命，所以看图时对图纸上的尺寸，混凝土的强度等级等必须看清记牢。此外在看图中发现建筑图上与结构图上有矛盾时，一般以结构尺寸为准。这些都是在看图时应注意的。结构施工图一般分为基础施工图和主体结构施工图。

（二）基础施工图

房屋的基础施工图归属于结构施工图纸之中。因为基础埋入地下，一般不需要做建筑装饰，主要是让它承担上面的全部荷重。一般说来在房屋标高±0.000以下的构造部分均属基础工程。根据基础工程施工需要绘制的图纸，均称为基础施工图。从建筑类型把房屋分为民用和工业两类，因此其基础情况也有所不同。但从基础施工图来说大体分为基础平面图，基础剖面图（有时就是基础详图）两类图纸，下面我们介绍怎样看这些图纸。

1. 一般民用砖混结构的条形基础图

（1）基础平面图：

我们以图 3-31 基础平面图为例进行介绍。

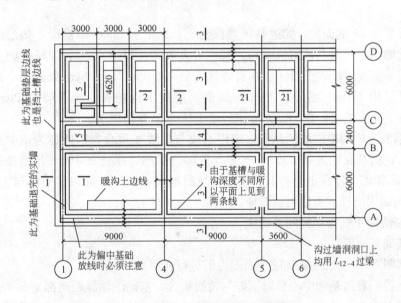

图 3-31　基础平面图

它和建筑平面图一样可以看到轴线位置。看到基础挖土槽边线（也是基槽的宽度）。看到其中Ⓐ和①轴线相同，Ⓑ和Ⓒ轴线相同。尺寸在图上均有注写，基槽的宽度是以轴线两边的分尺寸相加得出。如Ⓐ轴，轴线南边是 560，北边是 440，总计挖地槽宽为 1000，此可从基础剖面图看出，轴线位置是偏中的。除主轴线外图上还有楼梯底跑的墙基该处画有 5—5 剖切断面的粗线。其他 1—1 到 4—4 均表示该道墙基础的剖切线，可以在剖面图上看到具体构造。还有在基础墙上有预留洞口的表示，暖气沟的位置和转弯处用的过梁号。

（2）基础剖面图（详图）：

为了表明基础的具体构造，在平面图上将不同的构造部位用切线标出，如 1—1、2—2 等剖面，我们绘制成图 3-32，用来表示他们的构造。

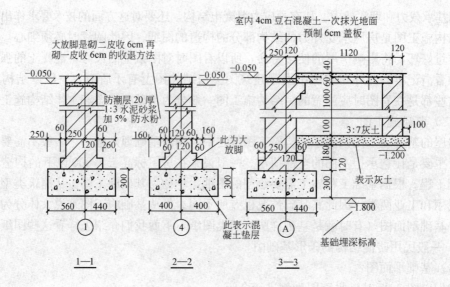

图 3-32 基础剖面图

我们看了 3—3 剖面后，知道基础埋深为 −1.80m 有 30cm 厚混凝土垫层，基础是偏中的，基础墙中心线与Ⓐ轴偏离 6cm，有一步大放脚，退进 60cm，退法是砌了二皮砖后退得。退完后就是 37cm 正墙了。在有暖气沟处±0.000 以下 25cm 处开始出砖檐，第一出 6cm，第二出 12cm，然后放 6cm 预制钢筋混凝土沟盖板。暖沟墙为 24cm，沟底有 10cm 厚 3：7 灰土垫层，在 −0.07m 出砖墙上抹 2cm 厚防潮层。

2—2 剖面是中间横隔墙的基础，墙中心线与轴线 4 重合，因此称为正中基础。从详图上看出，它的基底宽度是 80cm，二步大放脚，从槽边线进来 16cm 开始收退，收退二次退出 24cm 正墙。埋深也是 −1.80m。防潮层也在 −0.07m 处，其他均与 3—3 断面相同。1—1 剖面用同样的方法可以看懂。

2. 钢筋混凝土框架结构的基础图

(1) 基础平面图：

我们用图 3-33 一张框架基础平面图为例进行介绍。

在图上我们看出基础中心位置正好与轴线重合，基础的轴线距离都是 6.00m，基础中间的基础梁上有三个柱子，用黑色表示。地梁底部扩大的面为基础底板，及图上基础的宽度为 2.00m。从图上的编号可以看出两端轴线的基础相同，均为 JL₁；其他中间各轴线的相同，均为 JL₂。从看图中间可看出基础全长为 18.00m，地梁长度为 16.50m，基础两端还有为了上部砌墙而设置的基础墙梁，标为 JL₃，断面比 JL₁、JL₂ 要小，尺寸为 300mm×500mm（宽×高）。这种基础梁的设置，使我们从看图中了解到该方向不要再挖土方另做砖墙基础了，从图中还可以看出柱子的间距为 6.00m，跨距为 8.00m。

(2) 基础剖面图：

我们用上述平面图中的 1—1、2—2 剖面图为例进行介绍。

从图 3-34 首先我们看出基础梁的两端有跳出的底板，底板端头厚度为 200mm，斜坡向上高度也是 200mm，基础梁的高度是 200+200+500＝900mm。基础梁的长度为 16500mm，即跨距 8000mm×2 加上柱中到梁边的 250mm，所以总长为 8000×2＋250×2＝

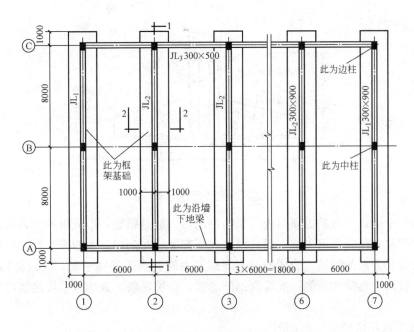

图 3-33　框架基础平面

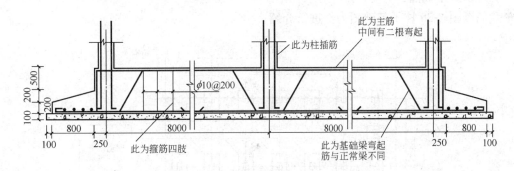

图 3-34　基础纵剖面图（1—1）剖面

16500mm。

　　弄清楚梁的几何尺寸之后，主要是看懂梁内钢筋的配置。我们可以看到竖向有三个柱子的插筋，长向有梁的上部主筋和下部的配筋，这里有个力学知识，地基梁受的是地基的反力，因此上部钢筋的配筋多，而且最明显的是弯起钢筋在柱边支座处斜的方向和上部结构的梁的弯起钢筋斜向相反。这是在看图时和施工绑扎时必须弄清楚的，否则就要造成错误，如果检查忽略，而浇灌了混凝土那就会成为质量事故。此外，上下钢筋用箍筋绑扎成梁。图上注明了箍筋是 φ10，并且是四肢箍，什么是四肢箍，就要结合横剖面图看图了（图 3-35）。

　　图上我们看出基础宽度为 2.00m，基地有 10cm 厚的素混凝土垫层，梁边的底板边厚为 20cm，斜坡高亦为 20cm，梁高同纵剖面图一样也用 90cm（即 900mm）。从横剖面图上还可以看出地基梁的宽度为 30cm。看懂这些几何尺寸，对计算模板用量和算出混凝土的体积，都是有用的。

　　其次是从横剖面图上看梁及底板的钢筋配置。可以看出底板宽度方向为主筋，钢筋放

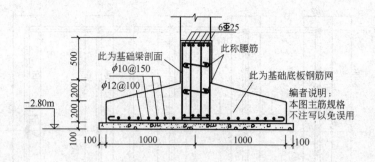

图 3-35　基础横剖面图（2—2）剖面

在底下，断面上一点一点的黑点是表示长向钢筋，一般是副筋，形成板的钢筋网。板钢筋上面是梁的配筋，可以看出上部主筋有六根，下部配筋在剖切处为四根。其中所述的四肢箍就是由两只长方形的钢箍组合成的，上下钢筋由四肢钢筋联结一起，所以称四肢箍筋。由于梁高度较高，在梁的两侧一般放置钢筋加强，俗称腰筋，并用S形拉结钢筋勾住形成整体。

3. 一般单层厂房的柱子基础图

（1）基础平面图：

我们以图 3-36 柱子基础图为例进行介绍。

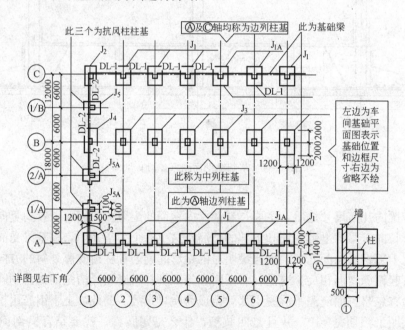

图 3-36　柱子基础平面图

我们可以看到基础轴线的布置，它应与建筑平面图的柱网布置一致。再有基础的编号，基础上地梁的布置和编号。还可看到在门口处是没有地梁的，而是在相邻基础上多出一块，这一块是作为门框柱的基础的（门框架在结构施工图中叙述）。厂房的基础平面图比较简单，一般管道等孔洞是没有的，管道大多由地梁下部通过，所以没有砖砌基础那种留孔要求。看图时主要应记住平面尺寸、轴线位置、基础编号、地梁编号等，从而查看相

132

应的施工详图。

（2）柱子基础图：

单层厂房的柱子基础，根据它的面积大小、位置不同，编成各种编号，编号前用汉语拼音字母 J 来代表基础。下面图 3-37 中我们是将平面图中的 J₁、J₁ₐ，选出来绘成详图。

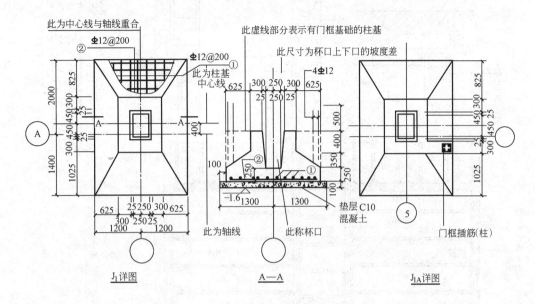

图 3-37　柱子基础图

我们可以通过这两个柱基图纸学会看懂厂房柱子基础的具体构造。

如 J₁ 柱基础的平面尺寸为长 3400，宽 2400。基础左右中心线和轴线 A 偏离 40cm，上下中心线与轴线重合。基础退台尺寸左右相同均为 625，上下不同，一为 1025，一为 825。退台杯口顶部外围尺寸为 1150×1550，杯口上口为 550×950，下口为 500×900。从波浪线剖切出配筋构造可以看出为 φ12 中—中 200mm，此外图上还有 A-A 剖切线让我们去查看其剖面图形。

我们从剖面图上看出柱基的埋深是 -1.6m，基础下部有 10cm 厚 C10 混凝土垫层，垫层面积每边比基础宽出 10cm。基础的总高度为 1000，其中底部厚 250，斜台高 350，由于中心凹下一块所以俗称杯型柱基础，它的杯口颈高 400。图上将剖切出的钢筋编成①②两号，虽然均为Ⅱ级钢 12mm 直径，但由于长度不同，所以编成两个编号。图上虚线部分表示用于 J₁ₐ 柱基的，上面有 4 根 φ12 的钢筋插铁，作为有大门门框柱的基础部分。

（三）主体结构施工图

主体结构施工图包括结构平面图和详图，他们是说明房屋结构和构件的布置情形。由于采用的结构形式不同，结构施工图的内容也不相同，民用建筑中一般采用砖砌的混合结构，也有用砖木混合结构，还有用钢筋混凝土框架结构，这样他们的结构图内容就不相同了。工业建筑中单层工业厂房和多层工业厂房的结构施工图也是不相同的，我们在这里不可能一一都作介绍。所以采取一般常见的民用和工业结构形式的结构施工图作为看图的实例。

1. 民用建筑砖混结构的平面图

我们以图 3-38 砖混结构平面图为例进行介绍。

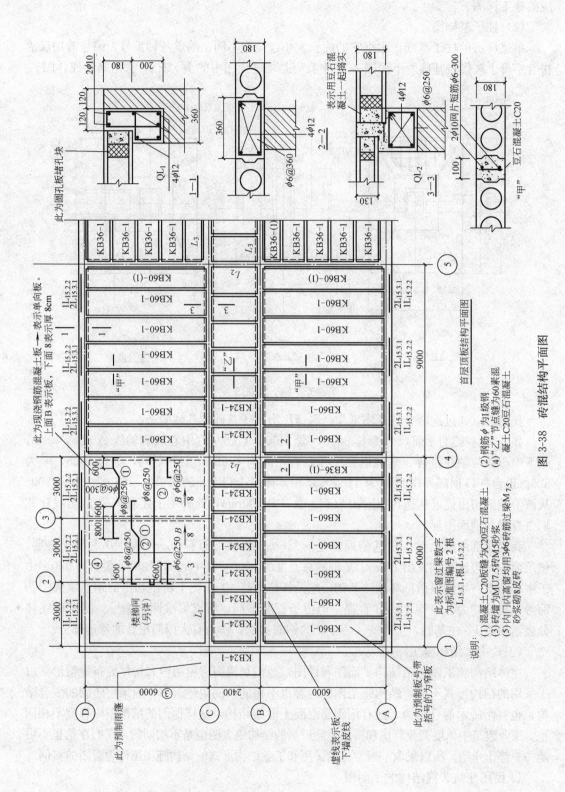

图 3-38 砖混结构平面图

说明:
(1) 混凝土C20板缝为C20豆石混凝土
(2) 钢筋 φ 为I级钢
(3) 砖墙为MU7.5砖M5砂浆
(4) "乙"节点缝为60素混凝土C20豆石混凝土
(5) 闪门窗均用3φ6砖筋过梁M7.5砂浆砌8皮砖

我们可以看到墙体位置，以及预制楼板位置、梁的位置，以及楼板在厕所部分为现浇钢筋混凝土楼板。预制板上编有板号。在平面图上对细节的地方，还画有剖切线，并绘出局部的断面尺寸和结构构造。如图上 1—1、2—2 等剖面。

我们再细看可以看出预制空心楼板为 KB60-1、KB36-1 及 KB24-1 三种板。在教室的大间上放 KB36-1、KB60-(1) 和横轴线平行；间道上放楼板为 KB24-1；中间 5～6 轴的楼板为 KB36-1。厕所间上的现浇钢筋混凝土楼板，可以看出厚度为 8cm，跨度为 3m，图上还有配筋情况。此处平面上还有几根现浇的梁 $L_1$、$L_2$、和 $L_3$。图下面还有施工说明提出的几点要求。这些内容都在结构平面图中标志出来了。

2. 转混结构的一些详图

在平面图中主要了解结构的平面情形，为了全面了解房屋结构部分的构造，还要结合平面图绘制成各种详图。如结构平面中的圈梁、$L_1$、$L_2$、$L_3$ 梁，1—1，2—2 剖面等。现选出 $L_1$、$L_2$ 梁绘出详图，见图 3-39。

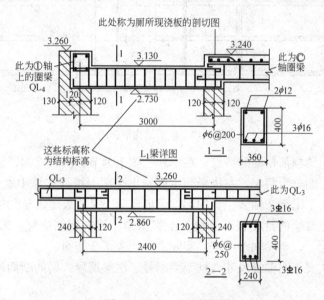

图 3-39  $L_1$、$L_2$ 梁详图

$L_1$ 梁的详图，说明该梁的长度为 3240，梁高为 400，宽为 360，配有钢筋上面为 $2\phi12$，下面为 $3\phi16$，箍筋为 $\phi6@200$。由图上还可以看出梁的下标高为 2.73m。有了这个详图，平面上有了具体位置，木工就可以按详图支撑模板，钢筋工就可以按图绑扎钢筋。

$L_2$ 梁的构造从平面和详图结合看，它是一道在走道上的联系梁，跨度为 2400，长度为 2460。梁高 400，梁宽 240，上下均为 $3\Phi16$，钢筋钢箍为 $\phi6@250$。图上还画出了它与两端圈梁 $QL_3$ 的连接构造。

3. 框架结构的平面图

我们这里介绍的框架结构，是指采用钢筋混凝土材料作为承重骨架的结构形式。这种结构形式在目前多层及较高层建筑中采用比较普通。

框架结构平面图主要表明柱网距离，一般也就是轴线尺寸；框架编号，框架梁（一般是框架楼面的主梁）的尺寸；次梁的编号和尺寸；楼板的厚度和配筋等。

我们以图 3-40 框架结构平面图为例进行介绍。

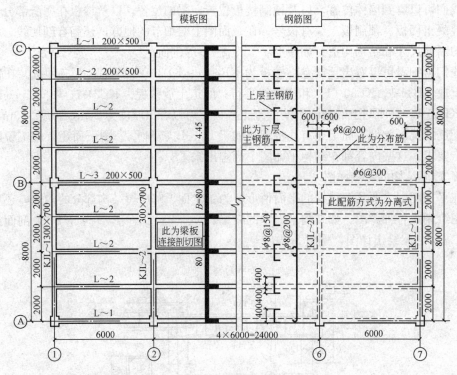

图 3-40　框架结构平面图

由于框架楼面结构都相同的特点，在本施工图上为节省图纸篇幅，绘制施工图时采取了将楼面结构施工图分为两半，左边半面主要给出平面上模板支撑中框架和梁的位置图，这部分图虽然只绘了①至②轴多一点的部位，但实际上是代表了①至⑦轴的全部模板平面布置图。右半面主要绘的是楼板部分钢筋配置情形，梁的钢筋配置一般要看另外的大样图，同样它虽只绘了⑦至⑥轴多一点，实际上也代表了全楼面。

模板图部分主要表明轴线尺寸、框架梁编号、次梁编号、梁的断面尺寸、楼板厚度等内容。

钢筋配置图部分主要是表明楼板上钢筋的规格、间距以及钢筋的上下层次和伸出长度的尺寸。

下面我们介绍如何看图，除了图上有识图箭注解外，我们可以按以下顺序来看图。

(1) 这是一张对称性的结构平面图，为节省图纸，中间用折断线分开。一半表示模板尺寸的图；一半表示楼面板的钢筋配置。从图面可以看出轴线 1~7 间的柱距为 6.00m；Ⓐ~Ⓒ轴的柱距是 8.00m 跨度。从图上可以算出有七榀框架，7 根框架主梁，9 根连续梁式次梁，21 颗柱子。这是看图的粗框。

(2) 从模板图部分看出①轴和⑦轴上的框架梁编号 KJL-1；②轴至⑥轴的框架梁编号为 KJL~2. 框架梁的断面尺寸标出为 300mm×700mm（宽×高）。次梁分为 L~1、L~2、和 L~3 三种，断面为 200mm×500mm，总长 3630m，每段长度为 6.00m。

从图上还可以看出楼面剖切示意图，标出其结构标高为 4.45m，楼板厚度为 80mm。次梁的中心线距离为 2.00m。这样我们基本上掌握了这层模板平面图的内容了。

通过看模板图，可以算出模板与混凝土的接触面积，计算模板用量。如图上已知次梁的断面尺寸为 200mm×500mm，根据图面可以算出底面为 200mm×（6000mm－300mm）＝ 200mm×5700mm。如果用组合钢模板，就要用 200mm 宽的钢模三块长 1500mm，一块长 1200mm 的组成。这就是看图后应该会计算需用模板量的例子。

（3）从图纸的另外半部分我们可以看出楼板钢筋的构造。该种配筋属于上下层分开的分离式楼板钢筋。图上跨在次梁上的弓形钢筋为上层支座处主筋，采用 φ8 Ⅰ 级钢，间距为 150mm，下层钢筋是两端弯钩的伸入梁中的主筋采用 φ8，间距 200mm 的构造形式。其中与主筋相垂直的分布钢筋采用 φ6，间距 300mm 的构造形式。图上钢筋的间距都用@表示，@的意思是等分尺寸的大小。@200，表示钢筋直径中心到另一根钢筋直径中心的距离为 200mm。另外图上还有横跨在框架主梁上的构造钢筋，用 φ8@200 构造放置。这些上部钢筋一般都标志出挑出梁边的尺寸，计算钢筋长度只要将所注尺寸加梁宽，再加直钩即可。如次梁上的上层主筋，它的下料长度是这样计算的，即将挑在梁两边的 400mm 加上梁的宽度，再加上向下弯曲 90°得直钩尺寸（该尺寸根据楼板厚度扣除保护层即得，本图一般为 60mm 长）。这样，这根钢筋的断料长度即为 2×400mm＋200mm＋2×60mm＝ 1120mm 即可了。整个楼层的楼板钢筋就要依据不同种类、间距大小、尺寸长短、数量多少总计而得。只要看懂图纸，知道构造，计算这类工作不是十分困难的。

4. 框架梁柱的配筋图

我们以图 3-41 一张框架大样图为例进行介绍。

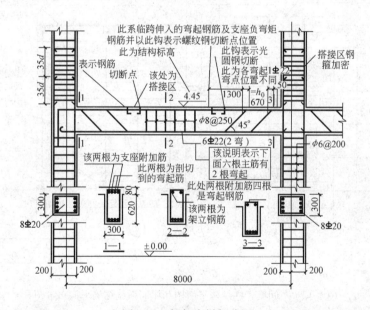

图 3-41　框架大样部分图

首先我们可以看出它仅是两根柱子和一根横梁的框架局部。其中一根柱子可以看出是边柱，另一根柱子是中间柱。梁是在楼面结构标高为 4.45m 处的梁。

从图上可以看出柱子断面为 300mm×400mm，若考虑支模板，柱子的净高仅为 4450mm－（梁高）700mm＝3750mm，这是以楼面标高 4.45m 为准计算出来的。从图上还可以看到柱子内由 8 根 Φ20（一边 4 根）作为纵向主钢筋，箍筋为 Φ6 间距 200mm。柱子钢筋在楼面以上错开断面搭接，搭接区钢箍加密，搭接长度为 35d。只要看懂这些内容，那么对框架柱的构造也就基本掌握了。

其次，我们再看框架梁，从图上可以看出来梁的跨度为 8.00m，即Ⓐ～Ⓑ轴间的轴线长度。梁的断面尺寸为宽 300mm，梁高 700mm 可以从 1-1 至 3-3 断面上看出，梁的配筋分为上部及下部两层钢筋，下部主筋为 6 根 Φ22，其中 2 根为弯起钢筋，弯起点在不同的两个位置向上弯起。从构造上规定，当梁高小于 80cm 时，弯起角度为 45°，当梁高大于 80cm 时，弯起角度为 60°。弯起到梁上部后可伸向相邻跨内，或弯入柱子之中只要具有足够锚固长度即可。梁的上部钢筋分为中间部分为架立钢筋，一般由 Φ12 以上钢筋配置。两端有支座附加的负弯矩钢筋，及相邻跨弯起钢筋伸入跨内的部分。构造上还规定离支座的第一下弯点的位置离支座边应有 50mm；第二下弯点离第一下弯点距离应为梁高减下面保护层厚度，本图为 700－25＝675mm；图上标为近似值 670mm。梁的中间由钢箍连接，本图箍筋为 Φ8 间距 250mm。

5. 单层工业厂房的结构平面图

单层工业厂房结构平面图主要表示各种构件的布置情形。分为厂房平面结构布置图，层面系统结构平面布置图和天窗系统平面布置图等。

我们以图 3-42 一车间的梁、柱结构平面图和屋面系统结构平面布置图为例进行介绍。

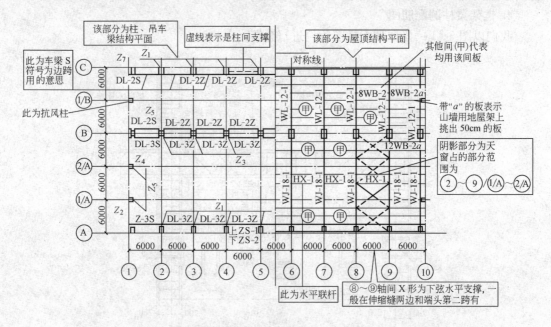

图 3-42　车间梁、柱结构平面图和屋面系统结构平面布置图

我们先以柱、吊车梁、柱间支撑这半面平面布置图为例，来进行看图。

我们看到有两排边列柱（根据对称线可以算出）共 20 根，一排中间柱共 10 根，两山墙各有 3 根挡风柱，柱子均编了柱号，根据编号可以从别的图上查到详图。还看到共有四排吊车梁，梁亦编了号。这中间应注意到两端的梁号和中间的不一样，因为端头柱子中心距离和中间的不同，再可看出在④～⑤轴间有柱间支撑，吊车梁标高平面上一个，吊车梁平面下一个。共有三处六个支撑。支撑也编了号便于查对详图。结构平面布置图只用一些粗线条表示了各种构件的位置，因此易于看清楚，这也是厂房结构平面布置图的特色。

其次我们可以看图的右面部分，这是屋面结构的平面布置图，图上标志出屋架屋面梁位置，型号分别为 WJ-18-1 和 WL-12-1，屋架上为大型屋面板，板号为 WB-2，图上"甲"的意思是表示该开间的大型版均为相同型号 WB-2 板。此外图上阴影部分没有屋面板的地方，是表示该上部是天窗部分，应另有天窗结构平面布置图。图上 X 形的粗线表示屋架间的支撑。看了这部分图就可以想象屋面部分的构造是屋架上放大型屋面板；屋架之间有×形的支撑；在 18m 跨中间有一排天窗；这样就达到了看平面图的目的。至于这些东西的详细构造则要看结构详图了。

6. 厂房结构的施工详图

厂房的结构施工详图包括单独的构件图纸和厂房结构构造的部分详细图纸。这里主要介绍厂房结构上有关的一些细部如门框，吊车梁与柱子连接的构造等。

(1) 吊车梁与柱子连接详图：

在图 3-43 上我们结合透视图可以看到正视图、上视图、侧视图几个图形。从图面上可以看出吊车梁上部与柱子连接的板有二处电焊，一处焊在吊车梁上是水平逢，一处焊在柱上是竖直缝。图中标明焊缝高度为 10mm，连接钢板梁上一头割去 90mm 和 40mm 的三角。此外，垫在吊车梁支座下的垫铁与吊车梁和柱子预埋件焊牢。吊车梁和柱中间是用 C20 细石混凝土填实。看了这张图，我们就可以知道吊车梁安装时应如何施工，和准备哪些材料。

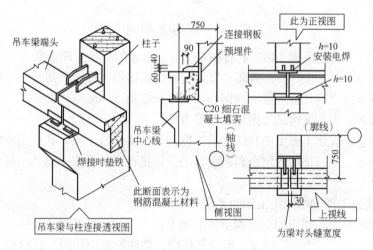

图 3-43  吊车梁端头大样图

(2) 门框结构详图：

因为工业厂房门都较重、较大，在普通的砖墙上嵌固是不够牢固的，因此要做一个结实的门框为装门的骨架。

从这张门框图中（图 3-44），我们看出它是由钢筋混凝土构造成的。图上标出了门框的高度及宽度的尺寸，图纸采用一半为外形部分，一半为内部配筋的方式反映这个门框的整个构造。

在外形一半我们可以看到整个门框根据对称原理共有 15 块预埋件，作为焊大门用的；在外形的另一半我们可以看到它的 1-1 及 2-2 剖面，说明其中梁的配筋为带雨篷的形式，上下共 6 根 Φ14 钢筋，雨篷挑出 1m，配筋为 Φ6@150mm，断面为 240mm×550mm，雨

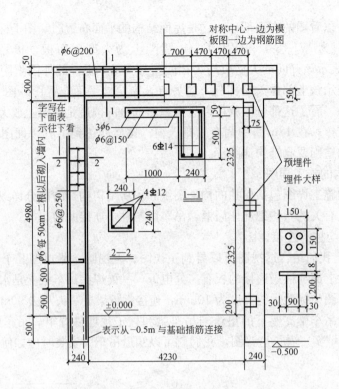

图 3-44　门框结构大样图

篷厚 50mm。柱子的配筋为 4Φ12 主筋和 Φ6@250mm 的箍筋，断面是 240mm×240mm，柱子上还有每 50cm 一道 2Φ6 的插筋，以后与砖墙连接上。柱子根部与基础插筋连接形成整体。图上用虚线表示柱基上留出的钢筋，搭接长度为 50cm。

**五、建筑施工图和结构施工图综合看图方法**

我们讲了怎样看建筑施工图和结构施工图。但在实际施工中，我们是要经常同时看建筑图和结构图的。只有把两者结合起来综合的看，把他们融洽在一起，一栋建筑物才能进行施工。

（一）建筑施工图和结构施工图的关系

建筑图和结构图有相同的地方和不同的地方，以及相关联的地方。

（1）相同的地方，像轴线位置、编号都相同；墙体厚度应相同；过梁位置与门窗洞口位置应相符合……。因此凡是应相符合的地方都应相同，如果有不符合时这就叫有了矛盾、有了问题，在看图纸时应记下来，留在会审图纸时提出，或随时与设计人员联系以便得到解决，使图纸对口才能施工。

（2）不相同的地方，像建筑标高有时与结构标高是不一样的；结构尺寸和建筑（做好装饰后的）尺寸是不相同的；承重的结构墙在结构平面图上有，非承重的隔断墙则在建筑图上才有等。这些要从看图积累经验后，了解到哪些东西应在那种图纸上看到，才能了解建筑物的全貌。

（3）相关联的地方，结构图和建筑图相关联的地方，必须同时看两种图。民用建筑中如雨篷、阳台的结构图和建筑的装饰图必须结合起来看；如圈梁的结构布置图中圈梁通过门、窗口处对门窗高度有无影响，这时也要把两种图结合起来看，还有楼梯的结构图往往与建筑图结合在一起绘制等。工业建筑中，建筑部分的图纸与结构图纸很接近，如外墙围护结构就绘在建筑图上，还有如柱子与墙的连接就要将两种图结合起来看。随着施工经验和看图经验的积累，建筑图和结构图相关处的结合看图会慢慢熟练起来的。

（二）综合看图应注意点

（1）查看建筑尺寸和结构尺寸有无矛盾之处。

（2）建筑标高和结构标高之差，是否符合应增加装饰厚度。

（3）建筑图上的一些构造，在做结构时是否需要先做上预埋件或木砖之类。

（4）结构施工时，应考虑建筑安装时尺寸上的放大或缩小。这在图上是没有具体标志的，但在从施工经验及看了两种图后的配合，应该预先想到应放大或缩小的尺寸。

（5）砖砌结构，尤其清水砖墙，在结构施工图上的标高，应尽量能结合砖的皮数尺寸，做到在施工中把两者结合起来。

以上几点只是应引起注意的一些方面，当然还可以举出一些，总之要我们在看图时能全面考虑到施工，才能算真正领会和消化了图纸。

# 第四章 房屋构造和结构体系

## 第一节 房屋建筑的类型

**一、房屋建筑的类型**

（一）按建筑使用功能分类

1. 民用建筑

供人们居住和进行公共活动的建筑的总称。民用建筑分为居住建筑和公共建筑两类。

（1）居住建筑：供人们居住使用的建筑。如住宅、公寓、别墅、宿舍。

（2）公共建筑：主要是指提供人们进行各种社会活动的建筑物，其中包括：

行政办公建筑：写字楼（包括机关、企事业单位的办公楼）、工业建筑中的办公楼等。

文教建筑：学校、图书馆、文化宫等。

托教建筑：托儿所、幼儿园、养老所等。

科研建筑：研究所、科学实验楼、研发楼等。

医疗建筑：医院、门诊部、疗养院、卫生院等。

商业建筑：商店、商场、购物中心、便利店等。

观览建筑：电影院、剧院、展览中心等。

体育建筑：体育馆、体育场、健身房、游泳池等。

旅游建筑：旅馆、宾馆、招待所、洗浴中心等。

交通运输建筑：航空港、水路客运站、火车站、汽车站、地铁站等。

通信广播建筑：电信楼、广播电视台、邮电局等。

园林建筑：公园、动物园、植物园、亭台楼榭等。

纪念性的建筑：纪念堂、纪念碑、陵园、教堂、庙宇等。

其他建筑类：如监狱、派出所、消防站。

2. 工业建筑

以工业性生产为主要使用功能的建筑。如生产车间、辅助车间、动力用房、仓储建筑等。厂房类建筑又可以分为单层厂房和多层厂房两大类。

3. 农业建筑

以农业性生产为主要使用功能的建筑。

（二）按建筑规模分类

1. 大量性建筑

是指单体建筑规模不大，但建设总量大的；与人们生活密切相关的；分布面广的建筑。如住宅小区、中小学校、医院、中小型影剧院、中小型工厂等。

2. 大型性建筑

是指单体建筑规模大，耗资多的建筑。一般指建筑面积大于 20000m² 的公共建筑，如大型体育馆、大型影剧院、航空港、海港、火车站、博物馆、大型工厂等。

（三）按建筑层数分类

1. 居住建筑

（1）低层建筑：一般指 1~3 层的建筑。

（2）多层建筑：一般指 4~6 层的建筑。

（3）中高层建筑：一般指 7~9 层的建筑。

（4）高层建筑：一般指 10 层及以上的住宅，建筑总高度超过 24m 的公共建筑。

（5）超高层建筑：一般指 30 层或 100m 以上的建筑。

2. 公共建筑

（1）单层公共建筑

（2）多层公共建筑：一般指 2 层及 2 层以上，且建筑高度不超过 24m 的公共建筑。

（3）高层公共建筑：2 层及 2 层以上，且建筑高度超过 24m 的公共建筑。

（4）超高层公共建筑：一般指建筑高度大于 100m 的公共建筑。

3. 工业建筑

（1）单层厂房（仓库）

（2）多层厂房（仓库）：一般指 2 层及 2 层以上，且建筑高度不超过 24m 的厂房（仓库）。

（3）高层厂房（仓库）：一般指 2 层及 2 层以上，且建筑高度超过 24m 的厂房（仓库）。

（四）按主要承重结构材料分类

1. 木结构

是指单纯由木材或主要由木材承受荷载的结构，通过各种金属连接件或榫卯手段进行连接和固定。这种结构因为是由天然材料所组成，受着材料本身条件的限制，因而木结构多用在民用和中小型工业厂房的屋盖中。木屋盖结构包括木屋架、支撑系统、吊顶、挂瓦条及屋面板等。

2. 砌体结构（砖混结构）

是指由块材（砖、砌块、石）和砂浆砌筑而成的墙、柱作为建筑物主要受力构件的结构，楼、屋盖一般采用钢筋混凝土，也可采用木楼、屋盖，轻钢屋盖等，所以也称砖混结构。砖木结构是砖混结构的一种特殊形式，采用砌体墙（外）和木骨架（内柱及楼、屋盖）混合承重，常见于古建筑及老的民居，现代建筑已少有采用。

3. 钢筋混凝土结构

是指由钢筋和混凝土两种性能不同的材料浇筑而成的构件（板、梁、柱、墙等）称为钢筋混凝土构件，由其组成的结构称为钢筋混凝土结构。钢筋混凝土结构具有很好的耐久性、整体性和可塑性，防火、防水性能良好，是目前应用最广泛的结构类型。

4. 钢结构

是指用热轧型钢、焊接型钢以及冷弯薄壁型钢制成的承重构件（钢梁、钢屋架等）或承重结构（钢框架、轻钢门式刚架等）统称为钢结构。钢结构强度高、自重轻。钢构件还可以和钢筋混凝土构件混合形成钢-混凝土混合结构。

## 二、房屋建筑的等级划分

### （一）建筑物安全等级划分

房屋建筑结构的安全等级根据结构破坏可能产生后果的严重性划分成三级，见表4-1。

建筑物安全等级划分　　　　　　　　　　　　　　表 4-1

| 安全等级 | 破坏后果 | 示 例 |
|---|---|---|
| 一级 | 很严重：对人的生命、经济、社会或环境影响很大 | 大型的公共建筑等 |
| 二级 | 严重：对人的生命、经济、社会或环境影响较大 | 普通的住宅和办公楼等 |
| 三级 | 不严重：对人的生命、经济、社会或环境影响较小 | 小型的或临时性储存建筑等 |

### （二）建筑物设计使用年限划分

房屋建筑结构的设计使用年限按建筑物性质划分成四类，见表4-2。房屋建筑结构的耐久性应不低于设计使用年限。

建筑物设计使用年限划分　　　　　　　　　　　　表 4-2

| 类别 | 设计使用年限（年） | 示 例 |
|---|---|---|
| 1 | 5 | 临时性建筑 |
| 2 | 25 | 易于替换的结构构件 |
| 3 | 50 | 普通房屋和构筑物 |
| 4 | 100 | 标志性建筑和特别重要的建筑结构 |

### （三）按建筑物重要性划分抗震设防类别

建筑物的抗震设防类别根据重要性划分成四类，见表4-3。

建筑物抗震设防类别　　　　　　　　　　　　　　表 4-3

| 类 别 | 重 要 性 | 示 例 |
|---|---|---|
| 特殊设防类（甲类） | 使用上有特殊设施，涉及国家公共安全的重大建筑工程和地震时可能发生严重次生灾害的建筑 | 特别重要的电力、邮电通信、广播通信建筑，承担特别重要任务的医院、疾控中心等 |
| 重点设防类（乙类） | 地震时使用功能不能中断或需尽快恢复的生命线相关建筑，以及地震时可能导致大量人员伤亡等重大灾害后果的建筑 | 医院、疾控中心，幼儿园、小学、中学，大型体育场馆、电影院、剧场、大型商业建筑等 |
| 标准设防类（丙类） | 非甲、乙、丁类 | 居住建筑，除甲、乙、丁类外的其他建筑 |
| 适度设防类（丁类） | 使用上人员稀少且震损不致产生次生灾害，允许在一定条件下适度降低要求的建筑 | 一般的储存物品的价值低、人员活动少、无次生灾害的单层仓库等 |

### （四）建筑物构件的燃烧性能和耐火极限划分

建筑的耐火等级根据使用功能以及高度、体量等分为一、二、三、四级，不同耐火等级建筑物各类构件的燃烧性能和耐火极限可参见表4-4。

144

| 构件名称 | 一级 | 二级 | 三级 | 四级 |
|---|---|---|---|---|
| 防火墙（注1） | 不燃烧体<br>3.00 | 不燃烧体<br>3.00 | 不燃烧体<br>3.00 | 不燃烧体<br>3.00 |
| 承重墙（注2） | 不燃烧体<br>3.00 | 不燃烧体<br>2.50 | 不燃烧体<br>2.00 | 难燃烧体<br>0.50 |
| 楼梯间、电梯井的墙、住宅分户墙 | 不燃烧体<br>2.00 | 不燃烧体<br>2.00 | 不燃烧体<br>1.50 | 难燃烧体<br>0.50 |
| 疏散走道两侧的隔墙 | 不燃烧体<br>1.00 | 不燃烧体<br>1.00 | 不燃烧体<br>0.50 | 难燃烧体<br>0.25 |
| 非承重外墙（注3） | 不燃烧体<br>0.75 | 不燃烧体<br>0.50 | 不燃烧体<br>0.50 | 难燃烧体<br>0.25 |
| 房间隔墙 | 不燃烧体<br>0.75 | 不燃烧体<br>0.50 | 难燃烧体<br>0.50 | 难燃烧体<br>0.25 |
| 柱 | 不燃烧体<br>3.00 | 不燃烧体<br>2.50 | 不燃烧体<br>2.00 | 难燃烧体<br>0.50 |
| 梁 | 不燃烧体<br>2.00 | 不燃烧体<br>1.50 | 不燃烧体<br>1.00 | 难燃烧体<br>0.50 |
| 楼板 | 不燃烧体<br>1.50 | 不燃烧体<br>1.00 | 不燃烧体<br>0.75 | 难燃烧体<br>0.50 |
| 屋顶承重构件 | 不燃烧体<br>1.50 | 不燃烧体<br>1.00 | 难燃烧体<br>0.50 | 燃烧体 |
| 疏散楼梯 | 不燃烧体<br>1.50 | 不燃烧体<br>1.00 | 不燃烧体<br>0.75 | 燃烧体 |

注：1. 用于甲、乙类厂房，甲、乙、丙类仓库时，耐火极限要求 4h；
　　2. 用于高层民用建筑一、二级耐火等级时，耐火极限可为 2h；
　　3. 用于民用建筑一、二级耐火等级时，耐火极限要求 1h。

# 第二节　房屋建筑基本构成

## 一、房屋建筑的构成

不论民用建筑还是工业建筑，房屋建筑一般由以下这些部分组成：

（1）基础

（2）主体结构（墙、柱、梁、板或屋架等）

（3）门窗

（4）屋面（包括保温、隔热、防水或瓦屋面等）

（5）楼面和地面（包括楼梯）及其各层构造

（6）各种装饰

（7）给水、排水系统，动力、照明系统，采暖、空调系统，煤气系统，通信等弱电系统，电梯等。

图 4-1、图 4-2 为一栋单层工业厂房和住宅的大致构成图

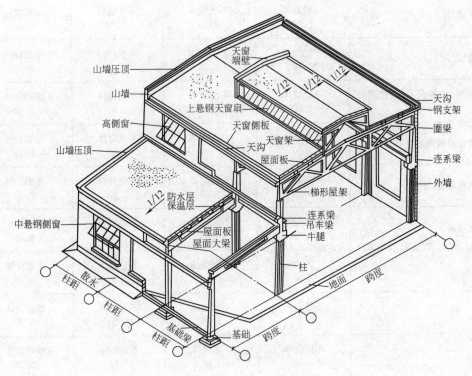

图 4-1 工业厂房的建筑构成

**二、房屋建筑基础**

基础是房屋中传递建筑上部荷载到地基去的中间构件。房屋所受的荷载和结构形式不同，加上地基土的不同，所采用的基础也不相同，按照构造形式不同一般分为条形基础、独立基础、整体式筏形基础、箱形基础、桩基础五种。

（一）条形基础

该类基础适用于砖混结构房屋，如住宅、教学楼、办公楼等多层建筑。做基础的材料可以是砖砌体、石砌体、混凝土材料，以至钢筋混凝土材料，基础的形状为长条形，见图4-3。

（二）独立基础

该种基础一般用于柱子下面，一根柱子一个基础，往往单独存在，所以称为独立基础。它可以用砖、石材料砌筑而成，上面为砖柱形式；而大多用钢筋混凝土材料做成，上面为钢筋混凝土柱或钢柱。基础形状为方形或矩形，可见图4-4。

（三）整体式筏形基础

这种基础面积较大，多用于大型公共建筑下面，它由基板、反梁组成，在梁的交点上竖立柱子，以支承房屋的骨架，其外形可看图4-5。

（四）箱形基础

箱形基础也是整块的大型基础，它是把整个基础做成上有顶板，下有底板，中间有隔

146

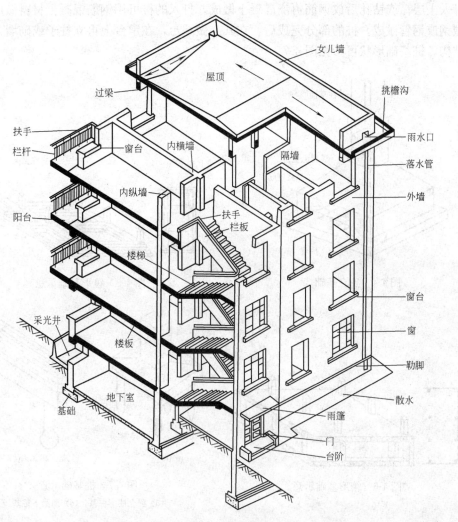

图 4-2　住宅的建筑构成

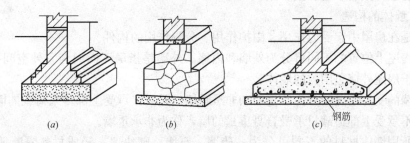

图 4-3　条形基础

(a) 砖基础；(b) 毛石基础；(c) 混凝土基础

墙，形成一个空间如同箱子一样，所以称为箱形基础。为了充分利用空间，人们又把该部分做成地下室，可以给房屋增添使用场所。箱形基础的大致形状可见图 4-6。

（五）桩基础

桩基础是在地基条件较差时，或上部荷载相对大时采用的房屋基础。桩基础由一根根桩打人土层；或钻孔后放钢筋再浇混凝土做成。打入的桩可用钢筋混凝土材料做成，也可用型钢或钢管做成。桩的部分完成后，在其上做承台，在承台上再立柱子或砌墙，支承上部结构。桩基础形状可参见图4-7。

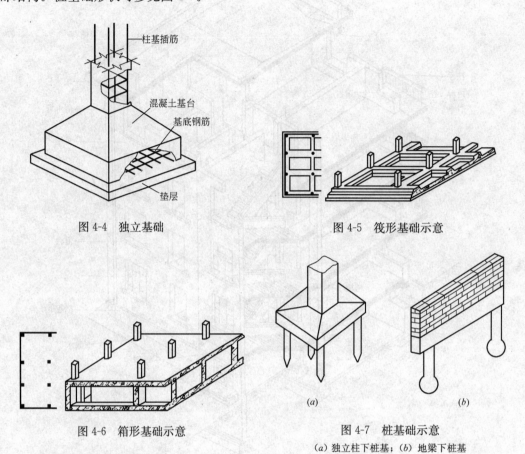

图 4-4 独立基础　　　　　　　　　　图 4-5 筏形基础示意

图 4-6 箱形基础示意　　　　　　图 4-7 桩基础示意
(a) 独立柱下桩基；(b) 地梁下桩基

### 三、房屋骨架墙、柱、梁、板

（一）墙体的构造

墙体是在房屋中起受力作用、围护作用、分隔作用的构件。

墙在房屋上位置的不同可分为外墙和内墙。外墙是指房屋四周与室外空间接触的墙；内墙是位于房屋外墙包围内的墙体。

按照墙的受力情况又分为承重墙和非承重墙。凡直接承受上部传来荷载的墙，称为承重墙；凡不承受上部荷载只承受自身重量的墙，称为非承重墙。

按照所用墙体材料的不同可分为：砖墙、石墙、砌块墙、轻质材料隔断墙、玻璃幕墙等。

墙体在房屋中的构造可参见图4-8。

（二）柱、梁、板的构造

柱子是独立支撑结构的竖向构件。它在房屋中顶住梁和板这两种构件传来的荷载。

梁是跨过空间的横向构件。它在房屋中承担其上面板传来的荷载，再传到支承它的柱上。

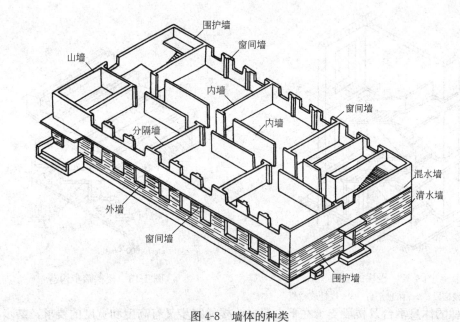

图 4-8　墙体的种类

　　板是直接承担其上面的平面荷载的平面构件。它支承在梁上或直接支承在柱上，把所受的荷载再传给梁或柱子。

　　柱、梁和板，可以是预制的，也可以在工地现制。装配式的工业厂房，一般都采用预制好的构件进行安装成骨架；而民用建筑中砖混结构的房屋，其楼板往往用预制的多孔板；框架结构或板柱结构则往往是柱、梁、板现场浇制而成。它们的构造形式可见图4-9～图4-11。

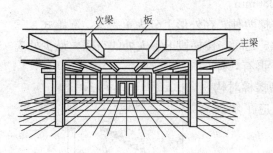

图 4-9　肋形楼盖

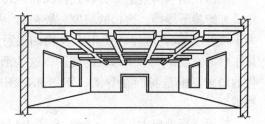

图 4-10　井式楼盖

## 四、其他构件的构造

　　房屋中在构造上除了上述的那些主要构件外，还有其他相配套的构件如楼梯、阳台、雨篷、屋架、台阶等。

　　（一）楼梯的构造

　　楼梯是供人们在房屋中楼层间竖向交通的构件。它是由楼段、休息平台、栏杆和扶手组成，见图4-12。

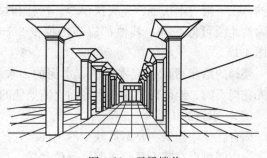

图 4-11　无梁楼盖

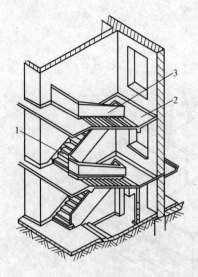

图 4-12 楼梯的组成

1—楼梯段；2—休息平台；3—栏杆或栏板

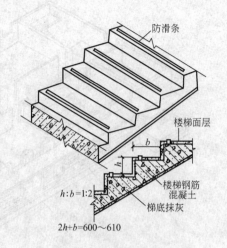

图 4-13 楼梯踏步构造

楼梯的休息平台及楼段支承在平台梁上。楼梯踏步又有高度和宽度的要求，踏步上还要设置防滑条（图 4-13）。楼梯踏步的高和宽按下面公式计算

$$2h+b= 600～610mm$$

式中 $h$——踏步的高度；

　　　$b$——踏步的宽度。

其高宽的比例根据建筑使用功能要求不同而不同。一般住宅的踏步高为 156～175mm，宽为 250～300mm；办公楼的踏步高为 140～160mm，宽为 280～300mm；而幼儿园的踏步则高为 120～150mm，宽为 250～280mm。

楼梯在结构构造上分为板式楼梯和梁式楼梯两种。在外形上分为单跑式、双跑式、三跑式和螺旋形楼梯。楼梯的坡度一般在 20°～45°之间。楼梯段上下人处的空间，最少处应大于或等于 2m，这样才便于人及物的通行。再有，休息平台的宽度不应小于梯段的宽度。这些都是楼梯对构件的要求，也是我们在看图、审图和制图时应了解的知识。

梯段通行处应大于等于 2m，见图 4-14。

楼梯的栏杆和扶手：在构造上栏杆有板式的，栏杆式的；扶手则有木扶手、金属扶手等。栏杆和扶手的高度除幼儿园可低些外，其他都应高出梯步 90cm 以上。见图 4-15。

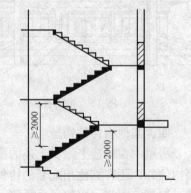

图 4-14 楼梯剖面示意

楼梯的踏步可以做成木质的、水泥的、水磨石的、磨光花岗石的、地面砖的或在水泥面上铺地毯的。

（二）阳台的构造

阳台在住宅建筑中是不可缺少的构件。它是居住在楼层上的人们的室外空间。人们有了这个空间可以在其上晒晾衣服、种植盆景、乘凉休闲，也是房屋使用上的一部分。阳台

分为挑出式和凹进式两种，一般以挑出式为好。目前挑出部分用钢筋混凝土材料做成，它由栏杆、扶手、排水口等组成。图 4-16 是一个挑出阳台的侧面形状。

（三）雨篷的构造

雨篷是房屋建筑入口处遮挡雨雪、保护外门免受雨淋的构件。雨篷大多是悬挑在墙外的一般不上人。它由雨篷梁、雨篷板、挡水台、排水口等组成，根据建筑需要再做上装饰，见图 4-17。

（四）屋架和屋盖构造

民用建筑中的坡形屋面和单层工业厂房中的屋盖，都有屋架构件。屋架是跨过大空间（一般在 12～30m）的构件，承受屋面上所有的荷载，如风压、雪重、维修人的活动、屋面板（或檩条、椽子）、屋面瓦或防水、保温层的重量。屋架一般两端支承在柱子上或墙体和附墙柱上。工业厂房的屋架可参看工业厂房的建筑构成图 4-1，民用建筑坡屋面的屋架及构造可见图 4-18。

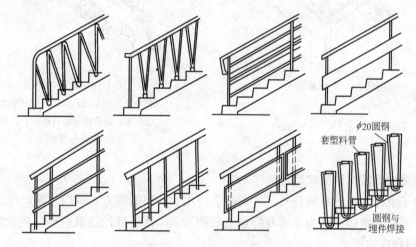

图 4-15　栏杆的形式

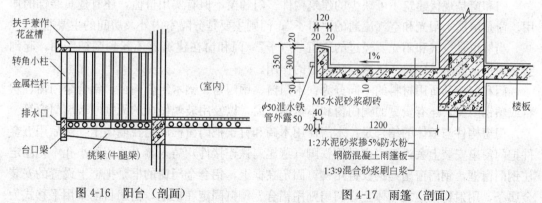

图 4-16　阳台（剖面）　　　　　图 4-17　雨篷（剖面）

（五）台阶的构造

台阶是房屋的室内和室外地面联系的过渡构件。它便于人们从大门口出入。台阶是根据室内外地面的高差做成若干级踏步和一块小的平台。它的形式有图 4-19 所示的几种。

台阶可以用砖砌成后做面层，可以用混凝土浇制成，也可以用花岗石铺砌成。面层可以做成最普通的水泥砂浆，也可做成水磨石、磨光花岗石、防滑地面砖和斩细的天然石材。

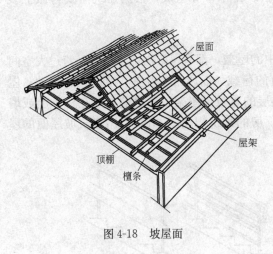

屋面

屋架

顶棚

檩条

图 4-18 坡屋面

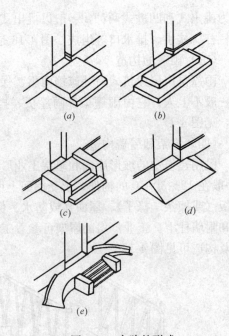

(a)

(b)

(c)

(d)

(e)

图 4-19 台阶的形式

(a) 单面踏步式；(b) 三面踏步式；

(c) 单面踏步带方形石；(d) 坡道；

(e) 坡道与踏步结合

**五、房屋的门窗、地面和装饰**

房屋除了上面介绍的结构件外，还有很多使用上必备的构造，像门、窗，地面面层和层次构造，屋面防水构造和为了美观舒适的装饰构造，都是近代建筑所不可缺少的。

（一）门和窗的构造

门和窗是现代建筑不可缺少的建筑构件。门和窗不但有实用价值，还有建筑装饰的作用。窗是房屋上阳光和空气流通的"口子"；门则主要是分隔室内外及房间的主要通道。

当然也是空气和阳光要经过的通道"口子"。门和窗在建筑上还起到围护作用，起到安全保护、隔声、隔热、防寒、防风雨的作用。

门和窗按其所用材料的不同分为：木门窗、钢门窗、钢木组合门窗、铝合金门窗、塑料或塑钢门窗，还有贵重的铜门窗和不锈钢门窗，以及用玻璃做成的无框厚玻璃门窗等。

门窗构件与墙体的结合是：木门窗用木砖和钉子把门窗框固定在墙体上，然后用五金件把门窗扇安装上去；钢门窗是用铁脚（燕尾扁铁连接件）铸入墙上预留的小孔中，固定住钢门窗框，钢门窗扇是钢铰链用铆钉固定在框上；铝合金门窗的框是把框上设置的安装金属条，用射钉固定在墙体上，门扇则用铝合金铆钉固定在框上，窗扇目前采用平移式为多，安装在框中预留的滑框内；塑料门窗基本上与铝合金门窗相似。其他门窗也都有它们特定的办法和墙体相连接。

门窗按照形式可以分为：夹板门、镶板门、半截玻璃门、拼板门、双扇门、联窗门、推拉门、平开大门、弹簧门、钢木大门、旋转门等；窗有平门窗、推拉窗、中悬窗、上悬窗、下悬窗、立转窗、提拉窗、百叶窗、纱窗等。

根据所在位置不同，门有：围墙门、栅栏门、院门、大门（外门）、内门（房门、厨房门，厕所门）、还有防盗门等；窗有外窗、内窗、高窗、通风窗、天窗、"老虎"窗等。

　　以单个的门窗构造来看，门有门框、门扇。框又分为上冒头、中贯档、门框边梃等。门扇由上冒头、中冒头、下冒头、门边梃、门板、玻璃芯子等构成，见图4-20。

　　窗由窗框、窗梃、窗框上冒头、中贯档、下冒头及窗扇的窗扇梃、窗扇的上、下冒头和安装玻璃的窗棂构成，见图4-21。

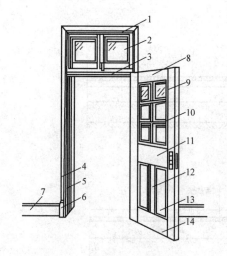

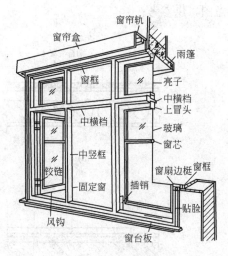

图 4-20　木门的各部分名称

1—门樘冒头；2—亮子；3—中贯档；4—贴脸板；
5—门樘边梃；6—墩子线；7—踢脚板；8—上冒头；
9—门梃；10—玻璃芯子；11—中冒头；12—中梃；
13—门肚板；14—下冒头

图 4-21　窗的组成

（二）楼面和地面层次的构造

　　楼面和地面是人们生活中经常接触行走的平面，楼地面的表层必须清洁、光滑。在人类开始时，地面就是压实稍平的土地；在烧制砖瓦后，开始用砖或石板铺地；近代建筑开始用水泥地面，而到目前地面的种类真是不胜枚举。

　　地面的构造必须适合人们生产、生活的需要。楼面和地面的构造层次一般有：

　　基层：在地面，它的基层是基土，在楼层，它的基层是结构楼板（现浇板或多孔预制板）。

　　垫层：在基层之上的构造层。地面的垫层可以是灰土或素混凝土，或两者的叠加；在楼面可以是细石混凝土。

　　填充层：在有隔声、保湿等要求的楼面则设置轻质材料的填充层，如水泥蛭石、水泥炉渣、水泥珍珠岩等。

　　找平层：当面层为陶瓷地砖、水磨石及其他，要求面层很平整的，则先要做好找平层。

　　面层和结合层：面层是地面的表层，是人们直接接触的一层。面层是根据所用材料不同而定名的。

　　水泥类的面层有：水泥混凝土面层、水泥砂浆面层、水磨石面层、水泥石子无砂面层、水泥钢屑面层等。

块材面层有：条石面层、缸砖面层、陶瓷地砖面层、陶瓷锦砖（马赛克）面层、大理石面层、磨光花岗石面层、预制水磨石块面层、水泥花砖和预制混凝土板面层等。

其他面层如有：木板面层（即木地板）、塑料面层（即塑料地板）、沥青砂浆及沥青混凝土面层、菱苦土面层、不发火（防爆）面层等。

面层必须在其下面的构造层次做完后，才能去做好。图 4-22 为楼面和地面构造层次的示意图，供参考。

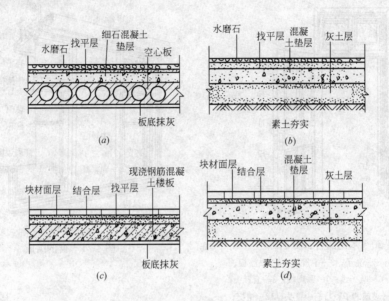

图 4-22　楼板上楼面和基土上地面构造形式

（三）屋盖及屋面防水的构造

目前的房屋建筑屋盖系统，一般分为两大类。一种是坡屋顶，一种是平屋顶。坡屋顶通常为屋架、檩条、屋面板和瓦屋面组成；平屋顶则是在屋面平板上做保温层、找平层、防水层，无保温层的也可做架空隔热层。

屋盖在房屋中是顶部围护构造，它起到防风雨、日晒、冰雪，并起到保温、隔热作用；在结构上它也起到支撑稳定墙身的作用。

1. 坡屋顶的构造

坡屋顶即屋面的坡度一般大于 150mm，它便于倾泻雨水，对防雨排水作用较好。屋面形成坡度可以是硬山搁檩或屋架的坡度等造成。它的构造层次为。屋架、檩条、望板（或称屋面板）、油毡、顺水条、挂瓦条、瓦等。可见图 4-23 所示剖面。

2. 平屋顶的构造

所谓平屋顶即屋面坡度小于 5％ 的屋顶。当前主要由钢筋混凝土屋面板为构造的基层，其上可做保温层（如用水泥珍珠岩或沥青珍珠岩），再做找平层（用水泥砂浆），最后做防水层（图 4-24）。

防水层又分为刚性防水层、卷材防水层和涂膜防水层三种，其屋面的构造和细部防水层做法可参看图 4-25。

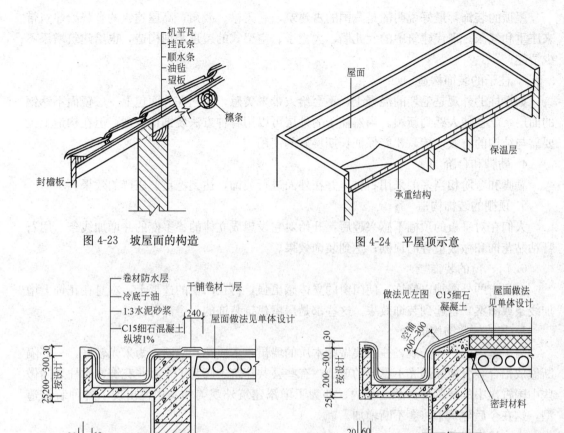

图 4-23　坡屋面的构造　　　　　　　　图 4-24　平屋顶示意

图 4-25　平屋顶防水节点构造
(a) 无保温屋顶；(b) 有保温屋顶

（四）房屋内外的装饰和构造

装饰能对房屋起保护作用并且可增加房屋建筑的美感，也是体现建筑艺术的一种手段。犹如人们得体的美容和服饰一样，在现代建筑中装饰是不可缺少内容。

装饰分为外装饰和室内装饰。外装饰是对建筑的外部，如墙面、屋顶、柱子、门、窗、勒脚、台阶等表面进行美化；内装饰是在房屋内对墙面、顶棚、地面、门、窗、卫生间、内庭院等进行建筑美化。

1. 墙面的装饰

当前外墙面的装饰有涂料，在做好的各种水泥线条的墙上涂以相应的色彩，增加美观；现在大多是用饰面材料进行装饰，如用墙面砖、锦砖、大理石、花岗石等；还有风行一时的玻璃幕墙利用借景来装饰墙面。

内墙面一般装饰以清洁、明快为主，最普通的是抹灰加涂料，或抹灰后贴墙纸；较高级一些的是做石膏墙面或木板、胶合板装饰。

2. 屋顶的装饰

屋顶的装饰，最好说明的是我国的古建筑，它飞檐、戗角，高屋建瓴的脊势给建筑带来庄重和气派。现代建筑中的女儿墙、大檐子、空架式的屋顶装饰构造，也给建筑增添不少情趣。

3. 柱子的装饰构造

如果柱的外观是毛坯的混凝土，不会给人带来美感，当它在外面包上一层镜面不锈钢的面层，就会使人感到新颖。当然柱子的外层可以用各种方法装饰得美观，但在构造上主要靠与结构的有效连接，才能保证长期良好的使用。

4. 勒脚和台阶

勒脚和台阶相当多的采用石材，并在外面进行装饰，达到稳重、庄严的效果。

5. 顶棚的装饰构造

人们在对平板的顶棚不感兴趣后，开始对它设想成立体的、多变的并增加线条，用石膏粘贴花饰和做成重叠的顶棚；达到装饰效果。

6. 门、窗的装饰

在门窗的外圈加以修饰，使门窗的立体感更强，再在门窗的选形上，本身在花饰上增加线条或图案，也起到装饰效果。这些都是房屋建筑装饰的一个部分。

7. 其他的装饰构造

为了室内适用和美观，往往要做些木质的墙裙、木质花式隔断，为采光较好，一些隔断做成铝合金骨架装透光不见形的玻璃，有些公共建筑走廊为了增添些花饰在廊柱之间做些中国古建中的挂落等。总之室内、外为了增添建筑外观美和实用性出现了各种装饰造型，这在今后建筑中将会不断增加。

**六、机电设备**

完整的房屋建筑必须具备配套的机电设备。根据房屋建筑的使用功能不同，这些机电设备通常包括给水，排水，通风与空调，采暖，供配电，消防，电梯等。

（一）给水

建立给水系统的目的是将符合水质标准的水送至建筑内生活、生产、和消防给水的各个用水点，满足水量和水压的要求。它通常由取水点（城镇供水管网或蓄水池）埋水管经过总水表进入建筑内部，再通过主管、支管等不同直径的水管、各种接头、三通、弯头、丝堵、阀门、分水表等等构件的安装组合，将水供至用水点处。另外，如果取水点水压经过建筑内管网的阻力达到用水点时水压不足，就需要加设增压设备（如水箱、水池、水泵等），以满足用水点的水压要求。

（二）排水

建筑内部排水系统的功能是将人们在日常生活和工业生产过程中产生的污水、废水以及屋面的雨水和雪水收集起来，及时排至室外。污废水排水系统的基本组成部分包括：卫生器具和生产设备的受水器、排水管道、清通设备和通气管道。在有些建筑的污废水排水系统中，根据需要还设有污废水的提升设备（如水泵）等。雨水排水系统按建筑物内是否有雨水管道分为内排水系统和外排水系统。降落到屋面上的雨水，沿屋面流入雨水斗，经连接管流入竖向立管，再经排出管流入雨水井或埋地排至室外雨水管道。

（三）通风与空调

建筑通风的主要任务是控制生产过程中产生的粉尘、有害气体、高温、高湿，控制室内有害物容量不超过卫生标准，创造良好的空气环境条件，保障人们的健康，提高劳动生产率，保证产品质量。建筑通风的功能主要由空气处理设备（各类风机）与空气输送管道（风管）等设备实现。

空调系统是调节和控制建筑内的温度、相对湿度、空气流速、空气的洁净度等，并提供足够量的新鲜空气的系统。空调系统通常由空气处理设备（如空调机、新风机）、空气输送管道（风管）等及冷源、热源部分来共同实现。

（四）采暖

我国长江以北地区由于冬季寒冷，建筑中多设有采暖系统。它由锅炉房（或其他热源）通过管道将热水或蒸汽送到建筑内。供蒸汽的管道要求能承受较大的压力，供热水的可以与给水系统的管道一样，其构造与给水系统一样有管接头、弯头等等，所不同的是送至室内后要接在散热装置上（散热片或地面排管等）。散热装置一头为进入管，一头为排出管（排出散热后的冷却水）。

（五）供配电

建筑供配电系统由电源、电力传输网、用电设备三部分组成。电源通常由市政电网或发电机组成，经过配电区域内的配电线及配电设施组成的电力传输网为用电设备供电。电力传输网通过把大容量的电线电缆分支成容量越来越小的电线电缆的办法来组成，各级分支通常还需要设置合适的分断开关来管理与维护整个电力网。用电设备通常包括照明灯具、空调、风机、水泵、计算机等需要电力运行的设备。

（六）消防、电梯

火灾一直是危害建筑内人员生命财产安全的重大隐患，因此建筑内通常需要设置一些消防设施，例如消火栓系统、喷淋系统、火灾报警系统等，以及用来配合火灾发生时人员逃生用的排烟、应急照明、疏散指示、消防广播等辅助逃生设施。

现代建筑中，电梯的应用十分普遍。主要有用来竖向直达各层的升降电梯和作为自动通道和楼层间通道的自动扶梯两种类型。

## 第三节　常见建筑结构类型简介

**一、建筑结构的基本概念和应用**

1. 建筑结构的组成

建筑结构，主要指的是建筑物的承重骨架。其作用就是保证建筑物在使用期限内把作用在建筑物上的各种荷载或作用可靠地承担起来；并在保证建筑物的强度、刚度和耐久性的同时，把所有的作用力可靠地传到地基中去。

建筑结构，根据建筑功能的不同（高度、体量、空间等）及是否需要考虑抗震设防等其他要求，组成形式可以有多种多样。本节仅就砌体房屋、多层与高层房屋、单层工业厂房、大跨度建筑的结构组成及其特点，予以概要介绍。

2. 建筑结构承受的荷载（作用）

建筑结构承受的竖向荷载包括恒载（构件自重等永久荷载）和活荷载（楼、屋面使用等可变荷载），其数值可按实际情况并不小于《建筑结构荷载规范》GB 50009 规定的数值确定。

建筑结构承受的水平荷载（作用）主要包括风荷载和抗震设防地区的地震作用等。

### 3. 建筑结构的布置

建筑结构布置的基本原则是避免复杂体型、力求传力途径简洁、明确。平面布置尽可能规则对称，竖向布置应上下连续、均匀变化，尤其是抗震设防地区，建筑结构的平面、竖向布置更应从严控制。

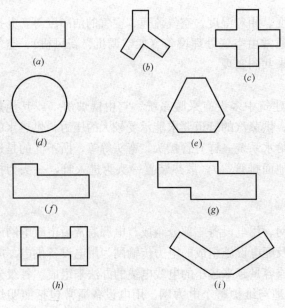

一般建筑结构平面见图 4-26，其中（a）、（d）、（e）平面规则；（b）、（c）平面相对规则，用于高层建筑时，承受的风荷载较前者大；（f）、（g）、（h）、（i）平面相对不规则，当用于抗震设防地区时应对薄弱部位予以加强。

图 4-26　一般建筑结构平面形状

### 4. 变形缝

变形缝包括沉降缝、伸缩缝和防震缝，在抗震设防地区，建筑结构设置的沉降缝、伸缩缝必须满足防震缝的宽度要求。

沉降缝用于划分层数相差较多、荷载相差较大的相邻建筑结构单元，避免由于沉降差异而使结构产生损坏。沉降缝不但应贯通上部结构，而且应贯通基础本身。

伸缩缝（也称温度缝）用于超长建筑结构的分段划分，防止结构因温度变化和混凝土收缩而产生裂缝。伸缩缝应贯通上部结构。

防震缝用于抗震设防地区将体型复杂、平立面特别不规则的建筑结构划分成相对规则的结构单元，抗震设计应通过调整平面形状、采取加强措施等方法尽可能避免设缝，如需设缝的就要分得彻底。防震缝应贯通上部结构，并保证有足够宽度。

### 二、多层砌体房屋

砌体结构指由块材（砖、砌块、石）和砂浆砌筑而成的墙、柱作为建筑物主要受力构件的结构，楼、屋盖一般采用钢筋混凝土，也可采用木楼、屋盖，轻钢、瓦才屋盖等，也称砖混结构。

#### 1. 砌体结构的特点和适用范围

（1）主要优点

主要承重结构用砖、砌块、石砌筑而成，这些材料便于就地取材；

可以节省钢筋、混凝土材料，有较好的经济性能指标；

施工比较方便，技术要求低，施工设备简单。

（2）主要缺点

砌体强度低，建造的房屋层数有限；

砌体是脆性材料，抗压能力尚可，抗拉、抗剪能力较差，因此抗震性能差。

（3）适用范围

可用于多层住宅、普通办公楼、学校、小型医院等民用建筑以及中小型工业建筑。

层数一般不超过 7 层，在抗震设防地区，可建层数（高度）随抗震设防烈度提高而减少（降低）。

2. 砌体结构承重体系

不同功能需求的建筑，平面布置各不相同，根据房间布局和大小要求，砌体结构的承重方式一般有三种：纵墙承重、横墙承重、纵横墙共同承重。

（1）纵墙承重体系

纵墙是主要的承重墙，荷载主要传递途径是：板→梁→纵墙→基础→地基，见图 4-27。

采用纵墙承重体系可以取得较大的空间，平面布置比较灵活，适用于教学楼、实验楼、办公楼、食堂、仓库和中小型厂房等。但由于纵墙承重体系不利于传递横向水平地震作用，所以不应用于抗震设防地区。

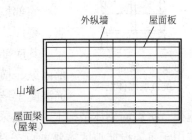

图 4-27　纵墙承重方案

（2）横墙承重体系

横墙是主要的承重墙，荷载主要传递途径是：板→梁→横墙→基础→地基，见图 4-28。

采用横墙承重体系的建筑整体刚度大，抗震性能较好；由于外纵墙不是承重墙，立面处理相对比较方便。适用于宿舍、住宅等居住建筑和小型办公楼等。

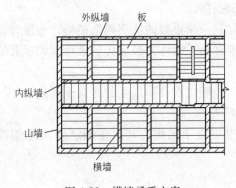

图 4-28　横墙承重方案

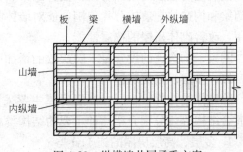

图 4-29　纵横墙共同承重方案

（3）纵横墙共同承重体系

根据功能需求，混合采用纵墙或横墙承重，横墙间距比纵墙承重密、比横墙承重稀，兼有两种体系的特征，见图 4-29。

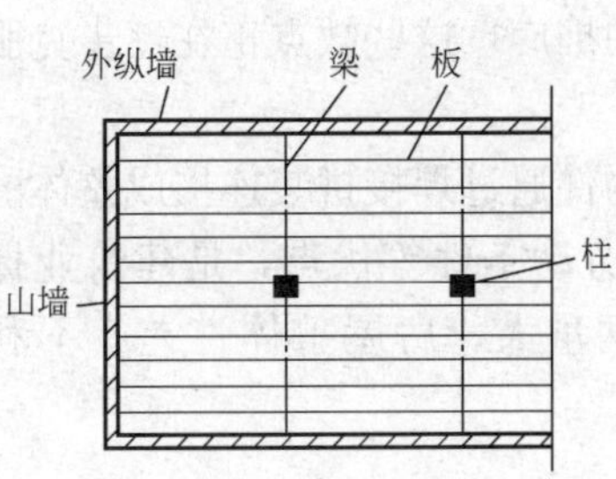

3. 采用砌体承重的其他结构体系

当砌体结构主要的承重体系不能满足建筑功能需求时，还可选择混合采用钢筋混凝土构件的其他结构体系，如：内框架结构、底部框架—抗震墙砌体结构。

（1）内框架结构

内框架结构采用钢筋混凝土柱代替内承重墙，这

图 4-30　内框架承重方案

种结构既不是全框架承重，也不是全由砖墙承重，见图4-30。

内框架承重体系可以取得较大的空间，故可用于教学楼、医院、商店、旅馆等建筑。但由于内框架结构体系空间刚度较差，抗震性能不好，所以不得用于有抗震设防要求的地区。

(2) 底部框架—抗震墙砌体结构

图4-31　底部框架—
抗震墙砌体结构

底部框架—抗震墙砌体结构是多层砌体房屋的一种特殊形式，其底部一层或两层改用钢筋混凝土框架—抗震墙结构，见图4-31。

底部框架—抗震墙砌体结构适用于临街的、在底部有设置商店、餐厅、车库等需求的宿舍、住宅等居住建筑或小型办公楼房屋，其底部一层或两层由于大空间的需要而采用框架—抗震墙，上部因纵、横墙比较多而采用砌体承重。这种结构形式具有比多层钢筋混凝土结构造价低和施工方便的优点，性价比较高。但由于底部框架—抗震墙砌体结构上、下层采用不同材料、不同结构形式，对抗震性能不利，所以不应用于抗震设防地区需要重点关注的学校、医院等建筑和高烈度（8.5度及以上）设防地区。

4. 砌体结构圈梁、构造柱的重要性

在砌体房屋中设置圈梁可以增强房屋的整体刚度，防止由于地基的不均匀沉降或较大振动荷载等对房屋的不利影响。

在砌体房屋的墙体中设置构造柱，并通过拉结筋、马牙槎等措施与墙体形成整体，使墙体刚度增加，墙体的承载力、稳定性均相应得到提高。

抗震设防地区的砌体房屋，设置圈梁、构造柱是一项重要的抗震构造措施，布置合理的圈梁和构造柱把墙体分片包围，能对墙体的约束和防止墙体开裂后砖的散落起到显著的作用，改善砌体房屋的抗震性能。

圈梁、构造柱的设置要求随层数的增加而提高，随抗震设防烈度的提高而提高。

**三、多层、高层房屋**

除砌体结构外，多层、高层房屋主要采用钢筋混凝土结构，其次是钢结构、钢-混凝土混合结构等，分别介绍几种主要的结构类型。

1. 多层、高层房屋的施工分类

(1) 全现浇式

所有构件均在现场绑扎钢筋、支模、浇筑、养护而成，结构整体性和抗震性能好、省钢材、造价低，但现场工作量大、模板耗费多、施工周期长。随着施工工艺及技术水平的发展和提高，如定型钢模板、商品混凝土等工艺和措施的推广，这些缺点正在逐步克服。

(2) 装配式

所有构件均由构件预制厂预制，然后在现场将这些构件通过焊接拼装连接成整体的结构。具有节约模板、缩短工期、便于机械化生产、改善劳动条件等优点，是建筑业标准化、工业化的方向。但它的缺点是节点连接复杂、用钢量大、房屋整体性差、不利于抗震。

(3) 装配整体式

装配整体式指将预制的构件安装就位后，焊接或绑扎节点区钢筋，通过节点区浇筑混凝土、板面混凝土叠合整浇等措施，使之结合成整体，兼有全现浇式和装配式的一些特点。

(4) 半现浇式

半现浇式指部分构件现浇、部分构件预制，一般以相对次要的构件预制为主，如现浇梁、柱，预制板；或现浇柱，预制梁、板等。

2. 框架结构

(1) 框架结构的特点和适用范围

框架结构是由梁、柱组成的骨架作为承受建筑物的竖向荷载和水平荷载（作用）的结构体系，发达国家较多采用钢材作为框架结构的材料，我国以钢筋混凝土为主。

框架结构的优点是在建筑上能够提供较大的空间，平面布置灵活，因而它的应用极为广泛，很适合用于多层工业厂房和各种类型的民用建筑。

框架结构的缺点是结构抗侧刚度较小，在水平荷载作用下位移大，抗震性能好于砌体结构但差于带剪力墙的其他类型结构体系，在房屋高度、或在抗震设防地区使用时受到一定限制。框架结构在非抗震设防地区适用高度为 70m 以下，在抗震设防地区适用高度随设防烈度提高而降低。

(2) 框架结构的布置

在房屋结构中，通常将短轴方向称为横向、长轴方向称为纵向，按楼面竖向荷载传递路线的不同，框架的布置有横向框架承重、纵向框架承重和纵横向框架共同承重三种方式，主要承重的框架也称为主框架。

横向框架承重时，楼板（现浇楼盖中的次梁）平行于长轴布置，支撑在横向主梁上，各榀主框架用连系梁连接。一般房屋横向受风面积比纵向大且横向柱列柱子数量少于纵向柱列，所以比较强的横向框架有助于提高房屋的横向刚度，以利于抵抗风荷载的作用。在实际工程中较多采用这种布置方式，见图 4-32 (a)。

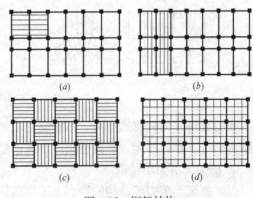

图 4-32 框架结构

纵向框架承重时，楼板（现浇楼盖中的次梁）平行于短轴布置，支撑在纵向主梁上，横向设连系梁。这种方式房屋的横向刚度较差，仅可用于大开间柱网且房屋进深较小的房屋。在实际工程中较少采用这种布置方式，见图 4-32 (b)。

纵横向框架共同承重时，两个方向均布置框架主梁承受楼面荷载。当柱网布置为正方形或接近正方形，或当楼面上作用有较大荷载，或当楼面有较大开孔时，常采用这种布置方式，尤其适用于现浇板楼屋盖。在实际工程中这种布置方式应有也较广泛，由于纵横向框架共同承重方式使房屋结构具有比其他布置方式更好的整体工作性能，所以在抗震设防地区更能体现优势，见图 4-32 (c、d)。

3. 剪力墙结构

(1) 剪力墙结构的特点和适用范围

剪力墙结构是利用建筑物的内、外墙作为承重骨架的一种结构体系，它以房屋中的墙体代替梁，柱构件来承受建筑物的竖向荷载和水平荷载（作用）。剪力墙结构采用钢筋混凝土作为构件材料。

剪力墙结构的优点是结构整体性强、抗侧刚度大、抗震性能好，适于建造较高的建筑。相同高度的建筑，采用剪力墙结构形式用钢量较省。

剪力墙结构的缺点是墙体较密，使建筑平面布置和空间利用受到限制，较难满足大空间建筑功能的要求。

剪力墙结构的优缺点特征比较明显，比较适合用于有一定高度的住宅、公寓、旅馆等居住型建筑。剪力墙结构在非抗震设防地区适用高度一般为 150m 以下，在抗震设防地区适用高度随设防烈度提高而降低。

当建筑底部部分楼层需要布置门厅、餐厅或其他商业用途的大空间时，可将部分墙体改为框架，形成部分框支—剪力墙结构形式。部分框支—剪力墙结构形式在 8 度抗震设防地区高度不应超过 80m，且不得用于 9 度抗震设防地区。

（2）剪力墙结构的布置

剪力墙结构中，建筑物的竖向荷载和水平荷载（作用）均由钢筋混凝土剪力墙承担，所以剪力墙在平面上应沿建筑物的主轴方向布置。一般当建筑物为矩形、T 形、L 形平面时，剪力墙应沿纵横两个方向布置；为三角形、Y 形平面时，可沿三个方向（及相应的垂直方向）布置；为圆形、弧形平面时，则可沿环向和径向布置，见图 4-33。

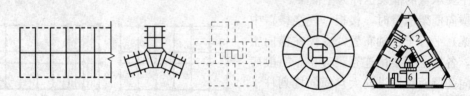

图 4-33　剪力墙结构的布置

剪力墙沿竖向宜贯通全高，不宜突然取消或中断，避免错层或局部夹层，尽量避免竖向刚度突变。墙体厚度、混凝土强度等级沿竖向变化时，应平缓地减薄或降低。

4. 框架—剪力墙结构

（1）框架—剪力墙结构的特点和适用范围

顾名思义，框架—剪力墙结构即为框架结构和剪力墙结构的综合体，兼有两种结构形式的优点，尽可能克服纯框架结构抗侧刚度较小、剪力墙结构平面布置和空间利用受到限制的缺点，广泛地应用于各类多、高层工业或民用建筑。框架—剪力墙结构在非抗震设防地区适用高度一般为 140m 以下，在抗震设防地区适用高度随设防烈度提高而降低。

（2）框架—剪力墙结构的布置

框架—剪力墙结构的竖向荷载由框架和剪力墙共同承担，水平荷载（作用）主要由剪力墙承担，剪力墙构件的布置是框架—剪力墙结构布置的重点。

剪力墙构件布置原则除需遵循剪力墙结构布置原则外，根据框架—剪力墙结构的特点，尚应注意遵循"均匀、分散、对称、周边"的原则。"均匀、分散"指剪力墙片数宜多，均匀、分散地布置在建筑平面的各个部位；"对称"指剪力墙在结构单元平面内尽量对称布置，使质量中心和刚度中心尽可能重合，避免结构在水平荷载（作用）下产生较大的扭转；"周边"指在建筑平面外侧布置剪力墙，以提高结构抵抗扭转的能力，见图4-34。

5. 筒体结构

（1）筒体结构的特点和适用范围

随着现代化城市建设的飞速发展，原有结构布置方式难以满足建筑物高度不断增加的需求。

当将剪力墙集中布置在建筑平面中部围合成一个筒体，建筑物周边布置框架柱，就形成了框架—核心筒结构体系，可以认为这是框架—剪力墙结构的一种特殊方式，见图4-35（a）。

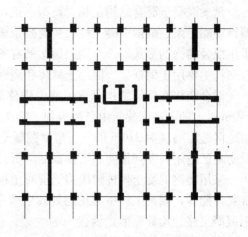

图4-34　框架—剪力墙结构布置

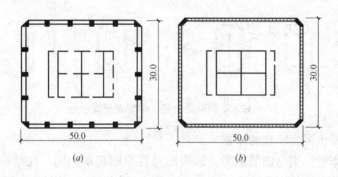

图 4-35
（a）框架—核心筒结构　（b）筒中筒结构

当将框架—核心筒结构外框柱的间距减小形成密框柱，并限制外墙面开洞面积，就形成了筒中筒结构体系，见图4-35（b）。

筒体结构具有相当大的抗侧刚度，能有效抵抗水平荷载（作用），将水平位移控制在较小的范围内；又由于其将剪力墙集中布置，增加了内部空间划分的灵活性，适用于多功能、多用途的高层建筑，是超高层建筑的首选结构方案。框架—核心筒结构在非抗震设防地区适用高度一般为160m以下、筒中筒结构一般为200m以下，在抗震设防地区适用高度随设防烈度提高而降低。

（2）筒体结构的布置

筒体结构的核心筒墙肢宜均匀、对称布置，角部附近开洞应避让一定距离；核心筒应贯通建筑物全高，宽度不小于建筑总高的1/12，用于筒中筒结构的内筒可适当减小。

框架—核心筒结构的外框柱间必须设置框架梁。筒中筒结构外框柱的间距应小于4m，并控制外墙面开洞面积不大于墙面面积的60%。

6. 钢—混凝土混合结构

（1）钢—混凝土混合结构的特点和适用范围

钢一混凝土混合结构是相对新型、正在迅速发展的结构体系，主要是以钢梁、钢柱或型钢混凝土梁、型钢混凝土柱代替混凝土梁柱，因此原则上上述所介绍的各种体系都可以采用混合结构的形式。综合国家颁布的有关规范、规程以及工程应用的实际情况，目前混合结构主要用于钢框架一混凝土筒体和型钢混凝土框架一混凝土筒体两种体系。

混合结构在降低结构自重、减少构件截面尺寸、加快施工进度等方面优势明显，在150m以上的超高层建筑中已经得到了广泛的应用。钢框架一混凝土筒体结构在非抗震设防地区适用高度为210m以下、型钢混凝土框架一混凝土筒体结构为240m以下，在抗震设防地区适用高度随设防烈度提高而降低。

采用型钢混凝土构件解决钢筋混凝土构件截面尺寸受到限制、或提高钢筋混凝土构件抗震性能等，则是工程中常见的处理疑难杂症的手段之一，图4-36上排、下排分别为型钢混凝土柱、梁截面形式示意。

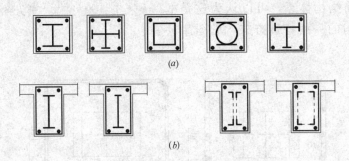

图 4-36　型钢混凝土柱、梁截面形式示意

(2) 钢一混凝土混合结构的布置

混合结构的布置原则与钢筋混凝土结构的布置原则基本相同，在结构沿竖向的刚度、承载力宜均匀变化方面特别需注意：当框架柱的上部与下部的类型或材料不同（如型钢柱过渡到钢柱或钢筋混凝土柱）时应设置过渡层，过渡应尽可能平缓。

**四、大空间、大跨度建筑**

在公共建筑、工业建筑中，有时有大空间、大跨度的要求，对此类建筑的结构体系简单介绍如下。

1. 网架、网壳结构

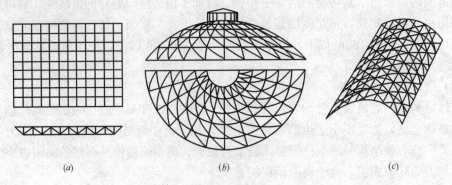

图 4-37　网架、网壳结构

(a) 平板网架（双层）；(b) 网壳（单层、双曲）；(c) 网壳（单层、单曲）

网架结构是由很多杆件通过节点，按照一定规律组成的网状空间杆系结构。网架结构根据外形可分为平板网架和曲面网架，通常情况下，平板网架简称为网架，曲面网架简称为网壳（图 4-37）。

（1）网架、网壳结构的特点和适用范围

网架、网壳结构中空间交汇的杆件，既为受力杆件、又为支撑杆件，工作时互为支撑、协同工作，因此它整体性好、稳定性好；各杆件主要承受轴向的拉力和压力，能充分发挥材料的强度，节省钢材。

网架、网壳结构平面布置灵活，可以用于矩形、圆形、椭圆形、多边形、扇形等多种建筑平面；能适应不同跨度、不同造型、不同支承条件、不同功能的建筑物需要，所以被广泛应用于体育馆、展览馆、大会堂、影剧院、车站、飞机库、厂房、仓库等建筑中。

网架、网壳结构大多采用钢结构，也有钢筋混凝土网架结构和钢－混凝土组合网架结构（网架上弦采用预制或现浇混凝土平板代替上弦钢构件）；网壳结构也有钢筋混凝土、铝合金等其他材料，但都很少采用。

（2）网架、网壳结构的分类

网架可分为两大类，一类是由不同方向的平行弦桁架相互交叉组成的，称为交叉桁架体系网架，包括两向正交正放（见图 4-38）、两向正交斜放、两向斜交斜放、三向交叉；另一类是由三角锥、四角锥或六角锥等锥体单元组成的空间网架结构，称为角锥体体系网架，三角锥体系包括标准、抽空、蜂窝形布置，四角锥体系包括正放（见图 4-39）、斜放、星形、棋盘形布置等方式。网架结构根据平面形状、长宽比、跨度、支承情况、荷载大小等因素选择适合的类型。

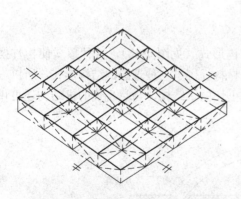

图 4-38　两向正交正放交叉桁架网架

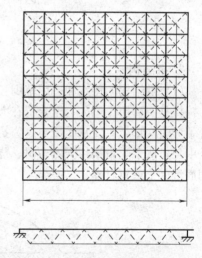

图 4-39　正放四角锥体网架

网壳结构分类可以根据曲面的曲率划分（即按高斯曲率分类），包括柱面、圆锥形、球面、椭圆抛物面，双曲抛物面、单块扭网壳等；也可以根据层数划分，包括单层、双层和变厚度等。网壳结构选型的基本原则除与网架结构相同外，从美学的角度进行网壳的立面设计也是一项重要的内容。

（3）网架的杆件和节点

圆钢管受力性能良好、承载力高，是网架杆件的首选，对于中小跨度且荷载较小的网架，为降低造价，也可采用角钢或薄壁型钢。

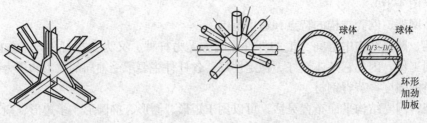

图 4-40　钢板节点　　　　　　　　　　　图 4-41　焊接球节点

网架的常用节点主要有三种。钢板节点适用于网架构件采用角钢或薄壁型钢时（见图4-40）；焊接空心球节点和螺栓球节点适用于网架构件采用圆钢管时。焊接球节点是用两块圆钢板经模压成两个半球，然后对焊成整体，根据需要球节点内可以加肋或不加肋（见图4-41）。螺栓球节点是在实心钢球上钻出螺钉孔，以便安装圆钢管杆件（见图4-42）。

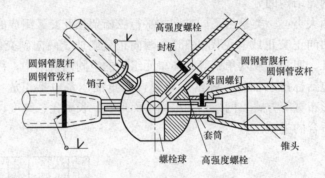

图 4-42　螺栓球节点

2. 拱结构
（1）拱结构的特点和适用范围
拱是一种历史悠久、至今仍在大量应用的结构形式（见图4-43），这种形式使构件摆脱了弯曲变形，主要承受压力，为抗压性能好的材料提供了一种理想的结构形式，所以古今中外建造了大量采用天然石材、烧结砖甚至是土坯的拱结构，当然现代的拱结构还可用钢筋混凝土或钢材建造。

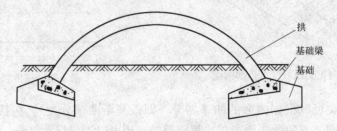

图 4-43　拱结构

拱结构适用于各种宽敞的公共建筑，如展览馆、体育馆、商场等，也有用于观赏性的构筑物。

（2）拱结构的布置

拱结构根据建筑平面形式的不同，可以采用不同的布置方式。

矩形平面一般采用等间距并列布置方式，纵向加设支撑保证侧向稳定；也可仿效井字梁，采取多向承受荷载、共同传力的井字拱。非矩形平面时可采用径向布置的空间拱结构，圆形平面可采用环向布置的空间拱结构。

拱结构是一种有推力的结构形式，拱结构的支座（拱脚）应能可靠地承受水平推力，才能保证拱结构发挥作用。

3. 悬索结构

（1）悬索结构的特点和适用范围

悬索结构是由一系列高强度钢索组成的张力结构，其受力状态与拱结构有异曲同工之处，拱以受压为主、不能自由变形，悬索只能受拉，正好利用和发挥钢材的超强抗拉能力。悬索结构自重轻、用钢量省，能跨越很大的跨度，主要用于跨度在 $60 \sim 100m$ 的体育馆、展览馆、会议厅等大型公共建筑。

（2）悬索结构的组成

悬索结构一般由索网、边缘构件和下部支承结构组成，见图 4-44。索网是悬索结构的主要承重构件，

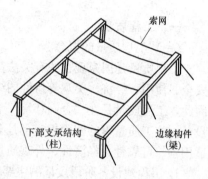

图 4-44

是轴心受拉构件；边缘构件是索网的边框，无边框则索网不能成型；下部支承构件一般是钢筋混凝土立柱或框架结构，为保持稳定，有时需采取钢缆锚拉的设施。

索网有单曲面单层或双层形式，双曲面单层或双层形式，还有双曲面交叉索网形成鞍形的形式。

# 第五章　工程质量管理基础

## 第一节　概　述

### 一、工程质量

（一）工程质量的概念

工程质量是国家现行的有关法律、法规、技术标准和设计文件及工程合同中对工程的安全、使用、经济、美观等特性的综合要求。工程项目一般都是按照合同条件承包建设的因此，工程质量是在"合同环境"下形成的。合同条件中对工程项目的功能、使用价值及设计、施工质量等的明确规定都是业主的"需要"，因而都是质量的内容，它通常体现在适用性、可靠性、经济性、外观质量与环境协调等方面。

1. 工程建设各阶段质量的主要内容

工程质量是按照工程建设程序，经过工程建设各个阶段而逐步形成的，而不仅仅决定于施工阶段，工程建设各阶段质量的主要内容包括：

（1）项目可行性研究。论证项目在技术、经济上的可行性与合理性，决策立项与否，是确定质量目标与水平的依据。

（2）项目决策。决定项目是否投资建设，确定项目质量目标与水平。

（3）工程设计。将工程项目质量目标与水平具体化，直接关系到项目建成后的功能和使用价值。

（4）工程施工。使合同要求和设计方案得以实现，最终形成工程实体质量。

（5）工程验收。最终确认工程质量是否达到要求及达到的程度。

2. 工程质量包含的内容

任何工程项目都是由分项工程、分部工程和单位工程所组成。工程项目的建设，则是通过一道道工序来完成，是在工序中创造的。所以，工程质量包含工序质量、分项工程质量、分部工程质量和单位工程质量。

3. 提高工作质量保证工程实物质量

工程质量不仅包括工程实物质量，而且也包含工作质量。工作质量是指工程建设参与各方，为了保证工程质量所从事技术、组织工作的水平和完善程度。工程质量的好坏是建设、勘察、设计、施工、监理等单位各方面、各环节工作质量的综合反映。要保证工程质量，就要求有关部门和人员精心工作，对决定和影响工程质量的所有因素严加控制，即通过提高工作质量来保证和提高工程的实物质量。

（二）工程质量的特点

建设工程的特点决定了工程质量的特点，即：

1. 影响因素多

如决策、设计、勘察、材料、机械、环境、施工工艺、施工方案、技术措施、管理制度、施工人员素质等均直接或间接地影响工程的质量。

2. 质量波动大

工程建设因其具有复杂性、单一性，不像一般工业产品的生产那样，有固定的生产流水线，有规范化的生产工艺和完善的检测技术，有成套的生产设备和稳定的生产环境，有相同系列规格和相同功能的产品，所以其质量波动性大。

3. 质量变异大

由于影响工程质量的因素较多，任一因素出现质量问题，均会引起工程建设中的系统性质量变异，造成工程质量事故。

4. 质量隐蔽性

工程项目在施工过程中，由于工序交接多，中间产品多，隐蔽工程多，若不及时检查并发现其存在的质量问题，事后看表面质量可能很好，容易将不合格的产品误为是合格的产品。

5. 最终检验局限性

工程项目建成后，不可能像某些工业产品那样，可以拆卸或解体来检查内在的质量。工程项目最终检验验收时难以发现工程内在的、隐蔽的质量缺陷。

所以，对工程质量更应重视事前控制、事中严格监督；防患于未然，将质量事故消灭于萌芽之中。

（三）影响工程质量的因素

在工程建设中，无论决策、计划、勘察、设计，施工、安装、监理，影响工程质量的因素主要有人、材料、机械、方法和环境等五大方面。

1. 人的因素

人是指直接参与工程建设的决策者、组织者、指挥者和操作者。人的政治素质、业务素质和身体素质是影响质量的首要因素。为了避免人的失误、调动人的主观能动性，增强人的责任感和质量意识，达到以工作质量保证工序质量、保证工程质量的目的，除加强政策法规教育、政治思想教育、劳动纪律教育、职业道德教育、专业技术知识培训，健全岗位责任制，改善劳动条件，公平合理的激励外；还需根据工程项目的特点，从确保工程质量出发，本着适才适用，扬长避短的原则来控制人的使用。

2. 材料的因素

材料（包括原材料、成品、半成品、构配件等）是工程施工的物质条件，没有材料就无法施工。材料质量是工程质量的基础，材料质量不符合要求，工程质量也就不可能符合标准。

3. 方法的因素

这里所指的方法，包含工程项目整个建设周期内所采取的技术方案、工艺流程、组织措施、检测手段、施工组织设计等。方法是否正确得当，是直接影响工程项目进度、质量、投资控制三大目标能否顺利实现的关键。

4. 施工机械设备的因素

施工机械设备是实现施工机械化的重要物质基础，是现代化工程建设中必不可少的设施。机械设备的选型、主要性能参数和使用操作要求对工程项目的施工进度和质量有直接影响。

5. 环境的因素

影响工程项目质量的环境因素较多。有工程技术环境，如工程地质、水文、气象等；工程管理环境，如质量保证体系、质量管理制度等；劳动环境，如劳动组合、劳动工具、工作面等。环境因素对工程质量的影响，具有复杂而多变的特点，如气象条件就变化万千，温度、大风、暴雨、酷暑、严寒都直接影响工程质量。

## 二、工程质量管理的指导思想

工程质量管理是指为保证提高工程质量而进行的一系列管理工作。工程质量管理是企业管理的重要部分，它的目的是以尽可能低的成本，按既定的工期完成一定数量的达到质量标准的工程。它的任务就在于建立和健全质量管体系，用企业的工作质量来保证工程实物质量。从20世纪70年代末起，我国工程建设领域，在学习国外先进经验的基础上，开始引进并推行全面质量管理。

全面质量管理是指一个组织以质量为中心，以全员参与为基础，通过让顾客满意和本组织所有成员及社会受益而达到长期成功的管理途径。

根据全面质量管理的概念和要求，工程质量管理是对工程质量形成进行全面、全员、全过程的管理，应遵循以下指导思想：

1. "质量第一"是根本出发点

在质量与进度、质量与成本的关系中，要认真贯彻保证质量的方针，做到好中求快，好中求省；而不能以牺牲工程质量为代价，盲目追求速度与效益。

2. 贯彻以预防为主的思想

从消极防守的事后检验变为积极预防的事先管理。好的工程产品是由好的决策、好的规划、好的设计、好的施工所产生的，不是检查出来的。必须在工程质量形成的过程中，事先采取各种措施，消灭种种不合质量要求的因素，使之处于相对稳定的状态之中。

3. 为用户服务的思想

真正好的质量是用户完全满意的质量。要把一切为了用户的思想，作为一切工作的出发点，贯穿到工程质量形成的各项工作中。建设过程要树立"下道工序就是用户"的思想，要求每道工序和每个岗位都要立足于本职工作的质量，不给下道工序留麻烦，以保证工程质量和最终质量能使用户满意。

4. 一切用数据说话

依靠确切的数据和资料，应用数理统计方法，对工作对象和工程实体进行科学的分析和整理。要研究工程质量的波动情况，寻求影响工程质量的主次原因，采取有效的改进措施，掌握保证和提高工程质量的客观规律。

## 三、工程质量管理的基础工作

（一）质量教育

为了保证和提高工程质量，必须加强全体职工的质量教育，其主要内容如下：

1. 质量意识教育

要使全体职工认识到保证和提高质量对国家、企业和个人的重要意义，树立"质量第一"和"为用户服务"的思想。

2. 质量管理知识的教育

要使企业全体职工，了解全面质量管理的基本思想、基本内容；掌握其常用的数理统计方法和质量标准；熟悉质量管理改进的性质、任务和工作方法等。

3. 技术培训

让工人熟练掌握本人任职岗位的"应知应会"技术和操作规程等。技术和管理人员要熟悉施工及验收规范、质量评定标准，原材料、构配件和设备的技术要求及质量标准，以及质量管理的方法等。专职质量检验人员要正确掌握检验、测量和试验方法，熟练使用其仪器、仪表和设备。通过培训，使全体职工具有保证工程质量的技术业务知识和能力。

（二）质量管理的标准化

质量管理中的标准化，包括技术工作和管理工作的标准化。技术标准有产品质量标准、操作标准、各种技术定额等。管理工作标准有各种管理业务标准、工作标准等，即管理工作的内容、方法、程序和职责权限。质量管理标准化工作的要求是：

（1）不断提高标准化程度。各种标准要齐全、配套和完整，并在贯彻执行中及时总结、修订和改进。

（2）加强标准化的严肃性。要认真严格执行，使各种标准真正起到技术法规作用。

（三）质量管理的计量工作

质量管理的计量工作，包括生产时的投料计量，生产过程中的监测计量和对原材料、成品、半成品的试验、检测、分析计量等。搞好质量管理计量工作的要求是：

（1）合理配备计量器具和仪表设备，且妥善保管。

（2）制定有关测试规程和制度，合理使用和定期检定计量器具。

（3）改革计量器具和测试方法，实现检测手段现代化。

（四）质量情报

质量情报是反映产品质量、工作质量的有关信息。其来源一是通过对工程使用情况的回访调查或收集用户的意见得到的质量信息；二是从企业内部收集到的基本数据、原始记录等有关工程质量的信息；三是从国内外同行业搜集的反映质量发展的新水平、新技术的有关情报等。

做好质量情报工作是有效实现"预防为主"方针的重要手段。其基本要求是准确、及时、全面、系统。

（五）建立健全质量责任制

建立和健全质量责任制，使企业每一个部门、每一个岗位都有明确的责任，形成一个严密的质量管理工作体系。它包括各级行政领导和技术负责人的责任制、管理部门和管理人员的责任制和工人岗位责任制。其主要内容有：

（1）建立质量管理体系，开展全面质量管理工作。

（2）建立健全保证质量的管理制度，做好各项基础工作。

（3）组织各种形式的质量检查，经常开展质量动态分析，针对质量通病和薄弱环节，采取技术、组织措施。

（4）认真执行奖惩制度，奖励表彰先进，积极发动和组织各种竞赛活动。

（5）组织对重大质量事故的调查、分析和处理。

（六）开展质量改进活动

质量改进活动可以质量管理小组形式：主要有两种：一是由施工班组的工人或职能科

室的管理人员组成；二是由工人、技术（管理）人员、领导干部组成"三组合"小组。其成员应自愿参加，人数不宜太多。开展质量管理小组活动要做到以下各点：

（1）根据企业方针目标，从分析本岗位、本班组、本科室、部门的现状着手，围绕提高工作质量和产品质量、改善管理和提高小组素质而选择课题。

（2）要坚持日常检查、测量和图表记录，并有一定的会议制度，如质量分析会、定期的例会等，对找出影响质量的因素采取对策措施。

（3）按照"计划（Plan）、实施（Do）、检查（Check）、处理（Action）"，即 PDCA循环，进行质量管理改进活动。做到目标明确、现状清楚、对策具体、措施落实、及时检查和总结。

（4）为推动质量管理小组活动，可组织各种形式的经验交流会和成果发表会。

## 第二节　政府对工程质量的监督管理

### 一、政府对工程质量的监督管理形式

（一）监督管理部门

（1）国务院建设行政主管部门对全国的建设工程质量实施统一监督管理。国务院铁路、交通、水利等有关部门按照国务院规定的职责分工，负责对全国的有关专业建设工程质量的监督管理。

（2）县级以上地方人民政府建设行政主管部门对本行政区域内的建设工程质量实施监督管理。县级以上地方人民政府交通、水利等有关部门在各自的职责范围内，负责对本行政区域内的专业建设工程质量的监督管理。

（二）监督检查内容

（1）国务院建设行政主管部门和国务院铁路、交通、水利等有关部门应当加强对有关建设工程质量的法律、法规和强制性标准执行情况的监督管理。

（2）国务院发展计划部门按照国务院规定的职责，组织稽查特派员，对国家出资的重大建设项目实施监督检查。

国务院经济贸易主管部门按照国务院规定的职责，对国家重大技术改造项目实施监督检查。

（3）县级以上地方人民政府建设行政主管部门和其他有关部门应当加强对有关建设工程质量的法律、法规和强制性标准执行情况的监督检查。

（三）监督管理机构

（1）建设工程质量监督管理，可以由建设行政主管部门或者其他有关部门委托的建设工程质量监督机构具体实施。

（2）从事房屋建筑工程和市政基础设施工程质量监督的机构，必须按照国家有关规定经国务院建设行政主管部门或者省、自治区、直辖市人民政府建设行政主管部门考核；从事专业建设工程质量监督的机构，必须按照国家有关规定经国务院有关部门或者省、自治区、直辖市人民政府有关部门考核。经考核合格后，方可实施质量监督。

（四）监督管理措施

县级以上人民政府建设行政主管部门和其他有关部门履行监督检查职责时，有权采取

下列措施：

（1）要求被检查的单位提供有关工程质量的文件和资料。

（2）进入被检查单位的施工现场进行检查。

（3）发现有影响工程质量的问题时，责令改正。

有关单位和个人对县级以上人民政府建设行政主管部门和其他有关部门进行的监督检查应当支持与配合，不得拒绝或者阻碍建设工程质量监督检查人员依法执行职务。

（五）建设工程竣工验收备案要求

建设单位应当自建设工程竣工验收合格之日起 15 日内，将建设工程竣工验收报告和规划、公安消防、环保等部门出具的认可文件或者准许使用文件报建设行政主管部门或者其他有关部门备案。

建设行政主管部门或者其他有关部门发现建设单位在竣工验收过程中有违反国家有关建设工程质量管理规定行为的，责令停止使用，重新组织竣工验收。

（六）其他有关要求

（1）供水、供电、供气、公安消防等部门或者单位不得明示或者暗示建设单位、施工单位购买其指定的生产供应单位的建筑材料、建筑构配件和设备。

（2）建设工程发生质量事故，有关单位应当在 24 小时内向当地建设行政主管部门和其他有关部门报告。对重大质量事故，事故发生地的建设行政主管部门和其他有关部门报告。

凡重大及以上质量事故的调查程序按照国务院有关规定办理。

（3）任何单位和个人对建设工程的质量事故、质量缺陷都有权检举、控告、投诉。

**二、工程建设质量检测制度**

工程建设质量检测是工程质量监督工作的重要手段。工程质量检测机构是对工程和建筑构件、制品以及建筑现场所用的有关材料、设备质量乃至结构质量进行检测的法定单位，所出具的检测报告具有法定效力。当发生工程质量责任纠纷时，国家级检测机构出具的检测报告，在国内是最终裁定，在国外具有代表国家的性质。

工程质量检测机构的检测依据是国家、部门和地区颁发的有关建设工程的法规和技术标准。

（一）工程质量检测体系的构成

我国的工程质量检测体系是由国家级、省级、市（地区）级、县级检测机构及政府部门资质认定的检测机构所组成。

国家建设工程质量检测中心是国家级的建设工程质量检测机构。

省级的建设工程质量检测中心，由省级建设行政主管部门和技术监督管理部门共同审查认可。

（二）各级检测机构的工作权限

国家检测中心受国务院建设行政主管部门的委托，有权对指定的国家重点工程进行检测复核，向国务院建设行政主管部门提出检测复核报告和建议。

各地检测机构有权对本地区正在施工的建设工程所用的建筑材料、混凝土、砂浆和建筑构件及工程结构等进行随机抽样检测，向本地建设行政主管部门和工程质量监督部门提出抽检和报告。

国家检测中心受国务院建设行政主管部门和国家技术监督管理部门的委托，有权对建筑构件、制品以及有关的材料、设备等产品进行抽样检测。省级、市（地区）级、县级检测机构，受同级的建设行政主管部门和技术监督管理部门委托，有权对本省、市、县的建筑构件、制品进行抽样检测。

对违反技术标准失去质量控制的产品，检测单位有权提请主管部门停止其生产，不合格的不得出厂，已出厂的不得使用。

### 三、工程质量保修制度

工程自办理交工验收手续后，在规定的期限内，因勘察设计、施工、材料等原因造成的工程质量缺陷，要由施工单位先行负责维修、更换。建设单位组织责任分析，落实责任方赔偿责任。

工程质量缺陷是指工程不符合国家现行的有关技术标准、设计文件以及合同中对质量的要求。

### 四、质量认证制度

（一）质量认证的概念

所谓质量认证，是由具有一定权威，国家技术监督等主管部门批准的并为社会所公认的，独立于第一方（供方）和第二方（需方）的第三方机构（认证机构），通过科学、客观的鉴定，用合格证书或合格标志的形式，来表明某一产品或服务，某一组织的质量保证的能力符合特定的标准或技术规范。

按照质量认证的对象不同，可分为产品认证和质量体系认证两种。在建筑业，如果把建设工程项目作为一个整体产品来看待的话，因它具有单体性和通过合同定制的特点，因此不能像一般市场产品那样对它进行产品认证，而只能对其形成过程的主体单位，即对从事建设工程项目勘察、设计、施工、监理、检测，包括房产开发商等单位的质量体系进行认证，以确认这些单位是否具有按标准规范要求保证工程质量的能力。

质量认证不实行终身制，质量认证证书的有效期一般为三年。期间认证机构对获证的单位还需进行定期和不定期的监督检查，在监督检查中如发现获证单位在质量管理中有较大、较严重的问题时，认证机构有权采取暂停认证、撤销认证及注销认证等处理方法，以保证质量认证的严肃性、连续性和有效性。

（二）建筑业质量体系认证

改革开放以来，国外先进的质量管理理论和方法传入我国。自进入 20 世纪 80 年代始，我国工程建设领域认真学习国外经验，逐步运用数理统计方法和全面质量管理，开始了从管质量结果向管质量因素、从事后检查向过程控制的重大转变，在质量管理的发展上，迈出重要的一步。

随着建设工程项目实施进入市场化运作，影响工程质量因素的控制难度大大增加，以及现代多类工程项目的技术要求日趋复杂，用户对建筑工程的质量要求也越来越高。客观上要求参与工程建设各方建立起能适应市场要求、抵御各种风险的质量保证体系，把质量管理发展到新的阶段。1994 年开始，由建设部选择部分施工企业进行贯彻推行国际通行质量管理和质量保证 ISO 9000 族标准的试点，引导企业建立质量保证体系并通过质量体系认证。同时，建设工程勘察、设计和监理单位也逐步开展质量体系认证。

实践证明，建筑企业通过贯彻 ISO 9000 族标准，建立企业的质量体系并使其正常运行，在此基础上再取得质量体系的认证，不仅可以提高企业的整体素质，以增强企业在承担建设工程项目过程中抵御各种风险的能力，并能在社会上取得良好的信誉，通过贯标和认证，取得进入市场的"通行证"，提高自身在市场上的竞争力。

《中华人民共和国建筑法》规定："国家对从事建筑活动的单位推行质量认证制度"。这一规定表明，建设领域各勘察、设计、施工、监理等单位，按国际通行的 ISO 9000 族标准的要求，建立和健全质量体系，并取得质量体系认证将是工程质量管理从传统方法向现代化管理方法发展的主要方向和必然趋势。

从 2010 年开始，中国建筑施工企业实施双标认证，即《质量管理体系》GB/T 19001—2008 标准和《工程建设施工企业质量管理规范》GB/T 50430—2007 的双标结合审核认证，从而使施工企业质量体系的建立和认证在规范化、程序化、本土化、行业化有开拓与突破。

（三）工程建设物资的产品质量认证

目前，我国对重要的建筑材料、建筑构配件和设备，推行产品质量认证制度。建筑材料、构配件和设备的生产，企业根据自愿原则，可以向国务院建设行政主管部门或其授权的认证机构申请产品质量认证。经认证合格的，由认证机构颁发质量认证证书，准许企业在产品或其包装上使用质量认证标志。

# 第三节　施工单位的工程质量管理

## 一、施工单位的质量责任和义务

（1）应当依法取得相应等级的资质证书，并在其资质等级许可的范围内承揽工程。禁止超越本单位资质等级许可的业务范围或者以其他施工单位的名义承揽工程。禁止允许其他单位或者个人以本单位的名义承揽工程。不得转包或者违法分包工程。

（2）对建设工程的施工质量负责。应当建立质量责任制，确定工程项目的项目经理、技术负责人、施工管理负责人和质量管理及检验人员。

建设工程实行总承包的，总承包单位应当对全部建设工程质量负责。建设工程勘察、设计、施工、设备采购的一项或者多项实行总承包的，总承包单位应当对其承包的建设工程或者采购的设备的质量负责。

（3）总承包单位依法将建设工程分给其他单位的，分包单位应当按照分包合同的约定对其分包工程的质量向总承包单位负责。总承包单位应当对其承包的建设工程的质量承担连带责任。

（4）必须按照工程设计图纸和施工技术标准施工，不得擅自修改工程设计，不得偷工减料。在施工过程中发现设计文件和图纸有差错的，应当及时提出意见和建议。

（5）必须按照工程设计要求、施工技术标准和合同约定，对建筑材料、建筑构配件、设备和商品混凝土进行检验。检验应当有书面记录和专人签字；未经检验或者检验不合格的，不得使用。

（6）必须建立、健全施工质量的检验制度，严格工序管理，做好隐蔽工程的质量检查和记录。隐蔽工程在隐蔽前，应当通知监理单位、建设单位和建设工程质量监督机构。

（7）施工人员对涉及结构安全的试块、试件以及有关材料，应当在建设单位或者工程监理单位监督下现场取样，并送具有相应资质等级的质量检测单位进行检测。

（8）对施工中出现质量问题的建设工程或者竣工验收不合格的建设工程，应当负责返修。

（9）应当建立、健全教育培训制度，加强对职工的教育培训。未经教育培训或者考核不合格的人员。不得上岗作业。

**二、工程施工质量管理的内容和措施**

工程施工是一个从对投入原材料的质量控制开始，直到完成工程质量检验验收和交工后服务的系统过程。

（一）施工准备阶段工作质量控制

从技术质量的角度来讲，施工准备工作主要是做好图纸学习与会审、编制施工组织设计和进行技术交底，为确保施工生产和工程质量创造必要的条件。

1. 图纸学习与会审

设计文件和图纸的学习是进行质量控制和规划的一项重要而有效的方法。一方面使施工人员熟悉、了解工程特点、设计意图和掌握关键部位的工程质量要求，更好地做到按图施工。另一方面通过图纸审查，及时发现存在的问题和矛盾，提出修改与洽商意见，帮助设计单位减少差错，提高设计质量，避免产生设计事故或工程质量问题。

图纸会审由建设单位或监理单位主持，设计单位、施工单位参加。设计单位介绍设计意图、图纸、设计特点和对施工的要求。施工单位与监理单位等单位提出图纸中存在的问题和对设计单位的要求。通过各方讨论协商，解决存在问题，写出会审纪要。设计人员在会后通过书面形式进行解释，或提出设计变更文件及图纸。图纸审查必须抓住关键，特别注意构造和结构安全的审查，必须形成图纸审查与修改文件，并作为档案保存。

2. 编制施工组织设计

高质量的工程和有效的质量体系需经过精心策划和周密计划。施工组织设计就是对施工的各项活动作出全面的构思和安排，指导施工准备和施工全过程的技术管理文件。它的基本任务是使工程施工建立在科学合理的基础上，保证项目取得良好的经济效益和社会效益。项目的单件性决定了对每个项目都必须根据其特有的设计特点和施工特点进行施工规划，并编制满足需要的施工组织设计。

施工组织设计根据设计阶段和编制对象的不同，大致可分为施工组织总设计，难度较大、技术复杂或新技术项目的分部分项工程施工组织设计（或专项方案）。施工组织设计的内容因工程的性质、规模、复杂程度等情况不同而异、通常包括工程概况、施工部署和施工方案、危险源及风险源辨析、施工准备工作计划、施工进度计划、技术质量措施、安全文明施工措施、各项资源需要量计划及施工平面图、技术经济指标等基本内容。施工组织设计编制和修改要按照施工单位隶属关系及工程性质实行分级审批；实施监理的工程，还要监理单位审核后才能定案。

施工组织设计中，对质量控制起主要作用的是施工方案，主要包括施工程序的安排、流水段的划分、主要项目的施工方法、施工机械的选择，以及保证质量、安全施工、冬期和雨期施工、污染防止等方面的预控方法和针对性的技术组织措施。编制施工方案时，应以国家和地方的规程、标准、技术政策为基础，以质量第一、确保安全为前提，按技术上先进、经济上合理的原则，对主要项目可拟定几个可行的方案，突出主要矛盾，摆出主要优缺点，采用建设、设计监理和施工单位结合等形式讨论和比较，不断优化，选出最佳方案。对主要项目、特殊过程、关键部位和难度较大的项目，如新结构、新材料、新工艺、大跨度、大悬挑、重型构件、深基础和高度大的结构部位，制定方案时要反复讨论，充分估计到可能发生的问题和处理方法，并制定确保质量、安全的技术措施。对风险源大的工程专项施工方案，必要时应邀请行业内专家评审，对专家的意见必须落实改进。

3. 组织技术交底

技术交底是指单位工程、分部、分项工程正式施工前，对参与施工的有关管理人员、技术人员和工人进行不同重点和技术深度的技术性交代和说明。其目的是使参与项目施工的人员对施工对象的设计情况、建筑结构特点、技术要求、施工工艺、质量标准和技术安全措施、操作规程等方面有一个较详细的了解，做到心中有数，以便科学地组织施工和合理地安排工序，避免发生技术错误或操作错误。

技术交底是一项经常性的技术工作，可分级分阶段进行。企业或项目负责人根据施工进度，分阶段向工长及职能人员交底；工长在每项任务施工前，向操作班组交底。技术交底应以设计图纸、施工组织设计、质量检验评定标准、施工验收规范、操作规程和工艺卡为依据，编制交底文件，必要时可用图表、实样、小样、现场示范操作等形式进行，并做好书面交底记录。特别对重点、关键、特殊工程、部位和工序，以及四新项目的交底，内容要全面、重点明确、具体而详细，注重可操作性。

4. 控制物资采购

施工中所需的物资，包括建筑材料、建筑构配件和设备等，无论是由建设单位提供，或施工企业自行采购的，都必须实行严格的质量控制。如果生产、供应单位提供的物资不符合质量要求，建设单位与施工企业在采购前和施工中又没有有效的质量控制手段往往会埋下工程隐患，甚至酿成质量事故。因此，采购前应着重控制生产、供应单位的质量保证能力，选择合适的供应厂商和外加工单位等分供方。按先评价、后选择的原则，由熟悉物资技术标准和管理要求的人员，对拟选择的分供方通过对技术、管理、质量检测、工序质量控制和售后服务等质量保证能力的调查，信誉以及产品质量的实际检测评价，各分供方之间的综合比较，最后作出综合评价，再选择合格的分供方建立供求关系。对已建立供求关系的分供方还要根据情况的变化和需要，定期地进行连续评价和更新，以使采购的物资持续保持在符合要求的水平上。

5. 严格选择分包

工程总承包商或主承包商将总包的工程项目，按专业性质或工程范围（区域）分包给若干个分包商来完成是一种普遍采用的经营方式。为了确保分包工程的质量、工期和现场管理能满足总合同的要求，总包商应由主管部门和人员对拟选择的分包商，包括建设单位指定的分包商，是否具有相应分包工程的承包能力进行资格审查和评价。通过审查资格文件、考察已完工程和在施工程质量等方法，对分包商的技术及管理实力、特殊及主体工种人员资格、机械设备能力及施工经验认真进行综合评价，决定是否可作为合作伙伴。分包单位不得将其承包的工程再分包。

（二）施工阶段施工质量控制

施工阶段是形成工程项目实体的过程，也是形成最终产品质量的重要阶段。应按照施工组织设计的规定，把好建筑材料、建筑构配件和设备质量验收关，做好施工中的巡回检查，对主要分部分项工程和关键部位进行质量监控，严格隐蔽工程验收和工程预检，加强设计变更管理、落实产品保护，及时记录、收集和整理工程施工技术资料等工作措施，以保持施工过程的工程总体质量处于稳定受控状态。

1. 严格进行材料、构配件试验和施工试验

为了避免将不合格的建筑材料、建筑构配件、设备、半成品使用到工程上，对进入现场的物料，包括甲方供应的物料，以及施工过程中的半成品，如钢材、水泥、钢筋连连接头、混凝土、砂浆、预制构件等，必须按规范、标准和设计的要求，根据对质量的影响程度和使用部位的重要程度，在使用前采用抽样检查或全数检查等形式。对涉及结构安全和使用功能的应由建设单位或现场监理单位见证取样，送有法定资格的单位检测。通过一系列的检验和试验手段，判断其质量的可靠性，并保留有专人签字与单位印章的书面记录。

检验和试验的方法有书面资料检验、外观检验、理化检验和无损检验四种。书面检验，是对提供的质量保证资料、试验报告等进行审核，予以认可。外观检验，是对品种、规格、标志、外形尺寸等进行直观检查，查其有无质量问题，如构件的几何尺寸和混凝土的目测质量等。理化试验，是借助试验设备和仪器对样品的化学成分、机械性能等进行测试和鉴定，如钢材的抗拉强度、混凝土的抗压强度、水泥的安定性、管道的强度和严密性等。无损检验，是在不破坏样品的前提下，利用超声波、X 射线、表面探伤仪等进行检测，如钢结构焊缝的缺陷。

严禁将未经检验和试验，或检验和试验不合格的材料、构配件、设备、半成品等投入使用和安装。

2. 实施工序质量监控

工程的施工过程，是由一系列相互关联、相互制约的工序所构成的。例如，混凝土工程由搅拌、运输、浇灌、振捣、养护等工序组成。工序质量直接影响项目的整体质量。工序质量包含两个相互关联的内容，一是工序活动条件的质量，即每道工序投入的人、材料、机械设备、方法和环境是否符合要求；二是工序活动效果的质量，即每道工序施工完成的工程产品是否达到有关质量标准。为了把工程质量从事后检查把关，转向事前、事中控制，达到预防为主的目的，必须加强施工工序的质量监控。

工序质量监控的对象是影响工序质量的因素，特别是对主导因素的监控，其核心是管因素、管过程，而不单纯是管结果，其重点内容包括以下四个方面：

（1）设置工序质量控制点。即对影响工序质量的重点或关键部位，薄弱环节，在一定时期内和一定条件下进行强化管理，使之处于良好的控制状态。可作为质量控制点的对象涉及面较广，它可能是技术要求高、施工难度大的结构部位，也可能是对质量影响大的关键和特殊工序、操作或某一环节，例如预应力结构的张拉工序、地下防水层施工、模板的支撑与固定、大体积混凝土的浇捣等。对特殊工序应事先对其工序能力进行必要的鉴定。

（2）严格遵守工艺规程。施工工艺和操作规程，是施工操作的依据和法规，是确保工序质量的前提，任何人都必须严格执行，不得违反。

（3）控制工序活动条件的质量。主要将影响质量的五大因素，即施工操作者、材料、施工机械设备、施工方法和施工环境等，切实有效地控制起来，以保证每道工序的正常、稳定。

（4）及时检查工序活动效果的质量。通过质量检查，及时掌握质量动态，一旦发现质

量问题，随即研究处理。

3. 组织过程质量检验

主要指工序施工中，或上道工序完工即将转入下道工序时所进行的质量检验。目的是通过判断工序施工内容是否合乎设计或标准要求，决定该工序是否继续进行、转交或停止。具体形式有质量自检、互检和专业检查、工程预检、工序交接检查、工程隐蔽验收检查、基础和主体工程检查验收等工作。

(1) 质量自检和互检。自检是指由工作的完成者依据规定的要求对该工作进行的检查。互检是指工作的完成者之间对相应的施工工程或完成的工作任务的质量所进行的一种制约性检查。互检的形式比较多，如同一班组内操作者的互相检查，班组的质量员对班组内的某几个成员或全体操作效果的复查，下道工序对上道工序的检查。互检往往是对自检的一种复核和确认。操作者应依据质量检验计划，按时、按确定项目、内容进行检查，并认真填写检查记录。

(2) 企业专业质量监控。施工企业必须建立专业齐全、具有一定技术水平和能力的专职质量监控检查队伍和机构，弥补自检、互检的不足。企业质量监控检查人员应按规定的检验程序，对工序施工质量及施工班组自检记录进行核查、验证，包括对专业工程的泼水、盛水、气密性、通球、强度和接地电阻的测试等，评定相应的质量等级，并对符合要求的予以确认。当工序质量出现异常时，除可作出暂停施工的决定外，并向主管部门和上级领导报告。专业质量监控检查人员应做好专业检查记录，清晰表明工序是否正常及其处理情况。

(3) 工序交接检查。工序交接检查是指上道工序施工完毕即将转入下道工序施工之前，以承接方为主，对交出方完成的施工内容的质量所进行的一种全面检查。因此需要有专门人员组织有关技术人员及质量检查人员参加。所以，这是一种不同于互检和专检的特殊检查形式。按承交双方的性质不同，可分为施工班组之间、专业施工队之间、专业工程处（分公司）之间和承包工程的企业之间四种交接检查类型。交出方和承接方通过资料检查及实体核查，对发现的问题进行整改，达到设计、技术标准要求后，办理工序交接手续，填写工序交接记录，并由参与各方签字确认。

(4) 隐蔽工程验收。隐蔽工程验收是指将被其他分项工程所隐蔽的分项工程或分部工程，在隐蔽前进行的检查和验收，是一项防止质量隐患，保证工程质量的重要措施。各类专业工程都有规定的隐蔽验收项目，就土建工程而言，隐蔽验收的项目主要有：地基、基础与主体结构各部位钢筋、现场结构焊接、高强螺栓连接、防水工程等。对重要的隐蔽工程项目，如基础工程等，应由工程项目的技术负责人主持，邀请建设单位、监理单位、设计单位、政府质量监督部门进行验收，并签署意见。隐蔽工程验收后，办理验收手续，列入工程档案。对于验收中提出的不符合质量标准的问题，要认真处理，经复核合格并写明处理情况。未经隐蔽工程验收或验收不合格的，不得进行下道工序施工。

(5) 工程预检。工程预检也称技术复核，是指该分项工程在未施工前所进行的预先检查，是一项防止可能发生差错造成重大质量事故的重要措施。预检的项目就土建工程而言，主要有：测量放线，建筑物位置线，基础尺寸线，模板轴线，墙体轴线，预制构件吊装位置线、门窗洞口位置线，设备基础位置线，混凝土施工缝位置、方法及接槎处理及地面基层处理等。一般预检项目由工长主持，请质量检验员、有关班组长参加。重要的预检项目应由项目经理或技术负责人主持，请设计单位、建设单位、监理单位的代表参加，并签署意见。预检后要办理预检手续，列入工程档案。对于技术复核中提出的不符合质量标准的问题，要认真处理，经复检合格并写明处理情况。未经预检或预检不合格的，不得进行下一道工序施工。

(6) 基础、主体工程检查验收。单位工程的基础完成后必须进行验收，方可进行主体工程施工；主体工程完成后必须经过验收，方可进行装饰施工。有人防地下室的工程，可分两次进行结构验收（地下室一次，主体一次）。如需提前装饰的工程，主体结构可分层进行验收。结构验收应由勘察、设计、监理、施工单位签署的合格文件，并报政府监督机构备查。

4. 重视设计变更管理

施工过程中往往会发生没有预料的新情况，如设计与施工的可行性发生矛盾；建设单位因工程使用目的、功能或质量要求发生变化，而导致设计变更。设计变更须经建设、设计、施工单位、监理单位各方同意，共同签署设计变更洽商记录，由设计单位负责修改，并向施工单位签发设计变更通知书。对建设规模、投资方案有较大影响的变更，须经原批准初步设计单位同意，方可进行修改；结构变更大的设计变更应送原审图单位审查通过。设计变更必须真实地反映工程的实际变更情况，变更内容要条理清楚、明确具体，除文字说明外，必要时附施工图纸，以利施工。设计变更注明日期，及时送交施工相关各方有关部门和人员。接到设计变更，应立即按要求改动，避免发生重大差错，影响工程质量和使用。所有设计变更资料，均需有文字记录；并按要求归档。

5. 加强过程成品与半成品保护

在施工过程中，有些分项、分部工程已经完成，其他部位或工程尚在施工，对已完成的成品，如不采取妥善的措施加以保护，就会造成损伤，影响质量；严重时有些损伤难以恢复到原样，成为永久性缺陷。产品保护工作主要抓合理安排施工顺序和采取有效的防护措施两个主要环节。按正确的施工流程组织施工，不颠倒工序，可防止后道工序损坏或污染前道工序，如地下管道与基础工程配合进行施工，可避免基础完工后再打洞挖槽安装管道，影响质量和进度。通过采取提前防护、包裹、覆盖和局部封闭等产品防护措施，防止可能发生的损伤、污染、堵塞。此外，还必须加强对成品保护工作的检查。

6. 积累工程施工技术资料

积累工程施工中的技术、质量和管理活动的记录，是实行质量追溯的主要依据，是验收单位工程质量的重要条件；也是工程档案的主要组成部分。施工技术资料管理是确保工程质量和完善施工管理的一项重要工作，它反映了施工活动的科学性和严肃性，是工程施工质量水平和管理水平的实际体现。施工企业必须按各专业质量检验评定标准的规定和各地的地方规定，全面、科学、准确、及时地记录施工及试（检）验资料，按规定积累、计算、整理、归档，手续必须完备，并不得有伪造、涂改、后补等现象。

(三) 竣工验收交付阶段的工程质量控制

工程项目按照批准的设计图纸和文件的内容全部建成，达到使用条件或住人标准，即为工程竣工。竣工是指单项工程而言。一个建设项目如果是由几个单项工程组成，应按单项工程组织竣工。一个工程项目如果已经全部完成，但由于外部原因，如缺少或暂时缺少电力、煤气、燃料等，不能投产或不能全部投产使用，也可视为竣工。工程竣工后，达到质量标准，即可逐个由建设单位组织勘察、设计、施工、监理等有关单位对竣工工程进行验收，办理移交手续。

## 1. 坚持竣工标准

由于建设工程项目门类很多，性能、条件和要求各异，因此土建工程、安装工程、人防工程、管道工程、桥梁工程、电气工程及铁路建筑安装工程等都有相应的竣工标准。凡达不到竣工标准的工程，一般不能算竣工，也不能报请竣工质量验收。例如土建工程的竣工标准规定，凡生产性工程、辅助公用设施及生活设施按照设计图纸、技术说明书、验收规范进行验收，工程质量符合各项要求，在工程内容上按规定全部施工完毕，不留尾巴。即对生产性工程，要求室内全部做完，室外明沟勒脚、踏步斜道全部做完，内外粉刷完毕；建筑物、构筑物周围 2m 以内场地平整、障碍物清除、道路及下水道畅通。对生活设施和职工住宅除上述要求外，还要求水通、电通、道路通。

## 2. 做好竣工预验收

竣工预验收是承包单位内部的自我检验，也称竣工予检。目的是为正式验收作好准备。竣工预检可根据工程重要程度和性质，按竣工验收标准，分层次进行。通常先由项目部组织自检，对缺漏或不符合要求的部位和项目，确定整改措施，指定专人负责整改。在项目部整改复查完毕后，报请企业上级单位进行复检。通过复检，解决全部遗留问题。勘察、设计、施工、监理等单位还需同步分别签署质量合格文件。经各方确认全部符合竣工验收标准，具备交付使用条件后，建设承包单位于正式验收之日的前 10 天，向建设单位发送竣工验收报告，出具工程保修书。

## 3. 整理工程竣工验收资料

工程竣工验收资料是使用、维修、扩建和改建的指导文件和重要依据。工程项目交接时，承包单位应将成套的工程技术资料进行分类整理、编目建档后移交给建设单位。工程项目竣工验收的资料主要有：

(1) 工程项目开工报告和竣工报告。

(2) 图纸会审和设计交底记录。

(3) 设计变更通知单和技术变更核定单。

(4) 工程质量事故调查和处理资料。

(5) 水准点位置、定位测量记录、沉降及位移观测记录。

(6) 建筑材料、建筑构配件和设备的质量合格证明资料。

(7) 试验、检验报告。

(8) 隐蔽验收记录及施工日记。

(9) 竣工图。

(10) 质量检验评定资料。

(11) 工程竣工验收资料。

(12) 其他需移交的文件、实物照片等材料。

## (四) 回访保修服务阶段的工作质量控制

工程项目在竣工验收交付使用后，按照有关规定，在保修期限和保修范围内，施工单位应主动对工程进行回访，听取建设单位或用户对工程质量的意见。对属于施工单位施工过程中的质量问题，施工单位负责维修，不留隐患。如属设计等原因造成的质量问题，施工单位可先行修理；在确定责任后，由责任方承担经济补偿。

施工单位在接到用户来访、来信的质量投诉后，应立即组织力量回访，维修，发现影响安全的质量问题应紧急处理。

1. 回访的方式

一般有季节性回访、技术性回访和保修期满前回访三种形式。季节性回访大多为雨季回访屋面、墙面防水情况等；冬季回访采暖系统情况等，发现问题，采取有效措施，及时加以解决。技术性回访主要了解在工程施工过程中所采用的新材料、新技术、新工艺、新设备等的技术性能和使用的效果，发现问题，及时加以补救和解决；同时也便于总结经验，获取科学依据，为改进、完善和推广创造条件。保修期满前的回访一般在保修期即将结束之前进行。

2. 保修的期限

(1) 基础设施工程、房屋建筑的地基基础工程和主体结构工程，为设计文件规定的该工程的合理使用年限。

(2) 屋面防水工程、有防水要求的卫生间、房间和外墙面的防渗漏，为5年。

(3) 供热与供冷系统，为2个采暖期、供冷期。

(4) 电气管线、给排水管道、设备安装和装修工程，为2年。

其他项目的保修期限由发包方与承包方约定。

建设工程的保修期，自竣工验收合格之日起计算。

一般讲，以上规定是在正常使用条件下的最低保修期限。如果需要，这些项目和其他项目的保修期限，也可由建设单位与施工单位在竣工验收时进行协商，并可在相应的工程保修证书上注明。

3. 保修的实施

(1) 保修范围。各类建筑工程及建筑工程的各个部位，都应实行保修。主要是指那些由于施工的责任，特别是由于施工质量不良而造成的问题。由于用户在使用中损坏或使用不当而造成建筑物功能不良；由于设计原因造成建筑物功能不良；以及工业产品项目发生问题等情况不属于施工单位保修范围，应由建设单位自行组织修理乃至重新变更设计进行返工。如需原施工单位施工，亦应重新签订协议或合同。

(2) 发送质量保修书。在工程竣工验收的同时，由施工单位向建设单位出具质量保修书，明确使用管理要求、保修范围与内容、保修期限、保修责任、保修说明、联系办法等主要内容。

(3) 检查和修理。在保修期内根据回访结果，以及建设单位或用户关于施工质量而影响使用功能不良的口头、书面通知；对涉及的问题，施工单位应尽快派人前往检查；并会同建设单位或用户共同做出鉴定，提出修理方案，组织人力物力进行修理。修理自检合格后，应经建设单位或用户验收签认。在经济责任处理上必须根据修理项目的性质、内容以及结合检查修理诸种原因的实际情况，在分清责任的前提下，由建设单位或用户与施工单位共同协商处理和承担办法。在保修范围和保修期限内发生质量问题的，施工单位应当履行保修义务，并对造成的损失承担赔偿责任。

**三、质量员的职责和工作范围**

(一) 质量员的素质要求

项目质量员也可称作质量工程师。对于一个建设工程来说，项目质量员应对现场质量管理全权负责。因此，质量员的人选很重要。其必须具备如下素质：

1. 足够的专业知识和岗位工作能力

质量员的工作具有很强的专业性和技术性，必须由专业技术人员承担，一般要求应从事本专业工作三年以上；并由建设行政主管部门授权的培训机构，按照建设部规定的建筑企业专业管理人员岗位必备知识和能力要求，对其进行系统的培训考核，取得相应质量员或质量工程师等上岗证书。

（1）岗位必备知识：

1）具有建筑识图、建筑力学和建筑结构的基本知识。

2）熟悉施工程序，各工种操作规程和质量检验评定标准。

3）了解设计规范，熟悉施工验收规范和规程。

4）熟悉常用建筑材料、构配件和制品的品种、规格、技术性能和用途。

5）掌握质量管理的基本概念、内容、方法以及国家的有关法律、法规。

6）熟悉一般的施工技术、施工工艺及工程质量通病的产生和防治办法。

7）懂得全面质量管理的原理、方法。

（2）应达到的岗位工作能力：

1）能掌握分部分项工程的检验方法和验收评定标准，较正确地进行观感检查和实测实量操作，能熟悉填报各种检查表格。

2）能较正确地判定各分部分项工程检验结果，了解原材料主要的物理（化学）性能。

3）能提出工程质量通病的防治措施，制订新工艺、新技术的质量保证措施。

4）了解和掌握发生质量事故的一般规律，具备对质量事故的分析、判断和处理能力。

5）参加组织指导全面质量管理活动的开展，并提供有关数据。

2. 较强的管理能力和一定的管理经验

质量员是现场质量监控体系的组织者和负责人，具有一定的组织协调能力是非常必要的，一般有三年以上的管理经验，才能胜任质量员的工作。质量员除派专人负责外，还可以由技术员、项目经理资格者等其他工程技术人员担任。

3. 很强的工作责任心

（二）质量员的管理职责

质量员负责工程的全部质量控制工作，明确质量控制系统中的岗位配置，并规定相应的职责和责任。负责现场各组织部门的各类专业质量控制工作的执行。质量员负责向工程项目班子人员介绍该工程项目的质量控制制度，负责指导和保证制度的实施，通过质量控制来保证工程建设满足技术规范和合同规定的质量要求。具体职责有：

（1）负责适用标准的识别和解释。

（2）负责质量控制手段的实施，指导质量保证活动。如负责对机械、电气、管道、钢结构以及混凝土工程的施工质量进行检查、监督；对到达现场的设备、材料和半成品进行质量检查，对焊接、铆接、螺栓、设备定位以及技术要求严格的工序进行检查；检查和验收隐蔽工程并做好记载等。

（3）组织现场试验室和项目部质量监控人员实施质量控制。

（4）建立文件和报告制度，包括建立日常报表体系。报表，汇录应反映以下信息：将要开始的工作；各负责人员的监管活动；业主提出的检查工作要求；施工中的检验或现场试验；其他质量工作内容。此外，现场试验简报是极为重要的记录，每月底须以表格或图表形式送达项目经理及业主；每季度或每半年及工程竣工也要进行同样汇报，报告各项质量管理工作的结果。

（5）组织工程质量检查，主持质量分析会，严格执行质量奖罚制度。

（6）接受工程建设各方关于质量控制的申请和要求。包括认真处理建设方、监理单位的整改通知，向各有关部门传达必要的质量措施。质量员有权停止分包商不符合验收标准的工作，有权决定需要进行实验室分析的项目并亲自准备样品、监督实验工作等。

（7）指导现场质量监督员的质量监督工作。

项目较大的工程可设置项目质量监督员、质监员的主要职责有：

1）巡查工程，发现并纠正错误操作。

2）记录有关工程质量的详细情况，随时向质量员报告质量信息并执行有关任务。

3）协助工长搞好工程质量自检、互检和交接检，随时掌握各分项工程的质量情况。

4）整理分项、分部和单位工程检查评定的原始记录，及时填报各种质量报表，建立质量档案。

（三）质量员的重点工作范围

1. 施工准备阶段的重点工作

在正式施工活动开始前进行的质量控制称为事前控制。事前控制对保证工程质量具有很重要的意义。

（1）建立质量控制系统：

建立质量控制系统，制订本项目的现场质量管理制度，包括现场会议制度、现场质量检验制度、质量统计报表制度、质量事故报告处理制度，完善计量及质量检测技术和手段。督促与指导分包单位完善其现场质量管理制度，并组织整个工程项目的质量保证活动。

（2）进行质量检查与控制：

对工程项目施工所需的原材料、半成品、构配件进行质量检查与控制。通过一系列检验手段，将所取得的数据与厂商所提供的技术证明文件相对照，验证原材料、半成品、构配件质量是否满足工程项目的质量要求，及时处置不合格品。对影响建筑物性能、寿命、安全、可靠、经济等问题提出修改意见。

2. 施工过程中的重点工作

施工过程中进行质量控制称为事中控制。事中控制是施工单位控制工程质量的重点，任务是很繁重的。

（1）完善工序质量控制，建立质量控制点：

把影响工序质量的因素纳入管理范围。以科学方法来提高人的工作质量，以保证工序质量，并通过工序质量来保证工程项目实体的质量。对需要重点控制的质量特性、工程关键部位、特殊过程或质量薄弱环节，在一定的时期内，一定条件下强化管理，使工序处于良好的控制状态。

（2）组织参与技术交底和技术复核：

技术交底与复核制度是施工阶段技术管理制度的一部分，也是工程质量控制的经常性任务。

技术交底是参与施工的人员在施工前了解设计与施工的技术要求,以便科学地组织施工,按合理的工序、工艺进行作业的重要制度。在单位工程、分部工程、分项工程正式施工前,都必须认真做好技术交底工作。技术复核一方面是在分项工程施工前指导、帮助施工人员正确掌握技术要求;另一方面是在施工过程中再次督促检查施工人员是否已按施工图纸、技术交底及技术操作规程施工,避免发生重大差错。

(3)严格工序间交接检查:

主要作业工序,包括隐蔽作业,应按有关验收规定的要求由质量员检查,签字验收。如出现下述情况,质量员有权向项目经理建议下达停工令。

1)施工中出现异常情况。

2)隐蔽工程未经检查擅自封闭、掩盖。

3)使用了无质量合格证的工程材料,或擅自变更、替换工程材料等。

3.施工完毕后的重点工作

对施工完的产品进行质量控制称为事后控制。事后控制的目的是对工程产品进行验收把关,以避免不合格产品投入使用。

(1)按照建筑安装工程质量验收标准验收分项工程、分部工程和单位工程的质量。

(2)办理工程竣工验收手续,填写验收记录。

(3)整理有关的工程项目质量的技术文件,并编目建档。

# 第四节 建筑工程质量验收

## 一、工程质量验收的依据

作为工程质量验收依据的建筑工程施工质量验收规范(以下简称"验收规范",目录详见表5-1)是我国的国家标准,属强制性标准,即在中华人民共和国的行政区域内,工程建设的参与各方都必须无条件地执行。

建筑工程施工质量验收规范目录 表 5-1

| 序号 | 标准编号 | 标准名称 | 实施日期 |
|---|---|---|---|
| 1 | GB 50300—2001 | 建筑工程施工质量验收统一标准 | 2002-01-01 |
| 2 | GB 50202—2002 | 建筑地基基础工程施工质量验收规范 | 2002-05-01 |
| 3 | GB 50203—2011 | 砌体结构工程施工质量验收规范 | 2012-05-01 |
| 4 | GB 50204—2002 | 混凝土结构工程施工质量验收规范 | 2002-04-01 |
| 5 | GB 50205—2002 | 钢结构工程施工质量验收规范 | 2002-03-01 |
| 6 | GB 50206—2002 | 木结构工程施工质量验收规范 | 2002-07-01 |
| 7 | GB 50207—2002 | 屋面工程质量验收规范 | 2002-06-01 |

| 序号 | 标准编号 | 标准名称 | 实施日期 |
|---|---|---|---|
| 8 | GB 50208—2011 | 地下防水工程质量验收规范 | 2012-10-01 |
| 9 | GB 50209—2010 | 建筑地面工程施工质量验收规范 | 2010-12-01 |
| 10 | GB 50210—2001 | 建筑装饰装修工程质量验收规范 | 2002-03-01 |
| 11 | GB 50242—2002 | 建筑给水排水及采暖工程施工质量验收规范 | 2002-04-01 |
| 12 | GB 50243—2002 | 通风与空调工程施工质量验收规范 | 2002-04-01 |
| 13 | GB 50303—2002 | 建筑电气工程施工质量验收规范 | 2002-06-01 |
| 14 | GB 50310—2002 | 电梯工程施工质量验收规范 | 2002-06-01 |
| 15 | GB 50339—2003 | 智能建筑工程质量验收规范 | 2003-10-01 |
| 16 | GB 50411—2007 | 建筑节能工程施工质量验收规范 | 2007-10-01 |

"验收规范"是由《建筑工程施工质量验收统一标准》GB 50300—2001（以下简称《统一标准》）和15项建筑专业工程施工质量验收规范（以下简称"专业验收规范"）组成。"验收规范"适用于新建、改建和扩建的房屋建筑物和附属物、构筑物设施（含建筑设备安装工程）的施工质量验收。凡涉及工业设备、工业管道、电气装置、工业自动化仪表、工业炉砌筑等工业安装工程的质量验收，不适用于本套"验收规范"。各"专业验收规范"另有规定的应服从其规定。各"专业验收规范"必须与《统一标准》配套使用。

**二、建筑工程质量验收的划分**

建筑安装工程的质量验收划分为单位（子单位）工程、分部（子分部）工程、分项工程和检验批。

（一）单位（子单位）工程划分的原则

1. 具备独立施工条件并能形成独立使用功能的建筑物及构筑物为一个单位工程，通常由结构、建筑与建筑设备安装工程共同组成。如一幢公寓楼、一栋厂房、一座泵房等，均单独作为一个单位工程。

2. 建筑规模较大的单位工程，可将其能形成独立使用功能的部分划为两个或两个以上子单位工程。如一个单位工程由塔楼与裙房组成，可根据建设方的需求，将塔楼与裙房划分为两个子单位工程，分别进行质量验收，按序办理竣工备案手续。子单位工程的划分应在开工前预先确定，并在施工组织设计中具体划定，并应采取技术措施；既要确保后验收的子单位工程顺利进行施工，又能保证先验收的子单位工程的使用功能达到设计的要求，并满足使用的安全。

一个单位工程中，子单位工程不宜划分得多。对于建设方没有分期投入使用要求的较大规模工程，不应划分子单位工程。

3. 室外工程可按表 5-2 进行划分。

室外工程划分

表 5-2

| 单位工程 | 子单位工程 | 分部(子分部)工程 |
|---|---|---|
| 室外建筑环境 | 附属建筑 | 车棚,围墙,大门,挡土墙,收集站 |
| | 室外 | 建筑小品,道路,亭台,连廊,花坛,场坪绿化 |
| 室外安装 | 给水排水与采暖 | 室外给水系统,室外排水系统,室外供热系统 |
| | 电气 | 室外供电系统,室外照明系统 |

（二）分部（子分部）工程划分的原则

建筑工程的分部工程应按建筑的重要部位和专业性质确定划分。

当分部工程较大或较复杂时，可按材料种类、施工特点、施工程序、专业系统及类别划分为若干子分部工程。

（三）分项工程划分的原则

建筑工程的分项工程一般按主要工程、材料、施工工艺、设备类别等进行划分。

建筑工程的分项工程常规按主要工种工程划分，例如，砌砖工程、钢筋工程、玻璃工程等。多层及高层房屋工程是分层施工的，其主体分部工程必须按楼层（段）划分分项工程。在砖混结构房屋工程中，每一楼层的同工种工程应各为一个分项工程。在钢筋混凝土结构（含框架、框剪和剪力墙结构）房屋工程中，一般应按施工先后，把每一楼层同工种工程的竖向构件和水平构件，各划分为一个分项工程。

单层房屋工程中的主体分部工程应按变形缝划分分项工程。

房屋建筑工程的装饰、地面等分部工程，凡能按楼层（段）划分分项工程的，宜按楼层（段）划分各自分项工程。

分项工程的划分，在一个单位工程中，工程量的大小不宜过于悬殊，数量不宜过多，各分项工程的质量验收结果均应单独参加分部工程工程质量验收。

（四）建筑工程分部（子分部）工程、分项工程的具体划分

建筑工程的分部（子分部）工程、分项工程可按表 5-3 参照划分。

建筑工程分部（子分部）工程、分项工程划分

表 5-3

| 序号 | 分部工程 | 子分部工程 | 分项工程 |
|---|---|---|---|
| 1 | 地基与基础 | 无支护土方 | 土方开挖、土方回填 |
| | | 有支护土方 | 排桩、降水、排水、地下连续墙、锚杆、土钉墙、水泥土桩、沉井与沉箱、钢及混凝土支撑 |
| | | 地基处理 | 灰土地基、砂和砂石地基、碎砖三合土地基、土工合成材料地基、粉煤灰地基、重锤夯实地基、强夯地基、振冲地基、砂桩地基、预压地基、高压喷射注浆地基、土和灰土挤密桩地基、注浆地基、水泥粉煤灰碎石桩地基、夯实水泥土桩地基 |
| | | 桩基 | 锚杆静压桩及静力压桩，预应力离心管桩，钢筋混凝土预制桩，钢桩，混凝土灌注桩(成孔、钢筋笼、清孔、水下混凝土灌注) |

| 序号 | 分部工程 | 子分部工程 | 分项工程 |
|------|---------|-----------|---------|
| 1 | 地基与基础 | 地下防水 | 防水混凝土,水泥砂浆防水层,卷材防水层,涂料防水层,金属板防水层,塑料板防水层,细部构造,喷锚支护,复合式衬砌,地下连续墙,盾构法隧道;渗排水、盲沟排水,隧道、坑道排水;预注浆、后注浆,衬砌裂缝注浆 |
| | | 混凝土基础 | 模板、钢筋、混凝土,后浇带混凝土,混凝土结构缝处理 |
| | | 砌体基础 | 砖砌体,混凝土砌块砌体,配筋砌体,石砌体 |
| | | 劲钢(管)混凝土 | 劲钢(管)焊接,劲钢(管)与钢筋的连接,混凝土 |
| | | 钢结构 | 焊接钢结构、栓接钢结构,钢结构制作,钢结构安装,钢结构涂装 |
| 2 | 主体结构 | 混凝土结构 | 模板,钢筋,混凝土,预应力,现浇结构,装配式结构 |
| | | 劲钢(管)混凝土结构 | 劲钢(管)焊接,螺栓连接,劲钢(管)与钢筋的连接,劲钢(管)制作、安装,混凝土 |
| | | 砌体结构 | 砖砌体,混凝土小型空心砌块砌体,石砌体,填充墙砌体,配筋砖砌体 |
| | | 钢结构 | 钢结构焊接,紧固件连接,钢零部件加工,单层钢结构安装,多层及高层钢结构安装,钢结构涂装,钢构件组装,钢构件预拼装,钢网架结构安装,压型金属板 |
| | | 木结构 | 方木和原木结构,胶合木结构,轻型木结构,木构件防护 |
| | | 网架和索膜结构 | 网架制作,网架安装,索膜安装,网架防火,防腐涂料 |
| 3 | 建筑装饰装修 | 地面 | 整体面层:基层,水泥混凝土面层,水泥砂浆面层,水磨石面层,防油渗面层,水泥钢(铁)屑面层,不发火(防爆的)面层;板块面层:基层,砖面层(陶瓷锦砖、缸砖、陶瓷地砖和水泥花砖面层),大理石面层和花岗石面层,预制板块面层(预制水泥混凝土、水磨石板块面层),料石面层(条石、块石面层),塑料板面层,活动地板面层,地毯面层;木竹面层:基层,实木地板面层(条材、块材面层),实木复合地板面层(条材、块材面层),中密度(强化)复合地板面层(条材面层),竹地板面层 |
| | | 抹灰 | 一般抹灰,装饰抹灰,清水砌体勾缝 |
| | | 门窗 | 木门窗制作与安装,金属门窗安装,塑料门窗安装,特种门安装,门窗玻璃安装 |
| | | 吊顶 | 暗龙骨吊顶,明龙骨吊顶 |
| | | 轻质隔墙 | 板材隔墙,骨架隔墙,活动隔墙,玻璃隔墙 |
| | | 饰面板(砖) | 饰面板安装,饰面砖粘贴 |
| | | 幕墙 | 玻璃幕墙,金属幕墙,石材幕墙 |
| | | 涂饰 | 水性涂料涂饰,溶剂型涂料涂饰,美术涂饰 |

| 序号 | 分部工程 | 子分部工程 | 分项工程 |
|---|---|---|---|
| 3 | 建筑装饰装修 | 裱糊与软包 | 裱糊、软包 |
| | | 细部 | 橱柜制作与安装,窗帘盒、窗台板和暖气罩制作与安装,门窗套制作与安装,护栏和扶手制作与安装,花饰制作与安装 |
| 4 | 建筑屋面 | 卷材防水屋面 | 保温层,找平层,卷材防水层,细部构造 |
| | | 涂膜防水屋面 | 保温层,找平层,涂膜防水层,细部构造 |
| | | 刚性防水屋面 | 细石混凝土防水层,密封材料嵌缝,细部构造 |
| | | 瓦屋面 | 平瓦屋面,油毡瓦屋面,金属板屋面,细部构造 |
| | | 隔热屋面 | 架空屋面,蓄水屋面,种植屋面 |
| 5 | 建筑给水、排水及采暖 | 室内给水系统 | 给水管道及配件安装,室内消火栓系统安装,给水设备安装,管道防腐,绝热 |
| | | 室内排水系统 | 排水管道及配件安装,雨水管道及配件安装 |
| | | 室内热水供应系统 | 管道及配件安装,辅助设备安装,防腐,绝热 |
| | | 卫生器具安装 | 卫生器具安装,卫生器具给水配件安装,卫生器具排水管道安装 |
| | | 室内采暖系统 | 管道及配件安装,辅助设备及散热器安装,金属辐射板安装,低温热水地板辐射采暖系统安装,系统水压试验及调试,防腐,绝热 |
| | | 室外给水管网 | 给水管道安装,消防水泵接合器及室外消火栓安装,管沟及井室 |
| | | 室外排水管网 | 排水管道安装,排水管沟与井池 |
| | | 室外供热管网 | 管道及配件安装,系统水压试验及调试、防腐、绝热 |
| | | 建筑中水系统及游泳池系统 | 建筑中水系统管道及辅助设备安装,游泳池水系统安装 |
| | | 供热锅炉及辅助设备安装 | 锅炉安装,辅助设备及管道安装,安全附件安装,烘炉、煮炉和试运行,换热站安装,防腐,绝热 |
| 6 | 建筑电气 | 室外电气 | 架空线路及杆上电气设备安装,变压器、箱式变电所安装,成套配电柜、控制柜(屏、台)和动力、照明配电箱(盘)及控制柜安装,电线、电缆导管和线槽敷设,电线、电缆穿管和线槽敷设,电缆头制作、导线连接和线路电气试验,建筑物外部装饰灯具,航空障碍标志灯和庭院路灯安装,建筑照明通电试运行,接地装置安装 |
| | | 变配电室 | 变压器、箱式变电所安装,成套配电柜、控制柜(屏、台)和动力、照明配电箱(盘)安装,裸母线、封闭母线、插接式母线安装,电缆沟内和电缆竖井内电缆敷设,电缆头制作、导线连接和线路电气试验,接地装置安装,避雷引下线和变配电室接地干线敷设 |
| | | 供电干线 | 裸母线、封闭母线、插接式母线安装,桥架安装和桥架内电缆敷设,电缆沟内和电缆竖井内电缆敷设,电线、电缆导管和线槽敷设,电线、电缆穿管和线槽敷线,电缆头制作、导线连接和线路电气试验 |

| 序号 | 分部工程 | 子分部工程 | 分项工程 |
|------|----------|------------|----------|
| 6 | 建筑电气 | 电气动力 | 成套配电柜、控制柜(屏、台)和动力、照明配电箱(盘)及控制柜安装,低压电动机、电加热器及电动执行机构检查、接线,低压电气动力设备检测、试验和空载试运行,桥架安装和桥架内电缆敷设,电线、电缆导管和线槽敷设,电线、电缆穿管和线槽敷线,电缆头制作、导线连接和线路电气试验,插座、开关、风扇安装 |
| | | 电气照明安装 | 成套配电柜、控制柜(屏、台)和动力、照明配电箱(盘)安装,电线、电缆导管和线槽敷设,电线、电缆穿管和线槽敷线,电气照明安装槽板配线,钢索配线,电缆头制作、导线连接和线路电气试验,普通灯具安装,专用灯具安装,插座、开关、风扇安装,建筑照明通电试运行 |
| | | 备用和不间断电源安装 | 成套配电柜、控制柜(屏、台)和动力、照明配电箱(盘)安装,柴油发电机组安装,不间断电源的其他功能单元安装,裸母线、封闭母线、插接式母线安装,电线、电缆等管和线槽敷设,电线、电缆穿管和线槽敷线,电缆头制作、导线连接和线路电气试验,接地装置安装 |
| | | 防雷及接地安装 | 接地装置安装,避雷引下线和变配电室接地干线敷设,建筑物等电位联结,接闪器安装 |
| 7 | 智能建筑 | 通信网络系统 | 通信系统,卫星及有线电视系统,公共广播系统 |
| | | 办公自动化系统 | 计算机网络系统,信息平台及办公自动化应用软件,网络安全系统 |
| | | 建筑设备监控系统 | 空调与通风系统,变配电系统,照明系统,给排水系统,热源和热交换系统,冷冻和冷却系统,电梯和自动扶梯系统,中央管理工作站与操作分站,子系统通信接口 |
| | | 火灾报警及消防联动系统 | 火灾和可燃气体探测系统,火灾报警控制系统,消防联动系统 |
| | | 安全防范系统 | 电视监控系统,入侵报警系统,巡更系统,出入口控制(门禁)系统,停车管理系统 |
| | | 综合布线系统 | 缆线敷设和终接,机柜、机架、配线架的安装,信息插座和光缆芯线终端的安装 |
| | | 智能化集成系统 | 集成系统网络,实时数据库,信息安全,功能接口 |
| | | 电源与接地 | 智能建筑电源,防雷及接地 |
| | | 环境 | 空间环境,室内空调环境,视觉照明环境,电磁环境 |
| | | 住宅(小区)智能化系统 | 火灾自动报警及消防联动系统,安全防范系统(含电视监控系统、入侵报警系统、巡更系统、门禁系统、楼宇对讲系统、住户对讲呼救系统、停车管理系统),物业管理系统(多表现场计量及远程传输系统、建筑设备监控系统、公共广播系统、小区网络及信息服务系统、物业办公自动化系统),智能家庭信息平台 |

| 序号 | 分部工程 | 子分部工程 | 分项工程 |
|---|---|---|---|
| 8 | 通风与空调 | 送排风系统 | 风管与配件制作,部件制作,风管系统安装,空气处理设备安装,消声设备制作与安装,风管与设备防腐,风机安装,系统调试 |
| | | 防排烟系统 | 风管与配件制作,部件制作,风管系统安装,防排烟风口、常闭正压风口与设备安装,风管与设备防腐,风机安装,系统调试 |
| | | 除尘系统 | 风管与配件制作,部件制作,风管系统安装,除尘器与排污设备安装,风管与设备防腐,风机安装,系统调试 |
| | | 空调风系统 | 风管与配件制作,部件制作,风管系统安装,空气处理设备安装,消声设备制作与安装,风管与设备防腐,风机安装,风管与设备绝热,系统调试 |
| | | 净化空调系统 | 风管与配件制作,部件制作,风管系统安装,空气处理设备安装,消声设备制作与安装,风管与设备防腐,风机安装,风管与设备绝热,高效过滤器安装,系统调试 |
| | | 制冷设备系统 | 制冷机组安装,制冷剂管道及配件安装,制冷附属设备安装,管道及设备的防腐与绝热,系统调试 |
| | | 空调水系统 | 管道冷热(媒)水系统安装,冷却水系统安装,冷凝水系统安装,阀门及部件安装,冷却塔安装,水泵及附属设备安装,管道与设备的防腐与绝热,系统调试 |
| 9 | 电梯 | 电力驱动的曳引式或强制式电梯安装 | 设备进场验收,土建交接检验,驱动主机,导轨,门系统,轿厢,对重(平衡重),安全部件,悬挂装置,随行电缆,补偿装置,电气装置,整机安装验收 |
| | | 液压电梯安装 | 设备进场验收,土建交接检验,液压系统,导轨,门系统,轿厢,对重(平衡重),安全部件,悬挂装置,随行电缆,电气装置,整机安装验收 |
| | | 自动扶梯、自动人行道安装 | 设备进场验收,土建交接检验,整机安装验收 |

（五）检验批的划分原则

分项工程划分成检验批进行验收有助于及时纠正施工中出现的质量问题,确保工程质量,也符合施工实际需要。多层及高层建筑工程中主体结构分部的分项工程可按楼层或施工段来划分检验批,单层建筑工程中的分项工程可按变形缝等划分检验批;地基与基础分部工程中的分项工程一般划分为一个检验批,有地下层的基础工程可按不同地下层划分检验批;屋面分部工程中的分项工程,不同楼层屋面可划分为不同的检验批;其他分部工程的分项工程,可按楼层或一定数量划分检验批;对于工程量较少的分项工程可统一划为一个检验批。安装工程一般按设计系统或设备组别划分检验批。室外工程统一划分为一个检验批。散水、台阶、明沟等含在地面检验批中。

### 三、工程质量验收的实施

（一）基本规定

1. 依据

（1）应符合国家标准、行业标准、地方标准及企业标准的要求。

（2）应符合工程勘察、设计文件的要求。

（3）应符合施工承发包合同中有关质量的特别约定的要求。

2. 资质与资格

（1）建设参与各方参加质量验收的人员应具备规定的资格。

（2）承担涉及结构安全和使用功能的重要分部工程的抽样检验以及承担见证取样的检测单位，应为经过省级以上建设行政主管部门对其资质认可和质量技术监督部门已通过对其计量认证的检测单位。

3. 程序

（1）工程质量的验收均应在施工单位自行检查评定合格的基础上，交由监理单位进行。并应按施工的顺序进行逐次验收：检验批→分项工程→分部（子分部）工程→单位（子单位）工程。

（2）隐蔽工程在隐蔽前应由施工单位通知有关单位进行验收，并应填写隐蔽工程验收记录。

（3）涉及结构安全的试块、试件以及有关材料，应在监理单位或建设单位见证员的见证下，由施工单位取样员按规定进行取样，送至具有相应资质的检测单位检测。见证取样送检的比例不得低于检测数量的30%，具体按各地要求执行（上海地区规定为100%）。

（4）检验批的质量应按主控项目和一般项目验收。

（5）对涉及结构安全和使用功能的重要分部工程，应按专业规范的规定进行抽样检测（实体检测），用来验证工程的安全性和功能性。

（6）单位工程完工后，施工单位应自行组织有关人员进行检查评定，并向建设单位提交工程验收报告。建设单位应及时组织有关各方进行验收。工程的观感质量应由验收人员通过现场检查共同确认。单位工程质量验收合格后，建设单位应在规定时间内将工程竣工验收报告和有关文件，报建设行政管理部门备案。

（7）建筑工程质量验收的组织及参加人员见表5-4。

建筑工程质量验收的组织及参加人员 表5-4

| 序号 | 验收对象 | 组织者 | 参加人员 |
|---|---|---|---|
| 1 | 检验批 | 监理工程师 | 施工单位项目专业质量（技术）负责人 |
| 2 | 分项工程 | 监理工程师 | 施工单位项目专业质量（技术）负责人 |
| 3 | 分部（子分部）工程 | 建设单位项目质量负责人 总监理工程师 | 项目经理、项目技术负责人、项目质量负责人 |
| | 地基与基础、主体结构分部 | 建设单位项目质量负责人 总监理工程师 | 施工技术部门负责人、施工质量部门负责人、勘察项目负责人、设计项目负责人 |
| 4 | 单位（子单位）工程 | 建设单位（项目）负责人 | 施工单位（项目）负责人、设计单位（项目）负责人 监理单位（项目）负责人 |

参加质量验收的各方对工程质量验收意见不一致时，可采取协商、调解、仲裁和诉讼四种方式解决。这四种解决质量争议的方式有各自的特点，采用哪种方式来解决争议，当事人可以根据争议的具体情况进行选择。

4. 抽样方案与风险

对于重要的检验项目，且可采用简易快速的非破损检验方法时，宜选用全数检验。对于构件截面尺寸或外观质量等检验项目，宜选用考虑合格质量水平的生产方风险和使用方风险的一次或二次抽样方案，也可选用经实践经验有效的抽样方案。

随机取样是一个统计学的专业术语，决不能混同于随意取样！如某检验项目决定采取随机取样的抽样方法，考虑到生产方风险和使用方风险必须兼顾样件位于产品群中的均布性和代表性。如混凝土结构同条件试块留置方案的策划中，考虑到均布性可每层留置一组，考虑到代表性则宜选取不同类型且位于不同日照环境的构件。

（二）检验批质量验收

检验批质量合格应符合下列规定：

1. 主控项目和一般项目的质量经抽样检验合格

主控项目中所有子项必须全部符合各专业验收规范规定的质量指标，方能判定该主控项目质量合格。一般项目的合格判定条件：抽查样本的80％及以上（个别项目为90％以上，如混凝土规范中对梁、板构件上部纵向受力钢筋保护层厚度要求等）符合各专业验收规范规定的质量指标，其余样本的缺陷通常不超过规定允许偏差的1.5倍（个别规范规定为1.2倍，如钢结构验收规范等）。具体应根据各专业验收规范的规定执行。

2. 具有完整的施工操作依据和质量检查记录

有关质量检查的内容、数据、评定，由施工单位项目专业质量检查员填写，检验批验收记录及结论由监理工程师填写完整。

上述两项均符合要求，该检验批质量方能判定为合格。若其中一项不符合要求，该检验批质量则不得判定为合格。

（三）分项工程质量验收

分项工程是由所含性质、内容一样的检验批汇集而成，是在检验批的基础上进行验收的，实际上是一个汇总统计的过程，并无新的内容和要求，但验收时应注意：

（1）应核对检验批的部位是否覆盖分项工程的全部范围，有无缺漏部位；

（2）检验批验收记录的内容及签字人是否正确、齐全；

（3）分项工程质量验收按要求填写有关表式。

分项工程质量合格应符合下列规定：

（1）分项工程所含的检验批均应符合合格质量的规定；

（2）分项工程所含的检验批的质量验收记录应完整。

（四）分部（子分部）工程质量验收

分部工程仅含有一个子分部时，应在分项工程质量验收基础上。直接对分部工程进行验收；当分部工程含有两个及两个以上子分部工程时，则应在分项工程质量验收的基础上，先对子分部工程进行验收，再将子分部工程汇总成分部工程。分部（子分部）工程质量验收合格应符合下列规定：

（1）分部（子分部）工程所含分项工程质量均应验收合格。

1) 分部（子分部）工程所含分项工程施工均已完成；

2) 所含各分项工程划分正确；

3) 所含各分项工程均按规定通过了合格质量验收；

4) 所含各分项工程验收记录表内容完整，填写正确，收集齐全。

（2）质量控制资料应完整

质量控制资料完整是工程质量合格的重要条件，在分部工程质量验收时，应根据各专业工程质量验收规范中对分部或子分部工程质量控制资料所作的具体规定，进行系统地检查，着重检查资料的齐全、项目的完整、内容的准确和签署的规范。另外在资料检查时，应重点注意：

1) 有些龄期要求较长的检测资料，在分项工程验收时，尚不能及时提供，应在分部（子分部）工程验收时进行补查，如基础混凝土（有时按 60d 龄期强度设计）或主体结构后浇带混凝土施工等；

2) 对在施工中原质量不符合要求的检验批、分项工程按有关规定进行处理后的资料归档审核；

3) 对于建筑材料的复验范围，各专业验收规范都作了具体规定，检验时按产品标准规定的组批规则、抽样数量、检验项目进行，但有的专业规范另有不同要求，这一点在质量控制资料核查时需要注意。

（3）安全及功能的抽样与检验结果符合要求。

地基与基础、主体结构和设备安装等分部工程的有关安全及功能的检验和抽样，检测结果应符合有关规定。涉及结构安全及使用功能检验（检测）的要求，应按设计文件及专业工程质量验收规范中所作的具体规定执行。在验收时应重点注意：

1) 检查各专业验收规范所规定的各项检验（检测）项目是否都进行了测试；

2) 查阅各项检验报告（记录），核查有关抽样方案、测试内容、检测结果等是否符合有关标准规定；

3) 核查有关检测机构的资质，取样与送样见证人员资格，报告出具单位责任人的签署情况等是否符合要求。

（4）观感质量验收应符合要求。

观感质量验收系指在分部所含的分项工程完成后，在前三项检查合格的基础上，对已完工部分工程的质量，采用目测、触摸和简单量测等方法进行的一种宏观检查方式。由于其检查的内容和质量指标已包含在各个分项工程内，所以对分部工程进行观感质量检查和验收，并不增加新的项目。只不过是转换一下视角，采用一种更直观、便捷、快速的方法，对于工程质量从外观作一次重复的、扩大的、全面的检查，这是由建筑施工特点所决定的，也是十分必要的。

1) 尽管其所包含的分项工程原来都经过检查与验收，但随着时间的推移、气候的变化、荷载的递增等，可能会出现质量变异情况，如材料裂缝、建筑物的渗漏、变形等。

2) 弥补受抽样方案局限造成的检查数量不足和后续施工时（如施工洞、井架洞、脚手架洞等）原先检查不到的缺憾，扩大了检查面。

3) 通过对专业分包工程质量验收和评价，分清了质量责任，可减少质量纠纷，既促进了专业分包队伍技术素质提高，又增强了后续施工对产品的保护意识。

观感质量验收并不给出"合格"或"不合格"的结论,而是给出"好、一般或差"的总体评价,所谓"好"是指在质量符合验收规范的基础上,精度控制好,能达到流畅、均匀的要求。所谓"一般"是指经观感质量检查能符合验收规范的要求。所谓"差"是指勉强达到验收规范要求,但质量不够稳定,离散性较大,给人以粗疏的感觉。观感质量验收若发现有影响安全、功能的缺陷,有超过限值的偏差,或明显影响观感效果的缺陷,则应处理后再进行验收。

分部(子分部)工程质量验收应在施工单位检查评定的基础上进行。勘察、设计单位应在有关的分部工程验收表上签署验收意见,并给出"合格"或"不合格"的结论。

(五)单位(子单位)工程质量验收

单位工程未划分子单位工程时,应在分部工程质量验收的基础上,直接对单位工程进行验收。当单位工程划分为若干个子单位工程时,则应在分部工程质量验收的基础上,先对子单位工程进行验收,再将子单位工程汇总成单位工程。单位(子单位)工程质量验收合格应符合下列规定:

(1)单位(子单位)工程所含分部(子分部)工程的质量均应验收合格。

1)设计文件和承包合同所规定的工程已全部完成;

2)各分部(子分部)工程划分正确;

3)各分部(子分部)工程均按规定通过了合格质量验收;

4)各分部(子分部)工程验收记录表内容完整,填写正确,收集齐全。

(2)质量控制资料应完整。

尽管质量控制资料在分部工程质量验收时已检查过,但某些资料由于受试验龄期的影响,或受系统测试的需要等,难以在分部验收时到位。单位工程验收时,对所有分部工程资料的系统性和完整性,进行一次全面的核查,是十分必要的,是在全面梳理的基础上,重点检查有否需要拾遗补缺的,从而达到完整无缺的要求。如:

1)不同规范或同一规范对同一种材料的是否有变化要求。

2)材料的取样批量要求,是否发生变化。

3)材料的抽样频率要求,是否发生变化。

4)材料的检验项目要求是否发生变化。

5)专业有特殊规定的。如对无粘结预应力筋的涂包质量,一般情况应作复验。但当有工程经验,并经观察认为质量有保证时,可不作复验。又如对预应力张拉孔道灌浆水泥和外加剂,当用量较少,且有近期检验报告,可不进行复验等。

单位(子单位)工程质量控制资料的检查应在施工单位自查的基础上进行,施工单位应填上资料的份数,监理单位应填上核查意见,总监理工程师应给出质量控制资料"完整"或"不完整"的结论。

(3)单位工程安全和主要功能检测核查符合要求。

单位(子单位)工程所含分部工程有关安全和功能的检测资料应完整。并均符合要求。

核查的内容按表5-5的要求进行。

单位（子单位）工程安全和功能检测资料核查及主要功能抽查记录　　表5-5

| 工程名称 | | | | 施工单位 | | | |
|---|---|---|---|---|---|---|---|
| 序号 | 项目 | 资 料 名 称 | | | 份数 | 核查意见 | 核查(抽查人) |
| 1 | 建筑与结构 | 屋面淋水试验记录 | | | | | |
| 2 | | 地下室防水效果检查记录 | | | | | |
| 3 | | 有防水要求的地面蓄水试验记录 | | | | | |
| 4 | | 建筑物垂直度、标高、全高测量记录 | | | | | |
| 5 | | 抽气(风)道检查记录 | | | | | |
| 6 | | 幕墙及外窗气密性、水密性、耐风压检测报告 | | | | | |
| 7 | | 建筑物沉降观测测量记录 | | | | | |
| 8 | | 节能、保温测试记录 | | | | | |
| 9 | | 室内环境检测报告 | | | | | |
| 10 | | | | | | | |
| 1 | 给水排水与采暖 | 给水管道通水试验记录 | | | | | |
| 2 | | 暖气管道、散热器压力试验记录 | | | | | |
| 3 | | 卫生器具满水试验记录 | | | | | |
| 4 | | 消防管道、燃气管道压力试验记录 | | | | | |
| 5 | | 排水干管通球试验记录 | | | | | |
| 6 | | | | | | | |
| 1 | 电气 | 照明全负荷试验记录 | | | | | |
| 2 | | 大型灯具牢固性试验记录 | | | | | |
| 3 | | 避雷接地电阻测试记录 | | | | | |
| 4 | | 线路、插座、开关接地检验记录 | | | | | |
| 5 | | | | | | | |
| 1 | 通风与空调 | 通风、空调系统试运行记录 | | | | | |
| 2 | | 风量、温度测试记录 | | | | | |
| 3 | | 洁净室洁净度测试记录 | | | | | |
| 4 | | 制冷机组试运行调试记录 | | | | | |
| 1 | 电梯 | 电梯运行记录 | | | | | |
| 2 | | 电梯安全装置检测报告 | | | | | |
| 1 | 建筑智能化 | 系统试运行记录 | | | | | |
| 2 | | 系统电源及接地检测报告 | | | | | |
| 3 | | | | | | | |

结论：

施工单位项目经理　年　月　日

总监理工程师(签名)

(建设单位项目负责人)　年　月　日

主要功能项目的抽查结果均应符合相关专业质量验收规范的规定。

（4）观感质量验收应符合要求。

（5）单位工程质量综合验收

单位（子单位）工程质量验收完成后，按表 5-6 要求填写工程质量竣工验收记录，其中：验收记录由施工单位填写；验收结论由监理单位填写。综合验收结论由参加验收各方共同商定，建设单位填写，并应对工程质量是否符合设计和规范要求及总体质量水平作出评价。

单位（子单位）工程质量竣工验收记录　　　　　　　表 5-6

| 工程名称 | | | 结构类型 | | | 层数/建筑面积 | |
|---|---|---|---|---|---|---|---|
| 施工单位 | | | 技术负责人 | | | 开工日期 | |
| 项目经理 | | | 项目技术负责人 | | | 竣工日期 | |
| 序号 | 项目 | | 验 收 记 录 | | | 验 收 结 论 | |
| 1 | 分部工程 | | 共　分部,经查　分部<br>符合标准及设计要求　分部 | | | | |
| 2 | 质量控制资料核查 | | 共　项,经审查符合要求　项,<br>经核定符合规范要求　项 | | | | |
| 3 | 安全和主要使用功能<br>核查及抽查结果 | | 共核查　项,符合要求　项,<br>共抽查　项,符合要求　项,<br>经返工处理符合要求　项 | | | | |
| 4 | 观感质量验收 | | 共抽查　项,符合要求　项,<br>不符合要求　项 | | | | |
| 5 | 综合验收结论 | | | | | | |
| 参加验收单位 | 建设单位 | | 监理单位 | 施工单位 | | 设计单位 | |
| | （公章）<br>单位(项目)负责人<br>年 月 日 | | （公章）<br>单位(项目)负责人<br>年 月 日 | （公章）<br>单位(项目)负责人<br>年 月 日 | | （公章）<br>单位(项目)负责人<br>年 月 日 | |

**四、工程质量验收中若干问题的处理规定**

1. 上道工序与下道工序的关系

上道工序未验收合格不得进入下道工序的施工，这是为了最大程度地减少企业由于不合格产品所带来的损失，必须严格执行。

2. 不合格检验批的处理

（1）经返工重做或更换器具、设备的检验批，应重新进行验收。重新验收质量时，要对该检验批重新抽样、检查和验收，并重新填写检验批质量验收记录表。

（2）经有资质的检测单位检测鉴定能够达到设计要求的检验批，应予以验收。

（3）经有资质的检测单位检测鉴定达不到设计要求，但经原设计单位核算认为能够满足结构安全和使用功能的检验批，可予以验收。

以上三种情况都应视为符合验收规范规定的质量合格的工程。只是管理上出现了一些不正常的情况，使资料证明不了工程实体质量，经过检测或设计验收，满足了设计要求，给予通过验收是符合验收规范规定的。

3. 单位工程不合格的处理

单位工程的不合格都是由于所含的分部、分项工程存在不合格造成的，一般有以下两种情况。

（1）经返修或加固处理的分项、分部工程，虽改变外形尺寸但仍能满足安全使用要求，可按技术处理方案和协商文件进行验收。

这种情况是指某项质量指标达不到设计图纸的要求，经有资质的检测单位检测鉴定也未达到设计图纸要求，经过设计单位验算的确达不到原设计要求时。同时经过建设单位、施工单位、设计单位、监理单位等协商，分析，找出了事故原因，分清了质量责任，同意进行加固补强，协商好加固费用的处理、加固后的验收等事宜。此时，由原设计单位出具加固技术方案，虽然改变了建筑构件的外形尺寸，或留下永久性缺陷，包括改变工程的用途在内，但可按协商文件进行验收，这是有条件的验收。由责任方承担经济损失或赔偿等。其有关技术处理和协商文件应在质量控制资料核查记录表和单位（子单位）工程质量竣工验收记录表中载明。

（2）通过返修或加固处理仍不能满足安全使用要求的分项、分部工程，严禁验收。

这种情况通常是采取措施后得不偿失者。应坚决返工重做，严禁验收。

# 第二篇

## 专业知识

# 第六章　地基与基础工程

## 第一节　地基处理

### 一、换土垫层法

**（一）加固原理和适用范围**

1. 加固原理

换土垫层法是将地表浅层软弱土层或不均匀土层，用较好的土体或材料回填，并夯压密实形成垫层的地基处理方法。换土材料通常包括：砂、碎石、灰土、粉煤灰、土工合成材料、粉质黏土、矿渣等。

2. 适用范围

一般用于淤泥、淤泥质土、素填土、杂填土和冲填土等浅层软弱土层的换填及场地的填筑处理。

**（二）质量控制要点**

1. 换土材料要求

（1）砂土：砂土垫层应选用级配良好的中粗砂，含泥量应不超过 3%，并须除去树皮、草根等杂质。如选用细砂，应掺入 30%～50% 的碎石，碎石最大粒径不宜大于 50mm。

（2）灰土：灰土中石灰和土的体积配合比宜为 2∶8 或 3∶7。土料宜采用粉质黏土，不宜使用块状黏土和砂质粉土，不得含有杂质，并应过筛，粒径不应大于 15mm。石灰宜选用新鲜的消石灰，粒径不应大于 5mm。

（3）粉煤灰：粉煤灰是电厂燃烧后的工业废料，可用于道路、堆场和小型建筑、构筑物等的换土垫层。粉煤灰垫层上宜覆土 0.3～0.5m。粉煤灰垫层中采用掺合料时，应通过试验确定其性能及适用条件。作为建筑物垫层的粉煤灰应符合有关放射性安全标准的要求。

（4）土工合成材料：土工合成材料的品种与性能及填料的土类应符合现行国家标准《土工合成材料应用技术规范》GB 50290 的要求。作为加筋的土工合成材料应采用抗拉强度高、受力时伸长率不大于 4%～5%、耐久性好、抗腐蚀的土工格栅、土工格栅、土工垫或土工织物等；垫层填料宜选用碎石、角砾、砾砂、粗砂、中砂或粉质黏土等。

（5）粉质黏土：土料中有机质含量不得超过 5%，亦不得含有冻土或膨胀土。当含有碎石时，粒径不宜大于 50mm。用于湿陷性黄土或膨胀土地基的粉质黏土垫层，土料中不得含有砖、瓦和石块。

2. 施工过程的质量控制

（1）开挖至基础底标高时，应进行验槽，确认土质条件符合设计要求。

（2）垫层施工应分层铺筑，分层厚度可视材料性质和碾压、夯击设备的能力及方法而定。一般情况下，垫层的分层铺设厚度可取200～300mm。

（3）粉质黏土和灰土垫层回填料的含水量宜控制在最优含水量 $W_{0p} \pm 2\%$ 范围内。粉煤灰垫层回填料的含水量宜控制在最优含水量 $W_{0p} \pm 4\%$ 范围内。最优含水量应通过击实试验确定。

（4）垫层在分片（段）施工时，不得在柱基、墙角及承重窗间墙下接缝。上下两层的缝距不得小于500mm。接缝处应夯压密实。

（三）施工质量验收

（1）垫层施工的质量检验必须分层进行。每层土的压实系数符合设计要求后方可铺设上层土；

（2）压实系数一般采用环刀法检验。取样点应位于每层厚度的2/3深度处。检验点数量，对基坑面积大于 $300m^2$ 时，每50～100 $m^2$ 不应少于1个检验点；对基坑面积不大于 $300m^2$ 时，每30～50 $m^2$ 不应少于1个检验点；对条形基础下垫层每20m不应少于1个点；每个独立柱基不应少于2个点；

（3）采用载荷试验检验垫层承载力时，每个单体工程不宜少于3点。

**二、预压法**

（一）加固原理和适用范围

1. 加固原理

对地基进行堆载或真空预压，用塑料排水带使地基土加速排水固结，以提高地基承载力和减少地基的压缩变形。

2. 适用范围

适用于淤泥质土、淤泥、冲填土、素填土等软弱地基。一般用于大面积的场地，如堆场、道路、机场、油罐地基、吹填土场地等。

（二）质量控制要点

（1）塑料排水带施工时，平面井距偏差不应大于井径，垂直度偏差不应大于1.5%，深度不得小于设计要求，露出地面部分塑料排水带埋入砂垫层长度不应小于500mm。

（2）塑料排水带接长施工时，应采用滤膜内芯带平搭接的连接方法，搭接长度宜大于200mm。

（3）在地表应铺设与塑料排水带相连的砂垫层，砂垫层厚度不应小于500mm。砂垫层宜选用中粗砂，黏粒含量不大于3%，其渗透系数宜大于 $1 \times 10^{-2}$ cm/s。

（4）真空泵空抽时必须达到95kPa以上的真空吸力。真空预压每块预压区至少应设置2台真空泵。

（5）真空管路的连接应严格密封，在真空管路中应设置止回阀和截门。

（6）真空预压密封膜应采用抗老化性能好、韧性好、抗穿刺性能强的不透气材料。密封膜热合时宜采用双热合缝的平搭接，搭接宽度应大于15mm。密封膜的厚度宜为0.12～0.16mm，可铺设二层或三层，膜周边应采取可靠的方法密封。

（三）施工质量验收

（1）塑料排水带必须在现场随机抽样进行性能指标的检测；

（2）预压施工中，应进行地基竖向变形、侧向位移和孔隙水压力等项目的监测；

（3）预压地基加固处理所完成的竖向变形和平均固结度应满足设计要求；

（4）预压后的地基土应用十字板剪切试验和室内土工试验确定加固后的地基承载力和变形特性。必要时，应进行现场载荷试验，试验数量不少于3点。

### 三、强夯法和强夯置换法

（一）加固原理和适用范围

1. 加固原理

强夯法是反复将重的夯锤从高处自由落下，给地基土以高能量的冲击和振动，将地基土夯实的地基加固方法。

强夯置换法是将重锤从高处自由落下形成夯坑，并不断在夯坑内回填砂石、钢渣等，使其形成密实的墩体的地基处理方法。

2. 适用范围

强夯法适用于处理碎石土、砂土、低饱和度的粉土与黏性土、湿陷性黄土、素填土和杂填土等地基。

强夯置换法用于高饱和度的粉土、软塑～流塑的黏性土等对地基变形控制要求不严的工程。设计前必须通过试验确定其适用性。

（二）质量控制要点

（1）夯锤宜对称设若干与锤顶贯通的排气孔，孔径可取250～300mm；

（2）施工机械应有防止落锤时倾覆的安全措施；

（3）应对强夯施工场地临近建筑物和设备进行监测，并采取防振措施。

（三）施工质量验收

施工结束后，应间隔一定时间进行地基承载力检验。强夯法碎石土和砂土地基间隔时间为7～14d，粉土和黏性土地基间隔时间为14～28d。强夯置换法地基间隔时间为28d。强夯法承载力检验应采用原位测试和室内土工试验。强夯置换法承载力检验应采用单墩载荷试验及动力触探等。检验点数对简单场地的一般建筑物，每个建筑物点数不少于3点，复杂场地或重要建筑物应增加检验点数。

### 四、碎（砂）石桩法

（一）加固原理和适用范围

1. 加固原理

采用振冲法或沉管法在土体中成孔，然后回填砂石形成柱体，与地基土共同形成复合地基的加固处理方法。

2. 适用范围

适用于砂土、粉土、黏性土、人工填土等，对不排水抗剪强度小于20kPa的淤泥和淤泥质土，应通过试验确定是否适用。

（二）质量控制要点

（1）方案设计时，应通过现场试验确定复合地基承载力、桩间距、成桩质量控制工艺等；

（2）施工时应严格控制施工流程，防止挤土产生的断桩质量事故。砂性土地基应从外围或两侧向中间包围的方式施工，黏性土地基应从中间向外围或跳打施工；当场地周边有邻近建筑物时，应从邻近建筑物一边开始施工；

（3）振冲法施工时，各段桩体均应符合密实电流、填料量和留振时间的规定；

（4）沉管法施工时，应控制填料量、套管提升幅度和速度、套管振动次数和时间等。

（三）施工质量验收

（1）检查施工记录，如发现不符合质量控制标准时，应采用加桩或其他补救办法。

（2）施工结束一段时间后进行质量检验。黏性土地基间隔时间不少于 28d，粉性土地基间隔时间不少于 14d，砂性土地基间隔时间不少于 7d。

（3）地基处理施工后，可采用单桩载荷试验，检验数量为桩数的 0.5%，且不少于 3 根；桩体和桩间土的质量检验可采用原位测试。地基验收时，应采用复合地基载荷试验，数量为不少于总桩数的 0.5%，且每个单体不少于 3 点。

**五、水泥土搅拌法**

（一）加固原理和适用范围

以水泥为固化剂，通过成桩机械，将水泥和地基土进行搅拌，使形成的凝结体具有一定强度和挡水性能的地基处理方法。

适用于：正常固结淤泥和淤泥质土、粉土、饱和黄土、素填土、黏性土、无流动性地下水的饱和松散砂土。对泥炭、有机质土、$I_p$ 大于 25 的黏土、地下水具有腐蚀性的地基土必须通过试验来确定是否适用。

（二）质量控制要点

（1）水泥一般采用普通硅酸盐水泥，应检查其性能是否符合规定要求。施工中重点控制水泥的用量是否符合规定。

（2）成桩机械搅拌头翼片的宽度应保证成桩直径不小于设计直径、成桩垂直度偏差不得超过 1%、桩位偏差不得大于 50mm。

（3）应采取工艺措施确保土体均能经过 20 次以上的搅拌。双轴搅拌桩一般应采用两喷三搅工艺，喷浆搅拌提升速度不大于 0.5m/min，钻头搅拌下沉速度不大于 1m/min；三轴搅拌桩搅拌提升速度不大于 2m/min，钻头搅拌下沉速度不大于 1m/min。

（三）施工质量验收

（1）竖向承载的水泥搅拌桩地基验收时，应采用单桩和复合地基载荷试验。载荷试验在成桩 28d 后进行，检验数量为桩总数的 0.5%～1%，且每个单体工程不少于 3 点。

（2）作基坑围护用的水泥搅拌桩挡墙，应制作水泥土试块，尺寸为 70.7mm 立方体块。每施工台班抽 2 根桩，每根桩不少于 2 个点，每点 3 个试样。也可采取钻芯取样，按总桩数的 2%，且不少于 3 根，每根桩制作 3 组试块（在桩的上中下不同部位），每组 3 个试样。

**六、高压喷射注浆法**

（一）加固原理和适用范围

通过钻杆喷头的定喷、摆喷、旋喷，用高压水或水泥浆液切割土体，使土体和水泥浆液搅拌的地基加固方法。

适用：淤泥和淤泥质土、黏性土、粉性土、砂土、素填土等。对土中含有大粒径块石、大量植物根茎或有机质、地下水流速大和已涌水的工程，应通过试验确定其是否适用。

（二）质量控制要点

（1）根据土质条件、设计要求的加固强度、加固直径等，通过现场试验确定施工参数。

（2）施工钻孔的位置与设计图纸偏差不得大于 50mm。

（3）喷射管分段提升的搭界长度不得小于 100mm。

（4）对局部扩大加固范围或提高强度的部位，可采用复喷措施。

（5）用旋喷桩加固既有建筑时，应对建筑物的变形进行监测。

（三）施工质量验收

（1）用旋喷桩作地基竖向承载，地基验收时采用复合地基载荷试验和单桩载荷试验。试验在成桩 28d 后进行，数量为总桩数的 0.5%～1%，且单体工程不少于 3 点。

（2）对用于止水帷幕的，可局部开挖采用注水试验进行现场检验。也可采用钻孔取芯或其他原位测试进行检测评价。

**七、锚杆静压桩法**

（一）加固原理和适用范围

用锚杆作反力，将桩分段压入土体中的一种地基加固方法。一般常用于已有建筑物的加固补强或基础托换，也可用于新建工程。

（二）质量控制要点

（1）用于已有建筑物加固时，应有上部结构图、沉降变形和裂缝观测资料等；

（2）压桩孔应布置在墙体两侧或柱四周，其形状应为上小下大的锥形，离基础边缘的距离不小于 300mm；

（3）桩承受水平力、抗拔力或抗震设防烈度七度及以上的，桩连接接头应采用焊接；

（4）多台压桩机械同时施工时，应保持对称压桩，应验算总的压桩力不得大于上部结构的总荷重；

（5）压桩孔内封孔应采用 C30 以上微膨胀混凝土。

（三）施工质量验收

（1）桩的制作质量按规范相关要求执行；

（2）桩的最终压桩力应满足设计要求；

（3）压桩孔的位置偏差不得大于 20mm；

（4）桩身垂直度偏差不得超过 1.5%。

# 第二节 桩 基 工 程

**一、桩的分类**

可根据桩的承载性状、使用功能、材料、成桩方法和工艺、桩径大小等分类，一般如下：

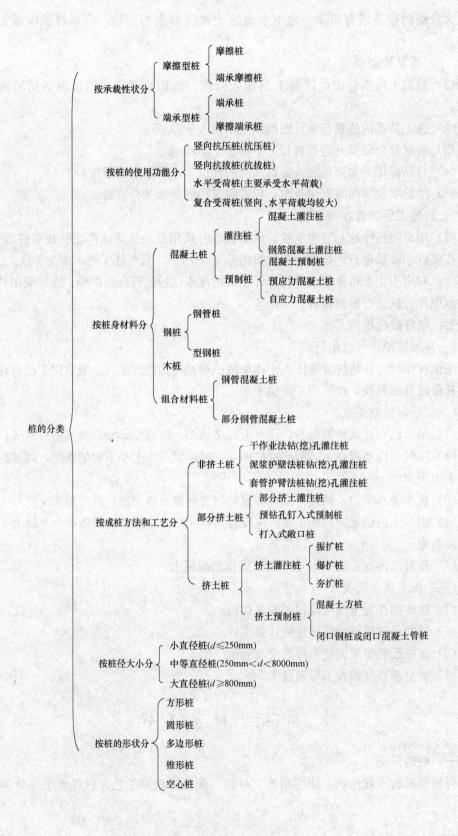

桩的分类

按承载性状分
- 摩擦型桩
  - 摩擦桩
  - 端承摩擦桩
- 端承型桩
  - 端承桩
  - 摩擦端承桩

按桩的使用功能分
- 竖向抗压桩(抗压桩)
- 竖向抗拔桩(抗拔桩)
- 水平受荷桩(主要承受水平荷载)
- 复合受荷桩(竖向、水平荷载均较大)

按桩身材料分
- 混凝土桩
  - 灌注桩
    - 混凝土灌注桩
    - 钢筋混凝土灌注桩
  - 预制桩
    - 混凝土预制桩
    - 预应力混凝土桩
    - 自应力混凝土桩
- 钢桩
  - 钢管桩
  - 型钢桩
- 木桩
- 组合材料桩
  - 钢管混凝土桩
  - 部分钢管混凝土桩

按成桩方法和工艺分
- 非挤土桩
  - 干作业法钻(挖)孔灌注桩
  - 泥浆护壁法桩钻(挖)孔灌注桩
  - 套管护臂法桩钻(挖)孔灌注桩
- 部分挤土桩
  - 部分挤土灌注桩
  - 预钻孔钉入式预制桩
  - 打入式敞口桩
- 挤土桩
  - 挤土灌注桩
    - 振扩桩
    - 爆扩桩
    - 夯扩桩
  - 挤土预制桩
    - 混凝土方桩
    - 闭口钢桩或闭口混凝土管桩

按桩径大小分
- 小直径桩($d \leqslant 250mm$)
- 中等直径桩($250mm < d < 8000mm$)
- 大直径桩($d \geqslant 800mm$)

按桩的形状分
- 方形桩
- 圆形桩
- 多边形桩
- 锥形桩
- 空心桩

## 二、灌注桩施工

### (一)灌注桩施工材料要求

1. 粗骨料：宜选用连续级配坚硬碎石或卵石，其骨料粒径不得大于钢筋间距最小净距的 1/3，宜优先采用 5～25mm 的碎石。粗骨料的质量应符合《普通混凝土用砂、石质量及检验方法标准》JGJ 52—2006 规定。

2. 细骨料：中、粗砂质量控制根据设计混凝土强度等级要求按《普通混凝土用砂、石质量及检验方法标准》JGJ 52—2006 的有关规定选取。

3. 水泥：宜选用普通硅酸盐水泥、矿渣硅酸盐水泥，严禁选用快硬水泥作胶凝材料。用于同一根桩内的混凝土，必须采用同一品种、同一强度等级和同一厂家的水泥拌制。

4. 钢筋：钢筋的质量应符合国家标准《钢筋混凝土用钢筋》GB 1499 的有关规定。

灌注桩采用商品混凝土，混凝土配合比设计应按照《普通混凝土配合比设计规程》JGJ 55 规定进行。混凝土施工中应进行坍落度检测，单桩≤30m³ 应在混凝土灌注前、后分别进行 2 次检测，单桩＞30m³ 应在混凝土灌注前、后和中间阶段分别进行 3 次检测。同时，在混凝土灌注过程中，应进行混凝土试件制作以进行强度检测。混凝土试件取样应取自实际灌入的混凝土，同组试件应取自同车混凝土。试件数量按《建筑桩基技术规范》JGJ 94—2008 规定：直径大于 1m 或单桩混凝土量超过 25m³ 的桩，每根桩桩身混凝土应留有 1 组试件；直径不大于 1m 的桩或单桩混凝土量不超过 25m³ 的桩，每个灌注台班不得少于 1 组；每组试件应留 3 件。

钢筋的材质、规格应符合设计规定，钢筋的质量应符合国家标准《钢筋混凝土用钢筋》GB 1499 的规定，并应有出场质量证明书和试验报告。钢筋笼应按批号、规格、分批验收，并按《钢筋混凝土用钢筋》GB 1499 规定进行抽样复试，复试合格后方可使用。

### (二)灌注桩施工质量控制

1. 灌注桩钢筋笼制作质量控制

(1) 钢筋笼制作允许偏差按"规范"执行（表 6-1）。

钢筋笼制作允许偏差                                    表 6-1

| 项　次 | 项　目 | 允许偏差(mm) |
|---|---|---|
| 1 | 主筋间距 | ±10 |
| 2 | 箍筋间距 | ±20 |
| 3 | 钢筋笼直径 | ±10 |
| 4 | 钢筋笼长度 | ±100 |

(2) 主筋净距必须大于混凝土粗骨料粒径 3 倍以上，当因设计含钢量大而不能满足时，应通过设计调整钢筋直径加大主筋之间净距，以确保混凝土灌注时达到密实的要求。

(3) 加劲箍宜设在主筋外侧，主筋不设弯钩，必需设弯钩时，弯钩不得向内圆伸露，以免钩住灌注导管，妨碍导管正常工作。

(4) 钢筋笼的内径应比导管接头处的外径大 100mm 以上。

(5) 钢筋笼宜分段制作，分段长度应根据钢筋笼整体刚度和来料钢筋笼长度以及起重设备的有效高度等因素确定。钢筋笼连接方式可采用焊接或机械连接，应结合钢筋牌号和钢筋直径，根据《钢筋焊接及验收规程》JGJ 18 和《钢筋机械连接通用技术规程》JGJ 107 中的相关要求选择钢筋连接方式。如采用焊接，焊接接头应按《钢筋焊接及验收规程》JGJ 18 的规定进行抽样测试；如采用机械连接，施工单位应提供有效的型式检验报告，并且每批接头应按《钢筋机械连接通用技术规程》JGJ 107 的规定进行抽样检验。

（6）下放钢筋笼过程中，在预制笼上套上或焊上主筋保护层垫块或耳环，使主筋保护层偏差符合表 6-2 规定。

钢筋笼主筋保护层允许偏差     表 6-2

| 项 次 | 项 目 | 允许偏差(mm) |
|---|---|---|
| 1 | 水下混凝土桩 | ±20mm |
| 2 | 非水下灌注混凝土桩 | ±10mm |

2. 泥浆护壁成孔灌注桩施工质量控制

（1）泥浆制备和处理的施工质量控制：

1）除能自行造浆的黏性土层外，均应制备泥浆。泥浆制备应选用高塑性黏土或膨润土。泥浆应根据施工机械、工艺及穿越土层情况进行配合比设计。一般地区施工期间护筒内的泥浆面应高出地下水位 1.0m 以上，在受潮水涨落影响地区施工时，泥浆面应高出最高水位 1.5m 以上；

2）在清孔过程中，应不断置换泥浆，直至浇注水下混凝土；

3）浇注混凝土前，孔底 500mm 以内的泥浆比重应小于 1.25；含砂率不得大于 8%；黏度不得大于 28s；

4）在容易产生泥浆渗漏的土层中应采取维持孔壁稳定的措施。

（2）正反循环钻孔灌注桩施工质量控制：

1）对孔深较大的端承型桩和粗粒土层中的摩擦型桩，宜采用反循环工艺成孔或清孔，也可根据土层情况采用正循环钻进，反循环清孔。

2）为了保证钻孔的垂直度，钻机应设置导向装置。潜水钻的钻头上应有不小于 3 倍钻头直径长度的导向装置；利用钻杆加压的正循环回转钻机，在钻具中应加设扶正器。

3）钻孔达到设计深度后，清孔应符合下列规定：

端承型桩≤50mm；摩擦型桩≤100mm；抗拔、抗水平力桩≤200mm。

4）正反循环钻孔灌注桩成孔施工的允许偏差应满足表 6-3 的要求。

灌注桩的平面位置和垂直度的允许偏差表     表 6-3

| 项次 | 成孔方法 | | 桩径允许偏差(mm) | 垂直度允许偏差(%) | 桩位允许偏差(mm) | |
|---|---|---|---|---|---|---|
| | | | | | 1～3 根桩、条形桩基沿垂直轴线方向和群桩基础中的边桩 | 条形桩基沿轴线方向和群桩基础的中间桩 |
| 1 | 泥浆护壁钻孔桩 | D≤1000mm | ±50 | 1 | D/6,且不大于 100 | d/4 且不大于 150 |
| | | D>1000mm | ±50 | | 100+0.01H | 150+0.01H |
| 2 | 套管成孔灌注桩 | D≤500mm | −20 | 1 | 70 | 150 |
| | | D>500mm | | | 100 | 150 |
| 3 | 螺旋钻、机动洛阳铲干作业成孔灌注桩 | | −20 | 1 | 70 | 150 |
| 4 | 人工挖孔桩 | 现浇混凝土护壁 | ±50 | 0.5 | 50 | 150 |
| | | 长钢套管护壁 | ±20 | 1 | 100 | 200 |

注：1. 桩径允许偏差的负值是指个别断面。
    2. H 为施工现场地面标高与桩顶设计标高之间的距离，D 为设计桩径

（3）冲击成孔灌注桩施工质量控制：

1）冲孔桩孔口护筒，其内径应大于钻头直径200mm，护筒应按以下规定设置：

a. 护筒埋设应准确、稳定，护筒中心与桩位中心的偏差不得大于50mm；

b. 护筒可用4～8mm厚钢板制作，其内径应大于钻头直径100mm，上部宜开设1～2个溢浆孔；

c. 护筒的埋设深度：在黏性土中不宜小于1.0m；砂土中不宜小于1.5m。护筒下端外侧应采用黏土填实；其高度应满足孔内泥浆面高度的要求；

d. 受水位涨落影响或水下施工的钻孔灌注桩，护筒应加高加深，必要时应打入不透水层。

2）泥浆护壁要求同泥浆护壁成孔灌注桩泥浆制备和处理措施。

3）冲击成孔质量控制应符合下列规定：

a. 开孔时，应低锤密击，当表土为淤泥、细砂等软弱土层时，可加黏土块夹小片石反复冲击造壁，孔内泥浆面应保持稳定；

b. 在各种不同的土层、岩层中成孔时，可按照表6-4的操作要点进行：

各种不同土层岩层成孔操作要点 表6-4

| 项 次 | 项 目 | 操 作 要 点 |
|---|---|---|
| 1 | 在护筒刃脚以下2m范围内 | 小冲程1m左右，泥浆比重1.2～1.5，软弱土层投入黏土块夹小片石 |
| 2 | 黏性土层 | 中、小冲程1～2m，泵入清水或稀泥浆，经常清除钻头上的泥块 |
| 3 | 粉砂或中粗砂层 | 中冲程2～3m，泥浆比重1.2～1.5，投入黏土块，勤冲、勤掏渣 |
| 4 | 砂卵石层 | 中、高冲程3～4m，泥浆比重（密度）1.3左右，勤掏渣 |
| 5 | 软弱土层或塌孔回填重钻 | 小冲程反复冲击，加黏土块夹小片石，泥浆比重1.3～1.5 |

c. 进入基岩后，应采用大冲程、低频率冲击，当发现成孔偏移时，应回填片石至偏孔上方300～500mm处，然后重新冲孔；

d. 当遇到孤石时，可预爆或采用高低冲程交替冲击，将大孤石击碎或挤入孔壁；

e. 应采取有效的技术措施防止扰动孔壁、塌孔、扩孔、卡钻和掉钻及泥浆流失等事故；

f. 每钻进4～5m应验孔一次，在更换钻头前或容易缩孔处，均应验孔；

g. 进入基岩后，非桩端持力层每钻进300～500mm和桩端持力层每钻进100～300mm时，应清孔取样一次，并应做记录。

（4）水下混凝土灌注施工质量控制：

1）钢筋笼吊装完毕后，应安置导管或气泵管二次清孔，并应进行孔位、孔径、垂直度、孔深、沉渣厚度等检验，合格后应立即灌注混凝土。混凝土配合比设计应按《普通混凝土配合比设计规程》JGJ 55 的规定进行。

2）混凝土试件强度应比设计桩身强度提高一级；水下混凝土必须具备良好的和易性，坍落度宜为180～220mm，水泥用量不得少于360kg/m³。

3）水下灌注混凝土的含砂率宜为40%～50%，并宜选用中粗砂；粗骨料的最大粒径应小于40mm；

4) 导管壁厚不宜小于 3mm，直径宜为 200～250mm；直径制作偏差不应超过 2mm，导管的分节长度可视工艺要求确定，底管长度不宜小于 4m，接头宜采用双螺纹方扣快速接头；导管使用前应试拼装、试压，试水压力可取为 0.6～1.0MPa；

5) 使用的隔水栓应有良好的隔水性能，并应保证顺利排出；隔水栓宜采用球胆或与桩身混凝土强度等级相同的细石混凝土制作。

6) 导管埋入混凝土深度宜为 2～6m。混凝土灌注过程中，严禁将导管提出混凝土灌注面，应控制提拔导管速度，勤提勤拆，一次提管拆管不得超过 6m。

7) 灌注水下混凝土必须连续施工，每根桩的灌注时间应按初盘混凝土的初凝时间控制；最后一次混凝土灌注量，超灌高度宜为 0.8～1.0m，凿除泛浆高度后必须保证暴露的桩顶混凝土强度达到设计等级。

### 三、混凝土预制桩施工

1. 预制桩钢筋骨架质量控制

(1) 钢筋骨架的主筋连接宜采用对焊和电弧焊，当钢筋直径不小于 20mm 时，宜采用机械接头连接。主筋接头配置在同一截面内的数量，应符合下列规定：

1) 当采用对焊或电弧焊时，对于受拉钢筋，不得超过 50%；

2) 相邻两根主筋接头截面的距离应大于 $35d_E$（主筋直径），并不应小于 500mm；

3) 必须符合现行行业标准《钢筋焊接及验收规程》JGJ 18 和《钢筋机械连接通用技术规程》JGJ 107 的规定。

(2) 锤击预制桩，应在强度与龄期均达到要求后，方可锤击。为了防止桩顶击碎，桩顶钢筋网片位置要严格控制按图施工，并采取措施使网片位置固定正确、牢固，保证混凝土浇捣时不移位；浇筑预制桩的混凝土时，从桩顶开始浇筑，要保证桩顶和桩尖不积聚过多的砂浆。

(3) 为防止锤击时桩身出现纵向裂缝，导致桩身击碎，而被迫停锤，预制桩钢筋骨架中，主筋距桩顶的距离必需严格控制，绝不允许出现主筋距桩顶、面过近甚至触及桩顶的质量问题。

(4) 预制桩分节长度的确定，应在掌握地层土质的情况下，决定分节桩长度时要避开桩尖接近硬持力层或桩尖处于硬持力层中接桩，防止桩尖停在硬层内接桩，以防因电焊接桩耗时长，桩周摩阻得到恢复，使继续沉桩发生困难。

2. 混凝土预制桩的起吊、运输质量控制

(1) 混凝土设计强度达到 70% 及以上方可起吊，达到 100% 方可运输；

(2) 桩起吊时应采取相应措施，保证安全平稳，保护桩身质量；

(3) 水平运输时，应做到桩身平稳放置，严禁在场地上直接拖拉桩体。

3. 混凝土预制桩接桩施工质量控制

(1) 桩的连接可采用焊接、法兰连接或机械快速连接（螺纹式、啮合式）。

(2) 接桩材料应符合下列规定：

1) 焊接接桩：钢钣宜采用低碳钢，焊条宜采用 E43；并应符合现行行业标准《建筑钢结构焊接技术规程》JGJ 81 要求。接头宜采用探伤检测，同一工程检测量不得少于 3 个接头。

2）法兰接桩：钢钣和螺栓宜采用低碳钢。

（3）采用焊接接桩除应符合现行行业标准《建筑钢结构焊接技术规程》JGJ 81 的有关规定外，还应注意以下问题：

1）下节桩段的桩头宜高出地面 0.5m；

2）下节桩的桩头处宜设导向箍，错位偏差不宜大于 2mm。接桩就位纠偏时，不得采用大锤横向敲打；

3）桩对接前，上下端板表面应采用铁刷子清刷干净，坡口处应刷至露出金属光泽；

4）焊接宜在桩四周对称地进行，待上下桩节固定后拆除导向箍再分层施焊；焊接层数不得少于 2 层，第一层焊完后必须把焊渣清理干净，方可进行第二层（的）施焊，焊缝应连续、饱满；

5）焊好后的桩接头应自然冷却后方可继续锤击，自然冷却时间不宜少于 8min；严禁采用水冷却或焊好即施打；雨天焊接时，应采取可靠的防雨措施；

6）焊接接头的质量检查，对于同一工程探伤抽样检验不得少于 3 个接头。

（4）采用机械快速螺纹接桩的操作与质量应符合下列规定：

1）安装前应检查桩两端制作的尺寸偏差及连接件，无受损后方可起吊施工，其下节桩端宜高出地面 0.8m；

2）接桩时，卸下上下节桩两端的保护装置后，应清理接头残物，涂上润滑脂；

3）应采用专用接头锥度对中，对准上下节桩进行旋紧连接；可采用专用链条式扳手进行旋紧，臂长 1m 卡紧后人工旋紧再用铁锤敲击板臂，锁紧后两端板尚应有 1～2mm 的间隙。

（5）采用机械啮合接头接桩的操作与质量应符合下列规定：

1）将上下接头钣清理干净，用扳手将已涂抹沥青涂料的连接销逐根旋入上节桩Ⅰ型端头钣的螺栓孔内，并用钢模板调整好连接销的方位；

2）剔除下节桩Ⅱ型端头钣连接槽内泡沫塑料保护块，在连接槽内注入沥青涂料，并在端头钣面周边抹上宽度 20mm、厚度 3mm 的沥青涂料；当地基土、地下水含中等以上腐蚀介质时，桩端钣板面应满涂沥青涂料；

3）将上节桩吊起，使连接销与Ⅱ型端头钣上各连接口对准，随即将连接销插入连接槽内；

4）加压使上下节桩的桩头钣接触，接桩完成。

4.混凝土预制桩沉桩质量控制

（1）沉桩顺序是打桩施工方案的一项十分重要内容，必须督促施工单位认真对待，预防桩位偏移、上拔、地面隆起过多，邻近建筑物破坏等事故发生。

（2）一般情况下，预制桩终止锤击应符合以下要求：

1）当桩端位于一般土层时，应以控制桩端设计标高为主，贯入度为辅；

2）桩端达到坚硬、硬塑的黏性土、中密以上粉土、砂土、碎石类土及风化岩时，应以贯入度控制为主，桩端标高为辅；

3）贯入度已达到设计要求而桩端标高未达到时，应继续锤击 3 阵，并按每阵 10 击的贯入度不应大于设计规定的数值确认，必要时，施工控制贯入度应通过试验确定。

但有些情况下，如软土中的密集桩群，按设计标高控制，但由于大量桩沉入土中产生挤土效应，后续沉桩发生困难，如坚持按设计标高控制很难实现。按贯入度控制的桩，有时也会产生贯入度过大而满足不了设计要求的情况。又有些重要建筑，设计要求标高和贯入度实行双控，而发生贯入度已达到，桩身不等长度的冒在地面而采取大量截桩的现象、因此确定停锤标准是较复杂的，发生不能按一般情况停锤控制沉桩时，应由建设单位邀请设计单位、施工单位在借鉴当地沉桩经验与通过静（动）载试验综合研究来确定停锤标准，作为沉桩检验的依据。

（3）为避免或减少沉桩挤土效应和对邻近建筑物、地下管线的影响，在施打大面积密集桩群时，有采取预钻孔，设置袋装砂井或塑料排水板，消除部分超孔隙水压力以减少挤土现象；也可以采取设置隔离板桩或地下连续墙、开挖地面防振沟、限制打桩速率等辅助措施以降低地面振动。不论采取一种或多种措施，在沉桩前应对周围建筑、管线原始状态进行观测记录，在沉桩过程应加强观测和监护，每天在监测数据的指导下进行沉桩，做到有备无患。

（4）锤击法沉桩和静压法沉桩同样有挤土效应，导致孔隙水压力增加，而发生土体隆起，相邻建筑物破坏等，为此在选用静压法沉桩时仍然应采用辅助措施消除超孔隙水压力和挤土等破坏现象，并加强监测采取预防。

（5）插桩是保证桩位正确和桩身垂直度的重要前提，插桩应用两台经纬仪两个方向来控制插桩的垂直度，并应逐桩记录，以备核对查验。

**四、钢桩施工**

1. 钢桩（钢管桩、H 型钢桩及其他异型钢桩）制作施工质量控制

（1）材料要求：

1）制作钢桩的材料应符合设计要求，并应有出厂合格证和试验报告。

2）进口钢管：在钢桩到港后，由商检局作抽样检验，检查钢材化学成分和机械性能是否满足合同文本要求，加工制作单位在收到商检报告后才能加工。

（2）加工要求：

1）钢桩制作允许偏差应满足表 6-5 的规定：

钢桩制作允许偏差　　　　　　　　　　　表 6-5

| 项　次 | 项　目 | | 允许偏差(mm) |
|---|---|---|---|
| 1 | 外径或断面尺寸 | 桩端 | ±0.5%外径或边长 |
| | | 桩身 | ±0.1%外径或边长 |
| 2 | 长度 | | >0 |
| 3 | 矢高 | | ≤1‰桩长 |
| 4 | 端部平整度 | | ≤2(H 形桩≤1) |
| 5 | 端部平面与桩身中心线的倾斜值 | | ≤2 |

2）钢桩制作分两部分完成

a. 加工厂制作均为定尺钢桩，定尺钢桩进场后应逐根检查在运输和堆放过程中桩身有否局部变形，变形的应予纠正或割除。检查应留下记录。

b. 现场整根桩的焊接组合，设计桩的尺寸不一定是定尺桩的组合，多数情况下，最后一节是非定尺桩，这就要进行切割，要对切割后的节段和拼装后的桩进行外形尺寸检验

212

合格后才能沉桩。检验应留有记录。

（3）防腐要求：

地下水有侵蚀性的地区或腐蚀性土层中用的钢桩，沉桩前必须按设计要求作好防腐处理。

2. 钢桩焊接施工质量控制

（1）焊丝或焊条应有出厂合格证，焊接前必须在 200～300℃温度下烘干 2h，避免焊丝不烘干，引起烧焊时含氢量高，使焊缝容易产生气孔而降低强度和韧性，烘干应留有记录。

（2）当气温低于 0℃或雨雪天，无可靠措施确保焊接质量时，不得焊接；

（3）焊接质量应符合国家现行标准《钢结构工程施工质量验收规范》GB 50205 和《建筑钢结构焊接技术规程》JGJ 81 的规定，每个接头除应进行外观检查外，还应按接头总数的 5％进行超声或 2％进行 X 射线拍片检查，对于同一工程，探伤抽样检验不得少于 3 个接头。接桩焊缝外观允许偏差应满足表 6-6 规定：

接桩焊缝外观允许偏差　　　　　　　　表 6-6

| 项　次 | 项　目 | 允许偏差（mm） |
|---|---|---|
| 1 | 上下节桩错口 | — |
| 2 | 钢管桩外径≥700mm | 3 |
| 3 | 钢管桩外径＜700mm | 2 |
| 4 | H 形钢桩 | 1 |
| 5 | 咬边深度（焊缝） | 0.5 |
| 6 | 加强层高度（焊缝） | 0～2 |
| 7 | 加强层宽度（焊缝） | 0～3 |

（4）异型钢桩连接加强处理：

H 型钢桩或其他异型薄壁钢桩，应按设计要求在接头处加连接板，如设计无规定形式，可按等强度设置，防止沉桩时在刚度小的一侧失稳。

3. 钢桩沉桩施工质量控制

（1）钢桩施工采用锤击沉桩或静压沉桩时，施工质量控制方法可参照混凝土预制桩沉桩质量控制要点。

（2）锤击 H 型钢桩时，锤重不宜大于 4.5t 级（柴油锤），且在锤击过程中桩架前应有横向约束装置。

# 第三节　浅基础工程

## 一、无筋扩展基础

无筋扩展基础系指由砖、毛石、混凝土或毛石混凝土、灰土和三合土等材料组成的墙下条形基础或柱下独立基础。无筋扩展基础适用于多层民用建筑和轻型厂房。

（一）灰土基础施工质量控制

（1）灰土基础必须采用符合标准的石灰和土料，并取灰土比为 3：7 或 2：8 为宜。施工时还应保证灰土的夯实干密度（粉质黏土为 $1.5t/m^3$，黏土为 $1.45t/m^3$），如能符合这些要求，灰土 28d 的极限抗压强度将不低于 800kPa，设计时，可取灰土基础的设计强度为 400kPa。灰土 28d 后浸水 48h 时的变形模量约为 $32\sim40MPa$。

（2）灰土在空气中硬化时，早期强度增长很快，但浸水后强度降低很多。灰土经夯实后，在水位下的饱和土中养护而不是直接投入水中养护时，龄期在三个月以内的强度也不低于气硬性灰土的饱和强度。因此灰土可以在地下水位以下或潮湿地区用作基础材料。

（3）灰土的抗冻性同冻结时的灰土强度（或龄期），以及其周围土的湿度有关。灰土在不饱和情况下，冻结对其强度影响不大，解冻后灰土强度继续增长。灰土早期的抗冻性比较差，但龄期超过三个月左右（相当于强度超过 $1.0\sim1.3MPa$ 时）的 3：7 灰土，冻结后强度就没有明显的降低。施工时，应注意不使灰土基础早期受冻。

（4）为了保证灰土基础的强度和耐久性，石灰宜用块状生石灰，经消化 $1\sim2d$ 后，通过孔径 $5\sim10mm$ 的筛子，立即使用，土料以粉质黏土为宜，并使之达到散粒状，使用前应通过 $10\sim20mm$ 孔径的筛子。

（5）施工时，基坑应保持干燥，防止灰土早期浸水，灰土拌合要均匀，湿度要适当，含水量过大或过小均不易夯实。因此最好实地测定其最佳含水量，使在一定夯击能量下，达到最大密实度（干密度不小于 $1.5t/m^3$），夯实应分层进行，每层虚铺 $20\sim25cm$，夯至 15cm。

（二）毛石基础施工质量控制

（1）毛石基础是用强度等级不低于 MU20 号的毛石以砂浆砌成，一般采用混合砂浆或水泥砂浆。当基底压力较小，且基础位于地下水位以上时，也可用白灰砂浆。混合砂浆或水泥砂浆须提供材料合格证及试验报告。

（2）毛石基础一般砌筑成阶梯形。毛石的形状不规整，不易砌平，为了保证毛石基础的整体刚性传力均匀，每一台阶均不少于 $2\sim3$ 排（视石块大小和规整情况定），每阶挑出宽度应小于 20cm，每阶高度不小于 40cm。

（三）砖基础施工质量控制

（1）砖基础应用强度等级不低于 MU10、无裂缝的砖和不低于 M5 的砂浆砌筑。在严寒地区，应采用高强度等级的砖和水泥砂浆砌筑。须提供材料合格证及试验报告、水泥复试报告和砂浆试块强度报告。

（2）砖基础一般做成阶梯形，俗称大放脚。大放脚做法有等高式（两皮一收）和间隔式（两皮一收和一皮一收相间）两种，每一种收退台宽度均为 1/4 砖，后者节省材料，采用较多。

（3）砖基础施工前应清理基槽（坑）底，除去松散软弱土层，用灰土填补夯实，并铺设垫层；按基础大样图，吊线分中，弹出中心线和大放脚边线；检查垫层标高、轴线尺寸，并清理好垫层；先用干砖试摆，以确定排砖方法和错缝位置，使砌体平面尺寸符合要求；砖应浇水湿透，垫层适量洒水湿润。

（4）如砖基础下半部为灰土时，则灰土部分不做台阶，其宽高比应按要求控制，同时应核算灰土顶面的压应力，以不超过 $250\sim300kPa$ 为宜。

（5）砌完基础应及时清理基槽（坑）内杂物和积水，在两侧同时回填土，并分层夯实。

（四）混凝土和毛石混凝土基础施工质量控制

(1) 混凝土基础的混凝土强度等级，一般采用 C5。

(2) 混凝土基础的剖面形式有阶梯形和锥形等，按基础的尺寸大小和施工条件确定。毛石混凝土基础一般用 C7.5 或 C10 混凝土，掺入少于基础体积 30％毛石（毛石强度等级不低于 MU20，其长度不宜大于 3cm）。在严寒潮湿的地区，应用不低于 C10 的混凝土和不低于 MU30 的毛石。需提供混凝土配合比、合格证明书、试块复试报告等质保材料。

(3) 毛石混凝土基础施工时，应先浇灌 12～15cm 厚的混凝土层，再铺砌毛石，毛石插入混凝土约一半后，再灌混凝土，填满所有空隙，再逐层铺砌毛石和灌混凝土。

(4) 基础常做成阶梯形，因此分阶时应注意每一台阶均应保证刚性角要求。使用块石时每一层台阶应有两排块石，使用毛石时则要有三排，以保证毛石之间的联结。依块石大小不同，每阶高度可在 40～60cm 之间。当用混凝土或块石混凝土时，每阶高度一般为 50cm。如果根据刚性角的要求，基础所需高度超过埋深时，或基础顶面离地面不足 10cm 时，则应加大埋深，或者改用钢筋混凝土基础。

**二、扩展基础**

扩展基础常指柱下钢筋混凝土独立基础和墙下钢筋混凝土条形基础。通常能在较小的埋深内，把基础底面扩大到所需的面积，因而是最常用的一种基础形式。由于钢筋混凝土的抗弯性能好，可充分放大基础底面尺寸，达到减小地基应力的效果，同时有效的减小埋深，节省材料和土方开挖量，加快工程进度。适用于六层和六层以下一般民用建筑和整体式结构厂房承重的柱基和墙基。柱下独立基础，当柱荷载的偏心距不大时，常用方形，偏心距大时，则用矩形。

（一）扩展基础施工技术要求

(1) 锥形基础（条形基础）边缘高度 $h$ 一般不小于 200mm；阶梯形基础的每阶高度一般为 300～500mm。基础高度 $h \leqslant 350mm$，用一阶；$350mm < h \leqslant 900mm$，用二阶；$h > 900mm$，用三阶。为使扩展基础有一定刚度，要求基础台阶的宽高比不大于 2.5。

(2) 垫层厚度一般为 100mm，混凝土强度等级为 C10，基础混凝土强度等级不宜低于 C15。

(3) 底部受力钢筋的最小直径不宜小于 8mm，当有垫层时，钢筋保护层的厚度不宜小于 35mm；无垫层时，不宜小于 70mm。插筋的数目和直径应与柱内纵向受力钢筋相同。

(4) 钢筋混凝土条形基础，在 T 字形与十字形交接处的钢筋沿一个主要受力方向通长放置。

(5) 柱基础纵向钢筋除应满足冲切要求外，尚应满足锚固长度的要求，当基础高度在 900mm 以内时，插筋应伸至基础底部的钢筋网，并在端部做成直弯钩；当基础高度较大时，位于柱子四角的插筋应伸到基础底部，其余的钢筋只需伸至锚固长度即可。插筋伸出基础部分长度应按柱的受力情况及钢筋规格确定。

（二）扩展基础施工质量控制

1. 施工质量控制要点

(1) 基坑验槽清理同无扩展基础。

垫层混凝土在基坑验槽后应立即浇筑，以免地基土被扰动。

（2）钢筋绑扎

垫层达到一定强度后，在其上划线、支模、铺放钢筋网片。上下部垂直钢筋应绑扎牢，并注意将钢筋弯钩朝上，连接柱的插筋，下端要用90°弯钩与基础钢筋绑扎牢固，按轴线位置校核后用方木架成井字形，将插筋固定在基础外模板上；底部钢筋网片应用混凝土保护层同厚度的水泥砂浆垫塞，以保证位置正确。

（3）模板安装

在浇筑混凝土前，模板和钢筋上的垃圾、泥土和钢筋上的油污杂物，应清除干净模板应浇水加以润湿。

（4）混凝土浇捣

浇筑现浇柱下基础时，应特别注意柱子插筋位置的正确，防止造成位移和倾斜，在浇筑开始时，先满铺一层5～10cm厚的混凝土，并捣实使柱子插筋下段和钢筋网片的位置基本固定，然后再对称浇筑。

基础混凝土宜分层连续浇筑完成，对于阶梯形基础，每一台阶高度内应整分浇捣层，每浇捣完一台阶应稍停0.5～1h，待其初步获得沉实后，再浇筑上层，以防止下台阶混凝土溢出，在上台阶根部出现烂脖子。每一台阶浇完，表面应随即原浆抹平。

对于锥形基础，应注意保持锥体斜面坡度的正确，斜面部分的模板应随混凝土浇捣分段支设，以防模板上浮变形，边角处的混凝土必须注意捣实。严禁斜面部分不支模，用铁锹拍实。基础上柱子后施工时，可在上部水平面留设施工缝。施工缝的处理应按有关规定执行。

基础上插筋时，要加以固定保证插筋位置的正确，防止浇捣混凝土时发生移位。

（5）混凝土养护

已浇筑完的混凝土，常温下，应在12h左右覆盖和浇水。一般常温养护不得少于7d，特种混凝土养护不得少于14d。养护设专人检查落实，防止由于养护不及时，造成混凝土表面裂缝。

（6）模板拆除

侧面模板在混凝土强度能保证其棱角不因拆模板而受损坏时方可拆模，拆模前设专人检查混凝土强度，拆除时采用撬棍从一侧顺序拆除，不得采用大锤砸或撬棍乱撬，以免造成混凝土棱角破坏。

2. 质保资料检查要求

（1）混凝土配合比。

（2）掺合料、外加剂的合格证明书、复试报告。

（3）试块强度报告。

（4）施工日记。

（5）混凝土质量自检记录。

（6）隐蔽工程验收记录。

（7）混凝土分项工程质量验收记录表。

### 三、柱下条形基础

柱下钢筋混凝土条形基础也称为基础梁，连接上部结构的柱列布置成单向条状的钢筋混凝土基础，通常在下列情况下采用：

（1）多层与高层房屋，上部结构传下的荷载较大，地基土的承载力较低，采用各种形式的单独基础不能满足设计要求时；

（2）当采用单独基础所需的底面积由于邻近建筑物或设备基础的限制而无法扩展时；

（3）地基土质变化较大或局部有不均的软弱地基，需作地基处理时；

（4）各柱荷载差异过大，会引起基础之间较大的相对沉降差异时；

（5）需要增加基础的刚度，以减少地基变形，防止过大的不均匀沉降量时。

（一）柱下条形基础施工技术要求

柱下条形基础的构造应符合下列规定：

（1）柱下条形基础梁的高度宜为柱距的 1/4～1/8。翼板厚度不应小于 200mm。当翼板厚度大于 250mm 时，宜采用变厚度翼板，其坡度宜小于或等于 1∶3；

（2）条形基础的端部宜向外伸出，其长度宜为第一跨距的 0.25 倍；

（3）现浇柱与条形基础梁的交接处，其平面尺寸四周应离基础梁边不小于 50mm；

（4）条形基础梁顶部和底部的纵向受力钢筋除满足计算要求外，顶部钢筋按计算配筋全部贯通，底部通长钢筋不应少于底部受力钢筋截面总面积的 1/3；

（5）柱下条形基础的混凝土强度等级，不应低于 C20。

（二）柱下条形基础施工质量控制

1. 施工质量控制要点

（1）地基清理及垫层浇筑

地基验槽完成后，清除表层浮土及扰动土，不得积水，立即进行垫层混凝土施工，混凝土垫层必须振捣密实，表面平整，严禁晾晒基土。

（2）钢筋绑扎

垫层浇灌完成达到一定强度后，在其上弹线、支模、铺放钢筋网片。上下部垂直钢筋绑扎牢，将钢筋弯钩朝上，按轴线位置校核后用方木架成井字形，将插筋固定在基础外模板上；底部钢筋网片应用与混凝土保护层同厚度的水泥砂浆或塑料垫块垫塞，以保证位置正确，表面弹线进行钢筋绑扎，钢筋绑扎不允许漏扣，柱插筋除满足搭接要求外，应满足锚固长度的要求。

当基础高度在 900mm 以内时，插筋伸至基础底部的钢筋网上，并在端部做成直弯钩；当基础高度较大时，位于柱子四角的插筋应伸到基础底部，其余的钢筋只须伸至锚固长度即可。插筋伸出基础部分长度应按柱的受力情况及钢筋规格确定。

与底板筋连接的柱四角插筋必须与底板筋成 45°绑扎，连接点处必须全部绑扎，距底板 5cm 处绑扎第一个箍筋，距基础顶 5cm 处绑扎最后一道箍筋，作为标高控制筋及定位筋，柱插筋最上部再绑扎一道定位筋，上下箍筋及定位箍筋绑扎完成后将柱插筋调整到位并用井字木架临时固定，然后绑扎剩余箍筋，保证柱插筋不变形走样，两道定位筋在打柱混凝土前必须进行更换。钢筋混凝土条形基础，在 T 字形与十字形交接处的钢筋沿一个主要受力方向通长放置。

（3）模板安装

钢筋绑扎及相关专业施工完成后立即进行模板安装，模板采用小钢摸或木模，利用架子管或木方加固。锥形基础坡度＞30°时，采用斜模板支护，利用螺栓与底板钢筋拉紧，防止上浮，模板上部设透气及振捣孔，坡度≤30°时，利用钢丝网（间距 30cm），防止混凝土下坠，上口设井字木控制钢筋位置。

（4）混凝土浇捣、找平

浇筑现浇柱下条形基础时，注意柱子插筋位置的正确，防止造成位移和倾斜。在浇筑开始时，先满铺一层5～10cm厚的混凝土，并捣实，使柱子插筋下段和钢筋网片的位置基本固定，然后对称浇筑。对于锥形基础，应注意保持锥体斜面坡度的正确，斜面部分的模板应随混凝土浇捣分段支设并顶压紧，以防模板上浮变形；边角处的混凝土必须捣实。严禁斜面部分不支模，用铁锹拍实。基础上部柱子后施工时，可在上部水平面留设施工缝。施工缝的处理应按有关规定执行。条形基础根据高度分段分层连续浇筑，不留施工缝，各段各层间应相互衔接，每段长2～3m，做到逐段逐层呈阶梯形推进。浇筑时先使混凝土充满模板内边角，然后浇注中间部分，以保证混凝土密实。分层下料，每层厚度为振动棒的有效振动长度。防止由于下料过厚，振捣不实或漏振，根部砂浆涌出等原因造成蜂窝、麻面或孔洞。

混凝土浇筑后，表面比较大的混凝土，使用平板振捣器振一遍，然后用大杆刮平，再用木抹子或机械搓平。收面前必须校核混凝土表面标高，不符合要求处立即整改。

（5）混凝土养护、模板拆除施工控制要点同扩展基础。

2. 质保资料检查要求

（1）混凝土配合比。

（2）掺合料、外加剂的合格证明书、复试报告。

（3）试块强度报告。

（4）施工日记。

（5）混凝土质量自检记录。

（6）隐蔽工程验收记录。

（7）混凝土分项工程质量验收记录表。

**四、筏形基础**

上部结构荷载较大，地基承载力较低，采用一般基础不能满足要求时，可将基础扩大成支承整个建筑物结构的大钢筋混凝土板，即成为筏形基础或称为筏板基础。筏形基础不仅能减少地基土的单位面积压力、提高地基承载力，还能增强基础的整体刚性，调整不均匀沉降，故在多层和高层建筑中被广泛采用。

（一）筏形基础施工技术要求

（1）筏形基础分为梁板式和平板式两种类型，其选型应根据工程地质、上部结构体系、柱距、荷载大小以及施工条件等因素确定。

（2）筏形基础的混凝土强度等级不应低于C30。当有地下室时应采用防水混凝土，防水混凝土的抗渗等级应根据地下水的最大水头与防渗混凝土厚度的比值，按现行《地下工程防水技术规范》选用，但不应小于0.6MPa。必要时宜设架空排水层。

（3）采用筏形基础的地下室，地下室钢筋混凝土外墙厚度不应小于250mm，内墙厚度不应小于200mm。墙的截面设计除满足承载力要求外，尚应考虑变形、抗裂及防渗等要求。墙体内应设置双面钢筋，竖向和水平钢筋的直径不应小于12mm，间距不应大于300mm。

（二）筏形基础施工质量控制

1. 施工质量控制要点

(1) 地基开挖

如有地下水，应采用人工降低地下水位至基坑底 50cm 以下部位，保持在无水的情况下进行土方开挖和基础结构施工。

基坑土方开挖应注意保持基坑底土的原状结构，如采用机械开挖时，基坑底面以上 20～30cm 厚的土层，应采用人工清除，避免超挖或破坏基土。如局部有软弱土层或超挖，应进行换填，采用与地基土压缩性相近的材料进行分层回填，并夯实。基坑开挖应连续进行，如基坑挖好后不能立即进行下一道工序，应在基底以上留置 150～200mm 厚土层不挖，待下道工序施工时再挖至设计基坑底标高，以免基土被扰动。

(2) 钢筋绑扎

钢筋的弯钩及连接是否符合设计及规范要求，接头区段内受力钢筋接头面积的允许百分比：绑扎接头的受拉钢筋为 25%，柱中纵筋接头为 50%，其余接头为 50%，接头位置应相互错开，应尽量布置在受力较小的位置，并宜避开梁端及每层柱上、下端。

检查底板承台钢筋、墙体钢筋、框架柱钢筋、楼层梁板钢筋绑扎是否符合设计及规范要求。

(3) 模板安装

柱子、墙要查验其模板弹线是否符合要求，合格后方可进行支模，对梁模要检查其轴线复核其标高和起拱要求，对整体支好的模板要检查其整体刚度、强度、稳定度及其拼模严密度和高低度，模板涂刷隔离剂的均匀度、预留孔洞位置的准确度等。

(4) 混凝土浇捣

筏形基础施工，采取底板和梁钢筋、模板支好，梁侧模板用混凝土支墩或钢支脚支承，并固定牢固，混凝土一次连续浇筑完成。

当筏形基础长度很长（40m 以上）时，应考虑在中部适当部位留设贯通后浇带，以避免出现温度收缩裂缝和便于进行施工分段流水作业；对超厚的筏形基础应考虑采取降低水泥水化热和降低入模温度措施，以避免出现大的温度收缩应力，导致基础底板裂缝。

(5) 混凝土养护

基础浇筑完毕后，应及时采取有效的混凝土养护措施，对无外加剂的混凝土应保持持续养护不于 7d，有外加剂的混凝土养护不少于 14d，对无法浇水养护的构件应涂刷养护液，同时对于地下室外墙混凝土在拆模完成后应及时进行下一分项工程施工，以利于混凝土的养护和保护。

此外，应及时要求施工方做好覆盖、养护，还需对混凝土进行测温，当发现内部温度与表面温度差超过 25℃时，及时增加覆盖草袋和塑料薄膜层数，加强保温、保湿、养护的方法，防止水分散失和裂缝出现，混凝土浇筑完 12h 后开始覆盖淋水养护。

2. 质保资料检查要求

(1) 混凝土配合比。

(2) 掺合料、外加剂的合格证明书、复试报告。

(3) 试块强度报告。

(4) 施工日记。

(5) 混凝土质量自检记录。

（6）隐蔽工程验收记录。

（7）混凝土分项工程质量验收记录表。

**五、箱形基础**

箱形基础是由钢筋混凝土底板、顶板、外墙和一定数量的内隔墙构成一封闭空间的整体箱体，基础中空部分可在内隔墙开门洞作地下室。它具有整体性好、刚度大、抗不均匀沉降能力及抗震能力强，可消除因地基变形使建筑物开裂的可能性、减少基底处原有地基自重应力，降低总沉降量等特点。适于作软弱地基上的面积较大、平面形状简单、荷载较大或上部结构分布不均的高层建筑物的基础及对建筑物沉降有严格要求的设备基础或特种构筑物基础，特别在城市高层建筑物基础中得到较广泛的采用。

（一）箱形基础施工技术要求

（1）箱形基础的埋置深度除满足一般基础埋置深度有关规定外，还应满足抗倾覆和抗滑稳定性要求，同时考虑使用功能要求，一般最小埋置深度在 3.0～5.0m。在地震区，埋深不宜小于建筑物总高度的 1/100。

（2）箱形基础高度应满足结构刚度和使用要求，一般可取建筑物高度的 1/8～1/12，且不宜小于箱形基础长度的 1/16～1/18，且不小于 3m。

（3）基础混凝土强度等级不应低于 C20，如采用密实混凝土防水时，宜采用 C30，其外围结构的混凝土抗渗等级不宜低于 P6。

（二）箱形基础施工质量控制

1. 施工质量控制要点

（1）基坑开挖

如地下水位较高，应采取措施降低地下水位至基坑底以下 50cm 处，当地下水位较高，土质为粉土、粉砂或细砂时，不得采用明沟排水，宜采用轻型井点或深井井点方法降水措施，并应设置水位降低观测孔，井点设置应有专门设计。

基础开挖应验算边坡稳定性，当地基为软弱土或基坑邻近有建（构）筑物时，应有临时支护措施，如设钢筋混凝土钻孔灌注桩，桩顶浇混凝土连续梁连成整体，支护离箱形基础应不小于 1.2m，上部应避免堆载、卸土。

开挖基坑应注意保持基坑底土的原状结构，当采用机械开挖基坑时，在基抗底面设计标高以上 20～30cm 厚的土层，应用人工挖除并清理，如不能立即进行下一道工序施工，应留置 15～20cm 厚土层，待下道工序施工前挖除，以防止地基土被扰动。

（2）钢筋绑扎

钢筋绑扎应注意形状和位置准确，接头部位采用闪光接触对焊和套管压接，严格控制接头位置及数量，混凝土浇筑前须经验收。外部模板宜采用大块模板组装，内壁用定型模板；墙间距采用直径 12mm 穿墙对接螺栓控制墙体截面尺寸，埋设件位置应准确固定。箱顶板应适当预留施工洞口，以便内墙模板拆除后取出。

（3）模板安装施工质量控制要点同筏形基础。

（4）混凝土浇捣

箱形基础底板，内外墙和顶板的支模、钢筋绑扎和混凝土浇筑，可采取分块进行，其施工缝的留设，外墙水平施工缝应在底板面上部 300～500mm 范围内和无梁顶板下部 20～30cm 处，并应做成企口形式，有严格防水要求时，应在企口中部设镀锌钢板（或塑料）止水带，外墙的垂直施工缝宜用凹缝，内墙的水平和垂直施工缝多采用平缝，内墙与外墙之间可留垂直缝，在继续浇混凝土前必须清除杂物，将表面冲洗洁净，注意接浆质量，然后浇筑混凝土。

当箱形基础长度超过 40m 时，为避免表面出现温度收缩裂缝或减轻浇筑强度，宜在中部设置贯通后浇带，后浇带宽度不宜小于 800mm。

（5）混凝土养护施工质量控制要点同筏形基础。

（6）基坑回填土

箱形基础施工完毕后，应防止长期暴露，要抓紧基坑回填土。回填时要在相对的两侧或四周同时均匀进行，分层夯实；停止降水时，应验算箱形基础的抗浮稳定性；地下水基础的浮力，一般不考虑折减，抗浮稳定系数宜小于 1.20，如不能满足时，必须采取有效措施，防止基础上浮或倾斜，地下室施工完成后，方可停止降水。

2. 质保资料检查要求

（1）混凝土配合比。

（2）掺合料、外加剂的合格证明书、复试报告。

（3）试块强度报告。

（4）施工日记。

（5）温控记录。

（6）混凝土质量自检记录。

（7）隐蔽工程验收记录。

（8）混凝土分项工程质量验收记录表。

# 第七章　基坑支护工程与土方开挖

## 第一节　基坑的等级划分和基坑方案评审

### 一、基坑的等级划分

进行建（构）筑物地下部分的施工由地面向下开挖的空间称之为基坑。基坑工程包括为挖除建（构）筑物地下结构处的土方，保证主体地下结构的安全施工及保护基坑周边环境而采取的围护、支撑、降水、加固、挖土与回填等工程措施的总称，包括勘察、设计、施工、检测与监测。

开挖深度 3m 及以上规定为基坑，5m 及以上为深基坑。深基坑作为建筑工程中危险性较大的风险源进行管理。目前全国各地基本都建立了基坑专家评审制度或基坑围护设计施工图审查制度。以上海为例，将基坑根据开挖深度和周边环境特点进行分级控制，具体见表 7-1、表 7-2。

基坑工程的安全等级　　　　　　　　　　　　　　　　　　　表 7-1

| 基坑安全等级 | 具 体 内 容 |
|---|---|
| 一级 | 基坑开挖深度大于、等于 12m 或基坑采用支护结构与主体结构相结合时 |
| 二级 | 除一级和三级以外的基坑 |
| 三级 | 基坑开挖深度小于 7m 时 |

基坑工程的安全环境保护等级　　　　　　　　　　　　　　　　表 7-2

| 环境保护对象 | 保护对象与基坑的距离关系 | 基坑工程的环境保护等级 |
|---|---|---|
| 优秀历史建筑、有精密仪器与设备的厂房、其他采用天然地基或短桩基础的重要建筑物、轨道交通设施、隧道、防汛墙、原水管、自来水总管、煤气总管、共同沟等重要建(构)筑物或设施 | $s \leqslant H$ | 一级 |
| | $H < s \leqslant 2H$ | 二级 |
| | $2H < s \leqslant 4H$ | 三级 |
| 较重要的自来水管、煤气管、污水管等市政管线、采用天然地基或短桩基础的建筑物等 | $s \leqslant H$ | 二级 |
| | $H < s \leqslant 2H$ | 三级 |

注：$H$ 为基坑开挖深度，$s$ 为保护对象与基坑开挖边线的净距。

### 二、基坑工程的专家评审

根据基坑的开挖深度和周边环境特点，上海市规定：在初步设计阶段，深基坑工程在以下情形时，建设单位或工程总承包单位应制定深基坑设计、施工安全性报告，并应通过专家评审。评审内容包括深基坑施工自身的安全性和对环境的影响。设计、施工安全性报告经论证在技术、安全方面切实可行后方可施行。

（1）开挖深度超过 7m 或者地下室二层以上（含二层）的深基坑工程；

（2）深度虽未超过 7m 但地质条件和周围环境较复杂及工程影响重大的深基坑工程；

（3）内环线以内开挖深度超过 5m 的深基坑工程。

（4）尚未列入本市规范的深基坑设计、施工技术，也应通过专家评审后，方可使用。

根据建设部的相关规定，建设单位在申请领取施工许可证或办理安全监督手续时，应当提供深基坑安全管理措施。施工单位应当在施工前编制深基坑专项方案，对专项方案进行专家论证。

## 第二节　常用的基坑支护方案及质量控制

### 一、放坡开挖

1. 适用范围

对土质边坡，当场地条件允许，经过边坡整体稳定性计算满足规范规定，可采用放坡开挖，软土地区一般用于开挖深度不大于 7m 的基坑，对开挖深度超过 4m 的基坑应采用多级放坡。

2. 质量控制要点

（1）严格控制坑边荷载在设计允许范围内；

（2）开挖前确保基坑降水水位下降到坑底下 0.5m，并采取有效控制基坑坑边降排水的措施；

（3）边坡表面应采取护坡措施，如钢丝网喷射混凝土等，护坡面一般应与坡顶路面和坑底垫层相连，护坡面厚度不小于 50mm，混凝土强度等级不低于 C20。钢丝网水泥砂浆护坡面厚度不小于 30mm，砂浆强度等级不低于 MU5.0；

（4）开挖过程中的临时边坡坡度不得大于 1：1.5；

（5）严禁超挖，坑底上 200～300mm 范围内的土应采用人工挖土。

3. 施工质量验收

（1）边坡坡度应符合设计要求；

（2）对坑底地基土进行验槽；

（3）基坑土方回填应分层填实，应满足国家标准《建筑地基基础工程质量验收规范》GB 50202 的规定

### 二、水泥土重力式挡墙

1. 适用范围

一般用于软土地区基坑开挖深度不大于 7m 的基坑支护。

2. 质量控制要点

（1）勘察时应查明场地地下障碍物、暗浜分布深度和平面范围等；

（2）水泥土重力式挡墙顶部应设置压顶圈梁，厚度一般为 150～200mm，板内应设置双向钢筋，直径为不小于 $\phi 8$，间距不大于 200mm；

（3）双轴搅拌桩相互搭接 200mm，搅拌工艺应采用二喷三搅，喷浆搅拌提升速度不大于 0.5m/min，钻头搅拌下沉速度不大于 1m/min；三轴搅拌桩搅拌提升速度不大于 2m/min，钻头搅拌下沉速度不大于 1m/min；

（4）施工质量控制重点为水泥的用量是否符合设计规定；

（5）相邻桩的搭接时间不超过 16h。

3. 施工质量验收

（1）检查施工过程记录；

（2）桩身强度检测可采用水泥土试块，水泥土试块（70.7mm 立方体）每台班抽 2 根桩，每根桩 2 点，每点 3 个试块。进行 28d 无侧限强度试验；也可采用钻孔取芯，为总桩数的 0.5‰ 且不少于 3 根，每根桩 3 点，进行 28d 无侧限强度试验；

（3）开挖时检查开挖面外观质量和渗漏情况。

### 三、钢板桩支护

1. 适用范围

一般用于基坑开挖深度较浅，场地周边环境较简单的工程。常采用背后拉锚或坑内支撑的支护体系。

2. 质量控制要点

（1）使用前检查钢板桩材料质保书，及桩的外观质量是否符合要求；

（2）成桩过程中，应严格控制拉森板桩小企口的咬合程度；

（3）对多节桩，桩身接头在同一截面内不超过 50%；

（4）采用背后锚固，拉锚桩在坑外 2.5 倍基坑开挖深度。采用内支撑，钢围檩应采用等强度焊接，与钢板桩接触应密实；

（5）对大企口钢板桩有防渗要求时，应设置单独的隔水帷幕。

3. 施工质量验收

钢板桩施工应符合表 7-3 的规定

钢板桩验收标准　　　　　　　　　　　　　　表 7-3

| 检 查 项 目 | 允许偏差(mm) | 检 查 项 目 | 允许偏差(mm) |
|---|---|---|---|
| 桩身垂直度 | 不大于 1/100 | 桩顶标高 | ±100 |
| 桩身弯曲度 | 小于 2%桩长 | 桩长 | ±100 |
| 轴线位置 | ±100 | 槽口咬合程度 | 紧密 |

### 四、土钉墙

1. 适用范围

在上海软土地区，其适用深度严格限制开挖深度在 5m 内的基坑，而且必须带止水帷幕的复合土钉墙。不适用淤泥、浜土及较厚的填土。对地下水位埋深较深的北方地区，应根据当地实际情况选用。

2. 质量控制要点

（1）土钉不得超越红线，不得打入临近已有建筑基础下；

（2）场地局部有浜填土时，须经地基加固处理时方可用；

（3）土钉支护施工与挖土、降水应密切协调，挖土分层厚度与土钉竖向间距一致，禁止超挖；

（4）严格控制土钉实际施工长度与设计文件要求一致；

（5）土钉施工具体参数应符合《基坑工程技术规范》DG/TJ08-61-2010 的规定。

3. 施工质量验收

（1）土钉验收时养护时间不宜少于 14d。验收数量每 200 根取一组（3 根）进行拉拔试验；

（2）喷射混凝土面层养护时间不宜少于 28d，每 150～200m² 取一组试块（100mm 立方体）进行抗压强度试验；

（3）水泥搅拌桩要求与重力挡墙相同。

**五、灌注桩排桩支护**

1. 适用范围

一般用于开挖深度超过 7m 的基坑，或开挖深度虽不超过 7m 但场地狭小的工程。由钻孔灌注桩排桩、止水帷幕、压顶圈梁、内支撑、坑内土体加固等组成。

2. 质量控制要点

（1）钻孔灌注桩的成孔、钢筋笼、混凝土浇注等施工应符合《建筑桩基技术规范》JGJ 94—2008 的相关规定；

（2）灌注桩桩身混凝土强度等级不低于 C25，钢筋笼应有一半以上通长配置，桩长应符合设计要求；

（3）桩混凝土浇注时，应保证桩顶泛浆高度不小于 500mm，接近地面时桩顶泛浆高度应充分保证桩顶混凝土强度达标；

（4）近地面的第一道支撑一般要求采用钢筋混凝土支撑；

（5）近邻坑边的局部深坑应进行地基加固处理；

（6）止水帷幕可选用双轴搅拌桩、三轴搅拌桩、高压旋喷桩，施工要求见本书第六章；

（7）完成混凝土浇筑的桩与邻桩成孔安全距离不应小于 4 倍桩径，或间隔时间不应少于 36h。

3. 施工质量验收

（1）钻孔灌注桩的施工质量应符合表 7-4 规定。

**钻孔灌注桩施工质量标准**　　　　　　　　　　　　　表 7-4

| 检查项目 | | 允许偏差值 |
| --- | --- | --- |
| 成孔 | 孔深 | 0～＋300mm |
| | 桩位 | ≤50mm |
| | 垂直度 | ≤1/150 |
| | 泥浆比重（两次清孔） | ≤1.15 |
| | 泥浆黏度 | 18～22s |
| | 桩径 | 0～＋30mm |
| | 沉渣厚度 | ≤200mm |
| 钢筋笼 | 主筋间距 | ±10mm |
| | 主筋长度 | ±100mm |
| | 混凝土保护层厚度 | ±20mm |
| | 钢筋笼安装深度 | ±100mm |
| | 箍筋间距 | ±20mm |
| | 直径 | ±10mm |

| 检 查 项 目 | | 允许偏差值 |
|---|---|---|
| 混凝土 | 混凝土充盈系数 | 1.0～1.3 |
| | 混凝土坍落度 | 180～220mm |
| | 桩顶标高 | ±50mm |

(2) 灌注桩每 50m³ 混凝土不少于 1 组试块，且每台班不少于 1 组。进行抗压强度试验。在地面压顶圈梁浇注之前用低应变法，检测桩身完整性。数量为总桩数的 10％，且不少于 10 根。

**六、型钢水泥土搅拌墙**

1. 适用范围

一般适用于场地条件狭小的工程，由三轴搅拌桩、H 型钢、内支撑、压顶圈梁、坑底加固等组成。

2. 质量控制要点

(1) 三轴搅拌桩应采用套接施工，应确保水泥用量符合设计规定；

(2) H 型钢材料质量保证书应齐全；

(3) 内支撑体系用钢围檩时，钢围檩与围护桩的接触应密实，可采用细石混凝土或钢锲块；

(4) H 型钢应在三轴搅拌桩成桩后 30min 内靠自重插入，相邻的型钢焊接接头竖向错开距离不小于 1m；

(5) 型钢回收起拔前，应在水泥土搅拌墙与主体结构外墙之间的空隙回填密实后进行，型钢拔出后留下的空隙应及时注浆填充。

3. 施工质量验收

(1) 施工质量标准应符合表 7-5 的规定。

SMW 法施工质量允许偏差　　　　　　　　　　　表 7-5

| 检 查 项 目 | | 允许偏差值 |
|---|---|---|
| 搅拌桩 | 桩底标高 | −50～+100mm |
| | 桩位 | ≤50mm |
| | 桩径 | ±10mm |
| | 桩垂直度 | ≤1/200 |
| H 型钢 | 型钢垂直度 | ≤1/200 |
| | 型钢长度 | ±10mm |
| | 型钢底标高 | −30mm |
| | 型钢平面位置 | 平行基坑边 50mm，垂直基坑边 10mm |
| | 形心转角 | ≤3° |

(2) 桩身强度可采用水泥土试块、或钻孔取芯、或原位测试。水泥土试块（70.7mm 立方体）每台班抽 2 根桩，每根桩 2 点，每点 3 个试块，进行 28d 无侧限强度试验。钻芯为总桩数的 2％且不少于 3 根，每根桩 5 点，进行 28d 无侧限强度试验。

## 七、地下连续墙

### 1. 适用范围

一般用于开挖深度超过 10m 以上的深基坑支护。围护结构通常为主体结构的一部分，即通常说的"二墙合一"。

### 2. 质量控制要点

（1）对二墙合一的工程，地下连续墙的内力、变形、承载力等除满足基坑临时结构要求外，还应满足主体结构设计《混凝土结构设计规范》GB 50010 的规定，施工验收等应按地基基础分项工程的规定要求进行；

（2）混凝土抗渗等级不低于 P6，混凝土强度等级不低于 C30；

（3）墙身钢筋根据设计计算内力布置，纵向钢筋应有一半以上钢筋通长配置，一般采用 HRB335 级或 HRB400 级。钢筋保护层厚度，迎坑面不小于 50mm，迎土面不小于 70mm；

（4）施工用导墙高度不低于 1.2m；

（5）施工前通过试成槽确定合适的成槽机械、施工工艺、泥浆比重等技术参数；

（6）单元槽段长度宜为 4～6m。槽段接头应在钢筋放入前进行刷壁，刷壁次数不应少于 20 次，刷后接头不得夹泥；

（7）混凝土浇注时导管埋入混凝土浆液面以下深度应保持 2m 以上。墙顶混凝土浇筑面宜高出设计标高 300～500mm，凿去浮浆后的墙顶混凝土强度应满足设计要求。

### 3. 施工质量验收

（1）水泥、钢筋等原材料质量检测应符合要求；

（2）混凝土抗渗每 5 幅槽段不少于 1 组，混凝土试块每 100m³ 不少于 1 组，进行抗压试验；

（3）施工质量应符合表 7-6 的规定。

地下连续墙施工质量允许偏差  表 7-6

| 检查项目 | | 允许偏差值 |
|---|---|---|
| 导墙 | 宽度（设计墙厚＋40） | ±10mm |
| | 墙面平整度 | ≤5mm |
| | 平面位置 | ±10mm |
| 清孔后泥浆比重 | | ≤1.2 |
| 成槽垂直度 | | ≤1/200 |
| 沉渣厚度 | | ≤200mm |
| 深度 | | 0～+100mm |
| 钢筋笼 | 保护层厚度 | 0～+10mm |
| | 长度 | ±100mm |
| | 宽度 | 0～-20mm |
| | 钢筋笼安装深度 | ±50mm |
| | 主筋间距 | ±10mm |
| | 分布筋间距 | ±20mm |

| 检 查 项 目 | | 允许偏差值 |
|---|---|---|
| 钢筋笼 | 预埋钢筋和接驳器中心位置 | ±10mm |
| | 预埋件中心位置 | ±10mm |
| 混凝土 | 混凝土充盈系数 | 1.0～1.2 |
| | 混凝土坍落度 | 180～220mm |
| | 桩顶标高 | ±50mm |

## 第三节　基坑支撑、挖土与降水

### 一、支撑

基坑支撑有坑内支撑和坑外背后拉锚两种方式，本章重点介绍坑内支撑质量控制和验收。

1. 质量控制要点

（1）基坑向内凸出的阳角应设置可靠的双向约束；

（2）斜撑坡度不宜大于1∶2。当斜撑长度大于15m时，宜在斜撑中部设置立柱；

（3）支撑结构上不应堆放材料和运行施工机械，当需要利用支撑结构兼作施工平台或栈桥时，应进行专门设计；

（4）钢筋混凝土支撑混凝土的强度等级不应低于C25；

（5）钢支撑可采用钢管、型钢及其组合构件，钢围檩可采用型钢或型钢组合构件。钢围檩的截面宽度不应小于300mm；

（6）支撑长度方向的拼接宜采用高强螺栓连接或焊接，拼接点的强度不应低于构件的截面强度；

（7）在支撑、围檩的节点或转角位置，型钢构件的翼缘和腹板均应加焊加劲板，加劲板的厚度不应小于10mm，焊缝高度不应小于6mm；

（8）钢支撑的预压力控制值宜为设计轴力的50%～80%。

（9）支撑拆除应在可靠换撑形成并达到设计要求后进行。

2. 施工质量验收

（1）混凝土支撑应在达到设计要求的强度后进行下层土方开挖，钢支撑应在质量验收并施加预应力后进行下层土方开挖。

（2）钢筋混凝土支撑截面尺寸允许偏差为+20mm、-10mm；支撑标高允许偏差为20mm；支撑轴线平面位置允许偏差为30mm。

（3）立柱和立柱桩的施工质量应符合下列要求：

1）立柱桩成孔垂直度不应大于1/150，检测数量不宜少于桩数50%；

2）沉渣厚度不应大于100mm；

3）立柱和立柱桩定位偏差不应大于20mm；

4）格构柱、H型钢柱转向不宜大于5°；

5）立柱垂直度不应大于 1/200；

6）立柱桩的抗压强度试块每 50m³ 混凝土不应少于 1 组，且每根桩不应少于 1 组。

## 二、基坑挖土

### 1. 质量控制要点

（1）基坑开挖应坚持"分层、分段、分块、对称、平衡、限时"的原则；基坑开挖经核查符合规定的开挖条件后由项目监理总监签署开挖令；

（2）基坑开挖出的土方应即时外运，坑边堆载应严格限制在设计允许荷载内；

（3）基坑开挖应采用全面分层开挖或台阶式分层开挖的方式，分层厚度不应大于 4m，开挖过程中的临时边坡坡度不宜大于 1：1.5；

（4）机械挖土时，坑底以上 200～300mm 范围内的土方应采用人工修底的方式挖除，严禁超挖。基坑开挖至坑底标高应及时进行垫层施工；

（5）复合土钉墙须在搅拌桩止水帷幕强度达到设计要求后方可开挖。每层土钉在养护时间达到设计要求后方可开挖下一层土钉。分段开挖长度不大于 30m；

（6）水泥土重力挡墙的基坑开挖水泥土搅拌桩强度和龄期应达到设计要求后。开挖深度超过 4m 应采用分层开挖，基坑边长超过 50m 的应采用分段开挖。面积较大的宜采用盆式开挖方式，盆边留土平台宽度不应小于 8m；

（7）有内支撑的基坑开挖可根据基坑大小和周边环境等具体特点，采用岛式开挖、盆式开挖等；

（8）逆作法施工的基坑，土方开挖应与设计工况保持一致。

### 2. 施工质量验收

基坑开挖质量验收应符合《建筑地基基础工程质量验收规范》GB 50202 的要求。

## 三、基 坑 降 水

基坑降水的质量控制要点

（1）基坑明排水包括坑外排水系统和坑内排水系统，坑内排水沟、集水井与坑边的距离不小于 0.5m。

（2）对疏干降水，开挖前应将坑内水位降至开挖面 0.5～1.0m。

（3）对降承压水开挖前应进行专项基坑降水设计，降水前应进行现场抽水试验，根据"按需减压"原则组织施工。应设置水位观测井对坑内外地下水位进行监测。

（4）为保证降水运行安全，施工现场应配置双路电源或自备发电机组，并保证两路电源能及时切换。

（5）当基坑周边环境复杂，存在需保护的建筑物时，应采取坑外地下水回灌措施。坑外回灌井深度不宜超过承压含水层中隔水帷幕的深度，回灌井与减压井的间距不宜小于 6.0m。

# 第四节　基坑监测与周边环境保护

## 一、常用的监测手段

基坑监测方法一般有：基坑位移监测、应力应变监测、地下水位监测。

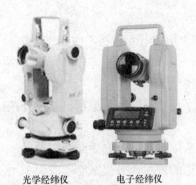

光学经纬仪　　　　电子经纬仪

图 7-1　经纬仪

基坑位移监测包括：基坑围护体地表水平位移和垂直沉降、坑边地下管线位移观测、周边建筑物变形观测、坑底回弹。一般用光学测量仪器测量，见图 7-1～图 7-3。

基坑在不同深度处的土体水平位移一般通过土体测斜方法，见图 7-4。在不同深度处的土体竖向位移一般通过土体分层沉降方法，见图 7-5。

基坑应力应变监测包括：支撑轴力测量和围护体内力测量（采用钢筋应力计，见图 7-6）、土压力测量（采用土压力计，见图 7-7）

基坑地下水位一般通过孔隙水压力、水位计进行测量，见图 7-8。

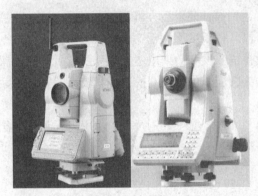

图 7-2　全站仪

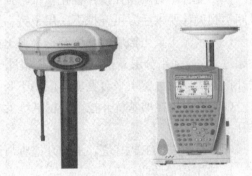

图 7-3　GPS 接收机

测斜管（埋设在土体中）

图 7-4　测斜仪（探头、导线、数据采集器）

## 二、质量控制要点

（1）开挖深度大于等于 5m 或开挖深度小于 5m 但现场地质情况和周围环境较复杂的基坑工程以及其他需要监测的基坑工程应实施基坑工程监测。

（2）监测应从围护结构施工开始到地下结构施工完成结束。监测开展前应编写监测方案，内容应包括：基坑周边环境、监测点布置、监测方法、监测报警值、监测成果提交等。

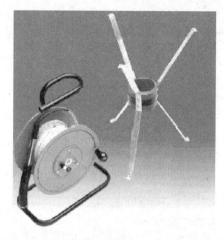

图 7-5　土体分层沉降（探测仪、
埋在土体中的磁性环）

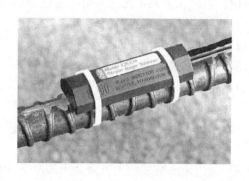

图 7-6　安装完毕的振弦式应变计

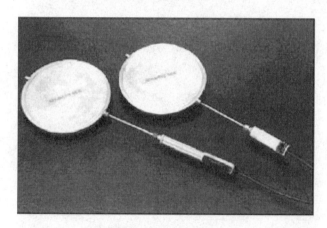

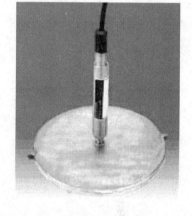

（另一种振弦式土压力传感器）

图 7-7　带液体囊的振弦式土压力传感器

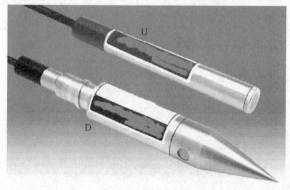

（水位尺）

图 7-8　两种常用孔隙水压力传感器

（3）监测报警值应满足基坑工程设计、地下主体结构设计以及周边环境中被保护对象的控制要求。监测报警值应由基坑工程设计方确定。

（4）当出现下列情况之一时，应提高监测频率：

1）监测数据达到报警值；

2）监测数据变化较大或者速率加快；

3）存在勘察未发现的不良地质；

4）超深、超长开挖或未及时加撑等违反设计工况施工；

5）基坑及周边大量积水、长时间连续降雨、市政管道出现泄漏；

6）基坑附近地面荷载突然增大或超过设计限值；

7）支护结构出现开裂；

8）周边地面突发较大沉降或出现严重开裂；

9）邻近建筑突发较大沉降、不均匀沉降或出现严重开裂；

10）基坑底部、侧壁出现管涌、渗漏或流砂等现象。

（5）当基坑出现报警时，工程参建各方应组织讨论分析，采取针对性措施。

# 第八章　地下防水工程

## 第一节　概　　述

　　地下防水工程是指对工业与民用建筑地下工程、防护工程、隧道及地铁等建（构）筑物，进行防水设计、防水施工和维护管理等各项技术工作的工程实体。地下防水工程按防水材料的不同可分为刚性防水层与柔性防水层。刚性防水层是指采用较高强度和无延伸能力的防水材料，如防水砂浆、防水混凝土所构成的防水层。柔性防水层是指采用具有一定柔韧性和较大延伸率的防水材料，如防水卷材、有机防水涂料构成的防水层。地下防水工程还应包括细部构造的防水处理。

## 第二节　地下防水工程施工技术要求

### 一、地下防水工程的一般施工技术要求

1. 地下防水工程的防水设防要求

　　根据地下工程的重要性和使用中对防水的要求，地下工程的防水等级应分为四级，各等级防水标准应符合表 8-1 的规定。

地下工程防水等级标准

表 8-1

| 防 水 等 级 | 标　　　准 |
| --- | --- |
| 一级 | 不允许渗水,结构表面无湿渍 |
| 二级 | 不允许漏水,结构表面可有少量湿渍<br>工业与民用建筑:湿渍总面积不大于总防水面积(包括顶板、墙面、地面)的 1/1000,任意 100m² 防水面积上的湿渍不超过 2 处,单个湿渍的最大面积不大于 0.1m²<br>其他地下工程:湿渍总面积不大于总防水面积的 2/1000,单个湿渍面积不大于 0.2m²,任意 100m² 防水面积上的湿渍不超过 3 处;其中,隧道工程还要求平均渗水量不大于 0.05L/(m²·d),任意 100m² 防水面积上的渗水量不大于 0.15L/(m²·d) |
| 三级 | 有少量漏水点,不得有线流和漏泥砂<br>任意 100m² 防水面积上的漏水和湿渍点数不超过 7 处,单个漏水点的最大漏水量不大于 2.5L/(m²·d),单个湿渍的最大面积不大于 0.3m² |
| 四级 | 有漏水点,不得有线流和漏泥砂<br>整个工程平均漏水量不大于 2L/(m²·d),任意 100m² 防水面积上的平均漏水量不大于 4L/(m²·d) |

　　不同防水等级的地下工程防水设防要求，应按表 8-2 选用。

防水设防要求                                                        表 8-2

| 防水等级 | 适用范围 |
|---|---|
| 一级 | 人员长期停留的场所,因有少量湿渍会使物品变质、失效的贮物场所及严重影响设备正常运转和危及工程安全运营的部位;极重要的战备工程、地铁车站 |
| 二级 | 人员经常活动的场所;在有少量湿渍的情况下不会使物品变质、失效的贮物场所及基本不影响设备正常运转和工程安全运营的部位;重要的战备工程 |
| 三级 | 人员临时活动的场所;一级战备工程 |
| 四级 | 对渗漏水无严格要求的工程 |

2. 地下防水工程质量控制的基本要求

地下防水工程必须由相应资质的专业防水队伍进行施工。主要施工人员应持有建设行政主管部门或其指定单位颁发的执业资格证书。地下防水工程施工前,施工单位应进行图纸会审,掌握工程主体及细部构造的防水技术要求,并编制防水工程的施工方案。施工时,应建立各道工序的自检、交接检和专职人员检查的"三检"制度,并有完整的检查记录。未经建设(监理)单位对上道工序的检查确认,不得进行下道工序的施工。地下防水工程所使用的防水材料,应有产品的合格证书和性能检测报告,材料的品种、规格、性能等应符合现行国家产品标准和设计要求。对进场的防水材料应按规定抽样复验,不合格的材料不得在工程中使用。进行防水结构或防水层施工,现场应做到无水、无泥浆,这是保证地下防水工程施工质量的一个重要条件。因此,在地下防水工程施工期间必须做好周围环境的排水和降低地下水位的工作。地下防水工程施工期间,明挖法的基坑以及暗挖法的竖井、洞口,必须保持地下水位稳定在基底 0.5m 以下,必要时应采取降水措施。地下防水工程的防水层,严禁在雨天、雪天和五级风及其以上时施工,其施工环境气温条件宜符合表 8-3 的规定。

防水层施工环境气温条件                                              表 8-3

| 防水层材料 | 施工环境气温 | 防水层材料 | 施工环境气温 |
|---|---|---|---|
| 高聚物改性沥青防水卷材 | 冷粘法不低于 5℃,热熔法不低于−10℃ | 无机防水涂料 | 5～35℃ |
| 合成高分子防水卷材 | 冷粘法不低于 5℃,热焊接法不低于−10℃ | 防水混凝土、防水砂浆 | 5～35℃ |
| 有机防水涂料 | 溶剂型−5～35℃,水溶性 5～35℃ | | |

**二、地下工程混凝土结构主体防水的施工技术要求**

地下建筑防水工程目前常用的几种防水方法,主要由防水混凝土结构自防水、水泥砂浆防水层、卷材防水层、涂料防水层、塑料防水板防水层、金属防水层等几种类型组成。

(一)防水混凝土

防水混凝土适用于防水等级为 1～4 级的地下整体式混凝土结构。不适用环境温度高于 80℃或处于耐侵蚀系数小于 0.8 的侵蚀性介质中使用的地下工程。

1. 防水混凝土的施工技术要求

(1)防水混凝土的设计抗渗等级,应符合表 8-4 的规定。

<table>
<tr><td colspan="4" align="center">防水混凝土设计抗渗等级</td><td align="right">表 8-4</td></tr>
</table>

| 工程埋置深度 | 设计抗渗等级 | 工程埋置深度 | 设计抗渗等级 |
|---|---|---|---|
| $H<10$ | P6 | $20\leqslant H<30$ | P10 |
| $10\leqslant H<20$ | P8 | $H\geqslant 30$ | P12 |

（2）防水混凝土的材料选用

1）水泥品种宜采用硅酸盐水泥、普通硅酸盐水泥，采用其他品种水泥时应经试验确定；

2）在受侵蚀性介质作用时，应按介质的性质选用相应的水泥品种；

3）不得使用过期或受潮结块的水泥，并不得将不同品种或强度等级的水泥混合使用；

4）防水混凝土选用矿物掺合料时，应符合下列规定：

① 粉煤灰的品质应符合现行国家标准《用于水泥和混凝土中的粉煤灰》GB 1596 的有关规定，粉煤灰的级别不应低于 II 级，烧失量不应大于 5%，用量宜为胶凝材料总量的 20%～30%，当水胶比小于 0.45 时，粉煤灰用量可适当提高；

② 硅粉的品质应符合表 8-5 的要求，用量宜为胶凝材料总量的 2%～5%；

<table>
<tr><td colspan="2" align="center">硅粉品质要求</td><td align="right">表 8-5</td></tr>
</table>

| 项　　目 | 指　　标 |
|---|---|
| 比表面积($m^2/kg$) | $\geqslant 15000$ |
| 二氧化硅含量(%) | $\geqslant 85$ |

5）粒化高炉矿渣粉的品质要求应符合现行国家标准《用于水泥和混凝土中的粒化高炉矿渣粉》GB/T 18046 的有关规定；

6）使用复合掺合料时，其品种和用量应通过试验确定；

7）用于防水混凝土的砂、石，应符合下列规定：

① 宜选用坚固耐久、粒形良好的洁净石子；最大粒径不宜大于 40mm，泵送时其最大粒径不应大于输送管径的 1/4，吸水率不应大于 1.5%；不得使用碱活性骨料；石子的质量要求应符合现行行业标准《普通混凝土用砂、石质量及检验方法标准》JGJ 52 的有关规定；

② 砂宜选用坚硬、抗风化性强、洁净的中粗砂，不宜使用海砂；砂的质量要求应符合现行行业标准《普通混凝土用砂、石质量及检验方法标准》JGJ 52 的有关规定。

8）用于拌制混凝土的水，应符合现行行业标准《混凝土用水标准》JGJ 63 的有关规定；

9）防水混凝土可根据工程需要掺入减水剂、膨胀剂、防水剂、密实剂、引气剂、复合型外加剂及水泥基渗透结晶型材料，其品种和用量应经试验确定，所用外加剂的技术性能应符合国家现行有关标准的质量要求；

10）防水混凝土可根据工程抗裂需要掺入合成纤维或钢纤维，纤维的品种及掺量应通过试验确定；

11）防水混凝土中各类材料的总碱量（$Na_2O$ 当量）不得大于 $3kg/m^3$；氯离子含量不应超过胶凝材料总量的 0.1%。

2. 防水混凝土质量控制要点

(1) 防水混凝土施工前应做好降排水工作，不得在有积水的环境中浇筑混凝土。

(2) 防水混凝土的配合比，应符合下列规定：

1) 胶凝材料用量应根据混凝土的抗渗等级和强度等级等选用，其总用量不宜小于320kg/m³；当强度要求较高或地下水有腐蚀性时，胶凝材料用量可通过试验调整。

2) 在满足混凝土抗渗等级、强度等级和耐久性条件下，水泥用量不宜小于260kg/m³。

3) 砂率宜为35%～40%，泵送时可增至45%。

4) 灰砂比宜为1∶1.5～1∶2.5。

5) 水胶比不得大于0.50，有侵蚀性介质时水胶比不宜大于0.45。

6) 防水混凝土采用预拌混凝土时，入泵坍落度宜控制在120～160mm，坍落度每小时损失值不应大于20mm，坍落度总损失值不应大于40mm。

7) 掺加引气剂或引气型减水剂时，混凝土含气量应控制在3%～5%。

8) 预拌混凝土的初凝时间宜为6～8h。

(3) 使用减水剂时，减水剂宜配制成一定浓度的溶液。

(4) 防水混凝土应分层连续浇筑，分层厚度不得大于500mm。

(5) 用于防水混凝土的模板应拼缝严密、支撑牢固。

(6) 防水混凝土拌合物应采用机械搅拌，搅拌时间不宜小于2min。掺外加剂时，搅拌时间应根据外加剂的技术要求确定。

(7) 防水混凝土拌合物在运输后如出现离析，必须进行二次搅拌。当坍落度损失后不能满足施工要求时，应加入原水胶比的水泥浆或掺加同品种的减水剂进行搅拌，严禁直接加水。

(8) 防水混凝土应采用机械振捣，避免漏振、欠振和超振。

(9) 防水混凝土应连续浇筑，宜少留施工缝。当留设施工缝时，应符合下列规定：

1) 墙体水平施工缝不应留在剪力最大处或底板与侧墙的交接处，应留在高出底板表面不小于300mm的墙体上。拱（板）墙结合的水平施工缝，宜留在拱（板）墙接缝线以下150～300mm处。墙体有顶留孔洞时，施工缝距孔洞边缘不应小于300mm。

2) 垂直施工缝应避开地下水和裂隙水较多的地段，并宜与变形缝相结合。

3) 施工缝防水构造形式宜按图8-1、8-2选用，当采用两种以上构造措施时可进行有效组合。

(10) 施工缝的施工应符合下列规定：

1) 水平施工缝浇筑混凝土前，应将其表面浮浆和杂物清除，然后铺设净浆或涂刷混凝土界面处理剂、水泥基渗透结晶型防水涂料等材料，再铺30～50mm厚的1∶1水泥砂浆，并应及时浇筑混凝土；

2) 垂直施工缝浇筑混凝土前，应将其表面清理干净，再涂刷混凝土界面处理剂或水泥基渗透结晶型防水涂料，并应及时浇筑混凝土；

3) 遇水膨胀止水条（胶）应与接缝表面密贴；

4) 选用的遇水膨胀止水条（胶）应具有缓胀性能，7d的净膨胀率不宜大于最终膨胀率的60%，最终膨胀率宜大于220%；

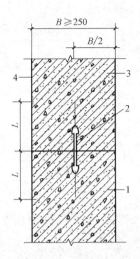
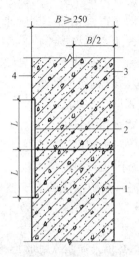

图 8-1　施工缝防水构造（一）

钢板止水带 $L\geqslant150$；橡胶止水带 $L\geqslant200$；

钢边橡胶止水带 $L\geqslant120$；

1—先浇混凝土；2—中埋止水带；

3—后浇混凝土；4—结构迎水面

图 8-2　施工缝防水构造（二）

外贴止水带 $L\geqslant150$；外涂防水涂料 $L=200$；

外抹防水砂浆 $L=200$；

1—先浇混凝土；2—外贴止水带；

3—后浇混凝土；4—结构迎水面

5）采用中埋式止水带或预埋式注浆管时，应定位准确、固定牢靠。

（11）大体积防水混凝土的施工，应符合下列规定：

1）在设计许可的情况下，掺粉煤灰混凝土设计强度等级的龄期宜为 60d 或 90d。

2）宜选用水化热低和凝结时间长的水泥。

3）宜掺入减水剂、缓凝剂等外加剂和粉煤灰、磨细矿渣粉等掺合料。

4）炎热季节施工时，应采取降低原材料温度、减少混凝土运输时吸收外界热量等降温措施，入模温度不应大于 30℃。

5）混凝土内部预埋管道，宜进行水冷散热。

6）应采取保温保湿养护。混凝土中心温度与表面温度的差值不应大于 25℃，表面温度与大气温度的差值不应大于 20℃，温降梯度不得大于 3℃/d，养护时间不应少于 14d。

（12）防水混凝土结构内部设置的各种钢筋或绑扎铁丝，不得接触模板。用于固定模板的螺栓必须穿过混凝土结构时，可采用工具式螺栓或螺栓加堵头，螺栓上应加焊方形止水环。拆模后应将留下的凹槽用密封材料封堵密实，并应用聚合物水泥砂浆抹平（图 8-3）。

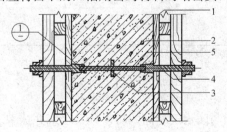
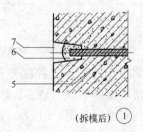

图 8-3　固定模板用螺栓的防水构造

1—模板；2—结构混凝土；3—止水环；4—工具式螺栓；5—固定模板用螺栓；6—密封材料；7—聚合物水泥砂浆

（13）防水混凝土终凝后应立即进行养护，养护时间不得少于 14d。

（14）防水混凝土的冬期施工，应符合下列规定：

1）混凝土入模温度不应低于 5℃；

2）混凝土养护应采用综合蓄热法、蓄热法、暖棚法、掺化学外加剂等方法，不得采用电热法或蒸气直接加热法；

3）应采取保湿保温措施。

**（二）水泥砂浆防水层**

水泥砂浆防水层适用于混凝土或砌体结构的基层上。不适用于环境有侵蚀性、持续振动或温度高于 80℃的地下工程。

1. 水泥砂浆防水层的施工技术要求

（1）水泥砂浆防水层应在基础垫层、初期支护、围护结构及内衬结构验收合格后施工。

（2）聚合物水泥防水砂浆厚度单层施工宜为 6～8mm，双层施工宜为 10～12mm；掺外加剂或掺合料的水泥防水砂浆厚度宜为 18～20mm。

（3）水泥砂浆防水层的基层混凝土强度或砌体用的砂浆强度均不应低于设计值的 80％。

（4）用于水泥砂浆防水层的材料，应符合下列规定：

1）应使用硅酸盐水泥、普通硅酸盐水泥或特种水泥，不得使用过期或受潮结块的水泥；

2）砂宜采用中砂，含泥量不应大于 1％，硫化物和硫酸盐含量不应大于 1％；

3）拌制水泥砂浆用水，应符合现行行业标准《混凝土用水标准》JGJ 63 的有关规定；

4）聚合物乳液的外观：应为均匀液体，无杂质、无沉淀、不分层。聚合物乳液的质量要求应符合现行行业标准《建筑防水涂料用聚合物乳液》JC/T 1017 的有关规定；

5）外加剂的技术性能应符合现行国家有关标准的质量要求。

（5）防水砂浆主要性能应符合表 8-6 的要求。

**防水砂浆主要性能要求** 表 8-6

| 防水砂浆种类 | 粘结强度（MPa） | 抗渗性（MPa） | 抗折强度（MPa） | 干缩率（％） | 吸水率（％） | 冻融循环（次） | 耐碱性 | 耐水性（％） |
|---|---|---|---|---|---|---|---|---|
| 掺外加剂、掺合料的防水砂浆 | ≥0.6 | ≥0.8 | 同普通砂浆 | 同普通砂浆 | ≤3 | ＞50 | 10％NaOH 溶液浸泡 14d 无变化 | — |
| 聚合物水泥防水砂浆 | ＞1.2 | ≥1.5 | ≥8.0 | ≤0.15 | ≤4 | ＞50 | — | ≥80 |

注：耐水性指标是指砂浆浸水 168h 后材料的粘结强度及抗渗性的保持率。

2. 水泥砂浆防水层质量控制要点

（1）基层表面应平整、坚实、清洁，并应充分湿润、无明水。

（2）基层表面的孔洞、缝隙，应采用与防水层相同的防水砂浆堵塞并抹平。

（3）施工前应将预埋件、穿墙管预留凹槽内嵌填密封材料后，再施工水泥砂浆防水层。

（4）防水砂浆的配合比和施工方法应符合所掺材料的规定，其中聚合物水泥防水砂浆的用水量应包括乳液中的含水量。

（5）水泥砂浆防水层应分层铺抹或喷射，铺抹时应压实、抹平，最后一层表面应提浆压光。

（6）聚合物水泥防水砂浆拌合后应在规定时间内用完，施工中不得任意加水。

（7）水泥砂浆防水层各层应紧密粘合，每层宜连续施工；必须留设施工缝时，应采用阶梯坡形槎，但离阴阳角处的距离不得小于 200mm。

（8）水泥砂浆防水层不得在雨天、五级及以上大风中施工。冬期施工时，气温不应低于 5℃。夏季不宜在 30℃以上或烈日照射下施工。

（9）水泥砂浆防水层终凝后，应及时进行养护，养护温度不宜低于 5℃，并应保持砂浆表面湿润，养护时间不得少于 14d。

（10）聚合物水泥防水砂浆未达到硬化状态时，不得浇水养护或直接受雨水冲刷，硬化后应采用干湿交替的养护方法。潮湿环境中，可在自然条件下养护。

（三）卷材防水层

地下工程卷材防水层是用于受侵蚀性介质或受振动作用的地下工程主体迎水面的铺贴。

1. 卷材防水层的施工技术要求

（1）卷材防水层用于建筑物地下室时，应铺设在结构底板垫层至墙体防水设防高度的结构基面上；用于单建式的地下工程时，应从结构底板垫层铺设至顶板基面，并应在外围形成封闭的防水层。

（2）防水卷材的品种规格和层数，应根据地下工程防水等级、地下水位高低及水压力作用状况、结构构造形式和施工工艺等因素确定。

（3）阴阳角处应做成圆弧或 45°坡角，其尺寸应根据卷材品种确定。在阴阳角等特殊部位，应增做卷材加强层，加强层宽度宜为 300～500mm。

（4）高聚物改性沥青类防水卷材和合成高分子类防水卷材的主要物理性能，分别应符合表 8-7、表 8-8 的要求。

高聚物改性沥青类防水卷材的主要物理性能　　　　　　　　　表 8-7

| 项　　目 | | 性 能 要 求 | | | | |
|---|---|---|---|---|---|---|
| | | 弹性体改性沥青防水卷材 | | | 自粘聚合物改性沥青防水卷材 | |
| | | 聚酯毡胎体 | 玻纤毡胎体 | 聚乙烯膜胎体 | 聚酯毡胎体 | 无胎体 |
| 可溶物含量（g/m³） | | 3mm 厚≥2100 4mm 厚≥2900 | | | 3mm 厚≥2100 | — |
| 拉伸性能 | 拉力 （N/50mm） | ≥800（纵横向） | ≥500（纵横向） | ≥140（纵向） ≥120（横向） | ≥450（纵横向） | ≥180（纵横向） |
| | 延伸率（%） | 最大拉力时≥40 （纵横向） | — | 断裂时≥250 （纵横向） | 最大拉力时≥30 （纵横向） | 断裂时≥200 （纵横向） |
| 低温柔度（℃） | | −25,无裂纹 | | | | |
| 热老化后低温柔度（℃） | | −20,无裂纹 | | | −22,无裂纹 | |
| 不透水性 | | 压力 0.3MPa,保持时间 120min,不透水 | | | | |

合成高分子类防水卷材的主要物理性能                                    表 8-8

| 项　　目 | 性 能 要 求 | | | |
|---|---|---|---|---|
| | 三元乙丙橡胶防水卷材 | 聚氯乙烯防水卷材 | 聚乙烯丙纶复合防水卷材 | 高分子自粘胶膜防水卷材 |
| 断裂拉伸强度 | ≥7.5MPa | ≥12MPa | ≥60N/10mm | ≥100N/10mm |
| 断裂伸长率 | ≥450% | ≥250% | ≥300% | ≥400% |

2. 卷材防水层质量控制要点

（1）卷材防水层的基面应坚实、平整、清洁，阴阳角处应做圆弧或45°坡，并应符合所用卷材的施工要求。

（2）铺贴卷材严禁在雨天、雪天、五级及以上大风中施工；冷粘法、自粘法施工的环境气温不宜低于5℃，热熔法、焊接法施工的环境气温不宜低于—10℃。施工过程中下雨或下雪时，应做好已铺卷材的防护工作。

（3）不同品种防水卷材的搭接宽度，应符合表8-9的要求。

防水卷材搭接宽度                                    表 8-9

| 卷 材 品 种 | 搭接宽度（mm） |
|---|---|
| 弹性体改性沥青防水卷材 | 100 |
| 改性沥青聚乙烯胎防水卷材 | 100 |
| 自粘聚合物改性沥青防水卷材 | 80 |
| 三元乙丙橡胶防水卷材 | 100/60（胶粘剂/胶粘带） |
| 聚氯乙烯防水卷材 | 60/80（单焊缝/双焊缝） |
| | 100（胶粘剂） |
| 聚乙烯丙纶复合防水卷材 | 100（粘结料） |
| 高分子自粘胶膜防水卷材 | 70/80（自粘胶/胶粘带） |

（4）防水卷材施工前，基面应干净、干燥，并应涂刷基层处理剂；当基面潮湿时，应涂刷湿固化型胶粘剂或潮湿界面隔离剂。基层处理剂的配制与施工应符合下列要求：

1）基层处理剂应与卷材及其粘结材料的材性相容；

2）基层处理剂喷涂或刷涂应均匀一致，不应露底，表面干燥后方可铺贴卷材。

（5）铺贴各类防水卷材应符合下列规定：

1）应铺设卷材加强层。

2）结构底板垫层混凝土部位的卷材可采用空铺法或点粘法施工，其粘结位置、点粘面积应按设计要求确定；侧墙采用外防外贴法的卷材及顶板部位的卷材应采用满粘法施工。

3）卷材与基面、卷材与卷材间的粘结应紧密、牢固；铺贴完成的卷材应平整顺直，搭接尺寸应准确，不得产生扭曲和皱折。

4）卷材搭接处和接头部位应粘贴牢固，接缝口应封严或采用材性相容的密封材料封缝。

5) 铺贴立面卷材防水层时，应采取防止卷材下滑的措施。

6) 铺贴双层卷材时，上下两层和相邻两幅卷材的接缝应错开 1/3～1/2 幅宽，且两层卷材不得相互垂直铺贴。

(6) 弹性体改性沥青防水卷材和改性沥青聚乙烯胎防水卷材采用热熔法施工应加热均匀，不得加热不足或烧穿卷材，搭接缝部位应溢出热熔的改性沥青。

(7) 铺贴自粘聚合物改性沥青防水卷材应符合下列规定：

1) 基层表面应平整、干净、干燥、无尖锐突起物或孔隙；

2) 排除卷材下面的空气，应辊压粘贴牢固，卷材表面不得有扭曲、皱折和起泡现象；

3) 立面卷材铺贴完成后，应将卷材端头固定或嵌入墙体顶部的凹槽内，并应用密封材料封严；

4) 低温施工时，宜对卷材和基面适当加热，然后铺贴卷材。

(8) 铺贴三元乙丙橡胶防水卷材应采用冷粘法施工，并应符合下列规定。

1) 基底胶粘剂应涂刷均匀，不应露底、堆积；

2) 胶粘剂涂刷与卷材铺贴的间隔时间应根据胶粘剂的性能控制；

3) 铺贴卷材时，应辊压粘贴牢固；

4) 搭接部位的粘合面应清理干净，并应采用接缝专用胶粘剂或胶粘带粘结。

(9) 铺贴聚氯乙烯防水卷材，接缝采用焊接法施工时，应符合下列规定：

1) 卷材的搭接缝可采用单焊缝或双焊缝。单焊缝搭接宽度应为 60mm，有效焊接宽度不应小于 30mm；双焊缝搭接宽度应为 80mm，中间应留设 10～20mm 的空腔，有效焊接宽度不宜小于 10mm。

2) 焊接缝的结合面应清理干净，焊接应严密。

3) 应先焊长边搭接缝，后焊短边搭接缝。

(10) 铺贴聚乙烯丙纶复合防水卷材应符合下列规定：

1) 应采用配套的聚合物水泥防水粘结材料；

2) 卷材与基层粘贴应采用满粘法，粘结面积不应小于 90%，刮涂粘结料应均匀，不应露底、堆积；

3) 固化后的粘结料厚度不应小于 1.3mm；

4) 施工完的防水层应及时做保护层。

(11) 高分子自粘胶膜防水卷材宜采用预铺反粘法施工，并应符合下列规定：

1) 卷材宜单层铺设；

2) 在潮湿基面铺设时，基面应平整坚固、无明显积水；

3) 卷材长边应采用自粘边搭接，短边应采用胶粘带搭接，卷材端部搭接区应相互错开；

4) 立面施工时，在自粘边位置距离卷材边缘 10～20mm 内，应每隔 400～600mm 进行机械固定，并应保证固定位置被卷材完全覆盖；

5) 浇筑结构混凝土时不得损伤防水层。

(12) 采用外防外贴法铺贴卷材防水层时，应符合下列规定：

1) 应先铺平面，后铺立面，交接处应交叉搭接。

2) 临时性保护墙宜采用石灰砂浆砌筑，内表面宜做找平层。

3）从底面折向立面的卷材与永久性保护墙的接触部位，应采用空铺法施工；卷材与临时性保护墙或围护结构模板的接触部位，应将卷材临时贴附在该墙上或模板上，并应将顶端临时固定。

4）当不设保护墙时，从底面折向立面的卷材接槎部位应采取可靠的保护措施。

5）混凝土结构完成，铺贴立面卷材时，应先将接槎部位的各层卷材揭开，并应将其表面清理干净，如卷材有局部损伤，应及时进行修补；卷材接槎的搭接长度，高聚物改性沥青类卷材应为150mm，合成高分子类卷材应为100mm；当使用两层卷材时，卷材应错槎接缝，上层卷材应盖过下层卷材。

卷材防水层甩槎、接槎构造见图8-4。

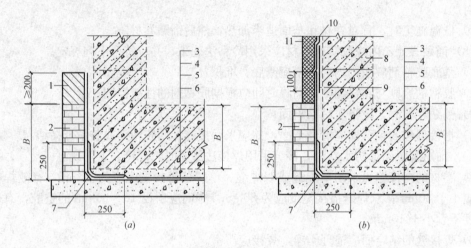

图8-4　卷材防水层甩槎、接槎构造
(a) 甩槎；(b) 接槎

1—临时保护墙；2—永久保护墙；3—细石混凝土保护层；4—卷材防水层；5—水泥砂浆找平层；6—混凝土垫层；
7—卷材加强层；8—结构墙体；9—卷材加强层；10—卷材防水层；11—卷材保护层

（13）采用外防内贴法铺贴卷材防水层时，应符合下列规定：

1）混凝土结构的保护墙内表面应抹厚度为20mm的1∶3水泥砂浆找平层，然后铺贴卷材。

2）卷材宜先铺立面，后铺平面；铺贴立面时，应先铺转角，后铺大面。

（14）卷材防水层经检查合格后，应及时做保护层，保护层应符合下列规定：

1）顶板卷材防水层上的细石混凝土保护层，应符合下列规定：

① 采用机械碾压回填土时，保护层厚度不宜小于70mm；

② 采用人工回填土时，保护层厚度不宜小于50mm；

③ 防水层与保护层之间宜设置隔离层。

2）底板卷材防水层上的细石混凝土保护层厚度不应小于50mm。

3）侧墙卷材防水层宜采用软质保护材料或铺抹20mm厚1∶2.5水泥砂浆层。

（四）涂料防水层

涂料防水层适用于受侵蚀性介质或受振动作用的地下工程主体迎水面或背水面涂刷的防水层。一般采用外防外涂和外防内涂两种施工方法。主要包括无机防水涂料和有机防水涂料，无机防水涂料宜用于结构主体的背水面，有机防水涂料宜用于地下工程主体结构的迎水面，用于背水面的有机防水涂料应具有较高的抗渗性，且与基层有较好的粘结性。

1. 涂料防水层的施工技术要求

（1）防水涂料品种的选择应符合下列规定：

1）潮湿基层宜选用与潮湿基面粘结力大的无机防水涂料或有机防水涂料，也可采用先涂无机防水涂料而后再涂有机防水涂料构成复合防水涂层；

2）冬期施工宜选用反应型涂料；

3）埋置深度较深的重要工程、有振动或有较大变形的工程，宜选用高弹性防水涂料；

4）有腐蚀性的地下环境宜选用耐腐蚀性较好的有机防水涂料，并应做刚性保护层；

5）聚合物水泥防水涂料应选用Ⅱ型产品。

（2）采用有机防水涂料时，基层阴阳角应做成圆弧形，阴角直径宜大于 50mm，阳角直径宜大于 10mm，在底板转角部位应增加胎体增强材料，并应增涂防水涂料。

（3）防水涂料宜采用外防外涂或外防内涂（图 8-5、图 8-6）。

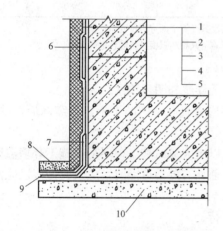

图 8-5　防水涂料外防外涂构造

1—保护墙；2—砂浆保护层；3—涂料防水层；
4—砂浆找平层；5—结构墙体；6—涂料防水层加强层；
7—涂料防水加强层；8—涂料防水层搭接部位保护层；
9—涂料防水层搭接部位；10—混凝土垫层

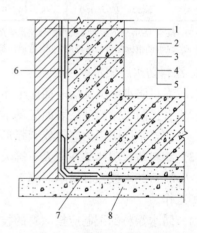

图 8-6　防水涂料外防内涂构造

1—保护墙；2—涂料保护层；3—涂料防水层；
4—找平层；5—结构墙体；6—涂料防水层加强层；
7—涂料防水加强层；8—混凝土垫层

（4）掺外加剂、掺合料的水泥基防水涂料厚度不得小于 3.0mm；水泥基渗透结晶型防水涂料的用量不应小于 1.5kg/m²，且厚度不应小于 1.0mm；有机防水涂料的厚度不得小于 1.2mm。

（5）涂料防水层所选用的涂料应符合下列规定：

1）应具有良好的耐水性、耐久性、耐腐蚀性及耐菌性；

2）应无毒、难燃、低污染；

3）无机防水涂料应具有良好的湿干粘结性和耐磨性，有机防水涂料应具有较好的延伸性及较大适应基层变形能力。

（6）无机防水涂料的性能指标应符合表 8-10 的规定，有机防水涂料的性能指标应符合表 8-11 的规定。

**无机防水涂料的性能指标** 表8-10

| 涂 料 种 类 | 抗折强度(MPa) | 粘结强度(MPa) | 一次抗渗性(MPa) | 二次抗渗性(MPa) | 冻融循环(次) |
|---|---|---|---|---|---|
| 掺外加剂、掺合料水泥基防水涂料 | ≥4 | ≥1.0 | ≥0.8 | — | >50 |
| 水泥基渗透结晶型防水涂料 | ≥4 | ≥1.0 | ≥1.0 | ≥0.8 | >50 |

**有机防水涂料的性能指标** 表8-11

| 涂料种类 | 可操作时间(min) | 潮湿基面粘结强度(MPa) | 抗渗性(MPa) | | | 浸水168h后拉伸强度(MPa) | 浸水168h后断裂伸长率(%) | 耐水性(%) | 表干(h) | 实干(h) |
|---|---|---|---|---|---|---|---|---|---|---|
| | | | 涂膜(120min) | 砂浆迎水面 | 砂浆背水面 | | | | | |
| 反应型 | ≥20 | ≥0.5 | ≥0.3 | ≥0.8 | ≥0.3 | ≥1.7 | ≥400 | ≥80 | ≤12 | ≤24 |
| 水乳型 | ≥50 | ≥0.2 | ≥0.3 | ≥0.8 | ≥0.3 | ≥0.5 | ≥350 | ≥80 | ≤4 | ≤12 |
| 聚合物水泥 | ≥30 | ≥1.0 | ≥0.3 | ≥0.8 | ≥0.6 | ≥1.5 | ≥80 | ≥80 | ≤4 | ≤12 |

注：1. 浸水168h后的拉伸强度和断裂伸长率是在浸水取出后只经擦干即进行试验所得的值；

2. 耐水性指标是指材料浸水168h后取出擦干即进行试验，其粘结强度及抗渗性的保持率。

2. 涂料防水层质量控制要点

(1) 无机防水涂料基层表面应干净、平整、无浮浆和明显积水。

(2) 有机防水涂料基层表面应基本干燥，不应有气孔、凹凸不平、蜂窝麻面等缺陷。涂料施工前，基层阴阳角应做成圆弧形。

(3) 涂料防水层严禁在雨天、雾天、五级及以上大风时施工，不得在施工环境温度低于5℃及高于35℃或烈日暴晒时施工。涂膜固化前如有降雨可能时，应及时做好已完涂层的保护工作。

(4) 防水涂料的配制应按涂料的技术要求进行。

(5) 防水涂料应分层刷涂或喷涂，涂层应均匀，不得漏刷漏涂；接槎宽度不应小于100mm。

(6) 铺贴胎体增强材料时，应使胎体层充分浸透防水涂料，不得有露槎及褶皱。

(7) 有机防水涂料施工完后应及时做保护层，保护层应符合下列规定：

1) 底板、顶板应采用20mm厚1:2.5水泥砂浆层和40~50mm厚的细石混凝土保护层，防水层与保护层之间宜设置隔离层；

2) 侧墙背水面保护层应采用20mm厚1:2.5水泥砂浆；

3) 侧墙迎水面保护层宜选用软质保护材料或20mm厚1:2.5水泥砂浆。

(五) 塑料防水板防水层

塑料板防水层宜用于经常受水压、侵蚀性介质或受振动作用的地下工程防水。

1. 塑料防水板防水层的施工技术要求

(1) 塑料防水板防水层宜铺设在复合式衬砌的初期支护和二次衬砌之间，并宜在初期支护结构趋于基本稳定后铺设。

(2) 塑料防水板防水层应由塑料防水板与缓冲层组成。

(3) 塑料防水板防水层可根据工程地质、水文地质条件和工程防水要求，采用全封闭、半封闭或局部封闭铺设。

（4）塑料防水板防水层应牢固地固定在基面上，固定点的间距应根据基面平整情况确定，拱部宜为 0.5～0.8m、边墙宜为 1.0～1.5m、底部宜为 1.5～2.0m。局部凹凸较大时，应在凹处加密固定点。

（5）塑料防水板可选用乙烯－醋酸乙烯共聚物、乙烯-沥青共混聚合物、聚氯乙烯、高密度聚乙烯类或其他性能相近的材料。

（6）塑料防水板应符合下列规定：

1）幅宽宜为 2～4m；

2）厚度不得小于 1.2mm；

3）应具有良好的耐刺穿性、耐久性、耐水性、耐腐蚀性、耐菌性；

4）塑料防水板及缓冲层材料主要性能指标应符合表 8-12 和表 8-13 的规定。

塑料防水板主要性能指标 表 8-12

| 项 目 | 性 能 指 标 | | | |
| --- | --- | --- | --- | --- |
| | 乙烯-醋酸乙烯共聚物 | 乙烯-沥青共混聚合物 | 聚氯乙烯 | 高密度聚乙烯 |
| 拉伸强度（MPa） | ≥16 | ≥14 | ≥10 | ≥16 |
| 断裂延伸率（%） | ≥550 | ≥500 | ≥200 | ≥550 |
| 不透水性，120min（MPa） | ≥0.3 | ≥0.3 | ≥0.3 | ≥0.3 |
| 低温弯折性 | -35℃无裂纹 | -35℃无裂纹 | -20℃无裂纹 | -35℃无裂纹 |
| 热处理尺寸变化率（%） | ≤2.0 | ≤2.5 | ≤2.0 | ≤2.0 |

缓冲层材料性能指标 表 8-13

| 性能指标<br>材料名称 | 抗拉强度（N/50mm） | 伸长率（%） | 质量（g/m²） | 顶破强度（kN） | 厚度（mm） |
| --- | --- | --- | --- | --- | --- |
| 聚乙烯泡沫塑料 | ＞0.4 | ≥100 | — | ≥5 | ≥5 |
| 无纺布 | 纵横向≥700 | 纵横向≥50 | ＞300 | — | — |

**2. 塑料防水板防水层质量控制要点**

（1）塑料防水板防水层的基面应平整、无尖锐突出物；基面平整度 $D/L$ 不应大于 1/6。

注：$D$ 为初期支护基面相邻两凸面间凹进去的深度，$L$ 为初期支护基面相邻两凸面间的距离。

（2）铺设塑料防水板前应先铺缓冲层，缓冲层应采用暗钉圈固定在基面上（图 8-7）。

（3）塑料防水板的铺设应符合下列规定：

1）铺设塑料防水板时，宜由拱顶向两侧展铺，并应边铺边用压焊机将塑料板与暗钉圈焊接牢靠，不得有漏焊、假焊和焊穿现象。两幅塑料防水板的搭接宽度不应小于 100mm。搭接缝应为热熔双焊缝，每条焊缝的有效宽度不应小于 10mm；

2）环向铺设时，应先拱后墙，下部防水板应压住上部防水板；

3）塑料防水板铺设时宜设置分区预埋注浆系统；

4）分段设置塑料防水板防水层时，两端应采取封闭措施。

（4）接缝焊接时，塑料板的搭接层数不得超过三层。

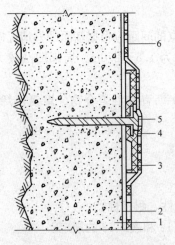

图 8-7 暗钉圈固定缓冲层

1—初期支护；2—缓冲层；

3—热塑性暗钉圈；4—金属垫圈；

5—射钉；6—塑料防水板

（5）塑料防水板铺设时应少留或不留接头，当留设接头时，应对接头进行保护。再次焊接时应将接头处的塑料防水板擦拭干净。

（6）铺设塑料防水板时，不应绷得太紧，宜根据基面的平整度留有充分的余地。

（7）防水板的铺设应超前混凝土施工，超前距离宜为5～20m，并应设临时挡板防止机械损伤和电火花灼伤防水板。

（8）二次衬砌混凝土施工时应符合下列规定：

1）绑扎、焊接钢筋时应采取防刺穿、灼伤防水板的措施；

2）混凝土出料口和振捣棒不得直接接触塑料防水板。

（9）塑料防水板防水层铺设完毕后，应进行质量检查，并应在验收合格后进行下道工序。

（六）金属防水层

金属防水层可用于长期浸水、水压较大的水工及过水隧道。

金属防水层的施工技术要求：

（1）金属板的拼接应采用焊接，拼接焊缝应严密。竖向金属板的垂直接缝，应相互错开。

（2）主体结构内侧设置金属防水层时，金属板应与结构内的钢筋焊牢，也可在金属防水层上焊接一定数量的锚固件（图 8-8）。

（3）主体结构外侧设置金属防水层时，金属板应焊在混凝土结构的预埋件上。金属板经焊缝检查合格后，应将其与结构间的空隙用水泥砂浆灌实（图 8-9）。

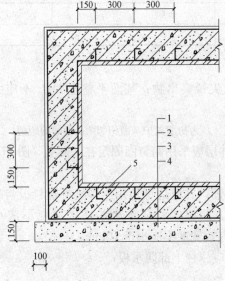

图 8-8 金属板防水层（一）

1—金属板；2—主体结构；3—防水砂浆；

4—垫层；5—锚固筋

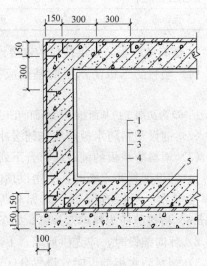

图 8-9 金属板防水层（二）

1—防水砂浆；2—主体结构；3—金属板；

4—垫层；5—锚固筋

（4）金属板防水层应用临时支撑加固。金属板防水层底板上应预留浇捣孔，并应保证混凝土浇筑密实，待底板混凝土浇筑完后应补焊严密。

（5）金属板防水层如先焊成箱体，再整体吊装就位时，应在其内部加设临时支撑。

（6）金属板防水层应采取防锈措施。

**三、地下工程混凝土结构细部构造防水**

（一）变形缝

变形缝应满足密封防水、适应变形、施工方便、检修容易等要求。用于伸缩的变形缝宜少设，可根据不同的工程结构类别、工程地质情况采用后浇带、加强带、诱导缝等替代措施。

1. 变形缝的施工技术要求

（1）变形缝处混凝土结构的厚度不应小于 300mm。

（2）用于沉降的变形缝最大允许沉降差值不应大于 30mm。

（3）变形缝的宽度宜为 20～30mm。

（4）环境温度高于 50℃处的变形缝，中埋式止水带可采用金属制作（图 8-10）。

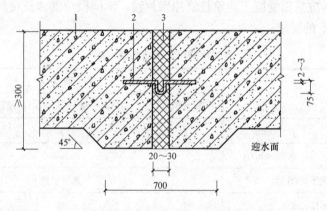

图 8-10　中埋式金属止水带

1—混凝土结构；2—金属止水带；3—填缝材料

（5）变形缝用橡胶止水带的物理性能应符合表 8-14 的要求。

橡胶止水带物理性能　　　　　　　　　　表 8-14

| 项　　目 | | 性　能　要　求 | | |
|---|---|---|---|---|
| | | B 型 | S 型 | J 型 |
| 硬度(邵尔 A,度) | | 60±5 | 60±5 | 60±5 |
| 拉伸强度(MPa) | | ≥15 | ≥12 | ≥10 |
| 扯断伸长率(%) | | ≥380 | ≥380 | ≥300 |
| 压缩永久变形 | 70℃×24h(%) | ≤35 | ≤35 | ≤25 |
| | 23℃×168h(%) | ≤20 | ≤20 | ≤20 |
| 撕裂强度(kN/m) | | ≥30 | ≥25 | ≥25 |
| 脆性温度(℃) | | ≤-45 | ≤-40 | ≤-40 |

| 项 目 | | | 性 能 要 求 | | |
|---|---|---|---|---|---|
| | | | B 型 | S 型 | J 型 |
| 热空气老化 | 70℃×168h | 硬度变化(邵尔 A,度) | +8 | +8 | — |
| | | 拉伸强度(MPa) | ≥12 | ≥10 | — |
| | | 扯断伸长率(%) | ≥300 | ≥300 | — |
| | 100℃×168h | 硬度变化(邵尔 A,度) | — | — | +8 |
| | | 拉伸强度(MPa) | — | — | ≥9 |
| | | 扯断伸长率(%) | — | — | ≥250 |
| 橡胶与金属粘合 | | | 断面在弹性体内 | | |

注：1 B 型适用于变形缝用止水带，S 型适用于施工缝用止水带，J 型适用于有特殊耐老化要求的接缝用止水带；
　　2 橡胶与金属粘合指标仅适用于具有钢边的止水带。

（6）密封材料应采用混凝土建筑接缝用密封胶，不同模量的建筑接缝用密封胶的物理性能应符合表 8-15 的要求。

**建筑接缝用密封胶物理性能**　　　　　　　　　　表 8-15

| 项 目 | | | 性 能 要 求 | | | |
|---|---|---|---|---|---|---|
| | | | 25(低模量) | 25(高模量) | 20(低模量) | 20(高模量) |
| 流动性 | 下垂度 (N 型) | 垂直(mm) | ≤3 | | | |
| | | 水平(mm) | ≤3 | | | |
| | 流平性(S 型) | | 光滑平整 | | | |
| 挤出性(mL/min) | | | ≥80 | | | |
| 弹性恢复率(%) | | | ≥80 | | ≥60 | |
| 拉伸模量(MPa) | 23℃ −20℃ | | ≤0.4 和≤0.6 | >0.4 或>0.6 | ≤0.4 和≤0.6 | >0.4 或>0.6 |
| 定伸粘结性 | | | 无破坏 | | | |
| 浸水后定伸粘结性 | | | 无破坏 | | | |
| 热压冷拉后粘结性 | | | 无破坏 | | | |
| 体积收缩率(%) | | | ≤25 | | | |

注：体积收缩率仅适用于乳胶型和溶剂型产品。

2. 变形缝质量控制要点

（1）中埋式止水带施工应符合下列规定：

1）止水带埋设位置应准确，其中间空心圆环应与变形缝的中心线重合；

2）止水带应固定，顶、底板内止水带应成盆状安设；

3）中埋式止水带先施工一侧混凝土时，其端模应支撑牢固，并应严防漏浆；

4）止水带的接缝宜为一处，应设在边墙较高位置上，不得设在结构转角处，接头宜采用热压焊接；

5）中埋式止水带在转弯处应做成圆弧形，（钢边）橡胶止水带的转角半径不应小于200mm，转角半径应随止水带的宽度增大而相应加大。

（2）安设于结构内侧的可卸式止水带施工时应符合下列规定：

1）所需配件应一次配齐；

2）转角处应做成45°折角，并应增加紧固件的数量。

（3）变形缝与施工缝均用外贴式止水带（中埋式）时，其相交部位宜采用十字配件（图8-11）。变形缝用外贴式止水带的转角部位宜采用直角配件（图8-12）。

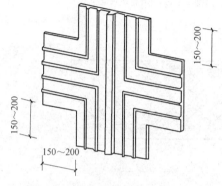

图8-11　外贴式止水带在施工缝与变形缝相交处的十字配件

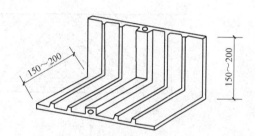

图8-12　外贴式止水带在转角处的直角配件

（4）密封材料嵌填施工时，应符合下列规定：

1）缝内两侧基面应平整干净、干燥，并应刷涂与密封材料相容的基层处理剂；

2）嵌缝底部应设置背衬材料；

3）嵌填应密实连续、饱满，并应粘结牢固。

（5）在缝表面粘贴卷材或涂刷涂料前，应在缝上设置隔离层。

（二）后浇带

后浇带宜用于不允许留设变形缝的工程部位。

1. 后浇带的施工技术要求

（1）后浇带应在其两侧混凝土龄期达到42d后再施工；高层建筑的后浇带施工应按规定时间进行。

（2）后浇带应采用补偿收缩混凝土浇筑，其抗渗和抗压强度等级不应低于两侧混凝土。

（3）后浇带应设在受力和变形较小的部位，其间距和位置应按结构设计要求确定，宽度宜为700～1000mm。

（4）后浇带两侧可做成平直缝或阶梯缝，其防水构造宜采用图8-13～图8-15形式。

（5）采用掺膨胀剂的补偿收缩混凝土，水中养护14d后的限制膨胀率不应小于0.015%，膨胀剂的掺量应根据不同部位的限制膨胀率设定值经试验确定。

（6）混凝土膨胀剂的物理性能应符合表8-16的要求。

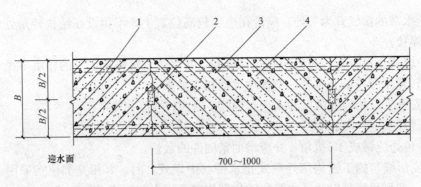

图 8-13  后浇带防水构造（一）

1—先浇混凝土；2—遇水膨胀止水条（胶）；3—结构主筋；4—后浇补偿收缩混凝土

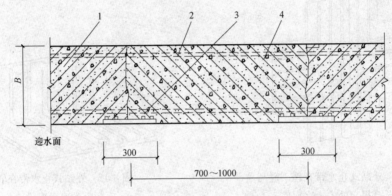

图 8-14  后浇带防水构造（二）

1—先浇混凝土；2—结构主筋；3—外贴式止水带；4—后浇补偿收缩混凝土

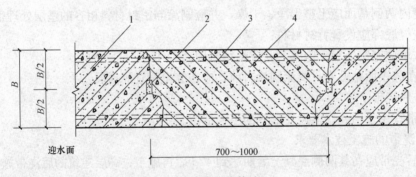

图 8-15  后浇带防水构造（三）

1—先浇混凝土；2—遇水膨胀止水条（胶）；3—结构主筋；4—后浇补偿收缩混凝土

混凝土膨胀剂物理性能                                         表 8-16

| 项　　目 | | 性 能 指 标 |
| --- | --- | --- |
| 细度 | 比表面积（m²/kg） | ≥250 |
| | 0.08mm 筛余（%） | ≤12 |
| | 1.25mm 筛余（%） | ≤0.5 |
| 凝结时间 | 初凝（min） | ≥45 |
| | 终凝（h） | ≤10 |

| 项 目 | | | 性能指标 |
|---|---|---|---|
| 限制膨胀率(%) | 水中 | 7d | ≥0.025 |
| | | 28d | ≤0.10 |
| | 空气中 | 21d | ≥−0.020 |
| 抗压强度(MPa) | | 7d | ≥25.0 |
| | | 28d | ≥45.0 |
| 抗折强度(MPa) | | 7d | ≥4.5 |
| | | 28d | ≥6.5 |

2. 后浇带质量控制要点

(1) 补偿收缩混凝土的配合比应符合下列要求：

1) 膨胀剂掺量不宜大于 12%；

2) 膨胀剂掺量应以胶凝材料总量的百分比表示。

(2) 后浇带混凝土施工前，后浇带部位和外贴式止水带应防止落入杂物和损伤外贴止水带。

(3) 后浇带两侧的接缝处理应符合规范的规定。

(4) 采用膨胀剂拌制补偿收缩混凝土时，应按配合比准确计量。

(5) 后浇带混凝土应一次浇筑，不得留设施工缝；混凝土浇筑后应及时养护，养护时间不得少于 28d。

(6) 后浇带需超前止水时，后浇带部位的混凝土应局部加厚，并应增设外贴式或中埋式止水带（图 8-16）。

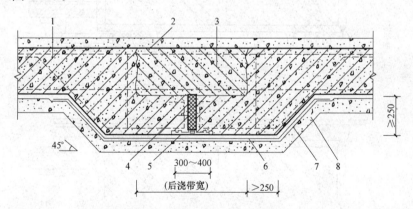

图 8-16 后浇带超前止水构造

1—混凝土结构；2—钢丝网片；3—后浇带；4—填缝材料；5—外贴式止水带；

6—细石混凝土保护层；7—卷材防水层；8—垫层混凝土

（三）穿墙管（盒）

1. 穿墙管（盒）的施工技术要求

(1) 穿墙管（盒）应在浇筑混凝土前预埋。

(2) 穿墙管与内墙角、凹凸部位的距离应大于 250mm。

（3）结构变形或管道伸缩量较小时，穿墙管可采用主管直接埋入混凝土内的固定式防水构造，主管应加焊止水环或环绕遇水膨胀止水圈，并应在迎水面预留凹槽，槽内应采用密封材料嵌填密实。其防水构造宜采用图 8-17 和图 8-18 形式。

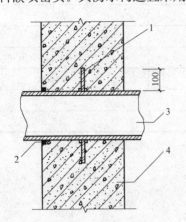

图 8-17　固定式穿墙管防水构造（一）

1—止水环；2—密封材料；
3—主管；4—混凝土结构

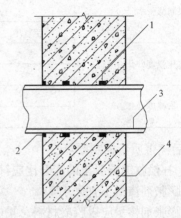

图 8-18　固定式穿墙管防水构造（二）

1—遇水膨胀止水阀；2—密封材料；
3—主管；4—混凝土结构

（4）结构变形或管道伸缩量较大或有更换要求时，应采用套管或防水构造，套管应加焊止水环（图 8-19）。

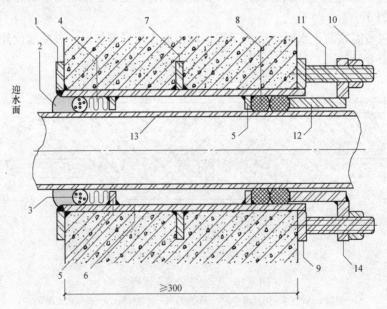

图 8-19　套管式穿墙管防水构造

1—翼环；2—密封材料；3—背衬材料；4—充填材料；5—挡圈；6—套管；7—止水环；
8—橡胶圈；9—翼盘；10—螺母；11—双头螺栓；12—短管；13—主管；14—法兰盘

2. 穿墙管（盒）质量控制要点

（1）穿墙管防水施工时应符合下列要求：

1）金属止水环应与主管或套管满焊密实，采用套管式穿墙防水构造时，翼环与套管应满焊密实，并应在施工前将套管内表面清理干净；

2）相邻穿墙管间的间距应大于 300mm；

3）采用遇水膨胀止水圈的穿墙管，管径宜小于 50mm，止水圈应采用胶粘剂满粘固定于管上，并应涂缓胀剂或采用缓胀型遇水膨胀止水圈。

（2）穿墙管线较多时，宜相对集中，并应采用穿墙盒方法。穿墙盒的封口钢板应与墙上的预埋角钢焊严，并应从钢板上的预留浇注孔注入柔性密封材料或细石混凝土（图 8-20）。

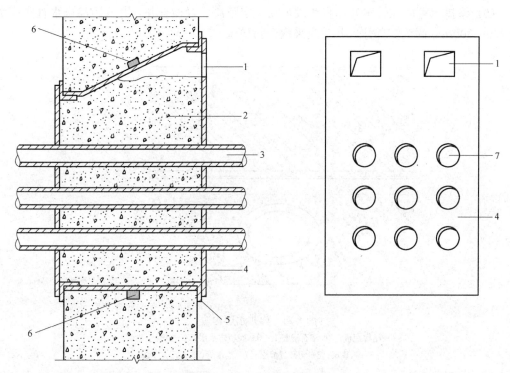

图 8-20 穿墙群管防水构造

1—浇注孔；2—柔性材料或细石混凝土；3—穿墙管；4—封口钢板；5—固定角钢；6—遇水膨胀止水条；7—预留孔

（3）当工程有防护要求时，穿墙管除应采取防水措施外，尚应采取满足防护要求的措施。

（4）穿墙管伸出外墙的部位，应采取防止回填时将管体损坏的措施。

**四、地下工程排水**

制定地下工程防水方案时，应根据工程情况选用合理的排水措施。有自流排水条件的地下工程，应采用自流排水法。无自流排水条件且防水要求较高的地下工程，可采用渗排水、盲沟排水、盲管排水、塑料排水板排水或机械抽水等排水方法。但应防止由于排水造成水土流失危及地面建筑物及农田水利设施。通向江、河、湖、海的排水口高程，低于洪（潮）水位时，应采取防倒灌措施。

（一）地下工程排水的施工技术要求

1. 地下工程采用渗排水法时应符合下列规定：

（1）宜用于无自流排水条件、防水要求较高且有抗浮要求的地下工程；

（2）渗排水层应设置在工程结构底板以下，并应由粗砂过滤层与集水管组成（图 8-21）；

（3）粗砂过滤层总厚度宜为 300mm，如较厚时应分层铺填，过滤层与基坑土层接触处，应采用厚度 100～150mm，粒径 5～10mm 的石子铺填；过滤层顶面与结构底面之间，宜于铺一层卷材或 30～50mm 厚的 1∶3 水泥砂浆作隔浆层；

（4）集水管应设置在粗砂过滤层下部，坡度不宜小于 1%，且不得有倒坡现象。集水管之间的距离宜为 5～10m。渗入集水管的地下水导入集水井后应用泵排走；

（5）渗排水管宜采用无砂混凝土管；

（6）渗排水管应在转角处和直线段每隔一定距离设置检查井，井底距渗排水管底应留设 200～300mm 的沉淀部分，井盖应采取密封措施。

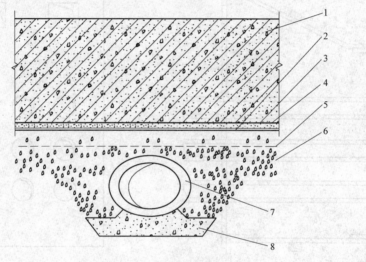

图 8-21　渗排水层构造

1—结构底板；2—细石混凝土；3—底板防水层；4—混凝土垫层；
5—隔浆层；6—粗砂过滤层；7—集水管；8—集水管座

2. 盲沟排水

（1）盲沟排水宜用于地基为弱透水性土层、地下水量不大或排水面积较小，地下水位在建筑底板以下或在丰水期地下水位高于建筑底板的地下工程，也可用于贴壁式衬砌的边墙及结构底部排水。

（2）盲沟排水应设计为自流排水形式，当不具备自流排水条件时，应采取机械排水措施。

（3）盲沟排水应符合下列要求：

1）宜将基坑开挖时的施工排水明沟与永久盲沟结合。

2）盲沟与基础最小距离的设计应根据工程地质情况选定；盲沟设置应符合图 8-22 和图 8-23 的规定。

（4）盲沟反滤层的层次和粒径组成应符合表 8-17 的规定。

（5）盲管排水用于隧道结构贴壁式衬砌、复合式衬砌结构的排水，排水体系应由环向排水盲管、纵向排水盲管或明沟等组成。

（6）环向排水盲沟（管）设置应符合下列规定：

1）应沿隧道、坑道的周边固定于围岩或初期支护表面；

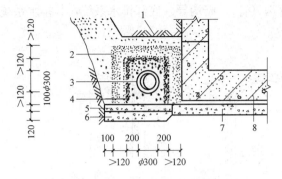

图 8-22　贴墙盲沟设置

1—素土夯实；2—中砂反滤层；3—集水管；

4—卵石反滤层；5—水泥/砂/碎石层；6—碎石夯实层；

7—混凝土垫层；8—主体结构

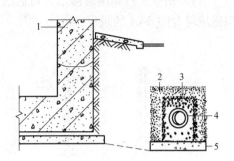

图 8-23　离墙盲沟设置

1—主体结构；2—中砂反滤层；3—卵石反滤层；

4—集水管；5—水泥/砂/碎石层

### 盲沟反滤层的层次和粒径组成

表 8-17

| 反滤层的层次 | 建筑物地区地层为砂性土时<br>（塑性指数 IP＜3） | 建筑物地区地层为黏性土时<br>（塑性指数 IP＜3） |
| --- | --- | --- |
| 第一层（贴天然土） | 用 1～3mm 粒径砂子组成 | 用 2～5mm 粒径砂子组成 |
| 第二层 | 用 3～10mm 粒径小卵石组成 | 用 5～10mm 粒径小卵石组成 |

2）纵向间距宜为 5～20m，在水量较大或集中出水点应加密布置；

3）应与纵向排水盲管相连；

4）盲管与混凝土衬砌接触部位应外包无纺布形成隔浆层。

（7）纵向排水盲管设置应符合下列规定：

1）纵向盲管应设置在隧道（坑道）两侧边墙下部或底部中间；

2）应与环向盲管和导水管相连接；

3）管径应根据围岩或初期支护的渗水量确定，但不得小于 100mm；

4）纵向排水坡度应与隧道或坑道坡度一致。

（8）横向导水管宜采用带孔混凝土管或硬质塑料管，其设置应符合下列规定：

1）横向导水管应与纵向盲管、排水明沟或中心排水盲沟（管）相连；

2）横向导水管的间距宜为 5～25m，坡度宜为 2％；

3）横向导水管的直径应根据排水量大小确定，但内径不得小于 50mm。

（9）排水明沟的设置应符合下列规定：

1）排水明沟的纵向坡度应与隧道或坑道坡度一致，但不得小于 0.2％；

2）排水明沟应设置盖板和检查井；

3）寒冷及严寒地区应采取防冻措施。

（10）中心排水盲沟（管）设置应符合下列规定：

1）中心排水盲沟（管）宜设置在隧道底板以下，其坡度和埋设深度应符合设计要求。

2）隧道底板下与围岩接触的中心盲沟（管）宜采用无砂混凝土或渗水盲管，并应设置反滤层；仰拱以上的中心盲管宜采用混凝土管或硬质塑料管。

3）中心排水盲管的直径应根据渗排水量大小确定，但不宜小于 250mm。

（11）贴壁式衬砌围岩渗水，可通过盲沟（管）、暗沟导入底部排水系统，其排水系统构造应符合图 8-24 的规定。

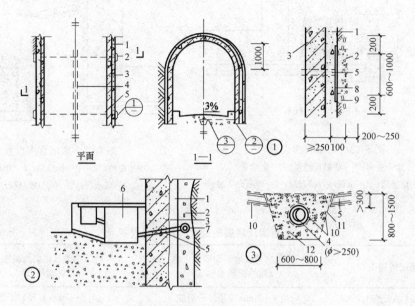

图 8-24　贴壁式衬砌排水构造

1—初期支护；2—盲沟；3—主体结构；4—中心排水盲管；5—横向排水管；6—排水明沟；
7—纵向集水盲管；8—隔浆层；9—引流孔；10—无纺布；11—无砂混凝土；12—管座混凝土

（12）离壁式衬砌的排水应符合下列规定：

1）围岩稳定和防潮要求高的工程可设置离壁式衬砌，衬砌与岩壁间的距离，拱顶上部宜为 600～800mm，侧墙处不应小于 500mm；

2）衬砌拱部宜作卷材、塑料防水板、水泥砂浆等防水层；拱肩应设置排水沟，沟底应预埋排水管或设置排水孔，直径宜为 50～100mm，间距不宜大于 6m；在侧墙和拱肩处应设置检查孔（图 8-25）；

3）侧墙外排水沟应做成明沟，其纵向坡度不应小于 0.5%。

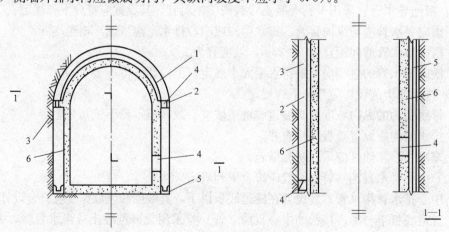

图 8-25　离壁式衬砌排水构造

1—防水层；2—拱肩排水沟；3—排水孔；4—检查孔；5—外排水沟；6—内衬混凝土

（13）衬套排水应符合下列规定：

1）衬套外形应有利于排水，底板宜架空。

2）离壁衬套与衬砌或围岩的间距不应小于 150mm，在衬套外侧应设置明沟；半离壁衬套应在拱肩处设置排水沟。

3）衬套应采用防火、隔热性能好的材料制作，接缝宜采用嵌缝、粘结、焊接等方法密封。

（14）环、纵向盲沟（管）宜采用塑料丝盲沟，其规格、性能应符合国家现行标准《软式透水管》JC 937 的有关规定。

（15）中心盲沟（管）宜采用预制无砂混凝土管，强度不应小于 3MPa。

（二）地下工程排水质量控制要点

（1）纵向盲沟铺设前，应将基坑底铲平，并应按设计要求铺设碎砖（石）混凝土层。

（2）集水管应放置在过滤层中间。

（3）盲管应采用塑料（无纺布）带、水泥钉等固定在基层上，固定点拱部间距宜为 300～500mm，边墙宜为 1000～1200mm，在不平处应增加固定点。

（4）环向盲管宜整条铺设，需要有接头时，宜采用与盲管相配套的标准接头及标准三通连接。

（5）铺设于贴壁式衬砌、复合式衬砌隧道或坑道中的盲沟（管），在浇灌混凝土前，应采用无纺布包裹。

（6）无砂混凝土管连接时，可采用套接或插接，连接应牢固，不得扭曲变形和错位。

（7）隧道或坑道内的排水明沟及离壁式衬砌夹层内的排水沟断面，应符合设计要求，排水沟表面应平整、光滑。

（8）不同沟、槽、管应连接牢固，必要时可外加无纺布包裹。

**五、注浆防水**

注浆防水是目前普遍使用的一种防水方式，根据工程地质及水文地质条件的不同，主要有预注浆、回填注浆、衬砌前围岩注浆和衬砌内注浆四种方式。

（一）注浆防水的施工技术要求

（1）注浆施工前应搜集下列资料：

1）工程地质纵横剖面图及工程地质、水文地质资料，如围岩孔隙率、渗透系数、节理裂隙发育情况、涌水量、水压和软土地层颗粒级配、土壤标准贯入试验值及其物理力学指标等；

2）工程开挖中工作面的岩性、岩层产状、节理裂隙发育程度及超、欠挖值等；

3）工程衬砌类型、防水等级等；

4）工程渗漏水的地点、位置、渗漏形式、水量大小、水质。水压等。

（2）注浆实施前应符合下列规定：

1）预注浆前先施作的止浆墙（垫），注浆时应达到设计强度；

2）回填注浆应在衬砌混凝土达到设计强度后进行；

3）衬砌后围岩注浆应在回填注浆固结体强度达到 70% 后进行。

（3）预注浆钻孔的注浆孔数、布孔方式及钻孔角度等注浆参数的设计，应根据岩层裂隙状态、地下水情况、设备能力、浆液有效扩散半径、钻孔偏斜率和对注浆效果的要求等确定。

(4) 预注浆的段长,应根据工程地质、水文地质条件、钻孔设备及工期要求确定,宜为10~50m,但掘进时应保留止水岩垫(墙)的厚度。注浆孔底距开挖轮廓的边缘,宜为毛洞高度(直径)的0.5~1倍,特殊工程可按计算和试验确定。

(5) 衬砌前围岩注浆应符合下列规定:

1) 注浆深度宜为3~5m;

2) 应在软弱地层或水量较大处布孔;

3) 大面积渗漏时,布孔宜密,钻孔宜浅;

4) 裂隙渗漏时,布孔宜疏,钻孔宜深;

5) 大股涌水时,布孔应在水流上游,且自涌水点四周由远到近布设。

(6) 回填注浆孔的孔径,不宜小于40mm;间距宜为5~10m,并应按梅花形排列。

(7) 衬砌后围岩注浆钻孔深入围岩不应大于1m,孔径不宜小于40mm,孔距可根据渗漏水情况确定。

(8) 岩石地层预注浆或衬砌后围岩注浆的压力,应大于静水压力0.5~1.5N/Pa,回填注浆及衬砌内注浆的压力应小于0.5MPa。

(9) 衬砌内注浆钻孔应根据衬砌渗漏水情况布置,孔深宜为衬砌厚度的1/3~2/3,注浆压力宜为0.5~0.8MPa。

(10) 注浆材料应符合下列规定:

1) 原料来源广,价格适宜;

2) 具有良好的可灌性;

3) 凝胶时间可根据需要调节;

4) 固化时收缩小,与围岩、混凝土、砂土等有一定的粘结力;

5) 固结体具有微膨胀性,强度应满足开挖或堵水要求;

6) 稳定性好,耐久性强;

7) 具有耐侵蚀性;

8) 无毒、低毒、低污染;

9) 注浆工艺简单,操作方便、安全。

(11) 注浆材料的选用,应根据工程地质条件、水文地质条件、注浆目的、注浆工艺、设备和成本等因素确定,并应符合下列规定:

1) 预注浆和衬砌前围岩注浆,宜采用水泥浆液或水泥-水玻璃浆液,必要时可采用化学浆液;

2) 衬砌后围岩注浆,宜采用水泥浆液、超细水泥浆液或自流平水泥浆液等;

3) 回填注浆宜选用水泥浆液、水泥砂浆或掺有膨润土的水泥浆液;

4) 衬砌内注浆宜选用超细水泥浆液、自流平水泥浆液或化学浆液。

(12) 水泥类浆液宜选用普通硅酸盐水泥,其他浆液材料应符合有关规定。浆液的配合比,应经现场试验后确定。

(二)注浆防水质量控制要点

(1) 注浆孔数量、布置间距、钻孔深度除应符合设计要求外,尚应符合下列规定:

1) 注浆孔深小于10m时,孔位最大允许偏差应为100mm,钻孔偏斜率最大允许偏

差应为 1%;

2) 注浆孔深大于 10m 时,孔位最大允许偏差应为 50mm,钻孔偏斜率最大允许偏差应为 0.5%。

(2) 岩石地层或衬砌内注浆前,应将钻孔冲洗干净。

(3) 注浆前,应进行测定注浆孔吸水率和地层吸浆速度等参数的压水试验。

(4) 回填注浆时,对岩石破碎、渗漏水量较大的地段,宜在衬砌与围岩间采用定量、重复注浆法分段设置隔水墙。

(5) 回填注浆、衬砌后围岩注浆施工顺序,应符合下列规定:

1) 应沿工程轴线由低到高,由下往上,从少水处到多水处;

2) 在多水地段,应先两头,后中间;

3) 对竖井应由上往下分段注浆,在本段内应从下往上注浆。

(6) 注浆过程中应加强监测,当发生围岩或衬砌变形、堵塞排水系统、窜浆、危及地面建筑物等异常情况时,可采取下列措施:

1) 降低注浆压力或采用间歇注浆,直到停止注浆;

2) 改变注浆材料或缩短浆液凝胶时间;

3) 调整注浆实施方案。

(7) 单孔注浆结束的条件,应符合下列规定:

1) 预注浆各孔段均应达到设计要求并应稳定 10min,且进浆速度应为开始进浆速度的 1/4 或注浆量达到设计注浆量的 80%;

2) 衬砌后回填注浆及围岩注浆应达到设计终压;

3) 其他各类注浆,应满足设计要求。

(8) 预注浆和衬砌后围岩注浆结束前,应在分析资料的基础上,采取钻孔取芯法对注浆效果进行检查,必要时应进行压(抽)水试验。当检查孔的吸水量大于 1.0L/min·m 时,应进行补充注浆。

(9) 注浆结束后,应将注浆孔及检查孔封填密实。

**六、特殊施工法的结构防水**

(一)盾构法隧道

盾构法施工主要用于隧道工程,宜采用钢筋混凝土管片、复合管片等装配式衬砌或现浇混凝土衬砌。衬砌管片应采用防水混凝土制作。当隧道处于侵蚀性介质的地层时,应采取相应的耐侵蚀混凝土或外涂耐侵蚀的外防水涂层的措施。当处于严重腐蚀地层时,可同时采取耐侵蚀混凝土和外涂耐侵蚀的外防水涂层措施。

1、盾构法隧道的施工技术要求

(1) 不同防水等级盾构隧道衬砌防水措施应符合表 8-18 的要求。

(2) 钢筋混凝土管片应采用高精度钢模制作,钢模宽度及弧、弦长允许偏差宜为 ±0.4mm。钢筋混凝土管片制作尺寸的允许偏差应符合下列规定:

1) 宽度应为 ±1mm;

2) 弧、弦长应为 ±1mm;

3) 厚度应为 +3mm,—1mm。

不同防水等级盾构隧道的衬砌防水措施 表 8-18

| 防水措施 措施选择 防水等级 | 高精度管片 | 接缝防水 | | | | 混凝土内衬或其他内衬 | 外防水涂料 |
|---|---|---|---|---|---|---|---|
| | | 密封垫 | 嵌缝 | 注入密封剂 | 螺孔密封圈 | | |
| 一级 | 必选 | 必选 | 全隧道或部分区段应选 | 可选 | 必选 | 宜选 | 对混凝土有中等以上腐蚀的地层应选,在非腐蚀地层宜选 |
| 二级 | 必选 | 必选 | 部分区段宜选 | 可选 | 必选 | 局部宜选 | 对混凝土有中等以上腐蚀的地层宜选 |
| 三级 | 应选 | 必选 | 部分区段宜选 | — | 应选 | — | 对混凝土有中等以上腐蚀的地层宜选 |
| 四级 | 可选 | 宜选 | 可选 | — | — | — | — |

（3）管片防水混凝土的抗渗等级应符合表 8-4 的规定，且不得小于 P8。管片应进行混凝土氯离子扩散系数或混凝土渗透系数的检测，并宜进行管片的单块抗渗检漏。

（4）管片应至少设置一道密封垫沟槽。接缝密封垫宜选择具有合理构造形式、良好弹性或遇水膨胀性、耐久性、耐水性的橡胶类材料，其外形应与沟槽相匹配。弹性橡胶密封垫材料、遇水膨胀橡胶密封垫胶料的物理性能应符合表 8-19 和表 8-20 的规定。

弹性橡胶密封垫材料物理性能 表 8-19

| 序号 | 项目 | | 指 标 | |
|---|---|---|---|---|
| | | | 氯丁橡胶 | 三元乙丙胶 |
| 1 | 硬度(邵尔 A,度) | | 45±5～60±5 | 55±5～70±5 |
| 2 | 伸长率(%) | | ≥350 | ≥330 |
| 3 | 拉伸强度(MPa) | | ≥10.5 | ≥9.5 |
| 4 | 热空气老化 70℃×96h | 硬度变化值(邵尔 A,度) | ≤+8 | ≤+6 |
| | | 拉伸强度变化率(%) | ≥−20 | ≥−15 |
| | | 扯断伸长率变化率(%) | ≥−30 | ≥−30 |
| 5 | 压缩永久变形(70℃×24h)(%) | | ≤35 | ≤28 |
| 6 | 防霉等级 | | 达到与优于 2 级 | 达到与优于 2 级 |

注：以上指标均为成品切片测试的数据，若只能以胶料制成试样测试，则其伸长率、拉伸强度的性能数据应达到本规定的 120%。

遇水膨胀橡胶密封垫胶料物理性能 表 8-20

| 序号 | 项目 | 性 能 要 求 | | |
|---|---|---|---|---|
| | | PZ-150 | PZ-250 | PZ-400 |
| 1 | 硬度(邵尔 A,度) | 42±7 | 42±7 | 45±7 |
| 2 | 拉伸强度(MPa) | ≥3.5 | ≥3.5 | ≥3 |
| 3 | 扯断伸长率(%) | ≥450 | ≥450 | ≥350 |
| 4 | 体积膨胀倍率(%) | ≥150 | ≥250 | ≥400 |

| 序号 | 项　目 | | 性能要求 | | |
|---|---|---|---|---|---|
| | | | PZ-150 | PZ-250 | PZ-400 |
| 5 | 反复浸水试验 | 拉伸强度(MPa) | ≥3 | ≥3 | ≥2 |
| | | 扯断伸长率(%) | ≥350 | ≥350 | ≥250 |
| | | 体积膨胀倍率(%) | ≥150 | ≥250 | ≥300 |
| 6 | 低温弯折(−20℃×2h) | | 无裂纹 | | |
| 7 | 防霉等级 | | 达到与优于2级 | | |

注：1　成品切片测试应达到本指标的80%；
　　2　接头部位的拉伸强度指标不得低于本指标的50%；
　　3　体积膨胀倍率是浸泡前后的试样质量的比率。

管片接缝密封垫应满足在计算的接缝最大张开量和估算的错位量下、埋深水头的2～3倍水压下不渗漏的技术要求；重要工程中选用的接缝密封垫，应进行一字缝或十字缝水密性的试验检测。

（5）螺孔防水应符合下列规定：

1）管片肋腔的螺孔口应设置锥形倒角的螺孔密封圈沟槽；

2）螺孔密封圈的外形应与沟槽相匹配，并应有利于压密止水或膨胀止水。在满足止水的要求下，螺孔密封圈的断面宜小。

（6）嵌缝防水应符合下列规定：

1）在管片内侧环纵向边沿设置嵌缝槽，其深宽比不应小于2.5，槽深宜为25～55mm，单面槽宽宜为5～10mm；嵌缝槽断面构造形式应符合图8-26的规定。

2）嵌缝材料应有良好的不透水性、潮湿基面粘结性、耐久性、弹性和抗下坠性。

3）应根据隧道使用功能和表8-18中的防水等级要求，确定嵌缝作业区的范围与嵌填嵌缝槽的部位，并采取嵌缝堵水或引排水措施。

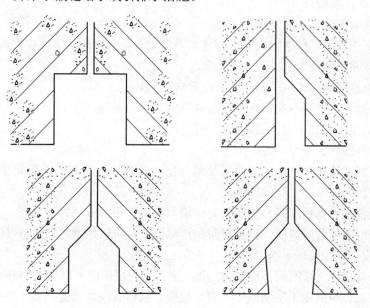

图8-26　管片嵌缝槽断面构造形式

4）嵌缝防水施工应在盾构千斤顶顶力影响范围外进行。同时，应根据盾构施工方法、隧道的稳定性确定嵌缝作业开始的时间。

5）嵌缝作业应在接缝堵漏和无明显渗水后进行，嵌缝槽表面混凝土如有缺损，应采用聚合物水泥砂浆或特种水泥修补，强度应达到或超过混凝土本体的强度。嵌缝材料嵌填时，应先刷涂基层处理剂，嵌填应密实、平整。

（7）复合式衬砌的内层衬砌混凝土浇筑前，应将外层管片的渗漏水引排或封堵。采用塑料防水板等夹层防水层的复合式衬砌，应根据隧道排水情况选用相应的缓冲层和防水板材料。

（8）管片外防水涂料宜采用环氧或改性环氧涂料等封闭型材料、水泥基渗透结晶型或硅氧烷类等渗透自愈型材料，并应符合下列规定：

1）耐化学腐蚀性、抗微生物侵蚀性、耐水性、耐磨性应良好，且应无毒或低毒；

2）在管片外弧面混凝土裂缝宽度达到 0.3mm 时，应仍能在最大埋深处水压下不渗漏；

3）应具有防杂散电流的功能，体积电阻率应高。

（9）竖井与隧道结合处，可用刚性接头，但接缝宜采用柔性材料密封处理，并宜加固竖井洞圈周围土体。在软土地层距竖井结合处一定范围内的衬砌段，宜增设变形缝。变形缝环面应贴设垫片，同时应采用适应变形量大的弹性密封垫。

（10）盾构隧道的连接通道及其与隧道接缝的防水应符合下列规定：

1）采用双层衬砌的连接通道，内衬应采用防水混凝土。衬砌支护与内衬间宜设塑料防水板与土工织物组成的夹层防水层，并宜配以分区注浆系统加强防水。

2）当采用内防水层时，内防水层宜为聚合物水泥砂浆等抗裂防渗材料。

3）连接通道与盾构隧道接头应选用缓膨胀型遇水膨胀类止水条（胶）、预留注浆管以及接头密封材料。

（二）地下连续墙

地下连续墙的施工技术要求：

（1）地下连续墙应根据工程要求和施工条件划分单元槽段，宜减少槽段数量。墙体幅间接缝应避开拐角部位。

（2）地下连续墙用作主体结构时，应符合下列规定：

1）单层地下连续墙不应直接用于防水等级为一级的地下工程墙体。单墙用于地下工程墙体时，应使用高分子聚合物泥浆护壁材料。

2）墙的厚度宜大于 600mm。

3）应根据地质条件选择护壁泥浆及配合比，遇有地下水含盐或受化学污染时，泥浆配合比应进行调整。

4）单元槽段整修后墙面平整度的允许偏差不宜大于 50mm。

5）浇筑混凝土前应清槽、置换泥浆和清除沉渣，沉渣厚度不应大于 100mm，并应将接缝面的泥皮、杂物清理干净。

6）钢筋笼浸泡泥浆时间不应超过 10h，钢筋保护层厚度不应小于 70mm。

7）幅间接缝应采用工字钢或十字钢板接头，锁口管应能承受混凝土浇筑时的侧压力，浇筑混凝土时不得发生位移和混凝土绕管。

8）胶凝材料用量不应少于 $400kg/m^3$ ，水胶比应小于 0.55，坍落度不得小于 180mm，石子粒径不宜大于导管直径的 1/8。浇筑导管埋入混凝土深度宜为 1.5～3m，在槽段端部的浇筑导管与端部的距离宜为 1～1.5m，混凝土浇筑应连续进行。冬期施工时应采取保温措施，墙顶混凝土未达到设计强度 50％时，不得受冻。

9）支撑的预埋件应设置止水片或遇水膨胀止水条（胶），支撑部位及墙体的裂缝、孔洞等缺陷应采用防水砂浆及时修补；墙体幅间接缝如有渗漏，应采用注浆、嵌填弹性密封材料等进行防水处理，并应采取引排措施。

10）底板混凝土应达到设计强度后方可停止降水，并应将降水井封堵密实。

11）墙体与工程顶板、底板、中楼板的连接处均应凿毛，并应清洗干净，同时应设置 1～2 道遇水膨胀止水条（胶），接驳器处宜喷涂水泥基渗透结晶型防水涂料或涂抹聚合物水泥防水砂浆。

（3）地下连续墙与内衬构成的复合式衬砌，应符合下列规定：

1）应用作防水等级为一、二级的工程；

2）应根据基坑基础形式、支撑方式和内衬构造特点选择防水层；

3）墙体施工应按设计规定对墙面、墙缝渗漏水进行处理，并应在基面找平满足设计要求后施工防水层及浇筑内衬混凝土；

4）内衬墙应采用防水混凝土浇筑。

（4）地下连续墙作为围护并与内衬墙构成叠合结构时，其抗渗等级要求可比防水混凝土规定的设计抗渗等级降低一级；地下连续墙与内衬墙构成分离式结构时，可不要求地下连续墙的混凝土抗渗等级。

# 第九章 砌体工程

## 第一节 砌筑砂浆

**一、水泥砂浆与水泥混合砂浆**

一般砌筑砂浆的强度分为：M2.5、M5、M7.5、M10 和 M15 五个等级。

1. 材料要求

（1）水泥

1）水泥进场使用前，应分批对其强度、安定性进行复验。检验批应以同一生产厂家、同一编号为一批。

当在使用中对水泥质量有怀疑或水泥出厂超过 3 个月（快硬硅酸盐水泥超过 1 个月）时，应复查试验，并按其结果使用。

不同品种的水泥，不得混合使用。

2）水泥的强度等级应根据设计要求进行选择。水泥砂浆采用的水泥，其强度等级不宜大于 32.5 级。

（2）砂

砌筑砂浆用砂宜采用过筛中砂，其中毛石砌体宜选用粗砂。

1）砂浆用砂不得混有有害杂物（包括草根、树叶、塑料、煤块、炉渣等）。

2）砂浆用砂的含泥量、泥块含量、石粉含量、云母、轻物质、有机物、硫化物等应符合现行行业标准《普通混凝土用砂、石质量及检验方法标准》JGJ 52 的有关规定。

3）人工砂、山砂及特细砂，经试配能满足砌筑砂浆技术条件要求。

（3）掺加料

1）配制水泥石灰砂浆时，不得使用脱水硬化的石灰膏。

2）生石灰熟化成石灰膏时，应用孔径不大于 3mm×3mm 的网过滤，熟化时间不得少于 7d；磨细生石灰粉的熟化时间不得少于 2d。沉淀池中贮存的石灰膏，应采取防止干燥、冻结和污染的措施。

3）采用黏土或粉质黏土制备黏土膏时，宜用搅拌机加水搅拌，通过孔径不大于 3mm×3mm 的网过筛。用比色法鉴定黏土中的有机物含量时应浅于标准色。

4）制作电石膏的电石渣，应用孔径不大于 3mm×3mm 的网过滤，检验时应加热至 70℃并保持 20min，没有乙炔气味后，方可使用。

5）石灰膏、黏土膏和电石膏试配时的稠度，应为 120±5mm。

6）建筑生石灰粉、消石灰粉不得替代石灰膏配制水泥石灰砂浆。

7）粉煤灰的品质指标和磨细生石灰的品质指标应符合现行行业标准《粉煤灰在混凝土及砂浆中应用技术规程》JGJ 28 及《建筑生石灰粉》JC/T 480 的要求。

（4）水

拌制砂浆用水，其水质应符合现行行业标准《混凝土用水标准》JGJ 63 的规定。

（5）外加剂

凡在砂浆中掺入有增塑剂、早强剂、缓凝剂、防冻剂等，应经检验和试配符合要求后，方可使用。所用外加剂的技术性能应符合国家现行有关标准的质量要求。

2. 施工要求

（1）砂浆的配制

1）砂浆的品种、强度等级应满足设计要求。

2）砌筑砂浆应通过试配确定配合比。当砌筑砂浆的组成材料有变化时，其配合比应重新试验确定。

3）施工中当采用水泥砂浆代替水泥混合砂浆时，应重新确定砂浆强度等级。

4）凡在砂浆中掺有有机塑化剂、早强剂、缓凝剂、防冻剂等，应经检验和试配符合要求后，方可使用。有机塑化剂应有砌体强度的型式检验报告。

5）砂浆现场拌制时，各组分材料应采用重量计量。水泥及各种外加剂配料的允许偏差为±2%，砂、粉煤灰、石灰膏等配料的允许偏差为±5%。

6）砌筑砂浆应采用机械搅拌，自投料完算起，搅拌时间应符合下列规定：

① 水泥砂浆和水泥混合砂浆不得少于 2min；

② 水泥粉煤灰砂浆和掺用外加剂的砂浆不得少于 3min；

③ 掺用增塑剂的砂浆，搅拌方式和搅拌时间应符合现行行业标准《砌筑砂浆增塑剂》JG/T 164 的有关规定。

7）砂浆的稠度应符合表 9-1 的规定：

砌筑砂浆的稠度 表 9-1

| 砌 体 种 类 | 砂浆稠度（mm） |
|---|---|
| 烧结普通砖砌体<br>蒸压粉煤灰砖砌体 | 70～90 |
| 混凝土实心砖、混凝土多孔砖砌体<br>普通混凝土小型空心砌块砌体<br>蒸压灰砂砖砌体 | 50～70 |
| 烧结多孔砖、空心砖砌体<br>轻骨料小型空心砌块砌体<br>蒸压加气混凝土砌块砌体 | 60～80 |
| 石砌体 | 30～50 |

注：1. 采用薄灰砌筑法砌筑蒸压加气混凝土砌块砌体时，加气混凝土粘结砂浆的加水量按照其产品说明书控制；
　　2. 当砌筑其他块体时，其砌筑砂浆的稠度可根据块体吸水特性及气候条件确定。

8）砂浆的分层度不得大于 30mm。

9）水泥砂浆中水泥用量不应小于 200kg/m³；水泥混合砂浆中水泥和掺加料总量宜为 300～350kg/m³。

10）有冻融循环次数要求的砌筑砂浆，经冻融试验后，质量损失率不得大于 5%，抗压强度损失率不得大于 25%。

（2）砂浆的拌制和使用

1）砂浆拌制后及使用时，应盛入不吸水贮灰器中。当出现泌水现象，应在砌筑前，再次拌合。

2）现场拌制的砂浆应随拌随用，拌制的砂浆应在3h内使用完毕；当施工期间最高气温超过30℃时，应在拌成后2h内使用完毕。

注：对掺用缓凝剂的砂浆，其使用时间可根据具体情况延长。

3）预拌砌筑砂浆，根据掺入保水增稠材料及缓凝剂的情况，凝结时间分为：8h、12h和24h三档，故必须在其规定的时间内用毕，严禁使用超过凝结时间的砂浆。

4）预拌砌筑砂浆运至现场后，必须储存在不吸水的密闭容器内，严禁在储存过程中加水。夏季应采取遮阳措施，冬季采取保温措施，其储存环境温度宜控制在0～37℃之间。

5）水泥混合砂浆不得用于基础、地下及潮湿环境中的砌体工程。

3. 砂浆试块的抽样及强度评定

（1）砂浆试块应在砂浆拌合后随机抽取制作，现场拌制的砂浆同盘砂浆只应制作一组试块。每一检验批且不超过250m³砌体的各种类型及强度等级的砌筑砂浆，每台搅拌机应至少制作一组试块（每组6块）即抽验一次。

（2）砂浆强度应以标准养护，龄期为28d的试块抗压试验结果为准。

（3）砌筑砂浆试块强度必须符合以下规定：

同一验收批砂浆试块抗压强度平均值必须大于或等于设计强度等级值的1.10倍；同一验收批砂浆试块抗压强度的最小一组平均值必须大于或等于设计强度等级值的85%。

注：砌筑砂浆的验收批，同一类型、强度等级的砂浆试块应不少于3组。当同一验收批只有1组或2组试块时，每组试块抗压强度的平均值必须大于或等于设计强度值的1.10倍；对于建筑结构的安全等级为一级或设计使用年限为50年及以上的房屋、同一验收批砂浆试块的数量不得少于3组。

（4）当施工中或验收时出现下列情况，可采用现场检验方法对砂浆和砌体强度进行原位检测或取样检测，并判定其强度：

1）砂浆试块缺乏代表性或试块数量不足；

2）对砂浆试块的试验结果有怀疑或有争议；

3）砂浆试块的试验结果，不能满足设计要求。

## 二、预拌砂浆

预拌砌筑砂浆的强度分为：M5、M7.5、M10、M15、M20、M25、M30七个等级。

1. 材料要求

（1）水泥

1）水泥宜选用硅酸盐水泥、普通硅酸盐水泥和矿渣硅酸盐水泥，并应符合相应标准的规定。

2）水泥进货时必须有质量证明书，对进场水泥应按批量检验其强度和安定性，合格后方可使用。

3）对同一水泥厂生产的同品种、同强度等级的散装水泥，以一次进站的同一出厂编号的水泥为一批。但一批的总量不得超过500t。当采用同一旋窑厂生产的质量长期稳定的生产间隔时间不超过10d的散装水泥，可以500t作为一检验批，随机地从不少于3个车罐中各采取等量水泥，经混拌均匀后，再从中称取不少于 12kg 作为检验样。

对已进站的每批水泥，储存不当引起质量疑问的，应重新采集试样复验其强度和安定性，存放期超过 3 个月的水泥，使用前应复查试验，并按其结果使用。

（2）砂

1）预拌砂浆宜选用中砂，并应符合现行行业标准《普通混凝土用砂、石质量及检验方法标准》JGJ 52 的规定，且砂的最大粒径应通过 5mm 筛孔。

2）砂进场时应具有质量证明书，并应按不同品种、规格分别堆放，不得混杂，严禁混入影响砂浆性能的有害物质。

3）检验批要求：对集中生产的，以 400m³ 或 600t 为一批；对分散生产的，以 200m³ 或 300t 为一批；不足上述规定数量者也以一批论。

（3）保水增稠材料

1）保水增稠材料进厂时应有质量证明书，储存在专用的仓罐内，并做好明显标记，防止受潮和环境污染。其质量应符合表 9-2 的规定。

保水增稠材料质量要求                                         表 9-2

| 项　　目 | 分层度(mm) | 强度(MPa) | 抗冻性 | |
|---|---|---|---|---|
| | | | 质量损失(%) | 强度损失(%) |
| 质量要求 | ≤20 | ≥10 | ≤5 | ≤25 |

2）检验批量应按其产品标准的规定进行，连续 15d 不足规定数量也以一批论。

3）所使用的保水增稠材料必须经过省（市）级以上的产品鉴定。应符合现行行业标准《粉煤灰在混凝土及砂浆中应用技术规程》JGJ 28 及《建筑生石灰粉》JC/T 480 的要求。

（4）粉煤灰及其他矿物掺合料

1）粉煤灰质量应符合表 9-3 的规定。当采用新开发、新品种掺合料时，必须经过省（市）级以上的产品鉴定。

粉煤灰质量要求                                         表 9-3

| 项　　目 | 细度(45μm 筛)(%) | 含水率(%) | 烧失量(%) | 需水量比(%) |
|---|---|---|---|---|
| 质量要求 | ≤20 | ≥10 | ≤5 | ≤95 |

2）粉煤灰或其他掺合料进厂时，必须有质量证明书，应按不同品种、等级分别储存在专用的仓罐内，并做好明显标记，防止受潮和环境污染。

3）检验批量，连续供应相同等级的粉煤灰以 100t 为一批，不足 100t 者也以 100t 论。其他矿物掺合料应按其产品标准规定的批量检验。

（5）水

拌制砂浆用水，其水质应符合现行行业标准《混凝土用水标准》JGJ 63 的规定。

（6）外加剂

凡在砂浆中掺入有增塑剂、早强剂、缓凝剂、防冻剂等，应经检验和试配符合要求后，方可使用。

## 第二节　砖砌体工程

本节适用于烧结普通砖、烧结多孔砖、混凝土多孔砖、混凝土实心砖、蒸压灰砂砖、蒸压粉煤灰砖等砌体工程。

**一、一般规定**

1. 砖的品种、强度等级必须符合设计要求，并应有产品合格证书和性能检测报告，进场后应进行复验，复验抽样数量为同一生产厂家同一品种同一强度等级的普通砖15万块、多孔砖5万块、灰砂砖或粉煤灰砖10万块各抽查1组。

2. 砌筑时蒸压灰砂砖、蒸压粉煤灰砖、混凝土多孔砖、混凝土实心砖的产品龄期不得少于28d。

3. 用于清水墙、柱表面的砖，应边角整齐，色泽均匀。品质为优等品的砖适用于清水墙和墙体装修；一等品、合格品砖可用于混水墙。中等泛霜的砖不得用于潮湿部位。冻胀地区的地面或防潮层以下的砌体不宜采用多孔砖；水池、化粪池、窖井等不得采用多孔砖。粉煤灰砖用于基础或受冻融和干湿交替作用的建筑部位时，必须使用一等品或优等品砖。

4. 多雨地区砌筑外墙时，不宜将有裂缝的砖面砌在室外表面。

5. 用于砌体工程的钢筋品种、强度等级必须符合设计要求，并应有产品合格证书和性能检测报告，进场后应进行复验。

6. 设置在潮湿环境或有化学侵蚀性介质的环境中的砌体灰缝内的钢筋应采取防腐措施。如涂刷环氧树脂、镀锌，采用不锈钢筋等。

7. 砌体的日砌高度控制在1.5m，一般不宜超过一步脚手架高度（1.6~1.8m）；当遇到大风时，砌体的自由高度不得超过表9-4的规定。如超过表中限值时，必须采取临时支撑等技术措施。

表 9-4

**墙和柱的允许自由高度（m）**

| 墙(柱)厚(mm) | 砌体密度>1600(kg/m³) | | | 砌体密度1300~1600(kg/m³) | | |
| --- | --- | --- | --- | --- | --- | --- |
| | 风载(kN/m²) | | | 风载(kN/m²) | | |
| | 0.3<br>(约7级风) | 0.4<br>(约8级风) | 0.5<br>(约9级风) | 0.3<br>(约7级风) | 0.4<br>(约8级风) | 0.5<br>(约9级风) |
| 190 | — | — | — | 1.4 | 1.1 | 0.7 |
| 240 | 2.8 | 2.1 | 1.4 | 2.2 | 1.7 | 1.1 |
| 370 | 5.2 | 3.9 | 2.6 | 4.2 | 3.2 | 2.1 |
| 490 | 8.6 | 6.5 | 4.3 | 7.0 | 5.2 | 3.5 |
| 620 | 14.0 | 10.5 | 7.0 | 11.4 | 8.6 | 5.7 |

注：1. 本表适用于施工处相对标高（$H$）在10m范围内的情况。如10m<$H$≤15m，15m<$H$≤20m时，表中的允许自由高度应分别乘以0.9、0.8的系数；如$H$>20m时，应通过抗倾覆验算确定其允许自由高度。

2. 当所砌筑的墙有横墙或其他结构与其连接，而且间距小于表列限值的2倍时，砌筑高度可不受本表的限制。

3. 当砌体密度小于1300kg/m³时，墙和柱的允许自由高度应另行验算确定。

8. 砌体的施工质量控制等级应符合设计要求，并不得低于表9-5的规定。

| 项 目 | 施工质量控制等级 | | |
|---|---|---|---|
| | A | B | C |
| 现场质量管理 | 监督检查制度健全,并严格执行;施工方有在岗专业技术管理人员,人员齐全,并持证上岗 | 监督检查制度基本健全,并能执行;施工方有在岗专业技术管理人员,人员齐全。并持证上岗 | 有监督检查制度;施工方有在岗专业技术管理人员 |
| 砂浆、混凝土强度 | 试块按规定制作,强度满足验收规定,离散性小 | 试块按规定制作,强度满足验收规定,离散性较小 | 试块按规定制作,强度满足验收规定,离散性大 |
| 砂浆拌合 | 机械拌合;配合比计量控制严格 | 机械拌合;配合比计量控制一般 | 机械或人工拌合;配合比计量控制较差 |
| 砌筑工人 | 中级工以上,其中高级工不少于 30% | 高、中级工不少于 70% | 初级工以上 |

注:1. 砂浆、混凝土强度离散性大小根据强度标准差确定。

　　2. 配筋砌体不得为 C 级施工。

**二、质量控制**

1. 标志板、皮数杆

建筑物的标高,应引自标准水准点或设计指定的水准点。基础施工前,应在建筑物的主要轴线部位设置标志板。标志板上应标明基础、墙身和轴线的位置及标高。外形或构造简单的建筑物,可用控制轴线的引桩代替标志板。

(1) 砌筑前,弹好墙基大放脚外边沿线、墙身线、轴线、门窗洞口位置线,并必须用钢尺校核放线尺寸。

(2) 按设计要求,在基础及墙身的转角及某些交接处立好皮数杆,其间距每隔 10～15m 立一根,皮数杆上划有每皮砖和灰缝厚度及门窗洞口、过梁、楼板等竖向构造的变化位置,控制楼层及各部位构件的标高。砌筑完每一楼层(或基础)后,应校正砌体的轴线和标高。

2. 砌体工作段划分

(1) 相邻工作段的分段位置,宜设在伸缩缝、沉降缝、防震缝、构造柱或门窗洞口处。

(2) 相邻工作段的高度差,不得超过一个楼层的高度,且不得大于 4m。

(3) 砌体临时间断处的高度差,不得超过一步脚手架的高度。

(4) 砌体施工时,楼面堆载不得超过楼板允许荷载值。

(5) 雨天施工,每日砌筑高度不宜超过 1.4m,收工时应遮盖砌体表面。

(6) 设有钢筋混凝土抗风柱的房屋,应在柱顶与屋架以及屋架间的支撑均已连接固定后,方可砌筑山墙。

3. 砌筑时砖的含水率

(1) 砌筑烧结普通砖、烧结多孔砖、蒸压灰砂砖、蒸压粉煤灰砖砌体时,砖应提前 1～2d 浇水湿润。烧结类块体的相对含水率为 60%～70%。其他非烧结类块体的相对含水率为 40%～50%。

(2) 混凝土多孔砖及混凝土实心砖不需浇水湿润,但在气候干燥炎热情况下对其喷水。

4. 组砌方法

（1）砖柱不得采用先砌四周后填心的包心砌法。柱面上下皮的竖缝应相互错开1/2砖长或1/4砖长，使柱心无能天缝。

（2）砖砌体应上下错缝，内外搭砌，实心砖砌体宜采用一顺一丁、梅花丁或三顺一丁的砌筑形式；多孔砖砌体宜采用一顺一丁、梅花丁的砌筑形式。

（3）基底标高不同时应从低处砌起，并由高处向低处搭接。当设计无要求时，搭接长度不应小于基础扩大部分的高度。

（4）每层承重墙（240mm 厚）的最上一皮砖、砖砌体的阶台水平面上以及挑出层（挑檐、腰线等）应用整砖丁砌。

（5）砖柱和宽度小于1m的墙体，宜选用整砖砌筑。

（6）半砖和断砖应分散使用在受力较小的部位。

（7）搁置预制梁、板的砌体顶面应找平，安装时并应从浆。当设计无具体要求时，应采用 1∶2.5 的水泥砂浆。

（8）厕浴间和有防水要求的楼面，墙底部应浇筑高度不小于 120mm 的混凝土坎。

5. 留槎、拉结筋

（1）砖砌体的转角处和交接处应同时砌筑，严禁无可靠措施的内外墙分砌施工。对不能同时砌筑而又必须留置的临时间断处应砌成斜槎，斜槎水平投影长度不应小于高度的 2/3。

接槎时必须将接槎处的表面清理干净，浇水湿润，填实砂浆并保持灰缝平直。

（2）非抗震设防及抗震设防烈度为 6 度、7 度地区的临时间断处，当不能留斜槎时，除转角处外，可留直槎，但直槎必须做成凸槎。留直槎处应加设拉结钢筋，拉结钢筋的数量为每 120mm 墙厚增置 1φ6 拉结钢筋（但 120mm、240mm 厚墙均应放置 2φ6），间距沿墙高不应超过 500mm；埋入长度从留槎处算起每边均不应小于 500mm，对抗震设防烈度 6 度、7 度的地区，不应小于 1000mm；末端应有 90° 弯钩（图 9-1）。

（3）多层砌体结构中，后砌的非承重砌体隔墙，应沿墙高每隔 500mm 配置 2 根 φ6 的钢筋与承重墙或柱拉结，每边伸入墙内不应小于 500mm。抗震设防烈度为 8 度和 9 度区，长度大于 5m 的后砌隔墙的墙顶，尚应与楼板或梁拉结。隔墙砌至梁板底时，应留有一定空隙，间隔一周后再补砌挤紧。

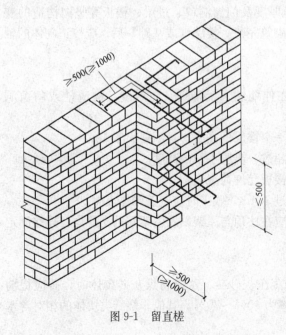

图 9-1 留直槎

6. 灰缝

（1）砖砌体的灰缝应横平竖直，厚薄均匀。水平灰缝厚度和竖向灰缝宽度宜为 10mm，但不应小于 8mm，也不应大于 12mm。砌筑方法宜采用"三一"的砌砖法，即

"一铲灰、一块砖、一揉挤"的操作方法。竖向灰缝宜采用挤浆法或加浆法,使其砂浆饱满密实,严禁用水冲浆灌缝。如采用铺浆法砌筑,铺浆长度不得超过750mm。施工期间气温超过30℃时,铺浆长度不得超过500mm。

砖墙水平灰缝的砂浆饱满度不得低于80%;砖柱水平灰缝和竖向灰缝饱满度不得低于90%。竖向灰缝不得出现透明缝、瞎缝和假缝。

(2)清水墙面不应有上下二皮砖搭接长度小于25mm的通缝,不得有三分头砖,不得在上部随意变活乱缝。

(3)空斗墙的水平灰缝厚度和竖向灰缝宽度一般为10mm,但不应小于7mm,也不应大于13mm。

(4)筒拱拱体灰缝应全部用砂浆填满,拱底灰缝宽度宜为5~8mm,筒拱的纵向缝应与拱的横断面垂直。筒拱的纵向两端,不宜砌入墙内。

(5)为保持清水墙面立缝垂直一致,当砌至一步架子高时,水平间距每隔2m,在丁砖竖缝位置弹两道垂直立线,控制线丁走缝。

(6)清水墙勾缝就采用加浆勾缝,勾缝砂浆宜采用细砂拌制的1:1.5水泥砂浆。勾凹缝时深度为4~5mm,多雨地区或多孔砖可采用稍浅的凹缝或平缝。

(7)砖砌平拱过梁的灰缝应砌成楔形缝。灰缝宽度,在过梁底面不应小于5mm;在过梁的顶面不应大于15mm。拱脚下面应伸入墙内不小于20mm,拱底应有1%起拱。

(8)砌体的伸缩缝、沉降缝、防震缝中,不得夹有砂浆、碎砖和杂物等。

7. 预留孔洞、预埋件

(1)设计要求的洞口、管道、沟槽,应在砌筑时按要求预留或预埋,未经设计同意,不得打凿墙体和在墙体上开凿水平沟槽。超过300mm的洞口上部应设过梁。

(2)砌体中的预埋件应作防腐处理,预埋木砖的木纹应与钉子垂直。

(3)在墙上留置临时施工洞口,其侧边离高楼处墙面不应小于500mm,洞口净宽度不应超过1m,洞顶部应设置过梁。

抗震设防烈度为9度的地区建筑物的临时施工洞口位置,应会同设计单位确定。

临时施工洞口应做好补砌。

(4)不得在下列墙体或部位设置脚手眼:

1)120mm厚墙、料石墙、清水墙和独立柱石;

2)过梁上与过梁成60°角的三角形范围及过梁净跨度1/2的高度范围内;

3)宽度小于1m的窗间墙;

4)砌体门窗洞口两侧200mm(石砌体为300mm)和转角处450mm(石砌体为600mm)范围内;

5)梁或梁垫下及其左右500mm范围内;

6)设计不允许设置脚手眼的部位。

(5)预留外窗洞口位置应上下挂线,保持上下楼层洞口位置垂直;洞口尺寸应准确。

8. 构造柱

(1)构造柱纵筋应穿过圈梁,保证纵筋上下贯通;构造柱箍筋在楼层上下各500mm范围内进行加密,间距宜为100mm。

(2)墙体与构造柱连接处应砌成马牙槎,从每层柱脚起,先退后进,马牙槎的高度不应大于300mm；并应先砌墙后浇混凝土构造柱。

（3）浇筑构造柱混凝土前，必须将砌体留槎部位和模板浇水湿润，将模板内的落地灰、砖渣和其他杂物清理干净，并在结合面处注入适量与构造柱混凝土相同的去石水泥砂浆。振捣时，应避免触墙墙体，严禁通过墙体传震。

### 三、质量验收

1. 砌体工程检验批合格均应符合下列规定：

（1）主控项目的质量经抽样检验全部符合要求。

（2）一般项目的质量经抽样检验应有80%及以上符合要求。

（3）具有完整的施工操作依据、质量检查记录。

2. 主控项目

（1）砖和砂浆的强度等级必须符合设计要求。

抽检数量：每一生产厂家的砖到现场后，按烧结普通砖、混凝土实心砖每15万块，多孔砖、灰砂砖及粉煤灰砖每10万块各为一验收批，抽检数量为1组。砂浆试块的抽检数量应符合本章第一节的有关规定。

检验方法：检查砖和砂浆试块试验报告。

（2）砌体灰缝砂浆应密实饱满，砖墙水平灰缝的砂浆饱满度不得小于80%，砖柱水平灰缝和竖向灰缝不得低于90%。

抽检数量：每检验批抽查不应少于5处。

检验方法：用百格网检查砖底面与砂浆的粘结痕迹面积。每处检测3块砖，取其平均值。

（3）砖砌体的转角处和交接处应同时砌筑，严禁无可靠措施的内外墙分砌施工。在抗震设防烈度为8度及8度以上地区，对不能同时砌筑而又必须留置的临时间断处应砌成斜槎，普通砖砌体斜槎水平投影长度不应小于高度的2/3，多孔砖砌体的斜槎长高比不应小于1/2。斜槎高度不得超过一步脚手架的高度。

抽检数量：每检验批抽查不应少于5处。

检验方法：观察检查。

（4）非抗震设防及抗震设防烈度为6度、7度地区的临时间断处，当不能留斜槎时，除转角处外，可留直槎，但直槎必须做成凸槎。留直槎处应加设拉结钢筋，拉结钢筋的数量为每120mm墙厚放置1φ6拉结钢筋（120mm厚墙放置2φ6拉结钢筋），间距沿墙高不应超过500mm；埋入长度从留槎处算起每边均不应小于500mm，对抗震设防强度6度、7度的地区，不应小于1000mm；末端应有90°弯钩。

抽检数量：每检验批抽查不应少于5处。

检验方法：观察和尺量检查。

合格标准：留槎正确，拉结钢筋设置数量、直径正确，竖向间距偏差不超过100mm，留置长度基本符合规定。

（5）砖砌体的位置及垂直度允许偏差应符合表9-6的规定。

抽检数量：轴线查全部承重墙、柱；外墙垂直度全高查全部阳角，每层不应少于5处。

**砖砌体的位置及垂直度允许偏差**　　　　　　　　　　表 9-6

| 项次 | 项　目 | | | 允许偏差(mm) | 检验方法 |
|---|---|---|---|---|---|
| 1 | 轴线位移 | | | 10 | 用经纬仪和尺或用其他测量仪器检查 |
| 2 | 垂直度 | 每层 | | 5 | 用2m托线板检查 |
| | | 全高 | ≤10m | 10 | 用经纬仪、吊线和尺<br>或用其他测量仪器检查 |
| | | | >10m | 20 | |

(6) 钢筋的品种、规格和数量应符合设计要求。

检验方法：检查钢筋的合格证书、钢筋性能试验报告、隐蔽工程记录。

(7) 构造柱、混凝土的强度等级应符合设计要求。

抽检数量：每一检验批砌体至少应做一组试块。

检验方法：检查混凝土试块试验报告。

(8) 构造柱与墙体的连接处应砌成马牙槎，马牙槎应先退后进、预留的拉结钢筋应位置正确，施工中不得任意弯折。

抽检数量：每检验批抽查不少于 5 处。

检验方法：观察检查。

合格标准：钢筋竖向移位不应超过 100mm，每一马牙槎沿高度方向尺寸不应超过 300mm。钢筋竖向位移和马牙槎尺寸偏差每一构造柱不应超过 2 处。

(9) 构造柱位置及垂直度的允许偏差应符合表 9-7 规定。

**构造柱尺寸允许偏差**　　　　　　　　　　表 9-7

| 项次 | 项　目 | | | 允许偏差(mm) | 检验方法 |
|---|---|---|---|---|---|
| 1 | 柱中心线位置 | | | 10 | 用经纬仪和尺检查或用其他测量仪器检查 |
| 2 | 柱层间错位 | | | 8 | 用经纬仪和尺检查或用其他测量仪器检查 |
| 3 | 柱垂直度 | 每层 | | 5 | 用2m托线板检查 |
| | | 全高 | ≤10m | 10 | 用经纬仪、吊线和尺检查，<br>或用其他测量仪器检查 |
| | | | >10m | 20 | |

抽检数量：每检验批抽 10％，且不应少于 5 处。

3. 一般项目

(1) 砖砌体组砌方法应正确，上、下错缝，内外搭砌。砖柱不得采用包心砌法。

抽检数量：每检验批抽查不应少于 5 处。

检验方法：观察检查。

合格标准：除符合本条要求外，清水墙、窗间墙无通缝；混水墙中不得有长度大于 300mm 的通缝，长度 200～300mm 的通缝每间不超过 3 处，且不得位于同一面墙体上。

(2) 砖砌体的灰缝应横平竖直，厚薄均匀。水平灰缝厚度及竖向灰缝宽度宜为 10mm，但不应小于 8mm，也不应大于 12mm。

抽检数量：检验批抽查不应少于 5 处。

检验方法：水平灰缝厚度用尺量 10 皮砖砌体高度折算；竖向灰缝宽度用尺量 2m 砌体长度折算。

（3）砖砌体尺寸、位置允许偏差应符合表9-8的规定。

砖砌体尺寸、位置允许偏差        表9-8

| 项次 | 项 目 | | 允许偏差(mm) | 检验方法 | 抽检数量 |
|---|---|---|---|---|---|
| 1 | 基础、墙、柱顶面标高 | | ±15 | 用水准仪和尺检查 | 不应少于5处 |
| 2 | 表面平整度 | 清水墙、柱 | 5 | 用2m靠尺和楔形塞尺检查 | 不应少于5处 |
| | | 混水墙、柱 | 8 | | |
| 3 | 门窗洞口高、宽(后塞口) | | ±10 | 用尺检查 | 不应少于5处 |
| 4 | 外墙上下窗口偏移 | | 20 | 以底层窗口为准,用经纬仪或吊线检查 | 不应少于5处 |
| 5 | 水平灰缝平直度 | 清水墙 | 7 | 拉5m线和尺检查 | 不应少于5处 |
| | | 混水墙 | 10 | | |
| 6 | 清水墙游丁走缝 | | 20 | 吊线和尺检查,以每层第一皮砖为准 | 不应少于5处 |

**4. 质量控制资料**

砌体工程验收前，应提供下列文件和记录：

（1）施工执行的技术标准。

（2）原材料的合格证书、产品性能检测报告和复验报告。

（3）混凝土及砂浆配合比通知单。

（4）混凝土及砂浆试块抗压强度试验报告单及评定结果。

（5）施工记录。

（6）各检验批的主控项目、一般项目验收记录。

（7）施工质量控制资料。

（8）重大技术问题的处理或修改设计的技术文件。

（9）其他必须提供的资料。

# 第三节　混凝土小型空心砌块砌体工程

本节所指混凝土小型空心砌块（简称小砌块），包括普通混凝土小型空心砌块（简称普通小砌块）和轻骨料混凝土小型空心砌块（简称轻骨料小砌块）。

**一、一般规定**

（1）小砌块的品种、强度等级必须符合设计要求，并应有产品合格证书和性能检测报告，进场后应进行复验。复验抽样为同一生产厂家同一品种同一强度等级的小砌块每1万块为一个验收批，每一验收批应抽查1组。

（其中4层以上建筑的基础和底层的小砌块每1万块抽查2组）

（2）小砌块吸水率不应大于20%。

干缩率和相对含水率应符合表9-9的要求。

| 干缩率(%) | 相对含水率(%) | | |
|---|---|---|---|
| | 潮湿 | 中等 | 干燥 |
| <0.03 | 45 | 40 | 35 |
| 0.03~0.045 | 40 | 35 | 30 |
| >0.045~0.065 | 35 | 30 | 25 |

注：1. 相对含水率即砌块出厂含水率与吸水率之比。

$$W=\frac{W_1}{W_2}\times 100$$

式中 $W$——砌块的相对含水率（%）；

　　$W_1$——砌块出厂时的含水率（%）；

　　$W_2$——砌块的吸水率（%）。

2. 使用地区的湿度条件：

潮湿——系指年平均相对湿度大于 75% 的地区；

中等——系指年平均相对湿度 50%~75% 的地区；

干燥——系指年平均相对湿度小于 50% 的地区。

（3）掺工业废渣的小砌块其放射性应符合现行国家标准《建筑材料放射性核素限量》GB 6566 的有关规定。

（4）砌筑时小砌块的产品龄期不得少于 28d。

（5）承重墙体使用的小砌块应完整，无破损、无裂缝。严禁使用断裂小砌块。

（6）底层室内地面以下或防潮层以下的砌体，应采用强度等级不低于 C20（或 Cb20）的混凝土灌实小砌块的孔洞。

（7）用于清水墙的砌块，其抗渗性指标应满足产品标准规定，并宜选用优等品小砌块。

（8）小砌块堆放、运输时应有防雨、防潮和排水措施；装卸时应轻码轻放，严禁抛掷、倾倒。

（9）钢筋的质量控制要求同砖砌体工程。

（10）小砌块砌筑宜选用专用的《混凝土小型空心砌块砌筑砂浆》JC 860—2000。当采用非专用砂浆时，除应按本章第一节的要求控制外，宜采取改善砂浆粘结性能的措施。

**二、质量控制**

1. 设计模数的校核

小砌块砌体房屋在施工前应加强对施工图纸的会审，尤其对房屋的细部尺寸和标高，是否适合主规格小砌块的模数应进行校核。发现不合适的细部尺寸和标高应及时与设计单位沟通，必要时进行调整。这一点对于单排孔小砌块显得尤为重要。当尺寸调整后仍不符合主规格块体的模数时，应使其符合辅助规格块材的模数。否则会影响砌筑的速度与质量。这是由于小砌块块材不可切割的特性所决定的，应引起高度的重视。

2. 小砌块排列图

砌体工程施工前，应根据会审后的设计图纸绘制小砌块砌体的施工排列图。排列图应包括平面与立面两面三个方面。它不仅对估算主规格及辅助规格块材的用量是不可缺少的，对正确设定皮数杆及指导砌体操作工人进行合理摆转，准确留置预留洞口、构造柱、梁位置等，确保砌筑质量也是十分重要的。对采用混凝土芯柱的部位，既要保证上下畅通不梗阻，又要避免由于组砌不当造成混凝土灌注时横向流窜，芯柱呈正三角形状（或宝塔状）。不仅浪费材料，而且增加了房屋的永久荷载。

3. 砌筑时小砌块的含水率

普通小砌块砌筑时，一般可不浇水。天气干燥炎热时，可提前洒水湿润；轻骨料小砌块，宜提前一天浇水湿润。雨天及小砌块表面有浮水时，为避免游砖不得砌筑。

4. 组砌与灰缝

（1）单排孔小砌块砌筑时应对孔错缝搭砌；当不能对孔砌筑，搭接长度应为块体长度的 $\frac{1}{2}$ 并不得小于 90mm（含其他小砌块）；当不能满足时，在水平灰缝中设置拉结钢筋网，网位两端距竖缝宽度不宜小于 300mm。

（2）小砌块砌筑应将生产时的底面（壁、肋稍厚一面）朝上反砌于墙上（便于铺灰）。

（3）小砌块砌体的水平灰缝应平直，按净面积计算水平灰缝和竖向灰缝的砂浆饱满度不得小于 90%。

（4）小砌块砌体的水平灰缝厚度和竖向灰缝宽度宜为 10mm，但不应小于 8mm，也不应大于 12mm，铺灰长度不宜超过两块方规格块体的长度。

（5）需要移动砌体中的小砌块或砌体被撞动后，应重新铺砌。

（6）厕浴间和有防水要求的楼面，墙底部应浇筑高度不小于 120mm 的混凝土坎；轻骨料小砌块墙底部混凝土高度不宜小于 200mm。

（7）小砌块清水墙的勾缝应采用加浆勾缝，当设计无具体要求时宜采用平缝形式。

（8）为保证砌筑质量，日砌高度为 1.4m，或不得超过一步脚手架高度内。

5. 留槎、拉结筋

（1）墙体转角处和纵横墙交接处应同时砌筑。临时间断处应砌成斜槎，斜槎水平投影长度不应小于斜槎高度。

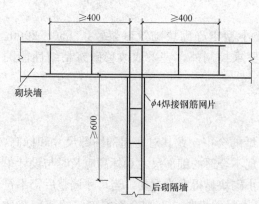

图 9-2 砌块墙与后砌隔墙交接处钢筋网片

（2）砌块墙与后砌隔墙交接处，应沿墙高每 400mm 在水平灰缝内设置不少于 2φ4、横筋间距不大于 200mm 的焊接钢筋网片（图 9-2）。

6. 预留洞、预埋件

（1）除按砖砌体工程控制外，当墙上设置脚手眼时，可用辅助规格砌块侧砌，利用其孔洞作脚手眼（注意脚手眼下部砌块的承载能力）；补眼时可用不低于小砌块强度的混凝土填实。

（2）门窗固定处的砌筑，可镶砌混凝土预制块（其内可放木砖），也可在门窗两侧小砌块孔内灌筑混凝土。

7. 混凝土芯柱

（1）砌筑芯柱（构造柱）部位的墙体，应采用不封底的通孔小砌块，砌筑时要保证上下孔通畅且不错孔，确保混凝土浇筑时不侧向流窜。

（2）在芯柱部位，每层楼的第一皮块体，应采用开口小砌块或 U 形小砌块砌出操作孔，操作孔侧面宜预留连通孔；砌筑开口小砌块或 U 形小砌块时，应随时刮去灰缝内凸出的砂浆，直至一个楼层高度。

（3）浇灌芯柱的混凝土，宜选用专用的《混凝土小型空心砌块灌孔混凝土》（JC 861—2000）（坍落度为 180mm 以上）；当采用普通混凝土时，其坍落度不应小于 90mm。

（4）浇灌芯柱混凝土，应遵守下列规定：

1）清除孔洞内的砂浆等杂物，并用水冲洗；

2）砌筑砂浆强度大于 1MPa 时，方能浇灌芯柱混凝土；

3）在浇灌芯柱混凝土前应先注入适量与芯柱混凝土成分相同的去石水泥砂浆，再浇灌混凝土。

8. 小砌块墙中设置构造柱时，与构造柱相邻的砌块孔洞，当设计未具体要求时，6 度（抗震设防烈度，下同）时宜灌实，7 度时应灌实，8 度时应灌实并插筋。其他可参照砖砌体工程。

### 三、质量验收

1. 主控项目

（1）小砌块、砌筑砂浆和芯柱混凝土的强度等级必须符合设计要求。

抽检数量：每一生产厂家，每 1 万块小砌块为一验收批，不足一万块按一批计，抽检数量为 1 组。用于多层以上建筑基础和底层的小砌块抽检数量不应少于 2 组。砂浆试块的抽检数量：每一检验批且不超过 250m3 砌体的各种类型及强度等级的建筑砂浆，每台搅拌机应至少抽检一次。芯柱混凝土每一检验批至少做一组试块。

检验方法：查小砌块、砌筑砂浆和芯柱混凝土试块试验报告。

（2）砌体水平灰缝和竖向灰缝的砂浆饱满度，应按净面积计算不得低于 90%。

抽检数量：每检验批检查不应少于 5 处。

检验方法：用专用百格网检测小砌块与砂浆粘结痕迹，每处检测 3 块小砌块，取其平均值。

（3）墙体转角处和纵横墙交接处应同时砌筑。临时间断处应砌成斜槎，斜槎水平投影长度不应小于斜槎高度。施工洞口可预留直槎，但在洞口砌筑和补砌时，应在直槎上下搭砌的小砌块孔洞内用强度等级不低于 C20（或 Cb20）的混凝土灌实。

抽检数量：每检验批抽查不应少于 5 处。

检验方法：观察检查。

（4）小砌块砌体的芯柱在楼盖处应贯通，不得削弱芯柱截面尺寸；芯柱混凝土不得漏灌。

抽检数量：每检验批抽查不应少于 5 处。

检验方法：观察检查

（5）砌体的轴线位置偏移和垂直度偏差应符合砖砌体的位置及垂直度允许偏差表的规定。

2. 一般项目

（1）墙体的水平灰缝厚度和竖向灰缝宽度宜为 10mm，但不应大于 12mm，也不应小于 8mm。

抽检数量：每检验批抽查不应少于5处。

抽检方法：用尺量5皮小砌块的高度和2m砌体长度折算。

（2）小砌块墙体的一般尺寸允许偏差应按砖砌体一般尺寸允许偏差表的规定执行。

3. 质量控制资料

同砖砌体工程。

## 第四节　填充墙砌体工程

本节适用于轻骨料混凝土小型空心砌块，蒸压加气混凝土砌块（以下简称"加气砌块"），烧结空心砖等砌筑填充墙砌体工程。

**一、一般规定**

1. 砌块、砖的品种、强度等级应符合设计要求，品质符合合同要求的等级品；并应具有出厂合格证和产品性能检测报告。

2. 小砌块、加气砌块出釜后应在干燥环境中放置28d后方可使用。填充墙不属承重墙，一般选用密度较小的块材，如轻骨料小砌块、加气砌块（含砂加气砌块）等。这些块材均为非烧结制品，故干燥收缩率较大。如普通混凝土小砌块为0.03%～0.04%，轻骨料混凝土小砌块为0.03%～0.065%，加气砌块可达到0.08%。为减少砌体的干缩率，使其在砌筑前完成大部分的收缩量，干置28d后使用将是十分有利的。当对这些块材尚不放心（如有些生产厂更多掺加了易收缩变形的粗骨料或粉煤灰），可将进场块材（订采购合同时约定验货方式）送检测机构做干缩试验，确保砌体质量。

3. 小砌块、加气砌块装卸时严禁抛掷和倾倒，这是因为送到现场时强度往往较低，有的甚至生产龄期才几天（为了加快厂里堆放场所的周转），这是与烧结黏土砖的一个很大的区别（烧结砖冷却窑时强度已达100%）。对减少块材的掉楞缺角和损坏有利。

4. 上述块材在堆放运输过程中应采取防雨防潮和排水措施，故不可露天着地堆放。国外这类块材按用户需求分为有含水率要求与无含水率要求两种。若有含水率要求，出厂前须经烘焙处理，再用防潮材料包装，即不怕雨淋。而我国目前一般未达到这样水准，只能靠运输和现场堆放时的简易措施来弥补，降低块材含水率，减少物体干缩裂缝，从而提高砌体质量。这也是有关产品标准中专门规定的。

5. 在厕浴间和有防水要求的房间，采用轻骨料小砌块、加气砌块和薄壁空心砖（如三孔砖）砌筑墙体时，墙底部宜现浇混凝土坎台，其高度宜为150mm。

**二、质量控制**

1. 填充墙砌体施工质量控制等级，应选用B级以上，不得选用C级（见《砌体结构工程施工质量验收规范》）其砌筑人员均应取得技术等级证书，其中高、中级技术工人的比例不少于70%。为落实操作质量责任制，应采用挂牌或墙面明示等形式，注明操作人员、质量实测数据，并记入施工日志。

2. 对进入施工现场的建筑材料，尤其是砌体材料，应按产品标准进行质量验收，并作好验收记录。对质量不合格或产品等级不符合要求的，不得用于砌体工程。为消除墙面渗漏水隐患，不得将有裂缝的砖面、小砌块面砌于外墙的外表面。

3. 砌体施工前，应由专人设置皮数杆，并应根据设计要求、块材规格和灰缝厚度在皮数杆上标明皮数及竖向构造的变化部位；灰缝厚度应用双线标明。

未设置皮数杆，砌筑人员不得进行施工。

4. 用混凝土小型空心砌块，加气混凝土砌块等块材砌筑墙体时，必须根据预先绘制的砌块排列图进行施工。

严禁无排列图或不按排列图施工。

5. 吸水率较大的轻骨料小砌块、空心砖应提前 1～2d 浇水湿润；加气砌块砌筑时，应在砌筑当天向砌筑面适量喷水湿润；当采用薄灰砌筑法施工时不得浇水湿润。用砂浆砌筑时的相对含水率：吸水率较大的轻骨料小砌块、加气砌块宜为 40%～50%，空心砖宜为 60%～70%。

6. 填充墙砌筑时应错缝搭砌。单排孔小砌块应对孔错缝砌筑，当不能对孔时，搭接长度不应小于 90mm，加气砌块搭接长度不小于砌块长度的 1/3；当不能满足时，应在水平灰缝中设置钢筋加强。

7. 小砌块、空心砖砌体的水平、竖向灰缝厚度应为 8～12mm；加气砌块的水平、竖向灰缝厚度不应超过 12～15mm。

8. 轻骨料小砌块和加气砌块砌体，由于干缩率和膨胀值较大，不应与其他块材混砌。但对于因构造需要的墙底部、顶部、门窗固定部位等，可局部适量镶嵌其他块材，门窗两侧小砌块可采用填灌混凝土办法，不同砌体交接处可采用构造柱连接。

9. 填充墙的水平灰缝砂浆饱满度均应不小于 80%；小砌块、加气砌块砌体的竖向灰缝也不应小于 80%，其他砖砌体的竖向灰缝应填满砂浆，并不得有透明缝、瞎缝、假缝。

10. 填充墙砌至梁、板底部时，应留一定空隙，至少间隙 7d 后再进行镶嵌；或用坍落较小的混凝土或砂浆填嵌密实（高度宜为 50 与 30mm）。在封砌施工洞口及外墙井架洞口时，尤其应严格控制，千万不能一次到顶。

11. 小砌块、加气砌块砌筑时应防止雨淋。

12. 封堵外墙支模洞、脚手眼等，应在抹灰前派专人实施，在清洗干净后应从墙体两侧封堵密实，确保不开裂、不渗漏，并应加强检查，做好记录。

13. 砌筑伸缩缝、沉降缝、抗震缝等变形缝外砌体时应确保缝的净宽，并应采取遮盖措施或填嵌聚苯乙烯等发泡材料等，防止缝内夹有块材、碎渣、砂浆等杂物。

14. 构造柱与墙体的连接处应砌成马牙槎，从每层柱脚开始，先退后进，每一马牙槎沿高度方向的尺寸不宜超过 300mm。沿墙高每 500mm 设 2φ6 拉结钢筋，每边伸入墙内不宜小于 1m。预留伸出的拉结钢筋不得在施工中任意反复弯折，如有歪斜、弯曲，在浇灌混凝土之前，应校正到准确位置并绑扎。

15. 利用砌体支撑模板时，为防止砌体松动，严禁采用"骑马钉"直接敲入砌体的做法。利用砌体入模浇筑混凝土构造柱等，当砌体强度、刚度不能克服混凝土振捣产生的侧向力时，应采取可靠措施，防止砌体变形、开裂，杜绝渗漏隐患。

16. 填充墙与混凝土结合部的处理，应按设计要求进行；若设计无要求时，宜在该处内外两侧，敷设宽度不小于 200mm 的钢丝网片，网片应绷紧后分别固定于混凝土与砌体上的粉刷层内，要保证网片粘结牢固。

17. 为防止外墙面渗漏水，伸出墙面的雨篷、敞开式阳台、空调机搁板、遮阳板、窗套、外楼梯根部及凹凸装饰线脚处，应采取切实有效的止水措施。

18. 钢筋混凝土结构中砌筑填充墙时，应沿框架柱（剪力墙）全高每隔 500mm（砌块模数不能满足时可为 600mm）设 2φ6 拉结筋，拉结筋伸入墙内的长度应符合设计要求；当设计未具体要求时；非抗震设防及抗震设防烈度为 6 度、7 度时，不应小于墙长的 1/5 且不小于 700mm；8 度、9 度时宜沿墙全长贯通。

19. 抗震设防地区还应采取如下抗震拉结措施：（1）墙长大于 5m 时，墙顶与梁宜有拉结；（2）墙长超过层高 2 倍时，宜设置钢筋混凝土构造柱；（3）墙高超过 4m 时，墙体半高处宜设置与柱连接且沿墙全长贯通的钢筋混凝土水平连系梁。

### 三、质量验收

1. 主控项目

砖、砌块和砌筑砂浆的强度等级应符合设计要求。

检验方法：检查砖或砌块的产品合格证书、产品性能检测报告和砂浆试块试验报告。

2. 一般项目

(1) 填充墙砌体尺寸、位置的允许偏差及检验方法应符合表 9-10 的规定。

**填充墙砌体尺寸、位置的允许偏差及检验方法**　　　　　　表 9-10

| 项次 | 项 目 | | 允许偏差(mm) | 检 验 方 法 |
|---|---|---|---|---|
| 1 | 轴线位移 | | 10 | 用尺检查 |
| | 垂直度 | 小于或等于 3m | 5 | 用 2m 托线板或吊线、尺检查 |
| | | 大于 3m | 10 | |
| 2 | 表面平整度 | | 8 | 用 2m 靠尺和楔形塞尺检查 |
| 3 | 门窗洞口高、宽(后塞口) | | ±10 | 用尺检查 |
| 4 | 外墙上、下窗口偏移 | | 20 | 用经纬仪或吊线检查 |

抽检数量：每检验批抽查不少于 5 处。

(2) 填充墙砌体的砂浆饱满度及检验方法应符合表 9-11 的规定。

**填充墙砌体的砂浆饱满度及检验方法**　　　　　　表 9-11

| 砌 体 分 类 | 灰缝 | 饱满度及要求 | 检 验 方 法 |
|---|---|---|---|
| 空心砖砌体 | 水平 | ≥80% | 采用百格网检查块体底面或侧面砂浆的粘结痕迹面积 |
| | 垂直 | 填满砂浆，不得有透明缝、瞎缝、假缝 | |
| 加气混凝土砌块和轻骨料混凝土小砌块砌体 | 水平 | ≥80% | |
| | 垂直 | ≥80% | |

抽检数量：每检验批抽查不应少于 5 处。

(3) 填充墙砌体留置的拉结筋或网片的位置应与块体皮数相符合。拉结钢筋或网片应置于灰缝中，埋置长度应符合设计要求，竖向位置偏差不应超过一皮高度。

抽检数量：每检验批抽查不应少于 5 处。

检验方法：观察和用尺量检查。

(4) 填充墙砌筑时应错缝搭砌，蒸压加气混凝土砌块搭砌长度不应小于砌块长度的 1/3；轻骨料混凝土小型空心砌块搭砌长度不应小于 90mm；竖向通缝不应大于 2 皮。

抽检数量：每检验批抽查不应小于 5 处。

检验方法：观察检查。

（5）填充墙砌体的水平灰缝厚度和竖向灰缝宽度应正确。空心砖、轻骨料混凝土小型空心砌块的砌体灰缝应为 8～12mm。蒸压加气混凝土砌块砌体的水平灰缝厚度及竖向灰缝宽度分别宜为 15mm（用水泥砂浆、水泥混合砂浆）和 3～4mm（用砌块粘结砂浆）。

抽检数量：每检验批抽查不应少于 5 处。

检验方法：用尺量 5 皮空心砖或小砌块的高度和 2m 砌体长度折算。

（6）填充墙砌至接近梁、板底时，应留有一定空隙，待填充墙砌筑完并应至少间隔 7d 后，再将其补砌挤紧。

抽检数量：每验收批抽查不应少于 3 片墙。

检验方法：观察检查。

# 第十章 混凝土结构工程

## 第一节 模板工程

### 一、一般要求

（一）材料要求

模板宜选用钢材、胶合板、塑料等材料，模板的支架材料宜选用钢材等。当采用木材时，木材应符合《木结构设计规范》中的承重结构选材标准，其材质不宜低于Ⅲ等材；当采用钢模板时，钢材应符合《碳素结构钢》中的 Q235（3 号）钢标准；胶合板应符合《混凝土模板用胶合板》中的有关规定。

（二）模板及其支架

模板及其支架必须符合下列规定：

（1）保证工程结构和构件各部分形状尺寸和相互位置的正确。这就要求模板工程的几何尺寸、相互位置及标高满足设计图纸要求以及混凝土浇捣完毕后，在其允许偏差范围内。

（2）模板及支架应根据施工过程中的各种工况进行设计，应具有足够的承载力、刚度，并保证其整体稳固性。能使它在静荷载和动荷载的作用下不出现塑性变形倾覆和失稳。

（3）构造简单，拆装方便，便于钢筋的绑扎和安装以及混凝土的浇捣和养护工艺要求，做到加工容易，集中制造，提高工效，紧密配合，综合考虑。

（4）模板的拼缝不应漏浆。对于反复使用的钢模板要不断进行整修，保证其棱角顺直、平整。

（三）模板的设计、制作和施工

组合钢模板、大模板、滑升模板等的设计、制作和施工尚应符合国家现行标准的有关规定。

（四）模板用隔离剂

模板与混凝土的接触应涂隔离剂。不宜采用油质类隔离剂。严禁隔离剂沾污钢筋与混凝土接槎处，以免影响钢筋与混凝土的握裹力以及混凝土接槎处不能有机相结合。故不得在模板安装后刷隔离剂。

（五）模板的维修保养

对模板及其支架应定期维修。钢模板及支架应防止锈蚀，从而延长模板及其支架的使用寿命。

### 二、现浇混凝土结构模板工程设计

（一）模板结构的三要素

虽然模板结构的种类很多，所用材料不同和功能各异，但其模板结构均由三部分组成。

1. 模板面板

是所浇筑混凝土直接接触的承力板。

2. 支撑结构

是支撑新浇混凝土产生的各种荷载和模板面板以及施工荷载的结构。

3. 连接件

是将模板面板和支撑结构连接成整体的部件，使模板结构组合成整体。

（二）模板结构设计的原则

1. 实用性

即要保证混凝土结构工程的质量，便于钢筋绑扎和安装以及混凝土浇筑和养护工艺要求。

2. 安全性

模板结构必须具有足够的承载能力和刚度，确保操作工人的安全。

3. 经济性

要视工程结构的具体情况和施工单位的具体条件，进行技术经济比较，因地制宜，就地取材，择优选用模板方案。

（三）荷载分项系数与调整系数

根据《建筑结构荷载规范》和《混凝土结构工程施工质量验收规范》GB 50204—2002 有关规定，在进行一般模板结构构件计算时，各类荷载应乘以相应的分项系数与调整系数，其要求如下：

1. 分项系数

（1）恒荷载分项系数

1）当其效应对结构不利时，乘以分项系数 1.2；

2）当其效应对结构有利时，一般情况下分项系数取 1.0；但对抗倾覆有利的恒荷载其分项系数取 0.9。

（2）活荷载分项系数

1）一般情况下分项系数取 1.4；

2）模板的操作平台结构，当活荷载标准值不小于 $4kN/m^2$ 时，分项系数取 1.3。

2. 调整系数

（1）对于一般钢模板结构，其荷载设计值可乘以 0.85 的调整系数；但对于冷弯薄壁型钢模板结构，其设计荷载值的调整系数为 1.0；

（2）对于木模板结构，当木材含水率小于 25% 时，其设计荷载值可乘以 0.9 的调整系数。

（四）荷载与荷载组合

1. 荷载

（1）模板结构的自重（组合项①）

包括模板面板、支撑结构和连接件的自重，有的模板还应包括安全防护结构，例如护身栏等的自重荷载。

（2）新浇混凝土自重（组合项②）

普通混凝土采用 $24kN/m^3$，其他混凝土根据实际重力密度确定。

（3）钢筋自重（组合项③）

根据钢筋混凝土结构工程设计图纸计算确定。

（4）新浇混凝土对模板侧面的压力（组合项⑥）

采用插入式振动器且浇筑速度不大于 10m/h 混凝土坍落度不大于 180mm 时，新浇筑的混凝土作用于模板的最大侧压力，可按照以下两式计算，并取其中较小值：

$$F = 0.28\gamma_c t_0 \beta V^{1/2}$$
$$F = \gamma_c H$$

式中  $F$——新浇混凝土对模板的最大侧压力（$kN/m^2$）；

$\gamma_c$——混凝土的重力密度（$kN/m^3$）；

$t_0$——新浇混凝土的初凝时间（h），可按实测确定；

$V$——混凝土的浇筑速度（m/h）；

$H$——混凝土侧压力计算位置处至新浇混凝土顶面的总高度（m）；

$\beta$——混凝土坍落度影响修正系数，当坍落度为 50～90mm 时取 0.85；90～130mm 时取 0.9；130～180mm 时取 1.0。

当浇筑速度大于 10m/h 或混凝坍落度大于 180mm 时用 $F = \gamma_0 H$ 计算。

（5）施工人员及施工设备荷载（组合项④）

可按实际情况计算，且不应小于 $2.5kN/m^2$。

计算支撑结构立柱及其支撑结构构件时，均布活荷载取 $1.0kN/m^2$。

大型浇筑设备按实际情况计算。

（6）泵送混凝土或不均匀堆载等因素产生的附加水平荷载（组合项⑤）

可取计算工况下竖向永久荷载标准值的 2%，并应作用在模板支架上端水平方向。

（7）倾倒混凝土时产生的荷载（组合项⑦）

倾倒混凝土时，对垂直面模板产生的水平荷载按表 10-1 采用。

倾倒混凝土时产生的水平荷载标准值（$kN/m^2$）　　　　　　　表 10-1

| 项　次 | 向模板内供料方法 | 水 平 荷 载 |
| --- | --- | --- |
| 1 | 溜槽、串筒、导管或泵管下料 | 2 |
| 2 | 吊车配备斗容器或小车直接倾倒 | 4 |

注：本荷载作用范围在有效压头高度以内。

（8）风荷载（组合项⑧）

按《建筑结构荷载规范》GB 50009 有关规定确定，不应小于 $0.2kN/m^2$。

2. 荷载组合

参与模板及支架承载力计算，其荷载组合应根据表 10-2 选用。

**三、模板安装的质量控制**

（1）竖向模板和支架的支承部分必须坐落在坚实的基土上，并应加设垫板，使其有足够的支承面积。

（2）一般情况下，模板自下而上地安装。在安装过程中要注意模板的稳定，可设临时支撑稳住模板，待安装完毕且校正无误后方可固定牢固。

| 计算内容 | | 参与荷载项 |
|---|---|---|
| 模板 | 底面模板的承载力 | ①+②+③+④ |
| | 侧面模板的承载力 | ⑥+⑦ |
| 支架 | 支架水平杆及节点的承载力 | ①+②+③+④ |
| | 立杆的承载力 | ①+②+③+④+⑧ |
| | 支架结构的整体稳定 | ①+②+③+④+⑤<br>①+②+③+④+⑧ |

注：表中的"+"仅表示各项荷载参与组合，而不表示代数相加。

（3）模板安装要考虑拆除方便，宜在不拆梁的底模和支撑的情况下，先拆除梁的侧模，以利周转使用。

（4）竖向模板安装时，应在安装基面上测量放线并应采取保证模板位置正确的定位措施，在安装过程中应多检查，注意垂直度、中心线、标高及各部位的尺寸；保证结构部分的几何尺寸和相邻位置的正确。

（5）现浇钢筋混凝土梁、板，当跨度大于或等于 4m 时，模板应起拱；当设计无要求时，起拱高度宜为全跨长的 1/1000～3/1000。不准许起拱过小而造成梁、板底下垂。

（6）现浇多层房屋和构筑物支模时，采用分段分层方法。下层混凝土须达到足够的强度以承受上层荷载传来的力，且上、下立柱应对齐，并铺设垫板。

（7）固定在模板上的预埋件和预留洞不得遗漏，安装必须牢固，位置准确，其允许偏差应符合《混凝土结构工程施工质量验收规范》GB 50204—2002 中表 4.2.6 的规定。

（8）现浇结构模板安装的允许偏差，应符合《混凝土结构工程施工质量验收规范》GB 50204—2002 中表 4.2.7 的规定。

**四、模板拆除的质量控制**

（一）模板拆除时的混凝土强度

模板及其支架拆除时的混凝土强度，应符合设计要求，当设计无具体要求时，应符合下列规定：

（1）现浇结构侧模在混凝土强度能保证其表面及棱角不因拆除模板而受损坏后，方可拆除。

（2）现浇结构底模在混凝土强度符合表 10-3 的规定后，方可拆除。

现浇结构底模拆除时的混凝土强度要求 表 10-3

| 构件类型 | 构件跨度(m) | 按达到设计混凝土强度等级的百分率计(%) | 构件类型 | 构件跨度(m) | 按达到设计混凝土强度等级的百分率计(%) |
|---|---|---|---|---|---|
| 板 | ≤2 | ≥50 | 梁、拱、壳 | ≤8 | ≥75 |
| | >2,≤8 | ≥75 | | >8 | ≥100 |
| | >8 | ≥100 | 悬臂结构 | — | ≥100 |

（二）模板拆除后承受荷载的规定

混凝土结构在模板和支架拆除后，需待混凝土强度达到设计混凝土强度等级后，方可承受全部使用荷载；当施工荷载所产生的效应比使用荷载的效应更为不利时，必须经过核算，加设临时支撑。

（三）拆模注意事项

拆模时，除了符合以上要求外，还必须注意下列几点：

（1）拆模时不要用力过猛过急，拆下来的模板和支撑用料要及时运走、整理。

（2）拆模顺序一般应是后支的先拆，先支的后拆，先拆非承重部分，后拆承重部分。重大复杂模板拆除，事先要制定拆模方案。

（3）多层楼板模板支柱的拆除，应按下列要求进行：上层楼板正在浇灌混凝土时，下一层楼板的模板支柱不得拆除，再下层楼板的支柱，仅可拆除一部分；跨度 4m 及 4m 以上的梁下均应保留支柱，其间距不得大于 3m。

（4）快速施工的高层建筑梁、板模板，例如：3～5d 完成一层结构，其底模及支柱的拆除时间，应对所用混凝土的强度发展情况分层进行核算，确保下层楼板及梁能完全承载。

（5）定型模板、特别是组合式钢模板，要加强保护，拆除后逐块传递下来，不得抛掷，拆下后清理干净，板面涂刷脱模剂，分类堆放整齐，以利再用。

## 第二节　钢筋工程

### 一、一般要求

（一）钢筋采购与进场验收

（1）混凝土结构所采用的热轧钢筋、热处理钢筋、碳素钢丝、刻痕钢丝和钢绞线的质量，应分别符合现行国家标准的规定。

（2）钢筋从钢厂发出时，应具有出厂质量证明书或试验报告单，每捆（盘）钢筋均应有标牌。

（3）钢筋进入施工单位的仓库或放置场地时，应按炉罐（批）号及直径分批验收。验收内容包括查对标牌，外观检查之后，应按国家现行相关标准的规定抽取试样作力学性能和重量偏差检验，检验结果无须合格方可使用。

（4）钢筋在运输和储存时，必须保留标牌，严格防止混料，并按批分别堆放整齐，无论在检验前或检验后，都要避免锈蚀和污染。

（二）其他要求

（1）当钢筋在加工过程中发生脆断、焊接性能不良或力学性能显著不正常等现象时，应停止使用并按现行国家标准对该批钢筋进行化学成分检验或金相、冲击韧性等专项检验。

（2）对有抗震设防要求的结构纵向受力钢筋的性能应满足设计要求；当设计无具体要求时，对按一、二、三级抗震等级设计的框架和斜撑构件（含梯段）中的纵向受力钢筋应采用 HRB335E、HRB400E、HRB500E、HRBF335E、HRBF400E、HRBF500E 钢筋，检验所得的强度和最大力下总伸长率的实测值应符合下列规定：

1）钢筋的抗拉强度实测值与屈服强度实测值的比值不应小于 1.25；

2）钢筋的屈服强度实测值与屈服强度标准值的比值不应大于 1.30；

3）钢筋的最大力下总伸长率不应小于 9%。

（3）钢筋的级别、种类和直径应符合设计要求，当确需进行代换时，应办理设计变更文件，并应符合下列要求：

1）不同种类钢筋的代换，应按钢筋受拉承载力设计值相等的原则进行；

2）当构件受抗裂、裂缝宽度或挠度控制时，钢筋代换后应重新进行验算；

3）钢筋代换后，应满足混凝土结构设计规范中有关间距，锚固长度，最小钢筋直径，根数等要求；

4）对重要受力结构，不宜用 HPB235 钢筋代换带肋钢筋；

5）梁的纵向受力钢筋与弯起钢筋应分别进行代换；

6）对有抗震要求的框架，不宜以强度等级较高的钢筋代替原设计中的钢筋；当必须代换时，尚应符合上述第 3）条的规定；

7）预制构件的吊环，必须采用未经冷拉的 HPB235 热轧钢筋制作。

（三）钢筋取样与试验

钢筋进场时应按国家现行有关标准的规定抽取试件作力学性能和重量偏差检验。

由于工程量、运输条件和各种钢筋的用量等的差异，很难对各种钢筋的进场检测数量做出统一规定。实际检查时，若有关标准中对进场检验数量作了具体规定，应遵照执行；若有关标准中只有对产品出厂检验数量的规定，则在进场检验时，检查数量可按下列情况确定：

（1）当一次进场的数量大于该产品的出厂检验批量时，应划分为若干个出厂检验批量，然后按出厂检验的抽样方案执行；

（2）当一次进场的数量小于或等于该产品的出厂检验批量时，应作为一个检验批量，然后按出厂检验的抽样方案执行；

（3）对连续进场的同批钢筋，当有可靠依据时，可按一次进场的钢筋处理。

当用户有特殊要求时，还应列出某些专门检验数据。

**二、钢筋冷处理的质量控制**

（一）钢筋冷拉

1. 检查内容

冷拉应力、冷拉率、拉力及冷弯。

2. 质量控制

（1）冷拉力
$$N = \sigma_{yk} \cdot A_S$$

式中　$\sigma_{yk}$——控制应力（MPa）；

　　$A_S$——冷拉前截面面积（mm$^2$）

冷拉应力与冷拉率应控制在表 10-4 的范围内。

冷拉控制应力及最大冷拉率 表 10-4

| 钢筋级别 | 钢筋直径(mm) | 冷拉控制应力(N/mm²) | 最大冷拉率(%) |
|---|---|---|---|
| HPB235（Ⅰ级） | ≤12 | 280 | 10.0 |
| HRB335（Ⅱ级） | ≤25 | 450 | 5.5 |
|  | 28～40 | 430 |  |
| HRB400（Ⅲ级） | 8～40 | 500 | 5.0 |
| RRB500（Ⅳ级） | 10～28 | 700 | 4.0 |

冷拉钢筋至控制应力后，应剔除个别超过最大冷拉率的钢筋，若较多钢筋超过最大冷拉率，则应进行抗拉强度试验，符合规定者仍可使用。

（2）控制冷拉率法

冷拉钢筋时，其冷拉率由试验确定，测定同炉批钢筋冷拉率的冷拉应力应符合表10-5的规定，其试样不少于4个，取其平均值为冷拉率。

测定冷拉率时钢筋的冷拉应力（N/mm²） 表10-5

| 钢筋级别 | 钢筋直径(mm) | 冷拉应力 | 钢筋级别 | 钢筋直径(mm) | 冷拉应力 |
|---|---|---|---|---|---|
| HPB235（Ⅰ级） | ≤12 | 310 | HRB400<br>（Ⅲ级） | 8～40 | 530 |
| HRB335（Ⅱ级） | ≤25 | 480 | RRB500<br>（Ⅳ级） | 10～28 | 730 |
| | 28～40 | 460 | | | |

注：当钢筋平均冷拉率低于1%时，仍应按1%进行冷拉。

（3）冷拉要点

1）冷拉前测力器和各项数据需进行校验和复核。

2）冷拉速度不宜过快。

3）预应力钢筋应先对焊后冷拉。

4）自然时效的冷拉钢筋，需放置7～15d方能使用。

（4）冷拉钢筋的力学性能应符合表10-6的规定。冷拉后不得有裂纹、起层现象。

冷拉钢筋的力学性能 表10-6

| 钢筋级别 | 钢筋直径<br>(mm) | 屈服强度<br>(N/mm²) | 抗拉强度<br>(N/mm²) | 伸长率<br>$\delta_{10}$（%） | 冷弯 | |
|---|---|---|---|---|---|---|
| | | 不 小 于 | | | 弯曲角度 | 弯曲直径 |
| HPB235（Ⅰ级） | ≤12 | 280 | 370 | 11 | 180° | 3d |
| HRB335（Ⅱ级） | ≤25 | 450 | 510 | 10 | 90° | 3d |
| | 28～40 | 430 | 490 | 10 | 90° | 3d |
| HRB400（Ⅲ级） | 8～40 | 500 | 570 | 8 | 90° | 3d |
| RRB500（Ⅳ级） | 10～28 | 700 | 835 | 6 | 90° | 3d |

注：d 为钢筋直径（mm）

（二）钢筋冷拔

1．检查内容

冷拔总压缩力，拉力与反复弯曲。

2．质量控制

（1）冷拔总压缩率

（2）冷拔要点

1）原材料必须符合 HPB235 钢筋标准的 Q235 号钢盘圆。

2）必须控制总压缩率，否则塑性越差。

3）控制冷拔的次数过多，钢筋易发脆，过小易断丝，后道钢筋的直径以 0.85～0.9 前道钢筋直径为宜。

4）合理选择润滑剂。

5）拉力和反复弯曲试验必须符合有关标准规定。

（三）钢筋的冷轧

冷轧带肋钢筋是近几年开发的新钢种，它是用普通低碳钢、优质碳素钢或低合金钢热轧圆盘条为母材，经冷轧减径后在其表面冷轧成具有三面或二面月牙形横肋的钢筋。冷轧带肋钢筋有五个强度级别，即：CRB550、CRB650、CRB800、CRB970 和 CRB1170。直径为 4～12mm 多种。直径 4mm 的钢筋不宜用作受力钢筋。

LL550 级冷轧带肋钢筋，直径 4～12mm 适用于非预应力结构构件配筋，可代替普通 HPB235 级钢筋用作受力钢筋、钢筋焊接网、箍筋、构造钢筋，但直径 4mm 的钢筋不宜用作受力钢筋。CRB650 级适用于预应力构件主筋，目前生产的直径一般为 5～6mm。CRB800、CRB970、CRB1170 级适用于预应力构件主筋，目前只生产一种规格，直径为 5mm，由热轧低合金钢（24MnTi）盘条轧制而成，与光面冷拔低合金钢丝强度相同，用于预应力空心板中具有较好的经济性。

冷轧带肋钢筋的使用规定详见《冷轧带肋钢筋混凝土结构技术规程》（JGJ 95—2003）。冷轧带肋钢筋是建设部"九五"期间重点推广应用十项新技术之一。冷轧带肋钢筋的力学及工艺性能见表 10-7。

冷轧带肋钢筋的力学及工艺性能  表 10-7

| 钢筋级别 | 抗拉强度 $\sigma_b$ （N/mm²） | 伸长率不小于 | | 弯曲试验 180° | 反复弯曲次数 |
| --- | --- | --- | --- | --- | --- |
| | | $\delta_{10}$ （%） | $\delta_{100}$ （%） | | |
| CRB550 | 550 | 8.0 | — | $D=3d$ | — |
| CRB650 | 650 | — | 4.0 | — | 3 |
| CRB800 | 800 | — | 4.0 | — | 3 |
| CRB970 | 970 | — | 4.0 | — | 3 |
| CRB1170 | 1170 | — | 4.0 | — | 3 |

注：1. 抗拉强度按公称直径 $d$ 计算；

2. 表中 $D$ 为弯心直径，$d$ 为钢筋公称直径；钢筋受弯曲部位表面不得产生裂纹；

3. 当钢筋的公称直径为 4mm、5mm、6mm 时，反复弯曲试验的弯曲半径分别为 10mm、15mm、15mm；

4. 对成盘供应的各级别钢筋，经调直后的抗拉强度仍应符合表中的规定。

（四）钢筋冷轧扭

钢筋的冷轧扭是把 Q235 钢 φ6.5～φ10 普通低碳钢热轧圆盘条通过专用钢筋冷轧扭机，在常温下调直除锈后，经轧机将圆钢筋轧扁；在轧辊推动下，强迫扁钢筋通过扭转装置，从而形成表面为连续螺旋曲面的麻花状钢筋，常用规格有 CTB550（Ⅰ、Ⅱ、Ⅲ）、CTB650Ⅲ 数种，由于冷轧扭钢筋与普通盘圆的钢筋相比，强度提高 1.95 倍，与混凝土之间的握裹力大大提高，具有明显的技术经济效果，适用于制作现浇大楼板、双向叠合板、加气混凝土复合大楼板、多孔板以及圈梁等。冷轧扭钢筋的规格及截面参数详见表 10-8。

冷轧扭钢筋规格及截面参数　　　　表 10-8

| 强度级别 | 型号 | 标志直径 $d$ (mm) | 公称截面面积 $A_s$ (mm²) | 等效直径 $d_0$ (mm) | 截面周长 $u$ (mm) | 理论重量 $G$ (kg/m) |
|---|---|---|---|---|---|---|
| CTB550 | I | 6.5 | 29.50 | 6.1 | 23.40 | 0.232 |
| | | 8 | 45.30 | 7.6 | 30.00 | 0.356 |
| | | 10 | 68.30 | 9.3 | 36.40 | 0.536 |
| | | 12 | 96.14 | 11.1 | 43.40 | 0.755 |
| | II | 6.5 | 29.20 | 6.1 | 21.60 | 0.229 |
| | | 8 | 42.30 | 7.3 | 26.02 | 0.332 |
| | | 10 | 66.10 | 9.2 | 32.52 | 0.519 |
| | | 12 | 92.74 | 10.9 | 38.52 | 0.728 |
| | III | 6.5 | 29.86 | 6.2 | 19.48 | 0.234 |
| | | 8 | 45.24 | 7.6 | 23.88 | 0.355 |
| | | 10 | 70.69 | 9.5 | 29.95 | 0.555 |
| CTB650 | 预应力III | 6.5 | 28.20 | 6.0 | 18.82 | 0.221 |
| | | 8 | 42.73 | 7.4 | 23.17 | 0.335 |
| | | 10 | 66.76 | 9.2 | 28.96 | 0.524 |

注：I 型为矩形截面，II 型为方形截面，III 型为圆形截面。

### 三、钢筋加工的质量控制

（一）钢筋的弯钩和弯折

受力钢筋的弯折应符合下列规定：

（1）光圆钢筋末端应作 180°弯钩，其弯弧内直径不应小于钢筋直径的 2.5 倍，弯钩的弯后平直部分长度不应小于钢筋直径的 3 倍。

（2）335MPa 级 400MPa 级带筋钢筋的弯弧内直径不应小于钢筋直径的 5 倍，弯钩的弯后平直部分长度应符合设计要求。

（3）直径为 28mm 以下的 500MPa 级带肋钢筋的弯弧内直径，不应小于钢筋直径的 6 倍，直径为 28mm 及以上的 500MPa 级带肋钢筋的弯弧内直径不应小于钢筋直径的 7 倍。

（4）框架结构的顶层端节点，对梁上部纵向钢筋，柱外侧纵向钢筋在节点角部弯折处，当钢筋直径为 28mm 以下时，弯弧内直径不宜小于钢筋直径的 12 倍，直径 28mm 以上时，不小于 16 倍。

（二）焊接封闭环式箍筋外箍筋末端的弯钩形式

焊接封闭环式箍筋外箍筋的末端应作弯钩，弯钩形式应符合设计要求，当设计无具体要求时应符合下列规定：

（1）箍筋弯钩的弯弧内直径除应满足上述规定外尚应不小于受力钢筋直径。

（2）箍筋弯钩的弯折角度：对一般结构不应小于 90°，对有抗震等要求的结构应为 135°。

（3）箍筋弯后平直部分长度：对一般结构不宜小于箍筋直径的 5 倍，对有抗震等要求的结构不应小于箍筋直径的 10 倍和 75mm 的最大值。

（三）钢筋加工的形状尺寸

钢筋加工的形状、尺寸应符合设计要求，其偏差应符合表10-9的规定。

钢筋加工的允许偏差 表10-9

| 项　目 | 允许偏差(mm) | 项　目 | 允许偏差(mm) |
|---|---|---|---|
| 受力钢筋顺长度方向全长的净尺寸 | ±10 | 箍筋内净尺寸 | ±5 |
| 弯起钢筋的弯折位置 | ±20 | | |

## 四、钢筋连接的质量控制

（一）钢筋焊接

1. 钢筋焊接方法、接头形式及适用范围

（1）焊接方法：1）电阻点焊；2）闪光对焊；3）电弧焊；4）电渣压力焊；5）预埋件埋弧压力焊；6）气压焊。

（2）接头形式：1）对接焊接；2）交叉焊接；3）T形连接。

（3）焊接方法适用范围见表10-10。

钢筋焊接方法的适用范围 表10-10

| 焊　接　方　法 | | | 接　头　型　式 | 适　用　范　围 | |
|---|---|---|---|---|---|
| | | | | 钢筋牌号 | 钢筋直径(mm) |
| 电阻点焊 | | | | HPB 235 | 8～16 |
| | | | | HRB 335 | 6～16 |
| | | | | HRB 400 | 6～16 |
| | | | | CRB 550 | 4～12 |
| 闪光对焊 | | | | HPB 235 | 8～20 |
| | | | | HRB 335 | 6～40 |
| | | | | HRB 400 | 6～40 |
| | | | | RRB 400 | 10～32 |
| | | | | HRB 500 | 10～40 |
| | | | | Q235 | 6～14 |
| 电弧焊 | 帮条焊 | 双面焊 | | HRB 235 | 10～20 |
| | | | | HRB 335 | 10～40 |
| | | | | HRB 400 | 10～40 |
| | | | | RRB 400 | 10～25 |
| | | 单面焊 | | HPB 235 | 10～20 |
| | | | | HRB 335 | 10～40 |
| | | | | IIRB 400 | 10～40 |
| | | | | RRB 400 | 10～25 |
| | 搭接焊 | 双面焊 | | HPB 235 | 10～20 |
| | | | | HRB 335 | 10～40 |
| | | | | HRB 400 | 10～40 |
| | | | | RRB 400 | 10～25 |
| | | 单面焊 | | HPB 235 | 10～20 |
| | | | | HRB 335 | 10～40 |
| | | | | HRB 400 | 10～40 |
| | | | | RRB 400 | 10～25 |
| | 熔槽帮条焊 | | | HPB 235 | 20 |
| | | | | HRB 335 | 20～40 |
| | | | | HRB 400 | 20～40 |
| | | | | RRB 400 | 20～25 |

| 焊 接 方 法 | | | 接 头 型 式 | 适 用 范 围 | |
| --- | --- | --- | --- | --- | --- |
| | | | | 钢筋牌号 | 钢筋直径 (mm) |
| 电弧焊 | 坡口焊 | 平焊 | | HPB 235 | 18～20 |
| | | | | HRB 335 | 18～40 |
| | | | | HRB 400 | 18～40 |
| | | | | RRB 400 | 18～25 |
| | | 立焊 | | HPB 235 | 18～20 |
| | | | | HRB 335 | 18～40 |
| | | | | HRB 400 | 18～40 |
| | | | | RRB 400 | 18～25 |
| | 钢筋与钢板搭接焊 | | | HPB 235 | 8～20 |
| | | | | HRB 335 | 8～40 |
| | | | | HRB 400 | 8～25 |
| | 窄间隙焊 | | | HPB 235 | 16～20 |
| | | | | HRB 335 | 16～40 |
| | | | | HRB 400 | 16～40 |
| | 预埋件电弧焊 | 角焊 | | HPB 235 | 8～20 |
| | | | | HRB 335 | 6～25 |
| | | | | HRB 400 | 6～25 |
| | | 穿孔塞焊 | | HPB 235 | 20 |
| | | | | HRB 335 | 20～25 |
| | | | | HRB 400 | 20～25 |
| 电渣压力焊 | | | | HPB 235 | 14～20 |
| | | | | HRB 335 | 14～32 |
| | | | | HRB 400 | 14～32 |
| 气压焊 | | | | HPB 235 | 14～20 |
| | | | | HRB 335 | 14～40 |
| | | | | HRB 400 | 14～40 |
| 预埋件钢筋埋弧压力焊 | | | | HPB 235 | 8～20 |
| | | | | HRB 335 | 6～25 |
| | | | | HRB 400 | 6～25 |

注：1. 电阻点焊时，适用范围的钢筋直径系指 2 根不同直径钢筋交叉叠接中较小钢筋的直径。

2. 当设计图纸规定对冷拔低碳钢丝焊接网进行电阻点焊，或对原 RL540 钢筋（Ⅳ级）进行闪光对焊时，可按规程相关条款的规定实施。

3. 钢筋闪光对焊含封闭环式箍筋闪光对焊。

2. 钢筋焊接连接的操作要点及质量要求

（1）电阻点焊

1）操作要点

① 钢筋必须除锈，保持钢筋与电极之间的表面清洁平整，使其接触良好。

② 焊接不同钢筋时，其较小钢筋直径小于 10mm 时，大小钢筋直径之比不宜大于 3；若较小钢筋直径为 12～16mm 时，大小钢筋直径之比不宜大于 2。焊接网较小钢筋直径不

得小于较大钢筋直径的 0.6 倍。

③ 焊点的压入深度应为较小钢筋直径的 18%～25%。

④ 焊接骨架的所有钢筋相交点必须焊接；焊接网片时，单向受力其受力主筋与两端两根横向钢筋相交点全部焊接；双向受力其四边用两根钢筋相交点全部焊接；其余的相交点可间隔焊接。

2）外观检查应符合下列要求

① 焊点处熔化金属均匀。

② 压入深度应符合操作要点中第③条规定。

③ 焊点无脱落、漏焊、裂纹、多孔性缺陷及明显的烧伤现象。

3）强度检验

① 取样从成品中切取，热轧钢筋焊点作抗剪试验，试件为 3 件；冷拔低碳钢丝焊点除作抗剪试验外，还应对较小钢丝作拉伸试验，试件各为 3 件；30t 或 200 件为一批。

② 对试验结果要求：

a. 抗剪试验结果应符合表 10-11 要求。

焊点抗剪力指标（kN） 表 10-11

| 钢筋种类 | 较小钢筋直径(mm) | | | | | | | | |
| --- | --- | --- | --- | --- | --- | --- | --- | --- | --- |
| | 3 | 4 | 5 | 6 | 6.5 | 8 | 10 | 12 | 14 |
| HPB235（Ⅰ级） | | | | 6.7 | 7.8 | 11.9 | 18.4 | 26.6 | 36.2 |
| HRB335（Ⅱ级） | | | | | | 16.8 | 26.2 | 37.8 | 51.3 |
| 冷拔低碳钢丝 | 2.5 | 4.4 | 6.9 | | | | | | |

b. 拉伸试验结果应符合下列要求：

乙级冷拔低碳钢丝的抗拉强度不低于 540MPa；伸长率不低于 2%。

以上试验结果中如有 1 个试件达不到上述要求时，应加倍取样复试，复试结果仍有 1 个试件不符合上述要求，则该制品为不合格。

（2）闪光对焊

1）操作要点

① 夹紧钢筋时，应使两钢筋端面的凸出部分相接触。

② 合理选择焊接参数：调伸长度、闪光留量、闪光速度、顶锻留量、顶锻速度、顶锻压力、变压器级次、一、二次烧化留量和预热时间参数等，应根据不同工艺合理选择。

③ 烧化过程应该稳定、强烈，防止焊缝金属氧化。

④ 冷拉钢筋的闪光对焊应在冷拉前进行。

⑤ 顶锻应在足够大压力下快速完成，保证焊口闭合良好。

2）外观检查应符合下列要求

① 接头处不得有横向裂纹。

② 与电极接触处的钢筋表面不得有明显的烧伤。

③ 接头处的弯折不得大于 3°。

④ 接头处的钢筋轴线偏移不得大于 0.1d；且不得大于 2mm。

3）机械性能试验

① 取样

a. 在同一台班内，由同一焊工完成的 300 个同牌号、同直径钢筋焊接接头应作为一批。当同一台班内焊接的接头数量较少，可在一周之内累计计算；累计仍不足 300 个接头时，应按一批计算。

b. 力学性能检验时，应从每批接头中随机切取 6 个接头，其中 3 个做拉伸试验，3 个做弯曲试验。

c. 焊接等长的预应力钢筋（包括螺丝端杆与钢筋）时，可按生产时同等条件制作模拟试件。

d. 螺丝端杆接头可只做拉伸试验。

e. 封闭环式箍筋闪光对焊接头，以 600 个同牌号、同规格的接头作为一批，只做拉伸试验。

② 拉伸试验

a. 3 个热轧钢筋接头试件的抗拉强度均不得小于该牌号钢筋规定的抗拉强度；RRB400 钢筋接头试件的抗拉强度均不得小于 547 N/mm²。

b. 至少应有 2 个试件断于焊缝之外，并应呈延性断裂。

当达到上述 2 项要求时，应评定该批接头为抗拉强度合格。当试验结果有 2 个试件抗拉强度小于钢筋规定的抗拉强度；或 3 个试件在焊缝或热影响区发生脆性断裂时，则一次判定该批接头为不合格品。当试验结果有 1 个试件的抗拉强度小于规定值，或 2 个试件在焊缝或热影响区发生脆性断裂，其抗拉强度均小于钢筋规定抗拉强度的 1.10 倍时，应进行复验。复验时，应再切取 6 个试件。复验结果，当仍有 1 个试件的抗拉强度小于规定值，或有 3 个试件断于焊缝或热影响区呈脆性断裂，其抗拉强度小于钢筋规定抗拉强度的 1.10 倍时，应判定该批接头为不合格品。

③ 弯曲试验

进行弯曲试验时，应将受压面的全部毛刺和镦粗凸起部分消除，且应与钢筋的外表齐平且焊缝应处于弯曲中心，弯心直径见表 10-12。弯曲到 90°时，接头外侧不得出现宽度大于 0.5mm 的横向裂缝。

接头弯曲试验指标　　　　　　　　　　　　　表 10-12

| 钢筋牌号 | 弯心直径 | 弯曲角(°) | 钢筋牌号 | 弯心直径 | 弯曲角(°) |
|---|---|---|---|---|---|
| HPB235（Ⅰ级） | 2$d$ | 90 | HRB400、RRB400（Ⅲ级） | 5$d$ | 90 |
| HRB335（Ⅱ级） | 4$d$ | 90 | HRB500（Ⅳ级） | 7$d$ | 90 |

注：$d$ 为钢筋直径（mm）。

当试验结果，弯至 90°，有 2 个或 3 个试件外侧（含焊缝和热影响区）未发生破裂，应评定该批接头弯曲试验合格。当 3 个试件均发生破裂，则一次判定该批接头为不合格品。当有 2 个试件试样发生破裂，应进行复验。复验时，应再切取 6 个试件。复验结果，当有 3 个试件发生破裂时，应判定该批接头为不合格品。

（3）电弧焊

1）操作要点

① 进行帮条焊时，两钢筋端头之间应留 2～5mm 的间隙。

② 进行搭接焊时，钢筋宜预弯，以保证两钢筋的轴线在一直线上。

③ 焊接时，引弧应在帮条或搭接钢筋一端开始，收弧应在帮条或搭接钢筋端头上，弧坑应填满。

④ 熔槽帮条焊钢筋端头应加工成平面，两钢筋端面间隙为 10～16mm；焊接时电流宜稍大，从焊缝根部引弧后连续施焊，形成熔池，保证钢筋端部熔合良好。焊接过程中应停焊敲渣一次。焊平后，进行加强缝的焊接。

⑤ 坡口焊钢筋坡面应平顺，切口边缘不得有裂纹和较大的钝边、缺棱；钢筋根部最大间隙不宜超过 10mm；为了防止接头过热，应采用几个接头轮流施焊；加强焊缝的宽度应超过 V 形坡口的边缘 2～3mm。

2）外观检查应符合下列要求

① 面应平整，不得有凹陷或焊瘤。

② 焊接接头区域不得有肉眼可见的裂纹。

③ 咬边深度、气孔、夹渣等缺陷允许值及接头尺寸的允许偏差，应符合表 10-13 的规定。

钢筋电弧焊接头尺寸偏差及缺陷允许值　　　　　　　　　表 10-13

| 名　称 | | 单　位 | 接头型式 | | |
|---|---|---|---|---|---|
| | | | 帮条焊 | 搭接焊钢筋与钢板搭接焊 | 坡口焊窄间隙焊熔槽帮条焊 |
| 帮条沿接头中心线的纵向偏移 | | mm | $0.3d$ | — | — |
| 接头处弯折角 | | ° | 3 | 3 | 3 |
| 接头处钢筋轴线的偏移 | | mm | $0.1d$ | $0.1d$ | $0.1d$ |
| 焊缝厚度 | | mm | $+0.05d$ 0 | $+0.05d$ 0 | — |
| 焊缝宽度 | | mm | $+0.01d$ 0 | $+0.01d$ 0 | — |
| 焊缝长度 | | mm | $-0.3d$ | $-0.3d$ | — |
| 横向咬边深度 | | mm | 0.5 | 0.5 | 0.5 |
| 在长 2d 焊缝表面上的气孔及夹渣 | 数量 | 个 | 2 | 2 | — |
| | 面积 | mm² | 6 | 6 | — |
| 在全部焊缝表面上的气孔及夹渣 | 数量 | 个 | — | — | 2 |
| | 面积 | mm² | — | — | 6 |

注：$d$ 为钢筋直径（mm）

④ 坡口焊、熔槽帮条焊和窄间隙焊接头的焊缝余高不得大于 3mm。焊缝表面平整，不得有较大的凹陷、焊瘤。

在现浇混凝土结构中，应以 300 个同牌号钢筋接头作为一批；在房屋结构中，应在不超过二楼层中 300 个同牌号钢筋接头作为一批；当不足 300 个接头时，仍应作为一批。每批随机切取 3 个接头做拉伸试验。

3）拉伸试验

① 取样

a. 在现浇混凝土结构中，应以 300 个同牌号钢筋、同形式接头作为一批；在房屋结构中，应在不超过二楼层中 300 个同牌号钢筋、同形式接头作为一批。每批随机切取 3 个接头，做拉伸试验。

b. 在装配式结构中，可按生产条件制作模拟试件，每批 3 个，做拉伸试验。

c. 钢筋与钢板电弧搭接焊接头可只进行外观检查。

② 对试验结果要求

同闪光对焊拉伸试验。

（4）电渣压力焊

1）操作要点

① 焊接夹具的上下钳口应夹紧于上、下钢筋上；钢筋一经夹紧，不得晃动。

② 引弧可采用直接引弧法，或钢丝臼（焊条芯）引弧法。

③ 引燃电弧后，应先进行电弧过程，然后加快钢筋下送速度，使钢筋端面与液渣池接触，转变为电渣过程，最后在断电的同时，迅速下压上钢筋，挤出熔化金属和熔渣。

④ 接头焊毕，应稍作停歇，方可收焊剂和卸下焊接夹具；敲去渣壳后，四周焊包凸出钢筋表面的高度不得小于 4mm。

2）外观检查应符合下列要求。

① 四周焊包凸出钢筋表面的高度不得小于 4mm。

② 钢筋与电极接触时，应无烧伤缺陷。

③ 接头处的弯折角不得大于 3°。

④ 接头处的轴线偏移不得大于钢筋直径的 0.1 倍，且不得大于 2mm。

3）强度检验

① 取样

a. 在现浇混凝土结构中，应以 300 个同牌号钢筋、同型式接头作为一批；在房屋结构中，应在不超过二楼层中 300 个同牌号钢筋、同型式接头作为一批。每批随机切取 3 个接头，做拉伸试验。

b. 在装配式结构中，可按生产条件制作模拟试件，每批 3 个，做拉伸试验。

c. 钢筋与钢板电弧搭接焊接头可只进行外观检查。

② 对试验结果的要求。

同闪光对焊拉伸试验。

（5）埋弧压力焊

1）操作要点

① 钢板应放平，并与铜板电极接触紧密。

② 将锚固钢筋夹于夹钳内，应夹牢；并应放好挡圈，注满焊剂。

③ 接通高频引弧装置和焊接电源后，应立即将钢筋上提，引燃电弧，使电弧稳定燃烧，再渐渐下送。

④ 迅速顶压不得用力过猛。

⑤ 敲去渣壳，四周焊包凸出钢筋表面的高度不得小于 4mm。

2）外观检查应符合下列要求

① 四周焊包凸出钢筋表面的高度不得小于 4mm。

② 钢筋咬边深度不得超过 0.5mm。

③ 钢板应无焊穿，根部应无凹陷现象。

④ 钢筋相对钢板的直角偏差不得大于 3°。

3）强度检验

① 取样

应以 300 件同类型预埋件作为一批。一周内连续焊接时，可累计计算。当不足 300 件时，亦应按一批计算。应从每批预埋件中随机切取 3 个接头做拉伸试验，试件的钢筋长度应大于或等于 200mm，钢板的长度和宽度均应大于或等于 60mm。

② 预埋件钢筋 T 形接头拉伸试验结果，3 个试件的抗拉强度均应符合下列要求：

a. HPB235 钢筋接头不得小于 350N/ mm²。

b. HRB335 钢筋接头不得小于 470 N/ mm²。

c. HRB400 钢筋接头不得小于 550 N/ mm²。

当试验结果，3 个试件中有小于规定值时，应进行复验。复验时，应再取 6 个试件。复验结果，其抗拉强度均达到上述要求时，应评定该批接头为合格品。

（6）气压焊

1）操作要点：

① 焊前钢筋端面应切平、打磨、使其露出金属光泽，钢筋安装夹牢，顶压顶紧后，两钢筋端面局部间隙不得大于 3mm。

② 气压焊加热开始至钢筋端面密合前，应采用碳化焰集中加热；钢筋端面密合后可采用中性焰宽幅加热；焊接全过程不得使用氧化焰。

③ 气压焊顶压时，对钢筋施加的顶压力应为 30～40 N/mm²。

2）外观检查应符合下列要求：

① 接头处的轴线偏移 $e$ 不得大于钢筋直径的 0.15 倍，且不得大于 4mm（图 10-1$a$）；当不同直径钢筋焊接时，应按较小钢筋直径计算；当大于上述规定值，但在钢筋直径的 0.30 倍以下时，可加热矫正；当大于 0.30 倍时，应切除重焊。

② 接头处的弯折角不得大于 3°；当大于上述规定值时，应重新加热矫正。

③ 镦粗直径 $d_c$ 不得小于钢筋直径的 1.4 倍（图 10-1$b$）；当小于上述规定值时，应重新加热矫正。

④ 镦粗长度 $L_c$ 不得小于钢筋直径的 1.0 倍，且凸起部分平缓圆滑（图 10-1$c$）；当小于上述规定值时，应重新加热镦长。

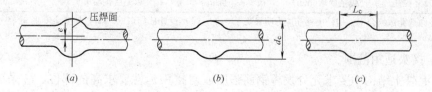

图 10-1　钢筋气压焊接头外观质量图解

（$a$）轴线偏移；（$b$）镦粗直径；（$c$）镦粗长度

3）机械性能

① 取样

在现浇钢筋混凝土结构中，应以 300 个同牌号钢筋接头作为一批；在房屋结构中，应在不超过二楼层中 300 个同牌号钢筋接头作为一批；当不足 300 个接头时，仍应作为一批。在柱、墙的竖向钢筋连接中，应从每批接头中随机切取 3 个接头做拉伸试验；在梁、板的水平钢筋连接中，应另切取 3 个接头做弯曲试验。

② 拉伸试验

同闪光对焊拉伸试验。

③ 弯曲试验

同闪光对焊弯曲试验。

（二）钢筋机械连接

1. 接头性能等级，性能指标与适用范围

（1）接头性能等级

接头应根据抗拉强度、残余变形性能以高应力和大变形条件下反复拉压性能的差异，分下列三个性能等级：

1）Ⅰ级接头抗拉强度达到或不小于 1.1 倍母材抗拉强度标准值，残余变形小并具有高延性及反复拉压性能。

2）Ⅱ级接头抗拉强度不小于母材抗拉强度标准值，残余变形小并具有高延性及反复拉压性能。

3）Ⅲ级接头抗拉强度不小于母材。屈服强度标准值的 1.25 倍，残余变形小并具有一定的延性及反复拉压性能。

（2）接头性能检验指标

Ⅰ级、Ⅱ级、Ⅲ级的接头性能应符合表 10-14 的规定。

**接头的抗拉强度和变形性能**　　　　表 10-14

| 接头等级 | | Ⅰ级 | | Ⅱ级 | Ⅲ级 |
|---|---|---|---|---|---|
| 抗拉强度 | | $f_{mst}^0 \geqslant f_{stk}$ 或 $f_{mst}^0 \geqslant 1.10 f_{stk}$ | 断于钢筋 断于接头 | $f_{mst}^0 \geqslant f_{stk}$ | $f_{mst}^0 \geqslant 1.25 f_{yk}$ |
| 接头变形性能 | | Ⅰ级 | | Ⅱ级 | Ⅲ级 |
| 单向拉伸 | 残余变形 (mm) | $u_0 \leqslant 0.10 (d \leqslant 23)$ $u_0 \leqslant 0.14 (d \leqslant 32)$ | | $u_0 \leqslant 0.14 (d \leqslant 32)$ $u_0 \leqslant 0.16 (d \leqslant 32)$ | $u_0 \leqslant 0.14 (d \leqslant 32)$ $u_0 \leqslant 0.16 (d \leqslant 32)$ |
| | 最大力总伸长率(%) | $A_{sgt} \geqslant 6.0$ | | $A_{sgt} \geqslant 6.0$ | $A_{sgt} \geqslant 3.0$ |
| 高应力反复拉压 | 残余变形(mm) | $u_{20} \leqslant 0.3$ | | $u_{20} \leqslant 0.3$ | $u_{20} \leqslant 0.3$ |
| 大变形反复拉压 | 残余变形(mm) | $u_4 \leqslant 0.3$ 且 $u_8 \leqslant 0.6$ | | $u_4 \leqslant 0.3$ 且 $u_8 \leqslant 0.6$ | $u_4 \leqslant 0.6$ |

注：当频遇荷载组合下，构件中钢筋应力明显高于 $0.6 f_{yk}$ 时，设计部门可对单向拉伸残余变形 $u_0$ 的加载峰值提出调整要求。

（3）接头适用范围

1）混凝土结构中要求充分发挥钢筋强度或对接头延性要求高的部位，应采用Ⅱ级接头；当在同一连接区段内必须实施 100% 钢筋接头的连接时，应采用Ⅰ级接头。

2）混凝土结构中钢筋应力较高但对接头延性要求不高的部位，可采用Ⅱ级接头；

3) 非抗震设防和不承受动力荷载的混凝土结构中钢筋只承受压力的部位，可采用 C 级接头。

2. 钢筋锥螺纹接头

（1）一般规定

1) 同一构件内同一截面受力钢筋的接头位置应相互错开。在任一接头中心至长度为钢筋直径的 35 倍的区域范围内，有接头的受力钢筋截面积占受力钢筋总截面面积的百分率应符合下列规定：

① 受拉区的受力钢筋接头百分率不宜超过 50%；

② 在受拉区的钢筋受力较小时，Ⅰ级接头百分率不受限制；

③ 接头宜避开有抗震设防要求的框架梁端和柱端的箍筋加密区；当无法避开时，接头应采用Ⅰ级接头；

④ 受力区和装配式构件中钢筋受力较小部位，Ⅰ级、Ⅱ级接头百分率可不受限制。

2) 接头端头距钢筋弯曲点不得小于钢筋直径的 10 倍。

3) 不同直径钢筋连接时，一次连接钢筋直径规格不宜超过二级。

4) 钢筋连接套的混凝土保护层厚度除了要满足国家现行标准外，还必须满足其保护层厚度不小于 15mm，且连接套之间的横向净距不宜小于 25mm。

（2）操作要点

1) 操作工人必须持证上岗。

2) 钢筋应先调直再下料，切口端面应与钢筋轴线垂直，不得有马蹄形或挠曲，不得用气割下料。

3) 加工的钢筋锥螺纹丝头的锥度、牙形、螺距等必须与连接套的锥度、牙形、螺距相一致，且经配套的量规检测合格。

4) 加工钢筋锥螺纹时，应采用水溶液切削润滑液；当气温低于 0℃ 时，应掺入 15%～20% 亚硝酸钠，不得用机油作润滑液或不加润滑液套丝。

5) 已检验合格的丝头应加以保护。

6) 连接钢筋时，钢筋规格和连接套的规格应一致，并确保钢筋和连接套的丝扣干净完好无损。

7) 采用预埋接头时，连接套的位置、规格和数量应符合设计要求，带连接套的钢筋应固定牢固，连接套的外露端应有密封盖。

8) 必须用精度 ±5% 的力矩扳手拧紧接头，且要求每半年用扭力仪检定力矩扳手一次。

9) 连接钢筋时，应对正轴线将钢筋拧入连接套，然后用力矩扳手拧紧。

10) 接头拧紧值应满足表 10-15 的规定的扭矩值，不得超拧，拧紧后的接头应做上标志。

锥螺纹接头拧紧扭矩值　　　　　　　　　表 10-15

| 钢筋直径(mm) | ≤16 | 18～20 | 22～25 | 28～32 | 36～40 |
|---|---|---|---|---|---|
| 拧紧扭矩(N·m) | 100 | 180 | 240 | 300 | 360 |

（3）钢筋锥螺纹接头强度试验和拧紧扭矩校核

1）取样：

同一施工条件下的同一批材料的同等级、同型式、同规格接头，以 500 个为一个验收批，不足 500 个也作为一个验收批。每一验收批应在工程结构中随机抽取 100％ 的接头进行拧紧扭矩校核；并截取三个接头试件作抗拉强度试验，并按设计要求的接头等级进行评定。

2）试验结果：

拧紧扭矩值不合格数超过被校核接头数的 5％ 时，应全部拧紧全部接头直到合格为止。

3 个接头试件的抗拉强度均符合相应等级的强度要求时，该验收批评为合格。

当有 1 个试件的强度不符合要求时，应再取 6 个试件进行复检。复检中如仍有 1 个试件结果不符合要求，则该验收批评为不合格。

（4）接头外观检查

1）抽样随机抽取同规格接头的 10％ 进行外观检查。

2）要求：

① 钢筋与连接套的规格一致；

② 无完整接头丝扣外露。

3. 带肋钢筋套筒挤压连接

（1）一般规定

1）同一构件内同一截面的挤压接头位置与要求同钢筋锥螺纹接头的要求相一致。

2）不同带肋直径的钢筋可采用挤压接头连接，当套筒两端外径和壁厚相同时，被连接钢筋的直径相差不应大于 5mm。

3）对直接承受动力荷载的结构，其接头应满足设计要求的抗疲劳性能。

当无专门要求时，对连接 Ⅱ 级钢筋的接头，其疲劳性能应能经受应力幅为 100N/$mm^2$，上限应力为 180N/$mm^2$ 的 200 万次循环加载。对连接 Ⅲ 级钢筋的接头，其疲劳性能应能经受应力幅为 100N/$mm^2$，上限应力为 190N/$mm^2$ 的 200 万循环加载。

4）挤压接头的混凝土保护层除了满足国家现行标准外，还要满足不得小于 15mm 的规定，且连接套筒之间的横向净距不宜小于 25mm。

5）当混凝土结构中挤压接头部位的温度低于 −20℃，宜进行专门的试验。

6）对于 Ⅱ、Ⅲ 级带肋钢筋挤压接头所用套筒材料应选用适用压延加工的钢材，其实测力学性能应符合表 10-16 的要求。

套筒材料的力学性能             表 10-16

| 项　目 | 力学性能指标 | 项　目 | 力学性能指标 |
|---|---|---|---|
| 屈服强度(N/$mm^2$) | 225～335 | 硬度(HRB) | 60～80 |
| 抗拉强度(N/$mm^2$) | 375～500 | 或(HB) | 102～133 |
| 延伸率 $\sigma_s$(%) | ≥20 | | |

（2）操作要点

1）操作工人必须持证上岗。

2）挤压操作时采用的挤压力，压模宽度，压痕直径或挤压后套筒长度的波动范围以及挤压道数，均应符合经型式检验确定的技术参数要求。

3）挤压前应做以下准备工作：

① 钢筋端头的锈皮、泥沙、油污等杂物应清理干净；

② 应对套筒作外观尺寸检查；

③ 应对钢筋与套筒进行试套，如钢筋有马蹄，弯折或纵肋尺寸过大者，应预先矫正或用砂轮打磨；对不同直径钢筋的套筒不得相互串用；

④ 钢筋连接端应划出明显定位标记，确保在挤压时和挤压后可按定位标记检查钢筋伸入套筒内的长度；

⑤ 检查挤压设备情况，并进行试压，符合要求后方可作业。

4）挤压操作应符合下列要求：

① 应按标记检查钢筋插入套筒内深度，钢筋端头离套筒长度中点不宜超过 10mm；

② 挤压时挤压机与钢筋轴线应保持垂直；

③ 挤压宜从套筒中央开始，并依次向两端挤压；

④ 宜先挤压一端套筒，在施工作业区插入待接钢筋后再挤压另一端套筒。

（3）带肋钢筋套筒挤压连接拉伸试验

1）取样

同一施工条件下的同一批材料的同等级、同型式、同规格接头，以 500 个为一个验收批进行检验与验收，不足 500 个也作为一个验收批。每一验收批应在工程结构中随机截取 3 个试件做单向拉伸试验。

2）拉伸试验结果

如有 1 个试件的抗拉强度不符合要求，应再取 6 个试件进行复检。复检中如仍有 1 个试件检验结果不符合要求，则该验收批单向拉伸检验为不合格。

（4）接头外观检查

1）抽样：随机抽取同规格接头数的 10% 进行外观检查。

2）要求：

① 外形尺寸挤压后套筒长度应为原套筒长度的 1.10～1.15 倍；或压痕处套筒的外径波动范围为原套筒外径的 80%～90%；

② 挤压接头的压痕道数应符合型式检验确定的道数；

③ 接头处弯折不得大于 4°；

④ 挤压后的套筒不得有肉眼可见裂缝。

（三）钢筋绑扎

1．准备工作

（1）熟悉施工图；

（2）确定分部分项工程的绑扎进度和顺序；

（3）了解运料路线、现场堆料情况、模板清扫和润滑状况以及坚固程度、管道的配合条件等；

（4）检查钢筋的外观质量、着重检查钢筋的锈蚀状况，确定有无必要进行除锈；

（5）在运料前要核对钢筋的直径、形状、尺寸以及钢筋级别是否符合设计要求；

（6）准备必要数量的工具和水泥垫块与绑扎所需的钢丝等。

2．操作要点

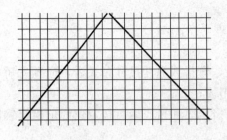

图 10-2　钢筋的斜向拉结加固

（1）钢筋的交叉点都应扎牢。

（2）板和墙的钢筋网，除靠近外围两行钢筋的相交点全部扎牢外，中间部分的相交点可相隔交错扎牢，但必须保证受力钢筋不位移；如采用一面顺扣绑扎，交错绑扎扣应变换方向绑扎；对于面积较大的网片，可适当地用钢筋作斜向拉结加固（如图 10-2）双向受力的钢筋须将所有相交点全部扎牢。

（3）梁和柱的箍筋，除设计有特殊要求外，应与受力钢筋保持垂直；箍筋弯钩叠合处，应沿受力钢筋方向错开位置。此外，梁的箍筋弯钩应尽量放在受压处。

（4）绑扎柱竖向钢筋时，角部钢筋的弯钩应与模板成 45°（多边形柱为模板内角的半分角；圆形柱应与模板切线垂直）；中间钢筋的弯钩应与模板成 90°；当采用插入式振捣器浇筑小型截面柱时，弯钩平面与模板面的夹角不得小于 15°。

（5）绑扎基础底板面钢筋时，要防止弯钩平放，应预先使弯钩朝上；如钢筋有带弯起直段的，绑扎前应将直段立起来，宜用细钢筋联系上，防止直段倒斜，见图 10-3。

（6）钢筋的绑扎接头应符合下列要求：

1）同一构件中相邻纵向受力钢筋的绑扎搭接接头宜相互错开，绑扎搭接接头中钢筋的横向净距不应小于钢筋直径，且不应小于 25mm；

2）钢筋绑扎搭接接头连接区段的长度为 $1.3l_1$（$l_1$ 为搭接长度）凡搭接接头中点位于该连接区段长度内的搭接接头均属于同一连接区段，同一连接区段内纵向钢筋搭接接头面积百分率为该区段内有搭接接头的纵向受力钢筋截面面积与全部纵向受力钢筋截面面积的比值（图 10-4）；

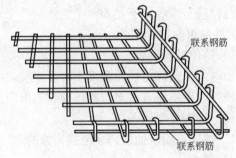

图 10-3　基础底板的绑扎

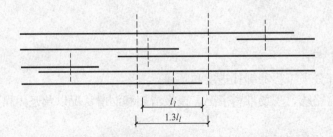

图 10-4　钢筋绑扎搭接接头连接区段及接头面积百分率

注：图中所示搭接接头同一连接区段内的搭接钢筋为两根，

当各钢筋直径相同时，接头面积百分率为 50％

3）同一连接区段内纵向受拉钢筋搭接接头面积百分率应符合设计要求当设计无具体要求时应符合下列规定：

① 对梁类板类及墙类构件不宜大于 25％；基础筏板不宜超过 50％。

② 对柱类构件不宜大于 50％。

③ 当工程中确有必要增大接头面积百分率时，对梁类构件不应大于 50％，对其他构件可根据实际情况放宽。

纵向受力钢筋绑扎搭接接头面积百分率为 25％时的最小搭接长度应符合表 10-17 的规定。

纵向受拉钢筋的最小搭接长度　　　　　　　　　　表 10-17

| 钢筋类型 | | 混凝土强度等级 | | | | | | | | |
|---|---|---|---|---|---|---|---|---|---|---|
| | | C20 | C25 | C30 | C35 | C40 | C45 | C50 | C55 | C60 |
| 光圆钢筋 | HPB235 级 | 37d | 32d | 29d | 26d | 24d | 23d | 22d | — | — |
| | HPB300 级 | 48d | 41d | 37d | 34d | 31d | 29d | 28d | — | — |
| 带肋钢筋 | HRB335 级 | 46d | 40d | 36d | 33d | 30d | 29d | 27d | 26d | 25d |
| | HRB400 级 | 55d | 48d | 43d | 39d | 36d | 34d | 33d | 31d | 30d |
| | HRB500 级 | 67d | 58d | 52d | 47d | 43d | 41d | 39d | 38d | 36d |

注：$d$ 为钢筋直径，两根直径不同钢筋的搭接长度，以较细钢筋的直径计算。

（7）在梁柱类构件的纵向受力钢筋搭接长度范围内按设计要求配置箍筋。当设计无具体要求时应符合下列规定；

1）箍筋直径不应小于搭接钢筋较大直径的 0.25 倍；

2）受拉搭接区段的箍筋间距不应大于搭接钢筋较小直径的 5 倍且不应大于 100mm；

3）受压搭接区段的箍筋间距不应大于搭接钢筋较小直径的 10 倍且不应大于 200mm；

4）当柱中纵向受力钢筋直径大于 25mm 时应在搭接接头两个端面外 100mm 范围内各设置两个箍筋其间距宜为 50mm。

**五、钢筋安装的质量控制**

（1）安装钢筋时，配置的钢筋级别、直径、根数和间距应符合设计图纸的要求。

（2）混凝土保护层砂浆垫块应根据钢筋粗细和间距垫得适量可靠。竖向钢筋可采用带钢丝的垫块，绑在钢筋骨架外侧。

（3）当构件中配置双层钢筋网，需利用各种撑脚支托钢筋网片。撑脚可用相应的钢筋制作。

（4）当梁中配有两排钢筋时，为了使上排钢筋保持正确位置，要用短钢筋作为垫筋垫在它上面，如图 10-5 所示。

（5）墙体中配置双层钢筋时，为了使两层钢筋网保持正确位置，可采用各种用细钢筋制作的撑件加以固定，如图 10-6 所示。

（6）对于柱的钢筋、现浇柱与基础连接而设在基础内的插筋，其箍筋应比柱的箍筋缩小一个箍筋直径，以便连接；插筋必须固定准确牢靠。下层柱的钢筋露出楼面部分，宜用工具式箍筋将其收进一个柱筋直径，以利上层柱的钢筋搭接；当柱截面改变时，其下层柱钢筋的露出部分，必须在绑扎上部其他部位钢筋前，先行收缩准确。

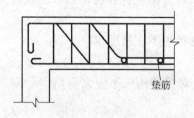

图 10-5  梁中配置双层钢筋

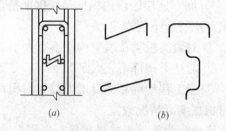

图 10-6  墙体中配制双层钢筋

（7）绑扎和焊接的钢筋网和钢筋骨架，不得有变形、松脱和开焊。钢筋位置的允许偏差应符合表 10-18 的规定。

钢筋安装位置的允许偏差和检验方法　　　　　　　　　表 10-18

| 项　目 | | | 允许偏差(mm) | 检　验　方　法 |
|---|---|---|---|---|
| 绑扎钢筋网 | 长、宽 | | ±10 | 钢尺检查 |
| | 网眼尺寸 | | ±20 | 钢尺量连续三档,取最大值 |
| 绑扎钢筋骨架 | 长 | | ±10 | 钢尺检查 |
| | 宽、高 | | ±5 | 钢尺检查 |
| 受力钢筋 | 间距 | | ±10 | 钢尺量两端、中间各一点,取最大值 |
| | 排距 | | ±5 | |
| | 保护层厚度 | 基础 | ±10 | 钢尺检查 |
| | | 柱、梁 | ±5 | 钢尺检查 |
| | | 板、墙、壳 | ±3 | 钢尺检查 |
| 绑扎箍筋、横向钢筋间距 | | | ±20 | 钢尺量连续三档,取最大值 |
| 钢筋弯起点位移 | | | 20 | 钢尺检查 |
| 预埋件 | 中心线位置 | | 5 | 钢尺检查 |
| | 水平高差 | | +3.0 | 钢尺和塞尺检查 |

# 第三节　预应力混凝土工程

由于混凝土的抗拉强度有限，所以人们早就想通过预加应力使混凝土承重结构的受拉区处于受压状态，这样在混凝土产生拉应力时可以抵消这种应力。预应力技术的基本原理在几个世纪之前就已出现，而其现代应用应归功于现代预应力技术的创始人——法国的 E. Freyssinet 成功地发明了可靠而又经济的张拉锚固工艺技术（1928 年），从而推动了预应力材料、设备及工艺技术的发展。

经过不断实践改良，现代预应力混凝土的优点包含了：

（1）由于有效利用了高强度的钢筋和混凝土，所以可以做成普通钢筋混凝土跨度大而自重较小的细长承重结构。

（2）预应力可以改善使用性，从而可以防止混凝土开裂，或者至少可以把裂缝宽度限制到无害的程度，这提高了耐久性。

（3）变形可保持很小，因为在使用荷载作用下即使是部分预加应力，实际上承重结构也保持在较为理想的状态中。

（4）预应力混凝土承重结构有很高的疲劳强度，因为即使是部分预应力，钢筋应力的变化幅度也小，所以远远低于疲劳强度。

（5）预应力混凝土可以承受相当大的过载而不引起永久的损坏。只要钢筋应力保持在应变极限的 0.01％ 以下，超载引起的裂缝就会重新完全闭合。

**一、先张法**

先张法，即在混凝土硬化之前张拉钢筋，预应力钢筋在两个固定的锚固台座之间进行张拉，并在张拉状态下浇灌混凝土。这样在钢筋和混凝土之间直接产生粘结力，待混凝土足够硬化后，放松预应力钢筋。于是预应力通过粘结力或锚固体传递到混凝土上。

先张法主要应用于预制构件施工，一般适用于生产中小型的预应力混凝土构件。由于建筑施工工业化发展迅速，相对工厂化生产而言现场预制预应力构件不仅费时费力而且设备维修、质量标准都不易控制，所以现场通常不进行先张预应力施工。这里对先张法仅作简要介绍。

需要引起重视的是，现行《混凝土结构工程施工质量验收规范》GB 50204 规定，（混凝土构件厂提供的，用作建筑物结构组成部分的）预制构件应进行结构性能检验。结构性能检验不合格的预制构件不得用于混凝土结构。该规定为现行工程建设标准强制性条文，必须严格执行。

（一）先张法施工设备

1. 台座

以混凝土为承力结构的台称为墩式台座，一般生产中小型构件。生产中型或大型构件时，采用台面局部加厚的台座，以承受部分张拉应力。生产吊车梁、屋架等预应力混凝土构件时，由于张拉力和倾覆力矩都较大，多用槽式台座。

2. 张拉机具和夹具

根据预应力筋选材的不同，分为钢丝和钢筋两种。对应的张拉机具和夹具基本大同小异。

钢丝的夹具分为锚固夹具和张拉夹具，都可以重复使用。根据现行规范要求，预应力筋张拉机具设备及仪表应定期维护和校验，张拉设备应配套标定并配套使用。张拉设备的标定期限不应超过半年。当在使用过程中出现反常现象、千斤顶检修后，应重新标定。张拉机具要求简易可靠，使用方便。

常用的锚固夹具有圆锥齿板式夹具、圆锥三槽式夹具和镦头夹具。前两种属于锥销式体系，锚固时将齿板或锥销打入套筒，借助摩阻力将钢丝锚固。锥销的硬度大于预应力筋硬度，预应力筋硬度大于套筒硬度。

常用的张拉夹具有钳式和偏心式夹具。张拉机具分为单根张拉和多根张拉。台座生产时常采用小型卷扬机单根张拉。多根张拉多用于钢模以机组流水法或传送带生产，要求钢丝长度相等，事先调整初应力。

钢筋锚固多用螺丝端杆锚具、镦头锚具和销片夹具等。张拉时用连接器与螺丝端杆锚具连接。直径 22mm 以下的钢筋用对焊机热镦或冷镦，大直径钢筋用压模加热锻打成型。镦头钢筋需冷拉检验镦头强度。除锚夹具不同外，其余方面基本与钢丝张拉一致。

（二）先张法施工工艺

1. 预应力筋张拉

预应力筋的张拉力、张拉顺序及张拉工艺应符合设计及施工技术方案的要求并应符合规定，还要求现场施工予以详细记录备查。当施工需要超张拉时，最大张拉应力不应大于国家现行标准《混凝土结构设计规范》GB 50010 的规定。现场采用的张拉工艺应能保证同一束中各根预应力筋的应力均匀一致。

采用应力控制方法张拉时，应校核预应力筋的伸长值。实际伸长值与设计计算理论伸长值的相对允许偏差为 6%。张拉过程中应避免预应力筋断裂或滑脱。预应力筋断裂或滑脱对结构构件的受力性能影响极大，故施加预应力过程中应采取措施加以避免。先张法预应力构件中的预应力筋不允许出现断裂或滑脱，若在浇筑混凝土前出现断裂或滑脱，相应的预应力筋应予以更换重新实施张拉。该规定被列入 2002 年版的工程建设标准强制性条文，必须严格执行。

预应力筋张拉应根据设计要求进行。多根成组张拉应先调整各预应力筋的初应力，使长度、松紧一致，以保证张拉后预应力筋应力一致。张拉程序按照下列之一进行：

$$O \rightarrow 1.05\sigma_{con} \xrightarrow{\text{持荷2min}} O \quad \text{或} \quad O \rightarrow 1.3\sigma_{con}$$

$\sigma_{con}$ 为预应力钢筋张拉控制应力（N/mm²）。

此程序主要目的在于减少钢材在常温、高应力状态下不断产生塑性变形而发生的松弛损失。规范规定，施工现场应用钢尺检查先张法预应力筋张拉后与设计位置的偏差，要求偏差不得大于 5mm，且不得大于构件截面短边边长的 4%。

上述工作过程及结果的相当部分内容都通过张拉记录来体现。

2. 混凝土浇筑与养护

确定预应力混凝土的配合比，通过尽量减少混凝土的收缩和徐变，来减少预应力的损失。对水泥品种、用量、水灰比、骨料孔隙率、振动成型等因素的控制可以达到减少混凝土收缩和徐变的目的。

混凝土应振捣密实，振动器不得碰触预应力筋。混凝土没有达到一定强度前，对预应力筋不得有碰撞或移动。

一个需要注意的问题就是采用湿热养护时预应力筋的应力损失问题。由于环境温度升高预应力筋膨胀而台座长度不变会引起预应力损失，所以混凝土没有达到一定强度以前，应该对环境温度进行控制。

3. 预应力筋放松

预应力筋放张时混凝土强度应符合设计要求，当设计无具体要求时，不应低于设计的混凝土立方体抗压强度标准值的 75% 后，方可放松预应力筋。过早地对混凝土施加预应力，会引起较大的收缩和徐变，预应力损失的同时可能因局部承压过大而引起混凝土损伤。施工现场需要了解预应力混凝土实际强度数值，可以通过试压同条件养护试件得到。

先张法预应力筋放张时宜缓慢放松锚固装置，使各根预应力筋同时缓慢放松。无论预应力筋为钢丝还是钢筋，都应尽量做到同时放松，以防止最后几根由于承受过大拉力而突然断裂使构件端部开裂。

（三）先张法质量检验要点

1. 材料、设备及制作

（1）预应力筋、锚具、水泥、外加剂等主要材料的分批出厂合格证、进场检测报告、预应力筋、锚具的见证取样检测报告等；预应力筋用锚具夹具和连接器使用前应进行全数外观检查，其表面应无污物锈蚀机械损伤和裂纹；预应力筋用锚具夹具和连接器要按设计要求采用，其性能应符合现行国家标准《预应力筋用锚具夹具和连接器》GB/T 14370 等的规定；预应力筋进场时应按现行国家标准《预应力混凝土钢绞线》GB/T 5224 等的规定抽取试件作力学性能和重量偏差检验，其质量必须符合有关标准的规定。《混凝土结构工程施工质量验收规范》GB 50204 将预应力筋的检查列为主控项目，并且在现行的《工程建设标准强制性条文-房屋建筑部分》中也明文规定，要求按进场批次和产品的抽样检验方案确定检测数量，检查产品合格证出厂检验报告和进场复验报告。

（2）张拉设备、固定端制作设备等主要设备的进场验收、标定。

（3）预应力筋制作交底文件及制作记录文件。

2. 预应力筋布置

（1）模板、预应力筋、锚具之间是否有破损、是否封闭；

（2）预应力筋固定是否牢固，连接配件是否到位；

（3）张拉端、固定端安装是否正确，固定是否可靠；

（4）自检、隐检记录是否完整。

3. 预应力筋张拉

（1）张拉设备是否良好；

（2）张拉力值是否准确；预应力筋张拉锚固后实际建立的预应力值与量测时间有关，相隔时间越长预应力损失值越大。故检验值应由设计通过计算确定。预应力筋张拉后实际建立的预应力值对结构受力性能影响很大，必须予以保证。先张法施工中通常用应力测定仪器直接测定张拉锚固后预应力筋的应力值；

（3）伸长值是否在规定范围内；

（4）张拉记录是否完整、清楚。

4. 混凝土浇筑

（1）是否派专人监督混凝土浇筑过程；

（2）张拉端、固定端处混凝土是否密实。

## 二、后张法

后张法即将钢筋松弛地放在滑动孔道或张拉孔道内，一般放在预埋的套管内，待混凝土硬化后在两端张拉和锚固。后张法分有粘结预应力和无粘结预应力两类。有粘结预应力工艺是在预加应力以后，用灌浆方法填满张拉孔道，防止钢筋锈蚀，并产生粘结力来保证预应力作用的发挥；而后张法无粘结预应力工艺是使用套管中填充保护剂来保证预应力筋材质稳定，通过预应力筋两端的锚固件作用来发挥预加在混凝土构件上的应力。后张法是在构件或块体上直接张拉预应力钢筋，不需要专门的台座，现场生产时还可避免构件的长途搬运。适宜于生产大型构件，尤其是大跨度构件。随着预应力技术的发展，已逐渐从单个预应力构件发展到预应力结构，如大跨度大柱网的房屋结构、大跨度的桥梁、大型特种结构等等。

后张法预应力工程的施工应由具有相应资质等级的预应力专业施工单位承担。这是因为后张法预应力施工是一项专业性强、技术含量高、操作要求严的作业。预应力混凝土结构施工前，专业施工单位应根据设计图纸编制预应力施工方案。当设计图纸深度不具备施工条件时，预应力施工单位应予以完善，并经设计单位审核后实施。

这里从总承包单位质量员角度出发，对后张法预应力混凝土施工作简要介绍，适用范围仅限于一般工业与民用建筑现场混凝土后张预应力液压张拉施工（不包括构件和块体制作）。

后张预应力筋所用防护材料、防护工艺及张拉工艺有多种多样，目前较常用的防护材料及工艺有以下二种：

(1) 混凝土＋波纹管＋预应力钢材胶粘剂（有粘结预应力工艺）；

(2) 混凝土＋套管＋预应力钢材保护剂（无粘结预应力工艺）。

就目前国际、国内发展趋势而言，在一般介质环境下工作的结构，如房屋结构的室内环境等采用常规的防护材料及工艺即可满足耐久性要求；对侵蚀性介质环境下工作的结构，如桥梁、水工、海洋结构等应采用多层防护工艺，而目前国外工程中出现的可更换的体外索预应力技术更具有发展前景。

(一) 预应力筋、锚具和张拉机具

在预应力筋材质选用方面，先张法后张法施工，基本没有重大区别，有钢丝、钢绞线或者钢筋等。张拉机具和锚夹具等随施工工艺方法不同而变化。

1. 预应力筋

预应力粗钢筋（单根筋）的制作一般包括下料、对焊、冷拉等工序。热处理钢筋及冷拉IV级筋宜采用切割机切断，不得采用电弧切割。预应力筋的下料长度应由计算确定，计算时应在考虑锚夹具厚度、对焊接头压缩量、钢筋冷拉率、弹性回缩率、张拉伸长值和构件长度等的影响。

预应力钢筋束、钢丝束和钢绞线束的制作，一般包括开盘（冷拉）、下料和编束等工序；当采用镦头锚具时，还应增加镦头工序；钢丝和钢绞线的下料，一段采用砂轮钮锯或切割机切断，切口应平齐，无毛刺，无热影响区，以免造成不必要的损伤。下料长度需经计算确定，一般为孔道净长加上两端的预留长度，这与选用何种张拉体系有关。为了保证穿筋在张拉时不发生扭结，对钢筋、钢丝和钢绞线束需进行编束，通常可用18～20号钢丝每隔1m左右将理顺后的筋束绑扎，形成束状，亦可用穿束网套进行穿束。对于钢绞线束目前可用专门的穿索机进行穿束。

预应力筋进场时应按现行国家标准《预应力混凝土钢绞线》GB/T 5224等的规定，抽取试件作力学性能和重量偏差检验。其质量必须符合有关标准的规定。检查数量按进场的批次和产品的抽样检验方案确定。此要求作为现行强制性条文内容之一，现场施工时总承包质量员必须督促严格执行。

2. 无粘结预应力筋

用于制作无粘结筋的钢材为由7根5mm或4mm的钢丝绞合而成的钢绞线或7根直径5mm的碳素钢丝束，其质量应符合现行国家标准。无粘结预应力筋的制作，采用挤压涂塑工艺，外包聚乙烯或聚丙烯套管，内涂防腐建筑油脂，经过挤出成型机后，塑料包裹层一次成型在钢绞线或钢丝束上。

无粘结预应力筋的涂料层应具有良好的化学稳定性，对周围材料无侵蚀作用；不透水、不吸温、抗腐蚀性能强；润滑性能好，摩擦阻力小；在规定温度范围内高温不流淌，低温不变脆，并有一定韧性。

无粘结预应力筋在成品堆放期间，应按不同规格分类成捆、成盘，挂牌整齐，堆放在通风良好的仓库中；露天堆放时，严禁放置在受热影响的场地，应搁置在支架上，不得直接与地面接触，并覆盖雨布。在成品堆放期间严禁碰撞、踩压。

钢绞线无粘结预应力筋应成盘运输，碳素钢丝束无粘结预应力筋可成盘或直条运输。在运输、装卸过程中，吊索应外包橡胶、尼龙带等材料，并应轻装轻卸，严禁摔掷或在地上拖拉，严禁锋利物品损坏无粘结预应力筋。

无粘结预应力筋质量要求应符合现行《钢绞线钢丝束无粘结预应力筋》JG 3006 及《无粘结预应力筋专用防腐润滑脂标准》JG 3007 等的规定，其涂包质量应符合无粘结预应力钢绞线标准的规定。无粘结预应力筋的涂包质量对保证预应力筋防腐及准确地建立预应力非常重要。涂包质量的检验内容主要有涂包层油脂用量、护套厚度及外观。当有工程经验并经观察确认质量有保证时，可仅作外观检查。通常无粘结预应力筋都是工厂制作或者成品购买。

3. 后张预应力设备

预应力混凝土构件进行混凝土浇筑以后，一般强度达到设计要求的 75% 左右（特别是锚固区域）就要进行预应力张拉作业。要想完成后张预应力工作，需使用多种机械设备，其中主要设备有：预应力张拉设备、固定端制作设备、螺旋管制作机、穿束设备、灌浆机械及辅助设备等。

4. 后张法预应力筋锚具夹具

基本与先张法相同。

（二）后张有粘结预应力施工

后张有粘结预应力技术是通过在结构或构件中预留孔道，允许孔道内预应力筋在张拉时可自由滑动，张拉完成后在孔道内灌注水泥浆或其他类似材料，而使预应力筋与混凝土永久粘结不产生滑动的施工技术。

后张有粘结预应力技术在房屋建筑中，主要用于框架、刚架结构，各种梁系结构、平板楼盖结构也可采用预留扁形孔道施工的后张有粘结预应力工艺。

1. 预留孔道

预应力筋的孔道形状有直线、曲线和折线三种。孔道的直径与布置，主要根据预应力混凝土构件或结构的受力性能，并参考预应力筋张拉锚固体系特点与尺寸确定。

（1）孔道直径

对粗钢筋，孔道的直径应比预应力筋直径、钢筋对焊接头处外径或需穿过孔道的锚具或连接器外径大 10～15mm。对钢丝或钢绞线，孔道的直径应比预应力束外径或锚具外径大 6～15mm，且孔道面积应大于预应力面积的 3～4 倍。

（2）孔道布置

预应力筋孔道之间的净距不应小于 50mm，且不宜小于粗骨料最大粒径的 1.25 倍；孔道至构件边缘的净距不应小于 30mm，且不宜小于孔道外径的 0.5 倍；梁中集束布置的无粘结预应力筋则孔道至边缘的净距不宜小于 40mm。凡需要起拱的构件，预留孔道宜随构件同时起拱。

（3）孔道端头排列

预应力筋孔道端头连接承压钢垫板或铸铁喇叭管，由于锚具局部承压要求及张拉设备操作空间的要求，预留孔道端部排列间距往往与构件内部排列间距不同。此外由于成束预应力筋的锚固工艺要求，构件孔道端常常需要扩大孔径、形成喇叭口形孔道。构件端部排列间距及扩孔直径各不相同，详细尺寸可参见相关的张拉锚固体系的技术资料。

（4）孔道成形方法

预应力筋的孔道可采用抽芯法（钢管抽芯和胶管抽芯）和预埋（金属波纹）管等方法成形。对孔道成形的基本要求是：孔道的尺寸与位置应正确，孔道应平顺，接头不漏浆，端部预埋钢板应垂直于孔道中心线等。孔道成形的质量，对孔道摩阻损失的影响较大，应严格把关。

2. 其他（非预应力）钢筋工程及混凝土工程

预应力筋预留孔道的施工过程与钢筋工程同步进行，施工时应对节点钢筋进行放样，调整钢筋间距及位置，保证预留孔道顺畅通过节点。在钢筋绑扎过程中应小心操作，确实保护好预留孔道位置、形状及外观。在电焊操作时，更应小心，禁止电焊火花触及波纹管及胶管，焊渣也不得堆落在孔道表面，应切实保护好预留孔道。

混凝土浇筑是一道关键工序，禁止将振捣直接振动波纹管，混凝土入模时，严禁将下料斗出口对准孔道下灰。此外混凝土材料中不应含带氯离子和外加剂或其他侵蚀性离子。

混凝土浇筑完成后，对抽拔管成孔应按时组织人员抽拔钢管或胶管，检查孔道及灌浆孔等是否通畅。对预埋金属螺旋管成孔，应在混凝土终凝能上人后，派人用通孔器清理孔道，或抽动孔道内的预应力筋，以确保孔道及灌浆通畅。

用于后张预应力结构中的混凝土比常规的普通混凝土结构要求有更高的强度，因为预应力筋比普通钢筋强度高出许多，为充分发挥预应力筋的强度，混凝土必须相应有较高的抗压强度与之匹配。特别是现代高效预应力混凝土技术的发展，要求混凝土不光有较高的抗压强度指标，还要求混凝土具有多种优良结构性能和工艺性能。预应力混凝土结构用混凝土的发展方向是高性能混凝土。

3. 预应力筋张拉

（1）混凝土强度检验

预应力筋张拉前，应提供结构构件（含后浇带）混凝土的强度试压报告。当混凝土的立方体强度满足设计要求后，方可施加预应力。施加预应力时构件的混凝土强度应在设计图纸上标明；如设计无要求时，不应低于混凝土强度等级的 $75\%$，这是各个版本的国家规范都明文规定的要求。立缝处混凝土或砂浆强度如设计无要求时，不应低于块体混凝土强度等级的 $40\%$，且不得低于 $15N/mm^2$。

（2）预应力筋张拉值

预应力筋的张拉力大小，直接影响预应力效果。张拉力越高，建立的预应力值越大，构件的抗裂性也越好；但预应力筋在使用过程中经常处于过高应力状态下，构件出现裂缝的荷载与破坏荷载接近，往往在破坏前没有明显的警告，这是危险的。另外，如张拉力过大，造成构件反拱过大或预拉区出现裂缝，也是不利的。反之，张拉阶段预应力损失越大，建立的预应力值越低，则构件可能过早出现裂缝，也是不安全的。因此，设计人员不仅在图纸上要标明张拉力大小，而且还要注意所考虑的预应力损失项目与取值。这样，施工人员如遇到实际施工情况所产生的预应力损失与设计取值不一致，则有可能调整张拉力，以准确建立预应力值。

（3）减少孔道摩擦损失的措施

包括改善预留孔道与预应力筋制作质量，采用润滑剂和采取超张拉方法。

（4）预应力筋张拉

选择合理的张拉顺序是保证质量的重要一环。当构件或结构有多根预应力筋（束）时，应采用分批张拉，此时应按设计规定进行；如设计无规定或受设备限制必须改变时，则应经核算确定。张拉时宜对称进行，避免引起偏心。预应力筋的张拉顺序，应使结构及构件受力均匀、同步，不产生扭转、侧弯，不应使混凝土产生超应力，不应使其他构件产生过大的附加内力及变形等。因此，无论结构整体，还是对单个构件而言，都应遵循同步、对称张拉的原则。现行 GB 50204 规定，后张法施工中，当预应力筋是逐根或逐束张拉时，应保证各阶段不出现对结构不利的应力状态。同时宜考虑后批张拉预应力筋所产生的结构构件的弹性压缩对先批张拉预应力筋的影响确定张拉力。

在选用一定张锚体系后，在进行预应力筋张拉时，可采用一端张拉法，亦可采用两端同时张拉法。当采用一端张拉时，为了克服孔道摩擦力的影响，使预应力筋的应力得以均匀传递，采用反复张拉 2~3 次，可以达到较好的效果。

采用分批张拉时，应计算分批张拉的预应力损失值，分别加到先张拉预应力筋的张拉控制应力值内，或采用同一张拉值逐根复拉补足。对于平卧叠浇制作的构件，张拉时应考虑由于上下层间的摩阻力对先张拉的构件产生预应力损失的影响，但最大不宜超过 $105\%$ $\sigma_{con}$。如果隔离层效果较好，亦可采用同一张拉值。此外，安排张拉顺序还应考虑尽量减少张拉设备的移动次数。一般张拉程序与先张法施工相同。

4. 孔道灌浆

预应力筋张拉后，利用灌浆泵将水泥浆压灌到预应力筋孔道中去，其作用有二：一是保护预应力筋，以免锈蚀；二是使预应力筋与构件混凝土有效的粘结，以控制超载时裂缝的间距与宽度，并减轻梁端锚具的负荷状况。因此，对孔道灌浆的质量，必须重视。

（1）材料

孔道灌浆应采用强度等级不低于 42.5 级的普通硅酸盐水泥，在寒冷地区和低温季节，应优先采用早强型普通硅酸盐水泥。水泥浆应有足够的流动性。水泥浆自由泌水率为 0，且不应大于 $1\%$，泌水应在 24h 内全部被水泥浆吸收。灌浆用水应是可饮用的清洁水，不含对水泥或预应力筋有害的物质。为提高水泥浆的流动性，减少泌水和体积收缩，在水泥浆中可掺入适量的 JP 型外加剂。任何其他类型的外加剂用于孔道灌浆时，应不含有对预应力筋有侵蚀性的氯化物、硫化物及硝酸盐等。

灌浆用的水泥浆，除应满足强度和粘结力的要求外，应具有较大的流动性和较小的干缩性、泌水性。水泥浆强度不应低于 M30（水泥浆强度等级 M30 系指立方体抗压标准强度为 $30N/mm^2$）。水泥浆试块用边长为 70.7mm 立方体制作。对空隙较大的孔道，水泥浆中可掺入适量的细砂，强度也不应小于 M20。

（2）灌浆

灌浆前孔道应湿润、洁净。对于水平孔道，灌浆顺序应先灌下层孔道，后灌上层孔道。对于竖直孔道，应自下而上分段灌注，每段高度视施工条件而定，下段顶部及上段底部应分别设置排气孔和灌浆孔。灌浆应缓慢均匀地进行，不得中断，并应排气通畅。不掺外加剂的水泥浆，可采用二次灌浆法，以提高密实度。对抽拔管成孔，灌浆前应用压力水冲洗孔道，一方面润湿管壁，保证水泥浆流动正常，另一方面检查灌浆孔、排气孔是否正常；对金属波纹管或钢管成孔，孔道可不用冲洗，但应先用空气泵检查通气情况。

将灌浆机出浆口与孔道相连，保证密封，开动灌浆泵注入压力水泥浆，从近至远逐个检查出浆口，待出浓浆后逐一封闭，待最后一个出浆孔出浓浆后，封闭出浆孔，继续加压至 0.5～0.7MPa，并稳压 1～2min 后封闭进浆孔，待水泥浆凝固后，再拆卸连接接头，即时清理。

低温状态下灌浆首先用气泵检查孔道是否被结冰堵孔。水泥应选用早强型普通硅酸盐水泥，掺入一定量防冻剂。水泥浆也可用温水拌合，灌浆后将构件保温，构件应选用木模做底模、侧模，待水泥浆强度上升后，再拆除模板。

孔道灌浆一般采用素水泥浆，材料、搅拌、灌装等方面要求与普通混凝土工程并无多大不同。由于普通硅酸盐水泥浆的泌水率较小，故规定应采用普通硅酸盐水泥配制水泥浆。水泥浆中掺入外加剂，可改善其稠度、泌水率、膨胀率、初凝时间和强度等特性，但预应力筋对腐蚀较为敏感，故水泥和外加剂中均不能含有对预应力筋有害的化学成分。孔道灌浆所采用水泥和外加剂数量较少的一般工程，如果由使用单位提供近期采用的相同品牌和型号的水泥及外加剂的检验报告，也可不作水泥和外加剂性能的进场复验。

（三）后张无粘结预应力施工

无粘结后张预应力混凝土是在浇灌混凝土之前，把预先加工好的无粘结筋与普通钢筋一样直接放置在模板内，然后浇筑混凝土，待混凝土达到设计强度时，即进行张拉。它与有粘结预应力混凝土所不同之处就在于：不需在放置预应力筋的部位预先留设孔道和沿孔道穿筋；预应力筋张拉完后，不需进行孔道灌浆。现场的施工作业，无粘结比有粘结简单，可大量减少现场施工工序。由于无粘结预应力筋表面的润滑防腐油脂涂料，使其与混凝土之间不起粘结作用，可自由滑动，故可直接张拉锚固。但由于无粘结筋对锚夹具质量及防腐保护要求高，一般用于预应力筋分散配置，且外露的锚具易用混凝土封口的结构，如大跨度单向和双向平板与密肋板等结构，以及集中配筋较少的梁结构。

1. 无粘结筋的铺放

（1）检查和修补　对运送到现场的无粘结筋应及时检查规格尺寸及其端部配件，如镦头锚具、塑料保护套筒、承压板以及工具式连杆等。逐根检查外包层的完好程度，对有轻微破损者，可用塑料胶带修补，破损严重者应予以报废，不得使用。

（2）铺设　无粘结筋的铺设工序通常在绑扎完成底筋后进行。无粘结筋铺放的曲率。可用垫铁马凳或其他构造措施控制。铁马凳一般用不小于 4φ12 钢筋焊接而成。按设计要求制作成不同高度，其放置间距不宜大于 2m，用钢丝与无粘结筋扎紧。铺设双向配置的无粘结筋时，应先铺放上层筋，应尽量避免两个方向的钢筋相互穿插编结。绑扎无粘结筋时，应先在两端拉紧，同时从中往两端绑扎定位。

（3）验收　浇筑混凝土前应对无粘结筋进行检验验收，如各控制点的矢高、端头连杆外露尺寸是否合格；塑料保护套有无脱落和歪斜；固定端墩头与锚板是否贴紧；无粘结筋涂层有无破损等，合格后方可浇筑。

2. 无粘结筋的张拉与防护

无粘结筋的张拉设备通常包括油泵、千斤顶、张拉杆、顶压器、工具锚等。

钢绞线无粘结筋的张拉端可采用夹片式锚具，埋入端宜采用压花式埋入锚具。钢丝束无粘结筋的张拉端和埋入端均可采用夹片式或墩头锚具。成束无粘结筋正式张拉前，宜先用千斤顶往复抽动1～2次，以降低张拉摩擦损失。在张拉过程中，当有个别钢丝发生滑脱或断裂时，可相应降低张拉力，但滑脱或断裂的根数，不应超过结构同一截面钢丝总根数的2%。

无粘结筋张拉完成后，应立即用防腐油或水泥浆通过锚具或其附件上的灌注孔；将锚固部位张拉形成的空腔全部灌注密实，以防预应力筋发生局部锈蚀。无粘结筋的端部锚固区，必须进行密封防护措施，严防水汽进入，锈蚀预应力筋，并要求防火。一般做法为：切去多余的无粘结筋，或将端头无粘结筋分散弯折后，浇筑混凝土封闭或外包钢筋混凝土，或用环氧砂浆封堵等。用混凝土做堵头封闭时，要防止产生收缩裂缝。当不能采用混凝土或灰浆作封闭保护时，预应力筋锚具要全部涂刷防锈漆或油脂，并加其他保护措施，总之，必须有严格的措施，绝不可掉以轻心。

（四）质量检验要点

1. 材料、设备及制作

（1）预应力筋、锚具、波纹管、水泥、外加剂等主要材料的分批出厂合格证、进场检测报告、预应力筋、锚具的见证取样检测报告等；

（2）张拉设备、固定端制作设备等主要设备的进场验收、标定；

（3）预应力筋制作交底文件及制作记录文件。

2. 预应力筋及孔道布置

（1）孔道定位点标高是否符合设计要求；

（2）孔道是否顺直、过渡平滑、连接部位是否封闭，能否防止漏浆；

（3）孔道是否有破损、是否封闭；

（4）孔道固定是否牢固，连接配件是否到位；

（5）张拉端、固定端安装是否正确，固定可靠；

（6）自检、隐检记录是否完整。

3. 混凝土浇筑

（1）是否派专人监督混凝土浇筑过程；

（2）张拉端、固定端处混凝土是否密实；

（3）是否能保证管道线形不变，保证管道不受损伤；

（4）混凝土浇筑完成后是否派专人用清孔器检查孔道或抽动孔道内预应力筋。

4. 预应力筋张拉

（1）张拉设备是否良好；

（2）张拉力值是否准确；

（3）伸长值是否在规定范围内；

（4）张拉记录是否完整、清楚。

5. 孔道灌浆

（1）设备是否正常转动；

（2）水泥浆配合比是否准确，计算是否精确；水泥浆的稠度泌水率、膨胀率等是否符合规定；

（3）记录是否完整；

（4）试块是否按班组制作。

### 三、施工质量控制注意事项

预应力混凝土施工需要用强度很高的钢筋，这种钢筋对锈蚀和缺口等非常敏感。此外，这种钢筋所加的预应力与其强度比较起来也是很高的。混凝土，特别是预应力筋锚固区的混凝土，还有预压受拉区的混凝土受力都很大，所以在制作预应力混凝土承重结构时必须严格遵守设计及规范要求的各项规定，特别是强制性条文中所作的规定。这些规定不仅涉及建筑材料的质量的监督，而且也涉及模板和脚手架的尺寸精度，以及预应力筋和非预应力筋的尺寸、间距、混凝土保护层、高度、方向等方面的严格监督。

因为预应力筋在梁截面内的高度位置对预应力弯矩影响很大，所以设计高度位置必须保证误差很小。诚然，这样小的误差在截面高度很小（例如板）时是难以保证的。安装千斤顶的锚固板必须尽可能精确地垂直于预应力筋轴线，并且牢固定位，不得移动。

另外，要特别注意气候、空气温度、混凝土在水化作用过程中引起的温度变化，以及混凝土在硬化过程中由于绝热覆盖物可能引起的冷却延长等对新浇混凝土的影响。如果在混凝土浇筑后第二到第四天由于夜间温差引起较高的约束应力，则即使有配筋也可产生较大的裂缝，因为龄期这样短的混凝土尚未建立足够的粘结强度来有效地使钢筋限制裂缝宽度。如果新浇混凝土没有保护，则强烈的日照和干燥的风也可能引起较大的裂缝。

关于气温对硬化过程的影响应特别在考虑预加应力日期时予以注意。气温会引起预应力筋的长度变化。钢筋在炎热的无风天气暴晒可使温度超过 70℃，夜间又冷却下来。这种情况对于长的预应力筋，其端部用螺母固定在锚固件上，而锚固件又固定到刚性的模板上时，应予注意。螺母必须留出足够间隙，否则在热条件下穿入的曲线预应力筋到夜间会从支垫上抬起，或者在冷条件下穿入的曲线预应力筋在炎热白天会向四边弯折。

此外，专业工程师必须严格监督预加应力和灌浆过程，并分别作详细记录。

在模架或施工支架上制作时必须考虑到，支架本身不得阻碍由温度下降及由预加应力产生的压应力所引起的混凝土缩短，木模板几乎不阻碍缩短。施工支架在新浇混凝土自重作用下产生变形，必须相应加高或在浇灌混凝土时进行调整。至于是否需要进一步升高或降低施工支架来抵消由预应力和永久荷载引起的已硬化的预应力混凝土梁之变形（特别是考虑到以后由收缩和徐变引起的与时间有关的变形），则视使用条件而定。

如果梁的压应力在预压受拉缘大于受压缘，则在预加应力时，梁就会从它的支架上拱起（如果支架是刚性的）。首先是在梁的全长上均匀分布的自重从支架上升起，使梁中部悬空，两端支承在立座上，于是支座受力。所以支座在预加应力时应有完好的功能。

如果支座是模架或支架梁，它在新浇混凝土重量作用下产生弹性变形，则支架梁在预加应力时回弹、往回弯曲，并将其弹力从下至上压到预应力混凝土梁上。这就是说，梁的自重没有完全起作用，从而可导致受拉缘产生过高的压应力及受压缘甚至产生拉应力。因此在支架梁或模架下沉没有达到足够量，使回弹不再对预应力混凝土梁起作用之前，不允许施工全部预应力。

这里还要指出，在使用千斤顶、高压泵、高压管和大的预应力时有可能发生事故。这方面的详细规定可参见有关建筑业规程。

## 第四节　混凝土工程

**一、原材料要求**

1. 水泥

（1）水泥的品种及强度

在工业与民用建筑中，配制普通混凝土所用的水泥，一般采用硅酸盐水泥，普通硅酸盐水泥、矿渣硅酸盐水泥、火山灰质硅酸盐水泥、粉煤灰硅酸盐水泥和复合水泥。

（2）水泥的强度指标

水泥的强度等级按规定龄期的抗压强度和抗折强度来划分，各强度等级水泥的各龄期强度不得低于表 10-19 中的规定值。

各强度等级水泥不同龄期的强度（MPa）　　　　　表 10-19

| 品　　种 | 强度等级 | 抗压强度 | | 抗折强度 | |
|---|---|---|---|---|---|
| | | 3d | 28d | 3d | 28d |
| 硅酸盐水泥 | 42.5 | ≥17.0 | ≥42.5 | ≥3.5 | ≥6.5 |
| | 42.5R | ≥22.0 | ≥42.5 | ≥4.0 | ≥6.5 |
| | 52.5 | ≥23.0 | ≥52.5 | ≥4.0 | ≥7.0 |
| | 52.5R | ≥27.0 | ≥52.5 | ≥5.0 | ≥7.0 |
| | 62.5 | ≥28.0 | ≥62.5 | ≥5.0 | ≥8.0 |
| | 62.5R | ≥32.0 | ≥62.5 | ≥5.5 | ≥8.0 |
| 普通硅酸盐水泥 | 42.5 | ≥17.0 | ≥42.5 | ≥3.5 | ≥6.5 |
| | 42.5R | ≥22.0 | ≥42.5 | ≥4.0 | ≥6.5 |
| | 52.5 | ≥23.0 | ≥52.5 | ≥4.0 | ≥7.0 |
| | 52.5R | ≥27.0 | ≥52.5 | ≥5.0 | ≥7.0 |
| 矿渣、火山灰、粉煤灰水泥及复合水泥 | 32.5 | ≥10.0 | ≥32.5 | ≥2.5 | ≥5.5 |
| | 32.5R | ≥15.0 | ≥32.5 | ≥3.5 | ≥5.5 |
| | 42.5 | ≥15.0 | ≥42.5 | ≥3.5 | ≥6.5 |
| | 42.5R | ≥19.0 | ≥42.5 | ≥4.0 | ≥6.5 |
| | 52.5 | ≥21.0 | ≥52.5 | ≥4.0 | ≥7.0 |
| | 52.5R | ≥23.0 | ≥52.5 | ≥4.5 | ≥7.0 |

注：表中 R 为早强型水泥。

（3）水泥的技术要求

水泥的技术要求除了以上所述的强度要求以外，其他技术要求见表 10-20。

通用水泥技术要求　　　　　表 10-20

| 项　　目 | 技　术　要　求 |
|---|---|
| 不溶物 | Ⅰ型硅酸盐水泥中不得超过 0.75%；Ⅱ型硅酸盐水泥中不得超过 1.50% |
| 氧化镁 | 水泥中氧化镁含量不宜超过 5.0%，如果水泥经压蒸安定性试验合格，则水泥中氧化镁含量允许放宽到 6.0% |
| 三氧化硫 | 水泥中三氧化硫含量不得超过 3.5%；矿渣水泥 $SO_3$ 不得超过 4% |

| 项　目 | 技术要求 |
|---|---|
| 烧失量 | Ⅰ型硅酸盐水泥中不得大于 3.0%，Ⅱ型硅酸盐水泥中不得大于 3.5%；普通硅酸盐水泥不得大于 5.0% |
| 细度 | 硅酸盐水泥比表面积大于 300m²/kg；其他水泥 80μm 方孔筛筛余不得超过 10.0% |
| 凝结时间 | 所有品种的水泥初凝不得早于 45min。终凝时间硅酸盐水泥不得迟于 6.5h；其他品种水泥终凝不得迟于 10h |
| 安定性 | 用沸煮法检验必须合格 |
| 碱含量 | 水泥中碱含量按 $Na_2O+0.658K_2O$ 计算值表示。若使用活性骨料，用户要求提供低碱水泥时，水泥中碱含量不得大于 0.60%或由供需双方商定 |

凡氧化镁、三氧化硫、初凝时间、安定性中任一项不符合标准规定时，均为废品。

凡细度、终凝时间、不溶物和烧失量中的任一项不符合标准规定或混合材料掺加量超过最大限度和强度低于商品强度等级的指标时为不合格品。

（4）其他要求

1）水泥袋上应清楚标明：工厂名称、生产许可证编号、品牌名称、代号、包装年、月、日和编号。水泥包装标志中水泥品种、强度等级、工厂名称和出厂编号不全的也属于不合格品。散装时应提交与袋装相同的内容卡片。

2）水泥在运输和贮存时不得受潮和混入杂物，不同品种和强度等级的水泥应分别储存，不得混杂。

3）水泥的复试

按照《混凝土结构工程施工质量验收规范》（GB 50204—2002）规定及工程质量管理的有关规定，用于承重结构、使用部位有强度等级要求的混凝土用水泥，或水泥出厂超过三个月（或快硬硅酸盐水泥为一个月）和进口水泥，在使用前必须进行复试，并提供试验报告。

水泥复试项目，水泥标准中规定，检验项目包括需要对产品进行考核的全部技术要求。水泥生产厂在水泥出厂时已经提供了标准规定的有关技术要求的试验结果。通常复试只做安定性，凝结时间和强度三项必试项目。

（5）通用水泥的主要特点及适用范围

通用水泥由于组成成分的不同，因而具有各自的特点和适用范围，表 10-21 为通用水泥的主要特点和适用范围。

**通用水泥的主要特点及适用范围**　　　　　　　　　　　　　　表 10-21

| 品种 | 主要特点 | 适用范围 | 不适用范围 |
|---|---|---|---|
| 硅酸盐水泥 | 1. 早强快硬。<br>2. 水化热高。<br>3. 耐冻性好。<br>4. 耐热性差。<br>5. 耐腐蚀性差。<br>6. 对外加剂的作用比较敏感 | 1. 适用快硬早强工程。<br>2. 配制强度等级较高混凝土 | 1. 大体积混凝土工程。<br>2. 受化学侵蚀水及压力水作用的工程 |

| 品种 | 主要特点 | 适用范围 | 不适用范围 |
|---|---|---|---|
| 普通硅酸盐水泥 | 1. 早强。<br>2. 水化热较高。<br>3. 耐冻性较好。<br>4. 耐热性较差。<br>5. 耐腐蚀性较差。<br>6. 低温时凝结时间有所延长 | 1. 地上、地下及水中的混凝土、钢筋混凝土和预应力混凝土结构，包括早期强度要求较高的工程。<br>2. 配制建筑砂浆 | 1. 大体积混凝土工程。<br>2. 受化学侵蚀水及压力水作用的工程 |
| 矿渣硅酸盐水泥 | 1. 早期强度低，后期强度增长较快。<br>2. 水化热较低。<br>3. 耐热性较好。<br>4. 抗硫酸盐侵蚀性好。<br>5. 抗冻性较差。<br>6. 干缩性较大 | 1. 大体积工程。<br>2. 配制耐热混凝土。<br>3. 蒸汽养护的构件。<br>4. 一般地上地下的混凝土和钢筋混凝土结构。<br>5. 配制建筑砂浆 | 1. 早期强度要求较高的混凝土工程<br>2. 严寒地区并在水位升降范围内的混凝土工程 |
| 火山灰质硅酸盐水泥 | 1. 早期强度低后期强度增长较快。<br>2. 水化热较低。<br>3. 耐热性较差。<br>4. 抗硫酸盐侵蚀性好。<br>5. 抗冻性较差。<br>6. 抗渗性较好。<br>7. 干缩性较大 | 1. 大体积工程。<br>2. 有抗渗要求的工程。<br>3. 蒸汽养护的构件。<br>4. 一般混凝土和钢筋混凝土工程。<br>5. 配制建筑砂浆 | 1. 早期强度要求较高的混凝土工程<br>2. 严寒地区并在水位升降范围内的混凝土工程。<br>3. 干燥环境中的混凝土工程。<br>4. 有耐磨性要求的工程 |
| 粉煤灰硅酸盐水泥 | 1. 早期强度低，后期强度增长较快。<br>2. 水化热较低。<br>3. 耐热性较差。<br>4. 抗硫酸盐侵蚀性好。<br>5. 抗冻性较差。<br>6. 干缩性较小 | 1. 大体积工程。<br>2. 有抗渗要求的工程。<br>3. 一般混凝土工程。<br>4. 配制建筑砂浆 | 1. 早期强度要求较高的混凝土工程<br>2. 严寒地区并在水位升降范围内的混凝土工程。<br>3. 有抗碳化要求的工程 |
| 复合硅酸盐水泥 | 1. 早期强度低，后期强度增长较快。<br>2. 水化热较低。<br>3. 耐热性较好 | 1. 工业和民用建筑。<br>2. 大体积混凝土。<br>3. 地下、基础工程 | 严寒地区有水位升降范围内的混凝土工程 |

2. 砂

（1）砂的品种

1）砂按产源可分为：海砂、河砂、湖砂、山砂

2）砂的粗细程度按细度模数可分为四级：

粗砂：细度模数为 3.7～3.1；

中砂：细度模数为 3.0～2.3；

细砂：细度模数为 2.2～1.6；

特细砂：细度模数为 1.5～0.7。

（2）砂的颗粒级配

混凝土用砂的分区及级配范围应符合表 10-22 的规定。配制混凝土时宜优先选用Ⅱ区砂。当采用Ⅰ区砂时，应提高砂率，并保持足够的水泥用量，满足混凝土的和易性，当采用Ⅲ区砂时，宜适当降低砂率。

混凝土用砂的分区及级配范围　　　　　　　表 10-22

| 方孔筛筛孔尺寸 | 级 配 区 | | |
|---|---|---|---|
| | Ⅰ区 | Ⅱ区 | Ⅲ区 |
| | 累计筛余（%） | | |
| 9.50mm | 0 | 0 | 0 |
| 4.75mm | 10～0 | 10～0 | 10～0 |
| 2.36mm | 35～5 | 25～0 | 15～0 |
| 1.18mm | 65～35 | 50～10 | 25～0 |
| 600μm | 85～71 | 70～41 | 40～16 |
| 300μm | 95～80 | 92～70 | 85～55 |
| 150μm | 100～90 | 100～90 | 100～90 |

注：除 4.75mm、600μm、150μm 筛孔外，其余各筛孔累计筛余可超出分界线，但其总量不得大于 5%。

（3）砂的含泥量和泥块含量

砂的含泥量和泥块含量应符合表 10-23 的规定。

砂的含泥量和泥块含量（%）　　　　　　　表 10-23

| 混凝土强度等级 | ≥C60 | C55～C30 | ≤C25 |
|---|---|---|---|
| 含泥量（按质量计） | ≤2.0 | ≤3.0 | ≤5.0 |
| 泥块含量（按质量计） | ≤0.5 | ≤1.0 | ≤2.0 |

对于有抗冻、抗渗或其他特殊要求的等于或低于 C25 混凝土用砂、其含泥量不应大于 3.0%，泥块含量不应大于 1%。

（4）砂的石粉含量及有害物质含量应符合《普通混凝土用砂、石质量及检验方法标准》JGJ 52 的规定。

（5）砂的坚固性

采用硫酸钠溶液法进行试验，砂在其饱和溶液中以 5 次循环浸渍后，根据混凝土所处环境条件及其性能要求其质量损失应小于 8%～10%。

（6）砂中氯离子含量

1）对于钢筋混凝土用砂，其氯离子含量不得超过 0.06%（干砂质量百分率）；

2）对于预应力混凝土用砂，其氯离子含量不得超过 0.02%（干砂质量百分率）。

3. 碎（卵）石

（1）碎（卵）石的种类

碎（卵）石按颗粒粒径大小，可分为四级。

粗碎（卵）石：颗粒粒径在 40～150mm 之间；

中碎（卵）石：颗粒粒径在 20～40mm 之间；

细碎（卵）石：颗粒粒径在 5～20mm 之间；

特细碎（卵）石：颗粒粒径在 5～10mm 之间。

（2）碎（卵）石的颗粒级配

碎（卵）石的颗粒级配应符合表 10-24 规定。混凝土应采用连续粒级，或用单粒级组合成满足要求的连续粒级。

**碎（卵）石的颗粒级配**　　　　　　　　　　　　　　　　　　　　　　　　表 10-24

| 情况级配 | 公称粒级(mm) | 累计筛余，按质量(%) | | | | | | | | | | | |
|---|---|---|---|---|---|---|---|---|---|---|---|---|---|
| | | 方孔筛筛孔边长尺寸(mm) | | | | | | | | | | | |
| | | 2.36 | 4.75 | 9.5 | 16.0 | 19.0 | 26.5 | 31.5 | 37.5 | 53 | 63 | 75 | 90 |
| 连续粒级 | 5~10 | 95~100 | 80~100 | 0~15 | 0 | — | — | — | — | — | — | — | — |
| | 5~16 | 95~100 | 85~100 | 30~60 | 0~10 | 0 | — | — | — | — | — | — | — |
| | 5~20 | 95~100 | 90~100 | 40~80 | — | 0~10 | 0 | — | — | — | — | — | — |
| | 5~25 | 95~100 | 90~100 | — | 30~70 | — | 0~5 | 0 | — | — | — | — | — |
| | 5~31.5 | 95~100 | 90~100 | 70~90 | — | 15~45 | — | 0~5 | 0 | — | — | — | — |
| | 5~40 | — | 95~100 | 70~90 | — | 30~65 | — | — | 0~5 | 0 | — | — | — |
| 单粒级 | 10~20 | — | 95~100 | 85~100 | — | 0~15 | 0 | — | — | — | — | — | — |
| | 16~31.5 | — | — | 95~100 | 85~100 | — | — | 0~10 | 0 | — | — | — | — |
| | 20~40 | — | — | — | 95~100 | 80~100 | — | — | 0~10 | 0 | — | — | — |
| | 31.5~63 | — | — | — | — | — | 95~100 | 75~100 | 45~75 | — | 0~10 | 0 | — |
| | 40~80 | — | — | — | — | — | — | — | 95~100 | 70~100 | 30~60 | 0~10 | 0 |

（3）碎（卵）石中含泥量、泥块含量和针片状颗粒含量应符合表 10-25。

**碎（卵）石中含泥量、泥块含量和针片状颗粒含量（%）**　　　　　　表 10-25

| 混凝土强度等级 | ≥C60 | C55~C30 | ≤C25 |
|---|---|---|---|
| 含泥量(按质量计) | ≤0.5 | ≤1.0 | ≤2.0 |
| 泥块含量(按质量计) | ≤0.2 | ≤0.5 | ≤0.7 |
| 针片状颗粒含量(按质量计) | ≤8 | ≤15 | ≤25 |

（4）碎（卵）石的硫化物和硫酸盐含量及有机物有害物质含量等应符合《普通混凝土用砂、石质量及检验方法标准》JGJ 52 的规定。

1）碎（卵）石的密度应大于 $2.5g/cm^3$；

2）碎（卵）石的堆积密度应大于 $1500kg/m^3$；

3）碎（卵）石的空隙率应小于 45%。

（5）碎（卵）石坚固性

采用硫酸钠溶液法进行试验，其质量损失应小于 8%~12%。

（6）碎（卵）石的强度

碎石的强度可用岩石的抗压强度和压碎指标值表示，岩石的抗压强度应比所配制的混凝土强度至少高 20%。卵石的强度用压碎指标值表示。具体要求详见《普通混凝土用砂、石质量及检验方法标准》JGJ 52 规定。混凝土强度等级为 C60 及以上时应进行岩石抗压强度检验，其他情况下如有怀疑或认为有必要时也可进行岩石的抗压强度检验。岩石的抗压强度与混凝土强度等级之比不应小于 1.5，且火成岩强度不宜低于 80MPa，变质岩不宜低于 60MPa，水成岩不宜低于 30MPa。

（7）其他要求

1）混凝土所用的粗骨料，其最大粒径不得超过结构截面最小尺寸的 1/4；且不得超过钢筋间距最小净距的 3/4。

2）对混凝土实心板，骨料的最大粒径不宜超过板厚的 1/3；且不得超过 40mm。

3）骨料应按品种、规格分别堆放，不得混杂，骨料中严禁混入煅烧过的白云石和石灰块。

4. 水

（1）水的种类

混凝土拌合用水按水源可分为：饮用水、地表水、地下水和海水等。

（2）水的技术要求

1）拌合用水所含物质对混凝土、钢筋混凝土和预应力混凝土不应产生以下有害作用：

① 影响混凝土的和易性及凝结；

② 有损于混凝土强度发展；

③ 降低混凝土的耐久性，加快钢筋腐蚀及导致预应力钢筋脆断；

④ 污染混凝土表面。

2）水的物质含量：

水的 pH 值、不溶物，可溶物、氯化物、硫酸盐、碱的含量应符合表 10-26 的规定。

物质含量限值 　　　　　　　　　　　　　　　　　　　表 10-26

| 项　　目 | 预应力混凝土 | 钢筋混凝土 | 素混凝土 |
|---|---|---|---|
| pH 值 | ≥5.0 | ≥4.5 | ≥4.5 |
| 不溶物(mg/L) | ≤2000 | ≤2000 | ≤5000 |
| 可溶物(mg/L) | ≤2000 | ≤5000 | ≤10000 |
| 氯化物(以 $Cl^-$ 计,mg/L) | ≤500 | ≤1000 | ≤3500 |
| 硫酸盐(以 $SO_4^{2-}$ 计,mg/L) | ≤600 | ≤2000 | ≤2700 |
| 碱含量(以当量 $Na_2O$ 计,mg/L) | ≤1500 | ≤1500 | ≤1500 |

注：使用钢丝或经热处理钢筋的预应力混凝土氯化物含量不得超过 350mg/L。

（3）水的使用要求

1）生活饮用水，可拌制各种混凝土。

2）地表水和地下水首次使用前，应按《混凝土拌合用水标准》（JGJ 63）规定进行检验。

3）海水可用于拌制素混凝土，但不得用于拌制和养护钢筋混凝土和预应力混凝土。

4）有饰面要求的混凝土不应用海水拌制。

5. 外加剂

（1）混凝土工程中外加剂的种类

1）普通减水剂及高效减水剂。

普通减水剂（木质素磺酸盐类）：木质素磺酸钙、木质素磺酸钠、木质素磺酸镁及丹宁等。

高效减水剂：①多环芳香族磺酸盐类：萘和萘的同系磺化物与甲醛缩合的盐类、氨基磺酸盐等；②水溶性树脂磺酸盐类：磺化三聚氰胺树脂、磺化古码隆树脂等；③脂肪族类：聚羧酸盐类、取丙烯酸盐类、脂肪族羟甲基磺酸盐高缩聚物等；④其他：改性木质素磺酸钙、改性丹宁等。

2）引气剂及引气减水剂。①松香树脂类：松香热聚物，松香皂类等；②烷基和烷基芳烃磺酸盐类：十二烷基磺酸盐、烷基苯磺酸盐、烷基苯酚聚氧乙烯醚等；③脂肪醇磺酸盐类：脂肪醇聚氧乙烯醚、脂肪醇聚氧乙烯磺酸钠、脂肪醇硫酸钠等；④皂甙类：三萜皂甙等；⑤其他：蛋白质盐、石油磺酸盐等。

3）缓凝剂、缓凝减水剂及缓凝高效减水剂。①糖类：糖钙、葡萄糖酸盐等；②木质素磺酸盐类：木质素磺酸钙、木质素磺酸钠等；③羟基羧酸及其盐类：柠檬酸、酒石酸钾钠等；④无机盐类：锌盐、磷酸盐等；⑤其他：胺盐及其衍生物、纤维素醚等。

4）早强剂及早强减水剂。①强电解质无机盐类早强剂：硫酸盐、硫酸复盐、硝酸盐、亚硝酸盐、氯盐等；②水溶性有机化合物：三乙醇胺，甲酸盐、乙酸盐、丙酸盐等；③其他：有机化合物，无机盐复合物。

5）防冻剂。强电解质无机盐类：①氯盐类：以氯盐为防冻组分的外加剂；②氯盐阻锈类：以氯盐与阻锈组分为防冻组分的外加剂；③无氯盐类：以亚硝酸盐、硝酸盐等无机盐为防冻组分的外加剂；水溶性有机化合物类：以某些醇类等有机化合物为防冻组分的外加剂；有机化合物与无机盐复合类及复合型防冻剂：以防冻组分复合早强、引气、减水等组分的外加剂。

6）膨胀剂。①硫铝酸钙类；②硫铝酸钙一氧化钙类；③氧化钙类。

7）泵送剂。

8）防水剂。①无机化合物类：氯化铁、硅灰粉末，锆化合物等；②有机化合物类：脂肪酸及其盐类、有机硅表面活性剂（甲基硅醇钠、乙基硅醇钠、聚乙基羟基硅氧烷）、石蜡、地沥青、橡胶及水溶性树脂乳液等；③混合物类：无机类混合物、有机类混合物、无机类与有机类混合物；④复合类：上述各类与引气剂、减水剂、调凝剂等外加剂复合的复合型防水剂。

9）速凝剂。①在喷射混凝土工程中可采用的粉状速凝剂：以铝酸盐、碳酸盐等为主要成分的无机盐混合物等；②在喷射混凝土工程中可采用的液体速凝剂：以铝酸盐、水玻璃等为主要成分，与其他无机盐复合而成的复合物。

（2）一般规定及施工要求

1）普通减水剂及高效减水剂。

①普通减水剂及高效减水剂可用于素混凝土、钢筋混凝土、预应力混凝土，并可制备高强高性能混凝土。

②普通减水剂宜用于日最低气温5℃以上施工的混凝土，不宜单独用于蒸养混凝土；高效减水剂宜用于日最低气温0℃以上施工的混凝土。

③当掺用含有木质素磺酸盐类物质的外加剂时应先做水泥适应性试验，合格后方可使用。

④普通减水剂、高效减水剂进入工地（或混凝土搅拌站）的检验项目应包括pH值、密度（或细度）、混凝土减水率，符合要求方可入库、使用。

⑤减水剂掺量应根据供货单位的推荐掺量、气温高低、施工要求，通过试验确定。

⑥减水剂以溶液掺加时，溶液中的水量应从拌合水中扣除。

⑦ 液体减水剂宜与拌合水同时加入搅拌机内,粉剂减水剂宜与胶凝材料同时加入搅拌机内,需二次添加外加剂时,应通过试验确定,混凝土搅拌均匀方可出料。

⑧ 根据工程需要,减水剂可与其他外加剂复合使用。其掺量应根据试验确定。配制溶液时,如产生絮凝或沉淀等现象,应分别配制溶液并分别加入搅拌机内。

⑨ 掺普通减水剂,高效减水剂的混凝土采用自然养护时,应加强初期养护;采用蒸养时,混凝土应具有必要的结构强度才能升温,蒸养制度应通过试验确定。

2)引气剂及引气减水剂

① 混凝土工程中可采用由引气剂与减水剂复合而成的引气减水剂。

② 引气剂及引气减水剂,可用于抗冻混凝土、抗渗混凝土、抗硫酸盐混凝土、泌水严重的混凝土、贫混凝土、轻骨料混凝土、人工骨料配制的普通混凝土、高性能混凝土以及有饰面要求的混凝土。

③ 引气剂及引气减水剂不宜用于蒸养混凝土及预应力混凝土,必要时,应经试验确定。

④ 引气剂及引气减水剂进入工地(或混凝土搅拌站)的检验项目应包括 pH 值、密度(或细度)、含水量、引气减水剂应增测减水率,符合要求方可入库、使用。

⑤ 抗冻性要求高的混凝土,必须掺引气剂或引气减水剂,其掺量应根据混凝土的含气量要求,通过试验确定。掺引气剂及引气减水剂混凝土的含气量,不宜超过表 10-27 规定的含气量数值。

掺引气剂及引气减水剂混凝土的含量        表 10-27

| 粗骨料最大公称粒径(mm) | 20(19) | 25(26.5) | 40(37.5) |
|---|---|---|---|
| 混凝土含气量(%) | ≤5.5 | ≤5.0 | ≤4.5 |

注:括号内数值为《普通混凝土用砂、石质量标准及检验方法标准》JGJ 52 中方孔筛筛孔边长。

⑥ 引气剂及引气减水剂,宜以溶液掺加,使用时加入拌合水中,溶液中的水量应从拌合水中扣除。

⑦ 引气剂及引气减水剂配制溶液时,必须充分溶解后方可使用。

⑧ 引气剂可与减水剂、早强剂、缓凝剂、防冻剂复合使用。配制溶液时,如产生絮凝或沉淀等现象,应分别配制溶液并分别加入搅拌机内。

⑨ 施工时,应严格控制混凝土的含气量。当材料、配合比,或施工条件变化时,应相应增减引气剂或引气减水剂的掺量。

⑩ 检验掺引气剂及引气减水剂的含气量,应在搅拌机出料口进行取样,并应考虑混凝土在运输和振捣过程中含气量的损失。对含气量有设计要求的混凝土,施工中应每间隔一定时间进行现场检验。掺引气剂及引气减水剂混凝土,必须采用机械搅拌,搅拌时间及搅拌量应通过试验确定。出料到浇筑的停放时间也不宜过长,采用插入式振捣时,振捣时间不宜超过 20s。

3)缓凝剂、缓凝减水剂及缓凝高效减水剂。

① 混凝土工程中可采用由缓凝剂与高效减水剂复合而成的缓凝高效减水剂。

② 缓凝剂、缓凝减水剂及缓凝高效减水剂可用于大体积混凝土、碾压混凝土、火热气候条件下施工的混凝土,大面积浇筑的混凝土、避免冷缝产生的混凝土。需较长时间停

放或长距离运输的混凝土、自流平免振混凝土、滑模施工或拉模施工的混凝土及其他需要延缓凝结时间的混凝土，缓凝高效减水剂可制备高强高性能混凝土。

③ 缓凝剂，缓凝减水剂及缓凝高效减水剂宜用于日最低气温5℃以上施工的混凝土，不宜单独用于有早强要求的混凝土及蒸养混凝土。

④ 柠檬酸及酒石酸钾等缓凝剂不宜单独用于水泥用量较低、水灰比较大的贫混凝土。

⑤ 当掺用含有糖类及木质素磺酸盐类物质的外加剂时应先做水泥适应性试验，合格后方可使用。

⑥ 使用缓凝剂、缓凝减水剂及缓凝高效减水剂施工时，宜根据温度选择品种并调整掺量，满足工程要求方可使用。

⑦ 缓凝剂、缓凝减水剂及缓凝高效减水剂进入工地（或混凝土搅拌站）的检验项目应包括pH值、密度（或细度）、混凝土凝结时间，缓凝减水剂及缓凝高效减水剂应增测减水率，合格后方可入库、使用。

⑧ 缓凝剂、缓凝减水剂及缓凝高效减水剂的品种及掺量应根据环境温度、施工要求的混凝土凝结时间、运输距离、停放时间、强度等来确定。

⑨ 缓凝剂、缓凝减水剂及缓凝高效减水剂以溶液掺加时计量必须准确，使用时加入拌合水中，溶液中的水量应从拌合水中扣除。难溶和不溶物较多的应采用干掺法并延长混凝土搅拌时间30s。

⑩ 掺缓凝剂、缓凝减水剂及缓凝高效减水剂的混凝土浇筑、振捣后，应及时抹压并始终保持混凝土表面潮湿，终凝以后应浇水养护，当气温较低时，应加强保温保湿养护。

4）早强剂及早强减水剂

① 混凝土工程中可采用由早强剂及减水剂复合而成的早强减水剂。

② 早强剂及早强减水剂适用于蒸养混凝土及常温、低温和最低温度不低于-5℃环境中施工的有早强要求的混凝土工程。火热环境条件下不宜使用早强剂、早强减水剂。

③ 掺入混凝土后对人体产生危害或对环境产生污染的化学物质严禁用作早强剂。含有六价铬盐、亚硝酸盐等有害成分的早强剂严禁用于饮水工程及与食品相接触的工程。硝胺类严禁用于办公、居住等建筑工程。

④ 下列结构中严禁采用含有氯盐配制的早强剂及早强减水剂：预应力混凝土结构；相对湿度大于80%环境中使用的结构、处于水位变化部位的结构、露天结构及经常受水淋、受水流冲刷的结构；大体积混凝土；直接接触酸、碱或其他侵蚀性介质的结构；经常处于温度为60℃以上的结构，需经蒸养的钢筋混凝土预制构件；有装饰要求的混凝土，特别是要求色彩一致或是表面有金属装饰的混凝土；薄壁混凝土结构，中级和重级工作制吊车的梁、屋架、落锤及锻锤混凝土基础等结构；使用冷拉钢筋或冷拔低碳钢丝的结构；骨料具有碱活性的混凝土结构。

⑤ 在下列混凝土结构中严禁采用含有强电解质无机盐类的早强剂及早强减水剂：与镀锌钢材或铝铁相接触部位的结构，以及有外露钢筋预埋铁件而无防护措施的结构：使用直流电源的结构以及距高压直流电源100m以内的结构。

⑥ 早强剂、早强减水剂进入工地（或混凝土搅拌站）的检验项目为密度（或细度），1d、3d抗压强度及对钢筋的锈蚀作用。早强减水剂应增测减水率。混凝土有饰面要求的还应观测硬化后混凝土表面是否析盐。符合要求，方可入库、使用。

⑦ 常用早强剂掺量应符合表 10-28 的规定。

常用早强剂掺量限值　　　　　　　　　表 10-28

| 混凝土种类 | 使用环境 | 早强剂名称 | 掺量限值（水泥重量%）不大于 |
|---|---|---|---|
| 预应力混凝土 | 干燥环境 | 三乙醇胺<br>硫酸钠 | 0.05<br>1.0 |
| 钢筋混凝土 | 干燥环境 | 氯离子[Cl⁻]<br>硫酸钠 | 0.6<br>2.0 |
| 钢筋混凝土 | 干燥环境 | 与缓凝减水剂复合的<br>硫酸钠三乙醇胺 | 3.0<br>0.05 |
|  | 潮湿环境 | 硫酸钠三乙醇胺 | 1.5<br>0.05 |
| 有饰面要求的混凝土 |  | 硫酸钠 | 0.8 |
| 素混凝土 |  | 氯离子[Cl⁻] | 1.2 |

注：预应力混凝土及潮湿环境中使用的钢筋混凝土中不得掺氯盐早强剂。

⑧ 粉剂早强剂和早强减水剂直接掺入混凝土干料中应延长搅拌时间 30s。常温及低温下使用早强剂或早强减水剂的混凝土采用自然养护时宜使用塑料薄膜覆盖或喷洒养护液。终凝后应立即浇水潮湿养护。最低气温低于 0℃时除塑料薄膜外还应加盖保温材料。最低气温低于 −5℃时应使用防冻剂。

⑨ 掺早强剂或早强减水剂的混凝土采用蒸汽养护时，其蒸养制度应通过试验确定。

5）防冻剂

① 防冻剂的选用应符合下列规定：在日最低气温为 0～−5℃，混凝土采用塑料薄膜和保温材料覆盖养护时，可采用早强剂或早强减水剂；在日最低气温为 −5～−10℃、−10～−15℃、−15～−20℃，采用上款保温措施时，宜分别采用规定温度为 −5℃、−10℃、15℃的防冻剂；防冻剂的规定温度按《混凝土防冻剂》JG 475 规定的试验条件成型的试件，在恒负温条件下养护的温度。施工使用的最低气温可比规定温度低 5℃。

② 防冻剂运到工地（或混凝土搅拌站）首先应检查是否有沉淀、结晶或结块。检验项目应包括密度（或细度）、抗压强度比和钢筋锈蚀试验。合格后方可入库、使用。

③ 掺防冻剂混凝土所用原材料，应符合下列要求：宜选用硅酸盐水泥、普通硅酸盐水泥。水泥存放期超过 3 个月时，使用前必须进行强度检验，合格后方可使用；粗、细骨料必须清洁，不得含有冰、雪等冻结物及易冻裂的物质；当骨料具有碱活性时，由防冻剂带入的碱含量，混凝土的总碱含量，应符合相关规范的规定；储存液体防冻剂的设备应有保温措施。

④ 掺防冻剂的混凝土配合比，宜符合下列规定：含引气组分的防冻剂混凝土的砂率，比不掺外加剂混凝土的砂率可降低 2%～3%；混凝土水灰比不宜超过 0.6，水泥用量不宜低于 300kg/m³，重要承重结构、薄壁结构的混凝土水泥用量可增加 10%，大体积混凝土的最少水泥用量应根据实际情况而定。强度等级不大于 C15 的混凝土，其水灰比和最少水泥用量可不受此限制。

⑤ 掺防冻剂混凝土采用的原材料，应根据不同的气温，按下列方法进行加热：气温低于−5℃时，可用热水拌合混凝土；水温高于65℃时，热水应先与骨料拌合，再加入水泥；气温低于−10℃时，骨料可移入暖棚或采取加热措施。骨料冻结成块时须加热，加热温度不得高于65℃，并应避免火烧，用蒸汽直接加热骨料带入的水分，应从拌合水中扣除。

⑥ 掺防冻剂混凝土搅拌时，应符合下列规定：严格控制防冻剂的掺量；严格控制水灰比，由骨料带入的水及防冻剂溶液中的水，应从拌合水中扣除；搅拌前，应用热水或蒸汽冲洗搅拌机，搅拌时间应比常温延长50%，掺防冻剂混凝土拌合物的出机温度，严寒地区不得低于15℃；寒冷地区不得低于10℃。入模温度，严寒地区不得低于10℃，寒冷地区不得低于5℃。

⑦ 防冻剂与其他品种外加剂共同使用时，应先进行试验，满足要求方可使用。

⑧ 掺防冻剂混凝土的运输及浇筑除应满足不掺外加剂混凝土的要求外，还应符合下列规定：混凝土浇筑前，应清除模板和钢筋上的冰雪和污垢，不得用蒸汽直接融化冰雪，避免再度结冰；混凝土浇筑完毕应及时对其表面用塑料薄膜及保温材料覆盖。掺防冻剂的商品混凝土，应对混凝土搅拌运输车罐体包裹保温外套。

⑨ 掺防冻剂混凝土的养护，应符合下列规定：在负温条件下养护时，不得浇水，混凝土浇筑后，应立即用塑料薄膜及保温材料覆盖，严寒地区应加强保温措施；初期养护温度不得低于规定温度；当混凝土温度降到规定温度时，混凝土强度必须达到受冻临界强度；当最低气温不低于−10℃时，混凝土抗压强度不得小于3.5MPa；当最低温度不低于−15℃时，混凝土抗压强度不得小于4.0MPa；当最低温度不低于−20℃时，混凝土抗压强度不得小于5.0MPa；拆模后混凝土的表面温度与环境温度之差大于20℃时，应采用保温材料覆盖养护。

⑩ 混凝土浇筑后，在结构最薄弱和易冻的部位，应加强保温防冻措施，并应在有代表性的部位或易冷却的部位布置测温点。测温测头埋入深度应为100～150mm，也可为板厚的1/2或墙厚的1/2。在达到受冻临界强度前应每隔2h测温一次，以后应每隔6h测一次，并应同时测定环境温度。掺防冻剂混凝土的质量应满足设计要求，并应符合下列规定：应在浇筑地点制作一定数量的混凝土试件进行强度试验。其中一组试件应在标准条件下养护，其余放置在工程条件下养护。在达到受冻临界强度时、拆模前、拆除支撑前及与工程同条件养护28d、再标准养护28d均应进行试压。试件不得在冻结状态下试压，边长为100mm立方体试件，应在15～20℃室内解冻3～4h或应浸入10～15℃的水中解冻3h；边长为150mm立方体试件应在15～20℃室内解冻5～6h或浸入10～15℃的水中解冻6h，试件擦干后试压；检验抗冻、抗渗所用试件，应与工程同条件养护28d，再标准养护28d后进行抗冻或抗渗试验。

6）膨胀剂

掺膨胀剂混凝土所采用的原材料应符合下列规定：

① 膨胀剂应符合《混凝土膨胀剂》JC 476标准的规定；膨胀剂运到工地（或混凝土搅拌站）应进行限制膨胀率检测，合格后方可入库、使用。

② 水泥应符合现行通用水泥国家标准，不得使用硫铝酸盐水泥、铁铝酸盐水泥和高铝水泥。

③ 用于有抗渗要求的补偿收缩混凝土的水泥用量应不小于 320kg/m³，当掺入掺合料时，其水泥用量不应小于 280kg/m³。

④ 补偿收缩混凝土的膨胀剂掺量不宜大于 12%，不宜小于 6%；填充用膨胀混凝土的膨胀剂掺量不宜大于 15%，不宜小于 10%；以水泥和膨胀剂为胶凝材料的混凝土。其他外加剂用量的确定方法：膨胀剂可与其他混凝土外加剂复合使用，应有较好的适应性，膨胀剂不宜与氯盐类外加剂复合使用，与防冻剂复合使用时应慎重，外加剂品种和掺量应通过试验确定。

⑤ 粉状膨胀剂应与混凝土其他原材料一起投入搅拌机，搅拌时间应延长 30s。

⑥ 混凝土浇筑应符合下列规定：在计划浇筑区段内连续浇筑混凝土，不得中断；混凝土浇筑以阶梯式推进，浇筑间隔时间不得超过混凝土的初凝时间；混凝土不得漏振、欠振和过振；混凝土终凝前，应采用抹面机械或人工多次抹压。

⑦ 混凝土养护应符合下列规定：对于大体积混凝土和大面积板面混凝土，表面抹压后用塑料薄膜覆盖，混凝土硬化后，宜采用蓄水养护或用湿麻袋覆盖，保持混凝土表面潮湿，养护时间不应少于 14d；对于墙体等不易保水的结构，宜从顶部设水管喷淋，拆模时间不宜少于 3d，拆模后宜用湿麻袋紧贴墙体覆盖，并浇水养护，保持混凝土表面潮湿，养护时间不宜少于 14d；冬期施工时，混凝土浇筑后，应立即用塑料薄膜和保温材料覆盖，养护期不应少于 14d。对于墙体，带模板养护不应少于 7d。

⑧ 灌浆用膨胀砂浆施工应符合下列规定：灌浆用膨胀砂浆的水料（胶凝材料＋砂）比应为 0.14～0.16，搅拌时间不宜少于 3min；膨胀砂浆不得使用机械振捣，宜用人工插捣排除气泡，每个部位应从一个方向浇筑；浇筑完成后，应立即用湿麻袋等覆盖暴露部分，砂浆硬化后立即浇水养护，养护期不宜少于 7d；灌浆用膨胀砂浆浇筑和养护期间，最低气温低于 5℃时，应采取保温保湿养护措施。

7）泵送剂

① 泵送剂运到工地（或混凝土搅拌站）的检验项目应包括 pH 值、密度（或细度）、坍落度增加值及坍落度损失。符合要求方可入库、使用。

② 含有水不溶物的粉状泵送剂应与胶凝材料一起加入搅拌机中；水溶性粉状泵送剂宜用水溶解后或直接加入搅拌机中，应延长混凝土搅拌时间 30s。

③ 液体泵送剂应与拌合水一起加入搅拌机中，溶液中的水应从拌合水中扣除。

④ 泵送剂的品种、掺量应按供货单位的推荐掺量和环境温度、泵送高度、泵送距离、运输距离等要求经混凝土试配后确定。

⑤ 配制泵送混凝土的砂、石应符合下列要求：粗骨料最大粒径不宜超过 40mm；泵送高度超过 50m 时，碎石最大粒径不宜超过 25mm；卵石最大粒径不宜超过 30mm；骨料最大粒径与输送管内径之比，碎石不宜大于混凝土输送管内径的 1/3；卵石不宜大于混凝土输送管内径的 2/5；粗骨料应采用连续级配，针片状颗粒含量不宜大于 10%；细骨料宜采用中砂，通过 0.315mm 筛孔的颗粒含量不宜小于 15%，且不大于 30%，通过 0.160mm 筛孔的颗粒含量不宜小于 5%。

⑥ 掺泵送剂的泵送混凝土配合比设计应符合下列规定：应符合《普通混凝土配合比设计规程》JGJ 146 等；泵送混凝土的水胶比不宜大于 0.6；泵送混凝土含气量不宜超过 5%；泵送混凝土坍落度不宜小于 10mm。

⑦ 在不可预测情况下造成预拌混凝土坍落度损失过大时，可采用后添加泵送剂的方法掺入混凝土搅拌运输车中，必须加速运转，搅拌均匀后，测量坍落度符合要求后方可使用。后添加的量应预先试验确定。

8）防水剂。

① 防水剂进入工地（或混凝土搅拌站）的检验项目应包括 pH 值、密度（或细度）、钢筋锈蚀，符合要求方可入库、使用。

② 防水混凝土施工应选择与防水剂适应性好的水泥。一般应优先选用普通硅酸盐水泥，有抗硫酸盐要求时，可选用火山灰质硅酸盐水泥，并经过试验确定。

③ 防水剂应按供货单位推荐掺量掺入，超量掺加时应经试验确定，符合要求方可使用。

④ 防水剂混凝土宜采用 5～25mm 连续级配石子。

⑤ 防水剂混凝土搅拌时间应较普通混凝土延长 30s。防水剂混凝土应加强早期养护，潮湿养护不得少于 7d。

⑥ 处于侵蚀介质中的防水剂混凝土，当耐腐蚀系数小于 0.8 时，应采取防腐蚀措施。防水剂混凝土结构表面温度不应超过 100℃，否则必须采取隔断热源的保护措施。

9）速凝剂。

① 速凝剂进入工地（或混凝土搅拌站）的检验项目应包括密度（或细度）、凝结时间、1d 抗压强度，符合要求方可入库、使用。

② 喷射混凝土施工应选用与水泥适应性好、凝结硬化快、回弹小、28d 强度损失少、低掺量的速凝剂品种。

③ 速凝剂掺量一般为 2%～8%，掺量可随速凝剂品种、施工温度和工程要求适当增减。

④ 喷射混凝土施工时，应采用新鲜的硅酸盐水泥、矿渣硅酸盐水泥，不得使用过期或受潮结块的水泥。

⑤ 喷射混凝土宜采用最大粒径不大于 20mm 的卵石或碎石，细度模数为 2.8～3.5 的中砂或粗砂。

⑥ 喷射混凝土的经验配合比为：水泥用量约 400kg/m³，砂率 45%～60%，水灰比约为 0.4。

⑦ 喷射混凝土施工人员应注意劳动防护和人身安全。

6. 掺合料

在采用硅酸盐水泥或普通硅酸盐水泥拌制的混凝土中，可掺用混合材料。当混合材料为粉煤灰时，必须符合如下规定：

粉煤灰品质指标和分类　　　　　　　　　　　　　　　表 10-29

| 序号 | 指　标 | 粉煤灰级别 | | |
|---|---|---|---|---|
| | | Ⅰ | Ⅱ | Ⅲ |
| 1 | 细度（0.045μm 方孔筛的筛余%）不大于 | 12.0 | 25.0 | 45.0 |
| 2 | 烧失量（%）不大于 | 5 | 8 | 15 |
| 3 | 需水量比（%）不大于 | 95 | 105 | 115 |
| 4 | 三氧化硫（%）不大于 | 3 | 3 | 3 |
| 5 | 含水量（%）不大于 | 1 | 1 | 1 |
| 6 | 游离氧化钙（%）不大于 | F 类粉煤灰为 1；C 类粉煤灰为 4 | | |
| 7 | 安定性（雷氏夹沸煮后增加距离 mm）不大于 | C 类粉煤灰：5 | | |

注：代替细骨料或用以改善和易性的粉煤灰不受此规定的限制。

（1）品质指标

粉煤灰按其品质分为三个等级其品质指标应满足《粉煤灰品质指标和分类》表的规定。

（2）应用范围

Ⅰ级粉煤灰允许用于后张预应力钢筋混凝土构件及跨度小的先张预应力钢筋混凝土构件，Ⅱ级粉煤灰主要用于普通钢筋混凝土和轻骨料钢筋混凝土，Ⅲ级粉煤灰主要用于无筋混凝土和砂浆。

（3）施工要求

1）用于地上工程的粉煤灰混凝土其强度等级龄期定为 28d；用于地下大体积混凝土工程的粉煤灰混凝土其强度等级龄期可定为 60d。

2）粉煤灰投入搅拌机可采用以下方法：干排灰经计量后与水泥同时直接投入搅拌机内；湿排灰经计量制成料浆后使用；粉煤灰计量的允许偏差为±2%。

3）坍落度大于 20mm 的混凝土拌合物宜在自落式搅拌机中制备，坍落度小于 20mm 或干硬性混凝土拌合物宜在强制式搅拌机中制备，粉煤灰混凝土拌合物一定要搅拌均匀，其搅拌时间宜比基准混凝土拌合物延长约 30s。

4）泵送粉煤灰混凝土拌合物运到现场时的坍落度不得小于 80mm，并严禁在装入泵车时加水。

5）粉煤灰混凝土的浇灌和成型与普通混凝土相同。

6）用插入式振动器振捣泵送粉煤灰混凝土时不得漏振，其振动时间为：坍落度为 80~120mm 时，其振动时间为 15~20s；坍落度为 120~180mm 时，共振动时间为 10~15s。粉煤灰混凝土抹面时必须进行二次压光。

**二、混凝土配合比设计**

（一）混凝土配合比的选择条件

（1）应保证结构设计所规定的强度等级。

（2）充分考虑现场实际施工条件的差异和变化，满足施工和易性的要求。

（3）合理使用材料，节省水泥。

（4）符合设计提出的特殊要求，如抗冻性、抗渗性等。

（二）混凝土配合比的确定

混凝土配合比可根据工程特点、组成材料的质量、施工方法等因素，通过理论计算和试配来合理确定。试配时，当设计强度小于 C60 时应按设计强度提高 $1.645\sigma$。[$\sigma$ 为施工单位的混凝土强度标准差（N/mm²）]。当设计强度大于或等于 C60 时，配置强度应大于混凝土强度标准值的 1.15 倍。

由试验室经试配确定的配合比，在施工中还应经常测定骨料含水率并及时加以调整。如砂的含水率为 5%，则应在砂的总重量上增加 5%的砂重量，石子的含水率为 2%，则应在石子的总重量上增加 2%的石子重量，而水的用量则为总用水量减去砂和石子增加的重量。

（三）混凝土的最大水灰比和最小水泥用量

为了保证混凝土的质量（耐久性和密实性），在检验中，应控制混凝土的最大水灰比和最小水泥用量（见表 10-30）。同时混凝土的最大水泥用量也不宜大于 550kg/m³。

| 环境条件 | | 结构物类别 | 最大水灰比 | | | 最小水泥用量(kg/m³) | | |
|---|---|---|---|---|---|---|---|---|
| | | | 素混凝土 | 钢筋混凝土 | 预应力混凝土 | 素混凝土 | 钢筋混凝土 | 预应力混凝土 |
| 1. 干燥环境 | | • 正常的居住和办公用房屋内部件 | 不作规定 | 0.65 | 0.60 | 200 | 260 | 300 |
| 2. 潮湿环境 | 无冻害 | • 高湿度的室内部件<br>• 室外部件<br>• 在非侵蚀性土和(或)水中的部位 | 0.70 | 0.60 | 0.60 | 225 | 280 | 300 |
| | 有冻害 | • 经受冻害的室外部位<br>• 在非侵蚀性和(或)水中且经受冻害的部件<br>• 高湿度且经受冻害的室内部位 | 0.55 | 0.55 | 0.55 | 250 | 280 | 300 |
| 3. 有冻害和除冰剂的潮湿环境 | | • 经受冻害和除冰剂作用的室内和室外部件 | 0.50 | 0.50 | 0.50 | 300 | 300 | 300 |

注：1. 当采用活性掺合料取代部分水泥时，表中最大水灰比和最小水泥用量即为替代前的水灰比和水泥用量。

2. 配制 C15 级及其以下等级的混凝土，可不受本表限制。

（四）混凝土坍落度

在浇筑混凝土时，应进行坍落度测试（每工作台班至少 2 次），坍落度应符合表10-31的规定。

混凝土浇筑时的坍落度（mm）　　表 10-31

| 结 构 种 类 | 坍落度 |
|---|---|
| 基础或地面等的垫层、无配筋的大体积结构(挡土墙、基础等)或配筋稀疏的结构 | 10～30 |
| 板、梁和大型及中型截面的柱子等 | 30～50 |
| 配筋密列的结构(薄壁、斗仓、筒仓、细柱等) | 50～70 |
| 配筋特密的结构 | 70～90 |

注：1. 本表系采用机械振捣混凝土时的坍落度，当采用人工捣实混凝土时其值可适当增大。

2. 当需要配制大坍落度混凝土时，应掺用外加剂。

3. 曲面或斜面结构混凝土的坍落度应根据实际需要另行选定。

4. 轻骨料混凝土的坍落度，宜比表中数值减少 10～20mm。

（五）泵送混凝土配合比

泵送混凝土配合比，应符合下列规定：

（1）骨料最大粒径与输送管内径之比，当泵送高度小于 50m 时，碎石不宜大于 1:3，卵石不宜大于 1:2.5；泵送高度增加时，骨料粒径应减少。

（2）通过 0.315mm 筛孔的砂不应少于 15%；砂率宜控制在 40%～50%。

（3）最小水泥用量宜为 300kg/m³。

（4）混凝土的坍落度宜为 80～180mm。

（5）混凝土内宜掺加适量的外加剂。

泵送轻骨料混凝土的原材料选用及配合比，应通过试验确定。

**三、混凝土施工的质量控制**

**（一）搅拌机的选用**

混凝土搅拌机按搅拌原理可分为自落式和强制式两种。其搅拌原理、机型及适用范围见表 10-32。

搅拌机的搅拌原理及适用范围　　　　　　表 10-32

| 类　别 | 搅拌原理 | 机　型 | 适用范围 |
|---|---|---|---|
| 自落式 | 筒身旋转，带动叶片将物料提高，在重力作用下物料自由坠下，重复进行，互相穿插、翻拌、混合 | 鼓形 | 流动性及低流动性混凝土 |
| | | 锥形 | 流动性、低流动性及干硬性混凝土 |
| 强制式 | 筒身固定，叶片旋转，对物料施加剪切、挤压、翻滚、滑动、混合 | 立轴 | 低流动性或干硬性混凝土 |
| | | 卧轴 | |

**（二）混凝土搅拌前材料质量检查**

在混凝土拌制前，应对原材料质量进行检查，其检验项目见表 10-33。

材料质量的检查　　　　　　表 10-33

| 材料名称 | | 检查项目 |
|---|---|---|
| 水泥 | 散装 | 向仓管员按仓库号查验水泥品种、强度等级、出厂或进仓日期 |
| | 袋装 | 1. 检查袋上标注的水泥品种、强度等级、出厂日期<br>2. 抽查重量，允许误差 2%<br>3. 仓库内水泥品种、强度等级有无混放 |
| 砂、石子 | | 目测（有怀疑时再通知试验部门检验）<br>1. 有无杂质<br>2. 砂的细度模数<br>3. 粗骨料的最大粒径、针片状及风化骨料含量 |
| 外加剂 | | 溶液是否搅拌均匀，粉剂是否已按量分装好 |

**（三）混凝土工程的施工配料计量**

在混凝土工程的施工中，混凝土质量与配料计量控制关系密切。但施工现场有关人员为图方便，往往是骨料按体积比，加水量由人工凭经验控制，这样造成拌制的混凝土离散性很大，难以保证混凝土的质量，故混凝土的施工配料计量须符合下列规定：

（1）水泥、砂、石子、混合料等干料的配合比，应采用重量法计算。严禁采用容积法。

（2）水的计量必须在搅拌机上配置水箱或定量水表。

（3）外加剂中的粉剂可按比例先与水泥拌匀，按水泥计量或将粉剂每拌比例用量称好，在搅拌时加入；溶液掺入先按比例稀释为溶液，按用水量加入。

混凝土原材料每盘称量的偏差，不得超过表 10-34 的规定。

**（四）首拌混凝土的操作要求**

上班第一拌的混凝土是整个操作混凝土的基础，其操作要求如下：

（1）空车运转的检查

混凝土原材料称量的允许偏差 表 10-34

| 材料名称 | 允许偏差 |
|---|---|
| 水泥、混合材料 | ±2% |
| 粗、细骨料 | ±3% |
| 水、外加剂 | ±1% |

注：1. 各种衡器应定期校验，保持准确。
　　2. 骨料含水率应经常测定，雨天施工应增加测定次数。

1）旋转方向是否与机身箭头一致。

2）空车转速约比重车快 2～3r/min。

3）检查时间 2～3min。

（2）上料前应先启动，待正常运转后方可进料。

（3）为补偿粘附在机内的砂浆，第一拌减少石子约 30%；或多加水泥、砂各 15%。

（五）混凝土搅拌时间

搅拌混凝土的目的是使所有骨料表面都涂满水泥浆，从而使混凝土各种材料混合成匀质体。因此，必须的搅拌时间与搅拌机类型、容量和配合比有关。混凝土搅拌的最短时间可按表 10-35 采用。

混凝土搅拌的最短时间（s） 表 10-35

| 混凝土坍落度（mm） | 搅拌机机型 | 搅拌机出料量（L） | | |
|---|---|---|---|---|
| | | <250 | 250～500 | >500 |
| ≤40 | 强制式 | 60 | 90 | 120 |
| | 自落式 | 90 | 120 | 150 |
| >40 且 <100 | 强制式 | 60 | 60 | 90 |
| | 自落式 | 90 | 90 | 120 |
| ≥100 | 强制式 | 60 | | |
| | 自落式 | 90 | | |

注：1. 混凝土搅拌的最短时间系指自全部材料装入搅拌筒中起，到开始卸料时止的时间。
　　2. 当掺有外加剂时，搅拌时间应适当延长。
　　3. 全轻混凝土宜采用强制式搅拌机搅拌，砂轻混凝土可采用自落式搅拌机搅拌，但搅拌时间应延长 60～90s。
　　4. 采用强制式搅拌机搅拌轻骨料混凝土的加料顺序是：当轻骨料在搅拌前预湿时，先加粗、细骨料和水泥搅拌 30s，再加水继续搅拌；当轻骨料在搅拌前未预湿时，先加 1/2 的总用水量和粗、细骨料搅拌 60s，再加水泥和剩余用水量继续搅拌。
　　5. 当采用其他形式的搅拌设备时，搅拌的最短时间应按设备说明书的规定或经试验确定。

（六）混凝土浇捣的质量控制

1. 混凝土浇捣前的准备

（1）对模板、支架、钢筋、预埋螺栓、预埋铁的质量、数量、位置逐一检查，并作好记录。

（2）与混凝土直接接触的模板、地基基土、未风化的岩石，应清除淤泥和杂物，用水湿润。地基基土应有排水和防水措施。模板中的缝隙和孔应堵严。

（3）混凝土自由倾落高度不宜超过 2m。

（4）根据工程需要和气候特点，应准备好抽水设备、防雨、防暑、防寒等物品。

2. 混凝土浇捣过程中的质量要求

（1）分层浇捣与浇捣时间间隔：

1）分层浇捣。为了保证混凝土的整体性，浇捣工作原则上要求一次完成。但由于振捣机具性能、配筋等原因，混凝土需要分层浇捣时，其浇注层的厚度，应符合表 10-36 的规定。

混凝土浇筑层厚度（mm）                                                          表 10-36

| 捣实混凝土的方法 | | 浇筑层的厚度 |
|---|---|---|
| 插入式振捣 | | 振捣器作用部分长度的 1.25 倍 |
| 表面振动 | | 200 |
| 人工捣固 | 在基础、无筋混凝土或配筋稀疏的结构中 | 250 |
| | 在梁、墙板、柱结构中 | 200 |
| | 在配筋密列的结构中 | 150 |
| 轻骨料混凝土 | 插入式振捣 | 300 |
| | 表面振动（振动时需加荷载） | 200 |

2）浇捣的时间间隔。浇捣混凝土应连续进行。当必须间歇时，其间歇时间应尽量缩短，并应在前层混凝土凝结之前，将次层混凝土浇筑完毕。前层混凝土凝结时间的标准，不得超过表 10-37 的规定。否则应留施工缝。

混凝土凝结时间（min，从出搅拌机起计）                                         表 10-37

| 混凝土强度等级 | 气温（℃） | |
|---|---|---|
| | 不高于 25 | 高于 25 |
| ≤C30 | 210 | 180 |
| >30 | 180 | 150 |

（2）采用振捣器振实混凝土时，每一振点的振捣时间，应将混凝土捣实至表面呈现浮浆和不再沉落、不再冒气泡为止。

1）采用插入式振捣器振捣时，普通混凝土的移动间距，不宜大于作用半径的 1.4 倍，振捣器距离模板不应大于振捣器作用半径的 1/2，并应尽量避免碰撞钢筋、模板、芯管、吊环、预埋件等。

为使上、下层混凝土结合成整体，振捣器应插入下层混凝土 5cm。

2）表面振动器，其移动间距应能保证振动器的平板覆盖已振实部分的混凝土边缘。对于表面积较大平面构件，当厚度小于 20cm 时，采用一般表面振动器振捣即可，但厚度大于 20cm，最好先用插入式振捣器振捣后，再用表面振动器振实。

3）采用振动台振实干硬性混凝土时，宜采用加压振实的方法，加压重量为：$1 \sim 3kN/m^2$。

（3）在浇筑与柱和墙连成整体的梁和板时，应在柱和墙浇捣完毕后停歇 $1 \sim 1.5h$，再继续浇筑。

梁和板宜同时浇筑混凝土；拱和高度大于 1m 的梁等结构，可单独浇筑混凝土。

（4）大体积混凝土的浇筑应按施工方案合理分段、分层进行，浇筑应在室外气温较高时进行，但混凝土浇筑温度不宜超过28℃。

3. 施工缝与后浇带

（1）施工缝的位置设置：混凝土施工缝的位置应在混凝土浇捣前按设计要求和施工技术方案确定。施工缝的处理应按施工技术方案执行。

（2）后浇带：

1）后浇带的定义：后浇带是指在现浇整体钢筋混凝土结构中，只在施工期间保留的临时性沉降收缩变形缝，并根据工程条件，保留一定的时间后，再用混凝土浇筑密实成为连续整体、无沉降、收缩缝的结构。

2）后浇带的特点：

① 后浇带在施工期间存在，是一种特殊的、临时性沉降缝和收缩缝。

② 后浇带的钢筋一次成型，混凝土后浇。

③ 后浇带既可以解决超大体积混凝土浇筑中的施工问题，又可以解决高低结构的沉降变形协调问题。

3）后浇带操作工艺：

① 后浇带的设置：结构设计中由于考虑沉降原因而设计的后浇带，施工中应严格按设计图纸留置。

由于施工原因而需要设置后浇带时，应视工程具体情况而定，留设的位置应经设计院认可。

② 后浇带的保留时间：后浇带的保留时间，在设计无要求时，应不少于40d，在不影响施工进度的情况下，保留60d。

在一些工程中，设计单位对后浇带的保留时间有特殊要求，应按设计要求进行保留。

③ 后浇带的保护：基础承台的后浇带留设后，应采取保护措施，防止垃圾杂物掉入后浇带内。保护措施可采用木盖板覆盖在承台的上皮钢筋上，盖板两边应比后浇带各宽出500mm以上。

地下室外墙竖向后浇带的保护措施可采用砖砌保护。

④ 后浇带的封闭：后浇带的模板，采用钢板网，浇筑结构混凝土时，水泥浆从钢板网中渗出，后浇带施工时，钢板网不必拆除。

后浇带无论采用何种形式设置，都必须在封闭前仔细地将整个混凝土表面浮浆凿清，并形成毛面，彻底清除后浇带中的垃圾杂物，并隔夜浇水湿润。

底板及地下室外墙的后浇带的止水处理，按设计要求及相应的施工验收规范进行。

后浇带的封闭材料应采用比设计强度等级高一级的无收缩混凝土（可在普通混凝土中掺入膨胀剂）浇筑振捣密实，并保持不少于14d的保温、保湿养护。

4）后浇带施工要求：

① 使用膨胀剂和外加剂的品种，应根据工程性质和现场施工条件选择，并事先通过试验确定配合比。

② 所有膨胀剂和外加剂必须具有出厂合格证及产品技术资料，并符合相应标准的要求。

③ 由于膨胀剂的掺量直接影响混凝土的质量，如超过适宜掺量，会使混凝土产生膨胀破坏，低于要求掺量，会使混凝土的膨胀率达不到要求。因此，要求膨胀剂的称量由专

人负责。

④ 混凝土应搅拌均匀,如搅拌不均匀会产生局部过大的膨胀,造成工程事故,所以应将掺膨胀剂的混凝土搅拌时间适当延长。

⑤ 混凝土浇筑 8～12h 后,应采取保温保湿条件下的养护,待模板拆除后,仍应进行保湿养护,养护不得少于 14d。

⑥ 浇筑后浇带的混凝土如有抗渗要求,应按有关规定制作抗渗试块。

5)后浇带质量标准:后浇带施工时模板应支撑安装牢固,钢筋应进行清理整形,施工的质量应满足钢筋混凝土设计和施工验收规范的要求,以保证混凝土密实不渗水和不产生有害裂缝。

(七)混凝土养护

混凝土浇筑完毕后应按施工技术方案及时采取有效的养护措施并应符合下列规定:

(1)应在浇筑完毕后的 12h 以内对混凝土加以覆盖并保湿养护。

(2)混凝土浇水养护的时间:对采用硅酸盐水泥、普通硅酸盐水泥或矿渣硅酸盐水泥拌制的混凝土不得少于 7d,对掺用缓凝型外加剂或有抗渗要求的混凝土不得少于 14d。

(3)浇水次数应能保持混凝土处于湿润状态,混凝土养护用水应与拌制用水相同。

(4)采用塑料布覆盖养护的混凝土其敞露的全部表面应覆盖严密并应保持塑料布内有凝结水。

(5)混凝土强度达到 $1.2N/mm^2$ 前不得在其上踩踏或安装模板及支架。

注:1. 当日平均气温低于 5℃时不得浇水。

2. 当采用其他品种水泥时混凝土的养护时间应根据所采用水泥的技术性能确定。

3. 混凝土表面不便浇水或使用塑料布时宜涂刷养护剂。

4. 对大体积混凝土的养护应根据气候条件按施工技术方案采取控温措施。

**四、混凝土强度评定**

1. 试件的留设

试件应在混凝土浇筑地点取样制作。试件的留置应符合下列规定:

(1)每拌制 100 盘且不超过 100m³ 的同配合比混凝土,其取样不得少于 1 次;

(2)每工作班拌制的同配合比的混凝土不足 100 盘时,其取样不得少于 1 次;

(3)每一现浇楼层同配合比的混凝土,其取样不得少于 1 次;

(4)每次取样应至少留置一组标准养护试件,同条件养护试件的留置组数,可根据实际需要确定;

(5)当一次连续浇捣超过 1000m³,同一配合比的混凝土每 200m³ 取样不得少于 1 次。

2. 混凝土强度代表值

每组 3 个试件应在同盘混凝土中取样制作,其试件的混凝土强度代表值应符合下列规定:

(1)取 3 个试件强度的平均值。

(2)当 3 个试件强度中的最大值或最小值与中间值之差超过中间值的 15% 时,取中间值。

(3)当 3 个试件强度中的最大值和最小值与中间值之差均超过中间值的 15% 时,该组试件不应作为强度评定依据。

3. 标准试件混凝土强度

评定结构构件的混凝土强度应采用标准试件的混凝土强度。即按标准方法制作的边长为 150mm 的标准尺寸的立方体试件，在温度为（20±3）℃、相对湿度为 90％以上的环境或水中的标准条件下，养护至 28d 龄期时按标准试验方法测得的混凝土立方体抗压强度。

4. 混凝土强度的评定

混凝土强度的评定必须符合下列规定：

（1）混凝土强度应分批进行验收。同一验收批的混凝土应由强度等级相同、生产工艺和配合比基本相同的混凝土组成，对现浇混凝土结构构件，应按单位工程的验收项目划分验收批。对同一验收批的混凝土强度，应以同批内标准试件的全部强度代表值来评定。

（2）当混凝土的生产条件在较长时间内能保持一致，且同一品种同一强度等级混凝土强度变异性保持稳定时，应由连续的 3 组试件代表一个验收批，其强度应采用统计方法评定并同时符合下列要求：

$$m_{fcu} \geq f_{cu \cdot k} + 0.7\sigma_0$$

$$f_{cu \cdot min} \geq f_{cu \cdot k} - 0.7\sigma_0$$

当混凝土强度等级不高于 C20 时，尚应符合下式要求：

$$f_{cu \cdot min} \geq 0.85 f_{cu \cdot k}$$

当混凝土强度等级高于 C20 时，尚应符合下式要求：

$$f_{cu \cdot min} \geq 0.90 f_{cu \cdot k}$$

式中 $m_{fcu}$——同一验收批混凝土强度的平均值（N/mm²）；

$f_{cu \cdot k}$——设计的强度标准值（N/mm²）；

$\sigma_0$——检验比混凝土立方体抗压强度的标准差（N/mm²）；

$$\sigma_0 = \sqrt{\frac{\sum_{i=1}^{n} f_{cu,i}^2 - n m_{fcu}^2}{n-1}}$$

$f_{cu \cdot min}$——同一验收批强度的最小值（N/mm²）。

$n$——前一检验期内验收批总批数，在该期间内试件不应少于 45 组。

（3）当混凝土评定试件少于 10 组时应采用非统计方法评定，其强度应同时符合下列规定：

$$m_{fcu} \geq f_{cu,k} + \lambda_1 \cdot S_{fcu}$$

$$f_{cu,min} \geq \lambda_2 \cdot f_{cu,k}$$

式中 $S_{fcu}$——验收批混凝土强度的标准差（N/mm²），当 $S_{fcu}$ 的计算值小于 2.5N/m² 时，取 2.5N/mm²。

$\lambda_1$、$\lambda_2$——合格评定系数，按表 10-38 取用。

$n$——验收批内混凝土试件的总组数。

合格评定系数 表 10-38

| 试 件 组 数 | 10～14 | 15～19 | ≥20 |
|---|---|---|---|
| $\lambda_1$ | 1.15 | 1.05 | 0.95 |
| $\lambda_2$ | 0.90 | 0.85 | |

（4）对零星生产的预制构件混凝土或现场搅拌批量不大的混凝土，可采用非统计法评定。此时，验收批混凝土的强度必须同时符合下列要求：

$$m_{fcu} \geq \lambda_3 \cdot f_{cu,k}$$

$$f_{cu,min} \geqslant \lambda_4 \cdot f_{cu,k}$$

式中 $\lambda_3$，$\lambda_4$——合格评定系数，按表 10-39 取用。

非统计法合格评定系数　　　　　　　　　　表 10-39

| 混凝土强度等级 | <C60 | ≥C60 |
|---|---|---|
| $\lambda_3$ | 1.15 | 1.10 |
| $\lambda_4$ | 0.95 | |

### 五、碱骨料反应对混凝土的影响

（一）碱骨料反应原理

碱骨料反应是指混凝土中水泥、外加剂、掺合料和水中的可溶性碱（$K^+$、$Na^+$）溶于混凝土孔隙液中，与骨料中能与碱反应的活性成分（如 $SiO_2$）在混凝土凝结硬化后逐渐发生反应，生成含碱的胶凝体，吸水膨胀，使混凝土产生内应力而导致开裂。

由于碱骨料反应引起的混凝土结构破坏的发展速度和破坏程度，比其他耐久性破坏更快、更严重。碱骨料反应一旦发生，就比较难以控制，还会加速结构的其他破坏过程。所以也称碱骨料破坏是混凝土的"癌症"。

（二）碱骨料反应引起混凝土开裂的特征

碱骨料反应引起的混凝土开裂，在混凝土表面产生网状和地图状开裂，并在裂缝处形成白色凝胶物质，外观上接近六边形，裂缝从网状结点处三分岔开，夹角约为 120°，此时混凝土所受的约束力不是很大，一般在无筋或少筋混凝土部位产生；当混凝土受到的约束力较大时（钢筋附件或其他外力约束），膨胀裂缝往往平行于约束力方向，如主筋外保护层的顺筋裂缝，见图 10-7。

（三）影响混凝土碱骨料反应的因素

影响混凝土碱骨料反应有以下几方面的因素。

1. 混凝土含碱量

水泥的含碱量一般以当量 NaO 表示。NaO 当量等于 $N_2O + 0.658K_2O$，当 NaO 的含量大于 0.6% 时，混凝土中的活性骨料与混凝土中的碱骨料就发生反应，从而产生裂缝，这个结论与国外的研究结论"当混凝土中碱含量大于 $3.0kg/m^3$ 时，碱将与活性骨料反应，产生破坏性膨胀"是一致的。水泥含碱量与碱骨料反应膨胀的关系见图 10-8。

2. 混凝土水泥用量

近年来随着混凝土强度设计等级的不断提高，每立方米混凝土的水泥用量也相应提高，这些倾向，对于碱骨料反应来说，也十分令人担忧。水泥用量与碱骨料反应膨胀的关系见图 10-9。

3. 环境因素

碱骨料反应引起的裂缝一般发生在物体受雨水和温湿度变化大的部位。环境湿度低于 80%～85% 时，一般不发生碱骨料破坏。

4. 活性骨料

各种有害的活性骨料，其中的二氧化硅由于结晶程度等物理特征不同，其活性不同，碱骨料反应造成的危害也不同。蛋白石是无形的、多孔的二氧化硅活性骨料，危害最大。因此活性材料也是影响碱骨料反应的重要因素，见图 10-10。

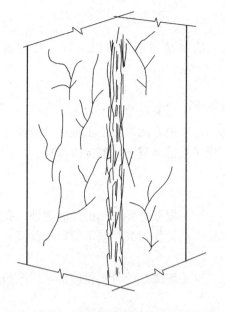

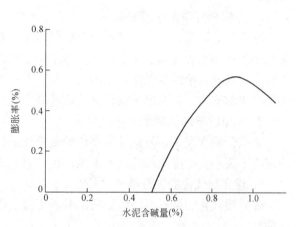

图 10-7　露天堆场钢筋混凝土柱破坏情况

图 10-8　水泥含碱量与碱骨料反应膨胀的关系

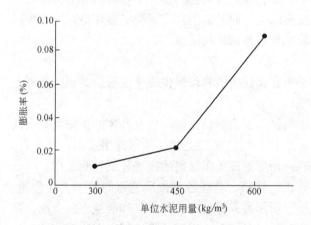

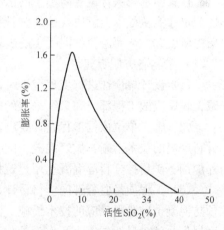

图 10-9　水泥用量与碱骨料反应膨胀的关系

图 10-10　骨料中活性二氧化硅与碱骨料反应膨胀的关系

**5. 水灰比**

水灰比对碱骨料反应的影响比较复杂。一般来说，在水灰比较低的情况下，随水灰比增高，碱骨料反应引起的膨胀会增大，而在水灰比较高的情况下，随水灰比增高，碱骨料反应引起的膨胀反而有下降的趋势，当水灰比为 0.4 时，碱骨料反应产生的膨胀值为最大。

**6. 外加剂和掺合料**

使用引气外加剂能减轻碱骨料反应产生的膨胀。在混凝土中引入 4％的空气；能使碱骨料反应产生的膨胀量减少 40％。在混凝土中掺加的细粉状活性掺合料也能减轻和消除碱骨料反应的膨胀，但掺量不足时则会加重碱骨料破坏。掺入矿渣和粉煤灰应不小于

30％，硅粉不小于70％。

（四）防治混凝土碱骨料反应的对策与措施

根据世界各国的经验，防治混凝土碱骨料反应的对策与措施可以从以下几方面来考虑：

1. 尽快制定强制性国家规范

改革开放以来，我国的基本建设规模和速度是世界上任何一个国家也无法比拟的。而混凝土工程又在我国基本建设中被大量采用。在我国许多地方的混凝土工程中已经发现碱骨料反应现象，给修复工作带来困难，甚至有的工程必须推倒重建，其损失惨重。故我国必须尽快制定和完善混凝土碱骨料反应的有关规范。

2. 大幅度增加低碱水泥的产量

采用低碱水泥是预防碱骨料反应的最重要措施之一。根据世界各国的经验教训，我国一定要下决心大幅度增加低碱水泥的产量。否则混凝土结构的耐久性就不能得到保证。

3. 建立现代化的采石场

建立现代化的采石场，保证所供骨料无碱活性，这是解决当前骨料供应混乱状况的最佳途径。

4. 建立权威性的检测鉴定中心

在我国水泥碱含量居高不下的情况下，建立权威性的检测鉴定中心，对骨料进行碱活性测定才能从根本上解决我国的碱骨料反应问题。同时也能判定混凝土破坏是否为碱骨料反应所引起，从而避免将混凝土的破坏统统推断为碱骨料反应。

5. 参与各方职责完善

（1）设计单位在进行工程设计时，必须在设计图纸和设计说明中注明需要预防混凝土碱骨料反应的工程部位和必须采取的措施；

（2）施工单位依据工程设计要求，在编制施工组织设计时，要有具体的预防混凝土碱骨料反应的技术措施：做好混凝土配合比设计，配置混凝土时，严格选用水泥、砂、石、外加剂、矿粉掺合料等混凝土用建筑材料；做好混凝土用材料的现场复试检测工作；

（3）工程质量监督部门应将设计、施工、材料、监理各单位所签订的技术责任合同、预防混凝土碱骨料反应的技术措施，混凝土所用各种材料的检测报告和混凝土配合比、强度报告及碱含量评估等一并作为验收工程时的必备档案，否则不得进行工程质量核验。

# 第五节　现浇结构混凝土工程

**一、一般规定**

（1）现浇结构的外观质量缺陷应由监理（建设）单位、施工单位等各方根据其对结构性能和使用功能影响的严重程度按表10-40确定。

（2）现浇结构拆模后应由监理（建设）单位施工单位对外观质量和尺寸偏差进行检查作出记录并应及时按施工技术方案对缺陷进行处理。

**二、外观质量与尺寸偏差**

（一）外观质量

1. 现浇结构的外观质量不应有严重缺陷

现浇结构外观质量缺陷

表 10-40

| 名 称 | 现 象 | 严 重 缺 陷 | 一 般 缺 陷 |
|---|---|---|---|
| 露筋 | 构件内钢筋未被混凝土包裹而外露 | 纵向受力钢筋有露筋 | 其他钢筋有少量露筋 |
| 蜂窝 | 混凝土表面缺少水泥砂浆而形成石子外露 | 构件主要受力部位有蜂窝 | 其他部位有少量蜂窝 |
| 孔洞 | 混凝土中孔穴深度和长度均超过保护层厚度 | 构件主要受力部位有孔洞 | 其他部位有少量孔洞 |
| 夹渣 | 混凝土中夹有杂物且深度超过保护层厚度 | 构件主要受力部位有夹渣 | 其他部位有少量夹渣 |
| 疏松 | 混凝土中局部不密实 | 构件主要受力部位有疏松 | 其他部位有少量疏松 |
| 裂缝 | 缝隙从混凝土表面延伸至混凝土内部 | 构件主要受力部位有影响结构性能或使用功能的裂缝 | 其他部位有少量不影响结构性能或使用功能的裂缝 |
| 连接部位缺陷 | 构件连接处混凝土缺陷及连接钢筋、连接件松动 | 连接部位有影响结构传力性能的缺陷 | 连接部位有基本不影响结构传力性能的缺陷 |
| 外形缺陷 | 缺棱掉角、棱角不直、翘曲不平、飞边凸肋等 | 清水混凝土构件有影响使用功能或装饰效果的外形缺陷 | 其他混凝土构件有不影响使用功能的外形缺陷 |
| 外表缺陷 | 构件表面麻面、掉皮、起砂、沾污等 | 具有重要装饰效果的清水混凝土表面有外表缺陷 | 其他混凝土构件有不影响使用功能的外表缺陷 |

对已经出现的严重缺陷应由施工单位提出技术处理方案并经监理（建设）单位认可后进行处理，对经处理的部位应重新检查验收。

2. 现浇结构的外观质量不宜有一般缺陷

对已经出现的一般缺陷应由施工单位按技术处理方案进行处理并重新检查验收。

（二）尺寸偏差

1. 现浇结构不应有影响结构性能和使用功能的尺寸偏差。混凝土设备基础不应有影响结构性能和设备安装的尺寸偏差。对超过尺寸允许偏差且影响结构性能和安装、使用功能的部位，应由施工单位提出技术处理方案，并经监理（建设）单位认可后进行处理。对经处理的部位，应重新检查验收。

2. 现浇结构和混凝土设备基础拆模后的尺寸偏差应符合表 10-41、表 10-42 的规定。

现浇结构尺寸允许偏差和检验方法

表 10-41

| 项 目 | | 允许偏差(mm) | 检验方法 |
|---|---|---|---|
| 轴线位置 | 基础 | 15 | 钢尺检查 |
| | 独立基础 | 10 | |
| | 墙、柱、梁 | 8 | |
| | 剪力墙 | 5 | |

| 项 目 | | | 允许偏差(mm) | 检 验 方 法 |
|---|---|---|---|---|
| 垂直度 | 层高 | ≤5m | 8 | 经纬仪或吊线、钢尺检查 |
| | | >5m | 10 | 经纬仪或吊线、钢尺检查 |
| | 全高(H) | | H/1000 且≤30 | 经纬仪、钢尺检查 |
| 标高 | 层高 | | ±10 | 水准仪或拉线、钢尺检查 |
| | 全高 | | ±30 | |
| 截面尺寸 | | | +8,-5 | 钢尺检查 |
| 电梯井 | 井筒长、宽对定位中心线 | | +25,0 | 钢尺检查 |
| | 井筒全高(H)垂直度 | | H/1000 且≤30 | 经纬仪钢尺检查 |
| 表面平整度 | | | 8 | 2m靠尺和塞尺检查 |
| 预埋设施中心线位置 | 预埋件 | | 10 | 钢尺检查 |
| | 预埋螺栓 | | 5 | |
| | 预埋管 | | 5 | |
| 预留洞中心线位置 | | | 15 | 钢尺检查 |

注：检查轴线、中心线位置时，应沿纵、横两个方向量测，并取其中的较大值。

**混凝土设备基础尺寸允许偏差和检验方法**　　　　　表 10-42

| 项 目 | | 允许偏差(mm) | 检 验 方 法 |
|---|---|---|---|
| 坐标位置 | | 20 | 钢尺检查 |
| 不同平面的标高 | | 0,-20 | 水准仪或拉线、钢尺检查 |
| 平面外形尺寸 | | ±20 | 钢尺检查 |
| 凸台上平面外形尺寸 | | 0,-20 | 钢尺检查 |
| 凹穴尺寸 | | +20,0 | 钢尺检查 |
| 平面水平度 | 每米 | 5 | 水平尺、塞尺检查 |
| | 全长 | 10 | 水准仪或拉线、钢尺检查 |
| 垂直度 | 每米 | 5 | 经纬仪或吊线、钢尺检查 |
| | 全高 | 10 | |
| 预埋地脚螺栓 | 标高(顶部) | +20,0 | 水准仪或拉线、钢尺检查 |
| | 中心距 | ±2 | 钢尺检查 |
| 预埋地脚螺栓孔 | 中心线位置 | 10 | 钢尺检查 |
| | 深度 | +20,0 | 钢尺检查 |
| | 孔垂直度 | 10 | 吊线、钢尺检查 |
| 预埋活动地脚螺栓锚板 | 标高 | +20,0 | 水准仪或拉线、钢尺检查 |
| | 中心线位置 | 5 | 钢尺检查 |
| | 带槽锚板平整度 | 5 | 钢尺、塞尺检查 |
| | 带螺纹孔锚板平整度 | 2 | 钢尺、塞尺检查 |

注：检查坐标、中心线位置时，应沿纵、横两个方向量测，并取其中的较大值。

## 第六节  装配式结构混凝土工程

### 一、一般要求

我国正经历由计划经济向市场调控的过渡，由物质匮乏到供应充裕。片面强调节约的思想已有改变，建筑的安全度和舒适性适当提高。结构安全已由单独满足强度到考虑综合性能。震害和事故表明：构件的韧性和结构的整体性是不亚于承载力（强度）的重要性能。断裂、倒塌类型的脆性破坏应尽量避免。

装配式结构分项工程以模板、钢筋、预应力、混凝土四个分项工程为依托，是预制构件产品质量检验、结构性能检验、预制构件的安装等一系列技术工作和完成结构实体的总称。本节所指预制构件包括在预制构件厂和施工现场制作的构件。装配式结构分项工程可按楼层结构缝或施工段划分检验批。混凝土装配式结构工程主要就是混凝土预制构件的制作和安装工程。我国混凝土预制构件行业在 20 世纪 80 年代中达到鼎盛时期。

### 二、预制构件的质量控制

预制构件的质量控制同样分为两个方面，大批量生产的工厂预制构件通常生产企业自有其质量管理、质量控制的方法措施，应该来说还是颇有成效的，现场施工运用工厂批量生产的预制构件时，或者由施工现场向管理有效的预制品生产厂家订购的特殊规格构件时，仅需要遵循现行 GB 50204 相关规定，注意成品进场检验即可。

现场制作的预制构件除了与工厂生产构件类似需要注意成品外观尺寸、结构性能检验外，为保证质量，相对而言涉及较多一些的注意事项。

现场制作预制构件除与普通混凝土现浇结构一样需要注意模板、钢筋、骨料、浇捣、养护等问题外，针对预制件制作特殊性，需要在下列方面采取有效措施来控制质量：

（1）制作预制构件，特别是层架、吊车梁等大型构件时，要注意底模稳定性。通常采用素土夯实铺砖砂浆找平，或者在混凝土地坪上直接做胎模施工。底模布置时应注意避开地面变形缝，现场素土砖胎模应考虑排水设施，预防雨季地基变形。底模制作完成，临使用前应涂刷隔离剂两道，并且每次构件制作完成脱模后均应清洁表面，涂刷隔离剂。

（2）浇筑混凝土时，要从构件的一端开始往另一端逐渐浇筑。

预制桩混凝土浇筑时应由桩顶向桩尖方向连续浇筑。屋架等分肢构件应分组同时向另一端推进浇筑，腹杆在浇筑上下弦杆时同时浇筑。

无论预制构件几何尺寸如何变化，都应一次浇筑完成，不能留设施工缝。

屋架杆件等部位截面较小，钢筋、埋件分布较密，容易出现蜂窝孔洞，应注意保证节点振捣质量，同时振捣中不应触碰钢筋。

（3）现场预制构件通常自然养护，浇水时应注意少量多次，防止多余水分浸软地基引起底模变形。

拆模工作在现场预制构件中应特别注意养护龄期及构件混凝土强度，保证构件不受内伤。吊车梁芯模应在混凝土强度能保证梁心孔洞表面不发生裂缝、塌陷时方可拆除，并且芯模应在混凝土初凝前后略作移动，以免混凝土凝结后难于脱模。

预制构件吊装工作应在混凝土强度达到设计及规范要求后方可进行。现场制作预制构件考虑到场地节约问题，通常采用重叠法生产，但重叠层数一般不宜超过四层。

### 三、预制构件结构性能检验

装配式结构的结构性能主要取决于预制构件的结构性能和连接质量。关于预制构件的结构性能，现行的《混凝土结构工程施工质量验收规范》GB 50204—2002 在结构性能检验方面作了比较详细的规定，构件只有在性能检验合格后方能用于工程。并且规范将该要求作为强制性条文列出，要求严格执行，可见其重要程度。

### 四、装配式结构施工的质量控制

预制构件经装配施工后形成的装配式结构与现浇结构在外观质量、尺寸偏差等方面的质量要求基本一致。现浇混凝土结构外观质量、尺寸偏差要求前文已经列出，这里不再重复。

# 第七节　混凝土结构子分部工程

### 一、结构实体检验

1. 组织形式

(1) 监理工程师（建设单位项目专业技术负责人）见证。

(2) 施工项目技术负责人组织实施。

(3) 具有相应的资质实验室承担结构实体检验。

2. 检验内容

(1) 混凝土强度。

(2) 钢筋保护层厚度。

(3) 工程合同约定的其他项目。

3. 同条件养护试件强度检验

(1) 同条件养护试件的留置方式和取样数量应符合下列要求：

1) 同条件养护试件所对应的结构构件或结构部位应由监理（建设）施工等各方共同选定。

2) 对混凝土结构工程中的各混凝土强度等级均应留置同条件养护试件。

3) 同一强度等级的同条件养护试件其留置的数量应根据混凝土工程量和重要性确定不宜小于 10 组且不应少于 3 组。

4) 同条件养护试件拆模后应放置在靠近相应结构构件或结构部位的适当位置并应采取相同的养护方法。

(2) 同条件养护试件应在达到等效养护龄期时进行强度实验。

等效养护龄期应根据同条件养护试件强度与在标准养护条件下 28d 龄期试件强度相等的原则确定。

(3) 同条件自然养护试件的等效养护龄期及相应的试件强度代表值宜根据当地的气温和养护条件按下列规定确定：

1) 等效养护龄期可取按日平均温度逐日累计达到 60d 时所对应的龄期，等效养护龄期不应小于 14d 也不宜大于 60d；

2) 同条件养护试件的强度代表值应根据实验结果，按现行国家标准《混凝土强度检验评定标准》GB/T 50107 的规定确定。

3）冬期施工人工加热养护的结构构件，其同条件养护试件的等效养护龄期可按结构构件的实际养护条件由监理（建设）施工等各方根据规定共同确定。

4）对混凝土强度的检验也可根据合同的约定采用非破损或局部破损的检测方法按国家现行有关标准的规定进行。

5）当同条件养护试件强度的检验结果符合现行国家标准《混凝土强度检验评定标准》GB/T 50107的有关规定时混凝土强度应判为合格。

6）试件制作应在混凝土浇筑地点取样。

4. 钢筋保护层厚度检验

(1) 钢筋保护层厚度检验的结构部位和构件数量应符合下列要求：

1）钢筋保护层厚度检验的结构部位应由监理（建设）施工等各方根据结构构件的重要性共同选定。

2）对梁类板类构件应各抽取构件数量的2％且不少于5个构件进行检验当有悬挑构件时抽取的构件中悬挑梁类板类构件所占比例均不宜小于50％。

(2) 对选定的梁类构件应对全部纵向受力钢筋的保护层厚度进行检验，对选定的板类构件应抽取不少于6根纵向受力钢筋的保护层厚度进行检验，对每根钢筋应在有代表性的部位测量1点。

(3) 钢筋保护层厚度的检验可采用非破损或局部破损的方法，也可采用非破损方法并用局部破损方法进行校准，当采用非破损方法检验时所使用的检测仪器应经过计量检验，检测操作应符合相应规程的规定。

钢筋保护层厚度检验的检测误差不应大于1mm。

(4) 钢筋保护层厚度检验时纵向受力钢筋保护层厚度的允许偏差：对梁类构件为+10mm、-7mm，对板类构件为+8mm、-5mm。

(5) 对梁类板类构件纵向受力钢筋的保护层厚度应分别进行验收。

结构实体钢筋保护层厚度验收合格应符合下列规定：

1）当全部钢筋保护层厚度检验的合格点率为90％及以上时钢筋保护层厚度的检验结果应判为合格。

2）当全部钢筋保护层厚度检验的合格点率小于90％但不小于80％可再抽取相同数量的构件进行检验，当按两次抽样总和计算的合格点率为90％及以上时钢筋保护层厚度的检验结果仍应判为合格。

3）每次抽样检验结果中不合格点的最大偏差均不应大于规定允许偏差的1.5倍。

5. 当未能取得同条件养护试件强度被判为不合格或钢筋保护层厚度不满足要求时应委托具有相应资质等级的检测机构按国家有关标准的规定进行检测。

**二、混凝土结构子分部工程验收**

1. 混凝土结构子分部工程施工质量验收时应提供下列文件和记录：

(1) 设计变更文件；

(2) 原材料出厂合格证和进场复验报告；

(3) 钢筋接头的试验报告；

(4) 混凝土工程施工记录；

(5) 混凝土试件的性能试验报告；

（6）装配式结构预制构件的合格证和安装验收记录；

（7）预应力筋用锚具连接器的合格证和进场复验报告；

（8）预应力筋安装张拉及灌浆记录；

（9）隐蔽工程验收记录；

（10）分项工程验收记录；

（11）混凝土结构实体检验记录；

（12）同条件养护试件的留置组数、取样部位、放置位置、等效养护龄期、实际养护龄期和相应的温度测量等记录；

（13）钢筋保护层厚度检验的结构部位、构件数量、检测钢筋数量和位置等记录；

（14）工程的重大质量问题的处理方案和验收记录；

（15）其他必要的文件和记录。

2. 混凝土结构子分部工程施工质量验收合格应符合下列规定：

（1）有关分项工程施工质量验收合格；

（2）应有完整的质量控制资料；

（3）观感质量验收合格；

（4）结构实体检验结果满足，《混凝土结构工程施工质量验收规范》GB 50204—2002的要求。

3. 当混凝土结构施工质量不符合要求时应按下列规定进行处理：

（1）经返工返修或更换构件部件的检验批应重新进行验收；

（2）经有资质的检测单位检测鉴定达到设计要求的检验批应予以验收；

（3）经有资质的检测单位检测鉴定达不到设计要求但经原设计单位核算并确认仍可满足结构安全和使用功能的检验批可予以验收；

（4）经返修或加固处理能够满足结构安全使用要求的分项工程可根据技术处理方案和协商文件进行验收。

4. 混凝土结构工程子分部工程施工质量验收合格后将所有的验收文件存档备案。

# 第十一章　钢结构工程

20世纪以来，由于钢铁冶炼、铸造、轧钢技术的不断进展，使高强度、高性能的钢材得到发展，为钢结构建筑的发展和应用开创了新的局面。随着我国的钢产量不断提高，钢结构体系在建筑领域中占的比重越来越大，被广泛应用于高层建筑，各类厂房、大跨度空间结构、交通桥梁和民用住宅工程中。施工技术已经积累了比较丰富的经验，各种技术标准和施工规范正在逐步完善和配套。本章结合我国钢结构工程的有关标准和技术要求，尤其是《钢结构工程施工质量验收规范》的要求，介绍钢结构工程的原材料以及钢结构工程的制作、连接和安装等方面的施工质量控制和质量验收。

## 第一节　钢结构原材料和成品进场

钢结构工程用材量大，品种、规格、形式繁多，标准要求高。因此钢材和各种辅助材料（包括成品材料）必须符合国家有关标准规定，这是控制钢结构工程质量的关键之一。

**一、钢材**

（一）钢材进场质量控制

1. 建筑结构钢的种类

建筑结构钢的含义是指用于建筑工程金属结构的钢材。我国建筑钢结构所用的钢材大致可归纳为碳素结构钢、低合金结构钢和热处理低合金钢等三大类。

（1）碳素结构钢

含碳量在0.02%～2.0%之间的钢碳合金称为钢。由于碳是使碳素钢获得必要强度的主要元素，故以钢的含碳量不同来划分钢号。一般把含碳量<0.25%的称为低碳钢，含碳量在0.25%～0.6%之间的称为中碳钢，含碳量>0.6%（一般在0.6%～1.3%范围）的称为高碳钢。

我国生产的碳素结构钢分为碳素结构钢、优质碳素结构钢、桥梁用碳素钢等。普通碳素结构钢有Q195、Q215、Q235、Q275四个牌号的钢种。Q195不分等级，Q215分A、B两个等级，这两个牌号钢材的强度不高，不宜作为承重结构钢材。Q275牌号的钢材有A、B、C、D四个等级，虽然强度高，但塑性、韧性相对比较差，亦不宜作承重结构钢材。Q235牌号的钢种也有A、B、C、D四个等级，特别是B、C、D级均有较高的冲击韧性。其成本较低、易于加工和焊接，是工业与民用房屋建筑、一般构筑物中最常用的钢材。类似我国Q235钢的国外相近碳素钢有日本的SS400、SM4400，美国的A36，德国的St37，俄罗斯CT3等。

（2）低合金结构钢

钢中除含碳外，还有其他元素，特意加入的称为合金元素，含有一定量的合金元素（例如Mn、Si、Cr、Ni、Mo等）的钢称为合金钢。按加入的合金元素总量的多少分为低

合金钢 [<5%，中合金钢（5%～10%）和高合金钢（>10%）]。

低合金结构钢是在碳素结构钢的基础上加入少量的合金元素，达到提高强度、提高抗腐蚀性和提高在低温下的冲击韧性。目前我国属于常用的低合金高强度结构钢的有 Q345、Q390、Q420、Q460 等牌号钢种。结构中采用低合金结构钢，可减轻结构自重（例在采用 Q345 钢时比采用 Q235 钢节省 15%～20%的材料）。

(3) 热处理低合金钢

低合金钢可用适当的热处理方法（如调质处理）来进一步提高其强度且不显著降低其塑性和韧性。目前，国外使用这种钢的屈服点已超过 700N/mm$^2$。我国尚未在建筑承重结构中推荐使用此类钢。碳素钢也可用热处理的方法来提高强度。例如用于制造高强度螺栓的 45 号优质碳素钢，也是通过调质处理来提高强度的。

2. 钢材的质量标准

钢结构工程所使用的钢材材质应符合表 11-1 所示的现行国家标准的规定。

钢号与材料标准　　　　　　　　　　表 11-1

| 序　号 | 钢　　号 | 材　料　标　准 | |
| --- | --- | --- | --- |
| | | 标准名称 | 标准号 |
| 1 | Q215A、Q235A、Q235B、Q235C | 碳素结构钢 | GB700 |
| 2 | Q345、Q390 | 低合金高强度结构钢 | GB/T1591 |
| 3 | 10、15、20、25、35、45 | 优质碳素结构钢 | GB/T 699 |

3. 建筑结构钢的品种

建筑结构钢使用的型钢主要是热轧钢板和型钢，以及冷弯成形的薄壁型钢。热轧型钢是指经加热用机械轧制出来具有一定形状和横截面的钢材。在钢结构工程中所使用的热轧型钢主要有钢板（厚钢板、薄钢板、钢带）、工字钢（普通工字钢、轻型工字钢、宽翼缘工字钢）、槽钢（普通槽钢、轻型槽钢）、角钢（等边角钢、不等边角钢）、方钢、T 形钢、钢管（无缝钢管、焊接钢管）等。冷弯薄壁型钢主要是由钢板或钢带经机械冷轧成形，少量亦有在压力机上模压成形或在弯板机上弯曲成形。在钢结构工程中所使用的冷轧型钢主要有等边角钢、Z 形钢、槽钢、方钢管、圆钢管等。

(二) 钢材的进场质量验收

(1) 钢材在进场后，应对其出厂质量保证书、批号、炉号、化学成分和机械性能逐项验收。检验方法有书面检验、外观检验、理化检验、无损检测四种。

(2) 钢结构工程所采用的钢材，应附有质量证明书，其品种、规格、性能应符合现行国家产品标准和设计文件的要求。承重结构选用的钢材应有抗拉强度、屈服强度、延伸率和硫、磷含量的合格保证，对焊接结构用钢，尚应具有含碳量的合格保证。对重要承重结构的钢材，还应有冷弯试验的合格保证。对于重级工作制和起重量大于或等于 50t 的中级工作制焊接吊车梁、吊车桁架或类似结构的钢材，除应有以上性能合格保证外，还应有常温冲击韧性的合格保证。当设计有要求时，尚需−20℃和−40℃冲击韧性的合格保证。

(3) 凡进口的钢材应根据订货合同进行商检，商检不合格不得使用。对属于下列情况之一时，应按规定进行抽样复验，复验结果应符合现行国家产品标准和设计的要求。

1) 国外进口钢材（除有商检复验报告时，可以不再进行复验）；

2）钢材混批；

3）板厚等于或大于 40mm，且设计有 Z 向性能要求的厚板；

4）建筑结构安全等级为一级，大跨度钢结构中主要受力构件所采用的钢材；

5）设计有复验要求的钢材；

6）对质量有疑义的钢材（指对证明文件有疑义，证明文件不全，技术指标不全这三种情况）。

（4）用于钢结构工程的钢板、型钢和管材的外形、尺寸、重量及允许偏差应符合以下国家现行标准要求：

热轧钢板和钢带　　GB/T 709

碳素结构钢和低合金结构钢热轧薄钢板及钢带　　GB 912

碳素结构钢和低合金结构钢热轧厚钢板及钢带　　GB 3274

热轧工字钢　　GB/T 706

热轧槽钢　　GB/T 707

热轧等边角钢　　GB/T 706

热轧不等边角钢　　GB/T 706

热轧圆钢和方钢　　GB/T 702

结构用无缝钢管　　GB/T 8162

热轧扁钢　　GB/T 702

冷轧钢板和钢带　　GB 708

通用冷弯开口型钢　　GB 6723

花纹钢板　　GB 3277

（5）钢材的表面外观质量必须均匀，不得有夹层、裂纹、非金属加杂和明显的偏析等缺陷。钢材表面不得有肉眼可见的气孔、结疤、折叠、压入的氧化铁皮以及其他的缺陷。当钢材表面有锈蚀麻点或划痕等缺陷时，其深度不得大于该钢材厚度的负偏差值 1/2。钢材表面锈蚀等级应符合现行国家标准《涂装前钢材表面锈蚀等级和除锈等级》规定的 A、B、C 级。

**二、焊接材料**

焊接是钢结构工程的主要连接方法。优点是省工省料，构造简单，构件刚度大，施工方便。施工中常用的有手工电弧焊、埋弧焊、气体保护焊、电渣焊、栓焊等不同的焊接方法。由于焊接方法的不同，造成了焊接材料的多样性。为了保证每一个焊接接头的质量，必须对所用的各种焊接材料进行质量控制和验收，避免不合格的焊接材料在钢结构工程中的使用。

（一）焊接材料质量控制

1. 焊接材料分类

焊接材料分为手工焊接材料和自动焊接材料，其中自动焊接材料主要分为自动焊、电渣焊用焊丝、气体保护焊用焊丝及焊剂等，而手工电焊条则分为以下九类：

第一类　结构钢焊条；

第二类　钼和铬钼耐热钢焊条；

第三类　不锈钢焊条；

第四类　堆钢焊条；

第五类　低温钢焊条；

第六类　铸铁焊条；

第七类　镍及镍合金焊条；

第八类　铜及铜合金焊条；

第九类　铝及铝合金焊条。

第一类结构钢焊条主要用于各种结构钢工程的焊接。它分为碳钢结构焊条和低合金结构钢焊条。

钢结构工程所使用的焊接材料应符合表 11-2 所示的国家现行标准要求。

焊接材料国家标准

表 11-2

| 序号 | 标准名称 | 标准号 | 序号 | 标准名称 | 标准号 |
|---|---|---|---|---|---|
| 1 | 碳钢焊条 | GB/T 5117 | 5 | 气体保护电弧焊用碳钢、低合金钢焊丝 | GB/T 8110 |
| 2 | 低合金钢焊条 | GB/T 5118 | 6 | 碳素钢埋弧焊用焊剂 | GB 5293 |
| 3 | 熔化焊用钢丝 | GB/T 14957 | 7 | 低合金钢埋弧焊用焊剂 | GB 12470 |
| 4 | 碳钢药芯焊丝 | GB 10045 | 8 | 圆柱头焊钉 | GB 10433 |

2. 焊接材料的管理

（1）焊接材料进厂必须按规定的技术条件进行检验，合格后方可入库和使用。

（2）焊接材料必须分类、分牌号堆放，并有明显标识，不得混放。焊材库必须干燥通风，严格控制库内温度和湿度，防止和减少焊条的吸潮。焊条吸潮后不仅影响焊接质量，甚至造成焊条变质（如焊芯生锈及药皮酥松脱落），所以焊条在使用前必须按规定进行烘培。《焊条质量管理规定》JB 3223 对此作了专门的使用管理规定。

（二）焊接材料的质量验收

（1）焊接材料应附有质量合格证明文件，其品种、规格、性能等应符合现行国家产品标准和设计要求。重要钢结构焊缝采用的焊接材料应按照《低合金钢焊条》GB/T 5118 的规定进行抽样复验，复验结果应符合现行国家产品标准和设计要求，"重要钢结构焊缝"是指：

建筑结构安全等级为一级的一、二级焊缝；

建筑结构安全等级为二级的一级焊缝；

大跨度结构中的一级焊缝；

重级工作制吊车梁结构中一级焊缝；

设计有要求的。

（2）焊钉及焊接磁环的规格、尺寸及偏差应符合现行国家标准《圆柱头焊钉》GB 10433 中的规定。

（3）钢结构工程所使用的焊条外观不应有药皮脱落、焊芯生锈等缺陷，焊剂不应受潮结块。

**三、连接用紧固件材料**

钢结构零部件的连接方式很多，一般有铆接、焊接、栓接三种，其中栓接分为普通螺栓连接和高强度螺栓连接。而自攻钉、拉铆钉、射钉、锚栓（机械型和化学试剂型）、地脚锚栓等紧固件也在钢结构中得以运用。

（一）连接材料的质量控制

1. 铆钉和普通螺栓

（1）铆钉的规格和材质

铆接连接是将一端带有预制钉头的金属圆杆，插入被连接的零部件的孔中，利用铆钉机或压铆机铆合而成。

热铆钉有半圆头、平锥头、埋头（沉头）、半沉头铆钉等多种规格。铆钉的材料应有良好的塑性，通常采用专用普通碳素钢制成。

（2）普通螺栓的种类和材质

常用的普通螺栓有六角螺栓、双头螺栓和地脚螺栓等。其分类、用途如下：

1）六角螺栓，按其头部支承面大小及安装位置尺寸分大六角头与六角头两种；按制造质量和产品等级则分为 A、B、C 三种，应符合现行国家标准《六角头螺栓—A 级和 B 级》GB 5782 和《六角头螺栓—C 级》GB 5780 的规定。其中 A 级螺栓为精制螺栓，B 级螺栓为半精制螺栓。它们适用于拆装式结构，或连接部位需传递较大剪力的重要结构。C 级螺栓是粗制螺栓，适用于钢结构安装中作临时固定使用。对于重要结构，采用 C 级螺栓时，应另加支承件来承受剪力。

2）双头螺栓一般称作螺柱，多用于连接厚板和不便使用六角螺栓连接的地方，如混凝土屋架、屋面梁、悬挂单轨梁吊挂件等。

地脚螺栓分为一般地脚螺栓、直角地脚螺栓、锤头螺栓、锚固地脚螺栓等四种。

3）钢结构用螺栓、螺柱一般用低碳钢、中碳钢、低合金钢制造。国家标准《紧固件机械性能》GB 3098.1 规定了各类螺栓、螺柱性能等级的适用钢材。

2. 高强度螺栓

（1）高强度螺栓连接形式

高强度螺栓是继铆接、焊接连接后发展起来的一种新型钢结构连接形式，它已发展成为当今钢结构连接的主要方法之一。高强度螺栓是用优质碳素钢或低合金钢材料制成的一种特殊螺栓，由于螺栓的强度高，故称高强度螺栓。高强度螺栓适用于大跨度工业与民用钢结构、桥梁结构、重型起重机械及其他重要结构。按其受力状态分为以下三种：摩擦型高强度螺栓、承压型高强度螺栓、抗拉型高强度螺栓。

（2）高强度螺栓技术条件

1）钢结构用高强度大六角头螺栓一个连接副由一个螺栓、一个螺母、二个垫圈组成，分为 8.8S 和 10.9S 两个等级。其螺栓、螺母、垫圈的规格材料性能等级和使用组合应符合国家标准《钢结构用高强度螺栓大六角螺母及垫圈技术条件》GB/T 1231 的规定。

2）钢结构用扭剪型高强度螺栓一个连接副由一个螺栓、一个螺母、一个垫圈组成，我国现在常用的扭剪型高强度螺栓等级为 10.9S。其螺栓、螺母与垫圈形式与尺寸规格、材料性能等级应符合国家标准《钢结构用扭剪型高强度螺栓连接副》GB/T 3632 的规定。

3）六角法兰面扭剪型高强度螺栓一个连接副包括一个螺栓、一个螺母和一个垫圈组成，螺栓头部与大六角头螺栓一样为六角形，尾部有一梅花卡头，与扭剪螺栓一样。其技术条件除连接副机械性能外，主要是紧固预拉力 $P$ 值，扭矩系数（平均值）和标准偏差

（≤0.010），紧固方法可以采用扭剪型高强螺栓紧固法，也可用大六角头高强螺栓紧固法进行紧固。

（二）连接用紧固件的质量验收

（1）钢结构连接用紧固件进场后，应检查产品的质量合格证明文件、中文标识和检验报告。高强度大六角头螺栓连接副、扭剪型高强度螺栓连接副、普通螺栓、铆钉、自攻钉、拉铆钉、射钉、锚栓（机械型和化学试剂型）、地脚锚栓等紧固标准件及螺母、垫圈等标准配件，其品种、规格、性能等应符合现行国家产品标准和设计要求。高强度大六角头螺栓连接副和扭剪型高强度螺栓连接副出厂时应分别随箱带有扭矩系数和紧固轴力（预拉力）的检验报告。

（2）高强度大六角头螺栓连接副和扭剪型高强度螺栓连接副在使用前应按每批号随机抽 8 套分别复验扭矩系数和预拉力，检验结果应符合《钢结构工程施工质量验收规范》GB 50205 的规定。复验应在产品保质期内及时进行。

（3）高强度螺栓连接副应按包装箱配套供货，进场后应检查包装箱上的批号、规格、数量及生产日期。螺栓、螺母、垫圈外观表面应涂油保护，不应出现生锈和沾染脏物，螺纹不应损伤。

（4）高强度螺栓在储存、运输、施工过程中，应严格按批号存放、使用。不同批号的螺栓、螺母、垫圈不得混杂使用。在使用前应尽可能地保持其出厂状态，以免扭矩系数或紧固轴力（预拉力）发生变化。

**四、钢网架材料**

当前我国空间结构中，以钢网架结构发展、应用速度较快。钢网架结构以其工厂预制、现场安装、施工方便、节约劳动力等优点在不少场合取代了钢筋混凝土结构。钢网架材料主要有焊接球、螺栓球、杆件、支托、节点板、钢网架用高强度螺栓、封板、锥头和套筒等。

（一）钢网架材料质量控制

（1）网架结构杆件、支托、节点板、封板、锥头及套筒所用的钢管、型钢、钢板的材料宜采用国家标准《碳素结构钢》GB 700 规定的 Q235B 钢、《优质碳素结构钢技术条件》GB 699 规定的 20 号钢或 25 号钢、《低合金结构钢》GB 1591 规定的 16Mn 钢 或 15MnV 钢。

（2）螺栓球节点球的钢材宜采用国家标准《优质碳素结构钢技术条件》GB 699 规定的 45 号钢。

（3）焊接空心球节点球的钢材宜采用国家标准《碳素结构钢》GB 700 规定的 Q235B 钢或《低合金结构钢》GB 1591 规定的 16Mn 钢。

（4）网架用高强度螺栓应根据国家标准《钢结构用高强度大六角头螺栓》GB 1228 规定的性能等级 8.8S 或 10.9S，符合国家标准《钢螺栓球节点用高强度螺栓》的规定。

（二）钢网架材料的质量验收

（1）钢网架材料进场后，应检查产品的质量合格证明文件、中文标志及检验报告。焊接球、螺栓球、杆件、封板、锥头和套筒及组成这些产品所采用的原材料，其品种、规格、性能等应符合现行国家产品标准和设计要求。钢网架用高强度螺栓及螺母、垫圈的品种、规格、性能等应符合现行国家产品标准和设计要求。

（2）按规格抽查 8 只，对建筑结构安全等级为一级，距离 40m 及以上的螺栓球节点钢网架结构，其连接高强度螺栓应进行表面硬度试验，对 8.8 级的高强度螺栓其硬度应为 HRC21～29；10.9 级高强度螺栓其硬度应为 HRC32～36，且不得有裂纹或损伤。

（3）焊接球进场后，每一规格按数量抽查 5%，且不应少于 3 个。焊缝应进行无损检测，检验应按照国家现行标准《焊接球节点钢网架焊缝超声波探伤方法及质量分级法》JBJ/T 3034.1 执行。其质量应符合设计要求，当设计无要求时应符合规范中规定的二级质量标准。

（4）杆件进场后，按 1/200 比例抽样做焊缝强度试验。

（5）各种产品外观质量应符合以下要求：

1）螺栓球不得有过烧、裂纹及褶皱；

2）封板、锥头、套筒不得有裂纹、过烧及氧化皮；

3）焊接球表面应无明显裂纹，局部凹凸不平不大于 1.5mm。

（6）焊接球直径、圆度、壁厚减薄量等尺寸及允许偏差应符合现行规范的规定。每一规格按数量抽查 5%，且不应少于 3 个。

（7）螺栓球螺纹尺寸应符合现行国家标准《普通螺纹基本尺寸》GB 196 中粗牙螺纹的规定，螺纹公差必须符合现行国家标准《普通螺纹公差与配合》GB 197 中 6H 级精度的规定。每种规格抽查 5%，且不应少于 5 个。

（8）螺栓球直径、圆度、相邻两螺栓孔中心线夹角等尺寸及允许偏差应符合现行规范的规定。每一规格按数量抽查 5%，且不应少于 3 个。

**五、涂装材料**

（一）涂装材料质量控制

1. 防腐涂料

（1）防腐涂料的分类

我国涂料产品按《涂料产品分类、命名和型号》GB 2705 的规定，分为 17 类，它们的代号见表 11-3。

涂料类别代号 表 11-3

| 代 号 | 涂料类别 | 代 号 | 涂料类别 |
|---|---|---|---|
| Y | 油脂漆类 | X | 烯树脂漆类 |
| T | 天然树脂漆类 | B | 丙烯酸酯漆类 |
| F | 酚醛树脂漆类 | Z | 聚酯类 |
| L | 沥青漆类 | S | 聚氨酯漆类 |
| C | 醇酸树脂漆类 | H | 环氧树脂漆类 |
| A | 氨基树脂漆类 | W | 元素有机漆类 |
| Q | 硝基漆类 | J | 橡胶漆类 |
| M | 纤维素漆类 | E | 其他漆类 |
| G | 过氯乙烯漆类 | | |

建筑钢结构工程常用的一般涂料是油改性系列、酚醛系列、醇酸系列、环氧系列、氯化橡胶系列、沥青系列、聚氨酯系列等。

（2）涂层的结构形式

涂层的结构形式有以下几种：

1）底漆—中间漆—面漆

如：红丹醇酸防锈漆—云铁醇酸中间漆—醇酸磁漆。

特点：底漆附着力强、防锈性能好；中间漆兼有底漆和面漆的性能，是理想的过渡漆，特别是厚浆型的中间漆，可增加涂层厚度；面漆防腐、耐候性好。底、中、面结构形式，既发挥了各层的作用，又增强了综合作用。这种形式为目前国内、外采用较多的涂层结构形式。

2）底漆—面漆

如：铁红酚醛底漆—酚醛磁漆。

特点：只发挥了底漆和面漆的作用，明显不如上一种形式。这是我国以前常采用的形式。

3）底漆和面漆是一种漆

如：有机硅漆。

特点：有机硅漆多用于高温环境，因没有有机硅底漆，只好把面漆也作为底漆用。

2. 防火涂料

（1）防火涂料分类

钢结构防火涂料施涂于建筑物及构筑物的钢结构表面，能形成耐火隔热保护层以提高钢结构耐火极限的涂料。钢结构防火涂料按其涂层厚度及性能特点分为以下两类：

1）B 类——薄涂型钢结构防火涂料，涂层厚度一般为 2～7mm，有一定装饰效果，高温时膨胀增厚耐火隔热，耐火极限可达 0.5～1.5h。又称为钢结构膨胀防火涂料。

2）H 类——厚涂型钢结构防火涂料，涂层厚度一般为 8～50mm，粒状表面，密度较小，导热率低，耐火极限可达 0.5～3.0h。又称为钢结构防火隔热涂料。

（2）防火涂料质量控制

1）涂层性能可按照规定的试验方法进行检测。

2）用于制造防火涂料的原料应预先检验。不得使用石棉材料和苯类溶剂。

3）防火涂料可用喷涂、抹涂、辊涂、刮涂或刷涂等方法中的任何一种或多种方法方便的施工，并能在通常自然环境条件下干燥固化。

4）防火涂料应呈碱性或偏碱性。复层涂料应相互配套。底层涂料应与普通防锈漆相容。

5）涂层实干后不应有刺激性气味，燃烧时一般不产生浓烟和有害人体健康的气体。

（二）涂装材料的质量验收

（1）涂装材料进场后，应检查产品的质量合格证明文件、中文标识及检验报告，需按桶数 5% 且不少于 3 桶开桶检查。

（2）钢结构防腐涂料、稀释剂和固化剂等材料的品种、规格、性能等应符合现行国家产品标准和设计要求。

（3）钢结构防火涂料的品种和技术性能应符合设计要求，并应经过具有资质的检测机构检测符合国家现行有关标准的规定。

（4）防腐涂料和防火涂料的型号、名称、颜色及有效期应与其质量证明文件相符。开启后，不应存在结皮、结块、凝胶等现象。

**六、其他材料**

钢结构工程中用到的其他材料有金属压型板、防水密封材料、橡胶垫及各种零配件等。

（1）金属压型板及制造金属压型板所采用的原材料，其品种、规格、性能等应符合现行国家产品标准和设计要求。

（2）压型金属泛水板、包角板和零配件的品种、规格及防水密封材料的性能应符合现行国家产品标准和设计要求。

（3）压型金属板的规格尺寸及允许偏差、表面质量、涂层质量等应符合设计要求和产品标准规定。

（4）钢结构用橡胶垫的品种、规格、性能等应符合现行国家产品标准和设计要求。

（5）钢结构工程所涉及的其他特殊材料，其品种、规格、性能等应符合现行国家产品标准和设计要求。

# 第二节　钢结构连接

在钢结构工程中，常将两个或两个以上的零件或构件，按一定形式和位置连接在一起。这些连接可分为两大类：一类是可拆卸的连接（紧固件连接），另一类是永久性不可拆卸的连接（焊接连接）。

**一、钢结构焊接**

由于焊接技术的迅速发展，使它具有节省金属材料，减轻结构重量，简化加工和装配安装工序，接头密封性能好，能承受高压，容易实现机械化和自动化生产，缩短建设工期，提高生产效率等一系列优点，焊接连接在钢结构和高层钢结构建筑工程中，所占的比例越来越高，因此，提高焊接质量成了至关重要的任务。

（一）施工质量控制

1. 焊接准备的一般规定

（1）从事钢结构各种焊接工作的焊工，应按现行国家标准《建筑钢结构焊接技术规程》JGJ 81 的规定经考试并取得合格证后，方可进行操作。

（2）钢结构中首次采用的钢种、焊接材料、接头形式、坡口形式及工艺方法，应按照《建筑钢结构焊接技术规程》或《钢制压力容器焊接工艺评定》的规定进行焊接工艺评定，其评定结果应符合设计要求。

（3）焊接材料的选择应与母材的机械性能相匹配。对低碳钢一般按焊接金属与母材等强度的原则选择焊接材料；对低合金高强度结构钢一般应使焊缝金属与母材等强或略高于母材，但不应高出 50MPa，同时焊缝金属必须具有优良的塑性、韧性和抗裂性；当不同强度等级的钢材焊接时，宜采用与低强度钢材相适应的焊接材料。

（4）焊条、焊剂、电渣焊的熔化嘴和栓钉焊保护瓷圈，使用前应按技术说明书规定的烘焙时间进行烘焙，然后转入保温。低氢型焊条经烘焙后放入保温筒内随用随取。

（5）母材的焊接坡口及两侧 30～50mm 范围内，在焊前必须彻底清除氧化皮、熔渣、锈、油、涂料、灰尘、水分等影响焊接质量的杂质。

（6）构件的定位焊的长度和间距，应视母材的厚度、结构形式和拘束度来确定。

（7）钢结构的焊接，应视（钢种、板厚、接头的拘束度和焊接缝金属中的含氢量等因素）钢材的强度及所用的焊接方法来确定合适的预热温度和方法。

碳素结构钢厚度大于 40mm 低合金高强度结构钢厚度大于 25mm，其焊接前应预热，预热温度按《建筑钢结构焊接技术规程》选用。预热区在焊道两侧，其宽度各为焊件厚度的 2 倍以上，且不应小于 100mm。

合同、图纸或技术条件有要求时，焊接应作焊后处理。

（8）因降雨、雪等使母材表面潮湿（相对湿度 ＞80％）或大风天气，不得进行露天焊接；但焊工及被焊接部分如果被充分保护且对母材采取适当处置（如加热、去潮）时，可进行焊接。

当采用 $CO_2$ 半自动气体保护焊、环境风速大于 2m/s 时原则上应停止焊接，但若采用适当的挡风措施或采用抗风式焊机时，仍允许焊接（药芯焊丝电弧焊可不受此限制）。

2. 焊接施工的一般规定

（1）引弧应在焊道处进行，严禁在焊道区以外的母材上打火引弧。焊缝终端的弧坑必须填满。

（2）对接焊接

1）不同厚度的工件对接，其厚板一侧应加工成平缓过渡形状，当板厚差超过 4mm 时，厚板一侧应加工成 1：2.5～1：4 的斜度，对接处与薄板等厚。

2）T 形接头、十字接头、角接接头等要求熔透的对接和角接组合焊缝，焊接时应增加对母材厚度 1/4 以上的加强角焊缝尺寸。

（3）填角焊接

1）等角填角焊缝的两侧焊角，不得有明显差别；对不等角填角焊缝，要注意确保焊角尺寸，并使焊趾处平滑过渡。

2）焊成凹形的角焊缝，焊缝金属与母材间应平缓过渡；加工成凹形的角焊缝不得在其表面留下切痕。

3）当角焊缝的端部在构件上时，转角处宜连续包角焊，起落弧点不宜在端部或棱角处，应距焊缝部 10mm 以上。

（4）部分熔透焊接，焊前必须检查坡口深度，以确保要求的焊缝深度。当采用手工电弧焊时，打底焊宜采用 $\phi$3.2mm 或以下的小直径焊条，以确保足够的熔透深度。

（5）多层焊接宜连续施焊，每一层焊完后应及时清理检查，如发现有影响质量的缺陷，必须清除后再焊。

（6）焊接完毕，焊工应清理焊缝表面的熔渣及两侧的飞溅物，检查焊缝外观质量，合格后在工艺规定的部位打上焊工钢印。

（7）不良焊接的修补

1）焊缝同一部位的返修次数，不宜超过两次，超过两次时，必须经过焊接责任工程师核准后，方可按返修工艺进行。

2）焊缝出现裂缝时，焊工不得擅自处理，应及时报告焊接技术负责人查清原因，订出修补措施，方可处理。

3）对焊缝金属中的裂纹，在修补前应用无损检测方法确定裂纹的界限范围，在去除时，应自裂纹的端头算起，两端至少各加 50mm 的焊缝一同去除后再进行修补。

4）对焊接母材中的裂纹，原则上应更换母材，但是在得到技术负责人认可后，可以采用局部修补措施进行处理。主要受力构件必须得到原设计单位确认。

（8）栓钉焊

1）采用栓钉焊机进行焊接时，一般应使工件处于水平位置。

2）每天施工作业前，应在与构件相同的材料上先试焊 2 只栓钉，然后进行 30°的弯曲试验，如果挤出焊角达到 360°，且无热影响区裂纹时，方可进行正式焊接。

（二）焊接施工质量验收

（1）焊接质量验收包括资料检查和实物检查，其中实物检查又包括外观检查和内部缺陷检查。

（2）焊接材料与母材的匹配应符合设计要求及国家现行行业标准《建筑钢结构焊接技术规程》JGJ 81 的规定。焊接材料在使用前应按其产品说明书及焊接工艺文件的规定进行烘焙和存放。

（3）焊工必须经考试合格并取得合格证书。持证焊工必须在其考试合格项目及其认可范围内施焊。

（4）焊接工艺评定符合要求。

（5）焊缝内部缺陷检查：

1）钢结构焊缝内部缺陷检查一般采用无损检测的方法，主要方法有超声波探伤（UT）、射线探伤（RT）、磁粉探伤（MT）、渗透探伤（PT）等。碳素结构钢应在焊缝冷却到环境温度、低合金结构钢应在完成焊接 24h 以后，进行焊缝探伤检测。

2）设计要求全焊透的一级、二级焊缝应采用超声波探伤进行内部缺陷的检验，超声波探伤不能对缺陷作出判断时，应采用射线探伤，其内部缺陷分级及探伤方法应符合现行国家标准《钢焊缝手工超声波探伤方法和探伤结果分级法》GB 11345 或《钢熔化焊对接接头射线照相和质量分级》GB 3323 的规定。

3）焊接球节点网架焊缝、螺栓球节点网架焊缝及圆管 T 、K 、Y 形节点相关线焊缝，其内部缺陷分级及探伤方法应分别符合国家现行标准《焊接球节点钢网架焊缝超声波探伤方法及质量分级法》JBJ/T 3034.1、《螺栓球节点钢网架焊缝超声波探伤方法及质量分级法》JBJ/T 3034.2、《建筑钢结构焊接技术规程》JGJ 81 的规定。

4）一级、二级焊缝的质量等级及缺陷分级应符合表 11-4 的规定。

一级、二级焊缝的质量等级及缺陷分级　　　　　　　　　　　表 11-4

| 焊缝质量等级 | | 一级 | 二级 |
|---|---|---|---|
| 内部缺陷超声波探伤 | 评定等级 | Ⅱ | Ⅲ |
| | 检验等级 | B 级 | B 级 |
| | 探伤比例 | 100% | 20% |
| 内部缺陷射线探伤 | 评定等级 | Ⅱ | Ⅲ |
| | 检验等级 | AB 级 | AB 级 |
| | 探伤比例 | 100% | 20% |

注：探伤比例的计数方法应按以下原则确定：（1）对工厂制作焊缝，应按每条焊缝计算百分比，且探伤长度应不小于 200mm，当焊缝长度不足 200mm 时，应对整条焊缝进行探伤；（2）对现场安装焊缝，应按同一类型、同一施焊条件的焊缝条数计算百分比，探伤长度应不小于 200mm，并应不少于 1 条焊缝。

5）凡属局部探伤的焊缝，若发现有不允许的缺陷时，应在该缺陷两端的延伸部位增加探伤长度，增加的长度为该焊缝长度的 10%，且不应小于 200mm，若仍有不允许的缺陷时，则对该焊缝百分之百检查。

（6）焊缝外观检查：

1）焊缝外观检查方法主要是目视观察，用焊缝检验尺检查，即采用肉眼或低倍放大镜、标准样板和量规等检测工具检查焊缝的外观。

2）焊缝表面不得有裂纹、焊瘤等缺陷。一级、二级焊缝不得有表面气孔、夹渣、弧坑裂纹、电弧擦伤等缺陷。且一级焊缝不得有咬边、未焊满、根部收缩等缺陷。

3）二级、三级焊缝外观质量标准应符合表 11-5 的规定。三级对接焊缝应按二级焊缝标准进行外观质量检验。

二级、三级焊缝外观质量标准（mm）　　　　　　　　　　表 11-5

| 项　目 | 允许偏差 | |
|---|---|---|
| 缺陷类型 | 二级 | 三级 |
| 未焊满（指不足设计要求） | ≤0.2＋0.02t，且≤1.0 | ≤0.2+0.04t，且2.0 |
| | 每 100.0 焊缝内缺陷总长≤25.0 | |
| 根部收缩 | ≤0.2+0.02t，且≤1.0 | ≤0.2+0.04t，且2.0 |
| | 长度不限 | |
| 咬边 | ≤0.05t，且≤0.5；连续长度≤100.0，且焊缝两侧咬边总长≤10%焊缝全长 | ≤0.1t，且≤1.0，长度不限 |
| 弧坑裂纹 | — | 允许存在个别长度≤5.0 的弧坑裂纹 |
| 电弧擦伤 | — | 允许存在个别电弧擦伤 |
| 接头不良 | ≤缺口深度 0.05t，且≤0.5 | ≤缺口深度 0.1t，且≤1.0 |
| | 每 1000.0 焊缝不应超过 1 处 | |
| 表面夹渣 | — | 深≤0.2t，长≤0.5t，且≤20.0 |
| 表面气孔 | — | 每 50.0 焊缝长度内允许直径≤0.4t，且≤3.0 的气孔 2 个，孔距≥6 倍孔径 |

注：表内 t 为连接处较薄的板厚。

4）焊缝尺寸允许偏差应符合表 11-6 的规定。

对接焊缝及完全熔透组合焊缝尺寸允许偏差（mm）　　　　　表 11-6

| 序号 | 项　目 | 图　例 | 允许偏差 | |
|---|---|---|---|---|
| | | | 一级、二级 | 三级 |
| 1 | 对接焊缝余高 c | | B<20：0～3.0<br>B≥20：0～4.0 | B<20：0～4.0<br>B≥20：0～5.0 |
| 2 | 对接焊缝错边 d | | d<0.15t，且≤2.0 | d<0.15t，且≤3.0 |

5）焊缝观感应达到以下要求：外形均匀、成型较好、焊道与焊道、焊道与基本金属间过渡较平滑，焊渣和飞溅物基本清除干净。

356

（7）栓钉焊检验：

1）栓钉焊后，应按每批同类构件 10％ 不少于 10 件进行随机弯曲试验抽查，抽查率为 1％，试验时用锤击栓钉头部，使栓钉弯曲 30°，观察挤出焊脚和热影响区无肉眼可见的裂纹，认为合格。

2）焊钉根部焊脚应均匀，焊脚立面的局部未熔合或不足 360°的焊脚应进行修补。

**二、钢结构紧固件连接**

紧固件连接是用铆钉、普通螺栓、高强度螺栓将两个以上的零件或构件连接成整体的一种钢结构连接方法。它具有结构简单，紧固可靠，装拆迅速方便等优点，所以运用极为广泛。

（一）施工质量控制

1. 铆接施工的一般规定

（1）冷铆　铆钉在常温状态下的铆接称为冷铆。冷铆前，为清除硬化，提高材料的塑性，铆钉必须进行退火处理。用铆钉枪冷铆时，铆钉直径不应超过 13mm。用铆接机冷铆时，铆钉最大直径不得超过 25mm。铆钉直径小于 8mm 时常用手工冷铆。

手工冷铆时，将铆钉穿过钉孔，用顶模顶住，将板料压紧后用手锤锤击镦粗钉杆，再用手锤的球形头部锤击，使其成为半球状，最后用罩模罩在钉头上沿各方向倾斜转动，并用手锤均匀锤击，这样能获得半球形铆钉头。如果锤击次数过多，材质将由于冷作用而硬化，致使钉头产生裂纹。

冷铆的操作工艺简单而且迅速，铆钉孔比热铆填充得紧密。

（2）拉铆　拉铆是冷铆的另一种铆接方法。它利用手工或压缩空气作为动力，通过专用工具，使铆钉和被铆件铆合。拉铆的主要材料和工具是抽芯铆钉和风动（或手动）拉铆枪。拉铆过程就是利用风动拉铆枪，将抽芯铆钉的芯棒夹住，同时，枪端顶住铆钉头部，依靠压缩空气产生的向后拉力，芯棒的凸肩部分对铆钉产生压缩变形，形成铆钉头。同时，芯棒的缩颈处受拉断裂而被拉出。

（3）热铆　铆钉加热后的铆接称为热铆。当铆钉直径较大时应采用热铆，铆钉加热的温度，取决于铆钉的材料和施铆的方式。用铆钉枪铆接时，铆钉需加热到 1000～1100℃；用铆接机铆接时，铆钉需加热到 650～670℃。

当热铆时，除形成封闭钉头外，同时铆钉杆应镦粗而充满钉孔。冷却时，铆钉长度收缩，使被铆接的板件间产生压力，而造成很大的摩擦力，从而产生足够的连接强度。

2. 普通螺栓施工的一般规定

（1）螺母和螺钉的装配应符合以下要求：

1）螺母或螺钉与零件贴合的表面要光洁、平整、贴合处的表面应当经过加工，否则容易使连接件松动或使螺钉弯曲。

2）螺母、螺钉和接触面之间应保持清洁，螺孔内的脏物应当清理干净。

3）拧紧成组的螺栓时，必须按照一定的顺序进行，并做到分次序逐步拧紧，否则会使零件或螺杆产生松紧不一致，甚至变形。在拧紧长方形布置的成组螺母时，必须从中间开始，逐渐向两边对称地扩展；在拧紧方形或圆形布置的成组螺栓时，必须对称地进行。

4）装配时，必须按一定的拧紧力矩来拧紧，因为拧紧力矩太大时，会出现螺栓拉长，甚至断裂和被连接件变形等现象；拧紧力矩太小时，就不可能保证被连接件在工作时的可靠性和正确性。

（2）一般的螺纹连接都具有自锁性，在受静荷载和工作温度变化不大时，不会自行松脱。但在冲击、振动或变荷载作用下，以及在工作温度变化很大时，这种连接有可能自松，影响工作，甚至发生事故。为了保证连接安全可靠，对螺纹连接必须采取有效的防松措施。一般常用的防松措施有增大摩擦力、机械防松和不可拆三大类。

1）增大摩擦力的防松措施　这类防松措施是使拧紧的螺纹之间不因外载荷变化而失去压力，因而始终有摩擦阻力防止连接松脱。但这种方法不十分可靠，所以多用于冲击和振动不剧烈的场合。常用的措施有弹簧垫圈和双螺母。

2）机械防松措施　这类防松措施是利用各种止动零件，阻止螺纹零件的相对转动来实现防松。机械防松可靠，所以应用很广。常用的措施有开口销与槽形螺母、止退垫圈与圆螺母、止动垫圈与螺母或螺钉、串联钢丝等。

3）不可拆的防松措施　利用点焊、点铆等方法把螺母固定在螺栓或被连接件上，或者把螺栓固定在被连接零件上，达到防松目的。

3. 高强度螺栓施工的一般规定

（1）高强度螺栓的连接形式：

高强度螺栓的连接形式有：摩擦连接、张拉连接和承压连接。

1）摩擦连接是高强度螺栓拧紧后，产生强大夹紧力来夹紧板束，依靠接触面间产生的抗滑移摩擦力传递与螺杆垂直方向应力的连接方法。

2）张拉连接是螺杆只承受轴向拉力，在螺栓拧紧后，连接的板层间压力减少，外力完全由螺栓承担。

3）承压连接是在螺栓拧紧后所产生的抗滑移力及螺栓孔内和连接钢板间产生的承压力来传递应力的一种方法。

（2）摩擦面的处理是指采用高强度摩擦连接时对构件接触面的钢材进行表面加工。经过加工，使其接触表面的抗滑移系数达到设计要求的额定值，一般为 0.40～0.45。

摩擦面的处理方法有：喷砂（或抛丸）后生赤锈；喷砂后涂无机富锌漆；砂轮打磨；钢丝刷消除浮锈；火焰加热清理氧化皮；酸洗等。

（3）连接高强度螺栓摩擦型施工前，钢结构制作和安装单位应按规定分别进行高强度螺栓连接摩擦面的抗滑移系数试验和复验，现场处理的构件摩擦面应单独进行摩擦面抗滑移系数试验。试验基本要求如下：

1）制造厂和安装单位应分别以钢结构制造批为单位进行抗滑移系数试验。制造批可按照分部（子分部）工程划分规定的工程量每 2000t 为一批，不足 2000t 的可视为一批。选用两种或两种以上表面处理工艺时，每种处理工艺应单独检验。每批三组试件。

2）抗滑移系数试验用的试件应由制造厂加工，试件与所代表的钢结构构件应为同一材质、同批制作、采用同一摩擦面处理工艺和具有相同的表面状态，并应用同批同一性能等级的高强度螺栓连接副，在同一环境条件下存放。

（4）高强度螺栓连接安装时，在每个节点上应穿入的临时螺栓与冲钉数量由安装时可能承担的载荷计算确定，并应符合下列规定：

1）不得少于安装孔数的 1/3；

2）不得少于两个临时螺栓；

3）冲钉穿入数量不宜多于临时螺栓的 30%，不得将连接用的高强度螺栓兼作临时螺栓。

（5）高强度螺栓的安装应顺畅穿入孔内，严禁强行敲打。如不能自由穿入时，应用铰刀铰孔修整，修整后的最大孔径应小于 1.2 倍螺栓直径。铰孔前应将四周的螺栓全部拧紧，使钢板密贴后再进行，不得用气割扩孔。

（6）高强度螺栓的穿入方向应以施工方便为准，并力求一致。连接副组装时，螺母带垫圈面的一侧应朝向垫圈倒角面的一侧。大六角头高强度螺栓六角头下放置的垫圈有倒角面的一侧应朝向螺栓六角头。

（7）安装高强度螺栓时，构件的摩擦面应保持干燥，不得在雨中作业。

（8）高强度螺栓连接副的拧紧应分为初拧、终拧。对于大型节点应分初拧、复拧、终拧。复拧扭矩等于初拧扭矩。初拧、复拧、终拧应在 24h 内完成。

（9）高强度螺栓连接副初拧、复拧、终拧时，一般应按由螺栓群节点中心位置顺序向外缘拧紧的方法施拧。

（10）高强度螺栓连接副的施工扭矩确定

1）终拧扭矩值按下式计算：

$$T_c = K \times P_c \times d$$

式中　$T_c$——终拧扭矩值（N·m）；

　　　$P_c$——施工预拉力标准值（kN），见表 11-7；

　　　$d$——螺栓公称直径（mm）；

　　　$K$——扭矩系数，按 GB 50205 的规定试验确定。

高强度螺栓连接副施工预拉力标准值（kN）　　　　表 11-7

| 螺栓的性能等级 | 螺栓公称直径(mm) | | | | | |
|---|---|---|---|---|---|---|
| | M16 | M20 | M22 | M24 | M27 | M30 |
| 8.8s | 75 | 120 | 150 | 170 | 225 | 275 |
| 10.9s | 110 | 170 | 210 | 250 | 320 | 390 |

2）高强度大六角头螺栓连接副初拧扭矩值 $T_0$ 可按 $0.5T_c$ 取值。

3）扭剪型高强度螺栓连接副初拧扭矩值 $T_0$ 可按下式计算：

$$T_0 = 0.065 P_c \times d$$

式中　$T_0$——初拧扭矩值（N·m）；

　　　$P_c$——施工预拉力标准值（kN），见表 11-7；

　　　$d$——螺栓公称直径（mm）。

（11）施工所用的扭矩扳手，班前必须矫正，班后必须校验，其扭矩误差不得大于 ±5%，合格的方可使用。检查用的扭矩扳手其扭矩误差不得大于 ±3%。

（12）初拧或复拧后的高强度螺栓应用颜色在螺母上涂上标记，终拧后的螺栓应用另一种颜色在螺栓上涂上标记，以分别表示初拧、复拧、终拧完毕。扭剪型高强度螺栓应用专用扳手进行终拧，直至螺栓尾部梅花头拧掉。对于操作空间有限，不能用扭剪型螺栓专用扳手进行终拧的扭剪型螺栓，可按大六角头高强度螺栓的拧紧方法进行终拧。

（二）钢结构紧固件连接质量验收

1. 普通紧固件连接质量验收

（1）普通螺栓作为永久性连接螺栓时，当设计有要求或对其质量有疑义时，应按照 GB 50205 的规定进行螺栓实物最小拉力载荷复验。复验报告结果应符合现行国家标准《紧固件机械性能螺栓、螺钉和螺柱》GB 3098 的规定。

（2）连接薄钢板采用的自攻钉、拉铆钉、射钉等其规格尺寸应与被连接钢板相匹配，其间距、边矩等应符合设计要求。

（3）永久性普通螺栓紧固应牢固、可靠，外露丝扣不应少于 2 扣。自攻钉、拉铆钉、射钉等与连接钢板应紧固密贴，外观排列整齐。

2. 高强度螺栓连接质量验收

（1）摩擦面抗滑移系数试验和复验结果应符合设计要求。

（2）高强度大六角头螺栓连接副终拧完成 1h 后、48h 内应按以下要求进行终拧扭矩检查：

1）检查数量：按节点数抽查 10%，且不应少于 10 个；每个被抽查节点按螺栓数抽查 10%，且不应少于 2 个。

2）检验方法：分扭矩法检验和转角法检验两种，原则上检验法与施工法应相同。

扭矩法检验：在螺尾端头和螺母相对位置画线，将螺母退回 60°左右，用扭矩扳手测定拧回至原来位置时的扭矩值。该扭矩值与施工扭矩值的偏差在 10% 以内为合格。

转角法检验：检查初拧后在螺母与相对位置所划的终拧起始线和终止线所夹的角度是否达到规定值。在螺尾端头和螺母相对位置画线，然后全部卸松螺母，在按规定的初拧扭矩和终拧角度重新拧紧螺栓，观察与原画线是否重合。终拧转角偏差在 10° 以内为合格。

3）检验用的扭矩扳手其扭矩精度误差应不大于 3%。

（3）扭剪型高强度螺栓连接副终拧后，除因构造原因无法使用专用扳手终拧掉梅花头者外，未在终拧中拧掉梅花头的螺栓数不应大于该节点螺栓数的 5%。对所有梅花头未拧掉的扭剪型高强度螺栓连接副应采用扭矩法或转角法进行终拧扭矩检查。

（4）螺栓施拧顺序和初拧、复拧扭矩应符合设计要求和国家现行行业标准《钢结构高强度螺栓连接的设计、施工及验收规范》JGJ 82 的规定。

（5）观察检查高强度螺栓施工质量：

1）高强度螺栓连接副终拧后，螺栓丝扣外露应为 2～3 扣，其中允许有 10% 的螺栓丝扣外露 1 扣或 4 扣。

2）高强度螺栓连接摩擦面应保持干燥、整洁，不应有飞边、毛刺、焊接飞溅物、焊疤、氧化铁皮、污垢等，除设计要求外摩擦面不应涂漆。

3）高强度螺栓应自由穿入螺栓孔。高强度螺栓孔不应采用气割扩孔。扩孔数量应征得设计同意，扩孔后的孔径不应超过 1.2 倍螺栓直径。

（6）螺栓球节点网架总拼装完成后，高强度螺栓与球节点应紧固连接，高强度螺栓拧入螺栓球内的螺纹长度不应小于螺栓直径，连接处不应出现间隙、松动等未拧紧情况。

## 第三节　钢结构加工制作

制作过程是钢结构产品质量形成的过程，为了确保钢结构工程的制作质量，操作和质控人员应严格遵守制作工艺，执行"三检"制。质监人员对制作过程要有所了解，必要时对其进行抽查。

**一、钢零件及钢部件加工**

（一）施工技术要求

1. 放样和号料的一般规定

（1）放样

1）放样即是根据已审核过的施工详图，按构件（或部件）的实际尺寸或一定比例画出该构件的轮廓，或将曲面展开成平面，求出实际尺寸，作为制造样板、加工和装配工作的依据。放样是整个钢结构制作工艺中第一道工序，是非常重要的一道工序。因为所有的构件、部件、零件尺寸和形状都必须先进行放样，然后根据其结果数据、图样进行加工，才能把各个零件装配成一个整体，所以，放样的准确程度将直接影响产品的质量。

2）放样前，放样人员必须熟悉施工图和工艺要求，核对构件及构件相互连接的几何尺寸和连接有否不当之处。如发现施工图有遗漏或错误，以及其他原因需要更改施工图时，必须取得原设计单位签具设计变更文件，不得擅自修改。

3）放样使用的钢尺，必须经计量单位检验合格，并与土建、安装等有关方面使用的钢尺相核对。丈量尺寸应分段叠加，不得分段测量后相加累计全长。

4）放样应在平整的放样台上进行。凡放大样的构件，应以1：1的比例放出实样；当构件零件较大难以制作样杆、样板时，可以绘制下料图。

5）样杆、样板制作时，应按施工图和构件加工要求，做出各种加工符号、基准线、眼孔中心等标记，并按工艺要求预放各种加工余量，然后号上冲印等印记，用磁漆（或其他材料）在样杆、样板上写出工程、构件及零件编号、零件规格孔径、数量及标注有关符号。

6）放样工作完成，对所放大样和样杆样板（或下料图）进行自检，无误后报专职检验人员检验。

7）样杆、样板应按零件号及规格分类存放，妥善保存。

（2）号料

1）号料前，号料人员应熟悉样杆、样板（或下料图）所注的各种符号及标记等要求，核对材料牌号及规格、炉批号。

2）凡型材端部存有倾斜或板材边缘弯曲等缺陷，号料时应去除缺陷部分或先行矫正。

3）根据割、锯等不同切割要求和对刨、锐加工的零件，预放不同的切割及加工余量和焊接收缩量。

4）按照样杆、样板的要求，对下料件应号出加工基准线和其他有关标记，并号上冲印等印记。

5）下料完成，检查所下零件规格、数量等是否有误，并做出下料记录。

2. 切割的一般规定

钢材的切割下料应根据钢材截面形状、厚度以及切割边缘质量要求的不同而分别采用剪切、冲切、锯切、气割。

(1) 剪切

1) 剪切前必须检查核对材料规格、牌号是否符合图纸要求。

2) 剪切前，应将钢板表面的油污、铁锈等清除干净，并检查剪切机是否符合剪切材料强度要求。

3) 剪切时，必须看清断线符号，确定剪切程序。

4) 剪切或剪断的边缘必要时，应加工整光，相关接触部分不得产生歪曲。

5) 剪切材料对主要受静载荷的构件，允许材料在剪断机上剪切，无须再加工。

6) 剪切的材料对受动载荷的构件，必须将截面中存在有害的剪切边清除。

(2) 气割

1) 气割原则上采用自动切割机，也可使用半自动切割机和手工切割，使用气体可为氧气乙炔、丙烷、碳-3 气及混合气等。气割工在操作时，必须检查工作场地和设备，严格遵守安全操作规程。

2) 零件自由端火焰切割面无特殊要求的情况加工精度如下：

粗糙度　　　　　200s 以下

缺口度　　　　　1.0mm 以下

3) 采用气割时应控制切割工艺参数，自动、半自动气割工艺参数见表 11-8。

自动、半自动气割工艺参数　　　　　　　　　　　　　　　表 11-8

| 割嘴号码 | 板厚(mm) | 氧气压力(MPa) | 乙炔压力(MPa) | 气割速度(mm/min) |
|---|---|---|---|---|
| 1 | 6~10 | 0.20~0.25 | ≥0.030 | 650~450 |
| 2 | 10~20 | 0.25~0.30 | ≥0.035 | 500~350 |
| 3 | 20~30 | 0.30~0.40 | ≥0.040 | 450~300 |
| 4 | 40~60 | 0.50~0.60 | ≥0.045 | 400~300 |
| 5 | 60~80 | 0.60~0.70 | ≥0.050 | 350~250 |
| 6 | 80~100 | 0.70~0.80 | ≥0.060 | 300~200 |

4) 割缝出现超过质量要求所规定的缺陷，应上报有关部门，进行质量分析，订出措施后方可返修。

5) 重要构件厚板切割时应作适当预热处理，或遵照工艺技术要求进行。

3. 矫正和成型的一般规定

钢结构（或钢材）表面上如有不平、弯曲、扭曲、尺寸精度超过允许偏差的规定时，必须对有缺陷的构件（或钢材）进行矫正，以保证钢结构构件的质量。矫正的方法很多，根据矫正时钢材的温度分冷矫正和热矫正两种。冷矫正是在常温下进行的矫正，冷矫时会产生冷硬现象，适用于矫正塑性较好的钢材。对变形十分严重或脆性很大的钢材，如合金钢及长时间放在露天生锈钢材等，因塑性较差不能用冷矫正；热矫正是将钢材加热至700~1000℃的高温时进行，当钢材弯曲变形大，钢材塑性差，或在缺少足够动力设备的情况下才应用热矫正。另外，根据矫正时作用外力的来源与性质来分，矫正分手工矫正、机械矫正、火焰矫正等。矫正和成型应符合以下要求：

(1) 钢材的初步矫正，只对影响号料质量的钢材进行矫正，其余在各工序加工完毕后再矫正或成型。

（2）钢材的机械矫正，一般应在常温下用机械设备进行，矫正后的钢，在表面上不应有凹陷、凹痕及其他损伤。

（3）碳素结构钢和低合金高强度结构钢，允许加热矫正，其加热温度严禁超过正火温度（900℃）。用火焰矫正时，对钢材的牌号为 Q345、Q390、35、45 的焊件，不准浇水冷却，要在自然状态下冷却。

（4）弯曲加工分常温和高温，热弯时所有需要加热的型钢，宜加热到 880～1050℃，并采取必要措施使构件不致"过热"，当温度降低到普通碳素结构钢 700℃，低合金高强度结构钢 800℃，构件不能再进行热弯，不得在蓝脆区段（200～400℃）进行弯曲。

（5）热弯的构件应在炉内加热或电加热，成型后有特殊要求者再退火。冷弯的半径应为材料厚度的 2 倍以上。

4. 边缘加工的一般规定

通常采用刨和铣加工对切割的零件边缘加工，以便提高零件尺寸精度，消除切割边缘的有害影响，加工焊接坡口，提高截面光洁度，保证截面能良好传递较大压力。边缘加工应符合以下要求：

（1）气割的零件，当需要消除影响区进行边缘加工时，最少加工余量为 2.0mm。

（2）机械加工边缘的深度，应能保证把表面的缺陷清除掉，但不能小于 2.0mm，加工后表面不应有损伤和裂缝，在进行砂轮加工时，磨削的痕迹应当顺着边缘。

（3）碳素结构钢的零件边缘，在手工切割后，其表面应作清理，不能有超过 1.0mm 的不平度。

（4）构件的端部支承边要求刨平顶紧和构件端部截面精度要求较高的，无论是什么方法切割和用何种钢材制成的，都要刨边或铣边。

（5）施工图有特殊要求或规定为焊接的边缘需进行刨边，一般板材或型钢的剪切边不需刨光。

（6）刨削时直接在工作台上用螺栓和压板装夹工件，通用工艺规则如下：

1）多件画线毛坯同时加工时，装夹中心必须按工件的加工线找正到同一平面上，以保证各工件加工尺寸的一致。

2）在龙门刨床上加工重而窄的工件，需偏于一侧加工时，应尽量两件同时加工或在另一侧加配重，以使机床的两边导轨负荷平衡。

3）在刨床工作台上装夹较高的工件时，应加辅助支承，以使装夹牢靠和防止加工中工件变形。

4）必须合理装夹工件，以工件迎着走刀方向和进给方向的两个侧边紧靠定位装置，而另两个侧边应留有适当间隙。

（7）关于铣刀和铣削量的选择，应根据工件材料和加工要求决定，合理的选择是加工质量的保证。

5. 制孔的一般规定

构件使用的高强度螺栓、半圆头铆钉和自攻螺钉等用孔的制作方法可有：钻孔、铣孔、冲孔、铰孔等。制孔加工过程应注意以下事项：

（1）构件制孔优先采用钻孔，当证明某些材料质量、厚度和孔径，冲孔后不会引起脆性时允许采用冲孔。

厚度在 5mm 以下的所有普通结构钢允许冲孔，次要结构厚度小于 12mm 允许采用冲孔。在冲切孔上，不得随后施焊（槽型），除非证明材料在冲切后，仍保留有相当韧性，则可焊接施工。一般情况下，在需要所冲的孔上再钻大时，则冲孔必须比指定的直径小 3mm。

（2）钻孔前，一是要磨好钻头，二是要合理地选择切削余量。

（3）制成的螺栓孔，应为正圆柱形，并垂直于所在位置的钢材表面，倾斜度应小于 1/20，其孔周边应无毛刺、破裂、喇叭口或凹凸的痕迹，切屑应清除干净。

（二）零部件加工的质量验收

1. 切割质量控制

（1）钢材切割面或剪切面应无裂纹、夹渣、分层和大于 1mm 的缺棱。

（2）气割的允许偏差应符合表 11-9 的规定；机械切割的允许偏差应符合表 11-10 的规定。

**气割的允许偏差（mm）**　　　　　　　　　　　表 11-9

| 项　目 | 允许偏差 | 项　目 | 允许偏差 |
| --- | --- | --- | --- |
| 零件宽度、长度 | ±0.3 | 割纹深度 | 0.3 |
| 切割面平面度 | $0.05t$，且不应大于 2.0 | 局部缺口深度 | 1.0 |

注：$t$ 为切割面厚度。

**机械切割的允许偏差（mm）**　　　　　　　　　　表 11-10

| 项　目 | 允许偏差 | 项　目 | 允许偏差 |
| --- | --- | --- | --- |
| 零件宽度、长度 | ±0.3 | 型钢端部垂直度 | 2.0 |
| 边缘缺棱 | 1.0 | | |

2. 矫正和成型的质量验收

（1）碳素结构钢在环境温度低于 -16℃、低合金结构钢在环境温度低于 -12℃时，不应进行冷矫正和冷弯曲。碳素结构钢和低合金结构钢在加热矫正时，加热温度不应超过 900℃，低合金结构钢在加热矫正后应自然冷却。

（2）当零件采用热加工成型时，加热温度应控制在 900～1000℃；碳素结构钢和低合金结构钢在温度分别下降到 700℃和 800℃之前，应结束加工；低合金结构钢应自然冷却。

（3）矫正后的钢材表面，不应有明显的凹面或损伤，划痕深度不得大于 0.5mm，且不应大于该钢材厚度负允许偏差的 1/20。

（4）冷矫正和冷弯曲的最小曲率半径和最大弯曲矢高应符合表 11-11 的规定。

（5）钢材矫正后的允许偏差，应符合表 11-12 的规定。

3. 边缘加工质量验收

（1）气割或机械剪切的零件，需要进行边缘加工时，其刨削量不应小于 2.0mm。

（2）边缘加工允许偏差应符合表 11-13 的规定。

4. 制孔质量验收

（1）A、B 级螺栓孔（Ⅰ类孔）应具有 H12 的精度，孔壁表面粗糙度 $Ra$ 不应大于 12.5$\mu$m。其孔径的允许偏差应符合表 11-14 的规定。C 级螺栓孔（Ⅱ类孔），孔壁表面粗糙度 $Ra$ 不应大于 25$\mu$m，其允许偏差应符合表 11-15 的规定。

| 钢材类别 | 图　例 | 对应轴 | 矫　正 | | 弯　曲 | |
| --- | --- | --- | --- | --- | --- | --- |
| | | | $r$ | $f$ | $r$ | $f$ |
| 钢板扁钢 | | $x$-$x$ | $50t$ | $l^2/400t$ | $25t$ | $l^2/200t$ |
| | | $y$-$y$（仅对扁钢轴线） | $100b$ | $l^2/800b$ | $50b$ | $l^2/400b$ |
| 角钢 | | $x$-$x$ | $90b$ | $l^2/720b$ | $45b$ | $l^2/360b$ |
| 槽钢 | | $x$-$x$ | $50h$ | $l^2/400h$ | $2h$ | $l^2/200h$ |
| | | $x$-$x$ | $90b$ | $l^2/720b$ | $45b$ | $l^2/360b$ |
| 工字钢 | | $x$-$x$ | $50h$ | $l^2/400h$ | $25h$ | $l^2/200h$ |
| | | $y$-$y$ | $50b$ | $l^2/400b$ | $25b$ | $l^2/200b$ |

注：$r$ 为曲率半径；$f$ 为弯曲矢高；$l$ 为弯曲弦长；$t$ 为钢板厚度。

| 项　　目 | | 允　许　偏　差 | 图　　例 |
| --- | --- | --- | --- |
| 钢板的局部平面度 | $t \leqslant 14$ | 1.5 | |
| | $t > 14$ | 1.0 | |
| 型钢弯曲矢高 | | $t/1000$ 且不应大于 5.0 | |
| 角钢肢的垂直度 | | $b/100$ 双股栓接角钢的角度不得大于 90° | |
| 槽钢翼缘对腹板的垂直度 | | $b/80$ | |
| 工字钢、H 型钢翼缘板的垂直度 | | $b/100$ 且不大于 2.0 | |

| 项　　目 | 允　许　偏　差 | 项　　目 | 允　许　偏　差 |
| --- | --- | --- | --- |
| 零件宽度、长度 | ±1.0 | 加工面垂直度 | $0.025t$,且不应大于 0.5 |
| 加工边直线度 | $t/3000$,且不应大于 2.0 | 加工面表面粗糙度 | 不应大于 $\sqrt[50]{}$ |
| 相邻两边夹角 | ±6′ | | |

365

A、B 级螺栓孔径的允许偏差（mm） 表 11-14

| 序 号 | 螺栓公称直径、螺栓孔直径 | 螺栓公称直径允许偏差 | 螺栓孔直径允许偏差 |
|---|---|---|---|
| 1 | 10～18 | 0.00<br>−0.18 | +0.18<br>0.00 |
| 2 | 18～30 | 000<br>−0.21 | +0.21<br>0.00 |
| 3 | 30～50 | 0.00<br>−0.25 | +0.25<br>0.00 |

C 级螺栓孔的允许偏差（mm） 表 11-15

| 项 目 | 允许偏差 | 项 目 | 允许偏差 |
|---|---|---|---|
| 直 径 | +1.0<br>0.0 | 圆度 | 2.0 |
| | | 垂直度 | 0.03t，且不应大于 2.0 |

（2）螺栓孔孔距的允许偏差应符合表 11-16 的规定。超过允许偏差时，应采用与母材材质相匹配的焊条补焊后重新制孔。

螺栓孔孔距的允许偏差（mm） 表 11-16

| 螺栓孔孔距范围 | ≤500 | 501～1200 | 1201～3000 | >3000 |
|---|---|---|---|---|
| 同一组内任意两孔间距离 | ±1.0 | ±1.5 | — | — |
| 相邻两组的端孔间距离 | ±1.5 | ±2.0 | ±2.5 | ±3.0 |

注：1. 在节点中连接板与一根杆件相连的所有螺栓孔为一组；

2. 对接接头在拼接板一侧的螺栓孔为一组；

3. 在两相邻节点或接头间的螺栓孔为一组，但不包括上述两款所规定的螺栓孔；

4. 受弯构件翼缘上的连接螺栓孔，每米长度范围内的螺栓孔为一组。

## 二、钢构件组装和预拼装

（一）施工质量控制

1. 组装

钢结构构件的组装是遵照施工图的要求，把已加工完成的各零件或半成品构件，用组装的手段组合成为独立的成品，这种方法通常称为组装。组装根据组装构件的特性以及组装程度，可分为部件组装、组装和预总装。

部件组装是组装的最小单元的组合，它由两个或两个以上零件按施工图的要求组装成为半成品的结构构件。

组装是把零件或半成品按施工图的要求组装成为独立的成品构件。

预总装是根据施工图把相关的两个以上成品构件，在工厂制作场地上，按其各构件空间位置总装起来。其目的是客观地反映出各构件组装节点，保证构件安装质量。

钢结构构件组装通常使用的方法有：地样组装、仿形复制组装、立装、卧装、胎膜组装等。

组装的一般规定：

（1）在组装前，组装人员必须熟悉施工图、组装工艺及有关技术文件的要求，并检查组装零部件的外观、材质、规格、数量，当合格无误后方可施工。

（2）组装焊接处的连接接触面及沿边缘 30～50mm 范围内的铁锈、毛刺、污垢、冰雪等必须在组装前清除干净。

（3）板材、型材需要焊接时，应在部件或构件整体组装前进行；构件整体组装应在部件组装、焊接、矫正后进行。

（4）构件的隐蔽部位应先行涂装、焊接，经检查合格后方可组合；完全封闭的内表面可不涂装。

（5）构件组装应在适当的工作平台及装配胎模上进行。

（6）组装焊接构件时，对构件的几何尺寸应依据焊缝等收缩变形情况，预放收缩余量；对有起拱要求的构件，必须在组装前按规定的起拱量做好起拱。

（7）胎模或组装大样定型后须经自检，合格后质检人员复检，经认可后方可组装。

（8）构件组装时的连接及紧固，宜使用活络夹具及活络紧固器具；对吊车梁等承受动载荷构件的受拉翼缘或设计文件规定者，不得在构件上焊接组装卡夹具或其他物件。

（9）拆取组装卡夹具时，不得损伤母材，可用气割方法割除，切割后并磨光残留焊疤。

2. 预拼装

钢结构构件工厂内预拼装，目的是在出厂前将已制作完成的各构件进行相关组合，对设计、加工，以及适用标准的情况验证。

预拼装的一般规定：

（1）预拼装组合部位的选择原则：尽可能选用主要受力框架、节点连接结构复杂，构件允差接近极限且有代表性的组合构件。

（2）预拼装应在坚实、稳固的平台式胎架上进行。

（3）预拼装中所有构件应按施工图控制尺寸，各杆件的重心线应汇交于节点中心，并完全处于自由状态，不允许有外力强制固定。单构件支承点不论柱、梁、支撑，应不少于两个支承点。

（4）预拼装构件控制基准中心线应明确标示，并与平台基线和地面基线相对一致。控制基准应按设计要求基准一致。

（5）所有需进行预拼装的构件，必须制作完毕经专检员验收并符合质量标准。相同的单构件应可互换，而不影响整体集合尺寸。

（6）在胎架上预拼全过程中，不得对构件动用火焰或机械等方式进行修正、切割，或使用重物压载、冲撞、锤击。

（7）大型框架露天预拼装的检测应定时。所使用测量工具的精度，应与安装单位一致。

（8）高强度螺栓连接件预拼装时，可使用冲钉定位和临时螺栓紧固。试装螺栓在一组孔内不得少于螺栓孔的 30%，且不少于 2 只。冲钉数不得多于临时螺栓的 1/3。

（二）施工质量验收

1. 组装的质量验收

（1）焊接 H 型钢：

1）焊接 H 型钢的翼缘板拼接缝和腹板拼接缝的间距不应小于 200mm。翼缘板拼接长度不应小于 2 倍板宽；腹板拼接宽度不应小于 300mm，长度不应小于 600mm。

2）焊接 H 型钢的允许偏差应符合 GB 50205—2001 附录 C 中表 C.0.1 的规定。

（2）组装：

1）吊车梁和吊车桁架不应下挠。

2）焊接连接组装的允许偏差应符合 GB 50205—2001 附录 C 中表 C.0.2 的规定。

3）顶紧接触面应有 75% 以上的面积紧贴。

4）桁架结构杆件轴线交点错位的允许偏差不得大于 3.0mm。

（3）端部铣平及安装焊缝坡口：

1）端部铣平的允许偏差应符合表 11-17 的规定。

端部铣平的允许偏差（mm）　　　　　　表 11-17

| 项　目 | 允许偏差 | 项　目 | 允许偏差 |
|---|---|---|---|
| 两端铣平时构件长度 | ±2.0 | 铣平面的平面度 | 0.3 |
| 两端铣平时零件长度 | ±0.5 | 铣平面对轴线的垂直度 | 1/1500 |

2）安装焊缝坡口的允许偏差应符合表 11-18 的规定。

安装焊缝坡口的允许偏差（mm）　　　　　　表 11-18

| 项　目 | 允许偏差 | 项　目 | 允许偏差 |
|---|---|---|---|
| 坡口角度 | ±5° | 钝边 | ±1.0 |

3）外露铣平面应防锈保护。

（4）钢构件外形尺寸：

1）钢构件外形尺寸主控项目的允许偏差应符合表 11-19 的规定。

钢构件外形尺寸主控项目的允许偏差（mm）　　　　　　表 11-19

| 项　目 | 允许偏差 |
|---|---|
| 单层柱、梁、桁架受力支托（支承面）表面至第一个安装孔距离 | ±1.0 |
| 多节柱铣平面至第一个安装孔距离 | ±1.0 |
| 实腹梁两端最外侧安装孔距离 | ±3.0 |
| 构件连接处的截面几何尺寸 | ±3.0 |
| 柱、梁连接处的腹板中心线偏移 | 2.0 |
| 受压构件(杆件)弯曲矢高 | $l/1000$，且不应大于 10.0 |

2）钢构件外形尺寸一般项目的允许偏差应符合 GB 50205—2001 附录 C 中表 C.0.3～表 C.0.9 的规定。

2. 预拼装的质量验收

（1）高强度螺栓和普通螺栓连接的多层板叠，应采用试孔器进行检查，并应符合下列规定：

1）当采用比孔公称直径小 1.0mm 的试孔器检查时，每组孔的通过率不应小于 85%；

2）当采用比螺栓公称直径大 0.3mm 的试孔器检查时，每组孔的通过率不应小于 100%。

(2) 预拼装的允许偏差应符合 GB 50205—2001 附录 D 表 D 的规定。

**三、钢网架制作**

（一）施工质量控制

1. 焊接球节点加工的一般规定

（1）焊接空心球节点由空心球、钢管杆件、连接套管等零件组成。空心球制作工艺流程应为：下料→加热→冲压→切边坡口→拼装→焊接→检验。

（2）半球圆形坯料钢板应用乙炔氧气或等离子切割下料。坯料锻压的加热温度应控制在 900～100℃。半球成型，其坯料须在固定锻模具上热挤压成半个球形，半球表面光滑平整，不应有局部凸起或褶皱。

（3）毛坯半圆球可在普通车床切边坡口。不加肋空心球两个半球对装时，中间应预留 2.0mm 缝隙，以保证焊透。

（4）加肋空心球的肋板位置，应在两个半球的拼接环形缝平面处。加肋钢板应用乙炔氧气切割下料，并外径（$D$）留放加工余量，其内孔以 $D/3～D/2$ 割孔。

（5）空心球与钢管杆件连接时，钢管两端开坡口 30°，并在钢管两端头内加套管与空心球焊接，球面上相邻钢管杆件之间的缝隙不宜小于 10mm。钢管杆件与空心球之间应留有 2.0～6.0mm 的缝隙予以焊透。

2. 螺栓球节点加工的一般规定

（1）螺栓球节点主要由钢球、高强螺栓、锥头或封板、套筒等零件组成。钢球、锥头、封板、套筒等原材料是圆钢采用锯床下料，圆径加热温度控制在 900～1100℃ 之间，分别在固定的锻模具上压制成型。

（2）螺栓球加工应在车床上进行，其加工程序第一是加工定位工艺孔，第二是加工各弦杆孔。相邻螺孔角度必须以专用的夹具架保证。每个球必须检验合格，打上操作者标记和安装球编号，最后在螺纹处涂上黄油防锈。

3. 钢管杆件加工的一般规定

（1）钢管杆件应用切割机或管子车床下料，下料后长度应放余量，钢管两端应坡口各 30°，钢管下料长度应预加焊接收缩量，如钢管壁厚≤6.0mm，每条焊缝放 1.0～1.5mm；壁厚≥8.0mm，每条焊缝放 1.5～2.0mm。钢管杆件下料后必须认真清除钢材表面的氧化皮和锈蚀等污物，并采取防腐措施。

（2）钢管杆件焊接两端加锥头或封板，长度是用专门的定位夹具控制，以保证杆件的精度和互换性。采用手工焊，焊接成品应分三步到位：一是定长度点焊；二是底层焊；三是面层焊。当采用 $CO_2$ 气体保护自动焊接机床焊接钢管杆件，它只需要钢管杆件配锥头或封板后焊接自动完成一次到位，焊缝高度必须大于钢管壁厚。对接焊缝部位应在清除焊渣后涂刷防锈漆，检验合格后打上焊工钢印和安装编号。

（二）钢网架制作的质量验收

（1）螺栓球成型后，不应有裂纹、褶皱、过烧。

（2）钢板压成半圆球后，表面不应有裂纹、褶皱；焊接球其对接坡口应采用机械加工，对接焊缝表面应打磨平整。

（3）螺栓球加工的允许偏差应符合表 11-20 的规定。

（4）焊接球加工的允许偏差应符合表 11-21 的规定。

螺栓球加工的允许偏差（mm）　　　　　　　　　　表 11-20

| 项　　目 | | 允许偏差 | 检验方法 |
|---|---|---|---|
| 圆度 | $d \leqslant 120$ | 1.5 | 用卡尺和游标卡尺检查 |
| | $d > 120$ | 2.5 | |
| 同一轴线上两镜平面平行度 | $d \leqslant 120$ | 0.2 | 用百分表 V 形块检查 |
| | $d > 120$ | 0.3 | |
| 镜平面距球中心距离 | | ±0.2 | 用游标卡尺检查 |
| 相邻两螺栓孔中心线夹角 | | ±30′ | 用分度头检查 |
| 两镜平面与螺栓孔轴线垂直度 | | 0.005r | 用百分表检查 |
| 球毛坯直径 | $d \leqslant 120$ | −2.0 −1.0 | 用卡尺和游标卡尺检查 |
| | $d < 120$ | −3.0 −1.5 | |

焊接球加工的允许偏差（mm）　　　　　　　　　　表 11-21

| 项　目 | 允许偏差 | 检验方法 | 项　目 | 允许偏差 | 检验方法 |
|---|---|---|---|---|---|
| 直径 | ±0.005d ±2.5 | 用卡尺和游标卡尺检查 | 壁厚减薄量 | 0.13t,且不应大于 1.5 | 用卡尺和测厚仪检查 |
| 圆度 | 2.5 | 用卡尺和游标卡尺检查 | 两半球对口错边 | 1.0 | 用套模和游标卡尺检查 |

（5）钢网架（桁架）用钢管杆件加工的允许偏差应符合表 11-22 的规定。

钢网架（桁架）用钢管杆件加工的允许偏差（mm）　　　　表 11-22

| 项　目 | 允许偏差 | 检验方法 | 项　目 | 允许偏差 | 检验方法 |
|---|---|---|---|---|---|
| 长度 | ±1.0 | 用钢尺和百分表检查 | 管口曲线 | 1.0 | 用套模和游标卡尺检查 |
| 端面对管轴的垂直度 | 0.005r | 用百分表 V 形块检查 | | | |

第四节　钢结构安装

　　钢结构安装是将各个单体（或组合体）构件组成一个整体，其所提供的建筑物主体结构将直接投入生产使用，安装上出现的质量问题有可能成为永久性缺陷，同时钢结构安装工程具有作业面广、工序作业点多、材料、构件等供应渠道来自各方、手工操作比重大、交叉立体作业复杂、工程规模大小不一以及结构形式变化不同等特点，因此，更显示质量控制的重要性。

**一、钢结构安装**

（一）施工质量控制

1. 施工准备的一般规定

(1) 建筑钢结构的安装，应符合施工图设计的要求，并应编制安装工程施工组织设计。

(2) 安装用的专用机具和工具，应满足施工要求，并应定期进行检验，保证合格。

(3) 安装的主要工艺，如测量校正、高强度螺栓安装、负温度下施工及焊接工艺等，应在安装前进行工艺试验或评定，并应在此基础上制定相应的施工工艺和施工方案。

(4) 安装前，应对构件的变形尺寸、螺栓孔直径及位置、连接件位置及角度、焊缝、栓钉焊、高强度螺栓接头摩擦面加工质量、栓件表面的油漆等进行全面检查，在符合设计文件或有关标准的要求后，方能进行安装工作。

(5) 安装使用的测量工具应按同一标准鉴定，并应具有相同的精度等级。

2. 基础和支承面的一般规定

(1) 建筑钢结构安装前，应对建筑物的定位轴线、平面封闭角、柱的位置线、钢筋混凝土基础的标高和混凝土强度等级等进行复查，合格后方能开始安装工作。

(2) 框架柱定位轴线的控制，可采用在建筑物外部或内部设辅助线的方法。每节柱的定位轴线应从地面控制轴线引上来，不得从下层柱的轴线引出。

(3) 柱的地脚螺栓位置应符合设计文件或有关标准的要求，并应有保护螺纹的措施。

(4) 底层柱地脚螺栓的紧固轴力，应符合设计文件的规定。螺母止退可采用双螺母，或用电焊将其焊牢。

(5) 结构的楼层标高可按相对标高或设计标高进行控制。

3. 构件安装顺序的一般规定

(1) 建筑钢结构的安装应符合下列要求：

1) 划分安装流水区段；

2) 确定构件安装顺序；

3) 编制构件安装顺序表；

4) 进行构件安装，或先将构件组拼成扩大安装单元，再行安装。

(2) 安装流水区段可按建筑物的平面形状、结构形状、安装机械的数量、现场施工条件等因素划分。

(3) 构件安装的顺序，平面上应从中间向四周扩展，竖向应由下向上逐渐安装，或从上到下整体提升安装。

(4) 构件的安装顺序表，应包括各构件所用的节点板、安装螺栓的规格数量等。

4. 钢构件安装的一般规定

(1) 柱的安装应先调整标高，再调整位移，最后调整垂直偏差，并应重复上述步骤，直到柱的标高、位移、垂直偏差符合要求。调整柱垂直度的缆风绳或支撑夹板，应在柱起吊前在地面绑扎好。

(2) 当由多个构件在地面组拼为扩大安装单元进行安装时，其吊点应经过计算确定。

(3) 构件的零件及附件应随构件一起起吊。尺寸较大、重量较重的节点板，可以用铰链固定在构件上。

(4) 柱、主梁、支撑等大构件安装时，应随即进行校正。

(5) 当天安装的钢构件应形成空间稳定体系。形成空间刚度单元后，应及时对柱底板和基础顶面的空隙进行细石混凝土、灌浆料等两次浇灌。

（6）进行钢结构安装时，必须控制屋面、楼面、平台等的施工荷载、施工荷载和冰雪荷载等严禁超过梁、桁架、楼面板、屋面板、平台铺板等的承载能力。

（7）一节柱的各层梁安装完毕后，宜立即安装本节柱范围内的各层楼梯，并铺设各层楼面的压型钢板。

（8）安装外墙板时，应根据建筑物的平面形状对称安装。

（9）吊车梁或直接承受动力荷载的梁其受拉翼缘、吊车桁架或直接承受动力荷载的桁架其受拉弦杆上不得焊接悬挂物和卡具。

（10）一个流水段一节柱的全部钢构件安装完毕并验收合格后，方可进行下一流水段的安装工作。

5. 安装测量校正的一般规定

（1）柱在安装校正时，水平偏差应校正到允许偏差以内。在安装柱与柱之间的主梁时，应根据焊缝收缩量预留焊缝变形值。

（2）结构安装时，应注意日照、焊接等温度变化引起热影响对构件伸缩和弯曲引起的变化，应采取相应措施。

（3）用缆风绳或支撑校正柱时，应在缆风绳或支撑松开状态下使柱保持垂直，才算校正完毕。

（4）在安装柱与柱之间的主梁构件时，应对柱的垂直度进行监测。除监测一根梁两端柱子的垂直度变化外，还应监测相邻各柱因梁连接而产生的垂直度变化。

（5）安装压型钢板前，应在梁上标出压型钢板铺放的位置线。铺放压型钢板时，相邻两排压型钢板端头的波形槽口应对准。

（6）栓钉施工前应标出栓钉焊接的位置。若钢梁或压型钢板在栓钉位置有锈污或镀锌层，应采用角向砂轮打磨干净。栓钉焊接时应按位置线排列整齐。

（二）钢结构安装的质量验收

1. 基础和支承面质量控制

（1）建筑物的定位轴线、基础上柱的定位轴线和标高、地脚螺栓（锚栓）的规格和位置、地脚螺栓（锚栓）紧固应符合设计要求。当设计无要求时，应符合表 11-23 的规定。

建筑物的定位轴线、基础上柱的定位轴线和标高、地脚螺栓（锚栓）的允许偏差（mm）

表 11-23

| 项　　目 | 允　许　偏　差 | 图　　例 |
|---|---|---|
| 建筑物定位轴线 | $l/20000$，且不应大于 3.0 | |
| 基础上柱的定位轴线 | 1.0 | |

| 项 目 | 允 许 偏 差 | 图 例 |
|---|---|---|
| 基础上柱底标高 | ±2.0 | 基准点 |
| 地脚螺栓（锚栓）位移 | 2.0 | |

（2）基础顶面直接作为柱的支承面和基础顶面预埋钢板或支座作为柱的支承面时，其支承面、地脚螺栓（锚栓）位置的允许偏差应符合表 11-24 的规定。

**支承面、地脚螺栓（锚栓）位置的允许偏差（mm）** 表 11-24

| 项 目 | | 允 许 偏 差 |
|---|---|---|
| 支承面 | 标高 | ±3.0 |
| | 水平度 | $l/1000$ |
| 地脚螺栓（锚栓） | 螺栓中心偏移 | 5.0 |
| 预留孔中心偏移 | | 10.0 |

（3）采用坐浆垫板时，坐浆垫板的允许偏差应符合表 11-25 的规定

**坐浆垫板的允许偏差（mm）** 表 11-25

| 项 目 | 允 许 偏 差 | 项 目 | 允 许 偏 差 |
|---|---|---|---|
| 顶面标高 | 0.0 −3.0 | 水平度 | $l/1000$ |
| | | 位置 | 20.0 |

（4）采用杯口基础时，杯口尺寸的允许偏差应符合表 11-26 的规定。

**杯口尺寸的允许偏差（mm）** 表 11-26

| 项 目 | 允 许 偏 差 | 项 目 | 允 许 偏 差 |
|---|---|---|---|
| 底面标高 | 0.0 −5.0 | 杯口垂直度 | $H/100$,且不应大于 10.0 |
| 杯口深度 $H$ | ±5.0 | 位置 | 10.0 |

（5）地脚螺栓（锚栓）尺寸的偏差应符合表 11-27 的规定。地脚螺栓（锚栓）的螺纹应受到保护。

**地脚螺栓（锚栓）尺寸的偏差（mm）** 表 11-27

| 项 目 | 允 许 偏 差 | 项 目 | 允 许 偏 差 |
|---|---|---|---|
| 螺栓（锚栓）露出长度 | +30.0 0.0 | 螺纹长度 | +30.0 0.0 |

2. 安装与校正的质量控制

（1）钢构件应符合设计要求和验收规范的规定。运输、堆放和吊装等造成的钢构件变形及涂层脱落，应进行矫正和修补。

（2）设计要求顶紧的节点，接触面不应少于 70% 紧贴，且边缘最大间隙不应大于 0.8mm。

（3）钢屋（托）架、桁架、梁及受压杆件的垂直度和侧向弯曲矢高的允许偏差应符合表 11-28 的规定。

钢屋（托）架、桁架、梁及受压杆件的垂直度和侧向弯曲矢高的允许偏差（mm）

表 11-28

| 项　　目 | | 允 许 偏 差 | 图　　例 |
|---|---|---|---|
| 跨中的垂直度 | | $h/250$，且不应大于 15.0 | 1-1 |
| 侧向弯曲矢高 $f$ | $l \leqslant 30\text{m}$ | $l/1000$，且不应大于 10.0 | |
| | $30\text{m} < l \leqslant 60\text{m}$ | $l/1000$，且不应大于 30.0 | |
| | $l > 60\text{m}$ | $l/1000$，且不应大于 50.0 | |

（4）柱子安装的允许偏差应符合表 11-29 的规定

柱子安装的允许偏差（mm）　　　　表 11-29

| 项　　目 | 允 许 偏 差 | 图　　例 |
|---|---|---|
| 底层柱柱底轴线对定位轴线偏移 | 3.0 | |
| 柱子定位轴线 | 1.0 | |
| 单节柱的垂直度 | $h/1000$，且不应大于 10.0 | |

（5）单层钢结构主体结构的整体垂直度和整体平面弯曲的允许偏差应符合 11-30 的规定。

374

**单层钢结构主体结构的整体垂直度和整体平面弯曲的允许偏差（mm）**　　　表 11-30

| 项　目 | 允许偏差 | 图　例 |
|---|---|---|
| 主体结构的垂直度 | $H/1000$，且不应大于 25.0 | |
| 主体结构的整体平面弯曲 | $l/1500$，且不应大于 50.0 | |

（6）多层和高层钢结构主体结构的整体垂直度和整体平面弯曲的允许偏差应符合 11-31 的规定。

**多层和高层钢结构主体结构的整体垂直度和整体平面弯曲的允许偏差（mm）**　　表 11-31

| 项　目 | 允许偏差 | 图　例 |
|---|---|---|
| 主体结构的垂直度 | $(H/2500+10.0)$，且不应大于 50.0 | |
| 主体结构的整体平面弯曲 | $l/1500$，且不应大于 25.0 | |

（7）钢结构表面应干净，结构主要表面不应有疤痕、泥砂等污垢。

（8）钢柱等主要构件的中心线及标高基准点等标记应齐全。

（9）当钢构件安装在混凝土柱上时，其支座中心对定位轴线的偏差不应大于 10mm；当采用大型混凝土屋面板时，钢梁（或桁架）间距的偏差不应大于 10mm。

（10）单层钢结构钢柱安装的允许偏差应符合 GB 50205—2001 附录 E 中的表 E.0.1 的规定。

（11）多层及高层钢结构钢构件安装的允许偏差应符合 GB 50205—2001 附录 E 中的表 E.0.5 的规定。

（12）多层及高层钢结构主体结构总高度的允许偏差应符合 GB 50205—2001 附录 E 中的表 E.0.6 的规定。

（13）钢吊车梁或直接承受动力荷载的类似构件，其安装的允许偏差应符合 GB 50205—2001 附录 E 中的表 E.0.2 的规定。

（14）檩条、墙架等次要构件安装的允许偏差应符合 GB 50205—2001 附录 E 中的表 E.0.3 的规定。

（15）钢平台、钢梯、栏杆安装应符合现行国家标准《固定式钢直梯》GB 4053.1、《固定式钢斜梯》GB 4053.2、《固定式防护栏杆》GB 4053.3、《固定式钢平台》GB

4053.4 的规定。钢平台、钢梯和防护栏杆安装的允许偏差应符合 GB 50205—2001 附录 E 中的表 E.0.4 的规定。

（16）现场焊缝组对间隙的允许偏差应符合表 11-32 的规定。

现场焊缝组对间隙的允许偏差（mm）                                    表 11-32

| 项　目 | 允 许 偏 差 | 项　目 | 允 许 偏 差 |
|---|---|---|---|
| 无垫板间隙 | +3.0<br>0.0 | 有垫板间隙 | +3.0<br>−2.0 |

3. 压型金属板安装质量验收

（1）压型金属板、泛水板和包角板等应固定可靠、牢固，防腐涂料涂刷和密封材料敷设应完好，连接件数量、间距应符合设计要求和国家现行有关标准规定。

（2）压型金属板应在支承构件上可靠搭接，搭接长度应符合设计要求，且不应小于表 11-33 所规定的数值。

压型金属板在支承构件上的搭接长度（mm）                              表 11-33

| 项　目 | | 搭 接 长 度 |
|---|---|---|
| 截面高度＞70 | | 375 |
| 截面高度≤70 | 屋面坡度＜$l/10$ | 250 |
| | 屋面坡度≥$l/10$ | 200 |
| 墙面 | | 120 |

（3）组合楼板中压型钢板与主体结构（梁）的锚固支承长度应符合设计要求，且不应小于 50mm，端部锚固件连接应可靠，设置位置应符合设计要求。

（4）压型金属板安装应平整、顺直，板面不应有施工残留物和污物。檐口和墙面下端应呈直线，不应有未经处理的错钻孔洞。

（5）压型金属板安装的允许偏差应符合表 11-34 的规定。

压型金属板安装的允许偏差（mm）                                    表 11-34

| 项　目 | | 允 许 偏 差 |
|---|---|---|
| 屋面 | 檐口与屋脊的平行度 | 12.0 |
| | 压型金属板波纹线对屋脊的垂直度 | $l/800$，且不应大于 25.0 |
| | 檐口相邻两块压型金属板端部错位 | 6.0 |
| | 压型金属板卷边板件最大波浪高 | 4.0 |
| 墙面 | 墙板波纹线的垂直度 | $H/800$，且不应大于 25.0 |
| | 墙板包角板的垂直度 | $H/800$，且不应大于 25.0 |
| | 相邻两块压型金属板的下端错位 | 6.0 |

注：1. $l$ 为屋面半坡或单坡长度；
　　2. $H$ 为墙面高度。

二、钢网架安装

（一）施工质量控制

（1）网架安装前，应对照构件明细表核对进场的各种节点、杆件及连接件规格、品种和数量；查验各节点、杆件、连接件和焊接材料的原材料质量保证书和试验报告；复验工厂预装的小拼单元的质量验收合格证明书。

（2）网架安装前，根据定位轴线和标高基准点复核和验收土建施工单位设置的网架支座预埋件或预埋螺栓的平面位置和标高。

（3）网架安装必须按照设计文件和施工图要求，制定施工组织设计和施工方案，并认真加以实施。

（4）网架安装的施工图应严格按照原设计单位提供的设计文件或设计图进行绘制，若要修改，必须取得原设计单位同意，并签署设计更改文件。

（5）网架安装所使用的测量器具，必须按国家有关的计量法规的规定定期送检。测量器（钢卷尺）使用时按精度进行尺长改正，温度改正，使之满足网架安装工程质量验收的测量精度。

（6）网架安装方法应根据网架受力的构造特点、施工技术条件，在满足质量的前提下综合确定。常用的安装方法有：高空散装法；分条或分块安装法；高空滑移法；整体吊装法；整体提升法；整体顶升法。

（7）采用吊装、提升或顶升的安装方法时其吊点或支点的位置和数量的选择，应考虑下列因数：

1）宜与网架结构使用时的受力状况相接近。

2）吊点或支点的最大反力不应大于起重设备的负荷能力。

3）各起重设备的负荷宜接近。

（8）安装方法确定后，施工单位应会同设计单位按安装方法分别对网架的吊点（支点）反力、挠度、杆件内力、风荷载作用下提升或顶升时支承柱的稳定性和风载作用的网架水平推力等项进行验算，必要时应采取加固措施。

（9）网架正式施工前均应进行试拼及试安装，在确保质量安全和符合设计要求的前提下方可进行正式施工。

（10）当网架采用螺栓球节点连接时，须注意下列几点：

1）拼装过程中，必须使网架杆件始终处于非受力状态，严禁强迫就位或不按设计规定的受力状态加载。

2）拼装过程中，不宜将螺栓一次拧紧，而是须待沿建筑物纵向（横向）安装好一排或两排网架单元后，经测量复验并校正无误后方可将螺栓球节点全部拧紧到位。

3）在网架安装过程中，要确保螺栓球节点拧到位，若出现销钉高出六角套筒面外时，应及时查明原因，调整或调换零件使之达到设计要求。

（11）屋面板安装必须待网架结构安装完毕后再进行，铺设屋面板时应按对称要求进行，否则，须经验算后方可实施。

（12）网架单元宜减少中间运输。如需运输时，应采取措施防止网架变形。

（13）当组合网架结构分割成条（块）状单元时，必须单独进行承载力和刚度的验算，单元体的挠度不应大于形成整体结构后该处挠度值。

（14）曲面网架施工前应在专用胎架上进行预拼装，以确保网架各节点空间位置偏差在允许范围内。

（15）柱面网架安装顺序：先安装两个下弦球及系杆，拼装成一个简单的曲面结构体系，并及时调整球节点的空间位置，再进行上弦球和腹杆的安装，宜从两边支座向中间进行。

（16）柱面网架安装时，应严格控制网架下弦的挠度，平面位移和各节点缝隙。

（17）大跨度球面网架，其球节点空间定位应采用极坐标法。

（18）球面网架安装，其顺序宜先安装一个基准圈，校正固定后再安装与其相邻的圈。原则上从外圈到内圈逐步向内安装，以减少封闭尺寸误差。

（19）球面网架焊接时，应控制变形和焊接应力，严禁在同一杆件两端同时施焊。

（二）施工质量验收

1. 支承面顶板和支承垫板质量验收

（1）钢网架结构支座定位轴线的位置、支座锚栓的规格应符合设计要求。

（2）支承面顶板的位置、标高、水平度以及支座锚栓位置的允许偏差应符合表 11-35 的规定。

支承面顶板、支座锚栓位置的允许偏差（mm）　　表 11-35

| 项　　目 | | 允 许 偏 差 |
|---|---|---|
| 支承面顶板 | 位置 | 15.0 |
| | 顶面标高 | 0<br>−3.0 |
| | 顶面水平度 | $l/1000$ |
| 支座锚栓 | 中心偏移 | ±5.0 |

（3）支承垫块的种类、规格、摆放位置和朝向，必须符合设计要求和国家现行有关标准的规定。橡胶垫块和刚性垫块之间或不同类型刚性垫块之间不得互换使用。

（4）网架支座锚栓的紧固应符合设计要求。

2. 总拼与安装质量验收

（1）小拼单元的允许偏差应符合表 11-36 的规定。

小拼单元的允许偏差（mm）　　表 11-36

| 项　　目 | | | 允 许 偏 差 |
|---|---|---|---|
| 节点中心偏移 | | | 2.0 |
| 焊接球节点与钢管中心的偏移 | | | 1.0 |
| 杆件轴线的弯曲矢高 | | | $L_1/1000$，且不应大于 5.0 |
| 锥体型小拼单元 | | 弦杆长度 | ±2.0 |
| | | 锥体高度 | ±2.0 |
| | | 上弦杆对角线长度 | ±3.0 |
| 平面桁架型小拼单元 | 跨长 | ≤24m | +3.0<br>−7.0 |
| | | >24m | +5.0<br>−10.0 |
| | 跨中高度 | | ±3.0 |
| | 跨中拱度 | 设计要求起拱 | ±L/5000 |
| | | 设计未要求起拱 | +10.0 |

注：1. $L_1$ 为杆件长度。

　　2. L 为跨长。

（2）中拼单元的允许偏差应符合表 11-37 的规定。

中拼单元的允许偏差（mm） 表 11-37

| 项 目 | | 允 许 偏 差 |
|---|---|---|
| 单元长度≤20m，拼接长度 | 单跨 | ±10.0 |
| | 多跨连续 | ±5.0 |
| 单元长度＞20m，拼接长度 | 单跨 | ±20.0 |
| | 多跨连续 | ±10.0 |

（3）对建筑结构安全等级为一级，跨度 40m 及以上的公共建筑钢网架结构，且设计有要求时，应按下列项目进行节点承载力试验，其结果应符合以下规定：

1）焊接球节点应按设计指定规格的球及其匹配的钢管焊接成试件，进行轴心拉、压承载力试验，其试验破坏荷载值大于或等于 1.6 倍设计承载力为合格。

2）螺栓球节点应按设计指定规格的球最大螺栓孔螺纹进行抗拉强度保证荷载试验，当达到螺栓的设计承载力时，螺孔、螺纹及封板仍完好无损为合格。

（4）钢网架结构总拼完成后及屋面工程完成后应分别测量其挠度值，且所测的挠度值不应超过相应设计值的 1.15 倍。

（5）钢网架结构安装完成后，其节点及杆件表面应干净，不应有明显的疤痕、泥砂和污垢。螺栓球节点应将所有接缝用油腻子填嵌严密，并应将多余螺孔封口。

（6）钢网架结构安装完成后，其安装的允许偏差应符合表 11-38 的规定。

钢网架结构安装的允许偏差（mm） 表 11-38

| 项 目 | 允 许 偏 差 | 检 验 方 法 |
|---|---|---|
| 纵向、横向长度 | $L/2000$，且不应大于 30.0<br>$-L/2000$，且不应大于 $-30.0$ | 用钢尺实测 |
| 支座中心偏移 | $L/3000$，且不应大于 30.0 | 用钢尺和经纬仪实测 |
| 周边支撑网架相邻支座高差 | $L/400$，且不应大于 15.0 | 用钢尺和水准仪实测 |
| 支座最大高差 | 30.0 | |
| 多点支撑网架相邻支座高差 | $L_1/800$，且不应大于 30.0 | |

注：1. $L$ 为纵向、横向长度。
　　2. $L_1$ 为相邻支座间距。

# 第五节 钢结构涂装

## 一、钢结构防腐涂装

钢结构构件在使用中，经常与环境中的介质接触，由于环境介质的作用，钢材中的铁与介质产生化学反应，导致钢材被腐蚀，亦称为锈蚀。钢材受腐蚀的原因很多，可根据其与环境介质的作用分为化学腐蚀和电化学腐蚀两大类。

为了防止钢构件的腐蚀以及由此而造成的经济损失，采用涂料保护是目前我国防止钢结构构件腐蚀的最主要的手段之一。涂装防护是利用涂料的涂层使被涂物与环境隔离，从而达到防腐蚀的目的，延长被涂物件的使用寿命。

（一）施工质量控制

1. 涂装施工准备工作一般规定

（1）涂装之前应除去钢材表面的污垢、油脂、铁锈、氧化皮、焊渣或已失效的旧漆膜，还包括除锈后钢材表面所形成的合适的"粗糙度"。钢结构表面处理的除锈方法主要有喷射或抛射除锈、动力工具除锈、手工工具除锈、酸洗（化学）除锈和火焰除锈。

（2）涂料在使用前，必须将桶内油漆和沉淀物全部搅拌均匀后才可使用。

（3）双组分的涂料，在使用前必须严格按照说明书所规定的比例来混合。一旦配比混合后，就必须在规定的时间内用完。

（4）施工时应对选用的稀释剂牌号及使用稀释剂的最大用量进行控制，否则会造成涂料报废或性能下降影响质量。

2. 施工环境条件的一般规定

（1）涂装工作尽可能在车间内进行，并应保持环境清洁和干燥，以防止已处理的涂料表面和已涂装好的任何表面被灰尘、水滴、油脂、焊接飞溅或其他脏物粘附在其上面而影响质量。

（2）涂装时的环境温度和相对湿度应符合涂料产品说明书的要求，当说明书无要求时，环境温度宜在 5～38℃之间，相对湿度不应大于 85%。

（3）涂后 4h 内严防雨淋。当使用无气喷涂，风力超过 5 级时，不宜喷涂。

3. 涂装施工的一般规定

（1）涂装方法一般有浸涂、手刷、滚刷和喷漆等。在涂刷过程中的顺序应自上而下，从左到右，先里后外，先难后易，纵横交错地进行涂刷。

（2）对于边、角、焊缝、切痕等部位，在喷涂之前应先涂刷一道，然后再进行大面积涂装，以保证凸出部位的漆膜厚度。

（3）喷（抛）射磨料进行表面处理后，一般应在 4～6h 内涂第一道底漆。涂装前钢材表面不允许再有锈蚀，否则应重新除锈后方可涂装。

（4）构件需焊接部位应留出规定宽度暂不涂装。

（5）涂装前构件表面处理情况和涂装工作每一个工序完成后，都需检查，并进行工作记录。内容包括：涂件周围工作环境、相对湿度、表面清洁度、各层涂刷（喷）遍数、涂料种类、配料、湿、干膜厚度等。

（6）损伤涂膜应根据损伤的情况砂、磨、铲后重新按层涂刷，仍按原工艺要求修补。

（7）包角、埋入混凝土部位均可不做涂刷油漆。

（二）防腐涂装质量验收

1. 涂装前钢材表面除锈应符合设计要求和国家现行有关标准的规定。处理后的钢材表面不应有焊渣、焊疤、灰尘、油污、水和毛刺等。当设计无要求时，钢材表面除锈等级应符合表 11-39 的规定。

各种底漆或防锈漆要求最低的除锈等级    表 11-39

| 涂料品种 | 除锈等级 |
|---|---|
| 油性酚醛、醇酸等底漆或防锈漆 | St2 |
| 高氯化聚乙烯、氯化橡胶、氯磺化聚乙烯、环氧树脂、聚氨酯等底漆或防锈漆 | Sa2 |
| 无机富锌、有机硅、过氯乙烯等底漆 | Sa2 $\frac{1}{2}$ |

2. 涂料、涂装遍数、涂层厚度均应符合设计要求。当设计对涂层厚度无要求时，涂层干漆膜总厚度：室外应为 $150\mu m$，室内应为 $125\mu m$，其允许偏差为 $-25\mu m$。每遍涂层干漆膜厚度的允许偏差为 $-5\mu m$。

3. 构件表面不应误涂、漏涂，涂层不应脱皮和返锈等。涂层应均匀、无明显皱皮、流坠、针眼和气泡等。

4. 当钢结构处在有腐蚀介质环境或外露且设计有要求时，应进行涂层附着力测试，在检测处范围内，当涂层完整程度达到 70% 以上时，涂层附着力达到合格质量标准的要求。

5. 涂装完成后，构件的标志、标记和编号应清晰完整。

**二、钢结构防火涂装**

钢材在高温下，会改变自己的性能而使结构降低强度，当温度达 600℃ 时，其承载能力几乎完全丧失，可见钢结构是不耐火的。因此钢结构的防火涂装是防止建筑钢结构在火灾中倒塌，避免经济损失和环境破坏、保障人民生命与财产安全的有效办法。

（一）施工质量控制

（1）为了保证防火涂层和钢结构表面有足够的粘结力，在喷涂前，应清除构件表面的铁锈，必要时，除锈后应涂一层防锈底漆，且注意防锈底漆不得与防火涂料产生化学反应。

（2）在喷涂前，应将构件间的缝隙用防火涂料或其他防火材料填平，以避免产生防火薄弱环节。

（3）当风速在 5m/s 以上时，不宜施工。喷完后宜在环境温度 5～38℃，相对湿度不应大于 85%，通风条件良好的情况下干燥固化。

（4）防火涂料的喷涂施工应由专业施工单位负责施工，并由设计单位、施工单位和材料生产厂共同商讨确定实施方案。

（5）喷涂场地要求、构件表面处理、接缝填补、涂料配制、喷涂遍数等，均应符合现行国家标准《钢结构防火涂料应用技术条件》CECS 24 的规定。

（二）质量验收

（1）防火涂料涂装前钢材表面除锈及防锈底漆涂装应符合设计要求和国家现行有关标准的规定。

（2）钢结构防火涂料的粘结强度、抗压强度应符合国家现行标准《钢结构防火涂料应用技术条件》CECS 24 的规定。检验方法应符合现行国家标准《建筑构件防火喷涂材料性能试验方法》GB 9978 的规定。

（3）薄涂型防火涂料的涂层厚度应符合有关耐火极限的设计要求。厚涂型防火涂料涂层的 80% 及以上面积的厚度应符合有关耐火极限的设计要求，且最薄处厚度不应低于设计要求的 85%。

（4）薄涂型防火涂料涂层表面裂纹宽度不应大于 0.5mm，厚涂型防火涂料涂层表面裂纹宽度不应大于 1mm。

（5）防火涂料涂装基层不应有油污、灰尘和泥砂等污垢。

（6）防火涂料不应有误涂、漏涂，涂层应闭合无脱层、空鼓、明显凹陷、粉化松散和浮浆等外观缺陷，乳突已剔除。

# 第六节 钢结构分部工程质量验收

1. 根据现行国家标准《建筑工程施工质量验收统一标准》GB 50300 的规定，钢结构作为主体结构之一应按子分部工程验收；当主体结构均为钢结构时应按分部工程验收。大型钢结构工程可划分成若干个子分部工程进行验收。

2. 钢结构分部工程有关安全及功能的检验和见证检测项目见表 11-40，检验应在其分项工程验收合格后进行。

钢结构分部（子分部）工程有关安全及功能的检验和见证检测　　　　表 11-40

| 项次 | 项 目 | 抽检数量及检验方法 | 合格质量标准 |
|---|---|---|---|
| 1 | 见证取样送样试验项目：<br>(1)钢材及焊接材料复验<br>(2)高强度螺栓预拉力、扭矩系数复验<br>(3)摩擦面抗滑移系数复验<br>(4)网架节点承载力试验 | GB 50205 第 4.2.1、4.3.2、4.4.2、4.4.3、6.3.1、12.3.3 条规定 | 符合设计要求和国家现行有关产品标准和规定 |
| 2 | 焊缝质量：<br>(1)内部缺陷<br>(2)外观缺陷<br>(3)焊缝尺寸 | 一、二级焊缝按焊缝处数随机抽检 3%，且不应少于 3 处；检验采用超声波或射线探伤及 GB 50205 第 5.2.6、5.2.8、5.2.9 条方法 | GB 50205 第 5.2.4、5.2.6、5.2.8、5.2.9 条规定 |
| 3 | 高强度螺栓施工质量：<br>(1)终拧扭矩<br>(2)梅花头检查<br>(3)网架螺栓球节点 | 按节点数随机抽检 3%，且不应少于 3 个节点，检验按 GB 50205 第 6.3.2、6.3.3、6.3.8 条方法执行 | GB 50205 第 6.3.2、6.3.3、6.3.8 条的规定 |
| 4 | 柱脚及网架支座：<br>(1)锚栓紧固<br>(2)垫板、垫块<br>(3)二次灌浆 | 按柱脚及网架支座数随机抽检 10%，且不应少于 3 个；采用观察和尺量等方法进行检验 | 符合设计要求和 GB 50205 的规定 |
| 5 | 主要构件变形：<br>(1)钢屋(托)架、桁架、钢梁、吊车梁等垂直度和侧向弯曲<br>(2)钢柱垂直度<br>(3)网架结构挠度 | 除网架结构外，其他按构件数随机抽检 3%，且不应少于 3 个；检验方法按 GB 50205 第 10.3.3、11.3.2、11.3.4、12.3.4 条执行 | GB 50205 第 10.3.3、11.3.2、11.3.4、12.3.4 条的规定 |
| 6 | 主体结构尺寸：<br>(1)整体垂直度<br>(2)整体平面弯曲 | 见 GB 50205 第 10.3.4、11.3.5 条的规定 | GB 50205 第 10.3.4、11.3.5 条的规定 |

3. 钢结构分部工程有关观感质量检验应按表 11-41 执行。

4. 钢结构分部（子分部）合格质量标准应符合下列规定：

(1) 各分项工程质量均应符合合格质量标准；

(2) 质量验收资料和文件应完整；

(3) 有关安全及功能的检验和见证检测结果应符合表 11-40 合格质量标准的要求；

(4) 有关观感质量应符合表 11-41 合格质量标准的要求。

### 钢结构分部（子分部）工程观感质量检查项目

表 11-41

| 项次 | 项　目 | 抽检数量 | 合格质量标准 |
|---|---|---|---|
| 1 | 普通涂层表面 | 随机抽查 3 个轴线结构构件 | GB 50205 第 14.2.3 条的要求 |
| 2 | 防火涂层表面 | 随机抽查 3 个轴线结构构件 | GB 50205 第 14.3.4、14.3.5、14.3.6 条的要求 |
| 3 | 压型金属板表面 | 随机抽查 3 个轴线间压型金属板表面 | GB 50205 第 13.3.4 条的要求 |
| 4 | 钢平台、钢梯、钢栏杆 | 随机抽查 10% | 连接牢固，无明显外观缺陷 |

5. 钢结构分部（子分部）工程验收时，应提供下列文件和记录：

(1) 钢结构工程竣工图纸及相关设计文件；

(2) 施工现场质量管理检查记录；

(3) 有关安全及功能的检验和见证检测项目检查记录；

(4) 有关观感质量检验项目检查记录；

(5) 分部（子分部）所含各分项工程质量验收记录；

(6) 分项工程所含各检验批质量验收记录；

(7) 强制性条文检验项目检查记录及证明文件；

(8) 隐蔽工程检验项目检查验收记录；

(9) 原材料、成品质量合格证明文件、中文标志及性能检测报告；

(10) 不合格项的处理记录及验收记录；

(11) 重大质量、技术问题实施方案及验收记录；

(12) 其他有关文件和记录。

6. 钢结构工程质量验收记录应符合下列规定：

(1) 施工现场质量管理检查记录可按现行国家标准《建筑工程施工质量验收统一标准》GB 50300 中附录 A 进行；

(2) 分项工程检验批验收记录可按 GB 50205 附录 J 中表 J.0.1～ 表 J.0.13 进行；

(3) 分项工程验收记录可按现行国家标准《建筑工程施工质量验收统一标准》GB 50300 中附录 E 进行；

(4) 分部（子分部）工程验收记录可按现行国家标准《建筑工程施工质量验收统一标准》GB 50300 中附录 F 进行。

# 第十二章　屋　面　工　程

本章通过屋面防水和保温隔热屋面部分，重点阐述屋面及其防水工程的施工技术与质量检查的要点和内容。

## 第一节　屋面防水工程

防水工程施工的一般规定：

（1）屋面防水工程应由相应资质的专业队伍进行施工，作业人员应持有当地建设行政主管部门颁发的上岗证；

（2）屋面工程所采用的防水、保温隔热材料应有产品合格证书和性能检测报告，材料的品种、规格、性能等应符合现行国家产品标准和设计要求；材料进场后，应按规定抽样复验，提出试验报告，严禁在工程中使用不合格的材料；

（3）施工的每道工序完成后，应经监理或建设单位检查验收，合格后方可进行下道工序的施工。当下道工序或相邻工程施工时，对屋面工程已完成的部分应采取保护措施；

（4）伸出屋面的管道、设备或预埋件等，应在防水层施工前安设完毕。屋面防水层完工后，不得在其上凿孔、打洞或重物冲击；

（5）屋面工程应建立管理、维修、保养制度；屋面排水系统应保持畅通，严防水落口、天沟、檐沟堵塞。

### 一、卷材屋面防水工程

（一）质量控制要点

1. 材料质量检查

防水卷材现场抽样复验应遵守下列规定：

（1）同一品种、牌号、规格的卷材，抽验数量为：大于 1000 卷取 5 卷，500～1000 卷抽取 4 卷，100～499 卷抽取 3 卷，小于 100 卷抽取 2 卷。

（2）将抽验的卷材开卷进行规格、外观质量检验，全部指标达到标准规定时，即为合格。其中如有一项指标达不到要求，即应在受检产品中加倍取样复验，全部达到标准规定为合格。复验时有一项指标不合格，则判定该产品外观质量为不合格。

（3）在外观质量检验合格的卷材中，任取一卷做物理性能检验，若物理性能有一项指标不符合标准规定，应在受检产品中加倍取样进行该项复检，复检结果如仍不合格，则判定该产品为不合格。

（4）卷材的物理性能应检验下列项目

1）沥青防水卷材：纵向拉力、耐热度、柔度和不透水性；

2）高聚物改性沥青防水卷材：可溶物含量、拉力、延伸率、耐热度、低温柔度和不透水性；

3）合成高分子防水卷材：断裂拉伸强度、拉断伸长率、低温弯折性、不透水性、加热收缩率和热老化保持率。

（5）胶粘剂物理性能应检验下列项目

1）改性沥青胶粘剂：粘结剥离强度；

2）合成高分子胶粘剂：粘结剥离强度，粘结剥离强度浸水后保持率；

3）双面胶粘带：粘结剥离强度以及浸水后粘结剥离强度保持率。

2. 施工质量控制

（1）屋面不得有渗漏和积水现象；

（2）屋面工程所用的防水卷材必须符合质量标准和设计要求，以便能达到设计规定的耐久使用年限；

（3）坡屋面和平屋面的坡度必须准确，坡度的大小必须符合设计要求。平屋面不得出现排水不畅和局部积水现象。水落管、天沟、檐沟等排水设施必须畅通，设置应合理，不得堵塞；

（4）找平层应平整坚固，表面不得有酥软、起砂、起皮等现象，平整度不应超过 5mm；

（5）屋面的细部构造和节点是防水的关键部位。所以，其做法必须符合设计要求和规范的规定，节点处的封固应严密，不得开缝、翘边、脱落。水落口及突出屋面设施与屋面连接处，应固定牢靠，密封严实（图 12-1～图 12-8）；

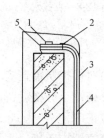

图 12-1　檐沟卷材收头

1—钢压条；2—水泥钉；3—防水层；
4—附加层；5—密封材料

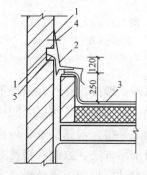

图 12-2　高低跨变形缝构造

1—密封材料；2—金属或高分子盖板；3—防水层；
4—金属压条钉子固定；5—水泥钉

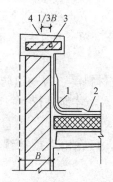

图 12-3　卷材泛水收头

1—附加层；2—防水层；3—压顶；4—防水处理

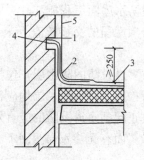

图 12-4　砖墙卷材泛水收头

1—密封材料；2—附加层；3—防水层；
4—水泥钉；5—防水处理

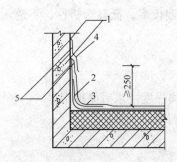

图 12-5 混凝土墙卷材泛水收头
1—密封材料；2—附加层；3—防水层；
4—金属、合成高分子盖板；5—水泥钉

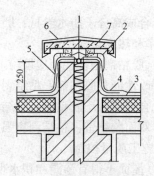

图 12-6 变形缝防水构造
1—衬垫材料；2—卷材封盖；3、4—防水层；
5—附加层；6—水泥砂浆；7—混凝土盖板

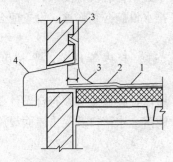

图 12-7 横式水落口
1—卷材防水层；2—附加层；
3—密封材料；4—水落口

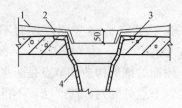

图 12-8 直式水落口
1—卷材防水层；2—附加层；
3—密封材料；4—水落口

(6) 绿豆砂、细砂、蛭石、云母等松散材料保护层和涂料保护层覆盖应均匀，粘结应牢固；刚性整体保护层与防水层之间应设隔离层，表面设分格缝、分格缝留设应正确；块体保护层应铺设平整，勾缝平密，分格缝留设位置、宽度应正确；

(7) 卷材铺贴方法、方向和搭接顺序应符合规定，搭接宽度应正确，卷材与基层、卷材与卷材之间粘结应牢固，接缝缝口、节点部位密封应严密，不得皱折、鼓包、翘边；

(8) 保护层厚度、含水率、表观密度应符合设计规定要求。

(二) 施工质量验收

(1) 卷材防水屋面工程施工中从屋面结构层、找平层、节点构造直至防水层施工完毕，应做好分项工程的交接检查，未经检验验收合格的分（单）项工程，不得进行后续施工；

(2) 对于多道设防的防水层，包括涂膜、卷材、刚性材料等，每一道防水层完成后，应由专人进行检查，每道防水层均应符合质量要求，不渗水，才能进行下一道防水工程的施工，使其真正起到多道设防的应有效果；

(3) 检验屋面有无渗漏或积水，排水系统是否畅通，可在雨后或持续淋水 2h 以后进行；

(4) 卷材屋面的节点做法、接缝密封的质量是屋面防水的关键部位，也是质量检查的重点部位。节点处理不当会造成渗漏；接缝密封不好会出现裂缝、翘边、张口、最终导致渗漏；保护层质量低劣或厚度不够，会出现松散脱落、龟裂爆皮，失去保护作用，导致防水层过早老化而降低使用年限。所以对这些项目，应进行认真的外观检查，不合格的，应重做；

（5）找平层的平整度，用2m直尺检查，面层与直尺间的最大空隙不应超过5mm，空隙仅允许平缓变化，每米长度内不多于一处；

（6）对于用卷材做防水层的蓄水屋面、种植屋面应做蓄水24h检验。

**二、涂膜屋面防水工程**

（一）质量控制要点

1. 材料质量检查

进场的防水涂料和胎体增强材料抽样复验应符合下列规定：

（1）同一规格、品种的防水涂料，每10t为一批，不足10t者按一批进行抽检；胎体增强材料，每3000m²为一批，不足3000m²者按一批进行抽检；

（2）防水涂料和胎体增强材料的物理性能检验，全部指标达到标准规定时，即为合格。其中若有一项指标达不到要求，允许在受检产品中加倍取样进行该项复检，复检结果如仍不合格，则判定该产品为不合格；

（3）进场的防水涂料和胎体增强材料物理性能应检验下列项目：

1）高聚物改性沥青防水涂料：固体含量，耐热性，低温柔性，不透水性，延伸性或抗裂性；

2）合成高分子防水涂料和聚合物水泥防水涂料：拉伸强度，断裂伸长率，低温柔性，不透水性，固体含量；

3）胎体增强材料：拉力和延伸率。

2. 施工质量检查

（1）屋面不得有渗漏和积水现象；

（2）为保证屋面涂膜防水层的使用年限，所用防水涂料应符合质量标准和涂膜防水的设计要求；

（3）屋面坡度应准确，排水系统应通畅；

（4）找平层表面平整度应符合要求，不得有酥松、起砂、起皮、尖锐棱角现象；

（5）细部节点做法应符合设计要求，封固应严密，不得开缝、翘边。水落口及突出屋面设施与屋面连接处，应固定牢靠、密封严实（图12-9～图12-12）；

（6）涂膜防水层不应有裂纹、脱皮、流淌、鼓泡、胎体外露和皱皮等现象，与基层应粘结牢固，厚度应符合设计或规范要求；

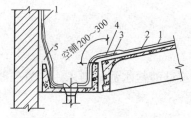

图12-9　天沟、檐沟构造

1—涂膜防水层；2—找平层；3—铺贴胎体增强材料的附加层；

4—空铺附加层；5—密封材料

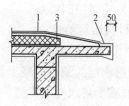

图12-10　檐口构造

1—涂膜防水层；2—密封材料；3—保温层

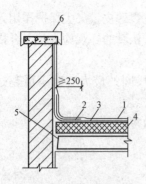

图 12-11　泛水构造
1—涂膜防水层；2—有胎体增强材料的附加层；
3—找平层；4—保温层；5—密封材料；
6—防水处理

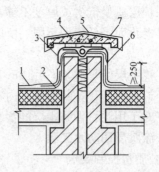

图 12-12　变形缝构造
1—涂膜防水层；2—有胎体增强材料的附加层；
3、6—卷材；4—衬垫材料；5—混凝土盖板；
7—水泥砂浆

（7）胎体材料的铺设方法和搭接方法应符合要求；上下层胎体不得互相垂直铺设，搭接缝应错开，间距不应小于幅宽的 1/3；

（8）松散材料保护层、涂料保护层应覆盖均匀严密、粘结牢固。刚性整体保护层与防水层间应设置隔离层，其表面分格缝的留设应正确。

（二）施工质量验收

（1）涂膜屋面防水工程施工中对结构层、找平层、细部节点构造，及每遍涂膜防水层、附加防水层、节点收头、保护层等应做分项工程的交接检查。未经检查验收合格，不得进行后续施工；

（2）涂膜防水层或其他材料进行复合防水施工时，每一道涂层完成后，应由专人进行检查，合格后方可进行下一道涂层和下一道防水层的施工；

（3）检验涂膜防水层有无渗漏和积水、排水系统是否通畅，应雨后或持续淋水 2h 以后进行。有可能作蓄水检验的屋面宜作蓄水检验，其蓄水时间不宜少于 24h。淋水或蓄水检验应在涂膜防水层完全固化后再进行；

（4）涂膜防水层的涂膜厚度，可用针刺或测厚仪控制等方法进行检验，每 100m² 的屋面不应少于 1 处；每一屋面不应少于 3 处，并取其平均值评定；涂膜防水层的厚度应避免采用破坏防水层整体性的切割取片测厚法；

（5）找平层的平整度，应用 2m 直尺检查；面层与直尺间最大空隙不应大于 5mm，空隙应平缓变化，每米长度内不应多于一处。

### 三、刚性屋面防水工程

（一）质量控制要点

1. 材料质量要求

（1）对水泥的要求：

1）防水层的细石混凝土宜用普通硅酸盐水泥或硅酸盐水泥；当采用矿渣硅酸盐水泥时应采取减少泌水性的措施。不得使用火山灰水泥。

2）水泥贮存时应防止受潮，存放期不得超过三个月。

（2）对粗细骨料的要求：

防水层的细石混凝土和砂浆中，粗骨料的最大粒径不宜大于 15mm，含泥量不应大于

1‰；细骨料应采用中砂或粗砂，含泥量不应大于2%，拌合用水应采用不含有害物质的洁净水。

（3）对外加剂的要求

1）防水层细石混凝土使用膨胀剂、减水剂、防水剂等外加剂，应根据不同品种的适用范围、技术要求选择。

2）外加剂应分类保管、不得混杂、并应存放于阴凉、通风、干燥处。运输时应避免雨淋、日晒和受潮。

（4）对钢筋的要求

防水层内配置的钢筋宜采用冷拔低碳钢丝。

（5）块体刚性防水层使用的块材应无裂纹、无石灰颗粒、无灰浆泥面、无缺棱掉角、质地密实和表面平整。

2. 施工质量检查

刚性防水层屋面不得有渗漏积水现象、屋面坡度应准确，排水系统应通畅。在防水层施工过程中，每完成一道工序，均由专人进行质量检查，合格后方可进行下一道工序的施工。特别是对于下一道工序掩盖的部位和密封防水处理部位，更应认真检查，确认合格后方可进行隐蔽施工。

（二）施工质量验收

（1）刚性防水层的厚度应符合设计要求，表面应平整光滑，不得有起壳、爆皮、起砂和裂缝等现象。其平整度应用2m直尺检查，面层与直尺间的最大空隙不应超过5mm，空隙仅允许平缓变化，且每米长度内不应多于一处；

（2）细石混凝土和补偿收缩混凝土防水层的钢筋位置应准确，布筋距离应符合设计要求，保护层厚度应符合规范要求、不得出现碰底和露筋现象；

（3）块体防水层内的块体铺砌应准确，底层和面层砂浆的配比应准确；

（4）防水剂、减水剂、膨胀剂等外加剂的掺量应准确，不得随意加入；

（5）细部构造防水做法应符合设计、规范要求。刚柔结合部位应粘结牢固，不得有空洞、松动现象（图12-13～图12-16）；

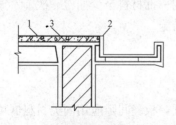

图 12-13　檐沟滴水
1—刚性防水层；2—密封材料；3—隔离层

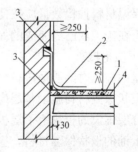

图 12-14　泛水构造
1—刚性防水层；2—防水卷材或涂膜；
3—密封材料；4—隔离层

（6）分格缝应平直，纵横距离、位置应准确，密封材料嵌填应密实，与两壁粘结牢固；嵌缝前，应将分格缝两侧混凝土修补平整，缝内必须清洗干净。灌缝密实材料性能应良好，嵌填应密实，否则，应返工重做；

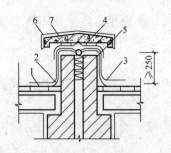
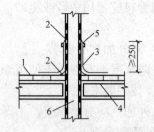

图 12-15　变形缝构造　　　　　　　　图 12-16　伸出屋面管道防水构造

1—刚性防水层；2—密封材料；3—防水卷材；4—衬垫材料　　　1—刚性防水层；2—密封材料；3—卷材（涂膜）

5—泡沫塑料；6—水泥砂浆；7—混凝土盖板　　　　　　　防水层；4—隔离层；5—金属箍；6—管道

（7）密封部位表面应光滑、平直、密封尺寸应符合设计要求，不得有鼓包、龟裂等现象；

（8）盖缝卷材、保护层卷材铺贴应平直，粘结必须牢固，不得有翘边，脱落现象。

当刚性防水层施工结束时，全部分项检查合格后，可在雨后或持续淋水 2h 的方法来检查防水层的防水性能，主要检查屋面有无渗漏或积水、排水系统是否畅通。如有条件作蓄水检验的宜作蓄水 24h 检验。

# 第二节　保温与隔热屋面

## 一、保温屋面

（一）质量控制要点

1. 材料质量要求

保温材料现场抽样复验应遵守下列规定：

（1）松散保温材料应检测粒径、堆积密度；

（2）板状保温材料应检测表观密度、压缩强度、抗压强度、导热系数、高温耐久度、吸水率和外观；

（3）保温材料抽检数量应按使用的数量确定，同一批材料至少抽检一次。

对于正在施工或已经完成的保温层应采取保护措施。

2. 施工质量检查

保温屋面施工时的质量应符合下列要求：

（1）板状保温材料施工基层应平整、干燥和干净；

（2）分层铺设的板块上下层板块接缝应相互错开，板缝间隙应用同类材料嵌填密实；

（3）干铺的板状保温材料，应仅靠在需要保温的基层表面上，并铺平垫稳；

（4）粘贴的板状保温材料，胶粘剂应与保温材料材性相容，并应贴严、粘牢；

（5）干铺的板状保温材料可在负温度下施工；采用有机胶粘剂粘贴的板状保温材料当气温低于 −10℃ 时不宜施工；水泥砂浆粘贴的板状保温材料当气温低于 5℃ 时不宜施工。雨雪天气和五级风及其以上不宜施工，施工中途遭遇以上天气状况应停止施工，并对已完成的部位采取遮盖措施。

（二）施工质量验收

（1）保温层含水率、厚度、表观密度应符合设计要求；

（2）已竣工的防水层和保温层，严禁在其上凿孔打洞、受重物冲击；不得任意在其上堆放杂物及增设构筑物。如需增加设施时，应事先做好相应的保护垫层；

（3）严防堵塞水落口、天沟、檐口，保持排水系统畅通。

## 二、隔热屋面

隔热屋面主要分为架空屋面、蓄水屋面和种植屋面。

（一）质量控制要点

1. 材料质量检查

隔热材料抽检数量应按使用的数量来确定，同一批材料至少抽检一次。

2. 隔热屋面的施工质量

（1）架空隔热制品及其支座材料的质量应符合设计要求及有关材料标准。

（2）蓄水屋面应采用刚性防水层，或在卷材、涂膜防水层上再做刚性复合防水层；卷材、涂膜防水层应采用耐腐蚀、耐霉烂、耐穿刺性能好的材料。

（3）种植屋面的防水层应采用耐腐蚀、耐霉烂、防植物根系穿刺、耐水性好的防水材料；卷材、涂膜防水层上部应设置刚性保护层。

（二）施工质量验收

（1）架空隔热屋面的架空板不得有断裂、缺损，架设应平稳，相邻两块板的高低偏差不应大于3mm，架空层应通风良好，不得堵塞；架空层构造应符合设计及规范要求（图12-17）。

（2）蓄水屋面、种植屋面的溢水口、过水孔、排水管、泄水孔应符合设计要求；施工结束后，应作蓄水24h检验（图12-18～图12-20）。

（3）蓄水屋面应定期清理杂物，严防干涸。

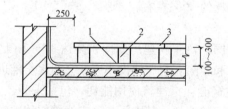

图 12-17　架空隔热屋面构造

1—防水层；2—支座；3—架空板材

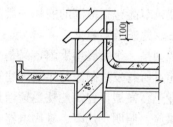

图 12-18　溢水口构造

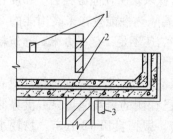

图 12-19　排水管、过水孔构造

1—溢水口；2—过水孔；3—排水管

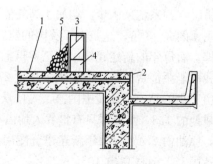

图 12-20　种植屋面构造

1—细石混凝土防水层；2—防水材料；3—挡墙；
4—泄水孔；5—种植介质

# 第十三章 建筑节能工程

## 第一节 建筑节能概述

### 一、基本概念

建筑节能，在发达国家最初为减少建筑中能量的散失，现在则普遍称为"提高建筑中的能源利用率"，在保证提高建筑舒适性的条件下，合理使用能源，不断提高能源利用效率。

建筑节能具体指在建筑物的规划、设计、新建（改建、扩建）、改造和使用过程中，执行节能标准，采用节能型的技术、工艺、设备、材料和产品，提高保温隔热性能和采暖供热、空调制冷制热系统效率，加强建筑物用能系统的运行管理，利用可再生能源，在保证室内热环境质量的前提下，减少供热、空调制冷制热、照明、热水供应的能耗。

### 二、建筑节能使用范围

（1）建造过程中的能耗，包括建筑材料、建筑构配件、建筑设备的生产和运输以及建筑施工和安装中的能耗。

（2）使用过程中的能耗，包括房屋建筑和构筑物使用期内采暖、通风、空调、照明、家用电器、电梯和冷热水供应等的能耗。

建筑节能包括范围的能耗一般占一国总能耗的 30%左右。

### 三、建筑节能意义

我国是一个发展中大国，又是一个建筑大国，每年新建房屋面积高达 17～18 亿平方米，超过所有发达国家每年建成建筑面积的总和。随着全面建设小康社会的逐步推进，建设事业迅猛发展，建筑能耗迅速增长。所谓建筑能耗指建筑使用能耗，包括采暖、空调、热水供应、照明、炊事、家用电器、电梯等方面的能耗。其中采暖、空调能耗约占60%～70%。我国既有的近 400 亿平方米建筑，仅有 1%为节能建筑，其余无论从建筑围护结构还是采暖空调系统来衡量，均属于高耗能建筑。单位面积采暖所耗能源相当于纬度相近的发达国家的 2～3 倍。这是由于我国的建筑围护结构保温隔热性能差，采暖用能的 2/3 白白跑掉。而每年的新建建筑中真正称得上"节能建筑"的还不足 1 亿平方米，建筑耗能总量在我国能源消费总量中的份额已超过 27%，逐渐接近三成。

由于我国是一个发展中国家，人口众多，人均能源资源相对匮乏。人均耕地只有世界人均耕地的 1/3，水资源只有世界人均占有量的 1/4，已探明的煤炭储量只占世界储量的 11%，原油占 2.4%。每年新建建筑使用的实心黏土砖，毁掉良田 12 万亩。物耗水平相较发达国家，钢材高出 10%～25%，每立方米混凝土多用水泥 80kg，污水回用率仅为 25%。国民经济要实现可持续发展，推行建筑节能势在必行、迫在眉睫。目前，我国建筑用能浪费极其严重，而且建筑能耗增长的速度远远超过我国能源生产可能增长的速度，如果听任这种高耗能建筑持续发展下去，国家的能源生产势必难以长期支撑此种浪费型需求，从而被迫组织大规模的旧房节能改造，这将要耗费更多的人力物力。在建筑中积极提高能源使用效率，就能够大大缓解国家能源紧缺状况，促进我国国民经济建设的发展。因此，建筑节能是贯彻可持续发展战略、实现国家节能规划目标、减排温室气体的重要措施，符合全球发展趋势。实现建筑节能技术途径——减少建筑内的能源总需求量。

**四、建筑节能技术途径**

（一）减少能源总需求量

据统计，在发达国家，空调采暖能耗占建筑能耗的 65%。目前，我国的采暖空调和照明用能量近期增长速度已明显高于能量生产的增长速度，因此，减少建筑的冷、热及照明能耗是降低建筑能耗总量的重要内容，一般可从以下几方面实现。

1. 合理的建筑规划与设计

面对全球能源环境问题，不少全新的设计理念应运而生，如低能耗建筑、零能建筑和绿色建筑等，它们本质上都要求建筑师从整体综合设计概念出发，坚持与能源分析专家、环境专家、设备师和结构师紧密配合。在建筑规划和设计时，根据大范围的气候条件影响，针对建筑自身所处的具体环境气候特征，重视利用自然环境（如外界气流、雨水、湖泊和绿化、地形等）创造良好的建筑室内微气候，以尽量减少对建筑设备的依赖。具体措施可归纳为以下三个方面：合理选择建筑的地址、采取合理的外部环境设计（主要方法为：在建筑周围布置树木、植被、水面、假山、围墙）；合理设计建筑形体（包括建筑整体体量和建筑朝向的确定），以改善既有的微气候；合理的建筑形体设计是充分利用建筑室外微环境来改善建筑室内微环境的关键部分，主要通过建筑各部件的结构构造设计和建筑内部空间的合理分隔设计得以实现。同时，可借助相关软件进行优化设计，如运用天正建筑（Ⅱ）中建筑阴影模拟，辅助设计建筑朝向和居住小区的道路、绿化、室外消闲空间及利用 CFD 软件，如：PHOENICS，Fluent 等，分析室内外空气流动是否通畅。

2. 改善建筑围护结构

建筑围护结构组成部件（屋顶、墙、地基、隔热材料、密封材料、门和窗、遮阳设施）的设计对建筑能耗、环境性能、室内空气质量与用户所处的视觉和热舒适环境有根本的影响。一般增大围护结构的费用仅为总投资的 3%～6%，而节能却可达 20%～40%。通过改善建筑物围护结构的热工性能，在夏季可减少室外热量传入室内，在冬季可减少室内热量的流失，使建筑热环境得以改善，从而减少建筑冷、热消耗。首先，提高围护结构各组成部件的热工性能，一般通过改变其组成材料的热工性能实行，如欧盟新研制的热二极管墙体（低费用的薄片热二极管只允许单方向的传热，可以产生隔热效果）和热工性能随季节动态变化的玻璃。然后，根据当地的气候、建筑的地理位置和朝向，以建筑能耗软件 DOE-2.0 的计算结果为指导，选择围护结构组合优化设计方法。最后，评估围护结构各部件与组合的技术经济可行性，以确定技术可行、经济合理的围护结构。

3. 提高终端用户用能效率

高能效的采暖、空调系统与上述削减室内冷热负荷的措施并行，才能真正地减少采暖、空调能耗。首先，根据建筑的特点和功能，设计高能效的暖通空调设备系统，例如：热泵系统、蓄能系统和区域供热、供冷系统等。然后，在使用中采用能源管理和监控系统监督和调控室内的舒适度、室内空气品质和能耗情况。如欧洲国家通过传感器测量周边环境的温、湿度和日照强度，然后基于建筑动态模型预测采暖和空调负荷，控制暖通空调系统的运行。在其他的家电产品和办公设备方面，应尽量使用节能认证的产品。如美国一般鼓励采用"能源之星"的产品，而澳大利亚对耗能大的家电产品实施最低能效标准（MEPS）。

4. 提高总的能源利用效率

从一次能源转换到建筑设备系统使用的终端能源的过程中，能源损失很大。因此，应从全过程（包括开采、处理、输送、储存、分配和终端利用）进行评价，才能全面反映能源利用效率和能源对环境的影响。建筑中的能耗设备，如空调、热水器、洗衣机等应选用能源效率高的能源供应。例如，作为燃料，天然气比电能的总能源效率更高。采用第二代能源系统，可充分利用不同品位热能，最大限度地提高能源利用效率，如热电联产（CHP）、冷热电联产（CCHP）。

（二）利用新能源

在节约能源、保护环境方面，新能源的利用起至关重要的作用。新能源通常指非常规的可再生能源，包括有太阳能、地热能、风能、生物质能等。人们对各种太阳能利用方式进行了广泛的探索，逐步明确了发展方向，使太阳能初步得到一些利用，如：①作为太阳能利用中的重要项目，太阳能热发电技术较为成熟，美国、以色列、澳大利亚等国投资兴建了一批试验性太阳能热发电站，以后可望实现太阳能热发电商业化；②随着太阳能光伏发电的发展，国外已建成不少光伏电站和"太阳屋顶"示范工程，将促进并网发电系统快速发展；③目前，全世界已有数万台光伏水泵在各地运行；④太阳能热水器技术比较成熟，已具备相应的技术标准和规范，但仍需进一步地完善太阳能热水器的功能，并加强太阳能建筑一体化建设；⑤被动式太阳能建筑因构造简单、造价低，已经得到较广泛应用，其设计技术已相对较为成熟，已有可供参考的设计手册；⑥太阳能吸收式制冷技术出现较早，目前已应用在大型空调领域；太阳能吸附式制冷目前处于样机研制和实验研究阶段；⑦太阳能干燥和太阳灶已得到一定的推广应用。但从总体而言，目前太阳能利用的规模还不大，技术尚不完善，商品化程度也较低，仍需要继续深入广泛地研究。在利用地热能时，一方面可利用高温地热能发电或直接用于采暖供热和热水供应；另一方面可借助地源热泵和地道风系统利用低温地热能。风能发电较适用于多风海岸线山区和易引起强风的高层建筑，在英国和香港已有成功的工程实例，但在建筑领域，较为常见的风能利用形式是自然通风方式。

**五、建筑节能新技术**

理想的节能建筑应在最少的能量消耗下满足以下三点，一是能够在不同季节、不同区域控制接收或阻止太阳辐射；二是能够在不同季节保持室内的舒适性；三是能够使室内实现必要的通风换气。目前，建筑节能的途径主要包括：尽量减少不可再生能源的消耗，提高能源的使用效率；减少建筑围护结构的能量损失；降低建筑设施运行的能耗。在这三个方面，高新技术起着决定性的作用。当然建筑节能也采用一些传统技术，但这些传统技术是在先进的试验论证和科学的理论分析的基础上才能用于现代化的建筑中。

1. 减少能源消耗，提高能源的使用效率

为了维持居住空间的环境质量，在寒冷的季节需要取暖以提高室内的温度，在炎热的季节需要制冷以降低室内的温度，干燥时需要加湿，潮湿时需要抽湿，而这些往往都需要消耗能源才能实现。从节能的角度讲，应提高供暖（制冷）系统的效率，它包括设备本身的效率、管网传送的效率、用户端的计量以及室内环境的控制装置的效率等。这些都要求相应的行业在设计、安装、运行质量、节能系统调节、设备材料以及经营管理模式等方面采用高新技术。如目前在供暖系统节能方面就有三种新技术：①利用计算机、平衡阀及其专用智能仪表对管网流量进行合理分配，既改善了供暖质量，又节约了能源；②在用户散热器上安设热量分配表和温度调节阀，用户可根据需要消耗和控制热能，以达到舒适和节能的双重效果；③采用新型的保温材料包敷送暖管道，以减少管道的热损失。近年来低温地板辐射技术已被证明节能效果比较好，它是采用交联聚乙烯（PEX）管作为通水管，用特殊方式双向循环盘于地面层内，冬天向管内供低温热水（地热、太阳能或各种低温余热提供）；夏天输入冷水可降低地表温度（目前国内只用于供暖）；该技术与对流散热为主的散热器相比，具有室内温度分布均匀、舒适、节能、易计量、维护方便等优点。

减少建筑围护结构的能量损失

建筑物围护结构的能量损失主要来自三部分：①外墙；②门窗；③屋顶。这三部分的节能技术是各国建筑界都非常关注的。主要发展方向是，开发高效、经济的保温、隔热材料和切实可行的构造技术，以提高围护结构的保温、隔热性能和密闭性能。

2. 外墙节能技术

就墙体节能而言，传统的用重质单一材料增加墙体厚度来达到保温的做法已不能适应节能和环保的要求，而复合墙体越来越成为墙体的主流。复合墙体一般用块体材料或钢筋混凝土作为承重结构，与保温隔热材料复合，或在框架结构中用薄壁材料加以保温、隔热材料作为墙体。目前建筑用保温、隔热材料主要有岩棉、矿渣棉、玻璃棉、聚苯乙烯泡沫、膨胀珍珠岩、膨胀蛭石、加气混凝土及胶粉聚苯颗粒浆料等。这些材料的生产、制作都需要采用特殊的工艺、特殊的设备，而不是传统技术所能及的。墙体的复合技术有内附保温层、外附保温层和夹心保温层三种。我国采用夹心保温做法的较多；在欧洲各国，大多采用外附发泡聚苯板的做法，在德国，外保温建筑占建筑总量的80%，而其中70%均采用泡沫聚苯板（图13-1）。

3. 门窗节能技术

门窗具有采光、通风和围护的作用，还在建筑艺术处理上起着很重要的作用。然而门窗又是最容易造成能量损失的部位。为了增大采光通风面积或表现现代建筑的性格特征，建筑物的门窗面积越来越大，更有全玻璃的幕墙建筑。这就对外围护结构的节能提出了更高的要求。目前，对门窗的节能处理主要是改善材料的保温隔热性能和提高门窗的密闭性能。从门窗材料来看，近些年出现了铝合金断热型材、铝木复合型材、钢塑整体挤出型材、塑木复合型材以及UPVC塑料型材等一些技术

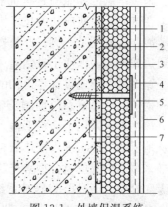

图 13-1　外墙保温系统
1—基层；2—胶粘剂；3—EPS板；
4—玻纤网；5—薄抹面层；
6—饰面涂层；7—锚栓

含量较高的节能产品。其中使用较广的是UPVC塑料型材，它所使用的原料是高分子材料——硬质聚氯乙烯。它不仅生产过程中能耗少、无污染，而且材料导热系数小，多腔体结构密封性好，因而保温隔热性能好。UPVC塑料门窗在欧洲各国已经采用多年，在德

国塑料门窗已经占了 50％。我国 20 世纪 90 年代以后塑料门窗用量不断增大，正逐渐取代钢、铝合金等能耗大的材料。为了解决大面积玻璃造成能量损失过大的问题，人们运用了高新技术，将普通玻璃加工成中空玻璃，镀膜玻璃（包括反射玻璃、吸热玻璃）高强度 LOW2E 防火玻璃（高强度低辐射镀膜防火玻璃）、采用磁控真空溅射方法镀制含金属银层的玻璃以及最特别的智能玻璃。智能玻璃能感知外界光的变化并做出反应，它有两类，一类是光致变色玻璃，在光照射时，玻璃会感光变暗，光线不易透过；停止光照射时，玻璃复明，光线可以透过。在太阳光强烈时，可以阻隔太阳辐射热；天阴时，玻璃变亮，太阳光又能进入室内。另一类是电致变色玻璃，在两片玻璃上镀有导电膜及变色物质，通过调节电压，促使变色物质变色，调整射入的太阳光（但因其生产成本高，现在还不能实际使用），这些玻璃都有很好的节能效果。

4. 屋顶节能技术

屋顶的保温、隔热是围护结构节能的重点之一。在寒冷的地区屋顶设保温层，以阻止室内热量散失；在炎热的地区屋顶设置隔热降温层以阻止太阳的辐射热传至室内；而在冬冷夏热地区（黄河至长江流域），建筑节能则要冬、夏兼顾。保温常用的技术措施是在屋顶防水层下设置导热系数小的轻质材料用作保温，如膨胀珍珠岩、玻璃棉等（此为正铺法）；也可在屋面防水层以上设置聚苯乙烯泡沫（此为倒铺法）。在英国有另外一种保温层做法是，采用回收废纸制成纸纤维，这种纸纤维生产能耗极小，保温性能优良，纸纤维经过硼砂阻燃处理，也能防火。施工时，先将屋顶钉一层夹层，再将纸纤维喷吹入内，形成保温层。屋顶隔热降温的方法有：架空通风、屋顶蓄水或定时喷水、屋顶绿化等。以上做法都能不同程度地满足屋顶节能的要求，但目前最受推崇的是利用智能技术、生态技术来实现建筑节能的愿望，如太阳能集热屋顶和可控制的通风屋顶等。

5. 降低建筑设施运行的能耗

采暖、制冷和照明是建筑能耗的主要部分，降低这部分能耗将对节能起着重要的作用，在这方面一些成功的技术措施很有借鉴价值，如英国建筑研究院（英文缩写：BRE）的节能办公楼便是一例。办公楼在建筑围护方面采用了先进的节能控制系统，建筑内部采用通透式夹层，以便于自然通风；通过建筑物背面的格子窗进风，建筑物正面顶部墙上的格子窗排风，形成贯穿建筑物的自然通风。办公楼使用的是高效能冷热锅炉和常规锅炉，两种锅炉由计算机系统控制交替使用。通过埋置于地板内的采暖和制冷管道系统调节室温。该建筑还采用了地板下输入冷水通过散热器制冷的技术，通过在车库下面的深井用水泵从地下抽取冷水进入散热器，再由建筑物旁的另一回水井回灌。为了减少人工照明，办公楼采用了全方位组合型采光、照明系统，由建筑管理系统控制；每一单元都有日光，使用者和管理者通过检测器对系统遥控；在 100 座的演讲大厅，设置有两种形式的照明系统，允许有 0％～100％ 的亮度，采用节能型管型荧光灯和白炽灯，使每个观众都能享有同样良好的视觉效果和适宜的温度。

6. 新能源的开发利用

在节约不可再生能源的同时，人类还在寻求开发利用新能源以适应人口增加和能源枯竭的现实，这是历史赋予现代人的使命，而新能源有效地开发利用必定要以高科技为依托。如开发利用太阳能、风能、潮汐能、水力、地热及其他可再生的自然界能源，必须借助于先进的技术手段，并且要不断地完善和提高，以达到更有效地利用这些能源。如人们在建筑上不仅能利用太阳能采暖，太阳能热水器还能将太阳能转化为电能，并且将光电产品与建筑构件合为一体，如光电屋面板、光电外墙板、光电遮阳板、光电窗间墙、光电天窗以及光电玻璃幕墙等，使耗能变成产能。

**六、建筑节能的相关国家法规**

《中华人民共和国节约能源法》于 2007 年 10 月 28 日修订通过，2008 年 4 月 1 日批准实施，是建筑节能实施的基本法律。其第三十五条规定"建筑工程的建设、设计、施工和监理单位应当遵守建筑节能标准。不符合建筑节能标准的建筑工程，建设主管部门不得批准开工建设；已经开工建设的，应当责令停止施工、限期改正；已经建成的，不得销售或者使用。"

《民用建筑节能条例》于 2008 年 7 月 23 日由国务院常务会议通过，2008 年 10 月 1 日起施行，是我国关于民用建筑节能的行政法规。法规明确规定了新建建筑、既有建筑、建筑用能系统运行的节能要求。

《民用建筑节能管理规定》于 2005 年 10 月 28 日由建设部发布，2006 年 1 月 1 日起施行，是我国关于民用建筑节能的第一部部门规章。

# 第二节　外墙节能工程

**一、材料要求**

（1）外墙保温隔热材料，常见有板材、块材、喷涂材料；其导热系数、密度、抗压强度或压缩强度、燃烧性能应符合设计要求；

（2）泡沫塑料保温板性能要求（表 13-1）

**泡沫塑料保温板性能要求**　　　　　　　表 13-1

| 检验项目 | 性能要求 | | | 试验方法 |
| --- | --- | --- | --- | --- |
| | EPS 板 | XPS 板 | PU 板 | |
| 密度（kg/m³） | ≥18，且不宜大于 25 | ≥25，且不宜大于 32 | ≥40 | GB/T 6343 |
| 导热系数[W/(m·K)] | ≤0.038 | ≤0.030 | ≤0.025 | GB 10294 GB 10295 |
| 抗拉强度（MPa） | ≥0.12 | ≥0.20 | ≥0.12 | 附录 A 第 A.7 节 |
| 燃烧性能 | 不低于 E 级 | 不低于 E 级 | 不低于 E 级 | GB/T 10801.1—2002 GB 8624—1997 |

（3）涂料饰面外保温性能要求（表 13-2）

**涂料饰面外保温系统拉伸粘结强度、系统抗拉强度性能要求**　　　　　　　表 13-2

| 检验项目 | 性能要求 | | | |
| --- | --- | --- | --- | --- |
| | 粘贴泡沫塑料保温板外保温系统 | | EPS 板现浇混凝土外保温系统 | 胶粉 EPS 颗粒保温浆料外保温系统 胶粉 EPS 颗粒浆料贴砌保温板外保温系统 现场喷涂硬泡聚氨酯外保温系统 |
| | EPS 板系统、PU 板系统 | XPS 板系统、保温装饰板系统 | | |
| 抹面层与保温层拉伸粘结强度（MPa） | ≥0.12 和保温板破坏 | ≥0.4 或保温板破坏 | ≥0.12 | 不涉及 |
| 系统抗拉强度（MPa） | 不涉及 | | | ≥0.1 |

（4）面砖饰面外保温系统性能要求（表 13-3）

**面砖饰面外保温系统拉伸粘结强度、系统抗拉强度性能要求**　　表 13-3

| 检验项目 | 粘贴 EPS 板外保温系统 | EPS 钢丝网架板现浇混凝土外保温系统 | 胶粉 EPS 颗粒保温浆料外保温系统 |
|---|---|---|---|
| 抹面层与保温层拉伸粘结强度(MPa) | ≥0.12 和保温板破坏 | ≥0.2 和保温板破坏 | 不涉及 |
| 系统抗拉强度(MPa) | 不涉及 | | ≥0.1 |
| 面砖与抹面层拉伸粘结强度(MPa) | ≥0.4 | | |

（5）外墙外保温系统性能要求（表 13-4）

**外墙外保温系统性能要求**　　表 13-4

| 检验项目 | 性能要求 | 试验方法 |
|---|---|---|
| 抗冲击性 | 建筑物首层墙面以及门窗口等易受碰撞部位：10J 级；<br>建筑物二层以上墙面等不易受碰撞部位：3J 级 | 附录 A 第 A.5 节 |
| 吸水量 | 系统在水中浸泡 1h 后的吸水量不得大于或等于 1.0kg/m² | 附录 A 第 A.6 节 |
| 耐冻融性能 | 30 次冻融循环后<br>系统无空鼓、脱落，无渗ształ裂缝；抹面层与保温层的拉伸粘结强度符合表 4.0.1-1 或表 4.0.1-2 规定 | 附录 A 第 A.4 节 |
| EPS 钢丝网架板热阻 | 符合设计要求 | 附录 A 第 A.9 节 |
| 贴砌 EPS 板热阻 | | |
| 抹面层不透水性 | 2h 不透水 | 附录 A 第 A.10 节 |

（6）胶粘剂拉伸粘结强度性能要求（表 13-5）

**胶粘剂拉伸粘结强度性能要求**　　表 13-5

| 检验项目 | | 性能要求 | | |
|---|---|---|---|---|
| | | 与水泥砂浆 | 与 EPS 板和 PU 板 | 与 XPS 板和保温装饰板 |
| 拉伸粘结强度(MPa) | 原强度 | ≥0.6 | ≥0.12 | ≥0.4 或保温板破坏 |
| | 浸水后 | ≥0.4 | | |

（7）抹面胶浆拉伸粘结强度性能要求（表 13-6）

**抹面胶浆拉伸粘结强度性能要求**　　表 13-6

| 检验项目 | | 性能要求 | | |
|---|---|---|---|---|
| | | 与 EPS 板和 PU 板 | 与 XPS 板 | 与保温浆料 |
| 拉伸粘结强度(MPa) | 原强度 | ≥0.12 和保温板破坏 | ≥0.4 和保温板破坏 | ≥0.1 和保温浆料破坏 |
| | 耐候性试验后 | | | |
| | 冻融试验后 | | | |

（8）玻璃纤维网格布性能要求（表 13-7）

（9）胶粉 EPS 颗粒保温浆料性能要求（表 13-8）

玻璃纤维网格布性能要求 表 13-7

| 检 验 项 目 | | 耐碱拉伸断裂强力 N/50mm | | 耐碱拉伸断裂强力保留率% | |
|---|---|---|---|---|---|
| | | 经向 | 纬向 | 经向 | 纬向 |
| 性能要求 | 中碱玻纤网 | ≥750 | | ≥50 | |
| | 耐碱玻纤网 | ≥1000 | | ≥75 | |

胶粉 EPS 颗粒保温浆料性能要求 表 13-8

| 检验项目 | 干密度(kg/m³) | 导热系数 [W/(m·K)] | 软化系数 | 线性收缩率 (%) | 燃烧性能级别 | 抗拉强度(MPa) (养护 56d) | |
|---|---|---|---|---|---|---|---|
| | | | | | | 干燥状态 | 浸水 48h,取出后干燥 14d |
| 性能要求 | 180~250 | ≤0.060 | ≥0.50 (养护 28d) | ≤0.3 | B | ≥0.1 | — |
| 试验方法 | GB/T 6343 (70℃恒重) | GB 10294 GB 10295 | JGJ 51—2002 | JGJ 70 | GB 8624—2006 | 附录 A 第 A.7 节 | |

（10）进场材料应提供产品合格证明、型式检验报告和进场复验报告；

## 二、施工顺序

基层清理——防水找平层——保温层——隔离层——保护层（饰面层施工）

## 三、施工要点

外墙保温隔热工程的施工必须在基层（结构层）质量验收合格后进行。清理基层：使基层干燥、干净，不得损坏基层；

（1）外保温工程施工期间以及完工后 24h 内，基层及环境空气温度应不低于 5℃。夏季应避免阳光暴晒。在 5 级以上大风天气和雨天不得施工。

（2）外保温工程施工前，外门窗洞口应通过验收，洞口尺寸、位置应符合设计要求和质量要求，门窗框或辅框应安装完毕。伸出墙面的消防梯、水落管、各种进户管线和空调器等的预埋件、联结件应安装完毕，并按外保温系统厚度留出间隙。

（3）外保温工程应做好系统在檐口、勒脚处的包边处理。装饰缝、门窗四角和阴阳角等处应做好局部加强网施工。基层墙体变形缝处应做好防水和保温构造处理。

（4）对于采用粘贴固定的系统，施工前应按规程规定做基层与胶粘剂的拉伸粘结强度检验，粘结强度应不低于 0.3MPa，并且粘结界面脱开面积应不大于 50%。

（5）泡沫塑料保温板表面不得长期裸露，安装上墙后应及时做抹面层。

（6）现场取样胶粉 EPS 颗粒保温浆料干密度不应大于 250kg/m³，并且不应小于 180kg/m³。现场检验保温层厚度应符合设计要求，不得有负偏差。

（7）当外保温系统的饰面层采用粘贴饰面砖做法时，系统供应商应提供包括饰面砖拉伸粘结强度内容的耐候性检验报告，并应符合下列规定：

1）对于粘贴饰面砖的建筑物高度，严寒、寒冷地区不宜超过 20m，夏热冬冷、夏热冬暖地区不宜超过 40m。

2）粘贴饰面砖工程应进行专项设计，编制施工方案，并应符合现行行业标准《外墙饰面砖工程施工及验收规程》JGJ 126 的规定。

3）工程施工前应做样板墙，经建设、设计和监理等单位确认后方可施工。

（8）外保温工程完工后应做好成品保护。

## 四、质量控制要点

（1）板状材料保温层的基层应平整、干燥和干净。

（2）板状保温材料应紧靠在需保温的基层表面上，并应铺平垫稳。

（3）分层铺设的板块上下层接缝应相互错开；板间缝隙应采用同类材料嵌填密实。

（4）粘贴的板状保温材料应贴严、粘牢。

（5）外墙的保温层严禁在雨天、雪天和五级风及其以上时施工。

（6）粘贴泡沫塑料保温板外保温系统：

1）贴泡沫塑料保温板外保温系统保温板主要依靠胶粘剂固定在基层上，必要时可使用锚栓辅助固定，保温板与基层墙体的粘贴面积不得小于保温板面积的40%（图13-2）。

2）以 EPS 板为保温层做面砖饰面时（图13-3），抹面层中满铺耐碱玻纤网并用锚栓与基层形成可靠固定，保温板与基层墙体的粘贴面积不得小于保温板面积的50%，每平方米宜设置4个锚栓，单个锚栓锚固力应不小于0.30kN。

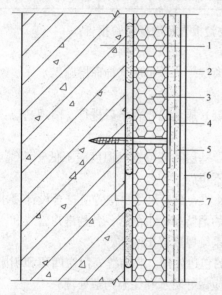

图 13-2　粘贴保温板涂料饰面系统图
1—基层；2—胶粘剂；3—保温板；
4—玻纤网；5—抹面层；6—涂料饰面；7—锚栓

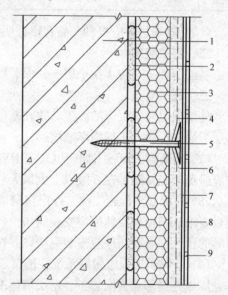

图 13-3　EPS 板面砖饰面系统
1—基层；2—胶粘剂；3—EPS 板；
4—耐碱玻纤网；5—锚栓；6—抹面层；
7—面砖胶粘剂；8—面砖；9—填缝剂

3）建筑物高度在 20m 以上时，在受负风压作用较大的部位宜采用锚栓辅助固定（图13-4）。

4）保温板宽度不宜大于 1200mm，高度不宜大于 600mm。

5）墙角处保温板应交错互锁。门窗洞口四角处保温板不得拼接，应采用整块保温板切割成形，保温板接缝应离开角部至少 200mm（图13-5）。

6）条点法：用抹子在每块挤塑板周边抹宽 50mm，厚度为 10mm 的专用胶粘剂，再在挤塑板内抹直径为 100mm，厚度为 10mm 的灰饼（图13-6）。

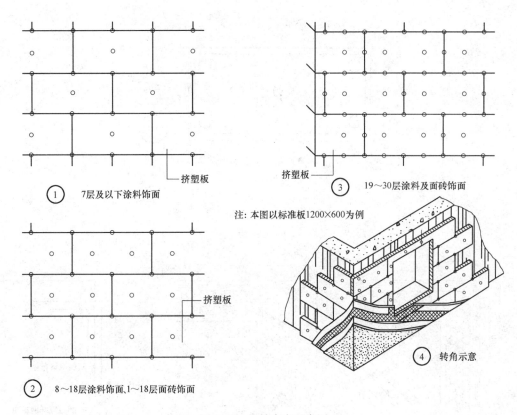

① 7层及以下涂料饰面

③ 19～30层涂料及面砖饰面

注：本图以标准板1200×600为例

② 8～18层涂料饰面、1～18层面砖饰面

④ 转角示意

图 13-4　锚栓布点示意图

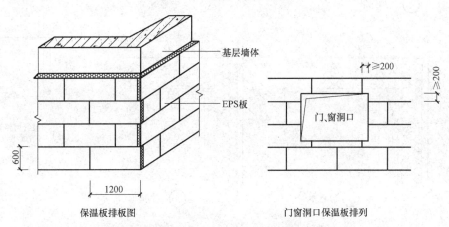

保温板排板图

门窗洞口保温板排列

图 13-5　墙角与门窗洞口处保温板排列

7）网格布翻包：外墙阴阳角、门窗洞口、变形缝两侧等处的挤塑板上预粘网格布，总宽度约 200mm，翻包部分宽度为 60～80mm（图 13-7，图 13-8）。

（7）胶粉 EPS 颗粒保温浆料外保温系统：

1）胶粉 EPS 颗粒保温浆料外保温系统抹面层材料为抹面胶浆，抹面胶浆中满铺增强网；饰面层可为涂料和面砖。当采用涂料饰面时，抹面层中应满铺玻纤网（图 13-9）；当采用面砖饰面时，抹面层中应满铺热镀锌电焊网，并用锚栓与基层形成可靠固定（图 13-10）。

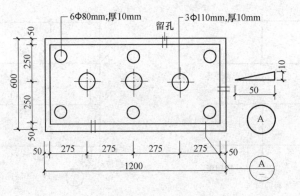

图 13-6 条点法

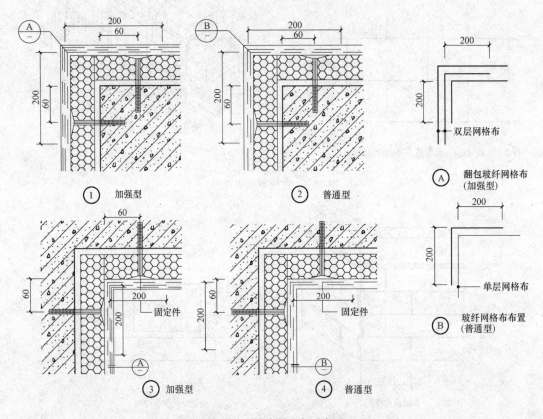

图 13-7 外墙阴阳角示意图
加强型适用于面砖、普通型用于涂料

2)胶粉 EPS 颗粒保温浆料保温层设计厚度不宜超过 100mm。

3)胶粉 EPS 颗粒保温浆料宜分遍抹灰,每遍间隔时间应在 24h 以上,每遍厚度不宜超过 20mm。第一遍抹灰应压实,最后一遍应找平,并用大杠搓平。

(8)EPS 板现浇混凝土外保温系统(简称无网现浇系统):

1)EPS 板现浇混凝土外保温系统表面做抹面胶浆薄抹面层,抹面层中满铺玻纤网,外表以涂料或饰面砂浆为饰面层(图 13-11)。

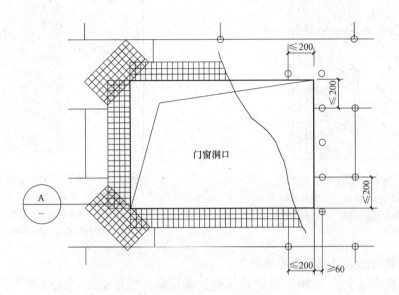

门窗洞口玻纤网格布加强、固定件布置

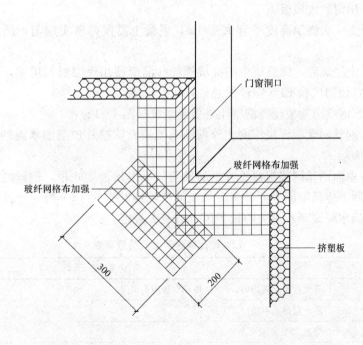

图 13-8  门窗洞口玻纤网格布加强

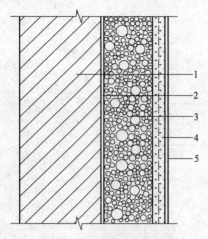

图 13-9 涂料饰面保温浆料系统

1—基层；2—界面砂浆；3—保温浆料；

4—抹面胶浆复合玻纤网；5—涂料饰面层

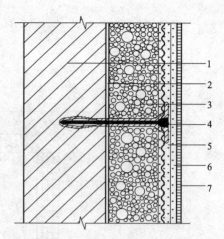

图 13-10 面砖饰面保温浆料系统

1—基层；2—界面砂浆；3—保温浆料；

4—锚栓；5—抹面胶浆复合热镀锌电焊网；

6—面砖粘结砂浆；7—面砖饰面层

2）EPS 板两面必须预喷刷界面砂浆。

3）EPS 板宽度宜为 1.2m，高度宜为建筑物层高，厚度根据当地建筑节能要求等因素，经计算确定。

4）锚栓每平方米宜设 2 至 3 个。

5）宜采用钢制大模板施工。

6）混凝土一次浇筑高度不宜大于 1m，混凝土需振捣密实均匀，墙面及接槎处应光滑、平整。

7）混凝土浇筑后，保温层中的穿墙螺栓孔洞应使用保温材料填塞，EPS 板缺损或表面不平整处宜使用胶粉 EPS 颗粒保温浆料加以修补。

（9）EPS 钢丝网架板现浇混凝土外保温系统（图 13-12）：

1）EPS 钢丝网架板现浇混凝土外保温系统表面抹掺外加剂的水泥砂浆厚抹面层，外表做面砖饰面层。

2）EPS 单面钢丝网架板每平方米斜插腹丝不得超过 200 根，钢丝均应采用低碳热镀锌钢丝，板两面应预喷刷界面砂浆。加工质量除应符合表 13-9 规定外，尚应符合国家现行《钢丝网架水泥聚苯乙烯夹心板》JC 623 有关规定。

EPS 单面钢丝网架板质量要求 表 13-9

| 项目 | 质 量 要 求 |
|---|---|
| 外观 | 界面砂浆涂敷均匀，与钢丝和 EPS 板附着牢固 |
| 焊点质量 | 斜丝脱焊点不超过 3% |
| 钢丝挑头 | 穿透 EPS 板挑头≥30mm |
| EPS 板对接 | 板长 3000mm 范围内 EPS 板对接不得多于两处，且对接处需用胶粘剂粘牢 |

3）当 EPS 钢丝网架板厚度为 50mm 时，热阻应不小于 $0.73m^2 \cdot K/W$，EPS 钢丝网架板厚度为 100mm 时，热阻应不小于 $1.5m^2 \cdot K/W$。

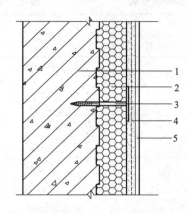

图 13-11 无网现浇系统

1—现浇混凝土外墙；2—EPS 板；3—锚栓；

4—薄抹面层；5—涂料或饰面砂浆

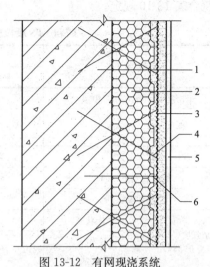

图 13-12 有网现浇系统

1—现浇混凝土外墙；2—EPS 单面钢丝网架板；

3—掺外加剂的水泥砂浆厚抹面层；4—钢丝网架；

5—面砖饰面层；6—φ6 钢筋或尼龙锚栓

4）有网现浇系统 EPS 钢丝网架板厚度、每平方米腹丝数量和表面荷载值应符合设计要求。EPS 钢丝网架板构造设计和施工安装应考虑现浇混凝土侧压力影响，抹面层厚度应均匀平整且宜≤25mm（从凹槽底算起），钢丝网应完全包裹于找平层中，并应采取可靠措施确保抹面层不开裂。

5）L 形 φ6 钢筋每平方米应设 4 根，锚固深度不得小于 100mm。如用锚栓每平方米应设 4 个，锚固深度不得小于 50mm。

6）宜采用钢制大模板施工，并应采取可靠措施保证 EPS 钢丝网架板和辅助固定件安装位置准确。

7）EPS 钢丝网架板接缝处应附加钢丝网片，阳角及门窗洞口等处应附加钢丝角网。附加网片应与原钢丝网架绑扎牢固。

8）混凝土一次浇注高度不宜大于 1m，混凝土需振捣密实均匀，墙面及接槎处应光滑、平整。

（10）胶粉 EPS 颗粒浆料贴砌保温板外保温系统（图 13-13）：

1）胶粉 EPS 颗粒浆料贴砌保温板外保温系统抹面层中应满铺玻纤网。

2）保温板两面必须预喷刷界面砂浆。

3）单块保温板面积不宜大于 0.3m²。保温板上宜开设垂直于板面、直径为 50mm 的通孔两个，并宜在与基层的粘贴面上开设凹槽。

4）胶粉 EPS 颗粒粘结浆料、找平浆料性能

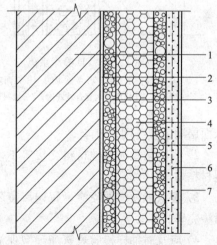

图 13-13 保温板贴砌系统

1—基层；2—界面砂浆；3—粘结浆料；4—保温板；

5—找平浆料；6—抹面胶浆复合玻纤网；

7—涂料饰面层

应符合表 13-10 规定。

胶粉 EPS 颗粒粘结浆料、找平浆料性能要求　　　　　　表 13-10

| 检验项目 | | 性能要求 | | 试验方法 |
| --- | --- | --- | --- | --- |
| | | 粘结浆料 | 找平浆料 | |
| 干密度(kg/m³)(70℃恒温) | | ≤300 | ≤350 | GB/T 6343 |
| 导热系数[W/(m・K)] | | ≤0.070 | ≤0.075 | GB 10294<br>GB 10295 |
| 软化系数 | | ≥0.5 | ≥0.5 | JGJ 51-2002 |
| 线性收缩率(%) | | ≤0.3 | ≤0.3 | JGJ 70 |
| 燃烧性能级别 | | B | A2 | GB 8624 |
| 粘结强度(MPa)<br>(养护 56d) | 干燥状态 | ≥0.12 | ≥0.12 | 附录 A 第 A.7 节 |
| | 浸水 48h,<br>取出后干燥 14d | ≥0.1 | ≥0.1 | |

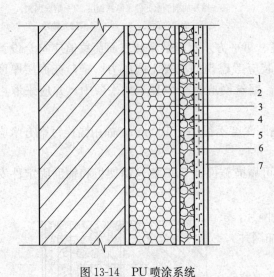

图 13-14　PU 喷涂系统

1—基层；2—界面层；3—喷涂 PU；4—界面砂浆；
5—找平层；6—抹面胶浆复合玻纤网；7—涂料饰面层

5）保温板应使用粘结浆料满粘在基层上，保温板之间的灰缝宽度宜为 10mm，灰缝中的粘结浆料应饱满。

6）按顺砌方式粘贴保温板，竖缝应逐行错缝，墙角处排板应交错互锁，门窗洞口四角处保温板不得拼接，应采用整块保温板切割成形，保温板接缝应离开角部至少 200mm。

7）保温板贴砌完工至少 24h 之后，用胶粉 EPS 颗粒找平浆料找平，找平层厚度不宜小于 15mm。

8）找平层施工完成至少 24h 之后，进行抹面层施工。

（11）现场喷涂硬泡聚氨酯外保温系统（图 13-14）：

1）现场喷涂硬泡聚氨酯外保温系统抹面层满铺玻纤网。

2）阴阳角及其他材料交接等不便于喷涂的部位，宜用相应厚度的聚氨酯硬泡预制型材粘贴。

3）聚氨酯硬泡的喷涂，每遍厚度不宜大于 15mm。当日的施工作业面必须当日连续喷涂完毕。

4）应及时抽样检验聚氨酯硬泡保温层的密度、厚度和导热系数，导热系数应不大于 0.027W/(m・K)。

5）聚氨酯硬泡喷涂完工至少 48h 后，进行保温浆料找平层施工。

（12）保温装饰板外保温系统（图 13-15）：

1）保温装饰板系统经耐候性实验后，保温装饰板各层之间的拉伸粘结强度不得小于 0.4MPa，并且不得在各层界面处破坏。

2）找平层垂直度和平整度应符合现行国家标准《建筑装饰装修工程质量验收规范》GB 50210 规定。防水性能应符合现行行业标准《聚合物水泥防水砂浆》JC/T 984 规定。

3）保温装饰板应同时采用胶粘剂和锚固件固定，装饰板与基层墙体的粘贴面积不得小于装饰板面积的 40％，拉伸粘结强度不得小于 0.4MPa。每块装饰板锚固件不得少于 4 个，且每平方米不得少于 8 个，单个锚固件的锚固力应不小于 0.30kN。

4）保温装饰板安装缝应使用弹性背衬材料填充，并用硅酮密封胶或柔性勾缝腻子嵌缝。

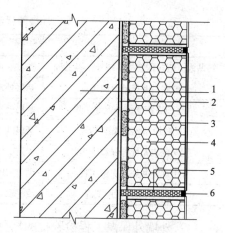

图 13-15　保温装饰板系统
1—基层；2—防水找平层；3—胶粘剂；
4—保温装饰板；5—嵌缝条；
6—硅酮密封胶或柔性勾缝腻子

**五、施工质量验收**

**（一）一般规定**

（1）外墙外保温工程应按现行国家标准《建筑工程施工质量验收统一标准》GB 50300 和《建筑节能工程施工质量验收规范》GB 50411 有关规定进行施工质量验收。

（2）外保温系统主要组成材料应按表 13-11 规定进行现场抽样复验，抽样数量应符合《建筑节能工程施工质量验收规范》GB 50411 对于检查数量的规定。

外保温系统主要组成材料复验项目　　　　　　表 13-11

| 材　　料 | 复 验 项 目 |
|---|---|
| EPS 板、XPS 板、PU 板 | 密度，导热系数，抗拉强度，尺寸稳定性<br>用于无网现浇系统时，加验界面砂浆涂敷质量 |
| 胶粉 EPS 颗粒保温浆料 | 干密度，导热系数，抗拉强度 |
| EPS 钢丝网架板 | 热阻，EPS 板密度 |
| 现场喷涂 PU 硬泡体 | 密度，导热系数，尺寸稳定性，断裂延伸率 |
| 保温装饰板 | 热阻 |
| 胶粘剂、抹面胶浆、界面砂浆、胶粉 EPS 颗粒粘结浆料 | 干燥状态和浸水 48h 拉伸粘结强度 |
| XPS 板界面剂 | 外观，固含量，pH 值，破坏形式 |
| 玻纤网 | 耐碱拉伸断裂强力，耐碱拉伸断裂强力保留率 |
| 钢丝网、腹丝 | 镀锌层质量 |

注：1. 胶粘剂、抹面胶浆、抗裂砂浆、界面砂浆制样后养护 7d 进行拉伸粘结强度检验。发生争议时，以养护 28d 为准。
　　2. 玻纤网按《外墙外保温工程技术规程》JGJ 144（以下简称外墙外保温规程）附录 A 第 A.11.3 条检验。发生争议时，以 A.11.2 方法为准。

（3）外墙外保温工程为建筑节能工程的分项工程，其主要验收内容应符合表 13-12 规定。

表 13-12

| 外墙外保温分项工程 | 主要验收内容 |
|---|---|
| 粘贴泡沫塑料保温板系统外保温工程 | 基层处理,粘贴保温板,抹面层,变形缝,饰面层 |
| 保温浆料系统外保温工程 | 基层处理,抹胶粉 EPS 颗粒保温浆料,抹面层,变形缝,饰面层 |
| 贴砌 EPS 板系统外保温工程 | 基层处理,贴砌保温板,抹胶粉 EPS 颗粒保温浆料,抹面层,变形缝,饰面层 |
| PU 喷涂系统外保温工程 | 基层处理,喷涂发泡保温材料,保温层局部处理,抹面层,饰面层 |
| 无网现浇系统外保温工程 | 固定 EPS 板,现浇混凝土,EPS 板局部找平,抹面层,变形缝,饰面层 |
| 有网现浇系统外保温工程 | 固定 EPS 钢丝网架板,现浇混凝土,抹面层,变形缝,饰面层 |
| 装饰板系统外保温工程 | 找平层,固定保温装饰板,板缝和变形缝,饰面处理 |

(4) 外墙外保温工程检验批的划分及检查数量应符合现行国家标准《建筑节能工程施工质量验收规范》GB 50411 规定。

(5) 外墙外保温工程应按现行国家标准《建筑节能工程施工质量验收规范》GB 50411 规定进行隐蔽工程验收。

(6) 外墙外保温工程检验批和分项工程的施工质量验收应符合现行国家标准《建筑节能工程施工质量验收规范》GB 50411 规定。

(7) 粘贴泡沫塑料保温板外保温系统和胶粉 EPS 颗粒保温浆料外保温系统保温层,以及 EPS 板现浇混凝土外保温系统 EPS 板表面找平后保温层表面垂直度和尺寸允许偏差应符合现行国家标准《建筑装饰装修工程质量验收规范》GB 50210 规定。

(8) 现浇混凝土施工质量应符合现行国家标准《混凝土结构工程施工质量验收规范》GB 50204 规定。

(9) EPS 钢丝网架板现浇混凝土外保温系统抹面层厚度应符合（外墙外保温）规程规定。

检查方法：插针法检查。

(10) 抹面层和饰面层施工质量应符合现行国家标准《建筑装饰装修工程质量验收规范》GB 50210 规定。

(11) 系统抗冲击性应符合外墙外保温规程规定。

检查方法：规程附录 B 第 B.3 节。

(二) 主控项目

1. 外保温系统及主要组成材料性能应符合外墙外保温规程规定。

检查方法：检查型式检验报告和进场复验报告。

2. 保温层厚度应符合设计要求。

检查方法：插针法检查。

3. 粘贴泡沫塑料保温板系统保温板粘贴面积应符合外墙外保温规程规定。

检查方法：现场测量

4. 涂料饰面的粘贴泡沫塑料保温板外保温系统现场检验保温板拉伸粘结强度应不小于 0.12MPa,并且应为 EPS 板破坏。

检查方法：规程附录 B 第 B.6 节

5. 胶粉 EPS 颗粒保温浆料外保温系统现场检验系统抗拉强度应不小于 0.1MPa,并且破坏部位不得位于各层界面。

　　检查方法：规程附录 B 第 B.4 节

　　6. 胶粉 EPS 颗粒浆料贴砌保温板外保温系统、现场喷涂硬泡聚氨酯外保温系统现场检验保温层与基层墙体的拉伸粘结强度应不小于 0.12MPa，抹面层与保温层的拉伸粘结强度应不小于 0.1MPa，并且破坏部位不得位于各层界面。

　　检查方法：规程附录 B 第 B.6 节

　　7. EPS 板现浇混凝土外保温系统现场检验 EPS 板拉伸粘结强度应不小于 0.12MPa，并且应为 EPS 板破坏。

　　检查方法：规程附录 B 第 B.2 节

　　8. 面砖饰面系统现场检验粘结强度、锚栓锚固力和保温板粘贴面积应符合表 13-13 规定。

面砖饰面粘结强度性能要求　　　　　　　　　　表 13-13

| 检验项目 | 性能要求 | | |
|---|---|---|---|
| | 粘贴 EPS 板外保温系统 | 胶粉 EPS 颗粒保温浆料外保温系统 | EPS 钢丝网架板现浇混凝土外保温系统 |
| 保温层与基层墙体粘结强度（MPa） | ≥0.12,并且应为保温板破坏 | ≥0.1,并且应为保温层破坏 | 不涉及 |
| 抹面层与保温层粘结强度（MPa） | ≥0.12,并且应为保温板破坏 | ≥0.1,并且应为保温层破坏 | 不涉及 |
| 面砖与抹面层粘结强度（MPa） | ≥0.4 | ≥0.4 | ≥0.4 |
| 锚栓锚固力（kN/mm） | ≥0.30 | ≥0.30 | 不涉及 |
| 保温板粘贴面积（%） | ≥50 | 不涉及 | 不涉及 |

# 第三节　幕墙节能工程

## 一、材料要求

　　（1）幕墙节能工程采用隔热型材时，隔热型材生产厂家应提供型材所使用的隔热材料的力学性能和热变形能试验报告。

　　（2）幕墙节能工程使用的保温材料在安装过程中应采取防潮、防水等保护措施。

　　（3）用于幕墙节能工程的材料、构件等，其品种、规格应符合设计要求和相关标准的规定。按进场批次，每批随机抽取 3 个试样进行检查；质量证明文件应按照其出厂检验批进行核查。如需变更，必须取得原建筑设计签字认可并办理审图手续。

　　（4）幕墙节能工程使用的保温隔热材料，其导热系数、密度、燃烧性能应符合设计要求。幕墙玻璃的传热系数、遮阳系数、可见光透射比、中空玻璃露点应符合设计要求。

　　（5）幕墙节能工程使用的材料、构件等进场时，应对其下列性能进行复验，复验应为见证取样送检：

　　1）保温材料：导热系数、密度；

　　2）幕墙玻璃：可见光透射比、传热系数、遮阳系数玻璃露点；

3）隔热型材：抗拉强度、抗剪强度。

**二、施工顺序**

准备工作→测量、放线→确认安装基准→安装连接基点（埋件）→安装龙骨→安装横梁→安装保温防火系统→板缝打胶→安装板块→幕墙周圈打胶→清理、清洗幕墙→检查验收。

一般规定：

附着于主体结构上的保温层应在主体结构验收合格后施工。工程施工过程中应及时进行质量检查、隐蔽工程和检验批验收。施工完成之后应进行幕墙保温分项工程验收。

**三、施工要点**

（1）幕墙安装内衬板时，内衬板四周宜套装弹性橡胶密封条，内衬板应与构件接缝严密。

（2）幕墙与周边墙体间的接缝处应采用弹性闭孔材料填充饱满，并应采用耐候密封胶密封。

（3）伸缩缝、沉降缝、防震缝的保温或密封做法应符合设计要求。

（4）活动遮阳设施的调节机构应灵活、调节到位。

（5）镀（贴）膜玻璃的安装方向、位置应正确。中空玻璃应采用双道密封。中空玻璃的均压管应密封处理。

（6）幕墙节点图见图 13-16。

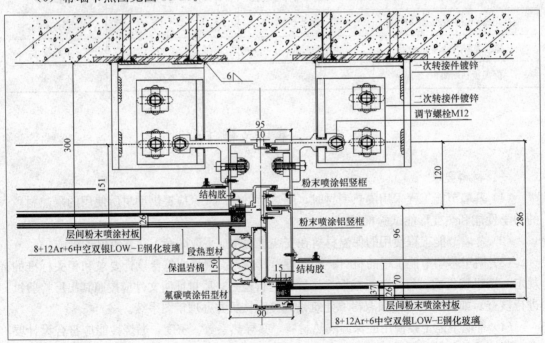

图 13-16　幕墙节点图

**四、质量控制要点**

（1）保温材料应安装牢固，并应与玻璃保持 30mm 以上的距离。保温材料的填塞应饱满、平整、不留间隙，其填塞密度、厚度应符合设计要求。在冬季取暖的地区，保温棉板的隔汽铝箔面应朝向室内，无隔汽铝箔面时应在室内侧有内衬隔汽板。

（2）用于幕墙节能工程的材料、构件等，其品种、规格应符合设计要求和相关的标准规定。

（3）幕墙的气密性能应符合设计规定要求，在幕墙施工安装前，应根据设计文件选取典型的版块，包括可开启部分，检测结构符合设计规定的等级要求。

（4）幕墙工程热桥部分的隔断热桥措施应符合设计要求，断热节点的连接应牢固。

渗透水的收集和排放应通畅，并不得渗漏。

（5）满足《建筑节能工程质量验收规范》GB 50411—2007 的要求。

**五、施工质量验收**

（1）幕墙节能工程使用的保温材料，其厚度应符合设计要求，安装牢固，且不得松脱。

检验方法：对保温板或保温层采取针插法或剖开法，尺量厚度；手扳检查。

检查数量：按检验批抽查 10%，并不少于 5 处。

（2）遮阳设施的安装位置应满足设计要求。遮阳设施的安装应牢固。

检验方法：观察；尺量；手扳检查。

检查数量：检查全数的 10%，并不少于 5 处；牢固程度全数检查。

（3）幕墙工程热桥部位的隔断热桥措施应符合设计要求，断热节点的连接应牢固。

检验方法：对照幕墙节能设计文件，观察检查。

检查数量：按检验批抽查 10%，并不少于 5 处。

（4）幕墙隔汽层应完整、严密、位置正确，穿透隔汽层处的节点构造应采取密封措施。

检验方法：观察检查。

检查数量：按检验批抽查 10%，并不少于 5 处。

（5）冷凝水的收集和排放应通畅，并不得渗漏。

检验方法：通水试验、观察检查。

检查数量：按检验批抽查 10%，并不少于 5 处。

（6）幕墙节能工程验收的文件和记录应按表 13-14 要求执行。

**幕墙节能工程验收的文件和记录** 表 13-14

| 序号 | 项　目 | 文件和记录 |
|---|---|---|
| 1 | 节能设计 | 设计图纸及会审记录、设计变更通知单和材料代用核定单 |
| 2 | 施工方案 | 施工方法、技术措施、质量保证措施 |
| 3 | 技术交底记录 | 施工操作要求及注意事项 |
| 4 | 材料质量证明文件 | 出厂合格证、质量检验报告和试验报告 |
| 5 | 中间检查记录 | 分项工程质量验收记录、隐蔽工程验收记录、施工检验记录、 |
| 6 | 施工日志 | 逐日施工情况 |
| 7 | 工程检验记录 | 抽样质量检验及观察检查 |
| 8 | 其他技术资料 | 事故处理报告、技术总结 |

# 第四节　门窗节能工程

## 一、材料要求

（1）建筑外窗进入施工现场时，应按地区类别对其下列性能进行复验，复验应为见证取样送检：

1）严寒、寒冷地区：气密性、传热系数和中空玻璃露点；

2）夏热冬冷地区：气密性、传热系数、玻璃遮阳系数、可见光透射比、中空玻璃露点。

3）夏热冬暖地区：气密性、玻璃遮阳系数、可见光透射比、中空玻璃露点。

（2）建筑外窗的气密性、保温性能、中空玻璃露点、玻璃遮阳系数和可见光透射比应符合设计要求。

## 二、施工顺序

准备工作→测量、放线→确认安装基准→安装门窗框→校正→固定门窗框→土建抹灰收口→填充保温防火材料→门窗外周圈打胶→安装门窗五金件→清理、清洗门窗→检查验收

一般规定：

（1）建筑门窗工程施工中，应对门窗安装状况、缝隙状况以及门窗与墙体接缝处的保温材料填充等隐蔽工程验收，并应有隐藏工程验收记录和必要的图像资料。

（2）建筑外门窗工程的检验批应按下列规定划分：

同一品种、窗型、开启方式、规格的门窗及门窗玻璃每100樘划分为一个检验批，不足100樘也为一个检验批。

同一厂家的同一品种、类型、开启方式、和规格的特种门每50樘划分为一个检验批，不足50樘也为一个检验批。

对于异形或有特殊要求的门窗，检验批的划分应根据其特点和数量，由监理（建设）单位和施工单位协商确定。

## 三、施工要点

（1）建筑门窗采用的玻璃品种应符合设计要求，中空玻璃应采用双道密封。

（2）门窗安装前，应对门窗洞口尺寸进行检验。

（3）门窗与砖石砌体、混凝土或抹灰层接触处应进行防腐处理并应设置防潮层；埋入砌体或混凝土中的木砖应进行防腐处理。

（4）外门窗框或副框与洞口之间的间隙应采用弹性闭孔材料填充饱满，并使用密封胶密封；外门窗框与副框之间的缝隙应使用密封胶密封。

（5）门窗节点图见图13-17、图13-18。

## 四、质量控制要点

（1）门窗型材品种、型号规格、开启方式、玻璃配置、隔断热桥状况应符合设计要求和相关标准规定，并应在进场阶段验收。

（2）建筑门窗采用的中空玻璃品种应符合设计规定，中空玻璃配置、充气、镀膜贴膜、间隔材料及双道密封状况应符合规定。

（3）金属外门窗隔断热桥措施应符合设计要求和产品标准的规定，金属副框的隔断热桥措施应与门窗框的隔断热桥措施相当。

（4）密封条设置应符合设计与产品标准要求。

（5）金属门窗和塑料门窗安装应采用预留洞口的方法施工，不得采用边安装边砌口或先安装后砌口的方法施工。

（6）建筑外门窗的安装必须牢固。在砌体上安装门窗严禁用射钉固定。

（7）满足《建筑节能施工质量验收规范》GB 50411—2007 的要求。

**五、施工质量验收**

（1）天窗安装的位置、坡度应正确，封闭严密，嵌缝处不得渗漏。

（2）特种门的性能应符合设计和产品标准要求；特种门安装中的节能措施，应符合设计要求。

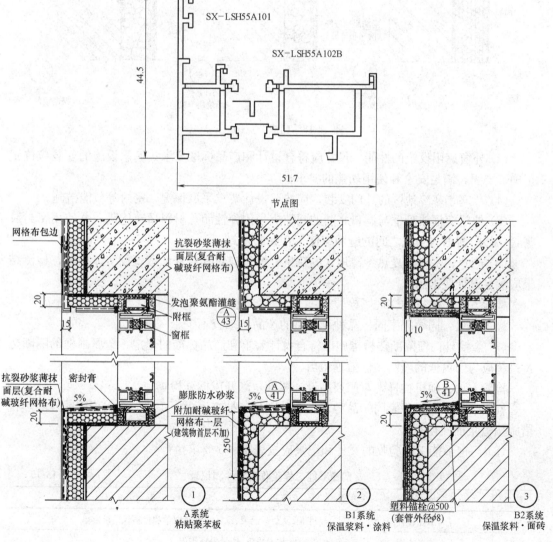

图 13-17　门窗节点图（一）

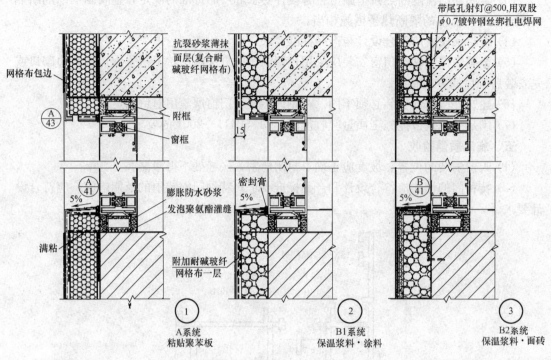

图 13-18　门窗节点图（二）

（3）外窗遮阳设施的性能、尺寸应符合设计和产品标准要求；遮阳设施的安装应位置正确、牢固，满足安全和使用功能的要求。

（4）严寒、寒冷地区的外门安装，应按照设计要求采取保温、密封等节能措施。

（5）外门窗框或副框与洞口之间的间隙应采用弹性闭孔材料填充饱满，并使用密封胶密封；外门窗框与副框之间的缝隙应使用密封胶密封。

（6）严寒、寒冷、夏热冬冷地区的建筑外窗，应对其气密性做现场实体检验，检测结果应满足设计要求。

检验方法：随机抽样现场检验。

检查数量：同一厂家同一品种、类型的产品各抽查不少于 3 樘。

（7）金属外门窗隔断热桥措施应符合设计要求和产品标准的规定，金属副框的隔断热桥措施应与门窗框的隔断热桥措施相当。

检验方法：随机抽样，对照产品设计图纸，剖开或拆开检查。

检查数量：同一厂家同一品种、类型的产品各抽查不少于 1 樘。金属副框的隔断热桥措施按检验批抽查 30％。

（8）门窗节能工程验收的文件和记录应按表 13-15 要求执行。

门窗节能工程验收的文件和记录　　　　　　　　　　　　　表 13-15

| 序号 | 项　目 | 文件和记录 |
|---|---|---|
| 1 | 节能设计 | 设计图纸及会审记录、设计变更通知单和材料代用核定单 |
| 2 | 施工方案 | 施工方法、技术措施、质量保证措施 |

| 序号 | 项 目 | 文件和记录 |
|---|---|---|
| 3 | 技术交底记录 | 施工操作要求及注意事项 |
| 4 | 材料质量证明文件 | 出厂合格证、质量检验报告和试验报告 |
| 5 | 施工日志 | 逐日施工情况 |
| 6 | 工程检验记录 | 抽样质量检验及观察检查 |
| 7 | 其他技术资料 | 事故处理报告、技术总结 |

# 第五节　屋面节能工程

## 一、材料要求

（1）屋面保温隔热材料，常见有板材、块材、喷涂材料；其导热系数、密度、抗压强度或压缩强度、燃烧性能应符合设计要求。

用于屋面的常见保温板材 EPS 板、XPS 板、PU 板材料性能应符合表 13-16 要求。

**EPS 板、XPS 板和 PU 板性能要求**　　　　　　　　　　表 13-16

| 检 验 项 目 | 性 能 要 求 | | |
|---|---|---|---|
| | EPS 板 | XPS 板 | PU 板 |
| 密度(kg/m³) | ≥18，且不宜大于 25 | ≥25，且不宜大于 32 | ≥40 |
| 导热系数[W/(m·K)] | ≤0.038 | ≤0.030 | ≤0.025 |
| 抗压强度(MPa) | ≥0.12 | ≥0.20 | ≥0.12 |
| 尺寸稳定性(%) | ≤0.5 | ≤1.0 | ≤1.0 |
| 燃烧性能 | 不低于 E 级 | 不低于 E 级 | 不低于 E 级 |

（2）进场材料应提供产品合格证明、型式检验报告和进场复验报告。

## 二、施工顺序

基层清理——找平层——防水层——保温层——隔离层——保护层（饰面层施工）

## 三、施工要点

（1）屋面保温隔热工程的施工必须在基层（结构层）质量验收合格后进行。

（2）清理基层：使基层干燥、干净，不得损坏基层；

（3）找平层施工完以后，将预制构件的吊钩、铁件等进行处理，处理点应抹水泥砂浆，经检查验收合格，方可铺设保温材料。

（4）基层处理完后，应及时进行防水层的施工，避免基层受潮、受损。

（5）铺设保温层：拉线铺设保温材料，铺设时应紧靠需保温基层表面并铺平垫稳，分层铺设时上下两层板块缝应相互错开，表面两块相邻的板边厚度应一致，板间缝隙应采用同类材料嵌填密实。当采用粘贴施工时，应贴严、粘牢。板缺角处应用碎屑加胶料拌匀填补严密；铺设时应按设计要求采取放坡处理，坡向正确。板状保温材料的保温层厚度允许偏差为±5%，且不得大于 4mm。

（6）保温板铺贴后在上部行走或运料时应铺设走道板（胶合板），避免人为因素造成已铺保温板的受损。

**四、常用节点图**（图 13-19）

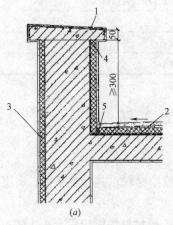
*(a)* 天沟、檐沟的防水保温构造
1—密封材料；2—防水层；3—防水附加层；
4—压条钉压；5—滴水

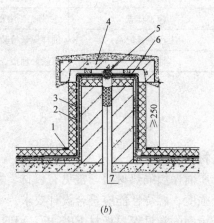
*(b)* 屋面变形缝处保温防水构造
1—密封材料；2—防水层；3—防水附加层；
4—盖板；5—聚乙烯泡沫塑料棒；6—附加卷材托棒；
7—塑料条密封

图 13-19　屋面节能工程常用节点图

**五、质量控制要点**

（1）板状材料保温层的基层应平整、干燥和干净；

（2）板状保温材料应紧靠在需保温的基层表面上，并应铺平垫稳；

（3）分层铺设的板块上下层接缝应相互错开；板间缝隙应采用同类材料嵌填密实；

（4）粘贴的板状保温材料应贴严、粘牢；

（5）屋面的保温层严禁在雨天、雪天和五级风及其以上时施工；

（6）满足《屋面工程质量验收规范》GB 50207—2002 的要求。

**六、施工质量验收**

（1）保温层厚度的允许偏差：板状保温材料为±5%，且不得大于 4mm。

检验方法：用钢针插入和尺量检查；

（2）天沟、檐沟、泛水、设备基础、变形缝等细部做法与设计图纸应一致；

（3）节能材料产品合格证明、型式检验报告和进场复验报告；同一厂家同一品种的产品保温面积小于 2500m² 各抽查不少于 1 组，小于等于 5000m² 时，抽样不少于 2 组，5000m² 以上每增加 5000m²，增加 1 组；低于 A 级的板材必须进行燃烧性能测试；

（4）屋面节能工程施工应按工序进行验收，相同的材料和做法的屋面每 100m² 为一个检验批，各检验批应符合相应质量标准的规定；屋面保温隔热层的敷设方式、厚度、缝隙填充质量及屋面热桥部位的保温隔热做法，必须符合设计要求和有关标准的规定。

检验方法：观察、尺量检查。

检查数量：每 100m² 抽查一处，每处 10m²，整个屋面抽查不得少于 3 处。

（5）屋面节能工程验收的文件和记录应按表 13-17 要求执行。

| 序号 | 项　　目 | 文件和记录 |
|------|----------|------------|
| 1 | 节能设计 | 设计图纸及会审记录、设计变更通知单和材料代用核定单 |
| 2 | 施工方案 | 施工方法、技术措施、质量保证措施 |
| 3 | 技术交底记录 | 施工操作要求及注意事项 |
| 4 | 材料质量证明文件 | 出厂合格证、质量检验报告和试验报告 |
| 5 | 中间检查记录 | 分项工程质量验收记录、隐蔽工程验收记录、施工检验记录、 |
| 6 | 施工日志 | 逐日施工情况 |
| 7 | 工程检验记录 | 抽样质量检验及观察检查 |
| 8 | 其他技术资料 | 事故处理报告、技术总结 |

# 第六节　地面节能工程

## 一、材料要求

1. 用于地面节能工程的保温材料，其品种、规格应符合设计要求和相关标准的规定。一般分室内平顶保温、室内地坪保温、室外架空板保温、室外地坪保温；

2. 地面节能工程使用的保温材料，其导热系数、密度、抗压强度或压缩强度、燃烧性能应符合设计要求；

3. 地面节能工程采用的保温材料，进场时应对其导热系数、密度、抗压强度或压缩强度、燃烧性能进行复验，复验应为见证取样送检。

用于地面的常见保温材料性能应符合表 13-18 要求

地面保温材料性能要求　　　　　　　　　　　　表 13-18

| 检验项目 | 性能要求 | | | |
|----------|----------|----------|----------|----------|
| | EPS 板 | XPS 板 | 岩棉板 | 无机砂浆 |
| 密度(kg/m³) | ≥18，且不宜大于 25 | ≥25，且不宜大于 32 | 产品标准 | 产品标准 |
| 导热系数[W/(m·K)] | ≤0.038 | ≤0.030 | 产品标准 | 产品标准 |
| 抗压强度(MPa) | ≥0.12 | ≥0.20 | 产品标准 | 产品标准 |
| 尺寸稳定性(%) | ≤0.5 | ≤1.0 | 无 | 无 |
| 燃烧性能 | 不低于 E 级 | 不低于 E 级 | 不低于 A1 级 | 不低于 A1 级 |

4. 进场材料应提供产品合格证明、型式检验报告和进场复试报告；

## 二、施工顺序

基层清理——保温层——隔离层——保护层——防水层——面层

一般规定：

（1）建筑地面节能工程的质量验收，包括底面接触室外空气、土壤或毗邻不采暖空间的地面节能工程。

（2）地面节能工程的施工，应在主体或基层质量验收合格后进行。施工过程中应及时进行质量检查、隐蔽工程验收和检验批验收，施工完成后应进行地面节能分项工程验收。

（3）地面节能工程应对下列部位进行隐蔽工程验收，并应有详细的文字记录和必要的图像资料：

1）基层；

2）被封闭的保温材料厚度；

3）保温材料粘结；

4）隔断热桥部位。

（4）地面节能分项工程检验批划分应符合下列规定：

1）检验批可按施工段或变形缝划分；

2）当面积超过 $200m^2$ 时，每 $200m^2$ 可划分为一个检验批，不足 $200m^2$ 也为一个检验批；

3）不同构造做法的地面节能工程应单独划分检验批。

### 三、施工要点

（1）地面节能工程施工前，应对基层进行处理，使其达到设计和施工方案的要求。

（2）有防水要求的地面，其节能保温做法不得影响地面排水坡度，保温层面层不得渗漏。

（3）地面保温层、隔离层、保护层等各层的设置和构造做法以及保温层的厚度应符合设计要求，并应按照施工方案施工。

（4）保温层和表面防潮层、保护层应符合设计要求。

### 四、施工质量验收

（1）楼地面节能工程的施工质量应符合下列规定：

1）保温板与基层之间、各构造层之间的粘结应牢固，缝隙应严密。

2）保温浆料应分层施工。

3）穿越地面直接接触室外空气的各种金属管道应按设计要求，采取隔断热桥的保温措施。

（2）保温板（块）材料应紧密铺设、面层应平整、相邻板块高差不应大于 1mm。浇、喷保温材料应连续铺施、面层平整，表面平整度不应大于 2mm。

（3）严寒、寒冷地区的建筑首层直接与土壤接触的采暖地下室与土壤接触的外墙、毗邻不采暖空间的地面以及底面直接接触室外空气的地面应按照设计要求采取保温措施。

（4）采用地面辐射供暖的工程，其地面节能做法应符合设计要求，并应符合《地面辐射供暖技术规程》JGJ 142 的规定。

## 第七节　采暖节能工程

### 一、质量控制要点

（一）进场材料要求

（1）施工前必须根据设计文件和规范标准，确定相关设备、管材、附件等材料的型号、规格和性能参数，以及材料的品牌和生产厂家。

（2）根据施工图纸，编制材料分析预算，确定安装工程所用材料品种、规格和数量。

（3）合同签订前应查看材料的技术资料是否齐全，如设备的构造原理和安装说明书，产品质量的检验证明，生产许可证及近一年内该产品的型式检验报告等。

（4）为保证建筑物达到节能标准，对部分安装材料和设备必须根据现行国家标准进行参数核对，主要有下列材料和设备：

1）空调机组、风机盘管、回收装置等设备冷量、热量、风量、风压、功率及额定热回收效率；

2）风机的风量、风压、功率及其单位风量的耗功率；

3）成品风管的材质、厚度等性能参数；

4）自动阀门与仪表的性能参数；

5）锅炉的容量及额定热效率；

6）热交换器换热量；

7）热泵机组的额定制冷量（制热量）、输入功率、性能系数；

8）空调机组（溴化锂、燃气、冷水）制冷量（制热量）、性能系数、单位能耗量；

9）冰蓄冷系统制冷量（制热量）、输入功率、性能系数；

10）热水采暖系统循环水泵的流量、扬程、电机功率及耗电输热比；

11）空调冷热水系统循环水泵的流量、扬程、电机功率及输送能效比；

12）冷却塔的水量、水压、进出水温度及电机功率；

13）自控阀门与仪表的规格和技术性能参数等。

（二）施工前材料、设备见证取样复验

（1）根据《建筑节能工程施工质量验收规范》GB 50411—2007 的规定，采暖工程中的散热器、风机盘管和保温材料安装施工前，必须做见证取样节能复验。规定复验合格可用在工程中，复验不合格本批材料禁止在工程中使用，并应清退出场。

（2）散热器的型号规格必须达到设计要求，同一厂家同一规格的散热器按其数量的1‰进行见证取样送检，但不得少于2组。

（3）风机盘管的型号规格必须达到设计要求，同一厂家的风机盘管机组按数量复验2‰但不得少于2台并覆盖各种型号。

（4）保温材料必须符合设计要求，同一厂家同材质的保温材料见证取样送检的次数不得少于2次。

（三）采暖节能系统管线布置与安装的要求

（1）采暖管道系统安装制式必须按施工图纸敷设。

（2）散热设备、阀门、过滤器、温度计及仪表应按设计要求安装齐全，不得随意增减或改变型号，管道系统上安装的仪表应注意安装部位和设置方向。

（3）为避免能耗无谓的损失，将系统由集中控制改变为区域控制或分户控制，特别是对热（冷）水温度、计量和运行控制。水系统应能实现分室（区）温度调控功能，按分栋、分区、分户实现热（冷）水计量功能，按系统应能实现变流量或定流量功能。

（四）散热器与恒温阀安装要求

（1）散热器的型号与片数与施工图纸相符。

（2）翼型散热器组装时翼片不允许损坏，柱形散热器组装时两端应带足。

（3）安装前必须进行压力试验。

（4）散热器表面应做防腐处理。

（5）恒温阀的型号与规格与设计施工图纸相符。

（6）明装恒温阀阀头应水平安装且不被障碍物遮挡，暗装应有外置式温度传感器。

（五）低温热水地面辐射供暖系统

（1）埋在地坪内低温循环热水管道的材质选用应符合设计或规范要求。

（2）室内地面管道敷设前，地坪应平整，管道敷设长度、开档、间距和排列应达到施工图要求，部位且固定牢固。

（3）无地下室的底层应分别铺设防潮层和绝热层。

（4）室内温控传感器应安装在阳光直射不到或无热源的部位，且挂在距地高度 1.4m 的墙体上。

（六）采暖管道保温层材料选用和施工要求：

（1）保温材料必须选用不燃或耐燃的产品制品，其品种、规格、型号符合设计要求。

（2）不同保温材料施工

1）管壳保温材料施工的要求：

a. 铺设平整，接缝处无明显错位，粘结牢固；

b. 每节应有两道环圆绑扎箍，其间距为 300~350mm；

c. 保温壳凸面与凹面拼接缝隙不应大于 5mm，并用粘结材料勾缝填满。

2）橡塑保温材料施工要求：

a. 保温材料粘结缝不得有爆开及空鼓现象。板材落料内侧周长应大于管道外侧周长 2~3mm。保温材料外侧周长应考虑厚度。

b. 胶粘剂（胶水）应在保质期内及未挥发，接缝处胶带应粘结力强。

c. 使用前查看胶粘剂（胶水）涂刷后干化时间，不出现过长或不足。

d. 胶粘剂（胶水）涂刷前，清除接缝处的灰尘或杂物。

e. 胶粘剂（胶水）的品牌、型号应适用粘结保温绝热材料。

3）阀类保温材料施工方法：

a. 阀门等管道配件外部形状不规则，所进的管壳保温料不适用，根据阀门的规格调整为硬质（聚苯乙烯）或半硬质（离心玻璃棉）平板保温材料。

b. 大规格阀门用硬质材料，小规格阀门用半硬质材料，并用油膏粘结。

（七）采暖管道防潮层施工要求：

（1）弯曲部分搭接缝不准脱开。

（2）立管、横管应顺水搭接。

（3）搭接缝上自攻螺钉应顺直、间距大小基本一致、接缝错位有规则。

（4）搭接长度应不小于 25mm。

（5）开孔四周打防水胶封闭。

## 二、施工质量验收

（一）进场材料验收

（1）对进场设备应检查铭牌上的参数是否满足设计文件要求和外部有否受碰撞而造成损坏现象。对进场材料应检查材料规格和型号是否与设计文件相同，并当场检测和检验，如对管材进行壁厚检测，对附件进行性能检验等。采暖工程中，常用的管材是无缝钢管和焊接钢管。由于无缝钢管是系列产品，验收必须按施工图纸要求进行。而焊接钢管有产品要求，因此必须按国家标准检测验收。

（2）当场进行清点，材料的品种、规格和数量必须满足施工要求，并做好验收记录和材料报表。

（3）应根据签订合同，检查材料的技术资料，对设备开箱验收后使用和安装说明书应妥善保管，材料质量证明书应收集装订，复核材料产品型号是否在许可生产范围之内，根据型式检验报告的参数，检查材料是否达到送检标准。

材料验收合格应报监理复验，验收不合格应清退出场。

（4）常见安装材料和设备的性能参数有设计提供，施工单位应认真组织验收。若施工图上无相关参数，可请设计单位补出。施工单位应认真做好参数核对工作，对参数未达标的材料和设备，应告知设计单位，确定材料和设备是否适用。

（二）材料、设备见证取样复验的复核

（1）送检复验前，应核对本工程散热器和风机盘管选用的型号和数量，核对保温材料的品种，检查送检散热器、风机盘管和保温材料品种和数量是否达到规范规定。

（2）散热器安装前必须查看见证取样送检报告，除报告盖有合格章外还必须有散热量和金属热强度检测结果。另外翼形和柱形散热器还应根据施工图纸查每组的片数，并根据房间面积和朝向，将不同片数的散热器组合放置。

（3）风机盘管安装前必须查看见证取样送检报告，除报告盖有合格章外还必须有供冷量、供热量、风量、出口静压、噪声及功率。

（4）保温材料施工前也必须查看见证取样送检报告，除报告盖有合格章外还必须有导热系数、密度和吸水率检测结果。同时要注意对后续进场的前厂家同种材质保温材料，还需做见证取样复试检测。如果施工过程中保温材料生产厂家有变动或材质改变，应按规范规定重新做见证取样性能检测。

（三）采暖节能系统管线布置与安装的控制

（1）查看施工图纸明确采暖管道系统安装敷设的制式。不允许为节省材料，将同程式采暖管道系统擅自改为异程式采暖管道系统。或认为同程式采暖管道系统效果好，擅自将异程式采暖管道系统改为同程式采暖管道系统。

（2）采暖管道系统的散热设备、配件、附件和仪表有两种要求规定，一种是设置部位按施工图纸进行安装，如散热设备、阀门、过滤器和止回阀等。另一种是设置部位除按施工图纸进行安装外，还需注意安装方向，如温度计、流量表、压力表、调节阀、平衡阀等，以便于今后观察、操作和调试。

（3）施工前在图纸会审时要从节能角度考虑管线敷设，查看原设计热（冷）水管线布置上是否满足节能规范要求，若存在不同，应及时向设计单位提出。主要是使热（冷）水管线系统达到节能的三个功能：1）将原先系统温度实行集中调控改变为系统实现分室（区）温度调控功能；2）将原先系统无计量设置调整为系统实现分栋、分区、分户冷热计量功能；3）将原先系统无流量控制改变为系统实现变流量或定流量功能。

（四）散热器与恒温阀安装注意事项

（1）复核施工图纸，查看散热器的型号、每组的片数与每组放置的部位是否有偏差。

（2）翼型散热器组装时注意材料放置，安装就位后应有临时防护措施，防止外力碰撞损坏翼片。柱形散热器两端安装带足片，安装就位后四脚不能有空隙。

（3）成组的散热器安装配管前，应进行压力试验。压力试验先查看原材料技术资料中产品承受等级，如大于系统压力，侧按系统工作压力的 1.25 倍对散热器组进行试验。散热器组装连接部位无渗漏水为合格，可安装于工程中。若出现渗漏，应拆开重新拼装和试压。

（4）除去表面的污垢和锈斑，涂非金属涂料。

（5）复核恒温阀型号、规格和动作参数是否与设计要求一致。若某个参数有变化，应及时与设计联系或调整产品。

（6）恒温阀应安装在每组散热器进水管上，用户可根据自己对室内温度高低的要求，自行进行调节和设定。恒温阀阀头应水平安装，若垂直安装或阀头被障碍物遮挡，将造成恒温阀不能真实反映出室内温度，也就是恒温阀不能及时地根据室内温度的变化进行调节，从而不能达到节能调节的目的。对于安装在装饰墙体内或箱柜内的恒温阀，应安装外罩式传感器，传感器应设置在能反映房间温度的位置。

（五）低温热水地面辐射供暖系统施工控制

（1）低温循环热水埋地管道应选用化学稳定性好、耐腐蚀、导热系数大、流动阻力小的塑料制品的管材及配件。当设计未指定管材品牌时，应按规范要求选择聚乙烯管（材料等级为 PE80 或 PE100）或聚丁烯（PB），不宜选择聚氯乙烯管和配件。

（2）室内地面低温热水管道敷设前，查看地面是否平整，当存在高低应修正和找平，核查管道敷设长度、开档、间距、部位和排列是否达到设计图纸要求，检查固定点的数量和设置的牢度。

（3）无地下室的室内底层，管道敷设前，应先铺设防潮层和绝热层。然后安装低温热水管道。绝热层材料采用聚苯乙烯泡沫塑料板〔导热系数为 $\leqslant 0.041 W/(m \cdot K)$，密度 $\geqslant 20.0 kg/m^3$〕时其厚度不应小于 30mm。

（4）现场观察室内温控传感器的放置部位是否受到阳光直射或周边有否产生热源，以及测量设置高度是否在 1.4m 处。如果设置部位不能达到上述要求，应进行调整。

（六）采暖管道保温层材料和施工验收：

（1）保温材料使用前用明火检测是否不燃或耐燃的产品，若在明火中仍保持原样，产品可用于工程中管道和设备的保温。若在明火中一起燃烧或离开明火自灭，侧产品禁止用在工程上。另外还要查看产品节能检测报告，检测结果合格的可工程中使用，不合格的同样禁止在工程中使用。

（2）不同保温材料的检查

1）管壳保温材料检查的标准：

a. 管线平整度整体目测无明显纵横方向弯曲，若存在波折有两种原因产生：一是管线本身存在弯曲，二是管壳存在空鼓现象。采取手摸方式检查接缝处有否高差和管壳松动。上述问题存在应进行整改，达到观感标准和节能要求。

b. 在保温壳施工前，检查每节保温管壳是否有两道环圆绑扎箍和间距在 350mm 以内，若有遗漏或间距超标，应进行补绑扎和间距调整。

c. 查看保温壳凸面与凹面拼接缝隙大小，若大于 5mm 原因可能是出在无缝钢管和焊接钢管选用，若小于 5mm 原因是保温壳存在空鼓。对于接缝空隙要用粘结材料填满，经检查后方能防潮壳施工。

2）橡塑保温材料检查标准：

a.橡塑保温材料有管状型和平板型二种，管状型材料应按规格排列堆放整齐并挂牌标明，施工前按工程实际敷设管线选择各种规格保温材料并作一一交底。施工过程中加强检查，如发现保温材料纵向接缝处有爆开现象，说明保温材料规格用错，即保温材料规格小于管道规格。如保温材料有空鼓现象，说明绝热材料规格大于管道。对于平板保温料，板材落料时根据保温材料的厚度，外侧周长应考虑大于内侧周长2～3mm。如保温料连接缝脱开，胶粘剂涂刷前未去除连接端面的污垢。

b.胶结剂（胶水）应选择正宗的产品，切莫使用价格便宜的劣质产品。胶粘剂（胶水）使用前应察看是否在保质期内，过期不准使用。胶粘剂（胶水）是一种易挥发品，瓶盖应随用随开，不用时应随即盖紧。粘结胶带使用前，检查黏性强度，黏性不强的胶带应作报废处理。

c.胶粘剂（胶水）涂刷后，自然干化时间为（春、夏、秋）季为8～16min，冬季或雨季为20 min以上，或按胶粘剂（胶水）使用说明书上的干化时间，达到后方可合缝粘接。

d.用手检查接缝部位粘结是否牢固，脱开除胶粘剂（胶水）使用要领未掌握外，就是胶粘剂（胶水）涂刷前，未清除接缝处的灰尘或杂物。清除灰尘、杂物和干固胶粘剂，按要求重新粘结。

e.检查胶粘剂说明书上的品牌、型号及适用对象，若出现选用错误，应调换产品重新粘结。

3）阀类保温材料检查标准

a.大规格阀门将平板保温材料划成小块状，沿阀体外部不规则形状，用粘结油膏连成一体。对保温空鼓处用同种材料进行填塞，用扎带较密绑扎，然后用玻璃丝布缠绕。

b.小规格阀门可将半硬质材料划成小块状，沿阀体外部不规则形状落料，边敷设边用扎带较密绑扎，然后用玻璃丝布缠绕。

（七）采暖管道防潮层施工验收：

（1）用手按住弯曲部位的虾壳弯搭接缝，查看搭接长度和两片是否咬合。如有脱开现象，经上下调整，仍无法解决，应重新放样施工。从三个方面考虑：一要注意管道的弧度，二要注意保温壳的直径，三要注意搭接缝的余量。

（2）立管应上片搭下片，即由下往上安装。横管搭接缝应在底部中心线两侧45°范围内，即上片搭下片，自攻螺钉连接。

（3）搭接缝上自攻螺钉弯曲和间距大小应调整，调整前应划直线和确定间距，逐一调整。用手转动防潮层，使错位有规则。

# 第八节　配电与照明节能

## 一、质量控制要点

（一）材料确定要求

（1）进入施工现场材料必须符合施工图纸要求和现行国家标准和规定。现场材料验收前需确认质量证明文件和相关技术资料齐全，符合国家现行标准和规定。

（2）要根据施工图纸确认配电与照明系统安装工程所用设备及材料的数量。

（3）施工前必须确定照明系统的照明光源、灯具及附属装置的选择符合设计要求和规范标准。

（二）施工前材料、设备见证取样复验

（1）根据《建筑节能工程施工质量验收规范》GB 50411—2007 的规定，配电与照明工程中的电线电缆安装施工前，必须做见证取样节能复验。规定复验合格可用在工程中，复验不合格本批材料禁止在工程中使用，并应清退出场。

（2）电线电缆的型号规格必须达到设计要求，同厂家各种规格的电线电缆按其总数的 10% 进行见证取样送检，但不得少于 2 个规格。

（三）施工确定要求

（1）施工现场必须协同建设单位做好隐蔽工程的检测与验收。

（2）工程施工前应具备符合要求的配电和照明系统图纸。

（3）工程施工应按正式设计文件和施工图纸进行，不得随意更改。若确需局部调整和变更的，需有设计单位、监理单位确认的"设计变更单"，经批准后方可施工。

**二、施工质量验收**

（一）进场材料验收

（1）产品验收首先与施工图核对，查看品牌、型号、功率等相关参数。然后根据产品的技术资料对实物及附件检查，自检合格产品报监理复验。与施工图不符或不能达到产品标准以及技术资料不全应清退出场。

（2）应根据施工图编制材料分析预算，按预算内品种、规格、数量与供货商签订材料订货合同。同时可以通过预算，控制和分析工程中材料消耗状况，以及工程施工完毕作合同预算与施工预算对比之用。

（3）施工安装前应按照《建筑节能工程施工质量验收规程》DGJ 08-113—2009DE 的规定，查看电气系统照明光源、灯具及附属装置布置状况，与"规程"不符或达不到节能效果的部分应及时反馈设计，经调整系统达到"规程"标准方可施工。

（二）材料、设备见证取样复验的复核

（1）送检复验前，应核对本工程电线电缆选用的型号和数量，检查送检电线电缆品种和数量是否达到规范规定。

（2）电线电缆安装前必须查看见证取样送检报告，除报告盖有合格章外还必须有电线电缆截面和导体电阻值的检测结果。

（三）系统施工控制

（1）施工现场应认真做好配电与照明系统的隐蔽工程验收，应检查隐蔽工程验收资料是否齐全，是否经过施工方技术负责人和专业监理确认。

（2）工程施工前应具备下列配电和照明系统图纸：

1）系统原理及系统接线图。

2）灯具、配电柜等设备安装要求及安装图。

3）中心控制室、变配电机房的设计及设备布置图。

4）管线要求及管线敷设图

（3）工程施工应按正式设计文件和施工图纸进行，不得随意更改。

施工验收时应对下列技术性能进行核查，并经监理工程师进行检查认可，形成相应的验收、核查记录。

1）荧光灯灯具和高强度气体放电灯灯具的效率不应低于规定值（规定值可参见《建筑节能工程施工质量验收规范》）。

2）管型因光灯镇流器能效限定值不应低于规定值（规定值可参见《建筑节能工程施工质量验收规范》）。

3）低压配电系统选择的电缆、电线截面不得低于设计值；应进行见证取样送检。

4）配电工程安装完成后应对低压配电系统进行调试和进行低压配电电源质量进行检测，其中：

a. 供电电压允许偏差：三相供电电压允许偏差为标称系统电压的 $\pm 7\%$；单相为 $+7\%$、$-10\%$。

b. 公共电网谐波电压限值为：380 的标称电压，电压总谐波畸变率为 $5\%$，奇次（$1\sim25$ 次）谐波含有率 $4\%$，偶次（$2\sim24$ 次）谐波含有率 $2\%$。

c. 三相电压不平衡度允许值为 $2\%$，短时不得超过 $4\%$。

5）在通电试运行中，应测试并记录各功能区每处不少于 2 处的照明系统的照度和功率密度值。

a. 照度值不得小于设计值的 $90\%$；

b. 功率密度值应符合《建筑照明设计标准》GB 50034 中的规定。

# 第九节  监测与控制节能

## 一、质量控制要点

（一）材料确定要求

（1）监测与控制系统施工前应对设备、材料及附属产品的品种、规格、型号、外观和性能等进行检查验收，并经监理工程师（建设单位代表）进行检查认可，形成相应的验收、核查记录。各种设备、材料和产品附带的质量证明文件和相关技术资料应齐全，并应符合国家现行有关标准和规定。

（2）监测与控制系统的现场仪表质量对系统功能发挥和系统节能运行影响较大，应对其进行重点检查。

（二）施工确定要求

（1）施工单位应依据监测与控制系统设计文件制定系统控制流程图和节能工程施工验收大纲。

（2）监测与控制系统的实施应分为工程实施和系统检测两个阶段分别进行现场管理和质量控制。

（3）监测与控制系统的设备现场安装应符合《建筑节能工程施工质量验收规范》GB 50411—2007 规范的要求。

## 二、施工质量验收

（一）进场材料验收

（1）监测与控制系统采用的设备、材料及附属产品进场时，应按照设计要求对其品种、规格、型号、外观和性能进行检查，然后根据产品的技术资料对实物及附件检查，自检合格产品报监理工程师复验认可，并应形成相应的质量记录。与施工图不符或不能达到产品标准以及技术资料不全应清退出场。

（2）应根据施工图重点核对监测与控制系统采用的现场仪表品种、规格、数量以及与供货商签订的设备订货合同相符情况。

（二）系统施工控制

（1）应检查施工单位是否依据设计文件和施工情况制定了符合规范要求的系统控制流程图和节能工程施工验收大纲，验收大纲内的节能指标是否满足建筑节能规范的规定和节能设计值的要求。

（2）监测与控制系统应分为工程实施和系统检测两个阶段进行控制：

1）工程实施应检查监测与控制系统确认质量证明文件和相关技术资料齐全，施工要求符合国家现行标准和规定。

a. 工程实施由施工单位和监理单位随工程实施过程进行，分别对施工质量管理文件、设计符合性、产品质量、安装质量进行检查，及时对隐蔽工程和相关接口进行检查，同时，应有详细的文字和图像资料。

b. 系统试运行应对各监控回路分别进行自动控制投入、自动控制稳定性、监测控制各项功能、系统连锁和各种故障报警试验。

2）系统检测应包括工程实施文件和系统自检文件的复核，应对监测与控制系统的安装质量、系统节能监控功能、能源计量及建筑能源管理等进行检查和检测。应通过调出试运行历史数据，通过查看现场试运行记录和对试运行历史数据进行分析，确定监测与控制系统是否符合下列要求：

a. 空调与采暖的冷热源、空调水系统的监测系统应成功运行，控制及故障报警功能应符合设计要求。

b. 通风与空调的监测控制系统的控制功能及故障报警功能应符合设计要求。

c. 监测与计量装置的检测计量数据应准确，并符合监测与控制系统对测量准确度的要求。

d. 供配电的监测与数据采集系统应符合设计要求。检查监测与控制系统监测的供配电系统运行工况，并在中央工作站检查运行数据和报警功能。

e. 照明自动控制系统的功能应符合设计要求，当设计无要求时应实现下列控制功能：

（a）大型公共建筑的公用照明区应采用集中控制并应按照建筑使用条件和天然采光状况采取分区、分组控制措施，并按需要采取调光或降低照度的控制措施。

（b）旅馆的每间（套）客房应设置节能控制型总开关。

（c）居住建筑有天然采光的楼梯间、走道的一般照明，应采用节能自熄开关。

（d）房间或场所设有两列或多列灯具时，应按下列方式控制：

a）所控灯列与侧窗平行；

b）电教室、会议室、多功能厅、报告厅等场所，按靠近或远离讲台分组。

f. 综合控制系统应对以下项目进行功能验收，其功能应满足要求：

426

（a）建筑能源系统的协调控制；

（b）采暖、通风与空调系统的优化监控。

（c）建筑能源管理系统的能耗数据采集与分析功能，设备管理和运行管理功能，优化能源调度功能，数据集成功能应符合设计要求。

（3）设备现场安装应符合《建筑节能工程施工质量验收规范》GB 50411—2007 规范相关要求及下列规范规定的要求：

1）传感器的安装质量应符合《自动化仪表工程施工及验收规范》的有关规定。

2）阀门型号和参数应符合设计要求，安装位置等应符合产品安装要求。

3）压力和差压仪表的取压点、仪表配套的阀门安装应符合产品要求。

4）流量仪表的型号和参数等应符合产品要求。

5）温度传感器的安装位置等应符合产品要求。

6）变频器安装位置、电源回路敷设、控制回路敷设应符合设计要求。

7）智能化变风量末端装置的温度设定器安装位置应符合产品要求。

8）涉及节能控制的关键传感器应预留检测孔或检测位置，管道保温时应做明显标注。

# 第十节　建筑节能基本规定和分部工程质量验收

## 一、基本规定

（一）技术与管理

（1）承担建筑节能工程的施工企业应具备相应的资质；施工现场应建立相应的质量管理体系、施工质量控制和检验制度，具有相应的施工技术标准。

（2）设计变更不得降低建筑节能效果。当设计变更涉及建筑节能效果时，应经原施工图审查机构审查，并应办理设计变更手续。

（3）建筑节能工程采用的新技术、新设备、新材料、新工艺，应按照有关规定进行评审、鉴定及备案。施工前应对新的或首次采用的施工工艺进行评价，并制定专项施工方案。

（4）单位工程的施工组织设计应包括建筑节能工程施工内容。建筑节能施工前，施工单位应对从事建筑节能工程施工作业的人员进行技术交底和必要的实际操作培训。

（5）建筑节能工程的质量检测，应由相应资质的检测机构承担。

（二）材料与设备

（1）建筑节能工程所用材料、设备等应符合设计要求及国家有关标准规定。严禁使用国家明令禁止使用与淘汰的材料和设备。

（2）材料和设备进场验收应遵守下列规定：

1）对材料和设备的品种、规格、包装、外观、尺寸、标识进行检查验收，并应经监理工程师（建设单位代表）确认，形成相应的验收记录。

2）对材料和设备的质量证明文件进行核查，并应经监理工程师（建设单位代表）确认，纳入工程技术档案。进入施工现场用于节能工程的材料和设备均应具有产品质量保证书、出厂合格证、有关性能检测报告；多组分节能保温材料应有含材料配合比的中文说明书；定型产品和成套技术应有型式检验报告，进口材料和设备应按规定进行出入境商品检验。

3）材料和设备进场应按照规定复验。复验应为见证取样送检。

（3）建筑节能工程使用材料的燃烧性能等级和阻燃处理，应符合设计要求和相关标准规定。

（4）建筑节能工程使用的材料应符合国家现行有关标准对材料有害物质限量的规定，不得对室内外环境造成污染。

（5）现场配制的材料如保温浆料、聚合物砂浆等，应按照施工方案和产品说明书配制。有特殊要求的材料，应按试验室给出的配合比配制。

（6）节能保温材料在施工使用时的含水率应符合设计要求、工艺要求及施工技术方案要求。当无上述要求时，节能保温材料在施工使用时的含水率不应大于正常施工环境湿度下的自然含水率，否则应采取降低含水率的措施。

（三）施工与控制

（1）建筑节能工程应按照经审查合格的设计文件和经审查批准的施工方案施工。

（2）在建筑节能分部工程开工前，建设单位应组织监理单位、设计单位、总包单位、建筑节能施工单位、节能系统材料供应商对建筑节能施工图设计文件（包括设计变更）进行专项设计交底，并明确节能保温工程技术要求；施工单位、监理单位应对设计文件中不明确的内容提请设计单位明确或认可。

对于采用相同建筑节能设计的房间和构造做法，应在现场采用相同材料和工艺制作样板间或样板件，经有关各方确认后方可进行施工。

（3）对首件样板、隐蔽工程和关键节点施工以及材料现场取样、实体现场检测过程监理工程师应旁站，并留有影像资料。

（4）民用建筑节能工程的施工作业环境和条件，应满足相关标准和施工工艺的要求。节能保温材料不得在雨雪和大风天气中露天施工。

（四）验收的划分

（1）建筑节能工程为单位工程的一个分部工程。其分项工程和检验批的划分，应符合表 13-19 划分，墙体节能工程可按实际应用墙体保温系统作为建筑节能分项工程。

（2）建筑节能工程应按照分项工程进行验收。建筑节能分项工程的工程量较大时，可以将分项工程划分为若干个检验批进行验收。

（3）当建筑节能工程验收无法按照上述要求划分分项工程获检验批时，可由建设、监理、施工等各方协商进行划分。但验收项目、验收内容、验收标准和验收记录均应遵守规范规定。

（4）建筑节能分项工程和检验批的验收应单独填写验收记录，节能验收资料应单独组卷。

**二、建筑节能工程现场检验**

（一）围护结构建筑节能现场实体检验

（1）建筑围护结构施工完成后，应对围护结构的外墙节能构造和严寒、寒冷、夏热冬冷地区的外窗气密性进行现场实体检测。当条件具备时或有争议时，可直接进行外墙、屋顶传热系数、隔热性能进行检测。

| 序号 | 分项工程 | | 主要验收内容 |
|---|---|---|---|
| 1 | 墙体节能工程子分部工程 | 聚苯板（EPS/XPS）薄抹灰外墙外保温系统 | 主体结构基层；保温系统；饰面层 |
| | | 胶粉聚苯颗粒保温浆料外墙外保温系统 | |
| | | 硬泡聚氨酯喷涂外墙外保温系统 | |
| | | 水泥基保温砂浆外墙外保温系统 | |
| | | 保温装饰板外墙外保温系统 | |
| | | 泡沫玻璃板外墙外保温系统 | |
| | | 钢丝网架聚苯板（EPS）整浇外墙外保温系统 | |
| | | 龙骨干挂内填矿物棉制品内保温系统 | |
| | | 增强粉刷石膏聚苯板外墙内保温系统 | |
| | | 用于内外组合保温系统内保温砂浆 | |
| | | 外墙自保温 | |
| 2 | 幕墙节能工程 | | 主体结构基层；隔热铝型材；玻璃；单元式幕墙板块；通风换气系统；遮阳设施；保温材料；冷凝水收集排水系统等 |
| 3 | 门窗节能工程 | | 门；窗；玻璃；遮阳设施等 |
| 4 | 屋面节能工程 | | 基层；保温隔热层；保护层；防水层；面层等 |
| 5 | 楼地面节能工程（包括地下室保温） | | 基层；保温层；保护层；面层等 |
| 6 | 采暖节能工程 | | 系统制式；散热器；阀门与仪表；热力入口装置；保温材料；调试等 |
| 7 | 通风与空气调节节能工程 | | 系统制式；通风与空调设备；阀门与仪表；绝热材料；调试等 |

（2）外墙节能构造的现场实体检验方法应符合现行国家标准 GB 50411 附录 C 的要求。其检验目的是：

1）验证墙体保温材料的种类是否符合设计要求；

2）验证保温层厚度是否符合设计要求；

3）检查保温层构造做法是否符合设计和施工方案要求。

（3）严寒、寒冷、夏热冬冷地区的外窗现场实体检测应按照国家现行有关标准的规定执行。其检验目的是验证建筑外窗气密性是否符合节能设计要求和国家有关标准的规定。

（4）外墙节能构造和外窗气密性的现场实体检验，其抽样数量可以在合同中约定，但合同中约定的抽样数量不应低于规范的要求。当无合同约定时应按照下列规定抽样：

1）每个单位工程的外墙至少抽查 3 处，每处一个检查点；当一个单位工程外墙有 2 种以上节能保温做法时，每种节能做法的外墙应抽查不少于 3 处；

2）每个单位工程的外窗至少抽查 3 樘。当一个单位工程外窗有 2 种以上品种、类型和开启方式时，每种品种、类型和开启方式的外窗应抽查不少于3樘。

（5）外墙节能构造的现场实体检验应在监理（建设）人员见证下实施，可委托有资质的检测机构实施，也可由施工单位实施。

（6）外墙气密性的现场实体检测应在监理（建设）人员见证下抽样，委托有资质的检测机构实施。

（7）当对围护结构的传热系数进行检测时，应由建设单位委托具备检测资质的检测机构承担；其检测方法、抽样数量、检测部位和合格判定标准等可在合同中约定。

（8）当外墙节能构造或外窗气密性现场实体检验出现不符合设计要求和标准规定的情况时，应委托有资质的检测机构扩大一倍数量抽样，对不符合要求的项目或参数再次检验。仍然不符合要求时应给出"不符合设计要求"的结论。

对不符合要求的工程，应采取技术措施进行整改，并应重新进行检测，检测合格后方可通过验收。

（二）系统节能性能检测

1. 采暖、通风与空调、配电与照明工程安装完成后，应进行系统节能性能的检测，且应由建设单位委托具有相应检测资质的检测机构检测并出具报告。受季节影响未进行的节能性能检测项目，应在保修期内补做。

2. 采暖、通风与空调、配电与照明系统节能性能检测的主要项目及要求见表13-20，其检测方法应按国家现行有关标准规定执行。

系统节能性能检测主要项目及要求　　　　　　　　　表13-20

| 序号 | 检测项目 | 抽样数量 | 允许偏差 | 规 定 值 |
|---|---|---|---|---|
| 1 | 室内温度 | 居住建筑每户抽测卧室或起居室1间，其他建筑按房间总数抽测10% | — | 冬季不得低于设计计算温度2℃，且不应高于1℃；夏季不得高于设计计算温度2℃，且不应低于1℃ |
| 2 | 供热系统室外管网的水力平衡度 | 每个热源与换热站均不少于1个独立的供热系统 | — | 0.9~1.2 |
| 3 | 供热系统的补水率 | 每个热源与换热站均不少于1个独立的供热系统 | — | 0.5%~1% |
| 4 | 室外管网的热输送效率 | 每个热源与换热站均不少于1个独立的供热系统 | — | ≥0.92 |
| 5 | 各风口的风量 | 按风管系统数量抽查10%，且不得少于1个系统 | ≤15% | — |
| 6 | 通风与空调系统的总风量 | 按风管系统数量抽查10%，且不得少于1个系统 | ≤10% | — |
| 7 | 空调机组的水流量 | 按系统数量抽查10%，且不得少于1个系统 | ≤20% | — |
| 8 | 空调系统冷热水、冷却水总流量 | 全数 | ≤10% | — |
| 9 | 平均照度 | 按同一功能区不少于2处 | ≤10% | — |
| 10 | 照明功率密度 | 按同一功能区不少于2处 | — | 符合《建筑照明设计标准》GB 50034中的规定 |
| 11 | 现场设备总精度 | 用能系统的传感器按照总数10%抽检，且不得少于10个，少于10个全数检查；控制设备和执行器按照总数的20%抽检，且不得少于5个，少于5个时全数检查。 | 流量传感器≤20%；其他≤5% | — |

注：总精度指现场采集数据与管理中心显示指标。

3. 系统节能性能检测的项目和抽样数量也可以在工程合同中约定，必要时可增加其他检测项目，但合同中约定的检测项目和抽样数量不应低于表13-20的规定。

**三、建筑节能分部工程质量验收**

（1）建筑节能分部工程的质量验收，应在检验批、分项工程全部验收合格的基础上，进行外墙节能构造实体检验，严寒、寒冷和夏热冬冷地区的外窗气密性现场检测，以及系统节能性能检测和系统联合试运转与调试，确认建筑节能工程质量达到验收条件后方可进行。

（2）建筑节能隐蔽工程、检验批、分项工程、分部工程完工后，施工单位应对其施工质量进行自检，自检合格后报监理单位（建设单位）组织验收。在建筑节能分部工程验收之前，监理单位应出具建筑节能分部工程监理评估报告。

（3）建筑节能工程验收的程序和组织应遵守《建筑工程施工质量验收统一标准》GB 50300的要求，并应符合下列规定：

1）节能工程的检验批验收应由监理工程师主持，施工单位的相关专业的质量检查员与施工员参加；

2）节能分项工程验收应由监理工程师主持，施工单位项目技术负责人和相关专业的质量检查员与施工员参加；必要时可邀请设计单位相关专业的人员参加；

3）节能分部工程验收应由总监理工程师（建设单位项目负责人）主持，施工单位、设计单位、外墙、屋面、门窗、幕墙等主要节能材料供应商（分包单位）的项目负责人应参加，质量监督机构应监督验收过程。

（4）建筑节能工程的检验批质量验收合格，应符合下列规定：

1）检验批应按主控项目和一般项目验收；

2）主控项目应全部合格；

3）一般项目应合格；当采用计数检验时，至少应有90％以上的检查点合格，且其余检查点不得有严重缺陷；

4）应具有完整的施工操作依据和质量验收记录。

（5）建筑节能分项工程质量验收合格，应符合下列规定：

1）分项工程所含的检验批均应合格；

2）分项工程所含检验批的质量验收记录应完整。

（6）建筑节能分部工程质量验收合格，应符合下列规定：

1）分项工程应全部合格；

2）质量控制资料应完整；

3）外墙节能构造现场实体检验结果应符合设计要求；

4）严寒、寒冷和夏热冬冷地区的外窗气密性现场实体检测结果应合格；

5）建筑设备工程系统节能性能检测结果应合格。

（7）建筑节能工程验收时应对下列资料核查，并纳入竣工技术档案：

1）设计文件、图纸会审记录、设计变更和洽商；

2）主要材料、设备和构件的质量证明文件、进场检验记录、进场复验报告；

3）隐蔽工程验收记录和相关图像资料；

4）检验批、分项工程质量验收记录；

5）建筑围护结构节能构造现场实体检验记录；

6）严寒、寒冷和夏热冬冷地区外窗气密性现场检测报告；

7）风管及系统严密性检验记录；

8）现场组装的组合式空调机组的漏风量测试记录；

9）设备单机试运转及调试记录；

10）系统联合试运转及调试记录；

11）其他对工程质量有影响的重要技术资料。

# 第十四章　门窗与幕墙工程

目前门窗的种类很多，除了原来的木门窗、钢门窗、铝合金门窗、涂色钢板门窗、塑料门窗和各类特种门等建筑门窗外，各种新型的建材产品在工程中的大量运用，使建筑门窗的规格、构造和功能等有了很大的变化，使建筑物的门窗种类变得更加丰富多彩，同时也提高了房屋建筑装饰的档次。

我国幕墙工程从 1984 年起步开始发展很快，在短短的 20 多年时间内，发展成为世界幕墙大国。已从起步阶段的铝合金玻璃幕墙向全玻璃、金属、石材、点支承、单元式、索网、光伏等幕墙多元化发展。

目前门窗的制作、生产已逐步走向标准化、规格化和商品化，除了有些单位为了追求装饰效果的不同，木门窗由施工单位自行制作外，基本上门窗都由工厂加工制作，许多地方门窗产品都有标准图集，使门窗有统一的规格尺寸。特殊门窗也应经计算设计，按设计图在工厂加工制作，工厂化生产保证了制作的质量。因此本章就工业与民用建筑的木门窗、钢门窗、铝合金门窗、涂色钢板门窗、塑料门窗和特种门等的安装施工技术和质量监督控制方面提出了一些值得注意的事项，供质量检查人员参考。

## 第一节　门　窗　工　程

### 一、一般规定

（一）门窗安装前的要求

（1）门窗的种类、型号、规格和开启方向必须符合设计要求。

（2）门窗及零附件产品必须符合国家和行业标准的规定。

（3）门窗及零附件产品必须有出厂质量证书。不得使用不合格产品。

（4）铝合金门窗、塑料门窗应有抗风压性能、雨水渗漏和空气渗透性能的测试报告，外墙金属窗、塑料窗应进行抗风压性能、雨水渗漏和空气渗透性能的复验，并符合设计要求。无门窗制作资质和超越资质范围的施工单位不得自行加工制作铝合金门窗和塑料门窗。

（5）门窗构造尺寸应按设计洞口并扣除洞口的间隙尺寸订购或加工制作。一般每边间隙为 15～20mm，当墙面为大理石装饰面和有窗台板时间隙为 50mm。

（6）砌筑门窗洞口时，应按门窗品种、规格设置预埋件，预埋件一般为混凝土块或铁件；木门窗可设置经防腐处理的木砖，但当为单砖或轻质隔墙时，应埋设混凝土木砖，以防松动。大型门应设置相匹配的金属预埋件。

（7）门窗框与墙体间缝隙的填嵌材料应符合设计要求，填嵌应饱满。寒冷地区和有保温要求地区的外门窗框与墙体间的空隙应填充保温材料。铝合金门窗和塑料门窗与洞口应采用有弹性和粘结性的密封膏内外侧嵌缝密封。

(8) 铝合金门窗型材壁厚：门宜 2mm，窗宜 1.2mm，塑料门窗型材的壁厚应大于 2.3mm。

**（二）门窗贮运中的产品保护**

(1) 门窗在装运时，底部应用枕木垫平，其间距为 500mm 左右。枕木表面应平整光滑。门窗应竖直排放，并固定牢靠。金属、塑料门窗樘与樘之间应用非金属软质材料隔开，以防相互摩擦及压坏五金配件。玻璃运输时，应装箱直立紧靠放置，并固定牢固，空隙应用软物填实，使玻璃在运输过程中不发生摇动、碰撞的现象。

(2) 门窗运输时应做好防雨措施。装卸和堆放时要轻抬轻放，不得随意溜滑和撬甩，不得在框扇内插入抬杆起吊。吊运时表面应用非金属软质材料衬垫，并选择牢靠平稳的着力点，以免门窗表面擦伤和变形。

(3) 门窗应按规格、型号分类存放，严禁乱堆乱放。

(4) 门窗应在室内竖直排放，靠墙角度不应大于 70°并用枕木垫平。禁止与酸、碱等有害杂物一起存放。塑料门窗存放的环境温度应低于 50℃，与热源应隔开 1m 以上。玻璃和玻璃门应立放紧靠，靠墙角度不应大于 70°并用枕木垫平，不得歪斜和平放，不得受重压和碰撞。当存放在室外时，必须用方枕木垫水平；并做好遮盖措施，避免日晒雨淋。

**（三）门窗安装过程中的注意事项**

(1) 门窗安装应采用预留洞的方法，禁止采用边安装边砌或先安装后砌的方法，以避免砌筑过程中对门窗造成损坏、变形和移位。

(2) 门窗安装前应事先检查门窗是否变形、损坏，对损坏、变形的应予以修复，对保护膜脱落的应予以补贴，对无法修复的门窗应予剔除。

(3) 门窗安装前应根据图纸要求逐樘核对门窗的品种、规格、型号、数量和安装位置及开启方向。

(4) 门窗安装前应将洞口内墙体表面的附着物清除干净，以免影响安装质量和造成渗漏。

(5) 门窗安装前应对预埋件、锚固件和隐蔽部位的防腐、填嵌处理进行隐蔽工程验收。

(6) 门窗安装时，除应控制同一楼层的水平标高外，还应控制同一部位门窗的整体垂直偏差，做到整个建筑物同一类型的门窗安装横平竖直。

(7) 当金属或塑料门窗为组合时，应加拼樘料，拼樘料的材质、规格、尺寸和壁厚应符合设计要求。拼樘料应采用曲面搭接形式。

(8) 门窗安装应平整，不得扭斜。门窗固定可采用焊接、膨胀螺栓或射钉等方式，但固定在砖墙上时，严禁采用射钉，以免砖破碎而影响门窗的固定和造成墙面渗水。门窗框与墙体间需填塞保温、隔声材料时，应塞实、饱满均匀。

(9) 在施工过程中不得在门窗框上搁置脚手架、板或悬挂重物，以免门窗变形、损坏。

(10) 平开门窗应装定位装置。防火门应装闭门器。推拉门窗必须装限位装置，以防门窗扇脱落。

(11) 七层以上不得采用外平开窗，以防窗扇脱落造成安全事故。

**（四）门窗安装完毕后的产品保护**

（1）施工中，利用门窗洞口作料具、人员进出口时，应将门窗边框、窗下槛用木板或其他材料保护，以防碰伤框边。

（2）施工过程中应防止物料撞坏门窗，特别是搭、拆、转运脚手架等时，不得在门窗框、扇上拖拽和搁置，不得在门窗扇上吊挂物料。

（3）无保护膜的门窗框在抹水泥砂浆、喷涂、打胶等易污染作业时，应事先在门窗框表面贴纸或薄膜遮盖保护。

（4）当清除门窗和玻璃表面污染物时，不得使用金属利器或硬物铲擦。当用清洗剂时，应采用对门窗无腐蚀性的中性清洗剂。

（五）门窗工程验收

（1）门窗工程验收时应检查下列文件和记录：

1）门窗工程的施工图、设计说明及其他设计文件。

2）材料的产品合格证书、性能检测报告、进场验收记录和复验报告。

3）隐蔽工程验收记录。

（2）门窗工程应对下列材料及其性能指标进行复验：

1）人造木板的甲醛含量。

2）建筑外墙金属窗、塑料窗的抗风压性能、空气渗透性能和雨水渗漏性能。

（3）门窗工程应对下列隐蔽工程项目进行验收：

1）预埋件和锚固件。

2）隐蔽部位的防腐、填嵌处理。

（4）各分项工程的检验批按下列规定划分：

1）同一品种、类型和规格的木门窗、金属门窗、塑料门窗及门窗玻璃每 100 樘应划分为一个检验批，不足 100 樘也划分为一个检验批。

2）同一品种、类型和规格的特种门每 50 樘应划分为一个检验批，不足 50 樘也划分为一个检验批。

（5）检查数量应符合下列规定：

1）木门窗、金属门窗、塑料门窗及门窗玻璃，每个检验批应至少抽查 5%，并不得少于 3 樘，不足 3 樘时应全数检查；高层建筑的外窗，每个检验批应至少检查 10%，并不得少于 6 樘，不足 6 樘时应全数检查。

2）特种门每个检验批应至少检查 50%，并不得少于 10 樘，不足 10 樘时应全数检查。

## 二、木门窗

（一）木门窗的制作技术要求

1. 材料要求

（1）木门窗的木材品种、材质等级、规格、尺寸、框扇的线型及人造木板的甲醛含量应符合设计要求，当设计对材质等级未作规定时，应不低于国家规定的木门窗用木材的质量要求。

（2）木门窗应采用烘干的木材，其含水率不应大于当地气候的平衡含水率，一般在气候干燥地区不宜大于 12%，在南方气候潮湿地区不宜大于 15%。

（3）木门窗框与砌体、混凝土接触面及预埋木砖均应防腐处理。沥青防腐剂不得用于室内。对易腐朽和虫蛀的木材应进行防腐、防虫处理。木材的防火、防腐、防虫处理应符合设计要求。

2. 制作要求

（1）木门窗的结合处和安装配件处不得有木节或填补的木节。当其他部位有允许限值范围内的死节和直径较大的虫眼时，应用同一材质的木塞加胶填补。当门窗表面用清漆涂饰时，木塞的木纹和色泽应与制品一致。

（2）门窗框、扇的榫与榫眼必须用胶、木楔加紧，嵌合严密平整，胶料品种应符合规范规定。当门窗框和厚度大于50mm的门窗扇时，应用双榫连接。榫槽应采用胶料严密嵌合，并用木楔加紧。

（3）胶合板门、纤维板门和模压门不得脱胶，胶合板不得刨透表层单板，不得有戗槎。制作胶合板门、纤维板门时，边框和横楞应在同一平面上，面层、边框及横楞应加压胶结。横楞和上下冒头应有不少于两个透气孔，透气孔应畅通。

（4）机加工的装饰线，表面应将机刨印打磨光滑。

（5）装饰薄皮粘贴牢固平顺，无明显接缝，薄皮不起鼓、不翘边和脱胶。

（6）门窗表面平整，拼缝严密，无戗槎、刨痕、毛刺、锤印、缺棱和掉角。清油制品应无明显色差。

（二）木门窗安装施工技术要求

（1）门窗安装前，应根据施工图在洞口下50cm位置拉水平统线，以此为基准在洞口位置标出门窗安装的水平标高，然后用经纬仪或吊垂线在洞口位置标出同一部位门窗的边线和中线，以确定门窗安装的水平和垂直方向的位置。每一楼层和同一房间窗下口的标高应保持一致。

（2）门窗进出边线应根据门窗施工图确定门窗在墙厚方向的进出位置。当外墙厚度有偏差时，宜以同一房间的窗台板外露宽度一致为准。

（3）将不同规格的木门窗框搬到相应洞口位置，并在门框上下边划出中线。

（4）木门窗框安装时，应用木楔临时固定，用线坠和水平尺与洞口面标出的位置进行校正，并调整门窗的前后位置，待位置校正后，用钉子将门窗框固定在木砖上，每块木砖应钉两只钉子，钉子钉入木砖深度不应小于50mm，钉帽应砸扁冲人框内；当门窗框较大或硬木门窗框时，应用铁脚与洞口墙体结合固定。

（5）门窗扇安装应控制好缝隙大小，以免门缝太大漏风，太小造成门启闭碰擦。不得采用补钉板条调整门窗风缝。

（6）门窗铰链应铲铰链槽，禁止贴铰链。铰链槽的深度应为铰链的厚度。铰链距上下边的距离应等于门边长的1/10，并应错开冒头。铰链的固定页应安装在门窗框上，活动页安装在门窗扇上。

（7）双扇门窗铲口时，应注意顺手缝，一般右手为盖口，左手为等口。铲口深度不宜超过12mm。

（8）门锁不得装在中冒头与立梃的结合处，其高度应距地面1m为宜。

（9）安装五金应用木螺钉固定，不得用铁钉代替。螺钉不得用锤子打入全部深度，应用螺丝刀拧入。当为硬木制品时，应先钻 2/3 深度的孔，孔径为木螺钉直径的 0.9 倍，再将木螺钉拧入。

（10）门窗拉手应位于门窗扇中线以下。窗拉手距地面以 1.5～1.6m 为宜，门拉手距地面以 0.9～1.5m 为宜。

（11）推拉门的金属滑槽不应露出门框表面。`

（12）当门窗框一面需镶贴脸板时，门窗框应凸出墙面，凸出厚度为抹灰层厚度。

（三）木门窗的施工质量验收

1. 木门窗施工中的质量控制

（1）木门窗成品在进场和安装前应按木门窗制作质量要求进行检验，对损坏、变形和有缺陷的木门窗应予整修，对于无法整修的不合格门窗制品应予剔除。

（2）木门洞口两侧预埋木砖间距一般不超过 10 皮砖，最大间距不大于 1.2m，每边一般为 2～3 块，最下一块木砖应放在地坪以上 200mm 左右处。木砖大小约为半砖。当采用混凝土木砖时，应不小于 120mm×120mm×墙厚。

（3）门安装前应根据图纸逐一检查门窗在各部位的位置、标高、门窗式样、规格和开启方向，特别注意不同式样门窗的安装部位，以免影响装饰效果。安装后及时用托线板、水平尺检查门窗安装的垂直度和水平度。

（4）窗扇铰链一般不小于 75mm，门扇铰链不小于 100mm。有贴脸的门扇宜使用方板铰链。铰链安装必须在同一轴线上，以免影响开关或产生挤轧声。铰链所用螺钉的规格应相配，不得使用小规格螺钉。门窗扇安装不得缺少螺钉和五金配件。

（5）门窗扇安装后应与框齐平，门窗扇不得轧铲口和有自开自关现象。

（6）外开木门应设置雨篷，以减少日晒雨淋对木门的影响。

2. 木门窗验收时的质量检验

木门窗验收时除按本节一、（五），二、（一）2 规定外，还应检验以下内容：

（1）木门窗的木材品种、材质等级、规格、尺寸、框扇的线型及人造木板的甲醛含量应符合设计要求：设计未规定材质等级时，所用木材的质量应符合《建筑装饰装修工程质量验收规范》GB 50210 附录 A 的规定。

（2）木门窗的防火、防腐、防虫处理应符合设计要求。

（3）木门窗的品种、类型、规格、开启方向、安装位置及连接方式应符合设计要求。

（4）木门窗框的安装必须牢固。预埋木砖的防腐处理、木门窗框固定点的数量、位置及固定方法应符合设计要求。

（5）木门窗扇必须安装牢固，并应启闭灵活，关闭严密，无倒翘。

（6）木门窗配件的型号、规格、数量应符合设计要求，安装应牢固，位置应正确，功能应满足使用要求。

（7）木门窗与墙体间缝隙的填嵌材料应符合设计要求，填嵌应饱满。寒冷地区外门窗（或门窗框）与砌体间的空隙应填充保温材料。

（8）木门窗表面洁净，割角、拼缝严密平整，门窗框、扇裁口顺直、刨面平整。

（9）木门窗批水、盖口条、压缝条、密封条的安装应顺直，与门窗结合应牢固、严密。

（10）木门窗制作的允许偏差和检验方法应符合表 14-1 的规定。

**木门窗制作的允许偏差和检验方法** 表 14-1

| 项次 | 项目 | 构件名称 | 允许偏差（mm） | | 检验方法 |
|---|---|---|---|---|---|
| | | | 普通 | 高级 | |
| 1 | 翘曲 | 框 | 3 | 2 | 将框、扇平放在检查平台上，用塞尺检查 |
| | | 扇 | 2 | 2 | |
| 2 | 对角线长度差 | 框、扇 | 3 | 2 | 用钢尺检查，框量裁口里角，扇量外角 |
| 3 | 表面平整度 | 扇 | 2 | 2 | 用 1m 尺和塞尺检查 |
| 4 | 高度、宽度 | 框 | 0；-2 | 0；-1 | 用钢尺检查、框量裁口里角，扇量外角 |
| | | 扇 | +2；0 | +1；0 | |
| 5 | 裁口、线条结合处高低差 | 框、扇 | 1 | 0.5 | 用钢直尺和塞尺检查 |
| 6 | 相邻梃子两端间距 | 扇 | 2 | 1 | 用钢直尺检查 |

（11）木门窗安装的留缝限值、允许偏差和检验方法应符合表 14-2 的规定。

**木门窗安装的留缝限值、允许偏差和检验方法** 表 14-2

| 项次 | 项目 | | 留缝限值（mm） | | 允许偏差（mm） | | 检验方法 |
|---|---|---|---|---|---|---|---|
| | | | 普通 | 高级 | 普通 | 高级 | |
| 1 | 门窗槽口对角线长度差 | | — | — | 3 | 2 | 用钢尺检查 |
| 2 | 门窗框的正、侧面垂直度 | | — | — | 2 | 1 | 用 1m 垂直检测尺检查 |
| 3 | 框与扇、扇与扇接缝高低差 | | — | — | 2 | 1 | 用钢直尺和塞尺检查 |
| 4 | 门窗扇对口缝 | | 1～2.5 | 1.5～2 | — | — | 用塞尺检查 |
| 5 | 工业厂房双扇门对口缝 | | 2～5 | | — | — | |
| 6 | 门窗扇与上框间留缝 | | 1～2 | 1～1.5 | — | — | |
| 7 | 门窗扇与侧框间留缝 | | 1～2.5 | 1～1.5 | — | — | |
| 8 | 窗扇与下框间留缝 | | 2～3 | 2～2.5 | — | — | |
| 9 | 门扇与下框留缝 | | 3～5 | 3～4 | — | — | |
| 10 | 双层门窗内外框间距 | | — | — | 4 | 3 | 用钢尺检查 |
| 11 | 无下框时门扇与地面间留缝 | 外门 | 4～7 | 5～6 | — | — | 用塞尺检查 |
| | | 内门 | 5～8 | 6～7 | — | — | |
| | | 卫生间门 | 8～12 | 8～10 | — | — | |
| | | 厂房大门 | 10～20 | — | — | — | |

### 三、钢门窗

（一）钢门窗的安装施工技术

1. 钢门窗的产品要求

（1）钢门窗及其附件的质量必须符合钢门窗产品和五金配件的相关标准的规定。

（2）钢门窗及其附件的规格、品种、开启方向必须符合设计要求。

（3）钢门窗在运输、堆放时，应轻拿轻放，不得用钢管、棍棒穿入框内吊运，不得受外力挤压，堆放时应竖立，靠墙角度不应大于70°并用枕木垫平，以防变形。

（4）钢门窗在安装前必须进行检查，对翘曲、变形、脱焊、铆接松动、铰链损坏、歪曲者均应予整修，符合要求后方可使用。对于锈蚀或防锈漆脱落的必须经防锈处理后再予安装。

2. 钢门窗的安装

（1）门窗洞口四周的预留孔或预埋件位置经检查应符合安装要求，对遗漏、位移的应予整改后再安装。当采用预留孔形式时，铁脚预留孔一般不宜小于 $\phi 50\text{mm}$，深 70mm，组合钢门窗的横档、竖梃的预留孔一般为 120mm×180mm；安装时，铁脚预留孔应用1∶2水泥砂浆窝实，横档、竖梃预留孔应用 C20 细石混凝土灌实。

（2）根据标出的位置，门窗安装就位后，应暂时用木楔固定调整好位置后，铁脚、横档、竖梃与预埋件焊接牢固或用水泥砂浆、细石混凝土窝捣密实。在砂浆或混凝土未完全凝固前，不得碰撞，不可将木楔撤除，也不得进行零、附件的安装，以防松动，影响安装质量和日后安全使用。

（3）组合钢门窗安装前，在拼合处预先满嵌油灰或中性密封胶，然后用螺钉将门窗框与竖梃、横档拧紧，再行安装，拼缝应密实平直。

（4）钢门窗安装待铁脚、横档和竖梃处的砂浆、混凝土凝固后（一般 3d）方可取出木楔，洒水湿润砌体后，用1∶3水泥砂浆嵌填门窗框四周与砌体间的缝隙。嵌填必须密实，禁止用石灰砂浆或混合砂浆嵌缝，更不可用刮糙代替嵌缝，以避免渗漏。

（5）钢门窗安装后，按规定式样、尺寸、位置安装零附件。待安装零附件后再安装玻璃。玻璃安装前应在裁口部位薄刮一层油灰，以免玻璃安装后松动。

（6）钢门窗安装完毕后，应及时将污染物清除干净，清除时不得损坏门窗和相邻表面。

（二）钢门窗的质量监督检验

1. 钢门窗安装过程中的质量控制

（1）钢门窗安装前必须按照设计图纸的要求核对钢门窗的规格、型号、安装位置、开启方向、节点构造和配用附件等，以免出现差错。

（2）钢门窗在洞口内安装就位后，应检查复核其垂直度、平整度和水平度及前后位置，符合要求后方可固定。

（3）安装好的钢门窗在框与墙体之间填塞前，必须检查预埋件的数量、位置、预埋深度、连接点的数量、电焊质量等是否符合要求，并做好隐蔽记录。如有缺陷应及时处理，符合要求后再进行框与墙体的嵌缝处理。

（4）在安装五金零附件前，应逐樘检查、重新校正，务使门窗安装牢固、框扇配合处关闭严密、启闭灵活、无回弹、阻滞现象后，再安装零附件和玻璃。

2. 钢门窗验收时的质量检验

除按本节、（五）规定外还应检验以下内容：

（1）钢门窗的品种、类型、规格、尺寸、性能、开启方向、安装位置和钢门窗的防腐处理及填嵌与密封处理应符合设计要求。

（2）钢门窗框的安装必须牢固。预埋件的数量、位置、埋设方式、与框的连接方式必须符合设计要求。

（3）钢门窗扇必须安装牢固，并应开关灵活、关闭严密，无倒翘。

（4）钢门窗配件的型号、规格、数量应符合设计要求，安装应牢固，位置应正确，功能应满足使用要求。

（5）钢门窗表面应洁净、平整、光滑，无锈蚀，防锈漆膜不磨损。

（6）钢门窗安装的留缝限值、允许偏差和检验方法应符合表 14-3 的规定。

钢门窗安装的留缝限值、允许偏差和检验方法　　　　表 14-3

| 项次 | 项目 | | 留缝限值 (mm) | 允许偏差 (mm) | 检验方法 |
|---|---|---|---|---|---|
| 1 | 门窗槽口宽度、高度 | ≤1500mm | — | 2.5 | 用钢尺检查 |
| | | >1500mm | — | 3.5 | 用钢尺检查 |
| 2 | 门窗槽口对角线长度差 | ≤2000mm | | 5 | 用钢尺检查 |
| | | >2000mm | | 6 | |
| 3 | 门窗框的正、侧面垂直度 | | | 3 | 用1m垂直检测尺检查 |
| 4 | 门窗横框的水平度 | | | 3 | 用1m水平尺和塞尺检查 |
| 5 | 门窗横框标高 | | | 5 | 用钢尺检查 |
| 6 | 门窗竖向偏离中心 | | | 4 | 用钢尺检查 |
| 7 | 双层门窗内外框 | | | 5 | 用钢尺检查 |
| 8 | 门窗框、扇配合间隙 | | ≤2 | — | 用塞尺检查 |
| 9 | 无下框时门扇与地面间留缝 | | 4～8 | — | 用塞尺检查 |

### 四、铝合金门窗

（一）铝合金门窗的安装施工技术

1. 铝合金门窗的产品要求

（1）铝合金门窗必须有出厂质量证书和抗压强度、气密性、水密性测试报告。

（2）铝合金门窗选用的铝合金材料的品种、规格、型号、开启方向必须符合设计的要求。有隔热保温要求的地区应采用符合隔热保温要求的型材和玻璃。选用的五金件和其他配件必须符合相关规范的规定和设计要求。金属零附件应采用不锈钢、轻金属或其他表面防腐处理的金属材料。

（3）组合门窗应采用中竖框、中横框或拼樘料的组合形式，其构造应满足曲面组合的要求。

（4）产品进场和安装前必须进行检验，不得将扭曲变形、节点松脱、表面损坏和附件缺损等不合格产品用于工程上。

2. 铝合金门窗的安装

（1）门窗安装前，应根据施工图在洞口部位标出门窗安装水平和垂直方向的控制标志线。

（2）在铝合金门窗框外侧距框边角 180mm 处用铆钉或螺钉将连接件固定在门窗框上，其余部位的连接件的固定间距不大于 500mm，连接件应采用厚度不小于 1.5mm，宽度不小于 25mm 的金属件，其两端应伸出门窗框。

（3）根据标出的门窗位置检查预埋件的位置和数量是否符合设计要求，并适当调整连接件的位置。

（4）当为组合门窗时，必须在中竖（横）框和拼樘料的对应位置设置预埋件或预留洞。中竖（横）框和拼樘料两端必须同墙体连接，固定牢固。

（5）铝合金门窗框安装就位后，应用木楔临时固定门窗框，木楔间距控制在 500mm 左右，然后调整好门窗框的垂直度和水平标高及前后位置。

（6）门窗框位置调整完毕后，用射钉或电焊将连接件与预埋件连接固定。

（7）铝合金门窗框安装时，外表面应用保护膜覆盖，以防铝合金表面在施工中污染或损伤。

（8）铝合金门窗框安装固定后，其与墙体间的空隙用弹性材料填嵌密实、饱满、确保无缝隙。填塞材料与方法应符合设计要求。

（9）当用水泥砂浆塞缝时，铝合金型材表面应有隔离措施，水泥砂浆和铝合金型材不得直接接触。水泥砂浆应分层填实，在门窗框四周与墙表面交接处，应留设 5～8mm 的凹槽，以填嵌密封胶。

（10）当为组合门窗时，应采用曲面组合形式，可采用套插、搭接等方式，搭接宽度不宜小于 10mm，并用密封胶封闭。禁止采用平面同平面的组合形式，以免影响其气密性、水密性和隔声的性能要求。框与框（拼樘料）之间应用螺钉或铆钉连接，其间距不应大于 500mm。

（11）门窗内外侧与墙面交界处应打经相容性试验符合要求的密封胶，密封胶应具有一定的弹性和足够的粘结强度，以免出现裂缝造成渗水。

（12）平开门窗不宜采用抽芯铝铆钉固定铰链。外墙面平开门窗固定铰链的螺钉尾部不应露在室外，以防门窗关闭时仍可拆下门窗扇。

（二）铝合金门窗的质量监督检验

1. 铝合金门窗安装过程中的质量控制

（1）铝合金门窗安装前，应对门窗洞口进行清理，将杂物和松动的砂浆清除干净，以免因填充料无法封闭松动处缝隙而造成渗漏。

（2）铝合金门窗框就位后，必须对前后位置、垂直度、水平度进行总体调整符合要求后方能固定，并应防止门窗框变形。

（3）组合门窗与中竖（横）框、拼樘料应用螺钉连接固定，其间距不得大于 500mm，严禁中竖（横）框、拼樘料两端未与墙体固定而与门窗框直接连接。

（4）门窗框与墙体连接固定后，必须检查预埋件、连接固定方法和焊接质量等是否符合要求，并做好隐蔽验收记录。如有缺陷应及时处理后再进行框与墙体间的嵌缝处理。

（5）铝合金材料不得直接与水泥砂浆、混凝土接触。溅上的水泥砂浆应及时擦干净，以免水泥砂浆中的碱性物质对铝合金门窗的腐蚀。

（6）门窗框四周内外侧与墙面交接部位、门窗梃和下槛平面上螺钉尾部位均应用密封材料或密封胶密封。下槛应有泄水孔，泄水孔尺寸宜为 5mm×15mm，以防门窗渗漏。

2. 铝合金门窗验收时的质量检验

除按本节一、（五）规定外还应检验以下内容：

（1）. 铝合金门窗的品种、类型、规格、尺寸性能、开启方向、安装位置、连接方式及铝合金门窗的型材构造形式、壁厚应符合设计要求，外百叶窗叶片应采用防雨构造形式。

门窗的防腐处理及填嵌、密封处理应符合设计要求。

（2）铝合金门窗框和副框的安装必须牢固。预埋件的数量、位置、埋设方式、与框的连接方式必须符合设计要求。

（3）铝合金门窗扇必须安装牢固，并应开关灵活、关闭严密，无倒翘。推拉门窗扇必须有防脱落措施。

（4）铝合金门窗配件的型号、规格、数量应符合设计要求，安装应牢固，位置应正确，功能应满足使用要求。

（5）铝合金门窗表面应洁净、平整、光滑、色泽一致，无锈蚀。大面应无划痕、碰伤。

（6）铝合金门窗推拉门窗扇开关力应不大于100N。

（7）铝合金门窗与墙体之间的缝隙应填嵌饱满，并采用密封胶密封。密封胶表面应光滑、顺直、无裂纹。

（8）铝合金门窗扇的橡胶密封条或毛毡密封条应安装完好，不得脱槽。

（9）有排水孔的门窗，排水孔应畅通，位置和数量应符合设计要求。

（10）铝合金门窗安装的允许偏差和检验方法应符合表14-4的规定。

铝合金门窗安装的允许偏差和检验方法    表14-4

| 项次 | 项目 | | 允许偏差（mm） | 检验方法 |
|---|---|---|---|---|
| 1 | 门窗槽口宽度、高度 | ≤1500mm | 1.5 | 用钢尺检查 |
| | | >1500mm | 2 | |
| 2 | 门窗槽口对角线长度差 | ≤2000mm | 3 | 用钢尺检查 |
| | | >2000mm | 4 | |
| 3 | 门窗框的正、侧面垂直度 | | 2.5 | 用1m垂直检测尺检查 |
| 4 | 门窗横框的水平度 | | 2 | 用1m水平尺和塞尺检查 |
| 5 | 门窗横框标高 | | 5 | 用钢尺检查 |
| 6 | 门窗竖向偏离中心 | | 5 | 用钢尺检查 |
| 7 | 双层门窗内外框 | | 4 | 用钢尺检查 |
| 8 | 推拉门窗扇与框搭接量 | | 1.5 | 用钢直尺检查 |

### 五、涂色钢板门窗

（一）涂色钢板门窗的安装施工技术

1. 涂色钢板门窗的产品要求

（1）涂色钢板门窗产品的外观、外形尺寸、装配质量等必须符合国家现行有关规范和标准的规定。

（2）涂色钢板门窗产品必须有出厂质量证书和抗风压、雨水渗漏、空气渗透的测试等级报告，并符合设计规定的要求。

（3）门窗所用的五金件、紧固件、密封条的规格、性能等必须符合规范规定和设计要求。

2. 涂色钢板门窗的安装

（1）根据施工图纸的规定，将不同规格、类型的门窗搬到相应的洞口位置，并在门窗框上标出中线。

（2）根据施工图在门窗洞口标出门窗安装的水平、垂直和进出控制线，并在洞口标出门窗安装中心线。

（3）对有副框的门窗应将副框拆下，用自攻螺钉将连接件固定在副框外侧。连接件应距框边角 180mm 处设一点，其余间距不大于 500mm。

（4）将副框放入洞口，根据标出的标志调整位置后，用木楔将副框临时固定，木楔间距应控制在 500mm 左右，以防副框变形。然后将连接件与预埋件焊接牢固，或用膨胀螺栓、射钉等将连接件固定在预埋的混凝土块上。

（5）为使门窗框与副框接触严密，且不擦伤涂层，在安装门窗框前，在副框的内侧面贴上密封条，密封条应粘贴平整，无皱折、残缺，然后用螺钉将门窗框与副框固定牢固，盖好螺钉盖。

（6）推拉门窗应将门窗框与副框固定后再装推拉门窗扇，调整好滑块、装上限位装置。

（7）对无副框的门框安装与副框安装方法相同。

（8）洞口与副框（门窗框）间的空隙处理、安装和铝合金门窗相同。副框与门窗框之间的缝隙应用建筑密封胶密封。安装完毕后应剥去保护膜，及时擦掉污染杂物。

（二）涂色钢板门窗的质量监督检验

1. 涂色钢板门窗安装过程中的质量控制

（1）涂色钢板门窗搬到相应洞口后，应根据设计图纸、对门窗的规格、品种和零件进行检查核对，对其质量进行检验，符合要求后方可安装。

（2）门窗框（副框）安装就位后，应检查复核其上下、左右、前后的位置、开启方向等是否符合设计要求和质量标准允许偏差范围之内，符合要求后方可与洞口连接固定。

（3）门窗框（副框）安装完毕后，应做好隐蔽验收记录再予嵌缝处理。

2. 涂色钢板门窗验收时的质量检验

除按本节一、（五）规定外，还应检验以下内容：

（1）门窗的品种、类型、规格、尺寸、性能、开启方向、安装位置、连接方式及壁厚应符合设计要求。门窗的防腐处理及填嵌、密封处理应符合设计要求。

（2）门窗框和副框的安装必须牢固。预埋件的数量、位置、埋设方式、与框的连接方式必须符合设计要求。

（3）门窗扇必须安装牢固，并应开关灵活、关闭严密，无倒翘。推拉门窗扇必须有防脱落措施。

（4）门窗配件的型号、规格、数量应符合设计要求，安装应牢固，位置应正确，功能应满足使用要求。

（5）门窗表面应洁净、平整、光滑、色泽一致，无锈蚀。大面应无划痕、碰伤。漆膜或保护层应连续。

（6）门窗框与墙体之间的缝隙应填嵌饱满，并采用密封胶密封。密封胶表面应光滑、顺直，无裂纹。

（7）门窗扇的橡胶密封条或毛毡密封条应安装完好，不得脱槽。

（8）有排水孔的门窗，排水孔应畅通，位置和数量应符合设计要求。

（9）涂色镀锌钢板门窗安装的允许偏差和检验方法应符合表 14-5 的规定。

涂色镀锌钢板门窗安装的允许偏差和检验方法　　　　　　表 14-5

| 项次 | 项目 | | 允许偏差（mm） | 检验方法 |
|---|---|---|---|---|
| 1 | 门窗槽口宽度、高度 | ≤1500mm | 2 | 用钢尺检查 |
| | | >1500mm | 3 | 用钢尺检查 |
| 2 | 门窗槽口对角线长度差 | ≤2000mm | 4 | 用钢尺检查 |
| | | >2000mm | 5 | |
| 3 | 门窗框的正、侧面垂直度 | | 3 | 用垂直检测尺检查 |
| 4 | 门窗横框的水平度 | | 3 | 用 1m 水平尺和塞尺检查 |
| 5 | 门窗横框标高 | | 5 | 用钢尺检查 |
| 6 | 门窗竖向偏离中心 | | 5 | 用钢尺检查 |
| 7 | 双层门窗内外框间距 | | 4 | 用钢尺检查 |
| 8 | 推拉门窗扇与框搭接量 | | 2 | 用钢直尺检查 |

### 六、塑料门窗

（一）塑料门窗的安装施工技术

1. 塑料门窗的产品要求

（1）塑料门窗产品的外观、外形尺寸、装配质量、力学性能和抗老化性能等必须符合国家现行有关规范的规定。

（2）塑料门窗必须有出厂质量证书和抗风压强度、气密性、水密性测试等级报告。

（3）门窗采用的异型材、密封条、紧固件、五金件、增强型钢、金属衬板、玻璃等的型号、规格、性能等必须符合规范规定和设计要求。

（4）玻璃垫块应用邵氏硬度为 70～90（A）的橡胶或塑料，不得使用硫化再生橡胶垫片或其他吸水性材料。其长度宜为 80～150mm，厚度应按框、扇与玻璃的间隙确定，宜为 2～6mm。

（5）塑料门窗所用的紧固件、五金件和其他金属材料除不锈钢外，应采用热镀锌或其他金属防腐镀层处理。固定片应采用 Q235.A 冷轧钢板，其厚度应不小于 1.5mm，宽度应不小于 15mm。滑撑铰链不得使用铝合金材料。

（6）全防腐型门窗应采用相应的防腐型五金件及紧固件。

（7）在安装五金配件部位的塑料型材内应增设 3mm 厚的金属衬板，不得使用工艺木衬代替。组合门窗的拼樘料内侧应采用与其内腔紧密吻合的增强型钢作内衬，其两端应长出拼樘料 10～15mm。

（8）当门窗构件符合下列情况之一时，其内腔必须加衬增强型钢：

1）大于 50 系列：平开窗框构件长度大于等于 1.3m，窗扇构件长度大于 1.2m；

2）小于 50 系列：平开窗框构件长度大于等于 1.0m，窗扇构件长度大于等于 900mm。

3）推拉门窗的门窗框上、中、边框构件长度大于等于 1.3m，门窗框下槛构件长度大于等于 600mm，窗扇边梃构件长度大于等于 1.0m，窗扇下冒构件长度大于等于 700mm。

4）平开门框、扇构件长度大于等于 1.2m。

5）可根据重量比较观察检查，必要时可钻孔检查。

（9）门窗不得有焊角开裂、型材断裂等损坏和影响外观质量的缺陷。

（10）与塑料型材直接接触的五金件、紧固件、密封条、垫块、嵌缝密封胶等材料的性能应与塑料具有相容性，应通过取样送具有资质的检测机构检测，并出具相容性报告。

（11）密封条装配后应均匀、牢固，接口粘接严密，无遗漏、脱槽现象

2. 塑料门窗的安装

（1）门窗安装的工序宜符合表 14-6 的规定。

门窗安装的工序                                                     表 14-6

| 序号 | 门窗类型<br>工序名称 | 平开窗 | 推拉窗 | 组合窗 | 平开门 | 推拉门 | 连窗门 |
|---|---|---|---|---|---|---|---|
| 1 | 补贴保护膜 | + | + | + | + | + | + |
| 2 | 框上找中线 | + | + | + | + | + | + |
| 3 | 装固定片 | + | + | + | + | + | + |
| 4 | 洞口找中线 | + | + | + | + | + | + |
| 5 | 卸玻璃（或门、窗扇） | + | + | + | + | + | + |
| 6 | 框进洞口 | + | + | + | + | + | + |
| 7 | 调整定位 | + | + | + | + | + | + |
| 8 | 与墙体固定 | + | + | + | + | + | + |
| 9 | 装拼樘料 | | | + | | | + |
| 10 | 装窗台板 | + | + | + | | | + |
| 11 | 填充弹性材料 | + | + | + | + | + | + |
| 12 | 洞口抹灰 | + | + | + | + | + | + |
| 13 | 清理砂浆 | + | + | + | + | + | + |
| 14 | 嵌缝 | + | + | + | + | + | + |
| 15 | 装玻璃（或门、窗扇） | + | + | + | + | + | + |
| 16 | 装纱窗（门） | + | + | + | + | + | + |
| 17 | 安装五金件 | | | | + | + | + |
| 18 | 表面清理 | + | + | + | + | + | + |
| 19 | 撕下保护膜 | + | + | + | + | + | + |

注：表中"+"号表示应进行的工序。

（2）将不同规格的塑料门窗搬到相应的洞口位置，对保护膜脱落的应予补贴。在门窗框的上、下边划出中线。

（3）卸下已装上的门窗扇和玻璃，并做好标记，以防安装时出差错。

（4）在距门窗框角、中竖（横）框 150～200mm 处安装固定片，其他固定片的间距不大于 600mm。固定片不得直接装在中竖（横）框的档头上。

（5）安装固定片时，应采用直径 3.2mm 的钻头钻孔，后用 M4×20mm 的十字槽盘头自攻螺钉拧紧。钻头与螺钉不得同规格。严禁直接将螺钉锤击钉入。

（6）根据已标出的门窗洞口中线和门窗框的中线，在框的四角及中横、中竖框的对称位置，用木楔将门窗框临时固定，然后调整门窗的水平和前后位置。并控制好门窗框的垂

直度。

（7）固定门窗框时，应先固定上框，再固定边框。

（8）安装组合窗时，拼樘料（中竖、中横框）两端必须与洞口的预埋件固定或插入预留洞中用细石混凝土浇灌固定。两门窗框与拼樘料（中竖、中横框）之间应采用卡接方式，并用紧固件双向拧紧，紧固件间距不大于600mm。紧固件端头及拼樘料（中竖、中横框）间的缝隙应用嵌缝胶密封。

（9）连窗门的门与窗之间应采用拼樘料拼接，拼樘料下端应固定在窗台上。

（10）塑料门窗框与洞口之间应留有伸缩缝隙，见图14-1，以免门窗框料因伸缩变形而开裂。伸缩缝内腔应用聚苯乙烯、闭孔泡沫塑料等弹性材料分层填塞。有保温、隔声要求的应用相应的隔热、隔声材料填塞。对临时固定用木楔部位，撤除木楔后也应予填塞，不得将木楔留在缝内。

（11）门窗框内外侧与洞口墙面之间应用砂浆抹平，并留出5mm左右凹槽，用嵌缝密封胶嵌缝。

（12）玻璃安装时，玻璃不得与槽直接接触，应在玻璃四边垫上不同厚度的垫块，其位置按图14-2放置。边框上的垫块应采用聚氯乙烯胶加以固定

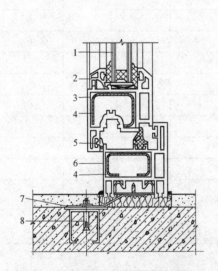

图14-1　塑料门窗安装节点示意图

1—玻璃；2—玻璃压条；3—窗扇；4—内钢衬；
5—密封条；6—外框；7—地脚；8—膨胀螺栓

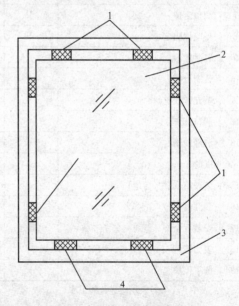

图14-2　支承块和定位块安装位置

1—定位块；2—玻璃；3—框架；4—支承块

（13）门窗扇上粘附的水泥砂浆及其他污染物应及时用湿布擦净，不得采用金属利器铲刮或用有腐蚀性的清洗剂洗，以免损坏门窗表面或嵌缝密封胶。

（二）塑料门窗的质量监督检验

1. 塑料门窗安装过程中的质量控制

（1）塑料门框安装前，应将洞口内垃圾及松动物清除干净，以免发泡剂等填充料无法封闭该处缝隙而造成渗漏。

446

（2）门窗安装时，其环境温度不宜低于 5℃。

（3）门窗框就位后，必须对前后、左右、垂直度、水平度、平整度和标高进行总体调整至符合要求后方能固定，并应防止门框变形。

（4）组合窗、连窗门的中竖（横）框和拼樘料两端必须与洞口墙体直接连接固定，并控制好框与中竖（横）框、拼樘料之间双向紧固件拧紧固定，其间距不得大于 600mm，缝隙用嵌缝胶密封处理，以防渗漏。

（5）门窗框固定后，必须检查预埋件、连接件的数量、位置、连接固定方法、焊接质量和中竖（横）框、拼樘料两端的连接固定方式、埋设固定情况是否符合设计要求，并做好隐蔽验收记录。如有缺陷应予处理后再进行嵌缝处理。

（6）门窗扇应待门窗框四周水泥砂浆硬化后安装，以免渗漏。

（7）门窗框四周内外侧与墙面交接部位的密封胶应密实，无缝隙和遗漏。下槛的泄水孔应畅通不堵塞，以免造成渗漏。

2. 塑料门窗验收时的质量检验

除本节一、（五）外，还应检验以下内容：

（1）塑料门窗的品种、类型、规格、尺寸、开启方向、安装位置、连接方式及填嵌密封处理应符合设计要求，内衬增强型钢的设置应符合国家现行产品标准的质量要求。

（2）塑料门窗框、副框和扇的安装必须牢固。固定片或膨胀螺栓的数量与位置正确，连接方式应符合设计要求。固定点应距窗角、中横框、中竖框 150～200mm，固定点间距应不大于 600mm。

（3）塑料门窗拼樘料内衬增强型钢的规格、壁厚必须符合设计要求，型钢应与型材内腔紧密吻合，其两端必须与洞口固定牢固。窗框必须与拼樘连接紧密，固定点间距应不大于 600mm。

（4）塑料门窗扇应开关灵活、关闭严密，无翘曲。推拉门窗扇必须有防脱落措施。

（5）塑料门窗配件的型号、规格、数量应符合设计要求，安装应牢固，位置应正确，功能应满足使用要求。

（6）塑料门窗框与墙体间缝隙应采用闭孔弹性材料填嵌饱满，密封胶应粘结牢固，表面应光滑、顺直、无裂纹和气泡。

（7）塑料门窗表面应洁净、平整、光滑，大面应无划痕、碰伤。

（8）塑料门窗的密封条不得脱槽。旋转窗间隙应基本均匀。

（9）塑料门窗扇的开关力应符合下列规定：

1）平开门窗平铰链的开关力应不大于 80N；滑撑铰链的开关力应不大于 80N，并不小于 30N。

2）推拉门窗扇的开关力应不大于 100N。

（10）玻璃密封条与玻璃及玻璃槽口的接缝应平整，不得卷边脱槽。

（11）排水孔畅通，位置和数量应符合设计要求。

（12）塑料门窗安装的允许偏差和检验方法应符合表 14-7 的规定。

| 项次 | 项　目 | | 允许偏差(mm) | 检验方法 |
|---|---|---|---|---|
| 1 | 门窗槽口宽度、高度 | ≤1500mm | 2 | 用钢尺检查 |
| | | >1500mm | 3 | |
| 2 | 门窗槽口对角线长度差 | ≤2000mm | 3 | 用钢尺检查 |
| | | >2000mm | 5 | |
| 3 | 门窗框的正、侧面垂直度 | | 3 | 用1m垂直检测尺检查 |
| 4 | 门窗横框的水平度 | | 3 | 用1m水平尺和塞尺检查 |
| 5 | 门窗横框标高 | | 5 | 用钢尺检查 |
| 6 | 门窗竖向偏离中心 | | 5 | 用钢尺检查 |
| 7 | 双层门窗内外框间距 | | 4 | 用钢尺检查 |
| 8 | 同樘平开门窗相邻扇高度差 | | 2 | 用钢直尺检查、 |
| 9 | 平开门窗铰链部位配合间隙 | | +2;-1 | 用塞尺检查 |
| 10 | 推拉门窗扇与框搭接量 | | +1.5;-2.5 | 用钢直尺检查 |
| 11 | 推拉门窗扇与竖框平行度 | | 2 | 用1m垂直检测尺和塞尺检查 |

### 七、特种门窗

（一）特种门的安装施工技术

1. 产品要求

（1）特种门应有产品合格证和性能检测报告，其质量和各项性能应符合设计要求。

（2）带有机械装置、自动装置或智能化装置的特种门，其机械装置、自动装置或智能化装置的功能应符合设计要求和有关标准的规定。

2. 施工中应注意的事项

（1）特种门因其功能要求各不相同，因此在施工过程中，应严格遵守有关专业标准和主管部门的规定。

（2）特种门安装前应按设计图纸检查预埋件的数量和位置是否符合设计和安装要求，如有缺损或位移，应采取整改措施。

（3）应根据图纸在门的安装位置的洞口或地面顶部墙面标出水平线、中线，弹簧门轴线和旋转门轴线，确定特种门的安装位置。

（4）根据水平标高和门的高度，将自动推拉门的上、下轨道固定在预埋件上，上、下两滑槽轨道必须平行并控制在同一平面内。并防止受外力撞击，以保证轨道顺直，防止滑轮阻滞。

（5）无框玻璃门的门夹和玻璃之间应加垫一层半软质垫片，用螺钉将门夹固定在玻璃上或用强力胶粘剂将门夹铜条粘结在门夹安装部位的玻璃两侧，根据胶粘剂的养护要求达到要求后再予吊装玻璃。

（6）推拉自动门安装后，在门框上部的中间部位安装探头，接通电源，调试探头角度，使开闭适时。

（7）地弹簧安装时，轴孔中心线必须在同一铅垂线上，并与门扇底地面垂直。地弹簧面板应与地面保持在同一标高上。地弹簧安装后应进行开闭速度的调整，调整时应注意防止液压部位漏油。

（8）旋转门轴与上下轴孔中心线必须在同一铅垂线上，应先安装好圆弧门套后，再等角度安装旋转门，装上封闭条带（刷），然后进行调试。

（9）卷帘门轴两端必须在同一水平线上，卷帘门轴与两侧轨道应在同一平面内。

（10）防火门安装应采用不燃材料，防火门应装闭门器，以保持其功能要求，在防火门上不得安装门锁，以免紧急状态下无法开启。

（11）有隔声要求的门窗应在框、扇及墙体间采用密封条、隔声材料采取隔声措施。

（12）屏蔽门窗和有机械装置、自动装置、智能化装置的特种门窗，其屏蔽、机械装置、自动装置和智能化装置的功能应符合设计要求和有关标准的规定。

（二）特种门验收时的质量检验

除按本节一（五）规定外，还应检验以下内容：

（1）特种门窗的品种、类型、规格、尺寸、开启方向、安装位置及防腐处理应符合设计要求。

（2）特种门窗的安装必须牢固。预埋件的数量、位置、埋设方式、与框的连接方式必须符合设计要求。

（3）特种门窗的配件应齐全，位置应正确，安装应牢固，功能应满足使用要求和特种门的各项性能要求。

（4）特种门窗的表面应洁净，无划痕、碰伤。表面装饰应符合设计要求。

（5）推拉自动门安装的留缝限值、允许偏差和检验方法应符合表 14-8 的规定。

推拉自动门安装的留缝限值、允许偏差和检验方法 表 14-8

| 项次 | 项 目 | | 留缝限值(mm) | 允许偏差(mm) | 检 验 方 法 |
|---|---|---|---|---|---|
| 1 | 门窗槽口宽度、高度 | ≤1500mm | — | 1.5 | 用钢尺检查 |
| | | >1500mm | — | 2 | |
| 2 | 门窗槽口对角线长度差 | ≤2000mm | — | 2 | 用钢尺检查 |
| | | >2000mm | — | 2.5 | |
| 3 | 门窗框的正、侧面垂直度 | | — | 1 | 用1m垂直检测尺检查 |
| 4 | 门构件装配间隙 | | — | 0.3 | 用塞尺检查 |
| 5 | 门梁导轨水平度 | | — | 1 | 用1m水平尺和塞尺检查 |
| 6 | 下导轨与门梁导轨水平度 | | — | 1.5 | 用钢尺检查 |
| 7 | 门扇与侧框间留缝 | | 1.2～1.8 | — | 用塞尺检查 |
| 9 | 门扇对口缝 | | 1.2～1.8 | — | 用塞尺检查 |

（6）推拉自动门的感应时间限值和检验方法应符合表 14-9 的规定。

推拉自动门的感应时间限值和检验方法 表 14-9

| 项次 | 项 目 | 感应时间限制(s) | 检验方法 |
|---|---|---|---|
| 1 | 开门响应时间 | ≤0.5 | 用秒表检查 |
| 2 | 堵门保护时间 | 16～20 | 用秒表检查 |
| 3 | 门扇全开启后保持时间 | 13～17 | 用秒表检查 |

（7）旋转门安装的允许偏差和检验方法应符合表 14-10 的规定。

**旋转门安装的允许偏差和检验方法**　　　　　　　表 14-10

| 项次 | 项　目 | 允许偏差（mm） | | 检验方法 |
|---|---|---|---|---|
| | | 金属框架玻璃旋转门 | 木质旋转门 | |
| 1 | 门扇正、侧面垂直度 | 1.5 | 1.5 | 用 1m 垂直检测尺检查 |
| 2 | 门扇对角线长度差 | 1.5 | 1.5 | 用钢尺检查 |
| 3 | 相邻扇高度差 | 1 | 1 | 用钢尺检查 |
| 4 | 扇与圆弧边留缝 | 1.5 | 2 | 用塞尺检查 |
| 5 | 扇与上顶间留缝 | 2 | 2.5 | 用塞尺检查 |
| 6 | 扇与地面间留缝 | 2 | 2.5 | 用塞尺检查 |

（8）特种门安装除应符合设计要求和规范规定外，还应符合有关专业标准和主管部门的规定。

### 八、门窗玻璃安装

（一）施工中应注意的事项

（1）当门玻璃面积大于 $0.5 \mathrm{m}^2$、窗玻璃面积大于 $1.5\mathrm{m}^2$ 或底边离最终装修面小于 500mm 的落地窗玻璃和七层及其以上建筑物的外开窗应使用安全玻璃。无框玻璃门应采用厚度不小于 10mm 的钢化玻璃；有框玻璃门应采用厚度不小于 5mm 的钢化玻璃或厚度不小于 6.76mm 的夹层玻璃。

（2）当中空玻璃采用低辐射镀膜时，低辐射镀膜面应朝向中空气体层，一般低辐射镀膜面宜在气体层外侧玻璃面，在严寒地区低辐射镀膜面宜在气体层内侧玻璃面。

（3）玻璃与门窗框扇不得直接接触，并用密封条或密封胶固定，使玻璃四边受力均匀。单片玻璃、夹层玻璃和真空玻璃的最小尺寸应符合表 14-11 的规定。中空玻璃的最小尺寸应符合表 14-12 的规定。

**单片玻璃、夹层玻璃和真空玻璃的最小装配尺寸（mm）**　　　表 14-11

| 玻璃公称厚度 | 前部余隙和后部余隙 | | 嵌入深度 | 边缘间隙 |
|---|---|---|---|---|
| | 密封胶 | 胶条 | | |
| 3～6 | 3.0 | 3.0 | 8.0 | 4.0 |
| 8～10 | 5.0 | 3.5 | 10.0 | 5.0 |
| 12～19 | | 4.0 | 12.0 | 8.0 |

**中空玻璃的最小安装尺寸（mm）**　　　　　表 14-12

| 玻璃公称厚度 | 前部余隙和后部余隙 | | 嵌入深度 | 边缘间隙 |
|---|---|---|---|---|
| | 密封胶 | 胶条 | | |
| $4+A+4$ | | | | |
| $5+A+5$ | 5.0 | 3.5 | 15.0 | 5.0 |
| $6+A+6$ | | | | |
| $8+A+8$ | | | | |
| $10+A+10$ | 7.0 | 5.0 | 17.0 | 7.0 |
| $12+A+12$ | | | | |

注：$A$ 为空气层厚度。

（4）当门窗玻璃采用密封条时，密封条应比装配边长 20～30mm，在转角处应斜面断开，并用胶粘剂粘贴牢固，以免密封条收缩产生缝隙或脱落。

（5）支承垫块与定位块安装位置：固定门距槽角 1/4 处，开启门距槽角不应小于 30mm。当玻璃较大时，还应设置弹性止动片，其长度不应小于 25mm，高度小于槽深 3mm，厚度等于玻璃前后部或边缘余隙，设置间距应不大于 300mm。

（6）玻璃支承垫块宜采用邵氏硬度为 70～90（A）的橡胶或塑料，不得使用硫化再生橡胶垫片或其他吸水性材料。其长度不应小于 80mm，厚度应按框、扇与玻璃的间隙确定，宜不小于 4mm。

（7）有图案要求的门窗玻璃，不宜在钢化处理后的玻璃表面进行，以免损坏钢化玻璃的表面应力。

（8）当玻璃门透光宽度大于等于 900mm 时，应在距地面 1.5～1.7m 处的玻璃表面设置醒目标志。

（9）玻璃安装时，应根据间隙要求，先设置支承垫、定位垫后，再安装玻璃，在玻璃前后两侧与槽口内壁之间嵌入密封条或密封胶。当采用金属、塑料、木制压条时，应用螺钉固定。

（二）门窗玻璃验收时的质量检验

门窗玻璃检验除按本节一、（五）规定外，还应检验以下内容：

（1）玻璃的品种、规格、尺寸、色彩、图案和涂膜朝向应符合设计要求。

（2）门窗玻璃裁割尺寸应正确。安装后的玻璃应牢固，不得有裂纹、损伤和松动。

（3）玻璃的安装方法应符合设计要求。固定玻璃的钉子或钢丝卡的数量、规格应保证玻璃安装牢固。

（4）镶钉木压条接触玻璃处，应与裁口边缘平齐。木压条应互相紧密连接，并与裁口边缘紧贴，割角应整齐。

（5）密封条与玻璃、玻璃槽口的接触应紧密、平整。密封胶与玻璃、玻璃槽口的边缘应粘结牢固、接缝应平齐。

（6）带密封条的玻璃压条，其密封条必须与玻璃全部贴紧，压条与型材之间应无明显缝隙，压条接缝应不大于 0.5mm。

（7）玻璃表面应洁净，不得有腻子、密封胶、涂料等污渍。中空玻璃内外表面应洁净，玻璃中空层内不得有灰尘和水蒸气。

（8）门窗玻璃不应直接接触型材。单面镀膜玻璃的镀膜层及磨砂玻璃的磨砂面应朝室内。

（9）腻子应填抹饱满、粘结牢固，腻子边缘与裁口应平齐。固定玻璃的卡子不应在腻子表面显露。

# 第二节　幕　墙　工　程

**一、一般规定**

（一）幕墙工程施工前的要求

（1）承接幕墙工程的企业必须在其相应的资质等级范围内承接幕墙深化设计和施工。

（2）无幕墙专业设计资质的幕墙施工企业可承接由相应设计资质等级设计的在其资质等级范围内的幕墙工程施工。无幕墙设计资质的施工单位不得独自设计幕墙深化设计施工图。

（3）幕墙深化设计的施工图，其构造连接、外观形式、幕墙荷载和防火、防雷、节能等性能必须满足该土建设计单位的要求。并盖幕墙设计专用章。

（4）幕墙深化设计的施工图必须经主管部门批准的审图单位查审通过并盖章后，方可实施。

（二）幕墙物理性能的测试要求

（1）幕墙应进行抗风压、气密性、水密性和抗平面位移的性能测试，必要时还应进行保温、隔声、耐撞击等性能测试。其测试的时间应在设计阶段，不得在构件加工或施工阶段进行。

（2）幕墙的性能测试、每批硅酮胶的相容性和粘结性能及材料复验等测试，必须有经国家核准的检测机构进行并出具测试报告。

（三）材料

（1）建筑幕墙所选用的材料应符合国家现行标准的规定。尚无相应标准的材料应符合设计要求，并应有出厂合格证，必要时应经专门技术论证。

（2）幕墙材料应具有结构安全性、耐久性和符合环境保护的要求。其耐火极限应符合设计要求。

（3）幕墙材料应具有出厂合格证、质保证明和相关性能的检测合格报告。凡是进口材料应满足国家商检规定的要求。

（4）金属材料和金属零配件除不锈钢及耐候钢外，表面均应进行防腐处理，镀膜厚度应符合相关标准的规定。

（5）幕墙及其连接件应具有足够的承载力、刚度和相对于主体结构的位移能力。幕墙构架立柱的连接金属角码与其他连接件应采用螺栓连接，并应有防松动措施。

## 二、材料要求

（一）铝合金材料

（1）用于建筑幕墙的铝合金型材质量应符合现行国家标准《铝合金建筑型材》GB/T 5237的规定，型材尺寸偏差应达到高精级和超高精级，其化学成分应符合《变形铝及铝合金化学成分》（GB/T 3190）的有关规定。

（2）铝合金型材的硬度应符合设计要求，且韦氏硬度值不得小于8.3。采用硬度检测仪测量铝合金型材表面，在铝材端面测点不应少于5个，取测量平均值。

（3）铝合金表面阳极氧化膜平均厚度不小于$15\mu m$；局部最小膜厚不应小于$12\mu m$，不宜太厚，以防氧化膜空鼓、开裂脱落。当采用氟碳喷涂工艺时，涂层平均厚度不应小于$25\mu m$；沿海和严重酸雨地区厚度不应小于$40\mu m$，局部膜厚不应小于$34\mu m$；当采用粉末喷涂工艺时，涂层平均厚度不应小于$60\mu m$，局部膜厚不应小于$40\mu m$；当采用电泳涂漆复合膜工艺时，涂层平均厚度不应小于$16\mu m$，（其中阳极氧化膜漆膜厚度应不小于$8\mu m$，电泳涂漆膜不应小于$7\mu m$）。采用氧化膜测厚仪在每个杆件的不同部位测，测点不少于5点，取测量平均值。

（4）用穿条工艺生产的隔热铝型材，其隔热材料应使用PA66GF25（聚酰胺66＋25

玻璃纤维）材料，不得采用 PVC 材料。用浇注工艺生产的隔热铝型材，其隔热材料应使用 PUR（聚氨基甲酸乙酯）材料。连接部位的抗剪强度必须满足设计要求。

（5）幕墙铝合金型材壁厚应符合下列要求：

1）横梁跨度不大于 1.2m 时，铝合金型材主要受力截面部位壁厚不应小于 2.0mm，跨度大于 1.2m 时，其主要受力截面部位壁厚不应小于 2.5mm。

2）立柱铝合金型材截面开口部位的壁厚不应小于 3.0mm，闭口部位的壁厚不应小于 2.5mm。

3）铝合金型材孔壁与螺钉之间直接采用螺纹受力连接时，其局部截面壁厚不应小于螺钉的直径尺寸。

（二）钢材

（1）用于幕墙的钢材应用碳素结构钢或低合金结构钢，钢种、牌号和质量应符合规范和设计要求，一般采用 Q235 钢、Q345 钢。碳素结构钢表面应经热镀锌或静电喷涂处理，镀锌膜厚度应大于 $45\mu m$，氟碳喷涂膜厚应大于 $35\mu m$，空气污染严重和沿海地区涂膜厚度不宜小于 $45\mu m$。

（2）幕墙用不锈钢材宜采用奥氏体不锈钢，且含镍量不应小于 8%。不锈钢材应符合现行国家标准、行业标准的规定。与铝合金材料直接接触的紧固件应使用不锈钢紧固件。

（3）钢材表面不得有裂纹、气泡、结疤、泛锈、夹渣和折叠。

（4）幕墙钢型材壁厚主要受力截面部位壁厚不应小于 3mm。

（三）板材（玻璃、金属板、石板和其他板材）

（1）幕墙板材的材质、规格、品种必须符合国家现行有关规范的规定。

（2）各种板材的力学性能和化学性能必须符合设计要求。板材的厚度应符合规范规定和设计要求。

（3）离线法生产的 LOW-E 玻璃因涂膜层易磨损，因此不得与外界直接接触，也不得加工成夹层玻璃，以免 LOW-E 膜受损而失去其隔热功能。

（4）幕墙玻璃应进行机械磨边处理，磨轮的目数应在 180 目以上。点支承幕墙玻璃的孔、板边缘均应进行磨边和倒棱，磨边宜细磨，倒棱宽度不宜小于 1mm。

（5）玻璃幕墙采用中空玻璃时，除应符合现行国家标准《中空玻璃》GB/T 11944 的有关规定外，尚应符合下列规定：

1）中空玻璃气体层厚度不应小于 9mm。

2）中空玻璃应采用双道密封。第一道密封应采用丁基热熔密封胶，隐框、半隐框及点支承玻璃幕墙中空玻璃的第二道密封应采用硅酮结构密封胶；明框玻璃幕墙中空玻璃的第二道密封宜采用聚硫类中空玻璃密封胶，也可采用硅酮密封胶。二道密封应采用专用打胶机进行混合、打胶。镀膜面应在中空玻璃的第 2 或第 3 面上。

（6）幕墙的夹层玻璃应采用聚乙烯醇缩丁醛（PVB）胶片干法加工合成的夹层玻璃或经设计认可的其他胶片如（SGP）等加工合成的夹层玻璃。夹层玻璃的胶片厚度不应小于 0.76mm。

（7）钢化玻璃应经均质处理，以减少钢化玻璃的自爆。

（8）有防火要求的幕墙玻璃，应根据防火等级要求，采用单片防火玻璃或其制品。

（9）用于幕墙的钢化玻璃表面应力应大于 95MPa，半钢化玻璃表面应力应在

24MPa$<\sigma\leqslant$69MPa范围之内。用玻璃表面应力检测仪测量，在距玻璃长边100mm的距离上引平行于长边的两条平行线并与对角线相交的四点处测量和计算的应力来判定玻璃表面应力。

（10）当幕墙有水平夹角小于75°的采光顶棚时，必须使用钢化夹层玻璃或半钢化夹层玻璃。

（11）单层铝、铜板厚度不应小于2.5mm，单层不锈钢板厚度不应小于1.5mm；单层金属板应设置边肋和中肋，当金属复合板为增强其强度和刚度时，也应加肋。

（12）蜂窝板面层厚度不应小于1mm，背层厚度不应小于0.8mm；采用四周整体自然折边或镶框处理，蜂窝断面不得外露。

（13）铝合金板表面用氟碳树脂处理时，树脂厚度一般应大于25$\mu$m，在沿海和有严重酸雨地区其厚度应大于45$\mu$m。涂层不应有起泡、开裂、剥落和明显色差等现象。

（14）搪瓷板的搪瓷应具有较大的膨胀系数和弹性，耐冲击，边缘、锐角不脱瓷。搪瓷层厚度：干法涂搪0.12～0.30mm，湿法涂搪0.3～0.45mm。

（15）天然石板厚度应不小于25mm，火烧板厚度应不小于28mm；单块石板面积不宜大于1.5m$^2$；石材吸水率应小于0.8%；弯曲强度应不小于8.0MPa。

（16）石板崩边不应大于5mm×20mm，缺角不应大于20mm，石板不应有暗裂缝，在连接部位不得有崩坏现象。检查石板暗裂缝时，可采用在板材表面淋水后擦干进行观察。石板在允许范围内的缺损应经修补后使用，且宜用于立面不明显部位。

（17）石材外表面色泽应符合设计要求，不得有明显色差。

（18）幕墙采用的微晶玻璃厚度不应小于20mm，并应符合现行行业标准《建筑装饰用微晶玻璃》JG/T 872的规定，且应满足耐急冷急热试验和墨水渗透法检查无裂纹的要求。

（19）幕墙采用瓷板的性能要求应符合现行行业标准《建筑幕墙用瓷板》JG/T 217的规定。吸水率平均值应$\leqslant$0.5%。

（20）幕墙采用陶板的性能要求应符合现行行业标准《干挂空心陶瓷板》JG/T 1080的规定，并根据不同地区选用。

（21）幕墙采用GRC板的性能要求应符合现行行业标准《玻璃纤维增强水泥外墙板》JC/T 1057的规定。

（四）结构胶和其他密封材料

（1）硅酮结构胶和其他密封材料应符合现行《建筑用硅酮结构密封胶》GB 16776和其他相关产品标准的规定。

（2）硅酮结构密封胶使用前，应经国家认可的检测机构进行与其相接触材料的相容性和剥离粘结性试验，并应对邵氏硬度、标准状态拉伸粘结性能进行复验。检验不合格的产品不得使用。进口硅酮结构密封胶应具有商检报告。

（3）硅酮结构密封胶生产商应提供其结构胶的变位承受能力数据和质量保证书。

（4）硅酮结构胶和耐候密封胶必须在有效期内使用，同一幕墙工程应采用同一品牌的硅酮结构密封胶和硅酮密封胶，不同品牌、种类的胶不得直接接触使用。

（5）玻璃幕墙的耐候密封应采用硅酮建筑密封胶；点支承幕墙和全玻璃墙使用非镀膜玻璃时，其耐候密封可采用酸性硅酮建筑密封胶，其性能应符合国家现行标准《幕墙玻璃接缝用密封胶》JC/T 882 的规定。夹层玻璃板缝间的密封，宜采用中性硅酮建筑密封胶。

（6）用于石材幕墙的密封胶应采用适用于石材性能的专用耐候密封胶。不宜采用玻璃幕墙和金属幕墙使用的耐候硅酮密封胶。

（7）双组分硅酮胶在使用时应做混匀性试验和拉断试验，并做好试验记录。

（8）硅酮结构胶必须是内聚性破坏，当剥离试验时，粘结破坏面积不应大于 5％，切开截面颜色均匀，不得有气泡。

（9）PVC 橡塑材料不得在幕墙工程中作密封材料使用。橡胶密封条应有良好的弹性和抗老化性能，低温时还应具备弹性和不脆性断裂。

（10）其他密封材料及衬垫材料应符合相关产品标准的规定，并与结构胶、密封胶相容。

（五）其他材料

（1）五金件：

1）幕墙中采用的五金配件和与铝合金材料接触的金属制品应采用不锈钢或与铝合金材料等电位的金属制品，以免发生接触腐蚀。

2）五金件表面光洁无斑点、砂眼及明显划痕，其强度、刚度应满足设计要求。

3）五金件表面的防腐处理应符合设计要求，镀层不得有气泡、露底、脱落等明显缺陷。

4）滑撑、限位器在紧固铆接处不得松动，在转动、滑动处应灵活，无卡阻现象。

（2）紧固件：

1）紧固件宜采用奥氏体不锈钢六角螺栓，并应带有弹簧垫圈，当未采用弹簧垫圈时，应有防松脱措施。主要受力构件不应采用自攻螺钉，严禁使用镀锌自攻螺钉。

2）结构受力的铆钉应根据结构计算值选用相应的品种、规格。构件之间的受力连接不得采用抽芯铝铆钉。

（3）幕墙采用的防火、保温隔热材料应采用不燃性材料。防火材料应采用遇燃烧时，不变形、不产生有毒气体的材料。防火、保温隔热材料表面应有防潮措施。

（4）玻璃支承垫块宜采用压模成型的邵氏硬度为 80～90（A）的橡胶或塑料，不得使用硫化再生橡胶垫片或其他吸水性材料。

（5）幕墙不同金属材料接触处所使用的垫片应具有耐热、耐久、防腐和绝缘性能的硬质有机垫片，宜采用环氧树脂玻璃纤维布或尼龙 12。铝合金与钢共同复合受力构件间应采用不锈钢垫片或其他防接触腐蚀材料隔离。

（6）幕墙横梁与立柱间设置的垫片应具有压缩性的软质橡胶垫片或注硅酮密封胶。

（7）双面胶带应选用中等硬度的聚氨基甲酸乙酯低发泡间隔双面胶带或聚乙烯树脂低发泡双面胶带，其厚度宜比结构胶厚度大 1mm，且具有透气性。

（8）幕墙宜采用聚乙烯泡沫棒作填充材料，其密度不应大于 37kg/m³。

（9）幕墙面板使用的清洁剂，应对大气无污染，对人体健康无毒害，对墙面材料无腐蚀或化学反应的材料。

**三、幕墙的性能和构造要求**

（一）幕墙性能要求

（1）幕墙应具有抗风压变形、雨水渗漏、空气渗透、保温、隔声、耐撞击、平面内变形等性能，其性能要求应符合规范规定和设计的要求。

（2）幕墙的立柱与横梁在风荷载标准值作用下，铝合金型材的相对挠度应不大于 $l/180$；钢型材的相对挠度应不大于 $l/250$；当外力被排除后，其永久变形不得大于 $l/1000$（$l$ 为立柱、横梁两支点间距离，悬臂构件可取挑出长度的 2 倍）。

（3）幕墙的防火区分隔和防火等级应符合规范规定和设计要求。

（4）幕墙的避雷性能应符合规范规定和设计要求，当为共同接地时，其防雷接地电阻值不得大于 1Ω，当为独立接地时，为安全其防雷接地电阻值不应大于 4Ω。

（二）幕墙的构造要求

（1）幕墙的立柱、横梁的截面构造形式宜按等压原理设计。

（2）幕墙型材壁厚和截面构造形式应经计算确定。

（3）横梁截面自由挑出部位和双侧加劲部位的厚度比 $b_0/t$（见图 14-3）应符合表 14-13的要求。

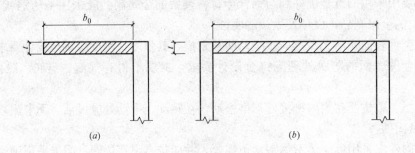

图 14-3　横梁截面部位示意

横梁截面宽度比 $b_0/t$ 限值　　　　　　　　　　　　表 **14-13**

| 截面部位 | 铝型材 | | | 钢型材 | | |
|---|---|---|---|---|---|---|
| | 6063-T5 | 6063A-T5 | 6063-T6 | 6061-T6 | Q235 | Q345 |
| | 6061-T4 | | 6063A-T6 | | | |
| 自由挑出 | 17 | 15 | 13 | 12 | 15 | 12 |
| 双侧加劲 | 50 | 45 | 40 | 35 | 40 | 33 |

（4）幕墙玻璃的厚度不应小于 6mm。全玻幕墙面板玻璃厚度不应小于 8mm，肋玻璃的厚度不应小于 12mm，截面高度应根据计算确定，但不得小于 100mm。全玻璃幕墙的面板及玻璃肋板不得与其他刚性材料直接接触。

（5）构件式幕墙构架应符合下列要求：

1）幕墙构架应设置温差伸缩变形缝隙。玻璃幕墙立柱上下之间空隙应不小于 15mm；金属石板幕墙立柱每层之间空隙应不小于 10mm，当为实体墙面时，每两层不小于15mm；立柱采用芯管套接的空隙应用密封胶封闭。横梁与立柱接触处的空隙应用软质垫片衬垫。

2）立柱上下之间应采用芯管（柱）等强型材机械连接，连接构造必须结合紧密，满足传递荷载要求，芯管（柱）截面厚度不应小于立柱型材截面厚度，芯管（柱）一端与立柱采用不锈钢螺栓固定，另一端能滑动伸缩，单端插入长度不应小于型材长边边长且不小于 120mm。

3）立柱与主体结构的连接应每层设置支承点。可一层设一个支承点，也可设两个支承点，在实体墙面上时，可加密设置支承点。上支承点宜采用圆孔，下支承点宜采用长孔。

4）幕墙的立柱应悬挂在主体结构上，其立柱应处于受拉工作状态。

5）立柱应通过连接件（角码）、不锈钢螺栓与预埋件连接，螺栓直径宜不小于 10mm，且不少于 2 个。立柱与连接件（角码）采用不同金属材料时，应采用绝缘片分隔。

6）横梁应通过角码、不锈钢螺栓（钉）与立柱连接。螺栓（钉）的直径不得小于 5mm。

7）受力的铆钉和螺栓每处不得少于 2 个。

8）明框应有泄水孔。易产生冷凝水的部位应设置冷凝水排出管道。

（6）单元式幕墙构造应符合下列要求：

1）单元板插接部位、对接部位，应采用两组及其以上等压腔。左、右立柱组件内的前等压腔的水不宜排入顶、底横梁组件内的后等压腔。

2）单元板块应有导排水构造和泄水孔。排水构造应在最短的距离内排出，并应避免产生积水现象。

3）单元板块之间插接长度应经计算确定，一般立柱之间不应小于 10mm，顶、底横梁之间不应小于 15mm。

4）单元式幕墙采用自攻螺钉连接单元组件框时，每处螺钉不应少于 3 个，螺钉直径不应小于 5mm。螺钉与型材的连接长度宜不小于 40mm。

5）单元板块采用吊挂件时，吊挂件和支撑件应具备可调整范围，并应采用不锈钢螺栓将吊挂件与立柱固定牢固，固定螺栓不得少于 2 个。单元板块采取吊装孔形式时，吊装孔不应破坏幕墙的防水系统。

（7）点支承玻璃幕墙构造应符合下列要求：

1）点式幕墙的杆索截面及连接构造必须符合设计要求。

2）单根型钢或钢管作为支承结构时，受压杆件的长细比 λ 不应大于 150。

3）钢管桁架或空腹桁架应符合下列要求：

a. 钢管宜在节点处直接焊接，主管不宜开孔，支管不应穿入主管内。

b. 直径不宜大于壁厚的 50 倍，支管外直径不宜小于主管外直径的 0.3 倍。钢管壁厚不宜小于 4mm，主管壁厚不应小于支管壁厚。

4）杆索桁架的连接件、索杆宜采用不锈钢材料，受压腹杆可采用碳素结构钢拉，杆直径不宜小于 10mm。

（8）幕墙结构胶的厚度和宽度应经计算确定，一般应不小于 6mm，且不大于 12mm，粘结宽度不得小于 7mm。

（9）密封胶的厚度应大于 3.5mm，宽度不应小于厚度的 2 倍，并不得三面粘结。

（10）用硅酮结构密封胶粘结玻璃板时，应在竖向幕墙板材底部设置两块长度不小于 100mm 的金属支承件，倒挂式幕墙的板材边缘应设置金属安全件，以避免结构胶长期处于受力状态。

（11）玻璃幕墙除防火玻璃外，同一块玻璃不得跨越两个防火分隔区域。

（12）防火层应由防火材料、不小于 1.5mm 厚镀锌钢板和防火密封胶组成。其构造形式应符合规范和设计要求。

（13）固定隐框玻璃幕墙的压块厚度为：不锈钢应不小于 4mm；铝合金应不小于 5mm。

（14）隐框幕墙板块拼缝宽度不宜小于 15mm。

（15）玻璃四周不得与构件直接接触。玻璃边缘至框槽底的间隙应符合规范和设计的规定。

（16）高度超过 4m 的全玻璃幕墙应悬挂在主体结构上。悬挂玻璃的底部应设置邵氏硬度大于 90 的应急橡胶垫块，垫块长度应不小于 100mm，厚度应不小于 10mm，玻璃与垫块距离应长期保持不得小于 6mm。

（17）幕墙的每一块板材构件（玻璃、金属、石板、单元板）都应是独立单元，且宜便于安装和拆卸。

（18）固定金属幕墙板材的不锈钢自攻螺钉直径应不小于 4mm，并有防松脱措施，螺钉间距应符合设计要求。

（19）石板幕墙的金属挂件厚度：铝合金应不小于 4mm，不锈钢应不小于 3mm。由于钢销和"T"形挂件不便石板更换，因此石板幕墙不宜采用钢销和"T"形挂件。

（20）建筑幕墙保温隔热材料应采用隔气层等措施与室内空间隔开。隔气层与主体结构外表面应有 50mm 以上的空气层。

（21）主体结构变形缝处安装幕墙时应考虑不影响其功能性和外墙面的完整性。

**四、幕墙的产品保护**

（一）幕墙构件、组件在贮运中的保护

（1）幕墙构件、组件应有产品名称、制作日期和编号等标识。铝合金构件、组件表面保护膜和其他材料包装应完好无损。

（2）幕墙构件、组件应存放在通风、干燥的地方，不得直接接触地面。并应按品种、规格堆放在特种架子或垫木上，架子或垫木应采用不透水的材料，其底部垫高不小于 100mm。

（3）幕墙构件、组件上方不得堆放其他杂物，并严禁与酸碱等腐蚀类物质接触，严防雨水渗入。

（4）构件、组件包装应采用无腐蚀作用的材料。不得用草绳、草包等易退色的材料包装石板、陶瓷板等易吸色的材料。

（5）包装箱、架子应有足够的强度以避免贮运过程中因包装箱、架子的损坏而造成构件破损、变形。

（6）构件、材料装入箱内应采取防止碰撞、摩擦的措施，与构架固定牢固不松动。

（7）构件搬动时，应轻拿轻放，严禁摔、扔、碰撞。

（8）包装箱、架子在装运时应采取避免相互碰撞的固定措施和防雨措施。装卸、吊装时，不得碰撞，防止损坏。

（二）幕墙安装过程中的产品保护

（1）幕墙施工前应制定对构件、组件、板材等的保护措施，确保产品不发生损伤、变形、电焊溅伤、变色污染和排水系统堵塞等现象。对已安装好的部位采取围护措施，以防其他施工造成对已安装部位的损坏。

（2）幕墙构件，特别是单元板在安装过程中不得用金属物敲击或用金属杆件强行撬抬安装就位，避免构件变形损坏造成幕墙渗漏。

（三）幕墙安装完毕后的产品保护

（1）幕墙施工完毕后，应采取保护措施，防止其他施工造成对幕墙的损坏，如防火层、防雷节点、幕墙表面、幕墙隔热、保温、防水构造的损坏，防止粉刷咬住立柱破坏幕墙平面内位移性能等。

（2）幕墙安装完毕后，其型材、金属板表面的保护膜应在装饰施工完毕后方可剥除，并及时清除幕墙表面的污染物，清除幕墙表面污染物时，不得使用金属利器刮铲。当用清洗剂时，应采用对幕墙无腐蚀性的清洗剂清洗。

**五、幕墙的施工技术**

（一）材料加工

（1）幕墙构件、组件和配件应根据加工图加工。加工图应以通过审图的施工图为依据，并参照建筑结构复测尺寸进行绘制。

（2）幕墙构件、组件和配件应在专门车间裁割、加工、制作、组装。所采用的设备、机具应能达到幕墙构件加工精度的要求。连接件、附件安装的位置与尺寸应准确，不得采用手工加工制作。量具应定期进行计量认证。

（3）幕墙结构、杆件裁料前应进行校直调整。

（4）玻璃板加工

1）幕墙玻璃应进行机械磨边处理，磨轮的目数应在 180 目以上。点支承幕墙玻璃的孔、板边缘均应进行磨边和倒棱，磨边宜细磨，倒棱宽度不宜小于 1mm。夹层、中空玻璃钻孔可采用大、小孔相对的方式。

2）玻璃切割、钻孔、磨边应在钢化前进行。

3）夹层玻璃应进行封边处理。

（5）金属幕墙板加工

1）单层金属板折弯加工时，折弯外圆弧半径不应小于板厚的 1.5 倍。

2）板的加强肋可采用电栓钉、胶粘及机械结合的方式固定，当采用电栓钉时，应确保金属板外表面不变形、不变色。板的加强肋固定应牢固。加强边框应采用铆接、螺栓、胶粘及机械结合的方式固定，并应满足设计刚度要求。四角部位应作密封处理。

3）复合金属板、蜂窝板边折弯时，应切割内层板和中间芯料，在外层板内侧保留 0.3mm 厚的芯料，并不得划伤外层金属板的内表面角弯成圆弧状，在打孔、切口和四角部位应用中性耐候硅酮密封胶密封。复合金属板应进行封边处理，芯料不应暴露在非防火区域。

4）石材蜂窝板、瓦楞板折弯时，应切割内层板和中间芯料，在外层板内侧保留 0.3～0.5mm 厚的芯料，周边应用金属板或耐候硅酮密封胶将芯料包封密封。

（6）石材板加工

1）石板短槽、通槽宽度宜为 6～7mm，槽深不宜小于 15mm，短槽长度不应小于

100mm，弧形槽的有效长度不应小于80mm。开槽后不得有损坏或崩裂现象，槽口应打磨成45°倒角，槽内应保持光滑、洁净。

2）石板加工好后应用水将石屑冲洗干净，将石板直立存放在通风良好的室内，其直立角度不应小于85°。

3）石板应无暗裂缺陷、连接部位无崩坏，外侧不得有崩边、缺角现象。

4）石板的外形尺寸、色泽应符合设计要求。石板六面应进行防护处理。

5）背栓钻孔应符合设计要求，并不得损伤面板。

6）石板采用背栓式时孔加工允许偏差和陶板、陶瓷板采用背栓式时孔加工允许偏差应符合标准规定。背栓安装时，背栓孔内应注胶粘剂。

（7）采用硅酮结构密封胶粘结固定构件时，注胶前必须经相容试验合格，必要时应加涂底漆。当镀膜与硅酮结构密封胶不相容时，应除去镀膜层。

（8）采用双组分硅酮结构密封胶时，应进行混匀性试验和拉断试验。

（9）注胶部位必须做好净化工作。净化时应注意净化环境，保持操作环境清洁，无风沙灰尘，并严禁烟火。

（10）净化操作应按以下程序操作：

1）将溶剂倒在一块干净布上，用该布将注胶部位和相邻部位表面的尘埃、油渍和其他脏物清除掉，再用另一块干净布擦干，不得来回擦，更不得将擦布放在溶剂里或用布醮溶剂。

2）擦布必须保持清洁，一般净化一个构件或一块板块后更换一次干净布。

3）净化后的构件应在1h内进行注胶，当再次受污染时，应重新进行净化处理。

（11）用硅酮结构密封胶粘结固定构件时，其注胶温度应在20℃以上，30℃以下，相对湿度50％以上的洁净，通风的室内进行和静置养护。养护时间一般为14～21d，硅酮结构密封胶未完全固化，不得移动。

（12）硅酮结构密封胶应打注饱满，其厚度和宽度必须符合规范规定和设计要求。不得使用过期的硅酮结构密封胶和硅酮耐候密封胶。

（13）硅酮结构密封胶必须在非受力状态下固化，否则必须先用机械方式临时固定，待硅酮结构密封胶完全固化后才能拆除机械固定材料。

（14）硅酮结构密封胶不应在现场打注。

（15）幕墙构件、组件和配件加工、组装的尺寸偏差应控制在规范规定的范围之内，并符合设计要求。

（16）构件的连接应牢固，各构件连接处的缝隙应进行密封处理。

（17）构件、组件加工完毕应编号备查。单元板加工完毕后应按排序编号。

（二）幕墙的安装

1．幕墙安装前的要求

（1）在主体结构施工阶段应根据幕墙设计分格埋设预埋件。埋设预埋件时，应控制好埋件的水平标高、垂直位置。有防雷连接要求的埋件应与主体结构防雷接地钢筋有效连接。

（2）幕墙施工前应编制好施工组织设计方案。并经技术部门审查批准。

（3）幕墙安装前，应根据幕墙设计图对已建建筑物需安装幕墙的部位进行复测，对预埋件进行全数检查，根据实测和检查结果交设计部门，设计部门据此调整幕墙施工图后，方可进行构件加工、组装。

（4）在风力不大于 4 级的情况下，在建筑物上根据幕墙施工图的幕墙分格轴线，进行放线定位。

（5）根据分格轴线的定位位置，按设计出具的方案将所有偏移不到位的预埋件调整至规范规定的允许偏差范围之内。

（6）加工好的构件应按照安装顺序、排列位置、编号放置。

2. 幕墙安装

（1）幕墙立柱根据分格轴线安装就位并调整完毕后应及时与预埋件、连接件紧固定位固定。

（2）构件固定电焊部位应及时进行防锈处理。

（3）上下立柱应采用芯管（柱）套插的方法连接，芯管与柱应结合紧密，并满足传递荷载要求。芯管与下立柱用螺钉固定。但不得上下立柱同时固定。

（4）上下立柱之间留缝不应小于 15mm，并用硅酮密封胶进行防水封闭。

（5）立柱与横梁之间不得漏设软质垫片。

（6）幕墙避雷导线同铝合金材料连接时，应满足等电位要求。当用铜质材料与铝合金材料连接时，铜质材料外表面应经热镀锌处理。幕墙避雷连接点的间距、导线材质、截面和搭接面积应符合规范规定和设计要求。

（7）防火、保温材料安装应有固定措施，防火层缝隙应用防火密封胶封闭。

（8）悬吊式全玻璃幕墙安装时，悬吊结构应与主体结构可靠连接，并应悬吊在同一结构体上。

（9）全玻璃幕墙采用夹具悬吊时，在安装吊夹具部位应用特殊强力胶粘剂将楔形铜板粘结，并在 4℃以上环境下养护 72h。

（10）点支承结构构件安装就位、调整后应及时紧固定位。

（11）杆索体系的拉杆、拉索安装时必须按设计要求施加预拉力，并设置预拉力调节装置，应分次、分批对称张拉。

（12）明框玻璃幕墙的玻璃底部与横梁间应设置不少于 2 块定位垫块，垫块长度宜不小于 100mm。玻璃四周与构件保持一定的空隙，其空隙和玻璃嵌入量应符合图 14-4、图 14-5 和表 14-14、表 14-15 的规定。

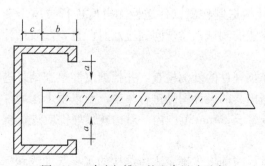

图 14-4　玻璃与槽口的配合尺寸示意

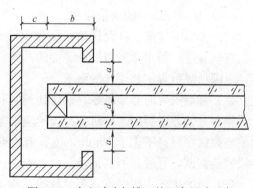

图 14-5　中空玻璃与槽口的配合尺寸示意

**单层玻璃与槽口的配合尺寸（mm）**　　　　　　　　　　表 14-14

| 厚度 | a | b | c |
|---|---|---|---|
| 5～6 | ≥3.5 | ≥15 | ≥5 |
| 8～10 | ≥4.5 | ≥16 | ≥5 |
| 12 以上 | ≥5.5 | ≥18 | ≥5 |

注：包括夹层玻璃。

**中空玻璃与槽口的配合尺寸（mm）**　　　　　　　　　　表 14-15

| 厚度 | a | b | c |
|---|---|---|---|
| 4+A+4 | ≥5 | ≥16 | ≥5 |
| 5+A+5 | ≥5 | ≥16 | ≥5 |
| 6+A+6 | ≥5 | ≥17 | ≥5 |
| 8+A+8 以上 | ≥5 | ≥18 | ≥5 |

（13）明框幕墙压板采用螺钉固定时，螺钉直径不应小于 5mm，其间接距不应大于 300mm。

（14）隐框幕墙玻璃压板厚度不应小于 4mm，压板固定螺钉直径不应小于 5mm，其间接距不应大于 300mm。

（15）石板幕墙安装时，应按编号顺序安装，挂件不得触及石板槽底和壁，其间隙应用具有高机械性抵抗能力的粘结定位胶粘剂填嵌。封闭式石板幕墙石板表面缝隙应用石材专用密封胶嵌缝。

（16）转角无法采用挂件安装的窄条石板，应采用石材专用胶粘剂和专用连接件配合与面板连接牢固。

（17）石材幕墙石板安装完毕后，应将控制缝隙宽度的临时垫块及时拆除。

（18）封闭式幕墙四周与主体结构之间的缝隙应采用防火保温材料填塞，缝隙应采用密封胶连续封闭，接缝严密，不渗漏。

（19）密封胶不应在夜晚、雨天打胶。打胶前应使打胶面清洁、干燥。

（20）单元式幕墙板块应按编号顺序安装。安装时，不得敲击、硬撬，以免型材变形造成渗漏。

**六、幕墙的质量控制**

（一）幕墙施工中的质量控制

（1）幕墙安装前，在设计阶段应根据设计构造制作测试件送检测机构进行抗风压变形、空气渗透、雨水渗漏和设计需要的其他性能的测试，发现问题应及时调整，修改设计图，以满足规范规定和设计的要求。

（2）幕墙安装前必须做好对已建建筑物和预埋件的复测检查，并根据复测检查结果进行调整，对偏差进行处理，对偏差大的应根据出具的设计图纸进行整改。要求每个预埋件的偏差控制在标高不大于 10mm，位置偏差不大于 20mm 范围内。对槽式预埋件应进行抗拉拔性能测试，且做好测试记录。

（3）风力大于 4 级时不宜测量放线，测量放线前应先确定主体结构的水平基准线和标高基准线，要严格控制测量放线的精确度，并每天定时校核幕墙立柱位置和幕墙垂直度，发现偏差应及时调整，不使偏差积累。

（4）建筑幕墙工程施工中应进行材料进场验收、施工中间验收，并应及时建立技术资料。

（5）建筑幕墙工程应对下列材料及其性能指标在进场时进行复验：

1）复合板的剥离强度；

2）石材的弯曲强度；设计要求的耐冻融性；

3）硅酮胶的邵氏硬度、标准条件拉伸粘结强度、相容性试验；石材用结构胶的粘结强度；石材用密封胶的污染性。

（6）幕墙工程进场的各类材料、产品、构件及组件应按质量要求进行验收。

（7）幕墙施工过程中应及时做好阶段性质量验收，并做好验收记录。

（8）幕墙应针对每个节点按表 14-16 所列项目进行隐蔽工程验收：

幕墙隐蔽工程验收项目及部位

表 14-16

| 类 型 | 验收项目及部位 |
|---|---|
| 构件式幕墙 | 1. 预埋件(或后置埋件) |
| | 2. 幕墙构件与主体结构的连接、构件连接节点 |
| | 3. 幕墙四周、幕墙内表面与结构之间的封堵 |
| | 4. 幕墙变形缝及与墙面转角构造节点 |
| | 5. 隐框玻璃板块托条及板块固定连接 |
| | 6. 明框断热桥处玻璃安装托块 |
| | 7. 幕墙防雷连接构造节点 |
| | 8. 幕墙的防水、隔热保温构造 |
| | 9. 幕墙防火、隔烟构造节点 |
| 单元式幕墙 | 1. 预埋件(或后置埋件) |
| | 2. 连接件与主体结构的连接 |
| | 3. 单元板挂钩件与连接件的安装 |
| | 4. 单元板块间顶部的过桥槽口连接板安装 |
| | 5. 幕墙的防火、隔烟构造节点 |
| | 6. 幕墙的防雷连接构造节点 |
| | 7. 幕墙四周、幕墙内表面与结构之间的封堵 |
| 全玻璃幕墙、点支承幕墙 | 1. 预埋件(或后置埋件) |
| | 2. 全玻璃幕墙的吊夹具、索杆件与结构的连接 |
| | 3. 玻璃与镶嵌槽之间的安装构造 |
| | 4. 幕墙支承的钢结构框架等现场施工安装(被隐蔽)部位 |

（9）幕墙与预埋件连接时应注意以下几个方面：

1）安装的连接件、绝缘片、紧固件的材质、规格、必须符合设计要求。螺栓不应少于 2 个。

2）角码连接应有三维调节构造。

3）连接件防锈和调节范围应符合设计要求。

4）连接件与预埋件之间位置偏差采用焊接调整时，焊缝长度应符合设计要求。

5）连接件应安装牢固，不松动，螺栓应有防松脱措施。焊缝饱满、不咬肉、无焊渣。

（10）当幕墙局部采用锚栓连接时，应注意以下几个方面：

1）所用锚栓的强度、规格、数量、设置、位置和锚固性能必须符合《建筑锚栓技术规程》和设计的要求。

2）锚栓的埋设应牢固可靠，不得松动，不露套管。锚栓埋入深度应符合设计要求。并对不同受力情况的锚栓进行抗拉拔、抗剪性能测试。且做好测试记录。

3）采用化学锚栓时，不得在就位后的化学锚栓接触的连接件上进行电焊操作。对于后置埋件不应采用单一化学锚栓。

（11）构件在安装前均应进行检验，不合格的构件不得用于幕墙工程上。

（12）安装立柱时，应注意以下几个方面：

1）连接立柱的芯管材质、规格和连接构造形式应符合设计要求。

2）立柱应为受拉构件，其上端应与主体结构固定连接，下端为可上下活动的连接。

3）立柱与底部连接的热镀锌钢转接件间应衬绝缘垫片。

4）立柱底部和底部横梁与楼地面之间应留有伸缩空隙，幕墙板块底部边缘与主体结构之间也应有伸缩空隙，空隙宽度不小于15mm，并用弹性密封材料嵌填。

（13）安装横梁时，应注意以下几个方面：

1）连接固定横梁的连接件、螺栓的材质、规格、品种、数量必须符合设计要求，螺栓应有防松脱的措施。同一个连接处的连接螺栓不应少于2个，且不应采用自攻螺钉。

2）梁、柱连接牢固不松动，其接缝间隙不大于1mm，并以密封胶密封或衬垫片，垫片安装位置正确，不松脱。

（14）安装幕墙防火体系时，应注意以下几个方面：

1）幕墙的防火节点构造必须符合设计要求。防火材料的品种、防火等级必须符合规范和设计的规定。

2）防火材料固定应牢固，不松脱、无遗漏，拼缝处不留缝隙。

3）镀锌钢板不得与铝合金型材直接接触。

4）防火材料不得与幕墙玻璃直接接触。防火层与幕墙和主体结构间的缝隙应用防火密封胶严密封闭。

（15）幕墙保温、隔热构造应注意以下几个方面：

1）安装内衬板时，内衬板四周应与构件接缝严密。

2）保温材料安装应牢固，保温材料应有防潮措施。在冬季以保温为主的地区，保温棉板的隔汽铝箔面应朝室内，无隔汽铝箔面时，应在室内侧设置内衬隔汽板。

3）保温棉与玻璃应保持30mm以上的距离，金属、石板可与保温材料结合在一起，但与主体结构外表面应有50mm以上的空气层。

4）保温棉填塞应饱满、平整，不留间隙，其密度、厚度应符合设计要求。

（16）安装幕墙防雷体系时应注意以下几个方面：

1）幕墙防雷网格面积应不大于100m²，其接地电阻值应不大于1Ω。

2）连接材料的材质、截面尺寸和连接方式必须符合设计要求。连接接触面应紧密可靠、不松动。

（17）明框、单元幕墙的内排水系统在安装中应保持畅通不堵塞，接缝应严密不渗漏，排水孔直径宜不小于 8mm，方孔宜不小于 5mm×15mm。

（18）明框幕墙玻璃四周橡胶密封条裁割时应比边框槽口长 1.5‰～2‰，安装时在转角处应斜面断开，拼成 45°，并用胶粘剂粘结后嵌入槽内，橡胶条应镶嵌平整密实。

（19）隐框板块组件安装时必须牢固。螺钉、压块的规格及固定点距离应符合设计要求，且距离应控制在 300mm 之内，不得用自攻螺钉固定隐框板块组件。

（20）全玻幕墙吊夹具安装时，应注意以下几个方面：

1）吊夹具和衬垫材料应符合设计要求。

2）吊夹具应安装牢固，位置准确。

3）夹具不得与玻璃直接接触。

4）夹具衬垫材料与玻璃应平整结合，紧密牢固。

（21）构件式幕墙安装过程中应进行盛水试验，单元板安装过程中应进行盛水试验，以防渗漏。

（二）幕墙验收时的质量检验

（1）幕墙工程验收前应将其表面清洗干净。

（2）幕墙工程验收应进行技术资料复核、现场观感检查和实物抽样检验。

（3）现场检验时，应按下列规定划分检验批，每幅建筑幕墙均应检验。

1）相同设计、材料、工艺和施工条件的幕墙工程每 500～1000m² 应划分为一个检验批，不足 500m² 也应划分为一个检验批。每个检验批每 100m² 应至少抽查一处，每处不得小于 10m²；

2）同一单位工程的不连续的幕墙工程应单独划分检验批；

3）对于异型或有特殊要求的幕墙，检验批的划分应根据幕墙的结构、工艺特点及幕墙工程的规模，宜由监理单位、建设单位和施工单位协商确定。

（4）幕墙工程验收应符合现行国家标准《建筑装饰装修工程质量验收规范》GB 50210 的规定。

（5）工程竣工验收时应检查下列技术资料：

1）建筑幕墙工程的竣工图或经审图通过的施工图、结构计算书、设计说明、设计变更及其他设计文件；

2）建筑设计单位对幕墙工程设计的确认文件；

3）幕墙工程所用各类材料、附件、紧固件、构件及组件的产品合格证、性能检测报告、进场验收纪录和复验报告；含建筑幕墙工程所用硅酮结构胶的认定证书和抽查合格证明；进口硅酮胶的商检证；国家指定检测机构出具的硅酮结构胶相容性和剥离粘结性试验报告；双组分硅酮结构胶的混匀性试验、拉断试验记录；打胶养护环境温度、湿度记录；石材用密封胶的耐污染性试验报告；背栓的抗拉、抗剪承载力性能试验报告等；

4）邵氏硬度、标准状态拉伸粘结性能复验；石材用密封胶的耐污染性试验报告以及其他试验报告；

5）金属板材表面氟碳树脂涂层的物理性能试验报告；

6）隐蔽工程验收记录；

7）后置埋件的现场拉拔强度检测报告；

8) 防雷装置测试记录；

9) 幕墙的抗风压性能、气密性能、水密性能、平面内变形性能检测报告及其他设计要求的性能检测报告；

10) 幕墙构件和组件的加工制作记录；幕墙安装施工记录；

11) 张拉杆索体系预拉力张拉记录；

12) 现场淋水、盛水试验记录；

13) 抗爆检测试验报告；

14) 其他质量保证资料。

(6) 幕墙工程观感检查应符合下列要求：

1) 幕墙外露型材、装饰条及遮阳板应横平竖直，无毛刺、伤痕和污垢，规格、造型符合设计要求；

2) 幕墙的缝宽应均匀，胶（接）缝应横平竖直，密封胶灌注均匀、密实、连续，表面光滑无污染。橡胶条应镶嵌密实；

3) 幕墙型材、面板镀膜无脱膜现象。表面颜色应均匀；

4) 幕墙无渗漏现象；

5) 变形缝处理应保持外观效果的一致性，并应符合设计要求；

6) 金属板材表面应平整洁净，距幕墙面 3m 处肉眼观察不应有可觉察的变形、波纹、局部凹陷和明显色差等缺陷；

7) 石材表面无凹坑、缺角、裂纹和斑痕；

8) 开启扇安装牢固，配件应齐全，启闭灵活无挤轧声，关闭应严密；开启形式、方向、角度、距离应符合设计要求和规范规定；

9) 滴水线、流水坡度符合设计要求，滴水线宽窄均匀、光滑顺直。

(7) 抽样检验应符合下列要求：

1) 玻璃、金属板、石材表面质量应符合表 14-17 的要求。

**每平方米玻璃、金属板、石材的表面质量和检验方法** 表 14-17

| 项次 | 项　　目 | 质量要求 | 检验方法 |
| --- | --- | --- | --- |
| 1 | 明显划伤和长度>100mm 的轻微划伤 | 不允许 | 观察 |
| 2 | 长度≤100mm 的轻微划伤 | ≤8 条 | 用钢尺检查 |
| 3 | 擦伤总面积 | ≤500mm² | 用钢尺检查 |

2) 铝合金型材表面质量应符合表 14-18 的要求。

3) 明框幕墙铝合金框架安装质量应符合表 14-19 的要求。

**一个分格铝合金型材的表面质量和检验方法** 表 14-18

| 项次 | 项　　目 | 质量要求 | 检验方法 |
| --- | --- | --- | --- |
| 1 | 明显划伤和长度>100mm 的轻微划伤 | 不允许 | 观察 |
| 2 | 长度≤100mm 的轻微划伤 | ≤2 条 | 用钢尺检查 |
| 3 | 擦伤总面积 | ≤500mm² | 用钢尺检查 |

**明框幕墙铝合金框架安装质量要求**　　　　　　　　　　　　　　表 14-19

| 序号 | 项　　目 | | 允许偏差(mm) | 检查方法 |
|---|---|---|---|---|
| 1 | 幕墙垂直度 | 垂直高度 $H \leqslant 30$m | $\leqslant 10$ | 激光仪或经纬仪 |
| | | $30$m$< H \leqslant 60$m | $\leqslant 15$ | |
| | | $60$m$< H \leqslant 90$m | $\leqslant 20$ | |
| | | $90$m$< H \leqslant 150$m | $\leqslant 25$ | |
| | | $H > 150$m | $\leqslant 30$ | |
| 2 | 构件直线度 | | $\leqslant 2.5$ | 2m 靠尺,塞尺,钢板尺 |
| 3 | 横向构件水平度 | 长度$\leqslant 2000$mm | $\leqslant 2.0$ | 水平仪 |
| | | 长度$> 2000$mm | $\leqslant 3.0$ | |
| 4 | 同高度相邻两根横向构件高度、错位偏差 | | $\leqslant 1.0$ | 钢板尺,塞尺 |
| 5 | 幕墙横向构件水平度 | 幅宽$\leqslant 35$m | $\leqslant 5.0$ | 水平仪 |
| | | 幅宽$> 35$m | $\leqslant 7.0$ | |
| 6 | 分格框对角线差 | 对角线长度$\leqslant 2000$mm | $\leqslant 3.0$ | 对角线尺或钢卷尺 |
| | | 对角线长度$> 2000$mm | $\leqslant 3.5$ | |

注：1. 表中 1~5 项按抽样根数检查，第 6 项按抽样分格数检查；
　　2. 垂直于地面的幕墙，竖向构件垂直度包括幕墙平面内及平面外的检查；
　　3. 直线度包括幕墙平面内及平面外的检查。

4）隐框幕墙安装质量应符合表 14-20 的要求。

**隐框幕墙安装质量要求**　　　　　　　　　　　　　　表 14-20

| 序号 | 项　　目 | | 允许偏差(mm) | 检查方法 |
|---|---|---|---|---|
| 1 | 竖缝及墙面垂直度 | 垂直高度 $H \leqslant 30$m | $\leqslant 10$ | 激光仪或经纬仪 |
| | | $30$m$< H \leqslant 60$m | $\leqslant 15$ | |
| | | $60$m$< H \leqslant 90$m | $\leqslant 20$ | |
| | | $90$m$< H \leqslant 150$m | $\leqslant 25$ | |
| | | $H > 150$m | $\leqslant 30$ | |
| 2 | 幕墙的平面度 | | $\leqslant 2.5$ | 2m 靠尺,塞尺 |
| 3 | 竖、横缝直线度 | | $\leqslant 2.5$ | 2m 靠尺,塞尺,钢板尺 |
| 4 | 拼缝宽度(与设计值比) | | $\pm 2.0$ | 钢板尺 |
| 5 | 板材立面垂直度 | | $\pm 2.0$ | 垂直检测尺 |
| 6 | 板材上沿水平度 | | $\pm 2.0$ | 1m 水平尺,钢板尺 |
| 7 | 相邻板材板角错位 | | $\pm 1.0$ | 钢板尺 |
| 8 | 接缝高低差 | | $\pm 1.0$ | 塞尺,钢板尺 |

5）单元式幕墙安装的允许偏差应符合表 14-21 的要求。

**单元式幕墙安装的允许偏差**　　　　　　　　　　　　　　表 14-21

| 序号 | 项　　目 | | 允许偏差(mm) | 检查方法 |
|---|---|---|---|---|
| 1 | 竖缝及墙面垂直度 | 垂直高度 $H \leqslant 30$ | $\leqslant 10$ | 激光仪或经纬仪 |
| | | $30 < H \leqslant 60$ | $\leqslant 15$ | |
| | | $60 < H \leqslant 90$ | $\leqslant 20$ | |
| | | $90 < H \leqslant 150$ | $\leqslant 25$ | |
| | | $H > 150$m | $\leqslant 30$ | |

| 序号 | 项目 | | 允许偏差(mm) | 检查方法 |
|---|---|---|---|---|
| 2 | 幕墙的平面度 | | ≤2.5 | 2m靠尺,塞尺 |
| 3 | 竖、横缝直线度 | | ≤2.5 | 2m靠尺,塞尺,钢板尺 |
| 4 | 拼缝宽度(与设计值比) | | ±2 | 钢板尺 |
| 5 | 两相邻面板之间接缝高低差 | | ≤1.0 | 塞尺,钢板尺 |
| 6 | 同层单元组件标高 | 宽度不大于35m | ≤3.0 | 激光仪或经纬仪 |
| | | 宽度大于35m | ≤5.0 | |
| 7 | 两组件对插件接缝搭接长度(与设计值比) | | ±1.0 | 钢板尺 |
| 8 | 两组件对插件距槽底距离(与设计值比) | | ±1.0 | 塞尺 |

6) 全玻幕墙安装应符合表 14-22 的要求。

**全玻幕墙安装允许偏差**　　　　　　　　表 14-22

| 序号 | 项目 | | 允许偏差(mm) | 检查方法 |
|---|---|---|---|---|
| 1 | 幕墙平面的垂直度 | 垂直高度 $H≤30$ | ≤10mm | 激光仪或经纬仪 |
| | | $30<H$ | ≤15mm | |
| 2 | 幕墙的平面度 | | ≤2.5mm | 2m靠尺,塞尺 |
| 3 | 竖、横缝的直线度 | | ≤2.5mm | 2m靠尺,塞尺,钢板尺 |
| 4 | 线缝宽度(与设计值比) | | ±2.5mm | 钢板尺 |
| 5 | 两相邻面板之间的高低差 | | ±2.0mm | 塞尺,钢板尺 |
| 6 | 玻璃面板与肋板夹角与设计值偏差 | | ≤1° | 量角器 |

7) 点支承结构构件安装的允许偏差应符合表 14-23 的要求。

8) 点支承玻璃幕墙面板安装应符合表 14-24 的要求。

**点支承结构构件安装的允许偏差**　　　　　　　　表 14-23

| 序号 | 项目 | | 允许偏差(mm) | 检查方法 |
|---|---|---|---|---|
| 1 | 相邻两竖向构件间距 | | ±2.5 | 钢卷尺 |
| 2 | 竖向构件垂直度 | | $L/1000$ 或≤5.0,$L$为跨度 | 激光仪或经纬仪 |
| 3 | 相邻三竖向构件外表面平面度 | | ≤5.0 m | 拉通线,用钢板尺检查 |
| 4 | 相邻两爪座水平间距和竖向间距 | | ±1.5 | 钢卷尺 |
| 5 | 相邻两爪座水平高低差 | | ≤1.5 | 水平仪 |
| 6 | 爪座水平度 | | ≤2.0 | 水平尺 |
| 7 | 同层高度内爪座高低差 | 间距≤35m | ≤5.0 | 水平仪 |
| | | 间距>35m | ≤7.0 | 水平仪 |
| 8 | 相邻两爪座垂直间距 | | ±2.0 | 钢卷尺 |
| 9 | 单个分格爪座对角线 | | ≤4.0 | 钢卷尺 |

点支承玻璃幕墙面板安装允许偏差 表 14-24

| 序号 | 项目 | | 允许偏差(mm) | 检查方法 |
|---|---|---|---|---|
| 1 | 竖缝及墙面垂直度 | 高度 $H \leqslant 30m$ | $\leqslant 10$ | 激光仪或经纬仪 |
| | | $30m < H \leqslant 50m$ | $\leqslant 15$ | |
| | | $H > 50m$ | $\leqslant 20$ | |
| 2 | 平面度 | | $\leqslant 2.5$ | 2m靠尺,塞尺 |
| 3 | 胶缝直线度 | | $\leqslant 2.5$ | 2m靠尺,塞尺,钢板尺 |
| 4 | 拼缝宽度 | | $\leqslant 2.0$ | 钢板尺 |
| 5 | 相邻玻璃平面高低差 | | $\leqslant 1.0$ | 塞尺,钢板尺 |

9) 金属幕墙安装的允许偏差应符合表 14-25 的要求。

金属幕墙安装的允许偏差和检验方法 表 14-25

| 序号 | 项目 | | 允许偏差(mm) | 检查方法 |
|---|---|---|---|---|
| 1 | 幕墙垂直度 | 垂直高度 $H \leqslant 30m$ | $\leqslant 10$ | 经纬仪 |
| | | $30m < H \leqslant 60m$ | $\leqslant 15$ | |
| | | $60m < H \leqslant 90m$ | $\leqslant 20$ | |
| | | $150m \geqslant H > 90m$ | $\leqslant 25$ | |
| | | $H > 150m$ | $\leqslant 30$ | |
| 2 | 幕墙水平度 | 层高 $\leqslant 3m$ | $\leqslant 3.0$ | 水平仪 |
| | | 层高 $< 3m$ | $\leqslant 5.0$ | |
| 3 | 幕墙表面平整度 | | $\leqslant 2.0$ | 2m靠尺,塞尺 |
| 4 | 板材立面垂直度 | | $\leqslant 3.0$ | 垂直检测尺 |
| 5 | 板材上沿水平度 | | $\leqslant 2.0$ | 1m水平尺,钢板尺 |
| 6 | 相邻板材板角错位 | | $\leqslant 1.0$ | 钢板尺 |
| 7 | 阴阳角方正 | | $\leqslant 2.0$ | 直角检测尺 |
| 8 | 接缝直线度 | | $\leqslant 3.0$ | 拉5m线,不足5m拉通线,用钢板尺检查 |
| 9 | 接缝高低度 | | $\leqslant 1.0$ | 钢板尺,塞尺 |
| 10 | 接缝宽度 | | $\leqslant 1.0$ | 钢板尺 |

10) 石材幕墙安装的允许偏差应符合表 14-26 的要求。

石材幕墙安装的允许偏差和检验方法 表 14-26

| 序号 | 项目 | | 允许偏差(mm) | | 检查方法 |
|---|---|---|---|---|---|
| | | | 光面 | 麻面 | |
| 1 | 幕墙垂直度 | 垂直高度 $H \leqslant 30m$ | $\leqslant 10$ | | 经纬仪 |
| | | $30m < H \leqslant 60m$ | $\leqslant 15$ | | |
| | | $60m < H \leqslant 90m$ | $\leqslant 20$ | | |
| | | $H > 90m$ | $\leqslant 25$ | | |
| 2 | 幕墙水平度 | | $\leqslant 3.0$ | | 水平仪 |
| 3 | 板材立面垂直度 | | $\leqslant 3.0$ | | 水平仪 |

| 序号 | 项　　目 | 允许偏差(mm) 光面 | 允许偏差(mm) 麻面 | 检查方法 |
|---|---|---|---|---|
| 4 | 板材上沿水平度 | ≤2.0 | | 1m水平尺,钢板尺 |
| 5 | 相邻板材板角错位 | ≤1.0 | | 钢板尺 |
| 6 | 幕墙表面平整度 | ≤2.0 | ≤3.0 | 垂直检测尺 |
| 7 | 阴阳角方正 | ≤2.0 | ≤4.0 | 直角检测尺 |
| 8 | 接缝直线度 | ≤3.0 | ≤4.0 | 拉5m线,不足5m拉通线,用钢板尺检查 |
| 9 | 接缝高低差 | ≤1.0 | — | 钢板尺,塞尺 |
| 10 | 接缝宽度 | ≤1.0 | ≤2.0 | 钢板尺 |

11) 人造板材幕墙安装的允许偏差应符合表 14-27 的要求。

人造板材幕墙安装的允许偏差　　　　　　　　　　　表 14-27

| 序号 | 项　　目 | | 允许偏差(mm) | 检查方法 |
|---|---|---|---|---|
| 1 | 幕墙垂直度 | 高度 $H \leqslant 30m$ | ≤10 | 激光仪或经纬仪 |
| | | $30m < H \leqslant 60m$ | ≤15 | |
| | | $60m < H$ | ≤20 | |
| 2 | 幕墙平面度 | | ≤2.5(平面、抛光面) | 2m靠尺,塞尺 |
| 3 | 竖缝直线度 | | ≤2.5 | 2m靠尺,塞尺,钢板尺 |
| 4 | 横缝直线度 | | ≤2.5 | 2m靠尺,塞尺,钢板尺 |
| 5 | 缝宽度(与设计值比较) | | ±2.0 | 钢板尺 |
| 6 | 两相邻面板之间接缝高低差 | 表面抛光处理、平面、釉面 | ≤1.0 | 塞尺,钢板尺 |

# 第十五章　建筑地面工程

## 第一节　基层铺设

### 一、基土

（一）施工质量控制要点

1. 材料的质量要求

（1）填土用土料，可采用砂土和黏性土，过筛除去草皮与杂质。土块的粒径不大于50mm。严禁用淤泥、腐殖土、冻土、耕植土、膨胀土、建筑杂物和含有有机物质大于8%的土作为填土。

（2）填土宜控制在最优含水量情况下施工，过干的土在压实前应洒水、湿润，过湿的土应予晾干。每层压实后土的干密度应符合设计要求。

2. 施工要求

填土的施工应采用机械或人工方法分层夯实；土块的粒径不应大于50mm。机械压实时，每层虚铺厚度不宜大于300mm；用蛙式打夯机夯实时，宜不大于250mm；人工夯实时，应不大于200mm。每层夯实后土的压实系数应符合设计要求，但不应小于0.9。

（二）基土施工质量验收

1. 施工质量验收

（1）基土的材料质量应符合要求。

（2）Ⅰ类建筑基土的氡浓度应符合现行国家标准《民用建筑工程室内环境污染控制规范》GB 50325 的规定。

（3）基土应均匀密实、压实系数符合设计要求，并不应小于0.9。

（4）压实的基土表面应平整，用2m靠尺和楔形塞尺检查时偏差控制在15mm以内。

（5）表面标高应符合设计要求，用水准仪检查时，偏差应控制在0～−50mm。

（6）表面坡度应符合设计要求，用坡度尺检查不大于房间相应尺寸的2/1000，且不大于30mm。

（7）表面厚度应符合设计要求，用钢尺检查，在个别地方偏差不大于设计厚度的1/10，且不大于20mm。

（8）当墙柱基础处的填土时，应重叠夯填密实。在填土与墙柱相连处，亦可采取设缝进行技术处理。

（9）当基土下为非湿陷性土层，其填土为砂土时可随浇水随压（夯）实，每层虚铺厚度不大于200mm。

（10）重要工程或大面积的地面填土前，应取土样，按击实试验确定最优含水量与相应的最大干密度。

2. 质保资料检查要点

（1）检查隐蔽工程验收记录。

（2）检查填土夯实质量检验报告。

1）该单位工程的填土取样是否按抽样检验范围的规定。

2）填土取样编号是否均在平面示意图上表示其位置。

3）重点鉴定填土的干密度测试结果是否符合质量标准的规定。

## 二、垫层

（一）施工质量控制要点

1. 灰土垫层

（1）材料的质量要求：

1）灰土垫层应采用熟化石灰与黏土（或粉质黏土、粉土）的拌合料铺设。

2）熟化石灰可采用磨细生石灰，亦可采用粉煤灰代替，熟化石灰颗粒粒径不得大于 5mm。

3）土料采用的黏土（或粉质黏土、粉土）内不得含有有机物质，使用前应过筛，颗粒粒径不得大于 16mm。

4）灰土的配合比（体积比）一般为 3：7。

（2）施工要求：

1）施工温度不应低于 +5℃，铺设厚度不应小于 100mm。

2）灰土拌合料应适当控制含水量。

3）灰土垫层应分层夯实，经湿润养护，晾干后方可进行下一道工序施工。

2. 砂垫层和砂石垫层

（1）材料的质量要求：

1）砂和天然砂石中不得含有草根等有机杂质，冻结的砂和冻结的天然砂石不得使用。

2）砂应采用中砂。

3）砂子的最大粒径不得大于垫层厚度的 2/3。

（2）施工要求：

1）砂垫层和砂石垫层施工温度不低于 0℃，如低于上述温度时，应按冬季施工要求采取相应措施。

2）砂垫层厚度不应小于 60mm，砂石垫层厚度不应小于 100mm。

3）砂垫层采用机械或人工夯实时，均不应少于 3 遍，并压（夯）至不松动为止。

3. 碎石垫层和碎砖垫层

（1）材料的质量要求：

1）碎石的强度应均匀，最大粒径不得大于垫层厚度的 2/3。

2）碎砖不应采用风化、酥松、夹有杂质的砖料。颗粒粒径不应大于 60mm。

（2）施工要求：

1）碎（卵）石垫层必须摊铺均匀，表面空隙用粒径为 5～25mm 的细石子填缝。

2）用碾压机碾压时，应适当洒水使其表面保持湿润，一般碾压不少于 3 遍，并压到不松动为止。

3）如工程量不大，亦可用人工夯实，但必须达到碾压的要求。

4. 三合土垫层和四合土垫层

（1）材料的质量要求：

1）三合土垫层采用石灰、砂（可渗入少量黏土）与碎砖的拌合料铺设。四合土垫层采用水泥、石灰、砂（可掺少量黏土）与碎砖拌合料铺设。

2）熟化石灰颗粒粒径不得大于 5mm。

3）砂应采用中砂，并不得含有草根等有机物质。

4）碎砖不应采用风化、疏松和含有有机杂质的砖料，颗粒粒径不得大于 60mm。

5）水泥采用硅酸盐水泥、普通硅酸盐水泥。

6）三合土和四合土的配合比应符合设计要求。

（2）施工要求：

1）采用先铺碎料后灌浆的方法时，碎料应先分层铺设，每层虚铺厚度不应大于120mm，并洒水湿润和铺平拍实，而后灌石灰浆，其体积比为 1∶2～1∶4，灌浆后夯实。

2）三合土可采用人工夯或机械夯，夯打应密实，表面平整，如发现三合土太干，应补浇石灰浆，并随浇随打。

5. 炉渣垫层

（1）材料的质量要求：

1）采用炉渣或水泥与炉渣，水泥、石灰与炉渣的拌合料铺设。

2）炉渣内不应含有有机杂质和未燃尽的煤块，颗粒粒径不应大于 40mm，且颗粒粒径在 5mm 及其以下的颗粒，不得超过总体积的 40%；熟化石灰颗粒粒径不得大于 5mm。

3）水泥炉渣垫层的配合比应符合设计要求。

（2）施工要求：

1）炉渣和水泥炉渣垫层所用的炉渣，使用前应浇水闷透；水泥石灰炉渣垫层的炉渣，使用前应用石灰浆或用熟化石灰浇水拌合闷透，闷透时间均不得少于 5d。

2）垫层铺设前，其下一层应湿润，铺设时应分层压实，铺设后应养护，待其凝结后方可进行下一道工序施工。

3）炉渣垫层与其下一层应结合牢固，不得有空鼓和松散炉渣颗粒。

6. 水泥混凝土垫层和陶粒混凝土垫层

（1）材料的质量要求：

1）水泥可采用硅酸盐水泥、普通硅酸盐水泥、矿渣硅酸盐水泥、火山灰硅酸盐水泥和粉煤灰硅酸盐水泥。

2）砂为中粗砂，其含泥量不应大于 3%。

3）水泥混凝土采用的粗骨料，其最大粒径不应大于垫层厚度的 2/3。

4）水宜用饮用水。

（2）施工要求：

1）水泥混凝土垫层和陶粒混凝土垫层铺设在基土上，当气温长期处于 0℃ 以下，设计无要求时，垫层应设置伸缩缝。

2) 垫层铺设前，其下一层表面应湿润。

3) 室内地面的水泥混凝土垫层和陶粒混凝土垫层，应设置纵向缩缝和横向缩缝，纵向缩缝、横向缩缝的间距均不得大于 6m。

4) 垫层的纵向缩缝应做平头缝或加肋板平头缝。当垫层厚度大于 150mm，可做企口缝，横向缩缝应做假缝，平头缝和企口缝的缝间不得放置隔离材料，浇筑时应互相紧贴。企口缝的尺寸应符合设计要求，假缝宽度为 5~20mm，深度为垫层厚度的 1/3，缝内填料应与地面变形缝相一致。

5) 工业厂房、礼堂、门厅等大面积水泥混凝土垫层、陶粒混凝土垫层应分区段浇筑。分区段应结合变形缝位置、不同类型的建筑地面连接处和设备基础的位置进行划分，并应与设置的纵向、横向缩缝的间距相一致。

(二) 垫层施工质量验收

1. 灰土垫层

(1) 上下两层灰土的接缝距离不得小于 50mm。

(2) 每层虚铺厚度为 150~250mm。

(3) 灰土垫层的密实度，可用环刀取样测定其干土质量密度，一般要求灰土夯实后的最小干土质量密度为 1.55g/cm³。

(4) 灰土表面平整度用 2m 靠尺和楔形塞尺检查时，偏差控制在 10mm 以内。

(5) 表面标高应符合设计要求，用水准仪检查，其偏差应控制在 ±10mm 以内。

(6) 坡度应符合设计要求，用坡度尺检查，其偏差不大于房间相应尺寸 2/1000，且不大于 30mm。

(7) 厚度应符合设计要求，用钢尺检查在个别地方偏差不大于设计厚度的 1/10，且不大于 20mm。

2. 砂垫层和砂石垫层

(1) 砂、石垫层应摊铺均匀，不得有粗、细颗粒分离现象，压 (夯) 至不松动为止。

(2) 砂、石垫层的表面平整度，用 2m 靠尺和楔形塞尺检查时，偏差控制在 15mm 以内。

(3) 标高应符合设计要求，其偏差值可控制在 ±20mm 以内。

(4) 砂、石垫层的坡度偏差应符合设计要求，坡度偏差控制在不大于房间相应尺寸 2/1000，且不大于 30mm。

(5) 砂、石垫层厚度应符合设计要求，个别地方厚度偏差不大于设计的 1/10，且不大于 20mm。

3. 碎石垫层和碎砖垫层

(1) 碎石垫层和碎砖垫层厚度不应小于 100mm。

(2) 垫层应分层压 (夯) 实，达到表面坚实、平整。

(3) 压实后垫层表面平整度可用 2m 靠尺检查，其偏差应控制在 15mm 以内。

(4) 标高应符合设计要求，偏差控制在 ±20mm 以内。

(5) 坡度偏差应符合设计要求，坡度偏差控制在不大于房间相应尺寸 2/1000，且不大于 30mm。

(6) 厚度应符合设计要求，个别地方厚度偏差不大于设计的 1/10，且不大于 20mm。

4. 三合土垫层、四合土垫层

（1）三合土垫层厚度不应小于 100mm；四合土垫层厚度不应小于 80mm。

（2）三合土、四合土垫层表面平整度的允许偏差不得大于 10mm，其标高控制在 ±10mm 以内。

（3）三合土、四合土垫层表面应平整，搭接处应夯实。

（4）三合土、四合土垫层坡度偏差不大于房间相应尺寸的 2/1000，且不大于 30mm。

（5）三合土、四合土垫层厚度偏差控制在个别地方不大于设计厚度的 1/10，且不大于 20mm。

5. 炉渣垫层

（1）炉渣垫层厚度不应小于 80mm。

（2）炉渣垫层表面平整度的偏差值应控制在 10mm 以内。

（3）炉渣垫层标高偏差应控制在 ±10mm 以内。

（4）炉渣垫层表面坡度偏差不大于房间相应尺寸的 2/1000，且不大于 30mm。

（5）炉渣垫层厚度偏差控制在个别地方不大于设计厚度的 1/10，且不大于 20mm。

6. 水泥混凝土垫层、陶粒混凝土垫层

（1）水泥混凝土垫层厚度不应小于 60mm，陶粒混凝土垫层厚度不应小于 80mm。

（2）表面平整度偏差不得大于 10mm，其标高控制在 ±10mm 以内。

（3）垫层坡度偏差不大于房间相应尺寸的 2/1000，且不大于 30mm。

（4）厚度应符合设计要求，个别地方厚度偏差不大于设计的 1/10，且不大于 20mm。

（5）资料应重点检查混凝土强度试块报告。

**三、找平层**

（一）施工质量控制要点

1. 材料的质量要求

（1）水泥宜采用硅酸盐水泥、普通硅酸盐水泥，强度等级不低于 42.5 级。

（2）砂采用中砂或粗砂，其含泥量不应大于 3%。

（3）采用碎石或卵石的找平层，其颗粒粒径不应大于找平层厚度的 2/3，含泥量不应大于 2%。

（4）水泥砂浆配合比（体积比）不应小于 1：3。混凝土配合比由计算试验而定，其强度等级应不低于 C15。沥青砂浆配合比（质量比）宜为 1：8（沥青：砂和粉料）。沥青混凝土配合比由计算试验而定。

2. 施工要求

（1）在铺设找平层前，当其下一层有松散填充料时，应予铺平振实。

（2）有防水要求的建筑地面工程，铺设前必须对立管、套管和地漏与楼板节点之间进行密封处理，排水坡度应符合设计要求。

（3）在预制钢筋混凝土板上铺设找平层前，板缝填嵌的施工应符合预制钢筋混凝土板相邻缝底宽不应小于 20mm；填缝高度应低于板面 10~20mm，且振捣密实，表面不应压光，填缝后应养护；当板缝底宽大于 40mm 时，应按设计要求配置钢筋。细石混凝土强度等级不应小于 C20。

（4）在预制钢筋混凝土板上铺设找平层时，其板端应按设计要求做防裂的构造措施。

(5) 当铺设有坡度要求的找平层时,必须找坡准确。

(二) 找平层施工质量验收

1. 施工质量

(1) 找平层表面应平整、粗糙。

(2) 找平层坡度不大于房间相应尺寸的 2/1000,且不大于 30mm。

(3) 找平层厚度在个别地方不大于设计厚度的 1/10。

2. 质保资料

(1) 预制板面上预埋电管等的隐蔽验收记录。

(2) 找平层水泥混凝土强度试块报告。

**四、隔离层**

(一) 施工质量控制要点

(1) 隔离层的材料,其材质应经有资质的检测单位认定。

(2) 在水泥类找平层上铺设沥青类防水卷材、防水涂料或以水泥类材料作为防水防油渗隔离层时,其表面应坚固、洁净、干燥。铺设前,应涂刷基层处理剂。基层处理剂应采用与卷材性能配套的材料或采用同类涂料的底子油。

(3) 当采用掺有防水剂的水泥类找平层作为防水隔离层时,其掺量和强度等级(或配合比)应符合设计要求。

(4) 厕浴间和有防水要求的建筑地面必须设置防水隔离层。楼层结构必须采用现浇混凝土或整块预制混凝土板,混凝土强度等级不小于 C20;房间的楼板四层除门洞外应做混凝土翻边,高度不应小于 200mm,宽度同墙厚。混凝土强度等级不小于 C20。施工时结构层标高和预留孔洞位置应准确,严禁乱凿洞。

(5) 防水隔离层严禁渗漏,坡向应正确,排水通畅。

(二) 隔离层施工质量验收

(1) 隔离层材料和厚度应符合设计要求。

(2) 隔离层与其下一层应粘结牢固,不得有空鼓;防水涂料应平整、均匀、无脱皮、起壳、裂缝、鼓泡等缺陷。

(3) 铺设防水隔离层时,在管道穿过楼板面四周,防水材料应向上铺涂,并超过套管的上口;在靠近墙面处,应高出面层 200～300mm 或按设计要求的高度铺涂。阴阳角和管道穿过楼板面的根部应增加铺涂附加防水隔离层。

(4) 防水材料铺设后,必须蓄水检验。蓄水深度应为 20～30mm,24h 内无渗漏为合格,并做记录。

(5) 隔离层施工质量应符合现行国家标准《屋面工程质量验收规范》GB 50207 的有关规定。

**五、填充层**

(一) 施工质量控制要点

(1) 填充层应按设计要求选用材料,其密度和导热系数应符合国家有关产品标准的规定。

(2) 填充层的下一层表面应平整,当为水泥类时,尚应洁净、干燥,并不得有空鼓、裂缝和起砂等缺陷。

（二）施工质量验收

（1）采用松散材料铺设填充层时，应分层铺平拍实，采用板、块状材料铺设填充层时，应分层错缝铺贴。

（2）有隔声要求的建筑地面工程尚应符合现行国家标准《建筑隔声评价标准》GB/T 50121、《民用建筑隔声设计规范》GBJ 118 的有关要求。

**六、绝热层**

（一）施工质量控制要点

（1）应按设计要求选用材料，其性能、品种、构造做法应符合国家现行有关标准的规定和设计要求。并对材料导热系数，表观密度，抗压强度或压缩强度、阻燃性进行复验。

（2）铺设绝热层前应按设计要求对其下一层施工完成并验收合格后进行。

（3）绝热层的板块材料应采用无缝铺设。

（二）施工质量验收

（1）绝热层厚度应符合设计要求，不应出现负偏差，表面应平整。

（2）绝热层施工质量检验尚应符合现行国家标准《建筑节能工程施工质量验收规范》GB 50411 的有关规定。

# 第二节　整体面层铺设

**一、水泥混凝土（含细石混凝土）面层**

（一）水泥混凝土（含细石混凝土）面层的施工质量控制要点：

（1）水泥宜采用硅酸盐水泥、普通硅酸盐水泥，强度等级不低于 42.5 级。

（2）砂宜用中砂或粗砂。

（3）水泥混凝土采用的粗骨料，其最大粒径不应大于面层厚度的 2/3，细石混凝土面层采用的石子粒径不应大于 16mm。

（4）水宜用饮用水。

（5）水泥混凝土面层铺设不得留施工缝。当施工间隙超允许时间规定时，应对接槎处进行处理。

（6）水泥混凝土面层应在初凝前完成抹平工作，终凝前完成压光工作。

（7）面层压光一昼夜后，必须覆盖草包，每天浇水 2～3 次，养护时间不少于 7d，使其在湿润的条件下硬化。待面层强度达到 5MPa 时，方可准许人行走。

（8）施工温度不应低于 5℃，当低于该温度时应采取相应的冬季施工措施。

（二）水泥混凝土（含细石混凝土）面层施工质量验收

（1）水泥混凝土面层厚度应符合设计要求。

（2）楼梯踏步的宽度应符合设计要求，楼层梯段相邻踏步高度差不应大于 10mm，每踏步两端宽度差不应大于 10mm，旋转楼梯梯段的每踏步两端宽度的允许偏差为 5mm。楼梯踏步齿角应整齐，防滑条应顺直。

（3）基层应平整清扫干净后用水冲洗晾干，不得有积水现象。

（4）有坡度、地漏房间，检查放射状标筋的标高，以保证流水坡向。

（5）水泥混凝土面层的强度等级不小于C20。

（6）细石混凝土面层与基层的结合必须牢固，空鼓面积小于400cm²，且每自然间不多于2处。

（7）细石混凝土面层表面应密实压光；无明显裂纹、脱皮、麻面和起砂等缺陷。

（8）地漏和供排除液体用的带有坡度的细石混凝土面层，坡度应能满足排除液体要求，不倒泛水，无渗漏。

（9）水泥混凝土面层的踢脚线高度应基本一致，与墙面结合牢固，如局部有空鼓，但其长度不大于300mm；且在一个检查范围内不多于2处。

（10）水泥混凝土面层表面平整度允许偏差不得大于5mm。

（11）水泥混凝土面层的踢脚线上口平直度允许偏差不得大于4mm。

（12）水泥混凝土面层的缝格平直度允许偏差不得大于3mm。

（13）混凝土强度试块报告的组数，按每一层（或检验批）建筑地面工程不应少于一组。当每层（或检验批）建筑地面面积超过1000m²时，应增加一组试块，不足1000m²的按1000m²计算。

**二、水泥砂浆面层**

（一）水泥砂浆面层的施工质量控制要点

（1）水泥宜采用硅酸盐水泥、普通硅酸盐水泥，强度等级不低于42.5级，不同品种、不同强度等级的水泥严禁混用。

（2）砂宜用中砂或粗砂，含泥量不应大于3%。

（3）石屑（代砂）粒径宜为1~5mm，含泥量不应大于3%。

（4）水宜用饮用水。

（5）地面和楼面的标高与找平层、控制线应统一弹到房间的墙上，高度一般比设计地面高5000mm。有地漏等带有坡度的面层，标筋坡度应满足设计要求。

（6）基层应清理干净，表面应粗糙，如光滑应凿毛处理。

（7）水泥砂浆面层体积比（强度等级）必须符合设计要求，且体积比应为1:2（水泥:砂），强度等级应大于M15。

（8）水泥砂浆面层应在初凝前完成抹平工作，终凝前完成压光工作，且养护不得少于7d。

（9）当水泥砂浆面层内埋有管线等出现局部厚度减薄时，应按设计要求做防止面层开裂处理后方可施工。

（10）施工温度不应低于5℃。

（二）水泥砂浆面层施工质量验收

（1）水泥砂浆面层表面应洁净，无裂纹、脱皮、麻面、起砂。

（2）表面平整度允许偏差应控制在4mm以内。

（3）踢脚线上口平直度与缝格平直度允许偏差应分别控制在4mm和3mm以内。

（4）水泥砂浆强度试块报告的组数，按每一楼层（或检验批）建筑地面工程不应少于一组。当每层（或检验批）建筑地面面积超过1000m²时，应增加一组试块，不足1000m²的按1000m²计算。

### 三、水磨石面层

（一）水磨石面层的施工质量控制要点

（1）水泥宜采用硅酸盐水泥、普通硅酸盐水泥或矿渣硅酸盐水泥，强度等级不低于42.5级。

（2）石子一般采用坚硬可磨白云石、大理石等岩石加工而成。石子中不得含有风化、水锈及其他杂色。

（3）颜色应选用耐碱、耐光的矿物颜料。不得使用酸性颜料。

（4）面层标高按房间四周墙上500mm水平线控制。有坡度的地面应在垫层或找平层上找坡度，其坡度应符合设计要求。

（5）基层应洁净、湿润，不得有积水，表面应粗糙，如表面光滑应凿毛。

（6）踢脚线的用料如设计未规定，一般采用1:3水泥砂浆打底，用1:1.25～1.5水泥石粒砂浆罩面，突出墙面8mm。特别注意阴阳角交接处不要漏磨。

（二）水磨石面层施工质量验收

（1）水磨石面层的颜色、图案或分格应符合设计要求。

（2）水磨石面层表面应基本光滑，无裂纹、砂眼和磨纹；石粒密实；不混色；分格条牢固、顺直和清晰。

（3）水磨石面层坡度要求参见细石混凝土面层坡度要求。

（4）普通水磨石表面平整度允许偏差应控制在3mm以内。

（5）高级水磨石表面平整度允许偏差应控制在2mm以内。

（6）踢脚线上口平直度，普通水磨石、高级水磨石的允许偏差应控制在3mm以内。

（7）缝格平直度，普通水磨石的允许偏差应控制在3mm以内，高级水磨石应控制在2mm以内。

### 四、硬化耐磨面层

硬化耐磨面层是采用金属渣、屑、纤维或石英砂、金刚砂等与水泥类胶凝材料拌合铺设或在水泥类基层上撒布铺设的地面面层。

（一）硬化耐磨面层的施工质量控制要点

（1）水泥要求与水泥砂浆面层相同。

（2）采用材料应符合设计要求和国家现行有关标准的规定，如水泥钢（铁）屑面层的钢（铁）屑粒径应控制在1～5mm，钢（铁）屑中不应有其他杂质，使用前应去油除锈，冲洗干净并干燥。

（3）铺设硬化耐磨面层时，应先在洁净的基层上刷一度水泥浆，做法同水泥砂浆面层。

（4）面层的强度等级、厚度和耐磨性能必须符合设计要求，如水泥钢（铁）屑面层抗压强度不应小于40MPa，厚度不应小于30mm。

（5）硬化耐磨面层采用拌合料铺设时配合比应通过试验确定。当采用振动法使水泥钢（铁）屑拌合料密实时，其密度不应小于2000kg/m³，其稠度不应大于10mm。

（6）铺设水泥钢（铁）屑面层时，应先铺设20mm的水泥砂浆结合层（相应的强度等级不应小于M15），水泥钢（铁）屑应随铺随拍实，宜用滚筒压密实。拍实和抹平工作应在结合层和面层的水泥初凝前完成；压光工作应在水泥终凝前完成，并应养护。

（二）施工质量验收

（1）面层和下一层结合应牢固，且无空鼓、裂缝，如出现空鼓，空鼓面积不应大于 400cm²，且每一标准间不得多于 2 处。

（2）表面平整度允许偏差控制在 4mm 以内。

（3）缝格平直度允许偏差控制在 3mm 以内。

（4）踢脚线上口平直度允许偏差控制在 4mm 以内。

**五、防油渗面层**

（一）防油渗面层的施工质量控制要点

（1）应采用普通硅酸盐水泥，强度等级不低于 42.5 级。

（2）碎石应采用花岗石或石英石，严禁使用松散多孔和吸水率大的石子，粒径为 5～16mm，其最大粒径不应大于 20mm，含泥量不应大于 1‰。

（3）砂应为中砂，洁净无杂物，其细度模数应控制在 2.3～2.6。

（4）玻璃纤维布应为无碱网格布。

（5）防油渗涂料应具有耐油、耐磨、耐火和粘结性能，其粘结强度不应小于 0.3MPa。

（6）防油渗混凝土的强度等级不应小于 C30。

（二）防油渗面层的施工质量验收

（1）表面须平整、洁净、干燥，不得有裂纹、脱皮、麻面和起砂现象。

（2）防油渗胶泥涂抹均匀，玻璃布粘贴覆盖时，其搭接宽度不得小于 100mm；与墙、柱连接处应向上翻边，其高度不得小于 30mm。

（3）防油渗面层内配置铺筋时，应在分区段缝处断开。

（4）分区段缝宽度宜为 20mm，并上下贯通；缝内应灌注防油渗胶泥材料，并应在缝的上部用膨胀水泥砂浆封缝，缝的深度宜为为 20～25mm。

（5）防油渗混凝土内不得敷设管线，凡露出面层的电线管、地脚螺栓等，应进行防油渗胶泥或环氧树脂处理，与柱、墙变形缝及孔洞等连接处应做泛水。

（6）质保资料

1）面层内配置钢筋的隐蔽验收记录。

2）防油渗混凝土的强度试块报告。

## 第三节　板块地面铺设

**一、砖面层**

（一）砖面层的施工质量控制要点

（1）缸砖、陶瓷锦砖、陶瓷地砖和水泥花砖应表面平整、边缘整齐、颜色一致，不得有裂纹等缺陷。材料进入现场应有放射性限量合格的检测报告。

（2）在水泥砂浆结合层上铺贴缸砖、陶瓷锦砖等面层前，应对砖的规格尺寸、外观质量、色泽等进行预选，并应浸水湿润后晾干待用。铺贴时，面砖应紧密、坚实、砂浆饱满、缝隙一致。当面砖的缝隙宽度设计无要求时，紧密铺贴缝隙宽度不宜大于 1mm；虚缝铺贴缝隙宽度宜为 5～10mm。

（3）地砖铺贴完成后应在 24h 内擦缝、勾缝和压缝。缝的深度宜为砖的 1/3；擦缝和勾缝应采用同品种、同强度等级、同颜色水泥。

（4）在水泥砂浆结合层上铺贴陶瓷锦砖，结合层和陶瓷锦砖应分段同时铺贴，在铺贴前，应刷水泥浆，其厚度宜为 2～2.5mm，并应随刷随铺贴，并用抹子拍实。

（二）砖面层的施工质量验收

（1）面层应坚实、平整、洁净、线路顺直，不应空鼓、松动、脱落和裂缝、缺楞掉角、污染等缺陷。

（2）缸砖的表面平整度、缝格平直、接缝高低差、踢脚线上口平直度等的允许偏差应符合规范要求。

（3）砖面层地坪地漏和供排除液体用的带有坡度的面层应满足排除液体要求，不倒泛水，无渗漏。

（4）砖面层踢脚线铺设表面应洁净，结合牢固，出墙厚度一致。

（5）楼梯踏步和台阶的铺贴，缝隙宽度应基本一致，相邻两步高差不超过 10mm，防滑条顺直。

**二、大理石和花岗石面层**

（一）大理石和花岗石面层施工质量控制要点

（1）天然大理石、花岗石的技术等级、光泽度、外观等质量要求应符合国家现行行业标准《天然大理石建筑板材》JC 79、《天然花岗石建筑板材》JC 205 的规定。材料进入现场应有放射性限量合格的检测报告。

（2）铺贴时，结合层与板块间应分段铺贴，铺贴的板块应平整、线路顺直、镶嵌正确；板材间、板材与结合层以及在墙角处均应紧密砌合，不得有空隙。

（3）大理石和花岗石面层缝隙设计无要求时，不应大于 1mm。

（4）铺贴完成后次日用素水泥浆灌缝 2/3 高度，再用同色水泥浆勾缝，并用干锯末覆盖保护 2～3d，待结合层的水泥砂浆强度达到后，方可行走。

（二）大理石和花岗石面层施工质量验收

（1）大理石和花岗石面层和基层的结合必须牢固、无空鼓。

（2）大理石和花岗石面层的表面质量要求与砖面层相同。

（3）大理石和花岗石面层的坡度质量要求，踢脚线铺设以及楼梯踏步和台阶的铺贴质量要求与砖面层相同。

**三、预制板块面层**

（一）预制板块面层施工质量控制要点

（1）预制板块的强度等级、规格、质量应符合设计要求；水磨石板块尚应符合国家现行行业标准《建筑水磨石制品》JC 507 的规定。

（2）预制板块面层采用水泥混凝土板块、水磨石板块应在结合层上铺设。

（3）水泥混凝土板块面层的缝隙，应采用水泥浆（或砂浆）填缝；彩色混凝土板块和水磨石板块应采用同色水泥浆（或砂浆）擦缝。

（二）预制板块块面层施工质量验收

（1）面层与下一层应结合牢固、无空鼓。

（2）预制板块表面应无裂缝、掉角、翘曲等明显缺陷。

（3）踢脚线铺设表面应洁净，结合牢固，出墙厚度一致。

（4）预制板块面层的允许偏差应符合规范要求

## 四、料石面层

（一）料石面层施工质量控制要点

（1）石材进入施工现场，应有放射性限量合格证明文件。

（2）条石的质量应均匀，形状为矩形六面体，厚度为 80~120mm；块石形状为直棱柱体，顶面粗琢平整，底面面积不宜小于顶面面积的 60%，厚度为 100~150mm。

（3）块石面层在结合层上铺设厚度：砂垫层不应小于 60mm；基土层应为均匀密实的基土或夯实的基土。

（二）料石面层施工质量验收

（1）面层材质应符合设计要求；条石的强度等级应大于 Mu60，块石的强度等级应大于 Mu30。

（2）面层与下一层应结合牢固、无松动。

（3）料石面层的允许偏差应符合规范要求。

## 五、塑料板面层

（一）塑料板面层施工质量控制要点

（1）所用材料符合设计要求和国家现行有关标准的规定，所用胶粘剂应具有有害物质限量合格的检测报告。

（2）水泥类基层材料的抗压强度不得小于 12MPa。

（3）水泥类基层材料表面无起砂、起皮、空鼓、裂缝等现象。

（4）水泥类基层材料表面平整度不大于 2mm。

（5）含水率不大于 9%。

（二）塑料板面层施工质量验收

（1）塑料板面层表面应平整、光洁、无缝纹、四边应顺直，不得翘边和鼓泡。

（2）色泽应一致，接槎应严密，脱胶处面积不大于 20cm² 且相隔间距不大于 500mm。

（3）与管道接缝处应严密、牢固、平整。

## 六、活动地板面层

（一）活动地板面层施工质量控制要点

（1）基层表面应平整、光洁、不起灰。

（2）在铺设活动地板面板前，须在横梁上设置缓冲胶条，可采用乳胶液与横梁粘合。在铺设面板时，应调整水平度保证四角接触处平整，严密，不得采用加热的方法。

（二）活动地板面层施工质量验收

（1）面层材质必须符合设计要求，无裂纹、掉角和缺楞等缺陷。行走无声响、无摆动。

（2）活动地板面层应排列整齐、表面洁净、色泽一致、接缝均匀、周边顺直。

（3）活动地板面层的允许偏差应符合规范要求。

### 七、地毯面层

（一）地毯面层施工质量控制要点

（1）水泥类基层表面应坚硬、平整、光洁、干燥，无凹坑、麻面、裂缝，并应清除油污、钉头和其他突出物。

（2）地毯面层与不同类型的建筑地面连接处，应按设计要求收口。

（3）楼梯地毯铺设，每梯段顶级地毯应用压条固定于平台上，每级阴角处应用卡条固定牢。

（二）地毯面层施工质量验收

（1）地毯的品种、规格、颜色等和辅料及材质必须符合设计要求和国家现行地毯产品标准的规定。（材料进场时应具有有害物质限量合格检测报告）

（2）地毯表面应平服、接缝处粘贴牢固、严密平整、图案吻合。

（3）地毯表面不应起鼓、起皱、翘边、卷边、显拼缝、露线和毛边，毯面干净，无污染和损伤。

（4）地毯与其他面层连接处、收口处和墙边、柱子四周应顺直、压紧。

## 第四节　木、竹面层铺设

### 一、实木地板、竹地板面层

（一）实木地板面层施工质量控制要点

（1）与厕所间、厨房等潮湿场所连接处应做防水（防潮）处理。

（2）实木地板竹地板材质及含水率应符合设计要求。木搁栅、垫木和垫层地板等必须做防腐、防蛀处理。材料进入现场应有有害物质限量合格的检测报告

（3）木搁栅固定时，不得损坏基层和预埋管线。木搁栅应垫实钉牢，与墙之间应留出20mm 的缝隙，表面应平直，其间距不宜大于 300mm。

（4）实木地板面层与墙之间应留 8～12mm 缝隙。

（二）实木地板面层施工质量验收

（1）实木地板面层应平整，图案清晰、颜色一致。

（2）面层缝隙应严密，接头位置应错开，表面洁净。

（3）踢脚线表面应光滑，接缝严密，高度一致。

（4）实木地板、竹地板面层的允许偏差应符合规范要求。

### 二、实木复合地板面层

（一）施工质量控制要点

（1）木搁栅、垫木和毛地板等必须做防腐、防蛀处理。

（2）实木复合地板面层可采用整贴和点贴法施工。粘贴材料应采用具有耐老化、防水和防菌、无毒等性能的材料，或按设计要求选用。材料进场应具有有害物质限量合格的检测报告。

（3）铺设时，相邻板材接头位置应错开不小于 300mm 距离；与墙之间应留不小于10mm 空隙。

（二）施工质量验收

（1）面层铺设应牢固、平直。

（2）面层图案和颜色应符合设计要求，图案清晰，颜色一致，板面无翘曲。

（3）地板面层的允许偏差应符合规范要求。

# 第十六章 装饰工程

## 第一节 抹灰工程

### 一、抹灰工程施工质量控制要点
（一）材料的质量要求

1. 水泥

抹灰工程中常用的水泥为一般水泥和装饰水泥。一般水泥有硅酸盐水泥、普通硅酸盐水泥、矿渣硅酸盐水泥、火山灰质硅酸盐水泥、粉煤灰硅酸盐水泥。装饰水泥有白色硅酸盐水泥（白水泥）、彩色硅酸盐水泥（彩色水泥）。

水泥的初凝不得早于45min，终凝不得迟于10h，体积安定性必须合格。储存的水泥应防止风吹、日晒和受潮，出厂超过三个月的水泥，应复试合格后方可使用。

2. 砂（石粒）

抹灰用砂最好是中砂，或粗砂与中砂混合掺用。使用时应过筛，不得含有杂物。要求颗粒坚硬、洁净，含泥量不得大于3％。

装饰抹灰用的石粒、砾石等，应耐光、坚硬，使用前必须冲洗干净。干粘石用的石粒应干燥。

3. 石灰膏

经过淋制熟化成膏状的石灰膏，一般熟化时间应不少于15d；罩面用的磨细石灰粉的熟化期不应少于3d。不得含有未熟化颗粒，已硬化或冻结的石灰膏不得使用。

4. 其他

麻刀，要求坚韧、干燥，不含杂质，使用时长度为20～30mm为宜，敲打松散，以1％的重量比与石灰膏掺合使用。

纸筋，使用前应浸透、捣烂，以2.5％～3％的重量比与石灰膏搅拌均匀，并过筛或搅磨成纸筋灰使用。

（二）抹灰工程砂浆品种的选用

1. 混凝土墙面

混凝土墙面的抹灰，一般为水泥砂浆、水泥混合砂浆或聚合物水泥砂浆。

2. 砖（砌块）墙面

砖墙面抹灰可用水泥砂浆、水泥混合砂浆、聚合物水泥砂浆或石灰砂浆。

硅酸盐砌块、加气混凝土砌块的墙面的底层抹灰，应用水泥混合砂浆或聚合物水泥砂浆。

（三）抹灰工程的施工要求

1. 一般抹灰

（1）室内抹灰

抹灰前应先对室内阳角用1∶2水泥砂浆做暗护角，高度不应低于2m，每侧宽度不应小于50mm。对木门窗框与墙连接处缝隙用水泥砂浆或水泥混合沙浆分层嵌塞密实（铝合金、塑钢门窗与墙连接处缝隙按有关规范处理），待砂浆达到一定强度后，方可进行墙面抹灰。

墙面抹灰前，应根据墙面的平整情况及抹灰厚度，横线找平，竖线吊直，做出灰饼和冲筋（又叫塌饼和柱头或标筋），达到一定强度后，即可对墙面进行抹底层与中层灰，又称刮糙。待中层抹灰干至6～7成时，即可抹面层灰。当墙面为混凝土大板和大模板建筑墙面时，宜用腻子分遍刮平，各遍应粘结牢固，总厚度为2～3mm。

抹灰工程的面层，不得有爆灰和裂缝，各抹灰层之间及抹灰层与基体之间应粘结牢固，不得有脱层，空鼓等缺陷，表面光滑、接槎平整。

（2）室外抹灰

外墙抹灰前与内墙抹灰一样，应做灰饼和冲筋。高层建筑的垂直方向控制应用经纬仪来代替垂线，上下拉紧铅丝为准。门窗口上沿、窗台等的水平和垂直方向均应拉通线，做好灰饼及相应的冲筋。由于外墙抹灰整体面积较大，为了避免抹灰砂浆收缩后产生裂缝，影响墙面美观和造成墙面渗水，应在适当部位设置分格缝。同时按一定的层数和开间划分几个施工段，施工段的划分可以阴阳角交接处或分格缝为界线。抹灰时应先上部后下部。

分格缝的设置，一般在中层抹灰6～7成干时，按要求弹出分格线，粘贴分格条。面层抹好后即可拆除分格条，并用水泥浆把缝钩齐。其宽度和深度应均匀一致，表面光滑，无砂眼，不得有错缝、缺棱掉角。

抹灰面层不得有爆灰、裂缝，各抹灰层之间及抹灰层与基体间应粘结牢固，不得有脱层，空鼓等缺陷，表面光滑、接搓平整，抹灰的总厚度应符合设计要求；水泥砂浆不得抹在石灰砂浆层上；罩面石灰膏不得抹在水泥砂浆层上。

窗台、窗眉、雨篷、阳台、压顶和突出腰线等，上面应做流水坡度，下面应做滴水线或滴水槽。滴水槽的深度和宽度均不小于10mm，并整齐一致。

（3）顶棚抹灰

混凝土大板和大模板建筑的顶棚宜用腻子分遍刮平，各遍应粘结牢固，总厚度为2～3mm。当抹灰时，底层灰应用力抹实，且越薄越好。抹灰方向应与模板木纹（或钢模拼缝）、预制楼板接缝的板条缝垂直。中层抹完后，待6～7成干时抹面层。

抹灰面层不得有爆灰和裂缝，各抹灰层之间及抹灰层与基层之间应粘结牢固，不得有脱层、空鼓等缺陷。表面光滑、接槎平整。

2. 装设抹灰

（1）水刷石

水刷石的基层处理及底层、中层抹灰的施工工艺同一般抹灰，待中层砂浆6～7成干时，按设计要求弹分格线并粘贴分格条。

水刷石面层涂抹前，应在已浇水润湿的中层砂浆面上刮一遍水泥浆，然后立即抹面层，以使面层与中层结合牢固。水刷石面层必须分遍拍平压实，石子分布均匀紧密，待水泥石子浆开始凝结，用手指按上无痕时，用软毛刷子蘸水刷掉表面水泥浆，露出石子，然后用喷雾器喷洗。喷头一般距墙面10～20cm，喷洗顺序应先上后下，喷洗完毕起出分格条，再根据要求用水泥浆嵌缝及上色。

水刷石面层应石粒清晰，分布均匀，紧密平整，色泽一致，应无掉粒和接槎痕迹。

（2）斩假石

斩假石面层抹灰前对中层的处理与水刷石相同。斩假石面层的厚度为 10～15mm，一般分二遍进行，头遍为薄层，先薄薄地抹一层，待收水后，再抹第二遍，其厚度与分格条齐平，用铁板抹子用力压实后，用软扫帚顺剁纹方向清扫一遍。其面层不能受烈日暴晒或遭冰冻，养护 3～7d 左右，进行试斩剁，以石子不脱落为准。斩剁时，要把稳剁斧，动作要快，轻重均匀，一般自上而下进行，先剁转角和四周边缘，后剁中间大面。边缘和棱角部位斩纹应与边棱垂直，以免斩坏边棱。也可在棱角与分格缝周边留 15～20mm 不剁，以免影响美观。遇有分格条，每剁一行时，随时取出分格条，用水泥浆修补分格缝中的缝隙和小孔。

斩假石应剁纹均匀顺直，深浅一致，应无漏剁处。阳角处应横剁并留出宽窄一致的不剁边条，棱角应无损坏。

（3）干粘石

干粘石面层施工前，应先用水润湿中层砂浆表面，并刷水泥浆一遍，随即抹水泥砂浆或聚合物水泥砂浆粘结层，粘结层表面应平整、垂直，阴阳角方正，其厚度一般为 4～6mm，稠度不大于 8mm。粘结层抹好后应立即开始甩石粒。甩石粒时，应先两边，后甩中间，从上至下，然后用辊子或抹子压平压实，石粒嵌入砂浆的深度不得小于粒径的 1/2，用力要适当，用力过大，会把灰浆拍出造成泛浆糊面；用力过小，石粒粘结不牢，易掉粒。

干粘石表面应色泽一致、不露浆，不漏粘，石粒应粘结牢固，分布均匀，阳角处应无明显黑边。

（4）假面砖

假面砖面层施工时，应在湿润的中层上弹出水平线，一般一个水平工作段上弹上、中、下三条水平通线，以便控制面层划沟平直度。然后抹面层砂浆，面层砂浆稍收水，按面砖的尺寸，沿靠尺划纹和沟，纹的深度为 1mm，沟的深度为 3mm，要求深浅一致，接缝平直。

假面砖表面应平整，沟纹清晰，留缝整齐，色泽一致，应无掉角、脱皮、起砂等缺陷。

**二、抹灰工程施工质量验收**

抹灰工程必须在墙体检查合格后方可进行。对抹灰工程的质量检查，首先应查阅设计图纸，了解设计对抹灰工程的具体要求。同时还应检查原材料质保书和复试报告，对进入现场的材料进行质量把关。

对抹灰工程还应加强施工过程中的检查。底层抹灰时，应注意检查墙体基层是否清理干净、浇水湿润，门、窗框与洞口的缝是否嵌密实，室内抹灰前阳角护角线必须完成。一般抹灰工程应按要求分层进行，不得一次完成，并按规范要求严格控制每层抹灰的厚度，同时应严格控制抹灰层的总厚度，当抹灰总厚度大于或等于 35mm 时，应采取加强措施，这样可避免抹灰的空鼓与开裂。不同材料基体交接处表面的抹灰，应采取防止开裂的加强措施，当采用加强网时，加强网与各基体的搭接宽度不应小于 100mm。空鼓与开裂是抹灰工程的主要质量通病，其产生的主要原因有：

(1) 基层处理不当，清理不干净；抹灰前浇水不透。

(2) 墙面平整度差，一次抹灰太厚或未分层抹灰间隔时间太近。

(3) 水泥砂浆面层粉在石灰砂浆底层上。

(4) 面层抹灰或装饰抹灰的中层抹灰表面未划毛太光滑。

(5) 装饰抹灰前未按要求在中层砂浆上刮水泥浆以增加粘结度。

(6) 夏季施工砂浆失水过快。

为了有效地防止抹灰层的空鼓与开裂，在监督控制中应加强检查：

(1) 抹灰前的基层处理。抹灰前基层是否处理干净，浇水湿透。对不平整的墙面须剔凿平整，凹陷处用 1：3 水泥砂浆找平，然后按要求分层抹灰。当由于墙面不平整，造成抹灰厚度超过规范和设计要求时，应加钉钢丝网片补强措施，并适当增加抹灰层数，以防止抹灰的空鼓开裂脱落。

(2) 抹灰材料的选用。水泥砂浆抹灰各层用料是否一致，对水泥砂浆抹灰各层必须用相同的砂浆或是水泥用量偏大的混合砂浆。

(3) 中层抹灰的表面是否平整毛糙。装饰抹灰前是否按要求刮水泥浆处理。

(4) 夏季抹灰应避免在日光暴晒下进行。

在抹灰工程的施工中，应注意预留洞、电气槽及管道背后等处的质量，检查时应特别注意这些部位。

检查抹灰工程的空鼓，可用小锤在抽查部位任意轻击。外墙和顶棚的抹灰与基层之间及各抹灰层之间必须粘结牢固。如发现有空鼓，必须督促施工单位进行整修。在检查抹灰表面时，可对所检查部位进行观察和手摸，同时可用 2m 托线板和楔形塞尺等辅助工具检查抹灰表面的平整度和垂直度。

检查数量：相同材料、工艺和施工条件的室外抹灰工程每 500～1000m² 应划分为一个检验批，不足 500m² 也应划分为一个检验批；相同材料、工艺和施工条件的室内抹灰工程每 50 个自然间（大面积房间和走廊按抹灰面积 30m² 为一间）应划分为一个检验批，不足 50 间也应划分为一个检验批。

室内每个检验批应至少抽查 10%，并不少于 3 间，不足 3 间时应全数检查。室外每个检验批每 100m² 应至少抽查一处，每处不得小于 10m²。

## 第二节　涂　饰　工　程

**一、涂饰工程施工质量控制要点**

(一) 材料的质量要求

1. 涂料

涂料工程所用的涂料和半成品（包括施涂现场配制的），均应有品名、种类、颜色、制作时间、贮存有效期、使用说明和产品合格证书、性能检测报告及进场验收记录。内墙涂料要求耐碱性、耐水性、耐粉化性良好，及有一定的透气性。外墙涂料要求耐水性、耐污染性和耐候性良好。

2. 腻子

涂料工程使用的腻子的塑性和易涂性应满足施工要求，干燥后应坚固，不得粉化、起皮和开裂。并按基层、底涂料和面涂料的性能配套使用。处于潮湿环境的腻子应具有耐水性。

（二）涂料对基层的要求

（1）涂饰工程墙面基层，表面应平整洁净，并有足够的强度，不得酥松、脱皮、起砂、粉化等。

（2）新建筑物的混凝土或抹灰基层在涂饰涂料前应涂刷抗碱封闭底漆；旧墙面在涂饰涂料前应清除疏松的旧装修层，并涂刷界面剂。

（3）基体或基层的含水率：混凝土和抹灰表面涂刷溶剂型涂料时，含水率不得大于8%，涂刷乳液型涂料时，含水率不得大于10%，木料制品含水率不得大于12%。

（三）涂饰工程的施工要求

1. 混凝土、抹灰表面

（1）室内（顶棚）

1）涂料施涂前，应先对基层进行处理。将基层表面的灰尘、残浆、油污等杂物清理干净。

2）根据基层情况及所用涂料，配制不同的腻子对基层进行分遍批刮，厨房、卫生间墙面必须使用耐水。批刮遍数应根据基层的平整度、涂料工程的质量等级（普通、高级）及所用涂料的类型而定。下遍腻子的批刮，须待上遍腻子干燥后，用铲刀将残余腻子刮平，再用砂纸打磨平整，并将表面粉尘清扫干净后方可进行。

3）当使用溶剂型涂料时，在涂刷前，先涂刷一遍干性油打底。涂料工程的涂刷应先顶棚后墙面，先上后下，涂刷时要注意接槎严密，同一墙面应同班内连续完成，以防止色泽不均。涂料的工作黏度或稠度，必须加以控制，使其在涂刷时不流坠、不显刷纹，施涂过程中不得任意稀释。

4）双组分或多组分涂料在涂刷前，应按产品说明规定的配合比，根据使用情况分批混合，并在规定的时间内用完。所用涂料在施涂前和施涂过程中，均应充分搅拌。

5）溶剂型涂料后一遍涂料必须在前一遍涂料干燥后进行；水性涂料和乳液涂料后一遍涂料必须在前一遍涂料表干后进行。每一遍涂料应施涂均匀，各层必须结合牢固。涂饰工程严禁起皮、掉粉、漏刷、透底，涂料表面应平整光滑，色泽均匀一致，分色线平直，不污染其他部位。高级涂料不得有砂眼、刷痕、反碱、咬色、流坠、疙瘩等现象。

（2）室外

1）室外涂料施涂前，必须将基层表面的残浆、浮灰等附着物清扫干净。对基层抹灰的空鼓、裂缝，墙面的蜂窝、麻面、孔洞等缺陷，须事先修补平整。

2）根据基层情况和设计要求用腻子进行局部或全部批刮、打磨处理，外墙基层所用腻子一般为聚合物水泥腻子。最后进行涂刷或喷涂。

3）施涂时，应以分格缝、墙的阴角处或水落管等处为分界线，从上至下分段进行。为避免色差，对于外墙涂料，在同一墙面应用同一批号的涂料，每遍涂料不宜施涂过厚，涂层应均匀。涂料的工作黏度，必须加以控制，使其在施涂时不流坠、不显刷纹。施涂过程中不得任意稀释。

4）涂料工程完成后，不得有起皮、掉粉、漏刷、透底、流坠、疙瘩等现象。

2. 木材表面

（1）涂料施涂前，应先对木材表面进行清理，将油脂、污垢、胶渍等去除干净。对于高级清色涂料，还应采用漂白方法将木材的色斑和不均匀的色调消除。

（2）按混色涂料和清色涂料的不同要求及涂料质量等级要求（普通、高级）的不同，进行分遍批嵌腻子、润粉、打磨、刷涂料等工序施工。

（3）刷混色涂料时，批嵌第一遍腻子前，应先刷一遍干性油或带色干性油打底。

（4）门窗扇施涂涂料时，上冒头顶面和下冒头底面不得漏施涂料。木地（楼）板施涂涂料不得少于三遍。

（5）涂料不得脱皮、漏刷、反锈；高级涂料不得透底、流坠、皱皮、裹棱；五金、玻璃应洁净，不得污染。

3. 金属表面

（1）施涂涂料前，应将金属表面的灰尘、油渍、鳞皮、锈斑、焊渣、毛刺等清除干净。方法可用手工、机械或化学药物处理等。经过处理后的金属表面，应先涂刷防锈漆，涂刷时金属表面必须干燥。

（2）防锈涂料应在设备、管道安装就位前施涂。对于钢结构中不易涂到的缝隙处，应在装配前除锈和涂涂料。

（3）薄钢板制作的屋脊、檐沟和天沟咬口处，应用防锈油腻子填补密实。

（4）涂料不得脱皮、漏刷、反锈，高级涂料不得透底、流坠、皱皮、裹棱。

4. 美术涂料

美术涂料施涂前应先完成对基层的处理和相应等级或工序的涂料作业（或刷浆作业），待其干燥后，方可进行美术涂饰。

（1）套色漏花——按套色所用颜色，每一种颜色制一块套板，并根据色别标出顺序号，施涂时（常用喷印方法）根据事先的定位，按颜色先中间色、浅色，后深色顺序喷印。头套漏板喷印完，等涂料稍干后，方可进行下套漏板的喷印。套色漏花的图案不得位移，纹理和轮廓应清晰。

（2）滚花涂饰——在干燥的底层涂料上弹出垂直线和水平线，确定滚花位置，然后用刻有花纹图案的胶皮滚筒蘸涂料，从左至右，从上至下进行滚印，滚筒的轴必须垂直于粉线。滚花的图案、颜色应鲜明，轮廓清晰，不得有漏涂、斑污和流坠等。

（3）仿花纹涂饰——在底层涂料上刷面层涂料，仿花纹涂饰的饰面应具有被模仿材料的纹理。

**二、涂饰工程施工质量验收**

（1）涂料工程施工前，首先应检查基层是否平整，表面尘埃、油渍及附着砂浆等是否清扫干净，以防止批刮腻子后，产生腻子起皮、空鼓，最终影响涂料工程质量。对金属构件、螺钉等应检查是否进行了防锈处理。还应检查基层的含水率是否符合规范要求。核对设计图纸，了解设计对涂料工程的要求，检查进场涂料的品种、颜色是否符合要求，检查涂料的产品合格证、使用说明、生产日期和有效期。对产品质量有怀疑时，可取样做复试，合格后方可使用。

（2）对批刮所用的腻子，应检查是否与基层墙面、使用部位和使用的涂料相匹配。在涂料工程施工中，应注意检查每一遍腻子（或涂料）施工时，上一遍的腻子（或涂料）是否干燥，并打磨平整。还应督促施工人员，在涂料施涂前和施涂过程中，应经常搅拌涂料，以避免产生涂层厚薄不一，色泽不匀现象。

（3）在施工中还应注意施工环境。当施工现场尘土飞扬、太阳光直接照射、气温过高或过低、湿度过大时，应阻止施工人员进行涂料工程的施工，以保证涂料工程的质量。

（4）检查数量：室外涂饰工程每栋楼的同类涂料涂饰的墙面每 $500\sim1000m^2$ 应划分为一个检验批，不足 $500m^2$ 也应划分为一个检验批；室内涂饰工程同类涂料涂饰的墙面每 50 间（大面积房间和走廊按涂饰面积 $30m^2$ 为一间）应划分为一个检验批。不足 50 间也应划分为一个检验批。

室外涂饰工程每 $100m^2$ 应至少检查一处，每处不得小于 $10m^2$；室内涂饰工程每个检验批应至少抽查 10％，并不得少于 3 间，不足 3 间时应全数检查。

# 第三节　轻质隔墙工程

## 一、轻质隔墙工程施工质量控制要点

（一）材料的质量要求

1. 龙骨

（1）隔墙工程中常用的龙骨主要有：木龙骨、轻钢龙骨、铝合金龙骨等。

（2）木龙骨一般宜选用针叶树类，其含水率不得大于 18％。轻钢龙骨、铝合金龙骨应具备出厂合格证。

（3）龙骨不得变形、生锈，规格品种应符合设计及规范要求。

2. 罩面板

（1）隔墙工程中常用的罩面板主要有：纸面石膏板、人造木板、水泥纤维板等。

（2）罩面板应具有出厂合格证。

（3）罩面板表面应平整、边缘整齐，不应有污垢、裂缝、缺角、翘曲、等缺陷。

3. 玻璃（玻璃砖）

（1）隔墙工程所用玻璃必须为国家规定的安全玻璃。

（2）玻璃和玻璃砖的品种、规格和颜色应符合设计要求，质量应符合有关产品标准，具有出厂合格证。

4. 板材

（1）板材隔墙所用的复合轻质墙板、石膏空心板、预制或现制的钢丝网水泥板等板材的品种、规格、性能、颜色应符合设计要求。

（2）有隔声、隔热、阻燃、防潮等特殊要求的工程，板材应有相应性能等级的检测报告。

5. 其他

（1）隔墙工程罩面板所使用的螺钉、钉子宜为镀锌的。

（2）玻璃橡胶定位垫块、镶嵌条、密封膏等的品种、规格、断面尺寸、颜色、物理及化学性质应符合设计要求，其相互间的材料性质必须相容。

（二）隔墙的施工要求

1. 龙骨

(1) 轻钢龙骨

隔墙龙骨施工时，应先按照设计要求，在楼（地）面上按龙骨宽度弹出隔断位置线，并引到两端墙（或柱）上及顶棚（或梁）下面，并在楼（地）面上标出门、窗洞口位置，将沿顶、沿地龙骨及靠主体结构墙（或柱）的竖向沿边龙骨用射钉或膨胀螺栓固定牢固。其四周（顶、地、边）龙骨与基体间，应按设计要求安装密封条。当基体为多孔砖或轻质砖、标准砖墙体时，应留预埋件固定。

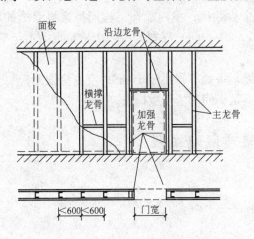

图 16-1　轻钢龙骨设置

当四周龙骨安装好后，按设计、规范要求及罩面板实际宽度，安装竖向龙骨，并与沿顶、沿地龙骨用铆钉固定。在门、窗框边应设置加强龙骨，以保证隔断的刚度，如图 16-1。最后按所用龙骨系列和设计要求安装横串龙骨、支撑卡。当隔断用于厕所间及厨房间分隔时，在龙骨下部宜设置素混凝土导墙或砌二皮标准砖墙，以防跟部渗水。

(2) 木龙骨

施工时按设计要求，在楼（地）面、顶棚（或梁）下面及两端墙（或柱）上弹出隔墙位置线，并标出门、窗洞口位置，将四周龙骨按设计要求固定。在木龙骨与基体接触处的侧面须作防腐处理。然后按设计要求及罩面板宽度安装竖向龙骨和横向小龙骨，并进行防火处理。龙骨固定应牢固，竖向龙骨应垂直。

(3) 玻璃隔墙的固定框

玻璃隔墙的固定框通常有木框、铝合金框、金属框（如角铁、槽钢等）或木框外包金属装饰板等。固定框的形式有四周均有档子组成的封闭框，或只有上下档子的固定框（常用于无框玻璃门的玻璃隔断中）。固定框与楼（地）面、两端墙体的固定，按设计要求先弹出隔断位置线，固定方法与轻钢龙骨、木龙骨相同。固定框的顶框，通常在吊平顶下，而无法与楼板顶（或梁）的下面直接固定。因此顶框的固定须按设计施工详图处理。固定框与连接基体的结合部应用弹性密封材料封闭。

2. 罩面板

(1) 石膏板

石膏板安装前，应对预埋隔断中的管道和有关附墙设备采取局部加强措施；石膏板宜竖向铺设，长边（即包封边）接缝宜落在竖龙骨上。但隔断为防火墙时，石膏板应竖向铺设；曲面墙所用石膏板宜横向铺设；龙骨两侧的石膏板及龙骨一侧的内外两层石膏板应错缝排列，接缝不得落在同一根龙骨上；石膏板用自攻螺钉固定。安装石膏板时，应从板的中部向板的四边固定。钉头略埋入板内，但不得损坏纸面。钉眼应用石膏腻子抹平；石膏板宜使用整板。如需对接时，应靠紧，但不得强压就位；石膏板的接缝，应按设计要求进行板缝的防裂处理；隔断端部的石膏板与周围的墙或柱应留有 3mm 的槽口。石膏板隔断以丁字或十字形相接时，阴角处应用腻子嵌满，贴上接缝带；阳角处应做护角。

（2）玻璃（空心玻璃砖）

隔断玻璃的厚度，应按设计要求定，但同时应满足《建筑玻璃应用技术规程》JGJ113—2009 的有关要求。

玻璃与固定框的结合不能太紧密，玻璃放入固定框时，应设置橡胶支承垫块和定位块，支承块的长度不得小于 50mm，宽度应等于玻璃厚度加上前部余隙和后部余隙；厚度应等于边缘余隙。定位块的长度应不小于 25mm，宽度、厚度同支承块相同。支承垫块与定位块的安装位置应距固定框槽角 1/10～1/4 边长位置之间；然后安装固定压条，固定压条通常用自攻螺钉固定，在压条与玻璃间（即前部余隙和后部余隙）注入密封胶或嵌密封条。如果压条为金属槽条，且为了表面美观不得直接用自攻螺钉固定时，可采用先将木压条用自攻螺钉固定，然后用胶将金属槽条卡在木压条外，以达到装饰目的。安装好的玻璃应平整、牢固，不得有松动现象；密封条与玻璃、玻璃槽口的接触应紧密、平整，并不得露在玻璃槽口外面；用橡胶垫镶嵌的玻璃，橡胶垫应与裁口、玻璃及压条紧贴，并不得露在压条外面；密封胶与玻璃、玻璃槽口的边缘应粘结牢固，接缝齐平。

玻璃隔墙安装完毕后，应在玻璃单侧或双侧设置护栏或摆放花盆等装饰物，或在玻璃表面，距地面 1500～1700mm 处设置醒目彩条或文字标志，以避免人体直接冲击玻璃。

空心玻璃砖的砌筑砂浆一般宜使用 325 号白色硅酸盐水泥与粒径小于 3mm 的河沙拌制，等级应为 M5；勾缝砂浆的水泥与河沙之比应为 1：1 沙的粒径不得大于 1mm。空心玻璃砖隔墙埋设的拉结筋必须与基体结构连接牢固，并应位置正确。

（3）板材隔墙

施工时按设计要求，在楼（地）面、顶棚（或梁）下面及两端墙（或柱）上弹出隔墙位置线，并标出门、窗洞口位置，将板材预埋件、连接件按设计要求固定；然后将隔墙板材与其按设计要求进行固定连接，并进行嵌缝处理。

**二、隔墙工程的施工质量验收**

（1）对隔断工程的质量监督检查，首先检查设计图纸，查看图纸的施工说明、平面布置、节点详图等，了解设计对隔断工程所用材料、规格、颜色、门窗位置及与原有建筑的连接（固定）方法和要求。对施工现场所用材料，检查其出厂合格证（或测试报告）是否齐全、有效，特别对隔墙工程所用的玻璃，应检查是否符合国家安全玻璃的要求；检查施工企业对隔墙工程的隐蔽记录是否经监理（或业主）签字认可，企业的质量检验评定是否真实；检查现场所用材料与设计图纸是否相符，现场存放是否符合规范要求。

（2）当隔墙工程龙骨施工完毕应按施工图纸对龙骨的固定方法、隔墙的构造、所用材料品种规格、龙骨的垂直、平整情况进行检查，特别对门窗框边的加强龙骨、横串龙骨进行检查，检查有否漏放、虚设等情况。因加强龙骨、横串龙骨的漏放、虚设，将影响整个隔墙工程的质量和今后的使用。检查龙骨与建筑结构的连接，连接应牢固，无松动现象，立面垂直，表面平整，同时可用手推摇隔断龙骨，以检查其刚度是否符合要求。

（3）对罩面板应检查表面是否平整；粘贴的罩面板是否脱层；螺钉间距是否符合规范；石膏板铺设方向是否正确，安装是否牢固；检查罩面板的拼接缝是否按要求留设，嵌缝和贴接缝带，是否符合要求。还应检查门框上端是否骑缝，如图 16-2。因罩面板的拼缝设在门、窗边框的竖向龙骨上时，使用中易在该部位产生裂缝。罩面板表面不得有污染、折裂、缺棱。

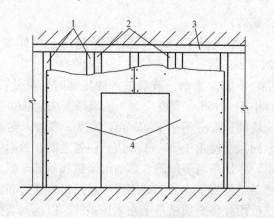

图 16-2 罩面板安装

1—主龙骨；2—加强龙骨；3—沿顶龙骨；4—罩面板

（4）隔墙工程的验收检查数量：同一品种的轻质隔墙工程每 50 间（大面积房间和走廊按轻质隔墙的墙面 30m² 为一间）应划分为一个检验批，不足 50 间也应划分为一个检验批。

板材隔墙和骨架隔墙工程每检验批抽查 10％，并不得少于 3 间；不足 3 间时应全数检查。玻璃隔墙工程每检验批应至少抽查 20％，并不得少于 6 间；不足 6 间时应全数检查。

# 第四节 吊 顶 工 程

## 一、吊顶工程施工质量控制要点

（一）材料的质量要求

1. 龙骨

（1）吊顶工程中常用的龙骨主要有：木龙骨、轻钢龙骨、铝合金龙骨等。

（2）木龙骨一般宜选用针叶树类，其含水率不得大于 18％。轻钢龙骨、铝合金龙骨应具备出厂合格证。

（3）龙骨不得变形、生锈，规格品种应符合设计及规范要求。

2. 罩面板

（1）吊顶工程常用的罩面板主要有：石膏板、金属板、矿棉板、塑料板等。

（2）罩面板应具有出厂合格证。

（3）罩面板不应有气泡、起皮、裂纹、缺角、污垢和图案不完整等缺陷；表面应平整，边缘整齐，色泽一致。穿孔板的孔距排列整齐；金属装饰板不得生锈。

3. 其他

（1）安装吊顶罩面板的紧固件、螺钉、钉子宜为镀锌的，吊杆所用的钢筋、角铁等应作防锈处理。

（2）胶粘剂的类型应按所用罩面板的品种配套选用，现场配制的胶粘剂，其配合比应由试验确定。

494

（二）吊顶的施工技术要求

1. 龙骨、吊杆的安装

（1）轻钢龙骨、铝合金龙骨

1）轻钢龙骨、铝合金龙骨按外形有 U 型龙骨和 T 型龙骨。U 型龙骨的吊顶一般为暗架，即罩面板固定在龙骨外，龙骨不外露；T 型龙骨吊顶一般为明架吊顶，即罩面板直接搁置在 T 型龙骨的翼缘上，龙骨外露。

2）安装龙骨前，应按设计要求对房间净高、洞口标高和吊顶内管道、设备及其支架的标高进行交接检验。施工时按吊顶高度，沿墙面四周弹出水平线，然后按设计要求在楼板底面上弹出主龙骨位置线及标出吊杆位置，吊杆距主龙骨端部距离不得大于 300mm，否则应增加吊杆，以免主龙骨下坠。当吊杆与设备相遇时，应调整吊杆，如用角铁、槽钢等在设备下部安装挑梁，吊杆固定在挑梁上，以保证吊杆的间距满足要求。吊杆规格应符合设计要求。吊杆安装好后，将主龙骨用吊挂件连接在吊杆上，拧紧螺钉，上下卡牢，主龙骨按不小于房间短向跨度的 1/200 起拱。主龙骨接长可用接插件连接，同时宜在连接处增设吊杆。然后将次龙骨按要求用吊挂件固定在主龙骨下面，次龙骨应紧贴主龙骨安装，并根据罩面板布置的需要，在罩面板接缝处安装横撑龙骨。边龙骨安装在以弹出的水平线位置。全面校正主、次龙骨的位置及水平度，校正后应将龙骨的所有吊挂件、连接件拧夹紧。

3）安装好的吊顶龙骨应牢固可靠，连接件应错位安装；明架龙骨应目测无明显弯曲。当吊顶与上面楼板底的高度超过 1.5m 时，应在吊杆处设置一定量的反撑，以防止吊杆刚度不足，导致反向变形，引起吊顶罩面板开裂。重型灯具、电扇及其他重型设备严禁安装在吊顶工程的龙骨上。

（2）木龙骨

这里介绍的木龙骨吊顶主要是指安装在混凝土楼板下面的吊平顶。

施工时先根据吊顶高度在墙面四周弹出水平线，沿水平线将沿墙的搁栅（即木龙骨）钉在墙内预埋木砖上，搁栅截面一般为 50mm×50mm 或 40mm×60mm，中间搁栅应根据罩面板尺寸，一般间距为 400～600mm。搁栅与楼板的固定，可用宽度 30mm 的扁钢作吊杆，扁钢上端与楼板下面的预埋件焊牢，或在扁钢上钻孔弯成直角后用膨胀螺栓固定在楼板底下；下端在扁钢上钻孔后用钉子或木螺钉横向与搁栅连接。也可用木吊杆，但应采用不易劈裂的干燥木材，上端一般用一小段角铁，在角铁的两边钻孔，一边用膨胀螺栓固定在楼板底下，一边用钉子或木螺钉水平与吊杆固定。木吊杆的下端直接与木龙骨固定，如图 16-3。在搁栅间钉卡档搁栅（小龙骨），截面与搁栅相同，间距一般为 300～400mm。中间部分应起拱，吊顶龙骨应安装牢固，靠墙木龙骨应作防腐处理，其他部位应作防火处理。

2. 罩面板的安装

（1）石膏板

纸面石膏板应在自由状态下进行固定，防止出现弯棱、突鼓现象；纸面石膏板的长边（即包封边）应沿纵向次龙骨铺设；双层石膏板，面层板与基层板的接缝应错开，不得在同一根龙骨上接缝；石膏板的接缝，应按设计要求进行板缝处理，通常先用腻子对接缝分两次批嵌，第二次批嵌不得高出石膏板面，然后贴接缝带，最后与板的大面一起进行批

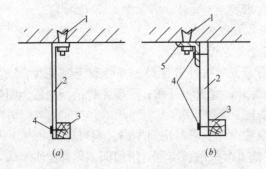

图 16-3　吊杆与木龙骨固定
1—膨胀螺栓；2—扁钢（b为木吊杆）；3—木龙骨；4—螺钉；5—角铁

嵌。纸面石膏板与龙骨固定，应从一块板的中间向板的四边固定，不得多点同时作业；螺钉头宜略埋入板面，并不使纸面破损，钉眼应作防锈处理，并用石膏腻子抹平。

（2）金属板

金属铝板的安装应从边上开始，有搭口缝的铝板，应顺搭口缝方向逐块进行，铝板应用力插入齿口内，使其啮合。金属条板式吊顶龙骨一般可直接吊挂，也可增加主龙骨，主龙骨间距不大于1.2m，条板式吊顶龙骨形式应与条板配套；方板吊顶次龙骨分明装T型和暗装卡口两种，根据金属方板式样选定次龙骨，次龙骨与主龙骨间用固定件连接；金属格栅的龙骨可明装也可暗装，龙骨间距由格栅做法确定。金属板吊顶与四周墙面所留空隙，用金属压缝条镶嵌或补边吊顶找齐，金属压条材质应与金属面板相同。

**二、吊顶工程施工质量验收**

（1）在吊顶工程的验收检查中，首先应检查设计图纸是否齐全有效。然后查看图纸的施工说明、龙骨布置、节点详图等，了解设计对吊顶工程所用材料、规格、颜色、检修孔和灯具位置的要求。对施工现场所用材料，检查其出厂合格证或试验报告是否齐全、有效，与设计图纸是否相符。检查施工企业对吊顶工程的隐蔽记录是否经监理或业主签字认可，企业的质量检验评定是否真实。

（2）吊顶龙骨施工完后，在安装罩面板前应按设计图纸对吊顶龙骨进行检查，检查主、次龙骨之间，主龙骨与吊杆、吊杆与楼板基层的连接固定是否符合设计和规范要求；吊杆的间距是否过大，吊杆距主龙骨端部距离是否大于300mm。当发现吊杆间距过大（一般不大于1.2m）吊杆距主龙骨端部距离超过300mm时，应责令施工企业进行加固，增设吊杆。检查吊杆的规格、焊接及防锈处理是否符合设计要求；还应注意当吊顶高度（指吊顶罩面板距楼板底面的净空高度）大于1.5m时，是否有防止吊顶因气流而向上运动的措施——设置反支撑，因为当吊顶高度较大时，钢筋吊杆的长细比较大，这时当房门开关时，会产生气流将吊平顶向上推，罩面板的接缝处容易产生裂缝。因此应在吊杆位置设置反支撑，以阻止吊顶向上。当吊平顶为明架龙骨时，可不设反撑。

（3）当龙骨为木质龙骨时，应检查是否进行防火处理及木质有否钉劈，如不符合要求，应立即督促施工单位整改。

（4）对罩面板应检查是否与龙骨连接紧密，表面是否平整，有否污染、折裂、缺棱掉角等缺陷；粘贴的罩面板有否脱层。明架龙骨吊顶罩面板应检查有否漏、透、翘角现象，发现应督促施工单位予以调换。罩面板在批嵌前应检查固定螺钉间距，钉帽是否敲扁并进入板面，接缝是否按要求留设、嵌缝和贴接缝带。

吊顶工程的验收数量：同一品种的吊顶工程每50间（大面积房间和走廊按吊顶面积30m² 为一间）应划分为一个检验批，不足50间也应划分为一个检验批。

每个检验批应至少抽查10%，并不得少于3间；不足3间时应全数检查。

# 第五节 饰面板（砖）工程

### 一、饰面板（砖）工程施工质量控制要点

（一）材料的质量要求

1. 天然石饰面板

（1）天然石饰面板是从天然岩体中开采出来的经加工成块状或板状的一种面层装饰板。常用的主要为天然大理石饰面板、花岗石饰面板。

（2）天然大理石饰面板主要用于室内的墙面、楼地面处的装饰。要求表面不得有隐伤、风化等缺陷；表面应平整，无污染颜色，边缘整齐，棱角不得损坏，并应具有产品合格证和放射性指标的复试报告。

（3）花岗石饰面板可用于室内、外的墙面、楼地面。花岗石饰面板要求棱角方正。颜色一致，无裂纹、风化、隐伤和缺角等缺陷。

2. 人造石饰面板

（1）人造石饰面板主要有：人造大理石饰面板、预制水磨石或水刷石饰面板。

（2）人造石饰面板应表面平整，几何尺寸准确，面层石粒均匀、洁净、颜色一致。

3. 饰面砖

（1）饰面砖主要有各类外墙面砖、釉面砖、陶瓷锦砖（马赛克）、玻璃锦砖（玻璃马赛克）等。

（2）饰面砖应表面平整、边缘整齐，棱角不得损坏，并具有产品合格证。外墙釉面砖、无釉面砖，表面应光洁，质地坚固，尺寸、色泽一致，不得有暗痕和裂纹，其性能指标均应符合现行国家标准的规定，并具有复试报告。

4. 其他

（1）安装饰面板用的铁制锚固件、连接件，应镀锌或经防锈处理。镜面和光面的大理石、花岗石饰面板，应用铜或不锈钢的连接件。

（2）安装装饰板（砖）所使用的水泥，体积安定性、抗压强度必须合格，其初凝不得早于45min，终凝不得迟于10h。砂要求颗粒坚硬、洁净，含泥量不得大于3%。石灰膏不得含有未熟化颗粒。施工所用的其他胶结材料应符合设计要求，外墙饰面砖粘结强度应符合《建筑工程饰面砖粘结强度检验标准》JGJ 110 的规定。

（二）饰面板（砖）基层的处理

具体做法与墙面的抹灰底层、中层做法相同，但应使用水泥砂浆。当饰面板用干挂法施工时，混凝土墙面可不做抹灰处理，但须按设计要求作防水处理。

（三）饰面板（砖）的施工技术要求

1. 饰面板

（1）干挂

1）饰面板的干挂法施工，一般适用于钢筋混凝土墙面。安装前先将饰面板在地面上按设计图纸及墙面实际尺寸进行预排，将色调明显不一的饰面板挑出，换上色泽一致的饰面板，尽量使上下左右的花纹近似协调，然后逐块编号，分类竖向堆放好备用。在墙面上弹出水平和垂直控制线，并每隔一定距离做出控制墙面平整度的砂浆灰饼，或用麻线拉出墙面平整度的控制线。饰面板的安装一般应由下向上一排一排进行，每排由中间或一端开始。在最下一排饰面板安装的位置上、下口用麻线拉两根水平控制线，用不锈钢膨胀螺栓将不锈钢连接件固定在墙上；在饰面板的上下侧面用电钻钻孔或槽，孔的直径和深度按销钉的尺寸定（槽的宽度和深度按扁钢挂件定），然后将饰面板搁在连接件上，将销钉插入孔内，板缝须用专用弹性衬料垫隔，待饰面板调整到正确位置时，拧紧连接件螺帽，并用环氧树脂胶或密封胶将销钉固定，如图16-4。待最下一排安装完毕后，再在其上按同样方法进行安装，全部安装完后，饰面板接缝应按设计和规范要求里侧嵌弹性条，外面用密封胶封嵌。

2）在砖墙墙面上采用干挂法施工时，饰面板应安装在金属骨架上，金属骨架通常用镀锌角钢根据设计要求及饰面板尺寸加工制作，并与砖墙上的预埋铁焊牢。如砌墙时未留设预埋铁，可用对穿螺栓与砖墙连接，如图16-5。其他施工方法与混凝土墙面相同。

3）饰面板安装工程的预埋件（或后置埋件）、连接件的数量、规格、位置、连接方法和防腐处理必须符合设计要求。后置埋件的现场拉拔强度必须符合设计要求。饰面板安装必须牢固。

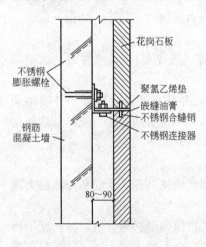

图16-4 干挂法的构造

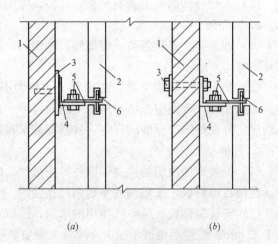

图16-5 用对穿螺栓固定饰面板
1—砖墙；2—饰面板；3—预埋铁、对穿螺栓；4—镀锌角铁；
5—不锈钢连接件；6—不锈钢销钉

（2）湿铺

1）饰面板湿铺前，也应进行预排，在墙上弹出垂直和水平控制线，其做法与干挂施工时相同。在墙上凿出结构施工时预埋的钢筋，将 $\phi6$ 或 $\phi8$ 的钢筋按竖向和横向绑扎（或焊接）在预埋钢筋上，形成钢筋网片。水平钢筋应与饰面板的行数一致并平行。如结构施工时未预埋钢筋，则可用膨胀螺栓（混凝土墙面）或凿洞埋开脚螺栓（砖墙面）的方法来固定钢筋网片，如图16-6。

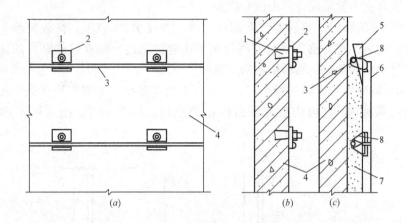

图 16-6　湿铺墙上形成钢筋网片后安装饰面板
1—膨胀螺栓；2—钢板；3—钢筋；4—混凝土墙面；5—定位木楔；6—饰面板；7—水泥砂浆；8—铜丝

2）在饰面板的上下侧面和背面用电钻钻直孔或斜孔，间距由饰面板的边长决定，但每块板的上下边均不少于2个，然后在孔洞的后面剔一道槽，其宽度、深度可稍大于绑扎面板的铜丝的直径。

3）饰面板安装时，室内铺设可由下而上，每排由中间或一端开始。先在最下一排拉好水平通线，将饰面板就位后，上口外仰，将下口铜丝绑扎在横向钢筋上，再绑扎上口铜丝并用木楔垫稳，随后检查、调整饰面板后再系紧铜丝。如此依次进行，第一排安装完毕，用石膏将板两侧缝隙堵严。较大的板材以及门窗镶脸饰面板应另加支撑临时固定。然后用1：2.5的水泥砂浆分三次灌浆，第一次灌浆高度不得超过板高的1/3，一般约15cm左右，灌浆用砂浆的稠度应控制在100～150mm，不可太稠。灌浆时应徐徐灌入缝内，不得碰动饰面板，然后用铁棒轻轻捣鼓，不得猛灌猛捣，间隔1～2h，待砂浆初凝无水溢出后再进行第二次灌浆至板高1/2处，待初凝后再灌浆至离板上口5mm处，余量作为上排饰面板灌浆的结合层。隔天再安装第二排。全部饰面板安装完毕后，应将表面清理干净后，按设计和规范要求进行嵌缝、清理及打蜡上光。

4）固饰面板用的钢筋网片，应与锚固件连接牢固。锚固件宜在结构施工时埋设。

5）饰面板的品种、规格、颜色和图案必须符合设计要求；安装必须牢固，无歪斜、缺棱掉角和裂缝等缺陷；表面平整、洁净，色泽一致，无变色、泛碱、污痕和显著的光泽受损处；接缝应填嵌密实、平直、宽度均匀、颜色一致，阴阳角处的搭接方向正确；突出物周围的饰面板套割吻合、边缘整齐，墙裙、贴脸等突出墙面的厚度一致，流水坡向正确。

2. 饰面砖

（1）外墙面砖

1）在处理过的墙面上，根据墙面尺寸和面砖尺寸及设计对接缝宽度的要求，弹出分格线，并在转角处挂垂直通线。

2）外墙面砖施工应由上往下分段进行，一般每段自下而上镶贴。镶贴宜用水泥砂浆，厚度为 5～6mm，为改善砂浆的和易性，可掺入少量石灰膏；也可采用胶粘剂或聚合物水泥浆镶贴，聚合物水泥浆配合比由试验确定。

3）外墙面砖镶贴前应将砖的背面清理干净，并浸水 2h 以上，待表面晾干后方可使用。当贴完一排后，将分格条（其宽度为水平接缝的宽度）贴在已镶贴好的外墙面砖上口，作第二排镶贴的基准，然后依次向上镶贴。

4）在同一墙面上的横竖排列不宜有一行以上的非整砖，非整砖应排在次要部位或阴角处。阳角可磨成 45°夹角拼接或两面砖相交处理，如图 16-7。不宜用侧边搭接方法铺贴。

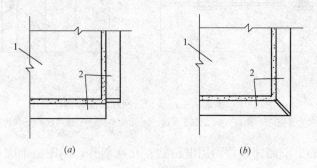

(a)                    (b)

图 16-7　阳角处理
1—墙体；2—外墙面砖

5）外墙面砖镶贴完后，应用 1∶1 水泥砂浆勾缝，先勾横缝，后勾竖缝，缝深宜凹进面砖 2～3mm，完成后即用布或纱擦净面砖。必要时可用稀盐酸擦洗，并随即用清水冲洗干净。

（2）釉面砖

1）在处理过的墙面上弹出垂直、水平控制线，用废釉面砖贴在墙面上作灰饼，间距为 1～1.6m，并上、下吊好垂直，水平用麻线拉通线找平，以控制整个墙面釉面砖的平整度。

2）镶贴应由下向上一行一行进行，镶贴所用砂浆与外墙面砖相同。

3）将浸水、晾干（方法与外墙面砖相同）的釉面砖满抹砂浆，四边刮成斜面，将其靠紧最下一行的平尺板上，以上口水平线为准，贴在墙上，用小铲木把轻敲砖面，使其与墙面结合牢固。

4）最下行釉面砖贴好后，用靠尺横向找平、竖向找直，然后依次往上镶贴。

5）在同一墙面上的横竖排列，不宜有一行以上的非整砖，非整砖行应排在次要部位或阴角处。如遇有突出的管线、灯具、卫生设备的支承等，应用整砖套割吻合，不得用非整砖拼凑镶贴。在阴阳角处应使用配件砖，在阳角处也可磨 45°夹角。接缝一般用白水泥浆擦缝，要求缝均匀而密实。

（3）陶瓷锦砖

1）在处理过的墙面上，根据墙面实际尺寸和陶瓷锦砖的尺寸，弹水平和垂直分格线，线的间距为陶瓷锦砖的整张数，非整张者用在不明显部位，并弹出分格缝的位置和宽度。

2）镶贴应分段，自上而下进行；每段施工时应自下而上进行，套间或独立部位宜一次完成。一次不能完成者，可将茬口留在施工缝或阴角处。

3）镶贴时，先将已弹好线的墙面浇水湿润，薄薄抹一层素水泥浆，再抹 1∶0.3 水泥纸筋灰砂浆或 1∶1 水泥砂浆，厚度为 2～3mm，将锦砖的粘结面洒水湿润，抹一层素水泥浆，缝里要灌满水泥浆，然后将其镶贴在墙面上，对齐缝，轻轻拍实，使其粘结牢固。依次镶贴，最后在陶瓷锦砖的纸面上刷水，使其湿润脱胶，然后便可揭纸，揭纸时应仔细按顺序用力向下揭，切忌向外猛揭。然后检查、调整缝隙，并补好个别带下的小块锦砖。待粘结水泥浆凝固后，用素水泥浆擦缝并清洁锦砖表面。

4）饰面砖的品种、规格、颜色和图案必须符合设计要求；镶贴必须牢固，无歪斜、缺棱掉角和裂缝等缺陷；表面应平整、洁净，色泽一致，无变色、污痕和显著的光泽受损处；接缝应填嵌密实、平直，宽窄均匀，颜色一致，阴阳角处搭接方向正确，非整砖使用部位适宜；突出物周围的整砖套割吻合、边缘整齐，墙裙、贴脸等突出墙面的厚度一致；流水坡向正确，滴水线（槽）顺直。

**二、饰面板（砖）工程施工质量验收**

（1）查看设计图纸，了解设计对饰面板（砖）工程所选用的材料、规格、颜色、施工方法的要求，对工程所用材料检查其是否有产品出厂合格证或试验报告，特别对工程中所使用的水泥、胶粘剂，干挂饰面板所用的钢材、不锈钢连接件、膨胀螺栓等应严格把关。对钢材的焊接应检查焊缝的试验报告。当在高层建筑外墙饰面板干挂法安装时，采用膨胀螺栓固定不锈钢连接件，还应检查膨胀螺栓的抗拔试验报告，以保证饰面板安装安全可靠。

（2）饰面板外墙面采用干挂法施工时，应检查是否按要求做防水处理，如有遗漏应督促施工单位及时补做。检查不锈钢连接件的固定方法、每块饰面板的连接点数量是否符合设计要求。当连接件与建筑物墙面预埋件焊接时，应检查焊缝长度、厚度、宽度等是否符合设计要求，焊缝是否做防锈处理。对饰面板的销钉孔，应检查是否有隐性裂缝，深度是否满足要求。饰面板销钉孔的深度应为上下两块板的孔深加上板的接缝宽度稍大于销钉的长度，否则会因上块板的重量通过销钉传到下块板上，而引起饰面板损坏。

（3）饰面板施铺时，着重检查钢筋网片与建筑物墙面的连接、饰面板与钢筋网片的绑扎是否牢固，检查钢筋焊缝长度、钢筋网片的防锈处理。施工中应检查饰面板灌浆是否按规定分层进行。

（4）饰面砖应注意检查墙面基层的处理是否符合要求，这直接会影响饰面砖的镶贴质量。可用小锤检查基层的水泥抹灰有否空鼓，发现有空鼓应立即铲掉重做（板条墙、纸面石膏板墙除外），检查处理过的墙面是否平整、毛糙。

（5）为了保证建筑工程面砖的粘结质量，外墙饰面砖应进行粘结强度的检验。每 300m² 同类墙体取 1 组试样，每组 3 个，每楼层不得少于 1 组；不足 300m² 每二楼层取 1 组。每组试样的平均粘结强度不应小于 0.4MPa；每组可有一个试样的粘结强度小于 0.4MPa，但不应小于 0.3MPa。

（6）饰面板（砖）安装完成后，应检查其垂直度、平整度、接缝宽度、接缝高低、接缝平直等。检查时可用 2m 托线板、楔形塞尺及拉 5m 麻线等方法检查。用小锤轻敲饰面板（砖），以检查其是否空鼓。当发现饰面板（砖）有空鼓时，应及时督促施工单位进行整改，特别对外墙饰面板（砖）的空鼓，如不及时整改将危及人身的安全。还应检查饰面板（砖）接缝的填嵌是否符合设计和规范的要求，非整砖的使用是否适宜，流水坡向是否正确等。

（7）检查数量：相同材料、工艺和施工条件的室内饰面板（砖）工程每 50 间（大面积房间和走廊按施工面积 30m² 为一间）应划分为一个检验批，不足 50 间也应划分为一个检验批。相同材料、工艺和施工条件的室外饰面板（砖）工程每 500～1000m² 应划分为一个检验批，不足 500m² 也应划分为一个检验批。

室内每个检验批应至少抽查 10%，并不得少于 3 间；不足 3 间时应全数检查。室外每个检验批每 100m² 应至少抽查一处，每处不得小于 10m²。

## 第六节　裱糊与软包工程

**一、裱糊与软包工程施工质量控制要点**

（一）材料的质量要求

1. 壁纸、墙布

壁纸、墙布要求整洁，图案清晰，颜色均匀，花纹一致，燃烧性能等级必须符合设计要求及国家现行标准的有关规定，具有产品出厂合格证。运输和贮存时，不得日晒雨淋，也不得贮存在潮湿处，以防发霉。压延壁纸和墙布应平放；发泡壁纸和复合壁纸则应竖放。

2. 胶粘剂

胶粘剂有成品和现场调制二种。胶粘剂应按壁纸、墙布的品种选用，要求具有一定的防霉和耐久性。当现场调制时，应当天调制当天用完。胶粘剂应盛放在塑料桶内。

3. 软包材料

软包面料、内衬材料及边框的材料、颜色、图案、燃烧性能等级和木材的含水率应符合设计要求及国家现行标准的有关规定。

（二）墙面基层的要求及处理

1. 混凝土、抹灰基层

（1）混凝土、抹灰基层要求干燥，其含水率小于 8%。

（2）将基层表面的污垢、尘土清除干净，泛碱部位，宜使用 9% 的稀醋酸中和、清洗。

（3）新建筑物的混凝土或抹灰基层墙面在刮腻子前应涂刷抗碱封闭底漆，然后在基层表面满批腻子，腻子应坚实牢固，不得粉化、起皮和裂缝，待完全干燥后用砂皮纸磨平、磨光，扫去浮灰。批嵌腻子的遍数可视基层平整度情况而定。

（4）旧墙面在裱糊前应清除疏松的旧装修层，并涂刷界面剂。

2. 木基层

（1）木基层的含水率应小于 12%。

（2）将基层表面的污垢、尘土清扫干净，在接缝处粘贴接缝带并批嵌腻子，干燥后用砂皮纸磨平，扫去浮灰，然后涂刷一遍涂料（一般为清油涂料）。

（3）木基层也可根据设计要求和木基层的具体情况满批腻子，做法和要求同混凝土、抹灰基层。

（三）裱糊与软包工程的施工与质量要求

1. 裱糊

（1）壁纸、墙布裱糊前，应将突出基层表面的设备或附件卸下。

（2）裱糊时先在墙面阴角或门框边弹出垂直基准线，以此作为裱糊第一幅壁纸、墙布的基准，将裁割好的壁纸浸水或刷清水，使其吸水伸张（浸水的壁纸应拿出水池，抖掉明水，静置 20min 后再裱糊），然后在墙面和壁纸背面同时刷胶，刷胶不宜太厚，应均匀一致。再将壁纸上墙，对齐拼缝、拼花，从上而下用刮板刮平压实。对于发泡或复合壁纸宜用干净的白棉丝或毛巾赶平压实（有颜色的容易将颜色染在壁纸上造成污染），上下边多出的壁纸，用刀裁割整齐，并将溢出的少量胶粘剂擦干净。

（3）裱糊时如对花拼缝不足一幅的应裱糊在较暗或不明显部位。对开关、插座等突出墙面的设备，裱糊前应先卸下，待裱糊完毕，在盒子处用壁纸刀对角划一十字开口，十字开口尺寸应小于盒子对角线尺寸，然后将壁纸反入盒内，装上盖板等设备。

（4）壁纸和墙布每裱糊 2～3 幅，或遇阴阳角时，要吊线检查垂直情况，以防造成累计误差。裱糊好的壁纸、墙布必须粘贴牢固，表面色泽一致，不得有气泡、空鼓、裂缝、翘边、皱折和斑污，斜视时无痕迹；表面平整，无波纹起伏，与挂镜线、贴脸板和踢脚板紧接，不得有缝隙；各幅拼接横平竖直，拼接处花纹、图案吻合，不离缝，不搭接，距墙面 1.5m 处正视，不显拼缝；阴阳转角垂直，棱角分明，阴角处搭接顺光，阳角处无接缝。

（5）对于带背胶壁纸，裱糊时无需在壁纸背面和墙面上刷胶粘剂，可在水中浸泡数分钟后，直接粘贴。

（6）对于玻璃纤维墙布、无纺墙布，无需在背面刷胶，可直接将胶粘剂涂于墙上即可裱糊，以免胶粘剂印透表面，出现胶痕。

2. 软包

（1）织物软包施工前，为防止潮气侵蚀，引起板面翘曲、织物发霉，应在砌体或混凝土墙面上抹 20mm 厚 1∶3 水泥砂浆，然后在其上做防潮处理，可涂防水涂料或钉一层油毡。混凝土墙面也可直接做防潮处理。

（2）在处理过的墙面上按设计要求弹出水平和垂直分档线，在分档线上预埋防腐木砖，然后将截面尺寸为 20mm×50mm 或 50mm×50mm 的木立筋钉在木砖上。混凝土墙面可直接用射钉固定。木筋表面要求垂直、平整，并根据设计要求做好防腐或防火处理。将细木工板或夹板按软包的分档尺寸裁割后，四边刨平，用稍大于板尺寸的海绵覆盖于板的正面，将大于板尺寸的织物包在海绵外层，并卷过板边至背后，先用泡钉固定一边，然后拉紧另一边用泡钉固定。另两边同样拉紧固定。织物在包海绵前，宜先稍许喷水湿润。最后将已包好的织物软包板用钉子从板的侧面钉于木立筋上，钉头没入板内。若木立筋上已先固定有一层夹板或纸面石膏板（或为龙骨分隔墙），也可用双面胶带固定织物软包板。

（3）织物软包应在其他所有项目都完工后进行，以防止织物污染。软包工程的龙骨、衬板、边框应安装牢固，无翘曲，拼缝应平直。织物表面不应松弛、皱折和有斑污，单块软包面料不应有接缝，四周应绷压严密。

## 二、裱糊与软包工程的质量验收

（1）裱糊工程基层处理的好坏，关系到整个裱糊工程的好坏，因此在裱糊工程的质量验收时，首先应检查基层的含水率是否符合规范要求。对基层进行批嵌前，应检查基层表面的污垢、尘土是否清理干净，以防止批嵌后腻子起皮、空鼓。对阴阳角方正和垂直度误差较大的基层，可先用石膏腻子进行批嵌处理，使阴阳角方正、垂直。第二遍批嵌，应待第一遍批嵌的腻子完全干燥，并磨平扫清浮灰后方可进行，当检查发现第一遍腻子未干燥时应阻止第二遍腻子的批嵌。

（2）壁纸、墙布，一幅裱糊结束后，应及时检查，发现壁纸与墙面空鼓起泡时，可及时用注射器针头对准空鼓处刺穿并排出气后，再注入适量的胶粘剂，刮平压实壁纸、墙布；检查发现壁纸、墙布有皱折时，要趁其未干，用湿毛巾轻拭表面，让其湿润后，用手慢慢把皱折处抚平；对于因垂直偏差过多造成较大的皱折，可将壁纸、墙布裁开拼接或搭接。

（3）对织物软包应重点检查基层的防水处理是否符合要求，木立筋安装是否牢固、垂直平整。

（4）检查数量：同一品种的裱糊或软包工程每 50 间（大面积房间和走廊按施工面积 30m² 为一间）应划分为一个检验批，不足 50 间也应划分为一个检验批。

裱糊工程每个检验批应至少抽查 10%，并不得少于 3 间；不足 3 间时应全数检查。软包工程每个检验批应至少抽查 20%，并不得少于 6 间；不足 6 间时应全数检查。

# 第七节 细部工程

## 一、细部工程施工质量控制要点

（一）材料（或成品）的质量要求

（1）细木制品应采用密干法干燥的木质，含水率不应大于 12%；

（2）细木制品制成后，应立即刷一遍底油（干性油），防止受潮变形；

（3）细木制品与砖石砌体、混凝土或抹灰层接触处应按设计要求进行处理。

（4）橱柜制作与安装所用材料的材质和规格、木材的燃烧性能等级和含水率、花岗石的放射性及人造木板的甲醛含量应符合设计及国家现行标准的有关规定。

（5）后置埋件（如膨胀螺栓）应做现场拉拔检测。

（6）由工厂加工制作的细木制品，应有出厂合格证。

（7）湿度较大的房间，不得使用未经防水处理的石膏花饰等。

（8）粘贴花饰用的胶粘剂应按花饰的品种选用，现场配制胶粘剂，其配合比应由试验确定。

（二）细部工程的施工质量要求

（1）预埋件或后置埋件的数量、规格、位置应符合设计要求。

（2）造型、尺寸、安装位置、制作和固定方法应符合设计要求。安装必须牢固。

（3）配件的品种、规格应符合设计要求。配件应齐全，安装应牢固。

## 二、细部工程的质量验收

（1）在对细部工程进行检查时，首先应检查细木制品的树种、材质等级、含水率和防腐处理是否符合设计要求和《木结构工程施工质量验收规范》GB 50206 的规定，成品、半成品是否有出厂合格证，隐蔽验收记录是否齐全（特别是预埋件）、企业自查资料是否真实。

（2）应检查成品、半成品是否尺寸正确，表面是否光滑、线条顺直，对不符合要求的产品应予退货，不得使用在工程中。

（3）对安装好的细部工程应检查其是否安装位置正确，夹角整齐，接缝严密，对不符合要求的，应及时责令施工单位进行整改。

（4）对细部工程中的油漆，参照涂料工程的有关方法进行检查。

（5）护栏所使用的玻璃，应符合《建筑玻璃应用技术规程》JGJ 113—2009 的规定。

（6）在对花饰检查时，应检查花饰制品、胶粘剂、固定方法是否符合设计要求，花饰有否破损；固定用的预埋木砖（预埋铁或膨胀螺栓）等是否符合要求，并检查隐蔽验收记录。对已安装的花饰应检查其是否安装牢固，拼接缝、螺孔（钉孔）等填嵌是否密实、平整。

（7）检查数量：同类制品每 50 间（处）应划分为一个检验批，不足 50 间（处）也应划分为一个检验批。每部楼梯应划分为一个检验批。

每个检验批应至少抽查 3 间（处），不足 3 间（处）时应全数检查。

# 第十七章　建筑给水排水及采暖工程

## 第一节　室内给水管道安装

### 一、施工技术要求

（一）材料要求

（1）对进场材料进行质量验收，凡损坏、严重锈蚀的材料一律不可使用于工程。

（2）对用于工程的材料均应有产品质保书或合格证，对特殊产品应有技术文件。

（3）材料应按施工阶段分批进料。规格、型号、数量、质量验收后应有记录。

（二）施工前应具备下列条件

（1）施工技术图纸及其他技术文件齐全，并且已进行图纸技术交底，满足施工要求。

（2）施工方案、施工技术、材料机具供应等能保证正常施工。

（3）施工人员应经过管道安装技术的培训。

（4）提供的管材和管件，应符合设计规定，并附有产品说明书和质量合格证书。

（5）管材、管件应作外观质量检查，如发现质量有异常，应在使用前进行技术鉴定。

（6）施工安装时，应复核冷、热水管的公称压力等级和使用场合。管道的标记应面向外侧，处于显眼位置。

（三）作业条件

（1）认真熟悉图纸，参看有关专业设备图和装修建筑图，核对各种管道的标高是否有交叉，管道排列所用空间是否合理。有问题及时与设计和有关人员研究解决，办好变更洽商记录。

（2）预留孔洞、预埋件已配合完成。

（3）暗装管道（含竖井、吊顶内的管道）应核对各种管道的标高、坐标的排列有无矛盾。

（4）明装管道安装时室内地平线应弹好，墙面抹灰工程已完成。

（5）材料、施工力量、机具等已准备就绪。

（四）工艺流程

测量与定位→支、吊架的安装→管道预制→立管及水平总管安装→水平横干管、支管安装→泵房设备安装→水压试验与冲洗消毒。

### 二、施工质量控制

（一）管道敷设安装

（1）管道嵌墙、直埋敷设时，宜在砌墙时预留凹槽，若在墙体上开槽，应先确认墙体强度。凹槽表面必须平整，不得有尖角等突出物，管道试压合格后，凹槽用 M7.5 级水泥砂浆填补密实。

（2）管道在楼（地）坪面层内直埋时，预留的管槽深度不应小于 $D_e+5mm$，当达不到此深度时应加厚地坪层，管槽宽度宜为 $D_e+40mm$。管道试压合格后，管槽用与地坪层相同强度等级的水泥砂浆填补密实。

（3）直埋敷设的管道必须有埋设位置的施工记录，竣工时交业主存档。

（4）管道安装时，不得有轴向扭曲。穿墙或穿楼板时，不宜强制校正。

（5）给水塑料管与其他金属管道平行敷设时，应有一定的保护距离，净距离不宜小于100mm，且塑料管宜在金属管道的内侧。

（6）给水引入管与排水排出管的水平净距不得小于1m，室内给水与排水管道平行敷设时，两管间的最小水平净距不得小于0.5m，交叉铺设时，垂直净距不得小于0.15m。给水管应铺在排水管上面，若给水管必须铺在排水管的下面时，给水管应加套管，其长度不得小于排水管管径的3倍。

（7）室内明装管道，宜在土建粉刷或贴面装饰完毕后进行，安装前应配合土建正确预留孔洞或预埋套管。

（8）管道穿越楼板时，应设置套管，套管高出地面50mm，并有防水措施。管道穿越屋面时，应采取严格的防水措施。穿越管段的前端应设固定支架。

（9）直埋式敷设在楼（地）坪面层及墙体管槽内的管道，应在封闭前做好试压和隐蔽工程的验收记录工作。

（10）建筑物埋地引入管或室内埋地管道的敷设要求如下：

1）室内地坪±0.00以下管道敷设宜分两阶段进行。先进行室内段的敷设，至基础墙外壁处为止；待土建施工结束，外墙脚手架拆除后，再进行户外连接管的敷设。

2）室内地坪以下管道的敷设，应在土建工程回填土夯实以后，重新开挖管沟，将管道敷设在管沟内。严禁在回填土之前或在未经夯实的土层中敷设管道。

3）管沟底应平整，不得有突出的尖硬物体。土壤的颗粒粒径不宜大于12mm，必要可铺100mm厚的砂垫层。

4）管沟回填时，管周围的回填土不得夹杂尖硬物体。应先用砂土或过筛的粒径不大12mm的泥土，回填至管顶以上0.3m处，经洒水夯实后再用原土回填至管沟顶面。室内埋地管道的埋深不宜小于0.3m。

（11）管道出地坪处，应设置保护套管，其高度应高出地坪100mm。

（12）管道在穿越基础墙处，应设置金属套管。套管顶与基础墙预留了孔的孔顶之间的净空高度，应按建筑物的沉降量确定，但不应小于0.1m。

（13）管道在穿越车行道时，覆土深度不应小于0.7m。达不到此深度时，应采取严格的保护措施。

（二）管道连接

1. PVC-U硬聚氯乙烯给水管道的连接

一般采用粘接连接：

（1）严格检查管口承口表面，检查无污后用清洁干布蘸无水酒精或丙酮等清洁剂擦拭承口及管口表面，不得将管材、管件头部浸入清洁剂；

（2）待清洁剂全部挥发后，将管口、承口用清洁无污的鬃刷蘸胶粘剂涂刷管口、管件承口，涂刷时先涂承口，后涂插口，由里向外均匀涂刷，不得漏涂。胶粘剂用量应适量；

（3）涂刷胶粘剂的管表面经检查合格后，将插口对准迅速插入，一次完成，当插入1/2承口时应稍加转动，但不应超过90°，然后一次插到底部。全部过程应在20s内完成。

（4）粘接工序完成，应将残留承口的多余胶粘剂擦揩干净；

（5）粘接部位在1h内不应受外力作用，24h内不得通水试压。

2. PP-R聚丙烯给水管道的连接

同种材质的给水聚丙烯管材和管件之间，应采用热熔连接或电熔连接，熔接时应使用专用的热熔或电熔焊接机具。直埋在墙体或地平面层内的管道，只能采用热（电）熔连接，不得采用丝扣或法兰连接，丝扣或法兰连接的接口必须明露。给水聚丙烯管材与金属管件相连接时，应采用带金属嵌件的聚丙烯管件作为过渡，该管件与聚丙烯管采用热（电）熔连接，与金属管件或卫生洁具的五金配件采用丝扣连接。

热熔连接应按下列步骤进行：

（1）热熔工具接通电源，等到工作温度指示灯亮后，方能开始操作；

（2）管材切割前，必须正确丈量和计算好所需长度，用合适的笔在管表面画出切割线和热熔连接深度线，连接深度应符合要求，切割管材必须使端面垂直于管轴线。管材切割应使用管子剪或管道切割机；

（3）管材与管件的连接端面和熔接面必须清洁、干燥、无油；

（4）熔接弯头或三通时，应注意管线的走向宜先进行预装，校正好走向后，用笔画出轴向定位线；

（5）加热管材应无旋转地将管端导入加热套内，插入到所标志的连接深度，同时，无旋转地把管件推到加热头上，并达到规定深度标志处。加热时间必须符合规定（或热熔机具生产厂的规定）；

（6）达到规定的加热时间后，必须立即将管材与管件从加热套和加热头上同时取下，迅速无旋转地直线均匀地插入到所标深度，使接头处形成均匀的凸缘；

（7）在规定的加工时间内，刚熔接好的接头允许立即校正，但严禁旋转；

（8）在规定的冷却时间内，应扶好管材、管件，使它不受扭、受弯和受拉。

电熔连接应按下列步骤进行：

（1）按设计图将管材插入管件，并达规定深度，校正好方位；

（2）将电熔焊接机的输出接头与管件上的电阻丝接头夹好，开机通电加热至规定时间后断电；

（3）冷却至规定时间。

3. 金属管连接

丝口连接：

（1）切割管材，必须使端面垂直于管轴线，清理断口的飞刺和铁膜；

（2）对管道进行套丝，以丝口无断丝和缺牙为合格；

（3）用厚白漆加麻丝或聚四氟乙烯生料带顺时针缠绕在管材丝口上，

（4）连接管路，丝口宜露出2～3扣；

（5）去除露出丝口的麻丝或生料带；

（6）管路连接后，在丝口处刷防锈漆。

法兰连接：

（1）法兰盘套在管道上；

（2）校直两对应的连接件，使连接的两片法兰垂直于管道中心线，表面相互平行；

（3）法兰的衬垫，应采用耐热无毒橡胶圈；

（4）应使用相同规格的螺栓，安装方向一致；螺栓应对称紧固；紧固好的螺栓应露出螺母之外，宜齐平；螺栓螺帽宜采用镀锌件；

（5）连接管道的长度应精确，当紧固螺栓时，不应使管道产生轴向拉力；

（6）法兰连接部位应设置支吊架。

沟槽式连接：

（1）连接管端面应平整光滑、无毛刺；

（2）沟槽深度应符合表 17-1 规定；

沟槽式连接的沟槽深度　　　　　　　　　　　　　　　　表 17-1

| 公称直径(mm) | 沟槽深度(mm) | 允许偏差(mm) | 支、吊架间距(mm) | 端面垂直度允许偏差(mm) |
|---|---|---|---|---|
| 65～100 | 2.20 | 0～+0.3 | 3.5 | 1.0 |
| 125～150 | 2.20 | 0～+0.3 | 4.2 | 1.5 |
| 200 | 2.50 | 0～+0.3 | 4.2 | 1.5 |
| 225～250 | 2.50 | 0～+0.3 | 5.0 | 1.5 |
| 300 | 3.0 | 0～+0.5 | 5.0 | 1.5 |

（3）支、吊架不得支承在连接头处；

（4）水平管的任意两个连接头之间必须有支、吊架。

4. 不锈钢管卡压式连接

一般操作要求：

（1）不锈钢管子安装前应进行清洗，并应吹干和擦干，除去油渍及其他污物。管子表面有机械损伤时，必须加以修整，使其光滑，并要进行酸洗或钝化处理。

（2）不锈钢管不允许与碳钢支架接触，应在支架与管道之间垫衬不锈钢片以及不含氯离子的塑料或橡胶垫片。

（3）不锈钢管路较长或输送介质温度较高时，在管路上应设不锈钢补偿器，常用的补偿器有方型和波型两种，采用哪一种补偿器，要视管径大小和工作压力的高低而定。

（4）当采用碳钢松套法兰连接时，为了防腐绝缘，应在松套法兰与不锈钢管之间衬垫绝缘物，绝缘物可采用不含氯离子的塑料、橡皮或石棉橡胶板。

（5）不锈钢管穿过墙壁或楼板时，均应加装套管，套管与管道之间的间隙不应小于10mm，并在空隙里填充绝缘物，绝缘物内不得含有铁屑、铁锈等杂物，绝缘物可采用石棉绳。

（6）根据输送的介质与工作温度和压力的不同，法兰垫片可采用软垫片或金属垫片。

（7）如果用水作不锈钢管道压力试验时，水的氯离子含量不得超过 25ppm。

（8）管子在预制加工，焊接和热处理工程中，需除去管子和焊缝表面的附着物，并使其形成一层新的氧化膜。

管子切割：

（1）不锈钢管切割可采用手锯、砂轮切割机等，严禁使用氧-乙炔焰切割。

（2）采用手锯切割时，应选用耐磨的锋钢锯条，加工速度不宜过快。

（3）砂轮切管机切割效果好，速度快。砂轮片应选用专用的砂轮片，管口毛刺要用锉刀进行加工。

管道连接：

不锈钢管道的卡压式连接严格按以下操作程序进行：

（1）首先将管子插入管件中，为了确保足够的插入长度，在管子端部用记号笔进行画线，插入长度基准值按表 17-2 所列。

插入长度基准值（mm） 表 17-2

| 公称通径 DN | 插入长度基准值 | 公称通径 DN | 插入长度基准值 |
|---|---|---|---|
| 15 | 21 | 40 | 47 |
| 20 | 24 | 50 | 52 |
| 25 | 24 | 65 | 64 |
| 32 | 39 | | |

（2）管子插入前，应特别注意密封圈是否正确装在管件端部的凹槽内。

（3）管子必须笔直地插入管件，不能在插入时歪斜，避免可能割伤或脱落密封圈。

（4）插入后，应确认管子上所画标记要距管件端面保持在 3mm 以内。

（5）专用卡压工具在使用前，应仔细了解相关使用说明。

（6）卡压时，应将专用卡压工具钳口凹槽与管件环形凸部紧密贴合，专用卡压工具必须与管子垂直。

（7）专用卡压工具应卡压至左右两钳口贴合，即可完成卡压连接。

（8）卡压后，卡压部分的管件和管子呈六角形，形成足够的连接强度，同时密封圈压缩变形产生密封作用。

（9）卡压后，应用六角量规进行检验卡压连接是否完好。

（三）支吊架安装

（1）管道安装时必须按不同管径和要求设置管卡或支、吊架，位置应准确，埋设应平整。管卡与管道接触紧密，但不得损伤管道表面。

（2）塑料管采用金属管卡或金属支、吊架时，卡箍与管道之间应夹垫塑胶类垫片。固定支、吊架的本体，应有足够的刚度，不得产生弯曲等变形。

（3）当给水塑料管道与金属管配件连接时，管卡或支、吊架应设在金属管配件一端。

（4）三通、弯头、配水点的端头、阀门、穿墙（楼板）等部位，应设可靠的固定措施。用作补偿管道伸缩变形的自由臂，不得固定。

（四）管道试压

1. 金属给水管道的试压

（1）将试压管段末端封堵，缓慢注水，注水过程中同时将管内气体排出；

（2）管道系统充满水后，进行水密性检查；

（3）对系统加压，加压宜采用泵缓慢升压，升压时间不应小于 10min；

（4）升至规定试验压力后，停止加压、稳压 10min，观察接点部位有否漏水现象，压力降不应大于 0.02MPa；

（5）然后，降至工作压力检查管路，应不渗不漏；

（6）管道系统试压后，发现渗漏水或压力下降超过规定值时，应检查管道进行排除；再按以上规定重新试压，直至符合要求。

2. PVC-U 硬聚氯乙烯给水管道的试压

（1）将试压管段末端封堵，缓慢注水，注水过程中同时将管内气体排出；

（2）管道系统充满水后，进行严密性检查；

（3）对系统加压，加压宜采用泵缓慢升压，升压时间不应小于 10min；

（4）升至规定试验压力后，停止加压，稳压 1h，观察接点部位有否漏水现象；

（5）稳压 1h 后，再补压到规定的试验压力值，15min 内压力降不超过 0.05MPa 为合格；

（6）第一次试压合格后进行第二次试压，将系统加压到试验压力持续 3h，以压力不低于 0.6MPa，且系统无渗漏现象为合格；

（7）管道系统试压后，发现渗漏水或压力下降超过规定值时，应检查管道进行排除，再按以上规定重新试压，直至符合要求。

3. PP-R 聚丙烯给水管道的试压

（1）热（电）熔连接的管道，应在接口完成超过 24h 以后才能进行水压试验，一次水压试验的管道总长度不宜大于 500m；

（2）水压试验之前，管道应固定牢固，接头须明露，除阀门外，支管端不连接卫生器具配水件；

（3）加压宜用手压泵，泵和测量压力的压力表应装设在管道系统的底部最低点（不在最低点时应折算几何高差的压力值），压力表精度为 0.01MPa；

（4）管道注满水后，排出管内空气，封堵各排气出口，进行水密性检查；

（5）缓慢升压，升压时间不应小于 10min，升至规定试验压力（在 30min 内，允许 2 次补压至试验压力），稳压 1h，检验应无渗漏，压力降不得超过 0.06MPa；

（6）在设计工作压力的 1.5 倍状态下，稳压 2h，压力降不得超过 0.03MPa 同时查无发现渗漏，水压试验为合格。

（五）清洗、消毒

（1）给水管道系统在验收前应进行通水冲洗，冲洗水总流量可按系统进水口处的管内流速为 2m/s 计，从下向上逐层打开配水点龙头或进水阀进行放水冲洗，放水时间不小于 1min、同时放水的龙头或进水阀的计划当量不应大于该管段的计算当量的 1/4。放水冲洗后切断进水，打开系统最低点的排水口将管道内的水放空。

注：冲洗水水质应符合《生活饮用水卫生标准》

（2）管道冲洗后，用含 20～30mg/L 的游离氯的水灌满管道，对管道进行消毒。水滞留 24h 后排空。

（3）管道消毒后打开进水阀向管道供水，打开配水点龙头适当放水，在管网最远配水点取水样，经卫生监督部门检验合格后方可交付使用。

# 第二节　室内排水管安装

## 一、施工技术要求

（一）材料要求

1. 硬聚氯乙烯（UPVC）

所用胶粘剂应是同一厂家配套产品，应与卫生洁具连接相适宜，并有产品合格证及说明书。

管材内外表层应光滑，无气泡、裂纹，管壁厚薄均匀。

2. 铸铁管

铸铁管及管件规格品种应符合设计要求。管壁薄厚均匀，内外光滑整洁，无浮砂、包砂、粘砂，更不允许有砂眼、裂纹、飞刺和疙瘩。

承插口的内外径及管件造型规矩，接口平正光洁严密。

青麻、油麻要整齐，不允许有腐朽现象。

（二）作业条件

（1）暗装管道（含竖井、吊顶内的管道）应核对各种管道的标高、坐标的排列有无矛盾。

（2）预留孔洞、预埋件已配合完成。

（3）明装管道安装时室内地平线应弹好，墙面抹灰工程已完成。

（4）材料、施工力量、机具等已准备就绪。

（三）工艺流程

安装准备→预制加工→支架设置→立管安装→干管安装→支管安装→灌水试验→通水、通球试验。

二、施工质量控制

（一）UPVC管安装

1. 根据图纸要求并结合实际情况确定支架位置

（1）支架最大间距不得超过表17-3的规定。

塑料排水管管道支架最大间距（m）                                   表17-3

| 管径(mm) | 40 | 50 | 75 | 90 | 110 | 125 | 160 |
|---|---|---|---|---|---|---|---|
| 横管 | 0.40 | 0.50 | 0.75 | 0.90 | 1.10 | 1.25 | 1.60 |
| 立管 | 1.0 | 1.2 | 1.5 | 2.0 | 2.0 | 2.0 | 2.0 |

（2）支架与管材的接触面应为非金属材料。

（3）支架应根据管道布置位置在墙面弹线确定。

（4）采用金属材料制作的支架应及时刷防锈漆和面漆。

（5）支架的固定应牢固。

2. 立管的安装

（1）立管安装应在支架稳固后自下而上分层进行。

（2）用管材对承插口进行试插，插入承口3/4深度为宜，做好标记。

（3）管道粘接（适用立管和横管）。

胶粘剂涂刷应先涂管件承口内侧，后涂管材插口外侧，插口涂刷应为管端至插入深度标记范围内；

胶粘剂涂刷应迅速、均匀、适量，不得漏涂；

承插口涂刷胶粘剂后，应立即找正方向将管子插入承口，施压使管端插入至预先划出的深度标记处，并将管道旋转90°；

承插接口粘接后，应将挤出的胶粘剂擦净；

粘接完毕后，应立即将管道固定。

3. 干管及支管的安装

（1）先对支架吊线，进行坡度校正。

（2）用管材对承插口进行试插，插入承口3/4深度为宜，做好标记。

（3）管道粘接同立管。

4. 管路的保护

（1）有防火要求的（主要是高层建筑且管径≥φ110的管路），在穿墙或楼板处须按规定设置阻火圈或防火套管。

（2）无防火要求的，在穿墙或楼板处须按规定设置金属或非金属套管，套管内径可比穿越管外径大10～20mm，套管高出完成地面宜为50mm，穿墙套管应与饰面平。

（二）铸铁管的安装

1. 管道预制

管道预制前，应先做好除锈和防腐。

2. 排水立管预制

根据建筑设计层高及各层地面厚度，按照设计要求，确定排水立管检查口及排水支管甩口标高中心线，绘制加工预制草图，一般立管检查口中心距建筑地面1.1m，排水支管甩口应保证支管坡度，使支管最末端承口距离楼板不小于100mm，使用合格的管材进行下料，预制好的管段应做好编号，码放在平坦的场地，管段下面用方木垫实。应尽量增加立管的预制管段长度。

3. 排水横支管预制

按照每个卫生器具的排水管中心到立管甩口及到排水横支管的垂直距离绘制大样图，然后根据实量尺寸结合大样图排列、配管。

4. 预制管段的养护

捻好灰口的预制管段，应用湿麻绳缠绕灰口浇水养护，保持湿润常温下24～48h后才能运至现场安装。

5. 排水干管托、吊架安装

排水干管在设备层安装，首先根据设计图纸的要求将每根排水干管管道中心线弹到顶板上，然后安装托、吊架，吊架根部一般采用槽钢的形式。

排水管道支、吊架间距：横管不大于2m；立管不大于3m。楼层高度小于等于4m时，立管可安装1个固定件。

高层排水立管与干管连接处应加设托架，并在首层安装立管卡子，高层建筑立管托架可隔层设置落地托架。

支吊架应考虑受力情况，一般加设在三通、弯头或放在承口后，然后按照设计及施工规范要求的间距加设支、吊架。

6. 排水干管安装

排水管道坡度应符合设计要求，若设计无要求时应符合表17-4规定。

| 管径(mm) | 标准坡度(‰) | 最小坡度(‰) | 管径(mm) | 标准坡度(‰) | 最小坡度(‰) |
|---------|-----------|-----------|---------|-----------|-----------|
| 50 | 35 | 25 | 125 | 15 | 10 |
| 75 | 25 | 15 | 150 | 10 | 7 |
| 100 | 20 | 12 | 200 | 8 | 5 |

将预制好的管段放到已经夯实的回填土上或管沟内，按照水流方向从排出位置向室内顺序排列，根据施工图纸的坐标、标高调整位置和坡度加设临时支撑，并在承插口的位置挖好工作坑。

在捻口之前，先将管段调直，各立管及首层卫生器具甩口找正，用麻钎把拧紧的青麻打进承口，一般为两圈半，将水灰比为 1∶9 的水泥捻口灰装在灰盘内，自下而上边填边捣，直到将灰口打满打实有回弹的感觉为合格，灰口凹入承口边缘不大于 2mm。

排水排出管安装时，先检查基础或外墙预埋防水套管尺寸、标高，将洞口清理干净，然后从墙边使用双 45°弯头或弯曲半径不小于 4 倍管径的 90°弯头，与室内排水管连接，再与室外排水管连接，伸出室外。

排水排出管穿基础应预留好基础下沉量。

管道铺设好后，按照首层地面标高将立管及卫生器具的连接短管接至规定高度，预留的甩口做好临时封闭。

7. 排水立管安装

安装立管前，应先在顶层立管预留洞口吊线，找准立管中心位置，在每层地面上或墙面上安装立管支架。

将预制好的管段移至现场，安装立管时，两人上下配合，一人在楼板上从预留洞中甩下绳头，下面一人用绳子将立管上部拴牢，然后两人配合将立管插入承口中，用支架将立管固定，然后进行接口的连接，对于高层建筑铸铁排水立管接口形式有两种（材质均为机制铸铁管）：W 型无承口连接和 A 型柔性接口，其他建筑一般采用水泥捻口承插连接。

W 型无承口管件连接时先将卡箍内橡胶圈取下，把卡箍套入下部管道把橡胶圈的一半套在下部管道的上端，再将上部管道的末端套入橡胶圈，将卡箍套在橡胶圈的外面，使用专用工具拧紧卡箍即可。

A 型柔性接口连接，安装前必须将承口插口及法兰压盖上的附着物清理干净，在插口上画好安装线，一般承插口之间保留 5～10mm 的空隙，在插口上套入法兰压盖及橡胶圈，橡胶圈与安装线对齐，将插口插入承口内，保证橡胶圈插入承口深度相同，然后压上法兰压盖，拧紧螺栓，使橡胶圈均匀受力。

如果 A 型和 W 型接口与刚性接口（水泥捻口）连接时，把 A 型、W 型管的一端直接插入承口中，用水泥捻口的形式做成刚性接口。

立管插入承口后，下面的人把立管检查口及支管甩口的方向找正，立管检查口的朝向应该便于维修操作，上面的人把立管临时固定在支架上，然后一边打麻一边吊直，最后捻灰并复查立管垂直度。

立管安装完毕后，应用不低于楼板强度等级的细石混凝土将洞口堵实。

高层建筑有辅助透气管时，应采用专用透气管件连接透气管。

8. 排水支管安装

安装支管前，应先按照管道走向支吊架间距要求栽好吊架并按照坡度要求量好吊杆尺寸，将预制好的管段套好吊环，把吊环与吊杆用螺栓连接牢固，将支管插入立管预留承口中，打麻、捻灰。

在地面防水前应将卫生器具或排水配件的预留管安装到位，如果器具或配件的排水接口为丝扣接口，预留管可采用钢管。

9. 排水配件安装

地漏安装：根据土建弹出的建筑标高线计算出地漏的安装高度，地漏算子与周围装饰地面 5mm 不得抹死。地漏水封应不小于 50mm，地漏扣碗及地漏内壁和算子应刷防锈漆。

清扫口安装：在连接两个及两个以上大便器或一个以上卫生器具的排水横管上应设清扫口或地漏；排水管在楼板下悬吊敷设时，如将清扫口设在上一层的地面上，清扫口与墙面的垂直距离不小于 200mm；排水管起点安装堵头代替清扫口时，与墙面距离不小于 400mm。

排水横管直线管段超长应加设清扫口，清扫口最大距离见表 17-5。

排水直线管段清扫口或检查扣的最大距离（m）　　　　　表 17-5

| 管径 DN (mm) | 污水性质 | | 清除装置 |
|---|---|---|---|
| | 废水 | 生活污水 | |
| 50~75 | 15 | 12 | 检查扣 |
| 50~75 | 10 | 8 | 清扫口 |
| 100~150 | 15 | 10 | 清扫口 |
| 100~150 | 20 | 15 | 检查扣 |
| 200 | 25 | 20 | 检查扣 |

10. 检查口安装

立管检查口应每隔一层设置 1 个，但在最底层和有卫生器具的最高层必须设置，如为两层建筑时，可在底层设检查口；如有乙字管，则在乙字管上部设置检查口。暗装立管，在检查口处应安装检修门。

11. 透气帽安装

经常有人逗留的屋面上透气帽应高出屋面 2m，并设置防雷装置；非上人屋面应高出屋面 300mm，但必须大于本地区最大积雪厚度。

在透气帽周围 4m 内有门窗时，透气帽应高出门窗顶 600mm 或引向无门窗一侧。

**三、灌水及通水、通球试验**

（1）隐蔽或埋地的排水管道在隐蔽前必须做灌水试验，其灌水高度应不低于底层卫生洁具的上边缘或底层地面高度。

1）灌水 15min 后，若液面下降；再灌满延续 5min，液面不降为合格；

2）高层建筑可根据管道布置，分层、分段做灌水试验；

3）室内雨水管灌水高度必须到每根立管上部的雨水斗；

4）灌水试验完毕后，应及时排清管路内的积水。

（2）排水立管及水平干管在安装完毕后做通水、通球试验。

1) 通球球径应大于管径的 2/3；

2) 通球率必须达到 100％。

## 第三节 雨水管安装

**一、施工技术要求**

（一）材料要求

硬聚氯乙烯管（UPVC）：

所用胶粘剂应是同一厂家配套产品，应与卫生洁具连接相适宜，并有产品合格证及说明书。

管材内外表层应光滑，无气泡、裂纹，管壁厚薄均匀。

用作虹吸式雨水管的材料强度必须达到设计要求。

（二）作业条件

（1）暗装管道（含竖井、吊顶内的管道）应核对各种管道的标高、坐标的排列有无矛盾。

（2）预留孔洞、预埋件已配合完成。

（3）明装管道安装时外墙面粉刷工程已完成。

（4）材料、施工力量、机具等已准备就绪。

（三）工艺流程

安装准备→预制加工→支架设置→立管安装→支管安装→灌水试验。

**二、施工质量控制**

雨水管道的支吊架、立管、干管及支管施工质量控制参见本章第二节二、（一）UP-VC 管安装。但在安装虹吸雨水管水平悬吊管的悬吊支架时，安装必须牢固且应满足在产生虹吸时的管道的抖动。

**三、灌水试验**

灌水试验参见本章第二节三中灌水试验要求，而通水试验由于虹吸雨水是精算得出的排水系统，系统整体安装完成后，需要做的通水试验以检验系统的实际排量与设计排量的误差。试验结束后，应及时有序地排尽存水，及时拆除盲板、限位临时过渡段。

## 第四节 卫生洁具安装

**一、施工技术要求**

（一）材料要求

（1）对卫生器具的外观质量和内在质量必须进行检验，并且应有产品的合格证，对特殊产品应有技术文件。

（2）高低水箱配件应采用有关部门推荐产品。

（3）对卫生器具的镀铬零件及制动部分进行严格检查，器具及零件必须完好无裂纹及损坏等缺陷。

（4）卫生器具检验合格后，应包扎好单独放置，以免碰坏。

（5）卫生器具应分类、分项整齐的堆放在现场材料间，并妥善保管，以免损坏。

（6）卫生器具进场后班组材料员和现场材料员对照材料单进行规格、数量验收。

（二）作业条件

（1）卫生器具与它相连接的管道的相对位置安排合理、正确。

（2）所有与卫生器具相连接的管道应保证排水管和给水管无堵、无漏、管道与器具连接前已完成灌水试验、通球、试气、试压等试验，并已办好隐蔽检验手续。

（3）用于卫生器具安装的预留孔洞坐标，尺寸已经测量过，符合要求。

（4）土建已完成墙面和地面全部工作内容后，并且室内装修基本完成后，卫生器具才能就位安装（除浴缸就位外）。

（5）蹲式大便器应在其台阶砌筑前安装。

（三）工艺流程

安装准备→卫生洁具及配件检验→卫生洁具安装→盛水试验。

## 二、施工质量控制

（一）卫生洁具的就位找平

（1）卫生器具的固定必须牢固无松动，不得使用木螺钉。便器固定螺栓应使用镀锌件，并使用软垫片压紧，不得使用弹簧垫片。

（2）坐便器底座不得使用水泥砂浆垫平抹光。装饰工程中，面盆、小便斗的标高应控制在标准允许的偏差范围内；面盆的热水和冷水阀门的标高及排水管出口位置应正确一致，严禁在多孔砖或轻型隔墙中使用膨胀螺栓固定卫生洁具（如：高、低水箱及面盆、水盘等）。

（3）就位时用水平尺找平，就位后加软垫片，拧紧地脚螺丝，用力要适当，防止器具破裂，卫生器具与地坪接口处用纸筋石灰抹涂后再安装器具，严禁用水泥涂抹接口处。

（4）卫生器具安装位置应正确。允许偏差：单独器具为±10mm；成排器具为±5mm。卫生器具安装要平直牢固，垂直度允许偏差不得超过3mm。卫生器具安装标高，如设计无规定应按施工规范安装，允许偏差：单独器具为±15mm，成排器具为±10mm，器具水平度允许偏差2mm。

（5）卫生器具安装好后若发现安装尺寸不符合要求，严禁用铁器锤打器具的方法来调整尺寸，应用扳手松开螺帽重新校正位置。

（二）洗脸盆的安装

（1）有沿洗脸盆的沿口应置于台面上，无沿洗脸盆的沿口应紧靠台面底。台面高度一般均为800mm。

（2）洗脸盆由型钢制作的台面构件支托，安装洗脸盆前应检测台面构架的洗脸盆支托梁的高度，安装洗脸盆时盆底可加橡胶垫片找平，无沿盆应有限位固定。

（3）有沿洗脸盆与台面接合处，应用YJ密封膏抹缝，沿口四周不得渗漏。

（4）洗脸盆给水附件安装：

1）冷水的水龙头位于盆中心线，高出盆沿200mm。

2）冷、热水龙头中心距150mm。

3）暗管安装时，冷、热水龙头平齐。

（5）洗脸盆排水附件安装

洗脸盆排水栓下安装存水弯的，应符合如下要求：

1）P型存水弯出水口高度为400mm，与墙体暗设排水管连接。

2）S型存水弯出水口与地面预留排水管口连接，预留的排水管口中心距墙一般为70mm。

3）墙、地面预留的排水管口，存水弯出水管插入排水管口后，用带橡胶圈的压盖螺母拧紧在排水管上、外用装饰罩罩住墙、地面。洗脸盆排水栓下不安装存水弯的成排洗脸盆，排水管安装应符合如下要求：

a. 排水横管高为450mm，管径不得小于DN50，并应有排水管最小坡度。

b. 排水横管始端应安装三通和丝堵。

c. 成组安装洗脸盆不得超过6个。

d. 普通洗脸盆存水弯与明装排水管连接时，存水弯出水管可直接插入排水管内40～60mm，并用麻丝箍或橡胶圈填嵌管隙，并用油灰密封。

（三）大便器的安装

（1）坐便器应以预留排水管口定位。坐便器中心线应垂直墙面。坐便器找正找平后，划好螺孔位置。

（2）坐便器排污口与排水管口的连接，里"S"坐便器为地面暗接口，地面预留的排水管口为DN100应高出地面10mm。排水管口距背墙尺寸，应根据不同型号的坐便器定。

（四）壁挂式小便器的安装

（1）墙面应埋置螺栓和挂钩，螺栓的位置，根据不同型号的产品实样尺寸定位。

（2）壁挂式小便器水封出水口有连接法兰，安装时应拆下连接法兰，将连接法兰先拧在墙内暗管的外螺纹管件上，调整好连接法兰凹入墙面的尺寸。

（3）小硬器挂墙后，出水口与连接法兰采用胶垫密封，用螺栓将小便器与连接法兰紧固。

（4）壁挂式小便器墙内暗管应为DN50，管件口在墙面内45mm左右。暗管管口为小便器的中心线位置，离地面高度应根据所选用的型号确定。

（五）地漏安装

（1）地漏应安装在室内地面最低处，算子顶面应低于地面5mm，其水封高度不小于50mm。

（2）地漏安装后应进行封堵，防止建筑垃圾进入排水管内。

（3）地漏算子应拆下保管，待交工验收时进行安装，防止丢失。

（六）卫生器具与排水管连接

（1）卫生器具与支管连接应紧密、牢固，不漏、不堵。

（2）卫生器具支托架安装必须平整牢固与器具接触应紧密。

（3）卫生器具安装完毕后，对每个器具都应进行24h盛水试验，要求面盆、水盘满水，马桶水箱至溢水口，浴缸至1/3处，检查器具是否渗漏及损坏。

（4）卫生器具盛水试验后，应做通水试验，检查器具给排水管路是否通畅，管路是否渗漏，器具和管道连接处是否渗漏，保证无漏、无堵现象。

（5）卫生器具安装调试完毕后，应采取产品保护措施，防止器具损坏及杂物入内堵塞。

## 第五节　室内地板采暖工程

**一、施工技术要求**

（一）材料设备要求

（1）对进场材料进行质量验收，凡损坏、严重锈蚀的材料一律不可使用于工程。

（2）对用于工程的材料均应有产品质保书或合格证，对特殊产品应有技术文件。

（3）材料设备进场应按施工阶段分批进料。规格、型号、数量、质量验收后应有记录。

（二）工艺流程

安装准备→绝热层、地暖加热盘管→试压→水泥填充层→加热设备安装→温控器→填充层加热程序→调试。

**二、施工质量控制**

（一）绝热层、地暖加热盘管安装

（1）地暖铺设区域的地面达到施工要求后，进行绝热层的铺设，绝热层之间相互结合应紧密；注意：一楼施工时，铺设保温板前应先铺设一层防潮层；令所有采暖区域应设置边角保温处理；

（2）绝热层铺设完毕后，铺设反射膜及铁丝网；

（3）地暖加热盘管铺设：按设计图纸规定的间距，将加热管用固定管卡固定在绝热板上；加热管安装时应防止管道扭曲；弯曲管道时，圆弧的顶部应加以限制，并用管卡进行固定，不得出现"死折"；塑料及铝塑复合管的弯曲半径不宜小于 6 倍管外径，加热管弯头两端宜设固定卡；加热管固定点的间距，直管段固定点间距宜为 0.5～0.7m，弯曲管段固定点间距宜为 0.2～0.3m；

（4）埋设于填充层内的加热管不应有接头；

（5）主管道及地面加热管铺设完毕后，按规范及设计要求对主管道至分水器、分水器至地面加热管分别进行水压试验，试验压力应为工作压力的 1.5 倍，且不应小于 0.6MPa，在试验压力下，稳压 1h 后，其压力降不应大于 0.05MPa，并由施工单位组织监理方相关人员进行水压试验验收；

（6）管路水压试验正常并经相关部门验收合格后，马上进行水泥填充层的施工，水泥填充层铺设厚度为 3～5cm，施工完毕后进行现场封闭保护，保护时间不少于 2d，养护期不应小于 21d；当单个采暖区域采暖面积大于 30m² 或边长超过 6m，应对水泥填充层按规范要求做伸缩缝处理。

（二）水泥填充层

（1）地面加热管安装完毕且水压试验合格并通过验收后，即安排进行水泥填充层施工；

（2）水泥填充层施工前，加热管处于有压状态下（不小于 0.6MPa）；

（3）水泥填充层采用 C15～20 豆石混凝土（参考配方比为：42.5 级水泥 1：砂子 2.04：豆石 3.5：水 0.61），豆石粒径宜为 5～12mm；

（4）施工时严禁使用机械振捣设备；

（5）填充层的养护期应不小于 21 天，养护期内不得使用地暖系统加热地面，不得在地面上加以重载、高温烧烤、直接放置高温物体和高温加热设备。

（三）地暖锅炉安装

（1）锅炉拆箱后检验表面是否正常，检验合格后进行安装；

（2）锅炉安装完毕后进行锅炉的水、气管道连接并进行锅炉调试。

（四）填充层加热程序

（1）填充层养护期到后，开始做加热程序，稳定在 25℃（地面温度）3d 时间；

（2）然后升温至最高温度（50℃），稳定 4d 时间；

（3）之后每天降低 10℃，直到稳定在 25℃；

（4）用水份测量仪按照使用说明书规定步骤测量水泥层湿度，应小于 2%；

（5）湿度达到规定要求后，将地热系统停止工作，并在水泥层面上铺上 PE 薄膜作为保护层，直至地面装修开始。

（五）系统调试及验收：

第一次：在安装前，对锅炉、管道等材料设备进行外观检查；

第二次：在铺装完地暖管道后，按规范和设计要求对地暖管道至分（集）水器进行水压试验；

第三次：在主管道施工完毕后，按规范和设计要求对锅炉至分（集）水器进行水压试验；

第四次：在蓄热层（填充层）施工保养期完毕后，安装地暖温控器，安装完毕后检查地暖系统各个环节，在无异常情况下进行地暖系统试调试。调试时初通暖应缓慢升温，先将水温控制在 25~30℃范围内运行 24h，以后再每隔 24h 升温不超过 5℃，直至达设计水温。调试过程应持续在设计水温条件下连续通暖 24h，并调节每一通路水温达到正常范围。

## 第六节　室内消防管道及设备安装

### 一、施工技术要求

（一）材料要求

（1）消防系统管材应根据设计要求选用，一般采用碳素钢管或无缝钢管，管材不得有弯曲、锈蚀、重皮及凹凸不平等现象。

（2）消火栓箱体的规格类型应符合设计要求，箱体表面平整、光洁。金属箱体无锈蚀、划伤，箱门开启灵活。箱体方正，箱内配件齐全。

（3）栓阀外形规矩，无裂纹，启闭灵活，关闭严密，密封填料完好，有产品出厂合格证。

（4）喷头的规格、型号及公称动作温度应符合设计要求，喷头外观应无机械损伤。

（二）作业条件

（1）主体结构已验收，现场已清理干净。

（2）管道安装所需要的基准线应测定并标明，如吊顶标高、地面标高、内隔墙位置线等。

（3）设备基础经检验符合设计要求，达到安装条件。

（4）安装管道所需要的操作架应由专业人员搭设完毕。

（5）检查管道支架、预留孔洞的位置、尺寸是否正确。

（三）工艺流程

安装准备→干管安装→立管安装→消火栓及支管安装→消防水泵喷淋水泵、高位水箱、水泵接合器安装→管道试压→管道冲洗→节流装置安装→消火栓配件、喷淋头安装→系统通水调试。

**二、施工质量控制**

（一）干管安装

（1）管道连接紧固法兰时，检查法兰端面是否干净，采用 3~5mm 的橡胶垫片。法兰螺栓的规格应符合规定。紧固螺栓应先紧最不利点，然后依次对称紧固。法兰接口应安装在易拆装的位置。

（2）消防系统干管安装应根据设计要求使用管材，按压力要求选用碳素钢管或无缝钢管。

（3）管道在焊接前应清除接口处的浮锈、污垢及油脂。

（4）当壁厚≤4mm、直径≤50mm 时，应采用气焊；壁厚≥4.5mm、直径≥70mm 时，应采用电焊。

（5）不同管径的管道焊接、连接时如两管径相差不超过小管径的 15%，可将大管径端部缩口与小管对焊；如果两管相差超过小管径的 15%，应加工异径短管焊接。

（6）管道对口焊缝上不得开口焊接支管，焊口不得安装在支吊架位置上。

（7）管道穿墙处不得有接口（丝接或焊接），管道穿过伸缩缝处应有防冻措施。

（8）碳素钢管开口焊接时要错开焊缝，并使焊缝朝向易观察和维修的方向。

（9）管道焊接时先点焊三点以上，然后检查预留口位置、方向、变径等无误后，找直、找正，再焊接、紧固卡件、拆掉临时固定件。

（二）报警阀安装

（1）应设在明显、易于操作的位置，距地高度宜为 1m 左右。

（2）报警阀处地面应有排水措施，环境温度不应低于+5℃。

（3）报警阀组装时应按产品说明书和设计要求，控制阀应有启闭指示装置，并使阀门工作处于常开状态。

（三）立管安装

（1）立管暗装在竖井内时，在管井内预埋铁件上安装卡件固定，立管底部的支吊架要牢固，防止立管下坠。

（2）立管明装时每层楼板要预留孔洞，立管可随结构穿入，以减少立管接口。

（四）消火栓及支管安装

（1）消火栓箱体要符合设计要求（其材质有木、铁和铝合金等），栓阀有单出口和双出口双控等。产品均应有消防部门的制造许可证及合格证方可使用。

（2）消火栓支管要以栓阀的坐标、标高定位甩口，核定后再稳固消火栓箱，箱体找正稳固后再把栓阀安装好，栓阀侧装在箱内时应在箱门开启的一侧，箱门开启应灵活。

（3）消火栓箱体安装在轻质隔墙上时，应有加固措施。

（4）管道支架、吊架的安装位置不应妨碍喷头的喷水效果，管道支架、吊架与喷头之间的距离不宜小于300mm，与末端喷头之间的距离不宜大于750mm。

（5）配水支管上每一直管段、相邻两喷头之间的管段设置的吊架均不宜少于1个；当喷头之间距离小于1.8m时，可隔段设置吊架，但吊架的间距不宜大于3.6m。

（6）当管子的公称直径等于或大于50mm时，每段配水干管或配水管设置防晃支架不应少于1个；当管道改变方向时，应增设防晃支架。

（五）水泵安装

（1）水泵的规格型号应符合设计要求，水泵应采用自灌式吸水，水泵基础按设计图纸施工，吸水管应加减振器。加压泵可不设减振装置，但恒压泵应加减振装置，进出水口加防噪声设施，水泵出口宜加缓闭式逆止阀。

（2）水泵配管安装应在水泵定位找平正，稳固后进行。水泵设备不得承受管道的重量。安装顺序为逆止阀，阀门依次与水泵紧牢，与水泵相接配管的一片法兰先与阀门法兰紧牢，用线坠找直找正，量出配管尺寸，配管先点焊在这片法兰上，再把法兰松开取下焊接，冷却后再与阀门连接好，最后再焊与配管相接的另一管段。

（3）配管法兰应与水泵、阀门的法兰相符，阀门安装手轮方向应便于操作，标高一致，配管排列整齐。

（六）高位不锈钢水箱安装

（1）水箱制造商必须具有卫生许可的制造证明，出厂产品具有产品检验报告。

（2）高位水箱应在结构封顶前就位，整体水箱应编制切实可行的吊装方案。

（3）水箱应安装在单独设计的基础上，水箱支架或底座安装，其尺寸及位置应符合设计规定，埋设平整牢固。水箱与四周应保留足够的检修空间。

（4）水箱的强度、刚度必须与容量及水压相适应。敞口水箱的满水试验和密闭水箱（罐）的水压试验必须符合设计。

（5）水箱的外形尺寸及配管位置尺寸等符合设计要求。

（七）水泵结合器安装

（1）规格应根据设计选定，有三种类型：墙壁型、地上型、地下型。

（2）其安装位置应有明显标志，阀门位置应便于操作，结合器附近不得有障碍物。

（3）安全阀应按系统工作压力定压，防止消防车加压过高破坏室内管网及部件，结合器应装有泄水阀。

（八）管道试压

（1）消防管道试压可分层分段进行，上水时最高点要有排气装置，高低点各装一块压力表，上满水后检查管路有无渗漏，如有法兰、阀门等部位渗漏，应在加压前紧固，升压后再出现渗漏时做好标记，卸压后处理。必要时泄水处理。

（2）冬季试压环境温度不得低于+5℃，夏季试压最好不直接用外线上水防止结露。试压合格后及时办理验收手续。

（3）干式喷水灭火系统和预作用喷水灭火系统应作水压和气压试验。

（九）管道冲洗

（1）管道在试压完毕后可连续做冲洗工作。

（2）冲洗前先将系统中的流量减压孔板、过滤装置拆除，冲洗水质合格后重新装好，冲洗出的水要有排放去向,不得损坏其他成品。

(十)消火栓配件、喷淋头安装

(1)应在交工前进行。消防水龙带应折好放在挂架上或卷实、盘紧放在箱内,消防水枪要竖直放在箱体内侧,自救式水枪和软管应放在挂卡上或放在箱底部。

(2)消防水龙带与水枪、快速接头的连接,一般用14号钢丝绑扎两道,每道不少于两圈,使用卡箍时,在里侧加一道钢丝。设有电控按钮时,应注意与电气专业配合施工。

(3)喷头安装时要按设计图要求定位,与吊顶装修密切配合确定喷头标高,吊顶开孔位置要准确,开孔不宜过大。

(4)安装喷头要用专用工具,严禁利用喷头框架施拧,如果喷头外形有异,应更换同型号喷头。不得对喷头进行改动、拆装,严禁给喷头附加任何装饰性涂料。

(5)喷头距墙、柱、顶板、风道、梁等的距离应严格按规范要求施工,如果现场有特殊原因达不到规范要求时,应及时与设计、工程监理共同协商解决。

(十一)系统通水调试

系统通水调试应达到消防部门测试规定条件。消防水泵应接通电源并已试运转,测试最不利点的消火栓的压力和流量能满足设计要求。

## 第七节　锅炉及附属设备安装

### 一、施工技术要求

(一)材料、设备要求

(1)锅炉必须具备图纸、合格证、安装使用说明书、劳动部门的质量监检证书。技术资料应与实物相符。

(2)锅炉设备外观应完好无损。

(3)锅炉配套附件和设备应齐全完好,并符合要求。

(4)施工单位必须持有有效的锅炉施工许可证,施工前应到当地相关机构进行申报。

(二)工艺流程

基础弹线→锅炉本体安装→管线及设备、配件安装→水压试验→烘炉→煮炉→安全阀定压→带负荷试运行。

### 二、施工质量控制

(一)基础弹线

(1)根据锅炉房平面图和基础图弹安装基准线。

(2)锅炉基础标高基准点,在锅炉基础上或基础四周选有关的若干地点分别作标记,各个标记间的相对位移不应超过3mm。

(3)当基础尺寸、位置不符合要求时,必须经过修改达到安装要求。

(4)基础弹线应有验收记录。

(二)锅炉本体安装

(1)通常采用机械吊装就位。

(2)锅炉就位后应进行校正。

(三)管线及设备、配件安装

（1）排烟管、蒸汽管（热水管）、排污管、放空管等管线按有关标准安装。蒸汽管（热水管）法兰连接时，垫料采用耐热橡胶板。

（2）阀门应经强度和严密性试验合格才可安装。

（3）安全阀应在锅炉水压试验合格后再安装。

（四）水压试验

（1）水压试验应报请当地有关部门参加。

（2）试验对环境温度的要求：

1）水压试验应在环境温度（室内）高于+5℃时进行。

2）在低于+5℃进行水压试验时，必须有可靠的防冻措施。

（3）锅炉水压试验压力见表17-6。

锅炉水压试验压力表　　　　　　　　　　　　　　表 17-6

| 名　　称 | 锅炉本体工作压力 $P$ | 试验压力 |
|---|---|---|
| 锅炉本体 | <0.8MPa | 1.5$P$ 但≥0.2MPa |
| 锅炉本体 | 0.8～1.6MPa | $P$+0.4MPa |
| 锅炉本体 | >1.6MPa | 1.25$P$ |

（4）锅炉应在试验压力下保持 20min，期间压力不下降。然后，降到工作压力进行检查。

（5）锅炉进行水压试验符合下列情况时为合格。

1）受压元件金属壁和焊缝上没有水珠和水雾。

2）水压试验后没有发现残余变形。

（五）烘炉

（1）烘炉前，应制订烘炉方案。

（2）烘炉可根据现场条件，采用火焰、蒸汽等方法进行。

（3）对整体安装的锅炉烘炉时间宜为 2～4d。

（4）烘炉过程中应测定和绘制实际升温曲线图。

（六）煮炉

（1）在烘炉末期，可进行煮炉。

（2）煮炉的加药量应符合锅炉设备技术文件的规定；当无规定时，应按表 17-7 的配方加药。

煮炉的加药量　　　　　　　　　　　　　　表 17-7

| 药品名称 | 加药量(kg/m³) | |
|---|---|---|
| | 铁锈较薄 | 铁锈较厚 |
| 氢氧化钠(NaOH) | 2～3 | 3～4 |
| 磷酸三钠(Na$_3$PO$_4$·12H$_2$O) | 2～3 | 2～3 |

（3）药品应溶解成溶液后方可加入炉内；配制和加入药液时应采取安全措施。

（4）加药时，炉水应在低水位；煮炉时，药液不得进入过热器内。

（5）煮炉时间宜为 2～3d。煮炉的最后 24h 宜使压力保持在额定工作压力的 75%。

（6）煮炉期间，应定期从锅筒和水冷壁下集箱取水样，进行分析。当炉水碱度低于

45mol/L 时，应补充加药。

（7）煮炉结束后，应交替进行持续上水和排污，直到水质达到运行标准；然后停炉排水，冲洗锅炉内部和曾与药品接触过的阀门。

（8）煮炉后检查锅筒和集箱内壁，其内壁应无油垢，擦去附着物后，金属表面应无锈迹。

（七）安全阀定压

送专业检测部门调整，调整后的安全阀应立即加锁或铅封。

（八）带负荷试运行

（1）试运行必须由具有合格证的司炉工负责操作。

（2）锅炉应全负荷连续运行 72h，以锅炉及全部附属设备运行正常为合格。

（3）在锅炉试运行合格后，建设单位、施工单位应会同当地有关部门对锅炉及全部附属设备进行总体验收。

# 第十八章　建筑电气安装工程

## 第一节　电线、电缆导管工程

### 一、电气导管安装质量控制要点

（一）电气导管敷设

1. 电气导管的一般要求

（1）电气导管遇下列情况之一时，中间应增设接线盒或拉线盒，且接线盒或拉线盒的位置应便于穿线和检修：

管长度每超过 30m，无弯曲；

管长度每超过 20m，有一个弯曲；

管长度每超过 15m，有两个弯曲；

管长度每超过 8m，有三个弯曲。

（2）电气导管工程中所采用的管卡、支吊架、配件和箱盒等黑色金属附件都应作镀锌或涂防锈漆等防腐措施。

（3）进入箱、盒、柜的导管应排列整齐，固定点间距均匀，安装牢固；进入落地式柜、台、箱、盘内的电气导管，应高出柜、台、箱、盘的基础面 50～80mm。所有管口在穿入电线、电缆后应做密封处理。

（4）电气导管敷设完成后应对施工中造成建筑物、构筑物的孔、洞、沟、槽等进行修补。

（5）电气导管及线槽经过建筑物的沉降缝或伸缩缝处，必须设置补偿装置。

（6）金属导管严禁对口熔焊连接；镀锌和壁厚小于等于 2mm 的钢导管不得套管熔焊连接。

（7）镀锌钢导管不得熔焊跨接接地线。

（8）导管在砌体上剔槽埋设时，保护层厚度应大于 15mm，抹面水泥砂浆强度等级用不小于 M10 做保护。

2. 电气导管的连接

（1）薄壁钢导管：

1）薄壁钢导管应采用螺纹连接，管端螺纹长度应等于或接近于管接头长度 1/2，其管螺纹处不应有明显锥度，连接处管螺纹光洁无缺损、紧密、牢固无松动，外露丝扣宜为 2～3 扣。

2）套接扣压式薄壁钢导管应采用专用工具压接连接，不应敲打形成压点。套接扣压式薄壁钢导管当管径为 Φ25 及以下时，每端扣压点不应少于 2 处；当管径为 Φ32 及以上时，每端扣压点不应少于 3 处，扣压点应对称，间距均匀。

3）套接紧定式钢导管（JDG）紧定螺栓的力矩螺栓头应拧断。采用紧固螺钉式套管连接的，导管连接面处应涂导电膏，螺钉应拧紧；在振动场所，紧固螺钉应有防松措施。

4）成排电气配管进箱、金属导管末端接地跨接线不得连接在箱体外壳上，应与箱内接地汇流排可靠连接。

5）室外和潮湿场所及底层地坪内电气配管不得选用薄壁钢导管。

（2）厚壁钢导管：

1）厚壁钢导管的连接应采用螺纹连接、紧固螺钉式套管连接，管径大于Φ50可套管焊接连接。镀锌厚壁钢导管不得采用对口熔焊连接。

2）采用丝扣连接的，管端螺纹长度应等于或接近于管接头长度1/2，其管螺纹不应有明显锥度，连接处管螺纹光洁无缺损、紧密、牢固无松动，外露丝扣宜为2～3扣。

3）采用套管焊接连接的，钢导管对口处应在套管中心，套管长度应为钢导管直径的1.5～3倍；焊接应紧密牢固，焊缝应平整、饱满，无夹渣、气孔、焊瘤等现象。焊接后应及时清除焊渣并刷两度防锈（腐）漆进行保护。钢导管严禁有焊穿现象。

（3）绝缘导管：

1）管口平整光滑，管与管、管与盒（箱）等器件的连接应采用插入法连接，连接处结合面应涂专用胶粘剂，接口牢固密封。

2）直埋于地下或楼板内的绝缘导管，在穿出地面或楼板易受机械损伤的一段，应采取保护措施。

（4）柔性导管：

1）导管经柔性导管与电气设备、器具连接，柔性导管的长度在动力工程中不大于0.8m，在照明工程中不大于1.2m；

2）柔性导管与电气设备、器具的连接必须采用配套的专用接头，不应将柔性导管直接插入电气导管或设备、器具中；

3）柔性导管不宜埋墙敷设；

4）除过变形缝外，柔性导管不可做电气导管的中间接驳体。

3. 电气导管混凝土或砖砌墙暗敷

（1）埋入墙体中可采用薄壁钢导管、复合型可挠金属导管或绝缘导管。

（2）暗配的电气导管，埋设深度与建筑物、构筑物表面的距离不应小于15mm。当电气导管在砌体上剔槽埋设时，应采用强度等级不小于M10的水泥砂浆抹面保护，保护层厚度大于15mm。

（3）金属导管内外壁应防腐处理；埋设于混凝土内的导管内壁应防腐处理，外壁可不防腐处理。

（4）埋入混凝土中的电气导管应在底层钢筋绑扎完成后方可进行，导管与模板之间距离不得小于15mm，导管不得直接敷设在底层钢筋下面模板上面，以免产生"电管露底"现象。并列敷设的导管之间间距不应小于25mm，管间用混凝土浇捣密实。

（5）电气导管在墙体（实心砖、空心砖、砌块砖等）内暗敷，走向应合理，不得有明显破坏墙体结构现象。剔槽时不得留置水平槽和斜形槽。（斜走剔槽对结构破坏较大，尤其是空心砖等）。

（6）剔槽宜采用机械方式。以保证槽的宽度和深度基本一致。

（7）预埋在墙体中的箱盒应固定牢固，位置或高度应正确、统一，箱盒宜和混凝土墙体表面平。

4. 电气导管沿墙明敷或在吊顶内敷设

（1）导管宜按照明敷管线的要求，基本做到"横平竖直"，不应有斜走、交叉等现象。

（2）吊支架的距离宜采用明导管的要求，在箱盒和转角等处应对称、统一。

（3）吊支架材料应推广新型的膨胀螺栓镀锌螺纹吊杆和镀锌弹性管卡固定电线保护导管。刚性绝缘导管宜用同样材质的管卡固定。

（4）从接线盒引至灯位的导管应采用软管，其长度不宜大于 1.2m。接线盒的盖板面设置宜朝下便于检修。

（5）电气导管敷设在石膏板轻钢龙骨墙体内，应在龙骨上采用管卡或绑扎方法固定。

（6）电气导管在吊平顶内敷设应有单独的吊支架，不得利用龙骨的吊架，也不得将电气导管直接固定在轻钢龙骨上。

5. 电气导管进箱盒、线槽

（1）电气导管进箱盒或线槽，必须用机械方法开孔，严禁用电焊或气焊开孔；箱盒有敲落孔的，敲落孔径应与电气导管相匹配。

（2）电气导管进箱盒及线槽，管径在 Φ50 及以下的应采用螺纹丝扣连接，并用锁紧螺母固定，螺纹露出锁紧螺母 2～3 扣；管径在 Φ65 及以上的可采用电焊"点焊"固定，管口露出箱盒或线槽 3～5mm，点焊处应刷防腐漆及面漆。

（3）刚性绝缘导管进箱盒或线槽应采用专用护口配件，并涂以专用胶粘剂。

6. 电气导管在室外、埋地及特殊场地的敷设

（1）直接敷设于室内和室外地坪部位的焊接钢管的内外壁、镀锌钢管的外壁必须经过防腐处理，才能进行埋地敷设。

（2）薄壁电线管不得直接在室外埋地敷设。

（3）室外和屋面用于电气动力系统的保护导管应使用经过防腐处理的焊接钢管和厚壁镀锌钢管，电管进入设备处应有防雨弯头。

（4）临空墙、密闭墙及出入人防工程防护区域预埋的电气套管及导管必须使用厚壁镀锌钢管。

（二）电气导管的接地保护

1. 金属导管和线槽的接地保护

（1）当非镀锌钢导管在采用螺纹连接时，连接处的两端应采用不小于 6mm 圆钢焊跨接接地线。当镀锌钢导管采用螺纹连接时，连接处的两端采用专用接地卡固定跨接接地线。

（2）镀锌的钢导管、可挠性导管和金属线槽不得熔焊跨接接地线，以专用接地卡跨接的两卡间连线为铜芯软导线，截面积不小于 4mm²。

（3）金属线槽不作设备的接地导体，当设计无要求时，金属线槽全长不少于 2 处与接地（PE）或接零（PEN）干线连接。

（4）非镀锌金属线槽间连接板的两端跨接铜芯接地线，镀锌线槽间连接板的两端不跨

接接地线，但连接板两端不少于 2 个有防松螺帽或防松垫圈的连接固定螺栓。

2. 钢导管进箱盒、线槽的接地保护

(1) 钢导管与金属箱盒、金属线槽连接时，应作可靠的跨接接地连接，其方法如下：

1) 镀锌钢导管进入金属箱盒应将专用接地线卡上的连接导线接入箱盒内专用接地螺栓或 PE 排上，不应直接与箱盒外壳连接。

2) 非镀锌钢导管应焊接接地螺栓，用黄绿双色导线接入箱盒内专用接地螺栓或 PE 排上，不应直接与箱盒外壳连接，焊接处及时做好防腐处理。

(2) 镀锌钢导管或非镀锌钢导管在进入金属线槽时，线槽和钢导管上的跨接接地必须符合以下规定：

1) 金属线槽和导管为镀锌件时，导管和线槽间可用导线跨接接地。

2) 非镀锌钢导管和镀锌线槽连接时，钢导管上应焊接接地螺栓用黄绿双色导线连接接地跨接。

3) 成排镀锌钢导管进入箱盒或线槽，应在成排钢导管上用专用接地线卡将接地跨接接地线并联连接后和线槽箱盒可靠连接。非镀锌钢导管应焊接圆钢跨接线将成排钢导管连成一整体，其中一钢导管上焊接接地螺栓后用导线把钢导管和线槽及箱盒可靠连接。

4) 跨接接地线采用导线的，其颜色应为黄绿双色；采用的螺栓应为镀锌件，且平垫片、弹簧垫片齐全。

**二、电气导管安装施工质量验收**

(一)电气导管材质的质量检查

(1) 导管材质选用应符合设计图纸要求。

(2) 导管有合格证。钢导管外观检查应无压扁现象。非镀锌钢管表面无严重锈蚀，镀锌管镀层覆盖完整，表面无锈蚀。绝缘导管及配件不碎裂，表面有阻燃标识和制造厂标。

(3) 现场抽样检查导管管径、壁厚。对绝缘导管及配件阻燃性能有异议，按批抽样送有资质的实验室检查。

(二)暗敷电气导管敷设的质量检查

1. 埋地敷设质量检查的主要要求

(1) 埋地敷设的电气导管应是厚壁钢导管或刚性绝缘导管，严禁使用薄壁钢导管。

(2) 埋地敷设的刚性绝缘导管在露出地面处应有防机械损伤的保护措施。

质量检查应在埋地导管工程隐蔽前核对设计图纸并进行现场抽查或检查隐蔽验收记录。

2. 埋入混凝土敷设质量检查的主要要求

(1) 电气导管的弯曲半径应不小于管外径的 10 倍，弯曲处无明显褶皱或弯扁现象；管线的绑扎固定应牢固无松动。刚性绝缘导管应用胶粘剂连接牢固。

(2) 电气导管不得敷设在底层钢筋下面；敷设在混凝土毛地面上的管线应固定，管线上面整浇层不应小于 20mm；成排电气导管管与管之间的间距不应小于 25mm。

(3) 金属电气导管连接处与金属箱盒的跨接接地保护应可靠、牢固，无遗漏现象，焊接倍数应符合规范规定。

(4) 施工图中均有预埋备用电缆保护管，施工单位不可擅自减少预埋的数量或取消。

质量检查应在电气导管敷设完毕，混凝土尚未浇筑前，对实物按设计图纸核对并进行现场抽查或核查隐蔽验收记录。

3. 埋入墙体内质量检查的主要要求

(1) 埋入墙体内的电气导管走向应合理，不应有明显破坏墙体结构现象，管线应绑扎固定，管线表面至墙体平面的保护层不应小于 15mm。

(2) 电气导管弯曲半径不应小于管外径的 6 倍，弯曲处应无明显褶皱或弯扁现象。

(3) 箱盒位置高度正确，箱盒四周应用 M10 水泥砂浆粉刷固定。

(4) 金属电气导管连接处及与金属箱盒跨接接地应可靠、牢固，防腐油漆无遗漏。

质量检查应对实物进行抽查或尺量检查，并核查隐蔽验收记录。

(三) 明敷电气导管的质量检查

1. 明敷电气导管质量检查的主要要求

(1) 管卡或支吊架固定牢固，间距符合规范规定。在转角、进箱盒等处对称、统一。支吊架应有防锈漆和面漆，且无污染。

(2) 电气导管弯曲半径不宜小于管外径的 6 倍，当只有一个弯曲时，不宜小于管外径 4 倍，圆弧均匀光滑，无褶皱或弯扁现象；成排弯，曲弧度应成比例，间距一致，整齐美观。

(3) 金属电气导管连接及与箱盒跨接接地：采用圆钢焊接的跨接圆钢弯曲加工应整齐、统一，焊接处应平整、饱满、无夹渣、气孔、焊瘤等现象，不得采用点焊，严禁直接对口焊接或有钢导管焊穿现象；采用专用接地线卡的，跨接导线当采用绝缘导线时必须为黄绿双色导线，截面不得小于 4mm²，导线跨接接地应牢固、紧密、无松动现象，固定螺栓防松件应齐全。

(4) 明敷电气导管为刚性绝缘导管的，连接处应涂有专用胶粘剂，严禁有不涂胶粘剂现象，进箱盒处应有专用配件。

质量检查中应核对设计图，并对实物进行观察检查或采用吊线、尺等工具测量检查。

2. 吊平顶内质量检查的主要要求

(1) 电气导管走向合理、整齐，无交叉混乱现象；弯曲半径同明管要求。

(2) 管卡吊支架固定牢固，严禁使用木榫；固定点间距及转弯处和箱盒处基本均匀、对称、统一。黑铁管卡或吊支架应有防锈漆和面漆。

(3) 绝缘导管管材、配件必须符合阻燃规定；连接处必须涂有胶粘剂。

(4) 金属电气导管应可靠接地，但不得作为接地干线使用。

(5) 镀塑金属软管在作为补偿装置连接部位应有跨接接地导线。

3. 电管进入电气控制箱部位质量检查

(1) 焊接钢管和电气控制箱连接部位，导管上焊接接地螺栓用不小于 4mm² 导线进行跨接，跨接导线应与电气控制箱体内接地汇流排可靠连接。

(2) 镀锌钢管和电气控制箱连接部位，应采用专用接线卡用不小于 4mm² 导线跨接，跨接接地线应与箱体内接地汇流排可靠连接。

(3) 紧定式电线管进入电气控制箱，应采用专用接线卡用不小于 4mm² 导线进行跨接，跨接导线应与电气控制箱接地汇流排可靠连接。

(4) 成排电管同一位置跨接接地时，接地跨接线应并联连接。

## 第二节　电气导管配线工程

### 一、配线工程质量控制要点

（一）导线

1. 导线的安全要求

（1）电压等级和防火要求：

1）按批查验合格证及合格证上的生产许可证编号。电线实物产品上有安全认证标志。导线的额定电压应大于线路的工作电压。在民用建筑安装工程中，工作电压一般为380V和220V，要求配线工程所采用的导线额定电压应不低于450/750V。

2）有消防要求的场合的配电线路必须符合防火的要求，应采用耐火型导线或阻燃耐火型导线。

（2）导线的截面应符合设计规定，当设计无规定时，应符合以下要求：

1）相线与零线、保护接地PE线截面要求：

任何使用场合，导线的相线与零线截面应相同。

相线与接地保护PE线：当相线截面为16mm² 及以下时，接地保护PE线截面应和相线截面相同；当相线截面为25~35mm² 及以下时，PE保护线截面应为16mm²；当相线截面为35mm² 及以上时，PE保护线截面应为相线截面的1/2。

2）导线的绝缘和分色要求：

导线相与相、相与零、相与地、零与地之间的绝缘电阻值必须大于0.5MΩ。

为区分各种不同要求的导线，确保安全使用，导线的分色应正确。

A相（L$_1$）——黄色；B相（L$_2$）——绿色；C相（L$_3$）——红色；N线——浅蓝色；PE保护线——黄绿双色。

2. 导线的连接

（1）导线与导线的连接：

配线工程中，常因线路分支而需要把一根导线和另一根导线连接起来，连接处通常称为"接头"。

配线施工过程中应尽可能减少不必要的导线接头，导线接头过多或因导线接头质量差会导致导线发热而造成事故。当导线必须有接头时，导线的连接接头必须在接线盒、灯头盒等箱盒内。导线连接处和分支处都不应受横向机械力的作用。

导线与导线的连接方法有多种，如铰接、焊接、压接和螺栓连接、导线分流器连接等。

（2）导线与电器设备或器具的连接应符合下列规定：

1）截面积在10mm² 及以下的单股铜芯线和单股铝芯线直接与设备、器具的端子连接；

2）截面积在2.5mm² 及以下的多股铜芯线拧紧搪锡或接续端子后与设备、器具的端子连接；

3）截面积大于2.5mm² 的多股铜芯线，除设备自带插接式端子外，接续端子后与设备或器具的端子连接；多股铜芯线与插接式端子连接前，端部拧紧搪锡；

4）多股铝芯线接续端子后与设备、器具的端子连接；

5）每个设备和器具的端子相同截面导线接线不多于 2 根导线，且两根导线之间应加设平垫片衬垫。

（3）导线、电缆的回路标记应清晰，编号准确。

（二）穿线

1. 管内穿线的一般要求

（1）不同回路、不同电压等级的交流与直流的导线，不应穿于同一根导管内。

（2）同一交流回路的电线应穿于同一金属导管内，且管内电线不得有接头。

2. 线槽敷线应符合下列规定

（1）电线在线槽内有一定余量，不得有接头。电线按回路编号分段绑扎，绑扎点间距不应大于 2m。

（2）同一回路的相线和零线，敷设于同一金属线槽内。

（3）同一电源的不同回路无抗干扰要求的线路可敷设于同一线槽内；敷设于同一线槽内有抗干扰要求的线路用隔板隔离，或采用屏蔽电线且屏蔽护套一端接地。

**二、配线工程的施工质量验收**

（一）导线的质量检查

（1）导线的型号、规格、电压等级、截面必须符合规范和设计要求。核查设计图纸、产品质保书和合格证。

（2）对有防火要求设备的电气回路、疏散照明线路、应急照明回路使用的导线，检查导线的材料质量保证资料，重点检查现场敷设导线的型号、规格。

（3）导线间和导线对地间的绝缘电阻值应符合规范规定。核查测试记录，其绝缘电阻应大于 0.5MΩ，当有疑问时，应在现场进行抽查。现场抽查仪器应用电压等级 500V 的 ZC25B-3 型绝缘电阻测试仪进行测试，严禁使用 1000V 及以上的高压绝缘电阻测试仪进行测试。绝缘电阻测记录表上的测试仪器应有经计量检测合格的编号和有效期限。

（4）导线的分色应符合要求：A 相为黄色，B 相为绿色、C 相为红色，零线为淡蓝色，接地 PE 线必须为黄绿双色。观察或用手扳动对实物进行检查。

（5）导线的接头、包扎和安全型塑料接线帽的压接质量应符合要求。对实物进行打开抽查，重点应为：接头铰接搪锡的，搪锡部位应均匀、饱满、光滑，不损伤绝缘层；采用塑料接线帽的，材质应为阻燃型，一般可对实物进行燃烧试验，即将接线帽用火点燃，在燃烧后离开火种，接线帽应立即熄灭。而继续燃烧的即为不合格产品。压接钳应是配套的"三点抱压式"，查看接线帽压接处，正面应为一坑面，背后应为二点。

（6）采用铜接头连接导线的，铜接头应用机械方法压接，严禁用锤敲扁连接。对实物进行检查。

（7）导线在箱、柜内的排列应整齐，绑扎固定间距应统一、清晰、端子号齐全。对实物进行观察检查。

（8）在吊平顶中导线和导线接头必须在接线盒或器具内，不得裸露。

（二）管内穿线的质量检查

（1）管内穿线导线的额定电压不应低于 500V。核查产品合格证、质保书、检验报告、国家强制性检测 3C 认证证书，对质保资料进行检查。

（2）导线包括绝缘层在内的总截面积不应超过管子内径空截面积的 40％。对实物进行观察检查。

（3）管内穿线导线严禁有接头。核查施工记录，分项评定表及监理检查记录。

（4）照明花灯几个回路同穿一根管内的，导线总数不能超过 8 根。核查设计施工图，对实物进行抽查。

（5）导线穿管前，管口应有护圈，护圈不应有松落或劈开补放现象。对实物进行观察检查。

（6）对垂直穿管敷设的导线，接线盒或拉线盒设置应符合规定，导线在箱盒内应绑扎固定。对实物进行抽查。

（三）线槽配线的质量检查

（1）线槽固定应牢固，固定点间距不应大于 2m；固定支架设置应间距一致，在转角处、分支处应对称。观察检查或用手扳动检查，尺量检查。

（2）线槽的安装应平直整齐，其水平或垂直偏差应符合规定，盖板应平整，无翘曲。观察检查和用水平尺、吊线坠方法对实物检查。

（3）线槽的转角处，内角应成双 45°，严禁为 90°。对实物观察检查。

（4）采用金属材料制作的线槽跨接接地线应齐全、可靠，不得有遗漏，两端头处应与箱、柜内 PE 接地排可靠连接。对实物进行抽查，观察检查。

（5）线槽经过变形缝处应有补偿装置。观察检查。

（6）线槽内敷设的导线包括绝缘层在内不应大于线槽截面积的 60％。打开盖板，对实物进行抽查。

（7）在民用建筑安装工程尤其在吊平顶中线槽内敷设的导线不得有接头。核查施工记录和分项评定表。

（8）当强电、弱电导线敷设在同一线槽时，应有隔板分开。核对施工设计图，对实物进行抽查。

## 第三节　电力供电干线安装工程

**一、金属线槽、梯形桥架、电缆和母线安装质量控制要点**

（一）金属线槽和梯形桥架的一般要求

（1）金属线槽、梯形桥架和引入或引出的金属电缆导管必须接地（PE）或接零（PEN）可靠；

（2）金属线槽、梯形桥架及其支架全长应不少于 2 处与接地（PE）或接零（PEN）干线相连接；

（3）非镀锌金属线槽、梯形桥架间连接板的两端跨接铜芯地线，接地线截面积最小不得小于 $4mm^2$；

（4）镀锌梯形桥架间连接板的两端不做跨接接地线，但连接板两端应有不少于 2 个有防松螺帽或防松垫圈的连接固定螺栓。

（二）金属线槽和电气桥架的安装

（1）当设计无要求时，梯形桥架水平安装的支架间距为 1.5～3m；垂直安装的支架间距不大于 2m；

（2）桥架与支架间螺栓、桥架连接板螺栓固定紧固无遗漏，螺母位于桥架外侧；当铝合金桥架与钢支架固定时，有相互间绝缘的防电化腐蚀措施；

（3）敷设在竖井内和穿越不同防火区的桥架，按设计要求位置，有防火隔堵措施；

（4）梯形桥架敷设在易燃易爆气体管道和热力管道的下方，当设计无要求时，与管道的最小净距，符合表 18-1 的规定：

桥架与管道最小净距（m） 表 18-1

| 管道类型 | | 平行净距 | 交叉净距 |
| --- | --- | --- | --- |
| 一般工艺管道 | | 0.4 | 0.3 |
| 易燃易爆气体管道 | | 0.5 | 0.5 |
| 热力管道 | 有保温层 | 0.5 | 0.3 |
| | 无保温层 | 1.0 | 0.5 |

（三）电力电缆敷设

1. 电缆的一般要求

（1）电力电缆、控制电缆等在敷设前，应认真核对其型号、规格、电压等级等是否符合设计要求，当有变更时应取得原设计单位的书面变更通知书，有防火要求的电气回路电缆敷设不得违反设计施工图要求和规范要求。

（2）电缆在敷设前应进行外观检查，电缆应无绞拧、压扁、保护层断裂和表面严重划伤等现象。

（3）电缆敷设前应对整盘电缆进行绝缘电阻测试，电缆敷设后还应对每根电缆进行绝缘电阻测试。

（4）电缆额定电压为 500V 及以下的，应采用 500V 摇表，绝缘电阻值应大于 0.5MΩ。

（5）电缆敷设完毕应及时将电缆端部密封，盘内剩余电缆端部也应及时密封，以免潮气进入降低绝缘性能。

（6）梯形桥架转弯处的弯曲半径，不小于桥架内电缆最小允许弯曲半径，电缆最小允许弯曲半径见表 18-2 的规定：

电缆最小允许弯曲半径 表 18-2

| 序号 | 电缆种类 | 最小允许弯曲半径 |
| --- | --- | --- |
| 1 | 无铅包钢铠护套的橡皮绝缘电力电缆 | 10D |
| 2 | 有钢铠护套的橡皮绝缘电力电缆 | 20D |
| 3 | 聚氯乙烯绝缘电力电缆 | 10D |
| 4 | 交联烯绝缘电力电缆 | 15D |
| 5 | 多芯控制电缆 | 10D |

注：D 为电缆外径。

（7）电缆敷设应尽量减少中间接头，必须有接头时，并列敷设的电缆，其接头位置应错开；明敷电缆的接头，应用托板托住固定；埋地敷设电缆的接头应装设保护盒，以防意外机械损伤。

（8）电缆在进入配电柜内应及时做好电缆头，电缆头应绑扎固定，整齐统一，并挂上电缆标志牌；电缆芯线应排列整齐，绑扎间距一致并应留有适当余量。

（9）电缆保护管内径不应小于电缆外径的 1.5 倍；保护管的弯曲半径一般为管外径的 10 倍，但不应小于所穿电缆的允许最小弯曲半径。

（10）电缆芯线应有明显相色标志或编号，且与系统相位一致。

2. 电力电缆敷设

（1）埋地敷设：

1）埋地敷设的电缆，表面至地面的深度不应小于 700mm；电缆应埋设于冻土层以下，当受条件限制时，应采取防止电缆受到损坏的措施。

2）埋地电缆的上、下部应铺设不少于 100mm 厚的软土或砂层，上部并加以电缆盖板保护，保护盖板的宽度应大于电缆两侧各 50mm。

3）埋地电缆在直线段每隔 50～100m 处、中间接头处、转角处、进入建筑物处，应设置明显的电缆标志桩。

4）埋地电缆进入建筑物应有钢导管保护，管口宜做成喇叭形，保护管室内部分应高于室外埋地部位，电缆敷设完毕，保护管口应采用密封措施。

5）埋地电缆在回填土前，应作隐蔽验收，验收通过后方可覆土。

（2）电缆沟内敷设：

1）电缆沟内支架应排列整齐、高低一致、安装牢固。

2）电缆在电缆沟内敷设时应排列整齐，不宜交叉，电缆在直线段每 5～10m 及转角处、电缆接头两端处应绑扎牢固。

3）电力电缆和控制电缆不应敷设在同一层支架上。

4）电缆敷设完毕后，应及时清除杂物，盖好盖板。电缆沟内严禁有积水现象。

5）交流单芯电力电缆、矿物绝缘电缆在桥架内敷设相位排列应避免交流电阻、感生电压、电缆涡流等影响。

（3）电缆在梯形桥架中敷设：

1）梯形桥架的固定支、吊架安装应牢固，其固定间距应符合设计要求，当设计无要求时应不大于 2m，梯形桥架的起、终端和转角两侧、分支处三侧应有支、吊架固定，固定点宜为 300～500mm。

2）梯形桥架连接板处螺栓应紧固，螺栓应由里向外穿，螺母位于桥架（托盘）的外侧。

3）梯形桥架转角和三通处的最小转弯半径应大于敷设电缆最大者的最小弯曲半径。

4）梯形桥架跨越变形缝（沉降缝、伸缩缝）处或梯形桥架直线长度超过 30m 应有补偿装置，并保证补偿装置伸缩节处接地跨接线的贯通。

5）电缆在梯形桥架内宜单层敷设，排列整齐，不宜交叉。电缆在每一直线段 5～10m、转角、电缆中间接头的两端处应绑扎固定。

6）不同电压等级的电缆在桥架（托盘）内敷设时，中间应用隔板分开。

3. 电缆敷设的接地保护

（1）电力电缆当有铠装钢带护层时，在终端处应可靠接地。接地线应采用铜绞线或镀锡铜编织线，电缆截面在 120mm$^2$ 及以下的不应小于 16mm$^2$；截面在 150mm$^2$ 及以上的不应小于 25mm²。

（2）梯形桥架连接处应可靠接地，镀锌金属线槽连接处可不作跨接线接地，但连接两端应不少于 2 处的固定螺栓上应有防松件。

（3）梯形桥架的全长和起、终端应与接地干线进行多处可靠连接，或在桥架（托盘）内全长敷设接地线。接地线可采用绿黄绝缘导线、裸铜线和镀锌扁钢，其截面当设计无规定时不宜小于 100mm²。

（4）梯形电缆桥架支、托架应与接地干线可靠连接。一般可采用黄绿双色导线与梯形桥架同行敷设的 25mm×4mm 镀锌扁钢用螺栓进行连接。

（四）裸母线、封闭母线、插接式母线安装

1. 裸母线、封闭母线、插接式母线安装的要求

（1）母线安装绝缘子的底座、套管的法兰、保护网（罩）及母线支架等可接近裸露导体应接地（PE）或接零（PEN）可靠。不应作为接地（PE）或接零（PEN）的接续导体。

（2）母线与母线或母线与电器连接端子，采用螺栓搭接连接时，应符合下列规定：

1）母线与母线接触面应保持清洁，并涂电力复合脂。螺栓孔周边无毛刺。

2）连接螺栓两侧有平垫圈，相邻垫圈间有大于 3mm 的间隙，螺母侧装有弹簧垫圈或锁紧螺母。

3）螺栓受力均匀，不使电器的接线端子受额外应力。

4）当段与段连接时，两相邻段母线及外壳应对准，连接后不使母线及外壳受额外应力；母线和其他供电线路一样，安装完毕后，要做电气交接试验。

5）裸母线、封闭母线、插接式母线的支架与预埋铁件采用焊接固定时，焊缝应饱满；采用膨胀螺栓固定时，选用的螺栓应适配，连接应牢固。

（3）垂直敷设封闭母线在分线插接箱处应设置固定支架。

（4）插接母线弹簧支承器的固定螺栓安装方向应正确。

## 二、金属线槽、梯形桥架、电缆和母线工程施工质量验收

（一）金属线槽、梯形桥架安装的质量检查

（1）敷设电缆用的吊、支、托架或梯形桥架安装应平整牢固，设置间距应符合规定，吊、支、托架间距应一致，在转角处、分支处应对称、统一。对实物进行观察检查。

（2）金属线槽和梯形桥架的连接处应跨接接地可靠。金属线槽、梯形桥架的支、吊架与接地干线的连接要求应符合规定。核对施工设计图，对现场实物进行抽查。

（3）金属线槽和梯形桥架水平和垂直安装应平直，固定位置正确、牢固，托架和支、吊架的偏差不得大于规范规定。

（4）金属线槽和梯形桥架跨越变形缝（沉降缝、伸缩缝）处应有补偿措施，并且对作为伸缩补偿松开的连接板两端的接地跨接线，应保证接地跨接线贯通并连接牢固。对实物进行观察检查或测量检查。

（二）电力电缆敷设的质量检查

（1）抽查已敷设电缆的型号、规格、截面、绝缘电阻等要求，核对设计图纸、测试记录、产品质保书、合格证。

（2）电缆敷设的弯曲半径应符合规定，电缆排列和绑扎固定应整齐、一致；电缆严禁

有绞拧、压扁和护层断裂等现象；电缆头制作美观，固定位置正确；电缆标志牌、标志桩位置正确、清晰。对现场实物进行抽查。

（3）埋地敷设电缆的深度应符合规定，电缆盖板齐全，回填土质量符合要求。电缆埋设后回填土前可进行抽查或核查隐蔽验收记录。

（4）电缆沟内支架上敷设的电缆，控制电缆应在下层，电力电缆在上层，排列绑扎应整齐，电缆沟内严禁有积水现象。

（5）检查单芯电力电缆、矿物绝缘电缆的合理排列，避免单芯电缆的相序来减少涡流的产生，应按各回路品字形或四方形布置调整绑扎固定，以保证交流单芯电缆或分相后的每相电缆不形成闭合铁磁回路。单芯电力电缆、矿物绝缘电缆敷设部位全数进行检查。

（三）裸母线、封闭母线、插接式母线安装的质量检查

（1）母线的支架与预埋铁件采用焊接固定时，焊缝应饱满；采用膨胀螺栓固定时，选用的螺栓应适配，连接应牢固。对现场实物进行抽查。

（2）母线与母线、母线与电器接线端子搭接，搭接面的质量检查应符合下列规定：

1）铜与铜：室外、高温且潮湿的室内，搭接面搪锡；干燥的室内，不搪锡；

2）铝与铝：搭接面不做涂层处理；

3）钢与钢：搭接面搪锡或镀锌；

4）铜与铝：在干燥的室内，铜导体搭接面搪锡；在潮湿场所，铜导体搭接面搪锡，且采用铜铝过渡板与铝导体连接；

5）钢与铜或铝：钢搭接面搪锡。

（3）裸母线连接螺栓两侧相邻垫圈间间隙不得小于3mm。

（4）母线连接用力矩扳手拧紧螺栓必须按规范的要求拧紧力矩值。

（5）母线的相序排列及涂色，当施工过程检查时的安装质量应符合下列规定：

1）上、下布置的交流母线，由上至下排列为A、B、C相；直流母线正极在上，负极在下；

2）水平布置的交流母线，由盘后向盘前排列为A、B、C相；直流母线正极在后，负极在前；

3）面对引下线的交流母线，由左至右排列为A、B、C相；直流母线正极在左，负极在右；

4）母线的涂色：交流，A相为黄色、B相为绿色、C相为红色；直流，正极为赭色、负极为蓝色；在连接处或支持件边缘两侧10mm以内不涂色。

（6）母线在绝缘子上安装应符合下列规定：

1）金具与绝缘子间的固定平整牢固，不使母线受额外应力；

2）交流母线的固定金具或其他支持金具不形成闭合铁磁回路；

3）除固定点外，当母线平置时，母线支持夹板的上部压板与母线间有1～1.5mm的间隙；当母线立置时，上部压板与母线间有1.5～2mm的间隙；

4）母线的固定点，每段设置1个，设置于全长或两母线伸缩节的中点；

5）母线采用螺栓搭接时，连接处距绝缘子的支持夹板边缘不小于50mm。

（7）封闭、插接式母线固定位置要求：

1）母线槽进场验收时，必须要核验相关技术文件，外壳与底座间连接螺栓应按产品

技术文件要求。检查有关技术文件和安装样本。

2）现场垂直安装的母线槽外壳与弹簧支承器之间连接固定后，应调整弹簧支承器的弹力，使其处于正常状态。弹簧应与底座垂直，并处于半压缩状态，弹簧上的预紧螺母应处于松开。实地检查弹簧支承器和螺栓连接部位的安装情况。

3）母线槽的弹簧支承器弹簧预压、固定、承重和拼紧螺母、调节螺母安装应选择正确，连接紧固。防止母线槽因膨胀而变形。检查弹簧支承器弹簧预压、固定情况。

（8）垂直敷设封闭母线在分线插接箱处应设置固定支架。

（9）分接线盒未与封闭母线的 PE 排连接的要求：

1）封闭式母线槽各组成单元的外壳应有接线端子，安装在易于检查的地方，并有明显标志，接地螺栓的直径不应小于 8mm。

2）检查封闭母线分接线盒外壳与封闭母线的外壳的接触部位，因母线外壳的油漆使接地保护不可靠，不能保证电气连续性，所以母线分线盒金属外壳需有保护接地措施。

## 第四节　电气照明装置安装工程

### 一、照明装置安装质量控制要点

（一）照明器具

1. 灯具安装一般要求

（1）灯具配件应齐全，无机械损伤、变形、油漆剥落、灯罩破裂等缺陷。

（2）灯具应使用节能灯具，住宅工程除调光灯具外，不宜使用白炽灯泡。

（3）根据灯具的安装场所及用途，引向每个灯具的导线线芯最小截面应符合表 18-3 的规定。

灯具导线线芯最小截面　　　　　　　　　　　表 18-3

| 灯具的安装场所及用途 | | 线芯最小截面(mm²) | |
|---|---|---|---|
| | | 铜芯软线 | 铜　　线 |
| 灯头线 | 民用建筑室内 | 0.75 | 2.5 |
| | 工业建筑室内 | 1.0 | 2.5 |
| | 室外 | 1.0 | 2.5 |

（4）灯具的固定应符合下列要求：

1）吊灯灯具重量大于 3kg 时，应采用预埋吊钩或螺栓固定。

2）软线吊灯，灯具重量在 0.5kg 及以下时，采用软电线自身吊装；大于 0.5kg 的灯具应增设吊链。灯具固定应牢固可靠，不得使用木楔。

3）当钢管做灯杆时，钢管内径不应小于 10mm；钢管厚度不应小于 1.5mm。

4）同一室内或场所成排安装的灯具，其中心线偏差不应大于 5mm。

2. 灯具的安装

（1）固定花灯的吊钩，其圆钢直径不应小于灯具吊挂销、钩的直径，且不应小于 6mm。吊钩严禁使用螺纹钢。

（2）固定灯具带电部件的绝缘材料以及提供防触电保护的绝缘材料，应耐燃烧和防明火。

（3）需要接地的灯具应做好保护接地。

（4）灯具的灯头及接线应符合下列要求：

1）软线吊灯的软线两端做保护扣，两端芯线搪锡；当装升降器时，套塑料软管。采用安全灯头；

2）连接灯具的软线盘扣、搪锡压线，当采用螺口灯头时，相线接于螺口灯头中间的端子上；

3）灯头的绝缘外壳不破损和漏电；带有开关的灯头，开关手柄无裸露的金属部分。

（5）装有灯泡的吸顶灯具，灯泡不应紧贴灯罩；当灯泡与绝缘台间距离小于 5mm 时，灯泡与绝缘台间应采取隔热措施。

（6）安装在重要场所的大型灯具的玻璃罩，应按设计要求采取防止碎裂后向下溅落的措施，大型吊装花灯固定及悬吊装置，应按灯具重量的 2 倍做过载试验。

（7）安装在室外的壁灯应有泄水孔，绝缘台与墙面之间应有防水措施。

（8）在变电所内，高、低压配电设备及母线的正上方，电梯的曳引电机正上方不应安装灯具。

（9）公共场所用的应急照明灯和疏散指示灯，应有明显的标志。无专人管理的公共场所照明宜装设自动节能开关。

（二）开关、插座、吊扇、壁扇

1. 照明开关安装

（1）安装在同一建筑物、构筑物内的开关，宜采用同一系列的产品，开关的通断位置应一致，一般向下为开启，操作灵活，接触可靠。

（2）当设计无要求时，开关安装高度一般为 1.3m，距门框为 0.15～0.2m，开关不应装于门后，成排安装的开关高度应一致，高低差不大于 2mm。

（3）当开关面板为二联及以上控制时，导线应采用并头后分支与开关接线连接，不应采用"头拱头"方式串接。

（4）电器、灯具的相线应经开关控制；民用住宅严禁装设床头开关。

（5）暗设的开关、插座应有专用盒，专用盒的四周不应有空隙，盖板应端正紧贴墙面。

2. 插座安装

（1）插座的安装高度应符合设计的规定，当设计无规定时应符合下列要求：

1）一般距地面高度为 1.3m，在托儿所、幼儿园、住宅及小学等不应低于 1.8m，同一场所安装的插座高度应一致。

2）车间及试验室的明、暗插座一般距地高度不低于 0.3m，特殊场所暗装插座高度差不应低于 0.15m，同一室内安装的插座高低差不应大于 5mm，成排安装的插座不应大于 2mm。

3）落地插座应具有牢固可靠的保护盖板。

（2）插座接线应符合下列要求：

1）单相二孔插座：面对插座的右极接相线，左极接零线。

2）单相三孔、三相四孔及三相五孔的接地线或接零线均应在上孔，插座的接地线端子严禁与零线端子直接连接。

3）交、直流或不同电压等级的插座安装在同一场所时，应有明显区别，且其插头与插座均不能互相插入。

（3）潮湿场所应采用密封良好的防水防溅插座。

（4）当原预埋插座接线盒与装饰板面不平时，应加装套箱接出，导线不得裸露在装饰板内。

**3. 风扇安装**

（1）吊扇安装应符合下列要求：

1）吊扇挂钩应安装牢固，不得使用螺纹钢。

2）吊杆上的悬挂销钉必须装设防振橡皮垫及防松装置。

3）吊扇的接线钟罩应与平顶齐平，接线不应有外露现象，成排安装的吊扇应在同一直线上。

（2）扇叶距地面高度不应低于 2.5m。

（3）吊扇组装时，应符合下列要求：

1）严禁改变扇叶角度；

2）扇叶的固定螺钉应有防松装置；

3）吊杆之间，吊杆与电机之间，螺纹连接的啮合长度不得小于 20mm，并必须有防松装置。

（4）吊扇接线正确，运转时扇叶不应有显著颤动和异常声响。

（5）壁扇安装应符合下列要求：

1）壁扇底座固定应牢固无松动。

2）壁扇安装高度距地面不宜低于 1.8m。底座平面的垂直偏差不大于 2mm。

3）壁扇防护罩应扣紧，固定可靠，运转时扇叶与防护罩不应有明显的颤动和异常声响。

## 二、照明装置工程施工质量验收

**（一）照明器具的质量检查**

（1）灯具一般由玻璃、塑料、搪瓷、铝合金等原材料制成，且零件较多，运输保管中易破损或丢失，安装前应认真检查，防止安装破损灯具，影响美观和质量。

（2）为了保证导线能承受一定的机械应力和可靠的安全运行，根据灯具的用途和不同的安装场所，对导线线芯最小截面按规定进行核查。

（3）灯具安装要求：

1）组合日光灯（2×40W）或（3×36W）应设吊点，不得直接搁在装饰吊顶 T 型龙骨上。

2）为防止灯具超重发生坠落，特规定在混凝土顶板内先预埋吊钩，或用膨胀螺栓固定，其固定件的承载能力应与灯具重量相匹配。

3）软线吊灯的软线应作保险扣，两端芯线应搪锡。吸顶灯安装应牢固，位置正确，有台的应装在台中央，且不得有漏光现象。链吊日光灯灯线应不受力，灯线应与吊链编织在一起，双链平行；管吊灯钢管内径不应小于 10mm，壁厚不应小于 1.5mm，吊杆垂直；弯管壁灯应装吊攀，吊攀统一加工制作，不得用导线缠绕吊在灯杆上；安装在吊顶上的灯具应有单独的吊链，不得直接安装在平顶的龙骨上。

4）成排灯具在安装过程中应拉线，使灯具在纵向、横向、斜向及高低水平上都成一直线。按规范要求，偏差不大于 5mm。如为成排日光灯，则应认真调整灯脚，使灯管都在一直线上。

（4）对大型花灯的固定及悬吊装置应作 2 倍的过载试验，建设单位、施工企业应重视。为确保安全，有的地区要求大型花灯的预埋吊钩必须有隐蔽验收记录。

（5）为了保证用电安全检修方便，对部件材料作了具体的规定。安装前应认真检查材料是否符合规定。

（6）按国家施工及验收规范的规定，当灯具距地面高度小于 2.4m 时，灯具的可接近裸露导体必须接地（PE）或接零（PEN）可靠，并应有专用接地螺栓，且有标识。

（7）为防止触电，特别是防止更换灯泡时触电，对灯头及接线方式作了具体的规定，工人在安装完后应认真检查是否符合要求。

（8）灯头离绝缘台过近，绝缘台易受热而烤焦、起火，故应在灯头与绝缘台间设置隔热阻燃制品，如石棉布等。

（9）在实际使用中，由于灯头温度较高，玻璃罩会因受热不均匀引起破碎现象发生，为确保用电安全，避免发生事故，施工单位应按设计要求采取安全措施。

（10）室外壁灯因为积水时常引起用电事故，故要求施工单位在安装前先打好泄水孔，并要求与墙面之间不得有缝隙，可用硅胶等材料密封。

（二）开关、插座、吊扇和壁扇的质量检查

1. 开关安装

（1）开关的面板在一个单位工程中应统一，不得出现两种品牌以上的不同面板。开关的面板固定螺钉不得使用平机螺钉和木螺钉，面板螺孔盖帽应齐全。

（2）开关不得装于门后，建设单位应重视设计交底工作，对不合理的地方应及时提出修改意见，使问题及时得到解决。

（3）为确保使用安全、可靠，开关中的导线在接线孔上都只允许接一根线，且线应在安全型压接帽内进行。开关线的颜色应选用与相线、零线、接地线的色标有所区别的颜色。

（4）为确保安全，电器设备、灯具的相线应该由开关控制。

（5）多联开关、插座的电源线、接地线，桩头上不得"头攻头"连接，应根据多联开关控制回路的数量，并联出数量相等的电源线与开关连接。

2. 插座安装

（1）插座安装高度的规定主要是为确保使用安全、方便，设计中如果对特殊场合的插座没有合理的布置，建设单位应及时提出并修改。为了装饰美观，同一场所的插座高度应一致，工人在施工中应多用卷尺测量其高度的准确性。

（2）为了确保安全，插座接线应统一，插座中的相线、零线、PE 保护线在接线孔上都只允许接入一根线，且线应在阻燃性的压接帽内进行。导线的颜色应区分：零线应用浅蓝或深蓝色的导线，接地线（PE）应用黄绿双色线，相线应用黄色、绿色、红色三种颜色。

（3）为了确保用电安全，设计对潮湿场所的插座的选材应有明确的规定。

（4）施工过程中应注意预埋的接线盒与饰面的距离，并及时调整增加套箱至饰面平，套箱与接线盒应有专用螺钉固定。

（5）插座面板应紧贴墙面，四面无缝隙，安装牢固，表面光滑，整洁，无碎裂，划伤，装饰帽齐全。

（6）在安装插座时，应把所有装饰帽集中储放，当插座安装调试完毕后，统一安装装饰帽，防止遗漏。

3. 风扇安装

（1）吊风扇吊钩的直径不应小于悬挂销钉的直径，且不得小于 8mm。吊钩加工成型应一致，安装的吊钩应埋设在箱盒内。吊钩离平顶高低应一致，使吊扇的钟罩能够吸顶将吊钩遮住。一直线上的吊扇其偏差不大于 5mm。

（2）壁扇底座可采用尼龙胀管或膨胀螺栓固定，数量不少于 2 个，直径不应小于 8mm。

（3）为确保安全，壁扇高度低于 2.4m 及以下时，其金属外壳应可靠接地。

（4）吊扇与壁扇安装完毕应进行试运转，当不出现明显的颤动和异常声响后方可交付使用。

# 第五节　配电装置安装工程

## 一、成套柜安装质量控制要点

（一）成套配电柜安装一般要求

（1）埋设的基础型钢和柜下的电缆沟等相关建筑物检查合格，才能安装。

（2）室内外落地动力配电柜的基础验收合格，且对埋入基础的电线导管、电缆导管进行检查，符合施工图纸要求，才能安装配电柜。

（3）成套配电柜、金属框架及基础型钢必须接地（PE）和接零（PEN）可靠，装有电器的可开启门，门和框架的接地端子间，应用裸编织铜线连接。框架之间与基础型钢之间应用镀锌螺栓连接，且防松零件齐全。

（4）成套配电柜、控制柜等电气设备基础型钢接地线截面积选择应不小于 16mm²。

（5）成套配电柜应有可靠的电击保护。柜内保护导体应为裸露的连接外部保护导体的端子，当设计无要求时，柜内保护导体最小截面积 $S_p$ 不应小于表 18-4 的规定。

保护导体的截面积　　　　　　　　　　　　　　　　表 18-4

| 相线的截面积<br>$S$(mm²) | 相应保护导体的最小截面积<br>$S_p$(mm²) | 相线的截面积<br>$S$(mm²) | 相应保护导体的最小截面积<br>$S_p$(mm²) |
|---|---|---|---|
| $S \leqslant 16$ | $S$ | $400 < S \leqslant 800$ | 200 |
| $16 < S \leqslant 35$ | 16 | $S > 800$ | $S/4$ |
| $35 < S \leqslant 400$ | $S/2$ | | |

注：$S$ 指柜（箱）电源进线相线截面积，且两者（$S$、$S_p$）材质相同。

（6）手车，抽出式成套电柜推拉应灵活，无卡阻碰撞现象。动触头与静触头的中心线应一致，且触头接触紧密，投入时接地触头先于主触头接触；退出时接地触头后于主触头脱开。

（7）低压成套配电柜交接试验，应符合下列要求：

1）每路配电开关及保护装置的规格，型号应符合设计要求；

2）相间和相对地间的绝缘电阻值应大于 0.5MΩ；

3）电气装置的交流工频耐压试验电压为 1kV，当绝缘电阻大于 10MΩ 时，可采用 2500V 兆欧表摇测替代，试验持续时间 1min，无击穿闪络现象。配电柜线间的绝缘和二次回路交流工频耐压试验，线与地和馈电线路，绝缘电阻测试值必须大于 0.5MΩ，后者二次回路必须大于 1MΩ。二次回路交流工频耐压试验，当绝缘电阻大于 10MΩ 时，可采用 2500V 兆欧表摇测 1min，应无击穿闪络现象，当绝缘电阻在 1～10MΩ 时，做 1000V 交流工频耐压试验，时间 1min，无击穿闪络现象。

（二）照明配电箱安装要求

（1）箱内配线、接线整齐，导线无绞接现象，回路编号齐全，标识正确。

（2）箱内开关动作灵活可靠，带有漏电保护的回路，漏电保护装置动作电流不大于 30mA，动作时间不大于 0.1s。

（3）照明箱内分别设置零线（N）和保护地线（PE）汇流排，零线和保护地线经汇流排配出。

（4）配电箱应安装牢固，位置正确，门开启方便。箱内部件齐全，箱体开孔与导管管径适配，暗装配电箱箱盖紧贴墙面，箱涂层完整。

（5）箱体不可采用可燃材料制作。

（6）箱底边距地面为 1.5m，照明配电板底边距地面不小于 1.8m。

（7）基础型钢制作安装基本要求应符合表 18-5 的规定。

（8）配电柜、配电箱安装基本要求，应符合表 18-6 的规定。

**基础型钢安装允许偏差** 表 18-5

| 项 目 | 允 许 偏 差 | |
|---|---|---|
| | (mm/m) | (mm/全长) |
| 不直度 | 1 | 1 |
| 水平度 | 1 | 5 |
| 不平行度 | — | 5 |

**配电柜、配电箱安装允许偏差** 表 18-6

| 项 目 | 允许偏差(mm) | |
|---|---|---|
| 垂直度 | 1000 | 1.5 |
| 相互间接缝 | 全长 | ≤2 |
| 成列盘面 | 全长 | ≤5 |

（9）配电柜配电箱间的配线，电流回路应采用额定电压不低于 750V，芯线截面积不小于 2.5mm² 的铜芯绝缘电线或电缆，除电子元件或类似回路外，其他回路的电线应采用额定电压不低于 750V，芯线截面不小于 1.5mm² 的铜芯绝缘电线或电缆。二次回路连线应成束绑扎，不同电压等级，交流直流线路及计算机线路应分别绑扎，且有标识。

**二、配电装置的施工质量验收**

（一）成套动力、照明配电箱、柜的检查

（1）配电间的电器设备安装，应在土建装饰完成后进行。在配电间土建施工前，电气安装施工人员对施工图纸应该有一个基本的了解和掌握，在土建整个施工过程中，应积极配合做好预埋等配合工作，主要有以下几个方面：

1）复合土建施工图，对配电柜下的电缆沟槽宽度和深度校对一次。

2）根据电气施工图，预埋输入和输出电源的电线导管和电缆导管及接地扁钢。

3）对于电线和电缆导管的外露端部，应焊接地螺栓。

4）对于穿越基础的导管，预埋防水钢性套管，防止墙面出现渗水现象。

5）复核预埋的导管和扁钢敷设部位，检查是否正确，是否与配电柜一一对应。

6）对于电缆导管，要求做到其管端部两侧应成喇叭口。

7）配电柜就位固定前，建筑物的屋顶、楼板、墙面、室内地坪、地沟、地槽应施工完毕。

（2）配电柜在固定安装前，先应加工制作柜底部的基础型钢。基础型钢一般应采用10号槽钢，在下料制作前，应检查基础型钢的平直度，如超标应予以校正，并根据配电柜的设计尺寸和数量，测得基础型钢长和宽的具体尺寸，此时方可切割下料。基础型钢在加工时，槽面应向内侧。采用内外侧电焊连接，内侧应及时清除焊渣，外侧需打磨，以不突出槽外侧平面为合格要求。基础型钢加工完毕后，应及时除锈防腐处理，并根据柜底部框架上的 4 只孔的尺寸相对应，在基础型钢上定位钻孔，用于柜和基础型钢的螺栓连接。基础型钢下部，相对称的钻四个孔用于与地面的固定。另外，基础型钢内侧下部，应焊接地螺栓，采用不小于 $16mm^2$ 黄绿双色导线与配电柜内接地汇流排可靠连接。

（3）在轻质墙体、空心砖上安装配电箱、控制箱，可选用对穿螺栓、开脚螺栓、墙体上预埋混凝土砖块、制作落地支架等。具体施工要求是：

1）对穿螺栓长度应按墙体厚度确定，非箱体固定侧应放置宽边垫片。

2）开脚螺栓埋设在墙体内不小于 100mm，水泥砂浆坞嵌。

3）按设计标高、位置与土建沟通，在墙体砌筑时预先埋设混凝土砖块。

4）安装条件允许，可制作落地支架固定。

5）因轻质墙体、空心砖无抗压强度，严禁以增加膨胀螺栓数量固定箱体，严禁以钻头小一号、采用膨胀螺丝强制塞入方法固定箱体。

（4）为了保证手车、抽屉式成套配电柜推拉灵活，无卡阻、碰撞现象出现，保证配电柜的功能和检查，因此必须做到：

1）配电柜从生产制造至施工现场安装就位固定，柜体不能受潮或出现有变形。保证配电柜在储藏、装卸、运输、搬运和安装过程中，对产品的保护。

2）配电柜与基础型钢紧密连接，柜体垂直平面和基础型钢均处于水平状态。

3）对电柜复测，对手车、抽屉进行水平检测。

4）对配电柜内触点处的检查，特别是投入时接地触头先于主触头接触，退出时接地触头后于主触头脱开。以及检查触点处是否紧密，如有问题，需进行调整。

（5）低压部分的交接试验，主要是绝缘电阻检测，分为线路与装置两个单元。对于线路，采用 500V 兆欧表进行相间和相对地间绝缘电阻检测，凡检测结果电阻值大于 $0.5M\Omega$ 为合格。

（6）电气装置交流工频耐压试验是根据绝缘测试结果来选择，一般采用电源升至

1000V 方法和用 2.5kV 的兆欧表方法进行试验。当绝缘电阻值在 1～10MΩ 时，用 1kV 做工频耐压试验，当绝缘电阻大于 10MΩ 时，用 2.5kV 的兆欧表进行检测，持续时间 1min，无击穿现象为合格。

（二）配电箱的检查

（1）照明配电箱的配线有多种方法，怎样合理的布置，将有助于提高工效，保证质量和节省材料。因此配线要根据不同建筑物，不同功能与类型进行合理调整与布置，具体要求如下：

1）输入和输出同为配电箱上部配置，它主要适合于有吊顶的，采用桥架敷设，墙面设置照明箱的如写字楼，高档装潢的办公室，高级公寓和选用立式水泵的泵房间等。

2）输入为配电箱上部，输出为配电箱下部配置，它主要适合于普通学校这一类的建筑物和选用卧式水泵的泵房间等。

3）输入和输出同为配电箱下部配置，它主要适合于民用住宅中的弱电系统。

4）输入为配电箱下部输出为配电箱上部配置，它主要适合于民用住宅工程中配电表箱至照明箱的电源采用沿地敷设的照明系统。

（2）配电箱内的布线应平直，无绞接现象。在布线前，先要理顺在放线过程中导线出现的扭转，然后按回路对每组导线用尼龙扎带等距离进行绑扎。输入和输出的导线应适当留有一定的长度。单一电源或双电源进箱，导线均应沿箱内侧左右两角敷设，各型号开关等配线，其导线端部绝缘层不应剥得过长防止导线插入开关接线孔后，仍有裸铜芯外露。另外配电箱内不论电源有多少回路，导线不应交叉捏成一团，应平行整理，按开关排列，分间距进行绑扎。

（3）配电箱配线注意事项：

1）核对图纸，检查箱内配件在数量、规格、型号等方面是否符合图纸设计要求。

2）配电箱内开关排列与导线色标排列是否一致。

3）检查配电箱内零线（N）和保护接地线（PE）汇流排的接线端子数量是否满足零线（N）和保护接地线（PE）输出输入和本体接线的要求。

4）根据图纸，在空气开关下部标注各回路的编号。

（4）照明配电箱内，各种开关应启闭灵活，开关的接线桩头导线应固定牢固，防止松动，以避免造成接触电阻增加，温度升高，使开关烧坏。对漏电保护开关，应用专用仪器进行检测，其动作电流不能大于 30mA，动作时间不大于 0.1s。

（5）配电箱内应分别设置零线（N）和保护地线（PE）汇流排，所有输入和输出的零线（N）和保护地线（PE）必须通过汇流排。汇流排每个接线端只能接二根导线且导线之间应有平垫片隔开，平垫片两侧导线截面应相同，导线固定防松垫圈等零件齐全。

（6）配电箱安装固定前，应结合施工图和现场配电间的面积条件进行必要的排布，特别是对于面积较小的配电间排布与调整尤为重要。排布时要考虑操作方便，布线顺序，门开启能成 90°，同时，对桥架、线槽、配管进行同步适当调整，使配电间电箱设置合理。箱体开孔的直径要根据配管口径而定，不宜过大，开孔时孔与管应相匹配，孔距应一致，且孔中心成一直线。暗装配电箱，其底箱安装应在墙面灰饼已做方能进行，底箱不应突出灰饼，防止出现箱面板突出粉层表面。

（7）配电箱不应用塑料板等燃烧材料制作，通常应采用薄壁钢板制成。

（8）配电箱安装高度应以箱底边为准，其安装高度为地坪完成面至箱底 1.5m。照明配电板，可选用胶木板，玻璃丝板等阻燃材料，选用木板应涂二度防火漆，安装高度应为板底距地坪完成面不小于 1.8m。

（9）基础型钢制作时应控制槽钢四边平面的水平。一般应先点焊、测量、校正，然后进行焊接，焊接时注意槽钢的变形，其水平高度偏差控制在每米不大于 1mm，全长偏差不大于 5mm，二边不平行度偏差全长不大于 5mm。当地坪不平，型钢面水平度达不到要求时，应用垫铁衬垫在基础型钢下部。当平行度达不到要求时，应切割重新焊接。基础型钢一般采用金属膨胀螺栓固定，当配电柜设在机房或潮湿场合时，基础型钢需抬高时，下部应浇筑混凝土。

（10）配电柜、配电箱安装前，需先对已固定的基础型钢进行水平度检查，如超过允许偏差范围，应进行调整。柜、箱与基础型钢之间周边大小匹配，连接平整牢固，之间无衬垫。其垂直度偏差每米不得大于 1.5mm，柜与柜之间接缝间隙全长不得大于 2mm，成列盘面偏差全长不得大于 5mm。

（11）配电柜、配电箱内部接线由制造商完成，但柜箱间电气配件的电流回路，配线和工程项目因功能变化而调整、增加等，造成施工现场对柜箱内电气配件进行修改或增加以及线路调整。因此对这部分导线的选用应按规定：对于柜箱间电气配件的电流回路配线，应采用额定电压不低于 750V 芯线，截面积不小于 $2.5mm^2$ 铜芯绝缘电线或电缆。对于柜箱间电气配件连线，采用额定电压不低于 750V 芯线截面积不小于 $1.5mm^2$ 的铜芯绝缘电线或电缆。在配线中要注意导线使用是否正确，容易混淆的是工程中照明线一般是选用额定电压不低于 500V 的绝缘线。

（12）二次回路的不同电压等级，交流、直流线路及计算机控制线路在布线时，应将导线色标予以区别，并根据不同功能对导线成束绑扎。

## 第六节 低压电气动力设备安装工程

### 一、低压电气动力设备的质量控制要点

（一）低压动力设备安装接线检查

（1）电动机、电加热器及电动执行机构的可接近裸露导体必须接地（PE）或接零（PEN）。

（2）电动机、电加热器及电动执行机构绝缘电阻值应大于 $0.5M\Omega$。

（3）100kW 以上的电动机，应测量各相直流电阻值，相互差不应大于最小值的 2%；无中性点引出的电动机，测量线间直流电阻值，相互差不应大于最小值的 1%。

（4）电气设备安装应牢固，螺栓及防松零件齐全，不松动。防水防潮电气设备的接线入口及接线盒盖等应做密封处理。

（5）在设备接线盒内裸露的不同相导线间和导线对地间最小距离应大于 8mm，否则应采取绝缘防护措施。

（二）低压动力设备装置试验和试运行

（1）电气动力设备试运行前，各项电气交接试验均应合格，而安装试验的核心是承受电压冲击的能力，也就是确保了电气装置的绝缘状态良好，各类开关和控制保护动作正

确，使在试运行中检验电流承受能力和冲击有可靠的安全保护。

（2）电动机应试通电，检查转向和机械转动有无异常情况；可空载试运行的电动机，时间一般为2h记录空载电流，且检查机身和轴承的温升。

（3）试运行时要检测有关仪表的指示，并做记录，对照电气设备的铭牌标示值有否超标，以判定试运行是否正常。

（4）电动执行机构的动作方向及指示，应与工艺装置的设计要求保持一致。

## 二、低压动力设备的施工质量验收

（一）低压电气动力设备的接线检查

1. 设备的产品及进线电线电缆应符合设计要求：

（1）低压电气动力装置安装的电动机应有检验报告和出厂合格证，电气设备的铭牌齐全，字迹清晰，核对施工图，检查电气设备的型号、规格、电流、电压是否符合设计要求。

（2）低压电气动力装置的动力电线、电缆的规格、型号应符合设计要求，对有防火要求的设备所使用的电线、电缆必须满足设计和使用功能的要求。根据设计施工图，检查电线、电缆的材料质保资料，检查电线、电缆外皮打印的型号、规格标记。

2. 动力设备在安装时对设备和电线电缆进行绝缘测试：

（1）电气动力设备的电线电缆在动力设备接线前，应对线路进行绝缘电阻测试以保证相与相、相与地的绝缘电阻值符合施工规范要求进行必要的检查。采用500V兆欧表，其阻值应大于0.5MΩ并作记录。检查电线、电缆的绝缘电阻值测试资料是否齐全。

（2）电气动力设备在安装等过程中受环境气候等影响，可能对电动机的绝缘电阻产生变化，在电气设备接线前应测试电气动力设备的绝缘电阻值，以确保电动机安全和正常地运行。电动机在接线前应对电动机的绕组之间、绕组与外壳之间进行绝缘电阻测试，采用500V兆欧表，其阻值应大于0.5MΩ并作记录。检查设备的绝缘电阻值或检查设备的绝缘电阻测试资料。

3. 动力设备的接线检查

（1）低压电动机、电动执行机构等动力设备的接线在电控箱、端子箱接线螺栓连接处必须配备带紧固件的防松零件。设备的电气设备主回路接线导线连接应正确可靠、通电良好。检查电动机或电气设备主回路连接用紧固件的防松零件是否齐全完整，安装是否牢固可靠。认真检查电动机或电气设备主回路连接用紧固件的防松零件是否齐全完整，安装是否牢固可靠。

（2）电缆进入电机的端子箱应做电缆端头包扎，防止环境中潮气侵入电缆绝缘层而使电缆受潮，一旦电缆受潮，绝缘电阻值下降，影响电缆使用寿命，所以必须认真包扎好电缆端头。逐一检查电机的端子箱电缆端头包扎情况。

4. 设备的接线后的相色标识和回路标识

（1）电机的端子盒电缆应有编号或做相色标记，根据电动机的转向进行调整接线，同时也调整相应的编号与色标，为今后的维修、调换电机提供方便，防止损坏机械设备。

（2）电气控制箱的出线部位应设置标志牌并注明线路电缆型号、规格、起讫地点，回路编号，字迹应清晰，不易脱落。标志牌应选用能防腐的材料，规格统一，固定牢固。

（二）低压电气动力设备电气设备试运转

1. 设备在试运行前的必备条件

（1）电气动力设备试运行前，各项电气交接试验均应合格，设备安装试验的核心应承受电压的冲击能力，确保电气装置的绝缘状态良好，各类开关和控制保护动作正确，使设备在试运行中检验电流承受能力和冲击有可靠的安全保护。

（2）在试运行前，要对相关的现场单独安装的各类低压电器进行单体的试验和检测，各项要求应符合施工规范要求，才能具备试运行的必备条件。与试运行有关的成套柜、屏、台、箱、盘已在试运行前全部试验合格。

2. 设备在试运行前的检查

（1）相关电气设备和线路按规定进行绝缘测试试验合格，现场潮湿环境单独安装的低压电器最小绝缘电阻值为 45MΩ。

（2）低压电器电压、液压或气压在额定的 85％～110％ 范围内能可靠运作，脱口器的整定值误差符合产品技术条件规定，电阻器和变阻器的直流电阻差值符合产品技术规定。

（3）试运行前，设备的可接近裸露导体接地（PE）或接零（PEN）已连接完成，并检查合格。

（4）通电前动力或成套配电（控制）柜（屏、台、箱、盘）的交流工频耐压试验，保护装置的动作试验合格。

（5）低压电气动力设备空载运行前，控制回路模拟动作试验合格，盘车或手动操作，电气部分与机械部分的运转或动作协调一致，并检查确认。

3. 设备在试运行过程的检查

（1）确定设备（系统）编号应符合设计施工图要求，设备旋转的方向应正确，运行中不应有不正常的杂声。成套配电（控制）柜、台、箱、盘的运行电压、电流应正常，各种仪表指示正常。

（2）电动机通电试验，检查转向和机械转动有无异常情况；空载试运行的电动机，时间为 2h 记录空载电流，且检查机身和轴承的温升。检查设备的额定功率（kW）、运行电流（A）是否符合设计要求和符合产品的技术规定。

（3）在负荷试运行时，随着设备负荷的增大，防止因过热而发生故障。检查大容量（630A 以上）的导线或母线连接处，在设计计算负荷运行时的最高温度为 70℃，温升值稳定且不大于设计值。

（4）电动执行机构的动作方向及指示与工艺装置的设计要求保持一致。检查电动执行机构的动作方向。

（5）交流电动机在运行状态下，启动的次数及间隔时间符合产品技术条件要求，连续启动 2 次的时间间隔不应小于 5min，再次启动应在电动机冷却至常温下。空载状态记录电流、电压、温度、运行时间等有关数据，应符合设备空载状态运行要求。

4. 设备运行时的使用功能检查

（1）电控装置的通断和双电源自动切换控制正常。

（2）模拟故障正常、备用设备自动切换正常。

（3）仪表显示灵敏、正确、可靠。

## 第七节 防雷及接地安装工程

**一、接地系统装置安装质量控制要点**

（一）接地装置及防雷引下线的技术要求

（1）接地装置顶面埋设深度不应小于 0.6m。角钢及钢管接地极应垂直埋入地下，水平接地极间距不应小于 5m。

（2）接地极与建筑物的距离不应小于 1.5m。

（3）接地线在穿过墙壁时应通过明孔、钢管或其他的坚固的保护套管。

（4）接地线沿建筑物墙壁水平敷设时，离地面应保持 250～300mm 的距离，与建筑物墙壁应有 10～15mm 的间隙。

（5）结构内螺纹连接的钢筋作接地引下线时应做跨接连接。

（6）防雷主筋引下线终端应封闭。

（7）在接地线跨越建筑物伸缩缝、沉降缝时，应加设补偿装置，补偿装置可用接地线本身弯成弧状代替。

（8）接地线的连接应采用焊接，焊接必须牢固，其焊接长度必须符合下列规定：

1）扁钢与扁钢搭接为扁钢宽度的 2 倍，不少于三面施焊。

2）圆钢与圆钢搭接为圆钢直径的 6 倍，双面施焊。

3）圆钢与扁钢搭接为圆钢直径的 6 倍，双面施焊。

4）扁钢与钢管或角钢焊接时，应紧贴角钢外侧两面，或紧贴 3/4 钢管表面，上下两侧施焊。

5）除埋设在混凝土中的焊接接头外，应有防腐措施。

（9）当设计无要求时，接地装置的材料采用为钢材，并热浸镀锌处理，最小允许规格、尺寸应符合表 18-7 的规定：

接地装置最小允许规格尺寸 表 18-7

| 种类、规格及单位 | | 敷设位置及使用类别 | | | |
|---|---|---|---|---|---|
| | | 地 上 | | 地 下 | |
| | | 室 内 | 室 外 | 交流电流回路 | 直流电流回路 |
| 圆钢直径 | | 6 | 8 | 10 | 12 |
| 扁钢 | 截面（mm²） | 60 | 100 | 100 | 100 |
| | 厚度（mm） | 3 | 4 | 4 | 6 |
| 角钢厚度（mm） | | 2 | 2.5 | 4 | 6 |
| 钢管管壁厚度（mm） | | 2.5 | 2.5 | 3.5 | 3.5 |

（二）避雷针和接闪器安装技术要求

（1）如设计无要求时避雷带应沿屋脊或女儿墙明敷，支持件必须已预埋固定，无松动现象。

（2）避雷针（带）与引下线之间的连接应采用焊接，其材料采用及最小允许规格、尺寸应符合规范规定。

（3）暗敷在建筑物抹灰层的引下线应有卡钉分段固定，明敷的引下线应平直、无急弯，与支架焊接处，油漆防腐，且无遗漏。

（4）建筑物采用多根引下线时，应在各引下线距地面的 1.5～1.8m 处设置断接卡。上海地区除了设置断接卡外，当引下线采用暗敷时，可设置测试点。测试点的点数或坐标位置应按设计图设置，设计无要求时，一个工程应不少于 2 组测试点。

（5）设计要求接地的幕墙金属框架和建筑物的金属门窗、阳台金属栏杆应就近与接地干线连接可靠，连接处不同金属间应有防电化腐蚀措施。

（6）装有避雷针的金属筒体，当其厚度大于 4mm 时，可作为避雷针的引下线；筒体底部应有对称两处与接地体相连。

（7）屋顶上装设的防雷金属网和建筑物顶部的避雷针及金属物体应焊接成一个整体。

（8）不得在避雷针构架上架设低压线或通讯线。

（9）室外高于避雷带的金属支架、管道、设备应采取防雷措施。

（三）等电位联结安装技术要求

（1）建筑物等电位联结干线应从与接地装置有不少于 2 处直接连接的接地干线或总等电位箱引出，等电位联结干线或局部等电位箱间的连接线形成环形网路，环形网路应就近与等电位联结干线或局部等电位箱连接。支线间不应串联连接。

（2）等电位联结的线路最小允许截面，应符合表 18-8 的规定：

线路最小截面（mm²） 表 18-8

| 材　　料 | 截　　面 | |
|---|---|---|
| | 干　　线 | 支　　线 |
| 铜 | 16 | 6 |
| 铁 | 50 | 16 |

（3）等电位联结的可接近裸露导体或其他金属部件、构件与支线连接应可靠，熔焊、钎焊或机械紧固应导通正常。

（4）需等电位联结的高级装修金属部件或零件，应有专用接线螺栓与等电位联结支线连接，且有标识，连接处螺帽紧固、防松零件齐全。

**二、防雷接地和等电位装置施工质量验收**

（一）接地装置安装质量检查

（1）接地装置由接地线和接地极组成。接地线一般采用 25mm×4mm 扁钢，当地下土壤腐蚀性较强时，应适当加大其截面（上海地区采用 40mm×4mm）。为便于施工时将接地极打入地下，接地极应采用角钢或钢管（上海地区一般采用∟50mm×50mm×5mm 角钢）。

（2）接地线与接地极的连接应采用焊接。当扁钢与钢管、扁钢与角钢焊接时，为确保连接可靠，除应在其接触部位两侧进行焊接外，并应以由钢带弯成的弧形（或直角形）卡子或直接由钢带本身弯成弧形（或直角形）与钢管（或角钢）焊接。焊缝应平整饱满，不应有夹渣、咬边现象。焊接后应及时清除焊渣，并应刷沥青漆两道。

（3）接地装置埋设的深度，当设计无要求时，从接地极的顶端至地面的深度不应小于 0.6m。

（二）避雷针（带）安装质量检查

（1）避雷带（扁钢或圆钢）在女儿墙敷设时，一般应敷设在女儿墙中间，当女儿墙宽度大于 500mm 时则应将避雷带移向女儿墙的外侧 200mm 处为宜。

（2）利用金属钢管作避雷带的，应在钢管直线段对接处、转角以及三通引下线等部位用镀锌扁钢或者圆钢进行搭接焊接，搭接长度每边为扁钢宽度 2 倍。

（3）避雷带的搭接焊焊缝处严禁用砂轮机将焊缝磨平整。

（4）避雷带在经过变形缝（沉降缝或伸缩缝）时，应加设补偿装置，补偿装置可用同样材质弯成弧状做成。

（5）引下线的根数以及断接卡（测试点）的位置、数量由设计决定，建设单位或施工单位不得任意取消和修改，如确需取消或修改的应由设计出具书面变更通知。引下线必须与接地装置可靠连接，并根据设计和规范要求设置断接卡或测试点。

（6）高层建筑物的金属门窗，金属阳台栏杆以及玻璃幕墙的金属构架都必须与均压环或接地干线连接可靠。当玻璃幕墙主金属构架采用型钢材料时，应用镀锌扁钢或圆钢与金属主构架进行焊接，并引出与屋面或女儿墙上的避雷带进行搭接焊接；当玻璃幕墙主金属框架采用铝合金材料时，应在主金属构架和避雷带上钻一个 $\Phi13mm$ 小孔，用软导线、螺栓将两端进行连接，导线截面不应小于 $100mm^2$。

（7）对室外的金属支架、管道、设备，均需采取防雷接地措施。

1）对屋面有成排的设备和管线，如风机、空调机组、管道、金属支架等。不少于 2 处与防雷带连接。

2）室外金属管道，如有保温，应在保温前完成防雷接地的施工，防止雷电从金属管道进入室内，造成人身伤害和设备损坏。

（三）等电位联结安装质量检查

1. 等电位联结安装部位有以下要求：

（1）防止室外漏电电流通过金属管道进入室内。检查金属管线进入室内部位的等电位联结。检查市政供水管、室内压力排水管等管道的等电位联结安装情况。

（2）安装筒灯、嵌装日光灯、金属软管等电气器具与吊顶龙骨接触，可能发生电气故障形成漏电，检查吊顶龙骨接触部位的等电位联结措施是否已落实。

（3）在卫生间潮湿环境下危险电位可能对人体造成危害，由于金属给水管道和水的导电现象可能有引入电位形成跨步电压。检查卫生间的给水管道、水龙头、毛巾架的等电位联结情况，是否存在遗漏的现象。

2. 等电位联结安装导线的检查要求：

（1）检查建筑物等电位联结干线是否在接地干线或总等电位箱引出。

（2）是否与接地装置有不少于 2 处直接连接。

（3）是否与等电位联结干线或局部等电位箱间的连接线形成环形网路，环形网路应就近与等电位联结干线或局部等电位箱连接。

（4）支线与支线间不应串联连接，检查支线是否有串联连接的现象。

3. 等电位联结导线安装的要求

（1）等电位联结的线路最小允许截面，是否符合规范的规定，检查等电位联结导线、建筑物等电位联结干线是指从接地干线或总等电位箱引出的导线，线路最小允许截面 16mm² 并且不少于 2 处，支线线路不小于截面 6mm² 铜芯导线。

（2）检查需等电位联结的高级装修金属部件或零件，应有专用接线螺栓与等电位联结支线连接，且有标识，连接处螺帽紧固、防松零件齐全。

# 第十九章　通风与空调工程

## 第一节　材料管理

### 一、质量控制要点

（一）材料的选择和验收要求

1. 材料的选择

工程中所选用建筑材料的品种、规格和数量必须符合施工图纸要求和规范规定，施工单位不得擅自降低材料的品种、性能和规格，不得以次充好，不得选购未达到产品标准劣质材料。因施工工艺调整或工程性能变化，材料需要改变，须经监理、建设和设计同意，涉及使用安全方面主材，还应重新进行审图。

2. 材料的验收

进入施工现场的材料必须经过验收方能签字收下，有关设备和主要配件的验收必须有施工员参加。需要检测的材料应当场进行或当场封样，无材料相关的技术资料或验收不合格的材料禁止用在工程上。

（二）进场板材表面质量要求

1. 金属钢板要求

金属钢板分非镀锌钢板和热镀锌钢板，非镀锌钢板主要用于工程中的排烟风管和制作过墙套管，热镀锌钢板主要用于工程中送、排风系统和排烟系统。材料进场应作外观表面状况锌层质量检查和厚度检测。

2. 普通型玻璃钢板材要求

材料进场应对表面胶凝材料平整度和玻璃纤维网格布是否外露检查。

3. 玻美风管板材要求

管体内、外表面平整光滑，厚度均匀，不得有裂缝和玻璃纤维布裸露。

（三）进场板材厚度检测

为加强对钢板厚度的控制，确保工程质量长期使用和系统稳定，以及人的眼睛难以正确判定钢板厚度低于标准要求，因此对进场的风管板材应进行现场厚度抽样检测。

进入施工现场的各种板材除外观检查外，还应对钢板厚度用量具当场进行抽样检测。对检测结果未达到标准要求的产品，应拒绝签字接收，并退还供应商。

1. 金属钢板厚度

应按表 19-2 的标准，对送入施工现场的金属钢板进行厚度抽样检测，达不到标准要求的应降低厚度一个等级使用。

2. 热镀锌金属钢板厚度

应按表 19-3 的标准，对送入施工现场的热镀锌金属钢板进行厚度抽样检测，达不到标准要求的应降低厚度一个等级使用。

3. 普通型玻璃钢板材厚度

应按表 19-4 的标准，对送入施工现场的玻璃钢板材进行厚度抽样检测，达不到标准要求的退回生产厂家。

4. 普通型玻美风管板材厚度

应按表 19-5 的标准，对送入施工现场的玻美风管板材进行厚度抽样检测，达不到标准要求的退回生产厂家。

**二、施工质量验收**

（一）材料的选择和验收规定

1. 材料选择的规定

建立材料审核制度，规定对于主要材料、设备和配件必须复核。复核依据是施工图纸和规范标准，复核内容是材料、设备和配件的品种、型号、规格和数量。对于变更材料查看相关手续是否办齐，如图纸交底记录、技术核定单、图纸变更通知书等，并查看各单位是否盖章。对主要材料的变更，应报审图机构重新审图，审图通过方能对材料确定。施工单位在材料确定审核无误前提下，应与材料供货商签订含有质量标准的合同。

2. 材料验收的标准

根据施工图纸和规范标准以及材料分析预算，核对进场材料、设备和配件的品种、规格和数量。对于核对无国家与地方标准的材料、设备和配件，必须查看产品的技术资料，特别是型式检验报告。核验人员必须按型式检验报告内的参数进行核对检验。在核验中如果发现材料、设备和配件的型号、性能、规格与施工图纸或施工规范标准不符或等级低于设计标准以及含有劣质产品，应拒绝在验收单上签字，并将材料清退出施工现场。用在工程中任何产品，经施工单位自审合格，应及时向监理报审，未经审核通过不准用在工程中。

（二）进场板材表面质量标准

1. 金属钢板外观检查标准

将外包装打开，查看钢板表面质量。非镀锌钢板表面平整光滑无锈斑，周边剪切整齐及无裂纹结疤等明显缺陷。热镀锌钢板除上述外，锌层表面应均匀，无泛白、起皮、麻点、脱落、起瘤等缺陷。

2. 普通型玻璃钢板材外观检查标准

用水平尺测量平整度，对角测量检查是否存在扭曲，目测内表面光滑、外表面整齐美观，并不准有气泡、分层和玻璃纤维网格布外露。

3. 普通型玻镁风管板材外观检查标准

外观除目测达到平整光滑、整齐美观、厚度均匀和不出现裂缝与玻璃纤维布裸露外，还应对产品进行尺量。

玻镁风管产品尺量内容和标准见表 19-1。

（三）进场板材厚度检测

送入施工现场的各种板材，必须进行厚度抽样检测，若厚度低于标准负公差的范围，产品应退还或降低一个厚度规格使用。

1. 金属钢板厚度标准

金属钢板最小屈服强度小于 280MPa 的钢板厚度允许偏差见表 19-2。

554

**玻镁风管产品尺量内容和标准（mm）**  表 19-1

| 管口宽度(b) | 外表面不平度 ≤ | | 管口对角线差 ≤ | | 管壁垂直离差 ≤ | | 法兰缺棱掉角面积(mm²) | | 返卤 | | 返霜 | |
|---|---|---|---|---|---|---|---|---|---|---|---|---|
| | 一等品 | 合格品 | 一等品 | 合格品 | 一等品 | 合格品 | 一等品 | 合格品 | 一等品 | 合格品 | 一等品 | 合格品 |
| b≤300 | 2 | 3 | 2 | 3 | 3 | 5 | 100允许一次 | 250允许一次 | 不允许有返卤现象 | 不允许有返卤现象 | 不允许 | 轻微 |
| 300<b≤500 | 2 | 3 | 3 | 4 | | | | | | | | |
| 500<b≤1000 | 3 | 4 | 4 | 5 | | | | | | | | |
| 1000<b≤1500 | 3 | 4 | 6 | 7 | | | | | | | | |
| 1500<b≤2000 | 4 | 5 | 7 | 8 | | | | | | | | |
| b>2000 | 5 | 6 | 8 | 9 | | | | | | | | |

**最小屈服强度小于280MPa金属钢板厚度允许偏差（mm）**  表 19-2

| 公称厚度 | 厚度允许偏差 | | | | | |
|---|---|---|---|---|---|---|
| | 普通精度 PT. A | | | 较高精度 PT. B | | |
| | 公称宽度 | | | 公称宽度 | | |
| | ≤1200 | >1200~1500 | >1500 | ≤1200 | >1200~1500 | >1500 |
| ≤0.40 | ±0.04 | ±0.05 | ±0.06 | ±0.025 | ±0.035 | ±0.045 |
| >0.40~0.60 | ±0.05 | ±0.06 | ±0.07 | ±0.035 | ±0.045 | ±0.050 |
| >0.60~0.80 | ±0.06 | ±0.07 | ±0.08 | ±0.040 | ±0.050 | ±0.050 |
| >0.80~1.00 | ±0.07 | ±0.08 | ±0.09 | ±0.045 | ±0.060 | ±0.060 |
| >1.00~1.20 | ±0.08 | ±0.09 | ±0.10 | ±0.055 | ±0.070 | ±0.070 |
| >1.20~1.60 | ±0.10 | ±0.11 | ±0.11 | ±0.070 | ±0.080 | ±0.080 |
| >1.60~2.00 | ±0.12 | ±0.13 | ±0.13 | ±0.0820 | ±0.090 | ±0.090 |

## 2. 热镀锌金属钢板厚度标准

热镀锌金属钢板最小屈服强度小于260MPa的钢板厚度允许偏差见表19-3。

**最小屈服强度小于260MPa金属钢板厚度允许偏差（mm）**  表 19-3

| 公称厚度 | 厚度允许偏差 | | | | | |
|---|---|---|---|---|---|---|
| | 普通精度 PT. A | | | 较高精度 PT. B | | |
| | 公称宽度 | | | 公称宽度 | | |
| | ≤1200 | >1200~1500 | >1500 | ≤1200 | >1200~1500 | >1500 |
| 0.20~0.40 | ±0.04 | ±0.05 | ±0.06 | ±0.030 | ±0.035 | ±0.040 |
| >0.40~0.60 | ±0.04 | ±0.05 | ±0.06 | ±0.035 | ±0.040 | ±0.045 |
| >0.60~0.80 | ±0.05 | ±0.06 | ±0.07 | ±0.040 | ±0.045 | ±0.050 |
| >0.80~1.00 | ±0.06 | ±0.07 | ±0.08 | ±0.045 | ±0.050 | ±0.060 |
| >1.00~1.20 | ±0.07 | ±0.08 | ±0.09 | ±0.050 | ±0.060 | ±0.070 |
| >1.20~1.60 | ±0.10 | ±0.11 | ±0.12 | ±0.060 | ±0.070 | ±0.080 |
| >1.60~2.00 | ±0.12 | ±0.13 | ±0.14 | ±0.070 | ±0.080 | ±0.090 |

### 3. 普通型玻璃钢板材厚度检查标准

普通型玻璃钢板材厚度见表 19-4。

普通型玻璃钢板材厚度（mm）　　　　　　　　　　表 19-4

| 风管边长尺寸 $b$ 或直径 $D$ | 风 管 管 体 | | |
|---|---|---|---|
| | 厚度 | 玻璃纤维布层数 | |
| | | C1 | C2 |
| $b(D) \leqslant 300$ | 3 | 4 | 5 |
| $300 < b(D) \leqslant 500$ | 4 | 5 | 7 |
| $500 < b(D) \leqslant 1000$ | 5 | 6 | 8 |
| $1000 < b(D) \leqslant 1500$ | 6 | 7 | 9 |
| $1500 < b(D) \leqslant 2000$ | 7 | 8 | 12 |
| $b(D) \geqslant 2000$ | 8 | 9 | 14 |

注：C1＝0.4mm 厚玻璃纤维布层数；C2＝0.3mm 厚玻璃纤维布层数。

### 4. 普通型玻镁风管板材厚度检查标准

普通型玻镁风管板材厚度见表 19-5。

普通型玻镁风管板材厚度（mm）　　　　　　　　　表 19-5

| 管口宽度 $(b)$ | 风 管 管 体 | | |
|---|---|---|---|
| | 厚度 $\geqslant$ | 玻璃纤维布层数 | |
| | | C1 | C2 |
| $b \leqslant 300$ | 3 | 4 | 5 |
| $300 < b \leqslant 500$ | 4 | 5 | 7 |
| $500 b \leqslant 1000$ | 5 | 6 | 8 |
| $1000 < b \leqslant 1500$ | 6 | 7 | 9 |
| $1500 < b \leqslant 2000$ | 7 | 8 | 11 |
| $B \geqslant 2000$ | 8 | 9 | 12 |

注：C1＝0.4mm 厚玻璃纤维布层数；C2＝0.3mm 厚玻璃纤维布层数。

## 第二节　风管制作

### 一、质量控制要点

#### （一）圆形风管的直径和矩形风管边长确定

通常在施工中风管截面按施工图纸的尺寸放样制作，施工操作人员往往忽视规范标准中对风管截面的要求，即圆形风管截面确定应优先选择规范中"基本系列、辅助系列"的相关尺寸，矩形风管截面确定应优先选择规范中边长的相关尺寸。因此在施工前，应仔细查看和统计本工程通风系统各类风管的形状、规格和数量，并将施工图中圆形风管直径和矩形风管边长与规范标准要求对照，若存在不同，及时向设计单位提出建议。在设计同意并办妥相关手续后方能施工。

（1）圆形风管的直径应优先按规范标准中"基本系列、辅助系列"相关尺寸确定。

（2）矩形风管的边长应优先按规范标准中相关尺寸的长度确定。

（二）风管系统工作压力划分及接缝处密封的要求

风管系统根据风机输送风的压力分为低压、中压和高压三个等级，常见施工中人们容易忽视风管存在等级之分，忽视或不了解不同压力风管接缝处密封处理有不同方法和要求。因而通常采用是填料加密封胶，施工方法基本一致。根据规范要求，风管接缝处密封施工，必须根据压力等级按规定要求施工。

（三）风管直径（边长）、压力与板材厚度的要求

风管板材选择和落料前，应查看施工图纸中编制说明，掌握工程中风管的工作压力。当设计未指明板材厚度，按规范规定选择。当设计要求板材厚度高于规范规定，按设计要求施工。当设计要求板材厚度低于规范规定，按规范规定施工。

（四）防火风管材质的要求

（1）防火风管主要是指是建筑物内排烟系统，作用是及时将室内烟火排向室外，保障人们的安全逃生，因此主材和辅料必须用不燃材料。

（2）除金属材料外，用在防火风管上的非金属材料必须有产品型式检验报告或消防部门出具的送检产品燃烧性能等级报告。

（五）金属与无机玻璃钢风管的连接要求

（1）板材的宽度小于风管边长或风管单边面积过小需要拼接，为保证接缝处牢固、密封、平整和施工方便，规定风管连接咬口缝不得在同一直线上，不得有十字形拼接咬口缝。因此在放样、落料、制作时要特别注意。

（2）用于金属风管连接的角钢法兰，规格选用应根据风管截面确定。法兰的螺栓规格、螺孔间距由风管承受压力确定。矩形风管法兰四个角的部位应设有螺栓。法兰螺栓间距的设定，应先将四个角定位，然后等分设定钻孔。

（3）无机玻璃钢法兰的螺栓规格、螺孔间距由风管承受压力确定。矩形风管法兰四个角的部位应设有螺栓。

（六）金属风管单边平面加固的要求

为防止风管在工作中因板面振动产生噪声，对于圆形、矩形和矩形保温风管单边面积过大的必须采取加固措施。加固有楞筋、立筋、角钢加固、扁钢平加固、扁钢立加固、加固筋和管内支撑等，采用抽心铝铆钉固定。

风管加固的形式见图 19-1。

（七）金属法兰制作与板材连接要求

（1）角钢不能有弯曲、扭曲和变形。

（2）法兰焊缝平直，焊丝不突出平面，不出现咬肉现象，焊渣及时清除。

（3）圆心法兰同心度、矩形法兰四条边的平行应不出现偏差。

（4）圆形和矩形法兰连接螺栓孔部位间距应保持一致，并能达到互换性，且已连接的每付法兰外边沿不出现错位。

（5）风管与法兰连接翻边应平整，宽度应一致，且不应小于 6mm。

**二、施工质量验收**

（一）圆形风管直径和矩形风管边长规范尺寸的确定

（1）圆形风管应优先按规范标准中"基本系列、辅助系列"相关尺寸的直径确定。见表 19-6。

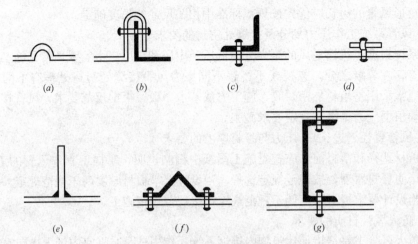

图 19-1 风管加固的形式

(a) 楞筋；(b) 立筋；(c) 角钢加固；(d) 扁钢平加固；(e) 扁钢立加固；(f) 加固筋；(g) 管内支撑

圆形风管"基本系列、辅助系列"直径尺寸  表 19-6

| 风管直径 $D$(mm) | | | |
|---|---|---|---|
| 基本系列 | 辅助系列 | 基本系列 | 辅助系列 |
| 100 | 80 | 500 | 480 |
| | 90 | 560 | 530 |
| 120 | 110 | 630 | 600 |
| 140 | 130 | 700 | 670 |
| 160 | 150 | 800 | 750 |
| 180 | 170 | 900 | 850 |
| 200 | 190 | 1000 | 950 |
| 220 | 210 | 1120 | 1060 |
| 250 | 240 | 1250 | 1180 |
| 280 | 260 | 1400 | 1320 |
| 320 | 300 | 1600 | 1500 |
| 360 | 340 | 1800 | 1700 |
| 400 | 380 | 2000 | 1900 |
| 450 | 420 | | |

注：1. 基本系列一般适用于送、排风及空调通风系统。

2. 辅助系列一般适用管内气体流速高，管径对系统的阻力影响较大，如除尘与气力输送系统的风管。在优先采用基本系列的前提下，可以采用辅助系统。

（2）矩形风管应优先按规范标准中边长相关尺寸的长度确定。见表 19-7。

矩形风管边长尺寸（mm）  表 19-7

| 风 管 尺 寸 | | | | |
|---|---|---|---|---|
| 120 | 320 | 800 | 2000 | 4000 |
| 160 | 400 | 1000 | 2500 | — |
| 200 | 500 | 1250 | 3000 | — |
| 250 | 630 | 1600 | 3500 | — |

（二）风管系统工作压力划分和接缝处密封的标准

风管系统按承受的工作压力可分低压、中压和高压三个等级，风管接缝处填料标准按压力等级敷设施工。它的划分标准和相关要求见表19-8。

**风管系统压力等级划分和接缝处密封要求** 表 19-8

| 系统类别 | 系统工作压力 $P$(Pa) | 密封要求 |
|---|---|---|
| 低压系统 | $P \leqslant 500$ | 接缝和接管连接处严密 |
| 中压系统 | $500 < P \leqslant 1500$ | 接缝和接管连接处增加密封措施 |
| 高压系统 | $P > 1500$ | 所有的拼接缝和接管连接处均应采取密封措施 |

（三）风管直径（边长）、压力与板材厚度的标准

风管直径（边长）和系统工作压力与板材厚度的三者之间标准。见表19-9。

**风管直径（边长）和系统工作压力与板材厚度（mm）** 表 19-9

| 风管直径 $D$ 或边长尺寸 $b$ | 金属板材圆形风管 | 矩形风管 | | | | | | 除尘系统风管 |
|---|---|---|---|---|---|---|---|---|
| | | 中、低压系统 | | | 高压系统 | | | |
| | | 金属板材 | 玻璃钢板材 | 玻镁风管板材 | 金属板材 | 玻璃钢板材 | 玻镁风管板材 | |
| $D(b) \leqslant 320$ | 0.5 | 0.5 | 3 | 3 | 0.75 | 按设计 | 按设计 | 1.5 |
| $320 < D(b) \leqslant 450$ | 0.6 | 0.6 | 4 | 4 | 0.75 | 按设计 | 按设计 | 1.5 |
| $450 < D(b) \leqslant 500$ | 0.75 | 0.6 | 5 | 4 | 0.75 | 按设计 | 按设计 | 2.0 |
| $500 < D(b) \leqslant 630$ | 0.75 | 0.6 | 5 | 5 | 0.75 | 按设计 | 按设计 | 2.0 |
| $630 < D(b) \leqslant 1000$ | 0.75 | 0.75 | 5 | 5 | 1.0 | 按设计 | 按设计 | 2.0 |
| $1000 < D(b) \leqslant 1250$ | 1.0 | 1.0 | 6 | 6 | 1.0 | 按设计 | 按设计 | 2.0 |
| $1250 < D(b) \leqslant 1500$ | 1.2 | 1.0 | 6 | 6 | 1.2 | 按设计 | 按设计 | |
| $1500 < D(b) \leqslant 2000$ | 1.2 | 1.0 | 7 | 7 | 1.2 | 按设计 | 按设计 | 按设计 |
| $2000 < D(b) \leqslant 4000$ | 按设计 | 1.2 | 8 | 8 | 按设计 | 按设计 | 按设计 | |

注：1. 螺旋风管的钢板厚度可适当减小 10%～15%。
　　2. 排烟系统风管钢板厚度可按高压系统。
　　3. 特殊除尘系统风管钢板厚度应符合设计要求。
　　4. 不适用于地下人防与防火隔墙的预埋管。
　　5. 表格中未标厚度尺寸的均按设计要求施工。

（四）防火风管材质的标准

（1）为保证起火时风管的正常运行，防火风管的本体框架与固定材料、密封垫料必须为不燃材料，其耐火等级应符合设计的规定。现场对非金属板材和辅料可以用明火测试，可燃的或阻燃的应禁止使用。

（2）非金属材料制作的防火风管及辅料，必须查看产品型式检验报告或消防部门出具的该产品燃烧性能等级报告，并与设计要求核对。凡燃烧性能等级低于设计要求的，禁止在工程中使用安装。安装前应将原材料送消防检测部门检验，达到设计标准的报监理审批。

（五）金属与无机玻璃钢风管的连接规定

(1) 外观查看风管板材表面连接的咬口缝，纵向缝不准在同一直线上，横向不准有连接缝穿越纵向缝。若发现上述问题存在，应卸下拆除，重新风管制作。

(2) 检查法兰角钢的规格，检查连接螺栓的规格和间距及等分状况，并查看矩形风管四个角是否有连接螺栓。

(3) 查看施工图纸，明确风管工作压力，检查玻璃钢法兰连接螺栓的规格和间距及等分状况，并查看矩形风管四个角是否有连接螺栓。

(4) 金属和玻璃钢风管法兰规格、螺栓规格、螺孔间距等，材料选择，产品制作和施工标准。见表 19-10。

金属和玻璃钢风管法兰和螺栓规格、螺孔间距 (mm)     表 19-10

| 风管直径 D 或边长尺寸 b | 法兰 | | | | | | | | 螺栓规格 | |
| --- | --- | --- | --- | --- | --- | --- | --- | --- | --- | --- |
| | 金属圆形风管 | | 金属矩形风管 | 玻璃钢风管 | 中低压风管螺孔间距 | | 高压风管螺孔间距 | | | |
| D(b)≤140 | 扁钢 | 角钢 | 角钢 | 宽度×厚度 | 金属风管 | 玻璃钢风管 | 金属风管 | 玻璃钢风管 | 金属风管 | 玻璃钢风管 |
| 140<D(b)≤280 | 20×4 | | 25×3 | 27×5 | ≥150 | ≥120 | ≥100 | ≥100 | M6 | M6 |
| 280<D(b)≤300 | 25×4 | | 25×3 | 27×5 | ≥150 | ≥120 | ≥100 | ≥100 | M6 | M6 |
| 300<D(b)≤500 | | 25×3 | 25×3 | 36×6 | ≥150 | ≥120 | ≥100 | ≥100 | M6 | M8 |
| 500<D(b)≤630 | | 25×3 | 25×3 | 45×8 | ≥150 | ≥120 | ≥100 | ≥100 | M6 | M8 |
| 630<D(b)≤800 | | 30×4 | 30×3 | 45×8 | ≥150 | ≥120 | ≥100 | ≥100 | M8 | M8 |
| 800<D(b)≤1000 | | 30×4 | 30×3 | 45×8 | ≥150 | ≥120 | ≥100 | ≥100 | M8 | M8 |
| 1000<D(b)≤1200 | | 30×4 | 30×3 | 49×10 | ≥150 | ≥120 | ≥100 | ≥100 | M8 | M10 |
| 1200<D(b)≤1250 | | 30×4 | 30×3 | 49×10 | ≥150 | ≥120 | ≥100 | ≥100 | M8 | M10 |
| 1250<D(b)≤1500 | | 40×4 | 30×3 | 49×10 | ≥150 | ≥120 | ≥100 | ≥100 | M8 | M10 |
| 1500<D(b)≤2000 | | 40×4 | 40×4 | 53×15 | ≥150 | ≥120 | ≥100 | ≥100 | M8 | M10 |
| 2000<D(b)≤2500 | | | 40×4 | 53×20 | ≥150 | ≥120 | ≥100 | ≥100 | M8 | M10 |
| 2500<D(b)≤4000 | | | 50×5 | 53×20 | ≥150 | ≥120 | ≥100 | ≥100 | M10 | M0 |

(六) 金属风管单边平面加固的标准

1. 金属风管加固的标准

(1) 圆形风管（不含螺旋焊接风管）直径大于等于 800mm，且加工后每节的长度大于 1250mm 或总表面积大于 4m²，均应采取加固措施。

(2) 矩形不保温风管边长大于 630mm，保温风管边长大于 800mm，且加工后每节的长度大于 1250mm 或低压风管单边平面积大于 1.2m²、中、高压风管大于 1.0 m² 均应采取加固措施。

2. 加固后风管面积仍大于标准的处理

对已加固的风管仍要进行检查，若风管平面积仍然超标，应调整加固部位，增加加固范围。如圆形风管可增加一道环形加固，但环缝加固之间及与法兰间距应一致。矩形风管增加平行加固或选择十字形加固，但应注意纵横方向间距。

3. 加固的标准

采用抽芯铝铆钉固定的内加固或外加固，起铆一般距端部 50mm，中间应等分，且保持在一条线上，铆后应对铆孔封堵。

（七）金属法兰制作与板材连接基本标准

（1）角钢落料前，先检查角钢的平直度，有弯曲、扭曲和变形，应先进行调整，能达到平整要求，可用于法兰制作，否则应剔除，用于其他方面，如支（吊）架。

（2）法兰电焊时，应控制焊机电流与焊条规格，焊缝平直饱满，焊丝不突出平面，不出现咬肉现象，及时清除焊渣、检查焊缝质量。

（3）对已成型的法兰，应进行外观检查。圆形法兰检查同心度，矩形法兰检查四条边的平行。对加工过程中出现的错位，圆形风管法兰检查标准是任意正交两直径之差不应大于 2mm。对矩形风管法兰检查标准是两条对角线长度之差不应大于 3mm。对法兰的不平整度检查标准是不应大于 2mm。

（4）钻孔前先对已加工成型的法兰作外观检查，然后定做钻孔样板。样板孔中心线与间距应一致，钻孔时注意法兰与样板对齐，确保法兰的互换和连接后法兰边沿的平整。

（5）检查风管与法兰连接翻边，当发现翻边钢板不平整，不紧贴法兰，局部有凸点，应用锤子再次施打，直至观感平整为止。否则法兰连接后，容易出现缝隙。另外法兰与风管连接翻边时，圆形法兰等距离四个点、矩形法兰四个角先进行局部翻边，翻边宽度控制在 6～9mm 范围内，但宽度应一致。然后根据局部翻边的宽度，保持一直线整体翻边。以翻边宽度一致表面平整为合格标准。

# 第三节　风管部件制作

## 一、质量控制要点

（一）调节阀启闭方向与防火阀、防爆风阀材质要求

（1）手动单叶片或多叶片调节阀的启闭，以手轮或扳手顺时针方向旋转为关闭，反之侧为开启。

（2）安装在工程中的防火阀和排烟阀（排烟口）其产品材质必须有消防部门的检验合格报告。

（3）防爆风阀安装前，必须根据设计要求查看制作材料性能、规格和有关技术文件。

（二）用在排烟或排风兼排烟风管系统柔性短管的要求

（1）系统中柔性短管用于风管与风机的连接，为保证火灾时建筑物内烟火的排放，柔性短管必须与风管本体防火性能一致为不燃材质。

（2）柔性短管设置长度应控制在 150～300mm，且两边应平行，不出现错位。

（三）风口及安装要求

（1）风口产品表面质量要求：风口整体应平整，表面无扭曲、划伤和压痕，叶片或扩散环未变形，叶片调节灵活，定位后不出现松动。

（2）成品风口尺寸应进行抽查，其允许偏差应不大于表 19-11 的要求。

（3）风口安装的基本要求：风管应插入风口内侧，风管与风口连接应用抽芯铝铆钉或自攻螺钉固定，风口应待装饰面层批嵌完成后安装。

### 二、施工质量验收

#### (一) 调节阀启闭方向与防火阀、防爆风阀材质检验标准

(1) 转动单叶片调节阀阀柄或打开多叶片调解阀执行机构门转动阀柄，按顺时针方向旋转，检查叶片是否将阀门关闭。接着将手柄逆时针方向旋转，检查叶片是否将阀门打开。满足上述要求的为合格标准。

(2) 产品进场除查看材质性能外还应查看技术资料，如有消防部门同意产品生产的证明，产品原材料防火等级报告，产品的型式检验报告以及产品的合格证。

(3) 送入现场的防爆风阀要注重对产品检查，除操作性能灵活外，更重要的是必须按照设计图纸的要求，查看防爆风阀本体材质和规格以及资料中的防火等级。

#### (二) 用在排烟或排风兼排烟风管系统的柔性短管标准

(1) 检查制作柔性短管本体材料的防火等级资料，根据中华人民共和国公安部公消 [2007] 182 号文件规定，判断不燃材料必须为 A1 级和 A2 级，若原材料防火等级未达到 A1 级和 A2 级，制作的柔性短管不准用在排烟风管系统。除资料查看外，现场还应用明火对柔性短管进行检验，在火中不燃的可用于排烟风管系统。

(2) 柔性短管安装前，检查风管与风机接口的中心线，风管端面与风机接口的平行度，若存在偏差应进行调整。不允许将柔性短管作为偏移的调整接点。

#### (三) 风口及安装标准

(1) 风口产品表面质量标准

安装前除对散装的风口检查外，对整包的风口也应检查，主要是防止运输过程中碰撞、掉落对产品的损伤。检查应将风口放在平整的平面上，查看整体是否扭曲不平、表面有否划伤和压痕，叶片或扩散环每片间距和角度是否一致。用手操作调节装置，检查灵活程度。固定角度定位后，不出现松动现象。

(2) 成品风口尺寸允许偏差见表 19-11。

**成品风口尺寸允许偏差（mm）**　　　　　　　　　　　　　表 19-11

| 圆 形 风 口 | | |
|---|---|---|
| 直径 | <250 | >250 |
| 允许偏差 | 0～-2 | 0～-3 |
| 矩 形 风 口 | | | |
| 边长 | <300 | 300～800 | >800 |
| 允许偏差 | 0～-1 | 0～-2 | 0～-3 |
| 对角线长度 | <300 | 300～500 | >500 |
| 对角线长度之差 | ≤1 | ≤2 | ≤3 |

(3) 风口安装的基本标准

连接风口的风管放样制作前，应先测量风口连接部位内侧边长（直径），下料时还应注意减去风管两边板材的厚度，风管插入风口内侧连接。若工程中出现风管边长大于风口外侧边长，风管插入风口外侧连接，应做好连接部位的密封处理。风管与风口连接应用抽芯铝铆钉或自攻螺钉固定，矩形风管每边不少于二个固定点，间距不宜大于 300mm。圆形风管不少于等分四个点，间距不宜大于 300mm。

## 第四节　风管系统安装

### 一、质量控制要点

（一）风管穿过防火、防爆墙体或楼板的要求

（1）风管穿过防火、防爆墙体或楼板，必须设置或预埋防护钢板套管，其钢板厚度不应小于1.6mm。

（2）风管与防火套管之间，应用不燃且对人体无危害的柔性材料封堵。

（二）风管部件安装的要求

（1）风管系统中各类部件的执行机构应能保证其正常的使用功能并便于操作。

（2）斜插板风阀安装时应注意插板拉启和气流方向，风阀垂直安装阀板应向上拉启，若风阀水平安装阀板应顺气流方向插入。

（3）止回阀安装在风机的压出管段上，开启方向必须与气流方向一致。

（三）排烟风管穿越防火分区墙体两侧防火阀、排烟阀的设置。

（1）排烟阀安装方向必须正确。

（2）排烟阀、防火阀安装距墙体表面不应大于200mm。

（3）圆形防火阀直径、矩形防火阀边长大于等于630mm时，设置独立的支、吊架。

（四）风管安装基本要求

（1）风管与法兰连接的金属铆钉应做防腐处理。

（2）现场就地开的风管三通接口，不得缩小其有效面积。

（3）连接法兰的螺栓应均匀拧紧，螺母设在同一侧，丝扣露出螺母不大于2～3扣。

（4）柔性短管周长与风管周长相等，长度应控制在150～300mm，松紧适度，无明显扭曲。

（5）可伸缩性金属或非金属柔性风管长度不超过2m，并不出现死弯或塌瘪现象。

（五）风管支、吊架制作与安装的基本要求

（1）金属钢板风管水平安装，边长小于等于400mm，支、吊架间距不大于4m，边长大于400mm，支、吊架间距不大于3m。风管垂直安装，支架间距不大于4m，单根风管应设两档支架。

（2）支、吊架距风口、阀门、检查口、自控机构等不小于200mm。

（3）水平悬吊风管，长度超过20m时，应设置防止摆动的固定支架。

（4）风管吊架制作，吊杆直径与角钢横担选用的规格应按风管规格确定。

### 二、施工质量验收

（一）风管穿过防火、防爆墙体或楼板的注意事项

（1）施工前与土建联系或查看土建施工图纸，对防火、防爆墙体或楼板做好标记，便于配合土建施工。图纸经深化调整，还应复核设置部位是否正确。施工有两种方法：一种是墙体浇捣（砌筑）时预留洞口，防护套管后续施工。另一种是配合土建施工，防护套管进行预埋。前者风管施工稍有调整余地，后者风管施工部位要求正确。套管钢板厚度必须大于等于16mm，连接部位采用电焊。

（2）风管与防火套管之间环缝间距应一致，常见是用防火泥填塞，要求防火泥表面平

整、宽度一致，并注意对防火泥嵌入套管内的深度检查。

（二）风管部件安装的注意事项

（1）风管系统安装完毕后，应对系统中有关部件的执行机构运作范围进行检查，查看其灵活程度。若发现其他管线挡住操作机构运作，应及时与相关施工人员联系，按"小管让大管、有压管让无压管"的施工原则，进行整改与调整。

（2）查看系统中斜插板风阀的安装方向，风阀垂直安装应检查插板方向，以向上为符合标准。若风阀水平安装，还应查图明确风管系统气流方向，以阀板顺气流方向插入为合格。

（3）查看确定风机的进出口，检查风机出风管上止回阀的气体流向标记，以气体流向与止回阀流向标记一致为安装正确。

（三）排烟风管穿越防火分区墙体两侧防火阀的设置的注意事项

（1）安装前做好防火阀、排烟阀设置熔片一侧方向的标记，确定排烟风管的排放方向，检查防火阀、排烟阀熔片设置一侧标记是否迎着排烟风管烟气排放，符合要求可以确定防火阀、排烟阀安装方向正确。

（2）为确保火灾时防火阀作用，降低过墙风管过火面积，因此防火阀在保证操作和安装前提下，距墙体表面不应大于 200mm。施工中检查人员在过墙风管制作时，要注意墙体厚度，避免出现返工现象。

（3）查看防火阀铭牌，当圆形防火阀直径、矩形防火阀边长大于等于 630mm 时，应考虑设置独立吊点，选用 Φ10～Φ12 钢筋。钢筋一端与固定点连接，另一端套丝与防火阀连接，并设有摒紧螺母。

（四）风管安装基本标准

（1）风管预制完成准备连接安装前，应查看风管内侧铆钉是否做过防腐处理，若未做用防锈漆点涂，全部点涂完成后再进行系统安装。

（2）用量尺分别检查支管的边长尺寸和主管上洞口尺寸，若不相等应对主管的洞口进行修正。

（3）检查成排风管法兰螺栓穿入方向是否一致，查看连接法兰缝隙有否大小和检查螺栓松紧状况，若不能达到标准要求，应将螺母放松，按对称均匀分两次收紧。对于螺栓丝扣露出过长，应进行调换。

（4）检查法兰接口缝是否存在大小，如果存在则有两种原因造成，一种是法兰紧固螺栓有松紧状况，另一种是法兰处风管翻边钢板未敲平有凸出现象。法兰垫料材质应按风管系统的功能确定，排烟风管、排风兼排烟风管应用不燃材料，送排风、正压送风、新风可用非不燃材料。垫料应沿着法兰外侧边粘贴，且与法兰边平齐。

（5）柔性短管应按风管周长加上垫缝落料，为保证材料的边沿不外露，制作时必须采用包缝连接。风机的中心应与风管的中心一致，风机的连接端面与风管的连接端面应平行且间距控制在 150～300mm 范围内。柔性短管安装前应用量尺进行中心线、平行度和间距检查，存在偏差必须纠偏，达到标准方可安装。

（6）风口与风管若选择可伸缩性金属或非金属柔性风管连接，主风管或支线风管敷设范围必须根据施工平面图的风口位置和装饰面板的材料确定。因此风管制作安装时要根据柔性风管连接长度不超过 2m 的要求和风口的位置，在装饰面板安装前重点检查。风管开

564

孔时要注意风口位置，避免出现死弯现象。柔性风管安装后，要注意产品保护，防止外力碰撞出现塌瘪，影响风力输送。

（五）风管支、吊架制作与安装的基本标准

（1）按照施工图纸或现场风管规格，检查吊架设置的间距，间距超过标准要求要进行增设，调整要考虑整体，达到间距基本一致。对于边长较宽的风管，水平敷设弯曲部位的中点，宜设置吊架。水平直线敷设的风管吊架间距见表 19-12 的要求。风管垂直安装，当楼层高度小于等于 4m，每层应设置一档支架。当楼层高度大于 4m，每层应设置二档支架。

（2）风管系统安装完毕应对支、吊架设置部位进行检查，主要原因是：支、吊架设置其间距要求基本相等，造成个别吊杆设置在风口、阀门、检查口、自控机构等处或间距不足 200mm 旁侧，影响到风口、阀门、检查口、自控机构等部件的操作，因此必须对吊杆设置部位进行调整。要特别注意的是，吊杆部位调整的两侧其他吊杆也应调整，避免出现吊杆间距观感明显有大小。

（3）为防止风管连接和运行时出现吊架受力不均、局部变形和摆动现象，安装后应及时对设置不合理或受力不均的吊架进行调整。同时应及时设置固定支架，固定支架每 20m 设置一个，设置在风比较集中的部位，如风机的出风口、弯曲和变径处等比较合理的部位。

（4）风管吊架制作，吊杆直径与角钢横担和风管规格必须匹配，并按照表 19-12 的要求选料制作。

金属风管水平敷设风管规格与吊架制作和设置间距的基本标准（mm）　　表 19-12

| 风管直径 $D$ 或边长尺寸 $b$ | 吊杆直径 | 横担（角钢） | 吊架间距 |
|---|---|---|---|
| $D(b) \leqslant 400$ | $\phi 8$ | $\angle 25 \times 3$ | 4000 |
| $400 < D(b) \leqslant 630$ | $\phi 8$ | 圆形风管 $\angle 25 \times 3$<br>矩形风管 $\angle 30 \times 3$ | 3000 |
| $630 < D(b) \leqslant 900$ | $\phi 8$ | 圆形风管 $\angle 25 \times 3$<br>矩形风管 $\angle 30 \times 3$ | 3000 |
| $900 < D(b) \leqslant 1250$ | 圆形风管 $\phi 10$<br>矩形风管 $\phi 8$ | $\angle 30 \times 3$ | 3000 |
| $1250 < D(b) \leqslant 1600$ | $\phi 10$ | $\angle 40 \times 4$ | 3000 |
| $1600 < D(b) \leqslant 2000$ | $\phi 10$ | $\angle 40 \times 4$ | 3000 |
| $2000 < D(b) \leqslant 2500$ | 圆形风管按设计确定<br>矩形风管 $\phi 10$ | $\angle 50 \times 5$ | 3000 |
| $D(b) > 2500$ | 圆形风管按设计确定<br>矩形风管按设计确定 | 圆形风管按设计确定<br>矩形风管按设计确定 | 3000 |

## 第五节　通风与空调设备安装

**一、质量控制要点**

（一）进场设备的检验和设备就位的要求

1. 设备移交的几点要求

（1）建设工程中主要设备有建设单位负责订货采购，设备在移交施工单位前必须办妥相关手续，因此开箱时必须有建设单位和监理单位人员参加。

（2）设备的种类、型号、规格和数量必须与施工图纸内容相符。

（3）按目录单检查设备箱内的技术资料种类，必须齐全。

（4）设备外观检查，是否有碰撞、伤痕、部件脱落和返锈现象。

2. 设备就位的几点要求

（1）必须复核土建设备基础尺寸。

（2）搬运、吊装或就位不得损伤设备。

（3）就位固定设备方向正确，成排设备标高与坐标应一致。

（二）组合式空调器（箱）安装相关要求

（1）箱内各种器件连接无缝隙。

（2）供回水管与设备的输入与输出口连接正确。

（3）为减少空调器工作时的振动，在固定受力部位应考虑有减振措施。

（4）空调器的安装其坐标位置偏差不应过大。

（5）冷凝水排放管应有水封，高度应满足功能要求。

（三）风机减振器的设置要求

（1）必须按风机重量选择相匹配的减振器。

（2）必须按设备重心为中心，均匀布置减振器。

（四）风机盘管吊装与配管连接的要求

（1）每根吊杆上应设有撕紧螺母。

（2）托盘应有 1/1000～3/1000 的坡度坡向出水口。

（3）冷冻供回水管和凝结水管与风机盘管连接不得有渗漏水。

（五）离心式风机调试的基本要求

（1）皮带传动装置应在同一中心线，叶轮不得碰罩。

（2）传动装置的三角带松紧应适度，且传动时无明显振幅。

（3）设备安装平稳，减振器按设备的重力中心设置并分布合理。安装时设备基础应找平。

（4）风机叶轮转动时无颤抖现象。

（5）叶轮轴与电动机轴传动，平行度、同心应一致。

二、施工质量验收

（一）进场设备的检验和设备就位的注意事项

1. 设备移交的几点注意事项

（1）设备开箱检查人员应由建设、监理、施工和生产厂家等有关人员参加，若有关人员不能参加应改日进行。检查主要含两个方面，一是技术资料、二是设备表面状况，（设备性能检查，在调试期间施工单位配合生产厂家实施）若未发现存在问题，应形成验收书面文字记录。

（2）必须根据施工图纸中设备参数与设备铭牌上的参数一一核对，若有不同应及时与设计人员联系，确定设备使用或调换。

（3）应根据设备技术资料的目录清单——核查，有设备安装使用说明书，设备的检验合格证书，设备的性能检测报告、相关附件资料等随机文件。如果是进口设备还必须有商检合格的证明文件。验收后应将资料指定专人保管，便于后续施工时结合图纸，保证设备的正常施工和安装。

（4）开箱后除了对技术资料收集还应对设备的本体检查。检查分三个方面：一是外观检查，主要查看设备在运输吊装运输过程中是否表面损坏、配件松动或脱落、叶轮碰撞叶壳、传动部分灵活程度差以及漆面有脱落状况；二是对设备的底座与边长尺寸测量并与混凝土基础尺寸核对；三是核对设备冷冻水、冷却水、送排风口的位置、方向与施工图纸是否相符。

2. 设备就位的几点注意事项

（1）设备就位前必须对基础尺寸进行复核，如果设备底部设有减振器或垫铁应考虑在允许偏差范围内，地脚螺栓、膨胀螺栓、垫铁等距基础外边沿一般不宜小于50mm。

（2）大型设备就位时吊装或搬运，不得造成设备损伤，若平衡吊点不能确定，可通过查看设备技术资料中的构造图获得，因此起吊时应特别注意。对于风机、空调箱、交换器等设备，钢丝绳不得捆缚在箱体、机壳、轴承或电机上，以免对设备造成损伤。

（3）就位后的设备在固定前，还应再次核对施工或深化图纸，查看设备与连接管线接口的标高与方向。成排设备还应查看纵横和垂直方向偏差以及中心线的一致，经查达到标准方可固定。

（二）组合式空调箱安装检查内容

（1）按产品安装说明书，检查组装顺序是否正确。空气过滤器、表面冷却器、加热器安装固定后，检查箱体部分是否有空隙，如存在缝隙应作密封处理。

（2）连接前做好并确定设备的输入和输出口与供回水管的标记，连接后检查供回水管是否存在接错，如接错必须进行调整，否则要影响空调效果。

（3）组合式空调箱内一般不配橡胶减振块和弹簧减振器，因此在施工前应考虑到这些辅助材料选择和采购。卧式安装橡胶减振块垫在空调设备与基础之间，厚度不小于10mm或设置弹簧减振器，吊式安装弹簧减振器设在吊杆中间。

（4）空调器（箱）的坐标位置应符合设备安装基准线的平面位置和标高的允许偏差的要求。其允许偏差一般为平面位置±10mm，标高高差±10～20mm。超出标准应进行调整。

（5）空调器的表面冷却器（盘管）对空气冷却后产生的冷凝水，从空调器引至排水口，排水管应设水封装置，水封的高度有空调系统的风压大小来确定。否则像空调新风机组工作时，容易出现水滴飞溅。当施工图上凝结水管的水封高度未标出，应将空调器的工作风量提供给原设计，以便设计确定水封的高度。因此施工完毕后，应对凝结水管进行灌水，开机查看托盘是否有水滴飞溅现象。

（三）风机的减振器的设置检查的注意事项

（1）检查风机的重量是否在减振器的受力范围之内，若选用受力偏小型号，设置在设备底下，将出现压缩。设备悬吊设置在吊杆上，将出现拉伸。因此必须根据风机的重量，选择受力相匹配的减振器。

（2）风机就位时，先要确定风机的重力中心和中心线，而此中心必须与前后连接风管的中心成一直线。若风机坐落在减振器上出现中心线偏移，应调整减振器的设置部位。风机落地卧放，检查减振器高度、平整度和自由状态下的受力。若风机悬吊，检查吊杆垂直度，存在偏移应进行调整，使之受力均匀。

（四）风机盘管吊装与配管连接的注意事项

（1）吊杆一般选用 Φ10 钢筋，连接风机盘管的一端应套丝，穿过盘管固定攀后设拧紧双螺母。主要是盘管工作时有振动，容易出现螺母松动现象。因此当风机盘管安装完毕后须目测检查。

（2）高温季节风机盘管工作时产生较多的凝结水汇集在托盘，为便于凝结水的快速排放，风机盘管吊装时注意托盘坡度，并有 1/1000～3/1000 的坡度坡向出水口。因此当风机盘管安装完毕后同样须目测检查。

（3）系统冷冻供回水管和凝结水管与风机盘管连接安装完毕，应对供回水管道进行试压和对凝结水管道进行通水。试压前应将冷冻供回水横管临时连通，关闭横管主阀，打开所有连接风机盘管管道上的球阀，堵住托盘出水口。然后进行试压，将压力缓慢上升，当管内压力上升到工作压力时，暂时进入稳压状态。此时松开风机盘管上的放气螺栓，使盘管内水涌出滴入托盘，当托盘满水时，拧紧放气螺栓停止放水，打开托盘堵口，将水放尽并关闭连接盘管供回水管上的球阀。然后按规范和设计要求升压至强度试验等级，对供回水管道和凝结水管道进行渗漏检查。

（五）离心式风机正常运行的基本标准

（1）用量具检查皮带传动装置中心线是否出现偏移，若有偏移、测得数值、必须调整。用手转动传动装置，若叶罩有摩擦响声，说明叶罩已变形，应拆下修正，从新安装。

（2）用手触摸传动装置的三角带松紧度，检查传动装置固定螺栓紧固状况。若传动三角带无张力，对传动装置固定部位作微小调整。

（3）设备就位前，检查基础上部的平整度，要求不平整度小于设备平整的允许偏差之内。减振器设置与设备找平应同时进行，减振器应垂直受力。

（4）风机试运行时，要对叶轮检查，若有颤抖现象，应即告知生产厂商进行调整或调换，切莫自己对风叶进行修正。

（5）调试时还应对叶轮轴与电动机轴传动部位检查，存在偏移要停止使用。查出偏移究竟出在叶轮轴上还是电动机轴上，经调整测量轴心达到平行方可使用。

# 第六节　空调水系统管道与设备安装

## 一、质量控制要点

（一）金属钢管

金属钢管应根据施工图纸要求的种类，选择达到国家标准的材料。

1. 焊接钢管必须选择达到国家标准《低压流体输送用焊接钢管》GB/T 3090—2008 的产品。

2. 无缝钢管必须选择达到国家标准《输送液体用无缝钢管》GB/T 3091—2008 的产品。

（二）管道连接的要求

（1）镀锌焊接管道应采用丝扣连接，紧固后根部应留有 2～3 扣外露螺纹的标准要求。

（2）无缝钢管应采用电焊连接，焊口平直、无咬肉、焊瘤、错位等缺陷现象。

（三）阀门等级与安装的规定

（1）管道工作压力≤1.0MPa，阀门压力等级必须大于管道工作压力的 1.5 倍。当管道工作压力＞1.0MPa，阀门压力等级为管道工作压力＋0.5MPa。

（2）设置在冷冻水管道上的阀门，阀柄不得向下。

（3）设置在管道工作压力＞1.0MPa 主干线上的阀门，安装前必须做压力试验。

（四）冷却塔安装的要求

（1）同一冷却系统冷却塔分设几处塔底标高必须一致。

（2）多台冷却塔组成的冷却塔组，托盘内溢水和补水高度应一致。

（3）用于风机固定的型钢横担安装应平整，风机的叶片端部与塔体四周的径向间隙基本相等。

## 二、施工质量验收

（一）钢管的验收要求

1. 钢管送入施工现场，应按照国家标准《低压流体输送用焊接钢管》GB/T 3090—2008（表 19-13）进行检查，如钢管壁厚达到标准的 90% 及以上可以使用，否则属于不合格产品，禁止在工程中使用。

焊接钢管的公称口径、公称外径、公称壁厚及理论重量　　　表 19-13

| 公称口径<br>（mm） | 公称外径<br>（mm） | 普通钢管 | | 加厚钢管 | |
|---|---|---|---|---|---|
| | | 公称壁厚（mm） | 理论重量（kg/m） | 公称壁厚（mm） | 理论重量（kg/m） |
| 15 | 21.3 | 2.8 | 1.28 | 3.5 | 1.54 |
| 20 | 26.9 | 2.8 | 1.66 | 3.5 | 2.02 |
| 25 | 33.7 | 3.2 | 2.41 | 4.0 | 2.93 |
| 32 | 42.4 | 3.5 | 3.36 | 4.0 | 3.79 |
| 40 | 48.3 | 3.5 | 3.87 | 4.5 | 4.86 |
| 50 | 60.3 | 3.8 | 5.29 | 4.5 | 6.19 |
| 65 | 76.1 | 4.0 | 7.11 | 4.5 | 7.95 |
| 80 | 88.9 | 4.0 | 8.38 | 5.0 | 10.35 |
| 100 | 114.3 | 4.0 | 10.88 | 5.0 | 13.48 |
| 125 | 139.7 | 4.0 | 13.39 | 5.5 | 18.20 |
| 150 | 168.3 | 4.5 | 18.18 | 6.0 | 24.02 |

（2）无缝钢管为系列产品，因此进场材料验收时，必须根据施工图纸中钢管的规格，按照国家标准《输送液体用无缝钢管》GB/T 3091—2008 进行验收。

（二）管道的连接的注意事项

（1）钢管套丝前，应对绞板进行网格检查，若有误差应及时调整。然后对于批量套丝钢管应先进行被套丝扣与配件试拧，检查管道丝扣与配件连接松紧匹配的程度。若管道与配件紧固后无丝扣外露，表明丝扣锥度过大，连接过松。反之钢管与配件连接仅有 3～4 扣，表明丝扣过浅，连接过紧。对于丝扣连接过松或过紧，应及时对绞板网格做出相应的调整。

（2）钢管焊接前，检查钢管切割后端面应平直，无裂纹、重皮、毛刺、凸凹、缩口、熔渣、氧化物、铁屑等现象。然后按焊接工艺的要求进行焊接，并根据施工顺序，做焊前、焊后的检查（表 19-14）。

焊缝基本标准 表 19-14

| 序 号 | 种 类 | 允许程度 | 控 制 方 法 |
|---|---|---|---|
| 1 | 不坡口 | ≤3(mm) | 游标卡尺 |
| 2 | 坡口 | >3(mm) | 游标卡尺 |
| 3 | 平直度 | 不大于管壁厚 1/4 | 局部打磨、补焊 |
| 4 | 高度 | 1.5~2(mm) | 对焊瘤打磨 |
| 5 | 宽度(无坡口) | 7~9(mm) | 对局部明显外溢清除 |
| 6 | 宽度(坡口) | 盖过坡口 1~2(mm) | 对局部明显外溢清除 |
| 7 | 内错边 | 不宜超过壁厚的 10%，且不大于 2mm; | 突出部位要修正,两边厚度应相等 |
| 8 | 外错边 | ≤3(mm) | 突出部位要修正,两边厚度应相等 |
| 9 | 咬肉 | ≤0.1δ 且≤1mm,长度不限 | 1. 降低电流,2. 清理后补焊 |
| 10 | 气孔 | 每 50 mm 焊缝长度内允许直径≤0.4δ,且≤3mm 气孔 2 个; | 用放大镜检查,超过标准部位打磨后补焊; |
| 11 | 夹渣 | 深≤0.2δ 长≤0.5δ 且≤20mm | 夹渣清除并予补焊 |
| 12 | 未焊透 | ≤0.2δ 且≤2mm 每 100mm 焊缝内缺陷总长≤25mm | 坡口或间歇存在缺陷,局部割开重焊 |
| 13 | 弧坑 | 不允许 | 铲除缺陷后补焊 |
| 14 | 裂缝 | 不允许 | 铲除缺陷后补焊 |

（三）阀门等级与安装的注意事项

（1）阀门选择前，先要查看施工图纸中空调供回水管道的工作压力，然后确定阀门的压力等级。安装前按照阀门选择的规定，复核阀体上压力等级标准，满足规定方可安装。

（2）图纸深化和管线排版时，要考虑到阀门设置的部位和操作的方便，特别要注意冷冻水管道上阀门设置部位周边的管线，因为规范规定设置在冷冻水管道上阀门其阀柄不得向下且同时要满足操作方便。因此施工前要对管线检查，施工后对阀柄设置方向检查。

（3）设置在管道主干线工作压力>1.0MPa 上的阀门，安装前必须做压力试验。强度试验等级为工作压力的 1.5 倍，5min 内无渗漏为合格。严密性试验等级为工作压力的 1.1 倍，试验时间根据密封材料确定。见表 19-15。

（四）冷却塔安装的注意事项

（1）冷却塔组装前，用经纬仪或 U 型管检查冷却塔底部混凝土基础标高，若存在误差，以最高的为基础标高，对于基础偏低的用钢板衬垫在冷却塔脚的底部进行调整。衬垫多块钢板还需点焊，然后将基础浇捣或粉刷至一个标高平面。

阀门严密性压力试验持续时间　　　　　　表 19-15

| 公称直径 DN | 最短试验持续时间(s) | |
| --- | --- | --- |
| | 严密性试验 | |
| | 金属密封 | 非金属密封 |
| ≤50 | 15 | 15 |
| 65~200 | 30 | 15 |
| 250~450 | 60 | 30 |
| ≥500 | 120 | 60 |

(2) 冷却塔托盘进水后，用量尺检查溢水口高度是否一致，避免因高差减少托盘内的盛水量。同时对浮球阀检查，当水位下降时，短时间内快速补水。

(3) 冷却塔体组装后，开始附件安装时，要注意用于风机固定的型钢横担安装。型钢横担若平整存在偏差，将直接影响风机的效果。因此风机安装前要注重型钢横担施工，固定后必须对型钢横担进行平整检查，存在偏差必须纠正。风机固定前，还应对冷却塔上部排气口圆心度检查，并在横担上找出圆心点，然后安装风机，以保证叶片端部与塔体四周的径向间隙基本相等。

# 第二十章　电梯安装工程

## 第一节　设备进场验收与土建交接检验

### 一、设备进场控制要点

1. 随机文件

随机文件必须包括下列资料：

(1) 土建布置图。

(2) 产品出厂合格证。

(3) 门锁装置、限速器、安全钳、缓冲器、夹绳器（若有）的型式试验证书复印件。

(4) 装箱单。

(5) 安装、使用维护说明书。

(6) 动力电路和安全电路的电气原理图。

2. 设备零部件

设备零部件应与装箱单内容相符。

3. 设备外观

设备外观不应存在明显的损坏。

### 二、土建交接检验

(1) 机房（如果有）内部、井道土建（钢梁）结构及布置必须符合电梯土建布置图的要求。

(2) 主电源开关必须符合要求。

(3) 井道必须符合规定。

## 第二节　电梯机房设备安装

### 一、曳引机组安装

(一) 曳引机安装工程技术要求

(1) 紧急操作装置动作必须正常，可拆卸的装置必须置于驱动主机附近易接近处，紧急救援操作说明必须贴于紧急操作时易见处。

(2) 曳引机组和承重梁本体的水平度应符合规范规定。

(3) 曳引机组上全部紧固件应齐全，加工面无机械损伤，无锈蚀。

(4) 曳引机底座与承重梁的连接螺孔，若现场需要钻孔的应用机械钻孔。若螺孔大于23mm 时方可气割开孔，对长腰形螺孔应垫上斜边垫圈，调整后点焊固定。

(5) 曳引机组外表漆层牢固，外形平整、光洁、无漏涂和起皮等缺陷。

（6）曳引电机及其风机应工作正常，轴承应用规定的润滑油。

（7）曳引轮位置偏差，在前后（向着对重看）方向不应超过±2mm，在左右方向偏差不应超过±1mm。

（8）曳引轮对铅垂线偏差在空载或满载情况下均小于或等于2mm。

（二）质量控制要点

（1）采用吊线法，从轮的上缘吊下，在轮的下缘边测量，若用钢皮直尺不易精确测定，可用斜塞尺进行测量。

（2）在曳引比1∶1直拖式电梯中，曳引轮（或导向轮）轮缘宽度的中点应垂直对准轿厢（或对重梁）绳头板中点。

（3）在曳引比2∶1的电梯中，曳引轮（或导向轮）轮缘宽度的中点应对准轿厢（或对重）反绳轮的对应位置。见图20-1。

（4）驱动主机减速箱（如果有）内油量应在油标所限定的范围内。

## 二、承重梁安装

（一）承重梁安装工程技术要求

（1）承重梁端部如需埋入承重墙内时，其埋入深度应超过墙厚中心20mm，且不应小于75mm（对砖墙梁下应垫以能承受其重量的钢筋混凝土过梁或金属过梁），见图20-2。

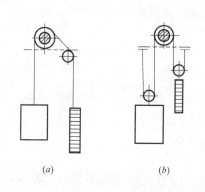

图 20-1　曳引比示意图
(a) 曳引比1∶1；(b) 曳引比2∶1

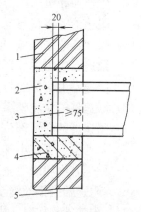

图 20-2　承重梁的埋设
1—砖墙；2—混凝土；3—承重梁；
4—过梁；5—墙中心线

（2）承重梁二端支架在建筑物承重梁（或墙）上时，所采用混凝土强度等级应大于C20，厚度应大于100mm。

（3）承重梁的底面应离开机房光地坪50mm以上，避免机房楼板受力。

（二）质量控制要点

在承重梁上放500mm铁水平尺以最高处为基准用垫片调整低处，使承重梁上平面呈水平状态。同时调整相互间的水平和平行度。

## 三、制动器调整

制动器是曳引电梯中重要的安全装置之一，应使制动器闸瓦与制动轮保持同心圆要求，使松开时的间隙各处相同及合闸时压力均匀分布。

（一）制动器调整技术要求

（1）制动器的闸瓦应紧密地贴合于制动轮的工作表面上，当松闸时，两侧闸瓦应同时离开制动轮表面，间隙应均匀（均在 0.7mm 之内）。

（2）固定制动带的铆钉不允许与制动轮接触，制动带磨损量超过原厚度 1/3 时应更换。

（3）制动器线圈温升不超过 60℃。

（4）松开制动器闸瓦时应注意采取防止轿厢自身移动的措施，以确保安全。

（5）制动器的调整或检查应由专职人员进行。

（二）质量控制要点

（1）在对制动轮与闸瓦间隙进行检查时，应将闸瓦松开用塞尺测量，每片闸瓦两侧各测四点。

（2）检查时闸瓦四周间隙应均匀，其间隙在任何部位均在 0.7mm 之内。

**四、限速器安装**

限速器是电梯安全部件，其动作速度应根据电梯额定速度在出厂前完成调整、测试后加上封记，封记可采用铅封或漆封。安装施工时不允许再进行调整。

（一）限速器安装工程技术要求

（1）限速器在机房内安装的位置应按机房土建布置图确定。

（2）限速器的铭牌与电梯参数应相匹配。限速器动作速度应每两年整定校验一次。

（3）限速器的底座应固定在机房楼板上，且应稳固、牢靠。

（4）限速器应由柔性良好的钢丝绳驱动，限速器绳的公称直径应不小于 6mm。

（5）限速器上应标明与安全钳动作相应的旋转指示方向。

（6）限速器的绳轮外缘应用黄色油漆标出。

（7）限速器的润滑部位应加注润滑油，转动灵活。

（8）限速器绳索在电梯正常运行时不应触及夹绳装置。

（9）限速器绳轮对铅垂线的偏差不大于 0.5mm。

（10）限速器的钢丝绳至导轨导向面与顶面两个方向上下的偏差均不超过 10mm。

（11）限速器动作时，限速器绳的提拉力至少应是以下两个值中的较大值。

1）300N。

2）安全钳起作用所需力的两倍。

（12）限速器电气开关接线正确、动作可靠。

（二）质量控制要点

（1）核对限速器型式试验证书。根据安装说明书，检查限速器上的每个整定封记（可能多处）部位，观察封记是否完好。

（2）用线坠沿绳轮侧面吊线，测量其垂直度，绳轮铅垂线的偏差不大于 0.5mm。

**五、导向轮（或复绕轮）安装**

（一）导向轮（或复绕轮）安装工程技术要求

（1）在机房中安装位置应按机房布置图固定。

（2）轴承润滑应用制造厂规定牌号润滑油，活动部分应转动灵活，并加润滑油脂，运转时无异常声音和明显跳动。

（3）设有挡绳装置的导向轮（或复绕轮），挡绳装置应有效。

（4）安装垂直度对曳引钢丝绳的工作状态有较大影响，应注意调整。

（5）不设导向轮（或复绕轮）时，曳引轮中心至轿厢架中心线和对重中心线的距离应一致。

（6）导向轮（或复绕轮）的不铅垂度偏差在空载或满载状况下均不大于2mm。见图20-3。

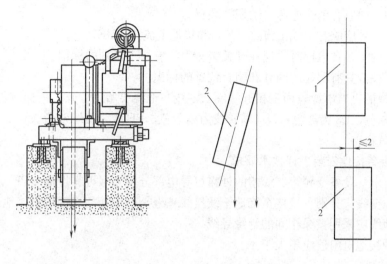

图 20-3　导向轮安装校正示意图
1—曳引轮；2—导向轮

（7）导向轮（或复绕轮）的位置偏差在前后（向着对重）方向不应超过±3mm；在左右方向不应超过±1mm。

（二）质量控制要点

（1）采用吊线法，从轮的上缘吊下，在轮的下缘边测量，若用钢皮直尺不易精确测定，可采用斜塞尺测量。

（2）导向轮与曳引轮两者端面平行度的检查。可采用拉线法，但应注意导向轮与曳引轮的宽度要一致，如不一致时，两轮轮宽中心线应重合。

（3）导向轮轮缘宽度的中点位置与曳引轮要求相同。

**六、电气装置**

（一）电源开关安装工程技术要求

（1）每台电梯应有独立的能切断电梯电源的主开关。开关容量能切断电梯正常使用情况下的最大电流，一般不小于主电机额定电流的2倍。

（2）对有机房电梯主电源开关应能从机房入口处方便地接近；对无机房电梯主电源开关应设置在井道外工作人员方便接近的地方。且应具有必要的安全防护。安装标高宜为1300～1500mm。

（3）电源开关与线路熔断丝应匹配正确。

（4）电梯动力电源与电梯照明电源应分开设置。

（5）电梯动力电源开关不应切断下列供电电路：

575

1）轿厢照明和通风。

2）机房和滑轮间照明。

3）机房内电源插座。

4）轿顶与底坑的电源插座。

5）电梯井道照明。

6）报警装置。

（6）消防电梯应有消防电源自动切换装置。

（7）配电装置应配有中线汇流排（N）和接地汇流排（PE）。

（8）机房内有多台电梯时，应在开关装置上标有易于识别的标记。

（9）各开关应具有明显的断开和闭合位置的标识。

（10）电梯的供电电源应为三相五线制，零线与地线要始终分开。色标应正确，L1 为黄色，L2 为绿色，L3 为红色，N（零）线为浅蓝色，PE 线为黄绿双色。

（二）电气设备

1. 电气设备接地安装工程技术要求

（1）所有电气设备及导管、线槽的外露可导电部分均必须可靠接地（PE）。

（2）接地支线应分别直接接至接地干线接线柱上，不得互相连接后再接地。

（3）接地线应采用黄绿相间的绝缘导线。

（4）保护接地电阻值应不大于 4Ω。

2. 质量控制要点

（1）按安装说明书或电气原理图，观察电气设备及导管、线槽的外露可导电部分是否按安装说明书要求的位置接地。

（2）将控制系统断电，用手施适当的力拉扯接地的连接点，观察是否牢固。

（3）观察接地支线是否有断裂或绝缘层破损，支线选用应符合安装说明书或电气原理图要求。

（4）观察接地干线接线柱是否有明显的标示。

（5）根据安装说明书和电气原理图，观察每个接地支线是否直接接在接地干线接线柱上。

（三）导体之间、导体对地之间绝缘电阻的安装工程技术要求

导体之间和导体对地之间绝缘电阻必须大于 $1000\Omega/V$，且其值不得小于：

（1）动力电路和电气安全装置电路：$0.5M\Omega$。

（2）其他电路（控制、照明、信号等）：$0.25M\Omega$。

### 七、控制柜、屏安装

（一）控制柜、屏安装工程技术要求

（1）柜、屏应用螺栓固定于型钢或混凝土基础上，基础应高于地面 $50\sim100mm$。

（2）控制柜、屏安装应符合下列规定：

1）控制柜、屏安装正面距门、窗不小于 $600mm$。

2）控制柜、屏的维修侧距墙不小于 $600mm$。

3）控制柜、屏距机械设备不小于 $500mm$。

（3）控制柜、屏、箱，安装布局应合理，固定牢固、其垂直偏差不小于 $1.5/1000$，

金属外壳接地可靠。

（4）控制柜、屏应设置接地汇流排（PE）。

（5）应有断相、错相保护装置。

1）断相、错相保护装置应对每相断开及任何相错位均能起到保护作用，其保护功能应正常可靠。

2）断相、错相动作试验应在控制柜主电源进线侧前进行。

（二）质量控制要点

对控制柜、屏的正面、侧面进行测量，每一控制柜、屏测二点。在测量前应对控制柜、屏高度进行选择，为计算方便起见，取 1m 高度进行测量。

## 八、电机接线

电机接线工程技术要求：

（1）曳引电机绝缘电阻值相与相、相与地，应大于 $0.5M\Omega$。

1）绝缘电阻测试。应采用兆欧表进行测试，兆欧表应按电气设备电压等级选用，电梯电机应选用 500V 兆欧表测试。

2）检查兆欧表是否有检验合格证，有效期应在规定日期内。

3）兆欧表的连线必须用绝缘良好的导线。

4）测试时应认清兆欧表接线柱"接地"的接地栓应接到被测设备的外壳或接地线上。

5）测量电机时应拆除电机电源进线。

（2）电机接线正确、牢固，镀锌垫圈、紧固件齐全。

（3）多股导线应压接端子与设备的端子连接。

（4）接线端头应标有与电机接线端子相应编号。

（5）电机外表应予可靠接地保护，连接螺栓、垫圈必须镀锌，并有防松装置。

（6）接地线截面选择：

1）相线截面积 $16mm^2$ 以下时，接地线截面积与相线相同。

2）相线截面积 $16\sim35mm^2$ 时，接地线截面积选 $16mm^2$。

3）相线截面积 $35mm^2$ 以上时，接地线截面积选相线截面积 1/2。

（7）接地线最小截面积不应小于铜芯线 $1.5mm^2$

（8）金属软管外壳应可靠接地，但不得使用金属软管作接地线。

（9）接地线应接在规定位置上；电机接地线应单独敷设，不得串接。

## 九、线槽与电气配管安装

（一）线槽与电气配管安装工程技术要求

1. 线槽安装

（1）线槽敷设安装位置应按设计图纸施工。

（2）采用线槽配线严禁使用可燃性材料制品。

（3）线槽敷设应横平竖直，接口严密，槽盖齐全、平整无翘角现象。

（4）每根线槽固定点不应少于 2 点，并列安装时，应使槽盖便于开启。

（5）线槽连接螺栓应从内向外穿、螺帽在外侧。

（6）金属线槽外壳应可靠接地，黑铁线槽应用圆钢焊接跨接，圆钢直径应不小于 6mm，焊接长度为 30mm，或焊接螺栓用导线连接，镀锌线槽应采用铜皮或黄绿双色导线连接。

（7）线槽内导线总截面积不大于线槽净截面积60％。

（8）电梯动力回路与控制回路应分别敷设，不应在同一线槽内敷设，以免产生干扰。

（9）线槽出线口应无毛刺，并有护圈，位置正确，垂直向上的槽口应封堵，防止杂物落入。

（10）线槽敷设水平、垂直偏差度在机房内不应大于2/1000，井道内不应大于5/1000，全长不应大于50mm。

2. 电气配管工程技术要求

（1）电气配管应按设计图纸进行施工。

（2）薄壁钢管（电线管）应采用螺纹连接，管端螺纹长度不应小于管接头长度的1/2，其螺纹应外露2～3扣。

（3）电线管敷设弯曲处不应有折皱、凹陷和裂缝，且弯扁程度不应大于管外径的10％。

（4）当线路明配管时，弯曲半径不应小于管外径的6倍，当只有一个弯曲半径不应小于管外径的4倍。

（5）配管螺纹连接时，连接处的两端应焊接圆钢作接地跨接，其圆钢规格为不小于φ6，或焊接螺栓用导线跨接，见表20-1。

跨接圆钢的选择 表20-1

| 管径(mm) | 接地跨接规格(mm) | 焊接长度(mm) | 螺栓直径×长度(mm) |
|---|---|---|---|
| ≤32 | φ6 | 30 | M6×20 |
| 40 | φ8 | 30 | M8×25 |
| 50 | φ10 | 40 | M8×25 |

（6）镀锌钢管连接处跨接应采用专用接地线卡跨接，不得采用焊接。

（7）配管进箱，线槽应用锁紧帽固定，管口应装护圈。

（8）配管排列整齐，固定点间距均匀，钢管管卡的最大距离应符合表20-2规定，管卡与终端、弯头中点、电气器具边缘的距离应为150～500mm。

钢管管卡间的最大距离 表20-2

| 敷设方式 | 钢管种类 | 钢管直径(mm) | | |
|---|---|---|---|---|
| | | 15～20 | 25～32 | 40～50 |
| | | 管卡间最大距离(m) | | |
| 吊架、支架沿墙敷设 | 厚壁钢管 | 1.5 | 2.0 | 2.5 |
| | 薄壁钢管 | 1.0 | 1.5 | 2.0 |
| | 塑料管 | 1.0 | | |

（9）金属软管不应直接埋于地下或混凝土中。

（10）金属软管应可靠接地，且不得作为电气设备的接地导体。

（11）采用塑料管及配件必须为阻燃处理的材料制品。

（12）塑料管管口应平整、光滑，管与管、管与盒（箱）等器件应采用插入法连接，连接处结合面应涂专用胶粘剂，接口应牢固密封。

（13）敷设电线管内的导线截面积不应超过电线管内径截面积40%。

（14）电梯动力回路与控制回路应分开穿管敷设，不应同穿一管内，以免产生干扰。

（15）配管安装后应横平竖直，其水平和垂直偏差在机房内不应大于2/1000，在井道内不应大于5/1000，全长不应大于50mm。

（二）质量控制要点

（1）电线管的垂直、水平度；质量控制与控制柜垂直度测试相同。

（2）电线管应任取一段进行测量，每根电线管应测正面、侧面。

（3）井道配管任取10段进行测试。

**十、机房安全规定**

1. 孔洞处理

机房内钢丝绳与楼板孔洞边间隙均匀为20~40mm，通向井道的孔洞四周应设置高度不小于50mm的圈框。

2. 手动松闸装置

（1）松闸手柄漆成红色。

（2）松闸装置应挂在易接近的墙上，中心标高宜1300~1500mm。

3. 色标、标记要求

（1）机房门窗应牢固可锁，并应有醒目的警告标志："机房重地，闲人免进"。

（2）同一机房有数台电梯应标明电梯编号，并与控制柜编号相对应。

（3）曳引电机附近应有与轿厢升降方向相对应的标志。曳引轮、盘车手轮、限速器轮外侧面应漆成黄色。

（4）编号应粘在设备本体上，不宜粘在易拆下的门、盖、罩上。

（5）编号应用电脑打印、油漆喷印，不准用油漆涂写。

（6）机房吊钩应标明载荷值，吊钩应作防腐处理。

（7）曳引绳上应标明层站对应标记。

# 第三节　井道设备安装

井道内装有轿厢导轨、对重导轨、导轨支架、轿厢、对重、曳引钢丝绳、控制电缆、补偿钢丝绳或补偿链条、补偿绳张紧装置、极限开关、平层铁板、限速器钢丝绳及张紧装置，上下端减速装置、上下端站限位开关和应急电铃等。

**一、导轨支架安装**

导轨支架，系支撑导轨的金属支架。其在井道壁上的安装应固定可靠。

导轨支架安装工程技术要求：

（1）导轨支架一般由角钢、扁钢或钢板弯制而成。它的安装方式有直接埋入固定、底脚螺栓埋入固定、膨胀螺栓固定、预埋钢板焊接固定、穿墙螺栓固定等方式。具体按井道建筑结构设计而选用。

（2）预留孔应做成内大外小。见图20-4。

（3）支架若采用直接埋入法，埋入端应开脚，埋入深度不小于120mm。

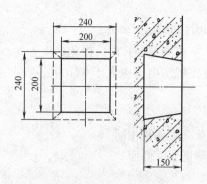

图 20-4 导轨支架预留孔

（4）钢筋混凝土墙如采用预埋钢板时，钢板厚度不小于 10mm。

（5）锚栓（如膨胀螺栓等）固定应在井道壁的混凝土构件上使用，其连接强度与承受振动的能力应满足电梯产品设计要求，混凝土构件的抗压强度应符合土建布置图要求。采用膨胀螺栓固定时，螺栓规格不应小于 M12。

（6）支架本体组合焊接及支架与预埋钢板焊接都必须达到双面焊牢、焊缝饱满、焊波均匀，其上下两边可采取间断焊，每段焊缝长度不小于 80mm，间隙不小于 100mm。

（7）导轨支架的连接螺孔凡是长腰形或气割开孔的，必须加装宽边平垫圈，并用点焊固定。

（8）导轨支架最低一档支架应离底坑小于 1m，最高一档支架离导轨顶应小于 0.5m。

（9）预留孔洞灌浆后，须经足够时间的养护，方能投入导轨安装工作。

（10）经焊接后的支架、焊缝药渣应铲除干净，刷上防锈漆。

（11）导轨支架应从上而下编号，以便检查。

（12）导轨支架每档间距，应在 2.5m 以内，且每根导轨不少于两个支架。

（13）导轨支架安装的不水平度不应超过 1.5‰，且不应超过 5mm，见图 20-5。

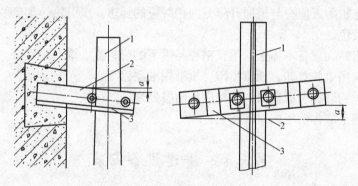

图 20-5　导轨支架的安装
1—导轨；2—水平线；3—导轨支架

**二、导轨安装**

导轨：供轿厢和对重装置在升降运行中起导向作用的部件。

（一）导轨安装工程技术要求

（1）导轨吊装前，需核对规格、数量，根据井道总高度及支架档距确定最下一根导轨的长度，截取导轨应注意导轨两端凹凸接口，接口排列一般应为凹口朝下，凸口朝上。

（2）吊顶部一根导轨至顶端一般应离井道顶部楼板 50～100mm。且保证电梯对重压缩缓冲器蹾底时，轿厢导靴不越出导轨。

（3）轿厢导轨与设有安全钳的对重导轨的下端应支撑在地面坚固的导轨座上。

（4）导轨应用压板固定在导轨支架上，不应用焊接或螺栓连接。

（5）导轨校正的部位在每档支架处，从下至上逐点校正，对于楼层较高可采用从整列导轨的 1/3 高度处往下校正，然后再从下至上校正。

（6）导轨校正用的垫片厚度一般有 0.5，1.0，1.5，2.0mm 几种规格，必要时可用薄铜皮垫入校正。

（7）导轨校正用调整垫片厚度一般控制在 3mm 之内。垫片数量不应超过 3 片，若调整间隙超过 5mm 或 3 片以上垫片时应换上厚垫片，并用点焊固定在支架上。

（8）每列导轨工作面（包括侧面与顶面）对安装基准线每 5m 的偏差均不大于下列数值：

1）轿厢导轨和设有安全钳的对重（平衡重）导轨为 0.6mm。

2）不设安全钳的对重（平衡重）导轨为 1.0mm。

3）检查导轨时可对 5m 铅垂线分段连续检测（至少测 3 次）。测量值间的相对最大偏差应不大于上述规定值的 2 倍。测量点应设在导轨支架处。

（9）有安装基准线时，每列导轨应相对基准线整列检测，取最大偏差值。

（10）两列导轨顶面间的距离偏差应为：轿厢导轨 0～+2mm；对重导轨 0～+3mm。

（11）轿厢导轨和设有安全钳的对重（平衡重）导轨工作面接头处不应有连续缝隙，且局部缝隙不大于 0.5mm。导轨接头处台阶不应大于 0.05mm。如超过应修平，修平长度应大于 150mm。可用直线度为 0.01/300 的平直尺靠在导轨表面，并用塞尺检查。

（12）不设安全钳的对重（平衡重）导轨接头处缝隙不得大于 1.0mm，导轨工作面接头处台阶应不大于 0.15mm。

（13）导轨校正工作是电梯安装施工中一项关键工作，必须严格按照技术要求进行施工。

（二）质量控制要点

（1）紧固：导轨压板应压紧，螺栓应放置防松垫圈，每个导轨支架的每一点处均应检查。

（2）用扳手检查螺栓的紧固程度。

（3）检查两导轨相对内表面的间距。用导轨安装校正尺，检查每个导轨支架处的导轨内表面距离。不得出现负偏差，按工艺要求此项检验是在平行导轨的垂直度校正之后进行。在检验导轨内表面间距的同时应进行相对两导轨的侧工作面的平行度的检查。最后再进行两导轨侧工作面垂直度的复核。

（4）检查两导轨的相互偏差。在导轨的支架处用专用导轨安装校正尺检查两导轨的侧工作面的平行度。

### 三、对重装置安装

对重的作用是平衡轿厢自重和一部分升降载荷的重量。

（一）对重装置安装工程技术要求

对重导轨、对重导轨支架与轿厢导轨、轿厢导轨支架安装工程技术要求基本相似。

（1）对重（平衡重）块应可靠固定。对重（平衡重）架若有反绳轮时，其反绳轮应润滑良好，并应设置防护罩和挡绳装置。

（2）轿厢与对重间的最小距离为 50mm。

（二）质量控制要点

与轿厢导轨、导轨支架质量控制方法相同。

**四、井道电气安装**

井道线槽、配管安装工程技术要求，安装质量控制方法与机房线槽、配管敷设基本相同。

（一）井道线槽和配管安装工程技术要求

（1）如果设计中采用电线管，则每一层楼应设置一个分层接线箱，其安装高度和该层的层楼显示装置的中心标高相同，最底一层的分层接线箱应设在该层地坪线标高的 2～3.5m 的高度上，以便以后在轿厢顶上仍能方便进行检修。

（2）如果井道中是采用线槽配线时，则分层接线箱取消。

（3）井道中间接线箱设在井道电线架上方 200～300mm 处。

（4）井道内电管（线槽），凡是到限位开关、强迫减速开关、基站开关、层门连锁开关、层楼显示装置、召唤盒的导线保护管可采用金属软管。

（5）垂直线槽内，应每隔 2～3m，设置一档支架用来固定导线，使导线的重量均匀分布在整个线槽内。

（6）井道控制电缆敷设应垂直，固定牢靠，固定间距宜不大于 1.0m，分支电缆、固定尼龙扎带间距宜 300mm 左右。

（二）电缆架及电缆敷设工程技术要求

（1）轿底电缆支架应与井道电缆支架平行，并使电梯电缆处于井道底部时能避开缓冲器，并保持一定距离。

（2）保证随行电缆在运动中不得与线槽、电管发生碰擦。

（3）随行电缆两端及不运动部分应可靠固定。

（4）随行电缆严禁有打结和波浪扭曲现象。

（5）扁平型随行电缆可重叠安装，重叠根数不宜超过 3 根，每两根间应保持 30～50mm 的活动间距，扁平型电缆的固定应使用楔形插座式卡子。

（6）电缆受力处应加绝缘衬垫。

（7）轿厢压缩缓冲器后，电缆不得与底坑地面和轿厢底边框接触，一般下垂弛度离地≥500mm，不得拖地。

（8）软电缆弯曲半径应符合下列规定：

1）8 芯电线，扁电缆曲率半径≥250mm。

2）16～24 芯电缆曲率半径≥400mm。

（三）质量控制要点

检查人员打开层门进入底坑。当轿厢运行到底层平层时，用钢卷尺进行测量，观察检查。

**五、井道安全规定**

（一）轿顶最小空间距离

1. 当对重完全压在缓冲器上时，同时满足以下四个条件：

（1）轿厢导轨应当提供不小于 $0.1+0.035v^2$ （m）的进一步制导行程；

（2）轿顶可以站人的最高面积的水平面与相应井道顶最低部件的水平面之间的自由垂直距离不小于 $1.0+0.035v^2$ （m）；

（3）井道顶的最低部件与轿顶设备的最高部件之间的间距（不包括导靴、钢丝绳附件等）不小于 $0.3+0.035v^2$（m），与导靴或滚轮、曳引绳附件、垂直滑动门的横梁或部件的最高部分之间的间距不小于 $0.1+0.035v^2$（m）。

（4）轿顶上方应当有一个不小于 0.5m×0.6m×0.8m 的空间（任意平面朝下均可）；

【例】 电梯额定速度为 2.5m/s 时，井道上端空间距离应为多少？

公式：$0.3+0.035V^2$

【解】 $0.3+0.035×2.5^2$

$=0.3+0.035×6.25$

$=0.3+0.218$

$=0.518$（m）

轿顶最小空间距离为 0.5m 约 500mm 左右。

小型杂物电梯的轿厢和对重的空程严禁小于 0.3m。

2. 质量控制要点

（1）考虑到轿厢或对重在运行中可能发生蹲底、冲顶，为保证检修人员和设备安全：按《电梯制造与安装安全规范》GB 7588—2003 第 5.7 条款要求，轿厢上方应有不小于上式计算要求的空程。

（2）将轿厢停在井道最高层，设人在轿顶上用尺测量井道顶的最低部件与轿顶设备的最高部件之间的间距为 $H$。

则 h 值应满足下列计算公式：

$$h=H-对重装置底部到缓冲器的越程距离-缓冲器可压缩的尺寸$$

（二）底坑底面安装要求

1. 当底坑底面下有人员能到达的空间存在，且对重（或平衡重）上未设有安全钳装置的安装工程技术要求：

（1）采用隔墙、屏障等防护措施使人员能到达的空间不存在。

（2）对重缓冲器必须能安装在一直延伸到坚固地面上的实心桩墩上。

2. 质量控制要点：

（1）核查土建施工图是否要求底坑的底面至少能承受 5000N/m² 载荷、是否要求支撑轿厢和对重缓冲器的底坑底面处的结构和强度能承受轿厢和对重以缓冲器设计速度撞击缓冲器时所产生的力。

（2）检查建筑物土建施工图所要求实心桩墩及支撑实心桩墩的地面强度是否能承受电梯土建布置图所提供的冲击力，还应观察或用线锤、钢卷尺测量实心桩墩位置是否在对重缓冲器运行区域的下边。

（三）安全门和围护要求

（1）电梯安装之前，所有层门预留孔必须设有高度不小于 1.2m 的安全保护围封，并应保证有足够的强度。

（2）当相邻两层门地坎的距离大于 11m 时，其间必须设置井道安全门，井道安全门严禁向井道内开启，且必须装有安全门处于关闭时电梯才能运行的电气安全装置。当相邻轿厢间有相互救援用轿厢安全门时，可不执行本款。

（3）安全门的安装工程技术要求：

1) 井道安全门和轿厢安全门的高度不应小于1.8m，宽度不应小于0.35m。

2) 将300N的力以垂直于安全门表面的方向均匀分布在5cm²的圆形面积（或方形）上，安全门应无永久变形且弹性变形不应大于15mm。井道安全门还应满足如下要求：

a. 应装设用钥匙开启的锁。

b. 不应向井道内开启。

c. 应装有安全门处于关闭时电梯才能运行的电气安全装置。

d. 安全门设置的位置应有利于安全地救援乘客。

(4) 质量控制要点：

1) 检查土建施工图和施工记录，并逐一观察、测量相邻的两层门地坎间之间的距离，如大于11m且需要设井道安全门时，应检查安全门的尺寸、强度、开启方向、钥匙开启的锁、设置的位置是否满足上述要求。

2) 开、关安全门观察上述要求的电气安全装置的位置是否正确、是否可靠地动作。

(四) 井道照明安装

井道应设置永久照明，井道最高点和最低点0.5m之内各装一盏灯，再设中间灯。即使在所有的门关闭时，在轿顶面以上和底坑地面以上1m处的照度均至少为50lx。

**六、曳引绳安装**

电梯中曳引钢丝绳用来悬挂轿厢和对重。我国目前采用的标准是《电梯用钢丝绳》GB 8903—2005，其中专门规定了电梯用钢丝绳的技术标准和技术要求。

(一) 曳引钢丝绳绳头制作工程技术要求

(1) 绳头组合必须安全可靠，并使每根曳引绳受力相近，其张力与平均值偏差不应大于5%，且每个绳头组合必须安装防螺母松动和脱落的装置。

(2) 钢丝绳严禁有死弯。

(3) 当轿厢悬挂在两根钢丝绳或链条上，且其中一根钢丝绳或链条发生异常相对伸长时，为此装设的电气安全开关应动作可靠。

(4) 对于要截切的钢丝绳，应先做好防松股措施。

(5) 浇灌巴氏合金时，应将锥套和下部钢丝绳保持垂直，必须一次连续浇注，未冷却前不可摇动。见图20-6。

(6) 巴氏合金绳头制作。电梯钢丝绳绳头制作，要求注入量达到绳股弯曲部露出2～3mm。

(7) 浇灌应密实、饱满、平整一致。去除锥套下口的包扎物，在防松钢丝露出处可以见到巴氏合金微渗为最佳。

(8) 对锥套内露出的绳股弯曲部刷油漆或涂黄油保护。

(9) 钢丝绳头处应至少用3只合适的U形绳夹紧固。

(10) 曳引绳应符合GB 8903规定，曳引绳表面应清洁不粘有杂质，并宜涂有薄而均匀的ET极压稀钢丝绳脂。

(二) 质量控制要点

(1) 观察绳头组合上的钢丝绳是否有断丝。

(2) 检查绳夹的使用方法、型号、间距、数量及是否拧紧。

(3) 观察防螺母松动装置的安装情况，用手不应拧动防松螺母。

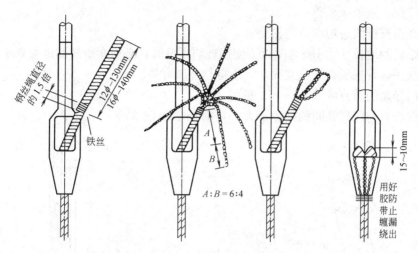

图 20-6　锥套式绳头制作

（4）观察防螺母脱落装置的安装情况，用手拨动此装置，不应从绳头组合中拔出。

（5）在有利的位置即当轿厢处于井道 2/3 高度时，人站在轿厢顶上面向对重钢丝绳，这时正好在可能测得最大长度的中部，用弹簧秤将曳引钢丝绳逐根拉出 100～200mm 距离看弹簧秤上拉出力的大小，逐一记录。每根钢丝绳张力与平均值偏差如有超过 5%，应进行调整。

（6）由于各根曳引钢丝绳不是在一直线上，呈二、三排列，拉出时要考虑原有位置差。

（7）对 2∶1 全绕式（或半绕）电梯，对重侧有反绳轮，有两组钢丝绳，可任测一组，但曳引绳排列成一字形，对在轿厢顶上的检验人员来说：拉伸曳引绳有困难，可取 45°方向斜拉，但同样要注意使各绳拉出相同的距离。

# 第四节　轿厢、层门安装

**一、轿厢、轿门安装**

轿厢是电梯载客或载货的结构组合，它由轿厢架、轿底、轿壁、轿顶、轿门等组成。

轿厢架、轿底安装工程技术要求：

（1）将轿厢架底梁安放在承座梁上，调整其水平度及安全钳座与导轨工作面之端、侧间隙。

（2）组装后的轿厢底盘平面水平度应不超过 3/1000。

（3）立柱垂直度在整个高度上不应超过 1.5mm。

**二、轿厢体拼装**

轿厢体拼装工程技术要求：

（1）轿厢体拼装的顺序是：轿底→侧壁→后壁→前壁→轿顶→轿顶各零部件→轿门。

（2）轿体拼装后，其前侧板（有轿门一面的轿壁）之垂直度不应超过 1/1000。

（3）轿壁板应检查其平整性，应注意产品保护，不得硬性拼接，或在壁板上涂抹，其保护塑料膜除拼装部分撕去外，其他部分不应撕掉。对有编号的轿壁板应按编号排列拼装，切勿错位，嵌条应平整。

（4）在轿壁拼装时均应有防松措施。

（5）距轿厢地板在 1.1m 高度以下使用玻璃轿壁时，必须在距轿厢地板 0.9～1.1m 的高度安装扶手，且扶手必须独立固定，不得与玻璃有关。

（6）门导轨的垂直度为 ±1mm。见图 20-7。

（7）偏心轮与门导轨间的间隙不大于 0.5mm。见图 20-8。

图 20-7　门导轨的垂直度

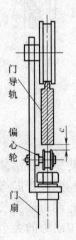

图 20-8　偏心轮与门导轨间隙

（8）护脚板设置在轿地坎处，应安装牢靠。

### 三、轿顶反绳轮安装

（一）轿顶反绳轮安装工程技术要求

（1）当轿顶有反绳轮时，反绳轮应设置防护装置和挡绳装置，尤其是挡绳装置应该有效，以免钢丝绳跳槽发生事故，且润滑应良好。

（2）当轿顶外侧边缘至井道壁水平方向的自由距离大于 0.3m 时，轿顶应装设防护栏及警示标识。

（3）轿顶反绳轮经安装校正后，其垂直度偏差不大于 1mm。见图 20-9。

（4）两轮端面平行度不大于 1mm。见图 20-10。

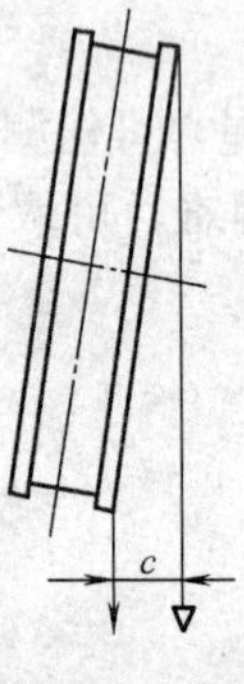

图 20-9　反绳轮的垂直度

（二）质量控制要点

$a=b=c=d$ 不大于 1mm

### 四、安全钳安装

单向安全钳是轿厢或对重向下运行超速或断绳情况下，由限速器使其发生动作，将轿厢停止并夹紧在导轨上的一种机械装置。对重安全钳也可通过限速绳使其动作，将对重装置制停在对重导轨上。

（一）安全钳安装工程技术要求

（1）当安全钳可调节时，整定封记应完好，且无

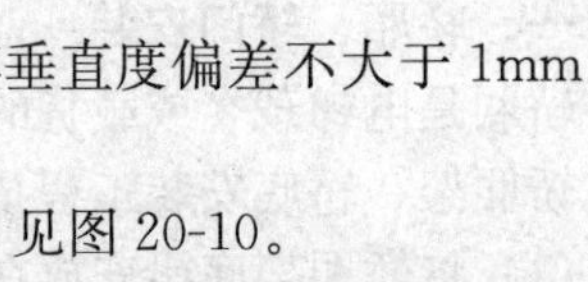

图 20-10　反绳轮与上梁的间隙

拆动痕迹。

（2）额定速度大于0.63m/s时及轿厢装有数套安全钳时，应采用渐进式安全钳，其余采用瞬时式安全钳。

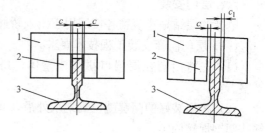

图 20-11　安全钳与导轨的间隙
1—安全钳座；2—楔块；3—导轨

（3）安全钳楔块面与导轨侧面间的间隙为 2～3mm。双楔块式的两侧间隙应相近，单楔块式的安全钳楔块与导轨侧面间隙为 2～3mm，另一面钳座与导轨侧面间隙为 0.5mm。见图 20-11。

（4）瞬时安全钳装置的提拉力应为 150～300N，恒值制动力安全钳装置动作应灵活可靠。

（二）质量控制要点

（1）根据安全钳型式试验证书及安装、维护使用说明书，找到安全钳上的每个整定封记（可能多处）部位，观察封记是否完好。

（2）如采用定位销定位，用手检查定位销是否牢靠，不存在有脱落的可能。

（3）限速器与安全钳电气开关在联动试验中动作应可靠，且使曳引机立即制动。

（4）对瞬时式安全钳，轿厢应载有均匀分布 125％ 的额定载荷，短接限速器与安全钳电气开关、轿内无人，并在机房内操作以检测速度下行，人为使限速器动作。

（5）对渐进式安全钳，轿厢应载有均匀分布的额定载荷，短接限速器与安全钳电气开关、轿内无人，在机房内操作以检修速度下行，人为让限速器动作。

（6）以上检查轿厢应可靠制动，且在载荷试验后对于原正常位置轿厢底的倾斜度不超过 5％。检查时，各种安全钳均采用空轿厢在检修速度下试验。

**五、导靴安装**

导靴安装在轿厢上梁的两侧和下梁的两侧，共有四个导靴。轿厢依靠导靴在导轨上滑动，以保持轿厢平稳运行。防止轿厢在运行过程中偏斜和摆动。

导靴分两大类：滚动导靴和滑动导靴（刚性、弹性）。

（一）导靴安装工程技术要求

（1）采用刚性结构时应能保证电梯正常运行，且轿厢导轨顶面与两导靴内表面间隙之和不大于 2.5mm。

（2）采用弹性结构时应能保证电梯正常运行，且轿厢导轨顶面与导靴滑块面无间隙，导靴弹簧的伸缩范围不大于 4mm。

（3）采用滚轮导靴时，滚轮对导靴不歪斜，压力均匀，中心接近一致且在整个轮缘宽度上与导轨工作面均匀接触。

（二）质量控制要点

（1）不同厂家所生产的导靴形式不一，检验调试可根据各生产厂提供的技术资料或说明书进行检验、调试。

（2）弹性滑动导靴的两边间隙值以 2mm 为宜。

（3）刚性导靴每边的间隙为 1mm。

## 六、层门安装

电梯的层站是建筑物各楼层用于出入轿厢的地点。层门是封闭式的。

### (一)层门门套安装工程技术要求

(1)先将门套在层门口拼装成整体,拼装门套时应检测门宽度尺寸,内侧平面应平整。

(2)将组装好的门套就位到地坎外沿,其底部与地坎用螺栓固定,门套两侧背面与钢筋或圆钢焊接固定。

(3)门套垂直度偏差不大于 1/1000。

### (二)门横梁安装工程技术要求

(1)门横梁下部与门套顶部用螺栓连接,上部有支座,用膨胀螺栓或其他方法固定在井壁上。

(2)门横梁安装,需进行层门导轨垂直度,导轨与地坎平行度,导轨中心与地坎滑靴槽中心的重合度等校正检测工作。

### (三)门扇安装工程技术要求

(1)门扇安装须进行门扇闭合中心偏移,门扇底面与地坎间隙,门扇闭合处平整性,门扇闭合缝隙与门套间隙等调整工作。

(2)门扇与门扇、门扇与门套、门扇与门楣、门扇与门口处轿壁、门扇下端与地坎的间隙,乘客电梯不应大于 6mm,载货电梯不应大于 8mm。

(3)门的牵引力为小于 300N。

(4)层门强迫关门装置必须动作正常。

(5)门锁装置的间隙调整和门头护板,地坎护板的安装,可在电梯调试慢车运行时按产品说明书规定进行检查。

(6)层门锁钩必须动作灵活,在证实锁紧的电气安全装置动作之前,锁紧元件的最小啮合长度为 7mm。

(7)层门外观应平整、光洁、无划伤或碰伤痕迹。

(8)层门指示灯盒、召唤盒和消防开关盒应安装正确,其面板与墙面贴实,横竖端正。

(9)动力操纵的水平滑动门在关门开始的 1/3 行程之后,阻止关门的力严禁超过 150N。

### (四)层门地坎安装工程技术要求

(1)地坎安装应以两根钢丝垂线为基准,按电梯设计要求的地坎距离,将地坎上两宽度线对准钢丝垂线。地坎上平面标高应以建筑楼面最终地面标高为基准。

(2)为确保地坎经校正后不易发生位移,可采用焊接方法固定在建筑物牛腿上,然后再浇灌混凝土。

(3)地坎浇灌混凝土之后,在养护期内,不能压重物或碰撞,并经常复查安装校正有否变化,发现偏差应立即修正。

(4)地坎安装标高应比楼面最终地坪标高高出 2~5mm。

(5)层门地坎应具有足够的强度,水平度不得大于 2/1000。

(6)层门地坎与轿厢地坎之间的水平距离偏差为 0~+3mm,且最大距离严禁超过 35mm。

(7) 门刀与层门地坎、门锁滚轮与轿厢地坎间隙不应小于 5mm。

（五）质量控制要点

1. 层门的检查

(1) 门导轨与下部挡轮间隙不大于 0.5mm。

(2) 中分门的对口处不平度不应大于 1mm。

(3) 门缝不大于 2mm。

(4) 自动门上的门刀与厅门地坎间隙为 5～8mm。

(5) 门扇未装联动机前，在门的中心，沿导轨的水平方向，任何部位牵引应灵活。

(6) 层门装完后用手推拉不应有受阻现象。

(7) 检查人员应逐层检验强迫关门装置的动作情况。

1) 将层门打开到 1/3 行程、1/2 行程、全行程处将外力取消，层门均应自动关闭。

2) 在门开关过程中，观察重锤式的重锤是否在导向装置内（上）有撞击层门其他部件（如门头组件及重锤行程限位件）的现象。观察弹簧式弹簧运动时是否有卡住现象，是否碰撞层门上金属部件。

3) 观察和利用扳手、螺丝刀等工具检验强迫关门装置连接部位是否牢靠。

2. 检查测量门锁

检查人员站在轿顶或轿内使电梯检修运行，逐层停在容易观察、测量门锁的位置。

(1) 用手打开门锁钩并将层门扒开后，往打开的方向旋转锁钩，观察锁钩复位是否灵活，将扒门的手松开，观察、测量证实锁紧的电气安全装置动作前，锁紧元件是否已达到最小啮合长度 7mm。

(2) 让门刀带动门锁开、关门，观察锁钩动作是否灵活。

(3) 每层在轿厢与楼面齐平时测量，每层测量层门地坎与轿厢地坎两边间隙。轿厢地坎下有护脚板，测量应从护脚板边量起，逐层记录。

**七、轿厢电气安装**

轿厢电气设备安装工程技术要求：

(1) 轿顶操纵箱应有停止电梯运行的非自动复位的红色停止开关，且动作可靠，在轿顶检修接通后，轿厢内检修开关（若有）应失效，检修开关应是安全触点开关。

(2) 轿顶应有低压（36V）照明灯具与单相三孔检修插座（220V）。

(3) 轿厢内操纵按钮动作灵活，信号显示清晰，轿厢超载装置或称量装置应动作可靠。

(4) 各种安全开关应可靠固定，但不得使用电焊固定。安装后不得因电梯正常运行的碰撞或因钢丝绳、钢带、电缆的正常摆动使开关产生位移、损坏和误动作。

(5) 电梯轿厢应可靠接地。

1) 电梯轿厢可利用随行电缆的钢芯或芯线作保护线。当采用电缆芯线作保护线时，不得少于 2 根。

2) 多股铜芯线打羊眼圈时，应搪锡成一体或压接线端子与设备连接。

3) 接地线接头应固定可靠，镀锌垫圈紧固件齐全。

### 八、层站电气设备安装

层站电气设备安装工程技术要求：

（1）盒体应平整、牢固、不变形，埋入墙内的盒不应突出装饰面。

（2）面板安装后应与墙面贴实，不得有明显的凹凸变形和歪斜。

（3）安装位置当无设计规定时，应符合下列规定，见图 20-12。

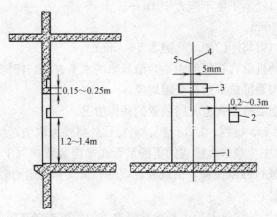

图 20-12　层站装置的安装位置

1）层站显示装置应装在层门口以上 150～250mm 的层门中心处。层楼数及运行方向指示在召唤盒内除外。

2）层站显示装置中心线与层门中心线的偏差不应大于 5mm。

3）召唤盒应装在层门右侧，距地 1200～1400mm 的墙壁上，且盒边与层门边的距离为 200～300mm。

4）并联、群控电梯的召唤盒应装在两台电梯的中间位置。

5）在同一候梯厅有二台及以上电梯并列或相对安装时，各层门对应位置应一致，并应符合下列规定：

a. 并列梯各层站显示装置的高度偏差不应大于 5mm。

b. 并列梯各召唤盒的高度偏差不应大于 2mm。

c. 各召唤盒距层门边的距离偏差不应大于 10mm。

d. 相对位置安装的电梯，各层站显示装置的高度偏差和各召唤盒的高度偏差均不应大于 5mm。

（4）具有消防功能的电梯，必须在基站或撤离层设置消防开关。消防开关盒宜装于召唤盒的上方，其底边距地面高度宜为 1600～1700mm。

### 九、验收安全装置

（1）轿顶上方应有一个不小于 0.5m×0.6m×0.8m 的矩形空间，（可以任何面朝下位置）。

（2）轿内操纵按钮动作应灵活，信号清晰，轿厢超载装置或称量装置应动作可靠。

## 第五节　井道底坑设备安装

电梯底坑设备包括：缓冲器、防护栏杆、检修扶梯、停止开关、检修插座、照明灯具。

**一、缓冲器安装**

1. 缓冲器安装工程技术要求

(1) 在同一基础上安装两个缓冲器时，其顶部与轿底对应距离差不大于 2mm。

(2) 轿厢、对重的缓冲器撞板中心与缓冲器中心的偏差不应大于 20mm。

(3) 液压缓冲器活动柱塞的铅垂度不大于 0.5%。充液量正确，且应设有在缓冲器动作后未恢复到正常位置时，使电梯不能正常运行的电气安全开关。

2. 质量控制要点

轿厢在两端站平层位置时，轿厢、对重缓冲器撞板与缓冲器顶面间的距离应符合规范的相关规定，见图 20-13。

**二、井道内防护设施**

防护设施安装工程技术要求：

(1) 对重（或者平衡重）的运行区域应当采用刚性隔障保护，该隔障从底坑地面上不大于 0.30m 处，向上延伸到离底坑地面至少 2.5m 的高度，宽度应当至少等于对重（或者平衡重）宽度两边各加 0.10m；

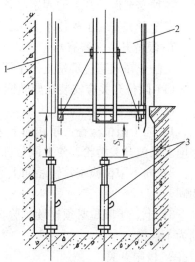

图 20-13　撞板与缓冲器顶面的距离
1—对重；2—轿厢；3—缓冲器

(2) 在装有多台电梯的井道中，不同电梯的运动部件之间应当设置隔障，隔障应当至少从轿厢、对重（或平衡重）行程的最低点延伸到最低层站楼面以上 2.50m 高度，并且有足够的宽度以防止人员从一个底坑通往另一个底坑，

(3) 如果轿厢顶部边缘和相邻电梯的运动部件之间的水平距离小于 0.5m，隔障应当贯穿整个井道，宽度至少等于运动部件或者运动部件的需要保护部分的宽度每边各加 0.10m。

**三、底坑电气装置**

底坑内应装有的电气装置：急停开关、检修插座、底坑照明及控制开关。

1. 底坑电气装置安装工程技术要求

(1) 底坑应设有停止电梯运行的非自动复位红色停止按钮，按钮应安装在端站地坪上 500～1300mm 左右高度的层门内侧墙上。

(2) 底坑应有单相三孔检修插座（220V），其接线应正确，面对插座看接地线在上方，左孔为零线，右孔为相线，其安装标高宜为 1300～1500mm。

(3) 底坑应有照明灯具和控制开关。

2. 底坑安全验收要求

(1) 底坑的底部应光滑平整，不得漏水或渗水，底坑不得作为积水坑使用。

(2) 电梯井道应为电梯专用，井道内不得设有与电梯无关的设备、电缆等杂物，应设有上下底坑的专用扶梯。

(3) 当轿厢完全压缩在缓冲器上时，轿厢最低部分与底坑之间的净空距离不小于

0.5m，且底部应有一个不小于 0.5m×0.6m×1.0m 的矩形空间（可以任何面朝向下位置）。

## 第六节  安全保护装置

### 一、安全保护开关安装

各种安全保护开关的固定必须可靠，且不得焊接，动作正确、灵活。

安全开关安装工程技术要求：

1. 限位开关（若有）

是防止轿厢超过端站正常平层停车位置的安全装置。

（1）限位开关应安装在导轨同侧井壁上，碰铁（弓）安装在轿厢侧面。

（2）质量控制要点：

1）向上限位检查：轿厢向下运行一层后，再向上以检修速度运行。使轿厢碰铁直接碰撞上限位开关滑轮，使上限位开关动作，迫使电梯到达端站自行停驶。

2）向下限位检查：轿厢向上运行半层，再向下运行，检查方法和测量与上限位检查相同。

3）上、下限位必须连续试验 3 次，每次必须动作正确为合格，如其中有一次不动作则为不合格。

2. 极限开关

是当轿厢运行超过端站时，轿厢或对重装置在接触缓冲器之前，能强迫切断主电源和控制电源的非自动复位安全装置。

（1）轿厢碰铁与碰轮接触应可靠，在任何情况下，碰轮边距碰铁边不小于 5mm。

（2）向上极限开关位置在端站向上 150～200mm（轿厢地坎与层门地坎之间垂直距离）。

（3）向下极限开关位置在端站向下 150～200mm（轿厢地坎与层门地坎之间垂直距离）。

（4）安装后极限开关应试验 5 次，均动作灵活，准确可靠。

（5）质量控制要点：

1）检查向上极限开关时，电梯必须从顶层向下运行半层位置，在机房控制柜内用接线短接向上限位开关端子，使上限位开关不起作用，然后电梯以检修速度运行。当轿厢撞铁直接碰撞极限开关碰轮，并切断极限开关，电梯停止运行，此时，轿厢地坎与层门地坎之间垂直距离应在＋150～＋200mm。

2）检查向下极限开关时，电梯必须向上运行半层位置，检查方法与上极限开关相同，当电梯停止运行时，轿厢地坎与层门地坎之间垂直距离应在－150～－200mm。

3）上、下极限开关试验后，应及时拆除上、下限位短接线。

4）极限开关必须连续试验 5 次，每次必须动作正确，如其中一次不动作则为不合格项目。

3. 门锁开关

是层门和轿厢门与电梯运行的连锁装置，防止电梯在开门状态下行驶。

4. 安全触板、光电或光幕

是避免乘客或物品被夹在门缝受到损伤的装置，安装在轿门沿上。

5. 轿厢超载报警装置

当轿厢载重超过额定载重时，该装置发出信号，使电梯控制电路断电，防止电梯在超负荷状态下运行。该装置安装在轿厢底部或顶部。

6. 安全开关

即急停开关，当电梯出现紧急情况时，用它切断电梯电源，使运行中的电梯迅速停止，此安全开关安装位置在机房、轿顶、底坑等处。

7. 限速器松绳（断绳）开关

安装在底坑限速器张紧轮旁，若限速器绳出现松弛或断裂，则该开关动作，切断电梯控制电路，使电梯紧急制动。

8. 轿厢安全窗（若有）开关

安全窗是设在轿厢顶部向外开启的封闭窗，供安装检修人员使用的出入口，窗上装有限位开关，打开即可切断控制电路。

9. 检修开关

安装在轿厢顶部的检修装置上。检修开关闭合时，电梯只能慢速运行（轿厢速度不应大于 0.63m/s）。

## 二、与机械配合的各种安全开关质量控制要点

对电梯内各功能开关进行切断、转换，检查电梯内各功能开关转换时是否能与电梯运行动作相符合。

1. 限速器张紧轮下落大于 50mm 时

（1）限速器：是当轿厢运行速度达到限定值时，能发出电信号，并产生机械动作的安全装置。

（2）在导轨上安装有断绳保护开关，若出现限速器绳松弛或绳头脱落等情况，限速器张紧轮上的配重下落，通过打板撞动断绳保护开关触头，切断电梯控制电路，防止电梯在没有安全钳保护下行驶。

（3）质量控制要点：

1）在井道底坑用手扳动限速器张紧轮，使钢丝绳滑出轮槽，轮子下落，切断保护限位开关，电梯停止运行。

2）用钢卷尺测量张紧轮，下落大于 50mm 时，应能立即切断限位开关。

2. 限速器钢丝绳带动轿厢上安全钳拉杆动作时

（1）限速器和安全钳一起构成轿厢的快速制动装置，限速器是该装置的触发机构，当轿厢行驶速度达到额定速度的 115% 时，限速器动作，夹住限速器钢丝绳，强迫安全钳作出相应反应，将轿厢制停，与此同时切断电梯控制电路，电机断电，制动器刹住制动轮。

（2）质量控制要点：

限速器动作可靠，动作时应触发限速器开关，切断电梯控制电路。

1）以检修速度下行（或额定速度），进行限速器-安全钳联动试验，限速器－安全钳动作应当可靠。

2）限速器动作时，限速器安全开关应被触动，切断安全回路。

3）安全钳动作同时，连杆系统应使安全钳开关被触动，切断安全回路。

3. 电梯载重量超过额定载重量的 110% 时

（1）超载装置：设置在轿厢底、轿厢顶或机房等处，是当轿厢负载超过额定负载时，能发生警告信号，使轿厢不能运行的安全装置。

（2）质量控制要点：

1）电梯轿厢停在底层，向轿厢内逐步增加砝码。

2）当向轿厢加负载达到电梯额定载重量110％时，应发出超载报警信号，电梯不关门。必要时进行调整、调试。

3）从轿厢内取出10％的载重时，自动解除超载状态。

4）超载试验应进行多次，使超载信号发出及时、准确。

4. 任意层门、轿门未关闭或锁紧时

（1）门锁装置：是设置在层门的内侧，门关闭后，将门锁紧，同时接通控制回路，轿厢方可运行的机电连锁安全装置。

（2）质量控制要点：

1）电梯停在某一层，如厅门或轿门打开时，按电梯向上或向下操作按钮，电梯不能正常启动运行为正确。

2）在轿顶上作电梯检修运行时，用手扳动厅门滚轮，电梯应立即停车。

3）电梯轿门及层门逐一检查。

5. 轿厢安全窗未正常关闭时

（1）轿厢安全窗：是在轿厢顶部向外开启的封闭窗，供安装、检修人员使用或在发生事故时的出口，窗上装有安全开关。

（2）质量控制要点：

1）电梯在运行过程中，用手向上推动轿顶安全窗，使电梯立即停车为正确。

2）应多次检查，均为正确。

### 三、强迫减速装置

（1）强迫减速装置是电梯运行到终端站时，行程开关动作使电梯作强迫减速的装置。强迫减速是防止越程的第一道保护。当开关被撞动时，轿厢立即强制转为低速运行。在速度比较高的电梯中，可设几个强迫减速开关，分别用于多级的强迫减速。

电梯强迫减速开关安装位置与电梯速度相关。应根据电梯生产企业的技术要求确定安装位置。

（2）质量控制要点：

1）注意强迫减速开关设置位置与技术文件规定一致。

2）强迫减速开关的动作应可靠、有效。

### 四、轿厢自动门、安全触板（光幕）检查

1. 安全触板（光幕）

安全触板（光幕）是设置在层门、轿门之间，在层门、轿门关闭过程中，当有乘客或障碍物触及（遮住光线）时，门立即停止关闭并重新开启的安全装置。

2. 质量控制要点

（1）当在轿门启动关闭时，用手触及轿门安全触板或遮挡光线，门应立即返回到开启位置。

（2）若装有安全触板，触板动作的碰撞力不大于5N。

## 第七节　电梯整机安装工程质量验收

### 一、安全保护功能验收
安全保护功能验收必须符合下列规定：

1. 必须检查以下安全装置或功能

(1) 断相、错相保护装置或功能。

(2) 短路、过载保护装置。

(3) 限速器上的轿厢（对重、平衡重）下行标志必须与轿厢（对重、平衡重）实际下行方向相符。

(4) 安全钳。

(5) 缓冲器。

(6) 门锁装置。

(7) 夹绳器（若有）。

(8) 上、下极限开关必须是安全触点，在端站位置进行动作试验时必须动作正常。

(9) 位于轿顶、机房（如果有）、滑轮间（如果有）、底坑停止装置的动作必须正常。

2. 下列安全开关，必须动作可靠

(1) 限速器绳张紧开关。

(2) 液压缓冲器开关。

(3) 有补偿张紧轮时，补偿绳张紧开关。

(4) 当额定速度大于 3.5m/s 时，补偿绳轮防跳开关。

(5) 轿厢安全窗（如果有）开关。

(6) 安全门、底坑门、检修活板门（如果有）的开关。

(7) 对可拆卸式紧急操作装置所需要的安全开关。

(8) 悬挂钢丝绳（链条）为两根时，防松动安全开关。

### 二、限速器安全钳联动试验
限速器安全钳联动试验必须符合下列规定：

(1) 限速器与安全钳电气开关在联动试验中必须动作可靠，且使驱动主机立即制动。

(2) 对瞬时式安全钳，轿厢应载有均匀分布的额定载重量；对渐进式安全钳，轿厢应载有均匀分布的 125% 额定载重量。当短接限速器及安全钳电气开关，轿厢以检修速度下行，人为使限速器机械动作时，安全钳应可靠动作，轿厢必须可靠制动，且轿底倾斜度不应大于正常位置的 5%。

### 三、轿厢上行超速保护装置试验

(1) 当轿厢上行速度失控时，轿厢上行超速保护装置应当动作，使轿厢制停或者至少使其速度降低至对重缓冲器的设计范围；该装置动作时，应当使一个电气安全装置动作，电梯紧急制动。

(2) 应按照制造单位规定的方法进行试验，检验人员现场观察、确认。

### 四、层门与轿门的试验
层门与轿门的试验必须符合下列规定：

（1）每层层门必须能够用三角钥匙正常开启。

（2）当一个层门或轿门（在多扇门中任何一扇门）非正常打开时，电梯无法启动或继续运行。

**五、电梯曳引能力试验**

曳引式电梯的曳引能力试验必须符合下列规定：

1. 上行制动试验

轿厢空载以正常运行速度上行时，切断电动机与制动器供电，轿厢应当被可靠制停，并且无明显变形和损坏。

轿厢空载以正常运行速度上行至行程上部时，断开主开关，检查轿厢制停情况。

2. 下行制动试验

轿厢装载 1.25 倍额定载重量，以正常运行速度下行至行程下部，切断电动机与制动器供电，曳引机应当停止运转，轿厢应当完全停止，并且无明显变形和损坏。

3. 静态曳引试验

对于轿厢面积超过相应规定的载货电梯，以轿厢实际面积所对应的 1.25 倍额定载重量进行静态曳引试验，对于轿厢面积超过相应规定的非商用汽车电梯，以 1.5 倍额定载重量做静态曳引试验，历时 10min，曳引绳应当没有打滑现象

4. 空载曳引力试验

当对重压在缓冲器上而曳引机按电梯上行方向旋转时，应当不能提升空载轿厢。

将上限位开关（如果有）、极限开关和缓冲器柱塞复位开关（如果有）短接，以检修速度将空载轿厢提升，当对重压在缓冲器上后，继续使曳引机按上行方向旋转，观察是否出现曳引轮与曳引绳产生相对滑动现象，或者曳引机停止旋转。

**六、空载、额定载荷下运行试验**

（1）轿厢分别以空载、50％额定载荷和额定载荷三种工况，并在通电持续率 40％情况下，到达全行程范围，按 120 次/h，每天不少于 8h，各起、制动运行 1000 次，电梯应运行平稳、制动可靠，连续运行无故障。

（2）制动器温升不应超过 60K，曳引机减速器油温升不超过 60K，其温度不应超过 85℃，电动机温升不超过 GB 12974 的规定。

**七、平层准确度检验**

平层准确度是指：轿厢到站停靠后，轿厢地坎上平面与层门地坎上平面之间垂直方向的偏差值。

《电梯技术条件》GB/T 10058 中规定：电梯轿厢的平层准确度宜在 ±10mm 范围内。平层保持精度宜在 ±20mm 范围内。

**八、曳引式电梯的平衡系数**

曳引式电梯的平衡系数应为 0.4～0.5。

轿厢分别空载、装载额定载重量的 30％、40％、45％、50％、60％作上下全程运行，当轿厢和对重运行到同一水平位置时，记录电动机的电流值，绘制电流-负荷曲线以上、下行运行曲线的交点确定平衡系数。以电动机电源输入端为电流检测点。

**九、噪声检验**

电梯的各机构和电气设备在工作时不得有异常振动或撞击声响；电梯的噪声值应符合表 20-3 规定。

| 额定速度 $v$/(m/s) | $v \leqslant 2.5$ | $2.5 < v \leqslant 6.0$ |
|---|---|---|
| 额定速度运行时机房内平均噪声值 | $\leqslant 80$ | $\leqslant 85$ |
| 运行中轿厢内最大噪声值 | $\leqslant 55$ | $\leqslant 60$ |
| 开关门过程中最大噪声值 | $\leqslant 65$ | |

注：无机房电梯的"机房内平均噪声值"是指距离曳引机 1m 处所测得的平均噪声值。

### 十、速度

当电源为额定频率和额定电压、轿厢载有 50% 额定载荷时，向下运行至行程中段（除去加速减速段）时的速度，不应大于额定速度的 105%，且不应小于额定速度的 92%。

### 十一、其他

1. 缓冲器复位试验

对耗能型缓冲器需进行复位试验，即轿厢在空载的情况下以检修速度下降将缓冲器完全压缩，从轿厢开始离开缓冲器一瞬间起，直到缓冲器复位到原状，所需时间应不大于 120s。

2. 消防功能试验

当电梯向上行驶时，不论在任何层站，若合上消防开关，电梯应迅速向下行驶，停靠基站，中间不停任何层站。

### 十二、观感质量

观感质量应符合相关规范要求。

## 第八节　液压电梯安装工程

### 一、设备进场验收和土建交接验收

（1）设备进场控制要点：除随机文件中需增加液压电梯原理图外，其他与曳引式电梯安装工程相同。

（2）土建交接验收：与曳引式电梯安装工程相同。

### 二、液压系统

（一）安装工程技术要求

（1）液压泵站及液压顶升机构的安装必须按土建布置图进行，顶升机构必须安装牢固，缸体垂直度误差严禁大于 4‰。

（2）液压管路应可靠连接，且无渗漏现象。

（3）液压泵站油位显示应清晰、准确。

（4）压力表应清晰、准确地显示系统的工作压力。

（二）质量控制要点

1. 液压顶升

液压顶升机构应按照制造厂提供的土建布置图进行安装，严禁随意更改安装位置。顶升机构的支架应安装在混凝土墙上，采用膨胀螺栓固定。如井道采用砖墙结构时，膨胀螺栓不应直接固定在砖墙上，应采用夹板螺栓固定法来进行固定。顶升机构应安装牢固，缸体垂直度误差严禁大于 4‰。

2. 液压管道

(1) 液压系统的液压管路应尽量简短，液压站以外的管道连接应采用焊接，焊接法兰螺纹管连接头，不得采用压紧装配或扩口装配，且应无渗漏现象。

(2) 压力管路的油流速度不应大于 5m/s，吸油管路不应大于 1m/s。

(3) 系统管路中的刚性管道应采用足够壁厚的无缝钢管，用于液化缸与单向阀或下行阀之间的高压管，相对于爆破压力的安全系数不应小于 8。

(4) 液压油管穿墙应设套管，套管内径大小应能通过软管接头，套管两端管口应密封，便于今后维修。

3. 液压油

(1) 液压油的黏温特性应符合系统元件正常工作的要求。

(2) 液压系统应设有滤油器，滤油器的过滤精度不得低于 $25\mu m$。

(3) 油箱应安装密闭顶盖，以防止尘埃落入油箱内，顶盖上部应设有带过滤的注油器，对带空滤器的通气孔，其通气能力应满足流量的要求。

(4) 液压油箱应设有显示最高和最低油面的液位计，油箱和油液容量应能满足液压电梯正常运行的需要。

4. 压力表

液压泵站应设有压力指示表，该压力指示表应清晰准确地显示其系统的工作压力，压力表的量程应不大于额定载荷时压力的 150%，且压力指示表的表面应正对进门入口处，便于维修人员能直观了解系统工作时的压力是否处于正常范围内。

将检测情况计入表中，在表中应有建设方或监理方、施工方签字才能生效。

**三、导轨、门系统、轿厢、平衡重、安全部件、悬挂装置、随行电缆、电气装置**

均与曳引式电梯安装工程相同。

**四、整机安装验收**

(一) 安装工程技术要求

1. 液压电梯安全保护系统验收

(1) 必须检查以下安全装置的功能：

1) 断相、错相保护装置的功能：当控制柜三相电源中任何一相断开或任意二相改变位置时，断相、错相保护装置或功能应使电梯无法启动。

2) 短路、过载保护装置：动力电路、控制电路、安全电路必须有与负载匹配的短路保护装置；动力电路必须有过载保护装置。

3) 防止轿厢坠落、超速下降的装置：液压电梯必须有防止轿厢坠落、超速下降的装置，且各装置必须与其型式试验证书相符。

4) 门锁装置：门锁装置必须与其型式试验证书相符。

5) 上极限开关：上极限开关必须是安全触点，在端站位置进行动作试验时，应动作正常。

6) 机房、滑轮间（如果有）、轿顶、底坑停止装置：位于机房、滑轮间（如果有）、轿顶、底坑停止装置的动作必须正常。

7) 液压油温升监控装置：当液压油达到产品设计温度时，温升监控装置必须动作，使电梯停止运行。

8）移动轿厢的装置：在停电或电气系统发生故障时，移动轿厢的装置必须能够移动轿厢上行或下行，且下行时还必须装设防止顶升机构与轿厢运动相脱离的装置。

（2）下列安全开关必须动作可靠：

1）限速器（若有）张紧开关。

2）液压缓冲器（若有）开关。

3）轿厢安全窗（若有）开关。

4）安全门、底坑门、检修活板门（若有）开关。

5）悬挂钢丝绳（链条）为两根时，防松动安全开关。

2. 限速器与安全钳联动试验

（1）限速器（安全绳）与安全钳电气联动试验必须动作可靠，且应使电梯停止运行。

（2）联动试验时轿厢载荷及速度应符合下列规定：

1）液压电梯额定载重量与轿厢最大有效面积具有明确的对应关系，见表 20-4。

液压乘客电梯额定载重量与对应的轿厢最大有效面积之间的关系　　表 20-4

| 额定载重量<br>(kg) | 轿厢最大<br>有效面积<br>(m²) | 额定载重量<br>(kg) | 轿厢最大<br>有效面积<br>(m²) | 额定载<br>重量<br>(kg) | 轿厢最大<br>有效面积<br>(m²) | 额定载<br>重量<br>(kg) | 轿厢最大<br>有效面积<br>(m²) |
|---|---|---|---|---|---|---|---|
| 100① | 0.37 | 525 | 1.45 | 900 | 2.20 | 1275 | 2.95 |
| 180② | 0.58 | 600 | 1.60 | 975 | 2.35 | 1350 | 3.10 |
| 225 | 0.70 | 630 | 1.66 | 1000 | 2.40 | 1425 | 3.25 |
| 300 | 0.90 | 675 | 1.75 | 1050 | 2.50 | 1500 | 3.40 |
| 375 | 1.10 | 750 | 1.90 | 1125 | 2.65 | 1600 | 3.56 |
| 400 | 1.17 | 800 | 2.00 | 1200 | 2.80 | 2000 | 4.20 |
| 450 | 1.30 | 825 | 2.05 | 1250 | 2.90 | 2500③ | 5.00 |

① 一人电梯的最小值。

② 二人电梯的最小值。

③ 额定载重量超过 2500kg 时，每增加 100kg 面积增加 0.16m²，对中间的载重量其面积曲线性插入法确定。

2）对瞬时式安全钳，轿厢应以额定速度下行；对渐进式安全钳，轿厢应以检修速度下行。

3）当限速器-安全钳联动时，使下行阀保持开启状态（直到钢丝绳松弛为止）的同时，人为使限速器机械动作，安全钳应可靠动作，轿厢必须可靠制动，且轿底倾斜度不应大于正常时的 5%。

3. 层门与轿门的试验

与曳引式电梯安装工程相同。

4. 超载试验

当轿厢载荷达到 110% 的额定载重量，且 10% 的额定载重量的最小值按 75kg 计算时，液压电梯无法启动。

5. 液压电梯安装后应进行运行试验

轿厢在额定载重量工况下，按产品设计规定的每小时启动次数运行 1000 次（每天不少于 8h），液压电梯应平稳，制动可靠，连续运行无故障。

6. 噪声检查

(1) 液压电梯的机房噪声不应大于 85dB（A）；

(2) 乘客液压电梯和病床液压电梯运行中轿厢内噪声不应大于 55dB（A）；

(3) 乘客液压电梯和病床液压电梯的开关门过程噪声不应大于 65dB（A）。

7. 平层准确度检验

液压电梯平层准确度应在±15mm 范围内。

8. 运行速度检验

载有任意载重量（直至额定载荷）的轿厢下行速度应不超过下行额定速度的 8%。

9. 额定载荷沉降量试验

载有额定载荷的轿厢停靠在最高层站时，停梯 10min，沉降量不应大于 10mm，但因油温变化而引起的油体积缩小所造成的沉降不包括在 10mm 内。

10. 液压泵站溢流阀压力检查

液压泵站上的溢流阀应设定在系统压力为满载压力的 140%。由于管路较高的内部损耗，必要时溢流阀可调节到较高的压力值，但不应超过满载压力的 170%。

11. 超压静载试验

将截止阀关闭，在轿厢内施加 200% 的额定载荷，持续 5min，应确保液压系统完好无损。

12. 观感检查

与曳引式电梯安装工程相同。

（二）质量控制要点

1. 在轿厢内载有额定载荷的 120% 重量时，此时液压电梯控制系统应能报警，并切断动力线路，使液压泵不能启动或无压力油输出，使电梯轿厢不能上行。

2. 将额定载重量的轿厢停靠在最高层站，观察和测量 10min 后检查

(1) 轿厢变形情况。

(2) 结构件变形及损坏情况。

(3) 是否有漏油现象。

(4) 钢丝绳绳头是否有松动。

(5) 测量沉降量不应大于 10mm，但因油温变化而引起的油体积缩小所造成的沉降不包括在 10mm 内。

3. 耐压试验

(1) 液压油缸超耐压试验：将液压油缸加压至额定工作压力 1.5 倍，保压 5min，检查阀体及接头处有无明显的变形，各处有无外漏。

(2) 限速切断阀耐压实验：在额定工作压力 1.5 倍的情况下，检查阀体及接头处有无外漏，检查单向阀处是否有内漏。

4. 限速性能试验

(1) 在额定工作压力和流量的情况下，瞬时降低阀入口处的压力，试验阀芯关闭液压油缸中的逆流回油所需时间。应符合设计要求。

(2) 调节限速切断阀的调节螺钉，测定该阀的正常工作流量范围，应符合设计要求。

5. 耐久性试验

（1）液压油缸：在油缸柱塞杆头部加载至额定值，柱塞杆按照设计速度往复运动全行程不少于 $2\times10^4$ 次，检查柱塞杆有无磨损，密封面是否有渗漏现象。

（2）限速切断阀：在额定工作压力，工作 10000 次，要求无故障。

（3）电动单向阀：在额定工作压力和流量的情况下，按以下要求工作 10000 次后，应保持阀的原性能不变。

1）换向频率 15～20 次/min。

2）每次换向中，保压时间不少于 2s。

6. 液压泵站上溢流阀的调节

液压泵站上的溢流阀应调节在系统压力为满载压力的 140%～170%。

7. 超载静载负荷试验

轿厢停止在底层平层位置，将截止阀关闭，在轿厢施加额定载重量 200% 的负载，保持 5min，观察液压系统各部位应保持无渗漏，观察各构件有无发生永久性变形和损坏，钢丝绳头有无松动，轿厢有无不正常地沉降。

8. 额定速度试验

上行额定速度或下行额定速度不应大于 1.0m/s。

空轿厢上行速度不应超过额定上行速度的 8%。

载有额定载荷轿厢下行速度不应超过额定下行速度的 8%。

在液压电梯平稳运行区段（不包括加、减速区段）先确定一个不少于 2m 的试验距离，电梯启动后，按行程开关或接近开关用秒表分别测出通过上述试验距离时，空载轿厢向上运行所消耗的时间和额定载重量轿厢向下运行所消耗时间，按计算公式计算出速度（试验分别进行 3 次，取其平均值）：

$$V_1=\frac{L}{t_1} \quad V_2=\frac{L}{t_2}$$

式中　$V_1$ 和 $t_1$——空载轿厢上行速度（m/s）和时间（s）；

　　　　$V_2$ 和 $t_2$——有载轿厢下行速度（m/s）和时间（s）；

　　　　$L$——试验距离（m）。

将检测情况计入表中，在表中应有建设方或监理方、施工方代表签字才能生效。

# 第九节　自动扶梯、自动人行道安装工程

## 一、设备进场验收

设备进场控制要点：

（一）必须提供的资料

1. 随机文件

（1）土建布置图。

（2）产品出厂合格证。

（3）装箱单。

（4）安装、使用维护说明书。

（5）动力电路和安全电路的电气原理图及接线布置图。

2. 技术资料

(1) 梯级或踏板的型式试验报告复印件或胶带的断裂强度证明文件复印件。

(2) 对于公共交通型自动扶梯、自动人行道应有扶手带的断裂强度证明书复印件。

(二) 设备零部件、设备外观

设备零部件应与装箱单内容相符。设备外观不应有明显的损坏。

**二、土建交接验收**

(一) 安装工程技术要求

(1) 自动扶梯的梯级或自动人行道的踏板或胶带上空，垂直净高度严禁小于 2.3m。

(2) 在安装之前，施工现场周围必须设有保证安全的栏杆和屏障，其高度严禁低于 1.2m。

(3) 土建工程应按照土建布置图进行施工，并且其主要尺寸允许误差应为：提升高度 $-15 \sim +15mm$；跨度 $0 \sim +15mm$。

(4) 应根据产品供应商的要求，提供设备进场所需的通道和搬运空间。

(5) 在安装之前，土建施工单位应提供明显的水平基准线标识。

(6) 电源零线和接地线应始终分开，接地装置的接地电阻值不应大于 $4\Omega$。

(二) 质量控制要点

(1) 在自动扶梯和自动人行道的出入口，应有充分畅通的区域，以容纳乘客，宽度至少等于扶手带中心线之间的距离，其纵深尺寸从扶手带转向端部起算，至少为 2.5m。如果该区宽度增至扶手带中心距的两倍以上，则其纵深尺寸允许减少至 2m。必须注意到，应将该畅通区看作整个交通系统的组成部分，因此，有时需增大。

(2) 自动扶梯的梯级或自动人行道的踏板或胶带上空，垂直净高应不小于 2.3m。

(3) 如果建筑物的障碍物会引起人员伤害时，则应采取相应的预防措施，特别是在与楼板交叉处，以及各交叉设置的自动扶梯或自动人行道之间，应在外盖板上方设置一个无锐利边缘的垂直防碰挡板，其高度不应小于 0.3m。

(4) 当自动扶梯或自动人行道边缘周围有空隙距离时应设置安全防护栏或隔离屏障，以防儿童坠落，该防护栏严禁低于 1.2m。且栏杆中间应有防儿童能钻出的隔离杆。

(5) 施工企业应在施工前派施工人员对现场进行勘察，勘察人员应对设计施工图及土建实际施工的机房底坑的质量进行复测，测量其提升高度及跨度是否在制造厂所提供技术标准范围之内，如不符合应向建设单位提出进行修正，待修正符合规范要求后，方可派施工人员进场安装。

(6) 勘察人员在施工现场勘察的同时，应对设备运进现场的道路一并进行勘察，针对设备进场的条件，运输所要求的通道及扶梯金属结构（桁架）的拼装、吊运的场地空间等进行检查。对不符合要求之处应以书面形式向建设单位提出整改意见及完成日期。

(7) 自动扶梯或自动人行道的桁架中心及标高作为自动扶梯或自动人行道部件组装的基础，是一项十分重要的工作，故土建施工单位应在建筑物的适当位置标示出明显 X、Y 轴线的基准线，及最终地平面的 ±0 标高基准线。既便于施工单位的安装，又使安装质量控制具有可追溯性。

(8) 接地

1) 在同一回路中严禁将电气设备一部分采用接零保护，而另一部分采用接地保护。

2）接地线应安装在规定的位置上，不得任意乱接，不得串接，保护接地电阻值不应大于 4Ω。应将检测结果记入表中，并应有建设方或监理方、施工方代表签字才能生效。

### 三、整机安装验收

（一）安装工程技术要求

（1）在下列情况下，自动扶梯、自动人行道必须自行停止运行，而且要求在以下 4）至 11）情况下的开关动作必须通过安全触点与安全电路来完成。

1）无控制电压。

2）电路接地的故障。

3）过载。

4）控制装置在超速和运行方向非操纵逆转下动作。

5）附加制动器动作（如果有）。

6）直接驱动梯级、踏板或胶带的部件（如链条或齿条）断裂或过分伸长。

7）驱动装置与转向装置之间的距离（无意性）缩短。

8）梯级、踏板或胶带进入梳齿板处有异物夹住，且产生损坏梯级、踏板或胶带支撑结构。

9）无中间出口的连续安装的多台自动扶梯、自动人行道中的一台停止运行。

10）扶手带入口处保护装置动作。

11）梯级或踏板下陷。

（2）测量不同回路导线对地的绝缘电阻，要求与电梯安装工程相同。

（3）电气设备接地要求与电梯安装工程相同。

（4）整机安装检查应符合下列要求：

1）梯级、踏板、胶带及梳齿板等应完整无损。

2）在自动扶梯、自动人行道入口处应设置使用须知的标牌。

3）内、外盖板、围裙板、扶手支架及扶手导轨、护壁板接缝应平整。接缝处的台阶不应大于 0.5mm。

4）梳齿板梳齿与踏板面齿槽的啮合深度至少应为 6mm。

5）梳齿板梳齿与踏板面齿槽的间隙至少为 4mm。

6）围裙板与梯级、踏板或胶带任何一侧的水平间隙不大于 4mm，两边的间隙之和不大于 7mm。如果自动人行道的围裙板设置在踏板或胶带之上时，则踏板表面与裙板下端之间的垂直间隙不应超过 4mm，踏板或胶带的横向摆动不允许踏板或胶带的侧边与围裙板垂直投影产生间隙。

7）梯级间或踏板间的间隙在工作区段的任何位置，从踏板面测得的两个相邻梯级或两个相邻踏板之间的间隙不应超过 6mm。在自动人行道过渡曲线区段，踏板的前缘和相邻踏板的后缘啮合，且间隙允许增至 8mm。

8）护壁板之间的空隙不应大于 4mm。

（5）性能试验应符合下列规定：

1）在额定频率和额定电压下，梯级、踏板或胶带沿运行方向空载时的速度与额定速度之间允许偏差为 ±5%。

2) 扶手带的运行速度相对梯级、踏板或胶带的速度允许偏差为 0～+2%。

（6）自动扶梯、自动人行道制动试验应符合下列规定：

1) 自动扶梯、自动人行道应进行空载和有载向下（水平）运行制动试验，制停距离应符合表 20-5 的规定。

制停距离　　　　　　　　　　　　表 20-5

| 额定速度 | 制停距离范围(m) | | 额定速度 | 制停距离范围(m) | |
|---|---|---|---|---|---|
| | 自动扶梯 | 自动人行道 | | 自动扶梯 | 自动人行道 |
| 0.5m/s | 0.20～1.00 | 0.20～1.00 | 0.75/s | 0.35～1.50 | 0.35～1.50 |
| 0.65m/s | 0.30～1.30 | 0.30～1.30 | 0.90/s | — | 0.40～1.70 |

注：若速度在上述数值之间，制停距离用插入法计算，制停距离应从电气制动装置工作开始测量。

2) 自动扶梯应进行载有制动载荷的下行制停距离试验（除非制停距离可以通过其他方法检验）。对于自动人行道，制造商应提供按载有表 20-6 规定的制动载荷计算的制停距离，且制停距离应符合表 20-5 的相关规定。

制动载荷　　　　　　　　　　　　表 20-6

| 梯级、踏板或胶带的<br>名义宽度(m) | 自动扶梯每个梯级<br>上的载荷(kg) | 自动人行道每 0.4m 长<br>度上的载荷(kg) |
|---|---|---|
| z≤0.6 | 60 | 50 |
| 0.6＜z≤0.8 | 90 | 75 |
| 0.8＜z≤1.1 | 120 | 100 |

注：1. 自动扶梯受载的梯级数量由提升高度除以最大可见梯级踢板高度求得，在试验时允许将总制动载荷分布在所求得的 2/3 的梯级上。

2. 当自动人行道倾斜角度不大于 6°，踏板或胶带的名义宽度不大于 1.1m。那么，宽度每增加 0.3m 制动载荷应在每 0.4m 长度上增加 25kg。

3. 当自动人行道在长度范围内有多个不同倾斜角度（高度不同）时，制动载荷应仅考虑到那些能组合成最不利载荷的水平区段和倾斜区段。

（7）电气装置的规范要求与电梯安装工程相同。

（8）观感检查应符合下列规定：

1) 上行和下行自动扶梯、自动人行道、梯级、踏板或胶带与围裙板之间应无刮碰现象（梯级、踏板或胶带上的导向部分与围裙板接触除外），扶手带表面应无刮痕。

2) 对梯级（踏板或胶带）、梳齿板、扶手带、护壁板、围裙板、内外盖板及活动盖板等部位的外表面应进行清理。

（二）质量控制要点

（1）当自动扶梯或自动人行道一旦失去控制电压的情况下，应立即停止运行。

（2）当自动扶梯或自动人行道的电气装置的接地系统发生断路或故障的情况下应立即停止运行。

（3）当电流发生过载时，自动扶梯或自动人行道内的电气过载保护装置应动作，并立即停止运行。

（4）当自动扶梯或自动人行道的运行速度超过额定速度的 1.2 倍时，超速保护装置（速度控制器）应能切断控制回路电源，使其立即停止运行。

（5）当自动扶梯或自动人行道在正常运行情况下，突然逆向运行（非人为操作）时，应立即停止运行。

（6）当自动扶梯或自动人行道带有附加制动器时，自动扶梯或自动人行道在运行过程中，一旦附加制动器的保护装置发生动作，应立即停止运行。

（7）当驱动链断裂或伸长时，相应的保护装置应起作用，使自动扶梯或自动人行道立即停止运行。

（8）驱动装置与转向装置一旦产生螺栓松动而移位，使两者之间距离缩短时，其保护装置应起作用并使自动扶梯或自动人行道立即停止运行。

（9）当梯级或踏板进入梳齿板处被异物夹住时，保护装置应动作，并使自动扶梯或自动人行道立即停止运行。

（10）当有异物进入扶手带入口处时，保护装置应动作。并使自动扶梯或自动人行道立即停止运行。

（11）在装有多台连续的自动扶梯或自动人行道，且中间又无出口，当其中一台发生故障又不能运行时，应有一个保护装置使其他的自动扶梯或自动人行道均应立即停止运行。

（12）当梯级或踏板下沉时，保护装置应有效，并使自动扶梯或自动人行道立即停止运行。

（13）安装检查：

1）目测梯级、踏板、胶带及梳齿板的梳齿应完好无损。

2）目测自动扶梯或自动人行道的入口处是否贴有醒目的乘客须知像形图，见图20-14。

3）目测检查，必要时用塞尺和钢直尺测量扶手支架、盖板、护壁板及围裙板的对接处应平整光滑。对接处的接缝间隙应小于1mm。接缝处的台阶不应大于0.5mm。

4）自动扶梯梯级或自动人行道踏板的齿槽深度至少为10mm；检查时用斜塞尺测量梳齿与踏板面齿槽的啮合深度至少为6mm。梳齿板梳齿与踏板面齿槽的间隙应不超过4mm。

5）应用塞尺检查围裙板与梯级或踏板的单侧水平间隙不应大于4mm，且两边间隙之和不得大于7mm。如果自动人行道的围裙板安装在踏板或胶带之上时，踏板表面与围裙板下端的垂直间隙不应大于4mm。踏板或胶带的横向摆动不允许踏板或胶带的侧边与围裙板垂直投影间产生间隙。

6）应用塞尺检查梯级或踏板，其间隙在任何工作位置的两个相邻梯级或踏板之间的间隙不应大于6mm。但对于自动人行道在过渡曲线区段，其踏板的前缘和相邻踏板的后缘啮合，它的间隙允许不大于8mm。

7）应用塞尺检查自动扶梯或自动人行道的护壁板之间的间隙不应大于4mm。

（14）性能试验：

1）自动扶梯或自动人行道空载稳定运行，正、反方向各3次。可通过测定自动扶梯或自动人行道的梯级或踏板稳定运行一定距离所需的时间，然后按下式求出正（反）方向的平均运行速度。

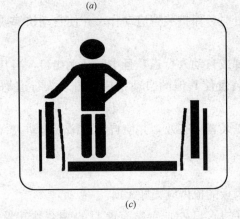

注:图的颜色
1. 白底上蓝色
2. (b)中指示符号(×)为红色

图 20-14　乘客须知像形图

$$\overline{v} = \frac{l}{3}\left(\sum_{i=1}^{3}\frac{1}{t_i}\right)$$

式中　$\overline{v}$——正或反方向运行平均速度（m/s）；

　　　$l$——预定的稳速运行的测试距离（m）；

　　　$t_i$——每次运行距离 $l$ 所需的时间（s）。

实际运行速度相对额定速度的误差值为：

$$s_1 = \frac{\overline{v} - v}{v} \times 100\% \,(v\ 为额定速度)$$

测试运行时间可用秒表，或其他电子式计时器。

2）扶手带的运行速度相对于梯级、踏步或胶带的速度允差为 $0 \sim +2\%$，按上述测定梯级的方法测定出空载时的扶手带速度 $\overline{v}_1$，然后按下式计算出扶手带与梯级、踏步或胶带之间的速度允差。

$$s_2 = \frac{\overline{v}_1 - v}{v} \times 100\%$$

式中　$\overline{v}_1$——扶手带正反方向运行的平均速度（m/s）。

（15）制动试验：

在自动扶梯或自动人行道的入口裙板上做一个标记，当一级梯级或踏板接近标记时，

606

按动停止按钮。自动扶梯或自动人行道停止后，测量制动距离，制动距离应在表 20-5 范围内。

(16) 观感检查：

自动扶梯或自动人行道安装完毕后，应对其外观作一次观感检查。范围包括：梯级、踏板或胶带是否有损坏或与围裙板之间是否有互相摩擦，刮痕等现象；扶手带表面是否光滑；扶手导轨、内（外）盖板、围裙板接缝处等是否平整、光滑，必要时应进行修复。

应将检测情况计入表中，在表中应有建设方或监理方、施工方代表签字才能生效。

# 第二十一章　智能建筑工程

## 第一节　综合布线系统

**一、质量控制要点**

**（一）进场材料要求**

（1）工程使用的电缆和光缆型式、规格及缆线的防火等级应符合设计要求；缆线所附标志、标签内容应齐全、清晰，外包装应注明型号和规格；缆线外包装和外护套需完整无损，当外包装损坏严重时，应测试合格后再在工程中使用；

（2）综合布线材料进场前应查看材料的技术资料是否齐全，如安装说明书、产品质量的检验证明、生产许可证及近一年内该产品的型式检验报告等。

**（二）施工前材料、设备取样复验**

（1）电缆应附有本批量的电气性能检验报告，施工前应进行链路或信道的电气性能及缆线长度的抽验，并做测试记录；

（2）光缆开盘后应先检查光缆端头封装是否良好。光缆外包装或光缆护套如有损伤，应对该盘光缆进行光纤性能指标测试，如有断纤，应进行处理，待检查合格才允许使用。光纤检测完毕，光缆端头应密封固定，恢复外包装。

**（三）综合布线系统管线布置与安装的要求**

1. 缆线敷设安装要求

（1）缆线的型式、规格应与设计规定相符。

（2）缆线在各种环境中的敷设方式、布放均应符合设计要求。

（3）缆线两端标签应符合使用和设计要求。

（4）缆线布放余量应适应终接、检测和变更。

（5）缆线的弯曲半径应符合规范规定。

（6）缆线间的最小净距应符合设计要求。

（7）屏蔽电缆的屏蔽层应符合规范要求。

2. 线管和线槽安装要求

（1）预埋线槽和暗管敷设缆线应符合规范规定和设计要求。

（2）设置缆线桥架和线槽敷设缆线应符合规范规定和设计要求。

（3）采用吊顶支撑柱作为线槽在顶棚内敷设缆线时，每根支撑柱所辖范围内的缆线可以不设置密封线槽进行布放，但应分束绑扎，缆线应阻燃，缆线选用应符合设计要求。

（4）建筑群子系统采用架空、管道、直埋、墙壁及暗管敷设电、光缆的施工技术要求应按照本地网通信线路工程验收的相关规定执行。

3. 缆线保护措施

（1）配线子系统缆线敷设保护应符合规范要求。

（2）干线子系统缆线敷设保护方式应符合规范要求。

（3）当电缆从建筑物外面进入建筑物时，应选用适配的信号线路浪涌保护器，信号线路浪涌保护器应符合设计要求。

4. 缆线终接

（1）缆线终接应符合规范规定的形式和要求。

（2）对绞电缆终接应符合规范规定的要求。

（3）光缆终接与接续应采用规范规定的方式。

（4）光缆芯线终接应符合规范和设计要求。

（5）各类跳线的终接应符合规范的要求。

5. 电气性能测试

综合布线系统施工完成后应进行电气性能测试，工程电气测试包括电缆系统电气性能测试及光纤系统性能测试；电缆系统电气性能测试项目应根据布线信道或链路的设计等级和布线系统的类别要求制定；各项测试结果应有详细记录。

**二、施工质量验收**

（一）进场材料验收

对进场综合布线材料应检查参数是否满足设计文件要求和缆线外包装和外护套有否受碰撞而造成损坏现象。对进场材料应检查材料规格和型号是否与设计文件相同，并当场检测和检验。

（1）光纤接插软线或光跳线检验应符合下列规定：

1）两端的光纤连接器件端面应装配合适的保护盖帽。

2）光纤类型应符合设计要求，并应有明显的标记。

（2）连接器件的检验应符合下列要求：

1）配线模块、信息插座模块及其他连接器件的部件应完整，电气和机械性能等指标符合相应产品生产的质量标准。塑料材质应具有阻燃性能，并应满足设计要求。

2）信号线路浪涌保护器各项指标应符合有关规定。

3）光纤连接器件及适配器使用形式和数量、位置应与设计相符。

（3）配线设备的检验应符合下列规定：

1）光、电缆配线设备的型式、规格应符合设计要求。

2）光、电缆配线设备的标志名称应与设计相符。各类标志名称应统一，标志位置正确、清晰。

（二）材料取样复验的复核

（1）应检查电缆附有的本批量电气性能检验报告，施工前应在进场电缆中抽取样品进行链路或信道的电气性能及缆线长度的测试并做好测试记录；

（2）施工前在光缆开盘后应现场检查，检查内容同本章一、（二）（2）。

（三）综合布线系统安装的控制和验收

1. 缆线敷设安装要求

（1）缆线在各种环境中的敷设方式、布放间距均应符合设计要求。

（2）缆线的布放应自然平直，不得产生扭绞、打圈、接头等现象，不应受外力的挤压和损伤。

(3) 缆线两端应贴有标签,应标明编号,标签书写应清晰、端正和正确。标签应选用不易损坏的材料。

(4) 缆线应有余量以适应终接、检测和变更。对绞电缆预留长度:在工作区宜为 3～6cm,电信间宜为 0.5～2m,设备间宜为 3～5m;光缆布放路由宜盘留,预留长度宜为 3～5m,有特殊要求的应按设计要求预留长度。

(5) 缆线的弯曲半径应符合下列规定:

1) 非屏蔽 4 对对绞电缆的弯曲半径应至少为电缆外径的 4 倍。

2) 屏蔽 4 对对绞电缆的弯曲半径应至少为电缆外径的 8 倍。

3) 主干对绞电缆的弯曲半径应至少为电缆外径的 10 倍。

4) 2 芯或 4 芯水平光缆的弯曲半径应大于 25mm;其他芯数的水平光缆、主干光缆和室外光缆的弯曲半径应至少为光缆外径的 10 倍。

(6) 缆线间的最小净距应符合设计要求:

1) 电源线、综合布线系统缆线应分隔布放,并应符合表 21-1 的规定。

对绞电缆与电力电缆最小净距 表 21-1

| 条件 | 最小净距(mm) | | |
|---|---|---|---|
| | 380V<br><2kV·A | 380V<br>2～5kV·A | 380V<br>>5kV·A |
| 对绞电缆与电力电缆平行敷设 | 130 | 300 | 600 |
| 有一方在接地的金属槽道或钢管中 | 70 | 150 | 300 |
| 双方均在接地的金属槽道或钢管中② | 10① | 80 | 150 |

① 当 380V 电力电缆<2kV·A,双方都在接地的线槽中,且平行长度≤10m 时,最小间距可为 10mm。
② 双方都在接地的线槽中,系指两个不同的线槽,也可在同一线槽中用金属板隔开。

2) 综合布线与配电箱、变电室、电梯机房、空调机房之间最小净距宜符合表 21-2 的规定。

综合布线电缆与其他机房最小净距 表 21-2

| 名称 | 最小净距(m) | 名称 | 最小净距(m) |
|---|---|---|---|
| 配电箱 | 1 | 电梯机房 | 2 |
| 变电室 | 2 | 空调机房 | 2 |

3) 建筑物内电、光缆暗管敷设与其他管线最小净距见表 21-3 的规定。

综合布线缆线及管线与其他管线的间距 表 21-3

| 管线种类 | 平行净距(mm) | 垂直交叉净距(mm) |
|---|---|---|
| 避雷引下线 | 1000 | 300 |
| 保护地线 | 50 | 20 |
| 热力管(不包封) | 500 | 500 |
| 热力管(包封) | 300 | 300 |
| 给水管 | 150 | 20 |
| 煤气管 | 300 | 20 |
| 压缩空气管 | 150 | 20 |

4）综合布线缆线宜单独敷设，与其他弱电系统各子系统缆线间距应符合设计要求。

5）对于有安全保密要求的工程，综合布线缆线与信号线、电力线、接地线的间距应符合相应的保密规定。对于具有安全保密要求的缆线应采取独立的金属管或金属线槽敷设。

（7）屏蔽电缆的屏蔽层端到端应保持完好的导通性。

2. 线管和线槽安装要求

（1）预埋线槽和暗管敷设缆线安装要求：

1）敷设线槽和暗管的两端宜用标志表示出编号等内容。

2）预埋线槽宜采用金属线槽，预埋或密封线槽的截面利用率应为 30%～50%。

3）敷设暗管宜采用钢管或阻燃聚氯乙烯硬质管。布放大对数主干电缆及 4 芯以上光缆时，直线管道的管径利用率应为 50%～60%，弯管道应为 40%～50%。暗管布放 4 对对绞电缆或 4 芯及以下光缆时，管道的截面利用率应为 25%～30%。

（2）设置缆线桥架和线槽敷设缆线安装要求：

1）密封线槽内缆线布放应顺直，尽量不交叉，在缆线进出线槽部位、转弯处应绑扎固定。

2）缆线桥架内缆线垂直敷设时，在缆线的上端和每间隔 1.5m 处应固定在桥架的支架上；水平敷设时，在缆线的首、尾、转弯及每间隔 5～10m 处进行固定。

3）在水平、垂直桥架中敷设缆线时，应对缆线进行绑扎。对绞电缆、光缆及其他信号电缆应根据缆线的类别、数量、缆径、缆线芯数分束绑扎。绑扎间距不宜大于 1.5m，间距应均匀，不宜绑扎过紧或使缆线受到挤压。

4）楼内光缆在桥架敞开敷设时应在绑扎固定段加装垫套。

（3）采用吊顶支撑柱作为线槽在顶棚内敷设缆线时，每根支撑柱所辖范围内的缆线可以不设置密封线槽进行布放，但应分束绑扎，缆线应阻燃，缆线选用应符合设计要求。

（4）建筑群子系统采用架空、管道、直埋、墙壁及暗管敷设电、光缆的施工技术要求应按照本地网通信线路工程验收的相关规定执行。

3. 缆线保护措施要求

（1）配线子系统缆线敷设保护应符合下列要求：

1）预埋金属线槽保护要求：

a. 在建筑物中预埋线槽，宜按单层设置，每一路由进出同一过路盒的预埋线槽均不应超过 3 根，线槽截面高度不宜超过 25mm，总宽度不宜超过 300mm。线槽路由中若包括过线盒和出线盒，截面高度宜在 70～100mm 范围内。

b. 线槽直埋长度超过 30m 或在线槽路由交叉、转弯时，宜设置过线盒，以便于布放缆线和维修。

c. 过线盒盖能开启，并与地面齐平，盒盖处应具有防灰与防水功能。

d. 过线盒和接线盒盒盖应能抗压。

e. 从金属线槽至信息插座模块接线盒间或金属线槽与金属钢管之间相连接时的缆线宜采用金属软管敷设。

2）预埋暗管保护要求：

a. 预埋在墙体中间暗管的最大管外径不宜超过 50mm，楼板中暗管的最大管外径不宜超过 25mm，室外管道进入建筑物的最大管外径不宜超过 100mm。

b. 直线布管每 30m 处应设置过线盒装置。

c. 暗管的转弯角度应大于 90°，在路径上每根暗管的转弯角不得多于 2 个，并不应有 S 弯出现，有转弯的管段长度超过 20m 时，应设置管线过线盒装置；有 2 个弯时，不超过 15m 应设置过线盒。

d. 暗管管口应光滑，并加有护口保护，管口伸出部位宜为 25～50mm。

e. 至楼层电信间暗管的管口应排列有序，便于识别与布放缆线。

f. 暗管内应安置牵引线或拉线。

g. 金属管明敷时，在距接线盒 300mm 处，弯头处的两端，每隔 3m 处应采用管卡固定。

h. 管路转弯的曲率半径不应小于所穿入缆线的最小允许弯曲半径，并且不应小于该管外径的 6 倍，如暗管外径大于 50mm 时，不应小于 10 倍。

3）设置缆线桥架和线槽保护要求：

a. 缆线桥架底部应高于地面 2.2m 及以上，顶部距建筑物楼板不宜小于 300mm，与梁及其他障碍物交叉处间的距离不宜小于 50mm。

b. 缆线桥架水平敷设时，支撑间距宜为 1.5～3m。垂直敷设时固定在建筑物结构体上的间距宜小于 2m，距地 1.8m 以下部分应加金属盖板保护，或采用金属走线柜包封，门应可开启。

c. 直线段缆线桥架每超过 15～30m 或跨越建筑物变形缝时，应设置伸缩补偿装置。

d. 金属线槽敷设时，在下列情况下应设置支架或吊架：线槽接头处；每间距 3m 处；离开线槽两端出口 0.5m 处；转弯处。

e. 塑料线槽槽底固定点间距宜为 1m。

f. 缆线桥架和缆线线槽转弯半径不应小于槽内线缆的最小允许弯曲半径，线槽直角弯处最小弯曲半径不应小于槽内最粗缆线外径的 10 倍。

g. 桥架和线槽穿过防火墙体或楼板时，缆线布放完成后应采取防火封堵措施。

4）网络地板缆线敷设保护要求：

a. 线槽之间应沟通。

b. 线槽盖板应可开启。

c. 主线槽的宽度宜在 200～400mm，支线槽宽度不宜小于 70mm。

d. 可开启的线槽盖板与明装插座底盒间应采用金属软管连接。

e. 地板块与线槽盖板应抗压、抗冲击和阻燃。

f. 当网络地板具有防静电功能时，地板整体应接地。

g. 网络地板板块间的金属线槽段与段之间应保持良好导通并接地。

5）在架空活动地板下敷设缆线时，地板内净空应为 150～300mm。若空调采用下送风方式则地板内净高应为 300～500mm。

6）吊顶支撑柱中电力线和综合布线缆线合一布放时，中间应有金属板隔开，间距应符合设计要求。

7）当综合布线缆线与大楼弱电系统缆线采用同一线槽或桥架敷设时，子系统之间应采用金属板隔开，间距应符合设计要求。

（2）干线子系统缆线敷设保护方式应符合下列要求：

1）缆线不得布放在电梯或供水、供气、供暖管道竖井中，缆线不应布放在强电竖井中。

2）电信间、设备间、进线间之间干线通道应沟通。

（3）当电缆从建筑物外面进入建筑物时，应选用适配的信号线路浪涌保护器，信号线路浪涌保护器应符合设计要求。

4. 缆线终接要求

（1）缆线终接应符合下列要求：

1）缆线在终接前，必须核对缆线标识内容是否正确。

2）缆线中间不应有接头。

3）缆线终接处必须牢固、接触良好。

4）对绞电缆与连接器件连接应认准线号、线位色标，不得颠倒和错接。

（2）对绞电缆终接应符合下列要求：

1）终接时，每对对绞线应保持扭绞状态，扭绞松开长度对于 3 类电缆不应大于 75mm；对于 5 类电缆不应大于 13mm；对于 6 类电缆应尽量保持扭绞状态，减小扭绞松开长度。

2）对绞线与 8 位模块式通用插座相连时，必须按 T568A 或 T568B 的色标和线对顺序进行卡接。插座类型、色标和编号应符合规定。在同一布线工程中不应混合使用两种连接方式。

3）7 类布线系统采用非 RJ45 方式终接时，连接图应符合相关标准规定。

4）屏蔽对绞电缆的屏蔽层与连接器件终接处屏蔽罩应通过紧固器件可靠接触，缆线屏蔽层应与连接器件屏蔽罩 360°圆周接触，接触长度不宜小于 10mm。屏蔽层不应用于受力的场合。

5）对不同的屏蔽对绞线或屏蔽电缆，屏蔽层应采用不同的端接方法。应对编织层或金属箔与汇流导线进行有效的端接。

6）每个 2 口 86 面板底盒宜终接 2 条对绞电缆或 1 根 2 芯/4 芯光缆，不宜兼做过路盒使用。

（3）光缆终接与接续方式：

1）光纤与连接器件连接可采用尾纤熔接、现场研磨和机械连接方式。

2）光纤与光纤接续可采用熔接和光连接子（机械）连接方式。

（4）光缆芯线终接要求：

1）采用光纤连接盘对光纤进行连接、保护，在连接盘中光纤的弯曲半径应符合安装工艺要求。

2) 光纤熔接处应加以保护和固定。

3) 光纤连接盘面板应有标志。

4) 光纤连接损耗值，应符合表 21-4 的规定。

光纤连接损耗值（dB） 表 21-4

| 连接类别 | 多模 | | 单模 | |
|---|---|---|---|---|
| | 平均值 | 最大值 | 平均值 | 最大值 |
| 熔接 | 0.15 | 0.3 | 0.15 | 0.3 |
| 机械连接 | — | 0.3 | — | 0.3 |

（5）各类跳线的终接要求：

1) 各类跳线缆线和连接器件间接触应良好，接线无误，标志齐全。跳线选用类型应符合系统设计要求。

2) 各类跳线长度应符合设计要求。

5. 综合布线系统电气性能测试要求

（1）综合布线电气性能测试：

综合布线系统施工完成后应进行电气性能测试，包括电缆系统电气性能测试及光纤系统性能测试。电缆系统电气性能测试项目应根据布线信道或链路的设计等级和布线系统的类别要求制定。各项测试结果应有详细记录，作为竣工资料的一部分。

（2）对绞电缆及光纤布线系统的现场测试仪应符合下列要求：

1) 应能测试信道与链路的性能指标。

2) 应具有针对不同布线系统等级的相应精度，应考虑测试仪的功能、电源、使用方法等因素。

3) 测试仪精度应定期检测，每次现场测试前仪表厂家应出示测试仪的精度有效期限证明。

（3）测试仪表应具有测试结果的保存功能并提供输出端口，将所有存贮的测试数据输出至计算机和打印机，测试数据必须不被修改，并进行维护和文档管理。测试仪表应提供所有测试项目、概要和详细的报告。测试仪表宜提供汉化的通用人机界面。

（四）综合布线系统工程验收

1. 竣工技术文件

竣工技术文件应按下列要求进行编制：

（1）工程竣工后，施工单位应在工程验收以前，将工程竣工技术资料交给建设单位。

（2）综合布线系统工程的竣工技术资料应包括以下内容：

1) 安装工程量。

2) 工程说明。

3) 设备、器材明细表。

4) 竣工图纸。

5) 测试记录（宜采用中文表示）。

6) 工程变更、检查记录及施工过程中，需更改设计或采取相关措施，建设、设计、施工等单位之间的双方洽商记录。

7）随工验收记录。

8）隐蔽工程签证。

9）工程决算。

（3）竣工技术文件要保证质量，做到外观整洁，内容齐全，数据准确。

2. 综合布线系统工程检测

综合布线系统工程，应按 GB 50312—2007 规范附录 A 所列项目、内容进行检验。检测结论作为工程竣工资料的组成部分及工程验收的依据之一。

（1）系统工程安装质量检查，各项指标符合设计要求，则被检项目检查结果为合格；被检项目的合格率为 100%，则工程安装质量判为合格。

（2）系统性能检测中，对绞电缆布线链路、光纤信道应全部检测，竣工验收需要抽验时，抽样比例不低于 10%，抽样点应包括最远布线点。

（3）系统性能检测单项合格判定：

1）如果一个被测项目的技术参数测试结果不合格，则该项目判为不合格。如果某一被测项目的检测结果与相应规定的差值在仪表准确度范围内，则该被测项目应判为合格。

2）按本规范附录 B 的指标要求，采用 4 对对绞电缆作为水平电缆或主干电缆，所组成的链路或信道有一项指标测试结果不合格，则该水平链路、信道或主干链路判为不合格。

3）主干布线大对数电缆中按 4 对对绞线对测试，指标有一项不合格，则判为不合格。

4）如果光纤信道测试结果不满足本规范附录 C 的指标要求，则该光纤信道判为不合格。

5）未通过检测的链路、信道的电缆线对或光纤信道可在修复后复检。

（4）竣工检测综合合格判定：

1）对绞电缆布线全部检测时，无法修复的链路、信道或不合格线对数量有一项超过被测总数的 1%，则判为不合格。光缆布线检测时，如果系统中有一条光纤信道无法修复，则判为不合格。

2）对绞电缆布线抽样检测时，被抽样检测点（线对）不合格比例不大于被测总数的 1%，则视为抽样检测通过，不合格点（线对）应予以修复并复检。被抽样检测点（线对）不合格比例如果大于 1%，则视为一次抽样检测未通过，应进行加倍抽样，加倍抽样不合格比例不大于 1%，则视为抽样检测通过。若不合格比例仍大于 1%，则视为抽样检测不通过，应进行全部检测，并按全部检测要求进行判定。

3）全部检测或抽样检测的结论为合格，则竣工检测的最后结论为合格；全部检测的结论为不合格，则竣工检测的最后结论为不合格。

（5）综合布线管理系统检测，标签和标识按 10% 抽检，系统软件功能全部检测。检测结果符合设计要求，则判为合格。

# 第二节　视频监控系统

## 一、质量控制要点

（一）材料确定要求

必须按照合同技术文件和工程设计文件的要求，对设备，材料和软件进行进场验收。进场验收应有书面记录和参加人签字，并经监理工程师或建设单位验收人员签字。未经进场验收合格的设备、材料和软件不得在工程上使用和安装。经进场验收的设备和材料应按产品的技术要求妥善保管。

（二）线缆敷设要求

1. 视频监控系统的线缆敷设应符合现行国家标准《建筑与建筑群综合布线系统工程设计规范》GB/T 50311 的规定。

2. 非综合布线系统室内视频监控系统电缆的敷设，应符合下列要求：

（1）无机械损伤的电缆，或改、扩建工程使用的电缆，可采用沿墙明敷方式。

（2）在新建的建筑物内或要求管线隐蔽的电缆应采用暗管敷设方式。

（3）下列情况可采用明管配线：

1）易受外部损伤。

2）在线路路由上，其他管线和障碍物较多，不宜明敷的线路。

3）在易受电磁干扰或易燃易爆等危险场所。

（4）电缆和电力线平行或交叉敷设时，其间距不得小于 0.3m；电力线与信号线交叉敷设时，宜成直角。

3. 室外线缆的敷设，应符合现行国家标准《民用闭路监视电视系统工程技术规范》GB 50198 的要求。

（三）系统施工要求

1. 一般要求

（1）按照图纸进行安装。

（2）安装前应对所装设备通电检查。

（3）安装质量应符合《电气装置安装工程及验收规范》的要求。

2. 支架、云台的安装

（1）检查云台转动是否平稳，刹车是否有回程等现象。确认无误后，根据设计要求锁定云台转动的起点和终点。

（2）支架与建筑物，支架与云台均应牢固安装。电源线及控制线接出端应固定，且留有一定的余量，以不影响云台的转动为宜。安装高度以满足防范要求为原则。

3. 解码器安装

解码器应当牢固安装在建筑物上，不能倾斜，不能影响云台（摄像机）的转动。

4. 摄像机的安装

（1）安装前应对摄像机进行检测和调试，使摄像机处于正常工作状态。

（2）摄像机应牢固地安装在云台上，所留尾线长度以不影响云台（摄像机）转动为宜。

（3）摄像机转动过程应尽可能避免逆光摄像。

（4）室外摄像机明显高于周围建筑物时，应加避雷措施。

（5）在搬动、安装摄像机过程中，不得打开摄像机头盖。

5. 监视器的安装

（1）监视器应端正、平稳地安装在监视器机柜上，应有良好的通风散热环境。

（2）主监视器距监控人员的距离应为主监视器荧光屏对角线长度的 4 倍～6 倍。

（3）避免日光或人工光直射荧光屏，荧光表面背景光照度不得高于 100lx。

（4）监视器机柜（架）的背面与侧面距墙不应小于 0.8m。

6. 控制设备的安装

（1）控制台应端正、平衡安装，机柜内设备应当安装牢固。安装所用的螺钉、垫片、弹簧、垫圈等均应按要求装好，不得遗漏。

（2）控制台或机柜（架）内插件设备均应接触可靠，安装牢固，无扭曲、脱落现象。

（3）监控室内的所有引线均应根据监视器、控制设备的位置设置电缆槽和进线孔。

（4）所有引线与设备连接时，均要留有余量，并做永久性标志，以便维修和管理。

**二、施工质量验收**

（一）进场材料验收

（1）保证外观完好，产品无损伤、无瑕疵，品种、数量、产地符合设计要求及合同要求。

（2）进口产品除应符合规范规定外，尚应提供原产地证明和商检证明，配套提供的质量合格证明、检测报告及安装、使用、维护说明书等文件资料应为中文文本（或附中文译文）。

（3）产品必须经过国家或行业授权的认证机构（或检测机构）认证（检测）合格，并取得相应的认证证书（或检测报告）。

（二）线缆敷设验收

（1）敷设电缆时，多芯电缆的最小弯曲半径，应大于其外径的 6 倍；同轴电缆的最小弯曲半径应大于其外径的 15 倍。

（2）电缆槽敷设截面利用率不应大于 60%；电缆穿管敷设截面利用率不应大于 40%。

（3）电缆沿支架或在线槽内敷设时应在下列各处牢固固定：

1）电缆垂直排列或倾斜坡度超过 45°时的每一个支架上。

2）电缆水平排列或倾斜坡度不超过 45°时，在每隔 1～2 个支架上。

3）在引入接线盒及分线箱前 150～300mm 处。

（4）明敷设的信号线路与具有强磁场、强电场的电气设备之间的净距离，宜大于 1.5m，当采用屏蔽线缆或穿金属保护管或在金属封闭线槽内敷设时，宜大于 0.8m。

（5）电缆在沟道内敷设时，应敷设在支架上或线槽内。当线缆进入建筑物后，线缆沟道与建筑物间应隔离密封。

（6）电缆穿管前应检查保护管是否畅通，管口应加护圈，防止穿管时损伤导线。

（7）导线在管内或线槽内不应有接头和扭结。导线的接头应在接线盒内焊接或用端子连接。

（8）同轴电缆应一线到位，中间无接头。

（9）敷设光缆前，应对光纤进行检查。光纤应无断点，其衰耗值应符合设计要求。核对光缆长度，并应根据施工图的敷设长度来选配光缆。配盘时应使接头避开河沟、交通要道和其他障碍物。架空光缆的接头应设在杆旁 1m 以内。

（10）敷设光缆时，其最小弯曲半径应大于光缆外经的 20 倍。光缆的牵引端头应作好技术处理，可采用自动控制牵引力的牵引机进行牵引。牵引力应加在加强芯上，其牵引力不应超过 150kg；牵引速度宜为 10m/min；一次牵引的直线长度不宜超过 1km，光纤接头的预留长度不应小于 8m。

（11）光缆敷设后，应检查光纤有无损伤，并对光缆敷设损耗进行抽测。确认没有损伤后，再进行接续。

（12）光缆接续应由受过专门训练的人员操作，接续时应采用光功率计或其他仪器进行监视，使接续损耗达到最小。接续后应做好保护，并安装好光缆接头护套。

（13）在光缆的接续点和终端应作永久性标志。

（14）管道敷设光缆时，无接头的光缆在直道上敷设时应有人工逐个入孔同步牵引；预先作好接头的光缆，其接头部分不得在管道内穿行。光缆端头应用塑料胶带包扎好，并盘圈放置在托架高处。

（15）光缆敷设完毕后，宜测量通道的总损耗，并用光时域反射计观察光纤通道全程波导衰减特性曲线。

（三）系统施工验收

1. 视频监控系统检测

视频监控系统检测项目、检测要求和测试方法应符合表 21-5 的要求。

视频监控系统检测项目、检测要求和测试方法　　　　　　　　　　表 21-5

| 序号 | 检验项目 | | 检验要求和检测方法 |
| --- | --- | --- | --- |
| 1 | 系统控制功能检测 | 编程功能检验 | 通过控制设备键盘可手动或自动编程,实现对所有的视频图像在指定的显示器上进行固定或时序显示、切换 |
| | | 遥控功能检验 | 控制设备对云台、镜头、防护罩等所有前端受控部件的控制应平稳、准确 |
| 2 | 监视功能检测 | | 1. 监视区域应符合设计要求。监视区域内照度应符合设计要求,如不符合设计要求,检查是否有辅助光源;<br>2. 对设计中要求必须监视的要害部位,检查是否实现实时监视、无盲区 |
| 3 | 显示功能检测 | | 1. 单画面或多画面显示的图像应清晰、稳定;<br>2. 监视画面上应显示日期、时间及所监视画面前端摄像的编号或地址码;<br>3. 应具有画面定格、切换显示、多路报警显示、任意设定视频警戒区域等功能;<br>4. 图像显示质量应符合设计要求,并按国家现行标准《民用闭路监视电视系统工程技术规范》GB 50198 对图像质量进行 5 级评分 |
| 4 | 记录功能检测 | | 1. 对前端摄像机所摄图像应按设计要求进行记录,对设计中要求必须记录的图像应连续、稳定;<br>2. 记录画面上应有记录日期、时间及所监视画面的前端摄像机的编号或地址码;<br>3. 应具有存储功能。在停电或关机时,对所有的编程设置、摄像机编号、时间、地址等均可存储,一旦恢复供电,系统应自动进入正常工作状态 |
| 5 | 回放功能检测 | | 1. 回放图像应清晰,灰度等级、分辨率应符合设计要求;<br>2. 回放图像画面应有日期、时间及所监视画面前端摄像机的编号或地址码,应清晰、准确;<br>3. 当记录图像为报警联动所记录图像时,回放图像应保证报警现场摄像机的覆盖范围,使回放图像能再现报警现场;<br>4. 回放图像与监视图像比较应无明显劣化,移动目标图像的回放效果应达到设计使用要求 |

| 序号 | 检验项目 | 检验要求和检测方法 |
|---|---|---|
| 6 | 报警联动功能检测 | 1. 当入侵报警系统有报警发生时，联动装置应将相应设备自动开启。报警现场画面应能显示到指定监视器上，应能显示出摄像机的地址码及时间，应能单画面记录报警画面；<br>2. 当与入侵探测系统、出入口控制系统联动时，应能准确触发所联动设备；<br>3. 其他系统的报警联动功能，应符合设计要求 |
| 7 | 图像丢失报警功能检测 | 当视频输入信号丢失时，应能发出报警 |
| 8 | 其他功能项目检测 | 具体工程中具有的而以上功能中未涉及的项目，其检验要求应符合相应标准、工程合同及正式设计文件的要求 |

## 2. 视频监控系统验收

（1）系统的工程施工质量应按施工要求进行验收，检查的项目和内容应符合表 21-6 所列的规定。

视频监控系统施工质量检查项目和内容          表 21-6

| 序号 | 项目 | 内 容 | 抽查百分比（%） |
|---|---|---|---|
| 1 | 摄像机 | 1. 设置位置，视野范围<br>2. 安装质量<br>3. 镜头、防护罩、支架、云台安装质量与紧固情况 | 10～15 台 |
| | | 4. 通电试验 | 100 |
| 2 | 监视器 | 1. 安装位置<br>2. 设置条件<br>3. 通电试验 | 100 |
| 3 | 控制设备 | 1. 安装位置<br>2. 遥控内容与切换路数<br>3. 通电试验 | 100 |
| 4 | 其他设备 | 1. 安装位置和安装质量<br>2. 通电试验 | 100 |
| 5 | 控制台与机架 | 1. 安装垂直水平度<br>2. 设备安装位置<br>3. 布线质量<br>4. 塞孔、连接处接触情况<br>5. 开关、按钮灵活情况<br>6. 通电试验 | 100 |
| 6 | 线缆敷设 | 1. 敷设与布线<br>2. 电缆排列位置、布放和绑扎质量<br>3. 地沟走道支吊架的安装质量<br>4. 埋设深度及架设质量<br>5. 焊接机插接头安装质量<br>6. 接线盒接线质量 | 30 |
| 7 | 接线 | 1. 接地材料<br>2. 接地焊接质量<br>3. 接地电阻 | 100 |

（2）建设、监理单位应对隐蔽工程进行随工验收，凡经过检验合格的办理验收签证，在进行竣工验收时，可不再进行检验。

（3）系统的主观质量评价

1）系统的主观质量评价应符合下列规定：

图像质量的主观评价采用五级损伤标准。五级损伤标准如表 21-7 所示。

图像质量的主观评价五级损伤标准的划分     表 21-7

| 图像质量损伤的主观评价 | 等级 | 图像质量损伤的主观评价 | 等级 |
|---|---|---|---|
| 不察觉有损伤 | 5 | 很讨厌 | 2 |
| 可察觉,但不讨厌 | 4 | 不能观看 | 1 |
| 有些讨厌 | 3 | | |

图像和伴音（包括调频广播声音）质量损伤的主观评价项目如表 21-8 所示。

主观评价项目     表 21-8

| 序号 | 项目 | 损伤的主观评价现象 |
|---|---|---|
| 1 | 随机信噪比 | 噪波,即"雪花干扰" |
| 2 | 单频干扰 | 图像中纵、斜、人字形或波浪状的条纹,即"网纹" |
| 3 | 电源干扰 | 图像中上下移动的黑白间置的水平横条,及"黑白滚道" |
| 4 | 脉冲干扰 | 图像中不规则的闪烁、黑白麻点或"跳动" |

2）系统质量主观评价的方法和要求应符合下列规定：

主观评价应在摄像机标准照度下进行；主观评价应采用符合国家标准的监视器。黑白电视监视器的水平清晰度应高于 400 线，彩色电视监视器的水平清晰度应高于 270 线；观看距离为荧光屏高度的 6 倍，光线柔和；视听人员至少需要五名，由验收小组确定，既有专业人员，又有非专业人员，视听人员首先在前端对信号源进行主观评价，然后在标准测试点独立视听，评价打分，取平均值为评价结果；信号源质量符合设计要求时，各主观评价项目在每个频道的得分值均不低于 4 级标准，则系统质量的主观评价为合格。

（4）系统质量的客观测试

1）系统质量的客观测试应在摄像机标准照度下进行，测试所用的仪器应有计量合格证书。

2）系统清晰度、灰度可用综合测试卡进行抽测，抽查数不应小于 10％。

3）在主观评价中，确认不合格或争议较大的项目，可以增加规定以外的测试项目，并以客观测试结果为准。

4）系统质量的客观测试参数要求和测试方法应符合《30MHz～1GHz 声音和电视信号的电缆分配系统》GB 6510 规定。

（5）竣工验收文件

在系统的工程竣工验收前，施工单位应按下列内容编制竣工验收文件一式三份交建设单位，其中一份由建设单位签收盖章后，退还施工单位存档：

1）工程说明

2）综合系统图

3）线槽、管道布线图

4）设备配置图

5）设备连接系统图

6) 设备概要说明书

7) 设备器材一览表

8) 主观评价表

9) 客观评价表

10) 施工质量验收记录

11) 其他记录及有关文件或图纸

竣工验收文件应保证质量，做到内容齐全，标记详细，书写清楚，数据准确，互相对应。

系统工程验收合格后，验收小组应签署验收证书。

## 第三节 入侵报警系统

### 一、质量控制要点

（一）材料确定要求

必须按照合同技术文件和工程设计文件的要求，对设备，材料和软件进行进场验收。进场验收应有书面记录和参加人签字，并经监理工程师或建设单位验收人员签字。未经进场验收合格的设备、材料和软件不得在工程上使用和安装。经进场验收的设备和材料应按产品的技术要求妥善保管。

（二）线缆敷设要求

综合布线系统的线缆敷设应符合现行国家标准《建筑与建筑群综合布线系统工程设计规范》GB/T50311 的规定。非综合布线系统的线缆敷设符合系统设计要求。

（三）系统施工要求

1. 系统配置要求

（1）每个/对探测器应设为一个独立防区。

（2）周界的每一个独立防区长度不宜大于 200m。

（3）需设置紧急报警装置的部位宜不少于 2 个独立防区，每一个独立防区的紧急报警装置数量不应大于 4 个，且不同单元空间不得作为一个独立防区。

（4）防护对象应在入侵探测器的有效探测范围内，入侵探测器覆盖范围内应无盲区，覆盖范围边缘与防护对象间的距离宜大于 5m。

（5）当多个探测器的探测范围有交叉覆盖时，应避免相互干扰。

2. 设备安装要求

（1）各类探测器的安装应根据产品特性、警戒范围要求和环境影响等，确定设备的安装点（位置和高度）。周界入侵探测器的安装应能保证防区交叉，避免盲区，并应考虑使用环境的影响。探测器底座和支架固定牢固。导线连接牢固可靠，外接部分不得外露，并留有余量。

（2）壁挂式报警控制设备在墙上的安装位置，其底边距地面的高度不应小于 1.5m，如靠门安装时，宜安装在门轴的另一侧；如靠近门轴安装时，靠近其门轴的侧面距离不应小于 0.5m。

（3）台式报警控制设备的操作、显示面板和管理计算机的显示器屏幕应避开阳光直射。

（4）紧急按钮安装。安装位置应隐蔽、便于操作。

**二、施工质量验收**

（一）进场材料验收

（1）保证外观完好，产品无损伤、无瑕疵，品种、数量、产地符合设计要求及合同要求。

（2）进口产品除应符合规范规定外，尚应提供原产地证明和商检证明，配套提供的质量合格证明、检测报告及安装、使用、维护说明书等文件资料应为中文文本（或附中文译文）。

（3）微波入侵探测器、被动与主动红外探测器和防盗报警器等产品在产品合格证或说明书上印有许可证和编号及批准日期，并提供相应的产品检验报告。

（二）线缆敷设验收

（1）当系统采用分线制时，宜采用不少于 5 芯的通信电缆，每芯截面不宜小于 0.5mm²。

（2）当系统采用总线制时，总线电缆宜采用不少于 6 芯的通信电缆，每芯截面积不宜小于 1.0mm²。

（3）采用集中供电时，前端设备的供电传输线路宜采用耐压不低于交流 500V 的铜芯绝缘多股电线或电缆，线径的选择应满足供电距离和前端设备总功率的要求。

（4）报警信号线应与 220V 交流电源线分开敷设。

（5）隐蔽敷设的线缆和/或芯线应做永久性标记。

（三）系统施工验收

1. 入侵报警系统检测

入侵报警系统检验项目、检验要求及测试方法如表 21-9 所列：

入侵报警系统检验项目、检验要求及测试方法　　　　　　表 21-9

| 序号 | 检验项目 | | 检验要求及测试方法 |
|---|---|---|---|
| 1 | 入侵报警功能检验 | 各类入侵探测器报警功能检验 | 各类入侵探测器应按相应标准规定的检验方法检验探测器灵敏度及覆盖范围。在设防状态下，当探测到有入侵发生，应能发出报警信息。防盗报警控制设备上应显示出报警发生的区域，并发出声、光报警。报警信息应能保持到手动复位。防范区域应在入侵探测器的有效探测范围内，防范区域内应无盲区。 |
| | | 紧急报警功能检验 | 系统在任何状态下触动紧急报警装置，在防盗报警控制设备上应显示出报警发生地址，并发出声、光报警。报警信息应能保持到手动复位。紧急防盗报警装置应有防误触发措施，被触发后应自锁。当同时触发多路紧急报警装置时，应在防盗报警控制设备上依次显示出报警发生区域，并发出声、光报警信息。报警信息应能保持到手动复位，报警信号应无丢失 |
| | | 多路同时报警功能检验 | 当多路探测器同时报警时，在防盗报警控制设备上应显示出报警发生地址，并发出声、光报警信息。报警信息应能保持到手动复位，报警信号应无丢失 |
| | | 报警后的恢复功能检验 | 报警发生后，入侵报警系统应能手动复位。在设防状态下，探测器的入侵探测与报警功能应正常；在撤防情况下，对探测器的报警信息应不发出报警 |
| 2 | 防破坏故障报警功能检验 | 入侵探测器防拆报警功能检验 | 在任何状态下，当探测器机壳被打开，在防盗报警器控制设备上应显示出探测器地址，并发出声、光报警信息，报警信息应能保持到手动复位 |
| | | 防盗报警控制器防拆报警功能检验 | 在任何状态下，防盗报警控制器机盖被打开，防盗报警控制设备应发出声、光报警信息，报警信息应能保持到手动复位 |

| 序号 | 检验项目 | | 检验要求及测试方法 |
|---|---|---|---|
| 2 | 防破坏故障报警功能检验 | 防盗报警控制器信号线防破坏报警功能检验 | 在有线传输系统中,当报警信号传输线被开路、短路及并接到其他负载时,防盗报警控制设备应发出声、光报警信息,应显示报警信息,报警信息应能保持到手动复位 |
| | | 入侵探测器电源线防破坏功能检验 | 在有线传输系统中,当探测器电源线被切断,防盗报警控制设备应发出声、光报警信息,应显示线路故障信息,该信息应能保持到手动复位 |
| | | 防盗报警控制器主备电源故障报警功能检验 | 当防盗报警控制器主电源发生故障时,备用电源应自动工作,同时应显示主电源故障信息;当备用电源发生故障或欠压时,应显示备用电源故障或欠压信息,该信息应能保持到手动复位 |
| | | 电话线防破坏功能检验 | 在利用市话网传输报警信号的系统中,当电话线被切断,防盗报警控制设备应发出声、光报警信息,应显示线路故障信息,该信息应能保持到手动复位 |
| 3 | 记录、显示功能检验 | 显示信息检验 | 系统应具有显示和记录开机、关机时间、报警、故障、被破坏、设防时间、撤防时间、更改时间等信息的功能 |
| | | 记录内容检验 | 应记录报警发生时间、地点、报警信息性质、故障信息性质等信息。信息内容要求准确、明确 |
| | | 管理功能检验 | 具有管理功能的系统,应能自动显示、记录系统的工作状况,并具有多级管理密码 |
| 4 | 系统自检功能检验 | 自检功能检验 | 系统应具有自检或巡检功能,当系统中入侵探测器或报警控制设备发生故障、被破坏,都应具有声光报警,报警信息应能保持到手动复位 |
| | | 设防/撤防、旁路功能检验 | 系统应能手动、自动设防/撤防。应能按时间在全部及部分区域任意设防和撤防;设防、撤防状态应有显示,并有明显区别 |
| 5 | 系统报警响应时间检验 | | 1. 检测从探测器探测到的报警信号到系统联动设备启动之间的响应时间,应符合设计要求<br>2. 检测从探测器探测到的报警发生并经市话网电话线传输,到报警控制设备接受到报警信号之间的响应时间,应符合设计要求<br>3. 检测系统发生故障到报警控制设备显示信息之间的响应时间,应符合设计要求 |
| 6 | 报警复核功能检验 | | 在有报警复核功能的系统中,当报警发生时,系统应能对报警现场进行声音或图像复核 |
| 7 | 报警声级检验 | | 用声级计在距离报警发声器件正前方 1m 处测量(包括探测器本地报警发声器件、控制台内置发声器件及外置发声器件),声级应符合设计要求 |
| 8 | 报警优先功能检验 | | 经市话网电话线传输报警信息的系统,在主叫方式下应具有报警优先功能。检查是否有被叫禁用措施 |
| 9 | 其他项目检验 | | 具体工程中具有的以上功能中未涉及的项目,其检验要求应符合相应标准、工程合同及设计任务书的要求 |

2. 入侵报警系统验收

(1) 按照正式设计文件和工程检验报告、系统试运行报告,复核系统的报警功能和误、漏报警情况,应符合国家现行标准《入侵报警系统技术要求》GB/T 368 的规定;对入侵探测器的安装位置、角度、探测范围作步行测试和防拆保护的抽查;抽查室外周界报警探测装置形成的警戒范围,应无盲区。

(2) 系统布防、撤防、旁路和报警显示功能,应符合设计要求。

(3) 抽测紧急报警响应时间。

(4) 当有联动要求时,抽查其对应的灯光、摄像机、录像机等联动功能。

（5）对于已建成区域性安全防范报警网络的地区，检查系统直接或间接联网的条件。

（6）系统的工程施工质量应按施工要求进行验收，检查的项目和内容应符合表 21-10 所列的规定。

系统施工质量的检查项目和内容　　　　　　　　　　表 21-10

| 检查项目 | | 功　能 | 抽查百分比（%） |
|---|---|---|---|
| 前端设备 | 各类探测器 | 通电试验 | 10 |
| | | 探测器灵敏度 | |
| | | 防拆、防破坏功能 | |
| | | 环境对探测器工作有无干扰的情况 | |
| 报警管理 | 控制器 | 通电试验 | 10(每类控制器总数在 10 台以下时至少检测 3 台,或 100%检测) |
| | | 控制功能 | |
| | | 动作实时性 | |
| | 报警管理 | 设防、撤防 | |
| | | 防拆报警功能 | |
| | | 系统自检,巡检功能 | |
| | | 报警信息查询 | |
| | | 手动/自动触发报警功能 | |
| | | 报警打印 | |
| | | 报警储存 | |
| | 信息处理 | 声、光报警显示 | |
| | | 报警区域号显示 | |
| | | 电子地图显示 | |
| | | 报警响应时间(<4s) | |
| | | 报警接通率 | |
| | | 声音复核、对讲功能 | |
| | | 统计功能、报表打印 | |

（7）竣工验收文件

1）设备平面布置图、接线图、安装图、系统图以及其他必要的技术文件。

2）按设计要求，对照图纸检查设备、探测器等产品的型号、规格、数量、备品备件等。

3）检查线路、施工测试记录（如绝缘电阻等）应符合要求。

# 第四节　出入口控制（门禁）系统

## 一、质量控制要点

（一）材料确定要求

必须按照合同技术文件和工程设计文件的要求，对设备，材料和软件进行进场验收。进场验收应有书面记录和参加人签字，并经监理工程师或建设单位验收人员签字。未经进场验收合格的设备、材料和软件不得在工程上使用和安装。经进场验收的设备和材料应按产品的技术要求妥善保管。

（二）系统施工要求

（1）根据图纸设计要求，正确选定安装位置。

（2）施工前对设备安装位置的性质进行统计，例如：吊装、墙装、顶装、安装高度等，做到安装之前心中有数。

（3）根据设备的大小，正确选用固定螺钉或膨胀钉；固定螺钉需拧紧，不应产生松动现象；支架安装尺寸应符合设计要求。

（4）电锁需在相应的位置按照安装说明书及图纸进行安装；玻璃门电锁一般都有5根以上的输入输出线，但一般都只是利用其中的两根输入线进行控制，其余辅助信号线是反映门锁开关状态的，用于监控，要注意相互之间的绝缘。一般红线是电源正极输入，黑线是电源负极输入。

**二、施工质量验收**

（一）进场材料验收

（1）保证外观完好，产品无损伤、无瑕疵，品种、数量、产地符合设计要求及合同要求。

（2）进口产品除应符合规范规定外，尚应提供原产地证明和商检证明，配套提供的质量合格证明、检测报告及安装、使用、维护说明书等文件资料应为中文文本（或附中文译文）。

（二）系统施工验收

（1）出入口控制（门禁）系统的功能检测。

（2）系统主机在离线的情况下，出入口（门禁）控制器独立工作的准确性、实时性和储存信息的功能。

（3）系统主机对出入口（门禁）控制器在线控制时，出入口（门禁）控制器工作的准确性、实时性和储存信息的功能，以及出入口（门禁）控制器和系统主机之间的信息传输功能。

（4）检测掉电后，系统启用备用电源应急工作的准确性、实时性和信息的存储和恢复能力。

（5）通过系统主机、出入口（门禁）控制器及其他控制终端，实时监控出入控制点的人员状况。

（6）系统对非法强行入侵及时报警的能力。

（7）检测本系统与消防系统报警时的联动功能。

（8）现场设备的接入率及完好率测试。

（9）出入口管理系统的数据存储记录保存时间应满足管理要求。

（10）演示软件的所有功能，以证明软件功能与任务书或合同书要求一致。

（11）根据需求说明书中规定的性能要求，包括时间、适应性、稳定性等以及图形化界面友好程度，对软件逐项进行测试。

（12）对软件系统操作的安全性进行测试，如系统操作人员的分级授权、系统操作人员操作信息的存储记录等。

# 第五节　停车场（库）管理系统

## 一、质量控制要点

### （一）材料确定要求

必须按照合同技术文件和工程设计文件的要求，对设备，材料和软件进行进场验收。进场验收应有书面记录和参加人签字，并经监理工程师或建设单位验收人员签字。未经进场验收合格的设备、材料和软件不得在工程上使用和安装。经进场验收的设备和材料应按产品的技术要求妥善保管。

### （二）系统施工要求

（1）感应线圈安装。埋设位置及深度应符合产品使用要求。一般距地表面不小于0.2m，应埋设在车道居中位置。环形线圈0.5m平面范围内不可有其他金属物，严防碰触周围金属。感应线圈至机箱的线缆应采用金属管保护，并固定牢固。

（2）读卡机与挡车器的中心距应符合设计要求或产品使用要求，一般为2.4～2.8m。宜安装在室内，当安装在室外时，应考虑防水及防撞措施。

（3）信号指示器提示车位状况，应安装在车道出入口的明显位置，宜安装在室内，安装在室外时，应考虑防水措施。车位引导显示器应安装在车道中央上方，便于识别与引导。

## 二、施工质量验收

### （一）进场材料验收

（1）保证外观完好，产品无损伤、无瑕疵，品种、数量、产地符合设计要求及合同要求。

（2）进口产品除应符合规范规定外，尚应提供原产地证明和商检证明，配套提供的质量合格证明、检测报告及安装、使用、维护说明书等文件资料应为中文文本（或附中文译文）。

### （二）系统施工验收

（1）车辆探测器对出入车辆的探测灵敏度检测，抗干扰性能检测。

（2）自动栅栏升降功能检测，防砸车功能检测。

（3）读卡器功能检测，对无效卡的识别功能；对非接触IC卡读卡器还应检测读卡距离和灵敏度。

（4）发卡（票）器功能检测，吐卡功能是否正常，入场日期、时间等记录是否正确。

（5）满位显示器功能是否正常。

（6）管理中心的计费、显示、收费、统计、信息储存等功能的检测。

（7）出/入口管理监控站及与管理中心站的通信是否正常。

（8）管理系统的其他功能，如"防折返"功能检测。

（9）对具有图像对比功能的停车场（库）管理系统应分别检测出/入口车牌和车辆图像记录的清晰度、调用图像信息的符合情况。

（10）检测停车场（库）管理系统与消防系统报警时的联动功能，电视监控系统摄像机对进出车库车辆的监视等。

（11）空车位及收费显示。

（12）管理中心监控站的车辆出入数据记录保存时间应满足管理要求。

## 第六节　巡更管理系统

**一、质量控制要点**

（一）材料确定要求

必须按照合同技术文件和工程设计文件的要求，对设备，材料和软件进行进场验收。进场验收应有书面记录和参加人签字，并经监理工程师或建设单位验收人员签字。未经进场验收合格的设备、材料和软件不得在工程上使用和安装。经进场验收的设备和材料应按产品的技术要求妥善保管。

（二）系统施工要求

在线巡查或离线巡查的信息采集点（巡查点）的数目应符合设计要求，其安装高度离地1.3~1.5m。安装应牢固、端正、注意防破坏。

**二、施工质量验收**

（一）进场材料验收

（1）保证外观完好，产品无损伤、无瑕疵，品种、数量、产地符合设计要求及合同要求。

（2）进口产品除应符合规范规定外，尚应提供原产地证明和商检证明，配套提供的质量合格证明、检测报告及安装、使用、维护说明书等文件资料应为中文文本（或附中文译文）。

（二）系统施工验收

（1）按照巡更路线图检查系统的巡更终端、读卡机的响应功能。

（2）现场设备的接入率及完好率测试。

（3）检查巡更管理系统编程、修改功能以及撤防、布防功能。

（4）检查系统的运行状态、信息传输、故障报警和指示故障位置的功能。

（5）检查巡更管理系统对巡更人员的监督和记录情况、安全保障措施和对意外情况及时报警的处理手段。

（6）对在线联网式巡更管理系统还需要检查电子地图上的显示信息，遇有故障时的报警信号以及和视频安防监控系统等的联动功能。

（7）巡更系统的数据存储记录保存时间应满足管理要求。

# 第七节　信息网络系统

## 一、质量控制要点

（一）材料确定要求

（1）材料、设备的品牌、型号、规格、产地和数量应与设计（或合同）相符。

（2）包装和密封良好，技术文件附件及随机资料应齐全、完好，并有装箱清单。

（3）做好外观检查，外壳、漆层应无损伤或变形。

（4）内部插件等紧固螺钉不应有松动现象。

（5）进口产品除以上规定外，还应提供原产地证明和商检证明。配套提供的质量合格证明、检测报告及安装、使用、维护说明书等文件资料应为中文文本（或附中文译文）。

（二）系统施工要求

（1）进行必要的环境检查，例如：设备的供电、接地、温度、湿度、洁净度、安全、电磁环境、综合布线等应符合设计要求、产品技术文件规定和安全技术标准。

（2）软件版本应符合设计要求，并提供完备齐全的文档（包括软件资料、程序结构说明、安装调试说明、使用和维护说明书等）。

（3）遵守智能建筑办公自动化系统有关标准，例如：《电子计算机房设计规范》GB 50174；《电气装置安装工程施工及验收规范》GB 50254～GB 50259；《建筑与建筑群综合布线系统工程设计规范》GB/T 50311；《建筑与建筑群综合布线系统工程施工及验收规范》GB/T 50312；《商业建筑电信布线标准》TIA/EIA 568A；《用户建筑综合布线》ISO/IEC ISO 11801；《建筑通信线路间距标准》TIA/EIA 569；《商业建筑通信接地要求》TIA/EIA607；《软件工程术语》GB/T 11457；《软件维护指南》GB/T 14079；《质量管理和质量保证标准》GB/T 19001—ISO 9001；《在软件开发、供应和维护中的使用指南》GB/T 19003；上海市标准《防静电工程技术规范》DBJ08—83-2000；符合 IEEE 802、ISO、ATM 论坛和国际公认的协议、标准。以上标准使用时均应考虑最新版本的可能性。

## 二、施工质量验收

（一）进场材料验收

（1）对进场设备，检查铭牌上的参数是否满足设计文件要求和外部有否受碰撞而造成损坏现象。对进场材料，检查材料规格和型号是否与设计文件相同，并当场检测和检验。

（2）当场进行清点，材料数量必须满足施工要求。

（3）检查材料的技术资料，设备箱内是否带有使用和安装说明书，看和实测材料是否一致，当验收合格应报监理复验，验收不合格应清退出场。

（二）系统施工验收

（1）设备根据设计要求安装在标准机柜内或独立放置。除机械尺寸注意空间外，还须满足水平度和垂直度的要求，螺钉安装应紧固，理线应美观，设备本身及机架外壳的接地线符合规范标准和设计要求。

（2）检查系统配置要求，包括对 ATM 和以太网交换机等的配置。按各生产厂家提供的安装手册和要求，规范地编写或填写相关配置表格，并应符合网络系统的设计要求。按照配置表，通过控制台或仿真终端对交换机进行配置，保存配置结果。

（3）计算机机房验收按照《电子计算机机房设计规范》GB 50174—93 及《防静电工程技术规范》DB 108-83-2000 要求进行，并符合设计（或合同要求）。

（4）安装验收检查内容：机房环境要求、设备器材清点检查、设备模块配置检查、设备机柜、加固安装检查、设备间及机架内缆线布放、电源检查。设备至各类配线设备间缆线布放、缆线导通检查、各种标签检查、接地电阻值检查、接地引入线及接地装置检查、机房内防火措施、机房内安全措施。

（5）通电测试前硬件检查：按施工图设计要求检查设备安装情况、设备接地情况、供电电源电压及极性符合要求。

（6）硬件测试：设备供电正常、报警指示工作正常、硬件通电无故障。

（7）网络系统测试：网络连通性能、路由选择测试、设备容错测试、网络管理测试。

1）网络连通性能

连接相关的广域网接入线路（如：DDN. Frame—relay、ISDN、X. 25 等）观察接入设备运行状态及 IP 地址，确认正常连接及路由的配置正确。从接在网络集线器端口的站点上 Ping 接在另一端口站点的 IP 地址，检查网络集线器端口的连通性，确认所有的端口均应正常连通。连通性测试应符合如下要求：

a. 根据网络设备的连通图，网管工作站应能够和任何一台网络设备通信。

b. 各子网（虚拟专网）内用户之间的通信功能检测：根据网络配置方案的要求，允许通信的计算机之间可以进行资源共享和信息交换，不允许通信的计算机之间应无法通信；并保证网络节点符合设计规定的通信协议和适用标准。

c. 根据配置方案的要求，检测局域网内的用户与公用网之间的通信能力。

2）路由选择测试

路由检测方法可采用相关测试命令进行测试；或根据设计要求使用网络测试仪测试网络路由设置的正确性。

3）设备容错测试

设备容错测试，容错功能的检测方法应采用人为设置网络故障，检测系统正确判断故障及自动恢复的功能，切换时间应符合设计要求。检测内容应包括以下两个方面：

a. 对具备容错能力的网络系统，应具有错误恢复和隔离功能，主要部件有备份，并在出现故障时可自动切换。

b. 对有链路冗余配置的网络系统，当其中的某条链路断开或有故障发生时，整个系统仍应保持正常工作，并在故障恢复后应能自动切换回主系统运行。

4）网络管理测试

a. 软件的版本及对应的操作系统平台与设计（或合同）相符。

b. 配置一台网络管理软件所需的计算机，并安装好网络管理软件所需的操作系统。

c. 按照网络管理软件的安装手册和随机文档，安装网络管理软件，并符合设计要求。网络管理软件应具备如下管理功能：

（a）网管系统应能够搜索到整个网络系统的拓扑结构图、网络设备连接图。

（b）网管系统应具备自诊断功能，当某台网络设备或线路发生故障后，网管系统应能够及时报警和定位故障点。

（c）应能够对网络设备进行远程配置，检测网络的性能，提供网络节点的流量、广播率和错误率等参数。

（d）网络管理软件功能测试，应符合设计和合同要求。确认网络管理软件能够监测所需管理的设备（如：交换机、路由器、服务器、PC 机等）的状态和动态地显示网络流量，并据此设置这些设备的属性，使网络系统得到优化。

## 第八节　办公自动化系统

### 一、质量控制要点

（一）材料确定要求

服务器/客户机及外围设备等信息平台的设备（包括软、硬件）的品牌、型号、规格、产地和数量应符合设计（或合同）要求。

（二）系统施工要求

（1）进行必要的环境检查：设备的供电、接地、温度、湿度、洁净度、安全、电磁环境、综合布线等应符合设计要求及产品技术文件规定和安全技术标准。电源插座应有相线、中性线、接地线。

（2）遵守智能建筑办公自动化系统有关标准。已经产品化的应用软件及按合同（或设计）需求定制的应用软件，应按照软件工程规范的要求进行验收。应提供完备、齐全的文档，包括软件资料、程序结构说明、安装调试说明、使用和维护说明书等。

### 二、施工质量验收

（一）进场材料验收

（1）做好外观检查，外壳、漆层应无损伤或变形。

（2）内部插接件等紧固螺钉不应有松动现象。

（3）附件及随机资料及技术资料应齐全、完好。

（4）包装和密封良好：并有装箱清单。

（5）操作系统的型号、版本、介质及随机资料符合设计（或合同）要求。

（二）系统施工验收

1. 机房验收

服务器安装前，首先对计算机机房验收，应按照《电子计算机机房设计规范》GB 50174—93 及《防静电工程技术规范》DBJ 08-83-2000 要求进行，并符合设计（或合同）要求。

2. 设备安装验收

（1）机器外壳连接地线，接地必须与建筑物弱电地线相接。

（2）插座应有相线、中性线和接地线。

（3）检查主电源的电压是否符合要求（包括电源功率）。

（4）检查所需的供电要求与供电系统是否相符（如稳压电源或 UPS）。

3. 设备上电验收

（1）执行上电开机程序，应正常完成系统自测试和系统功能初始化（或相应报告）。

（2）执行服务器检查程序，包括对 CPU、内存、硬盘、I/O 设备、各类通信接口的测试，并给出正常运行结束的报告。

（3）执行主机，如服务器、客户机、外设主要性能的测试，给出服务器主要性能（主频、内存、容量、硬盘容量等）指标的报告。

（4）外围设备提供的自测试程序，也应输出相应的报告信息，确认各类操作的运行正确性。

4. 软件安装验收

（1）检查主机（服务器或客户机）与所安装的软件，如操作系统、数据库是否相匹配，应符合设计或合同要求。

（2）测试软件系统（操作系统或数据库软件等）：

1）常规测试：执行各类系统命令或系统操作（或语句）应完全正确。

2）综合测试：执行软件（如操作系统或数据库的模板）与系统支撑软件及各类系统软件产品的连接测试，执行结果应完全正确。

5. 网络接口卡安装验收

（1）网络接口卡的型号、品牌应符合接入网络的设计要求。

（2）应有网络连接线缆测试合格证。

（3）网络接口卡驱动程序及有关资料应完全，完好，符合设计或产品技术说明。

（4）网络接口卡与网络设备互连的端口相容。

（5）Ping 命令检查测试应通过。

1）用操作系统发出 Ping 服务器自身 IP 地址的命令，自检网络接口卡运行的正确性。

2）从网络系统的其他用户发 Ping 命令给服务器，测试服务器网络卡接入网络工作的正确性。

3）客户机的检查同上类似。

6. 办公自动化应用软件的安装验收

（1）应提供应用软件安装的版本，介质和技术资料。

（2）应保证应用软件安装的环境资源。包括服务器、客户机、操作系统数据库软件/开发工具，内、外存空间，读入设备等。

（3）应制定验证标准，包括安装方法。

（4）按照"安装手册"，一步一步地进行安装，直至正常结束。

（5）设置或自定义应用软件的初始参数，执行系统数据初始化过程。

（6）创建用户标识及口令，用户权限等系统安全机制，确保可靠执行。

（7）检查安装的目录及文件数是否准确。

（8）启动引导程序，执行是否准确。

（9）检查用户登录过程包括用户标识及口令输入、口令修改等操作是否准确。

（10）检查应用软件主界面（主菜单）上的应用功能是否正常执行。

（11）按照"合同"或应用软件说明书进行功能测试，并提供功能测试报告。

（12）采用渐增测试方法，测试应用软件各模块间的接口和各子系统之间的接口是否正确，并提供集成测试报告。

（13）设置故障点及异常条件，测试应用软件的容错性和可靠性，并提供相应的测试报告。

（14）按应用软件设计说明书的规定，逐条执行可维护性和可管理性测试，并提供相应的测试报告。

（15）对应用软件的操作界面风格、布局、常用操作、屏幕切换及显示键盘及鼠标的使用等设计抽样，进行可操作性测试，且提供可操作性测试报告。

7. 竣工验收文件

应具备的技术文件基本齐全。包括合同文件（各类合同及附件）、设计文件（包括系统设计方案、应用系统设计文件、工程技术文件，设备选型和供应商选择论证文件）、测试记录（设备或子系统测试记录及验收文件、施工质量检查记录，工程重大事故记录及报告、系统测试和试运行记录）及各类报告（工程实施报告、系统设计报告，系统测试和试运行报告和用户报告）。

## 第九节　通信网络系统

### 一、质量控制要点

（一）材料确定要求

（1）必须按照合同技术文件和工程设计文件的要求，对设备，材料和软件进行进场验收。进场验收应有书面记录和参加人签字，并经监理工程师或建设单位验收人员签字。未经进场验收合格的设备、材料和软件不得在工程上使用和安装。

（2）进口产品除应符合规范规定外，尚应提供原产地证明和商检证明，配套提供的质量合格证明、检测报告及安装、使用、维护说明书等文件资料应为中文文本（或附中文译文）。

（3）通讯产品必须经过国家或行业授权的认证机构（或检测机构）认证（检测）合格，并取得相应的认证证书（或检测报告）。

（4）通讯网络系统包括通信系统、卫星数字电视及有线电视系统、公共广播及紧急广播系统等各子系统及相关设施。其中通信系统包括电话交换系统、会议电视系统及接入网设备。

（二）施工确定要求

（1）施工现场必须设一位现场工程师指导施工，并且协同建设单位做好隐蔽工程的检测与验收。工程施工前应具备通讯网络系统图纸。

（2）工程施工应按正式设计文件和施工图纸进行，不得随意更改。若确需局部调整和变更的，需有设计单位、监理单位确认的"设计变更单"，经批准后方可施工。

（3）通信网络系统的机房环境应符合《智能建筑工程质量验收规范》GB 50339—

2003 规范第 12 章的规定，机房安全、电源与接地应符合《通信电源设备安装工程验收规范》YD 5079 和 GB 50339—2003 规范第 8 章、第 11 章的有关规定。

**二、施工质量验收**

（一）进场材料验收

（1）对进场设备，检查铭牌上的参数是否满足设计文件要求和外部有否受碰撞而造成损坏现象。对进场材料，检查材料规格和型号是否与设计文件相同，并当场检测和检验。产品应保证外观完好，产品无损伤、无瑕疵，品种、数量、产地符合要求。依规定程序获得批准使用的新材料和新产品除符合本条规定外，尚应提供主管部门规定的相关证明文件。应检查材料的技术资料，设备箱内是否带有使用和安装说明书，看和实测材料是否一致，当验收合格应由监理复验，验收不合格应清退出场。

（2）进口产品应现场进行检查原产地证明和商检证明、配套提供的质量合格证明、检测报告及安装、使用、维护说明书等文件资料是否为中文文本（或附中文译文）。

（3）应检查通讯产品是否经国家或行业授权的认证机构（或检测机构）认证（检测）合格，并取得相应的认证证书（或检测报告）。

（二）系统施工验收

（1）检查施工现场是否有现场工程师指导施工，隐蔽工程的检测与验收是否经过监理和施工方技术负责人确认，工程施工是否具备符合要求的以下通讯网络系统施工图纸：

1）系统原理及系统接线图。

2）设备安装要求及安装图。

3）中心控制室的设计及设备布置图。

4）管线要求及管线敷设图。

（2）工程施工应按正式设计文件和施工图纸进行，不得随意更改，并应符合下列实施要求：

1）机柜、设备安装验收：

设备根据设计要求安装在标准机柜内或独立放置。除机械尺寸注意空间外，还须满足水平度和垂直度的要求，螺钉安装应紧固，理线应美观，设备本身及机架外壳的接地线符合规范标准和设计要求。

2）系统配置验收：

检查系统配置要求。按各生产厂家提供的安装手册和要求，规范地编写或填写相关配置表格，并应符合通信系统的设计要求。按照配置表，通过控制台或仿真终端对程控交换机进行配置，保存配置结果。

3）系统验收及测试：

a. 通信系统的测试可包括以下内容：

（a）系统检查测试：硬件通电测试；系统功能测试。

（b）初验测试：可靠性；接通率；基本功能（如通信系统的业务呼叫与接续、计费、信令、系统负荷能力、传输指标、维护管理、故障诊断、环境条件适应能力等）。

（c）试运行验收测试：联网运行（接入用户和电路）；故障率。

b. 通信系统程控交换机安装工程的检测阶段、检测内容、检测方法及性能指标要求应符合《程控电话交换设备安装工程验收规范》YD 5077 等有关国家现行标准的要求。通信系统接入公用通信网信道的传输速率、信号方式、物理接口和接口协议应符合设计要求。

c. 卫星数字电视机有线电视系统的系统检查和测试应符合下列要求：

（a）卫星数字电视及有线电视系统的安装质量检查应符合国家现行标准的有关规定。

（b）在工程实施及质量控制阶段，应检查卫星天线的安装质量、高额头至室内单元的线距、功放器及接收站位置、缆线连接的可靠性。符合设计要求为合格。

（c）卫星数字电视的输出电平应符合国家现行标准的有关规定。

（d）采用主观评测检查有线电视系统的性能，主要技术指标应符合规范规定。

（e）HFC 网络和双向数字电视系统正向测试的调制误差率和相位抖动，反向测试的侵入噪声、脉冲噪声和反向隔离度的参数指标应满足设计要求；并检测其数据通信、VOD，图文播放等功能；HFC 用户分配网应采用中心分配结构，具有可寻址路权控制及上行信号汇集均衡等功能；应检测系统的频率配置、抗干扰性能，其用户输出电平应取 $62\sim68$dBV。

d. 公共广播与紧急广播系统检查和测试应符合下列要求：

（a）系统的输入输出不平衡度、音频线的敷设、接地形式及安装质量应符合设计要求，设备之间阻抗匹配合理；

（b）放声系统应分布合理，符合设计要求；

（c）最高输出电平、输出信噪比、声压级和频宽的技术指标应符合设计要求；

（d）通过对响度、音色和音质的主观评价，评定系统的音响效果；

（e）功能检测应包括：

a）业务宣传、背景音乐和公共寻呼插播；

b）紧急广播与公共广播共用设备时，其紧急广播由消防分机控制，具有最高优先权，在火灾和突发事故发生时，应能强制切换为紧急广播并以最大音量播出；紧急广播功能检测按 GB 50339—2003 规范第 7 章的有关规定执行；

c）功率放大器应冗余配置，并在主机故障时，按设计要求备用机自动投入运行；

d）公共广播系统应分区控制，分区的划分不得与消防分区的划分产生矛盾。

（3）通信网络系统的机房环境应符合 GB 50339—2003 规范第 12 章的规定，机房安全、电源与接地应符合《通信电源设备安装工程验收规范》YD 5079 和 GB 50339—2003 规范第 8 章、第 11 章的有关规定。